Zeldzame vogels van Nederland
met vermelding van alle soorten

Rare birds of the Netherlands
with complete list of all species

Avifauna van Nederland 1

Arnoud B van den Berg & Cecilia A W Bosman

Opgedragen aan de duizenden vogelaars
die door hun activiteiten in de afgelopen twee eeuwen
het samenstellen van dit boek mogelijk maakten

DEZE UITGAVE IS TOT STAND GEKOMEN MET FINANCIËLE STEUN VAN HET PRINS BERNHARD FONDS, NUTS ZIEKTEKOSTENVERZEKERING, VSB FONDS, MARTINA DE BEUKELAAR STICHTING, STICHTING K F HEIN FONDS, STICHTING J C VAN DER HUCHT FONDS, GEMEENTELIJK HAVENBEDRIJF ROTTERDAM / ROTTERDAM MUNICIPAL PORT MANAGEMENT EN DUTCH BIRDING ASSOCIATION

Colofon

TEKST: Arnoud van den Berg
KAARTEN EN DIAGRAMMEN: Cecilia Bosman
REGISTER: Roland van der Vliet

FOTOREDACTIE: René Pop

FOTOWERVING: Roland van der Vliet, Arnoud van den Berg en René Pop
ONTWERP: Cecilia Bosman en René van Rossum
OMSLAGONTWERP: René van Rossum
OPMAAK: René van Rossum en André van Loon
LITHOGRAFIE: René Pop
DRUK: South Sea International Press Ltd, Hong Kong

REDACTIEMEDEWERKERS: Gunter De Smet, Enno Ebels, Cornelis Hazevoet, Ted Hoogendoorn, Fred Hustings, Edward van IJzendoorn, Jan van der Laan, André van Loon, Anthony McGeehan, Peter Meininger, Gerald Oreel, Oscar van Rootselaar, George Sangster, Roland van der Vliet, Arend Wassink en Wim Wiegant
CREATIECOMMISSIE: Enno Ebels, Paul Knolle, Gerald Oreel en Chris Quispel
PRODUCTIECOMMISSIE: Theo Admiraal en Marc Plomp
COMITÉ VAN AANBEVELING: Kees de Bruin, René Dekker, Fred Hustings, Gerard Ouweneel, Kees Roselaar, K H Voous en Jan Wattel

© GMB Uitgeverij, Haarlem / Stichting Uitgeverij van de KNNV, Utrecht 1999
© tekst / text: Arnoud B van den Berg, Santpoort-Zuid 1999
© kaarten, diagrammen en ontwerp / maps, diagrams and design: Cecilia A W Bosman, Santpoort-Zuid 1999
© foto's / photos: de fotografen zoals vermeld / the photographers as indicated

ISBN 90-74345-13-1
Nugi 823

Published outside the Netherlands and Belgium by

Pica Press
(an imprint of Helm Information Ltd)
The Banks, Mountfield
nr. Robertsbridge
East Sussex TN32 5JY
UK

ISBN 1-873403-88-7

Printed in Hong Kong

VOORZIJDE OMSLAG / FRONT COVER
Sneeuwuil / Snowy Owl *Nyctea scandiaca*, 8 March 1992, Maasvlakte, Rotterdam, Zuid-Holland *(René Pop)*

ACHTERZIJDE OMSLAG / BACK COVER
Ross' Meeuw / Ross's Gull *Rhodostethia rosea*, 22 November 1992, IJmuiden, Velsen, Noord-Holland *(Roy de Haas)*

Koningseider / King Eider *Somateria spectabilis*, 16 February 1991, Hoek van Holland, Rotterdam, Zuid-Holland *(René van Rossum)*

Pallas' Boszanger / Pallas's Leaf Warbler *Phylloscopus proregulus*, 26 October 1987, De Cocksdorp, Texel, Noord-Holland *(Arnoud B van den Berg)*

Inhoud   # Contents

Dankwoord / Acknowledgements

In de loop van de 19e en 20e eeuw hebben talloze personen direct of indirect aan dit boek meegewerkt door met grote inzet en nauwgezetheid het voorkomen van de in Nederland vastgestelde vogeltaxa te beschrijven en te documenteren. Vroeger betrof het enkelingen maar in de laatste decennia van de 20e eeuw waren het vele 100en die hun gegevens beschikbaar stelden. Iedereen die er ooit voor heeft gezorgd dat een waarneming van een zeldzame soort aan de vergetelheid werd onttrokken is in feite als medewerker van dit boek te beschouwen. Hier is ook een dankbetuiging op zijn plaats aan een ieder die in de afgelopen 20 jaar zijn vrije tijd heeft opgeofferd als redactie(raads)lid, bestuurder of medewerker van Dutch Birding of de Dutch Birding Association (DBA).

Tot het hoge aantal personen aan wie de auteurs dank zijn verschuldigd behoren allen die teksten hebben doorgelezen en foto's beschikbaar stelden. Voorts is dank verschuldigd aan alle voormalige en huidige leden van de Commissie Dwaalgasten Nederlandse Avifauna (CDNA) voor het verzamelen en verifiëren van gegevens over zeldzame soorten in dit boek. Van hen controleerde Wim Wiegant als CDNA-archivaris alle recente gegevens. De leden van de Commissie Systematiek Nederlandse Avifauna, Cornelis Hazevoet, Kees (C S) Roselaar, George Sangster en Ronald Sluys, stelden hun kennis beschikbaar over moderne taxonomische inzichten. Kees Roselaar van het Instituut voor Systematiek en Populatiebiologie (Zoölogisch Museum) (ZMA) te Amsterdam leverde tevens belangrijke informatie over specimens in het ZMA, het Nationaal Natuurhistorisch Museum (NNM) te Leiden en andere musea; bovendien was zijn inzicht over de betrouwbaarheid van museumgegevens onontbeerlijk. René Dekker van het NNM, Johannes Fokkema van het Fries Natuurmuseum (FNM) te Leeuwarden, Kees (C W) Moeliker van het Natuurmuseum Rotterdam (NMR) te Rotterdam en Gerrit Speek van het Vogeltrekstation Arnhem te Heteren waren zo vriendelijk vragen over gegevens uit hun instituten te beantwoorden.

Gunter De Smet en Paul Knolle leverden informatie over respectievelijk Belgische en Overijsselse musea. Extra informatie werd ontvangen van Rolf de By, Gunter De Smet, Enno Ebels, Ted Hoogendoorn, Fred Hustings, Edward van IJzendoorn, Guido Keijl, Jan van der Laan, Anthony McGeehan, Peter Meininger, Gerald Oreel, Oscar van Rootselaar, Jelle Scharringa, Jan van Tussenbroek, Ruud Vlek, K H Voous, Roland van der Vliet, Arend Wassink, Wim Wiegant en vele anderen. De door het bestuur van de DBA ingestelde creatiecommissie is er verantwoordelijk voor dat dit boek niet de aanvankelijk door de auteurs beoogde eenvoudige lijst van opsommingen is geworden maar dat werd gekozen voor illustraties in kleur met vele foto's, kaartjes en diagrammen. Ger Meesters van GMB-uitgeverij te Haarlem gaf technische assistentie.

Buitengewone dank is verschuldigd aan André van Loon en René van Rossum voor hun onmisbare werk bij de eindproductie van dit boek en aan René Pop voor de tijd die hij met veel kennis van zaken heeft gestoken in het scannen van foto's.

Dit boek werd financieel mogelijk gemaakt door de inzet van het DBA-bestuur, met als voorzitter Gijs van der Bent, en de samenwerking met de Nederlandse Ornithologische Unie en de Samenwerkende Organisaties Vogelonderzoek Nederland. In dit verband zijn wij het in december 1997 geformeerde Comité van aanbeveling erkentelijk bestaande uit Kees de Bruin, René Dekker, Fred Hustings, Gerard Ouweneel, Kees Roselaar, K H Voous en Jan Wattel. Dankzij de royale steun van Nuts Ziektekostenverzekering te Den Haag kon in 1992 met het schrijven van dit boek worden begonnen. De uitgave is voorts mogelijk gemaakt door financiële steun van Prins Bernhard Fonds, VSB Fonds, Martina de Beukelaar Stichting, Stichting K F Hein Fonds, Stichting J C van der Hucht Fonds, Gemeentelijk Havenbedrijf Rotterdam/Rotterdam Municipal Port Management en Dutch Birding Association.

Vogelaars bij Stellers Eider / birders watching Steller's Eider *Polysticta stelleri*, 29 May 1982, Wadden Sea at Oosterkwelder, Schiermonnikoog, Friesland *(René Pop)*

Voorwoord

Dit voorwoord moet wel beginnen met een hoera voor de ornithologen/vogelaars uit het verleden en het heden en een bravo voor de samenstellers en schrijvers van dit boek.

Hoewel toegespitst op 'zeldzame' vogelsoorten in onze fauna, wordt door de korte vermelding van de 'gewone' soorten tussen neus en lippen door een overzicht gegeven van alle uit ons land bekende vogelsoorten. Dat zijn er volgens de hier gehanteerde definities niet minder dan 467.

De presentatie van de feiten en de toevoeging van een of meer kleurenfoto's van practisch elke soort, laat niets te wensen over. De honderden, meest jeugdige vogelaars van dit ogenblik, op wier waarnemingen en bewijsstukken in de vorm van foto's en geluidsopnames dit boek is opgebouwd, hebben, zoals wederom is aangetoond, ongeëvenaard werk verricht. Duidelijk blijkt, hoe de aanstormende horden van met statieven en telescopen gewapende vogelaars een individuele kennis van de onderscheiding van soorten naar leeftijd en geslacht bezitten, die nooit eerder was bereikt. De onuitputtelijke bron van hoogwaardige, rijk geïllustreerde vogelgidsen van Europa en daarbuiten, die 40 jaar geleden nog niet voorhanden waren, hebben deze ontwikkeling mogelijk gemaakt. Daardoor verschaft dit boek niet alleen een droge kennis van de Nederlandse avifaunistiek, maar ademt het tevens de gepassioneerde belevenis van de ontmoeting met zeldzame vogels, die in gedachten afkomstig zijn uit verre, soms zeer verre landen en uit onverwachte windstreken. De door velen bejubelde en door sommigen verguisde Dutch Birding Association met haar fraai uitgevoerde tijdschrift Dutch Birding heeft in dit alles nationaal en internationaal een grote rol gespeeld.

Kritiek is mogelijk op het in dit boek gebruikte soortbegrip en de betekenis van onderscheiding van geslachten (genera). Dit is overigens een wereldwijde tendens, die grotendeels is voortgekomen uit het werk van zogenaamde fylogenetische taxonomen als W Hennig en J Cracraft en uit onbegrip van of onvrede met de betekenis en bedoeling van wat 'ondersoorten' zijn. Deze trend is deel van een onvermijdelijke pendelbeweging, die van het streven naar samenhang en overzicht (synthese) wegslingert naar splitsing en decentralisatie (analyse). De soortsplitsing is begonnen in Noord-Amerika, waar men af wilde rekenen met de al te verfijnde onderscheiding van 'ondersoorten' bij geografisch geleidelijke (clinale) varia-

tie. Zelfs de grote biologische theoreticus, Ernst Mayr van Harvard University, Massachusetts, USA, heeft in zijn land en vervolgens wereldwijd, het tij niet kunnen keren (*What is a species, and what is not?*, Philos Sci 63: 262-277, 1996), laat staan, dat de schrijver van dit voorwoord zich daaraan zou wagen.

Wellicht dat te gelegener tijd de slinger weer zal terugzwaaien naar meer overwogen synthetische overwegingen. Te gelijker tijd zullen nieuwe gedachten en nieuwe inzichten zich in de toekomst voordoen. Zelfs de in de ogen van veel geleerde biologen zo eenvoudig lijkende ornithologie zal gelukkig nooit in rust zijn, nog minder zijn vastgeroest.

Zij die bereid zijn over de genoemde moeilijkheden heen te stappen, en de jongeren onder ons zullen daarmee geen moeite hebben, vinden in dit boek een overvloed aan inspirerende gegevens en gedachten. Uiteindelijk gaat het in dit boek om inzicht in raadselen van verspreiding en fenologie die met de registratie van zeldzaamheden, dwaalgasten of anderszins zijn verbonden.

Zo is een boek tot stand gekomen dat in opzet en detail, zeker in de Nederlandse literatuur, zijn weerga niet kent. Het is een betrouwbaar uitgangspunt voor veel toekomstig onderzoek op het gebied van faunistiek, vogeltrek en zoögeografie.

Zodat uiteindelijk het hoera geldt voor alle ornithologen/vogelaars van voorheen en nu en voor de vernieuwers van de denkbeelden en een hartelijk bravo voor de samenstellers en schrijvers Arnoud B van den Berg en Cecilia A W Bosman, de redactie en de redactiemedewerkers, de vogelfotografen, de fotoredactie, de grafische opmakers en alle anderen die bij de vaststelling van de inhoud en de vormgeving van het boek waren betrokken.

Prof Dr K H Voous   Huizen, 1 October 1998

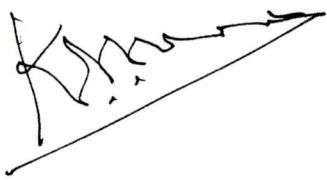

Preface

While birding our way to the end of the millennium, it seems a perfect moment to look back at two centuries of recording rarities in the Netherlands. On occasion of the 20th anniversary of the Dutch Birding Association, it was decided to look back by producing a bilingual book in which all rarity records of the Netherlands are covered by detailed information and numerous colour photos (all from the Netherlands), maps and diagrams, and in which the status of common species is also summarized. The last authoritative publications

with a complete coverage of all Dutch birds were Eykman et al (1936-49) and Kist et al (1970). Since then, only a number of annotated checklists has been published.

The result is a book of interest for hard-core birders who want to know exactly when and where rare species have been recorded as well as for other ornithologists working on, for instance, regional bird books or the distribution, decrease or increase of certain species.

Vogelaars bij Steltstrandloper / birders watching Stilt Sandpiper *Micropalama himantopus*, 24 July 1998, Blauwe Kamer, Rhenen, Utrecht (*Rudy Offereins*)

Summary of introductory chapters

This book is a source of information for rarity records of the Netherlands in the past two centuries. Its approach is scientific in as much as it uses many references which facilitate public inspection and verification. The book is a product of its time and reflects the knowledge and perception about identification, taxonomy, status and origin of rare species at the end of the 20th century.

All Dutch species are listed in this book but only rare (sub)species are extensively covered. Rare species are defined as those considered by Commissie Dwaalgasten Nederlandse Avifauna (CDNA) in at least one of the years since 1989. These constitute almost half of the total of Dutch species. The remaining scarce and common species are marked by [2], indicating that they will be extensively covered in a second volume of this book (Avifauna van Nederland 2). While the present volume, Avifauna van Nederland 1, was produced by Dutch Birding Association (DBA), the second one will be produced by Nederlandse Ornithologische Unie (NOU) and Samenwerkende Organisaties Vogelonderzoek Nederland (SOVON).

The scientific significance of the occurrence of rarities is discussed. There are many species which, until only a few decades ago, were considered vagrants while, nowadays, they are too numerous to be extensively covered in this book (for instance, Little Egret *Egretta garzetta*, Great White Egret *Casmerodius albus*, Richard's Pipit *Anthus richardi*, Yellow-browed Warbler *Phylloscopus inornatus*, Eurasian Penduline Tit *Remiz pendulinus* and Common Rosefinch *Carpodacus erythrinus*).

Due to the warm Gulf Stream, the climate in the Netherlands is generally mild, offering good conditions for birds in every season. Mean daily temperatures on Texel, Noord-Holland, vary from 2.4°C in February to 17.1°C in August. During November-April, the mean daily temperature in the Netherlands is less than 10°C while it is higher during May-October. Windless days are rare. Southerlies prevail over northerlies and westerlies over easterlies. Rain is frequent in all seasons. Birdlife varies greatly, not only with the season but also with weather conditions. During a severe winter with long periods of frost, like the one of 1995/96, the occurrence of many bird species is quite different from that of normal winters. After a severe winter, resident species may be much rarer than before. Equally, in spring and autumn, periods with easterlies may bring species which are rare during westerlies, and vice versa.

The Netherlands is c 42 000 km² in area, about half of which is below sea-level. There are only a few extensive areas with a height above 20 m, mostly in the extreme south and east. The country has c 800 km of coastline, reduced from 1500 km before the start of a large-scale dam construction programme in the south-west since 1953. Along the coast, there are extensive tidal marshes, mud-flats and sand banks, especially in the north (Waddengebied) and south-west (Deltagebied). Moreover, the country's three main rivers, Rhine (Rijn), Meuse (Maas) and Scheldt (Schelde), have created a landscape of estuaria, lakes and marshes. Most of these wetlands have been reclaimed and made into extensive meadows traversed by numerous drainage ditches. Land reclamation has a long history and large areas north of Amsterdam, Noord-Holland, were already drained during 1564-1635. In recent decades, polders and dams have been constructed at a high rate, completely changing the geography. With 15.6 million people in 1997, it is the most densely populated country in Europe.

On 13 April 1957, the Commissie voor de Nederlandse Avifauna (CNA) was founded, being the first rarities committee for Europe. In 1974, CNA was split into a rarities committee, Commissie Dwaalgasten Nederlandse Avifauna (CDNA), and a taxonomic committee, Commissie Systematiek Nederlandse Avifauna (CSNA). Since 1987, NOU and DBA share the responsibility for these committees.

The long-standing role of rarities committees in different countries of Europe, with Dutch records being assessed by up to eight committee members, continues to give the best supported and refereed list of accepted rare bird records (cf BB 90: 454, 1997). It is generally agreed that only by sticking with this system a rational and acceptable monitoring of rare species can be achieved.

In this volume, all decisions by CDNA and CSNA are strictly followed. For rarity observations, there is a distinction in the texts between the use of the words report (not (yet) accepted by CDNA) and record (accepted by CDNA). Recent reports are listed only when acceptance is likely thanks to the presence of documentation (photographs, sound- or video-recordings). When it is annotated that a report is 'not (yet) accepted by CDNA', confirmation in future CDNA reports is still to be awaited. 'Records' without sufficient information on date (at least month) and/or locality (at least province) are not accepted by CDNA and not mentioned in this book (see, for instance, table 3).

Nomenclature and sequence of species in this book follow that of Voous (1977) while incorporating all decisions in 1977-98 by CSNA (DB 19: 21-28, 1997; 20: 22-32, 1998). The CSNA updates include the sequence of species. In anticipation of possible taxonomic changes in the near future, both species and diagnosably distinct subspecies have their own heading.

The information in this book overrules all annual reports by CDNA until January 1999 and is overruled by all CDNA reports from 1 January 1999 onwards. Since the book has been written before the publication of the 1997 report of the Dutch rarities committee (CDNA) in Dutch Birding, CDNA data on 1997-98 may differ from those presented in this book. Therefore, it is advised to check all future CDNA reports for additions and corrections, also for the 1800-1996 period.

For many species, reports and records for 1997-98 are listed as 'provisional additions'. In a few species, there were reasons to list reports for 1996 (or earlier years) under provisional additions as well. For other species, it was decided not to mention any reports for 1997-98 under provisional additions (for instance, when the picture of occurrence was still too incomplete).

In contrast to common practice elsewhere in Europe, codes for categories referring to status have not been added. This means that species in the main list of this book may be attributed to British category A, B or D. Species of British category C (10 feral species with established populations) are listed separately. The following species in the main list of this book are listed under category D in Britain (cf British Birds 1997, BOURC 2nd Press Release 1998): Falcated Duck *Mareca falcata*, Baikal Teal *Anas formosa*, Great White Pelican *Pelecanus onocrotalus*, Greater Flamingo *Phoenicopterus roseus*, Eurasian Black Vulture *Aegypius monachus*, Chestnut Bunting *Emberiza rutila* and Red-headed Bunting *E bruniceps*.

Generally, birds known to have arrived by ship are not accepted by CDNA. The only exception is House Crow *Corvus splendens* as it has been argued that, in this species, ship-assisted passage is a normal way of dispersion (DB 17: 256-257, 1995).

Two species covered in this book have not (yet) been accepted by CDNA (Turkestan Shrike *Lanius phoenicuroides* and Daurian Shrike *L speculigerus*) and there are at least two of which the origin of all observed individuals is currently disputed (Pallas's Fish Eagle *Haliaeetus leucoryphus* and Demoiselle Crane *Anthropoides virgo*). Moreover, the status of some listed subspecies is questionable due to identification problems (Steppe Buzzard *Buteo buteo vulpinus* and Pale Barn Owl *Tyto alba alba*).

Dutch bird names follow Walters (1997) and English bird names those of Beaman (1994). For a number of taxa not dealt with in these publications, the names currently in use by the editors of Dutch Birding are followed.

Borders of municipalities and even those of provinces are subject to change. Municipalities are occasionally combined and Dutch locality names are sometimes altered. Therefore, with retrospective effect, geographical names in this book follow the borders of 1996 published in the municipality map by Topografische Dienst (1994, 1996). This map is also closely followed for spelling of municipality names. For other locality names, the province and tourist maps published by ANWB/VVV were consulted (ANWB-Kartografie 1991-95). If necessary, the Topografische Dienst atlas for flora and fauna surveys (Staatsbosbeheer 1987) or Natuurmonumenten handbooks (Natuurmonumenten 1985, 1996) were examined. For provinces, abbreviations of two capital letters are used. For the interpretation of diagrams, involving first-arrival dates, see the legends.

In this book, papers in journals are usually referred to not by author but by name of journal, volume, pages and year of publication. For six often-cited journals, an abbreviation of two capital letters is used: Birding World (BW), British Birds (BB), Dutch Birding (DB), Limosa (LM), Limburgse Vogels (LV) and Vogeljaar (VJ). Generally, the references are listed in chronological and alphabetical order. When one reference is followed by another of the same journal, the two are listed together separated by a semi-colon (;). As a rule, dates are mentioned before geographical names.

In the lists, there are no references to annual CDNA reports (in Dutch Birding and Limosa) as long as these correspond with the year of the record (or at most two years later). References mentioned by van IJzendoorn et al (1996) for CDNA reviews of pre-1980 records (cf table 1, table 4) are usually not repeated. However, references are added when, for whatever reason, confusion may arise.

For all records, references to published photographs, sound- and video-recordings are added ('photographed' is overruled by 'photo'; same applies to sound-recorded and videoed). Likewise, abbreviations for zoological museums are used for specimen records. The word 'dead' is added in listed records of birds which were found dead or eventually died. Generally, a clear distinction is made between the number of records and individuals; in listed records, the total number of individuals (hatchlings included) is printed in bold.

It is often hard to make a distinction between influx and invasion (the latter might be considered as a synonym for irruption). In this book, these phenomena are defined as follows (cf table 2). An influx may relate to only a few individuals when a rare species is concerned and it is not characterized by a prevailing direction of movement. Influxes are often caused by special weather circumstances. An invasion usually has a north/east-south/west direction. Invasions are often caused by regularly occurring population surpluses or food shortages. In principle, the frequency of both phenomena may differ per species from on average once in two years to once in two centuries.

Summary of results and discussion

From 1800 until 1 February 1999, a total of 468 wild bird species has been recorded for the Netherlands (excluding 10 feral 'Category C' species). Only two of these have not been documented by a published photograph or sonagram (soft-plumaged petrel *Pterodroma feae/madeira/mollis* and White-throated Needletail *Hirundapus caudacutus*) and only two have not been seen while alive (White-faced Storm-petrel *Pelagodroma marina* and Lanceolated Warbler *Locustella lanceolata*).

It is always a special pleasure for a birder to discover a new species for a particular country. Whole books have been devoted to such discoveries, like *Vogels nieuw in Nederland* (1990), published to celebrate the 10th anniversary of DBA, which was a compilation of Dutch Birding papers (published in 1979-90) on new species for the Netherlands in 1969-89. Therefore, it is of interest to present a list of all references to papers on new species in 1896-1998 (table 5). Some of these became the first only after review. In extreme cases, as in Roseate Tern *Sterna dougallii*, Melodious Warbler *Hippolais polyglotta* and Greenish Warbler *Phylloscopus trochiloides*, it was the seventh or eighth record which became a first after review and, as a result, the original paper consisted of nothing more than a remark or note in another paper or a rarities committee's report.

The number of new species per decade increased during the second half of the 20th century. In the last 100 years (since 1898), 168 new species were added of which 126 since 1945. The largest number (38) was found in 1980-89. It seems as if, for the first time in the past 50 years, the number in 1990-99 will be lower than in the preceding decade.

Most rarities have been found in municipalities bordering the North Sea or IJsselmeer, where most bird migration and ringing activities take place. All 10 municipalities with more than three new species in the 20th century border the North Sea. The best 10 municipalities for rarities in 1800-1997 were, in numerical order, Texel NH, Lelystad FL, Terschelling FR, Vlieland FR, Schiermonnikoog FR, Schoorl NH, Rotter-

dam ZH, Eemsmond GR, Den Haag ZH and De Marne GR; these include all Wadden Islands except Ameland FR. The Wadden Islands produced 29 new species of which, interestingly, the first was found as late as 1958. Similarly, in 1800-1997, provinces with long coastlines, Noord-Holland (23.9%), Friesland (17.6%), Zuid-Holland (15.1%) and Zeeland (8.9%), were the most productive for rare species. The land-locked Drenthe province, which also lacks a major river flow, produced only one new species in the past 100 years.

Most rarities have been found during migration periods, autumn being best. The best four months for rarities appear to be May and August-October. The best four months for new species were May and September-November. This suggests that, in autumn migration periods, the rarest species occur the latest.

In 1900-98, 214 to 220 species have bred in the Netherlands of which 198 to 201 in 1990-98 (excluding feral 'Category C' species). There were 171 species breeding in every year in 1990-98 of which 16 were rare (50 pairs or less). Up to three breeding species in the 19th century (probably Squacco Heron *Ardeola ralloides*, possibly Great Snipe *Gallinago media* and incidentally Pallas's Sandgrouse *Syrrhaptes paradoxus*) did not breed again in the 20th century. There are 16 to 19 species which bred in 1900-89 but no longer in 1990-98. Only up to three of these, however, bred in at least 10 consecutive years (Stone-curlew *Burhinus oedicnemus*, European Golden Plover *Pluvialis apricaria* and probably Woodchat Shrike *Lanius senator*) while Ortolan Bunting *Emberiza hortulana* disappeared during the 1990s. On the other hand, 57 species bred for the first time in 1900-98 (table 6) of which at least 40 were still successful in 1998.

Apart from breeding birds, it also appears that, in the course of the 20th century, most rare species were recorded in increasing frequencies. A number of reasons is mentioned why, against all odds, these increases could occur and why the increases of rarity records may seem larger than they are in reality.

Legenda   Legends

Nederlands	Symbool	English
voorjaar	● (green)	spring
najaar	● (blue)	autumn
eerste locatie	● (orange)	first site
vervolglocatie	○	successive site
broedend	✪	breeding
gevallen per provincie	②	records per province

jaardiagram: grijze balk op achtergrond geeft periode aan waarin soort door CDNA werd geregistreerd en/of beoordeeld	(diagram) n = 16 in 1977-96	year diagram: grey in background represents period in which species was registered and/or considered by CDNA
gemiddelde presentie per maand in 1988-97: vaakst gezien - minst gezien geen betrouwbare waarneming bekend	■ ■ □ □	abundance per month in 1988-97: most seen - least seen no reliable record known
Nederlandse soortnaam[2] geeft aan dat meer informatie over de betreffende soort is te vinden in *Avifauna van Nederland 2* (in prep)	[2]	Dutch species name[2] indicates that more information is given in *Avifauna van Nederland 2* (in prep)
vogel in dode staat (mogelijk eerst levend waargenomen); veel dode vogels zijn geprepareerd en als specimen in een museumcollectie opgenomen	dead	bird dead (possibly first seen alive); many dead birds have been skinned and deposited as specimen in a museum collection
collectie	coll	collection
gevangen (meestal ook geringd) en losgelaten	trapped	trapped (usually also ringed) and released
morf ('vorm'/'fase')	morph	morph ('phase')
totaal aantal	n=	number of total
aantal individuen (indien meer dan één)	(2) etc	number of individuals (when more than one)
door één persoon waargenomen (onbevestigd)	#	single-observer record
foto beschikbaar maar niet gepubliceerd	(photographed)	photograph available but not published
foto gepubliceerd (in genoemde publicatie)	(photo)	photograph published (publication mentioned)
mannetje	♂	male
mannetjes	♂s	males
vrouwtje	♀	female
vrouwtjes	♀s	females
adult (volwassen)	adult	adult
juveniel	juv	juvenile
onvolwassen	imm	immature
eerste-winter	1w	first-winter
tweede-winter	2w	second-winter
derde-winter	3w	third-winter
eerste-zomer	1s	first-summer
tweede-zomer	2s	second-summer
eerstejaars	1y	first-year
tweedejaars	2y	second-year
derdejaars	3y	third-year
en	&	and
en (ook: of)	/	and (also: or)
maximaal	max	maximum
minimaal	min	minimum
circa	c	circa
vergelijk (*confer*)	cf	compare
mededeling per brief	in litt	communication by letter
exclusief	excl	excluding
inclusief	incl	including
periode van 1 januari 1800 tot en met 31 december 1890	1800-90	period from 1 January 1800 up to and including 31 December 1890
periode van 1 januari 1800 tot en met 31 december 1996	1800-1996	period from 1 January 1800 up to and including 31 December 1996
periode van 1 tot en met 5 mei	1-5 May	period from 1 May up to and including 5 May

Algemene terminologie

geval	door de CDNA aanvaarde waarneming
melding	niet door de CDNA aanvaarde waarneming
taxon (taxa)	(onder)soort(en) of andere groepen
standvogel	soort zonder trekgedrag
dwaalgast	veel-gebruikte benaming voor zeldzame soort: gewoonlijk een soort die over een periode van c 10 jaar gemiddeld minder dan twee keer per jaar werd vastgesteld

Aanduidingen voor talrijkheid

BROEDVOGELS (GETALLEN VOOR 1990-98)

algemeen	meer dan 500 paren (B)
schaars	50-500 paren (s-B)
zeldzaam	1-49 paren (z-B)
regelmatig	jaarlijks broedend in 1990-98
onregelmatig	broedend in 1990-98 maar niet in ieder jaar (o-B)
voorheen onregelmatig	onregelmatig broedend in 1900-89 maar niet in 1990-98 (vo-B)
voormalige broedvogel	niet broedend sinds 1990 maar wel in meer dan 10 achtereenvolgende jaren vóór 1990

WINTERGASTEN/ZOMERGASTEN/DOORTREKKERS

algemeen	meer dan 500 individuen per jaar
vrij algemeen	meer dan 500 individuen per jaar maar niet talrijk
schaars	51-500 individuen per jaar

(VOORMALIGE) CDNA-BEOORDEELSOORTEN

| vrij zeldzaam | 51-c200 gevallen ooit; ook: 0-50 individuen per jaar |

CDNA-BEOORDEELSOORTEN

| zeldzaam | 6-50 gevallen ooit; ook: gemiddeld minder dan 2 individuen per jaar over een bepaalde (per soort verschillende) periode |
| zeer zeldzaam | 1-5 gevallen ooit of geen sinds 1980 |

Afkortingen

COMMISSIES EN INSTITUTEN

CDNA	Commissie Dwaalgasten Nederlandse Avifauna
CSNA	Commissie Systematiek Nederlandse Avifauna
VT	Vogeltrekstation, Heteren, Gelderland

TIJDSCHRIFTEN

BB	British Birds
BW	Birding World
DB	Dutch Birding
LM	Limosa
LV	Limburgse Vogels
VJ	Vogeljaar

MUSEUMCOLLECTIES

EM	EcoMare, De Koog, Texel, Noord-Holland
FNM	Fries Natuurmuseum (voorheen Fries Natuurhistorisch Museum), Leeuwarden, Friesland
KBIN	Koninklijk Belgisch Instituut voor Natuurwetenschappen, Brussel, België
ND	Natura Docet, Denekamp, Overijssel
NME	Natuurmuseum Enschede, Enschede, Overijssel
NMM	Natuurhistorisch Museum, Maastricht, Limburg
NMR	Natuurmuseum Rotterdam, Rotterdam, Zuid-Holland
NNM	Nationaal Natuurhistorisch Museum (voorheen Rijksmuseum van Natuurlijke Historie), Leiden, Zuid-Holland
ZMA	Zoölogisch Museum, Amsterdam, Noord-Holland

General terminology

record	observation accepted by CDNA
report	observation not accepted by CDNA
taxon (taxa)	(sub)species or other groups
resident	non-migratory species
vagrant	commonly used name for a rarity: usually a species with a mean of less than two records per year in a c 10 year period

Annotations for abundance

BREEDING BIRDS (NUMBERS FOR 1990-98)

common	more than 500 pairs (B)
scarce	50-500 pairs (s-B)
rare	1-49 pairs (z-B)
regular	breeding annually in 1990-98
irregular	breeding in 1990-98 but not annually (o-B)
previously irregular	irregularly breeding in 1900-89 but not in 1990-98 (vo-B)
former breeding bird	not breeding since 1990 but bred in more than 10 consecutive years before 1990

WINTER VISITORS/SUMMER VISITORS/MIGRANTS

common	more than 500 individuals per year
rather common	more than 500 individuals per year but not abundant
scarce	51-500 individuals per year

RARITIES (FORMERLY) CONSIDERED BY CDNA

| rather rare | 51-c 200 records ever; also 0-50 individuals per year |

RARITIES CONSIDERED BY CDNA

| rare | 6-50 records ever; also: on average less than 2 individuals per year over a certain period (length differing between species) |
| very rare | 1-5 records ever or none since 1980 |

Abbreviations

COMMITTEES AND INSTITUTIONS

CDNA	Dutch rarities committee
CSNA	Dutch committee for avian systematics
VT	Dutch ringing office, Heteren (near Arnhem), Gelderland

JOURNALS

BB	British Birds
BW	Birding World
DB	Dutch Birding
LM	Limosa
LV	Limburgse Vogels
VJ	Vogeljaar

MUSEUM COLLECTIONS

EM	EcoMare, De Koog, Texel, Noord-Holland
FNM	Fries Natuurmuseum (formerly Fries Natuurhistorisch Museum), Leeuwarden, Friesland
KBIN	Koninklijk Belgisch Instituut voor Natuurwetenschappen, Brussels, Belgium
ND	Natura Docet, Denekamp, Overijssel
NME	Natuurmuseum Enschede, Enschede, Overijssel
NMM	Natuurhistorisch Museum, Maastricht, Limburg
NMR	Natuurmuseum Rotterdam, Rotterdam, Zuid-Holland
NNM	Nationaal Natuurhistorisch Museum (formerly Rijksmuseum van Natuurlijke Historie), Leiden, Zuid-Holland
ZMA	Zoölogisch Museum, Amsterdam, Noord-Holland

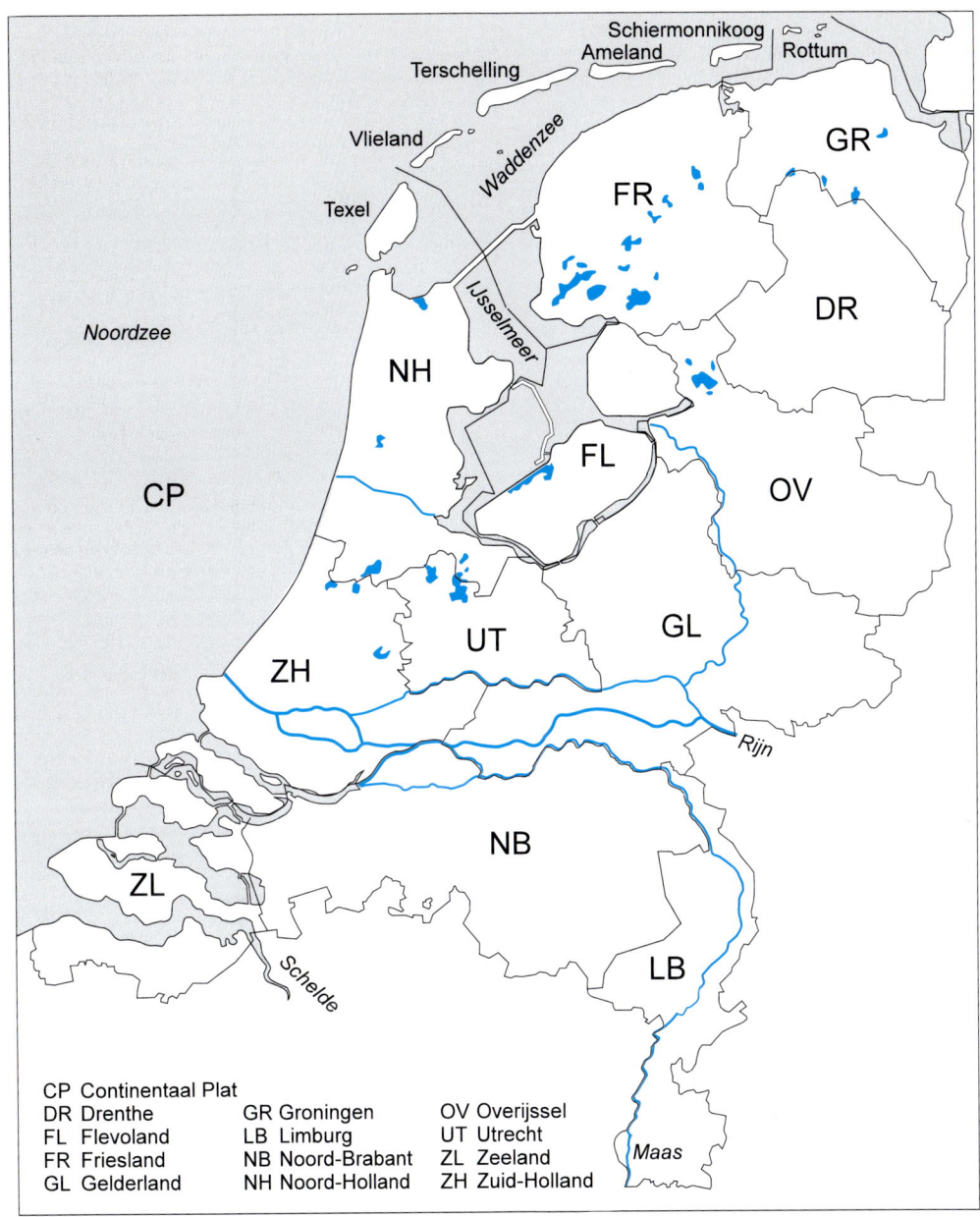

Schiermonnikoog
Ameland
Rottum
Terschelling
Vlieland
Waddenzee
Texel
IJsselmeer
Noordzee
GR
FR
DR
NH
FL
OV
CP
UT
GL
ZH
Rijn
NB
ZL
LB
Schelde
Maas

CP Continentaal Plat
DR Drenthe   GR Groningen   OV Overijssel
FL Flevoland   LB Limburg   UT Utrecht
FR Friesland   NB Noord-Brabant ZL Zeeland
GL Gelderland   NH Noord-Holland ZH Zuid-Holland

Nederlandse provincies / Dutch provinces

Inleiding

Voorgeschiedenis van dit boek

Al vogelend naar het eind van het millennium lijkt het een uitstekend moment om terug te kijken op twee eeuwen van vogelwaarnemingen in Nederland. Ter gelegenheid van het 20-jarige jubileum van de Dutch Birding Association (DBA) wordt teruggeblikt in de vorm van een boek waarin zeldzame soorten van Nederland worden behandeld en van de status van algemene en schaarse soorten een samenvatting wordt gegeven. Ter gelegenheid van het 10-jarige jubileum van de DBA werd eveneens een boek uitgebracht. Het vorige jubileumboek *Vogels nieuw in Nederland* (1990) bestond uit een bundeling van in 1979-90 in Dutch Birding gepubliceerde artikelen over ontdekkingen van nieuwe soorten in 1969-89, terwijl dit boek een naslagwerk is met gedetailleerde informatie uit de 19e en 20e eeuw en talloze kaarten, diagrammen, figuren en in Nederland gemaakte kleurenfoto's.

Na de drie delen van Eykman et al (1936-49) is de Avifauna van Nederland door Kist et al (1970) lange tijd het enige werk geweest waarin de gehele Nederlandse avifauna werd besproken. Dat werk bleek echter al spoedig te beknopt en werd door herzieningen onbruikbaar om nog als referentie te dienen. Sindsdien waren er slechts avifaunistische lijsten zoals die door Oreel (1980), van den Berg (1987-94), Wolfskeel (1989) en van den Berg & Bosman (1994-96).

Het boek is zowel interessant voor gedreven vogelaars die precies willen weten wanneer en waar bepaalde zeldzame soorten in Nederland met zekerheid zijn gezien als voor andere ornithologen waarvoor zulke gedetailleerde informatie van pas komt ten behoeve van bijvoorbeeld het samenstellen van regionale avifauna's of een studie over de verspreiding, afname of toename van bepaalde soorten.

Waar gaat dit boek over?

Dit boek vormt een naslagwerk waarin verslag wordt gedaan van waarnemingen van zeldzame vogels in Nederland in de afgelopen twee eeuwen. De gegevens laten over deze periode wat betreft identificatie, taxonomie, status en herkomst een momentopname zien van het bestaande inzicht en de beschikbare kennis aan het eind van de 20e eeuw. De betrouwbaarheid van de genoemde waarnemingen is door een commissie van deskundigen beoordeeld. De opzet van het boek heeft een wetenschappelijke inslag door zijn talloze verwijzingen waarmee de lezer de gegevens kan inspecteren en verifiëren.

Belang van zeldzame vogels

Het ontdekken van een zeldzame vogel, een dwaalgast, is niet alleen boeiend en romantisch maar ook van wetenschappelijk belang (Barthel & Bezzel 1990). Dergelijke waarnemingen kunnen inzicht verschaffen over de biologie van een soort en zijn nuttig voor algemene studies over onder meer vogeltrek, verspreiding en de invloed van het weer.

Al lang geleden werd ingezien dat het fenomeen van dwaalgasten een uiting van een mechanisme is dat ervoor zorgt dat een soort zich kan uitbreiden (Grinnell 1922). Het is vaak gebeurd dat in eerste instantie het opduiken van een dwaalgast soms werd afgedaan als een onbelangrijke afwijking terwijl later bleek dat de vogel een voorbode was van een omvangrijke uitbreiding van het broedareaal of van een nieuwe trekrichting naar andere wintergebieden. Er zijn veel soorten die kortgeleden nog als dwaalgast werden beschouwd maar nu te talrijk zijn voor een uitgebreide behandeling in dit boek. Voorbeelden zijn Kleine Zilverreiger *Egretta garzetta*, Grote Zilverreiger *Casmerodius albus*, Grote Pieper *Anthus richardi*, Bladkoning *Phylloscopus inornatus*, Buidelmees *Remiz pendulinus* en Roodmus *Carpodacus erythrinus*.

Nederland: klimaat, weer, geografie en landontwikkeling

Klimaat en ligging maken Nederland tot een vogelrijk land. Dankzij de Golfstroom is het klimaat in het algemeen zacht. De gemiddelde dagtemperatuur op Texel, Noord-Holland, varieert van 2,4°C in februari tot 17,1°C in augustus (Wiggers et al 1974). In november-april is de gemiddelde dagtemperatuur in Nederland lager dan 10°C en in mei-oktober hoger. Windstille dagen zijn zeldzaam. Zuidenwind komt meer voor dan noordenwind en westenwind meer dan oostenwind. Het gehele jaar regent het regelmatig.

Het vogelleven varieert sterk per seizoen en is tevens afhankelijk van wisselende weersinvloeden. Tijdens een strenge winter met lange vorstperioden verschilt het voorkomen van veel soorten aanzienlijk van dat in normale winters. Na een strenge winter kunnen soorten die deels standvogel zijn tijdelijk veel zeldzamer blijken dan tevoren. Ook komt het voor dat gedurende perioden met aanhoudende oostenwind in voor- of najaar soorten arriveren die gedurende perioden met westenwind zeldzaam blijven, en andersom.

De oppervlakte is c 42 000 km² waarvan ongeveer de helft beneden zeeniveau. Er zijn slechts enkele gebieden met een hoogte boven 20 m, de meeste in het uiterste zuiden en oosten van het land. De kustlijn heeft een lengte van c 800 km; vóór de uitvoering van de Deltawerken sinds 1953 was dat zelfs 1500 km. Langs de kust liggen, vooral in het noorden (Waddengebied) en zuidwesten (Deltagebied), uitgestrekte getijdemoerassen, moddervlakten en zandbanken. Bovendien hebben drie grote rivieren, Schelde, Maas en Rijn (die zich vertakt in Waal, IJssel, Lek en Nederrijn), een landschap gecreëerd van estuaria, meren en moerassen dat in de laatste eeuwen door de mens verder vormgegeven is.

In het verleden werden de meeste natte gebieden ingepolderd en drooggelegd waarbij ze vaak veranderden in uitgestrekte weilanden doorsneden door talrijke sloten. Grote

Vogelaars bij Mongoolse Pieper / birders watching Blyth's Pipit *Anthus godlewskii,* 26 October 1996, Maasvlakte, Rotterdam, Zuid-Holland *(Arnoud B van den Berg)*

Grote Pieper / Richard's Pipit *Anthus richardi*, 2 October1987, Maasvlakte, Rotterdam, Zuid-Holland *(René van Rossum)*

gebieden ten noorden van Amsterdam werden al in 1564-1635 ingepolderd maar de verandering in geografie was vooral groot in de 20e eeuw toen met ongekende snelheid vele nieuwe polders en dammen werden aangelegd.

Veel agrarische gebieden hebben aan het eind van de 20e eeuw hun belang voor vogels ten dele verloren door verlaging van grondwaterstand en intensivering van landbouw. Andere vogelgebieden verdwenen door natuurlijke ontwikkelingen zoals verlanding en verbossing of door landbouwkundige, toeristische of industriële ontwikkelingen. Hierbij speelt een rol dat Nederland tot de dichtstbevolkte landen van de wereld behoort met 15,6 miljoen inwoners in 1997. Daar staat tegenover dat binnen enkele maanden prachtige, zij het vaak tijdelijke vogelgebieden kunnen ontstaan op bouwplaatsen en in nieuwe polders of door een verandering in beheer van een aanvankelijk vogelarm landbouwgebied.

Historie van CDNA, CSNA en AERC
De opbouw van de vogelkennis van een bepaald gebied moet uiteraard beginnen met een inventarisatie van de aldaar voorkomende soorten. Voous concludeerde dat voor Nederland de inventarisatie in grote trekken in de loop van de 19e eeuw was voltooid dankzij Temminck, Schlegel, Koller en Albarda (Ardea 41: 226-238, 1953). Het blijkt echter dat in de laatste decennia van de 20e eeuw niet alleen de kennis van veldkenmerken maar ook het aantal waarnemers dat deze kennis bezit dermate is toegenomen dat voor een aantal zeldzame soorten de inventarisatie toen pas is aangevangen.

Om waarnemingen van het groeiende aantal vogelaars te verifiëren (ten behoeve van '*truth and public inspection*') werd op 13 april 1957 door de (pas op 1 januari 1957 tot stand gekomen) Nederlandse Ornithologische Unie (NOU) na sterk aandringen van K H Voous een zeldzaamhedencommissie ingesteld onder de naam Commissie voor de Nederlandse Avifauna (CNA); deze kan als de oudste zeldzaamhedencommissie (*rarities committee*) van Europa worden beschouwd (Ardea 50: 1, 1962). In 1974 werd de CNA onderverdeeld in de Commissie Dwaalgasten Nederlandse Avifauna (CDNA) en de Commissie Systematiek Nederlandse Avifauna (CSNA). Sinds 1987 vallen CDNA/CSNA onder de gezamenlijke verantwoordelijkheid van de NOU en de DBA (DB 9: 141-142, 1987). De CDNA legt zich toe op de beoordeling van waarnemingen van zeldzame soorten (dwaalgasten) en de CSNA heeft als verantwoordelijkheid taxonomie, naamgeving en status van alle Nederlandse soorten. De CSNA is in 1995 na een jarenlange inactieve periode, waar-

in zij was opgegaan in de CDNA, nieuw leven ingeblazen (cf DB 17: 256, 1995, VJ 46: 138, 1998) en vervult sindsdien op taxonomisch gebied een voortrekkersrol binnen de Association of European Rarities Committees (AERC). De AERC werd in oktober 1991 tijdens de eerste conferentie van Europese zeldzaamhedencommissies (Euro Bird Week) op Texel, Noord-Holland, geconcipieerd (DB 13: 221-222, 1991, Limicola 6: 32-34, 1992) en in oktober 1993 tijdens de tweede conferentie op Helgoland, Schleswig-Holstein, Duitsland, formeel opgericht (DB 16: 211-212, 1994, Limicola 8: 134-137, 1994). Tijdens de vierde conferentie in juli 1997 te Blahová, Slowakije, functioneerden in Europa inmiddels 32 landelijke zeldzaamhedencommissies. Ook in andere werelddelen bestaan tegenwoordig landelijke of regionale zeldzaamhedencommissies.

Deze commissies bestaan in het algemeen uit een wisselend aantal personen die als taak hebben iedere aan hen voorgelegde waarneming van zeldzame soorten op waarde te schatten. Gewoonlijk worden deze waarnemingen aanvaardbaar geacht wanneer niet meer dan één persoon tegenstemt. Zo wordt op een onafhankelijke manier een rationeel resultaat bereikt.

De acht leden tellende Nederlandse commissie (CDNA) kiest haar eigen leden. Het onafhankelijke karakter van het oordeel van de commissie wordt onder meer in stand gehouden door een roulatiesysteem waarin ieder lid na een bepaalde periode wordt vervangen.

Doelstellingen van DBA
De in 1979 opgerichte DBA heeft als doelstelling het stimuleren en op hoger peil brengen van het waarnemen van zeldzame en interessante vogels en het nastreven van een zo goed mogelijke documentatie en analyse van de waarnemingen. De belangrijkste instrumenten vormen het tweemaandelijkse tijdschrift Dutch Birding en de verzorging van actuele informatie door de Dutch Birding-vogellijn (0900-2032128), internet en andere netwerken. Het tijdschrift legt zich toe op gespecialiseerde onderwerpen als veldherkenning, dwaalgasten en taxonomie. Uitwisseling van kennis wordt tevens gepropageerd door het organiseren van enkele jaarlijkse bijeenkomsten (Texel-week en DBA-dag) en door het ondersteunen van soortenjagers (Club 450 io), een reisverslagenorganisatie (*travel reports service*), een Belgische vogellijn en activiteiten van uitgevers. Soortenjagers (*twitchers*) zijn nogal eens opvallend in het nieuws en hebben zo niet alleen bijgedragen aan de bekendheid maar ook aan een wat eenzijdige beeldvorming van de DBA.

Werkwijze en verantwoording CDNA en CSNA

Overeenstemming met CDNA en CSNA

In dit boek wordt niet afgeweken van de beslissingen van de Commissie Dwaalgasten Nederlandse Avifauna (CDNA) en die van de Commissie Systematiek Nederlandse Avifauna (CSNA). De CDNA houdt zich bezig met zeldzame soorten waarbij de determinatie wordt beoordeeld en naar kenmerken wordt gekeken die duiden op een herkomst uit gevangenschap. De CSNA houdt zich bezig met taxonomie en maakt ook een inschatting of een bepaalde soort in principe wild en op eigen kracht Nederland kan bereiken.

Om ervoor te zorgen dat de inhoud van dit boek overeenstemt met de beslissingen van deze commissies, zijn de teksten eind 1997 ter goedkeuring voorgelegd aan de in dat jaar in functie zijnde voorzitter (Jan van der Laan), secretaris (Jelle Scharringa) en archivaris (Wim Wiegant) van de CDNA en de toenmalige leden (Cornelis Hazevoet, Kees Roselaar en George Sangster) van de CSNA. De genoemde waarnemingen van zeldzaamheden zijn derhalve aanvaard door de CDNA waarbij nog niet ingediende of in behandeling zijnde gevallen duidelijk als zodanig geannoteerd zijn.

De gepresenteerde gegevens prevaleren boven eerdere CDNA-publicaties over aanvaarde of afgewezen gevallen. In dit boek is dus het laatste woord van de CDNA tot en met december 1998 te vinden. Het is echter niet zo dat de gegevens voor altijd vastliggen. Vooral slecht gedocumenteerde gevallen kunnen in de toekomst met gegronde redenen weer worden herzien terwijl uit oude fotodozen, aantekenboekjes en musea bewijsstukken kunnen opduiken die oude gevallen aan de Nederlandse lijst toevoegen. Hetzelfde geldt voor soorten die thans als kooivogel worden beschouwd maar waarvan in de toekomst kan blijken dat ze hier toch wild kunnen voorkomen. Nieuwe gevallen voor de in dit boek behandelde periode van 1800-1998 kan men in toekomstige CDNA-jaarverslagen aantreffen. De lezer wordt om die reden aangeraden de gegevens te vergelijken met de na december 1998 door de CDNA te publiceren jaarverslagen en mededelingen. Niet alleen is dit verstandig voor de jaren 1997-98, waarover tijdens het schrijven van dit boek nog geen jaarverslag was gepubliceerd, maar ook als het gaat om gevallen van lang geleden. Hetzelfde geldt voor gewijzigde inzichten en nieuwe beslissingen van de CSNA sinds 1 februari 1999 (in Ardea en Dutch Birding).

Waarnemingen van zeldzame soorten die niet in dit boek staan vermeld waren op 1 februari 1999 niet aanvaard door de CDNA. Hieraan konden twee redenen ten grondslag liggen: ze werden door de CDNA afgewezen of niet (tijdig) bij de CDNA ingediend.

De door de CDNA in jaarverslagen gepubliceerde argumentatie voor het aanvaarden of afwijzen wordt in dit boek niet herhaald. Voor informatie over niet (langer) aanvaardbaar geachte waarnemingen kan men behalve CDNA-jaarverslagen ook Eykman et al (1936-49), Kist et al (1970) en van IJzendoorn et al (1996) raadplegen. De C(D)NA-jaarverslagen werden gepubliceerd in Limosa (sinds de oprichting van de Commissie Nederlandse Avifauna (CNA) in 1957 tot en met 1993), zowel in Limosa als Dutch Birding (voor de jaren 1980-93) en alleen in Dutch Birding (vanaf 1994). Voorafgaand aan de oprichting in 1957 van de CNA werden gevallen weliswaar niet formeel aanvaard maar wel geselecteerd en vermeld door met name Eykman et al (1936-49) en (minder uitvoerig) Kist et al (1970). Deze auteurs baseerden zich daarbij voor de 20e-eeuwse periode tot 1957 vooral op de met C(D)NA-jaarverslagen vergelijkbare jaaroverzichten die in respectievelijk Tijdschrift van de Nederlandse Dierkundige Vereniging, Jaarbericht van de Club van Nederlandse Vogelkundigen, Ardea (tot c 1950) en Limosa werden gepubliceerd.

Welke soorten worden uitgebreid behandeld in dit boek?

Alle in Nederland als wilde vogel vastgestelde soorten en ondersoorten worden in dit boek vermeld maar alleen de als zeldzaam te boek staande worden uitvoerig besproken. Dit zijn de taxa waarvan in één of meer jaren na 1989 iedere waarneming ter beoordeling aan de CDNA diende te worden voorgelegd (zie Soortenlijst). Ze vormen bijna de helft van alle Nederlandse taxa. De overige betreffen schaars tot talrijk voorkomende taxa die uitgebreid aan bod komen in een tweede deel dat door NOU en Samenwerkende Organisaties Vogelonderzoek Nederland (SOVON) zal worden geproduceerd. Deze zijn in dit boek te herkennen aan het 'tweetje' ([2]) achter de Nederlandse soortnaam in de kopregel. De verdeling over twee boeken is een gevolg van de samenwerking tussen de twee Nederlandse vogelaarsorganisaties, waarvan de DBA zich vooral richt op het verzamelen van gegevens over zeldzame soorten en de SOVON zich over algemene soorten ontfermt.

De enige uitzonderingen op de '1989-regel' zijn enerzijds Bladkoning *Phylloscopus inornatus* (beoordeeld tot 1 januari 1989) die uitgebreid in deel 1 wordt behandeld en anderzijds IJslandse Grutto *Limosa limosa islandica* (beoordeeld tot 1 januari 1990), Grote Kruisbek *Loxia pytyopsittacus* (beoordeeld tot 1 januari 1993) en Roodmus *Carpodacus erythrinus* (beoordeeld tot 1 januari 1992) die (vermoedelijk) ook in deel 2 uitgebreid aan bod komen.

Dit boek bevat voorts ten minste twee soorten die (nog) niet zijn aanvaard door de CDNA (Turkestaanse Klauwier *Lanius phoenicuroides* en Daurische Klauwier *L speculigerus*) en soorten waarvan de herkomst van de waargenomen exemplaren ter discussie staat (Witbandzeearend *Haliaeetus leucoryphus* en Jufferkraanvogel *Anthropoides virgo*). Bovendien kan de status of determinatie van Grote Canadese Gans *Branta canadensis* en enkele behandelde ondersoorten (Steppebuizerd *Buteo buteo vulpinus* en Witte Kerkuil *Tyto alba alba*) ter discussie worden gesteld. Mogelijke nieuwe soorten die nog bij de CDNA in behandeling zijn en waarvan geen overtuigende foto, geluidsopname of video is gepubliceerd zijn niet in dit boek opgenomen.

De reden waarom geen soorten en waarnemingen zijn opgenomen die wel in vakliteratuur staan vermeld maar naar het oordeel van de CDNA de toets der kritiek niet (meer) konden doorstaan is vooral van praktische aard. Het boek zou immers in omvang meer dan verdubbelen wanneer rekenschap wordt gegeven van alle waarnemingen aan ontsnapte kooivogels, onjuist gedetermineerde of onvoldoende gedocumenteerde dwaalgasten en zoekgeraakte museumexemplaren.

De splitsing in twee delen heeft als gevolg dat er in deel 1 weinig nuanceringen zijn aangebracht in de notities over het voorkomen van algemene soorten. Zo worden alle broedvogels met meer dan 500 paren in dit boek simpelweg algemeen genoemd en wordt geen onderverdeling gemaakt in talrijkheid van 'algemene' doortrekkers of wintergasten. Deze werkwijze kan als nadeel hebben dat de uitvoerige bespreking van bepaalde soorten die op het eerste gezicht weinig in talrijkheid verschillen in twee verschillende boeken plaatsvindt. Zo werd Witvleugelstern *Chlidonias leucopterus* tot 1 januari 1985 door de CDNA beoordeeld en Witwangstern *C hybridus* tot 1 januari 1996. Dit betekent dat over Witvleugelstern in deel 1 slechts enkele regels staan opgetekend terwijl van Witwangstern alle aanvaarde waarnemingen vermeld worden. Over in deel 2 uitvoerig te behandelen voormalige beoordeelsoorten staan in deel 1 soms wel enkele regels tekst over eerste gevallen en beoordeelperiode. Tevens wordt in deel 1 bij soorten van deel 2 soms beknopte informatie gegeven over eerste of laatste broedgevallen.

Een andere schijnbare onevenwichtigheid wordt veroorzaakt door het feit dat er over uiterst zeldzame soorten die slechts éénmaal zijn vastgesteld niet zoveel te vertellen valt terwijl uit het voorkomen van zeldzame soorten met meer dan 100 gevallen niet alleen lange opsommingen maar ook allerlei patronen naar voren komen die aanleiding kunnen geven tot beschouwingen en vergelijkingen.

Facts versus trends

Deel 1 levert vooral feiten (*facts*) en deel 2 zal vermoedelijk meer ingaan op *trends* en algemene lijnen van ontwikkeling. Dit verschil in benadering bestaat ook tussen CDNA en SOVON waarbij de eerstgenoemde instantie er bijvoorbeeld van uitgaat dat een vogel pas als broedvogel kan worden beschouwd wanneer het nest met eieren of jongen is gevonden terwijl de tweede dat reeds doet wanneer een exemplaar enkele keren op dezelfde plaats binnen een bepaalde periode zingend is waargenomen. Trends zijn nuttig bij het bespreken van algemene soorten maar riskant bij zeldzaamheden. Over dit principe is nogal eens verwarring ontstaan waardoor men in het verleden soms te gemakkelijk tot aanvaarding van zeldzaamheden kwam (cf van IJzendoorn & de Heer 1985, van IJzendoorn et al 1996).

Feiten zijn zo belangrijk omdat een onjuiste extrapolatie of generalisatie bij zeldzame soorten verhoudingsgewijs een aanzienlijk grotere fout veroorzaakt dan bij talrijk voorkomende soorten. Als er van een soort slechts drie gevallen zijn waarvan er één ten onrechte werd aanvaard, betekent dit immers dat 33% van de gegevens onjuist zijn.

Zodra een zeldzame soort zo algemeen is geworden dat er niet langer een beoordeling door de CDNA plaatsvindt, komt hij in aanmerking voor een meer trendmatige behandeling in SOVONs bijzondere-soortenproject.

SOVONs bijzondere-soortenproject

Van de in dit boek uitgebreid behandelde soorten wordt een aantal inmiddels niet meer door de CDNA beoordeeld en hun registratie werd na de CDNA-beoordelingsperiode overgenomen door SOVON met het bijzondere-soortenproject.

De belangstelling van vogelaars en ringers voor soorten die in aantal zijn toegenomen kan snel verdwijnen, hetgeen tot gevolg heeft dat de documentatie onvoldoende wordt en de bij de CDNA ingediende gegevens niet meer representatief zijn voor de werkelijk waargenomen of geringde aantallen. SOVONs bijzondere-soortenproject vormt een middel om de gegevens ondanks afnemende aandacht boven water te krijgen.

Als voorbeelden van dit fenomeen kunnen Cetti's Zanger *Cettia cetti* en Roodmus *Carpodacus erythrinus* worden genoemd. Voor beide gold dat waarnemers op een bepaald moment niet meer bereid bleken beschrijvingen op te stellen omdat zij deze soorten niet meer als zeldzaam beschouwden. Het duurde voor beide nog een aantal jaren voordat de CDNA besloot de soort van de beoordeellijst te verwijderen. Zo was Roodmus in 1987 vrij plotseling een broedvogel en geen zeldzaamheid meer maar het duurde nog tot 1991 voordat gevallen ook niet meer hoefden te worden ingediend. De reden van deze vertraging kan worden gevonden in twijfels of de toename al dan niet van lange duur was. Een decennium eerder werd immers Cetti's Zanger juist in het jaar waarin hij van de beoordeellijst was verwijderd (1979) weer een zeldzame soort waardoor uiteindelijk de reeks van waarnemingen een onvolledig karakter heeft gekregen.

Regionale publicaties

Bijna voor iedere Nederlandse regio is ooit wel een vogelboek (avifauna) gepubliceerd. Dit kunnen waardevolle werken zijn waarin men gevallen van zeldzame soorten kan aantreffen die ook door de CDNA zijn aanvaard. Daarnaast staan in regionale boekwerken en tijdschriften vaak niet door de CDNA aanvaarde meldingen van zeldzame soorten vermeld. Dit komt doordat niet iedereen zijn waarnemingen ter beoordeling naar de CDNA stuurt terwijl deze vaak wel worden opgenomen in regionale avifaunaboeken. Als er bovendien geen documentatie is gepubliceerd zoals een foto of een uitvoerige beschrijving, zal een dergelijke waarneming niet voor de Nederlandse lijst worden aanvaard en nimmer de status van een anecdote ontstijgen.

Dergelijke 'anecdotes' zal men overigens ook tegenkomen bij het doorlezen van rapporten van waarnemingenrubrieken van vogeltijdschriften, inclusief Dutch Birding (recente meldingen). Zelfs in rubrieken van buitenlandse tijdschriften als Birding World, Birdwatch en British Birds kan men Nederlandse meldingen van zeldzame soorten tegenkomen die niet in dit boek staan vermeld.

Dit veroorzaakt een zekere discrepantie tussen datgene wat voor bepaalde delen van Nederland op regionaal niveau is gepubliceerd en wat er uiteindelijk aanvaardbaar wordt geacht. Het opnemen van onacceptabele, slecht gedocumenteerde en vaak op onvolledige wijze gepubliceerde waarnemingen van zeer zeldzame soorten door redactie en uitgevers van regionale avifauna's heeft een devaluatie tot gevolg van andere waarnemingen. Het onderscheiden van zin en onzin in zulke boeken wordt immers bemoeilijkt, hetgeen onrecht doet aan allen die consciëntieus hun bijzondere waarnemingen zo goed mogelijk trachtten vast te leggen.

CDNA-terminologie en methode

In het jargon dat bestaat met betrekking tot zeldzame vogelsoorten worden door de CDNA aanvaarde waarnemingen aangeduid als 'geval' (*record*) en waarnemingen die niet werden aanvaard (afgewezen of niet ingediend) als 'melding' (*report*). Voorts worden gevallen 'vastgesteld' en meldingen 'geclaimd'.

In dit boek worden alleen die gevallen vermeld waarvan *1* het tijdstip ten minste tot op de maand en *2* de plaats ten minste tot op de provincie nauwkeurig bekend is. Dit is een gevolg van het feit dat de CDNA waarnemingen of museumexemplaren met gegevens die minder nauwkeurig zijn per definitie zo onbetrouwbaar acht dat ze als onaanvaardbaar worden beschouwd. Enkele (recente) waarnemingen die nog niet door de CDNA zijn aanvaard worden weliswaar genoemd maar daarbij is duidelijk aangegeven dat de vermelding een voorlopig karakter heeft.

In de aantallen bij opsommingen, diagrammen en kaartjes wordt onderscheid gemaakt tussen gevallen (*records*) en individuen (*individuals*). Meestal betreft een waarneming van een zeldzame soort een enkele vogel maar soms is het een groep of een broedgeval (waarvoor ook nestjongen als individu worden geteld). Voor bepaalde soorten geldt dat het voorkomen duidelijker wordt weergegeven met het aantal individuen dan met het aantal gevallen. In alle figuren staat de keuze voor gevallen of individuen nadrukkelijk genoemd. In de opsommingen staat achter gevallen met twee of meer exemplaren tussen haakjes in **vet** het hoogste aantal.

In de begeleidende tekst is nauwkeurig vermeld in welke jaren een soort door de CDNA beoordeeld of slechts geregistreerd werd. De CDNA 'beoordeelt' (*considers*) of de aangedragen gegevens over een waarneming van een zeldzame soort voldoende zijn voor 'aanvaarding' (*acceptance*). In het verleden werden soorten die te algemeen waren om te worden beoordeeld vaak wel geregistreerd (*registered*) in een poging een vinger aan de pols te houden wat betreft fluctuaties in hun voorkomen. Deze registratie werd in de 1980er jaren niet meer zinvol geacht omdat inmiddels veel gegevens boven water kwamen dankzij de Dutch Birding-vogellijn en SOVONs bijzondere-soortenproject. Registratie door CDNA betekende niets anders dan dat waarnemingen werden verzameld zonder daarbij te onderzoeken of de determinatie correct was.

Tot c 1980 maakte de CDNA na aanvaarding onderscheid tussen 'bevestigde' en 'onbevestigde' gevallen. Officieel betrof een onbevestigd geval een waarneming die door slechts één persoon was verricht (*single-observer record*) en niet door foto's of geluidsopnamen werd ondersteund. Hierbij moet men bedenken dat er vóór 1980 weinig actieve vogelaars waren en dat slechts zelden foto's of geluidsopnamen werden gemaakt. Bovendien beschikten zij niet over snelle communicatiemiddelen als mobiele telefoons en semafoons. Het was daarom in die tijd, anders dan in de 1990er jaren, geen uitzondering dat de waarnemer er niet in slaagde tijdig anderen te waarschuwen. In de praktijk bleek de CDNA echter nogal eens de term 'onbevestigd' te gebruiken om een geval niet volledig te aanvaarden zonder waarnemers voor het hoofd te hoeven stoten. Dit betekent dat men waarnemingen die onvoldoende werden gedocumenteerd of zelfs ongeloofwaardig werden bevonden niet afwees maar als onbevestigd noteerde. Sinds c 1980 wordt een door één persoon verrichte waarneming in principe op dezelfde manier behandeld en gehonoreerd als een waarneming door meerdere personen ofschoon een bevestiging door een tweede waarnemer de geloofwaardigheid uiteraard ten goede komt.

In dit boek worden in overzichten van soorten die niet werden herzien in het algemeen geen onbevestigde gevallen vermeld (cf Ardea 50: 7, 1962). Uitzonderingen gelden voor een aantal soorten waarbij niet direct determinatieproblemen zijn te verwachten zoals Poelruiter *Tringa stagnatilis*, Zwarte Zeekoet *Cepphus grylle*, Bijeneter *Merops apiaster*, Scharrelaar *Coracias garrulus*, Roodkeelpieper *Anthus cervinus*,

Cetti's Zanger *Cettia cetti* en Graszanger *Cisticola juncidis*. Onbevestigde gevallen staan aangegeven met #. Van één inmiddels niet meer actieve waarnemer met een opmerkelijke reeks van uiterst onwaarschijnlijke éénmanswaarnemingen werd echter ook van deze soorten geen onbevestigd geval opgenomen.

Voorlopige toevoegingen

Gevallen en meldingen van 1997-98, en soms ook die van 1996 of eerder, worden gerangschikt onder 'voorlopige toevoegingen' (*provisional additions*). Dit is niet zozeer omdat de genoemde waarnemingen een grote kans zouden lopen te worden afgewezen als wel omdat de gegevens voor die jaren onvolledig zijn.

Recente meldingen worden alleen als voorlopige toevoegingen in dit boek genoemd wanneer ze zodanig zijn gedocumenteerd door foto's, gedetailleerde beschrijvingen of anderszins dat er weinig twijfel over toekomstige aanvaarding door de CDNA is te verwachten. Voor enkele soorten zoals Zwarte Ibis *Plegadis falcinellus* en Bruine Boszanger *Phylloscopus fuscatus* geldt dat er wel vrij veel waarnemingen zijn voor 1997 maar dat slechts enkele werden ingediend en als voorlopige toevoegingen konden worden opgenomen. Voor enkele andere soorten geldt daarentegen dat niet alleen alle gevallen van 1997 maar zelfs die van begin 1998 in kaart en diagrammen zijn opgenomen. Dit gebeurt wanneer deze gevallen reeds zijn aanvaard en bovendien een belangrijk deel vormen van het totaal.

Een aantal (nog) niet aanvaarde maar wel vermelde 'gevallen' heeft betrekking op (recente) waarnemingen die al wel bij de CDNA zijn ingediend maar nog niet zijn uitgeprocedeerd. Deze staan in de opsommingen aangeduid als *not (yet) accepted by CDNA* ofwel (nog) niet aanvaard door de CDNA. Indien ze nog niet waren ingediend ten tijde van het schrijven van het boek staan ze aangeduid als *not (yet) submitted to CDNA* ofwel (nog) niet ingediend bij de CDNA. Bij gevallen die wél werden aanvaard maar waarvan (nog) geen documentatie of een vermelding in een CDNA-jaarverslag werd gepubliceerd staat vaak vermeld dat de gegevens zich in het archief van de CDNA bevinden (*CDNA archives*).

Herzieningen

In de afgelopen 150 jaar zijn er regelmatig werken verschenen waarin opsommingen werden gemaakt van alle vogelsoorten die in Nederland waren vastgesteld. Hiervan kunnen Nozemann & Sepp (1809, 1829), Schlegel (1852, 1854-58), Albarda (1897), Snouckaert van Schauburg (1908), van Oordt & Verwey (1925), Eykman et al (1936-49), Kist & Voous (1962) en Kist et al (1970) als de belangrijkste worden beschouwd. Wat betreft zeldzame soorten zijn in die werken vaak nauwkeurige verwijzingen opgenomen naar collecties of publicaties maar er worden in het algemeen geen beschrijvingen gegeven.

Het bleek spoedig dat de samenstellers van de in 1970 gepubliceerde *Avifauna van Nederland* (Kist et al 1970) de problemen van de in die tijd nog in de kinderschoenen staande veldherkenning van zeldzame soorten hadden onderschat. Daardoor was de determinatie van een aantal moeilijk te determineren soorten aan steeds meer twijfel onderhevig. Zo werden artikelen gepubliceerd waarin werd aangetoond dat waarnemingen van soorten als Slangenarend *Circaetus gallicus* (DB 3: 38-45, 1981), Petsjorapieper *Anthus gustavi* (DB 2: 144-146, 1980) en Grijze Gors *Emberiza cia* (LM 45: 139-144, 1972) ten onrechte werden aanvaard. Daarom ging de CDNA er in c 1983 als een van de eerste Europese commissies toe over om van veel soorten alle gevallen van vóór 1980 aan een nieuw onderzoek te onderwerpen en na te gaan welke naar huidige maatstaven nog aanvaardbaar geacht konden worden. Men ging daarbij terug tot het begin van de 19e eeuw. Bovendien bleek dat de documentatie van enkele in eerste instantie aanvaarde gevallen van na 1979 door een nieuwe generatie commissieleden dermate ontoereikend werd geacht dat ze na herziening alsnog werden afgewezen. Dit alles heeft geresulteerd in louterende CDNA-herzieningen waarvan de resultaten met een grote tussenpoze in twee fasen werden gepubliceerd (van IJzendoorn & de Heer 1985, van IJzendoorn et al 1996). In deze twee publicaties is te lezen dat niet alleen de determinatie soms onjuist

was maar dat soms ook bewijsstukken onvindbaar bleken of dat de herkomst twijfelachtig was. Soms betrof dit balgen die in collecties niet meer te vinden waren waaronder zelfs een aantal dat zich in de grote musea te Amsterdam, Noord-Holland, of Leiden, Zuid-Holland, had moeten bevinden. Een aantal balgen bleek verkocht met onbestemde bestemming, gestolen, verbrand of dermate in ongerede geraakt dat ooit was besloten ze te vernietigen. Soms was essentiële informatie verloren gegaan doordat het etiket was zoekgeraakt. In veel van deze gevallen was verzuimd een beschrijving, tekening of foto van de balg te maken zodat geen enkel bewijs meer voorhanden was. Al deze gevallen werden herzien en afgewezen en ze worden in dit boek niet meer genoemd. Hierdoor is ook een aantal soorten van de Nederlandse lijst verdwenen (cf tabel 4). Deze ogenschijnlijk strenge werkwijze is niet nieuw. Immers, als men oude jaaroverzichten van Albarda en Snouckaert van Schauburg doorneemt, komt men een hoog aantal meldingen tegen van geschoten en verzamelde zeldzaamheden als bijvoorbeeld Kleine Trap *Tetrax tetrax* en Scharrelaar *Coracias garrulus* die niet werden opgenomen door Eykman et al (1936-49) en Kist et al (1970) omdat de bewijsstukken onvindbaar waren en de interpretatie van de waarnemingen te onzeker was (cf K H Voous in litt).

Door de herzieningen is het percentage van de in dit boek genoemde gevallen dat op een vergissing of fout berust waarschijnlijk lager dan in de meeste andere landen van Europa waar geen grootschalige herzieningen plaatsvonden. In de tijd tussen beide publicaties over herzieningen werden de resultaten verwerkt in de sinds 1987 tweemaal per jaar bijgewerkte en uitgegeven tweetalige *Lijst van Nederlandse vogelsoorten* (van den Berg 1987-94) en *Lijst van Nederlandse vogels* (van den Berg & Bosman 1994-96); deze lijsten vormen in feite de basis van dit boek.

Meer gegevens over aanvaarde gevallen van herziene taxa kan men vinden in van IJzendoorn et al (1996) en de CDNA-jaarverslagen voor 1980-95. De CDNA-jaarverslagen in *Dutch Birding* zijn in het Engels en werden verzorgd door Blankert et al (1982-88) voor de jaren 1980-87, van den Berg et al (1989-93a) voor 1988-91 en Wiegant et al (1994a-98) voor 1992-96. De CDNA-jaarverslagen in *Limosa* zijn in het Nederlands en kwamen van de hand van Scharringa et al (1981-1986) voor de jaren 1980-84, Moerbeek et al (1987) voor 1985, de By et al (1987-93) voor 1986-91 en Wiegant et al (1994b, 1996b) voor 1992-93.

Niet-herziene soorten

Van c 30 zeldzame soorten werden de gevallen van vóór 1980 niet herzien (tabel 1). Het gevolg is dat van niet-herziene taxa bepaalde slecht gedocumenteerde gevallen zijn gehandhaafd welke bij een herziening zouden zijn afgewezen.

Alleen in uitzonderingsgevallen, zoals wanneer beschrijving of foto met zekerheid betrekking blijken te hebben op een andere soort, wordt wat betreft niet-herziene soorten in dit boek afgeweken van Eykman et al (1936-49) en Kist et al (1970).

Het ontbreken van een herziening betekent dat waarnemingen niet werden getoetst aan de sinds 1980 door de CDNA gehanteerde normen en criteria. Er zijn verschillende redenen waarom de CDNA geen herziening doorvoerde. Voor veel soorten werd een herziening niet zinvol geacht omdat deze vroeger algemeen voorkwamen, zoals Stormvogeltje *Hydrobates pelagicus*, Ralreiger *Ardeola ralloides*, Grote Trap *Otis tarda*, Griel *Burhinus oedicnemus*, Poelsnip *Gallinago media*, Middelste Bonte Specht *Dendrocopos medius* en Roodkopklauwier *Lanius senator*. Ook soorten als Dwerggans *Anser erythropus*, Kleinste Jager *Stercorarius longicaudus*, Lachstern *Gelochelidon nilotica* en Waterrietzanger *Acrocephalus paludicola* waren nog zo talrijk dat een herziening ondoenlijk werd geacht. Een aantal soorten werd eerst sinds het midden van de 20e eeuw steeds talrijker zodat bijna alle gevallen reeds aan de huidige criteria voldoen; dit geldt bijvoorbeeld voor Koereiger *Bubulcus ibis*, Poelruiter *Tringa stagnatilis*, Witwangstern *Chlidonias hybridus*, Roodkeelpieper *Anthus cervinus*, Cetti's Zanger *Cettia cetti* en Graszanger *Cisticola juncidis* en Taigaboomkruiper *Certhia familiaris*. Er zijn ook soorten waarbij men er vermoedelijk, al of niet terecht, vanuit ging dat er geen determinatieproblemen bestonden zoals bij Zwarte Ibis *Plegadis falcinellus*, Kleine Trap

tabel 1 / table 1

Door CDNA tot en met ten minste 1989 beoordeelde taxa waarvan gevallen van vóór 1980 niet werden herzien / Taxa considered by CDNA up to at least 1989 of which pre-1980 records have not been reviewed

Dwerggans	Lesser White-fronted Goose	*Anser erythropus*
Groenlandse Kolgans	Greenland White-fronted Goose	*Anser albifrons flavirostris*
Stormvogeltje	European Storm-petrel	*Hydrobates pelagicus*
Roze Pelikaan	Great White Pelican	*Pelecanus onocrotalus*
Ralreiger	Squacco Heron	*Ardeola ralloides*
Koereiger	Cattle Egret	*Bubulcus ibis*
Zwarte Ibis	Glossy Ibis	*Plegadis falcinellus*
Flamingo	Greater Flamingo	*Phoenicopterus roseus*
Steppebuizerd	Steppe Buzzard	*Buteo buteo vulpinus*
Klein Waterhoen	Little Crake	*Porzana parva*
Kleinst Waterhoen	Baillon's Crake	*Porzana pusilla*
Kleine Trap	Little Bustard	*Tetrax tetrax*
Grote Trap	Great Bustard	*Otis tarda*
Griel	Stone-curlew	*Burhinus oedicnemus*
Poelsnip	Great Snipe	*Gallinago media*
Poelruiter	Marsh Sandpiper	*Tringa stagnatilis*
Kleinste Jager	Long-tailed Jaeger	*Stercorarius longicaudus*
Kleine Burgemeester	Iceland Gull	*Larus glaucoides*
Lachstern	Gull-billed Tern	*Gelochelidon nilotica*
Witwangstern	Whiskered Tern	*Chlidonias hybridus*
Zwarte Zeekoet	Black Guillemot	*Cepphus grylle*
Bijeneter	European Bee-eater	*Merops apiaster*
Scharrelaar	European Roller	*Coracias garrulus*
Middelste Bonte Specht	Middle Spotted Woodpecker	*Dendrocopos medius*
Roodkeelpieper	Red-throated Pipit	*Anthus cervinus*
Roodsterblauwborst	Red-spotted Bluethroat	*Luscinia svecica svecica*
Cetti's Zanger	Cetti's Warbler	*Cettia cetti*
Graszanger	Zitting Cisticola	*Cisticola juncidis*
Waterrietzanger	Aquatic Warbler	*Acrocephalus paludicola*
Sperwergrasmus	Barred Warbler	*Sylvia nisoria*
Taigaboomkruiper	Eurasian Treecreeper	*Certhia familiaris*
Roodkopklauwier	Woodchat Shrike	*Lanius senator*
Bruinkopgors	Red-headed Bunting	*Emberiza bruniceps*

Tetrax tetrax (alle geschoten), Zwarte Zeekoet *Cepphus grylle*, Bijeneter *Merops apiaster*, Scharrelaar *Coracias garrulus* en Sperwergrasmus *Sylvia nisoria* (bijna alle vangsten). Voor andere soorten leek een herziening niet zinvol omdat tegenwoordig eisen aan documentatie worden gesteld waaraan men vroeger niet kon voldoen zoals geluidsopnamen bij Klein Waterhoen *Porzana parva* en Kleinst Waterhoen *P pusilla*.

De niet-herziene soorten worden op verschillende manieren in dit boek behandeld. Poelsnip was vroeger dermate talrijk dat voor 1800-1976 slechts de in een select aantal musea aanwezige specimens worden genoemd; vanaf 1977 worden alle aanvaarde gevallen vermeld. Voor Stormvogeltje worden om dezelfde reden voor 1900-81 slechts vangsten en verzamelde exemplaren vermeld (en voor 1800-99 niets); vanaf 1982 worden alle aanvaarde gevallen vermeld. Net als voor Stormvogeltje en Poelsnip geldt ook voor Dwerggans, Grote Trap, Griel, Kleinste Jager, Lachstern, Waterrietzanger en Roodkopklauwier dat ze in een bepaalde periode zo talrijk waren dat niet alle gevallen sinds 1800 genoemd kunnen worden. Voor iedere soort is er een andere oplossing gekozen waarbij veelal een periode is uitgekozen die een goede indruk geeft van het voorkomen. Voor Klein Waterhoen en Kleinst Waterhoen geldt dat waarnemingen in het verleden door determinatieproblemen dermate onbetrouwbaar waren dat in dit boek voor 1800-1979 alleen vangsten en verzamelde exemplaren worden vermeld tenzij een overtuigende beschrijving werd gepubliceerd. Het ontbreken van een herziening heeft samen met determinatieproblemen voor Steppebuizerd *Buteo buteo vulpinus* zelfs tot gevolg dat er thans in feite geen enkel geval is aan te wijzen dat niet aan twijfel onderhevig is.

Samenvattend kan worden gesteld dat van niet-herziene taxa bijna alle in dit boek opgenomen gevallen van vóór 1900 staan vermeld in Eykman et al (1936-49), gevallen van 1900-68 zowel in Eykman et al (1936-49) als Kist et al (1970) en gevallen van 1969-95 in C(D)NA-jaarverslagen in Limosa (1969-93) en Dutch Birding (1980-95). De door Snouckaert van Schauburg en andere auteurs vermelde specimens uit de 19e eeuw en het begin van de 20e eeuw die niet door Eykman et al (1936-49) of Kist et al (1970) zijn genoemd worden in dit boek evenmin opgenomen tenzij daarvoor bepaalde redenen zijn (zoals bij de door Albarda (1897) genoemde 19e-eeuwse Kleine Trappen).

Wellicht ten overvloede moet worden opgemerkt dat in de toekomst niet alleen nieuwe gevallen uit de jaren 1800-1996 bekend kunnen worden maar dat ook thans aanvaarde gevallen door het bekend worden van nieuwe gegevens alsnog kunnen worden herzien.

Vermeende kooivogels

Met name in de eerste decennia van haar bestaan gaf de C(D)NA aan bepaalde zeldzame soorten niet alleen wat al te lichtvaardig het predikaat ontsnapte kooivogel maar bovendien werd een dergelijke beslissing zelden of nooit gepubliceerd laat staan beargumenteerd. Hierdoor zijn vrij veel gevallen zoekgeraakt van soorten die tegenwoordig in geheel Europa als dwaalgast worden beschouwd. Nog maar enkele decennia geleden kon men zich niet voorstellen dat een kleine Amerikaanse zangvogel ooit de Atlantische Oceaan zou kunnen oversteken en het vasteland van Europa bereiken. Er zijn voorbeelden bekend van een mogelijke Roodoogvireo *Vireo olivaceus* op 13 oktober 1982 te Katwijk, Zuid-Holland (René van Rossum in litt) en een mogelijke Maskerzanger *Geothlypis trichas* in september 1982 te IJmuiden, Velsen, Noord-Holland (cf DB 4: 112, 1982 (foto)) die als kooivogel werden beschouwd en waaraan schouderophalend werd voorbijgegaan. Daarentegen werd 14 jaar later totaal anders gereageerd op de ontdekkingen in oktober 1996 van een Roodoogvireo en een Mirtezanger *Dendroica coronata* op Vlieland, Friesland, die aanleiding gaven tot een grote toeloop van enthousiaste vogelaars. In Nederland zijn, behalve een aantal eenden, steltlopers, meeuwen en sterns, overigens slechts weinig Amerikaanse dwaalgasten opgedoken waarvan Roodoogvireo de gewoonste en Canadese Kraanvogel

Grus canadensis en Bandijsvogel *Ceryle alcyon* de bijzonderste zijn.

Tegenwoordig zal men niet gauw een potentiële dwaalgast geheel negeren. Misschien dat een uitzondering wordt gevormd door vogels met een opvallende kleur. Dit verschijnsel kan worden aangeduid met *tropical colour syndrom*, hetgeen inhoudt dat men er kennelijk moeite mee heeft zich voor te stellen dat ook bepaalde kleurrijke vogels wild en op eigen kracht Nederland kunnen bereiken. Zo golden purperkoeten *Porphyrio* tot voor kort als gedoodverfde ontsnapte kooivogels en hetzelfde geldt in veel Noord-Europese landen nog voor andere mooi gekleurde soorten zoals Flamingo *Phoenicopterus roseus*.

Hoewel men in de toekomst weer heel anders tegen het voorkomen van bepaalde zeldzame soorten kan aankijken, blijkt in het algemeen steeds meer mogelijk te zijn. Een bekend voorbeeld is de eerste-winter Visdief *Sterna hirundo* die op 30 juni 1996 als kuiken werd geringd in Finland en op 24 januari 1997 werd gevangen op 26 000 km afstand in de Gippsland Lakes, Victoria, Australië; dit betekent dat de vogel ten minste 200 km per dag moet hebben afgelegd (Sula 11: 33-34, 1997). Een ander voorbeeld is een eerste-winter mannetje Siberische Vliegenvanger *Muscicapa sibirica sibirica* dat op 28 september 1980 werd ontdekt in Sandy's Parish, Bermuda, en de volgende dag werd verzameld. Aan het specimen was niets te zien dat wees op een verblijf aan boord van een schip of gevangenschap zodat werd geconcludeerd dat de vogel vanuit Noordoost-Siberië over Canada naar de Atlantische Oceaan moest zijn gevlogen; de soort was al wel op de Aleoeten, Alaska, vastgesteld maar niet op het Amerikaanse continent of in Europa (Wingate 1983).

Soorten die vaak als kooivogel voorkomen geven nogal eens aanleiding tot verdeelde opvattingen over de kans dat ze als wilde vogel arriveren. Zo zijn er bepaalde soorten Amerikaanse eenden die bij voorbaat niet serieus lijken te worden genomen terwijl ze toch op de Azoren, in IJsland of in Brittannië in wilde staat zijn aangetroffen. Voorbeelden zijn Buffelkopeend *Bucephala albeola*, Kokardezaagbek *Lophodytes cucullatus* en Carolina-eend *Aix sponsa*. Hetzelfde geldt voor de uit Azië afkomstige Siberische Taling *Anas formosa* waarvan oude waarnemingen nog wel aanvaardbaar worden geacht maar nieuwe in feite niet meer. De nominaat van Grote Canadese Gans *Branta canadensis canadensis* en Rosse Stekelstaart *Oxyura jamaicensis* acht men wel in staat tot een transatlantische overtocht maar men gaat er voorals-

nog vanuit dat alle waarnemingen in Europa exemplaren van geïntroduceerde populaties betreffen. Door een enkele ring-terugmelding kan deze zienswijze radicaal wijzigen zoals gebeurde na het verschijnen van in Noord-Amerika gekleurringde Sneeuwganzen *Anser caerulescens* in Nederland en canadese ganzen *B hutchinsii/B c parvipes* in Ierland en Schotland. Sindsdien worden deze taxa, evenals de aan Sneeuwgans verwante Ross' Gans *A rossii*, aanvaardbaar geacht. Hetzelfde geldt voor soorten als Amerikaanse Smient *Mareca americana* en Blauwvleugeltaling *A discors* waarvan inmiddels een hoog aantal in Amerika geringde exemplaren in Europa is geschoten zodat geen enkele goed geïnformeerde vogelaar nog vraagtekens zet bij hun herkomst tenzij daar een duidelijke aanleiding voor bestaat.

Categorie D

In veel landen van Europa is een systeem van categorieën ingevoerd waarmee wordt aangegeven of een soort alleen voor 1950 is vastgesteld (categorie B), alleen voorkomt dankzij een geïntroduceerde populatie (categorie C) of vermoedelijk slechts als kooivogel Europa heeft bereikt (categorie D). Recentelijk is het aantal categorieën uitgebreid en zijn de definities aangescherpt (BB 91: 2-11, 1998). De nieuwe categorie E bevat alle soorten die met zekerheid niet wild voorkomen. Voor Nederland valt daarin een schier eindeloze reeks van soorten.

De definities van deze categorieën kunnen per land variëren en er zijn onder meer tussen de buurlanden van Nederland (België, Brittannië en Duitsland) veel verschillen van mening over welke soort nu wel en welke niet in categorie D thuishoort. Deze verschillen in beoordeling zijn groter dan kan worden gerechtvaardigd door landsgrenzen of de breedte van Het Kanaal.

In het algemeen worden vooral zeldzame ganzen en eenden Anatidae verdacht van een verleden als kooivogel. Een verklaring kan zijn dat deze soorten zich na een verblijf in gevangenschap gemakkelijker lijken aan te passen aan een leven in de vrije natuur dan andere. Daar staat tegenover dat ze goed in staat zijn om grote afstanden af te leggen over zowel land als zee.

In de Nederlandse lijst komen de volgende soorten voor die in Brittannië tot categorie D worden gerekend (cf British Birds 1997, BOURC 2nd Press Release 1998): Bronskopeend *Mareca falcata*, Siberische Taling *Anas formosa*, Roze Pelikaan *Pelecanus onocrotalus*, Flamingo *Phoenicopterus*

Vogelaars bij Mirtezanger / birders watching Myrtle Warbler *Dendroica coronata*, 13 October 1996, Vlieland, Friesland (*Leo Heemskerk*)

Lammergier / Lammergeier *Gypaetus barbatus*, 18 May 1998, Julianadorp, Den Helder, Noord-Holland *(René Pop)*

roseus, Monniksgier *Aegypius monachus*, Rosse Gors *Emberiza rutila* en Bruinkopgors *E bruniceps*. Anderzijds zijn er in Brittannië enkele soorten in categorie D geplaatst die in Nederland vermoedelijk als ontsnapte kooivogel zouden worden beschouwd.

Een recent probleem wordt gevormd door reislustige gieren van herintroductieprojecten. Dankzij gebleekte pennen en kleurringen zijn deze vogels vaak individueel herkenbaar waardoor hun geschiedenis is te achterhalen. Zo kwam een Vale Gier *Gyps fulvus* in april-mei 1993 te Amsterdam, Noord-Holland, van een herintroductieproject in de Italiaanse Alpen. Hij werd op de Nederlandse lijst geplaatst omdat hij oorspronkelijk als wilde vogel in verzwakte staat in Italië was gevangen; uiteindelijk werd hij in november 1995 in Slovenië geschoten (DB 17: 133-140, 250, 1995). Daarentegen werden twee solitaire tweedejaars Lammergieren *Gypaetus barbatus* op 26-27 mei 1997 in Flevoland en Zuid-Holland en twee andere op 12-19 mei 1998 in Zuid- en Noord-Holland afkomstig van herintroductieprojecten in de Franse Alpen niet op de Nederlandse lijst geplaatst omdat ze alle in gevangenschap waren uitgebroed. Eén van de vogels in 1997 werd verzwakt gevangen en op de trein gezet terug naar Frankrijk (DB 19: 121-123, 1997 (foto)). Daarentegen bleek één van de vogels in 1998 binnen een week nadat hij voor het laatst in Nederland was gezien weer teruggekeerd in de Vanoise, Savoie, Frankrijk (DB 20: 128, 136, 1998 (foto's)).

Ship-assisted arrivals

De CDNA neemt vogels waarvan is aangetoond dat ze met behulp van een schip zijn gearriveerd niet voor aanvaarding in aanmerking. Dit geldt (uiteraard) ook voor soorten die naar de mening van de CDNA alleen met behulp van schepen Nederland kunnen bereiken. Dit laatste geldt bijvoorbeeld voor een aantal op het strand aangespoelde vogels zoals een Macaronipinguïn *Eudyptes chrysolophus* dood gevonden in september 1981 op Schiermonnikoog, Friesland (Tech Rapp Vogelbescherming nr 1: 223, 1989) en een adulte Auerhaan *Tetrao urogallus* dood aangespoeld op 5 juni 1920 op het strand van Noordwijk aan Zee, Noordwijk, Zuid-Holland (bij sectie werd behalve een hagelkorrel en dennennaalden in de maag, ook een touw rond de poten aangetroffen; Ardea 11: 150, 1922). De enige uitzondering op de regel is de in 1997 en 1998 in Nederland tot broeden gekomen Huiskraai *Corvus splendens* omdat wordt geredeneerd dat het meevaren met schepen voor deze soort een gebruikelijke manier van verspreiding is (DB 17: 256-257, 1995).

Taxonomie: CSNA-beslissingen en terminologie

Voor de wetenschappelijke naamgeving en volgorde worden in dit boek de tot 1 februari 1999 genomen beslissingen van de CSNA gevolgd. De *List of Holarctic bird species* (Voous 1977) vormt dus de basis voor wijzigingen in 1977-98 die te vinden zijn in de in 1997-98 gepubliceerde CSNA-mededelingen (DB 19: 21-28, 1997; 20: 22-32, 1998). Behalve de wetenschappelijke namen is ook de volgorde naar huidige inzichten veranderd. Zo zijn onder meer Anseriformes en Galliformes voor alle andere taxa geplaatst en is ook binnen Anseriformes en de genera *Acrocephalus* en *Hippolais* de volgorde aangepast.

Er is rekening gehouden met mogelijke taxonomische veranderingen in komende jaren door niet alleen soorten maar ook diagnostisch verschillende ondersoorten (in het algemeen geen clinale ondersoorten) een eigen koptekst, Nederlandse en Engelse naam, opsomming van gevallen en bespreking te geven. De status van alle in dit boek genoemde soorten is overigens zowel binnen het Phylogenetic Species Concept (PSC) als het Biological Species Concept (BSC) te verdedigen (voor informatie zie DB 16: 111-116, 1994, Auk 112: 701-719, 1995). Het wijzigen van wetenschappelijke namen en volgorde is een consequentie van het feit dat deze namen en volgorde in een avifaunistische lijst laten zien wat bekend is over evolutionaire verwantschappen. De CSNA meent dat het niet honoreren van nieuwe inzichten over verwantschappen onnodig onjuistheden in de avifaunistische lijst oplevert. In dit verband is het overigens van belang dat de CDNA, in tegenstelling tot een aantal andere zeldzaamhedencommissies, in het verleden behalve zeldzame soorten ook zeldzame ondersoorten heeft behandeld.

In de kop van iedere soorttekst staat de wetenschappelijke naam centraal. Bij ondersoorten wordt aan de tweedelige, uit genus- en soortnaam bestaande wetenschappelijke naam een derde toegevoegd. Als het tweede (soort) en het derde (ondersoort) deel identiek zijn, spreekt men van een *nominaat*. De eventuele afwezigheid van een derde (ondersoort)naam in het kopje impliceert dat de soort *monotypisch* is en dus geen ondersoorten omvat. De goede verstaander kan uit de wetenschappelijke naam meer leren dan men misschien op het eerste gezicht zou denken. Zo betekent de binomiale naam van Grote Zee-eend *Melanitta fusca* dat bepaalde niet in Nederland vastgestelde taxa die voorheen als ondersoort werden beschouwd thans de status van soort hebben.

Het woord *taxon* (meervoud *taxa*) wordt als neutrale term gebruikt voor soorten en ondersoorten en tevens voor systematische groepen als genera en families. Het begrip ondersoort wordt bij voorkeur gebruikt voor *clinale* variaties (of ecotypen) waarbij de ondersoortskenmerken binnen het verspreidingsgebied van de soort geleidelijk in elkaar overgaan. Als de verschillen plotseling (na een smalle overgangszone) optreden, is in het algemeen sprake van twee (hybridiserende) soorten.

Hoe dit boek te gebruiken

Hoe zijn de soortteksten opgebouwd?

STATUS Onder de soortnamen volgt in enkele woorden een aanduiding van de zeldzaamheid of de status als broedvogel, doortrekker, winter- of zomergast. Het begrip standvogel (*resident*) wordt gebruikt voor soorten die vrijwel geen trekgedrag vertonen. Er zijn misschien maar 12 soorten waarvan alle individuen echte standvogels zijn die zich in hun leven niet verder dan 75 km verplaatsen. Bij sommige soorten zullen de meeste juveniele wegtrekken terwijl adulte standvogel zijn, behalve soms bij uitzonderlijk streng winterweer. Veel soorten zijn weliswaar het 'gehele jaar aanwezig' maar daarbij worden zomerpopulaties 's winters vaak vervangen door noordelijke of oostelijke soortgenoten. Om deze redenen komt het woord standvogel in dit boek weinig voor.

VERSPREIDING Na de status volgt bij zeldzame soorten een beknopte uiteenzetting van het verspreidingsgebied. In principe wordt alleen het verspreidingsgebied van het in Nederland vastgestelde taxon gepresenteerd. Soms was het praktischer om het verspreidingsgebied van alle ondersoorten van een bepaalde soort te vermelden. In zulke gevallen begint de verspreidingstekst met 'soort' (*species*).

SOORTTEKST Hierna volgt een korte tekst waarin allerlei bijzonderheden aan de orde kunnen komen. Voor iedere soort wordt in dit boek zo nauwkeurig mogelijk aangegeven in welke jaren hij beoordeeld werd en of er al dan niet een herziening plaatsvond. Verschillen tussen soorten ontstonden niet alleen doordat sinds 1957 werkwijze en kennis van de C(D)NA veranderde en verbeterde maar ook doordat veel soorten talrijker en zeldzamer werden waardoor ze van de lijst van beoordeelsoorten werden afgevoerd of er juist aan moesten worden toegevoegd. Hoewel in de soortteksten feiten uitvoerig belicht worden, blijven analyses van het voorkomen beknopt en bondig. Bij veel soorten beperkt de analyse zich tot een vergelijking met het voorkomen in andere landen van Noordwest-Europa. Het boek is geen determinatiewerk en in het algemeen worden geen soortkenmerken genoemd. Alleen bij bepaalde, in veldgidsen niet besproken, clinale ondersoorten wordt soms zeer summier aangegeven wat de verschillen zijn.

FOTO De gepubliceerde foto's zijn niet alleen als bewijs van belang maar ook instructief omdat ze alle in Nederland zijn genomen en tonen hoe de zeldzame soorten eruit zien als ze hier verblijven. In principe werd van iedere zeldzame soort één foto uitgezocht waarbij sterk is gelet op kwaliteit terwijl kleur boven zwart-wit werd verkozen. Foto's van dode of opgezette vogels en ringvangsten (in de hand gehouden vogels) vielen af indien er een goed alternatief beschikbaar was. Voor enkele soorten werden twee of meer foto's geselecteerd als het nodig werd geacht verschillende kleden, vormen, leeftijden of situaties te illustreren. Speciale aandacht werd besteed aan het werven van meer dan 20 jaar oude foto's die de voorkeur kregen boven recente mits de kwaliteit het toeliet. Er zijn echter vóór 1980 opmerkelijk weinig dwaalgastfoto's gemaakt.

MAANDBALKEN Bij de in deel 2 uitgebreid aan bod komende 'algemene tot schaarse' soorten is volstaan met een balk waarop in vier kleurintensiteiten de 'relatieve' (intraspecifieke) talrijkheid per maand is aangegeven (*abundance per month*).

Hierbij is uitgegaan van de gemiddelde presentie in 1988-97. Voor de donkerst gekleurde maanden geldt dat de soort daarin het talrijkst is. Voor de lichtst gekleurde maanden geldt dat de soort daarin het minst is te zien waarbij het zelfs kan zijn dat er ooit maar één betrouwbare melding was. Om differentiatie tussen deze twee uitersten mogelijk te maken is een tussenkleur gebruikt. Voor geheel wit gebleven maanden geldt dat daarin geen enkele betrouwbare waarneming bekend is. Enkele zeldzame waarnemingen werden niet gehonoreerd omdat de naam van de waarnemer onbekend was of omdat deze zijn waarneming naderhand introk. Voorbeelden van niet opgenomen waarnemingen zijn die van Duinpieper *Anthus campestris* in januari (DB 17: 84, 1996), Bladkoning *Phylloscopus inornatus* in februari (DB 17: 84,

1996) en augustus (Arnold Meijer pers comm) en Fitis *P trochilus* in februari (DB 12: 106, 1991).

DIAGRAMMEN Bij 'zeldzame' soorten kan men vaak twee diagrammen aantreffen. Een jaardiagram laat met een grijze balk op de achtergrond zien in welke periode de soort door de CDNA werd geregistreerd en/of beoordeeld (in de meeste

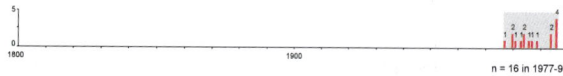

gevallen bestrijkt dit de periode 1800-1996) en toont het aantal gevallen (*records*) of exemplaren (*individuals*) dat ieder jaar werd vastgesteld. Een tweede diagram laat zien hoe de gevallen (of exemplaren) in de beoordelingsperiode zijn verdeeld over de maanden of (soms) perioden van 10 dagen. De 10-daagse perioden werden gerekend voor dag 1 tot en met 10, 11 tot en met 20 en 21 tot en met de laatste dag van

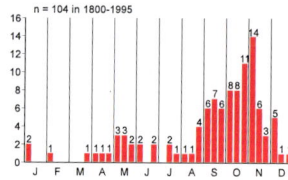

de maand. In gevallen waarvan wel de maand maar niet de dag bekend was werd de periode van dag 11 tot en met 20 gerekend. De maand- en jaardiagrammen zijn gebaseerd op de datums van eerste aankomst (*first arrival dates*). Zo is Kleinst Waterhoen *Porzana pusilla* regelmatig in juli waargenomen maar dat komt niet tot uiting in het maanddiagram omdat de betreffende exemplaren vaak reeds in mei of juni werden ontdekt.

KAARTEN De kaarten laten zien waar een bepaalde zeldzame soort is waargenomen. Overeenkomstig de diagrammen gaat

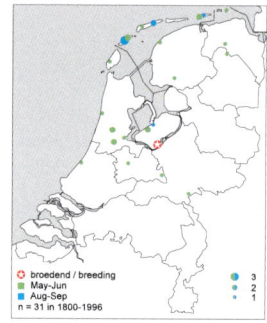
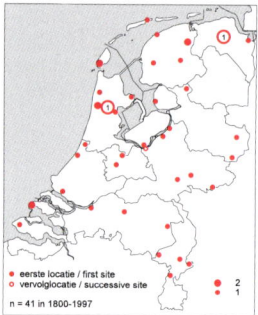

het daarbij om gevallen (*records*) of exemplaren (*individuals*). Meestal wordt de locatie aangegeven door een rode stip die al naar gelang het aantal gevallen of exemplaren in grootte varieert. Indien onderscheid wordt gemaakt tussen voor- en najaar, worden voor het voorjaar groene en voor het najaar blauwe stippen gebruikt. Voor vervolglocaties wordt een open rondje gebruikt. Bij enkele soorten werd volstaan met een per provincie of Waddeneiland centraal geplaatste rode cirkel met daarin een cijfer. Broedplaatsen zijn vaak aangegeven met een witte ster in rood.

Geografische namen

Alle plaats- en provincienamen zijn nauwkeurig overgenomen van de literatuur. Soms veranderen plaatsnamen, fuseren gemeenten of worden grenzen van gemeenten en zelfs provincies gewijzigd. Daarom zijn met terugwerkende kracht de in 1996 geldende namen en grenzen aangehouden zoals die zijn weergegeven op de laatste gemeentenkaarten van Nederland (Topografische Dienst 1994, 1996). Ter verduidelijking zijn voor alle gevallen de gemeentenamen (cursief) toegevoegd. Wanneer het onduidelijk is of de plaatsnaam betrekking had op het grondgebied van de ene of de andere gemeente, worden beide gemeenten genoemd. Dit komt vooral voor bij gevallen in het zuiden van Flevoland waar de gemeentegrenzen werden vastgesteld nadat er al vele zeldzame soorten waren gezien. Om ruimte te besparen, is de provincienaam afgekort tot twee hoofdletters.

Voor spelling van overige plaatsnamen zijn de door de ANWB/VVV uitgegeven provincie- en toeristenkaarten (ANWB-Kartografie 1991-95) geraadpleegd. Indien nodig, zijn de door de Topografische Dienst samengestelde inventarisatieatlas voor flora en fauna (Staatsbosbeheer 1987) of de handboeken van Natuurmonumenten (Natuurmonumenten 1985, 1996) gebruikt. Informatie over vaak genoemde vogelkijkgebieden is onder meer te vinden in van den Berg & Lafontaine (1996, 1997).

Met hoofdletters en verbindingsstreepjes geschreven voorzetsels in Nederlandse geografische namen (zoals Zuid-Frankrijk of Zuidoost-Azië) geven niet noodzakelijkerwijs aan dat het bedoelde gebied precies is gedefinieerd; dit is wel het geval in Engelse geografische namen.

Geslacht en leeftijd
De in de opsommingen genoemde geslachts- en leeftijdsbepalingen zijn gebaseerd op publicaties van de CDNA en werden naderhand zelden geverifieerd. Gezien de toename van de kennis over geslachts- en leeftijdskenmerken in de afgelopen decennia, is het raadzaam deze gegevens in een aantal gevallen niet voetstoots voor correct aan te nemen. Voor de betekenis van gebruikte symbolen en afkortingen zij verwezen naar de legenda.

Influx of invasie
Het onderscheid tussen de begrippen influx en invasie is vaak moeilijk te maken. In dit boek worden deze begrippen als volgt gedefinieerd. Een influx kan bij een zeldzame soort om slechts enkele exemplaren gaan en wordt niet gekenmerkt door een veel voorkomende richting. Influxen worden vaak door *speciale weersomstandigheden* veroorzaakt. Een invasie heeft gewoonlijk een noord/oost-zuid/west-richting.

Invasies worden vaak door *regelmatig* optredende *bevolkingsexplosies of voedseltekorten* veroorzaakt. De frequentie waarin beide verschijnselen voorkomen kunnen in principe per soort verschillen van gemiddeld eens in twee jaar tot eens in twee eeuwen. Zie voor voorbeelden tabel 2.

Redactieregels
In grote lijnen worden in dit boek de redactieregels van Dutch Birding gevolgd. Bij een citaat uit een boek wordt de tegenwoordige tijd gebruikt ('Eykman et al (1949) beweren') en uit een tijdschrift de verleden tijd ('de By (1990) beweerde'). Getallen van 10 en meer worden in cijfers geschreven. In principe staan opsommingen van vogelsoorten in avifaunistische volgorde, opsommingen van gevallen en verwijzingen in chronologische volgorde (bij gelijke datum in alfabetische volgorde) en opsommingen van geografische namen in alfabetische volgorde.

De volgorde voor een geval is: datum, plaatsnaam, *gemeentenaam*, provincieafkorting, aantal exemplaren, leeftijd en geslacht, toestand (dood, zingend, vangst), eventuele documentatievorm indien niet gepubliceerd (tussen haakjes) en na punt-komma eventuele literatuurverwijzingen. Voorbeeld: 3-9 September 1995 Katwijk aan Zee, *Katwijk* ZH, 1y ♂ (sound-recorded); DB 17: 224, 1995 (photo).

In alle teksten (ook in het Engels) staat de datum in de regel vóór de bij een geval behorende geografische naam.

De datums in opsommingen en Engelse tekst zijn voor duidelijkheid en ruimtebesparing verkort geschreven: 30-31 July 1997 in plaats van 30th-31st of July 1997. Bovendien worden hierbij verbindingsstreepjes gebruikt in plaats van *to* (tot en met). Zo staat er 2 March 1993-1 February 1994 in plaats van 2nd of March 1993 to 1st of February 1994; 24-28 februari betekent 24 tot en met 28 februari; en 1980-96 betekent 1980 tot en met 1996.

tabel 2 / table 2

Voorbeelden van influx- en invasietaxa in Nederland / Examples of influx and invasion taxa in the Netherlands

INFLUX   INFLUX

Witbuikrotgans	Pale-bellied Brent Goose	*Branta hrota*
Casarca	Ruddy Shelduck	*Tadorna ferruginea*
Geelsnavelduiker	Yellow-billed Loon	*Gavia adamsii*
Zwarte Ibis	Glossy Ibis	*Plegadis falcinellus*
Roodpootvalk	Red-footed Falcon	*Falco vespertinus*
Witstaartkievit	White-tailed Lapwing	*Vanellus leucurus*
Witvleugelstern	White-winged Tern	*Chlidonias leucopterus*
Aziatische Roodborsttapuit	Siberian Stonechat	*Saxicola maura*
Woestijntapuit	Desert Wheatear	*Oenanthe deserti*
Waterrietzanger	Aquatic Warbler	*Acrocephalus paludicola*
Baardgrasmus	Subalpine Warbler	*Sylvia cantillans*
Pallas' Boszanger	Pallas's Leaf Warbler	*Phylloscopus proregulus*
Bladkoning	Yellow-browed Warbler	*Phylloscopus inornatus*
Raddes Boszanger	Radde's Warbler	*Phylloscopus schwarzi*
Witkopgors	Pine Bunting	*Emberiza leucocephalos*
Bosgors	Rustic Bunting	*Emberiza rustica*

INVASIE   INVASION

Grote Trap	Great Bustard	*Otis tarda*
Middelste Jager	Pomarine Jaeger	*Stercorarius pomarinus*
Kleine Alk	Little Auk	*Alle alle*
Steppehoen	Pallas's Sandgrouse	*Syrrhaptes paradoxus*
Sneeuwuil	Snowy Owl	*Nyctea scandiaca*
Pestvogel	Bohemian Waxwing	*Bombycilla garrulus*
Witkopstaartmees	White-headed Long-tailed Tit	*Aegithalos caudatus caudatus*
Zwarte Mees	Coal Tit	*Parus ater*
Taigaboomkruiper	Scandinavian Treecreeper	*Certhia familiaris familiaris*
Gaai	Eurasian Jay	*Garrulus glandarius*
Notenkraker	Spotted Nutcracker	*Nucifraga caryocatactes*
Grote Barmsijs	Mealy Redpoll	*Carduelis flammea*
Witstuitbarmsijs	Hoary Redpoll	*Carduelis hornemanni*
Witbandkruisbek	Two-barred Crossbill	*Loxia leucoptera*
Kruisbek	Common Crossbill	*Loxia curvirostra*
Grote Kruisbek	Parrot Crossbill	*Loxia pytyopsittacus*

Wanneer een bepaalde vogel op verschillende datums en op verschillende plaatsen is waargenomen, wordt het jaartal in principe alleen met de eerste datum genoemd en de provincie (zie lijst van afkortingen) met de laatstgenoemde plaats. Een voorbeeld van een dergelijke vervolgwaarneming is: 28 January 1980 Kortenhoef, 's-Graveland & 24 February-4 April Nederhorst den Berg & 23 July-24 September Kortenhoef NH, 2y.

Soms is tussen haakjes een vervolgdatum aan een geval toegevoegd die niet in het CDNA-jaarverslag staat vermeld maar wel in een artikel, waarnemingenrubriek of regionale avifauna.

Engelse en Nederlandse vogelnamen

De Engelse vogelnaamgeving volgt die van Beaman (1994) en de Nederlandse vogelnaamgeving Walters (1997). Voor een aantal in deze publicaties ontbrekende taxa zijn de door de Dutch Birding-redactie gehanteerde Engelse en Nederlandse namen gebruikt.

BEAMAN Zowel over de Engelse als Nederlandse naamgeving bestaat vaak verschil van mening. Voor Engelse vogelnamen is op dit moment (nog) geen consensus gevonden. Het voornaamste probleem is dat voor dezelfde soort in verschillende landen en werelddelen andere namen worden gebruikt. De door Beaman (1994) gebruikte Engelse namen lijken het resultaat van een weloverwogen keuze tussen met name de in Brittannië en Noord-Amerika gehanteerde namen. Om die reden wordt in dit boek voor Engelse namen de lijst van Beaman aangehouden.

WALTERS De verschillen van mening over Nederlandse vogelnamen zijn vergeleken met de Engelse gering dankzij onder meer het werk van Becuwe & Oreel (1981) en van Duuren et al (1988). Door de spellingswijzigingen van 1995 was het noodzakelijk voor dit boek een Nederlandse vogelnaamlijst te kiezen van ná 1995. De door André J van Loon vertaalde lijst van Walters (1997) was een vanzelfsprekende keuze omdat deze gemakkelijk is te verkrijgen, als een voortzetting kan worden gezien van Becuwe & Oreel (1981) en van Duuren et al (1988) en de namen niet of nauwelijks verschillen van die in de Dutch Birding en recente veldgidsen (onder meer Peterson et al 1994, Heinzel et al 1996 en Jonsson 1996). Hoewel de Nederlandse vogelnamen (in tegenstelling tot geografische namen) spellingregels volgen, zijn er toch uitzonderingen: het meervoud van Jan-van-gent Morus bassanus zou volgens de officiële spelling Jan-van-gents moeten zijn maar in Walters (1997) en in dit boek is dat Jan-van-genten.

BEGINHOOFDLETTER Namen van families en andere groepen worden zoals gebruikelijk met kleine beginletter en van (onder)soorten met beginhoofdletter geschreven; als een vogelnaam uit meer dan één woord bestaat, worden alle met beginhoofdletter geschreven (zie Ardea 42: 211-217, 1954). Dit betekent dus bijvoorbeeld dat Fuut Podiceps cristatus verwijst naar de soort en fuut naar een lid van de familie van futen Podicipedidae. Evenzo verwijst Rietzanger Acrocephalus schoenobaenus naar de soort en rietzanger naar een lid van de groep zangers van het genus Acrocephalus. Hetzelfde geldt onder meer voor sprinkhaanzangers Locustella, boszangers Phylloscopus en grasmussen Sylvia. Tevens wordt Grote Bonte Specht Dendrocopos major en niet Grote bonte specht geschreven.

VERKLEINUITGANG In het spraakgebruik is bij iedere soort het gebruik van een verkleinuitgang toegestaan maar bij slechts enkele is dat volgens Walters (1997) ook verplicht. Er bestond voorheen veel onduidelijkheid over welke soorten nu wel en welke niet in hun officiële naam de verkleinuitgang houden. Het feit dat de verkleinuitgang in zo goed als alle namen is geëlimineerd schept duidelijkheid. De uitzonderingen op deze regel zijn alle soorten stormvogeltjes Hydrobatidae en vogelnamen die zonder verkleinuitgang éénlettergrepig zouden zijn: Nonnetje (Non) Mergellus albellus, Smelleken (Smel) Falco columbarius, Bokje (Bok) Lymnocryptes minimus en Paapje (Paap) Saxicola rubetra (contra Jonsson 1994).

INGRIJPENDE VERANDERINGEN Hoewel minder vaak dan in de Engelse, Franse en Scandinavische talen is ook een aantal Nederlandse vogelnamen de laatste jaren structureel veranderd. Slechts in enkele gevallen was deze verandering dermate ingrijpend dat men er bij het gebruik van registers pro-

blemen mee kan ondervinden. Behalve enkele zeer zeldzame soorten gaat het hierbij met name om Kortbekzeekoet Uria lomvia (een verandering van Dikbekzeekoet gebaseerd op een beslissing (Kortsnavelzeekoet) van Becuwe & Oreel 1981), Zomertortel Streptopelia turtur (een door Jaap Taapken voorgestelde verandering van Tortelduif) en Graszanger Cisticola juncidis (een door Kees Roselaar voorgestelde verandering van Waaierstaartrietzanger). Ook dient men er bijvoorbeeld op te letten dat reeds van Duuren et al (1988) Gaai Garrulus glandarius als soortnaam noemt zodat Vlaamse Gaai eventueel alleen als ondersoortnaam voor de onder meer in Nederland voorkomende nominaat is te gebruiken. Min of meer hetzelfde geldt voor Taigaboomkruiper Certhia familiaris als soortnaam met Kortsnavelboomkruiper C f macrodactyla als ondersoortnaam van de in Limburg broedende populatie. Meestal worden voor clinale ondersoorten echter geen aparte Nederlandse namen gebruikt.

Engelse taal

Niet alleen vogels zijn grenzenloos (een lijfspreuk van Vogelbescherming Nederland te Zeist) maar ook de belangstelling van vogelaars. Om die reden zijn de voor buitenlandse vogelaars van belang zijnde teksten in de Engelse taal geschreven of samengevat.

De soortteksten staan zowel in het Engels als in het Nederlands maar de opsommingen van gevallen zijn in principe in het Engels waarbij is gepoogd termen en schrijfwijzen te gebruiken die in het Engels en het Nederlands ongeveer hetzelfde zijn. Het Engelse woord photo is bijvoorbeeld voor Nederlanders zonder meer een duidelijk begrip. Omgekeerd zijn onder meer door nieuwe spellingregels Nederlandse woorden (zoals foto) verder van hun oorsprong geëvolueerd dan in andere talen en daarom niet meer begrijpelijk voor personen die het Nederlands niet beheersen. Dit is een reden om in de opsommingen Engels als voertaal te kiezen. De namen van maanden komen sterk overeen tussen het Engels en het Nederlands waarbij iemand die geen Engels kan lezen slechts dient te letten op maart (March) en mei (May) terwijl vrijwel alle andere maanden met dezelfde drie letters beginnen. Verder zijn termen en tekens gekozen die zowel voor Nederlands- als Engelstaligen herkenbaar zijn zoals & (en), / (en/of), ♂ (mannetje) en ♀ (vrouwtje). Voor overige in de opsommingen gebruikte Engelse woorden zij verwezen naar de legenda en de woordenlijst.

De onderschriften van foto's zijn tweetalig waarbij net als in opsommingen voor non-conventionele oplossingen is gekozen. Zo wordt de Nederlandse soortnaam als eerste genoemd terwijl opmerkingen over leeftijd en maand in het Engels staan.

VAAK GEBRUIKTE ENGELSE WOORDEN / ENGLISH WORDS FREQUENTLY USED

January	januari
February	februari
March	maart
April	april
May	mei
June	juni
July	juli
August	augustus
September	september
October	oktober
November	november
December	december
aboard	aan boord van
accepted	aanvaard
alive	levend
archives	archief
arrival	aankomst
at least	ten minste
autumn	najaar
beached	dood op strand aangespoeld
border	grens
breeding	broedend
briefly	kortstondig
calling	roepend
captivity	gevangenschap

chick	kuiken	videoed	geluid en/of beeld op video vastgelegd
collected	verzameld (en bewaard)	wear	sleet
colour	kleur	wearing	dragend
data (dates)	datum (datums)	window	raam
data	gegevens	wing	vleugel
description	beschrijving	with	met
died	stierf/stierven	worn	gesleten
early (month)	begin (maand)	wrongly	foutief
egg	ei	year	(kalender)jaar
erroneous	onjuist	yet	nog
fifth	vijfde	young	jong(en)
filmed	beeld op film vastgelegd		
first	eerste		
fledglings	nestverlatende jongen		
flock	groep		
flying past	langsvliegend		
fourth	vierde		
hatched	uit ei gekomen		
injured	gewond		
in litt	mededeling op schrift		
invasion	invasie		
late (month)	eind (maand)		
leg	poot		
lighthouse	vuurtoren		
likely	waarschijnlijk		
misidentified	verkeerd gedetermineerd		
moribund	stervend		
moult	rui		
nesting	nestelend		
not (yet) submitted to CDNA	(nog) niet ingediend bij de CDNA		
not (yet) accepted by CDNA	(nog) niet aanvaard door de CDNA (nog in behandeling)		
off	voor de kust van		
oil victim	olieslachtoffer		
origin	herkomst		
paired	gepaard		
pers comm	persoonlijke mededeling		
photographed	gefotografeerd		
picked up	opgeraapt		
picture	afbeelding		
plate	plaat		
possibly	mogelijk		
presumably	vermoedelijk		
previous	eerder		
probably	waarschijnlijk		
record	geval		
recovered	teruggevonden		
rejected	afgewezen		
released	losgelaten		
reported	gemeld		
review	herziening		
reviewed	herzien (en afgewezen)		
ringed	geringd		
roadkill	verkeersslachtoffer		
second	tweede		
seventh	zevende		
several	verscheidene		
shot	geschoten		
sighting	waarneming		
signs	tekenen		
singing	zingend		
single	solitair		
sixth	zesde		
sketch	tekening		
skin	huid (van opgezette vogel of balg)		
skull	schedel		
sound-recorded	geluid op band vastgelegd		
spring	voorjaar		
subspecies	ondersoort		
successful	succesvol		
summer	zomer		
summitted	ingediend		
third	derde		
trapped	gevangen		
twice	tweemaal		
victim	slachtoffer		

Verwijzingen

In de opsommingen staan bij ieder geval eventuele verwijzingen naar artikelen en gepubliceerde foto's, geluidsopnamen en video's. Om ruimte te besparen, zijn er geen verwijzingen naar het met het jaar van een geval corresponderende CDNA-jaarverslag in Dutch Birding en Limosa; vaak ook niet als het in een verslag van één jaar (soms twee jaren) later wordt vermeld.

Bovendien worden meestal geen verwijzingen herhaald van gevallen van herziene soorten van vóór 1980 die door van IJzendoorn et al (1996) worden genoemd. Daarentegen zijn wel verwijzingen toegevoegd indien om welke reden dan ook verwarring mogelijk is. Indien de CDNA-jaarverslagen in 1980-93 in Dutch Birding en Limosa onderling verschillen, is het CDNA-archief geconsulteerd en wordt verwezen naar het verslag met de juiste gegevens.

Voor publicaties in tijdschriften wordt niet naar auteur maar naar tijdschrift, jaargang, pagina's en jaar van publicatie verwezen. Voor zes veel gerefereerde tijdschriften zijn als afkorting twee hoofdletters gebruikt: Birding World (BW), British Birds (BB), Dutch Birding (DB), Limosa (LM), Limburgse Vogels (LV) en Vogeljaar (VJ).

Zo verwijst DB 11: 21-22, 1989 naar pagina's 21 en 22 van de in 1989 gepubliceerde jaargang 11 van Dutch Birding. Als het een verwijzing naar een foto of foto's betreft, staat hierachter tussen haakjes 'photo' of 'photos' (in opsommingen of in Engelse tekst; in Nederlandse tekst 'foto' of 'foto's'). Wanneer naar een gepubliceerde foto, geluidsopname of video is verwezen, ontbreekt de toevoeging tussen haakjes dat de vogel werd gefotografeerd (photographed) of op video- (videoed) of geluidsband (sound-recorded) vastgelegd ('*photographed is overruled by photo; same applies to videoed and sound-recorded*').

Indien er meerdere verwijzingen naar hetzelfde tijdschrift zijn, staan deze achter elkaar gescheiden door een puntkomma (*semicolon*). Verwijzingen naar verschillende tijdschriften of boeken worden door een komma gescheiden. Voorbeeld: DB 11: 21-22, 1989; 12: 268, 1990, Versluys et al (1997).

1980: breukjaar

In de opsommingen worden niet alleen de aantallen voor de periode van 1800-1996 gegeven maar ook voor andere perioden. Meestal is dat de periode sinds 1 januari 1980 (gewoonlijk 1980-96). Het jaar 1980 was speciaal aangezien dat het eerste jaar was waarover een CDNA-jaarverslag in het in 1979 opgerichte Dutch Birding werd gepubliceerd. Doordat Dutch Birding zich sterk toelegde op herkenning en documentatie, heeft het een voortrekkersrol gehad bij het ontdekken van nieuwe veldkenmerken en de documentatie van zeldzame waarnemingen. Mede hierdoor groeide sinds 1980 de populariteit van het kijken naar zeldzame vogels en nam het aantal bekwame waarnemers toe van enkele 10-tallen toen tot 100en nu. Terugkijkend kan men stellen dat het aantal ontdekte zeldzame vogels vooral sinds 1980 enorm is toegenomen, hetgeen men ook kan zien in de in dit boek gepresenteerde jaardiagrammen over 1800-1996. Het is mede daarom interessant en zinvol om het aantal vanaf 1 januari 1980 waargenomen gevallen uit te lichten en te vergelijken met het aantal in de 180 jaar daarvoor. Bij sommige soorten werd om praktische redenen niet 1980 maar een ander jaar als breukjaar gekozen, zoals 1982 bij Stormvogeltje *Hydrobates pelagicus*.

Analyse en interpretatie

Wishful thinking: subjectief waarnemen

Het ontdekken van een zeldzame vogel wordt wel vergeleken met het aan de haak slaan van een vis en het zodanig documenteren van een waarneming dat er bij kenners geen twijfel bestaat, met het op het droge brengen. Door de CDNA aanvaarde waarnemingen die met een foto, geluidsopname, video of veren werden gedocumenteerd zijn waardevoller dan gevallen waarvan de waarnemer(s) met een beschrijving moesten volstaan. Immers, een opgezette vogel in een museum en publicaties van foto's en geluidsopnamen vormen objectieve bewijsstukken die ook door anderen dan de waarnemers zelf kunnen worden beoordeeld. Bij een beschrijving met woorden en zelfs bij een veldschets moet men maar aannemen dat het menselijke waarnemingsvermogen goed gefunctioneerd heeft. Niet alleen tussen enerzijds de vogel en anderzijds oog en oor van de waarnemer maar ook op het traject tussen enerzijds oog en oor en anderzijds de hand waarmee men schrijft of tekent kunnen storingen optreden. Anders gezegd, de waarnemer 'ziet' soms alleen kenmerken die zijn determinatie bevestigen en 'mist' kenmerken die de determinatie ontkrachten. Dit is vaak een onbewust selectief proces waar zelfs de beste vogelaars wel eens aan ten prooi zijn gevallen. Recente praktijkvoorbeelden zijn de determinatie van een Drieteenstrandloper *Calidris alba* in adult zomerkleed als Bairds Strandloper *C bairdii* (DB 18: 210, 245, 1996), Krombekstrandloper *C ferruginea* met afgebroken snavel als Bonapartes Strandloper *C fuscicollis* (DB 10: 86-88, 1988), Watersnip *Gallinago gallinago* als Poelsnip *G media* (DB 12: 193-195, 1990) of Bruine Boszanger *Phylloscopus fuscatus* als Raddes Boszanger *P schwarzi* (DB 17: 161-164, 1995). Hetzelfde komt voor in musea zoals bij drie Steppekiekendieven *Circus macrourus* die in twee gevallen een Grauwe *C pygargus* en in één geval een Blauwe Kiekendief *C cyaneus* bleken te zijn, en bij een Arendbuizerd *Buteo rufinus* die een Buizerd *B buteo* was (contra Kist et al 1970, cf DB 18: 172-173, 1996). Hier was geen fraude in het spel, hooguit *wishful thinking*. Dergelijke vergissingen lijken dankzij het toegenomen gebruik van optische hulpmiddelen en moderne communicatieapparatuur steeds minder vaak voor te komen. Bovendien is men zich er steeds meer van bewust dat bij de beoordeling van een geval het verhaal rond de waarneming belangrijk is: 'wie zag wat, waar en hoe'. Een goede situatieschets met nauwkeurige vermelding van de namen van de waarnemers kan in een later stadium immers veel vertellen over de betrouwbaarheid van de aangedragen gegevens.

Een waarnemer dient bepaalde spelregels te volgen om ervoor te zorgen dat een waarneming aan de vergetelheid wordt ontrukt (*what is missed is mystery, what is hit is history*). Het is weliswaar niet noodzakelijk dat men voor medewaarnemers en foto's zorgt maar het helpt aanzienlijk. Een waarneming zonder 'objectieve' documentatie door bijvoorbeeld film, geluidsband of verzamelde veren dient zeer uitvoerig te worden beschreven en de waarnemer zal er zelf op moeten toezien dat commissieleden van de juistheid van zijn determinatie overtuigd raken. Afhankelijk van de determinatieproblematiek en de mate van zeldzaamheid van een vogel dient men in gevallen zonder dergelijke documentatie bijna ieder kenmerk, veer tot veer, te tekenen of te beschrijven. Hiervoor is een goede vogeltopografische kennis onontbeerlijk. Eenvoudige beschrijvingen als 'zwart-wit met witte halsband' zijn tegenwoordig onvoldoende evenals zoiets als 'de vogel zag er precies zo uit als op de bladzijde in Jonssons vogelgids'.

Documentatie vroeger en nu

In de 19e en het begin van de 20e eeuw werden zeldzaamheden grondig gedocumenteerd met behulp van het geweer en de bekwaamheden van preparateurs en verzamelaars van vogelhuiden. Omstreeks het midden van de 20e eeuw werd het onder meer door het verschijnen van de eerste bruikbare veldgidsen, met name de door Jan Kist bewerkte eerste druk van Petersons vogelgids in 1954, steeds gewoner om veldwaarnemingen serieus te nemen. In de laatste drie decennia van de 20e eeuw nam het registreren van beelden en geluiden op digitale of magnetische banden sterk toe evenals de kwaliteit en beschikbaarheid van telescopen. Tot c 1975 gebruikte vrijwel geen enkele vogelwaarnemer een telescoop. Twee decennia later treft men bij een zeldzame vogel een woud aan van statiefpoten met telescopen die zelfs voor beginnende vogelaars tot de basisuitrusting zijn gaan behoren. Mede door deze ontwikkelingen kwamen allerlei nieuwe kenmerken aan het licht die men van een huid in een museumcollectie niet of nauwelijks kan verkrijgen.

In de overgangsperiode tussen de Tweede Wereldoorlog en het ontstaan van de DBA werd een hoog aantal gevallen opgevoerd die thans bekend staan als zwak gedocumenteerd. De problemen ontstonden niet alleen doordat optische en andere hulpmiddelen nog in ontwikkeling waren maar ook door gebrekkige literatuur. Pas in de 1990er jaren zouden veldgidsen beschikbaar komen met speciale aandacht voor de kleden waarin zeldzame soorten in West-Europa zijn te verwachten (Alström et al 1991, Jonsson 1994-97). Zonder de hulp van een telescoop en zonder gedetailleerde kennis van verenkleed en rui werden soms lastig te determineren steltlopers en zangers gedetermineerd. Vaak bestonden er van zulke soorten geen of alleen gebrekkige afbeeldingen; men hoeft er de eerste drukken van de Petersons vogelgids maar op na te slaan. Zelfs de verschillen tussen juveniel en adult kleed van steltlopers waren in die jaren nauwelijks bekend terwijl veel soorten alleen kunnen worden gedetermineerd wanneer de leeftijd is bepaald. Men kan dus stellen dat de generatie vogelaars van c 1945-75 een goede prestatie heeft geleverd door, ondanks al hun hierboven aangegeven tekortkomingen, toch een aantal soorten aan de Nederlandse lijst toe te voegen.

Rol van zoölogische musea bij documentatie

Tot vlak voor de Tweede Wereldoorlog bestond er een informatiecircuit van verzamelaars van huiden en eieren (zie Voous 1995). Nadien kwam het nog slechts incidenteel voor dat een zeldzame soort werd geschoten of na een vangst 'verzameld'. Vergunningen om voor wetenschappelijk onderzoek zeldzame eieren te verzamelen werden niet meer afgegeven. De verzamelde dode vogels en eieren kwamen na te zijn geprepareerd in de meeste gevallen eerst in een privécollectie om uiteindelijk te worden opgenomen in collecties van zoölogische musea, vaak het Rijksmuseum van Natuurlijke Historie (thans Nationaal Natuurhistorisch Museum) te Leiden, Zuid-Holland, en het Zoölogisch Museum te Amsterdam, Noord-Holland. De huiden, opgezet of gebalgd, worden specimens of museumexemplaren genoemd. In dit boek wordt in opsommingen bij gevallen van verzamelde exemplaren achter het woord *dead* (dood) tussen haakjes het museum genoemd waar het specimen zich tijdens het schrijven van dit boek bevond (zie lijst van afkortingen voor belangrijkste musea). De informatie over deze gevallen werd onder meer te boek gesteld door Albarda (1897), Snouckaert van Schauburg (1908), van Oordt & Verwey (1925) en Eykman et al (1949).

Zoölogische musea spelen een belangrijke rol bij het in goede staat bewaren van deze bewijsstukken. Vooral in kleine musea is een aantal balgen en opgezette vogels in de loop der tijd echter verdwenen. Op etiketten of labels van specimens staan meestal belangrijke gegevens over hun herkomst. Het is echter gebleken dat met etiketten en labels in het verleden meer dan eens werd gefraudeerd omdat de vindplaats invloed had op de commerciële waarde of de legale status van een opgezette vogel. Om deze redenen vormt een specimen niet altijd een zo onomstotelijk bewijs van het voorkomen als vaak wordt gedacht. Misschien werd dit in het verleden onderbelicht omdat het ongewenst werd geacht dat de reputatie van een collectie in het geding kwam. Een bekend voorbeeld is de verzameling van 1000en huiden van Richard Meinertzhagen, die het frauderen (of onzorgvuldig registreren) eerder tot regel dan tot uitzondering maakte (Prys-Jones & Rasmussen 1998, Ibis 141: 11-21, 1999). Ook voor een aantal thans niet meer aanvaardbaar geachte Nederlandse gevallen wordt verondersteld dat er fraude in het spel was.

tabel 3 / table 3

Voorbeelden van correct gedetermineerde vogels die niet werden aanvaard vanwege onvoldoende gegevens (maand, jaar en/of provincie) / Examples of correctly identified birds which were not accepted because of insufficient data (month, year and/or province)

Kaapse Stormvogel / Cape Petrel *Daption capense*
mid August/mid September 1930 Hoek van Holland, *Rotterdam* ZH, dead (NNM) (skull; beached)
Vale Gier / Eurasian Griffon Vulture *Gyps fulvus*
before 1829 *Amersfoort* UT or *Ermelo* GL, dead (NNM)
Slangenarend / Short-toed Eagle *Circaetus gallicus*
autumn 1848 *Nieuwerkerk aan den IJssel* ZH, dead (NMR); winter 1962-63 Lauwerszee FR, dead (private collection)
Bastaardarend / Greater Spotted Eagle *Aquila clanga*
c 1912 Sint Annaparochie, *Het Bildt* FR dead (FNM)
Renvogel / Cream-coloured Courser *Cursorius cursor*
c 1850 *'s-Graveland* or *Amsterdam* NH, dead (ZMA)
Kortbekzeekoet / Brünnich's Murre *Uria lomvia*
24 January 1967 coast (possibly Hoek van Holland, *Rotterdam* ZH), ♀, dead (NNM)
Oehoe / Eurasian Eagle Owl *Bubo bubo*
1882-87 Grijzegrubben-Hunnecum, *Nuth* LB, dead (NMM)
Sneeuwuil / Snowy Owl *Nyctea scandiaca*

winter 1937-38 Franeker, *Franekeradeel* FR, adult ♂, dead
Zwarte Leeuwerik / Black Lark *Melanocorypha yeltoniensis*
1914 Groningen, dead (ND)
Siberische Lijster / Siberian Thrush *Zoothera sibirica*
1850 *Maastricht* LB, dead (NMM)
Naumanns Lijster / Naumann's Thrush *Turdus naumanni naumanni*
before 1866 *Utrecht* UT, imm ♂, dead (NNM)
Kleine Klapekster / Lesser Grey Shrike *Lanius minor*
September/October 1859/60 *Rotterdam* ZH (NMR)
Alpenkauw / Alpine Chough *Pyrrhocorax graculus*
October 1892 or October 1893 Corle, *Winterswijk* GL, dead (NNM)
Roze Spreeuw / Rose-coloured Starling *Sturnus roseus*
autumn 1936 Geleen, *Geleen* LB (ZMA)
Rotsmus / Rock Sparrow *Petronia petronia*
before 1866 'Holland', dead (NNM)
Roodmus / Common Rosefinch *Carpodacus erythrinus*
autumn 1864 *Groningen* GR, dead (NNM)

tabel 4 / table 4

Taxa die sinds 1970 van de Nederlandse vogellijst zijn verwijderd en waarvan nadien, tot en met 1997, geen nieuwe gevallen zijn aanvaard / Taxa removed from the Dutch list after reviews since 1970 of which no new records were accepted up to 1997

Hazelhoen	Hazel Grouse	*Bonasa bonasia*
Wenkbrauwalbatros	Black-browed Albatross	*Diomedea melanophris*
Kaapse Stormvogel	Cape Petrel	*Daption capense*
Roodsnavelkeerkringvogel	Red-billed Tropicbird	*Phaethon aethereus*
Amerikaanse Fregatvogel	Magnificent Frigatebird	*Fregata magnificens*
Keizerarend	Imperial Eagle	*Aquila heliaca*
Amerikaanse Oehoe	Great Horned Owl	*Bubo virginianus*
Vale Gierzwaluw	Pallid Swift	*Apus pallidus*
Witrugspecht	White-backed Woodpecker	*Dendrocopos leucotos*
Zwarte Leeuwerik	Black Lark	*Melanocorypha yeltoniensis*
Petsjorapieper	Pechora Pipit	*Anthus gustavi*
Italiaanse Kwikstaart	Ashy-headed Wagtail	*Motacilla cinereocapilla*
Zwarte Tapuit	Black Wheatear	*Oenanthe leucura*
Blauwe Rotslijster	Blue Rock Thrush	*Monticola solitarius*
Roodborstlijster	American Robin	*Turdus migratorius*
Naumanns Lijster	Naumann's Thrush	*Turdus naumanni naumanni*
Roodkeellijster	Red-throated Thrush	*Turdus ruficollis ruficollis*
Zwartkoprietzanger	Moustached Warbler	*Acrocephalus melanopogon*
Azuurmees	Azure Tit	*Parus cyanus*
Taigagaai	Siberian Jay	*Perisoreus infaustus*
Alpenkauw	Alpine Chough	*Pyrrhocorax graculus*
Rotsmus	Rock Sparrow	*Petronia petronia*
Sneeuwvink	White-winged Snowfinch	*Montifringilla nivalis*
Amerikaanse Roodmus	House Finch	*Carpodacus mexicanus*
Grijze Gors	Rock Bunting	*Emberiza cia*

Om zoveel mogelijk het kaf van het koren te kunnen scheiden, bepaalde de CDNA dat voor aanvaarding van een museumexemplaar niet alleen de datum tot op de maand en de vindplaats tot op de provincie nauwkeurig bekend moesten zijn maar ook de naam van de 'vinder'. Wanneer er een goed verhaal bestaat over hoe, wanneer en door wie de vogel verzameld werd, zijn zulke gegevens immers bekend. Voor een opsomming van voorwerpen in musea waarvan de determinatie juist is maar de gegevens over datum en plaats ontoereikend zij verwezen naar tabel 3. In veel gevallen bestaat er een goed inzicht in de betrouwbaarheid van verzamelaars, preparateurs en handelaars. Op basis daarvan moest een aantal specimens ondanks voldoende etiketgegevens over datum en plaats toch als te twijfelachtig worden afgevoerd. Hiertoe behoorden enkele soorten waarvan tot en met 1997 geen nieuwe gevallen meer werden aanvaard zoals Hazelhoen *Bonasa bonasia*, Kaapse Stormvogel *Daption capense*,

Zwarte Leeuwerik *Melanocorypha yeltoniensis*, Alpenkauw *Pyrrhocorax graculus*, Rotsmus *Petronia petronia*, Sneeuwvink *Montifringilla nivalis* en Grijze Gors *Emberiza cia* (cf tabel 4). Slechts twee soorten op de Nederlandse lijst zijn niet levend gezien (Bont Stormvogeltje *Pelagodroma marina* en Kleine Sprinkhaanzanger *Locustella lanceolata*) en werden gedocumenteerd door museumspecimens.

Rol van foto's bij documentatie
Foto's, geluidsopnamen en video's zijn tegenwoordig van een dermate hoge kwaliteit dat ze het gebruik van het geweer en het verzamelen voor de determinatie overbodig maken. Bovendien wordt het thans maatschappelijk niet meer aanvaardbaar geacht om een vogel ter documentatie te doden. Foto's hebben als extra voordeel dat ze belangrijke kenmerken als de kleur van de naakte delen, houding en vorm en positie van vleugel- en staartpennen (handpenprojectie) be-

trouwbaar kunnen weergeven en met video- en geluidsopnamen kunnen ook gedrag en geluid worden vastgelegd.

Een gepubliceerde foto geldt ook als een veilige vorm van documentatie; een museumspecimen kan immers zoekraken. Bij foto's komt fraude vrijwel niet voor omdat de herkomst weinig invloed heeft op de waarde. Slechts een enkele keer waren de waarnemingsomstandigheden dermate onduidelijk dat de CDNA genoodzaakt was de foto aan een minutieus onderzoek (vegetatie, grondsoort etc) te onderwerpen om gerede twijfel weg te nemen. Het is in de 1990er jaren echter dankzij digitale hulpmiddelen voor een ieder mogelijk geworden om foto's zo te manipuleren dat niet alleen de achtergrond maar zelfs kenmerken worden veranderd. Daarom geldt sinds c 1995 zelfs een foto niet meer als een onomstotelijk bewijs ofschoon een serie foto's, originele negatieven en diapositieven wel betrouwbaar moet worden geacht.

Bij het observeren van een zeldzaamheid vormt het maken van een tekening in het veld een veel overtuigender bewijs dan een beschrijving met woorden. Een foto waarop álle kenmerken zijn te zien, hoe slecht ook, is echter meer waard dan een prachtige veldschets. Men kan zich immers altijd afvragen of de kenmerken die op een tekening te zien zijn er in werkelijkheid ook waren.

Bij het beoordelen van foto's dient men rekening te houden met lichtomstandigheden, kleurafwijkingen en perspectief. Een enkele slechte foto is dan ook vaak onvoldoende om als documentatie te dienen maar een serie slechte foto's vanuit verschillende posities meestal wel.

Er zijn veel voorbeelden van niet bij de CDNA ingediende waarnemingen van zeldzame soorten waarvan de gepubliceerde informatie mede door het ontbreken van een foto ontoereikend was voor aanvaarding zoals een Oosterse Tortel *Streptopelia orientalis* op 14-18 november 1973 bij Groot Eiland, Hulst, Zeeland (Veldornitol Tijdschr 7: 85-93, 1984) en een zingende Bergfluiter *Phylloscopus bonelli* op 10 mei 1986 langs de Otheense Kreek te Terneuzen, Zeeland (Veldornitol Tijdschr 9: 107-109, 1986). Slechts twee taxa op de Nederlandse lijst zijn niet gedocumenteerd door een gepubliceerde foto of sonagram (donsstormvogel *Pterodroma feae/madeira/mollis* en Stekelstaartgierzwaluw *Hirundapus caudacutus*).

Nieuwe technische hulpmiddelen

Er zijn enkele belangrijke technische innovaties die in de tweede helft van de 20e eeuw een grote invloed hebben gehad op het verwerven van kennis over zeldzame soorten.

c 1960 MISTNETTEN

Rond 1960 werd het gebruik van mistnetten op vinkenbanen gemeengoed, hetgeen onder meer resulteerde in een sterke toename van het aantal gevallen van soorten die normaliter gedurende de trek door hun verborgen leefwijze niet opvallen zoals Cetti's Zanger *Cettia cetti*, Veldrietzanger *Acrocephalus agricola*, Sperwergrasmus *Sylvia nisoria*, Noordse Boszanger *Phylloscopus borealis* en Bladkoning *P inornatus*.

c 1980 TELESCOPEN

Rond 1980 werd het gebruik van telescopen gemeengoed, hetgeen onder meer resulteerde in een sterke toename van het aantal gevallen van soorten die normaliter op te grote afstand blijven om voor de determinatie noodzakelijke bijzonderheden aan het verenkleed waar te nemen. Dit geldt vooral voor roofvogels, steltlopers en meeuwen: soorten waarvoor de leeftijdsbepaling van essentieel belang is om tot een sluitende determinatie te komen.

c 1990 NIEUWE COMMUNICATIEAPPARATUUR

Vanaf 1990 werd het gebruik van achtereenvolgens de Dutch Birding-vogellijn, semafoons en mobiele telefoons gemeengoed, hetgeen resulteerde in een sterke toename van afdoende documentatie door foto's, geluidsopnamen en video's van zeer zeldzame en moeilijk te determineren soorten. In 1996 waren 230 vogelaars aangesloten bij één van de vijf mede door de Dutch Birding-vogellijn van informatie voorziene semafoongroepen en velen van hen bezaten ook een mobiele telefoon. Doordat de aanwezigheid van een vogel dankzij deze moderne apparatuur direct kan worden bekendgemaakt, kunnen binnen korte tijd talloze vogelaars de determinatie verifiëren en de kenmerken documenteren. Vroeger bleef in veel gevallen de documentatie van zeldzame vogels vaak dermate gebrekkig dat de geloofwaardigheid vroeg of laat ter discussie kon worden gesteld. Een ander gevolg van de toegenomen communicatie is dat het aantal per jaar vastgestelde soorten hoogtepunten bereikte van c 330 tot 355 in 1994-97.

c 1995 VIDEOCAMERA'S

Het gebruik van videocamera's met sterke objectieven voor het vastleggen van zeldzame vogels nam in de 1990er jaren zodanig toe dat met ingang van 1995 jaarlijks een door een groeiend aantal filmers samengestelde videoband werd gepubliceerd waarop een ieder jaar vollediger wordend jaaroverzicht is te bewonderen (cf ter Ellen et al 1996, Opperman et al 1997, Plomp et al 1998, Plomp et al 1999). Naast het vastleggen van beweging, gedrag en geluid heeft video vergeleken met fotografie als voordeel dat beelden in aanzienlijk donkerdere omstandigheden en van veel grotere afstand kunnen worden vastgelegd. Een nadeel is dat het publiceren van videobeelden op papier (nog) matige kwaliteit oplevert.

Vogelaars bij Grijze Wouw / birders watching Black-winged Kite *Elanus caeruleus*, 29 March 1998, Texel, Noord-Holland (Arnoud B van den Berg)

Resultaten en discussie

Nieuwe vogelsoorten voor Nederland sinds 1896

De toename in kennis en belangstelling voor vogels laat zich goed illustreren door een overzicht van de nieuw ontdekte vogelsoorten sinds 1896 (tabel 5). Van 1800 tot 1 februari 1999 zijn in Nederland 468 wilde vogelsoorten vastgesteld waarvan 27% sinds 1945. Dit aantal verandert niet alleen wanneer er een nieuwe soort voor Nederland wordt ontdekt maar soms ook als een oude waarneming niet blijkt te kloppen of nieuwe inzichten naar voren komen over evolutionaire verwantschappen. Het aantal nieuwe soorten per decennium is gedurende de tweede helft van de 20e eeuw geleidelijk toegenomen ondanks het eindige karakter van het aantal te verwachten soorten. Het grootste aantal (38) werd vastgesteld in 1980-89. Het ziet ernaar uit dat voor het eerst in de laatste 50 jaren het aantal in 1990-99 lager uit zal vallen dan dat in het voorafgaande decennium (1980-89).

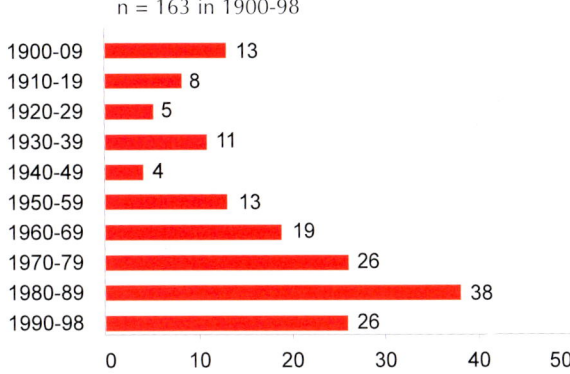

n = 163 in 1900-98

Decennium	Aantal
1900-09	13
1910-19	8
1920-29	5
1930-39	11
1940-49	4
1950-59	13
1960-69	19
1970-79	26
1980-89	38
1990-98	26

Nieuwe soorten per decennium / New species per decade

tabel 5 / table 5

NIEUWE VOGELSOORTEN VOOR NEDERLAND SINDS 1896
Van 1800 tot 1 februari 1999 zijn 468 wilde vogelsoorten in Nederland vastgesteld waarvan 168 voor het eerst sinds 1898 (de laatste 100 jaar) en 126 sinds 1945. Het naoorlogse gemiddelde komt daardoor neer op meer dan twee nieuwe soorten per jaar. Nieuwe soorten in 1896-1998(99) worden hier vermeld met notities over maand, plaats, provincie en belangrijkste literatuurverwijzing. Ondersoorten zijn in de totalen niet meegeteld. Een aantal thans als ondersoort beschouwde taxa staat tussen haken []. Turkestaanse Klauwier *Lanius phoenicuroides* en Daurische Klauwier *L speculigerus* zijn (nog) niet aanvaard door de CDNA. Bovendien staat de status van ten minste twee aanvaarde soorten, Witbandzeearend *Haliaeetus leucoryphus* en Jufferkraanvogel *Anthropoides virgo*, ter discussie. Mogelijke nieuwe soorten die nog in behandeling zijn bij de CDNA en waarvan geen overtuigende foto's, geluidsopnamen of video's zijn gepubliceerd worden niet vermeld.

NEW BIRD SPECIES FOR THE NETHERLANDS SINCE 1896
There are 468 wild bird species recorded for the Netherlands from 1800 until 1 February 1999 of which 168 were added since 1898 (in the last 100 years) and 126 since 1945. The post-1945 mean is more than two new species per year. The new species in 1896-1998(99) are listed with annotations for month, locality, province and the most important reference. Subspecies are not counted in the totals. Some of the taxa currently regarded as subspecies are mentioned within square brackets []. Turkestan Shrike *Lanius phoenicuroides* and Daurian Shrike *L speculigerus* have not (yet) been accepted by CDNA. Moreover, the status of at least two accepted species, Pallas's Fish Eagle *Haliaeetus leucoryphus* and Demoiselle Crane *Anthropoides virgo*, is under review. Possible new species still being considered by CDNA of which no convincing photographs, sound-recordings or videos have been published are not mentioned.

1896
Aziatische Goudplevier / Pacific Golden Plover *Pluvialis fulva*
  februari Birdaard, *Dantumadeel*, Friesland
  Albarda (1896)

1897-98

1899
Blauwvleugeltaling / Blue-winged Teal *Anas discors*
  oktober Eendenkooi bij Dokkum, *Dongeradeel*, Friesland
  Snouckaert van Schauburg (1900a)
Roodmus / Common Rosefinch *Carpodacus erythrinus*
  november Dieren, *Rheden*, Gelderland
  cf Snouckaert van Schauburg (1900a)
Bruine Lijster / Dusky Thrush *Turdus naumanni eunomus*
  november Veenwouden, *Dantumadeel*, Friesland
  Snouckaert van Schauburg (1900a)
Bandijsvogel / Belted Kingfisher *Ceryle alcyon*
  december Heuven, De Steeg, *Rheden*, Gelderland
  Snouckaert van Schauburg (1900b)

1900
Grauwe Pijlstormvogel / Sooty Shearwater *Puffinus griseus*
  oktober Hornhuizen, *De Marne*, Groningen
  Snouckaert van Schauburg (1901)
Steppevorkstaartplevier / Black-winged Pratincole *Glareola nordmanni*
  november Hedikhuizen, *Heusden*, Noord-Brabant
  Snouckaert van Schauburg (1901; misidentified)
Amerikaanse Goudplevier / American Golden Plover *Pluvialis dominicus*
  november Birdaard, *Dantumadeel*, Friesland
  cf Roselaar (1990)

Steenarend / Golden Eagle *Aquila chrysaetos*
  december Lippenhuizen, *Opsterland*, Friesland
  Snouckaert van Schauburg (1901)

1901
Roodpootvalk / Red-footed Falcon *Falco vespertinus*
  mei Ell, *Weert*, Limburg
  Snouckaert van Schauburg (1902)
Kleine Zilverreiger / Little Egret *Egretta garzetta*
  juli *Gennep*, Limburg
  Snouckaert van Schauburg (1902)

1902-03

1904
Vale Gier / Eurasian Griffon Vulture *Gyps fulvus*
  juni Dinteloord, *Dinteloord en Prinsenland*, Noord-Brabant
  Vlek & Ebels (1995)

1905
Bijeneter / European Bee-eater *Merops apiaster*
  mei Tietjerk, *Tytsjerksteradiel*, Friesland
  cf Snouckaert van Schauburg (1908)
Arendbuizerd / Long-legged Buzzard *Buteo rufinus*
  december Buiksloot, Amsterdam-Noord, *Amsterdam*, Noord-Holland
  Vlek (1995)

1906
Flamingo / Greater Flamingo *Phoenicopterus roseus*
  december Hindeloopen, *Nijefurd*, Friesland
  cf van Oort (1908)

1907
Slangenarend / Short-toed Eagle *Circaetus gallicus*
  november *Oldebroek*, Gelderland
  cf Snouckaert van Schauburg (1908)

1908

1909
Siberische Taling / Baikal Teal *Anas formosa*
  maart Hornhuizen, *De Marne*, Groningen
  cf van IJzendoorn & de Heer (1985)
Haakbek / Pine Grosbeak *Pinicola enucleator*
  december Rotterdam-Kralingen, *Rotterdam*, Zuid-Holland
  Snouckaert van Schauburg (1915)

1910
Witstuitbarmsijs / Hoary Redpoll *Carduelis hornemanni*
  december *Amersfoort*, Utrecht
  Kees Roselaar (in litt) (not (yet) accepted by CDNA)

1911
Kleine Burgemeester / Iceland Gull *Larus glaucoides*
  januari Egmond aan Zee, *Egmond*, Noord-Holland
  cf Eykman et al (1949)

1912
Kleine Sprinkhaanzanger / Lanceolated Warbler *Locustella lanceolata*
  december Haamstede, *Westerschouwen*, Zeeland
  cf Eykman et al (1936)

1913

1914
Noordse Pijlstormvogel / Manx Shearwater *Puffinus puffinus*
  september Egmond aan Zee, *Egmond*, Noord-Holland
  van Oort (1914a)
Brilzee-eend / Surf Scoter *Melanitta perspicillata*
  november Wijk aan Zee, *Beverwijk*, Noord-Holland
  van Oort (1914b)

1915
Grote Pijlstormvogel / Great Shearwater *Puffinus gravis*
  november Noordwijk aan Zee, *Noordwijk*, Zuid-Holland
  van Oort (1915)

1916-17

1918
Vale Pijlstormvogel / Balearic Shearwater *Puffinus mauretanicus*
  september Noordwijk aan Zee, *Noordwijk*, Zuid-Holland
  van Oort (1918)

1919
Kortbekzeekoet / Brünnich's Murre *Uria lomvia*
  december Noordwijk aan Zee, *Noordwijk*, Zuid-Holland
  cf van Oort (1928)

1920
Sperweruil / Northern Hawk Owl *Surnia ulula*
  oktober *Amerongen*, Utrecht
  van den Berg (1984)

1921

1922
Amerikaanse Smient / American Wigeon *Mareca americana*
  december Anna Jacobapolder, *Sint Philipsland*, Zeeland
  Eykman (1923)

1923

1924
Krekelzanger / River Warbler *Locustella fluviatilis*
  september Westhoofd, Ouddorp, *Goedereede*, Zuid-Holland
  Ardea 14: 72-73, 1925

1925
Steppekievit / Sociable Lapwing *Vanellus gregarius*
  april Ossenbroek, Beers, *Grave*, Noord-Brabant
  cf van Oort (1926)

1926-29

1930
Zwartkopmeeuw / Mediterranean Gull *Larus melanocephalus*
  mei Leersumse Veld, *Leersum*, Utrecht
  Haverschmidt (1930)

1931
Goudlijster / White's Thrush *Zoothera aurea*
  oktober Gevers Deynootplein, Scheveningen, *Den Haag*, Zuid-Holland
  cf Junge (1934)

1932

1933
Witvleugelstern / White-winged Tern *Chlidonias leucopterus*
  mei Oosterland, *Duiveland*, Zeeland #
  Schimmelpenninck van der Oije (1937)
Bruinkopgors / Red-headed Bunting *Emberiza bruniceps*
  juni *Castricum*, Noord-Holland
  cf Eykman et al (1936)
Renvogel / Cream-coloured Courser *Cursorius cursor*
  oktober Elswoudsduin, *Zandvoort*, Noord-Holland
  van Oordt (1934)

1934

1935
Noordse Boszanger / Arctic Warbler *Phylloscopus borealis*
  november Haamstede, *Westerschouwen*, Zeeland
  Junge (1936)

1936

1937
Amerikaanse Wintertaling / Green-winged Teal *Anas carolinensis*
  april Dordtse Biesbosch, *Dordrecht*, Zuid-Holland
  Lebret (1962)
Westelijke Blonde Tapuit / Western Black-eared Wheatear *Oenanthe hispanica*
  mei Meyendel, *Wassenaar*, Zuid-Holland
  Koch (1937)
Rosse Gors / Chestnut Bunting *Emberiza rutila*
  november Meyendel, *Wassenaar*, Zuid-Holland
  Junge & Koch (1938)

1938
Witwangstern / Whiskered Tern *Chlidonias hybridus*
  mei *Nederweert*, Limburg
  Brouwer (1938)
Kleine Klapekster / Lesser Grey Shrike *Lanius minor*
  juni Meyendel, *Wassenaar*, Zuid-Holland
  Bouma & Koch (1938)

1939
Kuifkoekoek / Great Spotted Cuckoo *Clamator glandarius*
  oktober Nunhem, *Haelen*, Limburg
  cf van IJzendoorn & de Heer (1985)

1940-41

1942
[IJslandse Grutto / Icelandic Black-tailed Godwit *Limosa limosa islandica*
  april Mokkebank, Laaxum, *Nijefurd*, Friesland
  van Marle (1943)
  mogelijk eerder geval / possibly earlier record: april 1919
  Wassenaar, Zuid-Holland
  Roselaar & Gerritsen (1991)]
Baardgrasmus / Subalpine Warbler *Sylvia cantillans*
  mei *Beverwijk*, Noord-Holland
  van Marle (1942)

1943-45

1946
Reuzenzwartkopmeeuw / Pallas's Gull *Larus ichthyaetus*
juni Ketelmeer, *Kampen*, Overijssel
ten Kate (1946)

1947
Kuhls Pijlstormvogel / Cory's Shearwater *Calonectris borealis*
oktober *Noordwijk*, Zuid-Holland
Bos (1947)

1948
Monniksgier / Eurasian Black Vulture *Aegypius monachus*
oktober Beneden-Leeuwen, *West Maas en Waal*, Gelderland
de Reuver (1955)

1949

1950
Turkse Tortel / Eurasian Collared Dove *Streptopelia decaocto*
september Hulshorst, *Nunspeet*, Gelderland
Bierman (1950)

1951
Rode Rotslijster / Rufous-tailed Rock Thrush *Monticola saxatilis*
april Borgercompagnie, *Veendam*, Groningen
Kamphuis et al (1951)

1952
Alpengierzwaluw / Alpine Swift *Apus melba*
september *Noordwijk/Noordwijkerhout*, Zuid-Holland
Niesen (1952)

1953

1954
Roodstuitzwaluw / Red-rumped Swallow *Hirundo daurica*
mei *Bergen*, Noord-Holland
van der Baan & Swaab (1954)
Amerikaanse Zee-eend / Black Scoter *Melanitta americana*
december Brielse Maas, *Brielle*, Zuid-Holland
Kist & Swaab (1955)

1955
Blonde Ruiter / Buff-breasted Sandpiper *Tryngites subruficollis*
september De Beer, *Rotterdam*, Zuid-Holland
Kist (1955)

1956

1957
Poelruiter / Marsh Sandpiper *Tringa stagnatilis*
mei Philippine, *Sas van Gent*, Zeeland
van den Steen (1957), cf Kist (1959)
[Groenlandse Kolgans / Greenland White-fronted Goose
Anser albifrons flavirostris
december *Goes*, Zeeland
Kist (1957)]

1958
Havikarend / Bonelli's Eagle *Hieraaetus fasciatus*
januari *Gendringen*, Gelderland
Mörzer Bruijns (1959)
Bergfluiter / Western Bonelli's Warbler *Phylloscopus bonelli*
mei *Wassenaar*, Zuid-Holland
van den Oord (1959)
Ross' Meeuw / Ross's Gull *Rhodostethia rosea*
juni *Vlieland*, Friesland
Spaans (1959)
Humes Bladkoning / Hume's Leaf Warbler *Phylloscopus humei*
november Continentaal Plat
cf Smit & Voous (1959)

1959
Ringsnaveleend / Ring-necked Duck *Aythya collaris*
maart Meyendel, *Wassenaar*, Zuid-Holland
Bezemer & Rampen (1960)
Provençaalse Grasmus / Dartford Warbler *Sylvia undata*
april Hoophuizen, *Nunspeet*, Gelderland
Tjittes (1959)

1960
Roodkeelpieper / Red-throated Pipit *Anthus cervinus*
mei *Dronten*, Flevoland
Kist & Waldeck (1961)

1961
Gestreepte Strandloper / Pectoral Sandpiper *Calidris melanotos*
september *Texel*, Noord-Holland
Lathbury & Bierman (1962)
Groene Bijeneter / Blue-cheeked Bee-eater *Merops persicus*
september *Texel*, Noord-Holland
Meeth (1962)

1962
Grijze Junco / Dark-eyed Junco *Junco hyemalis*
februari *Rotterdam*, Zuid-Holland
Polder & Voous (1969)
Zwartkopgors / Black-headed Bunting *Emberiza melanocephala*
mei *Texel*, Noord-Holland
cf van IJzendoorn et al (1996)
Buidelmees / Eurasian Penduline Tit *Remiz pendulinus*
september Hofmansplaat, Biesbosch, *Made en Drimmelen*, Noord-Brabant
Braaksma (1965)

1963
Wilgengors / Yellow-breasted Bunting *Emberiza aureola*
september Continentaal Plat
Dekker & Voous (1964)
Pallas' Boszanger / Pallas's Leaf Warbler *Phylloscopus proregulus*
november *Texel*, Noord-Holland
Boon et al (1964)

1964
Koereiger / Cattle Egret *Bubulcus ibis*
juni *Naarden*, Noord-Holland
Poorter (1965)

1965
Geelpootmeeuw / Mediterranean Yellow-legged Gull *Larus michahellis*
augustus, Marken, *Waterland*, Noord-Holland
Herroelen (1981)
Grauwe Fitis / Greenish Warbler *Phylloscopus trochiloides*
september *Vlieland*, Friesland
cf van IJzendoorn et al (1996)

1966
Grote Franjepoot / Wilson's Phalarope *Phalaropus tricolor*
mei Haamstede, *Westerschouwen*, Zeeland
van Baars-Klinkenberg & Wattel (1966)

1967
Iberische Tjiftjaf / Iberian Chiffchaff *Phylloscopus brehmii*
april *Baarn*, Utrecht
de Vries (1968)
Steppearend / Steppe Eagle *Aquila nipalensis*
mei Biervliet, *Terneuzen*, Zeeland
Voous (1973)
Witkeelgors / White-throated Sparrow *Zonotrichia albicollis*
september Overschie, *Rotterdam*, Zuid-Holland
Hoogerwerf & Tekke (1969)
Blauwstaart / Red-flanked Bluetail *Tarsiger cyanurus*
oktober *Texel*, Noord-Holland
Pieters & van Orden (1968)
Taigaboomkruiper / Eurasian Treecreeper *Certhia familiaris*
december Zeddam, *Bergh*, Gelderland
de Bruijn (1969)

1968
Noordse Nachtegaal / Thrush Nightingale *Luscinia luscinia*
augustus *Terschelling*, Friesland
Smeenk (1969)
Cetti's Zanger / Cetti's Warbler *Cettia cetti*
oktober *Budel*, Noord-Brabant
Lehaen (1969)

1969

1970
Woestijntapuit / Desert Wheatear *Oenanthe deserti*
november *Eindhoven*, Noord-Brabant
Neijts (1984)

1971
Grijze Wouw / Black-winged Kite *Elanus caeruleus*
mei *Zeewolde*, Flevoland
Schipper (1973)
Ruigpootuil / Tengmalm's Owl *Aegolius funereus*
september *Gasselte*, Drenthe
Groen & Voous (1973)
Veldrietzanger / Paddyfield Warbler *Acrocephalus agricola*
oktober *Laaxum*, *Nijefurd*, Friesland
van IJzendoorn & Westhof (1985)

1972
Oostelijke Blonde Tapuit / Eastern Black-eared Wheatear
Oenanthe melanoleuca
mei *Monster*, Zuid-Holland
van Swelm (1974)
Graszanger / Zitting Cisticola *Cisticola juncidis*
augustus *Makkumer Noordwaard*, *Wûnseradiel*, Friesland
Hermsen (1974)

1973
Aziatische Roodborsttapuit / Siberian Stonechat *Saxicola*
maura
oktober *Texel*, Noord-Holland
Oreel & Meeth (1976)
Oehoe / Eurasian Eagle Owl *Bubo bubo*
oktober *Den Helder*, Noord-Holland
van den Berg (1979)
Kortteenleeuwerik / Greater Short-toed Lark *Calandrella*
brachydactyla
oktober *Monster*, Zuid-Holland
Engelen & van Dijk (1974)

1974
Grijskopspecht / Grey-headed Woodpecker *Picus canus*
april *Weerselo*, Overijssel
cf Blankert & de Heer (1981)
Roze Pelikaan / Great White Pelican *Pelecanus onocrotalus*
augustus *Santpoort*, *Velsen*, Noord-Holland
van den Berg (1996)
Raddes Boszanger / Radde's Warbler *Phylloscopus schwarzi*
oktober *Texel*, Noord-Holland
Voous (1975)
Bont Stormvogeltje / White-faced Storm-petrel *Pelagodroma*
marina
november *Ter Heide*, *Monster*, Zuid-Holland
Andriesen & Tekke (1976)
Zwarte Rotgans / Black Brant *Branta nigricans*
november *Terschelling*, Friesland
Beintema et al (1976)

1975
Koningseider / King Eider *Somateria spectabilis*
mei *Wieringen*, Noord-Holland
cf Maas & Maassen (1982)
Witstaartkievit / White-tailed Lapwing *Vanellus leucurus*
juli *Texel*, Noord-Holland
Dijksen & Witte (1976)
Amerikaanse Oeverloper / Spotted Sandpiper *Actitis macularia*
juli *Vlieland*, Friesland
Boere & Zegers (1976)

1976
[Witte Kerkuil / Pale Barn Owl *Tyto alba alba*
januari *Ommen*, Overijssel
Haverschmidt (1981)]
Fluitzwaan / Whistling Swan *Cygnus columbianus*
februari *Zonnemaire*, *Brouwershaven*, Zeeland
Mullié (1980)
Witbandzeearend / Pallas's Fish Eagle *Haliaeetus leucoryphus*
oktober *Barneveld*, Gelderland
van IJzendoorn (1980) (under review by CDNA)

1977
Dougalls Stern / Roseate Tern *Sterna dougallii*
juli *IJmuiden*, *Velsen*, Noord-Holland
cf van den Berg & de Roever (1982)
Anatolische Woestijnplevier / Anatolian Sand Plover
Charadrius leschenaultii columbinus
juli *Ouddorp*, *Goedereede*, Zuid-Holland
de Heer (1979)
Bonapartes Strandloper / White-rumped Sandpiper *Calidris*
fuscicollis
oktober *IJmuiden*, *Velsen*, Noord-Holland
Geskus & Holstein (1981)

1978
Bruine Boszanger / Dusky Warbler *Phylloscopus fuscatus*
oktober *Oosterend* *Terschelling*, Friesland
Scharringa (1979)

1979
Terekruiter / Terek Sandpiper *Xenus cinereus*
juni *Almere*, Flevoland
Mauer & van IJzendoorn (1987)
Orpheusspotvogel / Melodious Warbler *Hippolais polyglotta*
juli *Avenhorn*, *Wester-Koggenland*, Noord-Holland
cf Osieck (1979)
Kleine Geelpootruiter / Lesser Yellowlegs *Tringa flavipes*
november *Oosterland*, *Duiveland*, Zeeland
Harmsen (1989)

1980
Stellers Eider / Steller's Eider *Polysticta stelleri*
juli *Terschelling*, Friesland
cf van den Berg (1982)
Bairds Strandloper / Baird's Sandpiper *Calidris bairdii*
september *Maasvlakte*, *Rotterdam*, Zuid-Holland
van IJzendoorn (1981)
Kalanderleeuwerik / Calandra Lark *Melanocorypha calandra*
oktober *Castricum*, Noord-Holland
Slings (1981)
Kleine Zwartkop / Sardinian Warbler *Sylvia melanocephala*
december *Amsterdam*, Noord-Holland
ter Haar & Kramer (1981)

1981
Zwartkeellijster / Black-throated Thrush *Turdus ruficollis atro-*
gularis
maart *Groningen*, Groningen
Dutch Birding 3: 72, 1981, van Klinken (1981)
Witkruingors / White-crowned Sparrow *Zonotrichia leuco-*
phrys
december *Spaarndam*, *Haarlemmerliede*, Noord-Holland
Kleiberg (1984)

1982
Kleine Spotvogel / Booted Warbler *Acrocephalus caligatus*
oktober *Oosterend*, *Terschelling*, Friesland
Wassink (1983)
Geelbrauwgors / Yellow-browed Bunting *Emberiza chryso-*
phrys
oktober *Schiermonnikoog*, Friesland
Vonk & van IJzendoorn (1988)
Harlekijneend / Harlequin Duck *Histrionicus histrionicus*
december *IJmuiden*, *Velsen*, Noord-Holland
Moerbeek (1984)

1983
Balkanbergfluiter / Eastern Bonelli's Warbler *Phylloscopus*

orientalis
  mei Kennemerduinen, *Bloemendaal*, Noord-Holland
  Hazevoet & van der Schot (1986)
Grote Grijze Snip / Long-billed Dowitcher *Limnodromus
  scolopaceus*
  mei Holwerd, *Dongeradeel*, Friesland
  Koopman & Wijmenga (1984)
[Balearische Roodkopklauwier / Balearic Woodchat Shrike
  Lanius senator badius
  juni Knardijk, *Lelystad*, Flevoland
  Ebels (1997)]
Indigogors / Indigo Bunting *Passerina cyanea*
  juni Robbenoordbos, *Wieringermeer*, Noord-Holland
  Meijer (1984)
Mongoolse Pieper / Blyth's Pipit *Anthus godlewskii*
  november Westenschouwen, *Westerschouwen*, Zeeland
  van den Berg et al (1993c)

1984
[Woestijnplevier / Greater Sand Plover *Charadrius leschenaultii leschenaultii/crassirostris*
  augustus Boschplaat, *Terschelling*, Friesland
  Ellenbroek & Schekkerman (1985)]
Citroenkwikstaart / Citrine Wagtail *Motacilla citreola*
  augustus *Castricum*, Noord-Holland
  Moerbeek et al (1984)
Brilgrasmus / Spectacled Warbler *Sylvia conspicillata*
  november IJmuiden, *Velsen*, Noord-Holland
  van IJzendoorn & van Rossum (1985)

1985
Kleine Kokmeeuw / Bonaparte's Gull *Larus philadelphia*
  augustus IJmuiden, *Velsen*, Noord-Holland
  van Dongen & de Rouw (1987)
Roodoogvireo / Red-eyed Vireo *Vireo olivaceus*
  oktober Wormerveer, *Zaanstad*, Noord-Holland
  Mauer & Westhof (1986)
Turkestaanse Klauwier / Turkestan Shrike *Lanius phoenicuroides*
  oktober *Texel*, Noord-Holland
  Wouters (1996) (not (yet) accepted by CDNA)
[Siberische Tjiftjaf / Siberian Chiffchaff *Phylloscopus collybita tristis*
  oktober Spaubeek, *Beek*, Limburg]
Ross' Gans / Ross's Goose *Anser rossii*
  november Santpoort-Noord/Velserbroek, *Velsen*, Noord-
  Holland
  van den Berg & Cottaar (1986)

1986
Alpenheggenmus / Alpine Accentor *Prunella collaris*
  april *Groningen*, Groningen
  Nuiver & van IJzendoorn (1987)
Ringsnavelmeeuw / Ring-billed Gull *Larus delawarensis*
  juli Europoort, *Rotterdam*, Zuid-Holland
  Schrijvershof & Schrijvershof (1988)
Forsters Stern / Forster's Tern *Sterna forsteri*
  november Ritthem, *Vlissingen*, Zeeland
  Ovaa (1987)
Perzische Roodborst / White-throated Robin *Irania gutturalis*
  november *Maasland*, Zuid-Holland
  de Heer (1989)
Maskergors / Black-faced Bunting *Emberiza spodocephala*
  november Westenschouwen, *Westerschouwen*, Zeeland
  van Ree & van den Berg (1987)

1987
Ivoormeeuw / Ivory Gull *Pagophila eburnea*
  februari *Schiermonnikoog*, Friesland
  Visser & van der Wal (1987)
Roodkeelstrandloper / Red-necked Stint *Calidris ruficollis*
  mei Lauwersmeer, *De Marne*, Groningen
  van Ommen & van IJzendoorn (1988)
Franklins Meeuw / Franklin's Gull *Larus pipixcan*
  juni Achtmaal, Wernhout, *Zundert*, Noord-Brabant
  Hoogendoorn (1988)
Baltimoretroepiaal / Baltimore Oriole *Icterus galbula*
  oktober *Vlieland*, Friesland
  Ebels & van Eck (1992)

Siberische Boompieper / Olive-backed Pipit *Anthus hodgsoni*
  oktober *Texel*, Noord-Holland
  Bouwman et al (1989)

1988
Balkankwikstaart / Black-headed Wagtail *Motacilla feldegg*
  mei *Delfzijl*, Groningen
  Boon (1990)
Bonte Tapuit / Pied Wheatear *Oenanthe pleschanka*
  mei *Schiermonnikoog*, Friesland
  van der Have (1989)
Pontische Meeuw / Pontic Gull *Larus cachinnans cachinnans*
  september *Zutphen*, Gelderland
  Groot Koerkamp & Ebels (1997)
Spotlijster / Northern Mockingbird *Mimus polyglottos*
  oktober *Schiermonnikoog*, Friesland
  Ebels (1991)
Woestijngrasmus / Desert Warbler *Sylvia nana*
  oktober Amsterdamse Waterleidingduinen, *Zandvoort*,
  Noord-Holland
  Hieselaar (1989)

1989
Grijze Strandloper / Semipalmated Sandpiper *Calidris pusilla*
  juni Oostvaardersplassen, *Lelystad*, Flevoland
  van der Veen (1991)
Brilstern / Bridled Tern *Sterna anaethetus*
  juli *Terneuzen*, Zeeland
  Schekkerman & Meininger (1990)
Siberische Strandloper / Sharp-tailed Sandpiper *Calidris acuminata*
  september Philippine, *Sas van Gent*, Zeeland
  Bekaert (1991)
Rotskruiper / Wallcreeper *Tichodroma muraria*
  november Buitenveldert, *Amsterdam*, Noord-Holland
  van de Staaij & Fokker (1991)

1990
Struikrietzanger / Blyth's Reed Warbler *Acrocephalus dumetorum*
  juni *Lelystad*, Flevoland
  Breek & van den Berg (1992)
Swinhoes Boszanger / Two-barred Warbler *Phylloscopus
  plumbeitarsus*
  september *Castricum*, Noord-Holland
  Schekkerman (1992)

1991
Grote Kanoet / Great Knot *Calidris tenuirostris*
  september Oostvaardersplassen, *Lelystad*, Flevoland
  Eigenhuis (1992)
Canadese Kraanvogel / Sandhill Crane *Grus canadensis*
  september Paesens-Moddergat, *Dongeradeel*, Friesland
  van den Berg et al (1993b)
Siberische Sprinkhaanzanger / Pallas's Grasshopper Warbler
  Locustella certhiola
  oktober *Castricum*, Noord-Holland
  Uddink & Slings (1994)

1992
Bronskopeend / Falcated Duck *Mareca falcata*
  januari *Bloemendaal*, Noord-Holland
  Dutch Birding 14: 63, 1992
Dwergarend / Booted Eagle *Hieraaetus pennatus*
  mei *Leersum*, Utrecht
  Dees et al (1994)
Baltische Mantelmeeuw / Baltic Gull *Larus fuscus*
  oktober *Schiermonnikoog*, Friesland
  cf Hoogendoorn & van Scheepen (1998)
donsstormvogel / soft-plumaged petrel *Pterodroma feae/ma-
  deira/mollis*
  oktober Camperduin, *Schoorl*, Noord-Holland
  Stegeman et al (1995)

1993
Jufferkraanvogel / Demoiselle Crane *Anthropoides virgo*
  april Rottumeroog, *Eemsmond*, Groningen
  Dutch Birding 17: 91, 1995 (under review by CDNA)

Lachmeeuw / Laughing Gull *Larus atricilla*
  september *Harderwijk*, Gelderland
  Dutch Birding 15: 285, 1993, cf Olthoff (1998)

1994
Hutchins' Canadese Gans / Hutchins's Canada Goose *Branta hutchinsii hutchinsii*
  januari Piaam, *Wûnseradiel*, Friesland
  Dutch Birding 18: 107, 1996 (under review by CDNA)
Huiskraai / House Crow *Corvus splendens*
  april Hoek van Holland, *Rotterdam*, Zuid-Holland
  Ebels & Westerlaken (1996)
Steppeklapekster / Steppe Grey Shrike *Lanius pallidirostris*
  september *Texel*, Noord-Holland
  Wassink (1997)
Kleine Topper / Lesser Scaup *Aythya affinis*
  november *Veere*, Zeeland
  Goedbloed & Sponselee (1996)

1995
Grote Geelpootruiter / Greater Yellowlegs *Tringa melanoleuca*
  januari Grijpskerke, *Mariekerke*, Zeeland
  Goedbloed (1997)
Daurische Kauw / Daurian Jackdaw *Corvus dauuricus*
  mei Hargen, *Schoorl*, Noord-Holland
  Meijer (1996)
Daurische Klauwier / Daurian Shrike *Lanius speculigerus*
  mei *Texel*, Noord-Holland
  Wassink (1996) (not (yet) accepted by CDNA)
Bulwers Stormvogel / Bulwer's Petrel *Bulweria bulwerii*
  augustus Westplaat, *Westvoorne*, Zuid-Holland
  Schaftenaar (1996)

Bartrams Ruiter / Upland Sandpiper *Bartramia longicauda*
  oktober Maasvlakte, *Rotterdam*, Zuid-Holland
  Groot et al (1998)

1996
Stekelstaartgierzwaluw / White-throated Needletail *Hirundapus caudacutus*
  mei *Middelburg*, Zeeland
  Sanders et al (1998)
Mirtezanger / Myrtle Warbler *Dendroica coronata*
  oktober Oost-Vlieland, *Vlieland*, Friesland
  van der Have & Bulteel (1997)
Izabeltapuit / Isabelline Wheatear *Oenanthe isabellina*
  oktober Maasvlakte, *Rotterdam*, Zuid-Holland
  Dijksman & Maas (1997)

1997
Dikbekfuut / Pied-billed Grebe *Podilymbus podiceps*
  april *Akersloot*, Noord-Holland
  Wattel et al (1998)
Spaanse Mus / Spanish Sparrow *Passer hispaniolensis*
  mei De Cocksdorp, *Texel*, Noord-Holland
  Gaxiola & Wassink (1998)

1998
Steltstrandloper / Stilt Sandpiper *Micropalama himantopus*
  juli Blauwe Kamer, *Rhenen*, Utrecht
  Vink & Wiegant (1998)

1999
Dwergaalscholver / Pygmy Cormorant *Microcarbo pygmeus*
  januari *Montfoort*, Utrecht
  (not (yet) accepted by CDNA)

Publicaties over nieuwe soorten

Het geeft een vogelaar vrijwel altijd een speciale voldoening een zeldzame soort te ontdekken, vooral wanneer die zeldzaamheid nooit eerder in Nederland werd vastgesteld. Aan zulke nieuwe soorten is zelfs al eens een boek gewijd (van den Berg et al 1990). Daarom is een lijst van volledige verwijzingen naar artikelen over nieuwe soorten in 1896-1998 interessant (cf tabel 5). Als men zulke verhalen leest, komt men vaak de speciale sensatie en opwinding tegen die bij de ontdekking van een dwaalgast hoort. Soms wist de ontdekker van een nieuwe soort echter niet tijdig medewaarnemers op te trommelen of kwam hij pas jaren later achter de ware identiteit van de vogel. Dergelijke verhalen missen vaak voornoemde emotie. Dat is ook het geval wanneer het door iemand anders dan de ontdekker werd opgetekend zoals dat met name in het begin van de 20e eeuw gebruikelijk was.

Soms werden eerdere gevallen van een soort naderhand niet meer aanvaardbaar geacht zodat het tweede of derde geval het eerste werd. Zo werden in recente jaren door de CDNA herzieningen uitgevoerd van oude gevallen waardoor sommige in ere werden hersteld terwijl andere werden afgevoerd. Daardoor zijn veel gevallen pas 'in retrospect' nieuw gebleken. Bij uitzondering onderging na herzieningen zelfs het zevende of achtste geval een dergelijke opwaardering zodat daarvan geen oorspronkelijk artikel bestaat maar slechts een korte mededeling in een ander artikel of CDNA-jaarverslag (zoals bij Dougalls Stern *Sterna dougallii*, Orpheusspotvogel *Hippolais polyglotta* en Grauwe Fitis *Phylloscopus trochiloides*).

Ook in de 19e eeuw werden veel nieuwe soorten gezien. Een opsomming van jaartallen zou interessant zijn voor het historische inzicht over de groei in vogelkennis maar zegt weinig over het voorkomen van vogelsoorten aangezien men met name aan het eind van de 19e eeuw bij het samenstellen van grote collecties (door onder anderen Albarda, Snouckaert van Schauburg en van Wickevoort Crommelin) pas een goed inzicht kreeg welke soorten normaal in Nederland voorkwamen. Daar komt bij dat veel soorten pas in de 19e eeuw of zelfs later voor het eerst werden beschreven en dat de grenzen van Nederland in de eerste decennia niet vast stonden. Daardoor is het voor veel soorten buitengewoon lastig om nauwkeurig na te gaan op welke datum deze voor het eerst werden vastgesteld. Om deze redenen

lijkt het niet zinvol om de eerste datum van nieuwe soorten in de 19e eeuw te noemen.

Waar komen dwaalgasten voor?

Het aantal gevallen van dwaalgasten per gemeente en provincie is een indicatie voor de vogelrijkdom en de activiteiten van vogelaars in dat gebied. Het blijkt dat verreweg de meeste zeldzame soorten werden vastgesteld in kustgemeenten van Noordzee en IJsselmeer; dit zijn ook de gebieden met de meeste vogeltrek en de meeste activiteiten van vogelringers. Zo grenzen alle gemeenten met meer dan drie nieuwe soorten voor Nederland in de laatste 100 jaar aan de Noordzee. De beste gemeenten behoren ook vaak tot de grootste. De top-10 met het hoogste aantal zeldzame soorten in 1800-1997 zijn Texel NH (19% van alle zeldzaamheden van de top-10), Lelystad FL (12,1%), Terschelling FR (11,9%), Vlieland FR (10,2%), Schiermonnikoog FR (9,7%), Schoorl

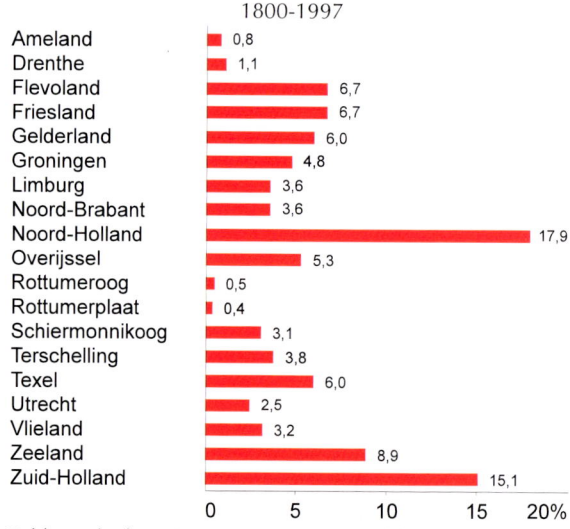

1800-1997

Ameland	0,8
Drenthe	1,1
Flevoland	6,7
Friesland	6,7
Gelderland	6,0
Groningen	4,8
Limburg	3,6
Noord-Brabant	3,6
Noord-Holland	17,9
Overijssel	5,3
Rottumeroog	0,5
Rottumerplaat	0,4
Schiermonnikoog	3,1
Terschelling	3,8
Texel	6,0
Utrecht	2,5
Vlieland	3,2
Zeeland	8,9
Zuid-Holland	15,1

Zeldzaamheden (%) per provincie en Waddeneiland / Rarities (%) per province and Wadden Island

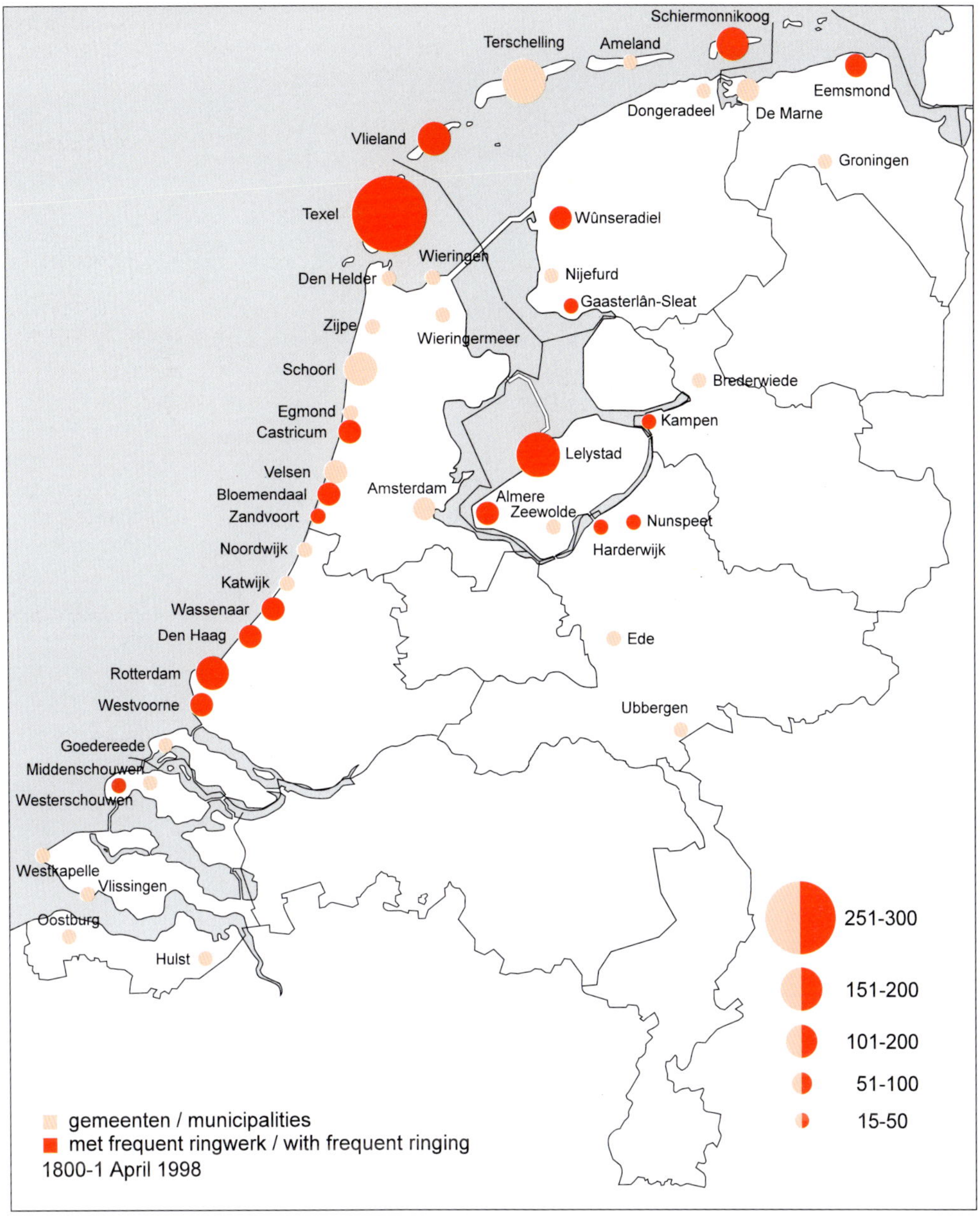

Schiermonnikoog
Terschelling
Ameland
Eemsmond
Dongeradeel
De Marne
Vlieland
Groningen
Texel
Wûnseradiel
Wieringen
Den Helder
Nijefurd
Gaasterlân-Sleat
Zijpe
Wieringermeer
Schoorl
Brederwiede
Egmond
Castricum
Kampen
Lelystad
Velsen
Bloemendaal
Amsterdam
Almere
Zandvoort
Zeewolde
Nunspeet
Harderwijk
Noordwijk
Katwijk
Wassenaar
Den Haag
Ede
Rotterdam
Westvoorne
Ubbergen
Goedereede
Middenschouwen
Westerschouwen
Westkapelle
Vlissingen
Oostburg
Hulst
251-300
151-200
101-200
51-100
15-50
gemeenten / municipalities
met frequent ringwerk / with frequent ringing
1800-1 April 1998

Zeldzaamheden (>14) per gemeente / Rarities (>14) per municipality

NH (9,3%) (incl Hargen aan Zee en Camperduin), Rotterdam ZH (8,2%) (incl Hoek van Holland, Maasvlakte en De Beer), Eemsmond NH (6,7%) (incl Eemshaven, Rottumeroog en Rottumerplaat), Den Haag ZH (6,5%) (incl Scheveningen, Kijkduin, Haagse Bos en Loosduinen) en De Marne GR (6,4%) (incl Lauwersmeer).

Van de vijf permanent bewoonde Waddeneilanden heeft Texel (36% van alle zeldzaamheden op deze vijf eilanden) verreweg het hoogste aantal terwijl Terschelling (22%) als beste Friese eiland op de tweede plaats komt. Vergeleken met Texel komt Vlieland (19%) echter meer dan twee keer hoger uit de bus en Schiermonnikoog (18%) bijna twee keer hoger wanneer het aantal wordt gedeeld door de oppervlakte. Opvallend is hoe weinig zeldzaamheden op Ameland (5%) zijn aangetroffen. Dit laatste kan slechts ten dele worden verklaard door het feit dat er op Ameland minder regelmatig ringonderzoek plaatsvindt dan op andere eilanden; vermoedelijk was Ameland bij vogelaars tot voor kort minder populair dan andere eilanden. Het valt voorts op dat van de 29 in de laatste 100 jaar op de Waddeneilanden ontdekte nieuwe soorten voor Nederland de eerste pas van 1958 dateerde.

De meeste zeldzame soorten in 1800-1997 zijn vastgesteld in Noord-Holland (23,9%), Friesland (17,6%), Zuid-Holland (15,1%) en Zeeland (8,9%) en de minste in Limburg (3,6%), Noord-Brabant (3,6%), Utrecht (2,5%) en Drenthe (1,1%). Hoewel de hoge aantallen voor Noord-Holland en Friesland voor een belangrijk deel kunnen worden verklaard door de aanwezigheid van Waddeneilanden binnen de provinciegrenzen, heeft Noord-Holland ook zonder Texel nog de langste lijst met zeldzaamheden. De beste provincies zijn ook de provincies met de langste kustlijnen. Daarentegen leverde de door land omsloten provincie Drenthe, waar ook geen grote rivier stroomt, in een eeuw slechts één nieuwe soort op.

De som van alle gevallen gedeeld door het aantal nieuwe soorten voor Nederland zou per gebied een indicatie kunnen zijn van een bepaalde vorm van 'grensverleggende vogelintelligentie' van vogelaars die dat gebied bezoeken. Het heeft er bijvoorbeeld de schijn van dat sommige gemeenten slechts gedurende een vrij korte periode bij bekwame vogelaars populair waren zoals Velsen NH in 1974-85 (zeven nieuwe soorten voor Nederland) of Lelystad FL in 1989-91 (drie nieuwe). Uiteraard zullen in gebieden met veel vogels ook veel vogelaars gaan kijken waardoor de verschillen in aantallen zeldzaamheden tussen gebieden worden versterkt. In een bekend vogelkijkgebied zal een hoger deel van de aanwezige dwaalgasten worden ontdekt dan in een onbekend gebied. Hetzelfde geldt voor de maandverdeling want

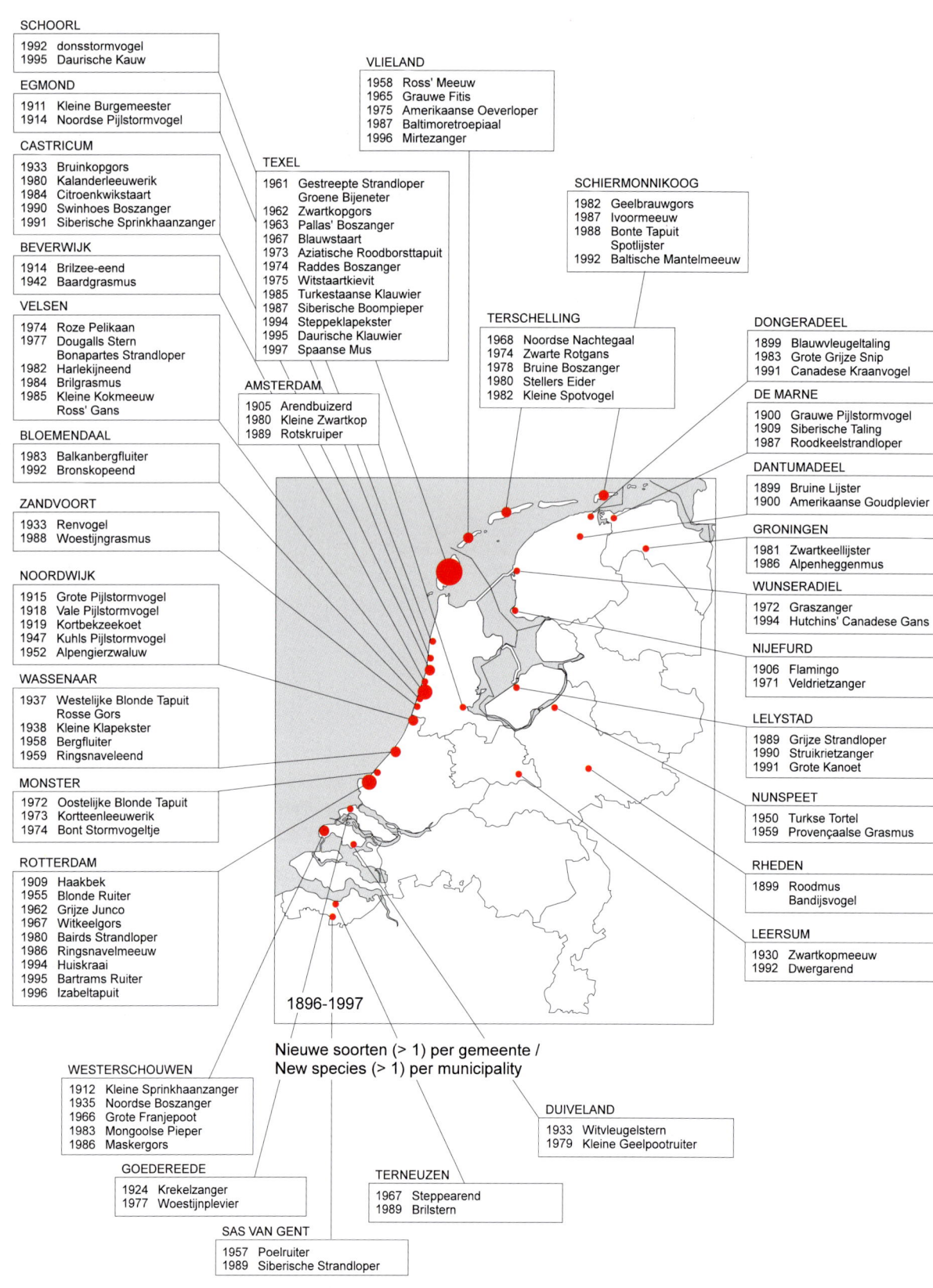

SCHOORL
1992	donsstormvogel
1995	Daurische Kauw

EGMOND
1911	Kleine Burgemeester
1914	Noordse Pijlstormvogel

CASTRICUM
1933	Bruinkopgors
1980	Kalanderleeuwerik
1984	Citroenkwikstaart
1990	Swinhoes Boszanger
1991	Siberische Sprinkhaanzanger

BEVERWIJK
1914	Brilzee-eend
1942	Baardgrasmus

VELSEN
1974	Roze Pelikaan
1977	Dougalls Stern
	Bonapartes Strandloper
1982	Harlekijneend
1984	Brilgrasmus
1985	Kleine Kokmeeuw
	Ross' Gans

BLOEMENDAAL
1983	Balkanbergfluiter
1992	Bronskopeend

ZANDVOORT
1933	Renvogel
1988	Woestijngrasmus

NOORDWIJK
1915	Grote Pijlstormvogel
1918	Vale Pijlstormvogel
1919	Kortbekzeekoet
1947	Kuhls Pijlstormvogel
1952	Alpengierzwaluw

WASSENAAR
1937	Westelijke Blonde Tapuit
	Rosse Gors
1938	Kleine Klapekster
1958	Bergfluiter
1959	Ringsnaveleend

MONSTER
1972	Oostelijke Blonde Tapuit
1973	Kortteenleeuwerik
1974	Bont Stormvogeltje

ROTTERDAM
1909	Haakbek
1955	Blonde Ruiter
1962	Grijze Junco
1967	Witkeelgors
1980	Bairds Strandloper
1986	Ringsnavelmeeuw
1994	Huiskraai
1995	Bartrams Ruiter
1996	Izabeltapuit

VLIELAND
1958	Ross' Meeuw
1965	Grauwe Fitis
1975	Amerikaanse Oeverloper
1987	Baltimoretroepiaal
1996	Mirtezanger

TEXEL
1961	Gestreepte Strandloper
	Groene Bijeneter
1962	Zwartkopgors
1963	Pallas' Boszanger
1967	Blauwstaart
1973	Aziatische Roodborsttapuit
1974	Raddes Boszanger
1975	Witstaartkievit
1985	Turkestaanse Klauwier
1987	Siberische Boompieper
1994	Steppeklapekster
1995	Daurische Klauwier
1997	Spaanse Mus

AMSTERDAM
1905	Arendbuizerd
1980	Kleine Zwartkop
1989	Rotskruiper

TERSCHELLING
1968	Noordse Nachtegaal
1974	Zwarte Rotgans
1978	Bruine Boszanger
1980	Stellers Eider
1982	Kleine Spotvogel

SCHIERMONNIKOOG
1982	Geelbrauwgors
1987	Ivoormeeuw
1988	Bonte Tapuit
	Spotlijster
1992	Baltische Mantelmeeuw

DONGERADEEL
1899	Blauwvleugeltaling
1983	Grote Grijze Snip
1991	Canadese Kraanvogel

DE MARNE
1900	Grauwe Pijlstormvogel
1909	Siberische Taling
1987	Roodkeelstrandloper

DANTUMADEEL
1899	Bruine Lijster
1900	Amerikaanse Goudplevier

GRONINGEN
1981	Zwartkeellijster
1986	Alpenheggenmus

WUNSERADIEL
1972	Graszanger
1994	Hutchins' Canadese Gans

NIJEFURD
1906	Flamingo
1971	Veldrietzanger

LELYSTAD
1989	Grijze Strandloper
1990	Struikrietzanger
1991	Grote Kanoet

NUNSPEET
1950	Turkse Tortel
1959	Provençaalse Grasmus

RHEDEN
1899	Roodmus
	Bandijsvogel

LEERSUM
1930	Zwartkopmeeuw
1992	Dwergarend

1896-1997

Nieuwe soorten (> 1) per gemeente /
New species (> 1) per municipality

WESTERSCHOUWEN
1912	Kleine Sprinkhaanzanger
1935	Noordse Boszanger
1966	Grote Franjepoot
1983	Mongoolse Pieper
1986	Maskergors

GOEDEREEDE
1924	Krekelzanger
1977	Woestijnplevier

DUIVELAND
1933	Witvleugelstern
1979	Kleine Geelpootruiter

TERNEUZEN
1967	Steppearend
1989	Brilstern

SAS VAN GENT
1957	Poelruiter
1989	Siberische Strandloper

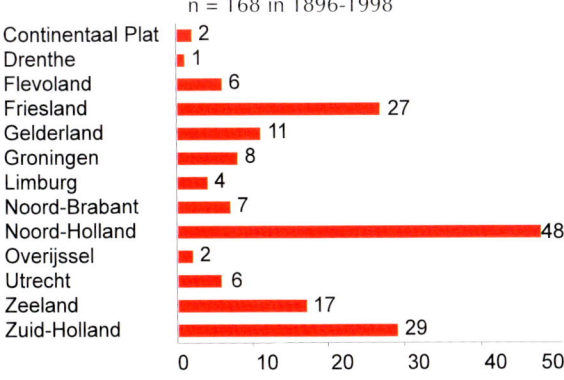

n = 168 in 1896-1998

Continentaal Plat	2
Drenthe	1
Flevoland	6
Friesland	27
Gelderland	11
Groningen	8
Limburg	4
Noord-Brabant	7
Noord-Holland	48
Overijssel	2
Utrecht	6
Zeeland	17
Zuid-Holland	29

Nieuwe soorten per provincie / New species per province

er zullen meer mensen naar vogels kijken wanneer de grootste aantallen trekvogels zijn te verwachten.

Wanneer komen dwaalgasten voor?

De beste maanden voor zeldzaamheden blijken mei en augustus-oktober te zijn. Deze maanden vallen samen met de vogeltrekperioden waarbij het najaar het productiefst is. De beste maanden voor nieuwe Nederlandse soorten komen hier deels mee overeen. Een opmerkelijk verschil is dat nieuwe soorten gemiddeld later arriveren dan minder zeldzame soorten. Vooral in het najaar is dit duidelijk, met minder nieuwe soorten in augustus en meer in november-december. De vier maanden met meer dan 15 nieuwe soorten zijn oktober (34), mei (27), november (23) en september (20). Dit verschil wordt versterkt doordat enkele vooral in augustus voorkomende soorten als Waterrietzanger *Acrocephalus paludicola* en Sperwergrasmus *Sylvia nisoria* in dit boek als zeldzame soorten worden behandeld en een groot deel van de zeldzaamheden uitmaken. Het is voorstelbaar dat de zeldzaamste soorten vaak ook de grootste afstand moeten afleggen en er daarom langer over doen om hier te arriveren. Een andere verklaring zou het vaker voorkomen van stormachtig weer later in het najaar kunnen zijn. Het zou interessant zijn om de datums te koppelen aan weersomstandigheden en maanstanden maar dat valt buiten het kader van dit boek.

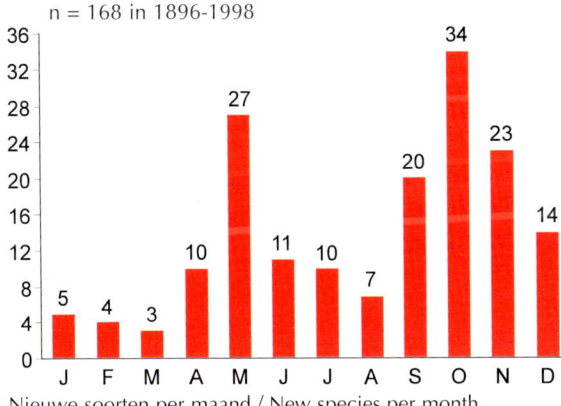

n = 168 in 1896-1998

Nieuwe soorten per maand / New species per month

(J 5, F 4, M 3, A 10, M 27, J 11, J 10, A 7, S 20, O 34, N 23, D 14)

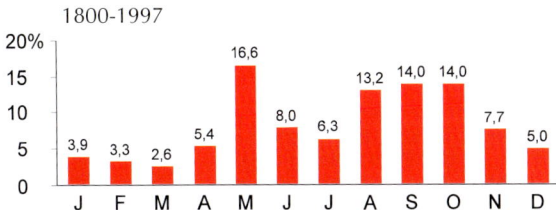

1800-1997

Zeldzaamheden (%) per maand (naar eerste-aankomstdatum) / Rarities (%) per month (by first arrival date)

(J 3,9, F 3,3, M 2,6, A 5,4, M 16,6, J 8,0, J 6,3, A 13,2, S 14,0, O 14,0, N 7,7, D 5,0)

Welk deel van de dwaalgasten wordt ontdekt?

Als men de datums in dit boek nauwkeurig zou analyseren, komt men tot de ontdekking dat de meeste zeldzame soorten op zater-, zon- en feestdagen naar Nederland komen terwijl ze zich van maandag tot en met vrijdag lijken te verstoppen. Hetzelfde geldt voor Brittannië waar in 1988-92 40% van de ontdekkingen in het weekeinde plaatsvonden (cf BB 90: 94-101, 297, 1997). Uiteraard is dit een logisch gevolg van de activiteiten van vogelaars. Het doet de vraag rijzen welk deel van de dwaalgasten in Nederland ontdekt wordt. Misschien is een eerste stap het aantal dat op zondagen is vastgesteld als standaard te nemen. Het is bovendien de vraag wat er zou gebeuren als, behalve bekende gebieden als de Maasvlakte en de noordpunt van Texel, ook andere grondig zouden worden afgezocht.

Bepaalde vogels vallen veel meer op dan andere. Zo mag men aannemen dat een veel groter deel van de in Nederland gearriveerde Sneeuwuilen *Nyctea scandiaca* wordt opgemerkt dan van Kleine Sprinkhaanzangers *Locustella lanceolata*. Dit wordt bevestigd door het grote aantal 'vervolgwaarnemingen' van Sneeuwuil. Men kan hieruit ook concluderen dat men bij de interpretaties van de gegevens voorzichtig moet zijn met interspecifieke vergelijkingen van aantallen.

Broedvogels: een overzicht van aantallen

Er hebben in 1900-98 in Nederland 214-220 soorten gebroed waarvan 198-201 in 1990-98. Drie soorten hebben wel in de 19e eeuw maar niet in de 20e eeuw in Nederland gebroed (vermoedelijk Ralreiger *Ardeola ralloides*, mogelijk Poelsnip *Gallinago media* en incidenteel Steppehoen *Syrrhaptes paradoxus*). Er zijn 171 soorten die in ieder jaar in 1990-97 hebben gebroed waarvan 16 soorten als zeldzaam (1-50 broedparen) te boek staan en 28 als schaars (51-500 broedparen). Tot de 27-30 onregelmatige (niet ieder jaar broedende) soorten in 1990-98 behoren enkele die in het verleden regelmatig broedden maar nu verdwenen zijn (zoals Ortolaan *Emberiza hortulana*) terwijl een hoger aantal zich pas in 1990-97 definitief lijkt te vestigen (zoals Slechtvalk *Falco peregrinus* en Grote Mantelmeeuw *Larus marinus*). Er zijn 16-19 soorten die wel in één of meer jaren in 1900-89 tot broeden kwamen maar niet meer in 1990-98. De meeste hiervan hebben in het verleden slechts incidenteel gebroed terwijl maar drie in het verleden meer dan 10 jaren achtereen broedden (Griel *Burhinus oedicnemus*, Goudplevier *Pluvialis apricaria* en vermoedelijk Roodkopklauwier *Lanius senator*). Bij de hierboven genoemde aantallen zijn exoten niet meegerekend. In 1990-98 hebben zes soorten exoten regelmatig in Nederland gebroed: Zwarte Zwaan *Cygnus atratus* (zeldzaam), Nijlgans *Alopochen aegyptiacus*, Mandarijneend *Aix galericulata* (schaars), Fazant *Phasianus colchicus*, Rotsduif *Columba livia* en Halsbandparkiet *Psittacula krameri* (schaars); de overige hebben onregelmatig gebroed (Indische Gans *Anser indicus* en Rosse Stekelstaart *Oxyura jamaicensis*) of zijn afkomstig van geïntroduceerde broedpopulaties buiten Nederland (Heilige Ibis *Threskiornis aethiopicus* en Chileense Flamingo *Phoenicopterus chilensis*).

Broedvogels: winst en verlies

Er zijn 57 soorten die zich in 1900-98 voor het eerst als broedvogel in Nederland hebben gevestigd (cf tabel 6) waarvan c 40 in 1998 nog steeds succesvol waren. Daarentegen zijn er minstens acht soorten die gedurende de 20e eeuw zo sterk zijn achteruitgegaan dat ze als broedvogel dreigen te verdwijnen, terwijl vier soorten (Griel *Burhinus oedicnemus*, Goudplevier *Pluvialis apricaria*, Roodkopklauwier *Lanius senator* en Ortolaan *Emberiza hortulana*) reeds verdwenen zijn (zie ook Soortenlijst).

Voor vijf soorten geldt dat ze bijna of geheel waren verdwenen maar zich later, soms met actieve hulp van de mens, hebben hersteld (*fall and rise*): Grauwe Gans *Anser anser*, Kwak *Nycticorax nycticorax*, Ooievaar *Ciconia ciconia*, Middelste Bonte Specht *Dendrocopos medius* en Raaf *Corvus corax*. Bovendien zijn er minstens 12 soorten die in de 20e eeuw als nieuwe broedvogel kwamen maar in 1997, al dan niet tijdelijk, (vrijwel) weer verdwenen waren (*rise and fall*): onder meer Steltkluut *Himantopus himantopus*, Morinelplevier *Charadrius morinellus*, Dwergmeeuw *Larus minutus*,

tabel 6 / table 6

Nieuwe broedvogels in 1900-98 / New breeding species in 1900-98 (n=57)

1903	Kramsvogel	Fieldfare	*Turdus pilaris*
1904	Kuifeend	Tufted Duck	*Aythya fuligula*
1906	Eider	Common Eider	*Somateria mollissima*
1908	Stormmeeuw	Mew Gull	*Larus canus*
1910	Waterspreeuw	White-throated Dipper	*Cinclus cinclus*
1915	Zwarte Specht	Black Woodpecker	*Dryocopus martius*
1916	Middelste Zaagbek	Red-breasted Merganser	*Mergus serrator*
1918	Geoorde Fuut	Black-necked Grebe	*Podiceps nigricollis*
1922	Bonte Vliegenvanger	European Pied Flycatcher	*Ficedula hypoleuca*
	Europese Kanarie	European Serin	*Serinus serinus*
1923	Pijlstaart	Northern Pintail	*Anas acuta*
1924	Oeverloper	Common Sandpiper	*Actitis hypoleucos*
1926	Slechtvalk	Peregrine Falcon	*Falco peregrinus*
	Kleine Mantelmeeuw	Lesser Black-backed Gull	*Larus graellsii*
1927	Roodhalsfuut	Red-necked Grebe	*Podiceps grisegena*
1928	Vuurgoudhaan	Firecrest	*Regulus ignicapillus*
1930	Zwartkopmeeuw	Mediterranean Gull	*Larus melanocephalus*
1931	Steltkluut	Black-winged Stilt	*Himantopus himantopus*
	Lachstern	Gull-billed Tern	*Gelochelidon nilotica*
	Kruisbek	Common Crossbill	*Loxia curvirostra*
1938	Witwangstern	Whiskered Tern	*Chlidonias hybridus*
1942	Krooneend	Red-crested Pochard	*Netta rufina*
	Brilduiker	Common Goldeneye	*Bucephala clangula*
	Dwergmeeuw	Little Gull	*Larus minutus*
	Kleine Barmsijs	Lesser Redpoll	*Carduelis cabaret*
1948	Knobbelzwaan	Mute Swan	*Cygnus olor*
1950	Turkse Tortel	Eurasian Collared Dove	*Streptopelia decaocto*
1951	Klein Waterhoen	Little Crake	*Porzana parva*
1961	Morinelplevier	Eurasian Dotterel	*Charadrius morinellus*
1964	Bijeneter	European Bee-eater	*Merops apiaster*
1965	Keep	Brambling	*Fringilla montifringilla*
1969	Notenkraker	Spotted Nutcracker	*Nucifraga caryocatactes*
1971	Casarca	Ruddy Shelduck	*Tadorna ferruginea*
	Ruigpootuil	Tengmalm's Owl	*Aegolius funereus*
	Sijs	Eurasian Siskin	*Carduelis spinus*
1975	Graszanger	Zitting Cisticola	*Cisticola juncidis*
1976	Rode Wouw	Red Kite	*Milvus milvus*
	Cetti's Zanger	Cetti's Warbler	*Cettia cetti*
1978	Grote Zilverreiger	Great Egret	*Casmerodius albus*
1979	Kleine Zilverreiger	Little Egret	*Egretta garzetta*
	Witvleugelstern	White-winged Tern	*Chlidonias leucopterus*
1981	Buidelmees	Eurasian Penduline Tit	*Remiz pendulinus*
1982	Dougalls Stern	Roseate Tern	*Sterna dougallii*
1984	Zwarte Wouw	Black Kite	*Milvus migrans*
1985	Grote Canadese Gans	Greater Canada Goose	*Branta canadensis*
	Geelpootmeeuw	Mediterranean Yellow-legged Gull	*Larus michahellis*
1987	Roodmus	Common Rosefinch	*Carpodacus erythrinus*
1988	Brandgans	Barnacle Goose	*Branta leucopsis*
1990	Orpheusspotvogel	Melodious Warbler	*Hippolais polyglotta*
1992	Kolgans	Greater White-fronted Goose	*Anser albifrons*
1993	Grote Mantelmeeuw	Great Black-backed Gull	*Larus marinus*
	Taigaboomkruiper	Eurasian Treecreeper	*Certhia familiaris*
1995	Noordse Nachtegaal	Thrush Nightingale	*Luscinia luscinia*
1997	Oehoe	Eurasian Eagle Owl	*Bubo bubo*
	Huiskraai	House Crow	*Corvus splendens*
1998	Koereiger	Cattle Egret	*Bubulcus ibis*
	Struikrietzanger	Blyth's Reed Warbler	*Acrocephalus dumetorum*

Lachstern *Gelochelidon nilotica*, Dougalls Stern *Sterna dougallii*, Witwangstern *Chlidonias hybridus*, Ruigpootuil *Aegolius funereus*, Bijeneter *Merops apiaster*, Hop *Upupa epops*, Waterspreeuw *Cinclus cinclus*, Cetti's Zanger *Cettia cetti* en Graszanger *Cisticola juncidis*.

Voor- of achteruitgang van zeldzame soorten
In het algemeen hebben vogels in een milieu waarop de mens steeds nadrukkelijker zijn stempel drukt grotere overlevingskansen dan zoogdieren, reptielen, amfibieën of vlinders. Veel soorten hebben een grote mobiliteit zodat ze gemakkelijk over snelwegen en woonwijken kunnen vliegen om apart gelegen slaap-, nestel- en voedselplaatsen te benutten. Door deze mobiliteit kunnen ze zich ook vaak snel aan-

passen aan wisselende voedselvoorraden. Zo wordt een voedselrijk ondergelopen bollenveld vrijwel direct nadat het ontstaat ontdekt door hoge aantallen steltlopers. Ook verliezen veel soorten snel hun schuwheid bij een verminderde jachtdruk. Soorten als Fuut *Podiceps cristatus* en Blauwe Reiger *Ardea cinerea* leerden zo binnen enkele generaties voedsel en beschutting te vinden in de directe leefomgeving van de mens. Er is echter ook een aantal soorten waarvoor de enorme veranderingen in landschap en milieu in de afgelopen eeuw te snel lijken te zijn gegaan.

Wat betreft de zeldzame helft van de Nederlandse soorten, kan men een onderscheid maken tussen taxa die steeds zeldzamer zijn geworden en taxa die steeds vaker worden gezien. Wanneer men er rekening mee houdt dat in de twee-

Welke zeldzame taxa zijn zeldzamer geworden in 1850-1997?

Stormvogeltje *Hydrobates pelagicus*
Ralreiger *Ardeola ralloides*
Bastaardarend *Aquila clanga*
Kleine Trap *Tetrax tetrax*
Grote Trap *Otis tarda*
Griel *Burhinus oedicnemus*
Poelsnip *Gallinago media*
Dunbekwulp *Numenius tenuirostris*
Steppehoen *Syrrhaptes paradoxus*
Scharrelaar *Coracias garrulus*

de helft van de 20e eeuw het aantal kundige vogelwaarnemers sterk groeide, kan een afname niets anders betekenen dan dat de betreffende soort steeds zeldzamer is geworden. Dit zal ook het geval zijn wanneer het aantal waarnemingen min of meer gelijk bleef of slechts weinig toenam. Daar staat tegenover dat er ook soorten zijn die tot enkele decennia geleden niet of nauwelijks werden vastgesteld om vervolgens steeds talrijker te worden. Meestal zal het hierbij om een werkelijke vooruitgang gaan tenzij de kennis over veldherkenning van de betreffende soort vroeger onvoldoende was.

Om inzicht te krijgen welke zeldzame soorten sinds 1850 of 1900 in aantal vooruit en welke achteruit zijn gegaan, kan men vier trendcategorieën onderscheiden. Hoewel harde getallen de basis vormen voor de indeling in één van de

Welke zeldzame taxa werden gedurende 1900-97 steeds vaker vastgesteld en lijken om die reden algemener te worden?

Zwarte Rotgans *Branta nigricans*
Ringsnaveleend *Aythya collaris*
Stellers Eider *Polysticta stelleri*
Koningseider *Somateria spectabilis*
Amerikaanse Smient *Mareca americana*
Blauwvleugeltaling *Anas discors*
Amerikaanse Wintertaling *Anas carolinensis*
Geelsnavelduiker *Gavia adamsii*
Kuhls Pijlstormvogel *Calonectris borealis*
Zwarte Ibis *Plegadis falcinellus*
Slangenarend *Circaetus gallicus*
Woestijnplevier *Charadrius leschenaultii*
Amerikaanse Goudplevier *Pluvialis dominicus*
Steppekievit *Vanellus gregarius*
Breedbekstrandloper *Limicola falcinellus*
Blonde Ruiter *Tryngites subruficollis*
Terekruiter *Xenus cinereus*
Grote Franjepoot *Phalaropus tricolor*
Kleinste Jager *Stercorarius longicaudus*
Ross' Meeuw *Rhodostethia rosea*
Dougalls Stern *Sterna dougallii*
Zwarte Zeekoet *Cepphus grylle*
Kuifkoekoek *Clamator glandarius*
Alpengierzwaluw *Apus melba*
Siberische Boompieper *Anthus hodgsoni*
Goudlijster *Zoothera aurea*
Veldrietzanger *Acrocephalus agricola*
Kleine Spotvogel *Acrocephalus caligatus*
Baardgrasmus *Sylvia cantillans*
Kleine Zwartkop *Sylvia melanocephala*
Grauwe Fitis *Phylloscopus trochiloides*
Noordse Boszanger *Phylloscopus borealis*
Humes Bladkoning *Phylloscopus humei*
Raddes Boszanger *Phylloscopus schwarzi*
Bergfluiter *Phylloscopus bonelli*
Iberische Tjiftjaf *Phylloscopus brehmii*
Roze Spreeuw *Sturnus roseus*
Roodoogvireo *Vireo olivaceus*
Witbandkruisbek *Loxia leucoptera*
Witkopgors *Emberiza leucocephalos*
Bosgors *Emberiza rustica*
Dwerggors *Emberiza pusilla*
Wilgengors *Emberiza aureola*

Welke zeldzame taxa tonen gedurende 1900-97 (of 1850-1997) geen verandering in de frequentie van gevallen en lijken om die reden zeldzamer te worden?

Brilzee-eend *Melanitta perspicillata*
Siberische Taling *Anas formosa*
Grote Pijlstormvogel *Puffinus gravis*
Vale Gier *Gyps fulvus*
Steppekiekendief *Circus macrourus*
Schreeuwarend *Aquila pomarina*
Steenarend *Aquila chrysaetos*
Giervalk *Falco rusticolus*
Klein Waterhoen *Porzana parva*
Kleinst Waterhoen *Porzana pusilla*
Renvogel *Cursorius cursor*
Steppevorkstaartplevier *Glareola nordmanni*
Kortbekzeekoet *Uria lomvia*
Dwergooruil *Otus scops*
Sneeuwuil *Nyctea scandiaca*
Roodsterblauwborst *Luscinia svecica svecica*
Westelijke Blonde Tapuit *Oenanthe hispanica*
Waterrietzanger *Acrocephalus paludicola*
Withalsvliegenvanger *Ficedula albicollis*
Kleine Klapekster *Lanius minor*
Roodkopklauwier *Lanius senator*
Cirlgors *Emberiza cirlus*

trendcategorieën, komt er een onvermijdelijke subjectieve interpretatie aan te pas die voorkomt dat er een al te rooskleurig beeld ontstaat. Vermoedelijk zal men niet sterk van mening verschillen over de 10 soorten die sinds 1850 *beslist* zeldzamer zijn geworden of de 32 soorten die sinds 1900 *beslist* in aantal zijn toegenomen. Daarentegen kan men zich afvragen of er sprake is van een werkelijke vooruitgang bij taxa die in de 19e en het begin van de 20e eeuw (bijna) niet werden vastgesteld maar in de laatste helft van de 20e eeuw steeds vaker. Sommige van deze soorten kunnen vroeger

Welke zeldzame taxa zijn gedurende 1980-97 steeds talrijker geworden? (Soorten met minder dan 10 gevallen zijn buiten beschouwing gelaten met uitzondering van vier gemerkt met *.)

Vale Pijlstormvogel *Puffinus mauretanicus*
Koereiger *Bubulcus ibis*
Flamingo *Phoenicopterus roseus*
*Dwergarend *Hieraaetus pennatus*
Gestreepte Strandloper *Calidris melanotos*
Grote Grijze Snip *Limnodromus scolopaceus*
IJslandse Grutto *Limosa limosa islandica*
Poelruiter *Tringa stagnatilis*
*Ringsnavelmeeuw *Larus delawarensis*
Geelpootmeeuw *Larus michahellis*
Kleine Burgemeester *Larus glaucoides*
Witwangstern *Chlidonias hybridus*
Oehoe *Bubo bubo*
Bijeneter *Merops apiaster*
Kortteenleeuwerik *Calandrella brachydactyla*
Roodstuitzwaluw *Hirundo daurica*
Roodkeelpieper *Anthus cervinus*
*Citroenkwikstaart *Motacilla citreola*
Noordse Nachtegaal *Luscinia luscinia*
Aziatische Roodborsttapuit *Saxicola maura*
Cetti's Zanger *Cettia cetti*
Graszanger *Cisticola juncidis*
Krekelzanger *Locustella fluviatilis*
Orpheusspotvogel *Hippolais polyglotta*
*Struikrietzanger *Acrocephalus dumetorum*
Sperwergrasmus *Sylvia nisoria*
Pallas' Boszanger *Phylloscopus proregulus*
Bruine Boszanger *Phylloscopus fuscatus*
Taigaboomkruiper *Certhia familiaris*
Witstuitbarmsijs *Carduelis hornemanni*
Grote Kruisbek *Loxia pytyopsittacus*
Roodmus *Carpodacus erythrinus*

over het hoofd zijn gezien waarbij men vooral aan kleine zangvogels moet denken als boszangers *Phylloscopus*. Deze soorten waren op oude vinkenbanen moeilijk te vangen, weinig interessant als voedsel en lastig te determineren. Het is echter aantoonbaar dat Bladkoning *P inornatus* en Pallas' Boszanger *P proregulus* pas in de tweede helft van de 20e eeuw in groeiende aantallen naar West-Europa zijn gaan trekken (cf van Impe & Derasse 1994). Bovendien zouden dergelijke soorten op moeten duiken in oude museumcollecties zoals dat gebeurde met de in 1859 als Ortolaan *Emberiza hortulana* te Overveen, Bloemendaal, Noord-Holland, verzamelde en pas 65 jaar later op naam gebrachte Bruinkeelortolaan *E caesia*. Enkele taxa passen niet of nauwelijks in één van de vier trendcategorieën omdat ze in hun voorkomen een wisselend beeld laten zien waarbij perioden met een duidelijke toename werden afgewisseld door een periode van ten minste 10 jaar waarin de soort weer geheel verdween. Voorbeelden daarvan zijn Aziatische Goudplevier *Pluvialis fulva*, Ruigpootuil *Aegolius funereus* en Middelste Bonte Specht *Dendrocopos medius*.

Uit de beschikbare gegevens kan men concluderen dat meer dan tweemaal zoveel soorten in aantal vooruit zijn gegaan dan achteruit. Dit komt overeen met de trend in aantallen van broedvogelsoorten. Deze uitkomst staat in schril contrast met de algemene toon die valt te beluisteren bij organisaties die zich met natuurbescherming bezighouden. Dit vloeit mogelijk voort uit het feit dat men het in het algemeen veel sterker betreurt wanneer een bekende soort (zoals Griel *Burhinus oedicnemus*) verdwijnt dan dat men zich verheugt over de komst van een onbekende soort.

Invloed van de mens op de toename van zeldzame soorten

Door een aantal factoren lijkt de toename van het aantal broedvogelsoorten en zeldzaamheden groter dan deze in werkelijkheid is.

Ontdekken

Men hoeft slechts het verhaal te lezen over *twitchers avant la lettre* (Kist 1963) om een indruk te krijgen van de activiteiten van vogelaars in de 1950er en begin 1960er jaren. Sindsdien vond een sterke groei plaats van het aantal kundige vogelwaarnemers en hun nieuwe technische hulpmiddelen. In juli 1998 had Klaas Eigenhuis bijvoorbeeld al meer dan 91% (426) van de soorten in Nederland gezien en waren er 20 vogelaars met meer dan 410 soorten op hun Nederlandse lijst. Bijzonderheden over de ornithologen en vogelaars in de 19e eeuw kan men vinden in het biografische werk van Brouwer (1954) en over die in het eerste driekwart van de 20e eeuw in dat van Voous (1995).

Documenteren

Een aantal gevallen van zeldzaamheden in 1800-1950 is verloren gegaan omdat museumexemplaren zodanig in het ongerede raakten dat reeds Eykman et al (1937-49) ze niet meer vermelden. Anders dan tegenwoordig werden dode vogels indertijd immers zelden door beschrijvingen en foto's gedocumenteerd.

Voedselbron en vermeende schade

Door de bevolkingstoename in met name de tweede helft van de 20e eeuw is het oppervlak aan natuurlijk terrein in hoog tempo afgenomen waardoor men zou verwachten dat een werkelijke toename van vogels onwaarschijnlijk is. Tegelijkertijd kwamen steeds meer vogels om door de toena-

me van verkeer, huiskatten en glazen ramen (Birding 25: 129-132, 1993). Daar staat echter tegenover dat veel soorten profiteerden van de veranderde houding van de mens. Tot halverwege de 20e eeuw werden vogels immers voornamelijk als voedselbron of als schadelijk beschouwd. Dit kan met voorbeelden worden geïllustreerd. *1* Vinkenbanen dienden in vorige eeuwen ertoe om zangvogels voor de consumptie te vangen terwijl er tegenwoordig uitsluitend ringonderzoek plaatsvindt. *2* Vroeger werden net als tegenwoordig nestkasten tegen het huis opgehangen maar dat werd in het verleden gedaan om de inhoud vóór het uitvliegen op te kunnen eten. *3* Maatregelen om trekvogels tegen vuurtorens te beschermen bestonden vroeger niet, mede omdat het met name op eilanden de gewoonte was de door het licht verblinde doodgevlogen vogels te rapen voor consumptie. *4* Roofvogels werden in de 19e eeuw schadelijk geacht en er bestaan lange lijsten van betaalde premies (LM 63: 135-140, 1990); in de 20e eeuw werden roofvogels echter wettelijk beschermd en na hun herstel van de pesticidencrisis in de 1960er jaren zijn diverse soorten zelfs tussen huizen en langs snelwegen gaan broeden.

Habitatbescherming

De werkelijke schade door onbeperkte jacht in vorige eeuwen is niet meer na te gaan maar alles wijst erop dat deze vooral catastrofaal moet zijn geweest voor grote soorten als reigers en roofvogels. Daarnaast nam de omvang van ontginningen toe waarbij in de 19e eeuw en eerder nimmer rekening werd gehouden met het belang van flora en fauna. Omdat gegevens over de vogelstand van vóór 1800 vrijwel ontbreken, blijft het gissen of en tot wanneer soorten als Witkopeend *Oxyura leucocephala*, Ralreiger *Ardeola ralloides*, Zeearend *Haliaeetus albicilla*, Grote Trap *Otis tarda* en Poelsnip *Gallinago media* in Nederland hebben gebroed. Pas in 1905 werd de Vereniging Natuurmonumenten opgericht toen een aantal natuurliefhebbers de koppen bij elkaar stak vanwege plannen om het vogelrijke Naardermeer, Noord-Holland, als vuilstortplaats te gaan gebruiken. Het Naardermeer werd in 1906 het eerste natuurmonument. Deze vereniging was 90 jaar later in het bezit van meer dan 300 terreinen. Bovendien zijn er tegenwoordig meerdere organisaties die habitatbescherming en de aankoop van natuurterreinen als doelstelling hebben; in 1998 had 10% van het Nederlandse grondgebied een beschermde status.

Bedreigde soorten in 21e eeuw

In de tweede helft van de 20e eeuw is een aantal karakteristieke Nederlandse soorten zo zeldzaam geworden dat het geen verwondering zou wekken als ze in de 21e eeuw als broedvogel zouden uitsterven (cf Osieck & Hustings 1994). Het gaat daarbij onder meer om vroeger talrijk voorkomende soorten als Korhoen *Tetrao tetrix*, Woudaap *Ixobrychus minutus*, Kwartelkoning *Crex crex*, Strandplevier *Charadrius alexandrinus*, Kemphaan *Philomachus pugnax*, Watersnip *Gallinago gallinago*, Velduil *Asio flammeus* en Kuifleeuwerik *Galerida cristata*. De meeste lijken door het verdwijnen van open, onaangetaste terreinen en door moderne landbouwmethoden in aantal achteruit te gaan. De tot de 1990er jaren in kleinschalig cultuurlandschap in Gelderland, Limburg en Noord-Brabant broedende Ortolaan *Emberiza hortulana* wordt vaak gezien als de eerste broedvogelsoort die door veranderingen in de landbouw uit Nederland is verdwenen.

Soortteksten

Species accounts

Knobbelzwaan [2]

algemene broedvogel
gehele jaar algemeen

Cygnus olor

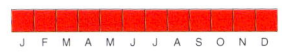

J F M A M J J A S O N D

Mute Swan

common breeding bird
common throughout year

Door gebrek aan informatie uit vorige eeuwen is het onduidelijk in hoeverre in West-Europa wilde broedparen bleven bestaan of zich vermengden met geïntroduceerde vogels. Zo zouden er in Denemarken in 1925 nog drie of vier wilde broedparen over zijn gebleven die na een totale bescherming vanaf 1926 zich in 1936 tot 30-40 paren hadden vermenigvuldigd (Olsen 1992a). Door ringterugmeldingen is aangetoond dat Deense vogels regelmatig Nederland bereiken (Speek & Speek 1984). Voor een bespreking van het veronderstelde wilde voorkomen van Knobbelzwanen in Nederland en het eerste broedgeval van een wild exemplaar in april 1948 te Zwartemeer, Kampereiland, Kampen, Overijssel, zij verwezen naar LM 30: 183-191, 1957.

Due to a lack of information from previous centuries, it is unclear to what extent in western Europe wild breeding pairs survived or mixed with introduced birds. For instance, there were claims of three or four wild breeding pairs left in Denmark in 1925; after a total protection from 1926 onwards, this number increased to 30-40 pairs in 1936 (Olsen 1992a). Ringing recoveries show that Danish birds regularly reach the Netherlands (Speek & Speek 1984). For discussion on the occurrence of allegedly wild Mute Swans in the Netherlands and the first breeding of a wild individual in April 1948 at Zwartemeer, Kampereiland, Kampen, Overijssel, see LM 30: 183-191, 1957.

Fluitzwaan

zer zeldzaam

Cygnus columbianus

Whistling Swan

very rare

Broedt in noordelijk Noord-Amerika; dwaalgast in West-Europa.

Breeds in northern North America; vagrant in western Europe.

Alle gevallen betroffen een adulte vogel in een groep Kleine Zwanen *C bewickii*. Ten minste één mogelijke Fluitzwaan werd niet door de CDNA aanvaard omdat het vermoedelijk een Kleine Zwaan met weinig geel op de snavel betrof (cf DB 13: 39, 1991 (foto); 18: 20-21, 1996). Voor een analyse van snaveltekeningen in beide soorten zij verwezen naar Auk 97: 697-703, 1980, waarin wordt geconcludeerd dat Fluitzwaan 0-15,8% geel op de snavel heeft (gemiddeld 3,1% en in 4,3% van de gevallen 10% of meer geel) en Kleine Zwaan 22,9-42% (cf Birding 26: 306-318, 1994). Als ooit is te bewijzen dat Kleine Zwaan even weinig geel op de snavel kan hebben als Fluitzwaan, zou een herziening nodig zijn want de determinatie van alle gevallen is uitsluitend op de snaveltekening gebaseerd.

All records concerned an adult bird in a flock of Bewick's Swan *C bewickii*. At least one presumed Whistling Swan was not accepted by CDNA as it was felt more likely to have been a Bewick's Swan with reduced yellow on the bill (cf DB 13: 39, 1991 (photo); 18: 20-21, 1996). For an analysis of bill markings in both species, see Auk 97: 697-703, 1980, in which it was concluded that Whistling Swan has 0-15.8% yellow on the bill (mean 3.1% and, in 4.3% of cases, 10% or more yellow) and Bewick's Swan 22.9-42% (cf Birding 26: 306-318, 1994). Since identifications were solely based upon bill markings, all records should be reviewed whenever it were possible to demonstrate that Bewick's Swan may have as little yellow on the bill as Whistling Swan.

Fluitzwaan / Whistling Swan *Cygnus columbianus* (midden voor/front centre) & Kleine Zwanen / Bewick's Swans *C bewickii*, 28 December 1997, Anloo, Drenthe *(Jan van Holten)*

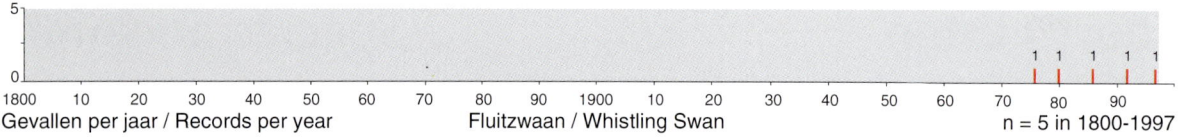

Gevallen per jaar / Records per year   Fluitzwaan / Whistling Swan   n = 5 in 1800-1997

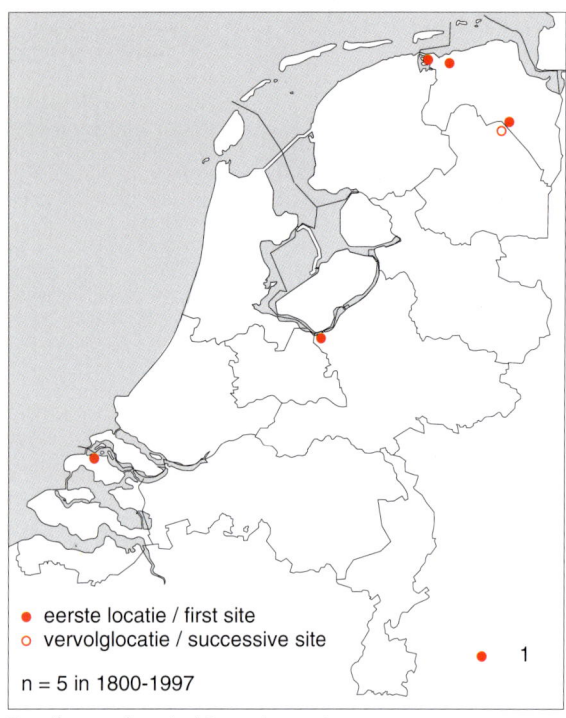

- ● eerste locatie / first site
- ○ vervolglocatie / successive site

n = 5 in 1800-1997

● 1

Gevallen per locatie / Records per site
Fluitzwaan / Whistling Swan

4 records in 1800-1996; 3 in 1980-96

15 February 1976 Zonnemaire, *Brouwershaven* ZL, adult; Sterna 24: 77-78, 1980 (photo), DB 10: 168, 1988
7-15 February 1980 *Nijkerk* GL, adult; LM 60: 40-41, 1987
23 November 1986 Lauwersmeer, *De Marne* GR, adult; DB 11: 118-119, 1989 (sketch)
9 December 1992 Eenrum, *De Marne* GR, adult

voorlopige toevoegingen voor 1997-98 / provisional additions for 1997-98
28 November 1997-8 February 1998 *Veendam & Hoogezand-Sappemeer* GR & Nieuw-Annerveen & Spijkerboor, *Anloo* DR & 18 December-at least January 1999 *Anloo/Gieten* DR & Lauwersmeer, *De Marne* GR, adult; DB 19: 317-318, 1997 (photo); 20: 50, 278-281, 1998 (photos), BW 11: 7, 1998 (photo), Plomp et al (1998), Taxon 2: 11-14, 1998 (photo)

n = 5 in 1800-1997

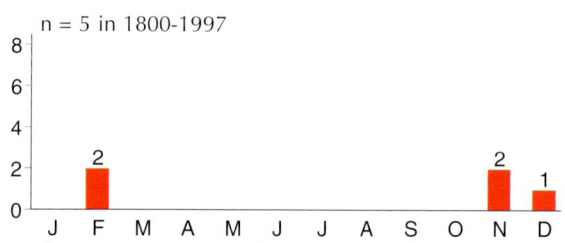

Gevallen per maand / Records per month
Fluitzwaan / Whistling Swan

Kleine Zwaan [2]

algemene doortrekker en wintergast

Cygnus bewickii

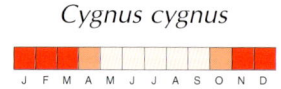

Bewick's Swan

common migrant and winter visitor

Wilde Zwaan [2]

algemene wintergast

Cygnus cygnus

Whooper Swan

common winter visitor

Sneeuwgans [2]

vrij zeldzame wintergast

Anser caerulescens caerulescens

Snow Goose

rather rare winter visitor

Tot 1 januari 1979 werd de soort beoordeeld en in 1979-88 geregistreerd door de CDNA (LM 55: 125, 1982; 60: 30, 1987; 62: 117, 196, 1989).
Sinds 1980 waren iedere winter meer dan 10 exemplaren aanwezig; het is aannemelijk dat een aantal uit gevangenschap afkomstig was (cf Wolfskeel 1986, 1988).

Until 1 January 1979, the species was considered by CDNA and in 1979-88 registered in CDNA reports (LM 55: 125, 1982; 60: 30, 1987; 62: 117, 196, 1989).
Since 1980, more than 10 individuals were present each winter; presumably, a number originated from captivity (cf Wolfskeel 1986, 1988).

eerste drie gedateerde gevallen / first three dated records (Eykman et al 1941)
17 November-20 December 1891 *Naarden* NH (**4**)
14 February 1895 *Lisse* ZH (**8**) (contra Albarda 1897)
1 March 1895 Hempens, *Leeuwarden* FR (**3**)

nearctische ringterugmelding / Nearctic ringing recovery
18-26 April 1980 *Andijk* NH (**18**), incl 4 1w & 1 blue morph (1 colour-ringed in 1977 at La Pérouse Bay, Manitoba, Canada); DB 2: 52, 74, 1980 (photos); cf 4: 37-40, 1982; 8: 42, 1986 (photo), LM 54: 129, 1981 (photo), VJ 30: 162-163, 1982 (photos)

Ross' Gans   *Anser rossii*   # Ross's Goose

zeldzaam

rare

Broedt in Noord-Canada; overwintert in zuidelijke VS.

Breeds in northern Canada; winters in southern USA.

Ten minste drie individuen zijn aanvaard: één in 1985 en twee die vanaf 1988 's winters werden gezien. De laatstge-noemde betroffen twee in de winters van 1987/88, 1988/89, 1989/90 en 1990/91 en ten minste één in de winters van 1991/92, 1992/93, 1993/94 (vermoedelijk twee solitaire) en 1994/95. Alle drie vogels waren adulte witte vormen. Voor Brittannië zijn van 1970-91 vier adulte bekend die waar-schijnlijk wild waren (Vinicombe & Cottridge 1996). Sinds 1991 is het aantal in gevangenschap gehouden exemplaren sterk toegenomen (cf DB 16: 148-149, 1994). Een op 22 februari 1997 gefotografeerde vogel droeg een groene ring die op een herkomst uit gevangenschap wees (Klaas Eigenhuis pers comm, contra VJ 45: 140, 1997 (foto)).

At least three birds have been accepted: one in 1985 and two which were seen in winter from 1988 onwards. The latter concerned two in the winters of 1987/88, 1988/89, 1989/90 and 1990/91 and at least one in the winters of 1991/92, 1992/93, 1993/94 (probably two singles) and 1994/95. All three individuals refer to adult white morphs. During 1970-91, there have been four single adults in Britain which are likely to have been wild (Vinicombe & Cottridge 1996). The number of captive birds has increased considerably since 1991 (cf DB 16: 148-149, 1994). A bird photographed on 22 February 1997 wore a green leg ring, indicating that it was from a collection (Klaas Eigenhuis pers comm, contra VJ 45: 140, 1997 (photo)).

2 records (3 individuals) in 1800-1996; 2 records (3 individuals) in 1980-96

30 November 1985 Santpoort-Noord/Velserbroek, *Velsen* & 1 December 1985 Assendelft, *Zaanstad* NH (flying past); DB 8: 57-59, 1986

20-27 January(-15 February) 1988 Middelplaten, Veerse Meer, *Goes* (**2**) & 23 May 1988 Biervliet, *Terneuzen* ZL (1); DB 10: 103, 1988 (photo), van den Berg et al (1990): 14 (photo) (in retrospect, it seems doubtful whether the single Biervliet bird was indeed 1 of the 2 at Veerse Meer since those 2 remained together until 1990 and, at least in later years, showed a different pattern of occurren-ce; DB 11: 153, 1989)

vermoedelijk dezelfde één of twee vogels als in voorafgaande winter/ probably the same one or two birds as in previous winter
15 January 1989 Stellendam, *Goedereede* ZH (**2**)
25 February-10 March 1989 *Wûnseradiel* FR (**2**)
11 March 1989 Idzegahuizum, *Wûnseradiel* FR (**2**)
18 November 1989-19 February 1990 Stad aan 't Haringvliet, *Middelharnis* & Stellendam, *Goedereede* ZH (max **2**) (1 of the 2 disappeared during this period); BW 3: 84, 1990 (photo)
1 December 1990-23 March 1991 Stellendam, *Goedereede* ZH,

adult (possibly, the same bird was also seen on 23 February 1991 at Prunjepolder, *Middenschouwen* ZL; cf VJ 39: 94-95, 1991 (photo)); DB 13: 35, 1991 (photo)

25 January-16 March 1991 Workumerwaard, *Nijefurd* FR (photo-graphed) (dates suggest that there was still a 2nd bird; contra DB 15: 147, 1993); DB 17: 90, 1995

29 October-31 December 1991 Stellendam, *Goedereede* & Stad aan 't Haringvliet, *Middelharnis* ZH; DB 15: 147, 1993

(January)15 February-16 March 1992 Workumerwaard, *Nijefurd* FR (6 November-)30 December 1992 Stellendam, *Goedereede* ZH; cf DB 15: 147, 1993

9 January-6 March 1994 Stellendam & Slikken van Flakkee, *Goede-reede* ZH

20 February 1994 Maasvlakte, *Rotterdam* ZH

February 1994 Workumerwaard, *Nijefurd* FR (photographed)

13 January-10 March 1995 Stellendam, *Goedereede* ZH; BW 8: 58, 1995 (photo); 9: 22, 1996 (photo; date should read January, not December), DB 17: 82-83, 1995 (photo), Mitchell & Young (1997: photo 27(2))

Ross' Gans / Ross's Goose *Anser rossii* & Brandganzen / Barnacle Geese *Branta leucopsis*, 3 February 1995, Stellendam, Goedereede, Zuid-Holland *(Frank Dröge)*

Taigarietgans [2]

schaarse, soms algemene wintergast

Anser fabalis

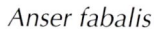

Taiga Bean Goose

scarce, sometimes common winter visitor

De soort wordt thans als monotypisch beschouwd zodat *fabalis*, *johanseni* en *middendorffii* synoniemen zijn (DB 18: 310-316, 1996; 19: 22, 1997).

The species is nowadays regarded as monotypic, rendering *fabalis*, *johanseni* and *middendorffii* as synonyms (DB 18: 310-316, 1996; 19: 22, 1997).

Toendrarietgans [2]

algemene doortrekker en wintergast

Anser serrirostris

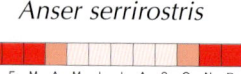

Tundra Bean Goose

common migrant and winter visitor

De soort wordt thans als monotypisch beschouwd zodat *rossicus* en *serrirostris* synoniemen zijn (DB 18: 310-316, 1996; 19: 22, 1997).

The species is nowadays regarded as monotypic, rendering *rossicus* and *serrirostris* as synonyms (DB 18: 310-316, 1996; 19: 22, 1997).

Kleine Rietgans [2]

algemene doortrekker en wintergast

Anser brachyrhynchus

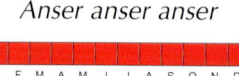

Pink-footed Goose

common migrant and winter visitor

Grauwe Gans [2]

algemene broedvogel
gehele jaar algemeen

Anser anser anser

Greylag Goose

common breeding bird
common throughout year

Na de laatste broedgevallen in 1907 en 1909 was de soort lange tijd als broedvogel uitgestorven (cf Eykman et al 1941, Kist et al 1970). Vanaf 1948 vonden weer enkele broedgevallen plaats. Sinds c 1980 nam het aantal broedparen snel toe tot bijvoorbeeld meer dan 1150 in 1992. In oktober-april trekt een hoog aantal door uit Scandinavië en Noord-Duitsland.
Er bestaan niet-aanvaarde waarnemingen van vogels met kenmerken van de Siberische Grauwe Gans *A a rubrirostris* (LM 32: 201-205, 1959, cf Bauer & Glutz von Blotzheim 1968, cf Kist et al 1970). Een aantal zou betrekking kunnen hebben op zes in 1956 in België geïntroduceerde exemplaren (cf Cramp & Simmons 1977, Gunter De Smet in litt). Volgens Speek & Speek (1984) zijn er geen ringterugmeldingen bekend uit Oost-Europa.

After the last breeding records in 1907 and 1909, the species had disappeared as a breeding bird (cf Eykman et al 1941, Kist et al 1970). From 1948 onwards, breeding occurred again, although sporadically. Since c 1980, the number of breeding pairs increased rapidly to, for instance, more than 1150 in 1992. In October-April, large numbers pass through from Scandinavia and northern Germany.
There are reports of birds showing characters of Siberian Greylag Geese *A a rubrirostris* (LM 32: 201-205, 1959, cf Bauer & Glutz von Blotzheim 1968, cf Kist et al 1970). A number of these may be attributed to six individuals introduced in 1956 in Belgium (cf Cramp & Simmons 1977, Gunter De Smet in litt). According to Speek & Speek (1984), there are no ringing recoveries from eastern Europe.

Dwerggans

schaarse wintergast

Anser erythropus

Lesser White-fronted Goose

scarce winter visitor

Broedt van Noord-Scandinavië oost tot Noordoost-Siberië. In westelijke overwinteringsgebied sterk in aantal afgenomen; dichtstbijzijnde belangrijke grote wintergroepen thans in Noord-Kazakhstan met 7900 exemplaren in oktober 1996; in China in februari 1997 13 700 exemplaren bij Oost-Dongtingmeer.

Breeds from northern Scandinavia east to north-eastern Siberia. Numbers have decreased sharply within western wintering range; nearest large winter flocks in northern Kazakhstan where in October 1996 7900 individuals; in China, 13 700 individuals at East Dongting lake in February 1997.

De soort werd van 1 januari 1976 tot 1 januari 1990 door de CDNA beoordeeld (LM 55: 127, 1982; 62: 117, 1989; 64: 62, 1991). Gevallen van vóór 1976 werden niet beoordeeld en dienen vanwege mogelijke verwarring met Kolganzen *A albifrons* met het nodige voorbehoud te worden beschouwd. Gekleurringde vogels van herintroductieprojecten in Scandinavië werden in het algemeen niet door de CDNA beoordeeld en geregistreerd (cf LM 60: 197, 1987).

The species was considered by CDNA from 1 January 1976 until 1 January 1990 (LM 55: 127, 1982; 62: 117, 1989; 64: 62, 1991). Pre-1976 records have not been reviewed and some may have involved Greater White-fronted Geese *A albifrons*. Generally, colour-ringed birds originating from reintroduction programmes in Scandinavia have not been considered or registered by CDNA (cf LM 60: 197, 1987). However, since colour-rings are not always visible in the

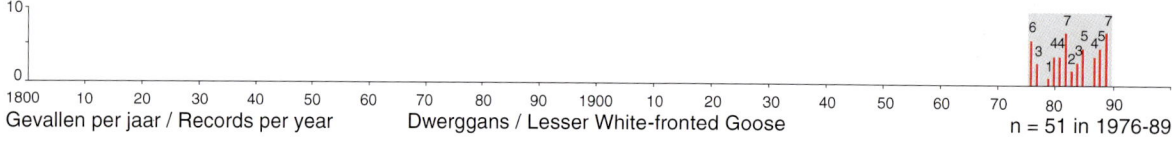

Gevallen per jaar / Records per year   Dwerggans / Lesser White-fronted Goose   n = 51 in 1976-89

Dwergganzen / Lesser White-fronted Geese *Anser erythropus* & Kolganzen / Siberian White-fronted Geese *A albifrons albifrons*, 11 December 1991, Strijen, Zuid-Holland *(Hans Gebuis)*

Aangezien kleurringen niet onder alle omstandigheden zichtbaar zijn, kan een aantal van de aanvaarde individuen in feite toch gekleurringd zijn geweest.

In de 19e eeuw stond de soort bekend als vrij zeldzaam en in 1900-68 als zeldzaam (cf Eykman et al 1941, Kist et al 1970). Kist et al (1970) vermelden voor 1908-68 41 gevallen. Dit waren 14 verzamelde en twee waargenomen exemplaren in 1908-49 (cf Eykman et al 1941, 1949) en 10 geschoten of gevangen en 15 waargenomen exemplaren in 1950-68; al deze gevallen dateerden van september-maart. Sinds 1969 werd de soort in vrijwel iedere winter vastgesteld en vooral vanaf 1980 in toenemend aantal. Gedurende de beoordelingsperiode 1976-89 werden veel meldingen niet ingediend bij de CDNA (zie bijvoorbeeld van den Bergh et al 1979, Gerritsen & Lok 1986, Lensink 1993, Leys et al 1993, Gunter De Smet in litt).
De toename was vooral te danken aan het Zweedse herintroductieproject waarvan de vogels de winter in Nederland doorbrachten (Ardea 79: 305-306, 1991, DB 15: 220-224, 1993; 17: 70-72, 1995, Vår Fågelvärld 55 (3): 3-19, 1996). Data betreffende gekleurringde vogels zijn opvraagbaar bij het team van het Zweedse herintroductieproject (cf DB 18: 284, 1996). Met name sinds c 1984 is het Zweedse herintro-

field, a number of accepted individuals may still have been colour-ringed.

In the 19th century, the species was regarded as rather rare and, in 1900-68, as rare (cf Eykman et al 1941, Kist et al 1970). For 1908-68, Kist et al (1970) mention 41 records. These concerned 16 individuals (14 collected and two sighted) in 1908-49 (cf Eykman et al 1941, 1949) and 25 (10 collected or trapped and 15 sighted) in 1950-68, all dating from

n = 51 in 1976-89

Gevallen per maand / Records per month
Dwerggans / Lesser White-fronted Goose

Gevallen per provincie / Records per province
Dwerggans / Lesser White-fronted Goose

ductieproject zo succesvol geworden dat het door vermenging onmogelijk werd om wilde en geïntroduceerde vogels te onderscheiden. Hierom achtte de CDNA het niet langer zinvol de soort na 1 januari 1990 nog te beoordelen of te registreren (LM 61: 165, 1988; 62: 196, 1989). Sinds 1990 zijn veel in Nederland gemaakte foto's van de soort gepubliceerd (bijvoorbeeld DB 15: 40, 222, 1993; 16: 86, 1994; 17: 70-72, 1995, BW 8: 49, 1995).

Nadat de CDNA besloot de soort vanaf 1989 niet meer te beoordelen, bleven de aantallen toenemen. Behalve uit Zweden afkomstige werd in Nederland in het winterhalfjaar in 1990-96 ook ten minste één exemplaar van een Fins herintroductieproject aangetroffen (DB 15: 266, 1993). Alvorens naar Nederland te trekken, verbleef jaarlijks een hoog aantal Zweedse vogels tot ver in september in een ruigebied bij Hudiksvall, Hälsingland, Zweden. De meeste werden vanaf half oktober in Nederland gezien waar ze gewoonlijk lange tijd verbleven rond Anjum, Dongeradeel, Friesland, en Strijen, Zuid-Holland (DB 17: 70-72, 1995).

Zo was in 1992 een groep van 10 in oktober-december aanwezig te Anjum en vier te Strijen. In 1993 verbleven eind oktober maximaal 14 vogels te Anjum en drie te Strijen. In 1994 verbleef een groep van 12 (twee families) vanaf 17 oktober te Anjum en een groep van 11 (twee andere families) vanaf 30 oktober te Strijen; bovendien werden er in de rest van de winter van 1994/95 op verscheidene plaatsen maximaal 10 ongeringde solitaire exemplaren gezien. In 1995 werden er op 21 oktober 20 geteld te Anjum and op 12 november zeven te Strijen (DB 17: 259, 1995). In 1996 nam het aantal bij Anjum toe van ten minste één op 3 oktober tot 18 op 17 oktober (DB 18: 265, 1996). Overigens werden sinds 1990 ook elders groepen gezien; in de winters van 1995/96 en 1996/97 verbleven groepen van c 10 te Petten, Zijpe, Noord-Holland. In de winter van 1997/98 werden opnieuw groepen van ten minste 10 exemplaren gezien in de bekende gebieden van Anjum (cf Plomp et al 1998), Petten (maximaal 22 van 17 oktober tot 5 maart 1998; DB 20: 111-113, 1998 (foto)) en Strijen terwijl er ook groepen van maximaal zeven elders werden vastgesteld zoals in Limburg en Zeeland. In de winter van 1998/1999 werden er ongeveer evenveel geteld met onder meer 28 te Petten.

Resumerend, er verbleven sinds 1994 's winters c 50 exemplaren in Nederland waarvan de meeste afkomstig van Zweden. Gewoonlijk bleven de vogels tot in april. Zo werd bijvoorbeeld op 4 april 1996 een groep van 24 (waarvan ten minste twee gekleurringde) gezien in het gebied rond Anjum en werden de volgende dag negen aangetroffen bij het nabijgelegen Zoutkamp, De Marne, Groningen (DB 18: 144, 1996).

September-March. Since 1969, the species was recorded in almost every winter, with numbers increasing especially since 1980. During 1976-89, many reports were not submitted to CDNA (see, for instance, van den Bergh et al 1979, Gerritsen & Lok 1986, Lensink 1993, Leys et al 1993, Gunter De Smet in litt).

The increase was mainly due to the Swedish re-introduction project (Ardea 79: 305-306, 1991, DB 15: 220-224, 1993; 17: 70-72, 1995, Vår Fågelvärld 55 (3): 3-19, 1996). Data concerning colour-ringed birds are available from the team of the Swedish re-introduction project (cf DB 18: 284, 1996). Because of the success of the Swedish project, especially since c 1984, wild and introduced birds mixed and became impossible to distinguish. For this reason, CDNA decided not to consider or register the species from 1 January 1990 onwards (LM 61: 165, 1988; 62: 196, 1989). Since 1990, many photographs of the species from the Netherlands have been published (for instance, DB 15: 40, 222, 1993; 16: 86, 1994; 17: 70-72, 1995, BW 8: 49, 1995).

Following the removal from the list of species considered by CDNA in 1990, numbers continued to increase. Apart from Swedish project birds, also at least one individual originating from a Finnish re-introduction project occurred during the winters of 1990-96 (DB 15: 266, 1993). Every year, before migrating to the Netherlands, many Swedish birds spent most of September at a moulting area near Hudiksvall, Hälsingland, Sweden. From mid October, most of them were seen in the Netherlands, usually remaining for long periods in the vicinity of Anjum, Dongeradeel, Friesland, and Strijen, Zuid-Holland (DB 17: 70-72, 1995).

In 1992, for instance, a flock of 10 stayed at Anjum during October-December and four at Strijen. In 1993, up to 14 had arrived in the Anjum area in late October and three at Strijen. In 1994, a flock of 12 (two families) was staying at Anjum from 17 October and 11 (two other families) at Strijen from 30 October; moreover, up to 10 unringed singles were seen at various places during the rest of the 1994/95 winter. In 1995, 20 were counted at Anjum on 21 October and seven at Strijen on 12 November (DB 17: 259, 1995). In 1996, the number at Anjum increased from one on 3 October to 18 on 17 October (DB 18: 265, 1996). In addition, since 1990, groups have been seen at other localities; in the winters of 1995/96 and 1996/97, flocks of c 10 stayed at Petten, Zijpe, Noord-Holland. In the winter of 1997/98, flocks of 10 or more were again seen at the traditional sites of Anjum (cf Plomp et al 1998), Petten (a maximum of 22 from 17 October to 5 March 1998; DB 20: 111-113, 1998 (photo)) and Strijen while flocks of up to seven were also seen elsewhere, as in Limburg and Zeeland. In the winter of 1998/99, numbers were about the same with, for instance, 28 at Petten.

Summarizing, c 50 individuals wintered in the Netherlands since 1994, the majority originating from Sweden. The Dutch birds usually remained into April. For instance, on 4 April 1996, a flock of 24 (of which at least two were colour-ringed) was seen in the Anjum area and nine were found the next day at nearby Zoutkamp, De Marne, Groningen (DB 18: 144, 1996).

51 records (64-75 unringed individuals) in 1976-89; 41 records (50-61 unringed individuals) in 1980-89

4 January 1976 Braakman, *Terneuzen* ZL (**4**; 3 adult)
17 January 1976 Zuid-Beveland, *Borsele/Goes/Kapelle/Reimerswaal* ZL
17 January 1976 *Wijhe* OV
19 January 1976 *Noordoostpolder* FL
13-14 February 1976 Putting, *Hontenisse* ZL; Buise & Tombeur (1988)
3-11 April 1976 Stellendam, *Goedereede* ZH; LM 52: 230, 1979
30 January 1977 Kamperland, Wissenkerke, *Noord-Beveland* ZL
6 February-12 March 1977 Putting, *Hontenisse* ZL (**2**)
27 February-5 March 1977 Oost-Flevoland, *Dronten/Lelystad* FL
25 March 1979 Oost-Flevoland, *Dronten/Lelystad* FL
(27 January)2(-25) February 1980 Bijland, *Rijnwaarden* GL; cf Brouwer et al (1985)
(28 January)10-17 February 1980 Dwingelose Heide & Wapserveen, *Diever/Dwingeloo/Havelte* DR; van Dijk & van Os (1982)
21 February 1980 Gaast, *Wûnseradiel* FR
24-25 December 1980 *Borsele/Goes* ZL; DB 2: 152, 1980 (photo)
11 January 1981 Gaast, *Wûnseradiel* FR; contra LM 55: 127, 1982; 59: 16, 1986
2 February 1981 Nijemirdum, *Gaasterlân-Sleat* FR, adult; LM 62: 196, 1989, contra LM 57: 19, 1984

12 February-13 March 1981 Putting, *Hontenisse* ZL, adult
2 March 1981 Workumerwaard, *Nijefurd* FR, adult; LM 60: 197, 1987; 62: 196, 1989
15 January 1982 Dinteloord, *Dinteloord en Prinsenland* NB, adult
2 February 1982 Nijemirdum, *FR*, adult
3 February 1982 *Helvoirt* NB, adult
7 February 1982 Workum, *Nijefurd* FR, adult
13 February 1982 Yerseke, *Reimerswaal* ZL, adult
27 February 1982 Koudum, *Nijefurd* FR, adult
26-28 December 1982 Poel, *Sas van Gent* ZL, adult
11 February 1983 *Goedereede* ZH
13 February 1983 Yerseke, *Reimerswaal* ZL
1-15 December 1984 Kievitslanden, *Dronten* FL, adult; DB 7: 31, 1985 (photo)
28-29 December 1984 *Goedereede* ZH, adult
30 December 1984 Braakman, *Terneuzen* ZL, adult; Gunter De Smet (in litt)
27 February 1985 Rilland-Bath, *Reimerswaal* ZL, adult; DB 7: 72, 1985 (photo)
28 February 1985 Yerseke, *Reimerswaal* ZL, adult

Kolgans

Anser albifrons ssp

Greater White-fronted Goose

Kolgans [2]

A a albifrons

Siberian White-fronted Goose

zeldzame onregelmatige broedvogel
algemene doortrekker en wintergast

J F M A M J J A S O N D

rare irregular breeding bird
common migrant and winter visitor

Sinds 1992 zijn van dit taxon ieder jaar broedgevallen vastgesteld, vooral langs de estuaria van Maas en Rijn. Het kan daarbij gaan om uit gevangenschap afkomstige of om na de winter achtergebleven aangeschoten exemplaren (VJ 44: 146-148, 1996).

This taxon has bred annually since 1992, especially at the Meuse and Rhine estuaria. Breeders may concern escapes or injured birds staying behind after winter (VJ 44: 146-148, 1996).

Groenlandse Kolgans

A a flavirostris

Greenland White-fronted Goose

zeldzaam

rare

Broedt in West-Groenland; overwintert voornamelijk in Ierland en Schotland.

Breeds in western Greenland; winters mainly in Ireland and Scotland.

De gevallen zijn niet herzien. Drie onbevestigde gevallen (#) staan vermeld. Dit taxon werd pas in 1948 beschreven; mogelijk betrof een aantal van de gevallen *A a frontalis* van Noordoost-Siberië. Vermoedelijk zal in de toekomst blijken dat het taxon niet als conspecifiek met Kolgans *A a albifrons* kan worden beschouwd.

The records have not been reviewed. Three single-observer records (#) are included. This taxon was first described in 1948; possibly, some records concerned *A a frontalis* from north-eastern Siberia. It seems likely that, in future, it will be considered not to be conspecific with Siberian White-fronted Goose *A a albifrons*.
Kees Roselaar (in litt) mentioned four additional museum specimens which have the right plumage for Greenland White-fronted Goose and measurements in the area of overlap of Siberian and Greenland White-fronted Geese but of which notes on bill colour are lacking. Moreover, there are reports of one or more (yet) unpublished Dutch ringing recoveries of Greenland White-fronted Goose from Iceland and western Britain in recent years (Trinus Haitjema pers comm).

5-7
4
3
1

n = 30 in 1800-1995

Individuen per locatie / Individuals per site
Groenlandse Kolgans / Greenland White-fronted Goose

Groenlandse Kolgans / Greenland White-fronted Goose *Anser albifrons flavirostris* & Kolganzen / Siberian White-fronted Geese *A a albifrons*, 9 November 1997, Doniaburen, Workum, Friesland *(Leo J R Boon)*

45

Kees Roselaar (in litt) noemde behalve de hier vermelde museumexemplaren nog een viertal dat het juiste verenkleed voor Groenlandse Kolgans bezit en zich qua maten in het overlappingsgebied van Kolgans en Groenlandse Kolgans bevindt maar waarvan geen notities over de snavelkleur bestaan. Er zouden uit de laatste jaren bovendien één of meer (nog) ongepubliceerde Nederlandse ringterugmeldingen van Groenlandse Kolgans zijn geweest van IJsland en westelijk Brittannië (Trinus Haitjema pers comm).

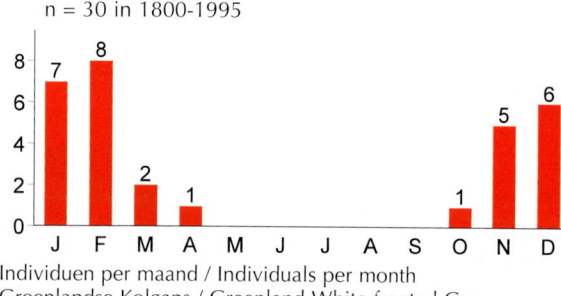

n = 30 in 1800-1995

Individuen per maand / Individuals per month
Groenlandse Kolgans / Greenland White-fronted Goose

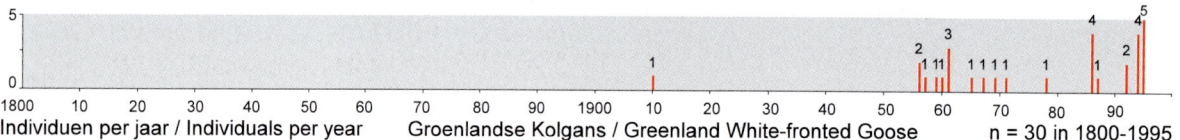

Individuen per jaar / Individuals per year Groenlandse Kolgans / Greenland White-fronted Goose n = 30 in 1800-1995

18 records (30 individuals) in 1800-1995; 6 records (16 individuals) in 1980-95

10 October 1910 *Texel* NH, adult ♂, dead (NNM; coll 21: labelled as *albifrons*); Kees Roselaar (in litt)
4 March 1956 Braakman, *Terneuzen* ZL #; Giervalk 51: 75, 1961
30 December 1956 Poel, *Goes* ZL; LM 32: 188-191, 1959
15 December 1957 *Willemstad* NB; LM 32: 188-191, 1959
14 December 1959 Kwistgeldpolder, *Klundert* NB, 2y, dead (NNM); LM 34: 195, 1961, Kees Roselaar (in litt)
7 February 1960 Hengstdijk/Putting, Kloosterzande, *Hontenisse* ZL; LM 34: 162, 1961; 35: 53, 1962
18 December 1961 Oostpolder, Leur, *Etten-Leur* NB (3) #; LM 36: 16, 1963, Sjoerd Braaksma (in litt)
30 January 1965 *Klundert* NB, 1w ♂, dead (ZMA); Kist et al (1970), Kees Roselaar (in litt)
17 January 1967 *Klundert* NB, adult ♂, dead (ZMA); Kees Roselaar (in litt)
23 February 1969 Hengstdijk, *Hontenisse* ZL, adult #; LM 45: 66, 1972
20 March(-May) 1971 Ezumazijl, *Dongeradeel* FR; Vanellus 24: 152-153, 1971, LM 46: 75, 1973
8 April 1978 Knardijk, *Lelystad/Zeewolde* FL; LM 53: 29, 1980

26 January(-7 March) 1986 Polder Waal en Burg, *Texel* NH (4), 2 adult & 2 1w; cf Dijksen (1996)
7 January 1987 *Spijkenisse* ZH, adult
2 February 1992 Oudega, *Wymbritseradiel* FR (2), trapped & ringed (photographed) (1 ring recovered in Iceland) (not (yet) submitted to CDNA); Trinus Haitjema (pers comm)
1 February 1994 Idzegahuizum, *Wûnseradiel* FR
5 February 1994 Galemawei, Oudega, *Gaasterlân-Sleat* FR (3), 2 adult & 1 1w
25 November 1995 Wrakkenpad, Rutten-Creil, *Noordoostpolder* FL (5), 2 adult & 3 1w

voorlopige toevoegingen voor 1996-98 / provisional additions for 1996-98
5 March 1997 Haskerdijken, *Heerenveen* FR, adult; DB 19: 90, 1997 (photo)
5-16 November 1997 Doniaburen, *Nijefurd* FR, adult; DB 19: 268-269, 311, 1997 (photos), Plomp et al (1998)
29 December 1998 Bandpolder, *Dongeradeel* FR, adult; CDNA archives

Hutchins' Canadese Gans   *Branta hutchinsii hutchinsii*   Hutchins's Canada Goose

zeldzaam

rare

Broedt in arctisch Noord-Amerika zuidelijk tot westkust van Hudsonbaai.

Breeds in arctic North America south to west coast of Hudson Bay.

Ook na 1 januari 1993 nog steeds beoordeeld door de CDNA (contra DB 17: 256, 1995; cf 18: 106, 1996).

Since 1 January 1993, still considered by CDNA (contra DB 17: 256, 1995; cf 18: 106, 1996).

De eerste transatlantische ringterugmelding van een wilde canadese gans *B hutchinsii hutchinsii/B canadensis parvipes* betrof een op 10 februari 1992 in Maryland, VS, geringd exemplaar dat vanaf 19(22) november 1992 verbleef in Grampian en Tayside, Schotland, en dat op 26 januari 1993 werd geschoten; een tweede werd op 1 november 1993 te North Slob, Wexford, Ierland, geringd en op 14 januari 1995 teruggemeld in Maryland (DB 15: 33, 82, 1993, Ring Migrat 18: 138, 1997).
Sindsdien werd voor Nederland een aantal waarnemingen van mogelijk wilde Hutchins' Canadese Ganzen *B h hutchinsii* aanvaard. Voorlopig worden *leucopareia, minima* en *taverneri* als conspecifiek met *hutchinsii* beschouwd (Kleine Canadese Gans) (Sangster et al 1998). Deze westelijke taxa worden niet in staat geacht op eigen kracht Europa te bereiken. Waarnemingen van (donkere) *minima* zijn dan ook door de CDNA niet aanvaard (cf DB 19: 113-114, 1997). Verscheidene gevallen van *hutchinsii* worden momenteel aan een nieuw onderzoek onderworpen en één geval van 25 januari 1995 in Friesland is na aanvaarding weer afgevoerd (contra DB 19: 99, 1997).

The first transatlantic ringing recovery of a genuinely wild canada goose *B hutchinsii hutchinsii/B canadensis parvipes* concerned a bird ringed on 10 February 1992 in Maryland, USA, which stayed from 19(22) November 1992 in Grampian and Tayside, Scotland, before it was shot on 26 January 1993; a second was ringed on 1 November 1993 at North Slob, Wexford, Ireland, and recovered on 14 January 1995 in Maryland (cf DB 15: 33, 82, 1993, Ring Migrat 18: 138, 1997).
Since, there has been a number of Dutch records of possibly wild Hutchins's Canada Goose *B h hutchinsii* (also known as Richardson's Canada Goose). Provisionally, *leucopareia, minima* en *taverneri* are retained conspecific with *hutchinsii* as Lesser Canada Goose (Sangster et al 1998). These taxa have a westerly distribution and are unlikely vagrants to Europe. Because of this, reports of (dark) *minima* have not been accepted by CDNA (cf DB 19: 113-114, 1997). Several records of *hutchinsii* are currently under review and one, on 25 January 1995 in Friesland, has been withdrawn after being accepted (contra DB 19: 99, 1997).

Hutchins' Canadese Gans / Hutchins's Canada Goose *Branta hutchinsii hutchinsii* & Brandganzen / Barnacle Geese *B leucopsis*, 2 January 1998, Stad aan 't Haringvliet, Oostflakkee, Zuid-Holland *(Arnoud B van den Berg)*

4 records (9 individuals) in 1800-1996; 4 records (9 individuals) in 1980-96

23-30 January 1994 Wonneburen, Piaam, *Wûnseradiel* FR (possibly *B canadensis parvipes*; under review); DB 16: 86, 1994 (photo); 18: 107, 1996 (photo); 20: 145, 1998

22 February 1996 Aijen, *Bergen* LB (**2**) (photographed) (probably *B canadensis parvipes*; under review); DB 20: 145, 1998

12-13 May 1996 Workumerwaard, *Nijefurd* FR (under review); DB 20: 145, 1998

28-29 December 1996 *Dirksland* ZH (**5**); DB 20: 145, 1998

voorlopige toevoegingen voor 1997-98 / provisional additions for 1997-98

9 March 1997 Anjum, *Dongeradeel* FR (photographed); CDNA archives

16 November 1997-2 January 1998 Korendijkse Slikken, *Korendijk* & Stad aan 't Haringvliet/Den Bommel, *Middelharnis/Oostflakkee* & 9-12 February Aalkeetbuitenpolder, *Vlaardingen* ZH (photographed & videoed); VJ 46: 94, 1998 (sketch), CDNA archives

24-26 April 1998 Bandpolder, *Dongeradeel* FR & 26 April Lauwersmeer, *De Marne* GR; Grauwe Gors 26: 99, 1998 (photo)

Grote Canadese Gans [2]

Branta canadensis ssp

Greater Canada Goose

geïntroduceerde schaarse broedvogel
schaarse onregelmatige wintergast

J F M A M J J A S O N D

introduced scarce breeding bird
scarce irregular winter visitor

Sinds 1985 kwamen uit gevangenschap afkomstige Grote Canadese Ganzen regelmatig en in toenemend aantal tot broeden (LM 69: 111-113, 1996) waarbij niet altijd duidelijk is welke taxa het betreft. Bovendien arriveerden tot c 1990 in strenge winters groepen afkomstig van de 50 000 individuen tellende geïntroduceerde Scandinavische populatie (SOVON 1987). Voorlopig worden *fulva, interior, maxima, moffitti, occidentalis* en *parvipes* als conspecifiek met *canadensis* beschouwd (Grote Canadese Gans) (Sangster et al 1998). Hiervan is *parvipes* (de kleinste) een mogelijke dwaalgast in Europa. Een wilde herkomst van de noord-oostelijke taxa *canadensis* en *interior* kan evenmin worden uitgesloten (cf Birdwatch 6 (55): 34-38, 1997). Zowel *interior* als *parvipes* zijn net als *B hutchinsii hutchinsii* in behoorlijk aantal vastgesteld in Groenland waar ze ook tot broeden komen (Auk 113: 231-233, 1996). Gevallen van *canadensis* worden toegeschreven aan geïntroduceerde vogels (terwijl *interior* niet is vastgesteld). De eerste introducties in Brittannië vonden in de 17e eeuw plaats en een hoog aantal broedde aan het eind van de 18e eeuw vrijelijk in Britse parkgebieden. Het is dan ook opmerkelijk dat reeds Schlegel (1854-58) en van Oort (1908) (bij het bespreken van de eerste melding in juli 1867 te Anna Paulowna, Noord-Holland) van mening waren dat canadese gans als een mogelijke transatlantische dwaalgast in Nederland diende te worden beschouwd (zie ook LM 20: 159-163, 1947).

Since 1985, feral Greater Canada Geese have bred regularly in the Netherlands and in increasing numbers (LM 69: 111-113, 1996). It has not always been clear which taxa are involved. Until c 1990, during severe winters, flocks also arrived from the introduced Scandinavian population of 50 000 individuals (SOVON 1987). Provisionally, *fulva, interior, maxima, moffitti, occidentalis* and *parvipes* are retained conspecific with *canadensis* as Greater Canada Goose (Sangster et al 1998). Of these, *parvipes* (the smallest) is regarded as a possible vagrant to Europe. A wild origin of the north-easterly taxa *canadensis* and *interior* can not be ruled out either (cf Birdwatch 6 (55): 34-38, 1997). Like *B hutchinsii hutchinsii*, both *interior* and *parvipes* have been recorded in notable numbers in Greenland where they also bred (Auk 113: 231-233, 1996). Records of *canadensis* in the Netherlands are assigned to introduced birds (while *interior* has not been recorded). The first introductions in Britain were in the 17th century and good numbers bred freely in British parklands at the end of the 18th century. Therefore, it is noteworthy that Schlegel (1854-58) and van Oort (1908) (when discussing the first report in July 1867 at Anna Paulowna, Noord-Holland) were of the opinion that canada goose should be regarded as a possible transatlantic vagrant in the Netherlands (see also LM 20: 159-163, 1947).

Brandgans [2]

Branta leucopsis

Barnacle Goose

zeldzame onregelmatige broedvogel
algemene wintergast

J F M A M J J A S O N D

rare irregular breeding bird
common winter visitor

De soort broedt jaarlijks sinds 1988. Broedvogels kunnen zowel aangeschoten als uit gevangenschap afkomstige exemplaren betreffen (LM 67: 1-5, 1994, VJ 44: 150-151, 16).

The species has bred annually since 1988. Breeders are either injured or originating from captivity (LM 67: 1-5, 1994, VJ 44: 150-151, 1996).

Roodhalsgans [2]

Branta ruficollis

Red-breasted Goose

vrij zeldzame wintergast

J F M A M J J A S O N D

rather rare winter visitor

Tot 1 januari 1979 beoordeeld en in 1979-88 geregistreerd door de CDNA (LM 55: 125, 1982; 60: 30, 1987; 62: 117, 197, 1989).

Until 1 January 1979 considered by CDNA and in 1979-88 registered in CDNA reports (LM 55: 125, 1982; 60: 30, 1987; 62: 117, 197, 1989).

Zowel in de 19e eeuw als in 1900-69 stond de soort als vrij zeldzaam te boek (cf Snouckaert van Schauburg 1908, Kist et al 1970). Sinds ten minste 1979 overwinteren jaarlijks meer dan 10 exemplaren, meestal solitaire exemplaren in groepen van andere soorten ganzen (cf DB 1: 34-41, 1979). Een op 2

In the 19th century and during 1900-69, the species was regarded as rather rare (cf Snouckaert van Schauburg 1908, Kist et al 1970). Since at least 1979, more than 10 individuals have been present each winter, usually singles mixed with other goose species (cf DB 1: 34-41, 1979). A bird ringed on

februari 1972 te Arkemheen, Nijkerk, Gelderland, geringde vogel werd op 9 juni 1974 teruggemeld op Jamal-schiereiland, Rusland (LM 52: 89, 1979).

2 February 1972 at Arkemheen, Nijkerk, Gelderland, was recovered on 9 June 1974 at Yamal peninsula, Russia (LM 52: 89, 1979).

Witbuikrotgans [2]   *Branta hrota*   Pale-bellied Brent Goose

schaarse wintergast

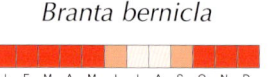

scarce winter visitor

Tot 1 januari 1979 beoordeeld en in 1979-88 geregistreerd door de CDNA (LM 55: 125, 1982; 60: 30, 1987; 62: 117, 197, 1989).

Vermoedelijk is een adult ♀ verzameld op 2 februari 1861 op Wieringen, Noord-Holland (NNM) het eerste voor Nederland bekende exemplaar (cf Eykman et al 1941). Er kwamen verscheidene influxen voor van broedvogels uit Spitsbergen en Franz-Josefland die normaliter in Denemarken en Oost-Engeland overwinteren. Deze influxen vielen samen met streng winterweer. Zulke influxen zijn bekend voor de winters van 1978/79 (c 200 exemplaren; LM 54: 47-51, 1981), 1981/82 (c 100; LM 57: 129-132, 1984), 1984/85 (c 100; DB 8: 59-60, 1986), 1986/87 (c 100; DB 10: 82-85, 1988), 1995/96 (bijna 1000, de grootste ooit; cf DB 18: 44, 1996) en 1996/97 (c 250; Fred Cottaar in litt). Op grond van het behoorlijke aantal waarnemingen in de winter van 1911/12 en in februari 1935 lijkt het aannemelijk dat ook toen sprake was van een influx (cf Eykman et al 1941). In andere winters werden slechts zeer lage aantallen vastgesteld (cf SOVON 1987). Een Amerikaans geval betrof een exemplaar (D64) dat op 30 juli 1975 op Bathurst Island, NWT, Canada, werd geringd en zich van 22 oktober tot midden-december 1975 bevond te Lindisfarne, Northumberland, Engeland, voordat het werd waargenomen op 8 april 1976 op Schiermonnikoog, Friesland, en op 2 mei 1976 in de Linthorst-Homanpolder, De Marne, Groningen (LM 50: 95, 1977, cf Boyd & Maltby 1979). Voor de herkenning van rotganzen zij verwezen naar Alauda 58: 210-211, 1990, BW 10: 11-15, 1997, DB 19: 232-236, 1997.

Until 1 January 1979 considered by CDNA and in 1979-88 registered in CDNA reports (LM 55: 125, 1982; 60: 30, 1987; 62: 117, 197, 1989).

Presumably, an adult ♀ collected on 2 February 1861 on Wieringen, Noord-Holland, was the first for the Netherlands (NNM; cf Eykman et al 1941). Several influxes have occurred involving birds from Spitsbergen and Franz Josef Land. These populations normally winter in Denmark and eastern England. The influxes coincided with severe winter weather. Such influxes were a feature of the winters 1978/79 (c 200 individuals; LM 54: 47-51, 1981), 1981/82 (c 100; LM 57: 129-132, 1984), 1984/85 (c 100; DB 8: 59-60, 1986), 1986/87 (c 100; DB 10: 82-85, 1988), 1995/96 (almost 1000, the largest ever; cf DB 18: 44, 1996) and 1996/97 (c 250; Fred Cottaar in litt). It seems likely that an influx also took place in the winter of 1911/12 and in February 1935, when a good number of observations was reported (cf Eykman et al 1941). In other winters, only a few were found (cf SOVON 1987). An American record concerned an individual (D64) ringed on 30 July 1975 on Bathurst Island, NWT, Canada, and staying from 22 October to mid December 1975 at Lindisfarne, Northumberland, England, before it was seen on 8 April 1976 on Schiermonnikoog, Friesland, and on 2 May 1976 at Linthorst-Homanpolder, De Marne, Groningen (LM 50: 95, 1977, cf Boyd & Maltby 1979). For identification of brent geese, see Alauda 58: 210-211, 1990, BW 10: 11-15, 1997, DB 19: 232-236, 1997.

Rotgans [2]   *Branta bernicla*   Dark-bellied Brent Goose

algemene doortrekker en wintergast   common migrant and winter visitor

Zwarte Rotgans   *Branta nigricans*   Black Brant

zeldzaam   rare

Broedt in Noord-Siberië ten oosten van Taimyr, Alaska en Noord-Canada; overwintert langs kusten van noordelijke Stille Oceaan.

Sinds het eerste geval in 1974 werd de soort ieder jaar opge-

Breeds in northern Siberia east of Taymyr, Alaska and northern Canada; winters along North Pacific coasts.

Since the first record in 1974, the species has been seen annually. It is hard to get a good picture of the actual number

Zwarte Rotgans / Black Brant *Branta nigricans*, adult & Witbuikrotgans / Pale-bellied Brent Goose *B hrota* & Rotganzen / Dark-bellied Brent Geese *B bernicla*, 8 February 1997, Stroe, Wieringen, Noord-Holland *(Sander Lagerveld)*

merkt. Het is moeilijk een goed beeld te krijgen van het werkelijke aantal vastgestelde individuen. Het is waarschijnlijk dat een aantal vogels in opeenvolgende winters terugkeerde en in verschillende gebieden werd opgemerkt. Zo bleek uit foto's dat de aan een poot gekwetste vogel van Midsland, Terschelling, Friesland, van voorjaar 1995 dezelfde was als het exemplaar dat in 1993 en 1994 op Terschelling werd gezien (DB 19: 99, 1997). Daarentegen zijn er eigenlijk geen goede redenen om alle exemplaren in 1991-96 op Texel, Noord-Holland, als dezelfde te beschouwen zoals thans het geval is. Dit werd bevestigd doordat in maart 1998 liefst acht exemplaren op Texel werden geteld.

In de winter van 1991/92 verbleef een gemengd paar Zwarte Rotgans x Rotgans *B bernicla* met twee hybride jongen in de omgeving van de Grevelingendam (DB 15: 61-63, 1993). Dit is de enige bekende waarneming van hybriden in Nederland. In maart 1998 verbleef een zuiver paar met twee jongen op Texel (Arend Wassink pers comm).

Alle Zwarte Rotganzen bevonden zich in groepen uit Noord-Siberië afkomstige Rotganzen (cf BB 77: 458-465, 1984). Het maandvoorkomen (oktober-mei) en de geografische verspreiding (Wadden- en Deltagebied) komen dan ook overeen met die van Rotgans. Er is één waarneming elders, op 18 januari 1988 te Urk, Flevoland. Alle gevallen tot 1997 hebben betrekking op adulte. De soort wordt sinds 1 januari 1999 niet langer beoordeeld door de CDNA.

of individuals involved since it is likely that some returned in consecutive winters and were reported from different areas. For instance, a comparison between photographs revealed that an individual with a leg injury seen in spring 1995 at Midsland, Terschelling, Friesland, was the same as one here in 1993 and 1994 (DB 19: 99, 1997). On the other hand, there are no good reasons for the current practice of considering all Texel birds in 1991-96 to be the same returning individuals. This was confirmed by the presence of no less than eight individuals during March 1998 on Texel.

In the winter of 1991/92, a mixed pair of Black Brant x Dark-bellied Brent Goose *B bernicla* (with two hybrid young) stayed in the vicinity of Grevelingendam (DB 15: 61-63, 1993). This is the only known record of hybrids in the Netherlands. In March 1998, a pure pair with two young stayed on Texel (Arend Wassink pers comm).

All Black Brants were found in flocks of Dark-bellied Brent Goose which come from northern Siberia (cf BB 77: 458-465, 1984). Therefore, it is not surprising that their monthly and geographical patterns are similar to that of Dark-bellied Brent Goose, with all records during October-May and all but one (18 January 1988 at Urk, Flevoland) from the north (Wadden Sea) or the south-west (Delta region). All records until 1997 refer to adults. Since 1 January 1999, the species is no longer considered by CDNA.

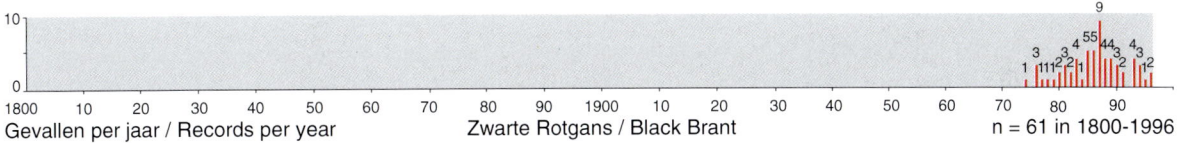

Gevallen per jaar / Records per year   Zwarte Rotgans / Black Brant   n = 61 in 1800-1996

61 records in 1800-1996 (68 individuals); 54 records in 1980-96 (61 individuals)

29 November 1974-16 April 1975 *Terschelling* FR; LM 49: 131-134, 1976 (photo)
5-7 March 1976 Lauwerpolder, *Eemsmond* GR; LM 50: 92-97, 1977
30 April-11 May 1976 Polder de Eendracht, *Texel* NH; LM 50: 92-97, 1977
23 May 1976 *Vlieland* FR
10 January 1977 *Vlieland* FR
15 March 1978 Zonnemaire, *Brouwershaven* ZL
4 November-16 December 1979 *Schiermonnikoog* FR
28 March 1980 Ouwerkerk, *Duiveland* ZL; cf Beekman et al (1986)
30 November 1980-15 March 1981 Zandkreek, *Goes* ZL
11-18 January 1981 *Sint Philipsland* ZL
15 January 1981 Kortgene, *Noord-Beveland* ZL; DB 6: 46, 1984
21 March 1981 Scharendijke, *Middenschouwen* ZL
7-9 February 1982 Scharendijke & 14 February-13 March Schelphoek/Wevers Inlaag/Prunjepolder, *Middenschouwen* ZL (**2** on 13 March); BB 77: 458-465, 1984 (photos)
29 December 1982 *Terschelling* FR
24 January 1983 *Schiermonnikoog* & 4 March Ferwerd, *Ferwerderadeel* & 20 March Holwerd, *Dongeradeel* & 27 April *Ameland* & 3 May Holwerd, *Dongeradeel* FR & 3-9 May Lauwersmeer, *De Marne* GR (all considered to be the same individual); DB 8: 127, 1986
21 October 1983 Krabbendijke, *Reimerswaal* ZL
15 December 1983 Polder de Eendracht, *Texel* NH
23 December 1983-30 January 1984 *Schiermonnikoog* FR
26 December 1984 Yerseke, *Reimerswaal* ZL
20 January 1985 Wemeldinge, *Kapelle* ZL
2 March 1985 Yerseke, *Reimerswaal* ZL
12 October-10 November 1985 Hippolytushoef, *Wieringen* NH; DB 8: 33, 1986 (photo)
18-26 October 1985 *Terschelling* FR
15-17 December 1985 *Schiermonnikoog* FR
16 February-2 March 1986 Serooskerke, *Westerschouwen/Middenschouwen* ZL (photographed)
26 March 1986 Kloosterburen, *De Marne* GR
3 April 1986 *Texel* NH
7 October 1986 *Schiermonnikoog* FR
23 December 1986-20 February 1987 Schouwen-Duiveland ZL (max **3**) (photographed)
7 January 1987 Balgzand, *Den Helder* NH
17-18(20) January 1987 *Westkapelle* ZL (photographed)
7 February 1987 Flaauwers Inlaag, *Middenschouwen* ZL; DB 9: 83, 1987 (photo)

28 February-5 March 1987 Wolphaartsdijk, *Goes* ZL
7-19 May 1987 Paesens, *Dongeradeel* FR
9(-18) November 1987 *Ameland* FR; cf Versluys et al (1997)
13 November 1987 Wolphaartsdijk, *Goes* ZL
15 November-3 December 1987 Grevelingendam, *Bruinisse* ZL; DB 10: 37, 1988 (photo), BW 10: 13, 1997 (photo)
6 December 1987 Ouwerkerk, *Duiveland* ZL

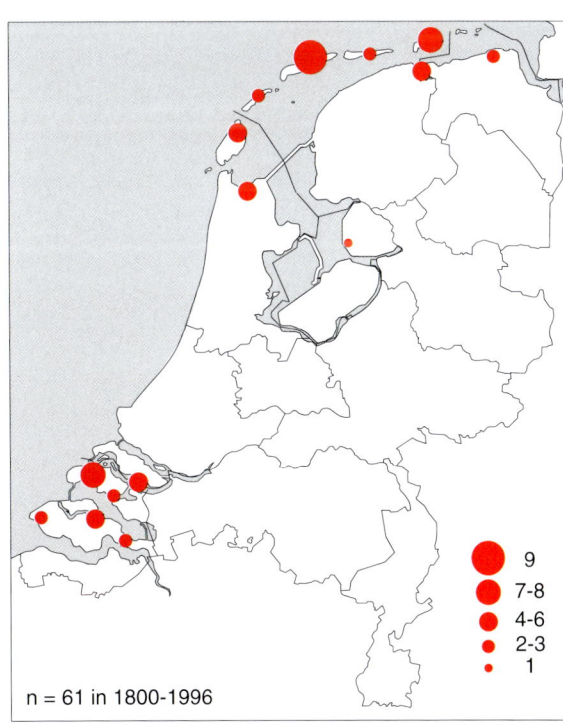

n = 61 in 1800-1996

9
7-8
4-6
2-3
1

Gevallen per locatie / Records per site
Zwarte Rotgans / Black Brant

49

Zwarte Rotgans / Black Brant *Branta nigricans*, adult & Rotganzen / Dark-bellied Brent Geese *B bernicla* & two hybrid juveniles (rechtsboven / upper right), 22 January 1992, Grevelingendam, Bruinisse, Zeeland *(Arnoud B van den Berg)*

16 January 1988 *Urk* FL
30 January-4 February 1988 (1) & 30 October-22 November (2) & 22 January-14 May 1989 (1) & 27 March-23 May 1990 (1) *Schiermonnikoog* FR (max **2**); DB 11: 153, 1989; 14: 75, 1992
1-4 February 1988 *Schiermonnikoog* FR
5 May 1988 Kloosterburen, *De Marne* GR
22 January 1989 *Anna Paulowna* NH
6-7 March 1989 *Terschelling* FR
(26-)27 March 1989 *Ameland* FR; cf Versluys et al (1997)
14-27 October 1989 *Texel* NH
14-16 April 1990 *Terschelling* FR
14 April 1990 Lauwersmeer, *De Marne* GR; contra DB 14: 75, 1992
10 November 1990 Noordpolderzijl, *Eemsmond* GR; DB 16: 134, 1994
6-20 March 1991 & 14 December 1991-9 May 1992 & 19 October 1992-4 March 1993 & 20 November 1993-25 March 1994 & 16 October 1994-27 May 1995 (2) & 25 November 1995-12 May 1996 (2) & 24 October 1996-18 May 1997 (2) *Texel* NH (max **2**); Birdwatch 4 (37): 60, 1995 (photo), Arend Wassink (in litt), contra DB 19: 99, 1997 (Vlieland should read Texel)
15 December 1991-9 February 1992 Oude Tonge, *Oostflakkee* ZH & Grevelingendam, *Bruinisse* ZL, ♂ & 2 hybrid young (paired with Dark-bellied Brent Goose *B bernicla*); DB 14: 64, 1992 (photo); 15: 61-63, 1993 (photos), BW 5: 50, 1993 (photo)
30 January 1993 Philipsdam, *Bruinisse* ZL
30 January 1993 Serooskerke, *Westerschouwen/Middenschouwen* ZL
23 February-1 March 1993 *Middelburg* ZL
6 April 1993 & 27 March-10 May 1994 & 28 March-24 April 1995 & (24-)25 April 1996 *Terschelling* FR (photographed); cf DB 19: 99, 1997
27 March 1994 Lauwersmeer, *Dongeradeel* FR (**2**)
6 April 1994 *Terschelling* FR
3-9 May 1994 *Terschelling* FR
10-11 April 1995 Formerum, *Terschelling* FR; BW 10: 13, 1997 (photo)
3 February 1996 Den Oever, *Wieringen* NH (**2**) (photographed)
14 December 1996-16 February 1997 Normerpolder, *Wieringen* & 14 March-18 May De Bol & Oudeschild, *Texel* NH (in latter period, 2 more individuals on Texel; see above); DB 19: 43, 233, 1997 (photos), Plomp et al (1998)

n = 61 in 1800-1996

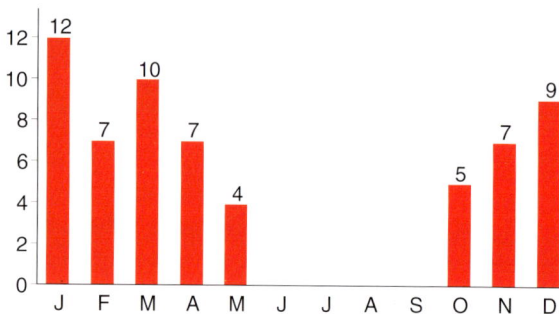

Gevallen per maand / Records per month
Zwarte Rotgans / Black Brant

voorlopige toevoegingen voor 1997-98 / provisional additions for 1997-98
18 January-9 March 1997 Anjumerkolken, *Dongeradeel* FR (photographed); CDNA archives, Jan van der Laan (in litt)
15 February 1997 Rammegors, *Tholen* ZL (photographed); CDNA archives
21 March-17 May 1997 Landerum, *Terschelling* FR (max **2**); CDNA archives, DB 19: 140, 1997 (photo)
15-20 May 1997 De Grieë, *Terschelling* FR (photographed); CDNA archives
15 October 1997 Wierum, *Terschelling* FR (photographed); CDNA archives
18 October 1997-17 May 1998 *Texel* NH (**4**; singles); CDNA archives
1 November-20 December 1997 Ouddorp & Goedereede, *Goedereede* ZH & 29 December 1997-19 January 1998 Scharendijke, *Middenschouwen* ZL (photographed) & 29 January Scheelhoek, *Goedereede* ZH; Plomp et al (1999), CDNA archives
7 December 1997-9 February 1998 Prunjepolder, Serooskerke, *Middenschouwen* ZL (photographed); CDNA archives
15-22 March 1998 *Texel* NH (**4**; 2 adult & 2 1w); CDNA archives

Casarca [2]

Tadorna ferruginea

Ruddy Shelduck

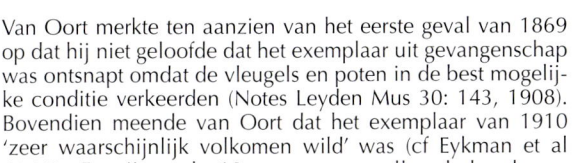

onregelmatige broedvogel
schaarse doortrekker

irregular breeding bird
scarce migrant

Van Oort merkte ten aanzien van het eerste geval van 1869 op dat hij niet geloofde dat het exemplaar uit gevangenschap was ontsnapt omdat de vleugels en poten in de best mogelijke conditie verkeerden (Notes Leyden Mus 30: 143, 1908). Bovendien meende van Oort dat het exemplaar van 1910 'zeer waarschijnlijk volkomen wild' was (cf Eykman et al 1941). Er zijn ook 19e-eeuwse gevallen bekend van Denemarken waaronder een groep van 10 op 26 juni 1893 (Olsen 1992a).

In de laatste decennia zijn in de nazomer grote groepen van maximaal 80 vogels vastgesteld. Er is onder meer een foto gepubliceerd van een groep van 15 in augustus 1992 in de Lepelaarsplassen, Almere, Flevoland (DB 14: 195, 1992).

Er bestaat in Nederland geen gevestigde broedpopulatie van de soort. In 1971-94 zouden in Nederland 17 succesvolle broedgevallen hebben plaatsgevonden van uit gevangenschap afkomstige vogels, hetgeen neerkomt op minder dan één per jaar (LM 69: 117-118, 1996). Daarom lijkt het waarschijnlijk dat de grote nazomergroepen uit het buitenland komen. Mogelijk is een aantal van deze vogels van wilde oorsprong zoals is aangetoond voor een vogel die op 30 oktober 1978 dood werd gevonden bij Zagorow in Polen en op 21 juli 1973 als kuiken bleek te zijn geringd in Kirgizië ten zuiden van Alma-Ata, Kazakhstan (BW 9: 287, 1996).

De volgende anekdotische informatie geeft een indruk van het voorkomen in 1994-95. In juli-augustus 1994 vond een influx plaats in Noord-Europa met hoge aantallen in Finland (81 vogels) en elders in Scandinavië (meer dan 100); in die periode werd op 18 juli een groep van 20 gemeld op de Steile Bank, Gaasterlân-Sleat, Friesland (DB 16: 158, 249, 1994). In juli-augustus 1995 bevond zich een groep van 47 bij Huizen, Noord-Holland, en werden tegelijkertijd elders in Nederland groepen van zes-negen gezien terwijl er elders in Europa geen influx werd opgemerkt (cf DB 17: 172, 1995).

Discussing the first specimen in 1869, van Oort remarked (in English): 'I don't believe the bird is escaped from captivity, as wings and feet are in best condition' (Notes Leyden Mus 30: 143, 1908). Moreover, van Oort has been of the opinion that the second specimen in 1910 was also of wild origin (cf Eykman et al 1941). There are also 19th century records for Denmark, including a flock of 10 on 26 June 1893 (Olsen 1992a).

In recent decades, large flocks of up to 80 individuals have been recorded in late summer. For instance, a flock of 15 was photographed in August 1992 at Lepelaarsplassen, Almere, Flevoland (DB 14: 195, 1992).

No feral population has become established in the Netherlands. Apparently, during 1971-94, there were 17 successful breeding records of feral birds which is less than one per year (LM 69: 117-118, 1996). Therefore, it seems likely that the large flocks in late summer come from abroad. It is possible that a number of these birds is of wild origin. This is demonstrated by an interesting ringing recovery of a bird found dead near Zagorow, Poland, on 30 October 1978 which was ringed as a pullus in Kirgiziya south of Alma-Ata, Kazakhstan, on 21 July 1973 (BW 9: 287, 1996).

The following anecdotal information for 1994 and 1995 gives an insight into the species' occurrence patterns. In July-August 1994, an influx took place in northern Europe with high numbers in Finland (81 birds) and elsewhere in Scandinavia (more than 100); in that period, a flock of 20 was reported on 18 July at Steile Bank, Gaasterlân-Sleat, Friesland (DB 16: 158, 249, 1994). In July-August 1995, a flock of 47 stayed near Huizen, Noord-Holland, and in the same period flocks of six to nine were seen elsewhere in the Netherlands while there was no influx reported in the rest of Europe (cf DB 17: 172, 1995).

eerste zes gevallen / first six records
6 October 1869 Waardenburg, *Neerijnen* GL, adult ♂, dead (NNM); van Oort (1908), LM 58: 68, 1985
5 December 1910 Serooskerke, *Westerschouwen* ZL, adult ♂, dead; Jaarb NOV 8: 25, 1911, Eykman et al (1941)

26 September 1913 Gameren, *Zaltbommel* GL, ♀, dead; Ardea 3: 17, 1914
15 April-15 May 1935 *Harderwijk* GL; Ardea 25: 92, 1936, LM 24: 134, 1951
11 August 1938 Ketel, *Kampen* OV, ♀, dead; LM 11: 127, 1938
7 March 1950 *Wieringen* NH, ♀; LM 24: 133-136, 1951

Bergeend [2]

Tadorna tadorna

Common Shelduck

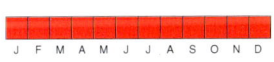

algemene broedvogel
gehele jaar algemeen

common breeding bird
common throughout year

Krooneend [2]

Netta rufina

Red-crested Pochard

schaarse tot zeldzame broedvogel
gehele jaar schaars

scarce to rare breeding bird
scarce throughout year

De soort broedt sinds 1942 in Nederland, met maximaal 65 broedparen (Ardea 31: 281, 1942, LM 67: 137-145, 1994). Er zijn aanwijzingen dat hij ook in de 1870er jaren zou hebben gebroed (cf Eykman et al 1941). In de laatste decennia verbleven in augustus-november groepen van soms meer dan 100 in Noord-Holland en Utrecht (cf LM 67: 146-158, 1994).

The species has bred in the Netherlands since 1942, with a maximum of 65 breeding pairs (Ardea 31: 281, 1942, LM 67: 137-145, 1994). There are indications that it may also have bred in the 1870s (cf Eykman et al 1941). In recent decades, during August-November, flocks of sometimes more than 100 stayed in Noord-Holland and Utrecht (cf LM 67: 146-158, 1994).

Tafeleend [2]

Aythya ferina

Common Pochard

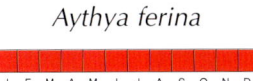

algemene broedvogel
gehele jaar algemeen

common breeding bird
common throughout year

Witoogeend [2]

zeldzame onregelmatige broedvogel
gehele jaar vrij zeldzaam

Aythya nyroca

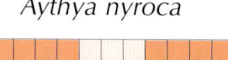

Ferruginous Duck

rare irregular breeding bird
rather rare throughout year

Tot 1 januari 1979 beoordeeld en in 1979-88 geregistreerd door de CDNA (LM 53: 27, 1980; 55: 125, 1982; 60: 30, 1987; 62: 117, 197, 1989).

De soort is in de 19e eeuw steeds zeldzamer geworden (cf Eykman et al 1941). In de 20e eeuw vonden sporadisch broedgevallen plaats (cf van Erve et al 1967, Alleyn et al 1971). Zo werden op 18 juni 1914 te Steenwijkerwold, Steenwijk, Overijssel, een nest en zes eieren verzameld (Ardea 3: 95-96, 1914, Org Club Ned Vogelkd 4: 151, 1932, LM 16: 103, 1943). In september 1953 werd een groep van ten minste 100 gemeld in het Zwartemeer, Kampen, Overijssel (SOVON 1987). In de 1990er jaren werden echter bijna altijd solitaire exemplaren gezien.

Until 1 January 1979 considered by CDNA and in 1979-88 registered in CDNA reports (LM 53: 27, 1980; 55: 125, 1982; 60: 30, 1987; 62: 117, 197, 1989).

Numbers of the species appear to have decreased during the 19th century (cf Eykman et al 1941). In the 20th century, irregular breeding occurred (cf van Erve et al 1967, Alleyn et al 1971). For instance, on 18 June 1914, a nest and six eggs were collected at Steenwijkerwold, Steenwijk, Overijssel (Ardea 3: 95-96, 1914, Org Club Ned Vogelkd 4: 151, 1932, LM 16: 103, 1943). In September 1953, a flock of at least 100 was reported at Zwartemeer, Kampen, Overijssel (SOVON 1987). However, in the 1990s, almost all records involved single birds.

Ringsnaveleend

zeldzaam

Aythya collaris

Ring-necked Duck

rare

Broedt in Noord-Amerika.

Behalve drie in november-januari dateerden alle gevallen uit februari-begin mei. Ook in Brittannië is een hoog aantal gevallen uit die maanden bekend maar daar werd de soort ongeveer even vaak vastgesteld van eind september tot en met januari. In april 1996 werd het eerste ♀ voor Nederland gemeld.

Tot 1986 waren er twee interessante ringterugmeldingen van vogels die de Atlantische Oceaan overstaken. Een in New Brunswick, Canada, geringd exemplaar werd binnen drie maanden in Wales aangetroffen (DB 8: 41-44, 1986) en een in maart 1977 in Engeland geringde vogel werd in mei 1977 in Groenland geschoten. Hoewel de soort is beschreven naar een exemplaar dat in 1801 in Londen, Engeland, op een markt werd bemachtigd, was het eerste geval voor Europa in de 20e eeuw (pas) in 1955 in Gloucestershire, Engeland. Vooral sinds de 1970er jaren nam het jaarlijkse aantal op de Britse Eilanden fors toe tot een totaal van 335 gevallen tot en met 1993 (Vinicombe & Cottridge 1996).

Breeds in North America.

All but three records dated from February-early May. In Britain, many have been seen during those months as well, although it was equally frequent during late September-January. In April 1996, the first ♀ for the Netherlands was reported.

Until 1986, there have been two interesting ringing recoveries, each involving birds which crossed the Atlantic Ocean. One ringed in New Brunswick, Canada, was recovered within three months in Wales (DB 8: 41-44, 1986) and another ringed in March 1977 in England was shot in May 1977 in Greenland. Although the type specimen was obtained in 1801 at a market in London, England, the first record for Europe in the 20th century dated from (as late as) 1955 in Gloucestershire, England. Especially since the 1970s, the number recorded annually in the British Isles has increased dramatically with a grand total of 335 records up to 1993 (Vinicombe & Cottridge 1996).

Ringsnaveleend / Ring-necked Duck *Aythya collaris*, ♂ & Tafeleenden / Common Pochards *A ferina*, 17 November 1993, Oostvaardersdijk, Lelystad, Flevoland (*Arnoud B van den Berg*)

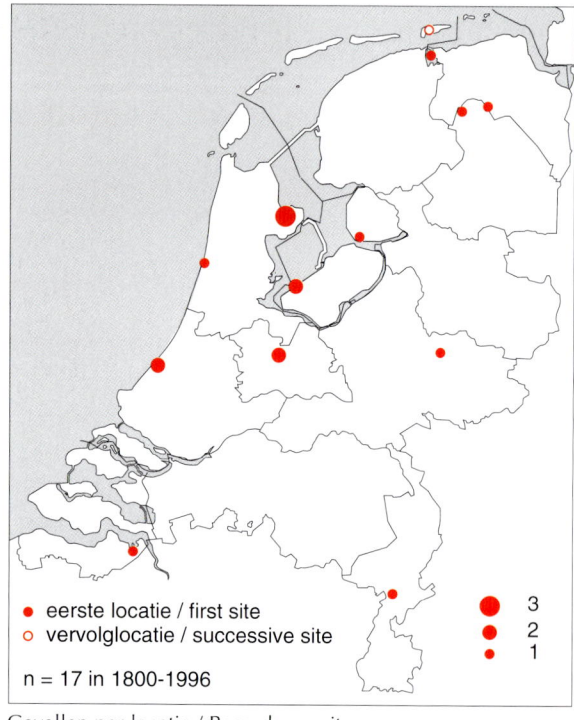

● eerste locatie / first site
○ vervolglocatie / successive site

n = 17 in 1800-1996

● 3
● 2
• 1

Gevallen per locatie / Records per site
Ringsnaveleend / Ring-necked Duck

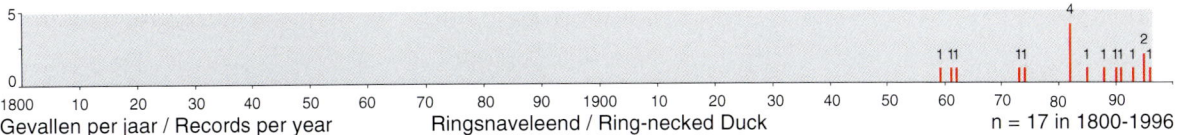

17 records in 1800-1996; 12 in 1980-96

15-23 March 1959 Meyendel, *Wassenaar* ZH, ♂; LM 33: 1-5, 1960 (photo)
15-19 March 1961 Groot Eiland, *Hulst* ZL, ♂
7 January 1962 Verversingskanaal, Scheveningen, *Den Haag* ZH, ♂
8 November 1973 Paterswoldermeer, *Haren* GR, ♂
17 March 1974 *Warnsveld* GL, ♂
(17-)26 February 1982 (& 26 December 1982 & 6 February 1983) & 28 February 1984 *Roermond* (& 16 January & 20-27 February & 19 November-31 December 1983 *Maasbracht*) & 24 December 1985 & 16 January-14 February 1988 Grathem, *Heel* LB, ♂ (within brackets: dates in Ganzevles et al 1985) (same bird staying every winter from 1981/82 to 1987/88; cf DB 9: 146, 1987; 10: 169, 1988; 11: 153, 189)
7-13 February 1982 Lageweide, *Utrecht* UT, ♂; VJ 30: 227, 1982 (photo), LM 57: 20, 1984 (photo)
14-24 February 1982 *Andijk* NH, ♂ (photographed)
24 April 1982 *Roden* DR, ♂
27 March-17 April 1985 *Castricum* NH, ♂; DB 7: 73, 1985 (photo)
17 April 1988 Pampushaven, *Almere* FL, ♂; Grauwe Gans 5: 15-16, 1989
14-22 April 1990 Lauwersmeer, *De Marne* GR & 2-5 May *Schiermonnikoog* FR, ♂ (photographed)
5-8 May 1991 *Maartensdijk* UT, ♂
13-19 November 1993 Oostvaardersdijk, *Almere/Lelystad* FL, ♂; DB 16: 37, 1994 (photos); 17: 92, 1995 (photo), VJ 42: 46, 1994 (photo), Vogels in Flevoland 2: 100-102, 1994

9-17 April 1995 Onderdijk, *Wervershoof* NH, ♂
3 May 1995 Zuidermeerdijk, *Noordoostpolder* FL, ♂
12-17 April 1996 Lutjebroekerweel, *Drechterland* NH, ♀; Johan Buisman (pers comm), CDNA archives

hybrids Ringsnaveleend / Ring-necked Duck x Kuifeend / Tufted Duck A fuligula
March 1986 *Maasbracht* LB, ♂; cf DB 16: 14, 1994
(22 January)5-6(12) February 1993 Hoge Dijk, *Amsterdam* NH, ♂; DB 16: 12-15, 1994 (photo)
20 March-4 April 1993 *Vlaardingen* ZH, ♂; DB 15: 139, 1993 (photo)

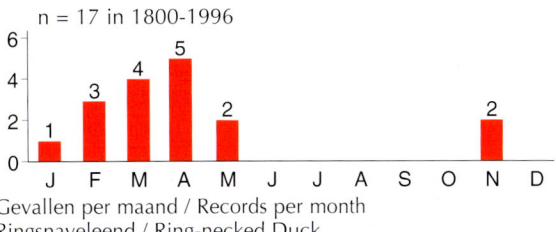

Gevallen per maand / Records per month
Ringsnaveleend / Ring-necked Duck

Kuifeend [2]

algemene broedvogel
gehele jaar algemeen

Aythya fuligula

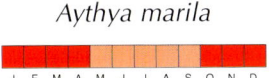

Tufted Duck

common breeding bird
common throughout year

Het eerste broedgeval vond plaats in 1904. Tot 1940 bleef het een onregelmatige zeldzame broedvogel waarna hij talrijk werd.

First breeding occurred in 1904. Until 1940, it remained an irregular and rare breeding bird. It has since become numerous.

Topper [2]

algemene doortrekker en wintergast

Aythya marila

Greater Scaup

common migrant and winter visitor

Kleine Topper

zeer zeldzaam

Broedt in Noord-Amerika.

Het eerste geval van Europa was op 5 februari 1986 in de Camargue, Bouches-du-Rhône, Frankrijk, en werd gevolgd door een vogel in maart 1987 in Staffordshire, Engeland. In de hierop volgende 10 jaren zijn er ten minste 30 vastgesteld in Europa.

Aythya affinis

Lesser Scaup

very rare

Breeds in North America.

The first European record was on 5 February 1986 in the Camargue, Bouches-du-Rhône, France, preceding one in March 1987 in Staffordshire, England. During the following 10 years, at least 30 have been recorded in Europe.

2 records in 1800-1996; 2 in 1980-96

21 November 1994-13 January 1995 *Veere* & 14 January-5 February *Middelburg* & 26 March-early May *Veere* & 27 May-21 June *Sas van Gent* ZL, 1w ♂ (videoed); DB 17: 34, 1995 (photo); 18: 63-69 (photos), 107 (photo; erroneous date), 1996
13 January 1996 Lelystad-Haven, *Lelystad* FL, adult ♂; DB 18: 52, 1996 (photo)

n = 2 in 1800-1996

Gevallen per maand / Records per month
Kleine Topper / Lesser Scaup

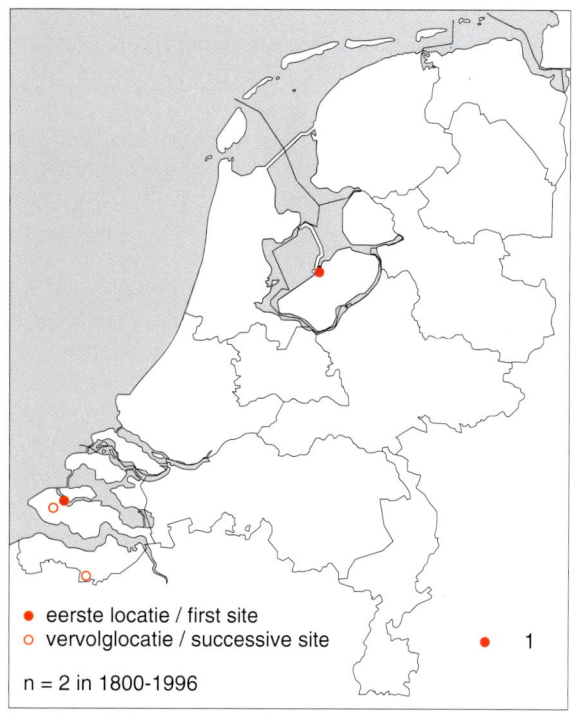

- ● eerste locatie / first site
- ○ vervolglocatie / successive site

● 1

n = 2 in 1800-1996

Gevallen per locatie / Records per site
Kleine Topper / Lesser Scaup

Kleine Topper / Lesser Scaup *Aythya affinis*, ♂, 1 April 1995, Veere, Zeeland *(Tobi Koppejan)*

Witkopeend

Oxyura leucocephala

White-headed Duck

zeldzaam

rare

Versnipperd broedgebied van Zuid-Spanje tot en met het westen van Centraal-Azië.

Alle gevallen dateerden uit november-maart. Voor informatie over de thans niet meer bestaande locatie van het eerste geval zij verwezen naar Ralreiger *Ardeola ralloides*. De beide gevallen in de 19e eeuw zijn met name interessant omdat indertijd het verspreidingsgebied zich uitstrekte tot in Hongarije (Bauer & Glutz von Blotzheim 1969). Sinds c 1984 wordt succes geboekt bij het kweken van de soort (cf DB 16: 148-149, 1994). Een deel van de recente gevallen kan daarom betrekking hebben op kooivogels zoals het exemplaar dat van november 1987 tot februari 1988 verbleef in de Abtskolk, Schoorl, Noord-Holland. Anderzijds kan een recente toename van gevallen ook worden gerelateerd aan de toename in (voormalige) Europese broedgebieden. Zo werd in december 1993 een groep van 150 gezien in Bulgarije (DB 16: 33, 1994) en werden in januari 1996 604 en in januari 1997 2213 exemplaren geteld in het Vistonismeer in Noordoost-Griekenland (DB 18: 92, 1996, Birdwatch 20 (1): 3, 1998); het aantal in Spanje was in januari 1992 toegenomen tot 786 (DB 15: 85, 1993). De wereldpopulatie werd in januari 1993 op 19 000 vogels geschat waarvan het merendeel in Kazakhstan (DB 15: 85, 1993).

Fragmented breeding area from southern Spain to the western part of central Asia.

All records dated from November-March. For information on the location (which no longer exists) of the first record, see Squacco Heron *Ardeola ralloides*. The two 19th century records are of special interest because, in those days, it was still a regular breeding bird in Hungary (Bauer & Glutz von Blotzheim 1969). Since c 1984, the rearing of the species in wildfowl collections has become successful (cf DB 16: 148-149, 1994). Therefore, a number of recent records may have been escapes such as the individual staying from November 1987 to February 1988 at Abtskolk, Schoorl, Noord-Holland. On the other hand, a recent increase of records may also be attributed to the increase in (former) European breeding areas. For instance, in Bulgaria, a flock of 150 was found in December 1993 (DB 16: 33, 1994) and, in north-eastern Greece, 604 were counted at Vistonis lake in January 1996 and 2213 in January 1997 (DB 18: 92, 1996, Birdwatch 20 (1): 3, 1998); the number in Spain had increased to 786 in January 1992 (DB 15: 85, 1993). In January 1993, the world population was an estimated 19 000 of which the majority was in Kazakhstan (DB 15: 85, 1993).

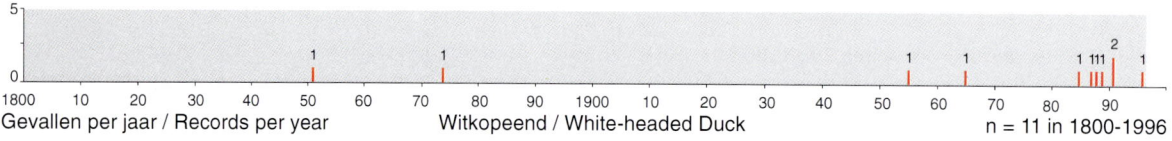

Gevallen per jaar / Records per year   Witkopeend / White-headed Duck   n = 11 in 1800-1996

11 records (12 individuals) in 1800-1996; 7 records in 1980-96

March 1851 Schollevaarseiland, *Nieuwerkerk aan den IJssel* ZH, ♀, dead (NMR); Jaarber Club Ned Vogelkd 5: 107, 1915, Eykman et al (1941), Vogels 15 (4): 23, 1995 (photo)
27 November 1874 *Oostzaan* NH, 1y ♀, dead (NNM); Vlek (1995)

26-28 November & 10-11 December 1955 Westelijk Havenhoofd, Huizen, *Huizen* NH (**2**) & 12 February-22 March 1956 Amsterdam-Rijnkanaal, *Utrecht* UT & De Diemen, *Diemen* NH; Ardea 43: 289-292, 1955, LM 29: 104, 1956; 30: 108, 118-120, 1957

(sketches)
26 January-7 March 1965 Nieuwe Diep, Zeeburg, *Amsterdam* NH; LM 38: 200-201, 1965 (photo)
24 February 1985 Nieuwe Diep, Zeeburg, *Amsterdam* NH, 1w/♀; DB 7: 136-137, 1985
1 & 16-27 February(-March) 1987 Zuilen, *Utrecht* UT, 1w ♂ (allegedly wearing a yellow ring; Arnoud van den Berg pers obs); DB 9: 81, 1987 (photo), LM 61: 166, 1988 (photo), Mitchell & Young (1997; photo 39(6))
9 December 1988-8 March 1989 Maasdijk, *Binnenmaas* ZH, 1w/♀ (photographed); DB 13: 44, 1991
8 January-13 February 1989 Stevensweert, *Maasbracht* LB, 1w/♀; DB 13: 44, 1991; 19: 101, 1997, LV 3: 44-47, 1992
7 November 1991-6 January 1992 Philipsdam, *Bruinisse* ZL, imm/♀ (photographed); DB 16: 137, 1994
14-29 December 1991 Stellendam, *Goedereede* ZH (photographed)
5 April 1996 Oostvaardersdijk, *Lelystad* FL, adult ♀ (photographed)

voorlopige toevoegingen voor 1997-98 / provisional additions for 1997-98
17-27 January & 2 & 12 February 1998 Kleine Nieuwe Diep, Zeeburg, *Amsterdam* & 28 January-1 & 3-8 & 14 February Ouderkerkerplas, *Ouder-Amstel* NH, 1w; Birdwatch 7 (70): 65, 1998 (photo), BW 11: 8, 1998 (photo), DB 20: 46, 1998 (photos), Plomp et al (1999)

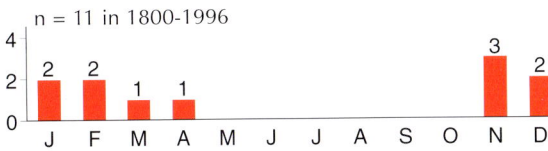

n = 11 in 1800-1996

Gevallen per maand / Records per month
Witkopeend / White-headed Duck

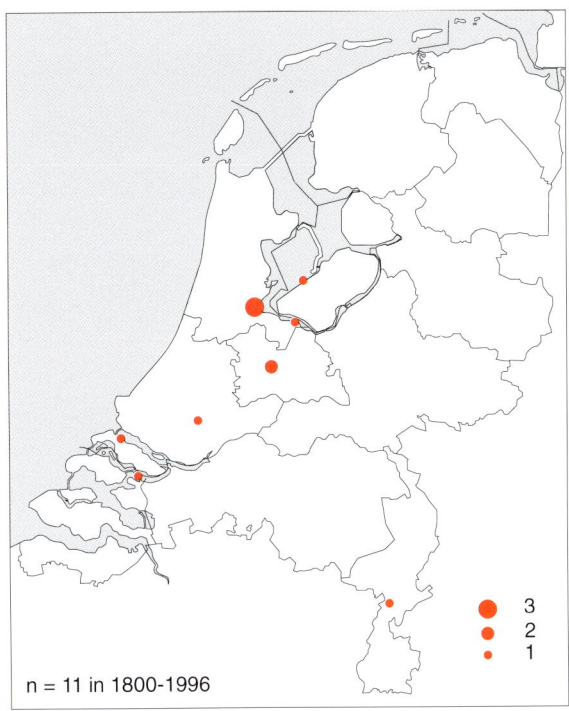

n = 11 in 1800-1996

Gevallen per locatie / Records per site
Witkopeend / White-headed Duck

Witkopeend / White-headed Duck *Oxyura leucocephala*, first-winter, 21 February 1998, Nieuwe Diep, Amsterdam, Noord-Holland *(Arnoud B van den Berg)*

Stellers Eider | *Polysticta stelleri* | Steller's Eider

zeer zeldzaam

very rare

Broedt langs noordkust van Rusland, Alaska en Noordwest-Canada.

Er zijn twee gevallen van langdurig aanwezige exemplaren in mei-augustus. De vogel van de Waddenzee in 1980-82 werd in drie opeenvolgende jaren gezien in het late voorjaar of het begin van de zomer, samen met Eiders *Somateria mollissima* (meldingen in 1979 werden onvoldoende gedocumenteerd en daarom niet aanvaard door de CDNA). De vogel van Zeeland in 1996 bleef eveneens in de zomer en was vaak samen met Bergeenden *Tadorna tadorna*. De andere gevallen betroffen vogels in het winterhalfjaar. Het geval in januari 1997 in Friesland betrof een ♂ in het gezelschap van Bergeenden en het zou dezelfde vogel kunnen betreffen als die in de zomer van 1996.

Breeds at arctic coasts in Russia, Alaska and north-western Canada.

Two records involved long-staying individuals during May-August. The Wadden Sea bird in 1980-82 was seen in three consecutive years in late spring or early summer, in association with Common Eiders *Somateria mollissima* (reports in 1979 were not fully documented and, therefore, not accepted by CDNA). The Zeeland bird in 1996 also stayed during summer, usually together with Common Shelducks *Tadorna tadorna*. The remaining records concerned birds in the winter season. The record in January 1997 in Friesland was a ♂ accompanied by Common Shelducks and, therefore, it could have been the same individual as the one in the summer of 1996.

Stellers Eider / Steller's Eider *Polysticta stelleri*, adult ♂
& Bergeend / Common Shelduck *Tadorna tadorna*, 5 June 1996,
Verdronken Land van Saeftinge, Hulst, Zeeland
(Peter L Meininger)

Stellers Eider / Steller's Eider *Polysticta stelleri*, adult ♂
& Nonnetje / Smew *Mergellus albellus* & Grote Zaagbek /
Goosander *Mergus merganser*, 28 January 1987, Houtrib-
sluizen, Lelystad, Flevoland *(Kees (C J) Breek)*

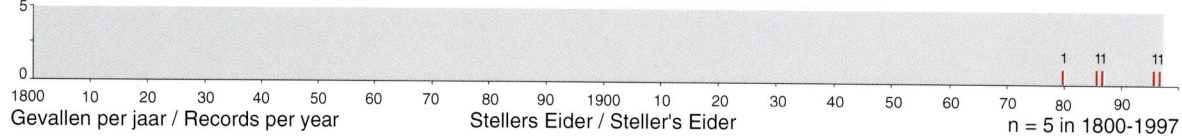

Gevallen per jaar / Records per year   Stellers Eider / Steller's Eider   n = 5 in 1800-1997

4 records in 1800-1996; 4 in 1980-96

5 July-2 August 1980 Boschplaat, *Terschelling* & 25-29 May 1981
  Oosterkwelder, *Schiermonnikoog* & 27-29 May 1982
  Oosterkwelder, *Schiermonnikoog* FR, adult ♂; LM 54: 93-95, 1981
  (photos); 55: 128, 1982 (photo), DB 4: 84-86, 1982 (photos), van
  den Berg et al (1990): 19 (photos)
13 April 1986 *Schiermonnikoog* FR, ♀; DB 9: 115-117, 1987
28 January 1987 Houtribsluizen, *Lelystad* FL, adult ♂; DB 9: 82,
  118-119, 1987 (photos), Grauwe Gans 3: 29-32, 1987 (photos);
  6: 77, 1990 (photo), van den Berg et al (1990): 20 (photo), Mitchell
  & Young (1997: photo 35(8))
20 May-24 July(early August) 1996 Verdronken Land van Saeftinge,
  Hontenisse/Hulst ZL, adult ♂; DB 18: 153-155, 217, 1996
  (photos); 19: 68-71, 1997 (photos), VJ 44: 190, 1996 (photo),
  Opperman et al (1997)

voorlopige toevoegingen voor 1997-98 / provisional additions for 1997-98
11-12 January 1997 Holwerd, *Dongeradeel* FR, adult ♂; CDNA
  archives

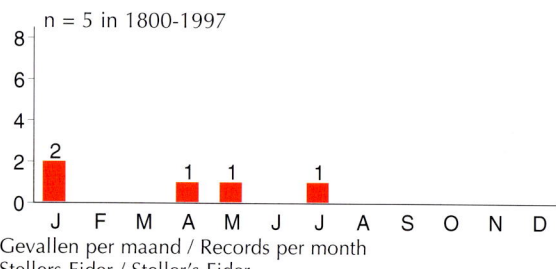

n = 5 in 1800-1997

Gevallen per maand / Records per month
Stellers Eider / Steller's Eider

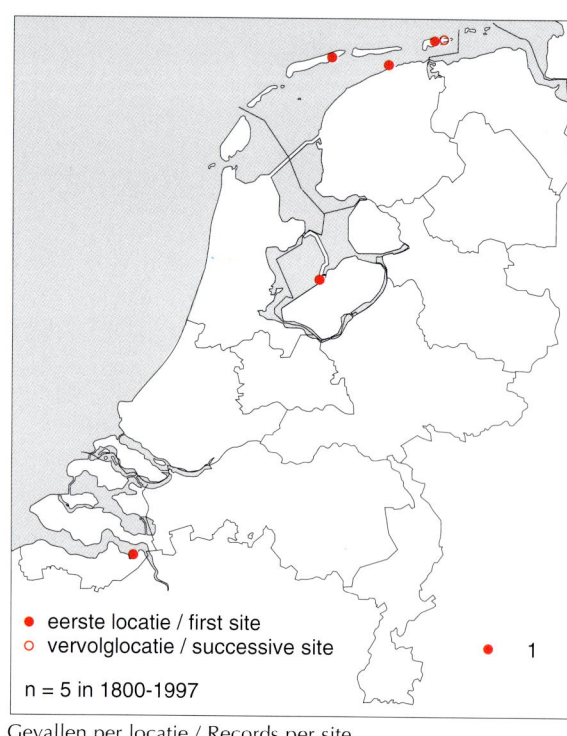

● eerste locatie / first site
○ vervolglocatie / successive site

n = 5 in 1800-1997   ● 1

Gevallen per locatie / Records per site
Stellers Eider / Steller's Eider

Koningseider

Somateria spectabilis

King Eider

zeldzaam

rare

Broedt langs arctische kusten.

In twee gevallen kwam het voor dat hetzelfde exemplaar binnen korte tijd verschillende keren op grote afstand van elkaar gelegen plaatsen werd herontdekt. De eerste keer gebeurde dat in de winter van 1981/82 toen een onvolwassen ♂ van december tot in maart de gehele Nederlandse Noordzeekust afzakte, van Texel, Noord-Holland, via IJmuiden, Noord-Holland (met een uitstapje in Katwijk, Zuid-Holland) naar Westkapelle, Zeeland, een afstand van c 210 km. De tweede keer was in 1989-91 toen lange tijd werd aangenomen dat een ander ♂ steeds weer opnieuw ontdekt werd in de Friese Waddenzee. Deze gedachte werd echter minder vanzelfsprekend toen op 24 januari 1991 in Harlingen een derdejaars ♂ naast het al lang aanwezige adulte ♂ zwom. De situatie werd nog ingewikkelder toen beide vogels door streng winterweer uit Harlingen waren verdwenen en het adulte ♂ acht dagen later opdook te Hoek van Holland, Rotterdam, Zuid-Holland (c 160 km naar het zuid-westen). Door vergelijkingen van foto's kon worden aangetoond dat laatstgenoemde dezelfde vogel betrof. Het blijft echter onzeker of er in 1989-91 misschien meer dan twee vogels op en rond de Waddenzee hebben vertoefd. Een derde geval van een langdurig aanwezig exemplaar betrof een adult ♀ dat van eind maart 1993 tot en met eind mei 1995 verbleef bij De Cocksdorp, Texel, met lange onderbrekingen in de zomer. In totaal zijn er tot en met 1996 drie ♀s vastgesteld.

Breeds at arctic coasts.

On two occasions, an individual was recorded at widely separated localities during comparatively short periods. This happened for the first time in the winter of 1981/82 when an immature ♂ moved south from December to March along the Dutch North Sea coast, from Texel, Noord-Holland, via IJmuiden, Noord-Holland (and a short break at Katwijk, Zuid-Holland) to Westkapelle, Zeeland; a distance of c 210 km. During 1989-91, another ♂ was found several times in the Wadden Sea area of Friesland. However, the situation appeared to be less straightforward when, on 24 January 1991, a third-year ♂ was swimming together with the presumably long-staying adult at Harlingen. The situation became even more complex when both birds disappeared from Harlingen due to severe winter weather and the adult turned up within eight days at Hoek van Holland, Rotterdam, Zuid-Holland (c 160 km to the south-west). A comparison of photographs showed that it was the same individual. However, it remains uncertain whether, in fact, more than two individuals were present during 1989-91 in the Wadden Sea area. A third record of a long-staying bird concerned an adult ♀ from late March 1993 to late May 1995 at De Cocksdorp, Texel, which was not seen during the summer months. In total, three ♀s have been recorded until 1996.

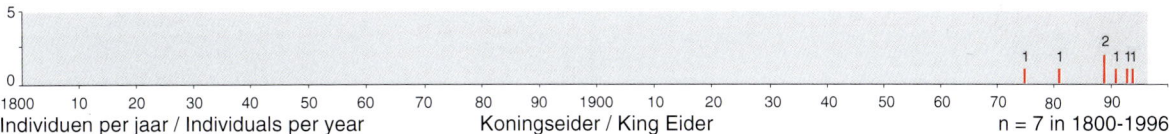

Individuen per jaar / Individuals per year   Koningseider / King Eider   n = 7 in 1800-1996

6 records (7 individuals) in 1800-1996; 5 records (6 individuals) in 1980-96

31 May 1975 Breehorn, Noordburen, *Wieringen* NH, ♂; LM 50: 40, 1977, DB 4: 3, 1982 (photo): 18: 167, 1996, van den Berg et al (1990): 17 (photo)

24-30 December 1981 paal 17, *Texel* & 9 January-25 February 1982 IJmuiden, *Velsen* NH (& 4 February *Katwijk* ZH) & 19 March *Westkapelle* ZL, imm ♂; DB 3: 141, 1981 (photo); 4: 2-5, 1982 (photos); 5: 6, 1983; 6: 46, 1984 (photo), VJ 30: 52-53, 1982 (photos), van den Berg et al (1990): cover, 17 (photos)

8 April 1989 IJmuiden, *Velsen* NH, ♀; DB 11: 140, 1989 (photos)

7-9 October 1989 Kornwerderzand, *Wûnseradiel* & 4-30 April 1990 Roptazijl & Harlingen, *Harlingen* (3y ♂) & 21 October 1990 *Schiermonnikoog* (flying past; adult ♂) & 24 December 1990 & 24 January-2 February 1991 Harlingen FR (**2** on 24-26 January, adult ♂ & 3y ♂) & 10-17 February 1991 & 28-31 March & 14-15 April Hoek van Holland, *Rotterdam* ZH (adult ♂); van den Berg et al (1990): 18 (photo), BW 3: 182, 1990 (photo), Duinstag 5: 55, 1990 (photo); 6 (1): 16, 1991 (photo), DB 12: 107, 210, 1990 (photos); 13: 75, 1991 (photo); 14: 77, 1992 (photo), 15: 151, 1993 (photo), Vanellus 43: 78, 1990 (photo), VJ 38: 190, 1990 (photo); 39: 94, 1991 (photo), BB 84: 3, 1991 (photos), LM 65: 139, 1992 (photo), Mitchell & Young (1997; photo 35(2)) (the adult in 1990-91 is regarded as the same as the immature in 1989-90 in Friesland and as the one in 1991 at Hoek van Holland ZH)

24 March-20 May 1993 & 19 November 1993-21 June 1994 & 25 September 1994-28 May 1995 De Cocksdorp, *Texel* NH, adult ♀; DB 17: 92, 1995 (photo); 18: 111, 1996; 19: 101, 1997

24 October-12 November 1994 Scheveningen, *Den Haag* ZH, 1w ♀; BW 7: 391, 1994 (photo); 8: 23, 1995 (photo), Duinstag 9 (3-4): 27, 1994 (photo), DB 16: 259, 1994 (photo); 18: cover, 107, 1996 (photos), Birdwatch 4 (31): 60, 1995 (photo), Limicola 9: 42, 110-111, 1995 (photos), VJ 43: 47, 1995 (photo), Mitchell & Young (1997; photos 35(3) & 35(4))

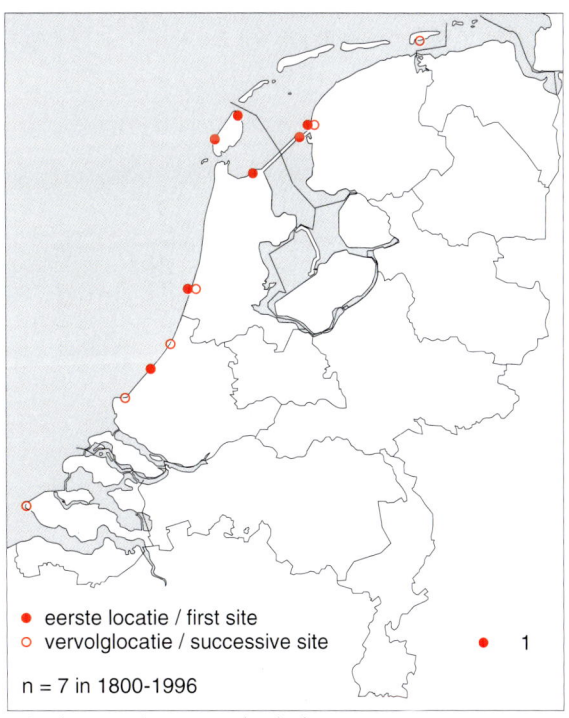

● eerste locatie / first site
○ vervolglocatie / successive site

n = 7 in 1800-1996

Individuen per locatie / Individuals per site
Koningseider / King Eider

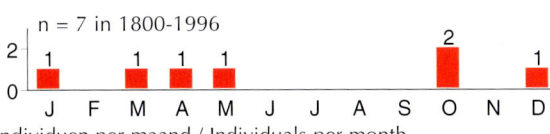

n = 7 in 1800-1996

Individuen per maand / Individuals per month
Koningseider / King Eider

Koningseider / King Eider *Somateria spectabilis*, adult ♂ & Eider / Common Eider *S mollissima*, February 1991, Hoek van Holland, Rotterdam, Zuid-Holland *(Chris Schenk)*

Koningseider / King Eider *Somateria spectabilis*, first-winter ♀, October 1994, Scheveningen, Den Haag, Zuid-Holland *(Chris Schenk)*

Eider [2]

algemene broedvogel
gehele jaar algemeen

Somateria mollissima mollissima

J F M A M J J A S O N D

Common Eider

common breeding bird
common throughout year

Het eerste broedgeval vond plaats in 1906 op Vlieland, Friesland. Het aantal broedparen nam snel toe tot een hoogtepunt van 6000 in 1965 (Teixeira 1979).

First breeding occurred in 1906 on Vlieland, Friesland. The number of breeding pairs rapidly increased to a peak of 6000 in 1965 (Teixeira 1979).

Harlekijneend

Histrionicus histrionicus

Harlequin Duck

zeer zeldzaam

very rare

Broedt in Siberië, aan Noord-Amerikaanse westkust, in Groenland en IJsland.

Buiten IJsland waren er tot en met 1982 22 gevallen van 30 exemplaren in Europa waarvan een groot deel in het zuidwesten van de Oostzee en in Noord-Engeland en Schotland (DB 6: 40-44, 1984). De gevallen van het Europese vasteland kunnen betrekking hebben op de Siberische populatie aangezien die meer trek vertoont dan de IJslandse. Omdat de populaties van Noordoost-Canada en Groenland zuidwaarts trekken tot in New Jersey, VS, lijkt het mogelijk dat een aantal van de 14 tot en met 1996 bekende Britse vogels van transatlantische oorsprong was.

Breeds in Siberia, on west coast of North America, and in Greenland and Iceland.

Until 1982, excluding Iceland, there were 22 records of 30 individuals in Europe of which most were in the south-western Baltic and in northern England and Scotland (DB 6: 40-44, 1984). The Siberian population is more migratory than that of Iceland and may account for the records from continental Europe. Since the populations of north-eastern Canada and Greenland migrate southward, regularly reaching New Jersey, USA, it seems possible that some of the 14 British birds up to 1996 were of transatlantic origin.

1 record in 1800-1996; 1 in 1980-96

28 December 1982-28 March 1983 IJmuiden, *Velsen* NH, ♀; DB 4: 143, 1982 (photo): 6: 37-40, 1984 (photo), Graspieper 3: 42, 1983 (photo), VJ 31: 45, 1983 (photo), van den Berg et al (1990): 23 (photo), Mitchell & Young (1997; photo 37(3))

n = 1 in 1800-1996

Gevallen per locatie / Records per site
Harlekijneend / Harlequin Duck

Harlekijneend / Harlequin Duck *Histrionicus histrionicus*, ♀, 29 December 1982, IJmuiden, Velsen, Noord-Holland
(Edward J van IJzendoorn)

Zwarte Zee-eend [2]

Melanitta nigra

Common Scoter

algemene doortrekker en wintergast

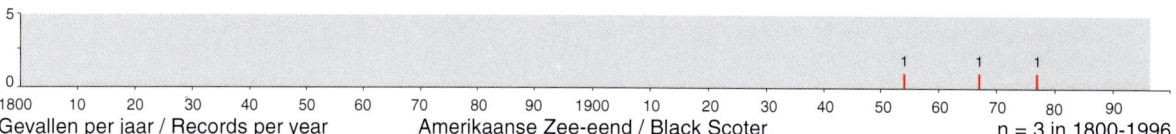

common migrant and winter visitor

Amerikaanse Zee-eend

Melanitta americana

Black Scoter

zeer zeldzaam

very rare

Broedt in Noordoost-Siberië en Noord-Amerika.

Breeds in north-eastern Siberia and North America.

De drie Nederlandse gevallen waren tevens de eerste drie voor Europa. In 1979-92 werd dit vroeger als conspecifiek met Zwarte Zee-eend *M nigra* beschouwde taxon ook viermaal vastgesteld in Schotland en éénmaal in Engeland (Evans 1994) en sinds 1986 werd hij ook elders in Europa aangetroffen.

The three Dutch records were the first for Europe. In 1979-92, this taxon (previously regarded as conspecific with Common Scoter *M nigra*) was recorded four times in Scotland and once in England (Evans 1994) and from 1986 it was also found in other European countries.

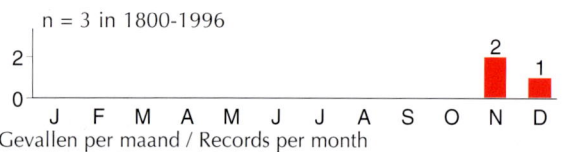

Gevallen per jaar / Records per year   Amerikaanse Zee-eend / Black Scoter   n = 3 in 1800-1996

3 records in 1800-1996; none in 1980-96

26-28 December 1954 Brielse Maas (Brielse Meer), *Brielle* ZH, adult ♂, dead (NNM) (alive on 26 December); LM 27: 150, 1954, Ardea 43: 132-134, 1955 (colour plate)
2 November 1967 De Cocksdorp, *Texel* NH, adult ♂, dead (ZMA) (died 3 November); LM 41: 19-20, 1968, DB 18: 160, 1996 (photo)
19 November 1977 Oostvoornse Meer, *Westvoorne* ZH, adult ♂; DB 2: 126-127, 1980

n = 3 in 1800-1996

Gevallen per maand / Records per month
Amerikaanse Zee-eend / Black Scoter

n = 3 in 1800-1996

Gevallen per locatie / Records per site
Amerikaanse Zee-eend / Black Scoter

Amerikaanse Zee-eend / Black Scoter *Melanitta americana*, ♂, skin (NNM), collected 28 December 1954 (photographed 3 April 1996), Brielse Maas, Brielle, Zuid-Holland
(Jan van der Laan)

Brilzee-eend

Melanitta perspicillata

Surf Scoter

zeldzaam

rare

Broedt in Noord-Amerika.

Breeds in North America.

Met name sinds 1980 worden iedere winter kleine aantallen vastgesteld in Noordwest-Europa, vooral in Ierland en Schotland (maximaal 30 per jaar). Zo werden in 1993-96 's winters en in het vroege voorjaar in Schotland groepen van

Especially since 1980, small numbers are recorded every winter in north-western Europe, mostly in Ireland and Scotland (maximaal 30 annually). For instance, during 1993-96, groups of up to five were seen each winter and early

maximaal vijf gezien. In dat verband is het aantal recente Nederlandse gevallen opmerkelijk laag, hoewel het eerste 20e eeuwse geval voor Duitsland ook pas van december 1995 dateerde (Limicola 11: 169, 1997).

spring in Scotland. In this respect, the number of recent Dutch records is remarkably low although the first 20th century record for Germany was only in December 1995 (Limicola 11: 169, 1997).

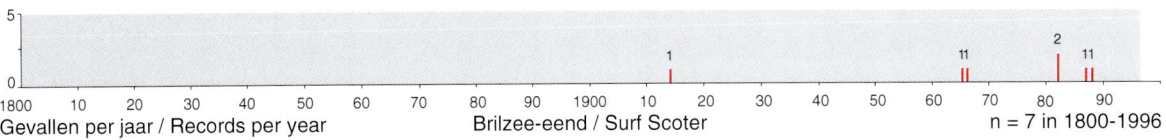

Gevallen per jaar / Records per year   Brilzee-eend / Surf Scoter   n = 7 in 1800-1996

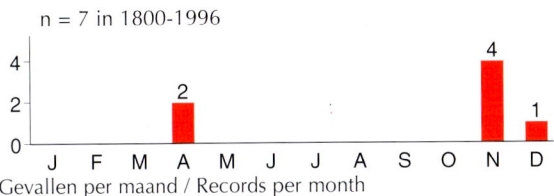

Gevallen per maand / Records per month
Brilzee-eend / Surf Scoter

7 records in 1800-1996; 4 in 1980-96

8 November 1914 Wijk aan Zee, *Beverwijk* NH, ♂, dead (shot & beached) (NNM); Ardea 3: 131-132, 1914
14 November 1965 off Renesse, *Westerschouwen* ZL, ♂
13 April 1966 Grote Vlak, *Texel* NH, ♂, trapped & dead (died 14 April) (EM)
10 April 1982 paal 15, *Texel* NH, adult ♂ (flying past); DB 4: 54-55, 1982
20 November-3 December 1982 Eemshaven, *Eemsmond* GR, adult ♂; DB 5: 13-14, 1983 (photo), Grauwe Gors 21 (3-4): 58, 1993 (photo), de Bruin & de Bruin (1997; photo)
7 November 1987 IJmuiden, *Velsen* NH, ♀ (flying past)
17 December 1988 off Walcheren CP, adult ♂

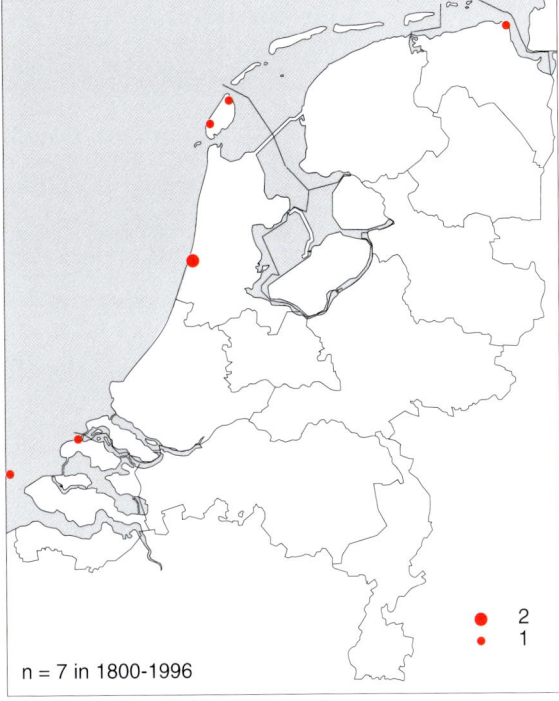

Gevallen per locatie / Records per site
Brilzee-eend / Surf Scoter

n = 7 in 1800-1996

Brilzee-eend / Surf Scoter *Melanitta perspicillata*, adult ♂, 24 November 1982, Eemshaven, Eemsmond, Groningen *(Klaas Kreuijer)*

Grote Zee-eend [2]

algemene doortrekker en wintergast

Melanitta fusca

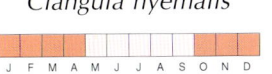

Velvet Scoter

common migrant and winter visitor

IJseend [2]

algemene doortrekker en wintergast

Clangula hyemalis

Long-tailed Duck

common migrant and winter visitor

Nonnetje [2]

algemene wintergast

Mergellus albellus

Smew

common winter visitor

Het recordaantal in het IJsselmeergebied bedroeg c 20 000 in januari 1977 (SOVON 1987).

The record count for the IJsselmeer area was c 20 000 in January 1977 (SOVON 1987).

Brilduiker [2]

Bucephala clangula clangula

Common Goldeneye

zeldzame broedvogel
algemene doortrekker en wintergast

rare breeding bird
common migrant and winter visitor

De soort broedt sinds 1985 jaarlijks in Gelderland en Overijssel; in 1995 vond een broedgeval plaats te Sneek, Friesland (van Dijk et al 1997) en in 1997 in Utrecht en te Bloemendaal, Noord-Holland (VJ 44: 165-166, 1996, Fitis 33: 137, 1997, SOVON-nieuws 10 (4): 14, 1997).

Since 1985, the species has bred annually in Gelderland and Overijssel; in 1995, breeding took place at Sneek, Friesland (van Dijk et al 1997) and in 1997 in Utrecht and at Bloemendaal, Noord-Holland (VJ 44: 165-166, 1996, Fitis 33: 137, 1997, SOVON-nieuws 10 (4): 14, 1997).

Grote Zaagbek [2]

Mergus merganser merganser

Goosander

algemene wintergast

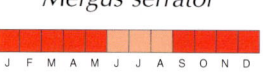

common winter visitor

Een foto van een ♀ met twee ♂s in eclipskleed op 20 juli 1996 bij Diemen, Noord-Holland, is abusievelijk gepubliceerd als vermoedelijk broedgeval (cf DB 18: 215, 1996 (foto), contra Graspieper 17: 50-52, 1997, Kees Roselaar in litt).

A photograph of a ♀ with two eclipse ♂s on 20 July 1996 at Diemen, Noord-Holland, has been erroneously published as a possible breeding record (DB 18: 215, 1996 (photo), contra Graspieper 17: 50-52, 1997, Kees Roselaar in litt).

Middelste Zaagbek [2]

Mergus serrator

Red-breasted Merganser

zeldzame broedvogel
algemene doortrekker en wintergast

rare breeding bird
common migrant and winter visitor

Het eerste broedgeval vond plaats in augustus 1916 op Rottum, Eemsmond, Groningen (Org Club Ned Vogelkd 4: 151, 1932). In de hieropvolgende 60 jaren kwamen ten minste 11 broedgevallen voor (cf Org Club Ned Vogelkd 8: 77-78, 1935, LM 65: 48-51, 1992). Sinds 1977 broedde de soort ieder jaar in het Deltagebied, Zeeland/Zuid-Holland, met 11 paren in 1988 en 26 in 1995 (van Dijk et al 1997).

First breeding occurred in August 1916 on Rottum, Eemsmond, Groningen (Org Club Ned Vogelkd 4: 151, 1932). The next 60 years, the species bred at least 11 times (cf Org Club Ned Vogelkd 8: 77-78, 1935, LM 65: 48-51, 1992). Since 1977, it bred annually in the Delta region, Zeeland/Zuid-Holland, with 11 pairs in 1988 and 26 in 1995 (van Dijk et al 1997).

Krakeend [2]

Mareca strepera

Gadwall

algemene broedvogel
gehele jaar algemeen

common breeding bird
common throughout year

Bronskopeend

Mareca falcata

Falcated Duck

zeer zeldzaam

very rare

Broedt in Oost-Azië.

Breeds in eastern Asia.

Ten minste twee meldingen werden niet aanvaard omdat het gedrag van de betreffende vogel wees op een herkomst uit gevangenschap. Dit betrof exemplaren in maart 1993 te Makkum, Wûnseradiel, Friesland (DB 5: 33, 1983 (foto)) en in juni 1991 te Emmeloord, Noordoostpolder, Flevoland. Bovendien werden in het verleden mogelijke gevallen niet ingediend omdat men ervan uitging dat vrijvliegende exemplaren van de soort uitsluitend uit gevangenschap afkomstig konden zijn (Joop Swaab pers comm). In Nederland worden dermate vaak exemplaren in gevangenschap gezien dat de CDNA recentelijk besloot om voor de soort net als bij Buffelkopeend *Bucephala albeola* en Kokardezaagbek *Lophodytes cucullatus* te eisen dat met zekerheid het ontbreken van verdachte ringen wordt vastgesteld (George Sangster pers comm). Hierdoor vervielen alsnog voorheen aanvaarde gevallen van adult ♂s op 15-31 maart 1985 te Hurwenen, Zaltbommel, Gelderland, en op 7 juni 1992 te Philipsdam, Bruinisse, Zeeland (DB 9: 48, 1987; 16: 134-137, 1994). De ongeringde vogel van Zuid-Kennemerland bevond zich gewoonlijk in een groep Krakeenden *M strepera* en werd vanaf de winter van 1991/92 tot en met (ten minste) die van 1996/97 op meer dagen gezien dan bij de CDNA ingediend. De soort is een zeldzame wintergast in India en Pakistan. Cramp & Simmons (1977) noemt enige wintergevallen van dwaalgasten in het Midden-Oosten, inclusief Turkije. Bauer & Glutz von Blotzheim (1968) en Lippens & Wille (1986) ver-

At least two reports have not been accepted because their behaviour indicated a captive origin. These concerned individuals in March 1993 at Makkum, Wûnseradiel, Friesland (DB 5: 33, 1983 (photo)) and in June 1991 at Emmeloord, Noordoostpolder, Flevoland. Moreover, in the past, a number of possible records of the species have not been submitted because it was generally assumed that all had to be of captive origin (Joop Swaab pers comm). Because of the frequent occurrence of captive birds, CDNA recently decided that a record of the species can only be accepted when it is certain that the bird did not wear a dubious ring (George Sangster pers comm). The same applies to records of Bufflehead *Bucephala albeola* and Hooded Merganser *Lophodytes cucullatus*. As a result, previously accepted records of adult ♂s on 15-31 March 1985 at Hurwenen, Zaltbommel, Gelderland, and 7 June 1992 at Philipsdam, Bruinisse, Zeeland, are rejected (DB 9: 48, 1987; 16: 134-137, 1994). The unringed Zuid-Kennemerland bird usually associated with Gadwalls *M strepera* and returned each winter between 1991/92 and (at least) 1996/97; it was seen on more dates than reported to CDNA.
The species is a rare winter visitor in India and Pakistan. Cramp & Simmons (1977) lists a few genuine winter records in the Middle East, including Turkey. Bauer & Glutz von Blotzheim (1968) and Lippens & Wille (1986) mention a few 19th century records for Europe. Vinicombe & Cottridge

melden enkele gevallen in de 19e eeuw voor Europa. Vinicombe & Cottridge (1996) vermelden ten minste 10 exemplaren in 1971-95 voor Brittannië; deze waren meestal samen met Smienten *M penelope* waarmee het broedgebied overlapt.

3 records in 1800-1996; 3 in 1980-96

(20)22-28 January 1992 & 18 April 1992 & 26 April 1993 & 15-29 October(9 November) 1994 & 1 January-18 March(10 June) 1995 & 16 November-21(22) December 1996 Zuid-Kennemerland, *Bennebroek/Bloemendaal/Haarlem/Zandvoort/Hillegom* NH/ZH, adult ♂ (no ring); BW 5: 91, 1992 (photo), Fitis 28: 110, 1992, DB 14: 63, 1992 (photo), Oriolus 58: 18, 1992 (photo), ter Ellen et al (1996), Mitchell & Young (1997; photo 29(6)), VJ 45: 94, 1997, CDNA archives, Roy Slaterus (pers comm)
2 February 1992 Rutbekerveld, *Enschede* OV, adult ♂ (no ring)
21-22 May 1994 & 3 May-12 June 1995 & 10-28 May 1996 Lauwersmeer, *De Marne* GR, adult ♂ (no ring) (photographed)

(1996) mention at least 10 individuals in 1971-95 for Britain, mostly associating with Eurasian Wigeon *M penelope* which has an overlapping breeding range.

Bronskopeend / Falcated Duck *Mareca falcata*, ♂ & Krakeend / Gadwall *M strepera* & Meerkoet / Eurasian Coot *Fulica atra*, 24 January 1992, Amsterdamse Waterleidingduinen, Bloemendaal, Noord-Holland *(Arnoud B van den Berg)*

Smient [2]

zeldzame broedvogel
algemene doortrekker en wintergast

Mareca penelope

Eurasian Wigeon

rare breeding bird
common migrant and winter visitor

Eerste broedgeval werd vastgesteld door een nestvondst op 22 mei 1919 tussen Eernewoude en Wartena, Boarnsterhim, Friesland (Eykman et al 1941).

First breeding was documented by the discovery of a nest on 22 May 1919 between Eernewoude and Wartena, Boarnsterhim, Friesland (Eykman et al 1941).

Amerikaanse Smient

zeldzaam

Mareca americana

American Wigeon

rare

Broedt en overwintert in Noord-Amerika.

Tot 1993 werden in Europa vijf in Canada geringde exemplaren aangetroffen: in Frankrijk, Ierland (2) en Schotland (2) (DB 8: 41-44, 1986; 13: 80, 1991; 16: 235-237, 1994). Een opmerkelijke ringterugmelding betrof een op 13 augustus 1986 in New Brunswick geringde vogel die op 21 september 1986 werd gevangen en weer losgelaten op Fair Isle, Shetland, Schotland, en uiteindelijk op 30 november 1986 werd geschoten in Wexford, Ierland (Dennis 1990, 1994).
Sinds 1985 werd de soort vrijwel ieder jaar vastgesteld. Met uitzondering van de vogel die in 1991-92 terugkeerde te Ingen, Lienden, Gelderland, blijft het onduidelijk of verschillende gevallen in feite betrekking hadden op hetzelfde individu.
Er zijn regelmatig problemen met hybriden die sterk kunnen lijken op Amerikaanse Smient zonder dat één van de ouders tot die soort behoort (cf BB 61: 169-171, 1968, BW 7: 50-56, 116-117, 1994; 9: 146-147, 1996, DB 18: 73-74, 1996). Zo bleek recentelijk dat een eerder aanvaarde eerste-wintervogel van 5 januari 1991 te Megen, Oss, Noord-Brabant, een dergelijke hybride betrof (Max Berlijn in litt).
Alle vogels verkeerden in gezelschap van Smienten *M penelope*. Het eerste Nederlandse ♀ werd op 1-9 juni 1996 waargenomen in de Lepelaarsplassen, Almere, Flevoland.

Breeds and winters in North America.

Until 1993, five individuals ringed in Canada were recovered in Europe: in France, Ireland (2) and Scotland (2) (DB 8: 41-44, 1986; 13: 80, 1991; 16: 235-237, 1994). A peculiar recovery concerned a bird ringed on 13 August 1986 in New Brunswick which was trapped and released on 21 September 1986 on Fair Isle, Shetland, Scotland, and shot on 30 November 1986 in Wexford, Ireland (Dennis 1990, 1994).
Since 1985, the species has been seen in almost every year. Apart from the Ingen bird in 1991-92, it remains unclear whether different records actually referred to the same individual.
There were records of hybrid ducks resembling American Wigeon of which, in some cases, neither parent belonged to that species (cf BB 61: 169-171, 1968, BW 7: 50-56, 116-117, 1994; 9: 146-147, 1996, DB 18: 73-74, 1996). For instance, a previously accepted first-winter on 5 January 1991 at Megen, Oss, Noord-Brabant, appeared to be such a hybrid (Max Berlijn in litt).
All birds were seen in association with Eurasian Wigeons *M penelope*. The first Dutch ♀ stayed on 1-9 June 1996 at Lepelaarsplassen, Almere, Flevoland.

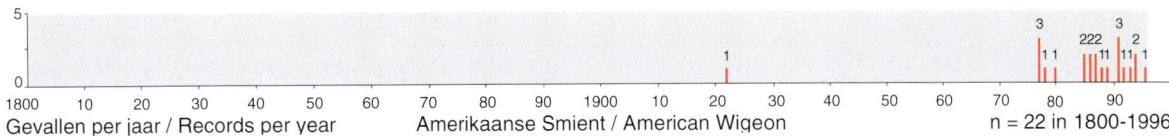

Gevallen per jaar / Records per year   Amerikaanse Smient / American Wigeon   n = 22 in 1800-1996

22 records in 1800-1996; 17 in 1980-96

9 December 1922 Anna Jacobapolder, *Sint Philipsland* ZL, ♂, dead (NMR); Jaarber Club Ned Vogelkd 13: 5-7, 1923 (photo)
10 April 1977 Blauwe Kamer, *Rhenen* UT & Manuswaard, Opheusden, *Kesteren* GL, ♂
7 May 1977 Lauwersmeer, *De Marne* GR, ♂
7-14 November 1977 Grevelingendam, *Middelharnis/Bruinisse*

ZH/ZL, ♂
22-24 December 1978 Grevelingendijk, Scharendijke, *Middenschouwen* ZL & 13 January 1979, *Dirksland* ZH, ♂; LM 53: 70, 1980; 54: 20, 1981
19 January 1980 Brouwersdam, *Goedereede* ZH, ♂
15 February 1985 Yerseke, *Reimerswaal* ZL, ♂

63

24 March 1985 *Maassluis* ZH, ♂
13-14 April 1986 *Maassluis* ZH, ♂
30 April-1 May 1986 Lauwersmeer, *De Marne* GR, ♂
7-11 March 1987 Ingen, *Lienden* GL, ♂
29 March 1987 Lauwersmeer, *De Marne* GR, ♂
17 October-17 November 1988 & 25 February-12 March 1989 *Schiermonnikoog* FR, ♂ (photographed); DB 13: 44, 1991; 14: 75, 1992
6 June 1989 Workumerwaard, *Nijefurd* FR, ♂
24-31 March 1991 Ingen, *Lienden* GL & Elst, *Rhenen* UT & 9 February-18 March 1992 Ingen, *Lienden* GL, ♂; DB 13: 115, 1991 (photo)
10 June 1991 Oostvaardersplassen, *Lelystad* FL, ♂; DB 20: 146, 1998
16-22(30) October 1991 Polder de Eendracht, *Texel* NH, ♂
11 February 1992 Ackerdijkse Plassen, *Delft/Pijnacker* ZH, ♂
30 October 1993 *Voorst* GL, ♂
23 February-20 March 1994 *Wijk bij Duurstede* UT, ♂; DB 20: 146, 1998
13-15 November 1994 Spaarnwoude, *Haarlemmerliede en Spaarnwoude* NH, ♂
1-9 June 1996 Lepelaarsplassen, *Almere* FL, adult ♀ (photographed)

voorlopige toevoegingen voor 1997-98 / provisional additions for 1997-98
15 February-15 March 1997 Aalkeetbuitenpolder, *Vlaardingen* ZH, ♂ (photographed); DB 19: 91, 1997
25-27 February 1997 Lauwersmeer, *De Marne* GR, ♂; DB 19: 90-91, 1997 (photo)

31 May-2 June 1997 Jan Durkszpolder, Oudega, *Smallingerland* FR, ♂; CDNA archives
25-29 March 1998 Heksloot & Velserbroek & Spaarnwoude, *Haarlem & Velsen & Haarlemmerliede en Spaarnwoude* NH (not (yet) submitted to CDNA); Roy Slaterus (pers comm)
27 March 1998 Jaap Deensgat, Lauwersmeer, *De Marne* GR; CDNA archives
21 April 1998 Eemmonding, *Eemnes* UT; CDNA archives

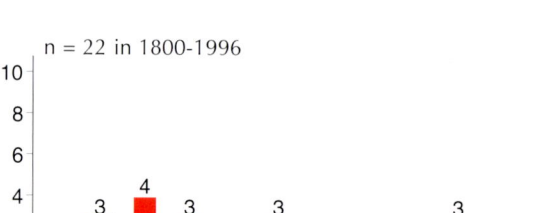

n = 22 in 1800-1996

Gevallen per maand / Records per month
Amerikaanse Smient / American Wigeon

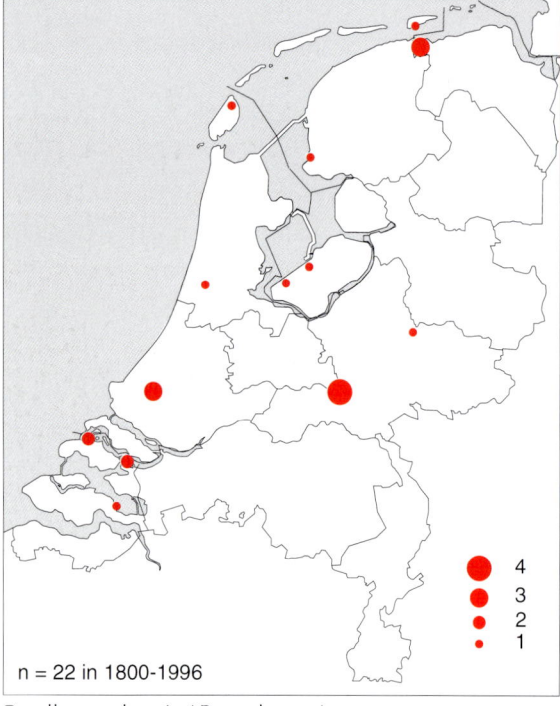

n = 22 in 1800-1996

Gevallen per locatie / Records per site
Amerikaanse Smient / American Wigeon

Amerikaanse Smient / American Wigeon *Mareca americana*, ♂ & Smient / Eurasian Wigeon *M penelope*, 26 February 1997, Lauwersmeer, De Marne, Groningen *(Eric Koops)*

Blauwvleugeltaling

Anas discors

Blue-winged Teal

zeldzaam

rare

Broedt in Noord-Amerika.

Tot 1993 werden 13 in Noord-Amerika geringde exemplaren (ten minste 10 uit Canada en ten minste één uit Maine, VS) aangetroffen in Europa en Noord-Afrika: in de Azoren (2), Denemarken, Engeland, Frankrijk, Ierland, Marokko, Portugal, Schotland en Spanje (4) (DB 8: 41-44, 1986; 13: 80, 1991; 16: 235-237, 1994).
De meeste gevallen dateerden van april-juni (59%) en eind augustus-oktober (18%). Dit stemt overeen met het voorkomen in Brittannië waar de nadruk echter meer op het najaar ligt dan op het voorjaar (Dymond et al 1989).

Breeds in North America.

Until 1993, 13 individuals ringed in North America (at least 10 in Canada and at least one in Maine, USA) were recovered in Europe and northern Africa: in Azores (2), Denmark, England, France, Ireland, Morocco, Portugal, Scotland and Spain (4) (DB 8: 41-44, 1986; 13: 80, 1991; 16: 235-237, 1994).
Most records dated from April-June (59%) and late August-October (18%). There are marked peaks for the same periods in Britain where, on the contrary, the spring peak is lower than the autumn peak (Dymond et al 1989).

Blauwvleugeltaling / Blue-winged Teal *Anas discors*, ♂, 7 May 1994, Lauwersoog, De Marne, Groningen *(Carl Derks)*

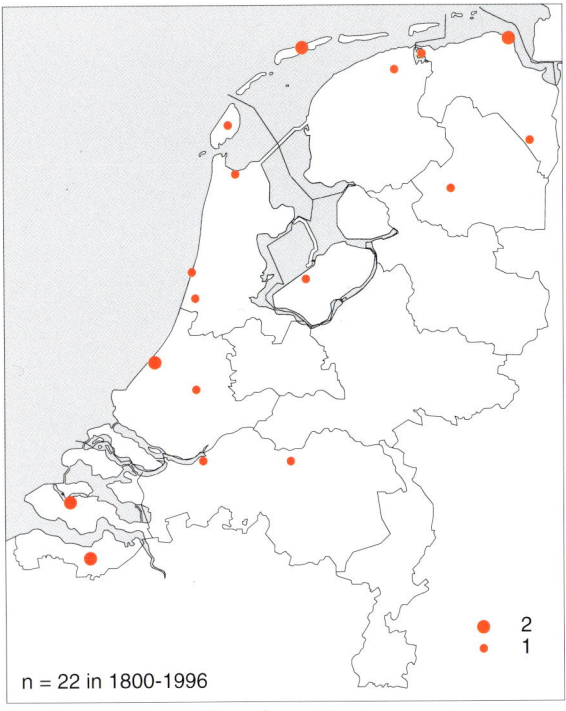

n = 22 in 1800-1996

Gevallen per locatie / Records per site
Blauwvleugeltaling / Blue-winged Teal

Blauwvleugeltaling / Blue-winged Teal *Anas discors*, ♂, 4 May 1996, Terschelling, Friesland *(Arie Ouwerkerk)*

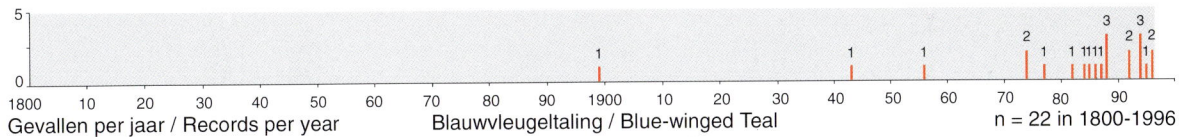

Gevallen per jaar / Records per year   Blauwvleugeltaling / Blue-winged Teal   n = 22 in 1800-1996

22 records (23 individuals) in 1800-1996; 16 (17 individuals) in 1980-96

24 October 1899 eendenkooi Dokkum, *Dongeradeel* FR, 1y ♂, dead (ZMA); Tijdschr Ned Dierkd Ver 2 (6): 280-281, 1900

5-14 June 1943 Van Ewijcksluis, Amstelmeer, *Wieringermeer* NH, adult ♂ (possibly, in May-June 1942, 1 or 2 ♂s successfully breeding in mixed pair; in 1943, ♂ paired with Northern Shoveler *A clypeata*; cf Zomerdijk et al 1971)

mid January 1956 eendenkooi Vlijmen, *Vlijmen* NB, adult ♂, dead; Natuurhist Maandbl Limbg 45: 65, 1956 (photo), contra van Erve et al (1967)

12 May 1974 Axel/Zwartenhoek, *Axel/Sas van Gent* ZL, adult ♂, dead (ZMA)

21 June-11 August 1974 Haagse Bos, *Den Haag* ZH, adult ♂

22 January 1977 Zuidpier, IJmuiden, *Velsen* NH, adult ♂

(13-25)21 April 1982 Braakman, *Terneuzen* ZL, adult ♂; Buise & Tombeur (1988)

8 September 1984 *Texel* NH, imm ♂, dead (ZMA)

12 May 1985 Moerdijk, *Hooge en Lage Zwaluwe* NB, adult ♂; DB 7: 135-136, 1985

12-13 May 1986 *Arnemuiden* ZL, adult ♂; DB 8: 112, 1986 (photo)

26 April-27 May 1987 *Waddinxveen* ZH (**2**), ♂ & ♀

28-30 April 1988 Meyendel, *Wassenaar* ZH; DB 13: 44, 1991

29 April-1 May 1988 Eemshaven, *Eemsmond* GR, adult ♂ (photo-

65

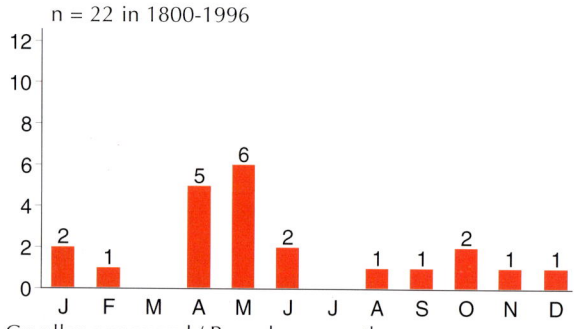

n = 22 in 1800-1996

Gevallen per maand / Records per month
Blauwvleugeltaling / Blue-winged Teal

Slobeend [2]

Anas clypeata

Northern Shoveler

algemene broedvogel
gehele jaar algemeen

common breeding bird
common throughout year

Wilde Eend [2]

Anas platyrhynchos platyrhynchos

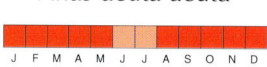

Mallard

algemene broedvogel
gehele jaar algemeen

common breeding bird
common throughout year

Pijlstaart [2]

Anas acuta acuta

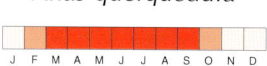

Northern Pintail

zeldzame broedvogel
algemene doortrekker en wintergast

rare breeding bird
common migrant and winter visitor

Naar verluid was het eerste broedgeval van een wild paar in
1923 te Venray, Limburg (Teixeira 1979).

Reportedly, first breeding of a wild pair was in 1923 at
Venray, Limburg (Teixeira 1979).

Zomertaling [2]

Anas querquedula

Garganey

algemene broedvogel
algemene doortrekker en zomergast

common breeding bird
common migrant and summer visitor

Siberische Taling

Anas formosa

Baikal Teal

zeldzaam

rare

Broedt in Noordoost-Siberië.

Breeds in north-eastern Siberia.

Alle gevallen betroffen vogels die in 1909-62 werden verzameld, vaak in eendenkooien. Voor een discussie over de herkomst van een aantal van de aanvaarde vogels zij verwezen
naar LM 30: 191-193, 1957. Een ongeringd eerste-winter ♂
dat van 25 december 1994 tot ten minste 8 april 1995 te
Broekhuizen, Limburg, verbleef werd niet aanvaard omdat
zijn gedrag wees op een herkomst uit gevangenschap (BB 88:
269, 1995 (foto), DB 17: 34, 1995 (foto); 18: 118, 1996,
Mitchell & Young (1997; foto 29(7)).
Al in 1912 werden hoge aantallen uit het wild geïmporteerd
voor watervogelcollecties in Europa (Ardea 2: 76-77, 1913).
Pas in 1981 slaagde men er echter in de soort met succes in
gevangenschap te kweken. Sindsdien werd de kweek
gemakkelijker en worden er nauwelijks nog vogels uit het
wild gehaald (cf DB 16: 148-149, 1994). Het is in dat verband goed te weten dat sinds 1995 vrijwel alle in Nederland
in gevangenschap gehouden soorten ganzen en eenden een
ring moeten dragen.

All records concerned individuals collected during 1909-62,
often in decoys. For a discussion about the origin of some of
the accepted birds, see LM 30: 191-193, 1957. An unringed
first-winter ♂ stayed from 25 December 1994 to at least 8
April 1995 at Broekhuizen, Limburg, but was not accepted
because its behaviour indicated a captive origin (BB 88: 269,
1995 (photo), DB 17: 34, 1995 (photo); 18: 118, 1996,
Mitchell & Young (1997; photo 29(7)).
As long ago as 1912, large numbers of the species were
imported from the wild for wildfowl collections in Europe
(Ardea 2: 76-77, 1913). However, the species was not bred
successfully in captivity until as recently as 1981. Since that
year, breeding has become easier and large numbers are now
captive-bred while hardly any are taken from the wild (cf DB
16: 148-149, 1994). It is useful to know that, since 1995, virtually all species of captive geese and ducks in the
Netherlands have to wear a ring.

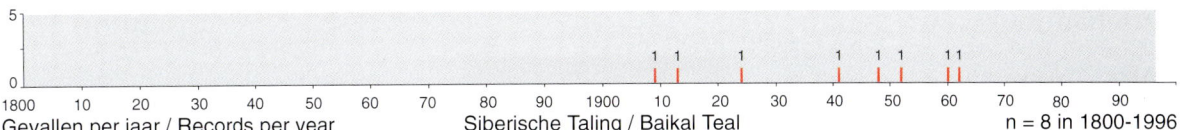

Gevallen per jaar / Records per year   Siberische Taling / Baikal Teal   n = 8 in 1800-1996

8 records in 1800-1996; none in 1980-96

8/9 March 1909 Hornhuizen, *De Marne* GR, ♂, dead (NNM); Meded
Ned Ornithol Ver 6: 24-25, 1909, LM 58: 69-72, 1985 (photo)
mid March 1913 Friesland, ♀, dead (NNM); LM 58: 69, 1985 (photo)
22 January 1924 Beversluisplaat, Dordtse Biesbosch, *Dordrecht* ZH,
♂, dead (NMR)
30 September 1941 Piaam, *Wûnseradiel* FR, ♂ eclipse, dead (FNM)
29 November 1948 Damwoude, *Dantumadeel* FR, 1y ♂, dead
(FNM); DB 18: 160, 1996 (photo)
23 October-2 November 1952 Bakkerswaal, *Nederlek* ZH, ♀, dead
(NNM); LM 58: 69, 1985 (photo)
25 August 1960 Numansdorp, *Cromstrijen* ZH, ♂ eclipse, dead (ZMA)
22 December 1962 Hofmansplaat, Brabantse Biesbosch, *Made en
Drimmelen* NB, adult ♂, dead (died 1 July 1965); DB 18: 165-166,
1996

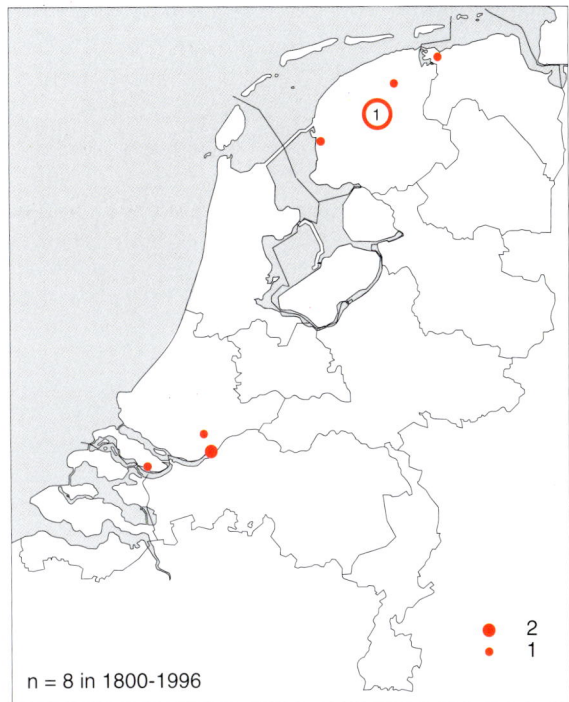

n = 8 in 1800-1996

Gevallen per locatie / Records per site
Siberische Taling / Baikal Teal

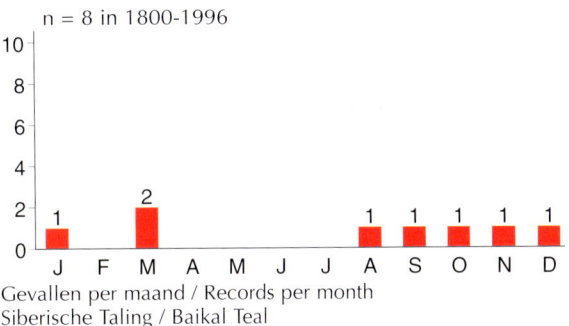

n = 8 in 1800-1996

Gevallen per maand / Records per month
Siberische Taling / Baikal Teal

Siberische Taling / Baikal Teal *Anas formosa*, first-year ♂, skin (FNM), collected 29 November 1948 (photographed June 1986),
Damwoude, Dantumadeel, Friesland *(Edward J van IJzendoorn)*

Wintertaling [2]

algemene broedvogel
gehele jaar algemeen

Anas crecca

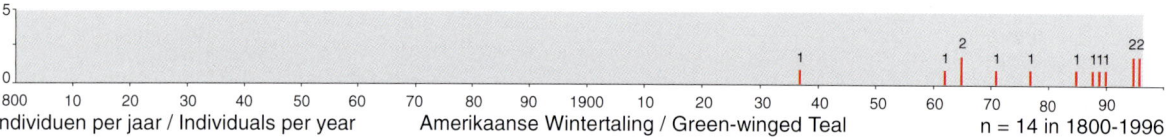

JFMAMJJASOND

Common Teal

common breeding bird
common throughout year

Amerikaanse Wintertaling

zeldzaam

Broedt in Noord-Amerika.

Tot 1993 zijn in Europa vier in Noord-Amerika geringde exemplaren aangetroffen: in Engeland, Ierland (2) en IJsland (DB 8: 41-44, 1986; 13: 80, 1991; 16: 235-237, 1994). De meeste Nederlandse vogels bevonden zich in groepen Wintertalingen *A crecca*. De eerste datums vallen dan ook in de perioden waarin de najaarstrek (oktober-november) en voorjaarstrek (maart-april) van Wintertaling een hoogtepunt bereiken. Alle hieronder vermelde gevallen hebben betrekking op adulte ♂s.

Anas carolinensis

Green-winged Teal

rare

Breeds in North America.

Until 1993, four individuals ringed in North America were recovered in Europe: in England, Iceland and Ireland (2) (DB 8: 41-44, 1986; 13: 80, 1991; 16: 235-237, 1994). Most Dutch birds were in flocks of Common Teal *A crecca* which explains why the first dates coincide with the latter's peak periods of autumn (October-November) and spring migration (March-April). All records mentioned below refer to adult ♂s.

[Graph: Individuen per jaar / Individuals per year — Amerikaanse Wintertaling / Green-winged Teal — n = 14 in 1800-1996, with values 1 (c.1935), 1, 2, 1, 1, 1 11 1, 22 across years 1800 to 90]

13 records (14 individuals) in 1800-1996; 7 records (8 individuals) in 1980-96

28 April 1937 Dordtse Biesbosch, *Dordrecht* ZH; LM 35: 226-229, 1962; 37: 22, 1964
20 March 1962 Groot Eiland, *Hulst* ZL
11-14 April 1965 Meyendel, *Wassenaar* ZH
27 November 1965 Westlandse Duinen, *Den Haag* ZH
31 March-8 April 1971 Mokbaai, *Texel* NH
23-24 April 1977 Staartjeswaard, *Beuningen* GL
12 May 1985 Keersluisplas, Oostvaardersplassen, *Lelystad* FL
26 April 1988 Lauwersmeer, *De Marne* GR
3-7 January 1989 Oostvaardersplassen, *Lelystad* FL
21 November 1990-29 April 1991 Oostvaardersdijk, *Lelystad* FL
6-20 April 1995 Lauwersmeer, *De Marne* GR (**2**) (both ♂) (photographed)

3-18 April 1996 Tienhoven, *Maarssen* UT (photographed)
21 April-16 May 1996 Keihoogte Inlaag, Wissenkerke, *Noord-Beveland* ZL; DB 18: 149, 1996 (photo)

voorlopige toevoegingen voor 1997-98 / provisional additions for 1997-98
15 June 1997 Lauwersmeer, *De Marne* GR; CDNA archives
9 May 1998 Abtskolk, Petten, *Zijpe* NH; Plomp et al (1999)

hybrids Amerikaanse Wintertaling / Green-winged Teal x Wintertaling / Common Teal *A crecca*
9 April 1989 Putten, Camperduin, *Schoorl* NH, adult ♂; DB 11: 138, 1989 (photo); 12: 25, 1990
23 April 1991 IJmuiden, *Velsen* NH, adult ♂; DB 15: 147, 1993

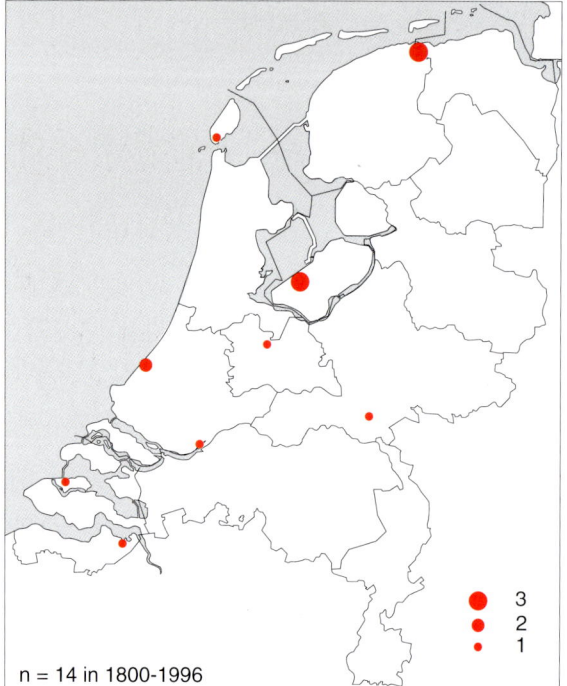

n = 14 in 1800-1996

Individuen per locatie / Individuals per site
Amerikaanse Wintertaling / Green-winged Teal

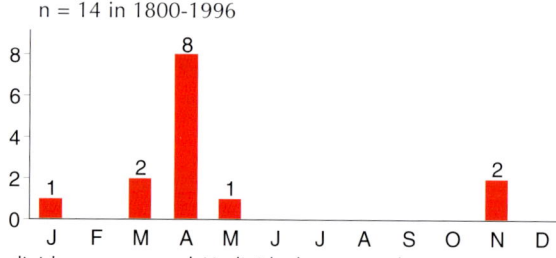

n = 14 in 1800-1996

[Bar chart: Individuen per maand / Individuals per month — Amerikaanse Wintertaling / Green-winged Teal; J=1, M=2, A=8, M=1, N=2]

Amerikaanse Wintertaling / Green-winged Teal *Anas carolinensis*, ♂ & Wintertaling / Common Teal *A crecca*, 25 April 1996, Keihoogte Inlaag, Wissenkerke, Noord-Beveland, Zeeland *(Tobi Koppejan)*

RUIGPOOTHOENDERS Tetraonidae (n=1)

Korhoen [2]

zeldzame standvogel

Tetrao tetrix tetrix

J F M A M J J A S O N D

Black Grouse

rare resident

In 1900-40 kwam de soort in de meeste provincies voor, zelfs hier en daar in de duinstreek van Noord-Holland (cf Eykman et al 1949). In 1997 was hij echter alleen aanwezig op de Sallandse Heuvelrug, Overijssel, met c 32 ♂s (cf LM 70: 105, 1997) en in 1998 slechts 23.

In 1900-40, the species occurred in most provinces, even patchily in coastal dunes of Noord-Holland (cf Eykman et al 1949). In 1997, however, it was only present at Sallandse Heuvelrug, Overijssel, with c 32 ♂s (cf LM 70: 105, 1997) and in 1998 only 23.

FAZANTEN Phasianidae (n=2)

Patrijs [2]

algemene broedvogel
algemene standvogel

Perdix perdix ssp

J F M A M J J A S O N D

Grey Partridge

common breeding bird
common resident

De nominaat is in geheel Nederland aan te treffen. De goed te onderscheiden Veenpatrijs *P p sphagnetorum* kwam tot ten minste c 1950 voor in hoogveengebieden in Drenthe, het zuidoosten van Friesland, het zuidoosten van Groningen en het noordoosten van Overijssel (Jaarber Club Ned Vogelkd 8: 65-75, 1918, Bull Br Ornithol Club 72: 18-21, 47, 53-55, 1952). Kelm (1979) stelt dat dit taxon ook verder zuidelijk via Oost- en Zuid-Nederland tot in België voorkwam. Onder meer in Drenthe bevinden zich nog veel vogels met kenmerken van *sphagnetorum* (van Dijk & van Os 1982).

The nominate subspecies can be found throughout the Netherlands. Peat Partridge *P p sphagnetorum* is easily recognized and occurred until at least c 1950 in peat areas of Drenthe, south-eastern Friesland, south-eastern Groningen, and north-eastern Overijssel (Jaarber Club Ned Vogelkd 8: 65-75, 1918, Bull Br Ornithol Club 72: 18-21, 47, 53-55, 1952). Kelm (1979) stated that this taxon also occurred further south, via eastern and southern Netherlands into Belgium. Many birds with features of *sphagnetorum* are still found in, for instance, Drenthe (van Dijk & van Os 1982).

> **enkele Veenpatrijs-specimens sinds 1932 / some Peat Partridge specimens since 1932**
> December 1933 Buitenpost, *Achtkarspelen* FR, juv ♀, dead; Eykman et al (1949) (photos)

> 30 December 1936 Appelscha, *Ooststellingwerf* FR, juv ♂, dead; Eykman et al (1949) (photos)
> 1 November 1937 Appelscha, *Ooststellingwerf* FR, ♀, dead; LM 34: 17, 1961

Kwartel [2]

schaarse tot algemene broedvogel
algemene doortrekker

Coturnix coturnix coturnix

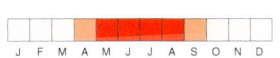

J F M A M J J A S O N D

Common Quail

scarce to common breeding bird
common migrant

DUIKERS Gaviidae (n=4)

Roodkeelduiker [2]

algemene doortrekker en wintergast (D W)

Gavia stellata

J F M A M J J A S O N D

Red-throated Loon

common migrant and winter visitor

Parelduiker [2]

schaarse doortrekker en wintergast

Gavia arctica arctica

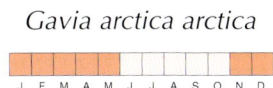

J F M A M J J A S O N D

Black-throated Loon

scarce migrant and winter visitor

IJsduiker [2]

vrij zeldzame wintergast

Gavia immer

J F M A M J J A S O N D

Great Northern Loon

rather rare winter visitor

Tot 1 januari 1989 beoordeeld door CDNA en sindsdien geregistreerd door Club van Zeetrekwaarnemers (LM 60: 29, 1987; 62: 117, 195-196, 1989).

Until 1 January 1989 considered by CDNA and since registered by Club van Zeetrekwaarnemers (LM 60: 29, 1987; 62: 117, 195-196, 1989).

Geelsnavelduiker   *Gavia adamsii*   **Yellow-billed Loon**

zeldzaam   rare

Broedt langs noordkust van Rusland, Alaska en Canada; blijft 's winters gewoonlijk in (sub)arctische kustwateren.

Breeds along the northern coasts of Russia, Alaska and Canada; in winter, usually remains in (sub)arctic coastal waters.

De soort wordt in het algemeen 's winters langs de kust vastgesteld, van oktober tot april, vooral in januari-februari. Er zijn enkele gevallen in het Hollandse plassengebied; één vogel overzomerde van januari tot eind september 1980. De soort werd tweemaal vóór 1946 gezien en er vond een buitengewone influx van negen individuen plaats tijdens de (strenge) winter van 1978/79.

Records of the species are usually along the sea coast during winter, from October to April, mostly in January-February. A few have been seen in the Holland lake area, one of which remained from January through the summer, to late September 1980. There are two pre-1946 records and there was an exceptional influx of nine birds during the (severe) winter of 1978/79.

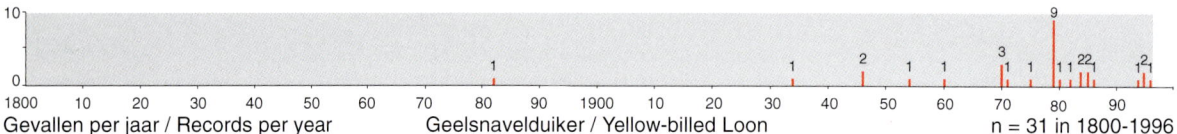

Gevallen per jaar / Records per year   Geelsnavelduiker / Yellow-billed Loon   n = 31 in 1800-1996

31 records in 1800-1996; 11 in 1980-96

15 December 1882 *Delft* ZH, juv ♂, dead (NMR); DB 6: 131-132, 1984 (photo)
30 December 1934 *Zandvoort* NH, adult ♀, dead (NNM); Ardea 24: 47-49, 1935 (photo)
12 February 1946 Noordwijk aan Zee, *Noordwijk* ZH, adult ♀, dead (NNM)
14 February 1946 Katwijk aan Zee, *Katwijk* ZH, adult ♀, dead (NNM)
10 January 1954 Brielse Maas (Brielse Meer), *Brielle* ZH, juv; LM 27: 24-28, 151, 1954
17 January 1960 Zandkreek, *Goes* ZL, juv
9 February 1970 paal 21, *Terschelling* FR, adult ♀, dead (ZMA)
12 February 1970 Wijk aan Zee, *Beverwijk* NH, juv ♂, dead (ZMA)
25 February 1970 Camperduin, *Schoorl* NH, juv, dead (ZMA)
1 February 1971 *Ameland* FR, juv, dead (FNM); Vanellus 24: 151-152, 1971; 25: 199, 1972 (photo); VJ 20: 177, 1972 (photo)
12 December 1975 Bandpolder, *Dongeradeel* FR, juv ♀, dead; DB 18: 161, 1996

3 January-mid March 1979 Oostvoornse Meer, *Westvoorne* ZH, juv; DB 1: 3-9, 1979; 1: 90-93, 1980
4 January 1979 Scheveningen, *Den Haag* ZH
25 January-mid March 1979 Brouwersdam, *Goedereede* ZH, juv; DB 1: 3-4, 1979 (photos), VJ 27: 60, 1979 (photo), BB 79: 390, 1986 (photo)
27 January-18 March 1979 Zuidpier, IJmuiden, *Velsen* NH, juv; DB 1: 4, 6-7, 1979 (photos); 7: 56, 1985 (photo), VJ 27: 102, 104, 1979 (photos), LM 54: 19, 1981 (photo), BB 79: 382-383, 1986 (photos), Vogeljaarkalender 1986: 24 (photo), Duinstag 3: 148, 1988 (photo)
2 February 1979 Zuidpier, IJmuiden, *Velsen* NH, juv ♀, dead (ZMA); DB 1: 5, 1979 (photo)
17 February 1979 Scheveningen, *Den Haag* ZH
24-28 February 1979 Kornwerderzand, *Wûnseradiel* FR, juv; DB 1: 90-93, 1980 (photo)
25 February 1979 Brouwersdam, *Goedereede* ZH, juv
29 April 1979 Bocht fan Molkwar, Molkwerum, *Nijefurd* FR, juv,

Geelsnavelduiker / Yellow-billed Loon *Gavia adamsii*, second-year, 3 August 1980, Kortenhoef, 's-Graveland, Noord-Holland (René Pop)

Geelsnavelduiker / Yellow-billed Loon *Gavia adamsii*, adult, 31 December 1984, Scheveningen, Den Haag, Zuid-Holland
(René Pop)

dead; DB 1: 90-93, 1980 (photo); 18: 161, 1996
28 January 1980 Kortenhoef, *'s-Graveland* & 24 February-4 April
  Nederhorst den Berg & 23 July-24 September Kortenhoef NH, 2y
  (trapped & ringed on 8 September); DB 2: 1-2, 72, 1980 (photos);
  3: 6-8, 1981 (photos), VJ 29: 46, 1981 (photos), BB 79: 381, 385,
  1986 (photos)
10-11 January 1982 Veersegatdam, Veerse Meer, *Veere* ZL
28 January-4 February 1984 Brouwersdam, *Goedereede* ZH, juv
7-31 December 1984 Scheveningen, *Den Haag* ZH, adult; VJ 32:
  318-319, 1984 (photos), DB 7: 30, 57-58, 1985 (photos); 9: 47,
  1987 (photo), BB 79: 381, 1986 (photo), Duinstag 3: 148, 1988

(photo), Mitchell & Young (1997; photo 1(2))
6-9 February 1985 Quarleshaven, *Vlissingen/Borsele* ZL, adult;
  Walhout & Twisk (1998)
9 November 1985 *Westkapelle* ZL, juv
28 March 1986 De Cocksdorp, *Texel* NH, juv, dead (found alive)
  (EM)
15 April 1994 De Cocksdorp, *Texel* NH, adult ♂, dead (ZMA)
  (photographed); LM 68: 77-78, 1995
23-24 December 1995 *Maurik* GL, juv; DB 20: 146, 1998
30 December 1995-20 January 1996 Reeuwijkse Plassen, *Reeuwijk*
  ZH, juv (possibly the one in December 1995 at Maurik); BW 9:
  11, 1996 (photo); 10: 20, 1997 (photo), Birdwatch 5 (45): 60,
  1996 (photo), DB 18: 42, 1996 (photo); 19: 98, 1997 (photo),
  ter Ellen et al (1996), Opperman et al (1997)
4 April 1996 *Terschelling* FR, adult ♂, dead; DB 18: 145, 1996
  (photo)

voorlopige toevoegingen voor 1997-98 / provisional additions for 1997-98
23 October 1997 c 22 km north off Vlieland CP, adult summer;
  CDNA archives

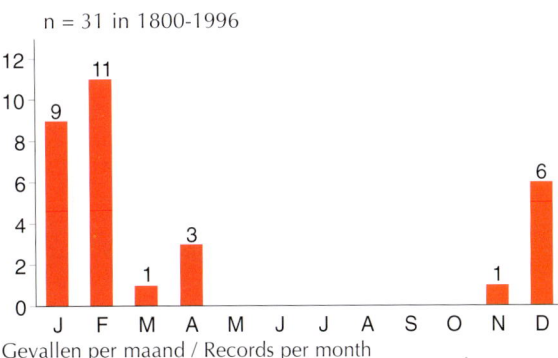

n = 31 in 1800-1996

Gevallen per locatie / Records per site
Geelsnavelduiker / Yellow-billed Loon

Gevallen per maand / Records per month
Geelsnavelduiker / Yellow-billed Loon

Geelsnavelduiker / Yellow-billed Loon *Gavia adamsii*, juvenile, 15 January 1996, Reeuwijkse Plassen, Reeuwijk, Zuid-Holland *(Peter van Rij)*

FUTEN Podicipedidae (n=6)

Dikbekfuut

Podilymbus podiceps podiceps

Pied-billed Grebe

zeer zeldzaam

very rare

Dikbekfuut / Pied-billed Grebe *Podilymbus podiceps*, adult summer, 21 April 1997, Akersloot, Noord-Holland *(René Pop)*

Broedt en overwintert in Amerika.

Het is niet uitgesloten dat het tweede geval hetzelfde exemplaar betrof als het eerste. In Brittannië, Ierland en West-Frankrijk is de soort in elk seizoen vastgesteld, met een toename vanaf 1992, inclusief een geslaagd broedgeval met Dodaars *Tachybaptus ruficollis* in Cornwall, Engeland.

Breeds and winters in America.

It is possible that the second record concerned the same individual as the first. In Britain, western France and Ireland, the species has been recorded in every season, with an increase in records since 1992, including successful breeding with Little Grebe *Tachybaptus ruficollis* in Cornwall, England.

no records in 1800-1996; 2 in 1997-98

19-21 April 1997 Doddesloot, *Akersloot* NH, adult summer; Alula 3: 132, 1997 (photo), Birdwatch 6 (60): 57, 1997 (photo), DB 19: 95-96, 1997 (photos); 20: 271-275, 1998 (photos), BW 11: 22, 1998 (photo), Plomp et al (1998)
(13 December 1997)1-10 January 1998 Krabbeplas, Aalkeetbuiten-polder, *Vlaardingen* ZH, adult winter; DB 20: 271-275, 1998 (photo), Plomp et al (1999)

n = 2 in 1800-1998

Gevallen per locatie / Records per site
Dikbekfuut / Pied-billed Grebe

Dodaars [2]	**Little Grebe**
algemene broedvogel gehele jaar algemeen	common breeding bird common throughout year

Tachybaptus ruficollis ruficollis

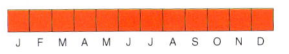

Fuut [2]	**Great Crested Grebe**
algemene broedvogel gehele jaar algemeen	common breeding bird common throughout year

Podiceps cristatus cristatus

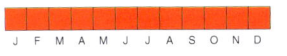

Roodhalsfuut [2]	**Red-necked Grebe**
zeldzame onregelmatige broedvogel vrij algemene doortrekker en wintergast	rare irregular breeding bird rather common migrant and winter visitor

Podiceps grisegena grisegena

Broedgevallen werden onder meer vastgesteld op 26 mei 1927 te Kortenhoef, 's-Graveland, Noord-Holland (Org Club Ned Vogelkd 1: 74-75, 1928; 4: 153, 1932), in 1966 in Zuid-Holland, in 1980 in Drenthe en in 1988-97 maximaal twee opnieuw in Drenthe (LM 67: 76-78, 1994; 70: 103, 1997, van Dijk et al 1997).

Breeding was recorded, for instance, on 26 May 1927 at Kortenhoef, 's-Graveland, Noord-Holland (Org Club Ned Vogelkd 1: 74-75, 1928; 4: 153, 1932), in 1966 in Zuid-Holland, in 1980 and again in 1988-97 up to two in Drenthe (LM 67: 76-78, 1994; 70: 103, 1997, van Dijk et al 1997).

Kuifduiker [2]	**Horned Grebe**
vrij algemene doortrekker en wintergast	rather common migrant and winter visitor

Podiceps auritus auritus

Geoorde Fuut [2]	**Black-necked Grebe**
schaarse broedvogel gehele jaar algemeen	scarce breeding bird common throughout year

Podiceps nigricollis nigricollis

De eerste zekere broedgevallen vonden plaats in 1918 (12 nesten in de Ankeveense Plassen, Nederhorst den Berg, Noord-Holland) (cf Jonkers et al 1987). Aantallen namen toe, vooral in 1989-95, tot c 270 paren (LM 70: 12, 103, 1997).

First confirmed breeding occurred in 1918 (12 nests at Ankeveense Plassen, Nederhorst den Berg, Noord-Holland) (cf Jonkers et al 1987). Numbers increased, especially in 1989-95, to c 270 pairs (LM 70: 12, 103, 1997).

Noordse Stormvogel [2]

Fulmarus glacialis glacialis

Northern Fulmar

gehele jaar tamelijk algemeen

J F M A M J J A S O N D

rather common throughout year

Tot dit taxon wordt de (voormalige) zuidelijke ondersoort *auduboni* gerekend (Cramp & Simmons 1977, contra Auk 82: 327-355, 1965). Er worden vier 'kleurfasen' of vormen onderscheiden (cf Ardea 70: 31-44, 1982, Sula 9: 93-105, 1995, DB 20: 66-68, 1998). Donkere vormen uit het Hoge Noorden zijn hier schaars tot zeldzaam (cf LM 56: 122, 1983, Sula 8: 28, 1994).

This taxon includes the (former) southern subspecies *auduboni* (Cramp & Simmons 1977, contra Auk 82: 327-355, 1965). Four 'colour phases' or morphs have been identified (cf Ardea 70: 31-44, 1982, Sula 9: 93-105, 1995, DB 20: 66-68, 1998). Dark morphs from the High North (known as 'Blue Fulmars') are scarce to rare visitors (cf LM 56: 122, 1983, Sula 8: 28, 1994).

donsstormvogel

Pterodroma feae/madeira/mollis

soft-plumaged petrel

zeer zeldzaam

very rare

Broedt op pelagische eilanden ten zuiden van 40°N in Atlantische Oceaan. In 1974-96 steeds vaker waargenomen langs kusten van Britse Eilanden (cf BW 5: 385, 1992). Ook steeds vaker waargenomen aan Amerikaanse oostkust, met name in Carolina, VS.

Alle gevallen in oostelijk Noord-Amerika zouden betrekking hebben op Gon-gon *P feae* (Birding 29: 206-214, 1997). Het is onzeker welke soort in Noord-Europa is waargenomen maar naar alle waarschijnlijkheid betrof het in de meeste zo niet alle gevallen Gon-gon onder meer omdat Freira *P madeira* uiterst zeldzaam is en Donsstormvogel *P mollis* een vogel van het Zuidelijk Halfrond.
De beschrijving van de Nederlandse vogel leek op een Gon-gon te wijzen. De CDNA besloot aanvankelijk dat de beschrijving Freira en zelfs Donsstormvogel niet uitsloot maar deze beslissing wordt momenteel herzien (DB 20: 33, 1998). De datum was opmerkelijk laat vergeleken met de gevallen van de Britse Eilanden bekende gevallen. Tot en met 1994 dateerden Britse en Ierse gevallen tussen 11 augustus en 10 september (BB 89: 485, 1996) maar in 1996 waren er ook Britse gevallen op 25 juni en 4 oktober (BB 90: 457, 1997).

Breeds on pelagic islands south of 40°N in Atlantic Ocean. In 1974-96, seen with increasing frequency off British Isles (cf BW 5: 385, 1992). Also an increase in records in eastern North America, especially off Carolina, USA.

All records in eastern North America are presumed to refer to Fea's Petrel *P feae* (Birding 29: 206-214, 1997). It is uncertain which species is involved in northern European records although most if not all probably concerned Fea's Petrel since, for instance, Zino's Petrel *P madeira* is extremely rare and Soft-plumaged Petrel *P mollis* a Southern Hemisphere bird. The description of the Dutch bird seemed to indicate that it was a Fea's Petrel. CDNA first decided that the description did not exclude Zino's Petrel or even Soft-plumaged Petrel but this decision is currently under review (DB 20: 33, 1998). The date was remarkably late compared with records in the British Isles. Up to and including 1994, British and Irish records were between 11 August and 10 September (BB 89: 485, 1996); however, in 1996, there were also records in Britain on 25 June and 4 October (BB 90: 457, 1997).

1 record in 1800-1996; 1 in 1980-96

24 October 1992 Camperduin, *Schoorl* NH; DB 14: 242-243, 1992;

17: 1-5, 1995, Sula 6: 157, 1992

Bulwers Stormvogel

Bulweria bulwerii

Bulwer's Petrel

zeer zeldzaam

very rare

Broedt op pelagische eilanden ten zuiden van 43°N in Atlantische Oceaan; ook in andere oceanen aanwezig. Uiterst zeldzaam in West-Europa.

Een eerstejaars ♂ dat in de laatste week van november 1993 levend van een schip kwam in Europoort, Rotterdam, Zuid-Holland, stierf enkele dagen later in een vogelasiel en werd geschonken aan het NMR, Rotterdam (DB 18: 231-234, 1996 (foto's)). Aangezien die vogel met zekerheid met behulp van een schip arriveerde, kwam het geval niet voor aanvaarding door de CDNA in aanmerking.

Breeds on pelagic islands south of 43°N in Atlantic Ocean; also occurring in other oceans. Extremely rare in western Europe.

In the last week of November 1993, a first-year ♂ was taken alive from a ship at Europoort, Rotterdam, Zuid-Holland. It died a few days later in a bird hospital and was subsequently deposited at NMR, Rotterdam (DB 18: 231-234, 1996 (photos)). As the bird's arrival was ship-assisted, it has not been accepted by CDNA.

1 record in 1800-1996; 1 in 1980-96

21 August 1995 Westplaat, *Westvoorne* ZH; BW 8: 333, 1995 (photo),

DB 17: 175, 180, 1995 (photos); 18: 221-226, 1996 (photos)

n = 1 in 1800-1996

Gevallen per locatie / Records per site
Bulwers Stormvogel / Bulwer's Petrel

Bulwers Stormvogel / Bulwer's Petrel *Bulweria bulwerii*,
21 August 1995, Westplaat, Westvoorne, Zuid-Holland
(Bernd de Bruijn)

Kuhls Pijlstormvogel

Calonectris borealis

Cory's Shearwater

zeldzaam

rare

Broedt op eilanden in oostelijke Atlantische Oceaan tussen 43 en 25°N; overwintert rond Zuid-Afrika.

Dit is de zeldzaamste van de grote pijlstormvogels. Tweemaal werd de soort uitgeput aangetroffen in het binnenland. Andere gevallen betroffen exemplaren die dood op het strand werden gevonden of vanaf de kust boven zee werden gezien. Behalve een enkele in mei waren alle van eind september tot eind november. De drie niet verzamelde gevallen kunnen mogelijk betrekking hebben gehad op de tot voor kort conspecifiek geachte, uit het Middellandse-Zeegebied afkomstige Scopoli's Pijlstormvogel *C diomedea* (DB 20: 25, 1998), die moeilijk in het veld is te onderscheiden ondanks onder meer kleiner formaat, lichtere kop en mantel en licht centrum op onderzijde van handpennen (DB 20: 216-225, 1998). Kaapverdische Pijlstormvogel *C edwardsii* verschilt duidelijk door een nog kleiner formaat dan Scopoli's en onder meer een kleinere kop, dunnere, minder gele snavel en langere staart (BW 10: 222-228, 1997).

Breeds on eastern Atlantic islands between 43 and 25°N; winters off southern Africa.

This is the rarest of the large shearwaters. It has been picked up exhausted inland twice. Typically, other records concerned birds found beached or seen passing off the coast. Apart from a single May record, all records were from late September to late November. It is possible that the three birds not collected may have been Scopoli's Shearwater *C diomedea* from the Mediterranean (DB 20: 25, 1998). Until recently, the latter was considered conspecific with Cory's from which it is difficult to identify in the field, despite being smaller with, for instance, paler head and mantle and pale centre on underside of primaries (DB 20: 216-225, 1998). Cape Verde Shearwater *C edwardsii* would look quite different being even smaller than Scopoli's with, for instance, smaller head, thinner bill with less yellow and longer tail (BW 10: 222-228, 1997).

Kuhls Pijlstormvogel / Cory's Shearwater *Calonectris borealis*, 4 October 1996 (picked up 27 September 1996), Fijnaart, Fijnaart en Heijningen, Noord-Brabant *(Hans Westerlaken)*

Kuhls Pijlstormvogel / Cory's Shearwater *Calonectris borealis*, ♂, skin (NMR), collected 29 November 1966 (photographed May 1997), Nieuwe Waterweg, Maassluis, Rozenburg, Zuid-Holland *(Rob 't Hart)*

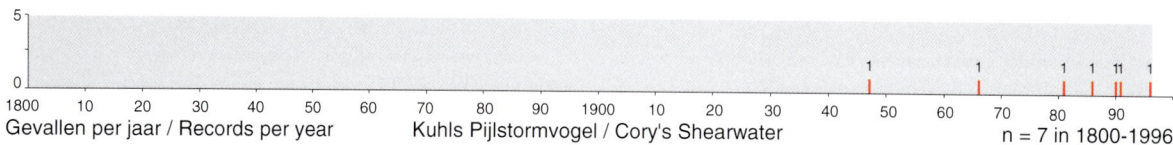

Gevallen per jaar / Records per year   Kuhls Pijlstormvogel / Cory's Shearwater   n = 7 in 1800-1996

7 records in 1800-1996; 5 in 1980-96

26 October 1947 paal 73, *Noordwijk* ZH, dead (NNM); Ardea 35: 240-241, 1947 (photos), LM 20: 230-231, 1947 (photos), Eykman et al (1949; photo), Bauer & Glutz von Blotzheim (1966)

29 November 1966 Nieuwe Waterweg, Maassluis, *Rozenburg* ZH, ♂, trapped & dead (NMR) (died 30 November; oil victim); LM 42: 38, 225-226, 1969 (photo)

15 November 1981 *Noordwijk* ZH, dead (ZMA); DB 3: 141, 1981 (photo), LM 55: 99, 1982 (photo)

29 October 1986 Camperduin, *Schoorl* NH (flying past; C borealis/ diomedea)

24 September 1990 Camperduin, *Schoorl* NH (flying past; C borea-lis/diomedea)

18 May 1991 Camperduin, *Schoorl* NH (briefly swimming; C borea-lis/diomedea)

27 September 1996 Fijnaart, *Fijnaart en Heijningen* NB, trapped & dead (died 13 November) (NNM); DB 18: 273, 1996 (photo); 20: 223, 1998 (photo), Telegraaf 104 (33797): T6, 9 oktober 1996 (photo)

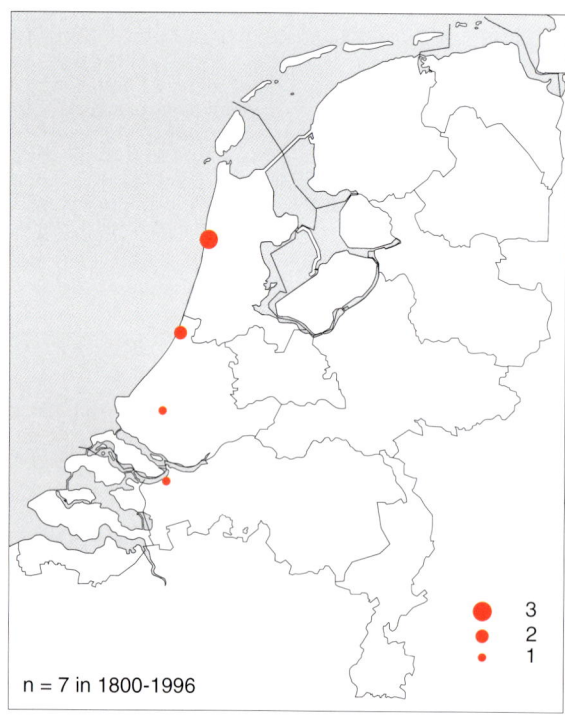

n = 7 in 1800-1996

3
2
1

Gevallen per locatie / Records per site
Kuhls Pijlstormvogel / Cory's Shearwater

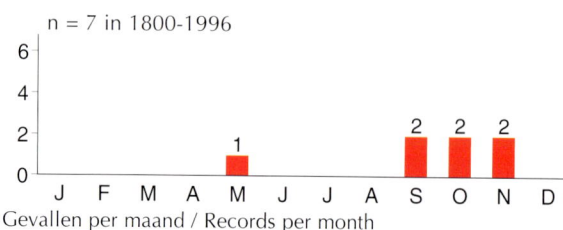

Gevallen per maand / Records per month
Kuhls Pijlstormvogel / Cory's Shearwater

Grote Pijlstormvogel   *Puffinus gravis*   **Great Shearwater**

zeldzaam

Broedt op pelagische eilanden in zuidelijke Atlantische Oceaan, voornamelijk Tristan de Cunha en Gough Island. Trekt in noordelijke zomer noordwaarts over evenaar tot aan Groenland. Zeldzaam in Noordzee.

Breeds on pelagic islands in southern Atlantic Ocean, mainly Tristan da Cunha and Gough Island. In northern summer, migrates north of equator, reaching Greenland. Rare in North Sea.

Er zijn vijf vondsten langs de kust en zeven zichtwaarnemingen op zee. Naast één april- en twee juli-gevallen dateerden ze van oktober-november. In 1974-79 werd een aantal gemeld (cf LM 56: 125, 1983) maar uiteindelijk niet door de CDNA aanvaard. In 1990-96 waren er ondanks een toename in het aantal waarnemingsuren geen aanvaardbare gevallen.

There are five records of beached birds and seven sightings of birds flying past at sea. Apart from one in April and two in July, the records were from October-November. In 1974-79, a number was claimed but not accepted by CDNA (cf LM 56: 125, 1983). Despite an increase in seawatching, there are no records accepted for 1990-96.

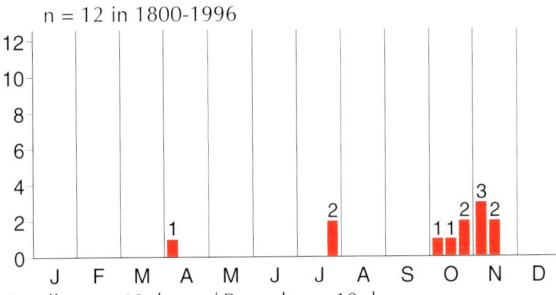

n = 12 in 1800-1996

Gevallen per 10 dagen / Records per 10 days
Grote Pijlstormvogel / Great Shearwater

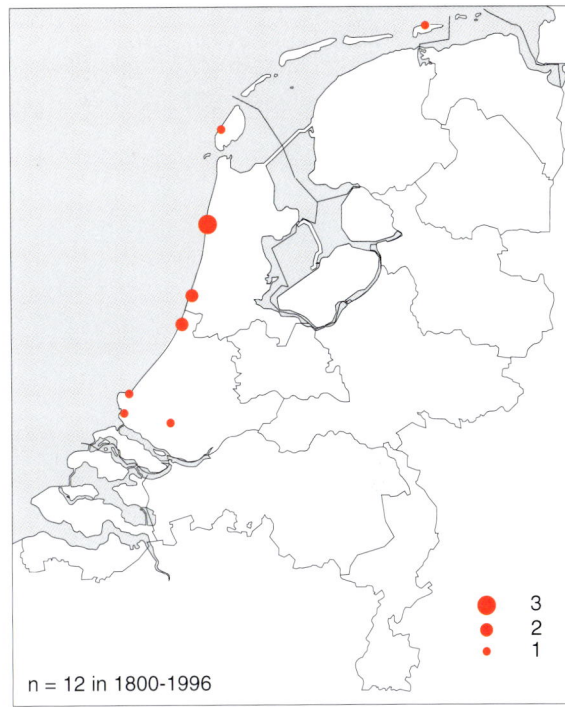

n = 12 in 1800-1996

Gevallen per locatie / Records per site
Grote Pijlstormvogel / Great Shearwater

Grote Pijlstormvogel / Great Shearwater *Puffinus gravis*, ♀, skin (NMR), collected 11 October 1968 (photographed May 1997), Schiekade, Rotterdam, Zuid-Holland *(Rob 't Hart)*

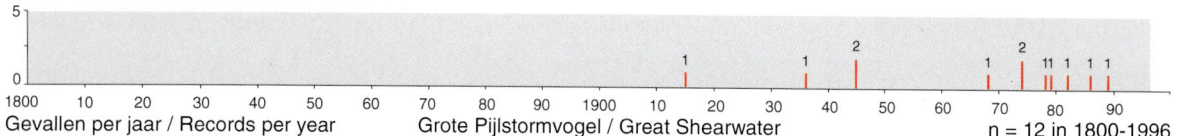

Gevallen per jaar / Records per year — Grote Pijlstormvogel / Great Shearwater — n = 12 in 1800-1996

12 records in 1800-1996; 3 in 1980-96

17 November 1915 Noordwijk aan Zee, *Noordwijk* ZH, ♀, dead (NNM); Ardea 4: 130-131, 1915
8 November 1936 Oostvoorne, *Westvoorne* ZH, dead (NNM)
28 October 1945 Noordwijk aan Zee, *Noordwijk* ZH, dead (NNM); LM 18: 80, 1945, contra van Dijk & Hoek (1989)
18 November 1945 Bloemendaal aan Zee/IJmuiden, *Bloemendaal/Velsen* NH, ♂, dead (ZMA)
6-11 October 1968 Schiekade, Rotterdam, *Rotterdam* ZH, ♀, dead (NMR); LM 42: 224-225, 1969 (photo)
29 July 1974 Zuidpier, IJmuiden, *Velsen* NH

28 October 1974 paal 7, *Schiermonnikoog* FR
28 July 1978 Westerslag, *Texel* NH
9 November 1979 Hoek van Holland, *Rotterdam* ZH, dead
10 April 1982 Camperduin, *Schoorl* NH
2 November 1986 Camperduin, *Schoorl* NH
20 October 1989 Camperduin, *Schoorl* NH

voorlopige toevoegingen voor 1997 / provisional additions for 1997
23 February 1997 paal 20, Petten, *Zijpe* NH, dead (ZMA); Sula 11: 223-227, 1997 (photo)

Grauwe Pijlstormvogel [2]

schaarse doortrekker

Puffinus griseus

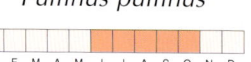

Sooty Shearwater

scarce migrant

Er waren slechts zeven gevallen tot en met 1970. Sinds 1971 wordt de soort echter jaarlijks waargenomen, zelfs met meer dan 100 exemplaren per jaar.

There were only seven pre-1971 records. However, since 1971, the species has become annual, with yearly totals even in excess of 100 individuals.

eerste drie gevallen / first three records
15 October 1900 Hornhuizen, *De Marne* GR, ♂, trapped & dead; Tijdschr Ned Dierkd Ver 2 (7): 43-44, 1901, Ardea 4: 131, 1915

15 February 1934 Wijk aan Zee, *Beverwijk* NH, ♂, dead; Eykman et al (1941)
18 September 1950 lichtschip Goeree CP, dead; Ardea 40: 84, 1952

Noordse Pijlstormvogel [2]

schaarse doortrekker

Jaarlijks sinds 1961.

Puffinus puffinus

Manx Shearwater

scarce migrant

Annually since 1961.

eerste drie gevallen / first three records (cf Eykman et al 1941)
15 September 1914 Egmond aan Zee, *Egmond* NH, ♂, trapped & dead (ZMA); Ardea 3: 93-94, 1914
9 September 1918 *Uithoorn* NH, ♂, trapped (died few days later);

Ardea 7: 131, 1918
24 October 1921 Noordwijk aan Zee, *Noordwijk* ZH, dead (long dead); Ardea 11: 140-141, 1922; 12: 2, 1923

Vale Pijlstormvogel

vrij zeldzaam

Puffinus mauretanicus

Balearic Shearwater

rather rare

Broedt op eilanden in westelijk Middellandse-Zeegebied, buiten broedtijd ook in oosten van Atlantische Oceaan (inclusief Noordzee), regelmatig tot dicht bij kust te zien.

Breeds on islands in western Mediterranean, post-breeding dispersal in eastern Atlantic (including North Sea), regularly seen close inshore.

Vanaf 1 januari 1998 wordt de soort niet meer door de CDNA beoordeeld. Er waren slechts drie gevallen van vóór 1978 maar de soort wordt sinds 1987 jaarlijks vastgesteld. Een duidelijke toename in het aantal gevallen vond plaats sinds 1989 toen duidelijk werd dat dit taxon niet meer als ondersoort van Noordse Pijlstormvogel *P puffinus* maar als aparte soort moest worden beschouwd. Vrijwel alle gevallen dateren uit juli-oktober en de meeste waren van de bekende zeetrektelposten van Camperduin en Westkapelle. In de zomers van 1992-95 bleken één of twee vogels zich op te houden bij Camperduin voor de kust van de Hondsbossche Zeewering, Noord-Holland, waar ze op verschillende dagen foeragerend en zwemmend werden gezien.

Since 1 January 1998, the species is no longer considered by CDNA. There were only three records before 1978 but it has been recorded in every year since 1987. From 1989 onwards, a sharp increase in records coincided with taxonomic changes (this taxon was previously regarded as a subspecies of Manx Shearwater *P puffinus*). Almost all records date from July-October and most were at the well-known seabird-watching posts of Camperduin and Westkapelle. During the summers of 1992-95, one or more individuals remained off Camperduin at Hondsbossche Zeewering, Noord-Holland, where they were seen foraging and swimming on several days.

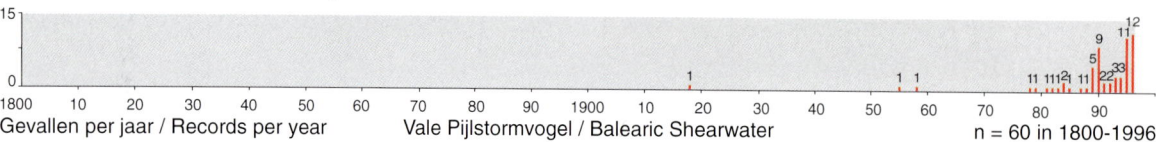

Gevallen per jaar / Records per year — Vale Pijlstormvogel / Balearic Shearwater — n = 60 in 1800-1996

60 records (64 individuals) in 1800-1996; 55 records (59 individuals) in 1980-96

13 September 1918 Noordwijk aan Zee, *Noordwijk* ZH, ♀, dead (NNM); Ardea 7: 132, 1918
9 October 1955 *Zandvoort* NH, ♂, dead (NNM); Ardea 43: 308-309, 1955
18 October 1958 Renesse, *Westerschouwen* ZL, ♀, dead (ZMA); LM 43: 136-137, 1970
17 September 1978 *Westkapelle* ZL
3 September 1979 Scheveningen, *Den Haag* ZH
31 July 1981 Scheveningen, *Den Haag* ZH
30 August 1982 Noordwijk aan Zee/Scheveningen, *Noordwijk/Den Haag* ZH
17 September 1983 *Westkapelle* ZL
4 September 1984 Camperduin, *Schoorl* NH
15 September 1984 *Westkapelle* ZL
6 October 1985 *Westkapelle* ZL
21 August 1987 Camperduin, *Schoorl* NH
2 September 1988 *Westkapelle* ZL
8 August 1989 Egmond aan Zee, *Egmond* NH
15 August 1989 Camperduin, *Schoorl* NH
19 August 1989 *Terschelling* FR; DB 11: 189, 1989 (photo)
27 August 1989 Camperduin, *Schoorl* NH
23 September 1989 *Westkapelle* ZL
20 July 1990 Camperduin, *Schoorl* NH
17 August 1990 Camperduin, *Schoorl* NH (**2**); DB 16: 133, 1994
17 August 1990 Scheveningen, *Den Haag* ZH
21 August 1990 Camperduin, *Schoorl* NH
7 September 1990 Camperduin, *Schoorl* NH
18 September 1990 Camperduin, *Schoorl* NH
20 September 1990 Camperduin, *Schoorl* NH
24 September 1990 Camperduin, *Schoorl* NH
6 October 1990 Camperduin, *Schoorl* NH
9 August 1991 Camperduin, *Schoorl* NH
31 August 1991 Camperduin, *Schoorl* NH
14-29 July 1992 Camperduin, *Schoorl* NH (min **2**); DB 14: 193, 1992 (photos); 16: 135, 1994
14 October 1992 Camperduin, *Schoorl* NH
11 July 1993 Camperduin, *Schoorl* NH
24 July-5 August 1993 Camperduin, *Schoorl* NH; cf DB 18: 105, 1996; 19: 99, 1997
11 September 1993 *Westkapelle* ZL
5 July 1994 Camperduin, *Schoorl* NH
17 August-1 September 1994 Camperduin, *Schoorl* NH (**2** on 18 August)
29 September 1994 *Westkapelle* ZL
9 July 1995 Camperduin, *Schoorl* NH; DB 20: 148, 1998
16 July 1995 Camperduin, *Schoorl* NH; DB 20: 148, 1998
17 July 1995 *Vlieland* FR
22 July 1995 Lauwersoog, *De Marne* GR
31 July-1 August 1995 & 4-5 August Camperduin, *Schoorl* NH; CDNA archives, Bert de Bruin (in litt)
2 August 1995 *Vlieland* FR; DB 20: 148, 1998
3 August 1995 Camperduin, *Schoorl* NH; DB 19: 99, 1997
4 August 1995 Camperduin, *Schoorl* NH; DB 20: 148, 1998
8 September 1995 *Westkapelle* ZL (**2**); DB 20: 148, 1998
16 September 1995 Camperduin, *Schoorl* NH; DB 20: 148, 1998
5 October 1995 Camperduin, *Schoorl* NH; DB 20: 148, 1998
7 June 1996 c 48 km west off Texel CP
19-20 July 1996 Camperduin, *Schoorl* NH
5 August 1996 Camperduin, *Schoorl* NH
7 August 1996 Camperduin, *Schoorl* NH
11 & 29 August 1996 Camperduin, *Schoorl* NH
23 August 1996 Noordwijk aan Zee, *Noordwijk* NH
24 August 1996 Scheveningen, *Den Haag* & Katwijk aan Zee, *Katwijk* ZH
25 August 1996 Camperduin, *Schoorl* NH

29 August 1996 *Schiermonnikoog* FR
6 September 1996 *Domburg* ZL
27 September 1996 De Koog & Westerslag, *Texel* NH
28 September 1996 Camperduin, *Schoorl* NH

voorlopige toevoegingen voor 1997 / provisional additions for 1997
27 July 1997 Camperduin, *Schoorl* NH (**2**); CDNA archives
25 August 1997 De Cocksdorp, *Texel* NH; CDNA archives

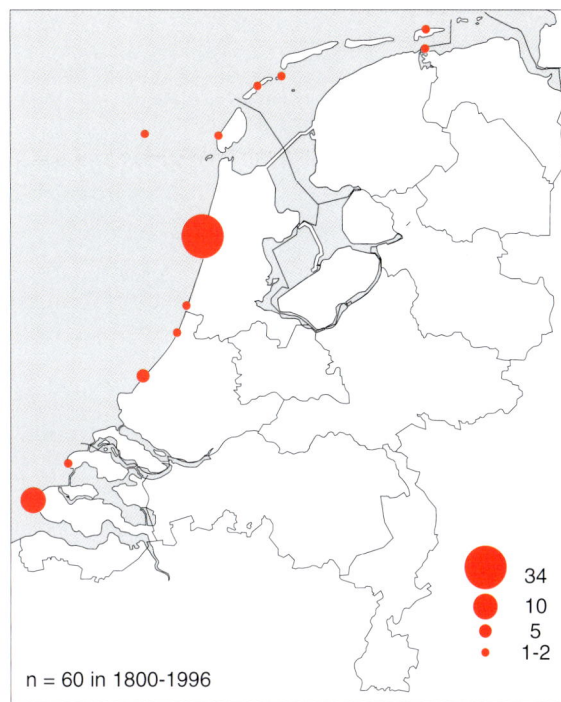

n = 60 in 1800-1996

Gevallen per locatie / Records per site
Vale Pijlstormvogel / Balearic Shearwater

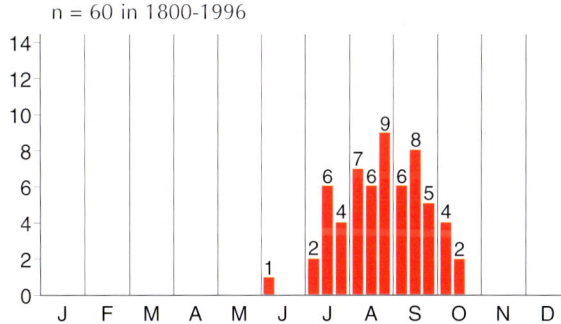

n = 60 in 1800-1996

Gevallen per 10 dagen / Records per 10 days
Vale Pijlstormvogel / Balearic Shearwater

Vale Pijlstormvogel / Balearic Shearwater *Puffinus mauretanicus*, 25 July 1992, Camperduin, Schoorl, Noord-Holland *(René Pop)*

Bont Stormvogeltje

Pelagodroma marina ssp

White-faced Storm-petrel

zeer zeldzaam

very rare

Broedt op pelagische eilanden in Atlantische Oceaan van Salvagen zuidwaarts; ook in andere oceanen aanwezig. Uiterst zeldzaam in West-Europa.

Dit is de enige soort op de Nederlandse lijst die slechts dood aangespoeld op het strand werd aangetroffen. Men kan zich afvragen of de vogel wellicht van een schip afkomstig was. De overblijfselen boden te weinig informatie om de ondersoort te bepalen (Cornelis Hazevoet in litt).

Breeds on pelagic islands in Atlantic Ocean from Salvage Islands southward; also in other oceans. Extremely rare in western Europe.

This is the only species on the Dutch list which has only ever been found dead on the tideline. It is questionable whether this bird may have reached Dutch waters as a result of ship assistance. Its remains offered insufficient clues for subspecific identification (Cornelis Hazevoet in litt).

1 record in 1800-1996; none in 1980-96

23 November 1974 Ter Heijde, *Monster* ZH, adult ♀, dead (ZMA);   LM 49: 9-11, 1976 (photo)

Stormvogeltje

Hydrobates pelagicus

European Storm-petrel

vrij zeldzaam

rather rare

Broedt op eilanden in Middellandse-Zeegebied en aan Europese zijde van Atlantische Oceaan, noordelijk tot Lofoten (Noorwegen) en IJsland.

De gevallen van de soort zijn niet herzien. Voor 1900-81 wordt een opsomming gegeven van vondsten van dode vogels en vangsten (voor 1900-37 zie Eykman et al 1941). Mogelijk is met name in 1941-68 een aantal dode of gevangen exemplaren niet geregistreerd omdat de soort toen nog niet als zeldzaam te boek stond. De soort wordt door de CDNA beoordeeld sinds 1 januari 1982 (LM 55: 125, 1982; 60: 22, 1987) en alle aanvaarde gevallen in 1982-96 worden vermeld. De CDNA is voornemens de soort vanaf 1 januari 2000 niet meer te beoordelen.

Het eerste goed gedocumenteerde geval dateerde van 14 november 1740 te Egmond aan Zee, Egmond, Noord-Holland (Sula 6: 113-115, 1992 (aquarel)). Eykman et al (1941) wijzen erop dat Snouckaert van Schauburg (1908) en anderen stelden dat de soort in het begin van de 20e eeuw

Breeds on islands in Mediterranean and at European side of Atlantic Ocean, north to Lofotens (Norway) and Iceland.

The records of the species have not been reviewed. For 1900-81, birds found dead or trapped are listed (pre-1938 records following Eykman et al 1941). Possibly, some birds trapped or found dead have not been registered, especially during 1941-68, when the species was not regarded as rare. Since 1 January 1982, it has been considered by CDNA (LM 55: 125, 1982; 60: 22, 1987) and all accepted records in 1982-96 are listed. It is the intention of CDNA no longer to consider the species from 1 January 2000.

The first well-documented record was from 14 November 1740 at Egmond aan Zee, Egmond, Noord-Holland (Sula 6: 113-115, 1992 (aquarelle)). At the turn of the 20th century, it was noted that the species had become much rarer than in the past while the opposite seemed true for Leach's Storm-

Stormvogeltje / European Storm-petrel *Hydrobates pelagicus*, 22 September 1990, IJmuiden, Velsen, Noord-Holland (*Arnoud B van den Berg*)

'in vergelijking met vroeger veel zeldzamer was geworden' terwijl voor Vaal Stormvogeltje *Oceanodroma leucorhoa* juist het omgekeerde gold. Dit wordt bevestigd door van Oort (Ardea 1: 98, 1912). In 1908-37 werden driemaal zoveel vondsten van Vaal Stormvogeltje als van Stormvogeltje gemeld (Eykman et al 1941). In 1974-79 bleek de verhouding nog veel verder te zijn doorgeslagen met 353 waarnemingen van Vaal Stormvogeltje (80,5%; gemiddeld 59 per jaar), 81 van ongedetermineerde stormvogeltjes (18,5%) en vijf van Stormvogeltje (1%) (Camphuysen & van Dijk 1983). Bijgevolg wordt Stormvogeltje sinds 1982 door de CDNA beoordeeld. Het aantal vangsten en vondsten van dode vogels sinds 1982 (10 in 1982-96) doet weinig onder voor dat in 1900-81 terwijl het aantal waarnemers sterk is toegenomen. Uit de gegevens valt op te maken dat de soort soms in het najaar in hoger aantal voorkwam dan gewoonlijk. Dit lijkt het geval geweest tussen 13 oktober en 8 november 1912 (vier vondsten), 12-24 december 1953 (vijf vondsten) en vooral 21-24 september 1990 (27 exemplaren) en van 26 oktober tot 2 november 1998 (c 50; cf DB 20: 247, 1998). Vrijwel alle gevallen zijn afkomstig van de Noordzee, inclusief het Continentaal Plat (16 gevallen) en kustgemeenten als Den Haag (11), Noordwijk (zeven), Rotterdam (zeven), Terschelling (zeven) en Texel (zeven). Er zijn echter ook enkele binnenland-gevallen.

petrel *Oceanodroma leucorhoa* (cf Eykman et al 1941). This is also stressed by van Oort (Ardea 1: 98, 1912). In 1908-37, the number of European Storm-petrels found dead was three times lower than that of Leach's Storm-petrel. In 1974-79, the proportions had changed even more, with 353 observations of Leach's Storm-petrel (80,5%), 81 of unidentified storm-petrels and five of European Storm-petrel (1%) (Camphuysen & van Dijk 1983). Therefore, CDNA decided to consider the species from 1982 onwards. The mean number of birds found dead or trapped per year since 1982 (10 in 1982-96) was almost the same as that in 1900-81 while the number of observers increased strongly.

In some autumns, the species occurred more often than in other years. This seemed the case for the periods between 13 October and 8 November 1912 (four found dead), 12-24 December 1953 (five found dead) and, especially, 21-24 September 1990 (27 individuals) and from 26 October to 2 November 1998 (c 50; cf DB 20: 247, 1998). Nearly all records are from the North Sea, with highest numbers from the Continental Shelf (16 records) and also from coastal municipalities like Den Haag (11), Noordwijk (seven), Rotterdam (seven), Terschelling (seven) and Texel (seven). However, there are also a few inland records.

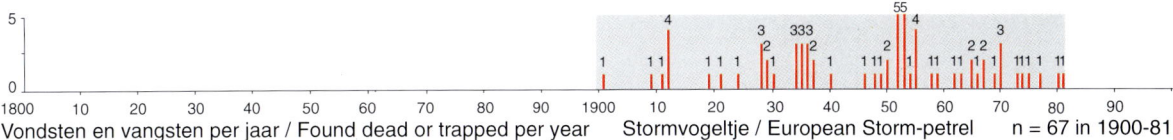

Vondsten en vangsten per jaar / Found dead or trapped per year   Stormvogeltje / European Storm-petrel   n = 67 in 1900-81

dood gevonden of gevangen in 1900-81 / found dead or trapped in 1900-81
63 records (67 individuals) in 1900-81 (cf LM 10: 64, 1937, cf Eykman et al 1941)

6 December 1901 Den Hoorn, *Texel* NH, ♂, dead; Levende Nat 7: 186, 1902
September 1909 *Terschelling* FR, dead
17 November 1911 *Rotterdam* ZH, dead; Ardea 1: 18, 1912
13/14 October 1912 Brandaris, *Terschelling* FR, dead
early November 1912 Brandaris, *Terschelling* FR, dead; Ardea 1: 98, 1912
7 November 1912 Brandaris, *Terschelling* FR, ♀, dead (NNM); Ardea 1: 98, 1912

8/9 November 1912 Nieuw-Haamstede, *Westenschouwen* ZL, 1y ♀, dead (NNM); Ardea 1: 98, 1912
26 October 1919 *Westkapelle* ZL, ♀, dead (ZMA)
2 November 1921 Noordwijk aan Zee, *Noordwijk* ZH, 1y, dead (NNM); Ardea 11: 140, 1922
2/3 November 1924 Brandaris, *Terschelling* FR (trapped & released); Ardea 15: 48, 1926
27 November 1928 *Schiedam* ZH, dead (NMR); Kees Moeliker (in litt)
28 November 1928 Scheveningen, *Den Haag* ZH, dead (NME; labelled as 1929); Org Club Ned Vogelkd 1: 106, 1928
2 December 1928 Ter Heijde-Hoek van Holland, *Monster/ 's-Gravenzande/Rotterdam* ZH, ♀, dead
7 December 1929 *Terschelling* FR, 1y ♀, dead (NNM)
10 December 1929 Scheveningen, *Den Haag* ZH (trapped & released); Ardea 19: 31, 1930
21 September 1930 Hoek van Holland, *Rotterdam* ZH, 1y ♀, dead (NNM)
8/9 October 1934 lichtschip Haaks CP, dead (ZMA)
5 November 1934 Nieuwhelvoet, *Hellevoetsluis* ZH, dead (NMR); Kees Moeliker (in litt)
11 November 1934 Huisduinen, *Den Helder* NH, dead
26 September 1935 Kijkduin, *Den Haag* ZH, dead
22 October 1935 *Den Helder* NH, dead
2/3 November 1935 lichtschip Haaks CP, dead

n = 122 in 1900-96
1900-81:
alleen vondsten en vangsten /
only found dead or trapped

Individuen per provincie / Individuals per province
Stormvogeltje / European Storm-petrel

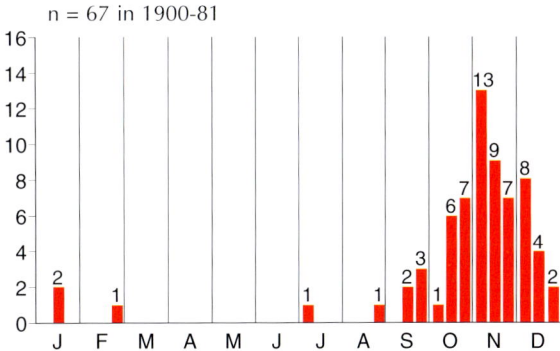

n = 67 in 1900-81

Individuen per 10 dagen / Individuals per 10 days
vondsten en vangsten / found dead or trapped
Stormvogeltje / European Storm-petrel

18/24 October 1936 vuurschip Maas CP (**2**), ♂ & ♀, dead (ZMA); Kees Roselaar (in litt)

late October 1936 *Den Helder* NH, dead

15 October 1937 lichtschip Terschellingerbank CP, dead

26 October 1937 lichtschip Haaks CP, dead

(26) August 1940 Drachten, *Smallingerland* FR, dead; Vanellus 37: 175-176, 1984 (photo)

23 October 1947 Zeeburgerkade, Amsterdam-Oost, *Amsterdam* NH, ♂, dead (ZMA); Kees Roselaar (in litt)

6 November 1948 Santpoort, *Velsen* NH, dead; VJ 14: 26, 1966, Geelhoed et al (1998)

12 November 1949 station Alkmaar, *Alkmaar* NH, ♂, dead (alive when trapped) (ZMA); Ardea 42: 217-218, 1954

14 October 1950 lichtschip Goeree CP, ♀, dead (ZMA); Ardea 42: 218, 1954

7 November 1950 c 40 km north/north-west off Den Helder CP, adult ♂, dead (NNM); Kees Roselaar (in litt)

28 September 1952 Noordwijk aan Zee, *Noordwijk* ZH, dead; van Dijk & Hoek (1989)

27 October 1952 Noordwijk aan Zee, *Noordwijk* ZH, 1y, dead (NNM); LM 26: 110, 1953, Ardea 42: 320, 1954

c (2)12 November 1952 *Bloemendaal* NH, dead (ND); LM 26: 110, 1953

16/17 November 1952 De Cocksdorp, *Texel* NH, ♂, dead (ZMA); LM 25: 163, 1952

21 November 1952 *Wassenaar* ZH, dead; LM 26: 110, 1953

12 December 1953 north/north-west off Den Helder CP, ♂, dead (NNM)

16 December 1953 *Den Helder* NH (**3**), dead; LM 27: 151, 1954

24 December 1953 Kijkduin, *Den Haag* ZH, trapped; LM 27: 151, 1954

2 July 1954 Zoutelande, *Valkenisse* ZL, adult (worn), dead (ZMA; disposed); Ardea 43: 254, 1955, LM 29: 54, 1956

18 January 1955 *Terschelling* FR, dead; LM 29: 54, 1956

17 November 1955 Scheveningen, *Den Haag* ZH, dead; LM 29: 54-55, 1956

25 November 1955 lichtschip Terschelling CP, dead; LM 29: 55, 1956

27/28 December 1955 aboard ship, off Katwijk CP, 1y, dead (NNM); LM 30: 108, 1957

18 October 1958 *Mierlo* NB, dead; LM 33: 20, 1960, van Erve et al (1967)

23 November 1959 *Vlissingen* ZL, trapped; Smulders & Joosse (1969)

27 February 1962 Noordwijk aan Zee, *Noordwijk* ZH, dead; van Dijk & Hoek (1989)

18/19 November 1963 lichtschip Texel CP, ♂, dead (ZMA); Kees Roselaar (in litt)

4 November 1965 *Schiermonnikoog* FR, dead; Mooser (1973)

4 December 1965 Katwijk aan Zee, *Katwijk* ZH, dead; Cees Schoonenberg (pers comm), Meijer et al (1996)

13 January 1966 *Ameland* FR, dead; Versluys et al (1997)

5 November 1967 lichtschip Noord-Hinder CP, ♀, dead (ZMA); Kees Roselaar (in litt)

28 November 1967 lichtschip Noord-Hinder CP, ♀, dead (ZMA); Kees Roselaar (in litt)

16 November 1969 *Den Haag* ZH, dead; LM 45: 60, 1972

29 October 1970 off *Texel* NH, trapped (ringed & released 2 November; recovered 24 August 1972 in breeding colony on Røst, Lofoten, Norway); LM 45: 60, 1972, Dijksen (1996)

2 December 1970 *Texel* NH (**2**), trapped & ringed; LM 45: 60, 1972

27 November 1973 Rodenhoek, IJzendijke, *Oostburg* ZL, 1y, dead (ZMA; disposed); Kees Roselaar (in litt)

13 November 1974 *Ameland* FR, dead; Versluys et al (1997)

1 November 1975 *Schiermonnikoog* FR, trapped; LM 50: 36, 1977

September 1977 Broeksterwoude, *Dantumadeel* FR, dead; Vanellus 37: 106, 1984 (photo)

10 December 1980 Westbuitenhaven, *Terneuzen* ZL; Buise & Tombeur (1988)

5 November 1981 Noordwijk aan Zee, *Noordwijk* ZH, dead; van Dijk & Hoek (1989)

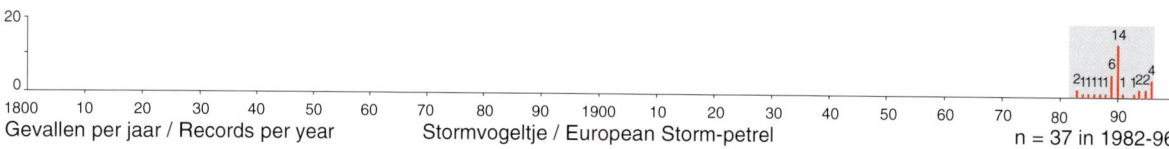

Gevallen per jaar / Records per year   Stormvogeltje / European Storm-petrel   n = 37 in 1982-96

aanvaarde gevallen in 1982-96 / accepted records in 1982-96
37 records (55 individuals) in 1982-96

12 September 1983 Scheveningen, *Den Haag* ZH

10 November 1983 *Heerenveen* FR, dead (FNM); Vanellus 36: 23, 1984

10 September 1984 Scheveningen, *Den Haag* ZH

19 November 1985 Hoek van Holland, *Rotterdam* ZH, adult ♀, dead (NMR); LM 60: 22, 1987 (photo)

9 November 1986 Langevelderslag, *Noordwijk* ZH, dead

29 October 1987 79 km north-west off Terschelling CP

8 December 1988 De Cocksdorp, *Texel* NH, trapped; LM 62: 196, 1989 (photo)

15 September 1989 Maasvlakte, *Rotterdam* ZH, ♀, dead (NMR); Kees Moeliker (in litt)

15 September 1989 Maasvlakte, *Rotterdam* ZH, ♀, dead (NMR); Kees Moeliker (in litt)

9 October 1989 Afsluitdijk, *Wûnseradiel* FR

12 October 1989 *Noordwijk* ZH, dead (photographed)

30 October 1989 IJmuiden, *Velsen* NH

3 November 1989 Maasvlakte, *Rotterdam* ZH, adult ♀, dead (photographed)

3 March 1990 Katwijk aan Zee, *Katwijk* ZH, dead; Duinstag 5: 23-24, 1990 (photos), DB 16: 133, 1994

8 September 1990 *Westkapelle* ZL; LM 65: 138, 1992

21 September 1990 *Harlingen* FR

21 September 1990 Marsdiep, *Texel* NH

21 September 1990 Maasvlakte, *Rotterdam* ZH

21 September 1990 Scheveningen, *Den Haag* ZH

22 September 1990 Camperduin, *Schoorl* NH (min **6**)

22 September 1990 *Castricum* NH (**4**)

22 September 1990 Petten, *Zijpe* NH (**2**)

22 September 1990 Scheveningen, *Den Haag* ZH (**2**)

22-23 September 1990 IJmuiden, *Velsen* NH (min **6**, of which 1 still on 23 September); DB 12: 263, 1990 (photos); 14: 74, 1992 (photo), Fitis 26: 179-181, 1990 (photo), Limicola 4: 309-312, 1990 (photos), Dan Ornitol Foren Tidsskr 85: 18, 1991 (photo), Oriolus 58: 12, 1992 (photo)

23 September 1990 north-east off Ameland CP

23 September 1990 *Texel* NH

24 September 1990 paal 19, Petten, *Zijpe* NH, ♀, dead (ZMA); Kees Roselaar (in litt)

24 December 1991 Ternaard, *Dongeradeel* FR (**2**)

16 November 1993 Camperduin, *Schoorl* NH (**2**)

3 October 1994 Camperduin, *Schoorl* NH

4 November 1994 aboard ship, off IJmuiden CP (photographed); CDNA archives

28 September 1995 *Westkapelle* ZL (**2**); DB 20: 148, 1998

22 October 1995 Zuidpier, IJmuiden, *Velsen* NH

29 August 1996 *Westkapelle* ZL

9 November 1996 Huisduinen, *Den Helder* NH

22 November 1996 *Westkapelle* ZL

22 November 1996 Scheveningen, *Den Haag* ZH

voorlopige toevoegingen voor 1997 / provisional additions for 1997

2 October 1997 Bloemendaal aan Zee, *Bloemendaal* NH; CDNA archives

25 October 1997 *Westkapelle* ZL; CDNA archives

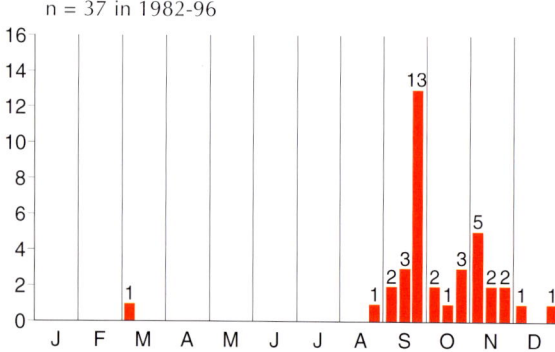

n = 37 in 1982-96

Gevallen per 10 dagen / Records per 10 days
Stormvogeltje / European Storm-petrel

Vaal Stormvogeltje [2]

Oceanodroma leucorhoa leucorhoa

Leach's Storm-petrel

schaarse doortrekker

J F M A M J J A S O N D

scarce migrant

JAN-VAN-GENTEN Sulidae (n=1)

Jan-van-gent [2]

Morus bassanus

Northern Gannet

algemene doortrekker

J F M A M J J A S O N D

common migrant

AALSCHOLVERS Phalacrocoracidae (n=3)

Dwergaalscholver

Microcarbo pygmeus

Pygmy Cormorant

zeer zeldzaam

very rare

Broedt en overwintert van Zuidoost-Europa (onregelmatig broedend in Noord-Italië, Hongarije en Slowakije) en Midden-Oosten oost tot Kazachstan.

De op 23 januari 1999 ontdekte vogel was de meest noordwestelijke voor Europa. De soort overwintert onregelmatig in laag aantal in Niederösterreich, Oostenrijk, en is dwaalgast in Duitsland en Polen. Er zijn vrijwel geen 20e eeuwse gevallen verder noordelijk of westelijk (in juli 1913 in Småland, Zweden, en op 24 maart 1990 in de Camargue, Bouches-du-Rhône, Frankrijk).

Breeds and winters from south-eastern Europe (irregularly breeding in northern Italy, Hungary and Slovakia) and Middle East east to Kazakhstan.

Dwergaalscholver / Pygmy Cormorant *Microcarbo pygmeus*, 24 January 1999, Mastwijk, Montfoort, Utrecht *(René Pop)*

The individual discovered on 23 January 1999 concerned the north-westernmost record for Europe. The species winters irregularly in low number in Niederösterreich, Austria, and is a vagrant in Germany and Poland. There are hardly any 20th century records further north and west (in July 1913 in Småland, Sweden, and on 24 March 1990 in the Camargue, Bouches-du-Rhône, France).

no records in 1800-1998; at least 1 in 1999

23-24 January 1999 Mastgat & Hollandse IJssel, Mastwijk-Achthoven, *Montfoort* UT (not (yet) accepted by CDNA); RTL 5 19:00 nieuws 26 January 1999 (video)

Aalscholver

Phalacrocorax carbo ssp

Great Cormorant

Grote Aalscholver

P c carbo

Atlantic Great Cormorant

zeldzaam

rare

Broedt op Britse Eilanden noord tot in IJsland, West-Noorwegen en Kola-schiereiland, Rusland.

Dit taxon is uiterst moeilijk in het veld te onderscheiden van de (gewone) Aalscholver *P c sinensis* ondanks de blauwe in plaats van groene glans van het verenkleed, de grootte van witte kop- en flankvlekken en de vorm van het naakte huidoppervlak op de kop (minder ver voorbij de mondhoek reikend) (Vår Fågelvärld 44: 325-350, 1985). Er zijn twee museumbalgen die op naam konden worden gebracht (Kees Roselaar in litt). Voorts zijn er 10 ringterugmeldingen van vogels die als nestjong werden geringd. Tot nu toe vertonen de gevallen een schijnbaar willekeurig patroon in tijd of plaats. Voor kenmerken en voorkomen in Engeland zij verwezen naar Seabird 15: 45-52, 1993, DB 20: 174-177, 1998; voor informatie over het voorkomen in de Oostzee c 3500 jaar geleden naar Ardea 85: 1-7, 1997.

Breeds on British Isles north to Iceland, western Norway and Kola peninsula, Russia.

This taxon is extremely difficult to identify in the field from Continental Great Cormorant *P c sinensis* despite the bluish instead of greenish gloss to plumage, the extent of white on head and flanks, and the shape of the gular pouch (reaching less far back beyond the end of gape) (Vår Fågelvärld 44: 325-350, 1985). The accepted records are two museum specimens (Kees Roselaar in litt) and 10 ringing recoveries of birds ringed as chick. There is an apparently random monthly and geographical pattern in occurrence. For characters and occurrence in England, see Seabird 15: 45-52, 1993, DB 20: 174-177, 1998; for information on its occurrence c 3500 years ago in the Baltic Sea, see Ardea 85: 1-7, 1997.

12 records in 1800-1996; 6 in 1980-96

30 December 1854 Het IJ, *Amsterdam* NH, 1y, dead (NNM); van
  Oort (1922), Gierzwaluw 33: 115, 1995
19 May 1936 Oostermeer, *Tytsjerksteradiel* FR, 2s ♂, dead (FNM)
9 March 1963 Dubbeldam, *Dordrecht* ZH, 1w, ring (nest Anglesey,
  Wales)
9 December 1972 *Veere* ZL, 1y, ring (nest Scotland)
15 May 1978 Hellegatsplein, *Willemstad* NB, ring (nest Shetland,
  Scotland); DB 18: 165, 1996
30 September 1979 IJsselmeerdijk, *Lelystad* FL, ring (nest Ireland);
  DB 18: 165, 1996
30 December 1980 Flevoland, ring (nest Norway)
9 February 1984 Noord-Holland, ring (nest Norway)
27 November 1984 Flevoland, ring (nest Britain)
11 June 1986 Gelderland, ring (nest Ireland)
13 February 1994 & 20 December 1994-18 February 1995 *Rotterdam* ZH, adult, ring (nest in 1993 on St Margaret's Island, Dyfed,
  Wales); P R Sellers (in litt)
13 March 1994 Dintelhaven, *Rotterdam* ZH, adult ♀, dead, ring
  (nest in 1984 on St Margaret's Island, Dyfed, Wales); Ring Migrat
  17: 61, 1996

n = 12 in 1800-1996

Gevallen per maand / Records per month
Grote Aalscholver / Atlantic Great Cormorant

n = 12 in 1800-1996

Gevallen per provincie / Records per province
Grote Aalscholver / Atlantic Great Cormorant

Aalscholver [2]

algemene broedvogel
gehele jaar algemeen

P c sinensis

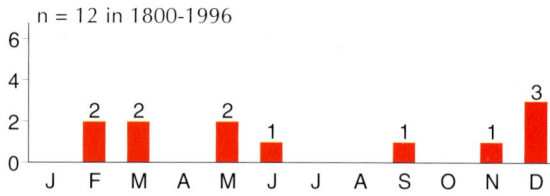

J F M A M J J A S O N D

Continental Great Cormorant

common breeding bird
common throughout year

Kuifaalscholver [2]

schaarse tot vrij zeldzame wintergast

Stictocarbo aristotelis aristotelis

J F M A M J J A S O N D

European Shag

scarce to rather rare winter visitor

PELIKANEN Pelecanidae (n=1)

Roze Pelikaan

zeer zeldzaam

Broedt van Roemenië en Griekenland tot in Mongolië en
Afrika; tot in 19e eeuw grote groepen in Hongarije en Zuid-
Duitsland (Bauer & Glutz von Blotzheim 1966). Noordelijke
populaties overwinteren in (sub)tropische gebieden.

Alle gevallen hebben ter discussie gestaan aangezien er geen
zekerheid was te verkrijgen over de herkomst van de vogels
(hoewel er niets op wees dat ze uit gevangenschap afkomstig
waren).

3 records in 1800-1996; 2 in 1980-96

20 August 1974-10 January 1975 Santpoort, *Velsen* & Bloemendaal,
  Bloemendaal & Haarlem-Noord, *Haarlem* NH, adult, trapped (on
  10 January); DB 18: 79-81, 1996 (photo)
9-13 November 1987 *Havelte* DR & 29 November-13 December &
  5 January-7 February 1988 Elden, *Arnhem* GL & 8 February Oud-
  Valkenburg, *Valkenburg aan de Geul* LB, adult; DB 10: 36, 1988
  (photo); 16: 106-110, 1994 (photo), LM 61: 164, 1988 (photo)
6 May 1990 Keersluisplas, Oostvaardersplassen, *Lelystad* FL, adult;
  DB 16: 106-110, 1994

Pelecanus onocrotalus

Great White Pelican

very rare

Breeds from Rumania and Greece to Mongolia and Africa;
large flocks in Hungary and southern Germany into 19th century (Bauer & Glutz von Blotzheim 1966). Northern populations winter in (sub)tropical areas.

All records have been disputed because the birds' origin
could not be ascertained (though there were no signs of a
captive origin).

Roze Pelikaan / Great White Pelican *Pelecanus onocrotalus*,
adult, 10 November 1987, Havelte, Drenthe *(Leo J R Boon)*

Roerdomp [2]

schaarse broedvogel
gehele jaar schaars

Botaurus stellaris stellaris

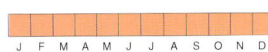

Great Bittern

scarce breeding bird
scarce throughout year

Woudaap [2]

zeldzame broedvogel

Ixobrychus minutus minutus

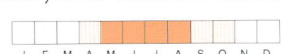

Little Bittern

rare breeding bird

Broedt in afnemende aantallen: ten minste 170 paren in 1965, 100 in 1973-77, 35 in 1982-83, 20 in 1988-89 en acht in 1995 (van Dijk et al 1997). In 1997 was het aantal broedgevallen ongeveer die als dat in 1995, met het noordelijkste succesvolle broedgeval ooit te Kollumerkolk, Lauwersmeer, Kollumerland en Nieuwkruisland, Friesland (cf Plomp et al 1998).

Breeds in decreasing numbers: at least 170 pairs in 1965, 100 in 1973-77, 35 in 1982-83, 20 in 1988-89, and eight in 1995 (van Dijk et al 1997). In 1997, the number was about the same as in 1995, with the northernmost successful breeding ever at Kollumerkolk, Lauwersmeer, Kollumerland en Nieuwkruisland, Friesland (cf Plomp et al 1998).

Kwak [2]

zeldzame onregelmatige broedvogel
gehele jaar schaars

Nycticorax nycticorax nycticorax

Black-crowned Night Heron

rare and irregular breeding bird
scarce throughout year

Waarschijnlijk was de soort tot c 1876 een regelmatige broedvogel met als laatste vaste broedplaats tot c 1861-66 het inmiddels niet meer bestaande Schollevaarseiland, Nieuwerkerk aan den IJssel, Zuid-Holland (ten noord-oosten van Rotterdam; zie ook onder Ralreiger *Ardeola ralloides* en Witkopeend *Oxyura leucocephala*). Er vonden enkele mislukte herintroductieprojecten plaats zoals in 1908-09 (Ardea 15: 34, 1926). Ten minste 17 nesten werden in 1946 gevonden in de Brabantse Biesbosch, Werkendam/Made en Drimmelen, Noord-Brabant (vermoedelijk reeds onregelmatig in 1933-43; LM 50: 6-9, 1977); deze broedkolonie was ook in 1947 bezet (Ardea 35: 149-156, 1947 (foto's)) en tot in 1953 waren hier jaarlijks ten minste zes nesten (Ardea 40: 141, 1952; 42: 314, 1954). Sindsdien is het ook een onregelmatige broedvogel in andere delen van Nederland, vooral in de zuidhelft (cf Hens 1965, Alleyn et al 1971). Opmerkelijke broedgevallen betroffen vijf nesten en 22 uitgevlogen jongen in 1963 in Groote Peel, Nederweert, Limburg, waar ook tenminste tot en met 1969 werd gebroed (Hens 1965; foto's, Natuurhist Maandbl Limbg 59: 62-68, 1970; foto's) en in 1997 het noordelijkste broedgeval ooit te Lauwersmeer, Kollumerland en Nieuwkruisland, Friesland.

The species was probably a regular breeding bird until c 1876, with the last stronghold until c 1861-66 on Schollevaarseiland, Nieuwerkerk aan den IJssel, Zuid-Holland (north-east of Rotterdam; see also Squacco Heron *Ardeola ralloides* and White-headed Duck *Oxyura leucocephala*). Re-introduction projects were unsuccessful, for instance, in 1908-09 (Ardea 15: 34, 1926). In 1946, at least 17 nests were discovered at Brabantse Biesbosch, Werkendam/Made en Drimmelen, Noord-Brabant (probably, irregularly during 1933-43; LM 50: 6-9, 1977); this colony was again occupied in 1947 (Ardea 35: 149-156, 1947 (photos)) and, until 1953, there were at least six nests annually (Ardea 40: 141, 1952; 42: 314, 1954). Since, it has also been an irregular breeding bird in other parts of the Netherlands, mainly in the southern half (cf Hens 1965, Alleyn et al 1971). Remarkable breeding records included five nests and 22 fledglings in 1963 at Groote Peel, Nederweert, Limburg, where the species also bred until at least 1969 (Hens 1965; photos, Natuurhist Maandbl Limbg 59: 62-68, 1970; photos) and, in 1997, the northernmost breeding ever at Lauwersmeer, Kollumerland en Nieuwkruisland, Friesland.

Ralreiger

zeldzaam

Ardeola ralloides

Squacco Heron

rare

Dichtstbijzijnde broedgebieden in Zuid-Frankrijk, Noord-Italië en Hongarije; deze populaties overwinteren in Afrika.

Nearest breeding in southern France, northern Italy and Hungary; these populations winter in Africa.

Vermoedelijk was de soort tot c 1860 broedvogel op het inmiddels niet meer bestaande Schollevaarseiland, Nieuwerkerk aan den IJssel, Zuid-Holland (ten noord-oosten van Rotterdam). Dit moerasbos lag in de voormalige Wollefoppenpolder die in 1874 werd ontgonnen (cf Ardea 41: plate IX, 1953). Alle in dit mogelijke broedgebied in 1830-65 geschoten exemplaren worden genoemd (cf Eykman et al 1941).
De gevallen van de soort zijn niet herzien. Hier worden alleen niet-beoordeelde oude gevallen vermeld indien voldoende informatie bestaat over de datum (maand) en plaats (provincie). Onbevestigde gevallen worden niet genoemd (cf Kist et al 1970). Voor gevallen van vóór 1949, zie Eykman et al (1941, 1949) en Kist et al (1970). Voor gevallen in 1969-79, zie LM 45: 61, 1972; 46: 74, 1973; 50: 37, 1977; 52: 221, 1979; 53: 28, 1980; 54: 19-20, 1981.

Presumably, the species was breeding until c 1860 on Schollevaarseiland, Nieuwerkerk aan den IJssel, Zuid-Holland (north-east of Rotterdam). This swamp forest in the former Wollefoppenpolder was cleared in 1874 (cf Ardea 41: plate IX, 1953). All specimens collected at this possible breeding site in 1830-65 are listed (cf Eykman et al 1941).
The records of the species have not been reviewed. Only records with sufficient information on date (month) and place (province) are listed. Single-observer records are not listed (cf Kist et al 1970). For pre-1949 records, see Eykman et al (1941, 1949) and Kist et al (1970). For 1969-79 records, see LM 45: 61, 1972; 46: 74, 1973; 50: 37, 1977; 52: 221, 1979; 53: 28, 1980; 54: 19-20, 1981.
In 1900-96, the species was recorded in every province. Apart from one in September, all records were from May-

De soort is in 1900-96 in iedere provincie vastgesteld. Behalve een geval uit september dateerden alle uit mei-augustus waarvan de meeste in het late voorjaar (mei-juni). De verspreiding van de gevallen laat zien waar geschikt zoetwaterhabitat is te vinden. Een hoog aantal gevallen kwam van het Hollands-Utrechtse plassengebied tussen Naarden, Noord-Holland, en Nieuwkoop, Zuid-Holland.

August, with the majority in late spring (May-June). The geographical pattern of the records corresponds to the distribution of freshwater habitat. A high number of records came from the Holland-Utrecht lake area between Naarden, Noord-Holland, and Nieuwkoop, Zuid-Holland.

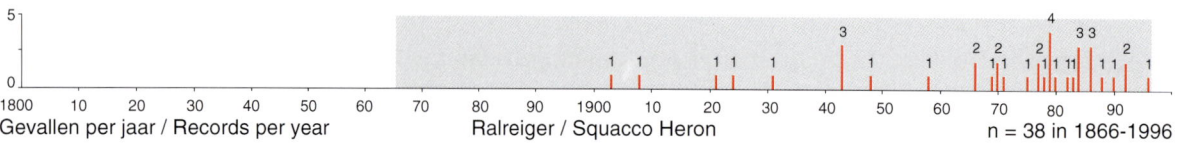

Gevallen per jaar / Records per year   Ralreiger / Squacco Heron   n = 38 in 1866-1996

38 records (39 individuals) in 1866-1996; 14 records in 1980-96

10 May 1830 near *Rotterdam* ZH, adult ♂, dead; Eykman et al (1941)

July 1859 Schollevaarseiland, *Nieuwerkerk aan den IJssel* ZH (**2**), adult ♂ & adult, dead (NMR) (on a new label, erroneously dated for March (Kees Moeliker in litt); Eykman et al (1941) mention 'several' 1859 specimens from this site for July only); Reumer & Moeliker (1995) (photos)

July 1859 Hoek van Holland, *Rotterdam* ZH (**2**), juv, dead; Eykman et al (1941)

July 1860 near *Rotterdam* ZH, juv, dead; Eykman et al (1941)

July 1860 Schollevaarseiland, *Nieuwerkerk aan den IJssel* ZH, adult ♂, dead (NNM); Eykman et al (1941)

12 July 1860 Schollevaarseiland, *Nieuwerkerk aan den IJssel* ZH, adult ♂, dead; Eykman et al (1941)

16 June 1865 Zeeland, ♂, dead; Eykman et al (1941)

10 August 1903 *Aalsmeer* NH, adult ♂, dead (ZMA)

June 1908 Polder Waal en Burg, *Texel* NH (**2**), sighting

4 June 1921 *Texel* NH, sighting; cf Ardea 10: 188-189, 1921

16 August 1924 *Loosdrecht* UT, ♂, dead; Org Club Ned Vogelkd 2: 114, 1929

May 1931 *Aarle-Rixtel* NB, adult ♂, dead

22 May 1943 Botshol, *Abcoude* UT (see July 1943); cf Ardea 33: 203, 1945

22 May 1943 Naardermeer, *Naarden* NH (see July 1943); cf Ardea 33: 203, 1945

3-10 July 1943 Nieuwe Meer, Amsterdamse Bos, *Amsterdam* NH (possibly, this and 2 previous records referred to 1 bird); cf Ardea 33: 203, 1945

29 May 1948 Nieuwkoopse Plassen, *Nieuwkoop* ZH, adult ♂; LM

21: 126, 1948

3 July 1958 Weerribben, *IJsselham* OV; LM 32: 168, 1959

16-20 August 1966 Watergat, Renesse, *Westerschouwen* ZL, adult; LM 40: 136-137, 1967

25-29 August 1966 *Heteren* GL, 1y; LM 39: 213-214, 1966

25 July-14 August 1969 Hoogberg, *Renkum* GL; cf Leys et al (1993)

8 May 1970 Hilversumse Wasmeer, *Hilversum* NH

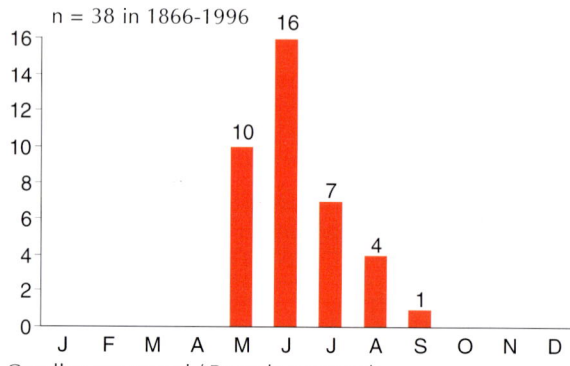

n = 38 in 1866-1996

Gevallen per maand / Records per month
Ralreiger / Squacco Heron

n = 38 in 1866-1996

Gevallen per locatie / Records per site
Ralreiger / Squacco Heron

Ralreiger / Squacco Heron *Ardeola ralloides*, adult summer, 11 June 1990, Nieuwkoop, Zuid-Holland *(Hans Gebuis)*

27 September-18 October 1970 Eemdijk, *Bunschoten* UT
8-10 May 1971 *Leidschendam* ZH
7 June 1975 *Sleen* DR
28 May 1977 *Terschelling* FR
30 July 1977 Terwolde, *Voorst* GL
28 May 1978 *Terschelling* FR
early June 1979 Buismankooi, Piaam, *Wûnseradiel* FR, dead;
  Vanellus 36: 18, 1983 (photo)
15 June-12 July 1979 Ankeveen, *Nederhorst den Berg* NH; DB 1:
  33, 1979
25 June 1979 *Leidschendam* ZH
17-23 July 1979 Deest, *Druten* GL
11-12 July 1980 De Brandt, Stevensweert, *Maasbracht* LB, adult
  summer; VJ 28: 334, 1980 (photo)
29 June 1982 Ankeveen, *Nederhorst den Berg* NH
20-24 June 1983 Driel, *Heteren* GL (photographed)

2 June 1984 Nieuwe Statenzijl, *Reiderland* GR
(22)23-27 June 1984 *Zwartsluis* OV
14 July-30 August 1984 Alblasserdam ZH, adult; CDNA archives,
  DB 6: 149, 1984 (photo); 8: 127, 1986 (photo)
19 May 1986 *Schiermonnikoog* FR, adult
17-18 June 1986 Uithuizen, *Eemsmond* GR, adult; DB 9: 144, 1987
  (photo), de Bruin & de Bruin (1997; photo)
22-24 June 1986 *Lienden* GL, adult; DB 8: 111, 1986 (photo)
19 May 1988 Meyendel, *Wassenaar* ZH, adult
10-13 June 1990 *Nieuwkoop* ZH, adult summer; DB 14: 77, 1992
  (photo)
15 June 1992 Oostvaardersplassen, *Lelystad* FL, adult summer
21-30 June 1992 Rammegors, *Tholen* ZL, adult summer; DB 16:
  139, 1994 (photo)
11 June 1996 Berkenwoude, *Bergambacht* ZH, adult summer (photographed)

Koereiger

Bubulcus ibis ibis

Cattle Egret

onregelmatige broedvogel
vrij zeldzaam

irregular breeding bird
rather rare

Zich vanuit Afrika en Zuidwest-Spanje geleidelijk over Zuidwest-Europa verspreidend; sinds 1968 broedvogel in Zuid-Frankrijk. In begin van 20e eeuw ook Zuid- en Noord-Amerika vanuit Afrika gekoloniseerd.

De gevallen van de soort zijn niet herzien. Voor gevallen in 1973-79 zij verwezen naar LM 48: 101, 1975; 50: 37-38, 1977; 51: 139, 1978; 52: 221, 1979; 53: 28, 1980; 54: 20, 1981. Vanaf 1 januari 1997 wordt de soort niet meer door de CDNA beoordeeld.
Enkele waarnemingen zijn niet ingediend of aanvaard omdat de betreffende vogels kenmerken van gevangenschap vertoonden. Een bekend voorbeeld is de vogel die op 21 oktober-29 november 1961 in Gelderland te Harderwijk en Ermelo verbleef (LM 35: 151-154, 1962 (foto's); 36: 11, 1963). De soort is in iedere provincie vastgesteld maar slechts éénmaal op een waddeneiland (Texel). Ook is hij in iedere maand gezien, met de meeste gevallen in mei-november. Na de eerste drie gevallen in de jaren 1960 werd de soort frequent waargenomen, sinds 1973 zelfs in vrijwel ieder jaar, met een gemiddelde van drie tot vier. In april-mei 1998 vond een influx van ten minste 20 exemplaren plaats waaronder in de eerste week van mei zes in de Oostvaardersplassen, Lelystad, Flevoland, en zes te Brederwiede, Overijssel. De eerste broedgevallen vonden plaats in 1998 te Brederwiede en te Quackjeswater, Westvoorne, Zuid-Holland (cf DB 20: 136, 1998, Ronald Messemaker pers comm).

Recently spread from Africa and south-western Spain into south-western Europe; since 1968, established as breeding bird in southern France. South and North America colonized in beginning of 20th century.

The records of the species have not been reviewed. For 1973-79 records, see LM 48: 101, 1975; 50: 37-38, 1977; 51: 139, 1978; 52: 221, 1979; 53: 28, 1980; 54: 20, 1981. Since 1 January 1997, the species is no longer considered by CDNA.
Some individuals have not been submitted or were not accepted because they showed signs of captivity. A well-known example is the bird on 21 October-29 November 1961 in Gelderland at Harderwijk and Ermelo (LM 35: 151-154, 1962 (photos); 36: 11, 1963). The species has been recorded in every province but only once on the Wadden Islands (Texel). It has also been seen in every month though mostly during May-November. After the first three records in the 1960s, its appearances have been frequent. Since 1973, it has been recorded in almost every year, with a mean of three to four records annually. In April-May 1998, an influx of at least 20 individuals took place of which in the first week of May six at Oostvaardersplassen, Lelystad, Flevoland, and six at Brederwiede, Overijssel. The first breeding records were in 1998 at Brederwiede and at Quackjeswater, Westvoorne, Zuid-Holland (cf DB 20: 136, 1998, Ronald Messemaker pers comm).

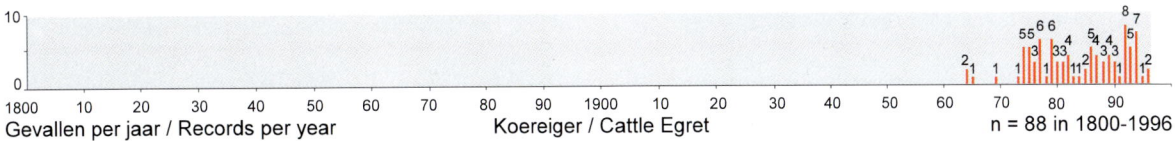

Gevallen per jaar / Records per year   Koereiger / Cattle Egret   n = 88 in 1800-1996

88 records (97 individuals) in 1800-1996; 57 records (64 individuals) in 1980-96

19-21 June 1964 Naardermeer, *Muiden/Naarden* NH, adult, ringed;
  LM 38: 90-92, 1965
2-3 July 1964 Eemmond, *Eemnes/Bunschoten* UT, adult summer; LM
  38: 90-92, 1965
2 July-27 October 1965 Gouderak, *Ouderkerk* ZH, adult summer;
  LM 40: 16, 1967
10 June 1969 Retranchement, *Sluis* ZL, flying past (to north-east);
  LM 45: 62, 1972
2-10 October 1973 Uithuizermeden, *Eemsmond* GR
28 August 1974 *Hulst* ZL
(18 August)12 September-8 November 1974 Anjum, *Dongeradeel* FR
  (2); van der Ploeg et al (1976; photo)
September 1974-4 March 1975 Arkel, *Gorinchem* ZH
12 October-1 November 1974 Pannerdense Veer, *Rijnwaarden* GL;
  cf van den Bergh et al (1979)
17 November 1974-18 February 1975 Lopik, *Lopik* & 1 March 1975
  Cabauw, *Lopik* UT
(2)23 January-mid February 1975 *Kampen* OV, dead; cf van den
  Bergh et al (1979)

3 February 1975 Oud-Alblas, *Graafstroom* ZH
12 March 1975 *Winterswijk* GL, dead
13 June 1975 Hollandse Kade, Nieuwkoopse Plassen, *Nieuwkoop*
  ZH; Peter Meininger (in litt)
c 26 August 1975 *Capelle aan den IJssel* ZH #
4 January 1976 Zevenhoven, *Liemeer* ZH
29 June-31 August 1976 *Nijkerk* GL; LM 52: 230, 1979
15 August 1976 *Borger* DR
(2)21 June-22 July 1977 (Het Zwin, Cadzand &) Retranchement,
  Sluis ZL; cf Buise & Tombeur (1988), Gunter De Smet (in litt)
10 July 1977 *Nederweert* LB
(1)7 August-27 December 1977 Beegden, *Heel* & Herten, *Roermond*
  & Linne (& Stevensweert), *Maasbracht* LB (2), both ringed; cf
  Ganzevles et al (1985)
2 September-15 November 1977 *Gennep* LB
30 October 1977 Ooypolder, *Ubbergen* GL
29 November 1977 Tienray, *Meerlo-Wanssum* LB
13-15 June 1978 Lutterzand, *Losser* OV; Knolle et al (1998)
4 May 1979 *Kampen* OV

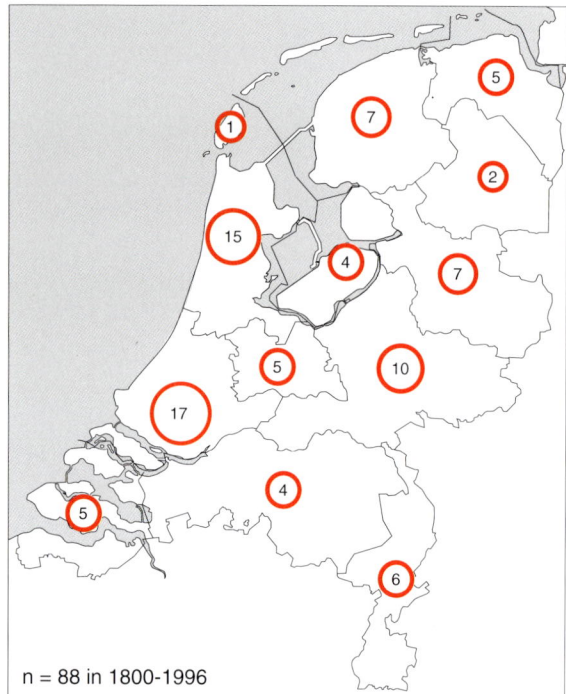

n = 88 in 1800-1996

Gevallen per provincie / Records per province
Koereiger / Cattle Egret

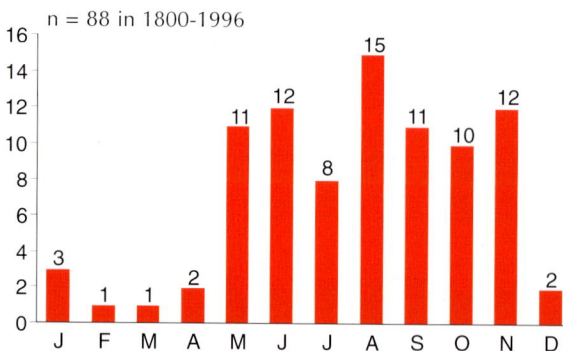

n = 88 in 1800-1996

Gevallen per maand / Records per month
Koereiger / Cattle Egret

12 May 1979 Wapenveld, *Heerde* GL
11-13 June 1979 De Schans, *Texel* NH
15 June 1979 Vogeleiland, Zwarte Meer, *Noordoostpolder* FL; cf Gerritsen & Lok (1986)
30 June 1979 *Weesp* NH
27 July-30 September 1979 Markenbinnen, *Graft-De Rijp/Uitgeest* NH (possibly, the same as the one on 30 June at Weesp)
28 April-August 1980 Markenbinnen, *Graft-De Rijp/Uitgeest* NH
27 July-9 August 1980 Zuidbeijerland, *Korendijk* ZH
4-8 August 1980 Makkum, *Wûnseradiel* FR; Vanellus 40: 136, 1987 (photo)
13 June-2 July 1981 Bleskensgraaf, De Donk & Oud-Alblas,

Graafstroom ZH; VJ 30: 118, 1982 (photo), contra LM 55: 126, 1982; contra LM 57: 18, 1984
18 August 1981 Arkemheen, *Nijkerk* GL
27 September 1981 *Lelystad* FL
9-31 May 1982 Wormer- en Jisperveld, *Wormerland* NH
30 May 1982 Oost-Knollendam, *Wormerland* NH
17 August-6 November 1982 Weerdinge, *Emmen* DR; LM 57: 19, 1984 (photo)
November 1982-June 1983 Oene, *Epe* GL; DB 5: 32, 1983 (photo); cf DB 4: 143, 1982; 5: 80, 1983
13 September-8 October 1983 Hoogkerk, *Groningen* GR (photographed); DB 5: 113, 1983; 6: 31, 1984, de Bruin & de Bruin (1997)
18 November-8 December 1984 Krommeniedijk, *Zaanstad* NH; VJ 33: 142, 1985 (photo), Duinstag 4: 26, 1989 (photo)
31 May 1985 *Oss* NB
20 October-20 November 1985 *Aalsmeer* NH, adult
27 July 1986 Sondel, *Gaasterlân-Sleat* FR; DB 13: 43, 1991
7-8 September 1986 Camperduin, *Schoorl* NH
29 October 1986 *Heiloo* NH; DB 19: 99, 1997
14 November 1986 *Hilversum* NH
8-14 December 1986 Zegveld, *Woerden* UT; DB 9: 37, 1987 (photo)
13 June 1987 *Steenbergen* NB, adult summer
25 July 1987 Wormer, *Zaanstad* NH; cf DB 9: 182, 1987; 20: 148, 1998, Vogeljaarkalender 1989: 15 (photo)
2 September-23 October 1987 *Schagen* NH
19-23 October 1987 *Oostzaan* NH; CDNA archives, VJ 36: 42, 1988 (photo)
28 May 1988 Onderwierum, *Bedum* GR
23 August 1988 Steile Bank, *Gaasterlân-Sleat* FR

Koereigers / Cattle Egrets *Bubulcus ibis*, 23 January 1989, Tricht, Geldermalsen, Gelderland *(Hans Gebuis)*

(13) October-19 November 1988 *Hardinxveld-Giessendam* ZH; DB Nieuwsbr 0: 6, 1988 (photo), Hans Gebuis (in litt)

13 January-1 February 1989 Tricht, *Geldermalsen* GL (**2**); DB Nieuwsbr 1: 24-25, 1989 (photos), Duinstag 4: 32, 1989 (photo), VJ 37: 141, 1989 (photo), DB 13: 42, 1991 (photo)

12-13 September 1989 Monnickendam, *Waterland* NH, adult summer

22 October 1989 Oud-Alblas, *Graafstroom* ZH, adult winter (photographed)

1-5 November 1989 *Deventer* OV, adult winter (photographed)

25 October-3 November 1990 *Lisse* ZH; DB 17: 90, 1995, VJ 39: 46, 1991 (photo)

24 November-2 December 1990 Hoogblokland, *Giessenlanden* ZH

16 December 1990 *Schiedam* ZH (photographed); DB 18: 106, 1996

9-24 November 1991 Biervliet, *Terneuzen* ZL (**2**), adult winter (photographed)

15 May 1992 Broekhuizerbroek, *Broekhuizen* LB (**2**); LV 5: 22-23, 1994, contra DB 19: 99, 1997

24 May 1992 De Haeck, *Nieuwkoop* ZH (**2**), adult summer; DB 20: 148, 1998

28 May 1992 Praamweg, *Lelystad* FL (**2**), adult summer

18-19 July 1992 *Lelystad* FL, adult

16 August 1992 Serooskerke, *Veere* ZL

4-6 September 1992 Noordbroek, *Menterwolde* GR; de Bruin & de Bruin (1997; photo)

5 November 1992 Horssen, *Druten* GL

7-8 November 1992 Bleskensgraaf, *Graafstroom* ZH; Edgar van Boheemen (in litt)

27-28 April 1993 Driessensven, *Bergen* LB; LV 4: 48-49, 1993, DB 19: 99, 1997

11-21 May 1993 Oostvaardersplassen, *Lelystad* FL

27 August-2 October 1993 Workum, *Nijefurd* FR

29 August 1993 Baambrugge, *Abcoude* UT

19 September-10 October 1993 *Rhenen* UT (max **2**) (photographed)

25 June-10 July 1994 Loo, *Duiven* GL, imm (photographed); DB 20: 148, 1998 (erroneous locality)

8-20 August 1994 Kornwerderzand, *Wûnseradiel* FR, adult winter (photographed)

Koereiger / Cattle Egret *Bubulcus ibis* & Knobbelzwaan / Mute Swan *Cygnus olor*, 26 August 1994, Oostpolder, Haren, Groningen (*Eric Koops*)

21 August-13 September 1994 Onner- en Oostpolder, *Haren* & Hoogkerk, *Groningen* GR, adult winter; Grauwe Gors 22: 123, 1994 (photo), DB 18: 110, 1996 (photo), de Bruin & de Bruin (1997)

31 August-11 September 1994 *Gouda* ZH, adult winter

7-8 October 1994 Anjum, *Dongeradeel* FR (**2**), adult & 1y (photographed)

4-6 November 1994 *Wassenaar* ZH (photographed); DB 19: 99, 1997

27 November-4 December 1994 *Wouw* NB, adult winter (photographed)

23 August 1995 Wanneperveen, *Brederwiede* OV

18-21 May 1996 Belt-Schutsloot, *Brederwiede* OV (photographed)

27 September 1996 *Boxtel* NB

Kleine Zilverreiger [2]

onregelmatige broedvogel
gehele jaar schaars

Egretta garzetta garzetta

J F M A M J J A S O N D

Little Egret

irregular breeding bird
scarce throughout year

Er zijn geen goed gedocumenteerde 19e eeuwse gevallen (contra LM 70: 119-125, 1997). De eerste 20e eeuwse gevallen betroffen exemplaren in juli 1901 te Gennep, Limburg (Levende Nat 7: 186, 1902), en op 28 juni-5 juli 1930 te Workumerwaard, Nijefurd, Friesland (Ardea 20: 72, 1931). Sinds c 1970 namen de aantallen toe en in augustus 1995 waren bijvoorbeeld alleen al in het Deltagebied ten minste 100 exemplaren aanwezig (DB 17: 220, 1995). Het eerste succesvolle broedgeval was in 1979 in de Oostvaardersplassen, Lelystad, Flevoland (DB 1: 99, 1979). In 1995-97 (mogelijk al 1994) broedde de soort in Westvoorne, Zuid-Holland. Sinds 1961 wordt hij ieder jaar gezien, in toenemend aantal. Een ringterugmelding op 9 januari 1971 te Amsterdam, Noord-Holland, dient als vervallen te worden beschouwd aangezien de vogel, na als nestjong op 12 juni 1968 in Tunesië te zijn geringd, werd gevangen en aan een handelaar verkocht (contra Vlek 1995, cf Kees Roselaar in litt). De soort werd tot 1 januari 1979 beoordeeld en in 1979-88 geregistreerd door de CDNA (LM 53: 27, 1980; 55: 125, 1982; 60: 30, 1987; 62: 117, 196, 1989).

There are no well-documented 19th century records (contra LM 70: 119-125, 1997). The first 20th century records were singles in July 1901 at Gennep, Limburg (Levende Nat 7: 186, 1902), and on 28 June-5 July 1930 at Workumerwaard, Nijefurd, Friesland (Ardea 20: 72, 1931). Since c 1970, the numbers increased; for instance, in August 1995, at least 100 individuals were present in the Delta area alone (DB 17: 220, 1995). The first successful breeding of the species was in 1979 at Oostvaardersplassen, Lelystad, Flevoland (DB 1: 99, 1979). In 1995-97 (possibly already 1994), it has bred in Westvoorne, Zuid-Holland. Since 1961, it has been seen annually, in increasing numbers. A ringing recovery on 9 January 1971 at Amsterdam, Noord-Holland, should be discarded since the bird was captured and sold to a bird trader after it had been ringed as a pullus on 12 June 1968 in Tunisia (contra Vlek 1995, cf Kees Roselaar in litt). Until 1 January 1979, the species was considered by CDNA and in 1979-88 registered in CDNA reports (LM 53: 27, 1980; 55: 125, 1982; 60: 30, 1987; 62: 117, 196, 1989).

Grote Zilverreiger [2]

zeldzame broedvogel
gehele jaar schaars

Casmerodius albus albus

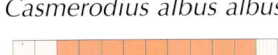
J F M A M J J A S O N D

Great Egret

rare breeding bird
scarce throughout year

Tot 1 januari 1985 werd de soort beoordeeld en in 1985-88 geregistreerd door de CDNA (LM 59: 15, 1986; 60: 30, 1987; 62: 117, 196, 1989).

Eykman et al (1941) noemen 1855 als jaar waarin de laatste exemplaren werden geschoten: in januari-februari te Breda, Noord-Brabant, en te Maastricht, Limburg, en op 2 februari te Zutphen, Gelderland. Pas na de Tweede Wereldoorlog werd de soort opnieuw gezien hoewel aanvankelijk nog als

Until 1 January 1985, the species was considered by CDNA and in 1985-88 registered in CDNA reports (LM 59: 15, 1986; 60: 30, 1987; 62: 117, 196, 1989).

Eykman et al (1941) mention 1855 as the year during which the last three individuals were shot: in January-February at Breda, Noord-Brabant, and Maastricht, Limburg, and on 2 February at Zutphen, Gelderland. The species was not seen again before the end of World War II and, at first, it remained

dwaalgast (Kist et al 1970). Zo werd op 2 november 1949 een exemplaar dood gevonden in Friesland (LM 25: 160, 1952). Vanaf 1976 werd de soort elk jaar vastgesteld, met name in Flevoland en te Makkum, Wûnseradiel, Friesland. In 1977 werden op verschillende plaatsen twee of drie vogels bij elkaar gezien zoals in de Nieuwkoopse Plassen, Zuid-Holland.

De soort heeft sinds 1978 gebroed met maximaal vijf paren (1995) in de Oostvaardersplassen, Lelystad, Flevoland, en bovendien in 1981 in Friesland, in 1992-93 in Noord-Holland en sinds 1992 in Zuid-Holland (LM 70: 119-225, 1997). In 1981-83 en in 1989 werden de eerste van verscheidene hybriden Grote Zilverreiger x Blauwe Reiger *Ardea cinerea* waargenomen (DB 6: 93-94, 1984 (foto's), Grauwe Gans 6: 29-30, 1990 (foto), cf LM 70: 104, 119-125, 1997). Op 10 mei 1982 bevond zich een exemplaar met geraniumrode poten (tibia en tarsus) en zwarte tenen in de Oostvaardersplassen (DB 4: 53, 1982); een dergelijk exemplaar werd ook vastgesteld op 9 mei 1991 te Hensies, Hainaut, België (Gunter De Smet in litt). Dit is een kenmerk van *C a modestus* uit Zuid-Azië maar het lijkt waarschijnlijker dat de nominaat in broedconditie kortstondig deze pootkleur kan vertonen.

a vagrant (Kist et al 1970). For instance, one was found dead on 2 November 1949 in Friesland (LM 25: 160, 1952). However, from 1976 onwards, it has been recorded annually, especially in Flevoland and at Makkum, Wûnseradiel, Friesland. Since 1977, two or three birds were seen together at several localities, including Nieuwkoopse Plassen, Zuid-Holland.

Since 1978, the species bred at Oostvaardersplassen, Lelystad, Flevoland (up to five pairs in 1995) and, besides, in 1981 in Friesland, in 1992-93 in Noord-Holland and since 1992 in Zuid-Holland (LM 70: 119-225, 1997). In 1981-83 and in 1989, the first of several hybrids Great Egret x Grey Heron *Ardea cinerea* were seen (DB 6: 93-94, 1984 (photos), Grauwe Gans 6: 29-30, 1990 (photo), cf LM 70: 104, 119-125, 1997). On 10 May 1982, an individual at Oostvaardersplassen had geranium-red legs (tibia and tarsus) and black toes (DB 4: 53, 1982); a similar bird was seen on 9 May 1991 at Hensies, Hainaut, Belgium (Gunter De Smet in litt). This is a feature for *C a modestus* from southern Asia but it seems more likely that, for a brief period, the nominate subspecies in breeding condition may show this leg colour when in breeding condition.

Blauwe Reiger [2]

algemene broedvogel
gehele jaar algemeen

Ardea cinerea cinerea

J F M A M J J A S O N D

Grey Heron

common breeding bird
common throughout year

Purperreiger [2]

schaarse broedvogel
schaarse zomergast

Ardea purpurea purpurea

J F M A M J J A S O N D

Purple Heron

scarce breeding bird
scarce summer visitor

OOIEVAARS Ciconiidae (n=2)

Zwarte Ooievaar [2]

schaarse doortrekker

Ciconia nigra

J F M A M J J A S O N D

Black Stork

scarce migrant

Geregistreerd door CDNA in 1976-88 (LM 55: 125, 1982; 60: 30, 1987; 62: 117, 196, 1989). De broedpopulatie in Wallonië telde in 1998 c 20 paren met c 65 grootgebrachte jongen.

Registered in CDNA reports in 1976-88 (LM 55: 125, 1982; 60: 30, 1987; 62: 117, 196, 1989). In 1998, the breeding population in eastern Belgium reached c 20 pairs with c 65 young being raised.

Ooievaar [2]

schaarse broedvogel
schaarse doortrekker en zomergast

Ciconia ciconia ciconia

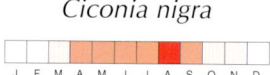

J F M A M J J A S O N D

White Stork

scarce breeding bird
scarce migrant and summer visitor

In 1995 werden 275 paren geteld (van Dijk et al 1997). Een deel van de populatie is afkomstig van herintroductieprojecten; een aantal adulte is standvogel (LM 69: 47-50, 1996).

In 1995, 275 pairs were counted (van Dijk et al 1997). A part of the population originates from re-introduction projects; a number of adults is resident (LM 69: 47-50, 1996).

IBISSEN Threskiornithidae (n=2)

Zwarte Ibis

vrij zeldzaam

Plegadis falcinellus falcinellus

Glossy Ibis

rather rare

Soort broedt in oostelijk Noord- en Midden-Amerika, Zuidoost-Europa, Afrika, Zuid-Azië en Australië.

Species breeds in eastern USA and Central America, southeastern Europe, Africa, southern Asia and Australia.

Zwarte Ibis / Glossy Ibis *Plegadis falcinellus*, adult, 9 December 1989, Nieuw-Lekkerland, Zuid-Holland *(Hans Gebuis)*

De gevallen van de soort zijn niet herzien. Alleen oude gevallen met voldoende informatie over datum (maand) en plaats (provincie) worden vermeld. Gevallen van vóór 1932 betreffen vogels die werden gevangen, verzameld of dood gevonden (cf Eykman et al 1941, 1949). De CDNA is voornemens de soort vanaf 1 januari 2000 niet meer te beoordelen.

In tegenstelling tot andere grote moerassoorten, zoals Kroeskoppelikaan *Pelecanus crispus* (vele eeuwen geleden; VJ 26: 209-217, 1978) en Ralreiger *Ardeola ralloides*, zijn er geen aanwijzingen dat deze soort ooit in Nederland heeft gebroed. Het jaarvoorkomen toont dat hij vaak werd waargenomen in 1900-03 (negen individuen), 1907-09 (21), 1932-38 (27), 1963-71 (26), 1979 (vijf) en vanaf 1986 (41 in 1986-94). De soort werd in lange tussenliggende perioden vrijwel niet vastgesteld. Zo is er geen enkel geval voor 1953-57 en 1972-78. In sommige jaren vonden duidelijke influxen plaats, zoals in 1909 (15 individuen), 1932 (17), 1963 (10) en 1994 (31). Grote groepen werden opnieuw gemeld in oktober 1996 (DB 18: 293-301, 1996), september 1997 (DB 19: 262, 1997) en oktober 1998 (DB 20: 247, 1998 (foto)). Twee ringterugmeldingen in 1926 betroffen vogels die in hetzelfde jaar in Hongarije waren geringd.

Zoals gebruikelijk bij minder zeldzame soorten werden er meer exemplaren waargenomen dan aanvaard door de CDNA (zie bijvoorbeeld Leys et al 1993). Dergelijke waarnemingen worden hier niet vermeld vanwege het gebrek aan documentatie. Een opmerkelijk voorbeeld is een op 28 december 1982 te Boornbergum, Smallingerland, Friesland, dood gevonden vogel die niet werd ingediend bij de CDNA (contra Vanellus 36: 19, 1983) en evenmin binnengebracht bij FNM (Johannes Fokkema in litt). Ook werden tijdens de influx van 1994 bijna tweemaal zoveel waarnemingen op de Dutch Birding-vogellijn ingesproken als ingediend bij de CDNA (cf DB 18: 106, 293-301, 1996).

Sinds 1980 blijken nogal eens op Zwarte Ibis gelijkende ibissoorten, zoals Puna-ibis *P ridgwayi*, uit gevangenschap te zijn losgelaten (cf BW 1: 57-58, 1988). Laatstgenoemde kan in vlucht worden onderscheiden door de korte pootprojectie (alleen een deel van de tenen steekt voorbij de staart). Vanwege deze problematiek is aanvaarding door de CDNA niet mogelijk zonder goede documentatie.

Het blijkt dat de soort in iedere maand voorkwam. Verreweg

The records of the species have not been reviewed. Only old records with sufficient information on date (month) and place (province) are listed. Pre-1932 records concern birds which were trapped, collected or found dead (cf Eykman et al 1941, 1949). It is the intention of CDNA no longer to consider the species from 1 January 2000.

In contrast with other large wetland species, such as Dalmatian Pelican *Pelecanus crispus* (many centuries ago; VJ 26: 209-217, 1978) and Squacco Heron *Ardeola ralloides*, there are no indications that this species ever bred in the Netherlands.

The annual pattern reveals that the species was often seen in 1900-03 (nine individuals), 1907-09 (21), 1932-38 (27), 1963-71 (26), 1979 (five) and from 1986 onwards (41 in 1986-94). It was much rarer or even absent for long periods between these years. For instance, there was not a single record during 1953-57 and 1972-78. In some years, influxes took place, for instance, in 1909 (15 individuals), 1932 (17), 1963 (10) and 1994 (31). Large flocks were again reported during October 1996 (DB 18: 293-301, 1996), September 1997 (DB 19: 262, 1997) and October 1998 (DB 20: 247, 1998 (photo)). Two ringing recoveries in 1926 concerned birds ringed the same year in Hungary.

As in other species which are less rare, there were more birds seen than submitted to CDNA (for instance, Leys et al 1993). Such sightings are not listed because of a lack in documentation. A remarkable example includes an individual found dead on 28 December 1982 at Boornbergum, Smallingerland, Friesland, which has not been submitted to CDNA (contra Vanellus 36: 19, 1983) and was not deposited at FNM (Johannes Fokkema in litt). Moreover, during the 1994 influx, about twice as many birds were reported to the Dutch Birding birdline than submitted to CDNA (cf DB 18: 106, 293-301, 1996).

Since 1980, dark ibises originating from captivity and resembling Glossy Ibis have been encountered, for instance, Puna Ibis *P ridgwayi* (cf BW 1: 57-58, 1988). The latter can be identified in flight by the short legs (only a part of the toes projects beyond the tail). As a consequence, acceptance of a record by CDNA is not possible without proper documentation.

The species has been seen in every month. The best period,

Zwarte Ibissen / Glossy Ibises *Plegadis falcinellus*, 30 September 1994, Stitswerd, Eemsmond, Groningen *(Theo Bakker)*

de beste periode met 75% van de gevallen is van eind augustus tot begin december. Een andere goede periode valt in mei-juni met 11% van de gevallen.

De soort is in iedere provincie vastgesteld. Het valt op dat er weinig gevallen zijn op de Friese waddeneilanden. De meeste zijn gezien in gebieden met natte weilanden in Noord- en Zuid-Holland.

with 75% of the records, is from late August to early December. A minor peak occurs in May-June with 11% of the records. It has been recorded in every province although few have occurred on the Wadden Islands of Friesland. Most records were from the wet-meadow habitats in Noord-Holland and Zuid-Holland.

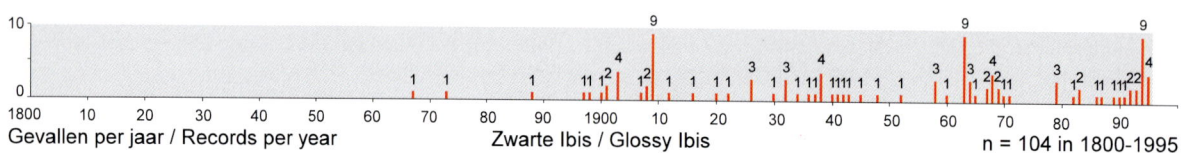

Gevallen per jaar / Records per year — Zwarte Ibis / Glossy Ibis — n = 104 in 1800-1995

104 records (163 individuals) in 1800-1995; 25 records (48 individuals) in 1980-95

October 1867 *Dussen* NB, dead
30 October 1873 *Zwartsluis* OV, 1y, dead (NNM)
9 November 1888 *Harderwijk* GL, 1y, dead (ZMA)
27 November 1896 *Aalsmeer* NH, 1y ♀, dead (ZMA) (not 1893; contra Eykman et al 1941); Kees Roselaar (in litt)
25 March 1897 Canisvliet, *Sas van Gent* ZL (**2**), 1 ♂ dead (KBIN); Giervalk 33: 111, 1943, Verheyen (1948), Gunter De Smet (in litt)
5 October 1900 *Schermer* NH, 1y ♂, dead (ZMA); Tijdschr Ned Dierkd Ver 2 (7): 40, 1901
early October 1901 Velp, *Rheden* GL (**2**), 1 dead; cf van den Bergh et al (1979)
3 December 1901 *Willemstad* NB (**2**), dead (1 1y ♂ ZMA)
29 August 1903 Eemnes-Buiten, *Eemnes* UT, 1y ♀, dead (ZMA)
3 September 1903 Vaassen, *Epe* GL, 1y ♀, dead (ZMA) (not 4 September; contra Eykman et al 1941); Kees Roselaar (in litt)
10 September 1903 *Kampen* OV, adult ♂, dead
10 September 1903 *Harderwijk* OV, 1y ♂, dead (ZMA)
September 1907 Groede, *Oostburg* ZL (**3**), 1 1y ♀ dead; van Havre (1928: 254), Gunter De Smet (in litt)
9 September 1908 Zuidland, *Bernisse* ZH (**2**), dead
early October 1908 Zaamslag, *Terneuzen* ZL, 1y ♀, dead
6 January 1909 *Wassenaar* ZH, dead (NMR; skull); Kees Moeliker (in litt)
20 October 1909 *Elburg* OV (**2**), dead (1 1y ♂ ZMA)
26 October 1909 Usquert, *Eemsmond* GR, trapped
5 November 1909 Pernis, *Rotterdam* ZH (**2**), ♀ & ♀, dead (NNM)
November 1909 Pannerden, *Rijnwaarden* GL (**5**), 1 dead
21 November 1909 *Kampen* OV, ♂, dead (ZMA); Kees Roselaar (in litt)
21 November 1909 *Spijkenisse* ZH, adult ♂, dead (NMR)
4 December 1909 Giethoorn, *Brederwiede* OV, adult ♂, dead (NNM)
10 December 1909 Akkerwoude, *Dantumadeel* FR, 1y, dead
early October 1912 Rinsumageest, *Dantumadeel* FR, 1y ♂, trapped

& dead (NNM); Ardea 5: 94, 1916
27 October 1916 *Den Bosch* NB, ♂, dead (NNM); Ardea 5: 93, 1916
3 November 1920 Workum, *Nijefurd* FR, adult ♀, dead (NNM); Ardea 12: 3, 1923
10 August 1922 *Raalte* OV, dead
9 September 1926 Oostvoorne, *Westvoorne* ZH, 1y, dead (Hungarian ring)
11 September 1926 *Breda* NB, 1y, dead (Hungarian ring)
September 1926 *Nederweert* LB, 1y, dead; Hens (1965)
7 November 1930 Haringvliet ZH, ♀, dead (NME)
14 October 1932 Nederasselt, *Heumen* GL (**2**), dead (at least 1)
23 October-November 1932 Hunsel & *Stramproy* LB (min **14**), 9 dead (of which a number shot across Belgian border at Molenbeersel & Kinroy, Limburg); Org Club Ned Vogelkd 5: 122, 1932 (photo; 8 specimens in a row, mounted in Belgium)
6 November 1932 Noordgouwe, *Brouwershaven* ZL, sighting; Ardea 22: 17, 1933
20/21 September 1934 *Willemstad* NB, 1y ♂, dead (NNM); Eykman et al (1941), Kees Roselaar (in litt)
20 September 1936 Zuidlaardermeer, *Haren/Hoogezand-Sappemeer/Zuidlaren* GR/DR (**4**), sighting; cf van Dijk & van Os (1982), Boekema et al (1983)
26 June 1937 *Huizen* NH, sighting; Ardea 27: 105, 1938, Eykman et al (1941), contra Alleyn et al (1971)
1-2 February(-27 March) 1938 *Klundert* NB, sighting; Ardea 28: 101, 1939
April-August 1938 Naardermeer, *Muiden/Naarden* NH, sighting; LM 11: 126, 1938
2 October 1938 Laaxum, *Nijefurd* FR, adult, sighting; Ardea 28: 101, 1939
15 October-17 December 1938 Koudum, *Nijefurd* FR, dead; LM 12: 129, 1939

8 November 1940 *Werkendam* NB, adult ♂, dead (NME); LM 13: 147, 1940

September 1941 Kortenhoef, *'s-Graveland* NH, 1y (ZMA); Kees Roselaar (in litt)

17 October 1942 *Wieringermeer* NH, 2y ♀ (ZMA); Kees Roselaar (in litt)

8 January 1943 *Ridderkerk* ZH, 1w ♂, dead; LM 16: 65, 1943

20 October 1945 *Oostzaan* NH (3), 1 adult ♂ dead (ZMA); Ardea 34: 382, 1946

26 September 1948 Camperduin, *Schoorl* NH; Ardea 40: 84, 1952, LM 27: 148, 1954

31 October 1952 Vondelingenplaat, *Tholen* ZL; Ardea 42: 321, 1954, LM 27: 148, 1954

July-August 1958 Breskens, *Oostburg* ZL; LM 33: 21, 1960

19-31 August 1958 Knardijk, *Lelystad/Zeewolde* FL; LM 32: 21, 1960

11 October 1958 Strand Horst, *Ermelo* GL; LM 32: 21, 1960

11 September 1960 Woubrugge, *Alphen aan den Rijn* ZH; LM 35: 49, 1962

29 September 1963 Vinkeveen, *De Ronde Venen* UT; LM 38: 28, 1965

20 October-3 November 1963 Eempolder & Eemmond, *Eemnes/Bunschoten* UT (also reported on 30 April & 1 October; Alleyn et al 1971); LM 38: 28, 1965

31 October-3 November 1963 Knardijk, Oost-Flevoland, *Lelystad* FL; LM 38: 28, 1965

31 October-3 November 1963 stort Lelystad, *Lelystad* FL; LM 38: 28, 1965

(29 August)1 November-2 December 1963 Dokkumer Nieuwe Zijlen, *Dongeradeel* FR (max **2**); LM 38: 28, 1965, van der Ploeg et al (1976; photo)

3 November 1963 infiltratiegebied Castricum, *Castricum* NH; LM 38: 28, 1965

(23 October-)6 November 1963 visvijvers *Lelystad* FL; LM 38: 28, 1965

16-26 November 1963 *Andijk* NH; LM 38: 28, 1965

17-24 November 1963 lighthouse *Enkhuizen* NH; LM 38: 28, 1965

29 May & 2 July 1964 Knardijk, Oost-Flevoland, *Lelystad* FL; LM 39: 44, 1966

21 June 1964 Naardermeer, *Muiden/Naarden* NH (flying past); LM 39: 44, 1966

22 July 1964 Boerenveense Plassen, Pesse, *Ruinen* DR; LM 39: 44, 1966

28 August 1965 Houtribsluizen, *Lelystad* FL (flying past); LM 40: 17, 1967

21 October & 4 November 1967 *Lelystad* FL; LM 42: 41, 1969

6-7 November 1967 Staverden, *Ermelo* GL (**3**); LM 42: 41, 1969

17-23 May 1968 *Vlaardingen* ZH; LM 43: 40, 1970

18 July 1968 Mokbaai, *Texel* NH; LM 43: 40, 1970

30 August 1968 *Westkapelle* ZL; LM 43: 40, 1970

(20 October-)2 November 1968 (*Eemnes* &) *Huizen* NH; LM 43: 40, 1970, Jonkers et al (1987)

6 October 1969 *Noordwijk* ZH; LM 45: 62, 1972

23 October 1969 Dalem, *Hoogeloon, Hapert en Casteren* NB, 1y ♂, dead (NNM); LM 45: 62, 1972

21 December 1970 Oost-Flevoland, *Dronten/Lelystad* FL; LM 45: 62, 1972

5 June-10 July 1971 Bijlmermeer, Amsterdam-Zuidoost, *Amsterdam* NH; LM 45: 62, 1972

26 August 1979 Amsterdamse Bos, *Amsterdam* NH (**3**); LM 54: 20, 1981

10-11 November 1979 Wormer- en Jisperveld, *Wormerland* NH; LM 54: 20, 1981

19 November-9 December 1979 Ouderkerk aan de Amstel, *Ouder-Amstel* NH; DB 1: 126, 1980 (photo)

28-29 October 1982 Hoogkerk, *Groningen* GR (also seen in Drenthe; Bert de Bruin pers comm); de Bruin & de Bruin (1997; photo)

13 May-13 August 1983 Oostvaardersplassen, *Lelystad* FL

29 October 1983 Ransdorp, *Amsterdam* NH

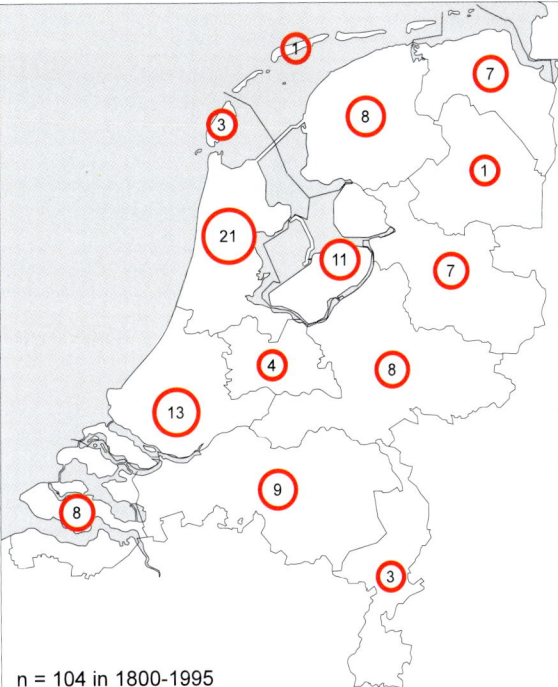

n = 104 in 1800-1995

Gevallen per provincie / Records per province
Zwarte Ibis / Glossy Ibis

17 December 1986-11 January 1987 Camperduin, *Schoorl* NH; DB 9: 80, 1987 (photo), LM 60: 196, 1987 (photo), Graspieper 7: 34, 1987 (photos)

18-21 November 1987 Kievitslanden, *Dronten* FL, 1w

6 December 1989-12 January 1990 *Nieuw-Lekkerland* ZH, adult; DB 12: 44, 1990 (photo); 13: cover, 43, 1991 (photos)

3 November 1990 Camperduin, *Schoorl* NH (**2**)

early December 1991 *Oldebroek* GL, adult winter ♂, dead (photographed)

3 May 1992 Lauwersmeer, *De Marne* GR, adult summer

9-13(14) May 1992 *Texel* NH, adult summer

6-15 June 1993 Laaxum, *Nijefurd* FR (photographed)

3-6 October 1993 Wolphaartsdijk, *Goes* ZL; DB 15: 284, 1993 (photo)

28 May 1994 Lepelaarsplassen, *Almere* FL, adult summer, flying; Roelof de Beer (pers comm)

10 September 1994 Kampina, *Boxtel/Oisterwijk* NB (**8**), 1w; DB 18: 300, 1996

24 September 1994 De Cocksdorp, *Texel* NH (**10**), 1w; DB 18: 301, 1996

27 September-2 October 1994 *Brunssum* LB; LV 6: 20-21, 1995 (photo)

27 September-8 October 1994 Stitswerd, *Eemsmond* GR (max **7**), 2 adult & 5 1w; DB 16: 261, 1994 (photo); 18: 298, 301, 1996 (photo), Grauwe Gors 22: 124, 1994 (photo), VJ 42: 286, 1994 (photo)

29 September-1 October 1994 *Terschelling* FR, adult winter (photographed)

10 October 1994 *'s-Gravenzande* ZH, 1w

4 November 1994-20 May(10 June) 1995 Heksloot, *Haarlem* NH, 1w; BB 88: 265, 1995 (photo), DB 17: 33, 1995 (photo); 18: 297, 1996 (photos), ter Ellen et al (1996), Geelhoed et al (1998)

11-23 November 1994 *Vlaardingen* ZH (photographed), 1w

7 April 1995 Welsrijp, *Littenseradiel* FR

(25)28-30 April 1995 Willige-Langerak, *Lopik* UT

3 May 1995 Eemshaven, *Eemsmond* GR; Grauwe Gors 23: 94, 1995 (photo), cf DB 19: 99, 1997

14 May 1995 Lauwersmeer, *De Marne* GR; DB 20: 148, 1998

voorlopige toevoegingen voor 1996-98 / provisional additions for 1996-98

4 October 1996 *Alphen aan den Rijn* ZH (**20**) (not (yet) submitted to CDNA); cf DB 18: 293-301, 1996

23 October 1996 *Oosterhout* NB (**8**) (not (yet) submitted to CDNA); cf DB 18: 293-301, 1996

8 June 1997 Dijkmanshuizen, *Texel* NH; CDNA archives

4 October 1998 Eemshaven, *Eemsmond* GR (**7**) & *Harlingen* FR (5) & 10-18 October Gaast, *Wûnseradiel* (5); DB 20: 247, 1998 (photo), CDNA archives

17 October 1998 Den Burg & Den Hoorn, *Texel* (**3**) & 18 October De Putten, Camperduin, *Schoorl* NH (3); CDNA archives

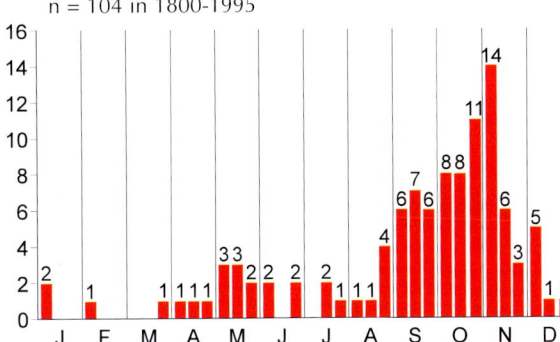

n = 104 in 1800-1995

Gevallen per 10 dagen / Records per 10 days
Zwarte Ibis / Glossy Ibis

Lepelaar [2]

algemene broedvogel

J F M A M J J A S O N D

Platalea leucorodia leucorodia

Eurasian Spoonbill

common breeding bird

FLAMINGO'S Phoenicopteridae (n=1)

Flamingo

zeldzaam

J F M A M J J A S O N D

Phoenicopterus roseus

Greater Flamingo

rare

Broedt in Zuid-Europa, West-Azië en Afrika. Dichtstbijzijnde grote broedkolonies in Zuid-Frankrijk, Catalonië en Sardinië.

De gevallen van de soort zijn niet herzien. Gevallen in 1800-1984 worden alleen vermeld als het geschoten en verzamelde individuen betreft (cf Eykman et al 1941, 1949) of als expliciet het (juiste) taxon wordt genoemd in CDNA-jaarverslagen. Een geval gepubliceerd voor 1981 stamt in feite uit 1989 (Jan van der Laan in litt, contra DB 15: 146, 1993). De soort wordt vanaf 1 januari 1993 niet meer door de CDNA beoordeeld (DB 14: 198, 1992; LM 66: 153, 160, 1993; 67: 164, 1994).

Er zijn geen aanwijzingen dat de soort in vorige eeuwen in het Noordzeegebied broedde. De in 1906 verzamelde vogel is het eerste geval en er zijn geen ongedateerde eerdere meldingen.
Sinds 1949 werd een aantal hier niet vermelde waarnemingen gepubliceerd die onvoldoende waren gedocumenteerd en andere soorten flamingo's niet uitsloten (Kist et al 1970, DB 9: 1-7, 1982; 14: 198, 1992). Bijgevolg bleek in 1940-77 slechts vijfmaal met zekerheid de in Zuid-Europa broedende soort te zijn vastgesteld. Sinds 1978 waren groepen van meer dan 30 ongedetermineerde flamingo's aanwezig, vooral in oktober-mei. De meeste meldingen in najaar en winter kwamen uit het zuidwesten (Deltagebied) en in voorjaar uit het Lauwersmeergebied (DB 9: 1-7, 1982). Het merendeel betrof uit gevangenschap afkomstige Chileense Flamingo *P chilensis*. Er bleken echter ook enkele Flamingo's aanwezig (cf Beekman et al 1986) en deze werden sinds 1984 zelfs ieder jaar opgemerkt, vaak in gemengde groepen met Chileense en soms enkele Caribische Flamingo's *P ruber*.
In 1983-95 heeft een jaarlijks groeiend aantal Chileense Flamingo's gebroed in het natuurreservaat van Zwillbrocker Venn, Nordrhein-Westfalen, Duitsland, op minder dan 700 m van de Nederlandse grens te Zwilbroek, Eibergen, Gelderland

Breeds in southern Europe, western Asia and Africa. Nearest large breeding colonies in southern France, Catalonia and Sardinia.

The records of the species have not been reviewed. For 1800-1984, only records of collected individuals are listed (cf Eykman et al 1941, 1949) or when the (right) taxon has been explicitly mentioned in CDNA reports. A record erroneously published for 1981 dated, in fact, from 1989 (Jan van der Laan in litt, contra DB 15: 146, 1993). The species is no longer considered by CDNA since 1 January 1993 (DB 14: 198, 1992; LM 66: 153, 160, 1993; 67: 164, 1994).

There are no indications that, in previous centuries, the species bred in the North Sea area. The bird collected in 1906 is the species' first record. There are no undated earlier reports. Since 1949, many sightings were published in addition to those listed here but most (if not all) were incompletely documented and did not exclude other flamingo species (Kist et al 1970, DB 9: 1-7, 1982; 14: 198, 1992). As a result, only five accepted Greater Flamingo records are known for 1940-77. Since 1978, flocks of more than 30 unidentified flamingos have been present, mostly in October-May. Most reports came from the south-west during autumn and winter, and from Lauwersmeer, Groningen, during spring (DB 9: 1-7, 1982). The majority of these birds referred to escaped Chilean Flamingo *P chilensis*. However, Greater Flamingos were also present (cf Beekman et al 1986), annually from 1984, often in mixed flocks with Chilean Flamingos and sometimes a few Caribbean Flamingos *P ruber*.
In 1983-95, an increasing number of Chilean Flamingo and, at least in 1993-95 but possibly earlier, also Greater Flamingos have been breeding successfully at Zwillbrocker Venn, Nordrhein-Westfalen, Germany. The breeding colony in this nature reserve is situated less than 700 m from the Dutch border at Zwilbroek, Eibergen, Gelderland (DB 13: 17,

Flamingo's / Greater Flamingos *Phoenicopterus roseus*, adult, 21 January 1985, Oostvoornse Meer, Westvoorne, Zuid-Holland (*Arnoud B van den Berg*)

(DB 13: 17, 1991; 15: 230, 1993; 17: 29, 1995, VJ 42: 208-217, 1994; 44: 199-201, 1996). In ieder geval in 1993-95 maar misschien reeds eerder, broedden ook Flamingo's met succes in deze kolonie. In 1991-95 brachten 37-40 flamingo's ten minste een deel van de zomer in dit reservaat door en tellingen in januari 1994-96 in Nederland resulteerden in 47-55 exemplaren (Flamingo-nieuwsbrief no 2, 1997). Ten minste tweederde daarvan betrof Chileense Flamingo's. In het algemeen wordt verondersteld dat de voorouders van al deze vogels uit gevangenschap afkomstig zijn maar er bestaat ook de mogelijkheid dat dwaalgasten uit Zuid-Europa of Zuidoost-Europa zich bij hen hebben aangesloten.

Het feit dat de soort jaren achtereen in het gehele jaar aanwezig bleef leidde bij de CDNA tot de beslissing om vanaf 1 januari 1993 geen gevallen meer te beoordelen. Vanaf 1993 is de situatie vooralsnog hetzelfde gebleven zoals wordt aangetoond door foto's van gemengde groepen op 28 januari 1996 in de Grevelingen, Zuid-Holland (VJ 44: 199, 1996) en op 28 mei 1996 op de Hellegatsplaten, Zuid-Holland (DB 18: 146, 1996). In sommige gevallen heeft de CDNA een poging ondernomen te beoordelen welke teruggekeerde individuen al voor eerdere jaren waren aanvaard. Het blijft echter moeilijk om een goed beeld te krijgen van het werkelijke aantal dat jaarlijks Nederland bezoekt.

De meeste gevallen zijn afkomstig van bekende flamingogebieden als de Lauwersmeer (Friesland/Groningen), de Friese IJsselmeerkust, de Oostvaardersplassen (Flevoland) en, in het zuidwesten, Grevelingen en Krammer-Volkerak (Zeeland/Zuid-Holland). Het geografische patroon van aanvaarde gevallen laat zien dat de vogels 's winters vaker dan 's zomers in het westen en zuid-westen van Nederland voorkomen. Ten oosten van 5°15'O, waar de provincies Groningen, Friesland en Flevoland liggen, komt meer dan 80% van de gevallen uit de zomerperiode april-augustus. Daarentegen is ten westen van deze lijn, voornamelijk in de provincies Noord-Holland, Zuid-Holland en Zeeland, tweederde van de gevallen uit de winterperiode september-maart.

1991; 15: 230, 1993; 17: 29, 1995, VJ 42: 208-217, 1994; 44: 199-201, 1996). Reportedly, in 1991-95, 37 to 40 flamingos spent at least part of the summer in this reserve, and mid-winter counts in January 1994-96 in the Netherlands resulted in 47 to 55 individuals (Flamingo-nieuwsbrief no 2, 1997). At least two-thirds of these were Chilean Flamingo. It is generally assumed that these birds' ancestors were of captive origin although there is a possibility that vagrant Greater from southern or south-eastern Europe joined the flock.

The species' continuing presence was one of the reasons why CDNA decided that it should no longer be considered from 1 January 1993. Since 1993, the situation remained much the same as evidenced by photographs of mixed flocks at Grevelingen, Zuid-Holland, on 28 January 1996 (VJ 44: 199, 1996) and Hellegatsplaten, Zuid-Holland, on 28 May 1996 (DB 18: 146, 1996). In some cases, CDNA attempted to judge which birds concerned the same returning individuals of previous years. Nevertheless, it remains difficult if not impossible to get a clear picture of the real numbers involved. Most records are from well-known flamingo wetlands like Lauwersmeer (Friesland/Groningen), the IJsselmeer coast of Friesland, Oostvaardersplassen (Flevoland) and, in the southwest, Grevelingen and Krammer-Volkerak (Zeeland/Zuid-Holland). The geographical pattern of accepted records confirms that during winter the birds tend to stay in the west and south-west. More than 80% of records east of 5°15'E, mostly in Groningen, Friesland and Flevoland, are from April-August. In contrast, two-thirds of records west of this longitudinal line, mostly in Noord-Holland, Zuid-Holland and Zeeland, are from September-March.

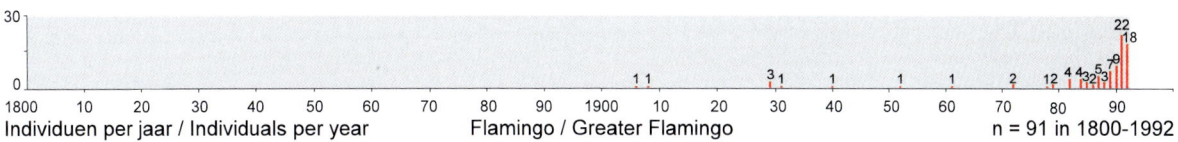

30 — 0

1800 10 20 30 40 50 60 70 80 90 1900 10 20 30 40 50 60 70 80 90

Individuen per jaar / Individuals per year   Flamingo / Greater Flamingo   n = 91 in 1800-1992

44 records (91 individuals) in 1800-1992; 31 records (77 individuals) in 1980-92

early December 1906 Hindeloopen, *Nijefurd* FR, dead; Notes Leyden Mus 30: 139, 1908

15 November 1908 Cornwerd, *Wûnseradiel* FR, adult ♂, dead; Notes Leyden Mus 31: 213, 1909

12 January 1929 *Wieringen* NH (2), 1 dead; Org Club Ned Vogelkd 2: 176-177, 1929

5 August 1929 Muiderberg, *Muiden* NH, dead (presumably same individual shot later at Blaricum NH)

24 December 1931 Biesbosch, *Dordrecht/Werkendam* ZH/NB, adult, dead

20-21 December 1940 Petten, *Zijpe* NH, dead (NNM; labelled 20 November 1940); LM 14: 61, 1941; 58: 68, 1985

13-31 July 1952 De Beer, Brielse Maas, *Brielle* ZH, adult; LM 25: 161, 1952 (photo)

28-29 December 1961 De Koog, *Texel* NH, dead (EM); cf DB 9: 1-7, 1987

11 June 1972 Lauwersmeer, *De Marne* GR; LM 47: 35, 1974

19 December 1972 Braakman, *Terneuzen* ZL; LM 47: 35, 1974

5 August-16 September 1978 Steile Bank, *Gaasterlân-Sleat* FR, adult

23 July-13 August 1979 Steile Bank, *Gaasterlân-Sleat* FR, adult

7-18 August 1979 Oudemirdum, *Gaasterlân-Sleat* FR, adult

12-26 June 1982 Steile Bank, *Gaasterlân-Sleat* FR (2), adult

27 June-3 July 1982 Oudemirdum, *Gaasterlân-Sleat* FR (2), adult

14 January 1984 Tacozijl, *Gaasterlân-Sleat/Lemsterland* FR, adult

19 June-9 August 1984 Steile Bank, *Gaasterlân-Sleat* FR (max 3), adult

21 January-16 March 1985 Oostvoornse Meer, *Westvoorne* ZH (max 3), adult; DB 7: 27, 1985 (photo); 9: 3, 1987 (photo); 16: 134, 1994, VJ 33: 189, 1985 (photo); 42: 211, 1994 (photo); 44: 200, 1996 (photo)

4 March 1986 Brouwersdam, *Goedereede* ZH, adult

20 August-24 September 1986 Steile Bank, *Gaasterlân-Sleat* FR, adult

11-16 August 1987 Lauwersmeer, *De Marne* GR, adult; DB 14: 74, 1992

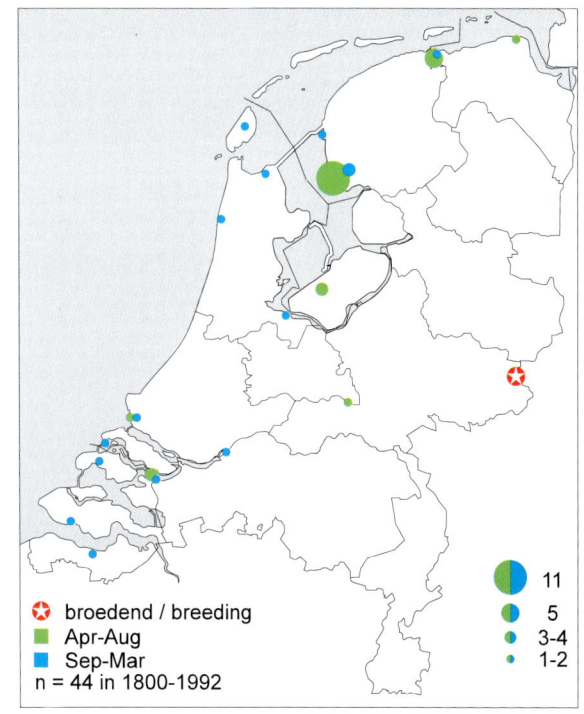

⊛ broedend / breeding
🟩 Apr-Aug
🟦 Sep-Mar
n = 44 in 1800-1992

11
5
3-4
1-2

Gevallen per locatie / Records per site
Flamingo / Greater Flamingo

29 August-23 September 1987 Steile Bank, *Gaasterlân-Sleat* FR, adult
29 November-3 December 1987 Sirjansland, *Duiveland* & 26-27 December Flaauwers Inlaag, *Middenschouwen* (max 2) & 29 December Sirjansland (2), adult & 18 February 1988 Sirjansland ZL (3), 2 adult & 1 1w
11 April 1988 Lauwersmeer, *De Marne* GR, adult
27 July-6 November 1988 Steile Bank, *Gaasterlân-Sleat* FR (max 2), adult
5-13 May 1989 Philipsdam, *Bruinisse* ZL (2), adult; DB 14: 74, 1992
24 June-25 November 1989 Oostvaardersplassen, *Lelystad* FL, adult; Grauwe Gans 6: 39, 1990 (photo), cf DB 15: 146, 1993, Jan van der Laan (in litt)
16 July-10 August 1989 Steile Bank, *Gaasterlân-Sleat* FR (max 2)
10-23 September 1989 Makkumerwaard, *Wûnseradiel* FR (photographed); DB 20: 148, 1998
23 September-3 November 1989 Lauwersmeer, *De Marne* GR, adult
1 May 1990 Lepelaarsplassen, *Almere* FL (2), adult

7 June 1990 Lauwersmeer, *De Marne* GR, adult (often regarded as same individual as seen here in 1987-89; cf DB 14: 74, 1992)
16 June-2 August 1990 Steile Bank, *Gaasterlân-Sleat* FR (6), adult
10 February 1991 Ritthem, *Vlissingen* ZL, adult
13 April 1991 Knardijk, *Lelystad* FL (2), adult
7-10 June 1991 Lauwersmeer, *De Marne* GR (6)
27 August-3 September 1991 & 17 November Philipsdam, *Bruinisse* ZL (5), adult (3 new: 2 were regarded same individuals as in May 1989)
30 August 1991 Knardijk/Oostvaardersdijk, *Lelystad* FL, adult
16 September 1991-11 January 1992 Philipsdam, *Bruinisse* ZL (9), 8 adult & 1 1w (photographed)
12 April 1992 *Rhenen* GL (6), adult
5 May 1992 Eemshaven, *Eemsmond* GR, imm (photographed)
22 July 1992 Philipsdam, *Bruinisse* ZL (3), 2 adult & 1 juv (photographed)
1-11 August 1992 Eemshaven, *Eemsmond* GR, adult
22 August 1992 Philipsdam, *Bruinisse* ZL (7), adult

SPERWERS Accipitridae (n=24)

Wespendief [2]

schaarse tot algemene doortrekker en broedvogel

Pernis apivorus

J	F	M	A	M	J	J	A	S	O	N	D

European Honey-Buzzard

scarce to common migrant and breeding bird

Grijze Wouw

zeer zeldzaam

Elanus caeruleus caeruleus

Black-winged Kite

very rare

Broedt in Zuidwest-Europa en Afrika.

Het dichtstbijzijnde broedgebied is Aquitaine, Frankrijk, met vier broedparen in 1996 (Ornithos 4: 100, 1997). Sinds c 1984 is de soort steeds vaker als dwaalgast in Midden-Europa vastgesteld. In 1995 waren er bijvoorbeeld zes meldingen in Duitsland, Noord-Frankrijk en Zwitserland (cf DB 17: 76, 119, 1995, Limicola 11: 169, 1997). Het eerste geval voor België betrof een vogel te Thuillies, Hainaut, op 27-28 april 1992 (Aves 31: 4, 1994). Het eerste Nederlandse geval is extra bijzonder omdat het dateert van vóór deze toename ten noorden van de Pyreneeën. Het tweede geval in maart 1998 werd op dezelfde dag ontdekt als de eerste voor Denemarken. Een eerstejaars vogel die als verkeersslachtoffer werd opgeraapt op 24 oktober 1992 te Hazeldonk, Rijsbergen, Noord-Brabant, is niet aanvaard omdat de naam van de vinder onbekend bleef (DB 14: 243, 1992 (foto)).

Breeds in south-western Europe and Africa.

The nearest regular breeding area (with four pairs in 1996) is Aquitaine, France (Ornithos 4: 100, 1997). Since c 1984, the species has been recorded with increasing frequency as a vagrant in central Europe. For instance, in 1995, it was reported six times in northern France, Germany and Switzerland (cf DB 17: 76, 119, 1995, Limicola 11: 169, 1997). The first for Belgium was at Thuillies, Hainaut, on 27-28 April 1992 (Aves 31: 4, 1994). The first Dutch record is remarkable because it dates from before the increase of records north of the Pyrenees. The second Dutch record in March 1998 was discovered on the same day as the first for Denmark. A first-year bird found as a roadkill on 24 October 1992 at Hazeldonk, Rijsbergen, Noord-Brabant, has not been accepted because the identity of the finder remained unknown (DB 14: 243, 1992 (photo)).

Grijze Wouw / Black-winged Kite *Elanus caeruleus*, 31 May 1971, Knardijk, Zeewolde, Flevoland *(Wim J A Schipper)*

31 May 1971 Knardijk, *Zeewolde* FL; LM 46: 93-94, 1973 (photos)

voorlopige toevoegingen voor 1997-98 / provisional additions for 1997-98
29-31 March 1998 De Cocksdorp, *Texel* NH; Alula 4: 70, 1998
(photo), BW 11: 133, 1998 (photo), DB 20: 85, 98-100, 1998
(photos), Noordhollandsch Dagblad 31 March 1998 (photo),
Takkeling 6: 141-142, 1998 (photo), Plomp et al (1999)

Grijze Wouw / Black-winged Kite *Elanus caeruleus*,
29 March 1998, De Cocksdorp, Texel, Noord-Holland
(*Arnoud B van den Berg*)

n = 2 in 1800-1998

Gevallen per locatie / Records per site
Grijze Wouw / Black-winged Kite

Grijze Wouw / Black-winged Kite *Elanus caeruleus*,
30 March 1998, De Cocksdorp, Texel, Noord-Holland
(*René van Rossum*)

Zwarte Wouw [2] | *Milvus migrans migrans* | Black Kite

onregelmatige broedvogel
schaarse doortrekker

J F M A M J J A S O N D

irregular breeding bird
scarce migrant

Er zijn slechts 11 gevallen bekend in 1800-1938 (Eykman et
al 1941). Sindsdien zijn de aantallen aanzienlijk toegenomen
(cf Kist et al 1970). Voor een bespreking van het verloop van
de voorjaarstrek (in 1979), zie (DB 1: 42-45, 1979.

Only 11 records are known for 1800-1938 (Eykman et al
1941). Since, numbers have increased considerably (cf Kist et
al 1970). For the pattern of spring migration (in 1979), see DB
1: 42-45, 1979.

eerste twee broedgevallen / first two breeding records
May 1984 De Wieden, *Brederwiede* OV, nest & 3 eggs (unsuccessful); LM 58: 122-123, 1985

12 May-3 September 1996 *Voorst* GL, nest & 1 young fledged;
Takkeling 4 (3): 15-20, 1996

Rode Wouw [2] | *Milvus milvus* | Red Kite

onregelmatige broedvogel
schaarse doortrekker en onregelmatige wintergast

J F M A M J J A S O N D

irregular breeding bird
scarce migrant and irregular winter visitor

Sinds 1976 vonden onregelmatig broedgevallen plaats, met
name in Gelderland, Limburg, Noord-Brabant en Overijssel.
Het aantal broedparen is nooit hoger geweest dan vijf (cf
Teixeira 1979). Voor de 19e eeuw noemen Eykman et al
(1941) een mogelijk broedgeval in 1852.
Voor 1900-41 zijn slechts 25 waarnemingen bekend maar
sindsdien is sprake van een sterke toename (Kist et al 1970).
Voor een bespreking van het verloop van de voorjaarstrek
(voor 1983-88), zie LM 61: 193, 1988.

Since 1976, breeding has taken place irregularly in
Gelderland, Limburg, Noord-Brabant and Overijssel. The
number of breeding pairs has never been higher than five (cf
Teixeira 1979). During the 19th century, possible breeding
has been reported for 1852 (cf Eykman et al 1941).
There are only 25 sightings known in 1900-41. However,
numbers have increased considerably since (Kist et al 1970).
For the pattern of spring migration (in 1983-88), see LM 61:
193, 1988.

Witbandzeearend   *Haliaeetus leucoryphus*   Pallas's Fish Eagle

zeer zeldzaam

very rare

Broedt in Centraal- en Zuid-Azië, vermoedelijk van de oost-oever van de Kaspische Zee oostwaarts; overwintert van Saudi Arabië oost tot Birma.

In het noorden van zijn verspreidingsgebied, in Kazakhstan en Turkmenistan, is de soort een trekvogel die in september wegtrekt (Glutz von Blotzheim et al 1971). In de eerste helft van de 20e eeuw kwam hij westelijker voor (Cramp & Simmons 1980). Er zijn uit die periode dwaalgasten bekend van Finland (juni 1926), Polen (juni 1943) en Noorwegen (juli 1949). De soort broedt thans waarschijnlijk niet meer in de Wolgadelta maar mogelijk nog wel langs de noordoost-kust van de Kaspische Zee, Kazakhstan (Peter Barthel pers comm). Recent is aangetoond dat het huidige wintergebied zich zuidwestelijk uitstrekt tot in Saudi Arabië (cf Bull Ornithol Soc Middle East 33: 3-6, 1994, DB 16: 78, 1994). Naar wordt aangenomen, werd het Nederlandse exemplaar eerder in 1976 in Denemarken en Schleswig-Holstein, Duitsland, gemeld en verbleef hij van 29 september tot 10 oktober 1976 op Scharhörn, Niedersachsen, Duitsland (Ornithol Mitt 29: 12-13, 1977). Zowel in Denemarken als in Duitsland werd hij als een uit gevangenschap afkomstige vogel beschouwd vanwege zijn tamheid en het gesleten verenkleed (cf Ornithol Mitt 29: 122, 1977). De CDNA zal vermoedelijk beslissen deze mening te volgen en dit geval alsnog af te wijzen (Wim Wiegant pers comm, cf DB 2: 6-7, 1980).

Breeds in central and southern Asia, presumably from the eastern shore of Caspian Sea eastward; winters from Saudi Arabia east to Burma.

In the north of its breeding area, in Kazakhstan and Turkmenistan, the species leaves during September (Glutz von Blotzheim et al 1971). During the first half of the 20th century, it had a more westerly breeding range (Cramp & Simmons 1980). In that period, vagrants were recorded in Finland (June 1926), Poland (June 1943) and Norway (July 1949). Nowadays, it probably no longer breeds at Volga delta but might still breed along the north-eastern shore of the Caspian Sea, Kazakhstan (Peter Barthel pers comm). Recently, it has been shown that the present winter area reaches south-west to Saudi Arabia (cf Bull Ornithol Soc Middle East 33: 3-6, 1994, DB 16: 78, 1994). It is assumed that the Dutch individual was previously reported in 1976 in Denmark and Schleswig-Holstein, Germany, and that it stayed from 29 September to 10 October 1976 on Scharhörn, Niedersachsen, Germany (Ornithol Mitt 29: 12-13, 1977). Both in Denmark and in Germany, it was regarded as an escape due to its tameness and worn plumage (cf Ornithol Mitt 29: 122, 1977). CDNA will probably decide to follow this view and reject this record (Wim Wiegant pers comm, cf DB 2: 6-7, 1980).

1 record in 1800-1996; none in 1980-96

12 October 1976 Kleuterweg, Barneveldse Beek, *Barneveld* GL, adult; DB 2: 6-7, 1980 (photo), van den Berg et al (1990): 25 (photo)

n = 1 in 1800-1996

Gevallen per maand / Records per month
Witbandzeearend / Pallas's Fish Eagle

Witbandzeearend / Pallas's Fish Eagle *Haliaeetus leucoryphus*, adult, 12 October 1976, Barneveld, Gelderland *(Anton Bruijn)*

Zeearend [2]   *Haliaeetus albicilla*   White-tailed Eagle

schaarse wintergast

scarce winter visitor

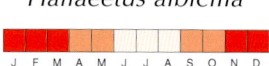

J F M A M J J A S O N D

Geregistreerd door CDNA in 1976-88 (LM 55: 125, 1982; 60: 30, 1987; 62: 117, 197, 1989).

De soort heeft in 1800-1997 niet gebroed en eerdere broedgevallen zijn evenmin bekend. In de 19e eeuw was het in de winter een bekende verschijning waarvan jaarlijks gemiddeld 41 doodgeschoten exemplaren werden geregistreerd (LM 63: 136, 1996). In de 20e eeuw waren de aantallen duidelijk lager.

Registered in CDNA reports in 1976-88 (LM 55: 125, 1982; 60: 30, 1987; 62: 117, 197, 1989).

The species has not bred in 1800-1997 and there are also no known pre-1800 breeding records. In the 19th century, it was a familiar wintering bird of which, on average, 41 were shot each year (LM 63: 136, 1996). Obviously, the numbers wintering in the 20th century were much lower.

Vale Gier   *Gyps fulvus fulvus*   Eurasian Griffon Vulture

zeldzaam

rare

Broedt in Zuid-Europa, Noord-Afrika en westelijk Centraal-Azië.

De zes vogels van 1944 zijn vrijwel zeker met de in de Tweede Wereldoorlog vanuit het zuiden oprukkende geal-

Breeds in southern Europe, northern Africa and western central Asia.

Presumably, the six birds in 1944 followed allied forces coming from the south during the second world war, until at

lieerde legers meegetrokken alvorens er ten minste drie door Engelse militairen werden geschoten (LM 35: 165, 1962, DB 17: 133-140, 1995, Voous 1995). Opmerkelijk genoeg werden er op 25 juni 1998 te Draaibrug, Sluis-Aardenburg, Zeeland, opnieuw zes gemeld.

Het gekleurringde (A1) exemplaar dat in 1993 bij Amsterdam, Noord-Holland, werd ontdekt bleek in september 1987 als eerstejaars nabij de Adriatische kust gevangen te zijn. Ten behoeve van een herintroductieproject verbleef hij tot 5 februari 1992 in gevangenschap om vervolgens samen met een ♀ te worden losgelaten ten noordwesten van Udine in de Italiaanse Alpen waar beide op 21 april 1992 voor het laatst werden gezien. Het ♀ werd op 14 augustus 1992 geschoten in Vorarlberg, Oostenrijk. A1 werd op 9 november 1995 in Slovenië geschoten (DB 17: 133-140, 250, 1995).

least three were shot by English military (LM 35: 165, 1962, DB 17: 133-140, 1995, Voous 1995). Remarkably, again six were reported on 25 June 1998 at Draaibrug, Sluis-Aardenburg, Zeeland.

The colour-ringed (A1) individual discovered in 1993 near Amsterdam, Noord-Holland, had been trapped in September 1987 near the Adriatic coast and kept in captivity until it was released together with a ♀ on 5 February 1992 as part of a re-introduction project north of Udine in the Italian Alps, where both birds were last seen on 21 April 1992. The ♀ was shot on 14 August 1992 in Vorarlberg, Austria. A1 was shot on 9 November 1995 in Slovenia (DB 17: 133-140, 250, 1995).

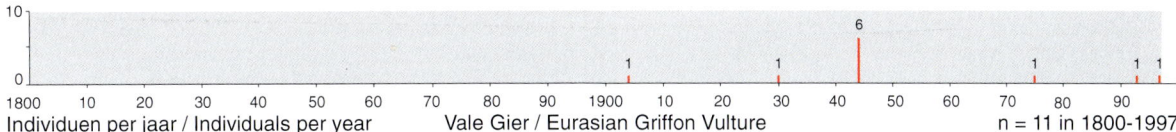

Individuen per jaar / Individuals per year   Vale Gier / Eurasian Griffon Vulture   n = 11 in 1800-1997

5 records (10 individuals) in 1800-1996; 1 record in 1980-96

10 June 1904 Dinteloord, *Dinteloord en Prinsenland* NB, ♂, dead; DB 17: 135, 1995 (photo), contra van Erve et al (1967)

mid June 1930 Twijzel, *Achtkarspelen* FR, juv, dead (NNM); DB 17: 138, 1995 (photo)

4 October 1944 Wijbos en Rooise Dijk, *Schijndel* NB (6) (3 dead; shot by English military); DB 17: 138, 1995 (photo)

30 July 1975 Nijega/Oudega, *Smallingerland* & 31 July Wommels, *Littenseradiel* & 2 August Mokkebank, Laaxum, *Nijefurd* FR; DB 17: 138, 1995 (photo)

28 April-3 May 1993 Durgerdam/Ransdorp, *Amsterdam* NH, 7y ♂, colour-ringed (last seen on 26 April 1992 in northern Italy; shot 9 November 1995 in Slovenia); BW 6: 227, 1993 (photo), DB 15: 139, 1993 (photo); 17: 133-140, 250, 1995 (photos), VJ 41: 191, 1993 (photo), BB 87: 5, 1994 (photo)

voorlopige toevoegingen voor 1997-98 / provisional additions for 1997-98

2 June 1997 Hoge Veluwe, *Ede* GL; CDNA archives, DB 19: 140, 1997 (photo) (possibly, also on 12 June at Well, *Bergen* LB; LV 9: 71-72, 1998)

25 June 1998 Draaibrug, *Sluis-Aardenburg* ZL (6) (photographed) (not (yet) accepted by CDNA)

n = 11 in 1800-1997

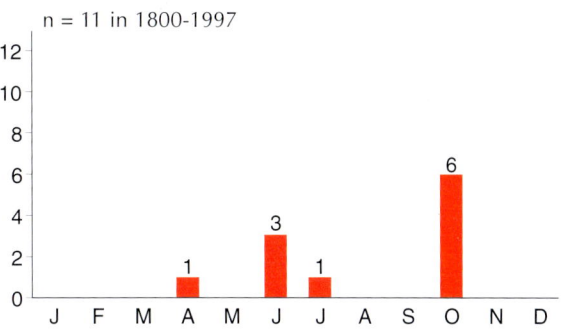

Individuen per maand / Individuals per month
Vale Gier / Eurasian Griffon Vulture

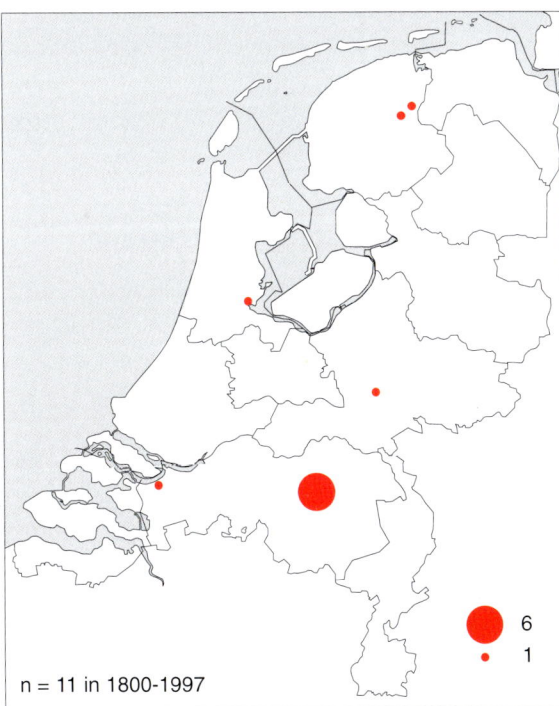

n = 11 in 1800-1997

Individuen per locatie / Individuals per site
Vale Gier / Eurasian Griffon Vulture

Vale Gier / Eurasian Griffon Vulture *Gyps fulvus*, seventh-year ♂ & Bruine Kiekendief / Western Marsh Harrier *Circus aeruginosus*, 28 April 1993, Durgerdam, Amsterdam, Noord-Holland (*Hans ter Haar*)

Monniksgier

Aegypius monachus

Eurasian Black Vulture

zeer zeldzaam

very rare

Broedt in Zuid-Europa, Midden-Oosten en Centraal-Azië.

Breeds in southern Europe, Middle East and central Asia.

Het is aangetoond dat de soort zich over grote afstanden kan verplaatsen (BB 87: 613-622, 1994; 88: 607-608, 1995). Voorbeelden zijn exemplaren die de zee overstaken naar Japan. Een in november 1996 in Sierra de Guadarrama, Madrid, Spanje, gekleurringde eerstejaars vogel werd in augustus 1997 aangetroffen in de Cévennes, Frankrijk, 1000 km naar het noorden (Ricard Gutiérrez in litt). Recentelijk zijn herintroductieprojecten gestart in voormalige broedgebieden in Midden-Europa waar de soort met name in de 19e eeuw is verdwenen. Zo bevonden zich in 1996 19 geïntroduceerde exemplaren in het zuiden van het Massif Central; in Cévennes, Lozère, vond in 1996 bovendien het eerste succesvolle broedgeval in de 20e eeuw voor Frankrijk plaats (Ornithos 3: 97-117, 198-199, 1996; 4: 100, 1997). Men kan hieruit concluderen dat ook in de toekomst waarnemingen van de soort in Nederland mogelijk zijn.

It has been shown that the species is capable of long-distance movements (BB 87: 613-622, 1994; 88: 607-608, 1995). Examples include birds crossing the sea to Japan. A first-year colour-marked in November 1996 in Sierra de Guadarrama, Madrid, Spain, was found in August 1997 1000 km to the north in the Cévennes, France (Ricard Gutiérrez in litt). In recent years, re-introduction projects have started in parts of central Europe where the species became extinct during the 19th century. For instance, in 1996, 19 introduced individuals were present in the south of Massif Central; also in 1996, in Cévennes, Lozère, the first 20th century successful breeding for France occurred (Ornithos 3: 97-117, 198-199, 1996; 4: 100, 1997). As a consequence, it seems possible that, in future, the species might be encountered again in the Netherlands.

Monniksgier / Eurasian Black Vulture *Aegypius monachus*, ♀, skin (NNM), collected 12 October 1948 (photographed April 1983), Beneden-Leeuwen, West Maas en Waal, Gelderland *(Arnoud B van den Berg)*

n = 1 in 1800-1996

Gevallen per locatie / Records per site
Monniksgier / Eurasian Black Vulture

1 record in 1800-1996; none in 1980-96

12 October 1948 Beneden-Leeuwen, *West Maas en Waal* GL, ♀, dead (NNM); Ardea 43: 175-176, 1955, BB 87: 618-619, 1994 (photo), DB 18: 166, 170, 1996 (photo)

Slangenarend

Circaetus gallicus

Short-toed Eagle

zeldzaam

rare

Dichtstbijzijnde broedgebieden in Frankrijk en Polen; overwintert in Afrika.

Nearest breeding areas in France and Poland; winters in Africa.

De eerste vier gevallen betroffen vogels die mogelijk door voedselgebrek een slechte conditie bezaten. In de zomers van 1996 en 1997 bevonden zich op de Veluwe, Gelderland, voor het eerst vogels die aantoonden geen problemen te ondervinden met het vinden van voedsel (reptielen). Hoewel ze enig territoriaal gedrag vertoonden, is in beide jaren geen nest gevonden. Het broedgebied van de soort strekte zich in de 19e eeuw uit tot in Duitsland, Denemarken (laatst in 1882; Olsen 1992a) en vermoedelijk België (Eykman et al 1941).

The first four records concerned birds in an emaciated state, possibly due to a lack of food. The two in the summers of 1996 and 1997 at Veluwe, Gelderland, were the first which fed successfully (on reptiles). In both years, the birds showed some territorial behaviour but no nest was found. In the 19th century, the breeding area included Denmark (last in 1882; Olsen 1992a), Germany and, presumably, Belgium (Eykman et al 1941).

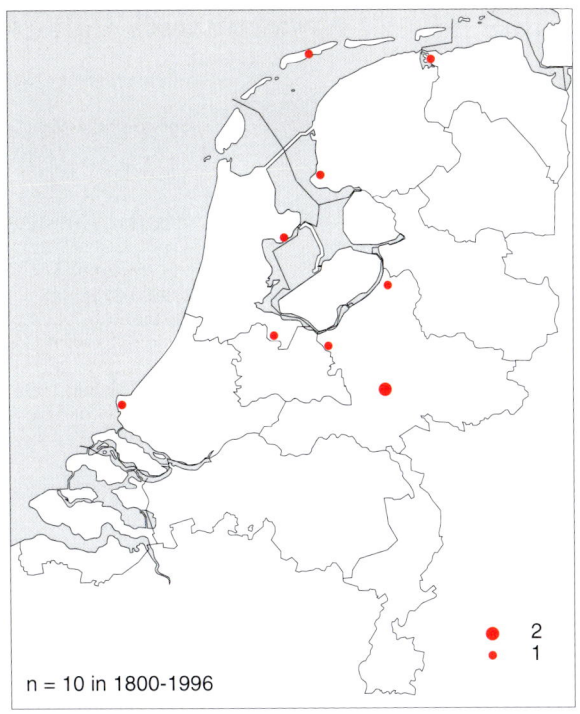

n = 10 in 1800-1996

2
1

Individuen per locatie / Individuals per site
Slangenarend / Short-toed Eagle

Slangenarend / Short-toed Eagle *Circaetus gallicus*, 5 August 1996, Hoge Veluwe, Ede, Gelderland *(Arnoud B van den Berg)*

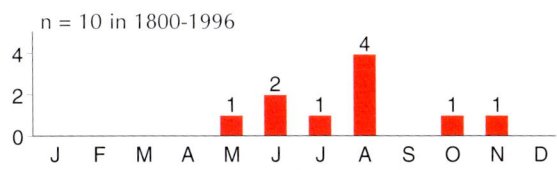

Individuen per maand / Individuals per month
Slangenarend / Short-toed Eagle

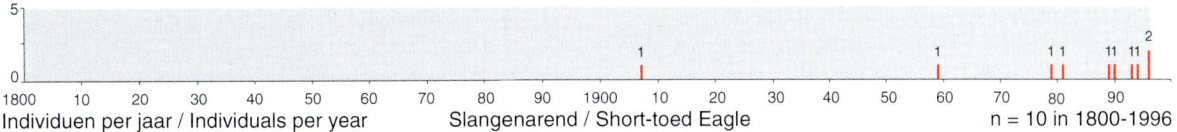

Individuen per jaar / Individuals per year   Slangenarend / Short-toed Eagle   n = 10 in 1800-1996

9 records (10 individuals) in 1800-1996; 6 records (7 individuals) in 1980-96

mid November 1907 *Oldebroek* GL, dead (ZMA)
27 October 1959 Bocht fan Molkwar, Molkwerum, *Nijefurd* FR, trapped; DB: 12: 70-71, 1990 (photo)
2 June 1979 Wijdenes, *Venhuizen* NH, ♂, dead (ZMA) (died 5 June); DB 1: 100-101, 1980 (photo)
8-9 August 1981 Maasvlakte/Westplaat, *Rotterdam/Westvoorne* ZH, 2y, dead; DB 3: 73-76, 1981 (photos); 8: 19, 1986 (photo)
26 June 1989 *Nederhorst den Berg* NH (flying past)
31 July 1990 *Hoevelaken* GL (flying past)

2 August 1993 *Terschelling* FR; BW 6: 314, 1993 (photo), DB 15: 237, 1993 (photo)
11 May 1994 Lauwersmeer, *De Marne* GR; Grauwe Gors 23: 113-114, 1995
(mid July)4-29 August 1996 (**2** until 15 August) & 27 May-17 August 1997 (possibly 2 on 29 June) Deelense Was, Hoge Veluwe, *Ede* & Hoog Buurlosche Heide, *Apeldoorn* (27 May & 26 July 1997) GL; BW 9: 301, 1996 (photo), DB 18: 209, 213, 1996 (photos); 20: 147, 1998 (photo), VJ 44: 238, 1996 (photo), Opperman et al (1997)

Slangenarend / Short-toed Eagle *Circaetus gallicus*, second-year, 9 August 1981, Maasvlakte, Rotterdam, Zuid-Holland *(René Pop)*

Bruine Kiekendief [2]

algemene broedvogel
algemene doortrekker en zomergast,
schaarse wintergast

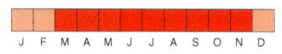

Circus aeruginosus aeruginosus

J F M A M J J A S O N D

Western Marsh Harrier

common breeding bird
common migrant and summer visitor,
scarce winter visitor

Blauwe Kiekendief [2]

schaarse broedvogel
algemene doortrekker en wintergast

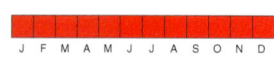

Circus cyaneus cyaneus

J F M A M J J A S O N D

Hen Harrier

scarce breeding bird
common migrant and winter visitor

Steppekiekendief

zeldzaam

Circus macrourus

Pallid Harrier

rare

Broedt in Oost-Europa en Centraal-Azië; overwintert in Afrika en Zuid-Azië.

Vooral in het voorjaar wordt de soort regelmatig iets ten oosten van Nederland waargenomen. In Denemarken worden er bijvoorbeeld sinds 1981 ieder jaar één tot vijf gezien (Olsen 1992a). Daarentegen is er geen enkel geval in 1953-92 voor Brittannië. Het voorkomen in Noordwest-Europa heeft vaak het karakter van een influx. Van 130 Zweedse gevallen waren er bijvoorbeeld 17 in 1952 en 13 in 1988 (Risberg 1990). Met name buiten zijn normale broedgebied komt paarvorming met de drie andere Europese kiekendiefsoorten voor (cf DB 9: 21-24, 1987; 17: 119, 1995). In juni-juli 1993 vond te Savukoski, Lappland, Finland, zelfs voor het eerst een geslaagd broedgeval plaats van een ♂ gepaard met een ♀ Grauwe Kiekendief *C pygargus* waarbij drie jongen werden grootgebracht (DB 17: 102-106, 1995).
De meest intrigerende Nederlandse gevallen betroffen twee juveniele in de vierde week van augustus 1935 die in hetzelfde terrein werden geschoten; er is echter geen informatie over een mogelijk broedgeval.

Breeds in eastern Europe and central Asia; winters in Africa and southern Asia.

Mainly in spring, the species occurs regularly just to the east of the Netherlands. For instance, since 1981, one to five are seen annually in Denmark (Olsen 1992a). In contrast, there is not a single record in 1953-92 for Britain. It often occurs in influxes in north-western Europe. For instance, out of 130 Swedish records, 17 were in 1952 and 13 in 1988 (Risberg 1990).
Especially away from its normal breeding area, pair-bonds with the three other European harrier species occur (cf DB 9: 21-24, 1987; 17: 119, 1995). In June-July 1993, for the first time, a ♂ paired with a ♀ Montagu's Harrier *C pygargus* successfully raised three young at Savukoski, Lappland, Finland (DB 17: 102-106, 1995).
The two most intriguing Dutch records concerned two juveniles collected in the same area during the fourth week of August 1935; there is, however, no information about a possible breeding record.

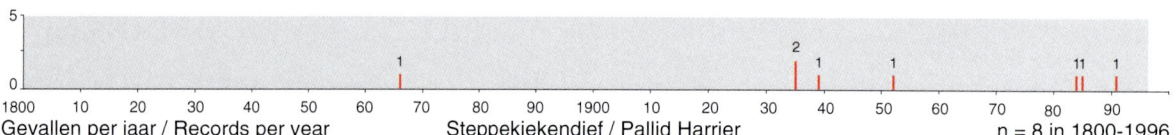

Gevallen per jaar / Records per year   Steppekiekendief / Pallid Harrier   n = 8 in 1800-1996

Steppekiekendief / Pallid Harrier *Circus macrourus*, ♂
& Blauwe Kiekendief / Hen Harrier *C cyaneus*, 4 May 1985,
Schiermonnikoog, Friesland (*René Pop*)

Steppekiekendief / Pallid Harrier *Circus macrourus*, ♂
& Zilvermeeuw / European Herring Gull *Larus argentatus*,
4 May 1985, Schiermonnikoog, Friesland (*René Pop*)

8 records in 1800-1996; 3 in 1980-96

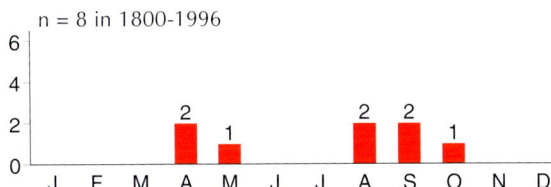

23 April 1866 *Noordwijk* ZH, imm ♀, dead (NNM); DB 18: 160, 1996 (photo)
23 August 1935 Werkhoven, *Bunnik* UT, juv ♂, dead (ZMA); Org Club Ned Vogelkd 8: 107-110, 1935
26 August 1935 Werkhoven, *Bunnik* UT, juv ♀, dead (NNM); Org Club Ned Vogelkd 8: 107-110, 1935
1 May 1939 *Margraten* LB, 1s ♂, dead (NNM); LM 12: 170-171, 1939
12 September 1952 Loosduinen, *Den Haag* ZH, 1w, trapped; Ardea 42: 218-221, 1954
3-4 October 1984 Molenplaat, *Bergen op Zoom* NB, juv; DB 7: 22-25, 1984 (photo)
25 April-9 May 1985 *Schiermonnikoog* FR, imm ♂ (paired with Hen Harrier *C cyaneus*); DB 7: 112, 1985 (photo); 9: 21-24, 1987 (photos & sonagram), Duinstag 6 (3-4): 41, 1991 (photos; erroneous date), Gibbon (1991: 167)
5 September 1991 *Vlissingen* ZL, 2y ♂; DB 15: 151, 1993 (photo); 18: 21, 1996

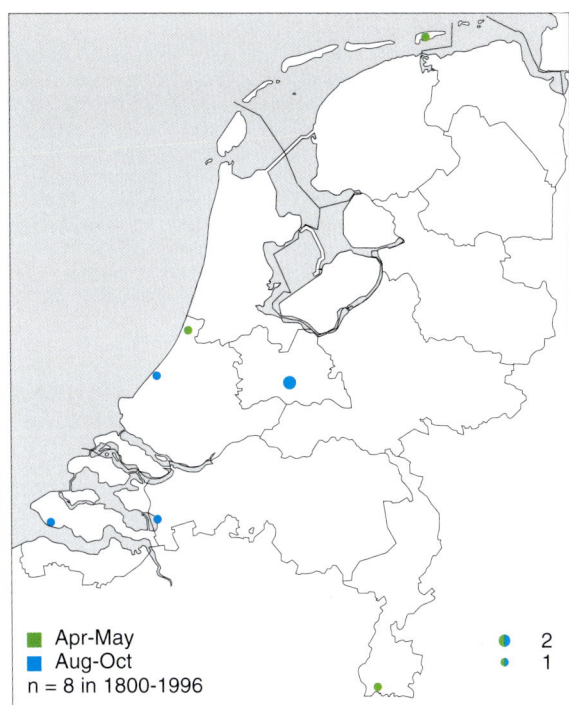

Gevallen per locatie / Records per site
Steppekiekendief / Pallid Harrier

Gevallen per maand / Records per month
Steppekiekendief / Pallid Harrier

Grauwe Kiekendief [2]

zeldzame broedvogel
schaarse doortrekker

Circus pygargus

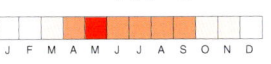

Montagu's Harrier

rare breeding bird
scarce migrant

Havik [2]

algemene broedvogel
gehele jaar algemeen

Accipiter gentilis gentilis

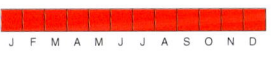

Northern Goshawk

common breeding bird
common throughout year

Sperwer [2]

algemene broedvogel
gehele jaar algemeen

Accipiter nisus nisus

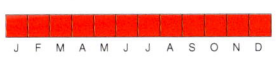

Eurasian Sparrowhawk

common breeding bird
common throughout year

Buizerd

Buteo buteo ssp

Common Buzzard

Buizerd [2]

algemene broedvogel
gehele jaar algemeen

B b buteo

Common Buzzard

common breeding bird
common throughout year

Steppebuizerd

zeldzaam

B b vulpinus

Steppe Buzzard

rare

Broedt ten noorden en oosten van Zweeds Lapland en Polen; overwintert meest in Afrika.

De gevallen van dit taxon zijn niet herzien. In 1800-1968 zouden er 26 zijn verzameld en een enkel exemplaar werd waargenomen (Kist et al 1970). In 1969-79 werden negen gevallen in CDNA-jaarverslagen opgenomen; behalve acht

Breeds north and east of Swedish Lappland and Poland; winters mostly in Africa.

The records of this taxon have not been reviewed. In 1800-1968, 26 individuals were collected and one was seen (Kist et al 1970). During 1969-79, nine records were registered in CDNA reports; apart from eight sightings, one bird was trap-

waarnemingen betrof dit ook een vangst op 7 februari 1973 te Almelo, Overijssel (LM 48: 104, 1975). Er staan echter geen gevallen vermeld in CDNA-jaarverslagen sinds 1980. Vóór 1941 werd dit taxon volgens Eykman et al (1941) voornamelijk in het oosten van Nederland verzameld, in Limburg (13; cf Hens 1965), Gelderland (zes), Overijssel (vijf) en Noord-Brabant (vier) terwijl er slechts drie specimens uit het westen van Nederland afkomstig zijn (21 november 1855 te Bloemendaal, Noord-Holland, ♀; 7 oktober 1864 te Wassenaar, Zuid-Holland, ♂; en 14 december 1926 op Walcheren, Zeeland, juv ♂). De meeste zijn verzameld in maart-april en september-december maar er zijn er ook een paar uit de zomer of de winter.

Een onderzoek naar de juistheid van de determinatie van al deze gevallen is noodzakelijk. Het zou geen verbazing wekken als de meeste, zo niet alle, naar huidige maatstaven niet langer aanvaardbaar zijn en dat dit taxon veel zeldzamer is dan in het algemeen wordt aangenomen. Dit zou overeenstemmen met het gebrek aan waarnemingen in 1980-97. Het is bovendien interessant te onderzoeken in hoeverre er nu werkelijk sprake is van een intermediaire populatie met kenmerken van zowel Buizerd *B b buteo* als Steppebuizerd.

ped on 7 February 1973 at Almelo, Overijssel (LM 48: 104, 1975). There are no records in CDNA reports since 1980. Before 1941, according to Eykman et al (1941), this taxon has been collected mainly in the east, in Limburg (13; cf Hens 1965), Gelderland (six), Overijssel (five) and Noord-Brabant (four), while there were only three specimens from western provinces (21 November 1855 at Bloemendaal, Noord-Holland, ♀; 7 October 1864 at Wassenaar, Zuid-Holland, ♂; and 14 December 1926 on Walcheren, Zeeland, juv ♂). Most specimens were collected during March-April and September-December but a few dated from summer and winter (Eykman et al 1941).

A review of all specimens is necessary. It would be no surprise when the majority, if not all, of the records were deemed unacceptable by current standards and that this taxon is much rarer than generally believed. This would be in accordance with the lack of records in 1980-97. It would also be interesting to clarify whether an intermediate population of Common Buzzard *B b buteo* and Steppe Buzzard really exists.

Arendbuizerd

Buteo rufinus rufinus

Long-legged Buzzard

zeer zeldzaam

very rare

Broedt in Oost-Europa, Midden-Oosten en Centraal-Azië.

De Nederlandse vogel werd na te zijn gevangen tot zijn dood gehouden in Artis, Amsterdam, Noord-Holland. In Denemarken zijn tot en met 1991 vijf gevallen bekend waarvan de eerste op 8 december 1892 en alle andere van begin mei tot begin augustus (Rønnest 1994).

Breeds in eastern Europe, Middle East and central Asia.

After being trapped, the Dutch bird remained in the zoological garden of Amsterdam (Artis), Noord-Holland, for the rest of its life. Until 1991, there were five records for Denmark of which the first dated from 8 December 1892, while all others were from early May to early August (Rønnest 1994).

1 record in 1800-1996; none in 1980-96

12 December 1905 Buiksloot, Amsterdam-Noord, *Amsterdam* NH, ♂, dead (ZMA) (died 23 January 1909); Gierzwaluw 33, 116-117, 1995 (photo), DB 18: 166, 1996 (photo)

n = 1 in 1800-1996

Gevallen per maand / Records per month
Arendbuizerd / Long-legged Buzzard

n = 1 in 1800-1996

Gevallen per locatie / Records per site
Arendbuizerd / Long-legged Buzzard

Ruigpootbuizerd [2]

Buteo lagopus lagopus

Rough-legged Buzzard

schaarse tot vrij algemene doortrekker en wintergast

J F M A M J J A S O N D

scarce to rather common migrant and winter visitor

Schreeuwarend

Aquila pomarina pomarina

Lesser Spotted Eagle

zeldzaam

rare

Dichtstbijzijnde broedgebieden in Noordoost-Duitsland, Polen en Tsjechië; overwintert in Afrika.

Nearest breeding areas in north-eastern Germany, Poland and Czech Republic; winters in Africa.

Gezien de nabijheid van broedgebieden is het lage aantal gevallen van deze lange-afstandstrekker opmerkelijk.

Given the proximity of the species' breeding areas, the small number of records of this long-distance migrant is remarkable.

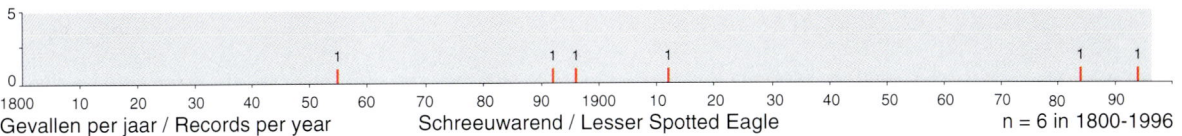

Gevallen per jaar / Records per year   Schreeuwarend / Lesser Spotted Eagle   n = 6 in 1800-1996

6 records in 1800-1996; 2 in 1980-96

2 May 1855 Het Loo, *Apeldoorn* GL, ♀, dead (NNM) (died a year later)
5 November 1892 Boshoven, *Weert* LB, dead (coll Steijl, Tegelen); Natuurhist Maandbl Limbg 39: 90, 1950 (photo)
23 June 1896 't Jagershuis, *Wehl* GL, ♀, dead (ZMA)
3 July 1912 Eerde, *Ommen* OV, adult ♀, dead (NNM)
15-20 November 1984 Berkheide, *Katwijk/Wassenaar* ZH, juv, dead (NNM); DB 7: 32, 1985 (photo); 8: 1-5, 127, 1986 (photos), Duinstag 1: 38-42, 1986 (photos), Meijer et al (1996; photos)
3 May 1994 *Schiermonnikoog* FR, adult (photographed); DB 19: 101, 1997

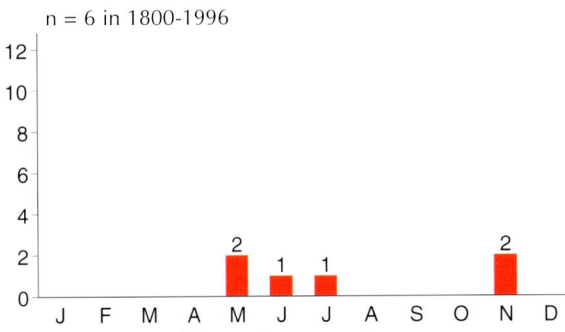

Gevallen per maand / Records per month
Schreeuwarend / Lesser Spotted Eagle

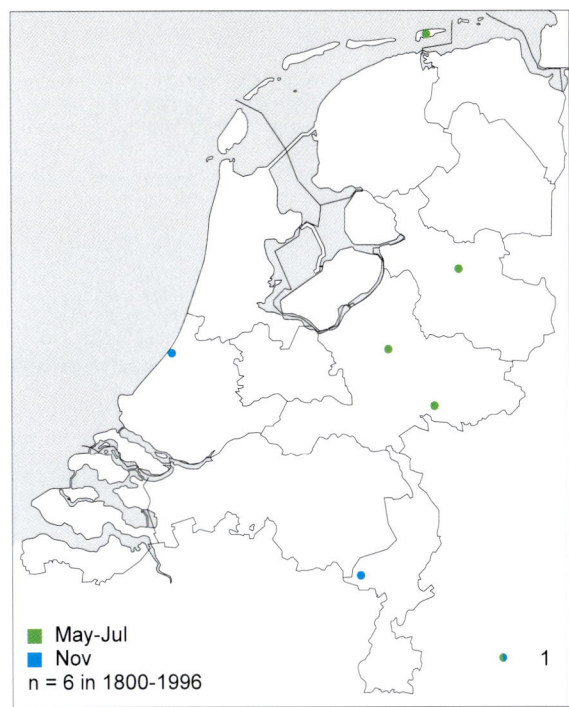

■ May-Jul
■ Nov
n = 6 in 1800-1996

Gevallen per locatie / Records per site
Schreeuwarend / Lesser Spotted Eagle

Schreeuwarend / Lesser Spotted Eagle *Aquila pomarina*, juveniel & Ekster / Common Magpie *Pica pica*, 19 November 1984, Berkheide, Katwijk/Wassenaar, Zuid-Holland *(René Pop)*

Bastaardarend

Aquila clanga

Greater Spotted Eagle

zeldzaam

rare

Dichtstbijzijnde broedgebied in Polen; lage aantallen overwinteren in Europa.

Broedvogels in Oost-Europa arriveren in hun broedgebieden gedurende eind maart en april en vertrekken in september-oktober (Glutz von Blotzheim et al 1971). Daaruit zou men kunnen concluderen dat de vogels in oktober-november (acht) en februari (twee) op weg waren naar en van wintergebieden in West-Europa. Het is in dit verband interessant te vermelden dat in Frankrijk in de laatste jaren niet alleen in de Camargue, Bouches-du-Rhône, een laag aantal (maximaal vijf) overwinterde maar tevens in Noord-Frankrijk (cf DB 17: 29, 259, 1995). Ten minste één was in 1989-98 elke winter te vinden te Lindre, Moselle, Lorraine (cf van den Berg & Lafontaine 1996).

Nearest breeding area in Poland; small numbers winter in Europe.

In eastern Europe, breeding birds arrive in late March-April and leave in September-October (Glutz von Blotzheim et al 1971). Therefore, the birds recorded in October-November (eight) and February (two) may have been moving to and from wintering areas in western Europe. In that respect, it is of interest that in recent years a number of birds (up to five) wintered not only in the Camargue, Bouches-du-Rhône, France, but in northern France as well (cf DB 17: 29, 259, 1995). At least one bird wintered each year from 1989-98 at Lindre, Moselle, Lorraine (cf van den Berg & Lafontaine 1996).

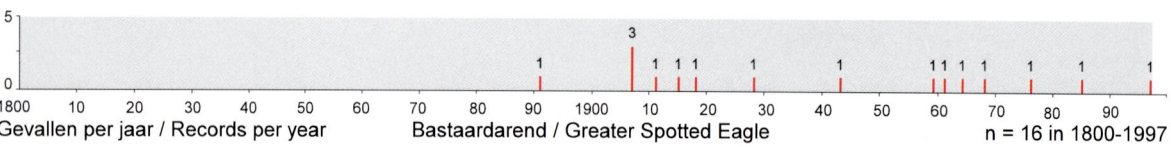

Gevallen per jaar / Records per year — Bastaardarend / Greater Spotted Eagle — n = 16 in 1800-1997

15 records in 1800-1996; 1 in 1980-96

27 October 1891 Schoonheten, *Raalte* OV, juv ♀, dead (NNM); DB 18: 162, 1996 (photo)

26 October 1907 Roekel, *Ede* GL, juv ♂, dead (ZMA)

2 November 1907 Haamstede, *Westerschouwen* ZL, juv ♀, dead (coll Slot Haamstede); DB 18: 162, 1996 (photo)

November 1907 Scheveningen, *Den Haag* ZH, juv ♂, dead (ZMA) (died some time later)

7 June 1911 Beetsterzwaag, *Opsterland* FR, juv ♂, dead (ZMA)

19 October 1915 Vlaardinger Ambacht, *Vlaardingen* ZH, juv ♂, dead (NNM); DB 18: 162, 1996 (photo)

13 May 1918 Windesheim, *Zwolle* OV, imm ♂, dead (NNM)

5 November 1928 *Noordwijkerhout* ZH, juv ♂, dead (ZMA)

3 November 1943 Westlandse Duinen, *Monster* ZH, juv

18 July 1959 Lettele, *Diepenveen* OV, imm, dead

5 February 1961 Noordhollands Duinreservaat, Bakkum, *Castricum*

NH, juv; LM 36: 17, 1963 (photo)

24 October-28 November 1964 Amsterdamse Waterleidingduinen, *Noordwijk/Zandvoort* NH/ZH, juv

10 February 1968 Herwijnen, *Lingewaal* GL, juv ♀, dead

15 May 1976 Rottumerplaat, *Eemsmond* GR, adult

(late April)17 May-5 June 1985 Boschplaat, *Terschelling* FR, adult; DB 11: 73-74, 1989 (photo)

voorlopige toevoegingen voor 1997 / provisional additions for 1997

23-31 August 1997 Kollumerwaard/Marnewaard, Lauwersmeer, *Kollumerland en Nieuwkruisland/De Marne* FR/GR, imm; DB 19: 213-214, 1997 (photo); 20: 283-285, 1998 (photos), de Bruin & de Bruin (1997; photo), Taxon 1: 36-40, 1997 (photos), VJ 45: 285, 1997 (photo), Plomp et al (1998)

Bastaardarend / Greater Spotted Eagle *Aquila clanga*, juvenile, 5 February 1961, Noord-Hollands Duinreservaat, Bakkum, Castricum, Noord-Holland *(Cees Groot)*

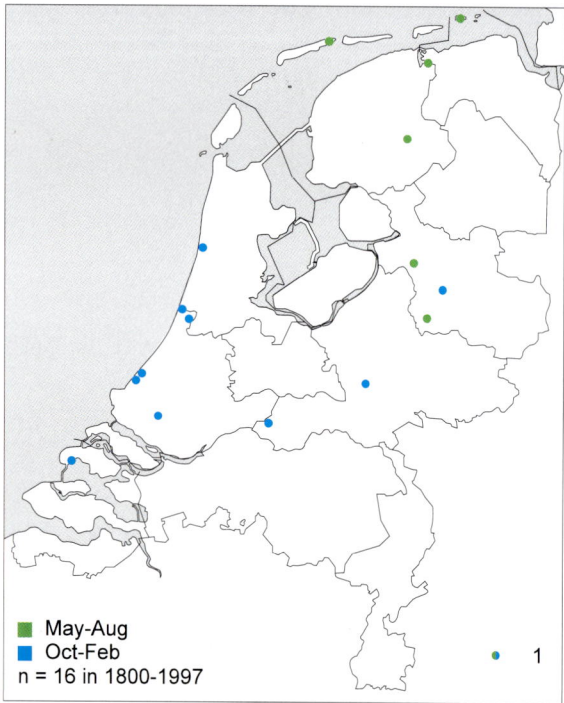

■ May-Aug
■ Oct-Feb
n = 16 in 1800-1997

Gevallen per locatie / Records per site
Bastaardarend / Greater Spotted Eagle

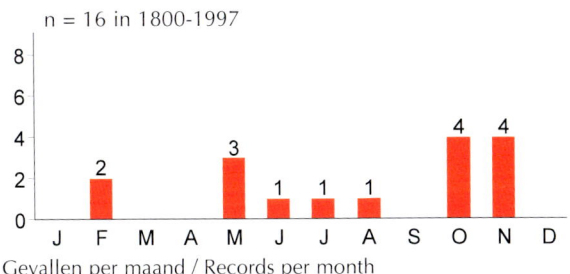

n = 16 in 1800-1997

Gevallen per maand / Records per month
Bastaardarend / Greater Spotted Eagle

Bastaardarend / Greater Spotted Eagle *Aquila clanga*, immature,
29 August 1997, Lauwersmeer, Groningen *(Eric Koops)*

Schreeuw-/Bastaardarend   *Aquila pomarina/clanga*   **spotted eagle**

1 record in 1800-1996; 1 in 1980-96

18 October 1987 Engbertdijksvenen, *Hardenberg/Vriezenveen* OV,   adult

Steppearend   *Aquila nipalensis orientalis*   **Steppe Eagle**

zeer zeldzaam   very rare

Broedt in Oost-Europa en Centraal-Azië; overwintert in Afrika en in zeer laag aantal in Midden-Oosten.

Het tweede geval betrof een exemplaar dat eerst op 14-26 december 1983 werd gezien te Postel, Antwerpen, België (cf DB 6: 31, 1984 (foto); 18: 20, 1996, Wielewaal 50: 134-135, 1984 (foto's)). De vogel werd voor België afgewezen omdat werd beweerd dat hij uit gevangenschap afkomstig was. Na bestudering van foto's merkte Dick Forsman (in litt) echter op dat de vogel erg gesleten bovenvleugels had, precies als bij een wild exemplaar. Hij deelde bovendien mee dat Steppe-arenden in kooien veel minder slijten dan in de vrije natuur. Zijn conclusie was dat hij in het verenkleed niets kon vinden dat wees op een herkomst uit gevangenschap. Aan de hand van de rui van de vleugelpennen werd de vogel van 1984 als tweede-winter gedetermineerd; zowel het ontbreken van de witte band op de ondervleugel als het (blijkbaar) ontbreken van donkere bandering op de vleugelpennen komen voor bij ongeveer 5% van de individuen (Dick Forsman in litt).

Breeds in eastern Europe and central Asia; winters in Africa and in very small numbers in Middle East.

The second record concerned an individual first seen on 14-26 December 1983 at Postel, Antwerpen, Belgium (cf DB 6: 31, 1984 (photo); 18: 20, 1996, Wielewaal 50: 134-135, 1984 (photos)). It has not been accepted for Belgium because it was allegedly an escape. However, Dick Forsman (in litt) studied photographs and noticed that the plumage showed very worn upperwings, which is exactly like it should be in a wild bird. He remarked that Steppe Eagles in captivity wear much less than out in the wild. He concluded that he could not see anything in the bird's plumage indicating captive origin. Based on the moult of the remiges, the bird was aged as a second-winter; both the lack of the underwing band and the (apparent) lack of barring on the remiges occur in about 5% of the individuals (Dick Forsman in litt).

Steppearend / Steppe Eagle *Aquila nipalensis*, immature, 17 January 1984, Someren, Noord-Brabant *(René Pop)*

2 records in 1800-1996; 1 in 1980-96

8 May 1967 Van Dunnépolder, Biervliet, *Terneuzen* ZL, imm; LM
  46: 233-238, 1973 (photo)
10 January-7 February 1984 *Someren* NB & *Nederweert* LB, 2w; DB
  6: 117-122, 1984 (photos); 9: 47, 1987 (photo), van den Berg et al
  (1990): 29 (photo), Mitchell & Young (1997; photo 45(1))

Steppearend / Steppe Eagle *Aquila nipalensis*, immature,
8 May 1967, Biervliet, Terneuzen, Zeeland *(Cees Riemslag)*

n = 2 in 1800-1996

Gevallen per locatie / Records per site
Steppearend / Steppe Eagle

Steenarend

Aquila chrysaetos chrysaetos

Golden Eagle

zeldzaam

rare

Broedt en overwintert in Europa en Noord-Azië; andere ondersoorten onder meer in Noord-Amerika.

Op twee na dateerden alle gevallen uit najaar en winter, van eind september tot eind april. De beide gevallen in mei-augustus werden niet fotografisch gedocumenteerd. De 14 gevallen komen uit alle delen van Nederland, behalve de Waddeneilanden. In 1978-81 werd de soort ieder jaar gezien.

Breeds and winters in Europe and northern Asia; other sub-species, for instance, in North America.

All but two records were in autumn and winter, from late September to late April. The two records in May-August were not documented by photographs. The geographical pattern of the 14 records is homogeneous although there is none for the Wadden Islands. The species was seen annually during 1978-81.

Steenarend / Golden Eagle *Aquila chrysaetos*, first-winter, March 1981, Spiekweg, Zeewolde, Flevoland *(René Pop)*

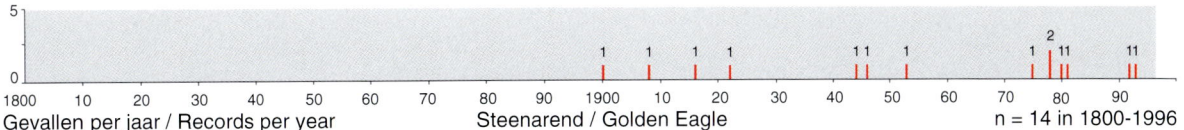

14 records in 1800-1996; 4 in 1980-96

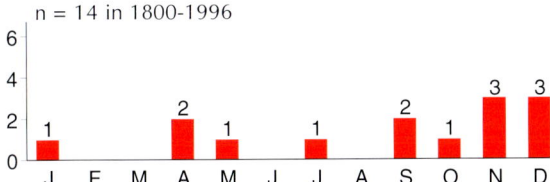

12 December 1900 Lippenhuizen, *Opsterland* FR, juv ♀, dead (ZMA) (died 20 November 1901); Tijdschr Ned Dierkd Ver 2 (7): 37, 1901

7 December 1908 Oudeschoot, *Heerenveen* FR, ♀, dead (FNM); van der Ploeg et al (1977; photo)

22 November 1916 Noordlaren, *Haren* GR, imm ♂, dead (specimen photographed & disposed); Jaarber Club Ned Vogelkd 7: 18, 1917, DB 18: 174-175, 1996; 19: 100-101, 1997 (photo), de Bruin & de Bruin (1997; photo), Taxon 1: 40-41, 1997 (photo)

late September 1922 *Vianen* ZH, juv ♀, dead (NNM)

10 April 1944 *Wassenaar* ZH, ♀, dead (NNM) (shot by German military)

23 November 1946 *Beilen* DR, dead (NNM)

31 October 1953 het Lankheet, *Haaksbergen* OV, juv, dead (NME); LM 27: 145, 1954 (photo), contra DB 18: 174, 1996, Paul Knolle (pers comm)

24 April 1975 Zuidwolde, *Bedum* GR, imm

18 July 1978 Groote Peel, *Asten* NB & *Nederweert* LB, imm

31 December 1978-18 April 1979 Robbenoordbos, *Wieringermeer* NH, juv; DB 1: 15-16, 1979 (photos)

10 November 1980 *Venhuizen* NH & 10-24 November 1980 *Lelystad* FL, juv; DB 2: 129, 1980, Graspieper 1: 76, 1981 (photos), VJ 29: 108, 1981 (photo)

16 January-7 April 1981 Spiekweg, *Zeewolde* FL, 1w (probably same bird as in 1980); DB 3: 33, 46-47, 1981 (photos); 5: 6-7, 1983 (photo), contra LM 55: 129, 1982, Grauwe Gans 4: 46, 1988 (photo)

29 May 1992 Erlecom, *Ubbergen* GL, imm
29 September 1993 *Westkapelle* ZL, imm

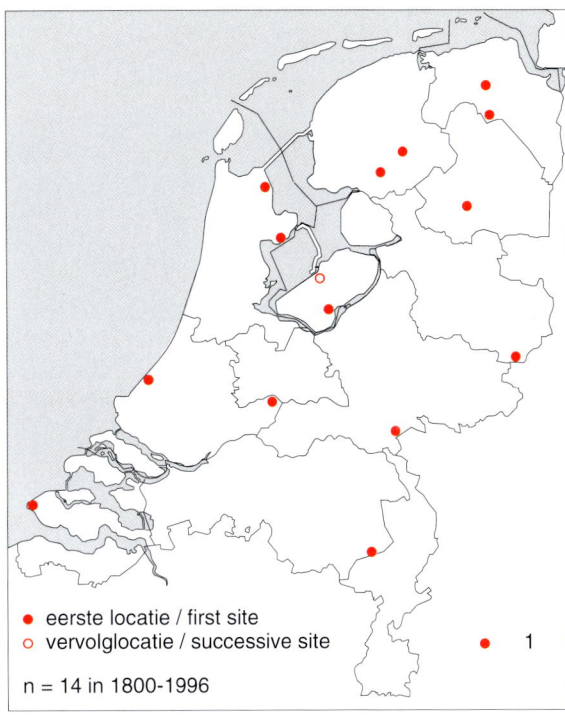

- ● eerste locatie / first site
- ○ vervolglocatie / successive site

n = 14 in 1800-1996

● 1

Gevallen per locatie / Records per site
Steenarend / Golden Eagle

n = 14 in 1800-1996

Gevallen per maand / Records per month
Steenarend / Golden Eagle

Dwergarend

Hieraaetus pennatus

Booted Eagle

zeer zeldzaam

very rare

Broedt in Europa, Noord-Afrika, Midden-Oosten en Centraal-Azië; overwintert in Afrika en Zuid-Azië.

Alle vier gevallen dateerden van 1992-96 en stamden uit de periode van eind april tot augustus. De twee eerste vogels werden alleen overvliegend gezien maar de derde en waarschijnlijk de vierde bleven een groot deel van de zomer. Het eerste zekere broedgeval voor Duitsland vond plaats in 1995 (Limicola 11: 170, 1997).

Breeds in Europe, North Afrika, Middle East and central Asia; winters in Africa and southern Asia.

All four records dated from 1992-96 and between late April and August. The first two were seen only in flight. However, the bird in 1995 and probably the one in 1996 remained for a long period in summer. The first certain breeding record for Germany was in 1995 (Limicola 11: 170, 1997).

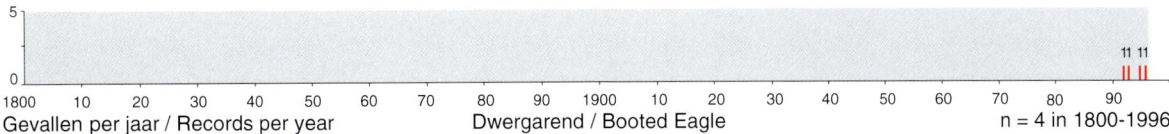

4 records in 1800-1996; 4 in 1980-96

30 May 1992 Leersumse Veld, *Leersum* UT, dark morph; DB 16: 102-105, 1994 (photos)

24 April 1993 Keersluisplas, Knardijk, *Lelystad* FL, pale morph; DB 15: 139, 1993 (photo); 16: 102-105, 1994 (photo)

13-26 July 1995 Reemsterveld, Hoge Veluwe, *Ede* GL, dark morph;

BW 8: 290, 1995 (photo), Birdwatch 4 (39): 60, 1995 (photo), DB 17: 178-180, 1995 (photos); 19: 100-101, 170-176, 1997 (photos), BB 89: 30, 1996 (photo), ter Ellen et al (1996)

17 July 1996 & 14 August Beek-Ubbergen, *Ubbergen* GL, pale morph (photographed)

Dwergarend / Booted Eagle *Hieraaetus pennatus*, dark morph, 13 July 1995, Reemsterveld, Hoge Veluwe, Ede, Gelderland *(Niels L M Gilissen)*

Gevallen per locatie / Records per site
Dwergarend / Booted Eagle

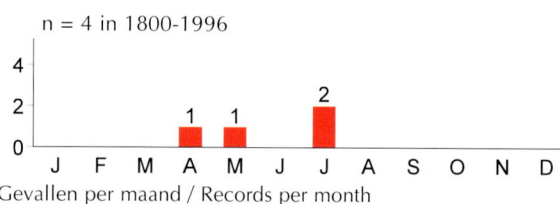

Gevallen per maand / Records per month
Dwergarend / Booted Eagle

Dwergarend / Booted Eagle *Hieraaetus pennatus*, pale morph, 17 July 1996, Beek-Ubbergen, Ubbergen, Gelderland *(Ward Hagemeijer)*

Havikarend

Hieraaetus fasciatus fasciatus

Bonelli's Eagle

zeer zeldzaam

very rare

Broedt in Middellandse-Zeegebied, India en China.

Het dichtstbij gelegen broedgebied is Zuid-Frankrijk waar in 1996 27 broedparen werden geteld (Ornithos 4: 102, 1997). In 1990-95 werden hier 154 jongen geringd en van vleugel-kleurmerken voorzien. Dit resulteerde in 20 terugmeldingen

Breeds in Mediterranean, India and China.

The nearest breeding area is in southern France where 27 breeding pairs were counted in 1996 (Ornithos 4: 102, 1997). During 1990-95, 154 young were ringed and wing-tagged here. This resulted in 20 recoveries and 27 sightings.

110

en 27 waarnemingen. Hiervan waren er vijf op grote afstand van het broedgebied tot 320 km naar het noorden (Alauda 64: 413-419, 1996). Dit is een aanwijzing dat de Nederlandse vogels, zoals te verwachten, van de Franse broedpopulatie afkomstig kunnen zijn.

Of these, five were at considerable distance from the breeding range, and up to 320 km to the north (Alauda 64: 413-419, 1996). This indicates that the Dutch birds, as expected, may have originated from the French population.

2 records in 1800-1996; 1 in 1980-96

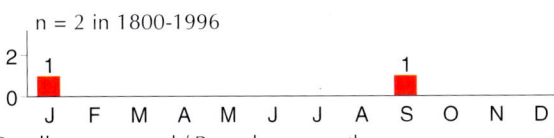

24 January 1958, Breedenbroek, *Gendringen* GL, juv ♂, dead; LM 32: 107-110, 1959 (photo)
17-20 September 1995 Vliehors, *Vlieland* FR & 20 September De

Cocksdorp, *Texel* NH, juv; BW 8: 333, 1995 (photo), DB 17: 221 (photo), 227, 1995; 18: 122-126, 1996 (photos), ter Ellen et al (1996)

n = 2 in 1800-1996

Gevallen per maand / Records per month
Havikarend / Bonelli's Eagle

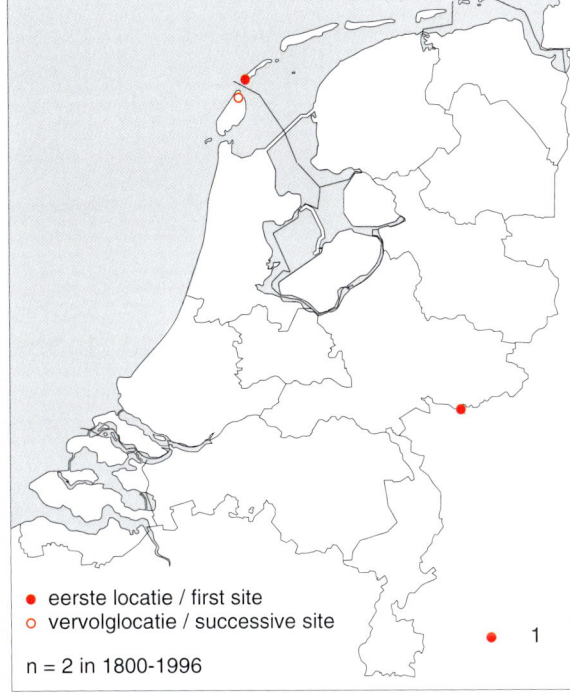

● eerste locatie / first site
○ vervolglocatie / successive site

n = 2 in 1800-1996

Gevallen per locatie / Records per site
Havikarend / Bonelli's Eagle

Havikarend / Bonelli's Eagle *Hieraaetus fasciatus*, juvenile, 17 September 1995, Vliehors, Vlieland, Friesland
(*Peter I Waanders*)

VISARENDEN Pandionidae (n=1)

Visarend [2]

algemene doortrekker

Pandion haliaetus haliaetus

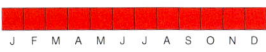

Osprey

common migrant

VALKEN Falconidae (n=6)

Torenvalk [2]

algemene broedvogel
gehele jaar algemeen

Falco tinnunculus tinnunculus

Common Kestrel

common breeding bird
common throughout year

Roodpootvalk [2]

Falco vespertinus

Red-footed Falcon

schaarse tot vrij algemene doortrekker

scarce to rather common migrant

Tot 1 januari 1979 beoordeeld en in 1979-88 geregistreerd door de CDNA (LM 53: 27, 1980; 55: 125, 1982; 60: 30, 1987; 62: 117, 197, 1989).

De grootste influx was in april-juni 1992 toen ten minste 1111 exemplaren werden gemeld met een hoogste dagtotaal van 160 op 30 mei (LM 67: 6-14, 1994).

Until 1 January 1979 considered and in 1979-88 registered in CDNA reports (LM 53: 27, 1980; 55: 125, 1982; 60: 30, 1987; 62: 117, 197, 1989).

The largest influx occurred in April-June 1992 when at least 1111 individuals were reported, with a maximum of 160 on 30 May (LM 67: 6-14, 1994).

eerste geval / first record

20 May 1901 Ell, *Weert* LB, ♂, dead; Levende Nat 7: 169, 1902

Smelleken [2]

Falco columbarius ssp

Merlin

algemene doortrekker en wintergast

common migrant and winter visitor

De algemene ondersoort *F c aesalon* is kleiner en lichter dan het zeldzame IJslandse Smelleken *F c subaesalon*. Deze kenmerken zijn alleen in de hand met zekerheid vast te stellen wanneer het ♀s betreft. De zes Nederlandse specimens van IJslands Smelleken waren van 17 oktober 1854 (ZMA), 26 november 1866 (NNM), 31 oktober 1894 (NNM), 25 januari 1908 (NNM), 8 oktober 1927 (NME) en 9 oktober 1950 (FNM) (DB 18: 175, 1996). Een foto van het exemplaar te Neethof, Santpoort, Velsen, Noord-Holland, werd gepubliceerd in DB 18: 164, 1996. Het specimen van 1894 in Noord-Holland werd verzameld te Egmond (contra DB 18: 175, 1996, Kees Roselaar in litt).

The common subspecies *F c aesalon* is smaller and paler than the rare Icelandic Merlin *F c subaesalon*. These features can only be documented with certainty in hand-held ♀s. The six Dutch specimens of Icelandic Merlin were from 17 October 1854 (ZMA), 26 November 1866 (NNM), 31 October 1894 (NNM), 25 January 1908 (NNM), 8 October 1927 (NME) and 9 October 1950 (FNM) (DB 18: 175, 1996). A photograph of the one at Neethof, Santpoort, Velsen, Noord-Holland, was published in DB 18: 164, 1996. The specimen from 1894 in Noord-Holland was collected at Egmond (contra DB 18: 175, 1996, Kees Roselaar in litt).

Boomvalk [2]

Falco subbuteo subbuteo

Eurasian Hobby

algemene broedvogel
algemene doortrekker

common breeding bird
common migrant

Giervalk

Falco rusticolus

Gyr Falcon

zeer zeldzaam

very rare

Broedt in (sub)arctische gebieden van Eurazië en Noord-Amerika.

Twee van de zes gevallen betroffen een witte vorm ('candicans'). De eerste vier vogels werden geschoten. Tegenwoordig is de determinatie in het veld uiterst moeilijk geworden doordat veel ontsnapte hybride grote valken van valkeniers worden aangetroffen (cf BW 5: 101-106, 1992; 6: 67-72, 1993, BB 91: 12-35, 1998).

Breeds in (sub)arctic regions of Eurasia and North America.

Two of the six records concerned a white morph ('candicans'). The first four were shot. Nowadays, many escaped hybrids from falconers make field identification extremely difficult (cf BW 5: 101-106, 1992; 6: 67-72, 1993, BB 91: 12-35, 1998).

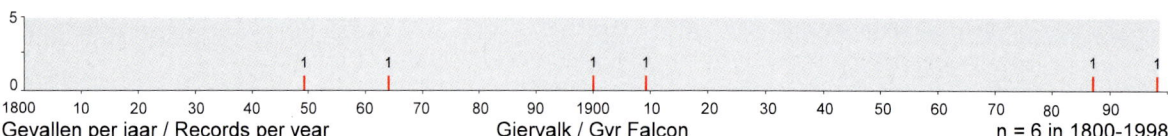

Gevallen per jaar / Records per year   Giervalk / Gyr Falcon   n = 6 in 1800-1998

5 records in 1800-1996; 1 in 1980-96

16 October 1849 *Noordwijk* ZH, 1y ♂, dark morph, dead (NNM); DB 18: 164, 1996 (photo)
3 December 1864 *Zandvoort* NH, 1y ♂, dark morph, dead (NNM); DB 18: 164, 1996 (photo)
8 December 1900 Velp, *Rheden* GL, 1y ♂, dark morph, dead (ZMA)
7 December 1909 *Rijsbergen* NB, 1y ♀, white morph, dead (NNM); Notes Leyden Mus 32: 176, 205-206, 1910 (photo), LM 58: 67, 1985 (photo), DB 18: 164, 175, 1996 (photo), Trouw 26 March 1998 (photo)
27 January-30 April 1987 Eemshaven, *Eemsmond* & Spijk, *Delfzijl*

GR, 1w, dark morph; DB 9: 82, 1987 (photo); 10: 12-15, 169, 1988 (photos), VJ 35: 357, 1987 (photo), de Bruin & de Bruin (1997; photo), Mitchell & Young (1997; photo 47(4))

voorlopige toevoegingen voor 1997-98 / provisional additions for 1997-98
24-30 March 1998 *Schiermonnikoog* FR, imm, white morph; Birdwatch 7 (71): 64, 1998 (photo), BW 11: 133, 1998 (photo), DB 20: 92 (photos), 98, 1998, Nova Nederland 3 (NPS/VARA) 27 March 1998 (video), RTL 4 19:30 nieuws 28 March 1998 (video), Plomp et al (1999)

Giervalk / Gyr Falcon *Falco rusticolus*, first-winter, dark morph, 27 February 1987, Spijk, Eemsmond, Groningen *(René Pop)*

Giervalk / Gyr Falcon *Falco rusticolus*, first-winter, dark morph, 18 February 1987, Eemshaven, Eemsmond, Groningen *(Kees (C J) Breek)*

n = 6 in 1800-1998

● 1

Gevallen per locatie / Records per site
Giervalk / Gyr Falcon

n = 6 in 1800-1998

Gevallen per maand / Records per month
Giervalk / Gyr Falcon

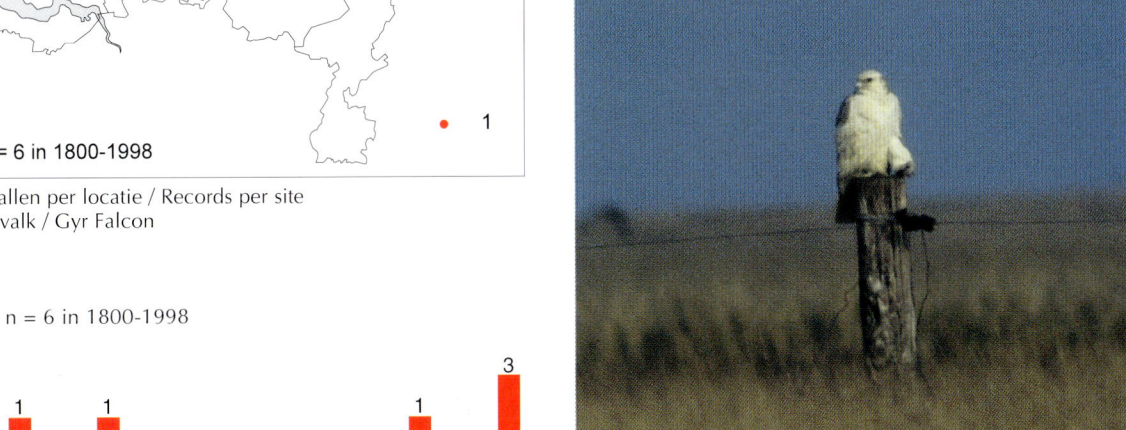

Giervalk / Gyr Falcon *Falco rusticolus*, white morph, 27 March 1998, Schiermonnikoog, Friesland *(Arnoud B van den Berg)*

Slechtvalk [2]

onregelmatige broedvogel
schaarse doortrekker en wintergast

Falco peregrinus peregrinus

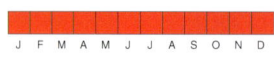

J F M A M J J A S O N D

Peregrine Falcon

irregular breeding bird
scarce migrant and winter visitor

Het eerste broedgeval vond plaats in 1926 op Schiermonnik-oog, Friesland (Ardea 16: 4-10, 1927; cf 19: 66-67, 1930 (foto)). Sinds 1991 broedt de soort ieder jaar in Limburg en in 1997-98 ook elders.

The first breeding record was in 1926 on Schiermonnikoog, Friesland (Ardea 16: 4-10, 1927; cf 19: 66-67, 1930 (photo)). The species bred annually from 1991 onwards in Limburg and, in 1997-98, also elsewhere.

RALLEN Rallidae (n=8)

Waterral [2]

algemene broedvogel
gehele jaar algemeen

Rallus aquaticus aquaticus

J F M A M J J A S O N D

Water Rail

common breeding bird
common throughout year

Porseleinhoen [2]

schaarse broedvogel
algemene doortrekker en zomergast

Porzana porzana

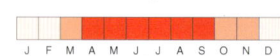

J F M A M J J A S O N D

Spotted Crake

scarce breeding bird
common migrant and summer visitor

Klein Waterhoen

onregelmatige broedvogel
zeldzaam

Porzana parva

Little Crake

irregular breeding bird
rare

Broedt vanaf West-Europa oostelijk tot in Kazakhstan; overwintert in Afrika.

Breeds from western Europe east to Kazakhstan; winters in Africa.

Omdat de gevallen van vóór 1980 niet zijn herzien, staan hieronder voor 1800-1979 alleen gevallen vermeld van gevangen, op geluidsband opgenomen, gefotografeerde of verzamelde individuen. Hierop is één uitzondering van een goed beschreven waarneming in mei-juni 1955. Een door

Since pre-1980 records of the species have not been reviewed, only those records in 1800-1979 are listed below which concerned trapped, sound-recorded, photographed or dead birds. There is one exception for a well-described sight record in May-June 1955. On the other hand, a report by van

Klein Waterhoen / Little Crake *Porzana parva*, first-year, 5 September 1990, Eemshaven, Eemsmond, Groningen *(Leo J R Boon)*

van der Ploeg et al (1976) vermeld exemplaar dood gevonden op 21 augustus 1968 te Rottige Meenthe, Weststellingwerf, Friesland, werd niet ingediend bij de CDNA en is hier niet vermeld (cf Kist et al 1970). Voor gevallen van vóór 1949 van verzamelde vogels zij verwezen naar Eykman et al (1949). In 1980 werd door de CDNA besloten geluidswaarnemingen van de soort zonder bandopname niet te aanvaarden (cf DB 8: 29-30, 1986).

Een hoog aantal goed gedocumenteerde gevallen kwam in 1946-69 van J A F (Arnold) Koridon in het Zwartemeer-reservaat in Noordwest-Overijssel (zie ook Kleinst Waterhoen *P pusilla*; cf Voous 1995).

Naast de genoemde gevallen waren er tot c 1985 nog jaarlijks meldingen van 10-30 slecht gedocumenteerde, niet aanvaardbare roepende exemplaren (cf van den Bergh et al 1979, Cramp & Simmons 1980, SOVON 1987, Leys et al 1993). De tot c 1985 bestaande verwarring over de vocalisaties van de soort gecombineerd met het stiekeme gedrag verklaart waarom waarschijnlijk veel van deze meldingen op verkeerd gedetermineerde Waterrallen *Rallus aquaticus* of Waterhoenders *Gallinula chloropus* betrekking hadden (voor herkenning zij verwezen naar DB 17: 181-211, 1995). Er zijn ook recentelijk meer meldingen dan gevallen doordat werd verzuimd een geluidsopname te verkrijgen.

Klein Waterhoen blijkt ongeveer tweemaal zeldzamer dan Kleinst Waterhoen, met maar drie goed gedocumenteerde gevallen van vóór 1950. Er is slechts één zeker broedgeval, in 1951.

der Ploeg et al (1976) of a bird found dead on 21 August 1968 at Rottige Meenthe, Weststellingwerf, Friesland, is not listed below since it has not been submitted to CDNA (cf Kist et al 1970). Pre-1949 records of collected specimens are mentioned by Eykman et al (1949). In 1980, CDNA formally decided not to accept calling birds without tape-recording (cf DB 8: 29-30, 1986).

Many documented records resulted from the work by J A F (Arnold) Koridon at Zwartemeer reserve in north-western Overijssel in 1946-69 (see also Baillon's Crake *P pusilla*; cf Voous 1995).

In addition to the records listed below, there were 10-30 reports of calling individuals each year until c 1985 (cf van den Berg et al 1979, Cramp & Simmons 1980, SOVON 1987, Leys et al 1993). Given the misunderstandings about the species' vocalizations, especially until c 1985, combined with its secretive behaviour, it seems likely that many of these birds may have been misidentified Water Rail *Rallus aquaticus* or Common Moorhen *Gallinula chloropus* (for identification, see DB 17: 181-211, 1995). Not only in the past but also in recent years often no tape-recording was obtained resulting in more reports than accepted records.

Little Crake appears to be about twice as rare as Baillon's Crake. There are only three fully documented pre-1950 records and the only confirmed breeding record dated from 1951.

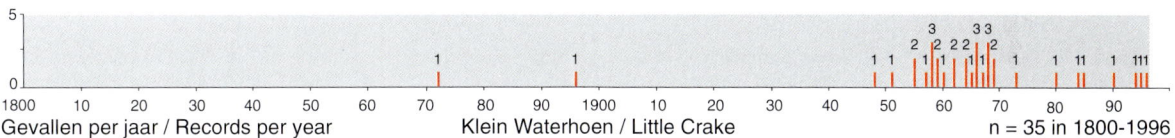

Gevallen per jaar / Records per year   Klein Waterhoen / Little Crake   n = 35 in 1800-1996

35 fully documented records (42 individuals) in 1800-1996; 7 records in 1980-96

9 September 1872 Zwartsluis OV, 1y ♂, dead (NNM); Ardea 33: 30, 1944

11 May 1896 Zeezuiper, *Bergen op Zoom* NB, adult ♂, dead; Ardea 33: 30, 1944, Eykman et al (1949)

21 August 1948 Vreelandsche Plas, Kortenhoef, 's-Graveland NH, 1y ♂, dead (ZMA); LM 21: 134, 1948, Eykman et al (1949), Kees Roselaar (in litt)

1-29 July 1951 Botshol, *Abcoude* UT (**7**), nest & 5 young (from 6 eggs) (photographed); Amoebe 27: 113-114, 1951, Ardea 40: 80-83, 1952 (photos), Wiggelaar & Veenman (1960)

27 May-3 June 1955 Zwartemeer, Kampereiland, *Kampen* OV, adult ♂, seen while singing (well-described); Ardea 43: 176, 1955, LM 28: 51-53, 1955; 29: 65, 1956

21 September 1955 Zwartemeer, Kampereiland, *Kampen* OV, juv, trapped; LM 28: 51-53, 1955; 29: 65, 1956

19 August 1957 Zwartemeer, Kampereiland, *Kampen* OV, 1y, trapped; LM 31: 10, 1958; 32: 49, 1959

15 August 1958 Zwartemeer, Kampereiland, *Kampen* OV (**2**), 1y, trapped; LM 33: 30, 1960

6 September 1958 Zwartemeer, Kampereiland, *Kampen* OV, 1y, trapped; LM 33: 29-30, 1960 (photo)

8 September 1958 Zwartemeer, Kampereiland, *Kampen* OV, 1y, trapped; LM 33: 30, 1960

13 August 1959 Zwartemeer, Kampereiland, *Kampen* OV, 1y, trapped; LM 34: 201, 1961

14 August 1959 Zijdelmeer, *Uithoorn* NH, 1y ♂, dead (ZMA); LM 34: 201, 1961, Kees Roselaar (in litt)

30 April 1960 Hoophuizen, *Nunspeet* GL, ♂, trapped; LM 35: 58, 1962

20 July 1962 Zwartemeer, Kampereiland, *Kampen* OV, adult ♀, trapped; LM 37: 32, 1964

2 October 1962 Zwartemeer, Kampereiland, *Kampen* OV, 1y, trapped; LM 37: 32, 1964

25 July 1964 Zwartemeer, Kampereiland, *Kampen* OV, 1y, trapped; LM 39: 55, 1966

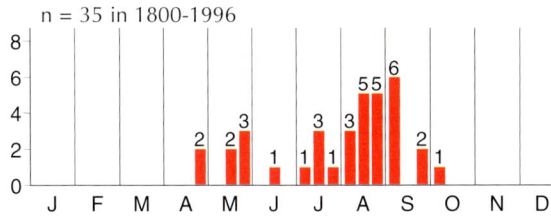

n = 35 in 1800-1996

Gevallen per 10 dagen / Records per 10 days
Klein Waterhoen / Little Crake

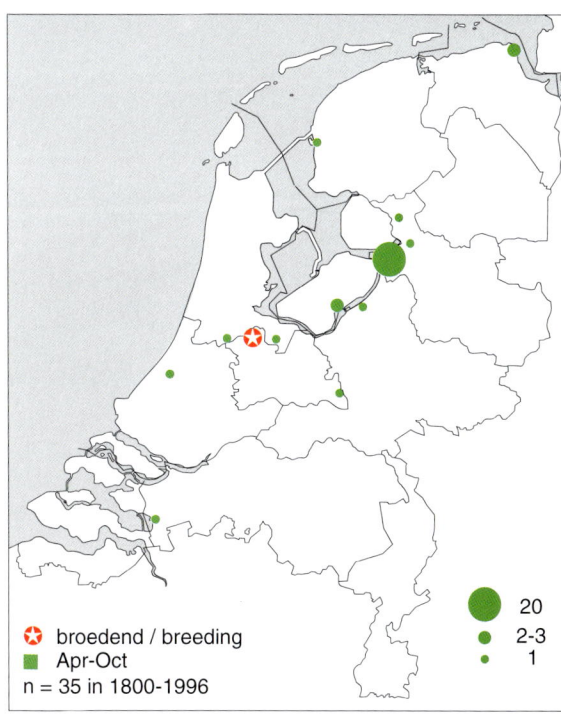

⊛ broedend / breeding
▪ Apr-Oct
n = 35 in 1800-1996

20
2-3
1

Gevallen per locatie / Records per site
Klein Waterhoen / Little Crake

10 August 1964 Zwartemeer, Kampereiland, *Kampen* OV, 1y, trapped; LM 39: 55, 1966

18 August 1965 Zwartemeer, Kampereiland, *Kampen* OV, trapped; LM 40: 28, 1967

22 August 1966 Zwartemeer, Kampereiland, *Kampen* OV, 1y, trapped; LM 42: 49, 1969

30 August-8 October 1966 Blauwe Hel, *Veenendaal* UT, 1y ♀ (photographed); DB 15: 148, 1993

6 September 1966 Zwartemeer, Kampereiland, *Kampen* OV, 1y, trapped; LM 42: 49, 1969

21 September 1967 Zwartemeer, Kampereiland, *Kampen* OV, trapped; LM 42: 49, 1969

15 July 1968 Zwartemeer, Kampereiland, *Kampen* OV, trapped; LM 43: 45, 1970

30 August 1968 Zwartemeer, Kampereiland, *Kampen* OV, trapped; LM 43: 45, 1970

7 September 1968 Zwartemeer, Kampereiland, *Kampen* OV, trapped; LM 43: 45, 1970

1 August 1969 Zwartemeer, Kampereiland, *Kampen* OV, ♀, trapped; LM 45: 71, 1972

9 August 1969 Zwartemeer, Kampereiland, *Kampen* OV, 1y, trapped; LM 45: 71, 1972

15 July 1973 Makkum, *Wûnseradiel* FR, trapped; LM 48: 106, 1975

17 May-late June 1980 Knardijk, *Zeewolde* FL, ♂; Hazevoet (1985)

27 April 1984 Vlietland, *Leidschendam* ZH, ♀; DB 6: 112, 1984 (photo; wrongly sexed)

21-24 May 1985 Harderbroek, *Zeewolde* FL, adult ♀ (sound-recorded)

24 August-6 September 1990 Eemshaven-Oost, *Eemsmond* GR, 1y; BW 3: 306, 1990 (photo); DB 12: 220, 265, 1990 (photos); 17: 196, 1995 (photo), Grauwe Gors 21 (3-4): 4, 1993 (photo), de Bruin & de Bruin (1997; photo)

6 September 1994 Eemshaven-Oost, *Eemsmond* GR, 1y

26-29 May 1995 Nederland, Weerribben, *IJsselham* OV, ♂ (sound-recorded)

15-27 June 1996 Harderbroek, *Zeewolde* FL, ♂ (sound-recorded)

voorlopige toevoegingen voor 1997-98 / provisional additions for 1997-98

30 May-7 June 1998 Kollumerpomp, *Kollumerland en Nieuwkruisland* FR, singing (sound-recorded); Roy Slaterus (pers comm)

Kleinst Waterhoen   *Porzana pusilla intermedia*   # Baillon's Crake

onregelmatige broedvogel
vrij zeldzaam

irregular breeding bird
rather rare

Broedt van West-Europa en Noord-Afrika oost tot Roemenië; overwintert in tropisch Afrika; andere ondersoorten van Rusland oost tot Japan, Nieuw-Guinea, Australië, Nieuw-Zeeland en zuidelijk Afrika.

Omdat de gevallen van vóór 1980 niet zijn herzien staan hieronder voor 1800-1975 alleen gevallen vermeld van gevangen, op geluidsband opgenomen, gefotografeerde of verzamelde individuen. Tot 1 januari 1976 werden waarnemingen weliswaar regelmatig in CDNA-jaarverslagen opgenomen maar deze werden niet beoordeeld (cf LM 51: 145-146, 1978; 52: 218, 1979). Gevallen van vóór 1949 van verzamelde vogels of eieren staan vermeld in Eykman et al (1949); twee vogels geschoten op 10 en 20 augustus 1874 te Rubroeksschen-plas, Rotterdam, Zuid-Holland, zijn weggela-

Breeds from western Europa and northern Africa east to Rumania; winters in tropical Africa; other subspecies from Russia east to Japan, New Guinea, Australia, New Zealand and southern Africa.

Since pre-1980 records of the species have not been reviewed, only those records in 1800-1975 are listed which concern trapped, sound-recorded, photographed or dead birds. Until 1 January 1976, records of the species were registered in CDNA reports but not considered (cf LM 51: 145-146, 1978; 52: 218, 1979). Pre-1949 records of collected specimens or eggs are listed by Eykman et al (1949); two on 10 and 20 August 1874 at Rubroeksschen-plas, Rotterdam, Zuid-Holland, are omitted because they were not deposited in a reliable collection (cf Jaarber Club Ned Vogelkd 5: 125,

Kleinst Waterhoen / Baillon's Crake *Porzana pusilla*, 6 September 1955, Zwartemeer, Kampereiland, Kampen, Overijssel
(Johan F Sollie/Natuurmuseum West-Overijssel)

ten omdat ze niet in een betrouwbare collectie terechtkwamen (cf Jaarber Club Ned Vogelkd 5: 125, 1915, Ardea 33: 33, 1944). In 1980 werd door de CDNA besloten geluidswaarnemingen van de soort zonder bandopname niet langer te aanvaarden (cf DB 8: 29-30, 1986) zodat ook geluidswaarnemingen sinds 1 januari 1976 alleen aanvaardbaar zijn indien deze op geluidsband zijn vastgelegd.

Er zijn ten minste 15 bevestigde broedgevallen: in 1863, 1874, 1898, 1909, 1937, 1946, 1957, 1958, 1964 (twee), 1965 (drie), 1971 en 1972. Daarenboven werden sinds 1851 veel eieren verzameld uit de omgeving van Valkenswaard, Noord-Brabant (maximaal 33 eieren van 12 nesten in 1851-80; van Erve et al 1967). Hiervan zijn de vinddatum (maand) en andere bijzonderheden betreffende de vindomstandigheden echter onbekend. Naast het hieronder vermelde broedgeval van juni 1863 werden in Engelse collecties vier eieren (en een specimen) uit Valkenswaard aangetroffen uit 1851; drie eieren van twee nesten uit 1855; ten minste twee eieren uit 1857 (verzameld op 32 km van Valkenswaard langs de Dommel); en 10 eieren waarschijnlijk uit 1876 en 1880 (Snouckaert van Schauburg 1908, Ardea 33: 31-32, 1944, van Erve et al 1967). Bovendien zijn er verscheidene waarschijnlijke broedgevallen waarbij echter geen nest en ook geen juist uit het nest gekomen jongen werden gevonden (bijvoorbeeld in 1875, 1955, 1962 en 1974-76). Informatie over zekere en mogelijke broedgevallen in opeenvolgende jaren is mede te danken aan gespecialiseerd onderzoek zoals in Zwartemeer, Kampen, Overijssel, in 1955-62 (broeden bevestigd in 1957-58), Bijlmermeer, Amsterdam-Zuidoost, Amsterdam, Noord-Holland, in 1964-71 (broeden bevestigd in 1964-65 en 1971) en Makkum, Wûnseradiel, Friesland, in 1974-76 (waar broeden echter alleen werd gemeld voor mei 1944 en mei 1946; van der Ploeg et al 1976).

Deze soort komt meer dan tweemaal zo vaak voor als Klein Waterhoen *P parva*, met 22 in plaats van drie gevallen van vóór 1950 en meer dan 14 in plaats van slechts één bevestigde broedgevallen. Niet alleen in het verleden (zoals in 1963-81 in Gelderland; cf van den Bergh et al 1979, Brouwer et al 1985, Leys et al 1993 etc) maar ook in recente tijd zijn er meer meldingen dan gevallen.

1915, Ardea 33: 33, 1944). In 1980, CDNA formally decided not to accept calling birds without tape-recording (cf DB 8: 29-30, 1986); as a result, also since 1 January 1976, records of birds heard but not seen are accepted only when tape-recorded.

There are at least 15 confirmed breeding records: in 1863, 1874, 1898, 1909, 1937, 1946, 1957, 1958, 1964 (two), 1965 (three), 1971 and 1972. In addition, many eggs were collected since 1851 at Valkenswaard, Noord-Brabant (up to 33 eggs of 12 nests in 1851-80; van Erve et al 1967). However, the exact date (month) and other information on finding circumstances are lacking and, therefore, they are not listed below. Apart from the breeding record in June 1863 (see below), these include the following eggs in English collections: four eggs (and a bird) from 1851; three eggs of two nests from 1855; at least two eggs from 1857 (at 32 km from Valkenswaard along the Dommel river); and 10 eggs probably from 1876 and 1880 (Snouckaert van Schauburg 1908, Ardea 33: 31-32, 1944, van Erve et al 1967). Moreover, there are several probable breeding records in which no nest or fledglings were found (for instance, in 1875, 1955, 1962 and 1974-76). Information on certain and possible breeding records in successive years resulted from specialist bird research at, for instance, Zwartemeer, Kampen, Overijssel, in 1955-62 (breeding confirmed in 1957-58), Bijlmermeer, Amsterdam-Zuidoost, Amsterdam, Noord-Holland, in 1964-71 (breeding confirmed in 1964-65 and 1971) and Makkum, Wûnseradiel, Friesland, mostly in 1974-76 (where breeding, however, has only been reported for May 1944 and May 1946; van der Ploeg et al 1976).

This species is more than twice as common as Little Crake *P parva*, with 22 instead of three records before 1950 and more than 14 confirmed breeding records instead of only one. There are more reports than accepted records, not only in the past (for instance, 1963-81 in Gelderland; cf van den Bergh et al 1979, Brouwer et al 1985, Leys et al 1993 etc) but also in recent years.

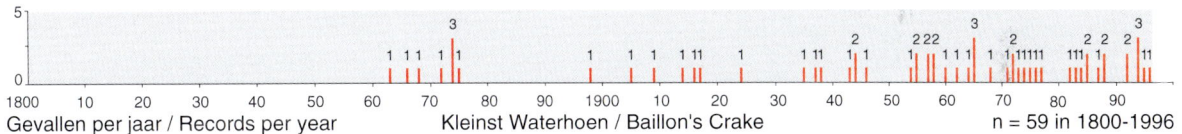

Gevallen per jaar / Records per year   Kleinst Waterhoen / Baillon's Crake   n = 59 in 1800-1996

59 fully documented records (at least 89 individuals) in 1800-1996; 15 records (18 individuals) in 1980-96

June 1863 *Valkenswaard* NB, 4 (5) eggs (collected); LM 16: 104, 1943, Ardea 33: 32, 1944

21 July 1866 *Loon op Zand* NB, dead; van Erve et al (1967)

10 August 1868 Helvoirt, *Haaren* NB, adult ♀, dead (NNM); van Oort (1922-39) (sketch: plate 135)

31 August 1872 *Zwartsluis* OV, juv ♂, dead (NNM); Ardea 33: 33, 1944

8 August 1874 Ilpendam, *Waterland* NH, juv ♀, dead (NNM); Ardea 33: 33, 1944

10 August 1874 Hulpboezem, *Rotterdam* ZH, adult ♂, dead (ZMA) (specimen first misidentified as Little Crake *P parva* and wrongly dated as 8 December 1875 which, according to wear and moult, is most likely the day it died in captivity); Kees Roselaar in litt, contra

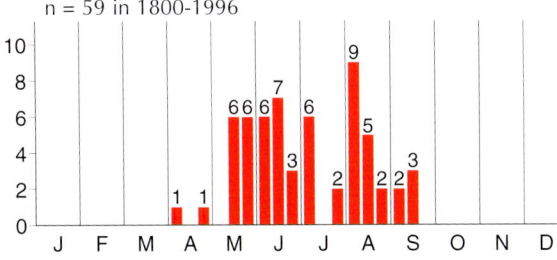

n = 59 in 1800-1996

Gevallen per 10 dagen / Records per 10 days
Kleinst Waterhoen / Baillon's Crake

Ardea 33: 30-31, 1944, contra Eykman et al (1949)

19 September 1874 *Oostzaan* NH, juv ♀ (nearly full-grown), dead (NNM); Ardea 33: 33, 1944, Kees Roselaar (in litt)

7 August 1875 Hulpboezem, *Rotterdam* ZH (2), juv ♂ & juv ♀, dead (ZMA); Ardea 33: 33, 1944, Kees Roselaar (in litt)

7 August 1898 Canisvliet, *Sas van Gent* ZL (min 3), juv (fledgling), dead (KBIN; 1 juv); Gunter De Smet (in litt)

13 September 1905 *Alphen aan den Rijn* ZH, juv ♂, dead (ZMA); Ardea 33: 34, 1944

24 June 1909 *Vlijmen* NB, nest & 3 eggs (collected); LM 14: 134, 1941; 16: 104, 1943, Ardea 33: 33, 1944

8 June 1914 Panningen, *Helden* LB, adult ♂, dead; Ardea 4: 115, 1915; 33: 34, 1944

14 August 1916 *Den Bosch* NB, adult ♂, dead; Ardea 33: 34, 1944

3 July 1917 Panningen, *Helden* LB, adult ♂, dead; Ardea 33: 34, 1944

4 July 1924 Effectenbeurs, Damrak, *Amsterdam* NH, adult ♂, dead (alive when trapped) (ZMA); Ardea 13: 106, 1924; 33: 34, 1944, Gierzwaluw 33: 92, 1995 (photo)

12 June 1935 Boijl, *Weststellingwerf* FR, adult ♂, dead (FNM) (date incorrect in Ardea 33: 34, 1944, Eykman et al 1949); Johannes Fokkema (in litt)

18 June 1937 Giethoorn, *Brederwiede* OV (2), nest & 5 eggs (collected); LM 35: 270-271, 1962

September 1938 *Hoorn* NH, dead; Ardea 33: 34, 1944

10 August-11 September 1943 Rothoek, *Amsterdam* NH (2), sightings; Levende Nat 48: 89, 1943, LM 16: 162-163, 1943, Ardea 33: 34, 209, 1944

29 May 1944 Westzijderveld, Koog aan de Zaan, *Zaanstad* NH, adult

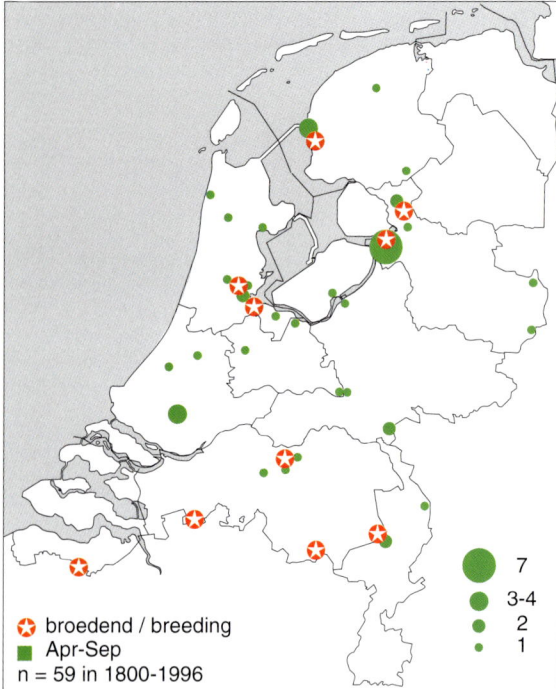

broedend / breeding
■ Apr-Sep
n = 59 in 1800-1996

○ 7
○ 3-4
● 2
● 1

Gevallen per locatie / Records per site
Kleinst Waterhoen / Baillon's Crake

♂, trapped (Ardea 34: 351-352, 1946; misidentified as Little Crake)
May 1944 Makkumerwaard, *Wûnseradiel* FR, nest (3 eggs) (unsuccessful); van der Ploeg et al (1976)
25 May 1946 Makkumerwaard, *Wûnseradiel* FR, nest (3 eggs; 1 collected) (unsuccessful); LM 19: 128, 1946
3 April 1954 Hoogvliet, *Rotterdam* ZH, dead; Ardea 43: 256, 1955, contra LM 29: 65, 1956
18 August 1955 Zwartemeer, Kampereiland, *Kampen* OV, juv, trapped; LM 28: 53-54, 1955; 29: 65, 1956
6 September 1955 Zwartemeer, Kampereiland, *Kampen* OV (2), juv, trapped; LM 28: 52-54, 1955 (photos); 29: 65, 1956; 32: 117-121, 1959
5 August 1957 Zwartemeer, Kampereiland, *Kampen* OV (min 3), chick, trapped; LM 31: 10, 1958; 32: 49, 1959
23 August 1957 Zwartemeer, Kampereiland, *Kampen* OV (2), juv, trapped; LM 31: 10, 1958; 32: 49, 1959
6-23 June 1958 Zwartemeer, Kampereiland, *Kampen* OV (at least 3), nest, 6 eggs & young, adult & juv trapped; LM 32: 117-121, 1959 (photos); 33: 30, 1960
20 August 1958 Zwartemeer, Kampereiland, *Kampen* OV, juv, trapped; LM 33: 30, 1960
5-12 August 1960 Eemmond, *Eemnes/Bunschoten* UT, trapped; Jonkers et al (1987)
4 September 1962 Zwartemeer, Kampereiland, *Kampen* OV, juv, trapped; LM 37: 32, 1964
2-18 July 1964 Bijlmermeer, Amsterdam-Zuidoost, *Amsterdam* NH (min **4** adult), min 2 nests (1 with 8 eggs, later **4** chicks); LM 39:

55, 1966
7-19 June 1965 Bijlmermeer, Amsterdam-Zuidoost, *Amsterdam* NH (min **2** adult), nest & 8 eggs; LM 40: 28, 1967
6-18 July 1965 De Matjens (De Maatjes), Achtmaal, *Zundert* NB (min **5**), 2 nests (plus 1 nest at Belgian side of border) (1 nest with 6 eggs destroyed 11 July; 1 adult & 1 of 3 young photographed 18 July); Giervalk 56: 13-17, 1966 (photos), Jef de Ridder (in litt)
20 August 1965 Zwartemeer, Kampereiland, *Kampen* OV, trapped; LM 40: 28, 1067
2 August 1968 Zwartemeer, Kampereiland, *Kampen* OV, trapped; LM 43: 45, 1970
June 1971 Bijlmermeer, Amsterdam-Zuidoost, *Amsterdam* NH (min **2**), nest; LM 46: 78, 1973, Hazevoet (1985)
23 April 1972 Timorstraat, *Enschede* OV, trapped; LM 47: 38, 1974, Knolle et al (1998)
31 May-23 June 1972 De Peel, *Deurne* NB (**2**), nest & 2 eggs (unsuccessful) (sound-recorded); LM 47: 38, 1974, Edward van IJzendoorn (in litt)
21 July 1973 Makkum, *Wûnseradiel* FR, adult, trapped; van der Ploeg et al (1976)
5 June 1974 Makkum, *Wûnseradiel* FR, adult ♂, trapped; van der Ploeg et al (1976), LM 50: 44, 1977
17 June 1975 Makkum, *Wûnseradiel* FR, trapped; LM 50: 44, 1977
12 June 1976 Makkum, *Wûnseradiel* FR (**3**), ♂, singing; LM 51: 140, 1978
22-29 June 1977 Vlietland, *Leidschendam* ZH, ♂, singing; LM 52: 223, 1979
7-8 June 1982 Kockengen, *Breukelen* UT; DB 9: 146, 1987 (photo), Hazevoet (1985)
19 August 1983 *Harderwijk* GL, juv, dead (NNM); DB 6: 96-98, 1984 (photos)
3-5 July 1984 Eernewoude, *Tytsjerksteradiel* FR, ♂ (sound-recorded)
27-28 May 1985 Harderbroek, *Zeewolde* FL, ♂ (sound-recorded)
29 May 1985 *IJsselham* OV, ♂ (sound-recorded)
9-20(23) June 1987 Blauwe Kamer, *Rhenen* UT (max **3**), ♂ (all), singing (sound-recorded)
14-23 May 1988 Zwanenwater, Callantsoog, *Zijpe* NH, ♂ (sound-recorded)
26 May 1988 Naardermeer, *Naarden* NH, ♂ (sound-recorded)
16-17 May 1992 Blauwe Kamer, *Wageningen* GL (sound-recorded); DB 19: 102, 1997
13 June 1992 Weerribben, *IJsselham* OV (**2**) (sound-recorded)
16-25 May 1994 Groenlanden, Ooypolder, *Ubbergen* GL, ♂ (sound-recorded); DB 19: 101-102, 1997
20-25 May 1994 De Hamert, *Bergen* LB, ♂ (sound-recorded); DB 20: 149, 1998
3-7 July 1994 Oude Waal, Ooypolder, *Nijmegen* GL, ♂ (sound-recorded); DB 19: 102, 1997; 20: 149, 1998
11 May-13 June 1995 Kleimeer, Geestmerambacht, *Langedijk* NH, ♂ (sound-recorded); DB 20: 149, 1998
21-29 June 1996 Singraven, *Denekamp* OV, ♂ (sound-recorded); Knolle et al (1998)

voorlopige toevoegingen voor 1997-98 / provisional additions for 1997-98
15-20 May 1997 Aalkeetbuitenpolder, *Vlaardingen* ZH, ♂ (sound-recorded)
17-19 May 1997 Blauwe Kamer, *Rhenen* UT, ♂ (sound-recorded); CDNA archives
19 June-4 July 1997 Tjamme, Beerta, *Reiderland* GR, ♂ (sound-recorded); CDNA archives
16 August 1997 Makkumer Zuidwaard, Makkum, *Wûnseradiel* FR, trapped (videoed); CDNA archives
8-19 July 1998 Dwingelderveld, *Ruinen* DR (**2**), ♂s (sound-recorded); CDNA archives

Kwartelkoning [2]

schaarse broedvogel
schaarse doortrekker en zomergast

Crex crex

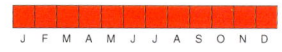

Corn Crake

scarce breeding bird
scarce migrant and summer visitor

Waterhoen [2]

algemene broedvogel
gehele jaar algemeen

Gallinula chloropus chloropus

Common Moorhen

common breeding bird
common throughout year

Meerkoet [2]

algemene broedvogel
gehele jaar algemeen

Fulica atra atra

Eurasian Coot

common breeding bird
common throughout year

Kraanvogel [2]

algemene doortrekker en zeldzame wintergast

Grus grus grus

J F M A M J J A S O N D

Common Crane

common migrant and rare winter visitor

Voormalige broedvogel; vermoedelijk niet broedend sinds 1800 (Eykman et al 1949).

Former breeding bird; probably not breeding since 1800 (Eykman et al 1949).

Canadese Kraanvogel

zeer zeldzaam

Grus canadensis canadensis

Sandhill Crane

very rare

Broedt in Noord-Amerika en Noordoost-Siberië.

Breeds in North America and north-eastern Siberia.

Dit was het vierde geval voor Europa. Bovendien was het één van de meest bijzondere herontdekkingen van een dwaalgast. Nadat de vogel vanaf 17 september 1991 bij Sumburgh, Shetland, Schotland, aanwezig was, zagen vogelaars hem rond 12:00 op 27 september over zee wegvliegen in zuidoostelijke richting. Dit is precies de richting van waar hij 25 uur later en 820 km verderop in Nederland werd herontdekt. Op 30 september vertrok hij hier weer in zuidoostelijke richting. Uit het vergelijken van foto's bleek dat er geen verschillen bestonden tussen de vogel in Nederland en op Shetland zodat de mening heeft postgevat dat het dezelfde moet zijn (DB 15: 1-6, 1993, Vinicombe & Cottridge 1996). Eerdere Europese gevallen dateerden van 11-14 september 1905 te Galley Head, Cork, Ierland, van 14 oktober 1980 te Akraberg, Suduroy, Faeröer, en van 26-27 april 1981 op Fair Isle, Shetland, Schotland. Er is ook een geval voor Groenland van 29 juli tot 1 augustus 1985 te Tasersuit, Maccormick Fjord, Avanersuaq/Thule (DB 15: 67, 1993).

This was the fourth record for Europe. Moreover, it was one of the most remarkable examples of a vagrant rediscovered at another site. After it had been present near Sumburgh, Shetland, Scotland, since 17 September 1991, it was seen flying off in a south-easterly direction at c 12:00 on 27 September. If continuing this south-easterly course, the first mainland it encountered would exactly be the Dutch site 820 km further to the south-east where it was indeed discovered 25 hours later. On 30 September, it flew off again to the south-east. Comparison of photographs revealed no differences with the Shetland bird and it was concluded that the Dutch bird was the same individual (DB 15: 1-6, 1993, Vinicombe & Cottridge 1996). Previous European records dated from 11-14 September 1905 at Galley Head, Cork, Ireland, 14 October 1980 at Akraberg, Suduroy, Faeroes, and 26-27 April 1981 on Fair Isle, Shetland, Scotland. There is one record for Greenland from 29 July to 1 August 1985 at Tasersuit, Maccormick Fjord, Avanersuaq/Thule (DB 15: 67, 1993).

1 record in 1800-1996; 1 in 1980-96

28-30 September 1991 Paesens-Moddergat, *Dongeradeel* FR, 1s; DB 13: 227, 1991 (photo); 15: 1-6, 1993 (photos) (same individual stayed at Exnaboe, Sumburgh, Shetland, Scotland, on 17-27

September); BW 4: 322-323, 430, 1991 (photos), Mitchell & Young (1997; photo 51(2))

Canadese Kraanvogel / Sandhill Crane *Grus canadensis*, first-summer, 29 September 1991, Paesens-Moddergat, Dongeradeel, Friesland *(Arnoud B van den Berg)*

n = 1 in 1800-1996

Gevallen per locatie / Records per site
Canadese Kraanvogel / Sandhill Crane

Jufferkraanvogel

Anthropoides virgo

Demoiselle Crane

zeer zeldzaam

very rare

Broedt in Oost-Europa en Centraal-Azië; overwintert in Afrika en Zuid-Azië.

Beide aanvaarde Nederlandse gevallen betroffen langsvliegende vogels hetgeen de vraag doet rijzen of een eventuele verdachte ring onder die omstandigheden opgevallen zou zijn. Het recente besluit van de CDNA dat deze soort alleen voor aanvaarding in aanmerking komt wanneer met zekerheid het ontbreken van verdachte ringen is vastgesteld, betekent waarschijnlijk dat ze van de Nederlandse lijst worden verwijderd (Jelle Scharringa pers comm). Een ongeringd adult exemplaar dat van 16 augustus tot ten minste 3 november 1998 vooral bij Maria Hoop, Echt, in Limburg verbleef is (nog) niet aanvaard door de CDNA (DB 20: 249-250, 1998 (foto), Plomp et al (1999)). Behalve de aanvaarde gevallen werd bovendien een aantal vogels gemeld die kenmerken in uiterlijk of gedrag vertoonden welke duidden op een verleden in gevangenschap. Zo werd aannemelijk gemaakt dat twee in oostelijk Noord-Brabant pleisterende exemplaren in juli-september 1989 (één van beide werd ook in volgende jaren gezien) met een plaatselijke dierentuin afkomstig waren (cf DB Nieuwsbrief 1: 152-153, 1989 (foto), DB 11: 192, 1989 (foto); 13: 45, 81-82, 1991 (foto's); 15: 148, 1993). Elders in West-Europa zijn recentelijk gevallen buiten de normale gebieden aanvaard voor Hongarije en Scandinavië (Aquila 93/94: 25-29, 1987, Alström et al 1991). Hierbij bleek soms dat dwaalgasten van de soort dicht te benaderen kunnen zijn (cf Alula 1: 94, 1995 (foto)) en er werden ook exemplaren opgemerkt in groepen Kraanvogels *Grus grus*. De voorjaarstrek vindt ongeveer gelijktijdig met die van Kraanvogels plaats maar de najaarstrek is vroeger; op Cyprus passeren groepen gedurende eind maart-midden april en midden augustus-begin september (Alström et al 1991).

Breeds in eastern Europe and central Asia; winters in Africa and southern Asia.

Both accepted Dutch records involved birds flying past which means that the best way of establishing a captive origin (noting the presence of a suspect ring) could hardly be tested, still leaving some doubt as to the provenance of these individuals. The recent CDNA decision that this species can only be accepted when it was ascertained that there were no suspect rings, may signify that the species will be removed from the Dutch list (Jelle Scharringa pers comm). An unringed adult staying from 16 August to at least 3 November 1998 in Limburg (mostly near Maria Hoop, Echt) has not (yet) been accepted by CDNA (DB 20: 249-250, 1998 (photo), Plomp et al (1999)). In addition to the accepted records, a number of reported birds showed signs of captivity in appearance or behaviour. For instance, it was believed that two birds in July-September 1989 and one of these seen again in later years in eastern Noord-Brabant were, in fact, from a local zoological garden (cf DB Nieuwsbrief 1: 152-153, 1989 (photo), DB 11: 192, 1989 (photo); 13: 45, 81-82, 1991 (photos); 15: 148, 1993).
Elsewhere in western Europe, there have been recent extralimital records in, for instance, Hungary and Scandinavia (Aquila 93/94: 25-29, 1987, Alström et al 1991). In some cases, vagrants of the species were actually quite approachable (cf Alula 1: 94, 1995 (photo)) and there were also individuals seen with flocks of Common Crane *Grus grus*. The spring migration almost coincides with that of Common Crane but autumn migration is earlier; in Cyprus, migrating flocks occur during late March-mid April and mid August-early September (Alström et al 1991).

2 records in 1800-1996; 2 in 1980-96

30 April 1993 Rottumeroog, *Eemsmond* GR, adult (flying past); DB 17: 91, 1995, de Bruin & de Bruin (1997; photo)

1 May 1995 Polder Zeldert, *Baarn* UT, adult (flying past)

TRAPPEN Otididae (n=3)

Kleine Trap

Tetrax tetrax

Little Bustard

zeldzaam

rare

Broedt van Zuid-Europa en Noord-Frankrijk tot westelijk Centraal-Azië.

De gevallen van de soort zijn niet herzien. Behalve het eerste geval zijn alleen de door Albarda (1897) en Eykman et al (1949) vermelde 19e eeuwse gevallen opgenomen. Alle gevallen van 1900-59 staan vermeld in Eykman et al (1949) of Kist et al (1970), met uitzondering van die in 1948. Verscheidene andere ongedocumenteerde meldingen van verzamelde specimens zijn niet opgenomen (bijvoorbeeld drie in december 1901 van uit Drenthe, Gelderland en Zeeland; Levende Nat 7: 186, 1902). Alle vogels van vóór 1983 werden geschoten, met uitzondering van het verzwakte exemplaar op 28 december 1959 dat in gevangenschap overleed. De 29 specimens betroffen ten minste negen ♂s en acht ♀s. Er zijn acht gevallen van levende vogels in 1983-96. Alle gevallen betroffen solitaire individuen. De meeste werden gezien in november-januari (c 75%). Er is maar één geval uit mei-augustus. Er zijn geen aanwijzingen dat de verzamelde exemplaren van oostelijke populaties afkomstig waren (Kees Roselaar in litt, contra LM 18: 73-74, 1946).

Breeds from southern Europe and northern France to western central Asia.

The records of the species have not been reviewed. Apart from the first record, only those pre-1900 records are mentioned which are listed by Albarda (1897) and Eykman et al (1949). All records in 1900-59 are listed in Eykman (1949) and Kist et al (1970), except the one in 1948. Several other reports of collected specimens remain unsubstantiated and are omitted (for instance, three from December 1901 in Drenthe, Gelderland and Zeeland; Levende Nat 7: 186, 1902). All pre-1983 birds were shot, with the exception of the weakened individual captured on 28 December 1959, which died in captivity. Of the 29 specimens concerned, at least nine were ♂ and eight ♀. There have been eight records of live birds in 1983-96. All records concerned single individuals, and most occurred during November-January (c 75%). There is only one record in May-August. There are no indications that the collected birds were of eastern origin (Kees Roselaar in litt, contra LM 18: 73-74, 1946).

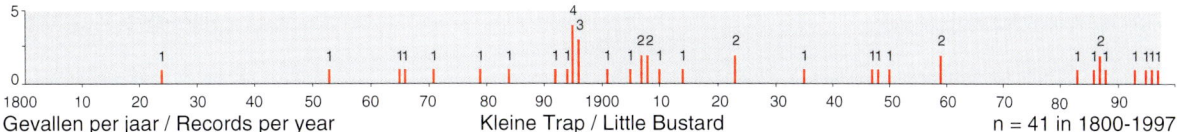

Gevallen per jaar / Records per year　　　　Kleine Trap / Little Bustard　　　　n = 41 in 1800-1997

40 records in 1800-1996; 8 in 1980-96

January 1824 Groningen, ♀, dead; Ardea 36: 137, 1948, Boekema et al (1983), Vlek (1995)
28 December 1853 near *Elburg* GL, adult ♀, dead (NNM)
16 September 1865 *Lisse* ZH, 1y ♂, dead (NNM)
16 November 1866 Noord-Holland, dead (ZMA; now lost)
26 January 1871 *Katwijk* ZH, 1w, dead (ZMA); Meijer et al (1996; photo)
28 January 1879 near *Alkmaar* NH, adult ♀, dead (NNM)
19 November 1884 Malburgen, *Arnhem* GL, dead
December 1892 *Drunen* NB, dead; cf van Erve et al (1967)
21 September 1894 Haamstede, *Westerschouwen* ZL, ♀, dead
early January 1895 *Enkhuizen* NH, dead
29 January 1895 Stroobos, *Achtkarspelen* FR, ♂, dead; Albarda (1897)
4 September 1895 Vlodrop, *Roerdalen* LB, ♀, dead (NMM); Hens (1965)
17 December 1895 Beetsterzwaag, *Opsterland* FR, 1y, dead (ZMA) (not 1894; contra Albarda 1897); Kees Roselaar (in litt)
3 February 1896 Hilmahuis, Stroobos, *Achtkarspelen* FR, 1w, dead (ZMA) (possibly, this concerned the same bird as the one on 29 January 1895; Kees Roselaar in litt); Eykman et al (1949)
early October 1896 *Steenwijk* OV, dead
29 November 1896 *Schagen* NH, 1y ♀, dead (NNM)
12 December 1901 *Doesburg* GL, ♀, dead
25 November 1905 Buggenum, *Haelen* LB, dead; Hens (1965)
January 1907 Dollard, *Delfzijl/Reiderland* GR, dead

December 1907 *Alkmaar* NH, 1y, dead (ZMA)
7 November 1908 *Susteren* LB, ♂, dead; Hens (1965)
December 1908 Oppenhuizen, *Sneek* FR, dead
7 December 1910 *Dinxperlo* GL, juv ♂, dead
10 December 1914 Elspeet, *Nunspeet* GL, ♀, dead (ZMA)
early April 1923 *Hunsel/Weert* LB, adult summer ♂, dead (not 1924; contra Ganzevles et al 1985); Hens (1965)
13 December 1923 *Haaksbergen* OV, adult ♂, dead (ZMA)
22 November 1935 Sint Jacobiparochie, *het Bildt* FR, ♀, dead
July 1947 Boschplaat, *Terschelling* FR, dead
27 November 1948 Deurningen, *Weerselo* OV, ♀, dead (ND); LM 46: 78, 1973, Meijerink (1976), Knolle et al (1998; photo)
24 November 1950 De Koog, *Texel* NH, 1y, dead (NNM)
26 December 1959 Haarzuilens, *Vleuten-De Meern* UT, 1y ♀, dead (probably shot 24 December) (NNM); Alleyn et al (1971)
28 December 1959 Breukeleveen, *Loosdrecht* UT, 1y ♂, trapped & dead (died 19 April 1960) (ZMA)
19 February-8 March 1983 Lage Zwaluwe, *Hooge en Lage Zwaluwe* NB, 1w ♀; DB 5: 33, 1983 (photo); 7: 96-98, 1985 (photos)
18 January 1986 *Zeewolde* FL & 19-20 January *Nijkerk* GL, ♂; DB 8: 74, 1986 (photo); 9: 119-120, 1987, Grauwe Gans 2: 91-92, 1986, VJ 34: 95, 1986 (photo), LM 60: 198, 1987
28 January 1987 Abbenbroek, *Bernisse* ZH
19-22 December 1987 *Urk* FL; DB 10: 38, 169, 1988 (photos)
14 April 1988 Vliegbasis De Peel, *Bakel en Milheeze* NB, ♀
(29 November)5-14 December 1993 Grijpskerke, *Mariekerke* ZL, ♀; DB 16: 39, 150, 1994 (photos)
29 December 1995-2 January 1996 Den Hoorn, *Texel* NH; DB 18: 46, 1996 (photo)
19-27 March 1996 *Westerschouwen* ZL, ♂; DB 18: 101, 1996 (photo), Opperman et al (1997)

voorlopige toevoegingen voor 1997-98 / provisional additions for 1997-98
24 February-24 March 1997 Etersheim, Oosthuizen, *Zeevang* NH, ♂; DB 19: 93-94, 1997 (photo)

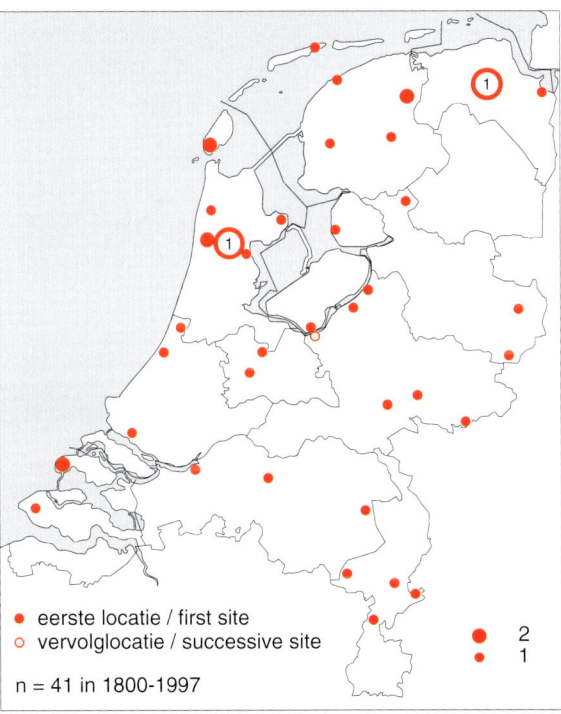

- ● eerste locatie / first site
- ○ vervolglocatie / successive site

n = 41 in 1800-1997

Gevallen per locatie / Records per site
Kleine Trap / Little Bustard

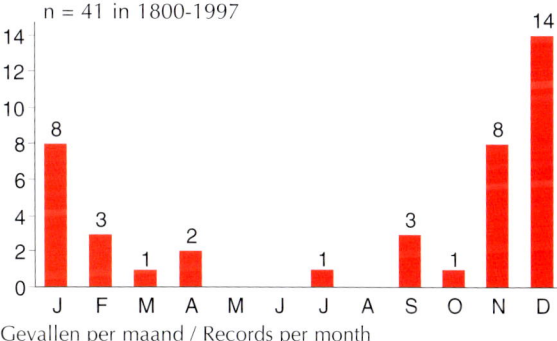

n = 41 in 1800-1997

Gevallen per maand / Records per month
Kleine Trap / Little Bustard

Kleine Trap / Little Bustard *Tetrax tetrax*, 6 December 1993, Grijpskerke, Mariekerke, Zeeland *(Hans Gebuis)*

Kleine Trap / Little Bustard *Tetrax tetrax*, 8 March 1997, Etersheim, Zeevang, Noord-Holland *(Bert (H H) van Dillen)*

Oostelijke Kraagtrap

Chlamydotis macqueenii

Macqueen's Bustard

zeer zeldzaam

very rare

Broedt in Midden-Oosten en Centraal-Azië; overwintert rond Perzische Golf.

Breeds in Middle East and central Asia; winters in Persian Gulf region.

In de 19e eeuw kwam de soort vaker in West-Europa voor (meer dan 40 gevallen) dan in de 20e eeuw. Er zijn slechts zes tot negen gevallen in 1900-96: in Engeland in 1962, Duitsland in 1968, Italië in 1975-76 (drie) en Polen in 1977, en waarschijnlijk ook in Slovenië in 1970, Zweden in 1974 en Litouwen in 1988 (DB 18: 252, 1996).
Westelijke Kraagtrap *C undulata* broedt in Noord-Afrika en de oostelijke Canarische Eilanden en vertoont geen lange-afstandstrek; deze soort blijkt niet in Noordwest-Europa te zijn vastgesteld maar kennelijk wel in Italië (drie), Malta (twee), Zwitserland (twee) en vermoedelijk Spanje, voor het laatst in 1937 (DB 18: 252, 1996). De afname in het aantal gevallen van beide soorten is waarschijnlijk te wijten aan overbejaging.

In the 19th century, the species occurred in a higher frequency (more than 40 records) in western Europe than in 1900-96 when there were only between six and nine records: in England in 1962, Germany in 1968, Italy in 1975-76 (three) and Poland in 1977, and probably also in Slovenia in 1970, Sweden in 1974 and Lithuania in 1988 (DB 18: 252, 1996).
Houbara Bustard *C undulata* breeds in northern Africa and the eastern Canary Islands. It is not a long-distance migrant, and it has not been recorded in other European countries than Italy (three), Malta (two), Switzerland (two) and possibly Spain, the last in 1937 (DB 18: 252, 1996). The decline of records in both species is likely to be due to overhunting.

1 record in 1800-1996; none in 1980-96

10 December 1850, *Zeist* UT, adult ♂, dead (NNM); Notes Leyden

Mus 30: 167, 1908, DB 18: 160, 1996 (photo)

n = 1 in 1800-1996

Gevallen per locatie / Records per site
Oostelijke Kraagtrap / Macqueen's Bustard

Oostelijke Kraagtrap / Macqueen's Bustard *Chlamydotis macqueenii*, adult ♂, skin (NNM), collected 10 December 1850 (photographed April 1983), Zeist, Utrecht (*Arnoud B van den Berg*)

Grote Trap

Otis tarda tarda

Great Bustard

zeldzame onregelmatige wintergast

rare irregular winter visitor

Broedt ten zuiden van 55°N in versnipperd areaal in Europa, Marokko, Midden-Oosten en Centraal-Azië.

Breeds from 55°N southward in fragmented range in Europe, Morocco, Middle East and central Asia.

Voormalige broedvogel; niet broedend sinds 1800 (wel driemaal nestelend ongepaard ♀; Eykman et al 1949).

Former breeding bird; not breeding since 1800 (except three times nesting unpaired ♀; Eykman et al 1949).

De gevallen van vóór 1986 zijn niet beoordeeld of herzien; daarom worden hieronder alle meldingen in jaarverslagen over 1945-85 in Ardea en Limosa genoemd, zelfs wanneer het onbeschreven vogels betreft die in april-oktober of alleen in vlucht werden gezien. Vanaf 1986 worden alle gevallen

Since the pre-1986 records of the species have not been considered or reviewed, all reports in the Ardea and Limosa journals during 1945-85 are listed, even those of undescribed birds seen in April-October or in flight only. From 1986 onwards, all records of the species have been considered by

van de soort door de CDNA beoordeeld zodat voor 1986-96 alleen de aanvaarde gevallen worden genoemd. Voor jaren met een invasie worden de aantallen van gevallen en individuen vermeld.

De soort broedde vóór 1800 in Nederland maar sindsdien niet meer. Ongepaarde ♀s hebben echter wel eieren gelegd in één van de jaren 1914-18 op Ameland, Friesland (twee verzamelde eieren; LM 16: 104, 1943) en in 1947-48 te Castricum, Noord-Holland (Eykman et al 1949). Vóór 1800 arriveerden hoge aantallen in het najaar (cf Eykman et al 1949). In het begin van de 20e eeuw was de soort echter reeds een nogal zeldzame gast, gewoonlijk tijdens strenge winters (Snouckaert van Schauburg 1908).

In 1997 waren nog 29 specimens aanwezig in drie belangrijke museumcollecties: 15 in NNM, Leiden (René Dekker in litt); 13 in ZMA, Amsterdam (Kees Roselaar in litt); en één in NMR, Rotterdam (Kees Moeliker in litt). Deze specimens dateerden van november (twee), december (zeven), januari (zeven), februari (10) en maart (drie). Het oudste was een adult ♂ van 7 maart 1855 te Prinsenpolder, Eiland van Dordrecht, Dordrecht, Zuid-Holland (NNM). Er bevindt zich waarschijnlijk nog een behoorlijk aantal in andere musea of in privé-collecties (cf Eykman et al 1949).

In de 20e eeuw kwamen invasies voor in 1905, 1907-09, 1912, 1917-19, 1922, 1924-28, 1940, 1969-72, 1979, 1981-82, 1984-85 en 1987 (Eykman et al 1949, VJ 29: 1-8, 326, 1981, DB 4: 6-7, 1982; 8: 60-62, 1986). Tijdens deze invasies werden soms grote groepen gezien. De grootste telde 50 exemplaren en dateerde van 1912 te Helden, Limburg. In 1800-1950 was het vroegste geval op 10 november 1888 te Graft, Noord-Holland, en het laatste in begin april 1940 te Ambt Delden, Overijssel. In het algemeen namen de aantallen tijdens de invasies toe in december-januari om een maximum te bereiken in februari waarna er in maart nog maar weinig aankomsten waren. Dit patroon is ook te zien in het maanddiagram voor 1945-96, met meer dan 60% van de gevallen in januari-februari. Het geografische patroon voor 1945-96 toont dat de helft van de gevallen uit de oostelijke, aan Duitsland grenzende provincies kwam terwijl er weinig in westelijke, aan de Noordzee grenzende provincies waren (geen in Zeeland en slechts één op de Waddeneilanden). Uit het jaarvoorkomen is een voortgaande afname in recente jaren op te maken die overeenkomt met de dramatische achteruitgang van de soort in Midden-Europa. In 1978-87 arriveerden ook enkele geringde exemplaren die niet de voor de soort gebruikelijke schuwheid vertoonden en afkomstig waren van een herintroductieproject te Hiddensee, Duitsland (cf DB 1: 54-55, 1979 (foto)). Daarentegen waren de solitaire ♂s die in 1994-97 aanwezig waren wel schuw. Deze waren hoogstwaarschijnlijk niet afkomstig uit Duitsland waar in 1995 alleen maximaal 98 geringde, tamme, niet-wegtrekkende exemplaren leefden op twee plaatsen rond Berlijn (in 1965 werden in Oost-Duitsland nog 1530 exemplaren geteld). De dichtstbijzijnde broedpopulatie bevond zich in de 1990er jaren 1000 km naar het zuidoosten, in Zuid-Moravië, Tsjechië, waar het aantal in snel tempo was gedecimeerd van 1317 in 1990 tot hooguit zes exemplaren in 1994 (BB 88: 32, 1995). In Slowakije bevonden zich in 1994 nog 25-40 paren. In Hongarije was het aantal in 1990 afgenomen tot 1362 en de soort was toen als broedvogel verdwenen uit Oostenrijk en Polen (Peter Barthel pers comm).

CDNA and, therefore, only accepted records are mentioned for 1986-96. For invasion years, numbers of records and individuals are given.

The species bred in the Netherlands before 1800 but not since although unpaired ♀s have laid eggs on Ameland, Friesland, in one of the years between 1914 and 1918 (two eggs collected; LM 16: 104, 1943) and at Castricum, Noord-Holland, in 1947-48 (Eykman et al 1949). Before 1800, large numbers used to appear in autumn (cf Eykman et al 1949). However, at the start of the 20th century, the species was already a rather rare visitor, usually in severe winters (Snouckaert van Schauburg 1908).

In 1997, there were 29 specimens in three main museum collections: 15 at NNM, Leiden (René Dekker in litt); 13 at ZMA, Amsterdam (Kees Roselaar in litt); and one at NMR, Rotterdam (Kees Moeliker in litt). These specimens dated from November (two), December (seven), January (seven), February (10) and March (three). The oldest (an adult ♂) was from 7 March 1855 at Prinsenpolder, Eiland van Dordrecht, Dordrecht, Zuid-Holland (NNM). There are probably quite a few specimens in other museums or in private collections (cf Eykman et al 1949).

During the 20th century, invasions occurred in 1905, 1907-09, 1912, 1917-19, 1922, 1924-28, 1940, 1969-72, 1979, 1981-82, 1984-85 and 1987 (Eykman et al 1949, VJ 29: 1-8, 326, 1981, DB 4: 6-7, 1982; 8: 60-62, 1986). Sometimes during these invasions, large flocks were seen. The largest flock was 50 in 1912 at Helden, Limburg. In 1800-1950, the earliest date was 10 November (1888 at Graft, Noord-Holland), and the latest was early April (1940 at Ambt Delden, Overijssel). Generally, during these invasions, numbers gradually increased during December-January to reach a maximum in February while there were only a few new arrivals in March. This monthly pattern is also shown by the diagram for 1945-96, with more than 60% of the records dating from January-February. The geographical pattern for 1945-96 shows that half of the records were in eastern provinces bordering Germany, while there were few in western provinces bordering the North Sea (none in Zeeland and only one in the Wadden Islands). The year diagram shows a continuing decrease in recent years, corresponding with the species' decline in central Europe. In 1978-87, some of the birds were ringed and unusually tame. They originated from a re-introduction project at Hiddensee, Germany (cf DB 1: 54-55, 1979 (photo)). On the other hand, the species' typically shy behaviour was shown by single ♂s seen in 1994-97. It seems certain that these birds did not come from Germany where, in 1995, a maximum of 98 ringed, tame and sedentary birds survived only in two areas near Berlin (in 1965, still 1530 were counted in eastern Germany). The nearest wild population in the 1990s was 1000 km further south-east in southern Moravia, Czech Republic, where a rapid decline occurred from 1317 individuals in 1990 to a maximum of six in 1994 (BB 88: 32, 1995). In Slovakia, only 25-40 pairs were present in 1994. In Hungary, the number had decreased to 1362 in 1990 when the species had disappeared as a breeding bird in Austria and Poland (Peter Barthel pers comm).

specimens in NMR, NNM & ZMA
7 March 1855 (NNM); 17 February 1875 (NNM); 7 December 1880 (NNM); 12 January 1888 (NNM); 10 February 1888 (ZMA); 28 December 1890 (ZMA); 31 December 1890 (NNM); 31 December 1890 (NNM); 30 December 1905 (NNM); 18 February 1909 (NNM); 18 February 1909 (ZMA); March 1912 (ZMA); February 1917 (ZMA); 16 February 1917 (NNM); December 1917 (ZMA); 29 November 1919 (ZMA); 11 February 1922 (NNM); early January 1924 (ZMA); early January 1924 (ZMA); 8 January 1924 (NNM); 7 December 1925 (ZMA); January 1927 (NMR); 19 February 1927 (ZMA); 8 February 1940 (NNM); 8 February 1940 (NNM); 19 November 1949 (NNM); 20 January 1979 (NNM); early March 1979 (dead 10 March 1980) (ZMA); c 17 January 1985 (ZMA)

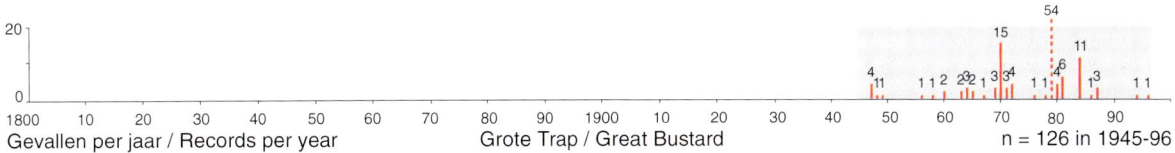

20 — 0
1800 10 20 30 40 50 60 70 80 90 1900 10 20 30 40 50 60 70 80 90

Gevallen per jaar / Records per year   Grote Trap / Great Bustard   n = 126 in 1945-96

Griel

Burhinus oedicnemus oedicnemus

Stone-curlew

zeldzaam

rare

Soort broedt van 55°N zuidwaarts in Europa, Noord-Afrika, Midden-Oosten en West- en Zuid-Azië; overwintert in Middellandse-Zeegebied en Zuid-Azië.

Voormalige broedvogel, niet na 1958.

In 1800-1958 was de soort een schaarse broedvogel in de duinen van Noord- en Zuid-Holland. De Amsterdamse Waterleidingduinen (AW-duinen) vormde het laatste bolwerk. Dit gebied ligt aan beide zijden van de grens tussen Noord- en Zuid-Holland, tussen Bloemendaal en Zandvoort in het noorden, en Noordwijk en Noordwijkerhout in het zuiden. Jan P Strijbos vond hier 13 nesten in 1922 en 17 in 1927; voor het jaar 1923 schatte hij het totaal voor geheel Nederland op c 30 broedparen waarvan meer dan de helft (18-20) in de AW-duinen (Strijbos 1980). In het algemeen arriveerden ze in midden-maart en bleven tot de tweede week van oktober en soms nog in november (cf Ardea 11: 142-143, 1922; 17: 41, 1928). Blijkbaar verdween de soort eerst uit zijn zuidelijke bolwerk in de duinen van Wassenaar, Zuid-Holland, waar de laatste nestfoto's werden gemaakt op 10 mei 1924 en 12 juli 1924 door Johannes Vijverberg (cf Strijbos 1980, Voous 1995). De soort hield tot in de 1950er jaren behalve in de AW-duinen ook stand in zijn noordelijke bolwerk in de duinen van Bergen, Noord-Holland. In 1943 broedden daar bijvoorbeeld ten minste zes broedparen met succes (LM 16: 160, 1943); in 1949 werden twee nesten gemeld te Bergen en ten minste vier in de AW-duinen (LM 22: 389-390, 1949); in 1950 werden drie nesten gevonden in de AW-duinen waarvan twee succesvol waren; in 1951 werden twee nesten gevonden te Bergen (LM 26: 111, 1953) en vier in de AW-duinen (LM 24: 108, 1951). In 1952 konden geen nesten meer worden gevonden

Species breeds from 55°N southward in Europe, northern Africa, Middle East and western and southern Asia; winters in Mediterranean and southern Asia.

Former breeding bird but not since 1958.

In 1800-1958, the species was a scarce breeding bird in coastal dunes of Noord-Holland and Zuid-Holland. Amsterdamse Waterleidingduinen (AW-duinen) was the species' last stronghold. This area lies between the municipalities of Bloemendaal and Zandvoort, Noord-Holland, in the north and Noordwijk and Noordwijkerhout, Zuid-Holland, in the south. Throughout this area, Jan P Strijbos found 13 nests in 1922 and 17 in 1927; he estimated the Dutch total for 1923 at c 30 breeding pairs of which most (18-20) were in AW-duinen (Strijbos 1980). Generally, these birds arrived in mid March and remained until the second week of October and sometimes into November (cf Ardea 11: 142-143, 1922; 17: 41, 1928).
Apparently, the species first disappeared from its southern stronghold in the coastal dunes at Wassenaar, Zuid-Holland, where the last nest photographs were made on 10 May 1924 and 12 July 1924 by Johannes Vijverberg (cf Strijbos 1980, Voous 1995). Apart from AW-duinen, it still remained until the 1950s in its northern stronghold in the coastal dunes at Bergen, Noord-Holland. For instance, at the latter site, at least six pairs successfully bred in 1943 (LM 16: 160, 1943); in 1949, two nests were reported at Bergen and at least four at AW-duinen (LM 22: 389-390, 1949); in 1950, three nests were found at AW-duinen, of which two were successful; in 1951, two nests were found at Bergen (LM 26: 111, 1953) and four nests at AW-duinen (LM 24: 108, 1951). In 1952, no

Griel / Stone-curlew *Burhinus oedicnemus*, at nest, May 1923, Oosterkanaal, Amsterdamse Waterleidingduinen, De Zilk, Noordwijkerhout, Zuid-Holland *(Jan P Strijbos/Het Vogeljaar)*

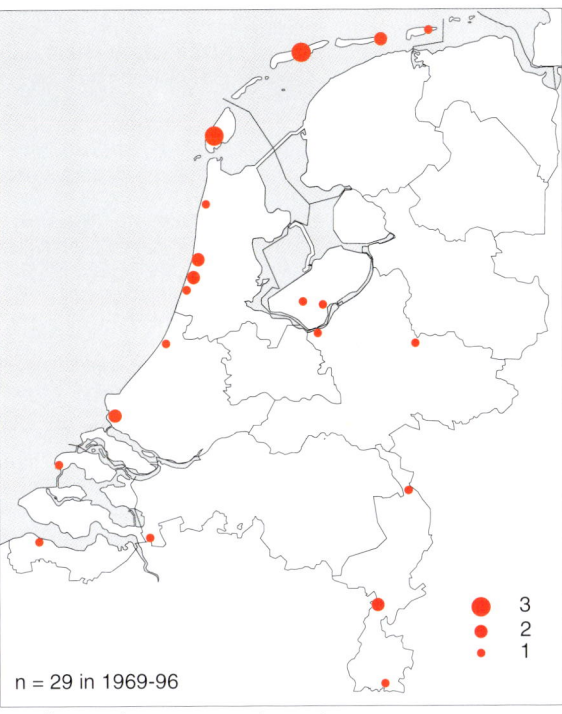

n = 29 in 1969-96

3
2
1

Gevallen per locatie / Records per site
Griel / Stone-curlew

Griel / Stone-curlew *Burhinus oedicnemus*, 18 May 1997,
Maasvlakte, Rotterdam, Zuid-Holland *(Peter van Rij)*

te Bergen (LM 26: 111, 1953) terwijl er vier (waarvan twee verstoord) werden aangetroffen in de AW-duinen bij Vogelenzang (Ardea 42: 317, 1954, LM 27: 153, 1954). In 1953 werden twee nesten gemeld ten noorden van Noordwijkerhout (één verstoord) en drie (één, één & twee eieren) van het aangrenzende Vogelenzang, hetgeen mogelijk betrekking had op dezelfde vogels (Ardea 42: 317, 1954, LM 27: 153, 1954). In 1954 werd een nest (blijkbaar van twee ♀s) gevonden en gefotografeerd te Noordwijkerhout (LM 27: 153, 1954). Het laatste goed gedocumenteerde broedgeval betrof een nest waarvan beide eieren op 14 mei 1956 werden verzameld (thans in KBIN, Brussel, België) in de Kennemerduinen, Bloemendaal, Noord-Holland (LM 52: 213, 1979). Het is overigens de vraag of hier per abuis van Kennemerduinen in plaats van AW-duinen wordt gesproken want Strijbos (1980) stelde dat er sinds 1934 geen nesten meer direct ten noorden van de AW-duinen werden aangetroffen ('over Bloemendaal en Overveen'); daar staat zijn eigen mededeling over waarschijnlijk broeden in 1943 'achter' Bloemendaal tegenover (LM 16: 160, 1943). Sinds 1956 werd broeden (mogelijk twee nesten) gemeld voor 1957 in de AW-duinen, Noordwijkerhout, Zuid-Holland (LM 31: 82, 1958; 32: 54, 1959; 54: 114, 1981) en het laatste nest zou zich in 1958 hebben bevonden in de AW-duinen, De Zilk, Noordwijkerhout (Strijbos 1980). Het broedgeval van 1958 wordt overigens betwijfeld (Gerald Oreel in litt) en staat niet vermeld in Teixeira (1979) en van Dijk & Hoek (1989). Het enige specimen van na 1925 in Nederlands grootste zoölogische museumcollecties betreft een eerstejaars ♀ van 20 december 1957 te IJmuiden, Velsen, Noord-Holland (de vogel heeft mogelijk een tijd in een vogelasiel gezeten; Kees Roselaar in litt). Sindsdien staat de soort bekend als een zeldzame doortrekker (Kist et al 1970).

De weinige meldingen in 1958-68 waren vaak onbetrouwbaar (cf Kist et al 1970). Dit vloeide mogelijk voort uit een lage drempel om tot determinatie over te gaan en het ontbreken van het besef dat de soort inmiddels zo zeldzaam was geworden dat een goede documentatie vereist was. Om die reden worden hieronder behalve gefotografeerde nestvogels alleen gevallen van na 1968 genoemd. De gevallen van vóór 1980 werden niet herzien, uitgezonderd een exemplaar op 23 september 1973 op de Zuidpier te IJmuiden, Velsen, Noord-Holland, dat een Goudplevier *Pluvialis apricaria* betrof (cf LM 48: 109, 1975; Arnoud van den Berg pers obs). De soort werd

nests could be found at Bergen (LM 26: 111, 1953) while four nests (of which two disturbed) were present at AW-duinen near Vogelenzang (Ardea 42: 317, 1954, LM 27: 153, 1954). In 1953, two nests were reported north of Noordwijkerhout (one disturbed) and three nests (one, one & two eggs) at nearby Vogelenzang, which may have involved the same birds (Ardea 42: 317, 1954, LM 27: 153, 1954). In 1954, one nest apparently belonging to two ♀s was found and photographed at Noordwijkerhout (LM 27: 153, 1954). The last fully documented breeding record concerned a nest with two eggs collected (now at KBIN, Brussels, Belgium) on 14 May 1956 at Kennemerduinen, Bloemendaal, Noord-Holland (LM 52: 213, 1979). Perhaps, the actual 1956 locality was AW-duinen and not Kennemerduinen since Strijbos (1980) stated that since 1934 no nests were found in this area directly north of AW-duinen ('over Bloemendaal en Overveen'); however, he also stated that they probably bred here in 1943 (LM 16: 160, 1943). Since 1956, breeding (possibly two nests) was reported for 1957 at AW-duinen, Noordwijkerhout, Zuid-Holland (LM 31: 82, 1958; 32: 54, 1959; 54: 114, 1981) and the last nest was said to be in 1958 at AW-duinen, De Zilk, Noordwijkerhout (Strijbos 1980). The 1958 record has been doubted (Gerald Oreel in litt) and has not been listed by Teixeira (1979) and van Dijk & Hoek (1989). Interestingly, the only post-1925 specimen in the largest zoological museum collections of the Netherlands concerns a first-year ♀ on 20 December 1957 at IJmuiden, Velsen, Noord-Holland (possibly, this bird had been kept some time in a bird hospital; Kees Roselaar in litt). Since, the species has been a rare migrant (Kist et al 1970).

Reports in 1958-68 are few and often unreliable (cf Kist et al 1970). Possibly, in those years, many observers did not realize that the species had become a rarity for which good documentation was required. Therefore, apart from photographed nests, only post-1968 records are listed below. The pre-1980 records have not been reviewed except for one on 23 September 1973 at IJmuiden, Velsen, Noord-Holland, which was a European Golden Plover *Pluvialis apricaria* (cf LM 48: 109, 1975; Arnoud van den Berg pers obs). The species has been considered by CDNA from 1 January 1977 onwards (LM 52: 218, 1979; 54: 130, 1981).

It has been recorded in every month (cf Eykman et al 1949, Kist et al 1970); however, there is only a handful of reports from early November to mid March. During 1969-94, more

vanaf 1 januari 1977 door de CDNA beoordeeld (LM 52: 218, 1979; 54: 130, 1981).

In iedere maand werd de soort vastgesteld (cf Eykman et al 1949, Kist et al 1970) maar er zijn slechts enkele gevallen van begin november tot midden maart. In 1969-94 dateerde meer dan de helft van de gevallen van april tot en met de eerste week van juni. Gerald Oreel (in litt) verzamelde voor zijn onderzoek naar het voorkomen in 1958-97 in Nederland en België (cf DB 6: 71, 1984) bovendien nog c 42 niet-aanvaarde of niet-ingediende gevallen uit 1969-97. Een aantal van deze gevallen zou mogelijk voor aanvaarding door de CDNA in aanmerking kunnen komen; ze dateerden van maart (twee), april (zeven), mei (12), juni (11), juli (drie), augustus (twee), september (vier) en november (één), met als uiterste datums 23 maart en 1 november. Bovendien zijn er bijvoorbeeld van 1969 en 1974-75 meldingen bekend van Langevelderslag, Noordwijk, Zuid-Holland (van Dijk & Hoek 1989), en van 1991-96 van Texel, Noord-Holland (cf Dijksen 1996). Ook zouden in 1981-84, 1988 en 1990 solitaire exemplaren aanwezig zijn geweest te Meyendel, Wassenaar, Zuid-Holland (cf Duinstag 9 (2): 18, 1994). Vooral zes waarnemingen tussen 23 april en 28 juli 1981 rond Bierlap en Kijfhoek te Meyendel door een enkele waarnemer suggereren dat toen een niet-geslaagd broedgeval plaatsvond (René Wanders in litt). Het enige goed-gedocumenteerde geval van een bezet territorium komt echter van het Zwanenwater, Zijpe, Noord-Holland, waar in de zomers van 1992-93 een ongepaard exemplaar aanwezig was in geschikt habitat. Het feit dat in de afgelopen decennia veel waarnemingen geheim werden gehouden en niet werden ingediend bij de CDNA houdt vermoedelijk verband met de hoop op zijn terugkeer als broedvogel en de wens risico's op verstoring zo veel mogelijk te vermijden.

De dichtstbijzijnde broedgebieden bevinden zich in Champagne, Noord-Frankrijk, waar de soort nestelt in weinig intensief gebruikte akkergebieden (Veldornitol Tijdschr 4: 37-66, 1981), en Norfolk, Engeland, waar het broedgebied meer aan open, zandige terreinen van de Veluwe, Gelderland, doet denken. Ringterugmeldingen van 13 maart 1991 te Zeebrugge, West-Vlaanderen, België (Mergus 5: 27-28, 1991), van juni 1994 in Gelderland, van mei 1995 in Noord-Holland en van maart-april 1996 in Zeeland tonen aan dat ten minste een deel van de Nederlandse (en Belgische) vogels uit Engeland afkomstig was.

than half of the records were between April and the first week of June. Gerald Oreel (in litt) received c 42 unaccepted or unsubmitted reports from 1969-97 during his survey on the species' occurrence in 1958-97 in the Netherlands and Belgium (cf DB 6: 71, 1984). Possibly, a number may prove to be acceptable for CDNA, dating from March (two), April (seven), May (12), June (11), July (three), August (two), September (four) and November (one), the extreme dates being 23 March and 1 November. Moreover, there were additional reports in 1969 and 1974-75 from Langevelderslag, Noordwijk, Zuid-Holland (van Dijk & Hoek 1989), and in 1991-96 from Texel, Noord-Holland (cf Dijksen 1996). Besides, there were reports that solitary individuals were present at Meyendel, Wassenaar, Zuid-Holland, in 1981-84, 1988 and 1990 (cf Duinstag 9 (2): 18, 1994). Especially in 1981, six sightings during 23 April-28 July between Bierlap and Kijfhoek at Meyendel by a single observer suggest that an unsuccessful breeding attempt occurred (René Wanders in litt). However, the only documented record of a bird holding territory was at Zwanenwater, Zijpe, Noord-Holland, where a single bird stayed in suitable habitat during the summers of 1992-93. The reason why a number of post-1968 reports has been withheld or kept secret may have to do with the belief that the species might return as a breeder for which the risk of disturbance should be kept at a minimum.

The species' nearest breeding areas are situated in Champagne, northern France, where it breeds in extensively cultivated farmlands (Veldornitol Tijdschr 4: 37-66, 1981), and in Norfolk, England, where the breeding habitat is similar to certain open sandy areas in Veluwe, Gelderland. Ringing recoveries on 13 March 1991 at Zeebrugge, West-Vlaanderen, Belgium (Mergus 5: 27-28, 1991), in June 1994 in Gelderland, in May 1995 in Noord-Holland and in March-April 1996 in Zeeland indicate that at least some of the Dutch (and Belgian) birds originated from England.

enige in tijdschriften gepubliceerde goed-gedocumenteerde nestfoto's / some well-documented nest photographs published in journals

19 May 1919 Zeerust, Aerdenhout, *Bloemendaal* NH, adult; Wandelaar 3: 185, 1931
May 1919 AW-duinen NH/ZH, adult & 2 eggs; VJ 28: 80-81, 1980
3 May 1923 Mariënduin, Aerdenhout, *Bloemendaal* NH, adult; Wandelaar 3: cover June 1931
4 May 1923 Paardenkerkhof, AW-duinen, De Zilk, *Noordwijkerhout* ZH, adult & 2 eggs; Wandelaar 3: 184, 1931
May 1923 Oosterkanaal, AW-duinen, De Zilk, *Noordwijkerhout* ZH (2), adults; VJ 28: 80-81, 1980
12 July 1924 *Wassenaar* ZH, adult & 2 eggs; Vijverberg (1926), Duinstag 3 (3-4): 37, 1991
June 1927 Mariënduin, Aerdenhout, *Bloemendaal* NH, young;

Wandelaar 3: 186, 1931
17 June 1937 AW-duinen NH/ZH, adult; VJ 14: 53, 1966
3 July 1937 AW-duinen NH/ZH, chick & egg; VJ 28: 84, 1980
30 June 1940 AW-duinen NH/ZH, juv; VJ 28: 80-81, 1980
9 May 1946 De Verbrande Pan, *Bergen* NH, adult; VJ 28: 80-81, 1980
25 May 1950 De Verbrande Pan, *Bergen* NH, adult; VJ 28: 81, 1980
23 July 1954 *Noordwijkerhout* ZH, nest & 4 eggs; LM 27: 153, 1954
Bovendien werden in Thijsse (1906, 1923) nestfoto's uit Bloemendaal NH gepubliceerd daterend van 6 juni 1903, 30 mei 1905, 17 mei 1906 en 19 mei 1909 (Ruud Vlek in litt). / Moreover, in Thijsse (1906, 1923), nest photographs from Bloemendaal NH were published dating from 6 June 1903, 30 May 1905, 17 May 1906 and 19 May 1909 (Ruud Vlek in litt).

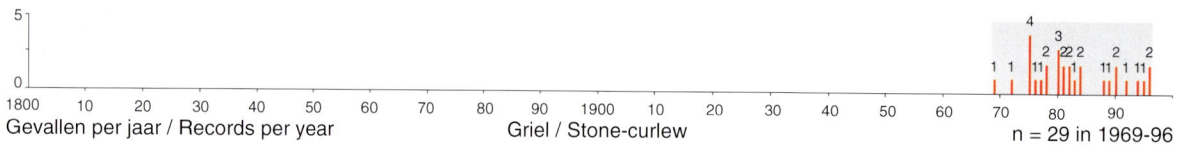

Gevallen per jaar / Records per year — Griel / Stone-curlew — n = 29 in 1969-96

29 records in 1969-96; 19 in 1980-96

6 May 1969 Hollumerduinen, *Ameland* FR; LM 45: 74, 1972
14 April 1972 Kooiduinen, *Schiermonnikoog* FR; LM 47: 41, 1974
1 May 1975 Ohé en Laak, *Maasbracht* LB, dead (roadkill) (Heemkundig Museum, Echt) (photo in local newspaper 17 November 1975); DB 19: 102, 1997
11 May 1975 Kleine Horst, *Bergen* LB; LM 50: 47, 1977
5 June 1975 Berkheide, *Katwijk/Wassenaar* ZH, flying & calling; LM 50: 47, 1977
29 July 1975 paal 9, *Terschelling* FR, dead (photographed); LM 50: 47, 1977

4 April(-28 May) 1976 Noordhollands Duinreservaat, *Castricum* NH; LM 51: 141, 1978, W J R (Rombout) de Wijs (pers comm)
4 June 1977 Epen, *Wittem* LB; LM 52: 224, 1979
29-30 April 1978 Strypemonde, *Westvoorne* ZH; LM 53: 30, 1980
9 July 1978 De Grote Meer, *Ossendrecht* NB (not (yet) accepted by CDNA); Gunter De Smet (in litt)
4 April 1980 Echterweerd, *Echt* LB (photographed); DB 19: 102, 1997
15 May 1980 Duin en Kruidberg/Kennemerduinen, *Bloemendaal* NH
16 August 1980 Boschplaat, *Terschelling* FR
24-29 May 1981 Buurderduinen, *Ameland* FR

28 May 1981 Gruttoweg, *Zeewolde* FL; Fred Hustings (pers comm)
2 July 1982 Westerscheldedijk, *Oostburg* ZL
4-8 September 1982 Ossenkampweg/Zeewolderdijk, *Zeewolde* FL
24 August 1983 Striep, *Terschelling* FR (not 23 August); C A M ter Horst (in litt), contra DB 8: 7, 1986, contra LM 59: 18, 1986
5 June 1984 Putterpolder, *Putten* GL
29 August 1984 Brielsegatdam, Oostvoorne, *Westvoorne* ZH
3 May 1988 Duinpark, *Texel* NH
18 May 1989 Polder Waal en Burg, *Texel* NH
13-14 May 1990 Noordhollands Duinreservaat, *Castricum* NH
21 May 1990 Noordhollands Duinreservaat, *Heemskerk* NH; Gerald Oreel (pers comm), contra DB 16: 137, 1994, contra LM 67: 165, 1994
4 June-4 October 1992 & (April)-19 July 1993 Zwanenwater, Callantsoog, *Zijpe* NH, adult (sound-recorded)
5-7 June 1994 Wilp, *Voorst* GL, 1s (colour-ringed on 9 June 1993 in Norfolk, England); DB 16: 170, 1994 (photo); 19: 102, 1997, Ring Migrat 17: 65, 1996
10 May 1995 Wijk aan Zee, *Beverwijk* NH, adult, dead (ringed on 1 June 1980 in Norfolk, England) (not (yet) accepted by CDNA); Ring Migrat 18: 143, 1997
30 March-1 April 1996 *Westerschouwen* ZL (colour-ringed in England); DB 18: 101, 1996 (photo), Opperman et al (1997)
11 July-20 August 1996 Mokbaai, *Texel* NH (photographed)

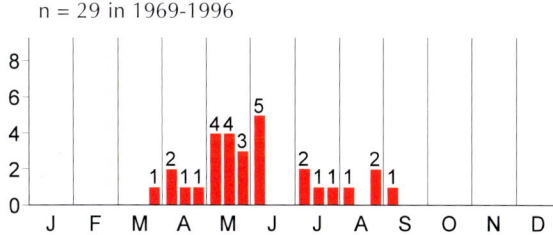

n = 29 in 1969-1996

Gevallen per 10 dagen / Records per 10 days
Griel / Stone-curlew

voorlopige toevoegingen voor 1997-98 / provisional additions for 1997-98
18 May 1997 Maasvlakte, *Rotterdam* ZH; DB 19: 141, 1997 (photo)
27-29 June 1997 's-Gravenhoekinlaag, Wissenkerke, *Noord-Beveland* ZL, adult (photographed) (1 leg); CDNA archives
26-27 April 1998 Blocq van Kuffeler, *Almere* FL (sound-recorded); Roy Slaterus (pers comm)
9 May 1998 Hoek van Holland, *Rotterdam* ZH; CDNA archives

VORKSTAARTPLEVIEREN Glareolidae (n=3)

Renvogel
zeer zeldzaam

Cursorius cursor cursor

Cream-coloured Courser
very rare

Broedt in woestijngebieden van Noord-Afrika, Midden-Oosten en Arabië.

Het geval van 1986 was extra bijzonder omdat de vogel binnen een dag na zijn verdwijning van de eerste locatie werd teruggevonden op een plek 50 km verder noordelijk langs de kust. Tot en met 1996 waren er naast 32 gevallen in de Britse Eilanden ook één in België, vier in Denemarken, ten minste acht in Duitsland, één in Finland, één in Noorwegen, twee in Oostenrijk en drie in Zweden; alle dateerden net als beide Nederlandse van eind augustus tot begin december. Het is opmerkelijk dat de soort in de 19e eeuw en in het begin van de 20e eeuw veel vaker werd vastgesteld in Europa dan in de laatste decennia.

Breeds in desert regions of northern Africa, Middle East and Arabia.

The 1986 record was doubly remarkable because, within a day of the bird's disappearance from the first site, it was discovered 50 km further north along the coast. Up to 1996, apart from 32 records in the British Isles, there were two in Austria, one in Belgium, four in Denmark, one in Finland, at least eight in Germany, one in Norway and three in Sweden; like both Dutch records, all dated from late August to early December. It is interesting that the species occurred much more frequently in Europe in the 19th century and the early part of the 20th century than in recent decades.

n = 2 in 1800-1996

Gevallen per maand / Records per month
Renvogel / Cream-coloured Courser

● eerste locatie / first site
○ vervolglocatie / successive site

● 1

n = 2 in 1800-1996

Gevallen per locatie / Records per site
Renvogel / Cream-coloured Courser

Renvogel / Cream-coloured Courser *Cursorius cursor*, first-winter, 16 October 1986, De Cocksdorp, Texel, Noord-Holland (*Arnold W J Meijer*)

Renvogel / Cream-coloured Courser *Cursorius cursor*, first-winter, 4 October 1986, Camperduin, Schoorl, Noord-Holland *(René Pop)*

2 records in 1800-1996; 1 in 1980-96

18 October 1933 Elswoudsduin, *Zandvoort* NH, dead (ZMA); Ardea 23: 95-96, 1934
3-9 October 1986 Camperduin, *Schoorl* & 10-21 October De Cocks-

dorp, *Texel* NH, 1w; DB 9: 36, 1987 (photo); 10: 16-19, 1988 (photos), Graspieper 6: 165, 1986 (photo), van den Berg et al (1990): 31, 33 (photos; erroneous year), Mitchell & Young (1997; photo 53(3))

Vorkstaartplevier

Glareola pratincola pratincola

Collared Pratincole

zeldzaam

rare

Soort broedt in Zuid-Europa, Afrika, Midden-Oosten en West-Azië; overwintert in Afrika ten zuiden van Sahara.

Species breeds in southern Europe, Africa, Middle East and western Asia; winters in Africa south of Sahara.

Vorkstaartplevier / Collared Pratincole *Glareola pratincola*, 5 November 1987, Braakman, Biervliet, Terneuzen, Zeeland *(René Pop)*

130

De meeste gevallen dateerden van mei (drie) en eind oktober-begin november (drie). Bij twee gevallen waren twee vogels betrokken. Van eind oktober tot eind maart verblijven zo goed als alle exemplaren uit Europa en Noord-Afrika in tropisch Afrika (Cramp & Simmons 1983). In dat kader zijn de drie late gevallen tot in november en het uitzonderlijk vroege geval van midden maart opmerkelijk. Er zijn wellicht enkele gevallen waarvan men zich mag afvragen of Oosterse Vorkstaartplevier *G maldivarum* werd uitgesloten.

Most records dated from May (three) and late October-early November (three). On two occasions, two birds were involved. As virtually all European and northern African birds winter in tropical Africa from late October to late March (Cramp & Simmons 1983), the three late records of birds in November, and the extremely early record of two birds in mid March are remarkable. Perhaps, in some cases, Oriental Pratincole *G maldivarum* has not been excluded as the actual species involved.

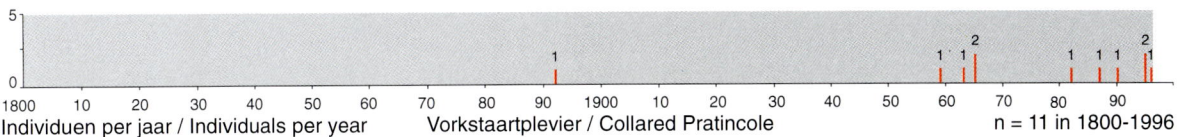

Individuen per jaar / Individuals per year   Vorkstaartplevier / Collared Pratincole   n = 11 in 1800-1996

9 records (11 individuals) in 1800-1996; 5 records (6 individuals) in 1980-96

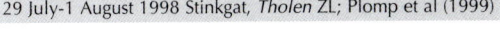

24 July 1892 Het Meer (bij Engelen), *Den Bosch* NB, dead; Tijdschr Ned Dierkd Ver 2 (4): 27-28, 1893-94, DB 18: 176, 1996
3 November 1959 *Axel* ZL, 1w, dead (NNM); Giervalk 50: 193, 1960, LM 34: 205, 1961
31 October-3 November 1963 Nulde, *Putten* GL
11-12 March 1965 *Wateringen* ZH (max **2**)
11 August 1982 *Maassluis* ZH
31 October-7 November 1987 Braakman, Biervliet, *Terneuzen* ZL; Veldornitol Tijdschr 10: 119-121, 1987, DB 10: 40, 1988 (photo); 11: 23-25, 1989 (photos)
5 May 1990 Eemshaven, *Eemsmond* GR
29-31 May 1995 Lutjebroekerweel, *Drechterland* NH (**2**); DB 17: 128, 1995 (photos); 19: 100, 1997 (photos), VJ 43: 287, 1995 (photo), ter Ellen et al (1996)
29 May-2 June 1996 & 14-16 June & 7-11 July Lepelaarsplassen, *Almere* FL (damaged tail); DB 18: 140 (photo), 214, 1996; 20: 149, 1998 (photo), Opperman et al (1997)

voorlopige toevoegingen voor 1997-98 / provisional additions for 1997-98
8 June 1997 Grevenbicht, *Born* LB (not (yet) accepted by CDNA); LV 8: 124, 1997
25-26 June 1997 Eemspolder, *Eemsmond* GR (photographed)
13-23 June 1998 Praamweg, *Lelystad* FL; CDNA archives
29 July-1 August 1998 Stinkgat, *Tholen* ZL; Plomp et al (1999)

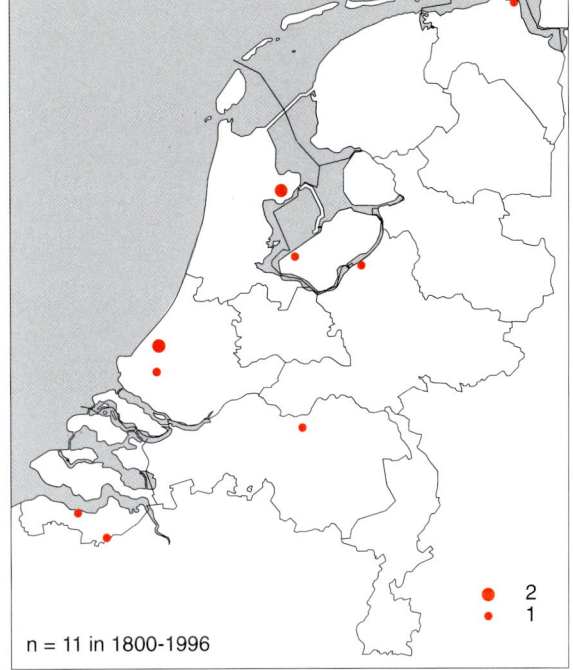

n = 11 in 1800-1996

Individuen per locatie / Individuals per site
Vorkstaartplevier / Collared Pratincole

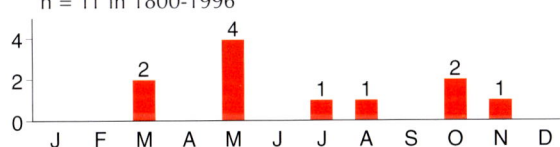

n = 11 in 1800-1996

Individuen per maand / Individuals per month
Vorkstaartplevier / Collared Pratincole

Steppevorkstaartplevier   *Glareola nordmanni*   **Black-winged Pratincole**

zeldzaam   rare

Broedt van Roemenië oost tot in Kazakhstan; overwintert in Afrika ten zuiden van Sahara.

Breeds from Rumania east to Kazakhstan; winters in Africa south of Sahara.

Hoewel zijn broedgebieden verder weg liggen dan die van Vorkstaartplevier *G pratincola*, is de soort tweemaal zo vaak vastgesteld. Mogelijk houdt dit verband met het feit dat hij over een langere afstand trekt en in het algemeen verder zuidelijk in Afrika overwintert. De twee november-gevallen zijn opmerkelijk aangezien het wintergebied in tropisch Afrika ligt (cf Cramp & Simmons 1983). Verder valt op dat de soort in 1981-88 vrijwel ieder jaar werd vastgesteld.

Although the species' breeding areas are situated farther away from the Netherlands than those of Collared Pratincole *G pratincola*, it has occurred twice as often; possibly, this is because it migrates over larger distances, generally wintering further south in Africa. The two November records are remarkable as the species wintering range is located in tropical Africa (cf Cramp & Simmons 1983). It is also striking that the species was recorded in almost every year during 1981-88.

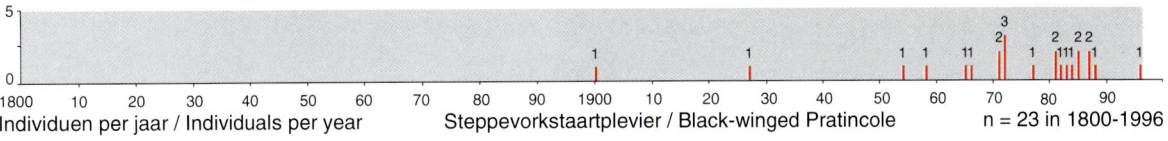

Individuen per jaar / Individuals per year   Steppevorkstaartplevier / Black-winged Pratincole   n = 23 in 1800-1996

3 November 1900 Hedikhuizen, *Heusden* NB, adult winter ♀, dead; DB 18: 176, 1996
24 September 1927 Zuiderzeestrand, De Voorst, Vollenhove, *Brederwiede* OV, juv ♀, dead (ZMA); Ardea 16: 137-138, 1927 (photo)
28 August 1954 Groene Strand, De Beer, *Rotterdam* ZH; Ardea 42: 343-345, 1954
27 May 1958 Buitenveldert, *Amsterdam* NH
5 August 1965 *Axel* ZL; LM 39: 141-143, 1966
16 August 1966 Knardijk, *Lelystad* FL; LM 40: 142-143, 1967
6 June 1971 Knardijk, *Lelystad* FL (**2**)
3-4 & 9-10 September 1972 Knardijk, *Lelystad* FL (max **3**)
16 June-10 July 1977 't Bovenwater/Knardijk/Torenvalkweg, *Lelystad* FL
15-19 August 1981 Knardijk, Oostvaardersplassen, *Lelystad* FL (photographed)
27-29 August 1981 Wolphaartsdijk, *Goes* ZL (photographed)
21 November-5 December 1982 Overlangbroek, *Leersum* UT, 1w; DB 4: 144, 1982 (photo), Kruisbek 26: 64, 1983
27 August 1983 Maasvlakte, *Rotterdam* ZH, juv; DB 5: 117, 1983 (photo); 7: 144, 1985 (photo), Mitchell & Young (1997; photo 53(9))
17 August 1984 Polder Eijerland, *Texel* NH
19 August 1985 *Deventer* OV, 1y
22-29 August 1985 Noordhollands Duinreservaat, *Castricum* NH, 1y; DB 7: 152, 1985 (photo)
28 May 1987 Drachten, *Smallingerland* FR, adult
29 May 1987 Lauwersmeer, *De Marne* GR, adult
3 August 1988 Ritthem, *Vlissingen* ZL, adult summer
10 August 1996 Oude Robbengat, Lauwersmeer, *De Marne* GR & 11 August Bandpolder, Lauwersmeer, *Dongeradeel* FR, adult summer (photographed); Opperman et al (1997)

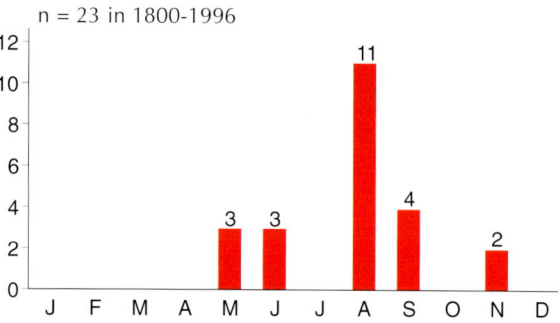

voorlopige toevoegingen voor 1997-98 / provisional additions for 1997-98
1-7 July 1998 Hooge Zwaluwe, *Hooge en Lage Zwaluwe* NB, adult; DB 20: 192, 1998 (photo), Plomp et al (1999)

n = 23 in 1800-1996

Individuen per maand / Individuals per month
Steppevorkstaartplevier / Black-winged Pratincole

Steppevorkstaartplevier / Black-winged Pratincole *Glareola nordmanni*, juvenile, 27 August 1983, Maasvlakte, Rotterdam, Zuid-Holland *(Arnoud B van den Berg)*

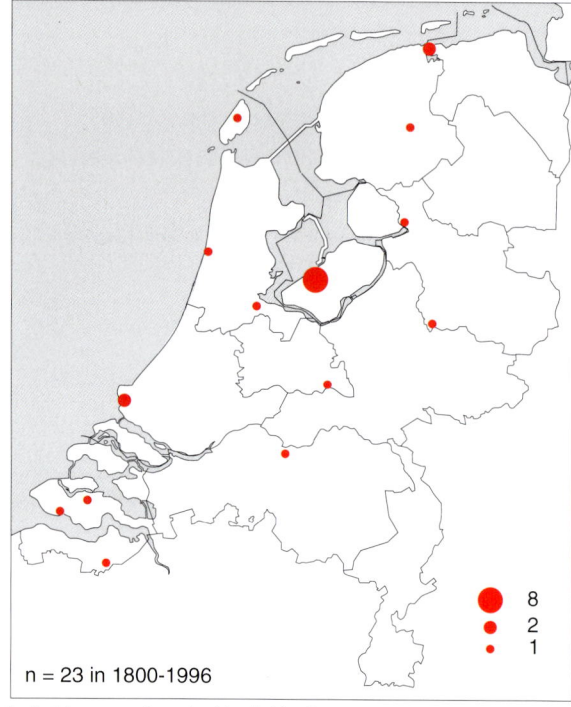

n = 23 in 1800-1996

Individuen per locatie / Individuals per site
Steppevorkstaartplevier / Black-winged Pratincole

vorkstaartplevier   *Glareola pratincola/maldivarum/nordmanni*   pratincole

Er zijn verscheidene gevallen van niet tot op soort gedetermineerde vorkstaartplevieren doordat de verschillen tussen de drie Europese soorten in het veld vaak lastig zijn te zien.
Oosterse Vorkstaartplevier *G maldivarum* broedt van Pakistan oost tot Mantsjoerije en Indochina; oostelijke populaties overwinteren zuid tot in Australië.
Indien aanvaard als Oosterse, zou de vogel van 1997 het vierde geval voor West-Europa zijn en het eerste op het Europese vasteland. De vorige waren in Oost-Engeland in juni-oktober 1981, juni-oktober 1988 en mei-september 1993 (Vinicombe & Cottridge 1996). Recentelijk gaf Gerald Driessens (in litt) echter aanwijzingen waarom de vogel als Vorkstaartplevier *G pratincola* dient te worden gedetermineerd.

There are several records of unidentified pratincoles because the differences between the three European species are often hard to see in the field.
Oriental Pratincole *G maldivarum* breeds from Pakistan east to Manchuria and Indochina; eastern populations winter south to Australia.
If accepted as Oriental, the 1997 bird would be the fourth record for western Europe and the first on the European mainland. The previous three were in eastern England in June-October 1981, June-October 1988 and May-September 1993 (Vinicombe & Cottridge 1996). Recently, however, Gerald Driessens (in litt) indicated why the bird should be identified as Collared Pratincole *G pratincola*.

(Oosterse) Vorkstaartplevier / Collared or Oriental Pratincole *Glareola pratincola/maldivarum*, 2 August 1997, Doniaburen, Nijefurd, Friesland *(Arnoud B van den Berg)*

(Oosterse) Vorkstaartplevier / Collared or Oriental Pratincole *Glareola pratincola/maldivarum*, 2 August 1997, Doniaburen, Nijefurd, Friesland *(Hans Gebuis)*

7 records (9 individuals) in 1800-1996; 4 records (6 individuals) in 1980-96

30 May 1949 De Slufter, *Texel* NH; LM 25: 165, 1952
6 June 1969 De Marken, Wormer- en Jisperveld, *Wormerland* NH
14 June 1969 Reddingboothuis, De Cocksdorp, *Texel* NH
7 November 1984 *Lelystad* FL
15 September 1990 Itteren, *Maastricht* LB; DB 20: 150, 1998
7 June 1992 Philipsdam, *Bruinisse* ZL (**2**)
11 August 1996 Exloërmond, *Odoorn* DR (**2**); CDNA archives, cf DB 20: 164, 1998

voorlopige toevoegingen voor 1997 / provisional additions for 1997
1-5 August 1997 Workumerwaard & Doniaburen, *Nijefurd* FR, 1s (*G pratincola* or *G maldivarum*; not (yet) accepted by CDNA); BW 10: 290, 1997 (photo), DB 19: 201, 211-212, 1997 (photos), Plomp et al (1998)

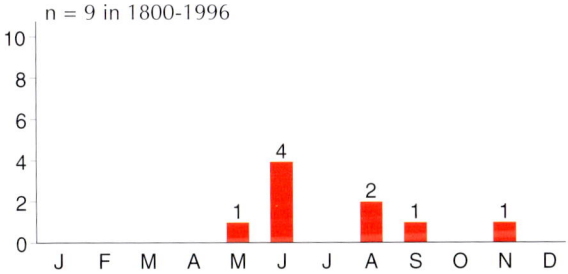

n = 9 in 1800-1996

Individuen per maand / Individuals per month
vorkstaartplevier / pratincole

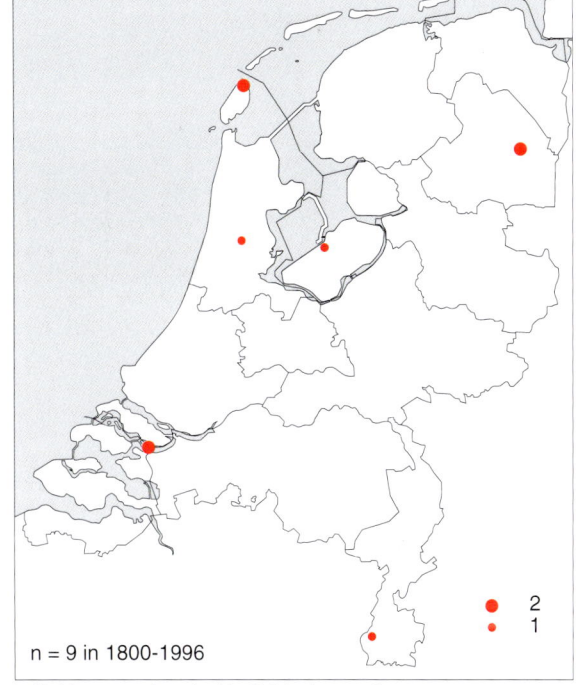

n = 9 in 1800-1996

2
1

Individuen per locatie / Individuals per site
vorkstaartplevier / pratincole

PLEVIEREN Charadriidae (n=12)

Kleine Plevier [2]

Charadrius dubius curonicus

Little Ringed Plover

schaarse tot algemene broedvogel
algemene doortrekker en zomergast

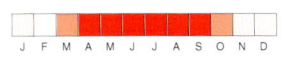
J F M A M J J A S O N D

scarce to common breeding bird
common migrant and summer visitor

Vóór 1924 was de soort een zeldzame, onregelmatige broedvogel (Eykman et al 1949); in België was het vóór 1928 echter een weinig algemene maar regelmatige broedvogel (van Havre 1928).

Before 1924, the species was a rare and irregular breeding bird (Eykman et al 1949); however, it was a rather uncommon but regular breeding bird before 1928 in Belgium (van Havre 1928).

Bontbekplevier [2]

Charadrius hiaticula ssp

Common Ringed Plover

schaarse broedvogel
gehele jaar algemeen

J F M A M J J A S O N D

scarce breeding bird
common throughout year

Naast de algemene nominaat komt de kleinere en (in laat voorjaar duidelijk) donkerdere Toendrabontbekplevier *C h tundrae* voor als doortrekker in mei-juni en vermoedelijk eind juli-september.

Apart from the common nominate subspecies, the smaller and darker (obvious in late spring) *C h tundrae* occurs as a migrant in May-June and probably late July-September.

Strandplevier [2]

schaarse broedvogel
algemene doortrekker en zomergast

Charadrius alexandrinus alexandrinus

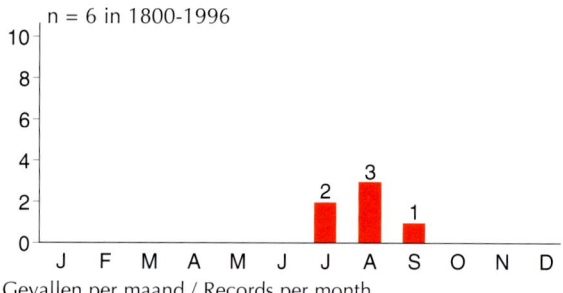
J F M A M J J A S O N D

Kentish Plover

scarce breeding bird
common migrant and summer visitor

Woestijnplevier

zeldzaam

Charadrius leschenaultii ssp

Greater Sand Plover

rare

De zes gevallen van de soort waren van zoutwaterkusten en dateerden van de zevenweekse periode tussen 20 juli en 4 september. Er waren vijf gevallen in 1954-94 voor België waarvan vier op 14-23 juli en één op 27 september (Herroelen 1995). Tot 1970 waren er zeven gevallen in Noordwest-Europa waarvan drie in Zweden. Het aantal gevallen nam sindsdien aanzienlijk toe.

The six records of the species were on marine coasts and dated from the seven-week period between 20 July and 4 September. There were five records for Belgium in 1954-94 of which four were during 14-23 July and one on 27 September (Herroelen 1995). Before 1970, there were seven records in north-western Europe of which three were in Sweden. Since, the number of records increased notably.

n = 6 in 1800-1996

Gevallen per maand / Records per month
Woestijnplevier / Greater Sand Plover

Gevallen per locatie / Records per site
Woestijnplevier / Greater Sand Plover

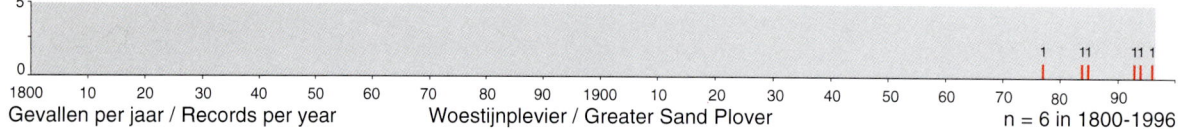

Gevallen per jaar / Records per year   Woestijnplevier / Greater Sand Plover   n = 6 in 1800-1996

Woestijnplevier

zeldzaam

C l leschenaultii/crassirostris

Greater Sand Plover

rare

Broedt van oostkust van Kaspische Zee tot Zuidoost-Kazakhstan en oost tot voorbij Mongolië; overwintert in Afrika, Zuid-Azië en Australië.

C l crassirostris is iets groter dan de nominaat; laatstgenoemde komt oostelijk van Kazakhstan voor.

Breeds from eastern coast of Caspian Sea to south-eastern Kazakhstan and east to Mongolia and beyond; winters in Africa, southern Asia and Australia.

C l crassirostris is slightly larger than the nominate subspecies; the latter occurs east from Kazakhstan.

4 records in 1800-1996; 4 in 1980-96

18-27 August 1984 Boschplaat, *Terschelling* FR, adult summer ♂; DB 7: 59-65, 1985 (photos); 8: 21, 1986 (photo), VJ 33: 161, 1985 (photo), van den Berg et al (1990): 37 (photo)
10 August 1993 *Schiermonnikoog* FR, adult; CDNA archives
4 September 1994 Westplaat, *Westvoorne* ZH, adult (description

insufficient to exclude *C l columbinus* with certainty); CDNA archives
31 July-2 August 1996 De Cocksdorp, *Texel* NH, ♀; BW 9: 300, 1996 (photo), DB 18: 213, 1996 (photo); 20: 147, 1998 (photo)

Woestijnplevier / Greater Sand Plover *Charadrius leschenaultii*, first-summer ♀, 1 August 1996, De Cocksdorp, Texel, Noord-Holland *(Leo J R Boon)*

Anatolische Woestijnplevier

C l columbinus

Anatolian Sand Plover

zeer zeldzaam

very rare

Broedt van Turkije en Jordanië oost tot in Azerbaydzhan en Zuid-Afghanistan; overwintert in Afrika en Zuid-Azië.

Breeds from Turkey and Jordan east to Azerbaydzhan and southern Afghanistan; winters in Africa and southern Asia.

Behalve in kleur verschilt dit taxon van de nominaat door de kortere, rechtere en slankere snavel, die in vorm aan die van Tibetaanse Mongoolse Plevier *C mongolus atrifrons* doet denken.

Apart from differences in colour, this taxon differs from the nominate subspecies by the shorter, straighter and more slender bill, which resembles the bill shape of Tibetan Lesser Sand Plover *C mongolus atrifrons*.

2 records in 1800-1996; 1 in 1980-96

20 July 1977, Ouddorp, *Goedereede* ZH, juv, dead; DB 1: 56-57, 1979 (photos), LM 53: 34, 1980 (photo)

7-30 August 1985 Den Oever, *Wieringen* NH, adult; DB 7: 152, 1985 (photo); 8: 25-26, 1986 (photo), VJ 34: 47, 1986 (photo)

Morinelplevier [2]

Charadrius morinellus

Eurasian Dotterel

schaarse doortrekker

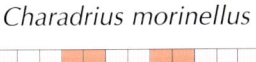

scarce migrant

Voormalige broedvogel, waarschijnlijk niet na 1969.

Former breeding bird but probably not since 1969.

De eerste twee nesten werden gevonden op 5 mei en 6 juni 1961 bij Emmeloord, Noordoostpolder, Flevoland (6 km van elkaar; 4 m beneden zeeniveau!); elk nest bevatte drie eieren die op 3 juni (twee kuikens) en 7 juni (drie kuikens) uitkwamen (LM 34: 274-276, 1961 (foto's)). In Oost-Flevoland, Flevoland, werden nesten gevonden in 1963 (één), 1964 (drie of vier) en 1969 (één) (LM 37: 1-4, 1964; 38: 2-5, 1965; 45: 72, 1972).

The first two nests were found on 5 May and 6 June 1961 near Emmeloord, Noordoostpolder, Flevoland (6 km apart; 4 m below sea-level!); each nest contained three eggs which hatched on 3 June (two young) and 7 June (three young) (LM 34: 274-276, 1961 (photos)). In Oost-Flevoland, Flevoland, nests were found in 1963 (one), 1964 (three or four), and 1969 (one) (LM 37: 1-4, 1964; 38: 2-5, 1965; 45: 72, 1972).

Amerikaanse Goudplevier

Pluvialis dominicus

American Golden Plover

zeldzaam

rare

Broedt in noordelijk Noord-Amerika; overwintert in Zuid-Amerika.

Breeds in northern North America; winters in South America.

In tegenstelling tot Aziatische Goudplevier *P fulva* zijn er geen mid-wintergevallen. Er is één geval bekend uit de periode (vóór 1983) waarin Amerikaanse en Aziatische Goudplevier nog werden beschouwd als dezelfde soort ('Kleine Goudplevier'). De soort is in Nederland meer dan twee keer zo zeldzaam als Aziatische terwijl hij daarentegen in de Britse Eilanden meer dan vijf keer zo vaak als Aziatische is vastgesteld. (Voor de wetenschappelijke naam zij verwezen naar Auk 114: 544, 1997.)

Unlike Pacific Golden Plover *P fulva*, there are no mid-winter records. There is one record from the (pre-1983) period when American and Pacific Golden Plovers were still regarded as the same species ('Lesser Golden Plover'). In the Netherlands, the species is twice as rare as Pacific while, on the contrary, it is more than five times more often recorded than Pacific in the British Isles. (For the scientific name, see Auk 114: 544, 1997.)

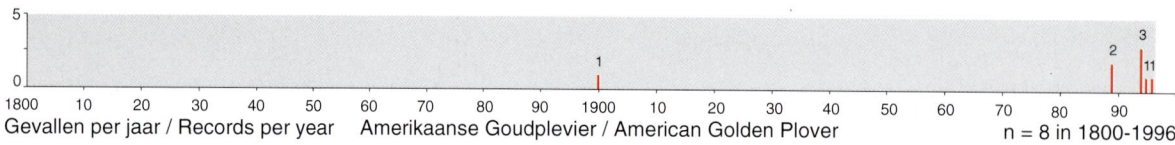

Gevallen per jaar / Records per year   Amerikaanse Goudplevier / American Golden Plover   n = 8 in 1800-1996

8 records in 1800-1996; 7 in 1980-96

November 1900, Birdaard, *Dantumadeel* FR, 1w ♀, dead (ZMA); DB 12: 229-230, 1990 (photos)

19-26 October 1989 Mokbaai & Hoornder Nieuwland, *Texel* NH, adult; DB Nieuwsbr 1: 161-162, 168-169, 1989 (photo), DB 12: 43, 1990 (photo); 16: 54-59, 1994 (photo)

19 November 1989 Stavoren, *Nijefurd* FR, 1w; DB Nieuwsbr 1: 187, 1989 (photos), DB 16: 54-59, 1994 (photo)

24-27 May 1994 Grijpskerke, *Mariekerke* ZL, adult summer (photographed); DB 16: 132, 1994

30 May 1994 *Olst* OV, 1s ♂; DB 16: 170, 1994 (photo)

16-28 October 1994 Polder Het Noorden, *Texel* NH, adult summer ♂; DB 16: 255, 1994 (photo); 18: 110, 1996 (photo), Mitchell & Young (1997; photo 57(7))

16-19 October 1995 Mokbaai, *Texel* NH, adult

3-5 October 1996 Rapenburgseweg, Aagtekerke, *Mariekerke* ZL, adult

voorlopige toevoegingen voor 1997-98 / provisional additions for 1997-98

30 July-9 August 1997 Prunjepolder, *Middenschouwen* ZL, adult summer; DB 19: 207, 1997 (photo)

20-24 September 1998 Muidenweg, Middelplaten, *Goes* ZL, adult

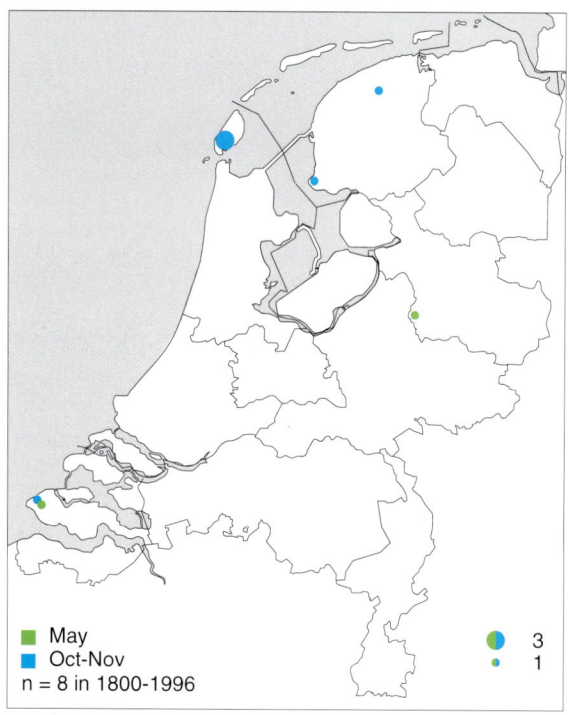

- ■ May
- ■ Oct-Nov

n = 8 in 1800-1996

● 3
· 1

Gevallen per locatie / Records per site
Amerikaanse Goudplevier / American Golden Plover

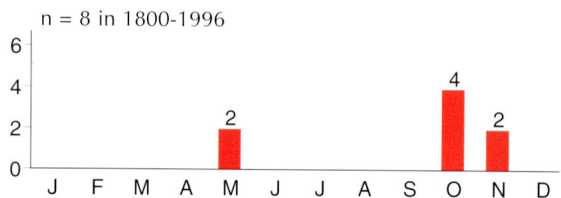

n = 8 in 1800-1996

Gevallen per maand / Records per month
Amerikaanse Goudplevier / American Golden Plover

Amerikaanse Goudplevier / American Golden Plover *Pluvialis dominicus*, adult summer ♂, 20 October 1994, Polder Het Noorden, Texel, Noord-Holland *(Jan van Holten)*

Aziatische Goudplevier   *Pluvialis fulva*   **Pacific Golden Plover**

zeldzaam   rare

Broedt in Noord-Siberië en West-Alaska; overwintert voornamelijk in tropische gebieden.

Na een periode zonder gevallen in 1940-89 werd de soort in
1990-96 met enige regelmaat vastgesteld. Het is opmerkelijk
dat alle 10 gevallen van vóór 1991 dateerden van oktober-
maart terwijl daarentegen alle zeven in 1991-96 in de zomer
waren (juli-september). Bovendien zijn op één na alle gevallen afkomstig van het noorden waarvan 11 in Friesland. Het
voorkomen in tijd en plaats is te relateren aan vroegere activiteiten van Friese wilsterflappers. Behalve de 10 gevallen in
1896-40 waren er nog ten minste vier verzamelde exemplaren die tijdens een recente herziening onvindbaar bleken
(DB 18: 177, 1996).

Breeds in northern Siberia and western Alaska; winters mainly in tropical areas.

After a period without any records in 1940-89, the species
was seen with some regularity in 1990-96. Remarkably, all
10 pre-1991 records dated from October-March while all
seven records in 1991-96 were in summer (July-September).
Moreover, all except one of the records were in the northern
part, of which 11 were in Friesland. The occurrence in time
and place is related to former traditional trapping activities of
European Golden Plovers *P apricaria*. In addition to 10
records listed for 1896-40, there were also at least four specimens which could not be retraced during a recent review
(DB 18: 177, 1996).

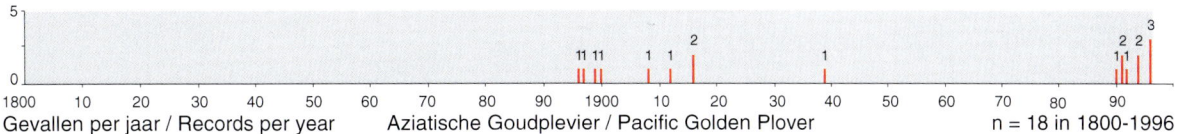

Gevallen per jaar / Records per year   Aziatische Goudplevier / Pacific Golden Plover   n = 18 in 1800-1996

18 records in 1800-1996; 9 in 1980-96

17 February 1896 Birdaard, *Dantumadeel* FR, ♀, dead (NNM);
Tijdschr Ned Dierkd Ver 2 (5): 43-44, 1896

2 December 1897 Munnekezijl, *Kollumerland en Nieuwkruisland*
FR, ♀, dead (ZMA); DB 12: 229, 1990 (photo)

16 February 1899 Dokkum, *Dongeradeel* FR, ♀, dead (ZMA); DB 12:
229, 1990 (photo)

12 December 1900 Kootstertille, *Achtkarspelen* FR, ♂, dead (ZMA);
Vanellus 40: 89, 1987 (photo), DB 12: 229-230, 1990 (photos),
contra van der Poel et al (1976)

3 November 1908 *Texel* NH, ♀, dead (ZMA); DB 12: 229-230, 1990
(photos)

1 December 1912 Buitenpost, *Achtkarspelen* FR, ♀, dead (ZMA); DB
12: 229, 1990 (photo)

24 March 1916 Dokkum, *Dongeradeel* FR, ♀, dead (NNM)

October 1916 Friesland, ♂, dead (ZMA); DB 12: 229-230, 1990
(photos)

mid October 1939 Friesland, 1w ♂, dead (FNM); Vanellus 40: 85-99,
1987 (photos)

8 November 1990 Abbega, *Wymbritseradiel* FR, 1w, trapped; DB 12:
273-274, 1990 (photo); 13: 14-17, 1991 (photos), Vanellus 42:
150-151, 1990 (photo)

13-15 September 1991 *Middelburg* ZL, adult (first accepted as
P fulva, later as *P dominicus/fulva* and then again as *P fulva*); DB
13: 229, 1991 (photo); 16: 69-71, 1994 (photos); cf 16: 206-211,
1994; 19: 102, 1997

18-29 September 1991 Mokbaai & De Petten, *Texel* NH, adult summer; DB 13: 229, 1991 (photo), VJ 39: 288, 1991 (photo)

25 September 1992 Niekerk, *Grootegast* GR, trapped; de Bruin & de
Bruin (1997; photo)

21-26 July 1994 De Putten, Camperduin, *Schoorl* NH, adult summer
(second adult on 25-26 July not (yet) accepted); Justin Jansen (in litt)

21-27 July 1994 Bakkersdam, Petten, *Zijpe* NH, adult summer; DB
16: 174-175, 1994 (photo); 18: 108, 1996 (photo); 20: 150, 1998,
VJ 42: 236, 1994 (photo), BB 88: 38, 1995 (photo)

26 July-4 August 1996 De Putten, Camperduin, *Schoorl* NH, adult
summer; BW 9: 300, 1996 (photo), Birdwatch 5 (51): 61, 1996
(photo), DB 18: 208, 219, 1996 (photos); 20: 151, 1998 (photo),
Opperman et al (1997)

3-11 August 1996 Bandpolder, *Dongeradeel* FR, adult (photographed)

31 August-4 September 1996 Oosterend, *Terschelling* FR, 1y (not
(yet) submitted to CDNA); Arie Ouwerkerk (pers comm)

voorlopige toevoegingen voor 1997-98 / provisional additions for 1997-98

18 July-3 August 1998 De Putten, Camperduin, *Schoorl* NH, adult
summer; DB 20: 189, 1998 (photo), VJ 46: 237-239, 1998 (photo
& sketch), Plomp et al (1999)

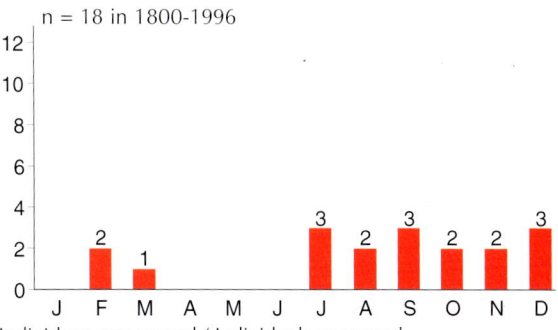

n = 18 in 1800-1996

Gevallen per locatie / Records per site
Aziatische Goudplevier / Pacific Golden Plover

Individuen per maand / Individuals per month
Aziatische Goudplevier / Pacific Golden Plover

Aziatische Goudplevier / Pacific Golden Plover *Pluvialis fulva*, adult summer, 26 July 1996, De Putten, Camperduin, Schoorl, Noord-Holland *(Arnoud B van den Berg)*

kleine goudplevier

Pluvialis dominicus/fulva

lesser golden plover

2 records in 1800-1996; 2 in 1980-96

8 August 1991 *Schiermonnikoog* FR, adult; DB 16: 137, 1994   19-20 August 1995 Westplaat, *Westvoorne* ZH

Goudplevier [2]

Pluvialis apricaria

European Golden Plover

gehele jaar algemeen

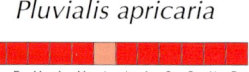
J F M A M J J A S O N D

common throughout year

Voormalige broedvogel, waarschijnlijk niet na 1974.

Former breeding bird but probably not since 1974.

Tot en met 1932 was dit een steeds zeldzamer wordende broedvogel in De Peel, Limburg/Noord-Brabant (LM 70: 89-96, 1997, cf Ardea 11: 151-152, 1922 (foto)) en tot en met 1937 in het Fochteloöerveen, Noordwest-Drenthe/Zuidoost-Friesland (LM 70: 89-96, 1997, cf Eykman et al 1949). Daarna werd alleen een nest met vier eieren gevonden op 9 juni 1974 te Budel, Noord-Brabant, waar op 2 juli het eerste kuiken uitkwam (LM 49: 109-110, 1976).

The last nest in De Peel, Limburg/Noord-Brabant, was found in 1932 (LM 70: 89-96, 1997, cf Ardea 11: 151-152, 1922 (photo)) and the last in north-western Drenthe/south-eastern Friesland was at Fochteloöerveen in 1937 (LM 70: 89-96, 1997, cf Eykman et al 1949). The only nest since 1937 was found on 9 June 1974 at Budel, Noord-Brabant; it contained four eggs which hatched on 2 July (LM 49: 109-110, 1976).

Zilverplevier [2]

Pluvialis squatarola

Grey Plover

gehele jaar algemeen

J F M A M J J A S O N D

common throughout year

Steppekievit

Vanellus gregarius

Sociable Lapwing

zeldzaam

rare

Broedt van Noord-Kaspische gebied oost tot in Kazakhstan; overwintert in Pakistan, Midden-Oosten en Noordoost-Afrika.

Breeds from northern Caspian area east through Kazakhstan; winters in Pakistan, Middle East and north-eastern Africa.

De soort kwam vrijwel altijd samen met Kieviten *V vanellus* voor op tamelijk droge graslanden. Het aantal onvolwassen vogels was opmerkelijk laag. De meeste gevallen waren van weilanden in het rivierengebied (Gelderland, Overijssel en Utrecht). De meeste dateerden van voorjaar en zomer terwijl de meeste van de 38 Britse gevallen tot en met 1995 uit september-november stamden. Dit ondersteunt de gedachte dat een aantal van deze vogels zich aansloot bij westwaarts trekkende Kieviten en de winter in Brittannië of elders doorbracht voordat ze in het voorjaar weer via Nederland naar het oosten terugkeerden (cf DB 6: 1-8, 1984).

The species was almost always seen in association with Northern Lapwings *V vanellus* in rather dry grasslands. The number of immatures has been remarkably low. Most records were from meadows near the large rivers of Gelderland, Overijssel and Utrecht. Most occurred during spring and summer whereas most of the 38 British records up to 1995 were from September-November. This supports the idea that some of these birds travelled west with flocks of Northern Lapwing bound for western Europe, and spent the winter in Britain or elsewhere before returning east, via the Netherlands, in spring (cf DB 6: 1-8, 1984).

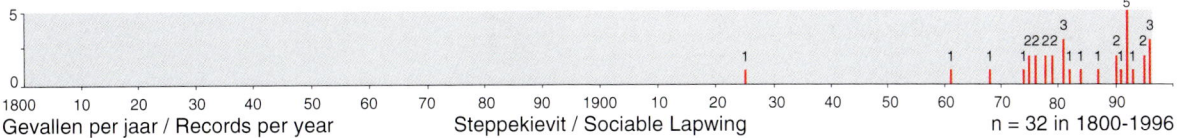

Gevallen per jaar / Records per year Steppekievit / Sociable Lapwing n = 32 in 1800-1996

32 records in 1800-1996; 20 in 1980-96

21 April 1925 Ossenbroek, Beers, *Grave* NB, adult summer ♂, dead (NNM); van Oort (1926)
8 October-16 November 1961 *Opmeer* NH
1 May 1968 Middelpolder, *Amstelveen* NH
11-13 May 1974 Moostdijk, Ospel, *Nederweert* LB; LM 48: 207-209, 1975 (photo), Natuurhist Maandbl Limbg 64: 56-58, 1975 (photo); 65: 36, 1976
8-13 April 1975 Elderveld, *Arnhem* GL; LM 53: 30, 1980
5-19 July 1975 *Staphorst/Zwartsluis* OV
28-30 April 1976 Herwijnen, *Lingewaal* GL
18 September 1976 't Hilgelo, *Winterswijk* GL
20 May 1978 Dommel/Philips-visvijvers, *Veldhoven* NB
16 July 1978 Callantsoog, *Zijpe* NH
12-14 April 1979 Ferwerd, *Ferwerderadeel* FR
16-17 September 1979 Millingerwaard, *Millingen aan den Rijn* & Ooypolder, *Ubbergen* GL, juv (photographed); cf Brouwer et al (1985)
4-5 July 1981 Bronkhorsterwaarden, *Steenderen* GL
25-27 August 1981 Kekerdom, *Millingen aan de Rijn* GL
22 November 1981 Engelum, *Menaldumadeel* FR, 1w; DB 3: 143, 1981 (photo); 6: 6, 1984 (photos), Vanellus 35: 16, 1982 (photo)
21 August-2 September 1982 *Schiermonnikoog* FR; DB 4: 109, 1982 (photo); 6: 1-8, 1984 (photos); 8: 19, 1986 (photo), Mitchell & Young (1997; photo 59(6))

18 August 1984 Oosterland, *Duiveland* ZL
7 October 1987 *Soest* UT, imm
11-12 April 1990 *IJsselstein* UT, adult summer; BW 3: 122, 1990 (photo), Duinstag 5: 55, 1990 (photo), DB 12: 107, 214, 1990 (photos); 14: 81, 1992 (photo), Mitchell & Young (1997; photo 59(7))
29 June-12 July 1990 Someren & Beuven, *Someren* NB, adult summer; DB 14: 76, 1992 (photographed)
8-18 December 1991 *Olst* OV; DB 17: 91, 1995

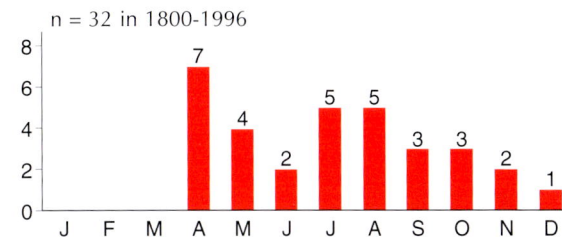

n = 32 in 1800-1996

Gevallen per maand / Records per month
Steppekievit / Sociable Lapwing

Steppekievit / Sociable Lapwing *Vanellus gregarius*, 25 August 1982, Schiermonnikoog, Friesland *(René Pop)*

28 June-1 July 1992 *IJsselmuiden* OV, adult summer
2 July 1992 Velddriel, *Maasdriel* GL, adult summer
23-24 August 1992 *Ubbergen* GL, juv; DB 16: 139, 1994 (photo)
25-27 September 1992 *Buren* GL, adult winter
22 November 1992 *Nijkerk* GL, adult winter
9 August 1993 *Nijkerk* GL
8-22 July 1995 Hollandse Kade, Kamerik, *Woerden* UT, adult; DB
    17: 177-178, 1995 (photo), ter Ellen et al (1996)
16 October 1995 Bolwerksweiden, *Deventer* OV
3-14 April 1996 *Lopik* UT; BW 9: 133, 1996 (photo), Birdwatch 5
    (48): 59, 1996 (photo), DB 18: 95, 98, 1996 (photos), VJ 44: 143,

1996 (photo), Opperman et al (1997)
17-18 April 1996 Asselt, *Swalmen* & Buggenum, Bouxweerd, *Haelen*
    LB, adult (photographed); CDNA archives
18-20 May 1996 *Leusden* & 12 June-26 July Bennekommer Meent,
    Veenendaal UT, adult (photographed)

voorlopige toevoegingen voor 1997-98 / provisional additions for 1997-98
1-9 April 1998 Welschap, *Eindhoven* NB, adult; DB 20: 90, 1998
    (photo), Plomp et al (1999)
25 June-17 August 1998 Spaarnwoude, *Haarlemmerliede en Spaarn-*
    woude NH, adult; DB 20: 190, 1998 (photo), Plomp et al (1999)

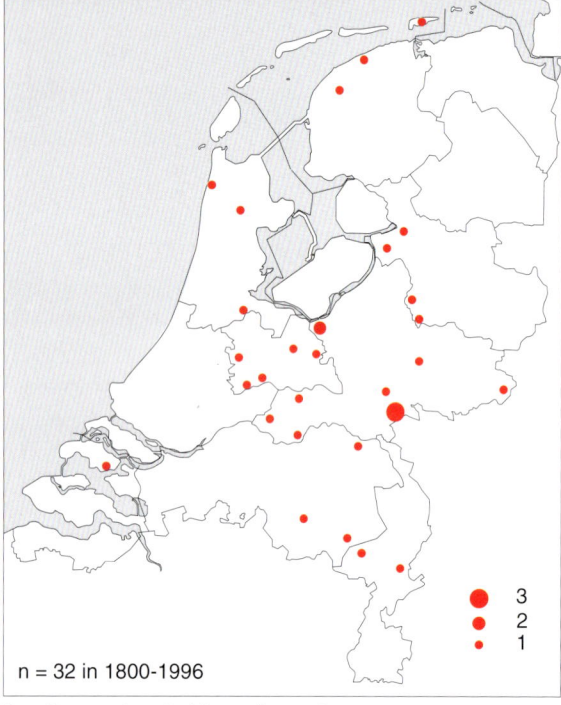

n = 32 in 1800-1996

● 3
● 2
· 1

Gevallen per locatie / Records per site
Steppekievit / Sociable Lapwing

Steppekievit / Sociable Lapwing *Vanellus gregarius*, adult,
5 April 1996, Lopik, Utrecht *(René van Rossum)*

Steppekievit / Sociable Lapwing *Vanellus gregarius*, adult, 5 April 1996, Lopik, Utrecht *(Marten van Dijl)*

Witstaartkievit — *Vanellus leucurus* — **White-tailed Lapwing**

zeer zeldzaam

very rare

Broedt in Midden-Oosten en West-Azië; overwintert in Noordoost-Afrika en Noord-India.

De drie eerste gevallen waren in jaren waarin sprake was van een influx in West-Europa: acht in 1975 en vijf in 1984 (DB 7: 79-84, 1985). Het geval in 1998 was het eerste in februari voor Europa en volgde op een jaar met een influx van 15 in april-september in Griekenland (negen), Hongarije, Polen (twee) en Scandinavië (drie) (DB 19: 202, 256, 1997, BW 11: 26, 1998).

Breeds in Middle East and western Asia; winters in north-eastern Africa and northern India.

The first three records coincided with influxes in the rest of western Europe: a total of eight in 1975 and five in 1984 (DB 7: 79-84, 1985). The record in 1998 was Europe's first in February and followed a year with an influx of 15 individuals in April-September in Greece (nine), Hungary, Poland (two) and Scandinavia (three) (DB 19: 202, 256, 1997, BW 11: 26, 1998).

3 records in 1800-1996; 2 in 1980-96

9-12 July 1975 Grote Vlak, *Texel* NH; LM 49: 207-210, 1976 (photo)
10-15 June 1984 Bargerveen, Klazienaveen, *Emmen* DR, ♂; DB 7:

98-99, 1985
10-16 July 1984 Abtskolk, Petten, *Zijpe* NH, ♂ (photographed); LM 58: 33, 1985

voorlopige toevoegingen voor 1997-98 / provisional additions for 1997-98
21 February-8 March & 4 September-9 October 1998 Assendelft/ Krommenie, *Zaanstad* NH; Birdwatch 7 (70): 64, 1998 (photo), BW 11: 50, 1998 (photo), DB 20: 55, 93, 1998 (photos), Falke 45: 128, 1998 (photo), Rare Birds 4: 114, 1998 (photo), Plomp et al (1999)

n = 4 in 1800-1998

Gevallen per locatie / Records per site
Witstaartkievit / White-tailed Lapwing

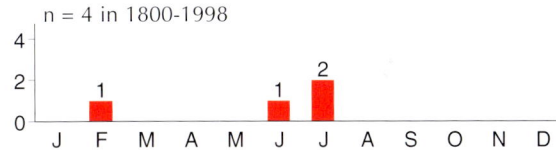

n = 4 in 1800-1998

Gevallen per maand / Records per month
Witstaartkievit / White-tailed Lapwing

Witstaartkievit / White-tailed Lapwing *Vanellus leucurus*, 10 July 1975, Grote Vlak, Texel, Noord-Holland *(Lieuwe J Dijksen)*

Witstaartkievit / White-tailed Lapwing *Vanellus leucurus*, 23 February 1998, Assendelft, Zaanstad, Noord-Holland *(René Pop)*

Kievit [2]

algemene broedvogel
gehele jaar algemeen

Vanellus vanellus

J F M A M J J A S O N D

Northern Lapwing

common breeding bird
common throughout year

STRANDLOPERS Scolopacidae (n=44)

Grote Kanoet

Calidris tenuirostris

Great Knot

zeer zeldzaam

very rare

Broedt in Noordoost-Siberië; overwintert aan kusten van Arabisch Schiereiland oost tot in Australazië.

Dit was het zevende geval voor het West-Palearctische gebied, het eerste van een juveniel en ook het eerste dat langer dan een dag te zien was. Het was opmerkelijk dat de vogel na vier dagen werd herontdekt op 54 km afstand van de plaats waar hij in eerste instantie verbleef.

Breeds in north-eastern Siberia; winters along coasts from Arabian Peninsula east to Australasia.

This was the seventh record for the Western Palearctic, the first of a juvenile and also the first staying for longer than a day. Remarkably, the bird was rediscovered 54 km away four days after it disappeared from its first site.

1 record in 1800-1996; 1 in 1980-96

19-25 September 1991 Oostvaardersplassen, *Lelystad* FL & 29 September-6 October De Putten, Camperduin, *Schoorl* NH, juv; BW 4: 362, 1991 (photo); DB 13: cover, 196, 230, 1991 (photos); 14: 126-131, 1992 (photos); 15: 148, 1993 (photo), Limicola 5: 324, 1991 (photo), BB 85: 449, 1992 (photos), LM 66: 155, 1993 (photo), Butler (1994), Mitchell & Young (1997; photos 61(2) & 61(4))

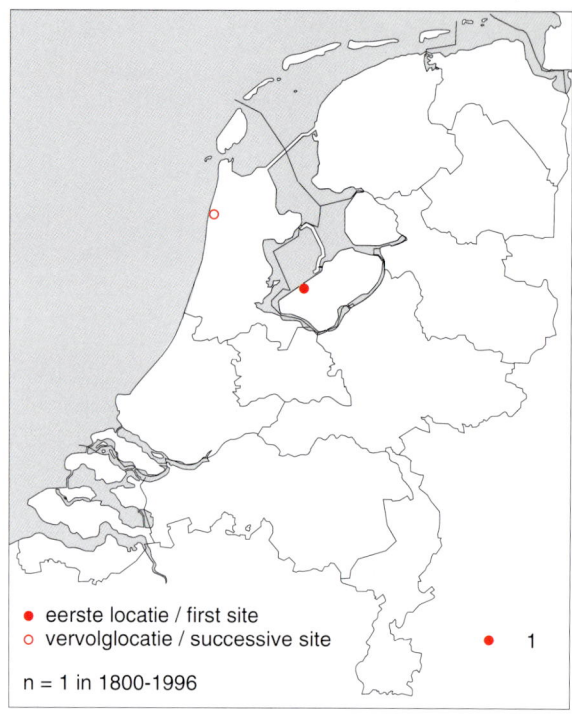

● eerste locatie / first site
○ vervolglocatie / successive site

● 1

n = 1 in 1800-1996

Gevallen per locatie / Records per site
Grote Kanoet / Great Knot

Grote Kanoet / Great Knot *Calidris tenuirostris*, juvenile, 30 September 1991, De Putten, Camperduin, Schoorl, Noord-Holland (*René van Rossum*)

Grote Kanoet / Great Knot *Calidris tenuirostris*, 1 October 1991, Camperduin, Schoorl, Noord-Holland (*Arnoud B van den Berg*)

Kanoet

Calidris canutus ssp

Red Knot

Kanoet [2]

algemene doortrekker

C c canutus

Red Knot

common migrant

Groenlandse Kanoet [2]

gehele jaar algemeen

C c islandica

Greenland Red Knot

common throughout year

Drieteenstrandloper [2]

gehele jaar algemeen

Calidris alba

Sanderling

common throughout year

Grijze Strandloper

zeer zeldzaam

Calidris pusilla

Semipalmated Sandpiper

very rare

Broedt in noordelijk Noord-Amerika; overwintert in Centraal- en Zuid-Amerika.

In Brittannië en Ierland wordt de soort sinds 1979 ieder jaar gezien met 84 gevallen in 1958-96, bijna alle in augustus-oktober (BB 91: 473, 1998). Het is dan ook opmerkelijk dat alle Nederlandse gevallen in de zomer waren. Waarschijnlijk hebben ze de oversteek in voorafgaande jaren gemaakt zoals dat ook voor andere transatlantische dwaalgasten op het vasteland van Europa lijkt te gelden. Alle drie gevallen in 1997 zijn aanvaard door de CDNA. Begin augustus 1998 werden adulte gemeld te Slikken van Bommenede, Brouwershaven, Zeeland, en Ezumakeeg, Dongeradeel, Friesland (DB 20: 196, 1998).

Breeds in northern North America; winters in Central and South America.

In Britain and Ireland, the species has been seen annually since 1979, with 84 records in 1958-96, and almost all in August-October (BB 91: 473, 1998). Therefore, it is remarkable that all Dutch records were in summer. As with other transatlantic vagrants on the European mainland, it seems likely that these individuals arrived in preceding years. All three 1997 records are accepted by CDNA. In early August 1998, adults were reported from Slikken van Bommenede, Brouwershaven, Zeeland, and Ezumakeeg, Dongeradeel, Friesland (DB 20: 196, 1998).

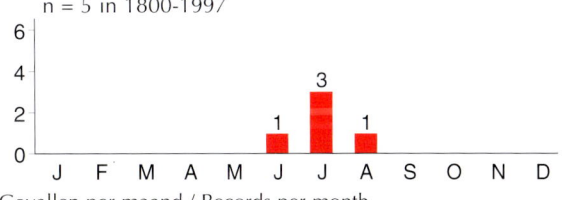

n = 5 in 1800-1997

Gevallen per maand / Records per month
Grijze Strandloper / Semipalmated Sandpiper

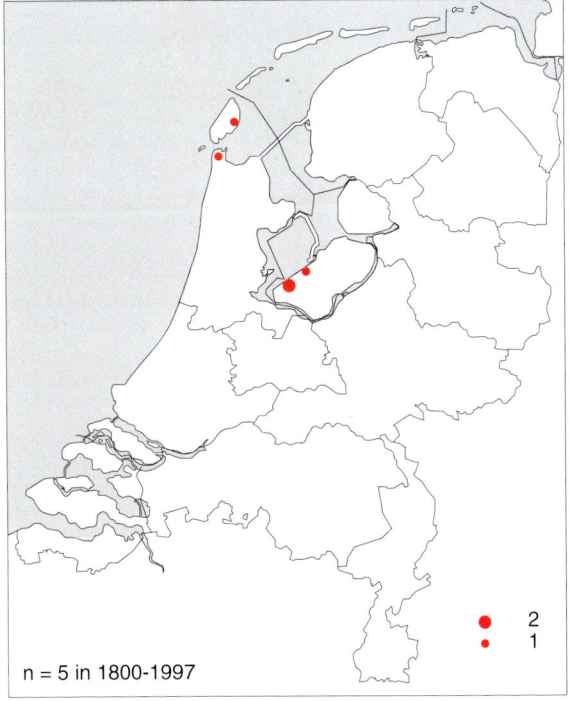

n = 5 in 1800-1997

Gevallen per locatie / Records per site
Grijze Strandloper / Semipalmated Sandpiper

Grijze Strandloper / Semipalmated Sandpiper *Calidris pusilla*, adult summer (rechts / right) & Kleine Strandloper / Little Stint *C minuta* & Kievit / Northern Lapwing *Vanellus vanellus*, 3 August 1997, Julianadorp, Den Helder, Noord-Holland *(René Pop)*

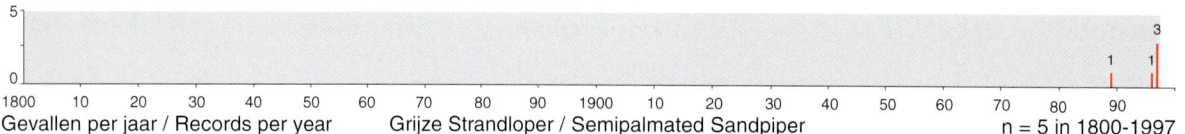

2 records in 1800-1996; 2 in 1980-96

(11)12-13 June 1989 Oostvaardersplassen, *Lelystad* FL, 1s/adult summer; DB Nieuwsbr 1: 99-102, 1989, DB 13: 83-85, 1991; 14: 225-227, 1992

18-19 July 1996 Lepelaarsplassen, *Almere* FL, adult summer; DB 18: 215, 1996 (photo); 19: 185-187, 1997 (photo)

voorlopige toevoegingen voor 1997 / provisional additions for 1997

16 July 1997 Wagejot, *Texel* NH, adult summer; DB 19: 207, 1997 (photo)

16-26 July 1997 Lepelaarsplassen, *Almere* FL, adult summer (photographed); CDNA archives

3 August 1997 Zanddijk, *Den Helder* NH, adult summer; DB 19: 201, 1997 (photo)

Roodkeelstrandloper   *Calidris ruficollis*   **Red-necked Stint**

zeer zeldzaam

very rare

Broedt in Noord-Siberië; overwintert in Zuidoost-Azië en Australië.

De vogel van 1987 was het zevende geval voor Europa en de eerste in het voorjaar (de andere waren in juli-augustus: de eerste in 1979 en de overige in 1985-86). Sinds 1987 nam het aantal gevallen in West-Europa aanzienlijk toe en er waren tot 1995 negen gevallen in Zweden en vier in Brittannië. Bijna alle gevallen betroffen adulte in zomerkleed; juveniele blijven moeilijk te onderscheiden van Kleine Strandloper *C minuta*.

Breeds in northern Siberia; winters in south-eastern Asia and Australia.

The 1987 bird was the seventh record for Europe and the first in spring (the previous ones were in July-August: one in 1979 and the others in 1985-86). Since 1987, the number of records in western Europe has increased substantially; until 1995, there were nine records in Sweden and four in Britain. Nearly all records referred to adults in summer plumage; juveniles remain hard to distinguish from Little Stint *C minuta*.

2 records in 1800-1996; 2 in 1980-96

29 May 1987 Jaap Deensgat, Lauwersmeer, *De Marne* GR, adult summer; DB 9: 135, 1987 (photo); 10: 178-182, 1988 (photos), Limicola 1: 42, 1987 (photo), van den Berg et al (1990): 39-40 (photos), de Bruin & de Bruin (1997; photo), Mitchell & Young (1997; photo 63(3))

25 July 1996 Mokbaai, *Texel* NH, adult (sketch); DB 18: 218, 1996; 20: 150, 1998

voorlopige toevoegingen voor 1997-98 / provisional additions for 1997-98

4 July 1998 Den Bosschen, *Oud-Beijerland* ZH, adult; DB 20: 144, 192, 1998 (photos), Plomp et al (1999)

Roodkeelstrandloper / Red-necked Stint *Calidris ruficollis*, adult summer (rechts / right) & Kleine Strandloper / Little Stint *C minuta*, 29 May 1987, Jaap Deensgat, Lauwersmeer, De Marne, Groningen *(Guus Hak)*

Roodkeelstrandloper / Red-necked Stint *Calidris ruficollis*, adult summer, 4 July 1998, Oud-Beijerland, Zuid-Holland *(Hans Gebuis)*

n = 3 in 1800-1998

Gevallen per locatie / Records per site
Roodkeelstrandloper / Red-necked Stint

Kleine Strandloper [2]

algemene doortrekker en zomergast

Calidris minuta

Little Stint

common migrant and summer visitor

Voor hybride Kleine Strandloper x Temmincks Strandloper *C temminckii* zie onder Temmincks Strandloper.

For hybrid Little Stint x Temminck's Stint *C temminckii*, see under Temminck's Stint.

Temmincks Strandloper [2]

schaarse doortrekker

Calidris temminckii

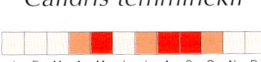

Temminck's Stint

scarce migrant

De eerste hybride Kleine Strandloper *C minuta* x Temmincks Strandloper was een juveniel op 21-25 september 1995 te Groote Keeten, Zijpe, Noord-Holland; DB 17: 214-215, 224, 1995 (foto's); 18: 24-28, 1996 (foto's).

The first-known hybrid Little Stint *C minuta* x Temminck's Stint was a juvenile on 21-25 September 1995 at Groote Keeten, Zijpe, Noord-Holland; DB 17: 214-215, 224, 1995 (photos); 18: 24-28, 1996 (photos).

Bonapartes Strandloper

zeer zeldzaam

Calidris fuscicollis

White-rumped Sandpiper

very rare

Broedt in noordelijk Noord-Amerika; overwintert in zuidwestelijk Zuid-Amerika.

Breeds in northern North America; winters in south-western South America.

Het aantal gevallen is laag vergeleken met dat in Brittannië en Ierland waar in 1958-96 ten minste 397 exemplaren werden aanvaard (BB 91: 474, 1998). De gevallen in 1996 vielen in dezelfde periode als een opmerkelijke influx van 26 in Brittannië en Ierland waaronder een groep van vier in Norfolk (Rare Birds 2: 166-167, 1996, BB 91: 474-475, 1998).

The total number of records is low compared with that in Britain and Ireland where at least 397 individuals were recorded during 1958-96 (BB 91: 474, 1998). The 1996 records were in the same period as a remarkable influx of 26 in Britain and Ireland, which included a flock of four in Norfolk (Rare Birds 2: 166-167, 1996, BB 91: 474-475, 1998).

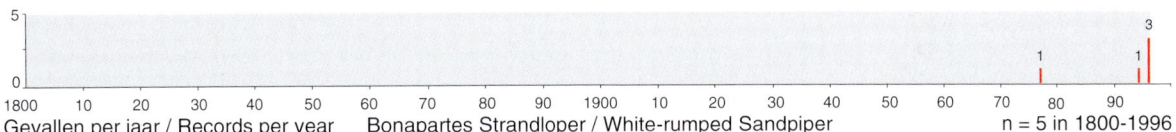

Gevallen per jaar / Records per year   Bonapartes Strandloper / White-rumped Sandpiper   n = 5 in 1800-1996

Bonapartes Strandloper / White-rumped Sandpiper *Calidris fuscicollis*, first-year, 24 October 1977, Noordpier, IJmuiden, Velsen, Noord-Holland *(Oene Moedt/Foto Natura)*

5 records in 1800-1996; 4 in 1980-96

18-24 October 1977 Zuidpier/Noordpier, IJmuiden, *Velsen* NH, 1y;
    DB 3: 115-116, 1981 (photo), Vogeljaarkalender 1985: 17 (photo),
    van den Berg et al (1990): 42 (photo)
19-21 August 1994 Holwerd, *Dongeradeel* FR, adult; DB 16: 214,
    1994 (photo); 17: 148-151, 1995 (photos)
13 August 1996 Wagejot, *Texel* NH, adult; DB 18: 215, 1996 (pho-
    tos); 20: 149, 1998 (photo)
18 August 1996 Langesloot, Ballum, *Ameland* FR, adult
7 September 1996 De Cocksdorp, *Texel* NH, adult

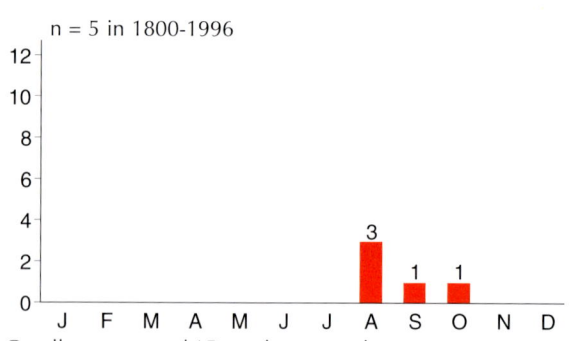

n = 5 in 1800-1996

Gevallen per maand / Records per month
Bonapartes Strandloper / White-rumped Sandpiper

n = 5 in 1800-1996

Gevallen per locatie / Records per site
Bonapartes Strandloper / White-rumped Sandpiper

Bairds Strandloper   *Calidris bairdii*   # Baird's Sandpiper

zeer zeldzaam

very rare

Broedt in noordelijk Siberië en noordelijk Noord-Amerika; overwintert van Ecuador (Andes) tot in Vuurland, Argentinië.

Twee van de drie gevallen betroffen juveniele waarvan de vroegste reeds op 23 augustus werd ontdekt. Als dit een transatlantische dwaalgast was, zou het de vroegste datum zijn voor een juveniele Noord-Amerikaanse steltloper in Nederland. Het is echter ook mogelijk dat hij uit noordelijk Siberië kwam. In 1958-96 werden in Brittannië en Ierland ten minste 196 exemplaren aanvaard (BB 91: 475, 1998).

Breeds in northern Siberia and northern North America; winters from Ecuador (Andes) to Tierra del Fuego, Argentina.

Two of the three records concerned juveniles, one being discovered as early as 23 August. If it was of transatlantic origin, this concerned the earliest date of a North American juvenile wader in the Netherlands but the bird may also have arrived from northern Siberia. During 1958-96, at least 196 individuals were recorded in Britain and Ireland (BB 91: 475, 1998).

Bairds Strandloper / Baird's Sandpiper *Calidris bairdii*, juvenile, 27 August 1981, Huizen, Noord-Holland *(René Pop)*

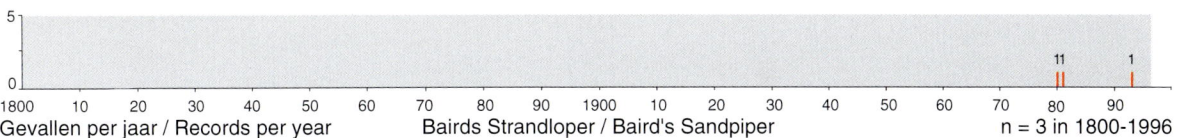

Gevallen per jaar / Records per year — Bairds Strandloper / Baird's Sandpiper — n = 3 in 1800-1996

3 records in 1800-1996; 3 in 1980-96

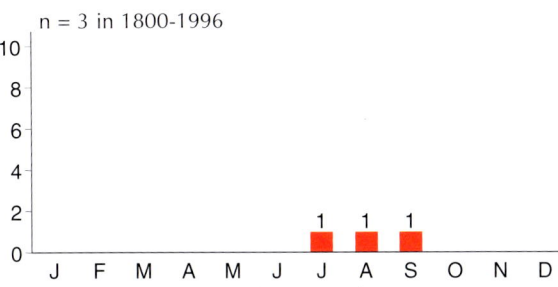

21-28 September 1980 Maasvlakte, *Rotterdam* ZH, juv; DB 1: 117, 1980 (photo); 3: 48-50, 1981 (photos), van den Berg et al (1990): 44 (photo)
23-28 August 1981 Stichtse Brug, *Blaricum/Huizen* NH, juv; DB 3: 106, 1981 (photo); 4: 15-17, 1982 (photos), van den Berg et al (1990): 45 (photos), Mitchell & Young (1997; photo 65(7))
31 July-1 August 1993 Julianadorp, *Den Helder* NH, adult summer; DB 15: 238, 1993 (photo); 16: 15-18, 1994 (photo)

n = 3 in 1800-1996

n = 3 in 1800-1996

Gevallen per maand / Records per month
Bairds Strandloper / Baird's Sandpiper

Gevallen per locatie / Records per site
Bairds Strandloper / Baird's Sandpiper

Gestreepte Strandloper   *Calidris melanotos*   # Pectoral Sandpiper

zeldzaam

rare

Broedt in Noordoost-Siberië en noordelijk Noord-Amerika; overwintert in Zuid-Amerika.

In 1981-98 is de soort jaarlijks vastgesteld met gemiddeld bijna vier exemplaren. Daarentegen is er geen geval van vóór 1961. De uiterste datums zijn 10 mei en 19 november. Van vrijwel alle was de eerste aankomstdatum in mei of juli-september. Deze Noord-Amerikaanse steltloper is regelmatig in Europa waargenomen met bijvoorbeeld in 1958-85 gemiddeld 50 gevallen per jaar in de Britse Eilanden (Dymond et al 1989). Het is evenwel mogelijk dat een aantal van de Europese gevallen betrekking heeft op uit Noordoost-Siberië afkomstige vogels.

Breeds in north-eastern Siberia and northern North America; winters in South America.

In 1981-98, the species has been recorded annually with a mean of four individuals. In contrast, there are no pre-1961 records. The extreme dates are 10 May and 19 November. Nearly all arrival dates were in May and July-September. This Nearctic wader has been regularly seen in Europe with, for instance, a mean of 50 records per year in 1958-85 in the British Isles (Dymond et al 1989). However, it is possible that a number of European records may concern birds coming from north-eastern Siberia.

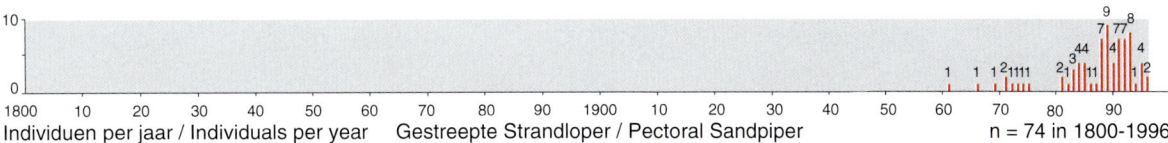

Individuen per jaar / Individuals per year — Gestreepte Strandloper / Pectoral Sandpiper — n = 74 in 1800-1996

69 records (74 individuals) in 1800-1996; 60 records (65 individuals) in 1980-96

20-24 September 1961 De Schorren, *Texel* NH; LM 35: 2-3, 1962 (photo); 48: 108, 1975 (photo)
4 September 1966 *Texel* NH; LM 42: 53-54, 1969
28 September-5 October 1969 Groote IJpolder, Westpoort, *Amsterdam* NH, juv (photographed); Mededbl K Ned Natuurhist Ver Vogelwerkgr Amsterdam 8 (1): 11-12, 1970
21 May 1971 Oostvaardersplassen, *Lelystad* FL
4-6 September 1971 Lauwersmeer, Oostmahorn, *Dongeradeel* FR;

LM 45: 190-191, 1972
2 September 1972 Oostvoornse Meer, *Westvoorne* ZH
15-16 July 1973 Oostvaardersplassen, Knardijk, *Lelystad* FL
29-30 September 1974 Amsterdam-Zuidoost, *Amsterdam* NH; LM 50: 22-26, 1977
14 August 1975 Gaasperplas, Amsterdam-Zuidoost, *Amsterdam* NH
27-28 August 1981 Stichtse Brug, *Blaricum/Huizen* NH, adult summer; DB 3: 106, 1981 (photo); 5: 7, 1983 (photo)

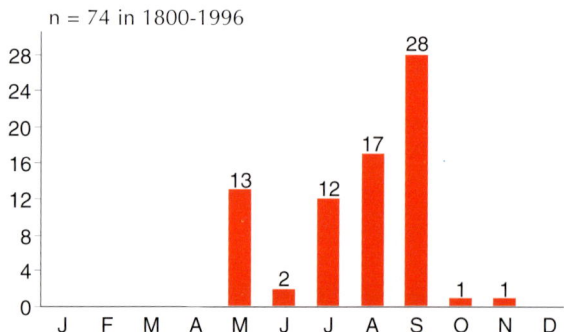

n = 74 in 1800-1996

Individuen per maand / Individuals per month
Gestreepte Strandloper / Pectoral Sandpiper

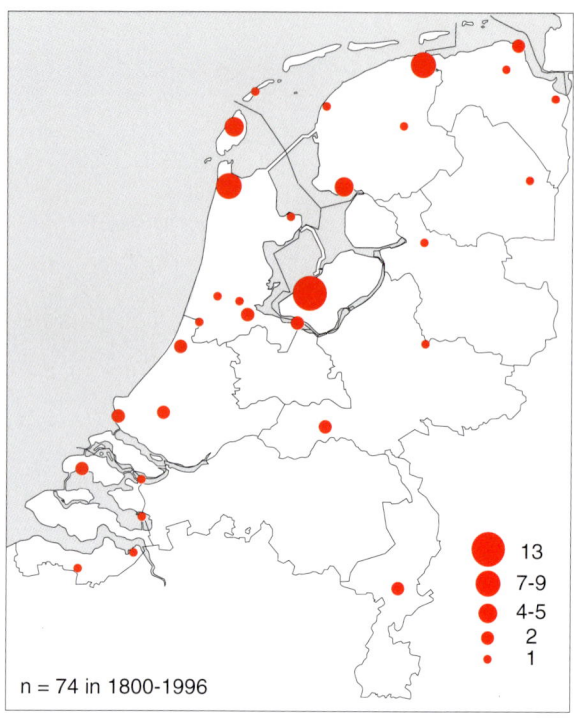

n = 74 in 1800-1996

Individuen per locatie / Individuals per site
Gestreepte Strandloper / Pectoral Sandpiper

19-28 September 1981 Westplaat, *Westvoorne* ZH; VJ 31: 261, 1983 (photo; erroneous dates), Duinstag 3: 136, 1988 (photo)
29 August 1982 Dreumel, *West Maas en Waal* GL
7 August 1983 *Texel* NH
14 August-9 October 1983 Serooskerke, *Middenschouwen* ZL
31 August 1983 Knardijk, *Lelystad* FL
28 July-2 August 1984 *Harlingen* FR; LM 59: 121, 1986
19 August 1984 Knardijk, *Lelystad* FL
9-11 September 1984 IJzendoorn, *Echteld* GL
18 September 1984 *Vlieland* FR; DB 8: 128, 1986 (photo)
26 May 1985 Paesens, *Dongeradeel* FR
26 June 1985 *Texel* NH
11 July 1985 *Staphorst* OV, adult; LM 60: 198, 1987
28 July-11 August 1985 Flaauwers Inlaag, *Middenschouwen* ZL (photographed)
1-2 June 1986 Oostvaardersplassen, *Lelystad* FL
27 September-3 October 1987 Bouwweerd, Buggenum, *Haelen* LB, 1y; LV 3: 85, 1992 (photo)
10 May 1988 Lauwersmeer, *De Marne* GR, adult summer; DB 10: 153, 1988 (photo), de Bruin & de Bruin (1997; photo)
10-13 May 1988 Garrelsweer, *Loppersum* GR, adult summer (photographed)
27-28 July 1988 Oostvaardersplassen, *Lelystad* FL, adult
5-6 September 1988 *Valkenburg* ZH, 1y; Duinstag 3: 135-136, 1988, DB 14: 76, 1992
18 September 1988 Oostvaardersplassen, *Lelystad* FL, adult
23-25 October 1988 Slikken van de Heen, Philipsdam, *Bruinisse* ZL; CDNA archives, DB 11: 41, 1989 (photo)
19 November 1988 Oostvaardersplassen, *Lelystad* FL, 1y

21 May 1989 Bouwweerd, Buggenum, *Haelen* LB, adult; LV 3: 85, 1992, DB 15: 149, 1993
24-27 May 1989 Oostvaardersdijk, *Lelystad* FL, adult summer; Max Berlijn (in litt)
19 July 1989 Nieuwbuinen, *Borger* DR, adult summer
6-8 August 1989 Mokkebank, *Gaasterlân-Sleat* FR
18-19 August 1989 Beerta, *Reiderland* GR, adult ♂; DB 15: 149, 1993
28-29 August 1989 Wilp, *Voorst* GL
6 September 1989 Mokkebank, *Gaasterlân-Sleat* FR (**2**)
14-17 September 1989 Philippine, *Sas van Gent* ZL, juv; DB Nieuwsbr 1: 155, 1989 (photo)
19-20 May 1990 Jaap Deensgat, Lauwersmeer, *De Marne* GR, adult

Gestreepte Strandloper / Pectoral Sandpiper *Calidris melanotos*, adult, 4 August 1998, Neer, Roggel en Neer, Limburg
(*Karel Lemmens*)

Gestreepte Strandloper / Pectoral Sandpiper *Calidris melanotos*, adult, 10 July 1997, Wormer- en Jisperveld, Wormerland, Noord-Holland *(Jan van der Geld)*

(photographed); DB 12: 213, 1990; 20: 150, 1998
31 July 1990 Verdronken Land van Saeftinge, *Hulst* ZL, adult
4 September 1990 *Andijk* NH, juv
22 September 1990 Oostvaardersplassen, *Lelystad* FL; DB 16: 137, 1994
24-27 May 1991 Lauwersmeer, *De Marne* GR, adult
13 July 1991 Lage Vaart, *Almere* FL
20-31 August 1991 Lauwersmeer, *De Marne* FR, adult; CDNA archives, VJ 39: 288, 1991 (photo)
10 September 1991 Mokkebank, *Gaasterlân-Sleat* FR, adult
20 September 1991 Oostvaardersdijk, *Lelystad* FL, juv; DB 18: 111-112, 1996
21-26 September 1991 Spaarnwoude, *Haarlemmerliede en Spaarnwoude* NH, juv
21-22 September 1991 *Hillegom* ZH, juv
16-18 May 1992 Oudega, *Smallingerland* FR (photographed)
23-27 July 1992 Foppenpolder, *Maasland/Maassluis* ZH; DB 14: 194, 1992 (photo)
24-27 July 1992 *Vlaardingen* ZH, adult summer
16 August 1992 Julianadorp, *Den Helder* NH; CDNA archives, DB 14: 191-192, 194, 1992 (photo)
13-23 September 1992 Julianadorp, *Den Helder* & Sint Maartensvlotbrug, *Zijpe* NH (max **3**); cf DB 14: 235, 1992
18-22 May 1993 Oesterdam, *Tholen* ZL; DB 15: 186, 1993 (photo), VJ 41: 239, 1993 (photo)
21-22 May 1993 Lauwersmeer, *De Marne* GR (**2**)
23 May 1993 *Valkenburg* ZH
25 August 1993 Lauwersmeer, *De Marne* GR
28-30 August 1993 Julianadorp, *Den Helder* NH (**2**) (photographed)
4 September 1993 Julianadorp, *Den Helder* NH

3-5 September 1994 Eemshaven, *Eemsmond* GR, juv; Grauwe Gors 22: 125, 1994 (photo)
29 July-3 August 1995 De Bol, *Texel* NH, adult
31 July-3 August 1995 Eemshaven, *Eemsmond* GR, adult; DB 20: 150, 1998
5-7 August 1995 Julianadorp, *Den Helder* NH, juv
7-11 August 1995 Knardijk, *Lelystad* FL, juv
1 September 1996 Stichtse Putten, *Zeewolde* FL, juv
28 September-2 October 1996 Julianadorp, *Den Helder* NH, juv (videoed); DB 18: 275, 1996; 20: 149, 1998 (photo)

voorlopige toevoegingen voor 1997-98 / provisional additions for 1997-98
25 June 1997 Groene Strand, *Terschelling* FR (photographed); CDNA archives
10 July 1997 Wormer- en Jisperveld, *Wormerland* NH, adult (photographed)
13-14 September 1997 Petten & Groote Keeten, *Zijpe* NH (photographed) (not (yet) submitted CDNA); Felix Verschoor (pers comm)
21-30 September 1997 Lauwersmeer, *De Marne* GR (photographed); de Bruin & de Bruin (1997), DB 19: 264, 1997
14-27 July(-13 August) 1998 Ezumakeeg, *Dongeradeel* FR & Oude Robbengat, Lauwersmeer, *De Marne* GR, adult (min **2**); CDNA archives
3-5 August 1998 Hanssummerweerd, *Roggel en Neer* LB, adult; DB 20: 189, 1998 (photo), LV 9: 74, 1998 (photo)
1-12 September 1998 't Zand, *Zijpe* NH, adult; CDNA archives
9-11 September 1998 Assendelft, *Zaanstad* NH; Plomp et al (1999)
4 October 1998 Oostelijke Binnenpolder, *Maarssen* UT; CDNA archives

Siberische Strandloper

Calidris acuminata

Sharp-tailed Sandpiper

zeer zeldzaam

very rare

Broedt in Noordoost-Siberië; overwintert in Australazië.

Breeds in north-eastern Siberia; winters in Australasia.

De eerste voor België was een adulte die zich op 3-6 september 1989 bevond te Longchamps, Namen; het is onzeker of dit dezelfde vogel was als die van ruim een week later in Nederland. Het is opmerkelijk dat verreweg de meeste gevallen in Europa adulte betroffen (19 van de 23 in de Britse Eilanden tot en met 1996; Vinicombe & Cottridge 1996).

The first for Belgium was an adult at Longchamps, Namen, on 3-6 September 1989; it is not certain whether this was the same individual as the one a week later in the Netherlands. It is remarkable that most records in Europe concerned adults (19 out of 23 in the British Isles up to 1996; Vinicombe & Cottridge 1996).

Siberische Strandloper / Sharp-tailed Sandpiper *Calidris acuminata*, adult, 18 September 1989, Philippine, Sas van Gent, Zeeland (*Hans Gebuis*)

1 record in 1800-1996; 1 in 1980-96

14-21 September 1989 Philippine, *Sas van Gent* ZL, adult; BW 2: 316, 1989 (photo), DB 11: 193, 1989 (photos); 13: 46-47, 125-127, 1991 (photos), DB Nieuwsbr 1: 146-148, 154, 1989 (photos)

voorlopige toevoegingen voor 1997-98 / provisional additions for 1997-98
6-23 August 1998 Ezumakeeg, Lauwersmeer, *Dongeradeel* FR (**2** reported on 6-8 August), adult; BW 11: 294, 1998 (photo), DB 20: 184, 195-196, 1998 (photos), Plomp et al (1999)

Siberische Strandloper / Sharp-tailed Sandpiper *Calidris acuminata*, adult, 9 August 1998, Ezumakeeg, Lauwersmeer, Dongeradeel, Friesland (*Arnoud B van den Berg*)

n = 2 in 1800-1998

Gevallen per locatie / Records per site
Siberische Strandloper / Sharp-tailed Sandpiper

Krombekstrandloper [2]

algemene doortrekker

Calidris ferruginea

J F M A M J J A S O N D

Curlew Sandpiper

common migrant

Paarse Strandloper [2]

schaarse wintergast

Calidris maritima

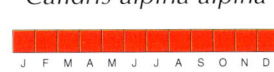

J F M A M J J A S O N D

Purple Sandpiper

scarce winter visitor

Bonte Strandloper [2]

onregelmatige broedvogel
gehele jaar algemeen

Calidris alpina alpina

J F M A M J J A S O N D

Dunlin

irregular breeding bird
common throughout year

Tot dit taxon worden de (voormalige) ondersoorten *arctica* en *schinzii* gerekend (Evolution 50: 318-330, 1996, DB 19: 25, 1997).

This taxon includes the (former) subspecies *arctica* and *schinzii* (Evolution 50: 318-330, 1996, DB 19: 25, 1997).

Breedbekstrandloper

zeldzaam

Limicola falcinellus falcinellus

Broad-billed Sandpiper

rare

Broedt in Noord-Scandinavië en in Noord-Siberië; overwintert in Oost-Afrika en Zuid-Azië.

De meeste gevallen waren tussen 1 mei en 2 juni. In die periode zijn bovendien zesmaal groepen van drie tot acht exemplaren waargenomen. De soort is geen regelmatige voorjaarsgast en het lijkt erop alsof zijn voorkomen afhankelijk is van weersinvloeden. De nazomergevallen dateerden tussen 9 juli en 4 september, met nog een laat geval op 21 september. De meeste voorjaarsgevallen waren afkomstig van het oosten, vooral van Flevoland (sinds 1964) en Lauwersmeer, Groningen (sinds 1976).

Breeds in northern Scandinavia and in northern Siberia; winters in eastern Africa and southern Asia.

Most records of the species dated between 1 May and 2 June, when there were also six records of flocks of three to eight individuals. It is not a regular spring migrant, and it seems as if its occurrence depends on weather conditions. Apart from one on 21 September, the extreme dates for late summer were 9 July and 4 September. Most spring records came from the eastern part, especially Flevoland (since 1964) and Lauwersmeer, Groningen (since 1976).

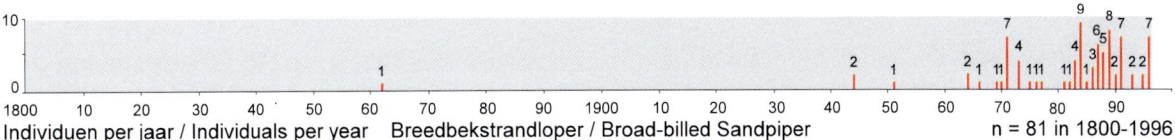

Individuen per jaar / Individuals per year   Breedbekstrandloper / Broad-billed Sandpiper   n = 81 in 1800-1996

Breedbekstrandloper / Broad-billed Sandpiper *Limicola falcinellus*, first-year, 3 September 1987, Abtskolk, Petten, Zijpe, Noord-Holland *(Arnoud B van den Berg)*

151

15 August 1862 Hoek van Holland, *Rotterdam* ZH, ♂, dead (NNM)

16 May 1944 Zwarte Meer, *Genemuiden/Kampen* OV (**2**); Ardea 34: 387, 1946

31 May 1951 Westenschouwense Inlaag, *Westerschouwen* ZL

14 August 1964 Lelystad, *Lelystad* FL; LM 39: 60, 1966

22 August 1964 Groote Peel, *Asten* NB, juv (filmed); Natuurhist Maandbl Limbg 53: 127, 1964; 54: 5, 1965, contra DB 18: 179, 1996; 20: 150, 1998, LV 9: 19, 1998

22 May 1966 Groote IJpolder, Westpoort, *Amsterdam* NH

25 May 1969 Oostvaardersdijk (near Muiderberg), *Almere* FL

31 August 1970 Hompelvoet, Grevelingen, *Goedereede* ZH, juv, dead (ZMA); LM 44: 63-65, 1971 (photo)

20-23 May 1971 Oostvaardersdijk/Knardijk, *Lelystad* FL (max **7**, largest group 5); DB 18: 178, 1996

13 May 1973 Oostvaardersplassen, *Lelystad* FL (**3**)

13 August 1973 Kroonspolders, *Vlieland* FR, trapped; LM 47: 40, 1974 (photos), 48: 108, 1975

19 May 1975 Lelystad, *Lelystad* FL

29 August 1976 Jaap Deensgat, Lauwersmeer, *De Marne* GR

30 May 1977 Lepelaarsplassen, *Almere* FL

16 May 1981 Maasvlakte, *Rotterdam/Westvoorne* ZH; DB 3: 68, 1981 (photo)

15 May 1982 Maasvlakte, *Rotterdam/Westvoorne* ZH

14 May 1983 Mokbaai, *Texel* NH

20-21 May 1983 Lauwersmeer, *De Marne* GR

14-17 August 1983 Flaauwers Inlaag, *Middenschouwen* ZL, juv; DB 5: 118, 1983 (photo); 8: 7, 1986 (photo), Wielewaal 51: 460-461, 1985 (photo)

21 September 1983 De Slufter, *Texel* NH, juv

11-13 May 1984 Knardijk, *Lelystad* FL (max **8**), adult summer; Grauwe Gans 1: 14-15, 1985, DB 14: 76, 1992

30 July 1984 Lauwersmeer, *De Marne* GR

19 May 1985 Mokbaai, *Texel* NH

12 May 1986 Colijnsplaat, Kortgene, *Noord-Beveland* ZL, adult

17-21 May 1986 Lauwersmeer, *De Marne* GR, adult

21 July 1986 Ooypolder, *Ubbergen/Millingen aan de Rijn* GL, adult (photographed)

29 May-2 June 1987 Lauwersmeer, *De Marne* GR (max **3**), adult (photographed)

26 August-1 September 1987 Den Oever, *Wieringen* NH (max **2**), 1y

30 August-4 September 1987 Abtskolk, Petten, *Zijpe* NH, 1y; DB 9: 184, 1987 (photo); 10: 170, 1988 (photo), BB 81: 510, 1988 (photo), LM 61: 167, 1988 (photo), VJ 36: 37, 1988 (photo), Limicola 3: 76, 1989 (photo); 11: 218, 1997 (photo), Vogeljaarkalender 1989: 18 (photo), Birds Illustrated 2 (3): 57, 1993 (photo)

9-11 May 1988 Lauwersmeer, *De Marne* GR (**3**), adult summer (photographed)

26-28 May 1988 Lauwersmeer, *De Marne* GR, adult summer

28 May 1988 Boerengat, *Terneuzen* ZL, adult summer

1 May 1989 *Goedereede* ZH, adult summer

16 May 1989 Eemshaven, *Eemsmond* GR

18 May 1989 Veermansplaat, *Brouwershaven* ZL (**2**), adult summer

23 May 1989 Oostvaardersdijk, *Lelystad* FL, adult summer; Klaas Eigenhuis (pers comm)

25-27 May 1989 Lauwersmeer, *De Marne* GR (**2**)

18 August 1989 Wissenkerke, *Noord-Beveland* ZL, juv

6 May 1990 Oostvaardersdijk, *Lelystad* FL, adult summer; Max Berlijn (in litt)

22-24 May 1990 Lauwersmeer, *De Marne* GR, adult summer; de Bruin & de Bruin (1997; photo)

23 May 1991 Garrelsweer, *Loppersum* GR, adult summer

24-28 May 1991 Lauwersmeer, *De Marne* GR (max **2**), adult summer

25-26 May 1991 Eemshaven, *Eemsmond* GR, adult summer

26 May 1991 Hollumerkwelder, *Ameland* FR, adult summer

1 June 1991 Eemshaven, *Eemsmond* GR, adult summer

1 September 1991 Rottumerplaat, *Eemsmond* GR

20 May 1993 Oosterend, *Terschelling* FR

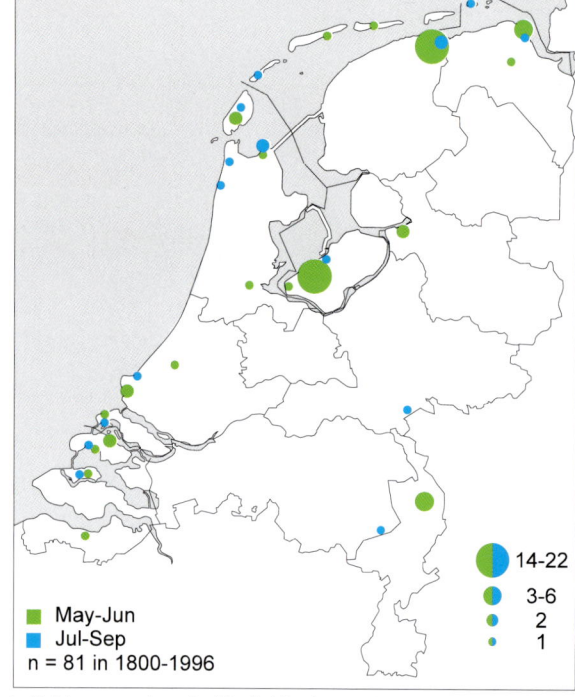

Individuen per locatie / Individuals per site
Breedbekstrandloper / Broad-billed Sandpiper

May-Jun
Jul-Sep
n = 81 in 1800-1996

14-22
3-6
2
1

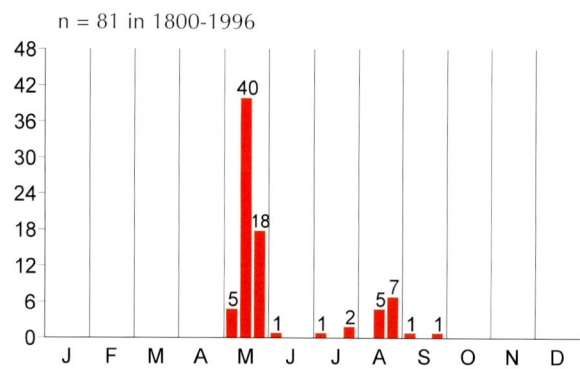

n = 81 in 1800-1996

Individuen per 10 dagen / Individuals per 10 days
Breedbekstrandloper / Broad-billed Sandpiper

28-30 August 1993 Julianadorp, *Den Helder* NH (photographed); DB 17: 93, 1995

20 May 1995 Den Oever, *Wieringen* NH

9-10 July 1995, Eemshaven, *Eemsmond* GR, adult summer (not (yet) accepted by CDNA)

16-17 May 1996 *Broekhuizen* LB (**6**) (photographed); LV 8: 77-78, 1997

16-22 May 1996 Starrevaart, *Leidschendam* ZH (photographed); DB 18: 147, 1996

Steltstrandloper

Micropalama himantopus

Stilt Sandpiper

zeer zeldzaam

very rare

Broedt in noordelijk Noord-Amerika; overwintert in centraal Zuid-Amerika.

Breeds in northern North America; winters in central South America.

Aan het eerste geval op 24 juli 1998 ging een niet-aanvaarde waarneming vooraf van een adult op 16 augustus 1997 te Lepelaarsplassen, Almere, Flevoland (DB 19: 205, 1997). De datum past in het patroon in Engeland (17 tot en met 1997) en Ierland (acht tot en met 1992) waar 16 van de 25 gevallen in 1954-92 dateerden van juli-augustus (ook twee in

The first record on 24 July 1998 was preceded by a rejected sighting of an adult on 16 August 1997 at Lepelaarsplassen, Almere, Flevoland (DB 19: 205, 1997). The date fits the pattern in England (17 up to 1997) and Ireland (eight up to 1992) where 16 out of 25 records in 1954-92 dated from July-August (also two in April-May, six in September and one in

april-mei, zes in september en één in oktober). Deze voor nearctische steltlopers ongebruikelijke verspreiding over de maanden, het voorkomen van 15 exemplaren in de oosthelft van Engeland en de overwegend door het binnenland van Noord-Amerika lopende trekroutes suggereren dat het merendeel van de Britse vogels niet rechtstreeks de Atlantische Oceaan is overgevlogen maar een andere weg heeft gevolgd (Vinicombe & Cottridge 1996). Behalve in Engeland en Ierland werd de soort in Noordwest-Europa tot en met 1995 vastgesteld in Finland (juni 1983), Frankrijk (juli 1989 en drie in augustus-september 1991), IJsland (juni 1985), Noorwegen (juni 1987 en mei 1993), Oostenrijk (augustus 1969), Schotland (april 1970 en september 1976), Spanje (mei 1983) en Zweden (juli 1963).

October). This monthly pattern (unusual for Nearctic waders) together with the occurrence of 15 individuals in the eastern half of England and the species' prevailing migration routes through the interior of North America suggests that most of these birds are not direct transatlantic vagrants but have taken another route (Vinicombe & Cottridge 1996). Up to 1995, apart from England and Ireland, the species was recorded in north-western Europe in Austria (August 1969), Finland (June 1983), France (July 1989 and three in August-September 1991), Iceland (June 1985), Norway (June 1987 and May 1993), Scotland (April 1970 and September 1976), Spain (May 1983) and Sweden (July 1963).

no records in 1800-1996; 1 in 1997-98

24 July 1998 Blauwe Kamer, *Rhenen* UT, adult; DB 20: 190, 194-195, 1998 (photos), Plomp et al (1999)

Gevallen per locatie / Records per site
Steltstrandloper / Stilt Sandpiper

n = 1 in 1800-1998

Steltstrandloper / Stilt Sandpiper *Micropalama himantopus*, 24 July 1998, Blauwe Kamer, Rhenen, Utrecht
(*Arnoud B van den Berg*)

Blonde Ruiter   *Tryngites subruficollis*   # Buff-breasted Sandpiper

zeldzaam

rare

Broedt in noord-westelijk Noord-Amerika en op Wrangel-eiland, Siberië; overwintert in zuidelijk Zuid-Amerika.

De meeste gevallen betroffen adulte vogels en bijna een derde was in het voorjaar (mei-juni). Het aantal gevallen is aanzienlijk lager dan dat in Brittannië en Ierland waar in 1958-82 ten minste 680 exemplaren werden aanvaard waarvan de meeste juveniele en (slechts) 5% in het voorjaar (Dymond et al 1989, BB 90: 476, 1997).
Gezien de geringe omvang van de Noord-Amerikaanse populatie (c 10 000) is het opmerkelijk dat de soort zo frequent in Europa wordt waargenomen. Een verklaring is dat een aantal tijdens de najaarstrek uit de koers raakt. Dit is aannemelijk gezien de trekroute van een deel van de populatie in het najaar, grofweg eerst oostwaarts tot Zuidoost-Canada en New England, VS, en vervolgens zuidwaarts over de westelijke Atlantische Oceaan naar noord-oostelijk Zuid-Amerika.

Breeds in north-western North America and on Wrangel Island, Siberia; winters in southern South America.

Most records concerned adults and almost a third were in spring (May-June). The number of records is much lower than that in Britain and Ireland where at least 680 individuals were accepted for 1958-82 of which most were juveniles and (only) 5% from spring (Dymond et al 1989, BB 90: 476, 1997).
Given the small size of the North American population (c 10 000), the species' frequent occurrence in Europe is remarkable. This can be explained by overshooting during autumn migration which takes a part of the population first eastwards over south-eastern Canada and New England, USA, and then southwards across the western Atlantic to north-eastern South America.

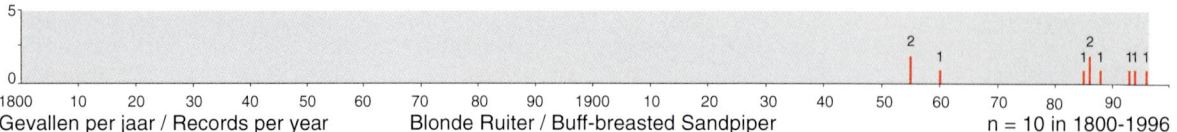

10 records in 1800-1996; 7 in 1980-96

18 September 1955 De Beer, *Rotterdam* ZH; LM 28: 61-65, 1955,
DB 18: 179, 1996 (photo)
12 November 1955 Slotervaart/Overtoomse Veld, *Amsterdam* NH;
LM 28: 65-68, 1955
11-18 September 1960 Broek- en Aalkeetpolder, *Vlaardingen* ZH; LM
34: 278-279, 1961
17-18 September 1985 De Slufter, *Texel* NH, juv; DB 8: 101-102,
1986 (photos)
19-20 May 1986 Lauwersmeer, *De Marne* GR, adult; DB 14: 76, 1992
16-19 August 1986 *Lisse* ZH, adult; Duinstag 1: 91, 1986 (photo),
DB 8: 150, 1986 (photo); 10: 27-29, 1988 (photo), VJ 34: 300,
1986 (photo), Oriolus 53: 207-212, 1987
18-19 October 1988 Eemshaven-West, *Eemsmond* GR, adult (photographed)
12-17 June 1993 Bandpolder, *Dongeradeel* FR, adult; DB 15: 218-
220, 1993 (photo)
29 August-3 September 1994 Julianadorp, *Den Helder* NH, adult;
Duinstag 9 (3-4): 24, 1994 (photo), DB 16: 214, 1994 (photo); 18:
110, 1996 (photo), VJ 42: 236, 1994 (photo)
18 May 1996 Middelplaten, Oud-Sabbinge, Veerse Meer, *Goes* ZL,
adult (photographed & videoed)

voorlopige toevoegingen voor 1997-98 / provisional additions for 1997-98
16-19 September 1998 Polder Eijerland, *Texel* NH, juv; Plomp et al
(1999)

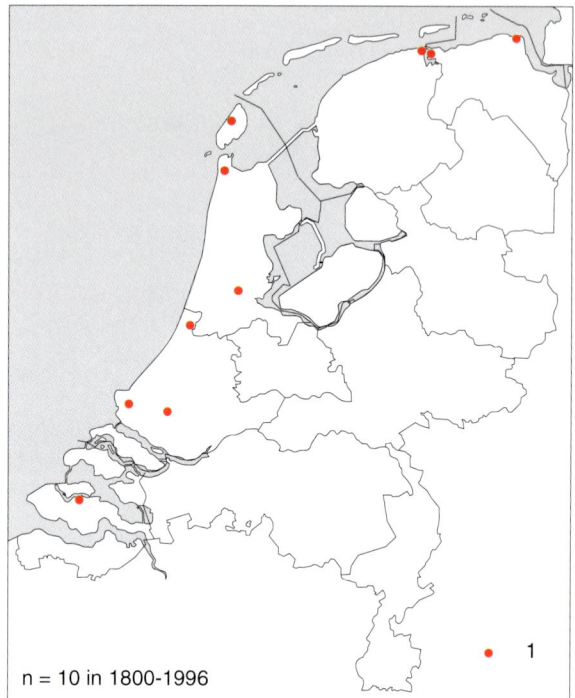

n = 10 in 1800-1996

Gevallen per locatie / Records per site
Blonde Ruiter / Buff-breasted Sandpiper

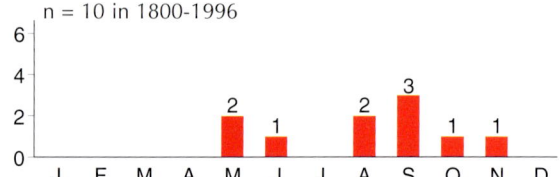

n = 10 in 1800-1996

Gevallen per maand / Records per month
Blonde Ruiter / Buff-breasted Sandpiper

Blonde Ruiter / Buff-breasted Sandpiper *Tryngites subruficollis*, adult, 18 August 1986, Lisse, Zuid-Holland *(Piet Schaap)*

Kemphaan [2]

schaarse broedvogel
gehele jaar algemeen

Philomachus pugnax

J F M A M J J A S O N D

Ruff

scarce breeding bird
common throughout year

Bokje [2]

algemene doortrekker en wintergast

Lymnocryptes minimus

J F M A M J J A S O N D

Jack Snipe

common migrant and winter visitor

Watersnip [2]

algemene broedvogel
gehele jaar algemeen

Gallinago gallinago gallinago

J F M A M J J A S O N D

Common Snipe

common breeding bird
common throughout year

In september 1916 werd in Friesland een zeer donkere vorm, 'Sabines Watersnip', verzameld (ZMA; deze vorm is vooral bekend van de 19e eeuw in Ierland (LM 54: 66-67, 1981 (foto's)).

In September 1916, a very dark morph, 'Sabine's Snipe', was collected in Friesland (ZMA); this morph is mainly known from the 19th century in Ireland (LM 54: 66-67, 1981 (photos)).

Poelsnip

zeldzaam

Gallinago media

Great Snipe

rare

Broedt van Noorwegen en Oost-Polen oost tot in Siberië; overwintert in Afrika ten zuiden van Sahara.

Waarschijnlijk voormalige broedvogel; vermoedelijk niet in 20e eeuw.

Sinds 1 januari 1977 worden waarnemingen van de soort door de CDNA beoordeeld (LM 52: 218, 1979; 54: 131, 1981; 57: 21, 1984; 59: 18, 1986); er heeft geen herziening plaatsgevonden. Een waarneming van een eerste-wintervogel op 12 januari 1980 te Opheusden, Gelderland, wordt echter twijfelachtig geacht (cf DB 4: 42, 1982).

In de 19e eeuw zou de soort nog gebroed hebben tussen Gouda en Gorinchem, Zuid-Holland, in De Peel, Noord-Brabant, en in Groningen (Eykman et al 1949) maar hiervoor bestaan geen onomstotelijke bewijzen. Op 15 mei 1926 werd een legsel verzameld in het Bourtanger Moor, Emsland, Niedersachsen, Duitsland, c 10 km ten oosten van Bourtange, Vlagtwedde, Groningen, waar tot in 1929 exemplaren werden gemeld (Eykman et al 1949, Glutz von Blotzheim & Bauer 1977). In Duitsland is de soort als broedvogel omstreeks die tijd verdwenen hoewel in 1992 nog ten minste twee baltsende exemplaren werden ontdekt in Brandenburg (Limicola 7: 87-92, 1993).
Tot 1968 stond de soort in Nederland bekend als doortrekker in zeer laag aantal van eind juli tot in oktober, met als vroegste datum 11 juli; er zouden in 1900-68 ook verscheidene meldingen in winter en voorjaar zijn geweest (zeven in november, drie in december, drie in januari, twee in maart en vijf in april) (Kist et al 1970).
Blankert (DB 2: 106-115, 1980) somde 131 gepubliceerde waarnemingen in 1951-79 op maar daarvan wordt thans een hoog aantal onbetrouwbaar geacht (cf LM 52: 223, 1979). Een verzwakte Watersnip *G gallinago* kan qua vliegwijze, gedrag, houding en zelfs vorm en koptekening sterk lijken op een Poelsnip (cf DB 12: 193-195, 1990). Voor een discussie over de herkenning van eerstejaars vogels zij ook verwezen naar DB 16: 106-113, 1995.
In vijf belangrijke Nederlandse zoölogische musea werden 37 in Nederland verzamelde exemplaren aangetroffen, daterend van 1865-1940. Behalve een april-geval kon alleen een specimen van 14 August 1926 als adult worden gedetermineerd (cf DB 2: 106-115, 1980). Er bevinden zich ook opgezette exemplaren in privé-collecties zoals die verzameld door Coldewey op 16 september 1944 en 15 september 1945 te Wesepe, Overijssel (DB 17: 148, 1995).
Sinds 1977 werd de soort minder dan éénmaal per jaar vast-

Breeds from Norway and eastern Poland east to Siberia; winters in Africa south of Sahara.

Probably, former breeding bird; presumably, not in 20th century.

Since 1 January 1977, the species has been considered by CDNA (LM 52: 218, 1979; 54: 131, 1981; 57: 21, 1984; 59: 18, 1986); there has not been a review. However, a sight record of a first-winter on 12 January 1980 at Opheusden, Gelderland, is considered doubtful (cf DB 4: 42, 1982).

Allegedly, the species was still a breeding bird in three areas during the 19th century: between Gouda and Gorinchem, Zuid-Holland, in De Peel, Noord-Brabant, and in Groningen (Eykman et al 1949). However, breeding has not been documented. On 15 May 1926, a nest with eggs was collected just across the German border at Bourtanger Moor, Emsland, Niedersachsen, which is c 10 km east of Bourtange, Vlagtwedde, Groningen, where the species was reported until 1929 (Eykman et al 1949, Glutz von Blotzheim & Bauer 1977). In Germany, the species disappeared around that time as a breeding bird, although at least two individuals were found displaying in Brandenburg in 1992 (Limicola 7: 87-92, 1993).
Until 1968, the species was known as a migrant in very small numbers from late July into October (earliest date 11 July); there were also several claims in winter and spring during 1900-68 (seven in November, three in December, three in January, two in March and five in April) (Kist et al 1970).
Blankert (DB 2: 106-115, 1980) listed 131 reports published in 1951-79 of which many are now considered unreliable (cf LM 52: 223, 1979). It has been shown that a weakened Common Snipe *G gallinago* may show several Great Snipe features such as flight, behaviour, posture and even shape and head markings (cf DB 12: 193-195, 1990). For a discussion on the identification of first-year birds, see also DB 16: 106-113, 1995.
In five important Dutch zoological museums, 37 specimens collected in the Netherlands were found which dated from 1865-1940. Apart from an April specimen, only one museum specimen collected on 14 August 1926 could be aged as adult (cf DB 2: 106-115, 1980). There are also specimens in private collections, including those collected by Coldewey on 16 September 1944 and 15 September 1945 at Wesepe, Overijssel (DB 17: 148, 1995).
Since 1977, the species has been recorded less than once per

gesteld. Bijna alle gevallen in 1977-96 dateerden van eind juli tot en met oktober (81%). Hetzelfde patroon treedt naar voren bij de 37 museumspecimens (92% van eind juli tot en met oktober, waarvan het grootste deel in september). Museumspecimens geven echter niet noodzakelijkerwijs een betrouwbaar beeld van het voorkomen. Uit de datums komt voornamelijk naar voren in welke maand het meest werd gejaagd en in welke jaren specimens voor nieuwe collecties nodig waren. Zo werd in 1885-88 de Koller-collectie in Museum Fauna Neerlandica te Artis, Amsterdam, gevestigd; vanaf 1890 tot in de 20e eeuw werd de collectie van Snouckaert van Schauburg gevormd; en in 1936-37 legden ten Kate en van Marle hun collecties aan (cf Voous 1995, Kees Roselaar in litt).

year. Nearly all records in 1977-96 dated from late July to October (81%). The same pattern is shown by 37 museum specimens (92% from late July to October, most of these in September). Museum specimens do not necessarily give a reliable picture of the species' occurrence. The dates mainly show which months the hunters were active and in which years specimens were added to new collections. For instance, during 1885-88, the Koller collection in Museum Fauna Neerlandica at Artis, Amsterdam, was established; from 1890 into the 20th century, the Snouckaert van Schauburg collection was formed; and in 1936-37, the ten Kate and van Marle collections were created (cf Voous 1995, Kees Roselaar in litt).

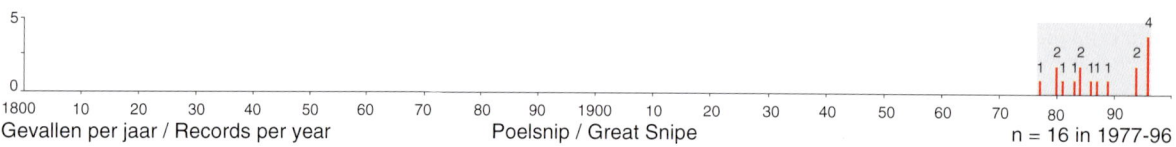

Gevallen per jaar / Records per year   Poelsnip / Great Snipe   n = 16 in 1977-96

specimens in FNM (3), NME (1), NMR (3), NNM (21) & ZMA (9)

28 November 1865 Gelderland, ♂, dead (NNM)
16 August 1866 Overijssel, ♂, dead (NNM)
16 August 1866 Overijssel, ♀, dead (NNM)
21 August 1885 *Oostzaan* NH, ♂, dead (ZMA)
26 September 1887 *Oostzaan* NH, ♂, dead (ZMA)
6 April 1888 *Scherpenzeel* GL, ♂, dead (ZMA)
7 August 1888 *Oostzaan* NH, ♂, dead (ZMA)
23 July 1890 *Tubbergen* OV, ♂, dead (ZMA)
31 August 1891 *Beemster* NH, ♀, dead (NNM)
October 1903 *Delft* ZH, ♂, dead (NMR; skull)
2 September 1905 *Texel* NH, ♂, dead (NNM)
11 September 1905 *Coevorden* DR, ♀, dead (NNM)
23 December 1905 *Putten* GL, ♀, dead (NNM)
19 September 1906 Leimuiden, *Jacobswoude* ZH, ♂, dead (NNM)
19 September 1906 Leimuiden, *Jacobswoude* ZH, ♂, dead (NNM)
8 September 1916 *Wassenaar* ZH, ♂, dead (NNM)
14 August 1926 *Hasselt* OV, adult ♀, dead (NME)
7 September 1929 's-Gravenmoer NB, ♀, dead (NNM)

14 September 1929 Leur, *Etten-Leur* NB, ♀, dead (NNM)
21 September 1929 Friesland, dead (FNM)
3 August 1931 *Maasland* ZH, ♂, dead (NMR)
24 September 1931 Friesland, ♀, dead (NNM)
5 September 1934 Friesland, dead (FNM)
27 September 1934 Friesland, ♀, dead (NNM)
16 September 1935 *Heerenveen* FR, juv ♂, dead (NNM)
16 September 1935 Garijp, *Tytsjerksteradiel* FR, ♂, dead (NNM)
24 September 1935 *Alblasserdam* ZH, ♀, dead (NMR)
c 10 September 1936 Friesland, juv ♂, dead (NNM)
c 10 September 1936 Friesland, ♀, dead (NNM)
12 September 1936 Kamperveen, *IJsselmuiden* OV, ♂, dead (ZMA)
17 September 1936 Niekerk, *Grootegast* GR, ♂, dead (NNM)
14 October 1936 *Heino* OV, ♀, dead (NNM)
4 September 1937 *Steenwijk* OV, dead (ZMA)
6 September 1937 Friesland, ♂, dead (ZMA)
24 September 1937 Friesland, ♀, dead (ZMA); LM 58: 68, 1985
22 September 1940 Friesland, dead (FNM)
18 October 1940 Kralingen, *Rotterdam* ZH, ♂, dead (NNM)

Poelsnip / Great Snipe *Gallinago media*, juvenile, 26 August 1996, West aan Zee, Terschelling, Friesland *(Arie Ouwerkerk)*

24 August 1977 Hoensbroek, *Heerlen* LB; LM 52: 223, 1979
12 January 1980 Opheusden, *Kesteren* GL, 1w
12 October 1980 Berkheide, *Wassenaar* ZH; Eus van der Burg (pers comm)
15 August 1981 *Chaam* NB
20-23 August 1983 *Schiermonnikoog* FR, juv
25 August 1984 *Terschelling* FR
5-6 September 1984 Lauwersoog, *De Marne* GR
13-14 September 1986 Lauwersmeer, *De Marne* GR
30 April-1 May 1987 Opheusden, *Kesteren* GL, adult
16-17 June 1989 Workumerwaard, *Nijefurd* FR
24-26 July 1994 Amsterdamse Waterleidingduinen, *Zandvoort* NH, juv, trapped; BW 7: 309, 1994 (photo), Birdwatch 3 (28): 60, 1994 (photo), DB 16: 159, 1994 (photo); 17: 106-113, 1995 (photos),

Fitis 30: 155, 1994 (photo), BB 88: 34, 1995 (photo)
30 July-6(8) August 1994 Workumerwaard, *Nijefurd* FR, juv; DB 17: 146-148, 1995 (photos)
23-28 August 1996 West aan Zee, *Terschelling* FR, juv; BW 9: 359, 1996 (photo), DB 18: 219, 1996 (photo); 20: 151, 1998 (photo), VJ 45: 44, 1997 (photo)
23-24 September 1996 Horsmeertjes, *Texel* NH, juv (photographed)
6-13 October 1996 Noordoosthoek, *Vlieland* FR
24-25 October 1996 Marsstraat, *Broekhuizen* LB, juv

voorlopige toevoegingen voor 1997-98 / provisional additions for 1997-98
18-19 September 1998 Horsmeertjes, *Texel* NH, juv (photographed); CDNA archives

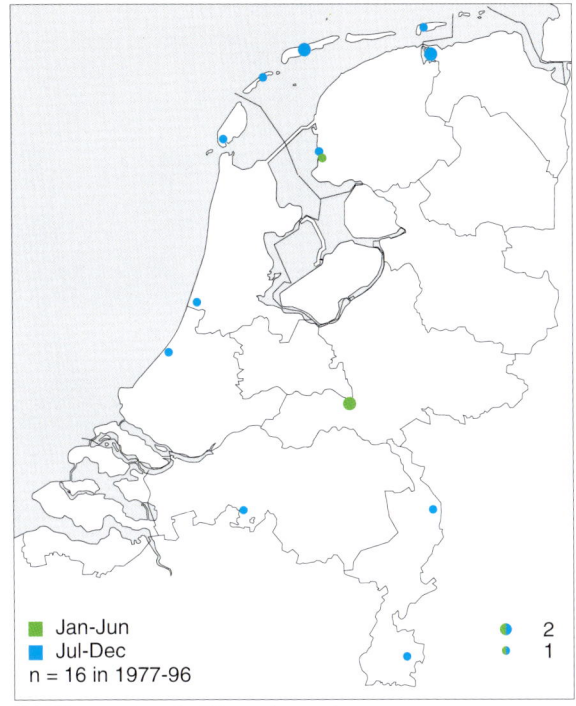

Gevallen per locatie / Records per site
Poelsnip / Great Snipe

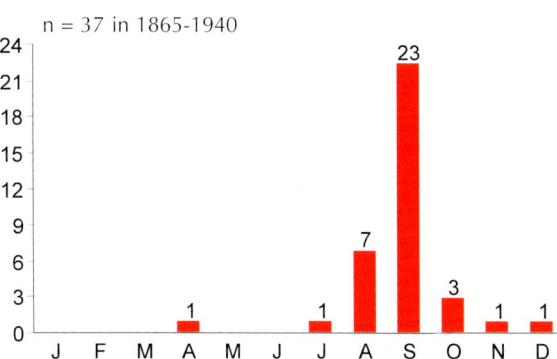

Museumspecimens per maand / Museum specimens per month
Poelsnip / Great Snipe

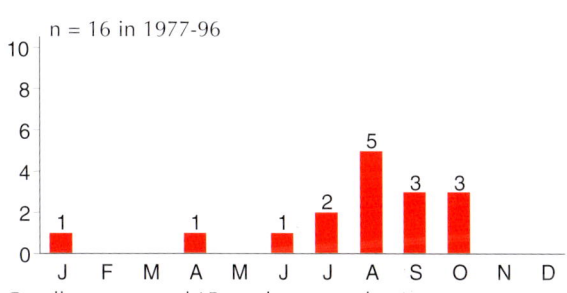

Gevallen per maand / Records per month
Poelsnip / Great Snipe

Grote Grijze Snip

Limnodromus scolopaceus

Long-billed Dowitcher

zeldzaam

rare

Broedt in Noordoost-Siberië en Noorwest-Alaska; overwintert in zuidelijk Noord-Amerika en Midden-Amerika.

De meeste Nederlandse gevallen dateerden van het voorjaar tussen 25 april en 12 juni en van de nazomer tussen 11 juli en eind augustus. Er is ook een geval uit het late najaar (november) en één uit de winter (januari). In alle gevallen bleek het om adulte te gaan. Dit voorkomen verschilt sterk van dat in Brittannië en Ierland waar de meeste gevallen dateerden van september-oktober en meestal juveniele betroffen (cf Dymond et al 1989).
Naar het oordeel van de CDNA hadden waarnemingen in vier opeenvolgende jaren (1987-90) in hetzelfde gebied (Lauwersmeer, Groningen) betrekking op dezelfde vogel. Het lijkt mogelijk dat ook andere gevallen (inclusief een ongedetermineerde grijze snip in 1986) dit individu betroffen.

Breeds in north-eastern Siberia and north-western Alaska; winters in southern North America and Central America.

Most Dutch records were in spring, between 25 April and 12 June, and in late summer, from 11 July to late August. There is also one record in late autumn (November) and one in winter (January). All records concerned adults. This pattern differs strongly from that in Britain and Ireland where most records dated from September-October, mostly involving juveniles (cf Dymond et al 1989).
According to CDNA, observations in four consecutive years (1987-90) from the same area (Lauwersmeer, Groningen) referred to a single individual. It seems possible that other records (including an unidentified dowitcher in 1986) also concerned this individual.

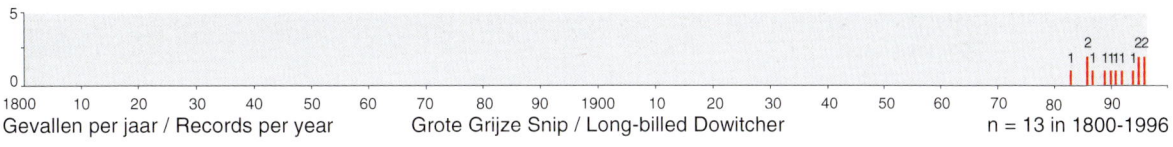

Gevallen per jaar / Records per year
Grote Grijze Snip / Long-billed Dowitcher
n = 13 in 1800-1996

18 May 1983 Holwerd, *Dongeradeel* FR, adult summer ♀, trapped; DB 5: 80, 1983 (photo); 6: 9-13, 1984 (photos), LM 59: 18, 1986 (photo), van den Berg et al (1990): 48 (photo)

17 May 1986 Nes, *Ameland* FR, adult summer; VJ 34: 288, 1986 (photos), DB 10: 138, 1988 (photos)

8 August 1986 Flaauwers Inlaag, *Middenschouwen* ZL, adult summer; DB 8: 151, 1986 (photo); 10: 139, 1988 (photos)

11-30 July 1987 & 4-7 May 1988 & 11-16 May 1989 & 7-12 May 1990 Lauwersmeer, *De Marne* GR, adult summer; DB 9: 185, 1987 (photo); 10: 140-142, 153, 1988 (photo); 12: 214, 1990 (photo), DB Nieuwsbr 1: 89, 1989 (photo), van den Berg et al (1990): 49 (photo), de Bruin & de Bruin (1997; photo), Mitchell & Young (1997; photo 69(6))

3-5 November 1989 Lauwersmeer, *De Marne* GR, adult winter

1-6 January 1990 Dordtse Biesbosch, *Dordrecht* ZH, adult winter; DB 12: 101, 1990 (photo)

14 August-5 October 1991 Jan Durkszpolder, Oudega, *Smallingerland* FR; DB 13: 228, 1991 (photo); 15: 63-66, 1993 (photos) (moult from summer to winter plumage completed by 14 September)

21-23 August 1992 Lauwersmeer, *De Marne* GR, adult winter

7 May 1994 Philipsdam, *Bruinisse* ZL, adult summer ♂ (photographed & sound-recorded)

6-10 May 1995 Molenplaat, *Bergen op Zoom* NB, adult summer; DB 20: 152, 1998

26-27 May 1995 Bakkersdam, Petten, *Zijpe* NH, adult summer (photographed)

12 June 1996 Krammerse Slikken, Oude Tonge, *Oostflakkee* ZH, adult summer (photographed)

11-13 August 1996 Workumerwaard, *Nijefurd* FR, adult summer; DB 18: 217, 1996 (photo)

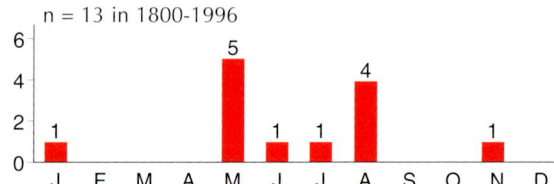

n = 13 in 1800-1996

Gevallen per maand / Records per month
Grote Grijze Snip / Long-billed Dowitcher

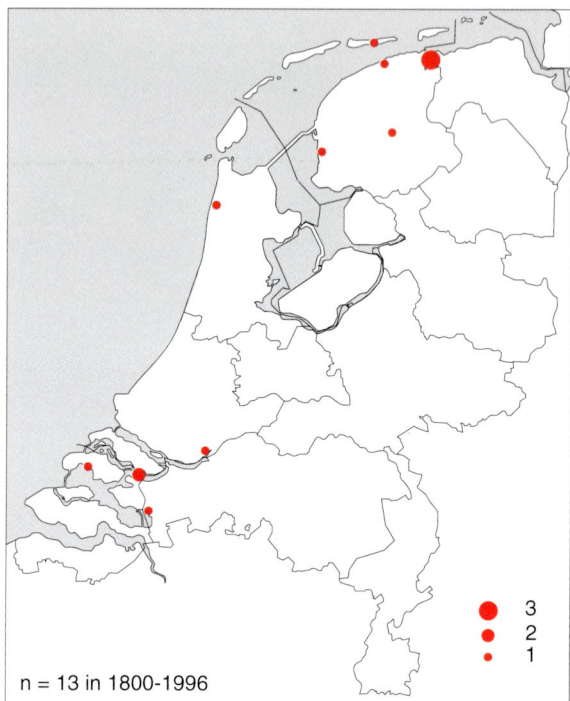

n = 13 in 1800-1996

Gevallen per locatie / Records per site
Grote Grijze Snip / Long-billed Dowitcher

Grote Grijze Snip / Long-billed Dowitcher *Limnodromus scolopaceus*, 24 September 1991, Jan Durkszpolder, Oudega, Smallingerland, Friesland *(Koen van Dijken)*

grijze snip — *Limnodromus griseus/scolopaceus* — dowitcher

De in noordelijk Noord-Amerika broedende Kleine Grijze Snip *L griseus* is uiterst zeldzaam in Europa met bijvoorbeeld slechts één geval in Brittannië en Ierland in 1958-85. Daarentegen waren er in deze landen in 1958-96 189 gevallen van Grote Grijze Snip *L scolopaceus* (BB 90: 478, 1997). Het lijkt daarom waarschijnlijk dat ongedetermineerde grijze snippen in Nederland Grote Grijze Snip waren.

Short-billed Dowitcher *L griseus* breeds in northern North America and is extremely rare in Europe with, for instance, only one certain record in 1958-85 in Britain and Ireland. In contrast, there were 189 records of Long-billed Dowitcher *L scolopaceus* during 1958-96 for these countries (BB 90: 478, 1997). Therefore, it seems likely that records of unidentified dowitchers in the Netherlands were Long-billed Dowitcher.

3 records in 1800-1996; none in 1980-96

4-7 September 1971 Oostmahorn, Lauwersmeer, *Dongeradeel* FR; LM 45: 186-189, 1972
18 July 1986 Lauwersoog, *De Marne* GR, adult summer; DB 14: 76,

1992
27 July 1989 Workumerwaard, *Nijefurd* FR, adult summer; CDNA archives

Houtsnip [2] — *Scolopax rusticola* — Eurasian Woodcock

algemene broedvogel
gehele jaar algemeen

common breeding bird
common throughout year

Grutto — *Limosa limosa* ssp — Black-tailed Godwit

IJslandse Grutto [2] — *L l islandica* — Icelandic Black-tailed Godwit

schaarse doortrekker en wintergast

scarce migrant and winter visitor

Het eerste aanvaarde geval betrof een ♀ verzameld op 3 April 1942 te Mokkebank, Laaxum, Nijefurd, Friesland (NNM) (LM 16: 60-61, 1943, DB 18: 179, 1996). Later werden vier (mogelijke) specimens bekend van eerdere datums waarvan de eerste een ♂ was, verzameld op 21 april 1919 te Wassenaar, Zuid-Holland (NNM) (DB 13: 133, 1991). Sinds 1 januari 1990 wordt dit taxon niet meer beoordeeld door de CDNA (cf LM 64: 64, 1991). Hoewel het moeilijk is om het taxon in winterkleed te onderscheiden van Grutto *L l limosa*, wordt thans aangenomen dat met name in Zeeuws-Vlaanderen,

The first accepted record concerned a ♀ collected on 3 April 1942 at Mokkebank, Laaxum, Nijefurd, Friesland (NNM) (LM 16: 60-61, 1943, DB 18: 179, 1996). Later, four (possible) specimens became known for earlier dates, the first being a ♂ collected on 21 April 1919 at Wassenaar, Zuid-Holland (NNM) (DB 13: 133, 1991). From 1 January 1990, this taxon was no longer considered by CDNA (cf LM 64: 64, 1991). Despite problems in identifying Icelandic Black-tailed Godwit from the nominate subspecies in winter plumage, it is now accepted that it occurs as a regular winter visitor in the

IJslandse Grutto / Icelandic Black-tailed Godwit *Limosa limosa islandica*, adult summer, April 1988, Birdaard, Dantumadeel, Friesland *(Piet Munsterman)*

Zeeland, jaarlijks c 250 IJslandse Grutto's overwinteren (LM 57: 125-128, 1984; 64: 64, 1991, DB 17: 54-64, 1995). Er ligt inmiddels een specimen van IJslandse Grutto in winterkleed uit Zeeland in ZMA (Kees Roselaar in litt) en exemplaren in zomerkleed bij de Braakman, Terneuzen, Zeeland, vertonen kenmerken van IJslandse Grutto (Gunter De Smet in litt). In adult zomerkleed zijn deze vogels vrij gemakkelijk te herkennen en ze worden tegenwoordig dan ook geregeld in april-mei opgemerkt. Bovendien houden adulte het zomerkleed tot na de trek zodat ze in juli-augustus extra verschillen van de nog in de Nederlandse broedgebieden aanwezige nominaat die het zomerkleed ruit voordat hij wegtrekt.

Voor het voorkomen van dit taxon zij verwezen naar LM 57: 125-128, 1984, DB 13: 128-135, 1991; 17: 54-64, 1995. Foto's van Nederlandse vogels zijn onder meer gepubliceerd in DB 11: 185, 1989; 17: 58, 1995 (april 1989 Waterland, Noord-Holland; begin april 1988 Birdaard, Dantumadeel, Friesland; 16 april 1989 Zuiderwoude, Waterland, Noord-Holland; begin mei 1993 Wormer- en Jisperveld, Noord-Holland).

Delta region with, for instance, c 250 individuals each year in Zeeuws-Vlaanderen, Zeeland (LM 57: 125-128, 1984; 64: 64, 1991, DB 17: 54-64, 1995). There is now a specimen of Icelandic in winter plumage from Zeeland in ZMA (Kees Roselaar in litt) and individuals in summer plumage at Braakman, Terneuzen, Zeeland, show features of Icelandic (Gunter De Smet in litt). In adult summer plumage, it is rather easy to identify and, nowadays, it is regularly seen in April-May. Moreover, adults of this taxon do not moult before migration is completed while the nominate subspecies moults in the Dutch breeding areas, resulting in an even more striking difference during July-August.

For the occurrence of this taxon in the Netherlands, see LM 57: 125-128, 1984, DB 13: 128-135, 1991; 17: 54-64, 1995. Photographs of Dutch birds were published in, for instance, DB 11: 185, 1989; 17: 58, 1995 (April 1989 Waterland, Noord-Holland; early April 1988 Birdaard, Dantumadeel, Friesland; 16 April 1989 Zuiderwoude, Waterland, Noord-Holland; early May 1993 Wormer- en Jisperveld, Noord-Holland).

Grutto [2]	*L l limosa*	**Black-tailed Godwit**
algemene broedvogel algemene doortrekker en zomergast		common breeding bird common migrant and summer visitor
Rosse Grutto [2]	*Limosa lapponica lapponica*	**Bar-tailed Godwit**
gehele jaar algemeen		common throughout year
Regenwulp [2]	*Numenius phaeopus phaeopus*	**Whimbrel**
algemene doortrekker en zomergast		common migrant and summer visitor
Dunbekwulp	*Numenius tenuirostris*	**Slender-billed Curlew**
zeer zeldzaam		very rare

Bijna uitgestorven; broedt vermoedelijk oost van Oeralgebergte in West-Azië; overwintert in Middellandse-Zeegebied.

Vergeleken met andere zeldzame soorten is het aantal in 1850-1950 verzamelde specimens verrassend hoog. Voor België zijn ten minste drie nauwkeurig gedateerde specimens bekend: 11 april 1878 te Doel, Oost-Vlaanderen; 6 februari 1884 te Lillo, Antwerpen; en augustus 1893 te Blankenberge, West-Vlaanderen (DB 19: 231, 1997). Bijna alle gevallen dateerden van hetzelfde seizoen (november-februari) als waarin de soort tot de winter van 1994/95 aanwezig was in zijn laatste bekende regelmatige overwinteringsgebied te Merja Zerga, Marokko. Om die reden zou men kunnen veronderstellen dat de soort hier ooit een regelmatige wintergast is geweest.

Almost extinct; presumably, breeds east of Ural mountains in western Asia; winters in Mediterranean region.

Compared with other rarities, the number of specimens collected in 1850-1950 is surprisingly high. There are at least three accurately dated specimens for Belgium: 11 April 1878 at Doel, Oost-Vlaanderen; 6 February 1884 at Lillo, Antwerpen; and August 1893 at Blankenberge, West-Vlaanderen (DB 19: 231, 1997). Nearly all records dated from the same season (November-February) during which, until the winter of 1994/95, the species stayed at its last regular winter haunt of Merja Zerga, Morocco. Therefore, one may assume that it was once a regular winter visitor in the Netherlands.

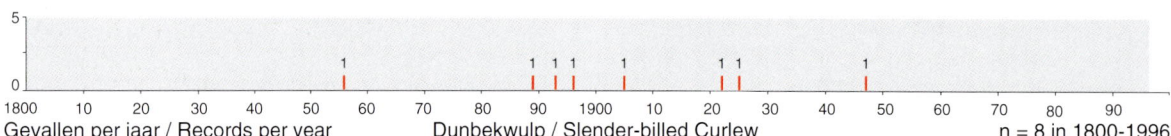

Gevallen per jaar / Records per year   Dunbekwulp / Slender-billed Curlew   n = 8 in 1800-1996

8 records in 1800-1996; none in 1980-96

5 December 1856 Velserdijk (Spaarndam), *Haarlem/Velsen* NH, ♂, dead (NNM); DB 18: 171, 1996 (photo)
27 December 1889 Hallum, *Ferwerderadeel* FR, ♂, dead (ZMA); Tijdschr Ned Dierkd Ver 2 (3): 26-27, 1890, DB 18: 168, 1996 (photo)
28 February 1893 Oude Bildtzijl, *het Bildt* FR, ♀, dead (NNM)
September 1896 Canisvliet, *Sas van Gent* ZL, adult ♀, dead (KBIN); Giervalk 33: 108-122, 1943, DB 19: 230-232, 1997 (photo)

17 January 1905 't Horntje, *Texel* NH, ♂, dead (ZMA); Eykman et al (1949), Dijksen (1996)
c 22 November 1922 Friesland, ♀, dead (NNM)
16 January 1925 Friesche Wadden FR, ♂, dead (FNM); DB 18: 168, 1996 (photo)
23 January 1947 *Wieringen* NH, ♀, dead; LM 21: 113-118, 1948 (photo)

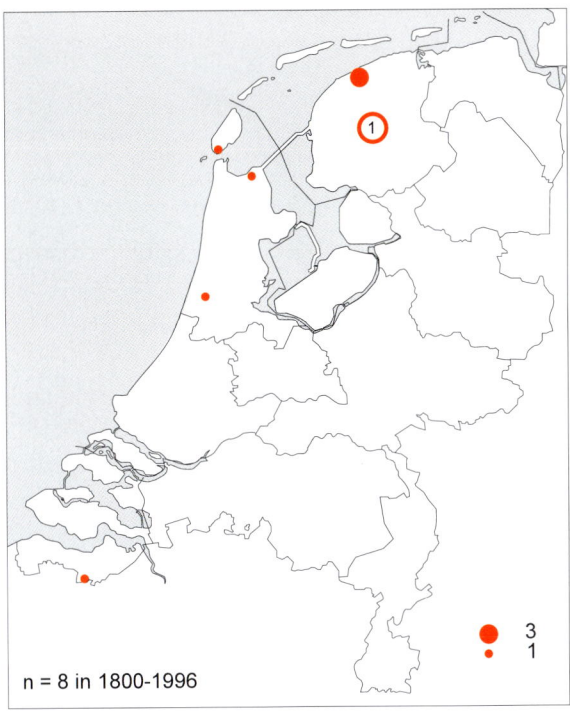

n = 8 in 1800-1996

Gevallen per locatie / Records per site
Dunbekwulp / Slender-billed Curlew

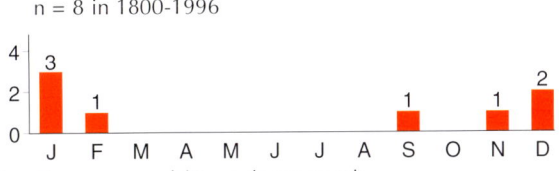

n = 8 in 1800-1996

Gevallen per maand / Records per month
Dunbekwulp / Slender-billed Curlew

Dunbekwulp / Slender-billed Curlew *Numenius tenuirostris*,
♂, skin (FNM), 16 January 1925 (photographed June 1986),
Friesche Wadden, Friesland *(Edward J van IJzendoorn)*

Wulp [2]

algemene broedvogel
gehele jaar algemeen

Numenius arquata arquata

Eurasian Curlew

common breeding bird
common throughout year

Bartrams Ruiter

zeer zeldzaam

Bartramia longicauda

Upland Sandpiper

very rare

Broedt in Noord-Amerika; overwintert in zuidelijk Zuid-Amerika.

De Nederlandse vogel was een vliegerig en vaak roepend exemplaar dat gedurende zijn vijf uur durende verblijf door meer dan 100 vogelaars werd gezien. De meeste gevallen van West-Europa zijn van de Britse Eilanden (ten minste 48 tot en met 1996) en er zijn verscheidene in onder meer Frankrijk (vijf) en IJsland (drie); er is één geval voor Denemarken op 3 november 1920 en één voor Noorwegen van eind oktober tot 9 november 1994 maar er zijn geen gevallen voor België en geen in de 20e eeuw voor Duitsland (Alström et al 1991, DB 16: 250, 1994, BB 90: 478, 1997). De meeste Europese gevallen dateerden van midden september tot eind oktober.

Breeds in North America; winters in southern South America.

The Dutch bird was a flighty and frequently calling individual seen by more than 100 birders during its five-hour stay. Most records in western Europe are from the British Isles (at least 48 up to 1996) with some in, for instance, France (five) and Iceland (three); there is one record for Denmark on 3 November 1920 and one for Norway from late October to 9 November 1994 but there are no records for Belgium and no 20th century records for Germany (Alström et al 1991, DB 16: 250, 1994, BB 90: 478, 1997). Most European records were from mid September to late October.

1 record in 1800-1996; 1 in 1980-96

28 October 1995 Maasvlakte, *Rotterdam* ZH, 1w; DB 17: 228, 1995

(photos); 19: 100, 1997 (photo); 20: 61-64, 1998 (photos)

Gevallen per locatie / Records per site
Bartrams Ruiter / Upland Sandpiper

n = 1 in 1800-1996

• 1

Bartrams Ruiter / Upland Sandpiper *Bartramia longicauda*,
28 October 1995, Maasvlakte, Rotterdam, Zuid-Holland
(Arnoud B van den Berg)

Zwarte Ruiter [2]

gehele jaar algemeen

Tringa erythropus

J F M A M J J A S O N D

Spotted Redshank

·common throughout year

Tureluur [2]

algemene broedvogel
gehele jaar algemeen

Tringa totanus ssp

J F M A M J J A S O N D

Common Redshank

common breeding bird
common throughout year

De nominaat is een algemene doortrekker naar en van Scandinavië in april-mei en augustus-september, de iets grotere en overwegend wat grijzere IJslandse Tureluur *T t robusta* is een algemene doortrekker en wintergast in augustus-april en de in Nederland broedende *T t britannica* is aanwezig in april-augustus.

The nominate subspecies is a common migrant to and from Scandinavia in April-May and August-September, the slightly larger and generally somewhat greyer Icelandic Common Redshank *T t robusta* is a common migrant and winter visitor in August-April and the subspecies breeding in the Netherlands, *T t britannica*, is present in April-August.

Poelruiter

vrij zeldzaam

Tringa stagnatilis

Marsh Sandpiper

rather rare

Broedt van Oost-Polen en Roemenië oost tot in Oost-Azië; overwintert in tropisch Afrika, Zuid-Azië en Australië.

Breeds from eastern Poland and Rumania east to eastern Asia; winters in tropical Africa, southern Asia and Australia.

De soort werd beoordeeld tot 1 januari 1993 (LM 67: 167, 1994), waarnemingen van na die datum worden niet vermeld. De gevallen van vóór 1980 werden niet herzien (cf DB 2: 13-16, 1980). Alle (zeven) gevallen die door slechts één waarnemer zijn gezien en derhalve als onbevestigd te boek staan (#) zijn wel in de totalen opgenomen aangezien ten minste een aantal goed beschreven is.

The species was considered by CDNA until 1 January 1993 (LM 67: 167, 1994); post-1992 records are not listed. The pre-1980 records have not been reviewed (cf DB 2: 13-16, 1980). All (seven) single-observer sightings (#) are included in the totals since at least some are well-described.

Het voorkomen per jaar laat een spectaculaire toename zien vanaf 1957 toen de soort voor het eerst werd waargenomen. Het jaargemiddelde nam toe van één à twee in de 1960er, meer dan drie in de 1970er en meer dan vijf in de 1980er jaren tot 17 in 1990-92. Ook in 1993-96 werd een hoog aantal gemeld waaronder juveniele (DB 16: 216, 1994 (foto); cf 18: 21, 1996). Alle vogels werden tussen 28 maart en 31

The annual occurrence shows a spectacular increase from the first record in 1957, with annual averages of one to two in the 1960s, more than three in the 1970s, more than five in the 1980s and 17 in 1990-92. In 1993-96, a good number was again reported, including juveniles (DB 16: 216, 1994 (photo); cf 18: 21, 1996). All birds were recorded between 28 March and 31 October, with peaks during April-May (34% of

oktober gezien, met de meeste in april-mei (34% van alle gevallen) en juli-augustus (42%). Na de eerste waarnemingen van groepen van drie in het voorjaar van 1972, 1981 en 1988 nam de frequentie waarin groepen werden gezien toe tot vijf groepen in 1990-92, alle in juni-augustus. De toename van gevallen in afgelopen decennia viel samen met een westwaartse uitbreiding van zijn broedgebied tot in Finland en Polen.

all records) and July-August (42%). After first records of groups of three in the spring of 1972, 1981 and 1988, the frequency increased to five flocks in 1990-92, all in June-August. The increase of records in recent decades coincided with a westward expansion of its breeding range into Finland and Poland.

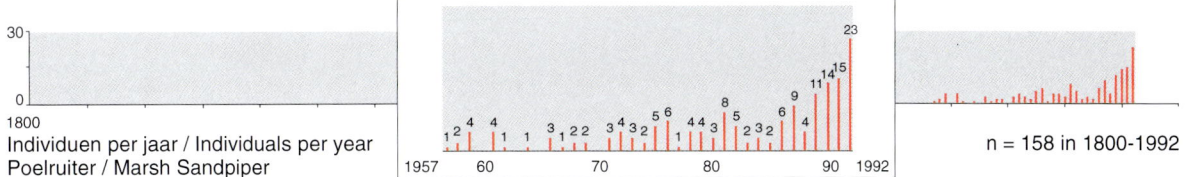

Individuen per jaar / Individuals per year
Poelruiter / Marsh Sandpiper

n = 158 in 1800-1992

133 records (158 individuals) in 1800-1992; 85 records (105 individuals) in 1980-92

30 May 1957 Philippine, *Sas van Gent* ZL #; Wielewaal 23: 244-245, 1957, LM 32: 52, 1959, DB 2: 13-16, 1980
3 May 1958 Het Zwin, *Sluis* ZL, dead (KBIN); LM 32: 112-117, 1959
22 August & 6 September 1958 Hoek, *Terneuzen* ZL; LM 32: 112-117, 1959
5 May-5 June 1959 Laarder Wasmeer, *Laren* NH; LM 34: 203, 1961, contra Alleyn et al (1971), Jonkers et al (1987)
22 May 1959 Knardijk, *Lelystad/Zeewolde* FL; LM 32: 221-222, 1959; 34: 203-204, 1961
15-20 September 1959 *Wassenaar* ZH; LM 32: 222-223, 1959; 34: 204, 1961
22 October 1959 *Noord-Beveland* ZL; LM 34: 204, 1961
11 June 1961 Flaauwers Inlaag, *Middenschouwen* ZL #; LM 36: 25, 1963
9 July 1961 Knardijk, *Lelystad/Zeewolde* FL; LM 36: 25, 1963
19 September 1961 Sloterdijk, *Amsterdam* NH #; LM 35: 166, 1962; 36: 25, 1963
22 October 1961 Fort Rammekens, Ritthem, *Vlissingen* ZL #; LM 36: 25, 1963
19 April 1962 Eemmond, *Eemnes* UT; LM 38: 42-43, 1965
13 July 1964 Eemmond, *Eemnes* UT #; LM 39: 58, 1966
28-31 July 1966 Sloterdijk, *Amsterdam* NH; LM 42: 53, 1969
14 August 1966 Knardijk, *Lelystad/Zeewolde* FL; LM 42: 53, 1969
24-29 August 1966 Sloterdijk, *Amsterdam* NH; LM 42: 53, 1969
22 October 1967 *Vlaardingen* ZH; LM 41: 71-72, 1968
3-9 June 1968 Bijlmermeer, Amsterdam-Zuidoost, *Amsterdam* NH; LM 43: 46, 1970

6 August 1968 *Den Haag* ZH #; LM 43: 46, 1970
12-27 July 1969 Knardijk, *Lelystad/Zeewolde* FL; LM 45: 73, 1972
27-31 August 1969 Zuid-Flevoland, *Lelystad/Zeewolde* FL; LM 45: 73, 1972
1 June 1971 Bijlmermeer, Amsterdam-Zuidoost, *Amsterdam* NH; LM 46: 80, 1973
28 August 1971 Noordberg, *Renkum* GL #; LM 46: 80, 1973
14 September 1971 De Blocq van Kuffeler, *Almere* FL, 1y, dead (ZMA); LM 45: 136, 1972; 46: 80, 1973
1 May 1972 Knardijk, *Lelystad/Zeewolde* FL; LM 50: 45, 1977
17 May 1972 Schouwen, *Westerschouwen/Middenschouwen* ZL (**3**); LM 47: 39, 1974
17 May 1973 Flaauwers Inlaag, *Middenschouwen* ZL #; LM 48: 107, 1975, Beekman et al (1986)
5 August 1973 Oostvoorne, *Westvoorne* ZH; LM 48: 107, 1975
(27 June-)8 September 1973 Oostvaardersdijk, *Lelystad* FL; CDNA archives, LM 48: 107, 1975
14 July 1974 Oost-Flevoland, *Dronten/Lelystad* FL; LM 50: 45, 1977
27 August 1974 Braakman, *Terneuzen* ZL; LM 50: 45, 1977
1 May 1975 Marspolder, *Lienden* GL; LM 50: 45, 1977
7-13 July 1975 Zuid-Flevoland, *Almere/Lelystad/Zeewolde* FL; LM 50: 45, 1977
9 August 1975 Zuid-Flevoland, *Almere/Lelystad/Zeewolde* FL; LM 50: 45, 1977
23 August 1975 Knardijk, *Lelystad* FL; LM 50: 45, 1977
30-31 October 1975 *Goes* ZL; LM 50: 45, 1977
8 May 1976 Knardijk, *Lelystad/Zeewolde* FL; LM 51: 141, 1978

Poelruiter / Marsh Sandpiper *Tringa stagnatilis*, juvenile, 7 August 1994, De Lier, Zuid-Holland *(Jan van Holten)*

21-27 June 1976 Knardijk/Oostvaardersdijk, *Lelystad* FL (max **2**); LM 51: 141, 1978; 52: 231, 1979

4 July 1976 Oostvaardersdijk, *Almere/Lelystad* FL; LM 51: 141, 1978

23 July 1976 Muiderberg, *Muiden* NH; LM 51: 141, 1978

16 August 1976 Vlietland, *Leidschendam* ZH; LM 51: 141, 1978

20 April 1977 Rilland-Bath, *Reimerswaal* ZL; LM 52: 223, 1979

19 August 1978 Mokbaai, *Texel* NH; LM 53: 30, 1980

22 August 1978 De Blocq van Kuffeler, *Almere* FL; VJ 27: 47, 1979, LM 53: 30, 1980

(14-)20 September 1978 *Texel* NH (**2**); LM 53: 30, 1980

1-7 July 1979 Badhoevedorp, *Haarlemmermeer* NH; DB 1: 58, 1979

26-27 July 1979 Badhoevedorp, *Haarlemmermeer* NH (**2**); DB 1: 58, 1979

22 September-22 October 1979 Spaarnwoude, *Haarlemmerliede en Spaarnwoude* NH; DB 2: 15-16, 1980 (photos)

11 May 1980 Oostvaardersplassen, *Lelystad* FL

12 August 1980 Molenplaat, *Bergen op Zoom* NB

3 September 1980 *Zwijndrecht* ZH

28 March 1981 Ingen, *Lienden* GL

11 April 1981 Spaarnwoude, *Haarlemmerliede en Spaarnwoude* NH

18-20 April 1981 Heesselt, *Neerijnen* GL (max **3**)

8 July 1981 *Almere* FL

26 July-3 August 1981 *Leidschendam* ZH

31 August 1981 Nieuwbuinen, *Borger* DR

23-30 April 1982 Hurwenen, *Rossum* GL, adult summer; DB 4: 69, 1982 (photo), LM 57: 21, 1984 (photo), Graspieper 13: 108, 1993 (photo)

15 July 1982 Lepelaarsplassen, *Almere* FL (**2**)

28 July-4 August 1982 Camperduin, *Schoorl* NH

22 August 1982 Lepelaarsplassen, *Almere* FL

1 April 1983 Maasvlakte, *Rotterdam/Westvoorne* ZH

1 May 1983 Maasvlakte, *Rotterdam/Westvoorne* ZH

26-28 April(1 May) 1984 Spaarnwoude, *Haarlemmerliede en Spaarnwoude* NH, winter; LM 62: 198, 1989, Geelhoed et al (1998)

14 May 1984 Eemshaven, *Eemsmond* GR, winter; LM 62: 198, 1989

27 July-1 August 1984 Eemshaven, *Eemsmond* GR

5 May 1985 Westzaan, *Zaanstad* NH, adult summer; DB 7: 112, 1985 (photo)

21 September 1985 Maasvlakte, *Rotterdam/Westvoorne* ZH

1 May 1986 Lauwersmeer, *De Marne* GR (photographed); DB 14: 76, 1992

24 June 1986 Markiezaatsmeer, *Bergen op Zoom/Woensdrecht* NB

25 June 1986 Lepelaarsplassen, *Almere* FL

12-21 August 1986 Oostvaardersplassen, *Lelystad* FL

14-15 August 1986 *Deventer* OV, adult

17 August 1986 Workumerwaard, *Nijefurd* FR; DB 16: 138, 1994

16 April 1987 *Ubbergen* GL; LM 64: 64, 1991

20 April 1987 Randwijk, *Heteren* GL, adult summer

22-23 April 1987 *Deventer* OV, adult summer

26 April 1987 Hoogland, *Amersfoort* UT, winter

5-6 May 1987 *Dwingeloo* DR, adult summer

8 May 1987 *Den Haag* ZH, adult summer; DB 9: 136, 1987 (photo)

18 July 1987 *Terschelling* FR, adult

11-18 August 1987 Eemshaven, *Eemsmond* GR (max **2**), winter

21 May 1988 Garrelsweer, *Loppersum* GR (**3**), adult summer

22-29 May 1988 Philippine, *Sas van Gent* ZL, adult summer

8-10 April 1989 Eemshaven, *Eemsmond* GR, adult summer

5-6 May 1989 Goudriaan, *Graafstroom* ZH, adult (moulting to summer); DB Nieuwsbr 1: 86, 1989 (photo), DB 15: 149, 1993

5-10 May 1989 Philipsdam, *Bruinisse* ZL; DB 11: 142, 1989 (photo); 14: 76, 1992

17-18 May 1989 Polder Waal en Burg, *Texel* NH, adult summer

4-5 July 1989 Oostvaardersdijk, *Lelystad* FL, adult summer; Dick Groenendijk (pers comm)

24 July 1989 Sint Philipsland ZL, 1s

26 July 1989 Nieuwbuinen, *Borger* DR, adult summer

28 July-16 August 1989 Philipsdam, *Bruinisse* ZL, adult winter

27 August 1989 Oostvaardersdijk, *Lelystad* FL

28 August-10 September 1989 Maasvlakte, *Rotterdam/Westvoorne* ZH

5 September 1989 Eemshaven, *Eemsmond* GR, adult winter

28-29 April 1990 Erlecom, *Ubbergen* GL, adult summer

28 April 1990 Philipsdam, *Bruinisse* ZL, adult

3 May 1990 Lauwersmeer, *De Marne* GR, adult winter

3-8 May 1990 Stevensweert, *Maasbracht* LB, adult summer; LV 1: 27, 1990, DB 20: 152, 1998

4 May 1990 Breskens, *Oostburg* ZL

4-5 May 1990 Lauwersmeer, *De Marne* GR, adult summer (photographed)

5 May 1990 Eemshaven, *Eemsmond* GR, adult summer

14 June 1990 Kreekraksluizen, *Reimerswaal* ZL (**3**), adult

16-18 June 1990 Hoeksmeer, *Loppersum* GR (photographed)

18-23 June 1990 Hoeksmeer, *Loppersum* GR (photographed)

12 July 1990 Oostvaardersdijk, *Lelystad* FL

5 August 1990 Beerta, *Reiderland* GR, adult summer

29 April 1991 *Nijkerk* GL

18 May 1991 Oostvaardersdijk, *Lelystad* FL, 1s; Robert Keizer (in litt)

16-19 June 1991 Oudega, *Smallingerland* FR; DB 16: 138, 1994

22-23 June 1991 Lauwersmeer, *De Marne* GR, adult summer

27-28 July 1991 Lauwersmeer, *De Marne* GR

2-11 August 1991 Lauwersmeer, *De Marne* GR (max **3**), adult & 2 juv

(7-)8 August(-September) 1991 Oostvaardersplassen, *Lelystad* FL, adult; CDNA archives

14 August 1991 Workumerwaard, *Nijefurd* FR (**2**), adult & juv

(14-)18 August 1991 Oostvaardersdijk, *Lelystad* FL, adult; DB 18: 112, 1996

1 September 1991 Sas van Gent ZL, adult winter

3 September 1991 Philipsdam, *Bruinisse* ZL (**2**)

24-26 April 1992 *Rhenen* UT, adult summer

26 April 1992 Wilp, *Voorst* GL, adult summer

6 May 1992 Oostvaardersplassen, *Lelystad* FL, adult summer

7 May 1992 *Groningen* GR, adult summer

18-19 May 1992 Oostvaardersplassen, *Lelystad* FL, adult summer

8-21 June 1992 Workumerwaard, *Nijefurd* FR

12 June 1992 Oudega, *Smallingerland* FR (**2**), adult

22 June-30 July 1992 Oostvaardersplassen, *Lelystad* FL (**3**), adult

19 July-19 September 1992 Lauwersmeer, *De Marne* GR (**3**)

1-5 August 1992 Lepelaarsplassen, *Almere* FL, adult summer

7 August 1992 Workumerwaard, *Nijefurd* FR, adult winter; DB 18: 112, 1996

9 August 1992 Selenapolder, *Hulst* ZL

18-21 August 1992 Anna Paulowna NH (**2**), juv

21-25 August 1992 Philipsdam, *Bruinisse* ZL (**3**), 1 adult & 2 juv

27-28 August 1992 *Schiermonnikoog* FR, adult

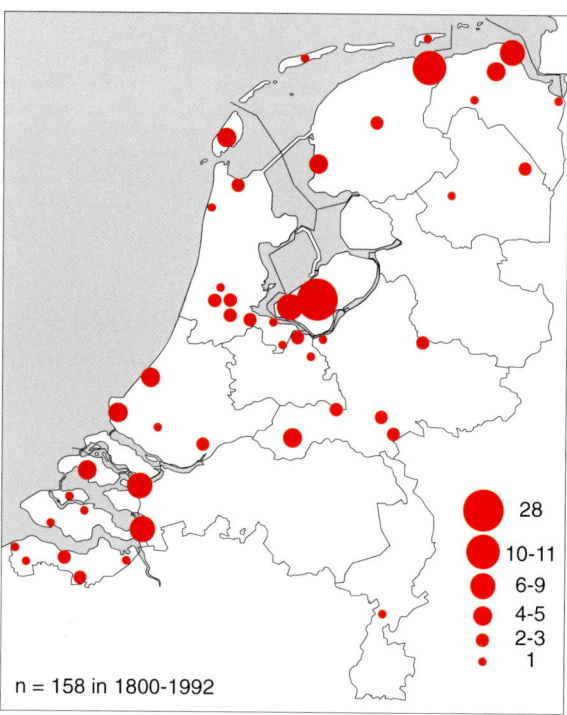

n = 158 in 1800-1992

28
10-11
6-9
4-5
2-3
1

Individuen per locatie / Individuals per site
Poelruiter / Marsh Sandpiper

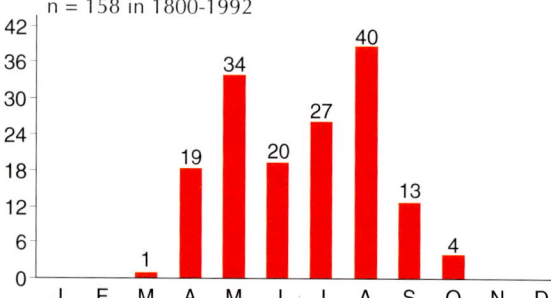

n = 158 in 1800-1992

Individuen per maand / Individuals per month
Poelruiter / Marsh Sandpiper

Groenpootruiter [2]

algemene doortrekker en zomergast

Tringa nebularia

J F M A M J J A S O N D

Common Greenshank

common migrant and summer visitor

Grote Geelpootruiter

zeer zeldzaam

Tringa melanoleuca

Greater Yellowlegs

very rare

Broedt in noordelijk Noord-Amerika; overwintert van zuidelijk Noord-Amerika tot in zuidelijk Zuid-Amerika.

In tegenstelling tot wat aanvankelijk werd vermoed (cf DB 17: 40, 88, 1995), blijkt op basis van kleedverschillen dat de vogel van de Braakman, Zeeland, niet dezelfde was als de eerste voor België die 35 km ten zuid-westen van beide Nederlandse locaties van 27 november tot 2 december 1994 te Dudzele-Zeebrugge, West-Vlaanderen, verbleef (DB 17: 34, 37, 40, 1995 (foto); 19: 167-168, 1997 (foto's), Mergus 9: 3-19, 1995 (foto)). Het is onduidelijk of de kort waargenomen en onvoldoende gefotografeerde eerste Nederlandse vogel van Grijpskerke, Zeeland, dezelfde was als die van zes weken eerder in België of die van drie maanden later in de Braakman; het zou zelfs om een derde exemplaar kunnen gaan. In de rest van Europa is deze soort bijna acht keer zeldzamer dan Kleine Geelpootruiter *T flavipes* (cf BB 90: 479, 1997).

Breeds in northern North America; winters from southern North America to southern South America.

Contrary to earlier assumptions (cf DB 17: 40, 88, 1995), plumage details showed that the second Dutch bird at Braakman, Zeeland, was another individual than the first for Belgium which was seen from 27 November to 2 December 1994 at Dudzele-Zeebrugge, West-Vlaanderen, 35 km southwest from both Dutch sites (DB 17: 34, 37, 40, 1995 (photo); 19: 167-168, 1997 (photos), Mergus 9: 3-19, 1995 (photo)). As a result, the briefly seen and insufficiently photographed first Dutch bird at Grijpskerke, Zeeland, may have been either the same individual as the one six weeks earlier in Belgium or the one three months later at Braakman, or it could even be a third individual. In the rest of Europe, this species is almost eight times rarer than Lesser Yellowlegs *T flavipes* (cf BB 90: 479, 1997).

2 records in 1800-1996; 2 in 1980-96

15 January 1995 Grijpskerke, *Mariekerke* ZL; DB 17: 34 (photo), 40, 1995; 19: 166-170, 1997 (photo)
20 April-26 May 1995 (& 17-18 July) Braakman, *Terneuzen* ZL, 1w; DB 17: 88, 128, 1995 (photo); 19: 100, 166-170, 1997 (photos), BW 9: 26, 1996 (photo), Mitchell & Young (1997; photo 73(9))

n = 2 in 1800-1996

Gevallen per locatie / Records per site
Grote Geelpootruiter / Greater Yellowlegs

Grote Geelpootruiter / Greater Yellowlegs *Tringa melanoleuca*, first-summer, 21 April 1995, Braakman, Terneuzen, Zeeland *(Hans Gebuis)*

Kleine Geelpootruiter

zeer zeldzaam

Tringa flavipes

Lesser Yellowlegs

very rare

Broedt in noordelijk Noord-Amerika; overwintert van zuidelijk Noord-Amerika tot in zuidelijk Zuid-Amerika.

De eerste Nederlandse vogel werd 10 jaar na te zijn gefotografeerd gedetermineerd. Het eerste geval voor België was van 22 augustus tot 2 (22) september 1983 op korte afstand van de Nederlandse grens te Doel, Oost-Vlaanderen (DB 5: 118, 1983 (foto's)). De soort behoort tot de meest voorkomende nearctische steltlopers in Europa met bijvoorbeeld vijf tot zes gemid-

Breeds in northern North America; winters from southern North America to southern South-America.

The first Dutch bird was identified 10 years after being photographed. The first record for Belgium was from 22 August to 2 (22) September 1983, just a short distance from the Dutch border at Doel, Oost-Vlaanderen (DB 5: 118, 1983 (photos)). The species is one of the commonest Nearctic waders in Europe with, for instance, on average five to six per

165

deld per jaar in 1958-96 op de Britse Eilanden, waarvan de meeste juveniele (BB 89: 502, 1996; 90: 479, 1997).

year during 1958-96 in the British Isles, mostly juveniles (BB 89: 502, 1996; 90: 479, 1997).

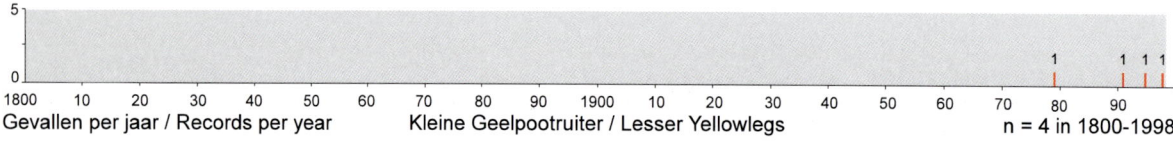

Gevallen per jaar / Records per year — Kleine Geelpootruiter / Lesser Yellowlegs — n = 4 in 1800-1998

3 records in 1800-1996; 2 in 1980-96

18-19 November 1979 Oosterland, *Duiveland* ZL, 1w; DB 11: 1-4, 1989 (photos), VJ 37: 230, 1989 (photo), van den Berg et al (1990): 51-52 (photos)
7-11 October 1991 Flaauwers Inlaag, *Middenschouwen* ZL, adult winter; DB 13: 227, 1991 (photo); 14: 51, 1992 (photo); 15: 151, 1993 (photo), VJ 39: 240, 1991 (photos)
6 August 1995 Bakkersdam, Petten, *Zijpe* NH, adult summer; DB 17: 180, 1995, Kleine Alk 13: 24-26, 1996

voorlopige toevoegingen voor 1997-98 / provisional additions for 1997-98
15-17 July 1998 Oude Robbengat, Lauwersmeer, *De Marne* GR, adult; Plomp et al (1999)

Kleine Geelpootruiter / Lesser Yellowlegs *Tringa flavipes*, adult winter, 11 October 1991, Flaauwers Inlaag, Middenschouwen, Zeeland *(Henk Harmsen)*

n = 4 in 1800-1998

Gevallen per locatie / Records per site
Kleine Geelpootruiter / Lesser Yellowlegs

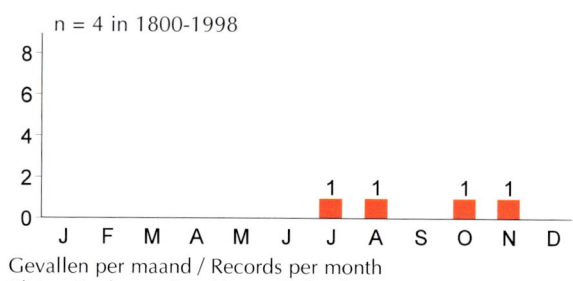

n = 4 in 1800-1998

Gevallen per maand / Records per month
Kleine Geelpootruiter / Lesser Yellowlegs

Witgat [2] *Tringa ochropus* # Green Sandpiper

algemene doortrekker en schaarse wintergast common migrant and scarce winter visitor

Waarschijnlijk voormalige onregelmatige broedvogel, laatst in 1927.

Teixeira (1979) wekt twijfel over de Nederlandse broedgevallen en Kist et al (1970) noemen de soort niet als broedvogel. Een aantal gedocumenteerde broedgevallen is echter gepubliceerd waarbij rekenschap werd gegeven van mogelijke verwarring met Bosruiter *T glareola* (cf Eykman et al 1949, LM 32: 34-35, 1959).

Probably, former irregular breeding bird, lastly in 1927.

Teixeira (1979) casts doubt on the Dutch breeding records and Kist et al (1970) do not mention any. However, papers on some documented breeding records showed that the possible confusion with Wood Sandpiper *T glareola* was taken into account (cf Eykman et al 1949, LM 32: 34-36, 1959).

enkele gepubliceerde broedgevallen / some published breeding records
18 June 1871 *Leiden* ZH, pullus collected; Org Club Ned Vogelkd 4: 152, 1932

12 May 1927 Eernewoude, *Tytsjerksteradiel* FR, 4 eggs (3 collected); Org Club Ned Vogelkd 1: 71-73, 1928; 4: 152, 1932, Eykman et al (1949), LM 32: 34-35, 1959

Bosruiter [2]

algemene doortrekker

Tringa glareola

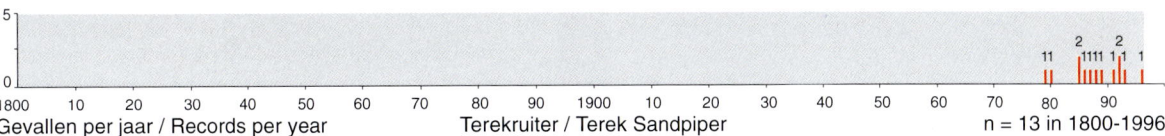

J F M A M J J A S O N D

Wood Sandpiper

common migrant

Voormalige onregelmatige broedvogel, laatst in 1936.

Er zijn broedgevallen in Drenthe, Friesland, Limburg en Noord-Brabant (Org Club Ned Vogelkd 4: 68-69, 1931, Eykman et al 1949). In de 20e eeuw broedde de soort onregelmatig met als laatste broedgeval dat in 1936 te Coevorden, Drenthe.

Former irregular breeding bird, lastly in 1936.

There are breeding records for Drenthe, Friesland, Limburg and Noord-Brabant (Org Club Ned Vogelkd 4: 68-69, 1931, Eykman et al 1949). In the 20th century, the species bred irregularly, for the last time in 1936 at Coevorden, Drenthe.

Terekruiter

zeldzaam

Xenus cinereus

Terek Sandpiper

rare

Broedt van Finland (sinds 1957) oost tot in Oost-Siberië; overwintert in tropisch Afrika, Zuid-Azië en Australië.

Met uitzondering van vier gevallen dateerden alle van de periode van voorjaarstrek, tussen 3 mei en 3 juni. Ook in de Britse Eilanden waren de meeste van de 47 exemplaren tot en met 1996 in mei-juni (cf BB 90: 479, 1997). Er waren in 1973-94 acht gevallen voor België met als uiterste datums 25 april en 22 juni en een najaarsgeval op 13 november 1992 (Gunter De Smet in litt). De toename van gevallen in afgelopen decennia viel samen met een westwaartse uitbreiding van het broedgebied van de soort.

Breeds from Finland (since 1957) east through eastern Siberia; winters in tropical Africa, southern Asia and Australia.

All except four of the records dated from the period of spring passage, between 3 May and 3 June. In the British Isles, most of the 47 individuals up to 1996 were also in May-June (cf BB 90: 479, 1997). In 1973-94, there were eight records for Belgium with 25 April and 22 June as extreme dates and an autumn record on 13 November 1992 (Gunter De Smet in litt). The increase of records in western Europe in recent decades coincided with a westward expansion of the species' breeding range.

Gevallen per jaar / Records per year — Terekruiter / Terek Sandpiper — n = 13 in 1800-1996

13 records in 1800-1996; 12 in 1980-96

2 June 1979 Barkweg, *Almere* FL; DB 9: 90-91, 1987

23 September 1980 Paulinaschor, *Terneuzen* ZL

1-3 June 1985 Stichtse Brug, *Blaricum/Huizen* NH; DB 7: 113, 1985 (photo); 8: 20, 1986 (photo); 9: 50, 89-98, 1987 (photos), van den Berg et al (1990): 54-55 (photos), Grauwe Gans 6: 83, 1990 (photos), Mitchell & Young (1997; photo 75(7))

11 July 1985 Oostvaardersplassen, *Lelystad* FL; Grauwe Gans 1: 108-109, 1985, DB 9: 94, 1987 (photo)

3 May 1986 Spaarnwoude, *Haarlemmerliede en Spaarnwoude* NH; DB 9: 94-95, 1987

20 May 1987 Camperduin, *Schoorl* NH

16-21 May 1988 Bouwweerd, Buggenum, *Haelen* LB, singing upon playback (photographed); LV 2: 83-84, 1991

31 May 1989 Philipsdam, *Bruinisse* ZL

17 May 1991 Honswijk, *Houten* UT

10 May 1992 Wissenkerke, *Noord-Beveland* ZL (photographed)

21 May 1992 De Schorren, *Texel* NH

16 August 1993 Maasvlakte, *Rotterdam* ZH, adult summer; DB 20: 152, 1998

3 May 1996 Bouwweerd, Buggenum, *Haelen* LB, adult summer (photographed); LV 8: 78-79, 1997

voorlopige toevoegingen voor 1997-98 / provisional additions for 1997-98

17-24 May 1998 Den Oever, *Wieringen* NH; CDNA archives, VJ 46: 142, 1998 (sketch)

28-29 May 1998 Kwade Hoek, *Goedereede* ZH; CDNA archives

9-11 October 1998 De Putten, Camperduin, *Schoorl* NH; DB 20: 249, 1998 (photo)

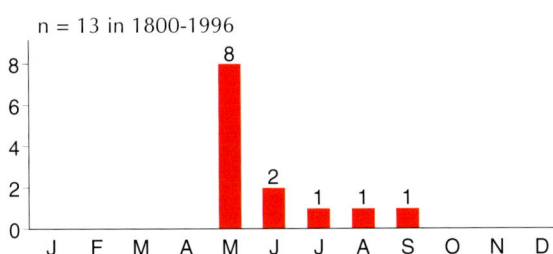

n = 13 in 1800-1996

Gevallen per maand / Records per month
Terekruiter / Terek Sandpiper

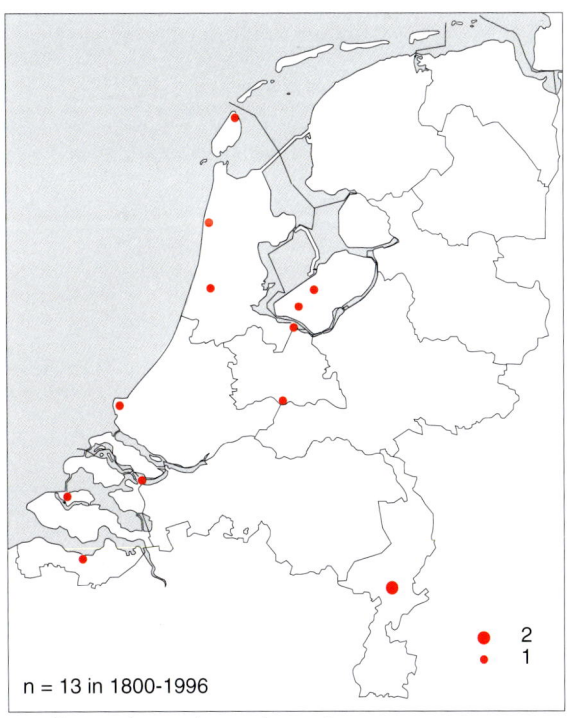

n = 13 in 1800-1996

Gevallen per locatie / Records per site
Terekruiter / Terek Sandpiper

2
1

Terekruiter / Terek Sandpiper *Xenus cinereus*, 2 June 1985, Stichtse Brug, Huizen, Noord-Holland *(Karel A Mauer)*

Oeverloper [2]

Actitis hypoleucos

Common Sandpiper

onregelmatige broedvogel
algemene doortrekker en zeldzame wintergast

irregular breeding bird
common migrant and rare winter visitor

Het eerste goed gedocumenteerde broedgeval dateerde van 30 mei 1924 te Nijmegen, Gelderland, waar reeds in juni 1920 melding werd gemaakt van een bijna vliegvlug jong (Ardea 13: 97-99, 1924 (foto), Org Club Ned Vogelkd 4: 152, 1932).

The first fully documented breeding record dated from 30 May 1924 at Nijmegen, Gelderland, where previously in June 1920 a fledgling was found (Ardea 13: 97-99, 1924 (photo), Org Club Ned Vogelkd 4: 152, 1932).

Amerikaanse Oeverloper

Actitis macularia

Spotted Sandpiper

zeer zeldzaam

very rare

Broedt in Noord-Amerika; overwintert zuid tot in Centraal- en Zuid-Amerika.

Breeds in North America; winters south to Central and South America.

Het eerste geval dateerde van dezelfde zomer als waarin een paar tot broeden kwam in Highland, Schotland. De Schotse vogels legden vier eieren in juni 1975 maar lieten het nest na 3 juli in de steek, waarschijnlijk vanwege verstoring door grazend vee (BB 69: 288-292, 1976). Gezien de periode tussen deze gebeurtenissen en de datum waarop de Nederlandse vogel werd verzameld, lijkt het mogelijk dat de op Vlieland gedode vogel één van de Schotse vogels was. De datum van het tweede geval behoort tot de vroegste voor een Noord-Amerikaanse juveniele steltloper in Nederland (zie ook Bairds Strandloper *Calidris bairdii* en Gestreepte Strandloper *C melanotos*).

The first record was in the same summer as a pair which nested in Highland, Scotland. The Scottish birds laid four eggs in June 1975 but deserted the nest after 3 July, probably by disturbance by grazing cattle (BB 69: 288-292, 1976). Given the period between these events and the date of the Dutch record, it seems possible that the bird killed on Vlieland was one of the Scottish birds. The date of the second record is one of the earliest of a juvenile North American wader in the Netherlands (see also Baird's Sandpiper *Calidris bairdii* and Pectoral Sandpiper *C melanotos*).

2 records in 1800-1996; 1 in 1980-96

18 July 1975 Eerste Kroonspolder, *Vlieland* FR, 1s ♂, dead (ZMA); LM 49: 12-16, 1976 (photo)
23 August 1980 *Diemen* NH, juv; cf Vlek 1995

n = 2 in 1800-1996

Gevallen per locatie / Records per site
Amerikaanse Oeverloper / Spotted Sandpiper

Steenloper [2]

Arenaria interpres interpres

Ruddy Turnstone

mogelijk zeldzame onregelmatige broedvogel
gehele jaar algemeen

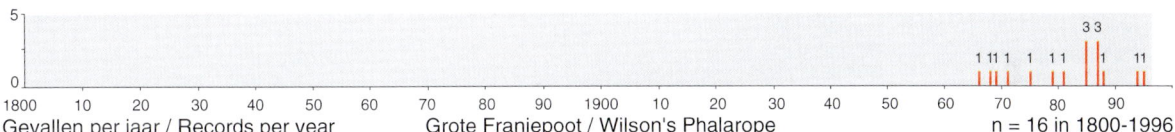

possibly rare irregular breeding bird
common throughout year

Gedrag dat wees op broeden werd beschreven voor Groningen in 1995 (LM 71: 34-35, 1998).
Er waren terugmeldingen van exemplaren geringd op 1 juni 1989 en een (nog) onbekende datum in NWT, Canada, die respectievelijk gedurende 5-10 oktober 1991 en op 6 september 1994 op Vlieland, Friesland, werden gevangen. Bovendien was er een op 13 juli 1992 in NWT geringde vogel die zowel op zes datums van 27 september 1993 tot 29 maart 1994 als op 16 november 1993 en 25 mei 1994 op verschillende plaatsen langs de Nederlandse kust werd gemeld (Dennis 1994).

Behaviour indicating breeding was described for Groningen in 1995 (LM 71: 34-35, 1998).
There were recoveries of individuals ringed on 1 June 1989 and a (yet) unknown date in NWT, Canada, which were trapped on Vlieland, Friesland, during 5-10 October 1991 and on 6 September 1994, respectively. Moreover, one ringed on 13 July 1992 in NWT was reported from several localities along the Dutch coast on six dates from 27 September 1993 to 29 March 1994 and again on 16 November 1993 and 25 May 1994 (Dennis 1994).

Grote Franjepoot

Phalaropus tricolor

Wilson's Phalarope

zeldzaam

rare

Broedt in noordelijk Noord-Amerika; overwintert in zuidelijk Zuid-Amerika.

Alle exemplaren waren aanwezig tussen 19 april en 13 november. De beide april-gevallen en de gelijkmatige verspreiding over de maanden zijn opmerkelijk omdat er onder de 191 gevallen in 1954-85 in Brittannië en Ierland geen enkele in april was terwijl daar meer dan de helft juveniele en eerste-winters waren van eind augustus tot begin oktober (Dymond et al 1989). De 13 voor België vastgestelde exemplaren in 1979-96 waren tussen 6 mei en 30 september. Zowel in Nederland als in België bestaat geen goed gedocumenteerd geval van een juveniele of eerste-wintervogel. Dit patroon ondersteunt de gedachte dat het merendeel van de nearctische steltlopers die op het Europese continent worden aangetroffen al in één van de voorafgaande jaren de Atlantische Oceaan zijn overgestoken en vervolgens in de Oude Wereld zijn gebleven waar ze langs andere lengtegraden dezelfde trekrichtingen volgen.

Breeds in northern North America; winters in southern South America.

All individuals were present during the period from 19 April to 13 November. The two April records and the lack of peaks in the monthly pattern are at odds with the occurrence in Britain and Ireland, where none of the 191 records in 1954-85 were in April, while more than half were juvenile and first-winters in late August to early October (Dymond et al 1989). The 13 recorded for België in 1979-96 were between 6 May and 30 September. There is no documented record of a juvenile or first-winter for the Netherlands or Belgium. This pattern supports the view that most Nearctic waders encountered on the European continent concern birds which survived a transatlantic flight in preceding years, remaining in the Old World since but migrating in different longitudes.

Gevallen per jaar / Records per year   Grote Franjepoot / Wilson's Phalarope   n = 16 in 1800-1996

Grote Franjepoot / Wilson's Phalarope *Phalaropus tricolor*, 7 September 1981, De Putten, Camperduin, Schoorl, Noord-Holland (*Rob Cuijpers*)

16 records in 1800-1996; 10 in 1980-96

9 May 1966 Haamstede, *Westerschouwen* ZL, adult summer ♀, dead (ZMA); LM 39: 172-174, 1966 (photos)

7-9 August 1968 Nijkerkerbrug, *Zeewolde* FL, winter

12-21 October 1969 Knardijk, *Lelystad/Zeewolde* FL, winter

8-15 August 1971 Oostvaardersplassen, Knardijk, *Lelystad* FL, winter

2-3 July 1975 Oostvaardersplassen, Knardijk, *Lelystad* FL, adult summer/winter ♀; LM 49: 216-217, 1976

4 June 1979 Rilland-Bath, *Reimerswaal* ZL, adult summer ♀ (also across Belgian border at Zandvliet, Antwerpen); DB 1: 29, 1979 (photo), Giervalk 69: 266, 1979 (photo)

3-12 September 1981 De Putten, Camperduin, *Schoorl* NH; DB 3: 143, 1981 (photo)

6 July 1985 Lepelaarsplassen, *Almere* FL, adult ♀; Grauwe Gans 1: 131-134, 1985

20-31 July 1985 Keersluisplas, Oostvaardersplassen, *Lelystad* FL, adult ♀; Grauwe Gans 1: 131-134, 1985

10 September 1985 *Terschelling* FR, winter

19 April 1987 Petten, *Zijpe* NH, ♂; DB 9: 136, 1987 (photo)

28 April 1987 Lauwersmeer, *De Marne* GR, adult summer ♀

9 June 1987 Lauwersmeer, *De Marne* GR, adult summer ♀

10 May 1988 Lauwersmeer, *De Marne* GR, adult summer ♀; VJ 36: 223, 1988 (photo), de Bruin & de Bruin (1997; photo)

15 October-13 November 1994 Eemshaven-Oost, *Eemsmond* GR (photographed)

24-25 June 1995 Wevers Inlaag, *Middenschouwen* ZL, adult ♂, pied morph; DB 17: 177-178, 1995 (photo)

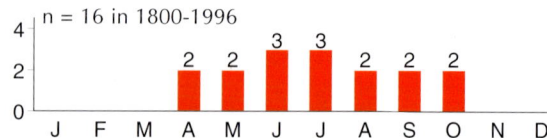

n = 16 in 1800-1996

Gevallen per maand / Records per month
Grote Franjepoot / Wilson's Phalarope

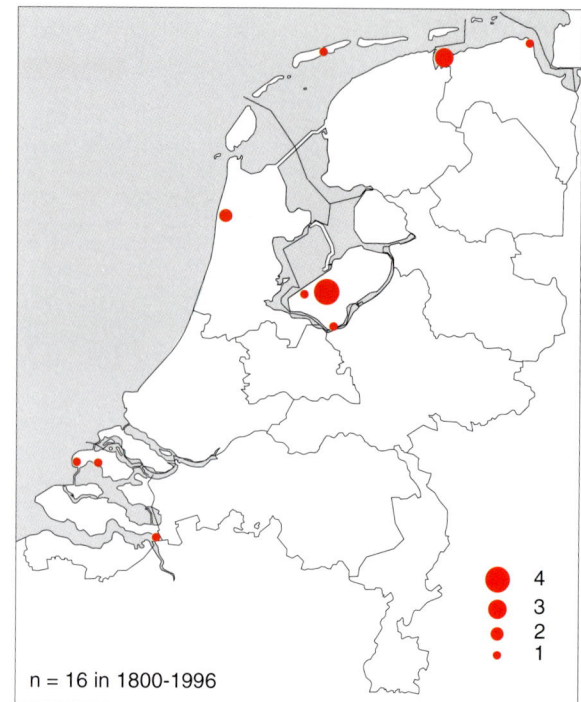

n = 16 in 1800-1996

Gevallen per locatie / Records per site
Grote Franjepoot / Wilson's Phalarope

Grauwe Franjepoot [2]

schaarse doortrekker

Phalaropus lobatus

Red-necked Phalarope

scarce migrant

Rosse Franjepoot [2]

schaarse doortrekker

Phalaropus fulicaria

Grey Phalarope

scarce migrant

In aansluiting op het 1977-verslag van de Club van Zeetrekwaarnemers (LM 53: 59-69, 1980) werd de soort in 1978-88 geregistreerd door de CDNA (LM 55: 125, 1982; 60: 30, 1987; 62: 117, 198, 1989). Voor het voorkomen van deze soort (vooral zout water) en Grauwe Franjepoot *P lobatus* (vooral zoet water) zij onder meer verwezen naar DB 5: 69-73, 1983, SOVON-nieuws 11 (3): 15-17, 1998.

Following the 1977 report of the Club van Zeetrekwaarnemers (LM 53: 59-69, 1980), the species was registered in CDNA reports in 1978-88 (LM 55: 125, 1982; 60: 30, 1987; 62: 117, 198, 1989). For the occurrence of this species (mainly salt-water) and Red-necked Phalarope *P lobatus* (mainly fresh water), see also DB 5: 69-73, 1983, SOVON-nieuws 11 (3): 15-17, 1998.

JAGERS Stercorariidae (n=4)

Middelste Jager [2]

schaarse tot algemene doortrekker

Stercorarius pomarinus

Pomarine Jaeger

scarce to common migrant

Voor informatie en foto's over de invasie in november 1985 (ten minste 2000 exemplaren) zij verwezen naar Vogels 6: 164-165, 1985, VJ 34: 82-87, 1986, DB 10: 54-70, 1988. In de 20e eeuw was voorts alleen in najaar 1903 sprake van een invasie (cf Eykman et al 1949).

For information and photographs on the invasion in November 1985 (at least 2000 individuals), see Vogels 6: 164-165, 1985, VJ 34: 82-87, 1986, DB 10: 54-70, 1988. The only other invasion in the 20th century was in autumn 1903 (cf Eykman et al 1949).

Kleine Jager [2]

algemene doortrekker

Stercorarius parasiticus

Parasitic Jaeger

common migrant

Kleinste Jager

Stercorarius longicaudus

Long-tailed Jaeger

vrij zeldzaam

rather rare

Broedt rondom Noordpool in (sub)arctische gebieden, zuid tot Zuid-Noorwegen; overwintert in tropische oceanen.

Eykman et al (1949) vermelden voor 1800-1948 30 (bekende) specimens waarvan er zes uit 1800-99 stammen. Hiervan is de helft afkomstig van de kusten van Noordzee en Waddenzee en de andere helft uit het binnenland. De eerste melding van een specimen was van oktober 1863 te Beetsterzwaag, Opsterland, Friesland (Eykman et al 1949). Het oudste specimen dat in een museum aanwezig is betreft een eerstejaars ♂ van 23 oktober 1873 te Oostzaan, Noord-Holland (NNM).
Voor een korte samenvatting van 49 meldingen (waaronder 16 balgen) in 1949-68 zij verwezen naar Kist et al (1970); uiterste datums gedurende deze periode waren 1 augustus 1965 te Amerongen, Utrecht, en 10 november 1967 op Terschelling, Friesland; er was geen voorjaarsgeval.
Het is opmerkelijk dat zich ten minste vijfmaal zoveel in Nederland gevonden Kleinste Jagers als Kleine Jagers *S parasiticus* in Nederlandse musea bevinden (Kees Roselaar in litt). In 1976-92 aanvaardde de CDNA jaarlijks gemiddeld bijna acht exemplaren. In sommige jaren (1978, 1985, 1988, 1990 en 1991) waren dat er meer dan 10. Daarentegen werden er in andere jaren (1977, 1986 en 1989) slechts één of twee aanvaard. De soort blijkt in België vaker te zijn vastgesteld dan in Nederland met 107 exemplaren in 1991, 22 in 1992, 22 in 1993, 189 in 1994, 45 in 1995 en 87 in 1996 (Gunter De Smet in litt).
Bijna alle Nederlandse gevallen dateerden van augustus-oktober (92%). Dit patroon wordt bevestigd door 23 museumexemplaren uit 1949-75 waarvan 92% in augustus-oktober waren verzameld. Slechts 3% van de gevallen dateerden uit het voorjaar (mei-juni), ondanks het feit dat de soort dan gemakkelijk is te determineren (alleen adulte trekken terug naar broedgebieden). Het merendeel van de gevallen komt van de Noordzeekusten maar er zijn ook verscheidene gevallen van ver in het binnenland.
Voor 1949-75 worden hier uitsluitend verzamelde exemplaren genoemd. De reden is dat in die periode de veldherkenning van eerstejaars vogels nog niet goed bekend was (cf LM

Breeds circumpolar in (sub)arctic regions, south to southern Norway; winters in tropical oceans.

Eykman et al (1949) mention 30 (known) specimens for 1800-1948 of which six were in the 19th century. Half of these were collected along the coasts of the North Sea and Wadden Sea and the other half at inland sites. The first report of a specimen was from October 1863 at Beetsterzwaag, Opsterland, Friesland (Eykman et al 1949). The oldest specimen present in a museum concerns a first-year ♂ collected on 23 October 1873 at Oostzaan, Noord-Holland (NNM).
For a brief summary of 49 reports in 1949-68 (including 16 specimens), see Kist et al (1970); extreme dates during this period were 1 August 1965 at Amerongen, Utrecht, and 10 November 1967 on Terschelling, Friesland; there was no spring record.
Interestingly, the number of Long-tailed Jaegers found dead in the Netherlands and deposited at museums is at least five times higher than that of Parasitic Jaeger *S parasiticus* (Kees Roselaar in litt).
During 1976-92, CDNA accepted a mean of almost eight individuals per year. In some years (1978, 1985, 1988, 1990 and 1991), more than 10 were accepted and in other years (1977, 1986 and 1989) only one or two. The species has been recorded more often in Belgium with 107 individuals in 1991, 22 in 1992, 22 in 1993, 189 in 1994, 45 in 1995 and 87 in 1996 (Gunter De Smet in litt).
Nearly all Dutch records were in August-October (92%). This pattern is confirmed by 23 museum specimens from 1949-75, of which 92% were collected in August-October. Only 3% of the records were from spring (May-June), despite the fact that during this season the species is easily identified (only adults return to breeding areas). Most records are from the North Sea coasts. However, there are also several records from sites far inland.
For 1949-75, only birds found dead are listed here. The reason is that, in those years, the field identification of first-year birds was not yet well-understood (cf LM 51: 141, 1978; 53: 30, 1980; 54: 22, 1981). It was not until 1981 that a useful identification paper was published on this subject (DB 3: 10-

Kleinste Jager / Long-tailed Jaeger *Stercorarius longicaudus*, adult, 29 September 1991, Terschelling, Friesland *(Arie Ouwerkerk)*

Kleinste Jager / Long-tailed Jaeger *Stercorarius longicaudus*, first-winter, September 1997, Kamperland, Noord-Beveland, Zeeland
(Erik Sanders)

51: 141, 1978; 53: 30, 1980; 54: 22, 1981). Eerst in 1981 werd een bruikbare bijdrage over de herkenningsproblematiek van eerstejaars gepubliceerd (DB 3: 10-12, 1981). Men dient zich bovendien te bedenken dat gevallen van de soort eerst vanaf 1976 zijn beoordeeld en dat derhalve de determinatie van een aantal van de genoemde specimens niet is gecontroleerd door de CDNA. Sinds 1 januari 1993 worden geen gevallen meer behandeld (DB 14: 198, 1992; LM 66: 153, 1993; 67: 166, 1994).

12, 1981). It should also be realized that records of the species were considered only since 1976, and that the identification of a number of listed specimens has not been checked by CDNA. Since 1 January 1993, the species is no longer considered (DB 14: 198, 1992, LM 66: 153, 1993; 67: 166, 1994).

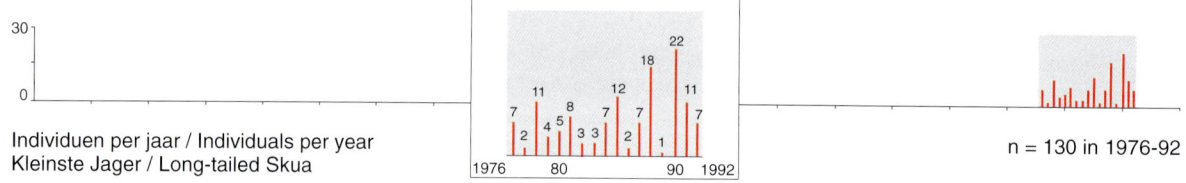

Individuen per jaar / Individuals per year
Kleinste Jager / Long-tailed Skua

n = 130 in 1976-92

ver in binnenland in 1800-1938 / far inland in 1800-1938

14 September 1898 *Lichtenvoorde* GL, adult ♀, dead; Tijdschr Ned Dierkd Ver 2 (6): 150, 1899

4 October 1910 Laren, *Lochem* GL, 1y ♂, dead (NNM)

5 September 1912 near *Tiel* GL, 1y ♀, dead (NNM); Ardea 1: 101, 1912

16 September 1916 Hooghalen, *Beilen* DR, 1y ♀, dead (NNM); Ardea 5: 96, 1916

30 May 1917 *Denekamp* OV, dead (ND); Ardea 12: 72, 1922

8 October 1938 De Peel, *Sevenum* LB, 1y, dead (NMM); LM 16: 162, 1943, Hens (1965)

museumexemplaren uit 1949-75 / museum specimens from 1949-75

7 September 1949 Mirns, *Gaasterlân-Sleat* FR, 1y, dead; LM 22: 393-394, 1949

8 September 1949 Warns, *Nijefurd* FR, 1y, dead; LM 22: 394, 1949

12 September 1953 Afsluitdijk, *Wûnseradiel* FR, 1y ♀, dead; LM 26: 115, 1953

15 October 1953 Kimswerd, *Wûnseradiel* FR, ♀, dead (FNM); Johannes Fokkema (in litt)

5 September 1955 Friesland, dead; LM 29: 64, 1956

26 September 1956 *Katwijk* ZH, 1y, dead; LM 30: 116, 1957

10 October 1956 Meyendel, *Wassenaar* ZH, 1y ♀, dead (NNM); LM 30: 116, 1957

30 August 1959 Meent, *Eemnes* UT, 1y ♀, dead (ZMA); LM 34: 206, 1961

11 September 1960 Renesse, *Westerschouwen* ZL, 1y ♂, dead (NNM); LM 35: 63, 1962

21 September 1960 *Terschelling* FR, 1y ♂, dead (ZMA); LM 35: 63, 1962

25 September 1960 strand IJmuiden-Zandvoort, *Velsen/Bloemendaal/Zandvoort* NH, 1y ♂, dead (ZMA); LM 35: 63, 1962

17 September 1961 *Nijmegen* GL, 1y ♀, dead (NNM); LM 36: 28, 1963

3 October 1963 Marinehaven, *Den Helder* NH, 1y ♂, dead (ZMA); Kees Roselaar (in litt)

4 October 1963 *Leeuwarden* FR, 1y ♂, dead (ZMA); Kees Roselaar (in litt)

5 October 1963 *Zandvoort* NH, 1y, dead; LM 38: 47, 1965

27 September 1964 *Lelystad* FL, 1y, dead; LM 39, 62: 1966

11 September 1966 *Akersloot* NH, 1y, dead (ZMA) (not 1970; contra LM 45: 75, 1972); Kees Roselaar (in litt)

25 September 1967 Westlandse Duinen, *Den Haag* ZH, 1y, dead; LM 42: 56, 1969

10 November 1967 *Terschelling* FR, dead (NNM); LM 42: 56, 1969

30 August 1969 Veersegatdam, *Wissenkerke, Noord-Beveland* ZL, 1y ♂, dead (ZMA); Kees Roselaar (in litt)

18 September 1970 *Noordwijk* ZH, dead; LM 45: 75, 1972

14 November 1972 paal 70.5, *Zandvoort* NH, 1y, dead (ZMA); LM 47: 41, 1974

17 September 1973 Zuid-Flevoland, *Almere/Lelystad* FL, dead; LM 48: 109, 1975

aanvaarde gevallen in 1976-92 / accepted records in 1976-92
110 records (130 individuals) in 1976-92; 86 records
(106 individuals) in 1980-92

28 July 1976 *Schiermonnikoog* FR, adult; LM 53: 30, 1980
30 July 1976 *Vlieland* FR, adult; LM 51: 141, 1978; 52: 231, 1979
4 September 1976 Walsoorden, *Hontenisse* ZL, 1y ♀, dead (ZMA); LM 51: 141, 1978
8 September 1976 *Noordwijk* ZH, 1y, dead (ZMA) (not 8 August; contra LM 51: 141, 1978); Kees Roselaar (in litt)
9 September 1976 *Enkhuizen* NH, 1y ♂, dead (ZMA); LM 51: 141, 1978, Kees Roselaar (in litt)
12 September 1976 Almere-Haven, *Almere* FL, 1y; LM 54: 131, 1981
3 October 1976 Camperduin, *Schoorl* NH, 1y; LM 51: 141, 1978; 54: 131, 1981
28 May 1977 *Steenwijk* OV, adult; LM 52: 224, 1979 (second spring record ever)
3-27 July 1977 *Texel* NH, adult; LM 52: 224, 1979
21 June 1978 Camperduin, *Schoorl* NH, adult; LM 53: 30, 1980
1 September 1978 Camperduin, *Schoorl* NH, 1y; LM 54: 131, 1981
4 September 1978 Camperduin, *Schoorl* NH, 1y; LM 54: 131, 1981
19 September 1978 *Ameland* FR, adult; LM 54: 22, 1981
23 September 1978 *Lelystad* FL, 1y; LM 61: 168, 1988
24 September 1978 *Texel* NH, 1y; LM 54: 131, 1981
29 September 1978 Camperduin, *Schoorl* NH, 1y; LM 54: 131, 1981
late September/early October 1978 Veerse Meer, *Veere* ZL, 1y, dead; LM 53: 30, 1980; 54: 22, 1981
16 October 1978 Camperduin, *Schoorl* NH, 1y, dead; DB 15: 150, 1993
18 October 1978 Petten, *Zijpe* NH, 1y, dead (ZMA); LM 53: 30, 1980
18 October 1978 *Schoorl* NH, 1y, dead (ZMA); LM 53: 30, 1980
24 August 1979 De Ven, *Enkhuizen* NH, 1y ♂, dead (ZMA); LM 54: 22, 1981
21 September 1979 *Noordwijk* ZH, 1y, dead; LM 54: 22, 1981
21 September 1979 Grevelingendam, *Middelharnis* ZH, 1y ♂, dead (ZMA); LM 54: 22, 1981, Kees Roselaar (in litt)
29 September 1979 *Texel* NH, adult; LM 54: 22, 1981
24-28 August 1980 *Hilvarenbeek* NB, 1y; DB 2: 119, 1980 (photo)
7 September 1980 Amsterdamse Waterleidingduinen, *Zandvoort* NH, 1y, dead (ZMA)
11 September 1980 Camperduin, *Schoorl* NH, adult
13 September 1980 Kornwerderzand, *Wûnseradiel* FR, 1y, dead
10-21 October 1980 Amsterdamse Waterleidingduinen, *Bloemendaal/Zandvoort* NH, 1y, dead
16 May 1981 Petten, *Zijpe* NH, dead (ZMA)
2 June 1981 *Geldermalsen* GL, adult
16 August 1981 Oostvaardersdijk, *Lelystad* FL, 1y (photographed)
26 August 1981 *Schiermonnikoog* FR, adult; cf LM 59: 19, 1986
2 October 1981 Wijk aan Zee, *Beverwijk* NH, dead (ZMA)
13 October 1981 Scheveningen, *Den Haag* ZH, 1y
25 October 1981 IJmuiden, *Velsen* NH, 1y; Olsen (1992b; photo 60, erroneous date)
15 November 1981 *Wieringermeer* NH, adult
22 August 1982 IJmuiden, *Velsen* NH, 1y
9 October 1982 Maasvlakte, *Rotterdam/Westvoorne* ZH, 1y
21 October 1982 Amsterdamse Waterleidingduinen, *Zandvoort* NH, 1y, dead (ZMA); Kees Roselaar (in litt)
5 September 1983 Hondsbossche Zeewering, Camperduin, *Schoorl* NH, 1y (trapped & released on 6 September at IJmuiden, Velsen); DB 5: 119, 1983 (photo), Graspieper 3: 186, 1983 (photo), LM 59: 20, 1986 (photo), Limicola 3: 111, 1989 (photo), Olsen (1992b; photo 63), Ornithos 3: 123, 1996 (photo)
11 September 1983 Griend, *Terschelling* FR, 1y
9 November 1983 Sint Maartenszee-Callantsoog, *Zijpe* NH, 1y, dead (ZMA); Kees Roselaar (in litt)
8 September 1984 *Almere* FL, 1y

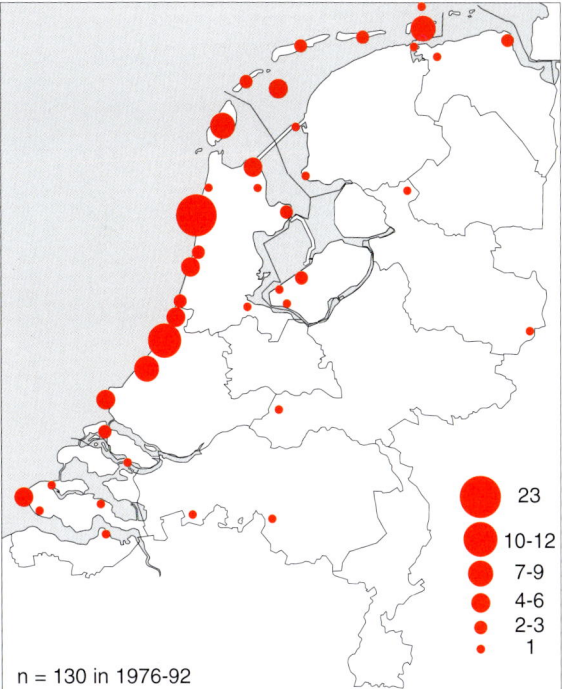

23
10-12
7-9
4-6
2-3
1

n = 130 in 1976-92

Individuen per locatie / Individuals per site
Kleinste Jager / Long-tailed Skua

10 September 1984 *Katwijk* ZH, adult; LM 59: 121, 1986
15 September 1984 Kattendijke, *Goes* ZL, 1y, dead; LM 61: 168, 1988
29 September 1984 Den Oever, *Wieringen* NH, dead (FNM); Johannes Fokkema (in litt)
20 October 1984 *Noordwijk* ZH, 1y
27 October 1984 *Westkapelle* ZL (**2**), adult
17 August 1985 *Diemen* NH, 1y
7 September 1985 Stellendam, *Goedereede* ZH, 1y; DB 7: 153, 1985 (photo)
8 September 1985 Camperduin, *Schoorl* NH, adult summer; LM 61: 168, 1988
12-15 September 1985 *Texel* NH, 1y; VJ 34: 46, 1986 (photo)
15 September 1985 Stavoren, *Nijefurd* FR, 1y (photographed); DB 13: 48, 1991
18 September 1985 Razende Bol, *Texel* NH, 1y, dead (ZMA); Kees Roselaar (in litt)
21 September 1985 Eemshaven, *Eemsmond* GR, 1y
23 September 1985 *Schiermonnikoog* FR, 1y, dead; Limicola 2: 195-196, 1988 (photos)
25 September 1985 Duinkersoord, *Vlieland* FR, 1y ♂, dead (ZMA); Kees Roselaar (in litt)
31 October 1985 Het Rutbeek, *Enschede* OV, 1y; Ficedula 15: 68-72, 1986
12 November 1985 Oostvoorne, *Westvoorne* ZH, dead (NMR; skull); Kees Moeliker (in litt)
24 November 1985 Den Oever, *Wieringen* NH, 1y, dead
14 September 1986 Kloosterburen, *De Marne* GR, 1y
17 September 1986 Posthuiswad, *Vlieland* FR, 1y, dead (ZMA); Kees Roselaar (in litt)
3 August 1987 Scheveningen, *Den Haag* ZH, adult summer
6 August 1987 *Castricum* NH, adult summer
7 August 1987 Camperduin, *Schoorl* NH, adult summer
15 August 1987 *Zundert* NB, 1y ♀, dead (ZMA); Kees Roselaar (in litt)
28 August 1987 Camperduin, *Schoorl* NH, adult
29 August 1987 Camperduin, *Schoorl* NH, subadult
15 September 1987 *Ameland* FR, adult summer; DB 13: 48, 1991
10-11 September 1988 Den Oever, *Wieringen* NH, 1y; DB 10: 198, 1988 (photo), LM 62: 198, 1989 (photo)
18 September 1988 *Schiermonnikoog* FR, adult (photographed)
18 September 1988 *Terschelling* FR, adult summer; LM 66: 156, 1993
21 September 1988 *Noordwijk* ZH, adult, trapped; CDNA archives, Duinstag 3: 138-141, 1988 (photo)
24 September 1988 Camperduin, *Schoorl* NH, adult
5 October 1988 *Castricum* NH, adult
7 October 1988 Camperduin, *Schoorl* NH, adult
8 October 1988 Camperduin, *Schoorl* NH (**4**), 3 adult & 1 1y
8 October 1988 Katwijk aan Zee, *Katwijk* ZH, adult; CDNA archives,

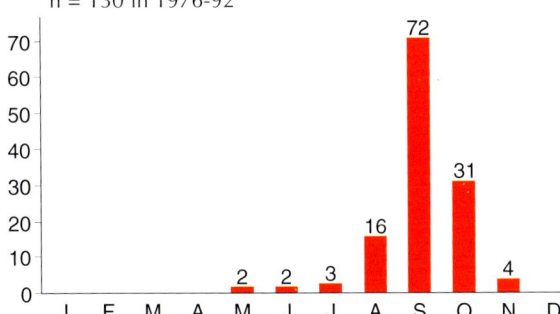

n = 130 in 1976-92

Individuen per maand / Individuals per month
Kleinste Jager / Long-tailed Skua

Duinstag 3: 138-141, 1988 (photos)
8 October 1988 *Texel* NH (**3**), 1 adult & 2 1y
8 October 1988 *Westkapelle* ZL, 1y; DB 11: 43, 1989 (photo)
15 October 1988 *Texel* NH, 1y, dead
October 1988 *Goedereede* ZH, adult; CDNA archives, DB 11: 43, 1989 (photo)
2 October 1989 Camperduin, *Schoorl* NH, adult
10 August 1990 *Westkapelle* ZL, adult summer
15 September 1990 *Enkhuizen* NH, 1y, trapped
15 September 1990 north off Schiermonnikoog CP, 1y (photographed)
21 September 1990 *Katwijk* ZH (**7**), 4 adult, 1 imm & 2 1y
21 September 1990 Scheveningen, *Den Haag* ZH (**4**), 3 adult & 1 1y
23 September 1990 Coepelduynen, *Katwijk* ZH, dead (photographed); DB 16: 138, 1994
24 September 1990 Maasvlakte, *Rotterdam/Westvoorne* ZH (**4**) (all) adult
28 September 1990 IJmuiden, *Velsen* NH, 1y
29 September 1990 *Harlingen-Terschelling* FR, 1y
9 October 1990 Camperduin, *Schoorl* NH, adult summer

25 August 1991 West-Terschelling, *Terschelling* FR, 1y, dead (ZMA); Kees Roselaar (in litt)
27 August 1991 Griend, *Terschelling* FR, 1y, dead (ZMA); Kees Roselaar (in litt)
2 September 1991 *Schiermonnikoog* FR, 1y, dead
7 September 1991 Lauwersoog, *De Marne* GR, 1y; DB 16: 138, 1994
8 September 1991 Eemshaven, *Eemsmond* GR, adult
8 September 1991 IJmuiden, *Velsen* NH, adult
16-19 September 1991 Griend, *Terschelling* FR, 1y
20 September 1991 Den Oever, *Wieringen* NH, 1y, dead
29 September 1991 *Terschelling* FR, adult; DB 13: 230, 1991 (photo)
2 October 1991 Katwijk aan Zee, *Katwijk* ZH (**2**), 1y
21 August 1992 *Vlissingen & Domburg* ZL, 1y (same as 2 at Westkapelle mentioned by Walhout & Twisk (1998)); LM 67: 166, 1994
3 September 1992 Scheveningen, *Den Haag* ZH, 1y
4 September 1992 Scheveningen, *Den Haag* ZH, 1y
4 September 1992 *Westkapelle* ZL (**2**), adult & 1y
15 September 1992 *Schiermonnikoog* FR, 1y
16 September 1992 *Schiermonnikoog* FR, 1y

Grote Jager [2]

algemene doortrekker

Stercorarius skua

J F M A M J J A S O N D

Great Skua

common migrant

Van de 19e eeuw is slechts één geval bekend: dit betrof een ♀ verzameld op 25 oktober 1856 (NNM). Vanaf 1908 werd de soort echter vrijwel jaarlijks en in toenemende aantallen waargenomen (Eykman et al 1949).

There is only one 19th century record concerning a ♀ collected on 25 October 1856 (NNM). However, from 1908, the species was recorded almost annually and in increasing numbers (Eykman et al 1949).

MEEUWEN Laridae (n=21)

Reuzenzwartkopmeeuw

zeer zeldzaam

Larus ichthyaetus

Pallas's Gull

very rare

Broedt van Zwarte-Zeegebied oost tot in China; overwintert zuid tot Grote Meren van Oost-Afrika en kusten van Rode Zee en Indische Oceaan.

De vogel van 1974-76 keerde drie zomers achtereen terug. Er zijn geen aanwijzingen waar hij zich de rest van het jaar ophield. De Nederlandse gevallen zijn de op twee na meest westelijke van de soort in Europa (het enige geval voor Brittannië in 1859 en dat voor België op 4-23 juni 1936 te Knokke, West-Vlaanderen, waren westelijker).

Breeds from Black Sea east into China; winters south to East African lakes and Red Sea and Indian Ocean coasts.

The 1974-76 bird returned in three consecutive summers. There are no indications of its whereabouts during the rest of the year. The Dutch records are two of the four most westerly of the species in Europe (the British record in 1859 and the Belgian on 4-23 June 1936 at Knokke, West-Vlaanderen, were further west).

2 records in 1800-1996; none in 1980-96

16 June 1946 Ketelmeer, *Kampen* OV, adult summer; LM 19: 52-55, 1946
22 June-23 September 1974 Oostvaardersplassen, *Lelystad* & Lepelaarsplassen, *Almere* & 9-30 August 1975 Oostvaardersplassen & Lepelaarsplassen & 15-28 July Oostvaardersplassen & Almere, *Almere* FL & 12-15 August 1976 Workumerwaard, *Nijefurd* FR, adult summer; DB 11: 5-8, 1989 (photo); 18: 164, 181, 1996 (photo)

● eerste locatie / first site
○ vervolglocatie / successive site

n = 2 in 1800-1996

● 1

Gevallen per locatie / Records per site
Reuzenzwartkopmeeuw / Pallas's Gull

Reuzenzwartkopmeeuw / Pallas's Gull *Larus ichthyaetus*, 25 June 1974, Oostvaardersdijk, Almere/Lelystad, Flevoland *(Nico Marra sr)*

Zwartkopmeeuw [2]

Larus melanocephalus

Mediterranean Gull

schaarse broedvogel
gehele jaar schaars tot algemeen

scarce breeding bird
scarce to common throughout year

In aansluiting op het 1977-verslag van de Club van Zeetrek-waarnemers (LM 53: 59-69, 1980) werd de soort in 1978-88 geregistreerd door de CDNA (LM 55: 125, 1982; 60: 30, 1987; 62: 117, 198-199, 1989).
Hij werd voor het eerst vastgesteld op 15 mei 1930 in het Leersumse Veld, Leersum, Utrecht (Ardea 19: 95-97, 1930). Het eerste broedgeval vond plaats in 1935 (gepaard met een Kokmeeuw *L ridibundus*) bij Serooskerke, Middenschouwen, Zeeland (Eykman et al 1949). Sindsdien was het een onre-gelmatige broedvogel (ook gepaard met Stormmeeuw *L canus*) en sinds c 1972 broedt hij ieder jaar (LM 63: 121-134, 1990). Het aantal broedparen is vanaf het eind van de 1980er jaren op spectaculaire wijze toegenomen van c 90 in 1990 tot c 320 in 1997 alleen al in het zuidwesten (DB 18: 142, 1996, SOVON-nieuws 11 (1): 14, 1998). Een dergelijke toename heeft ook elders in Europa plaatsgevonden (cf DB 15: 45-54, 1993; 17: 151-152, 1995). Het eerste geval voor België was op 16 april 1961 te Zeebrugge, West-Vlaanderen, en het eerste broedgeval vond in 1964 plaats te Lichtaart, Antwerpen (Gunter De Smet in litt).

Following the 1977 report of the Club van Zeetrekwaarne-mers (LM 53: 59-69, 1980), the species was registered in CDNA reports in 1978-88 (LM 55: 125, 1982; 60: 30, 1987; 62: 117, 198-199, 1989).
The first record was on 15 May 1930 at Leersumse Veld, Leersum, Utrecht (Ardea 19: 95-97, 1930). The first breeding was in 1935 (paired with Black-headed Gull *L ridibundus*) at Serooskerke, Middenschouwen, Zeeland (Eykman et al 1949). Since, it became an irregular breeding bird (also pair-ed with Mew Gull *L canus*). It has bred annually since c 1972 (LM 63: 121-134, 1990). The number of breeding pairs in-creased spectacularly during the late 1980s with, in the south-west alone, c 90 in 1990 to c 320 in 1997 (DB 18: 142, 1996, SOVON-nieuws 11 (1): 14, 1998). A similar increase occurred elsewhere in Europe (cf DB 15: 45-54, 1993; 17: 151-152, 1995). The first record for Belgium was on 16 April 1961 at Zeebrugge, West-Vlaanderen, and the first breeding occurred in 1964 at Lichtaart, Antwerpen (Gunter De Smet in litt).

Lachmeeuw

Larus atricilla

Laughing Gull

zeer zeldzaam

very rare

Broedt van Nova Scotia, Canada, en Neder-Californië, Mexi-co, zuidwaarts langs kust tot Frans Guyana.

Breeds from Nova Scotia, Canada, and Baja California, Mexi-co, south along coast to French Guyana.

De vogel van 1997 verbleef in de stad Groningen, Groningen, waar hij onder meer vaak op een parkeerplaats bij een McDonalds-restaurant werd gezien. Een adult gefotografeerd op 25 september 1993 en aanwezig tot midden oktober 1993 te Harderwijk, Gelderland, werd in eerste instantie door de CDNA afgewezen (DB 15: 285, 1993 (foto); 18: 21, 1996; 20: 33, 1998, cf Jonsson 1994) maar is recentelijk aanvaard. Er zijn veel gevallen voor andere Europese landen, oost tot in Finland (DB 19: 135, 137, 1997 (foto)) en Griekenland (DB 8: 62-63, 1986 (foto)). Tot en met 1996 werden 81 gevallen aan-vaard voor Brittannië en Ierland, daterend van alle maanden (BB 91: 478, 1998).

The 1997 bird stayed in the city of Groningen, Groningen, where, among other sites, it frequented a parking near a McDonald's restaurant. An individual photographed on 25 September 1993 and seen until mid October 1993 at Harderwijk, Gelderland, was first rejected by CDNA but has recently been accepted (DB 15: 285, 1993 (photo); 18: 21, 1996; 20: 33, 1998, cf Jonsson 1994). There are many records for other European countries, east to Finland (DB 19: 135, 137, 1997 (photo)) and Greece (DB 8: 62-63, 1986 (photo)). Up to 1996, 81 records dating from all months were accepted for Britain and Ireland (BB 91: 478, 1998).

1 record in 1800-1996; 1 in 1980-96

25 September-mid October 1993 *Harderwijk* GL, adult; DB 15: 285, 1993 (photo); contra 17: 99, 1995; 18: 21, 1996; cf 20: 33, 1998

voorlopige toevoegingen voor 1997-98 / provisional additions for 1997-98
22 August-20 October 1997 *Groningen* GR, adult; de Bruin & de Bruin (1997; photo), BW 10: 291, 1997 (photo), Birdwatch 6 (10): 57, 1997 (photo), DB 19: 203, 212-213, 264, 310-311, 1997 (pho-tos); 20: 107-110, 1998 (photos; erroneous year), Taxon 1: 41-44, 1997 (photos), VJ 45: 287, 1997 (photo), Plomp et al (1998)

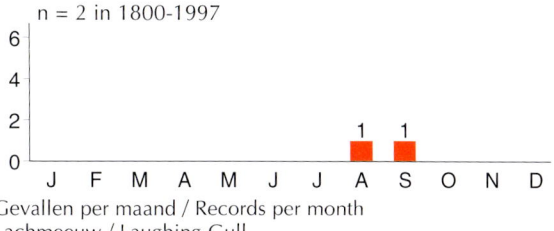

n = 2 in 1800-1997

Gevallen per maand / Records per month
Lachmeeuw / Laughing Gull

Lachmeeuw / Laughing Gull *Larus atricilla*, adult, 31 August 1997, Groningen, Groningen *(Koen van Dijken)*

n = 2 in 1800-1997

1

Gevallen per locatie / Records per site
Lachmeeuw / Laughing Gull

Lachmeeuw / Laughing Gull *Larus atricilla*, adult & Kokmeeuw / Black-headed Gull *L ridibundus*, 27 August 1997, Groningen, Groningen *(René Pop)*

Franklins Meeuw

Larus pipixcan

Franklin's Gull

zeer zeldzaam

very rare

Broedt in binnenland van Noord-Amerika; overwintert langs Pacifische kusten van Midden- en Zuid-Amerika.

Breeds in interior North America; winters along Pacific coasts of Central and South America.

De eerste vogel werd reeds op 8 juni 1987 net over de grens vastgesteld als eerste voor België (Oriolus 54: 170-174, 1988). Het is opmerkelijk dat beide gevallen in het binnen-

The first bird was previously seen on 8 June 1987 just across the Belgian border where it was also a first national record (Oriolus 54: 170-174, 1988). It is remarkable that both Dutch

land waren. Aangezien de soort schaars is aan de Noord-Amerikaanse oostkust, wordt verondersteld dat dwaalgasten in Europa arriveren door vanuit winterkwartieren in zuidelijk Zuid-Amerika via de Atlantische Oceaan noordwaarts te trekken (DB 12: 137-143, 1990).

records were inland. The species is scarce along the eastern coasts of North America and, therefore, it is assumed that vagrants to Europe arrive by migrating north from the winter quarters in southern South America through the Atlantic Ocean (DB 12: 137-143, 1990).

2 records in 1800-1996; 2 in 1980-96

13 June-11 July 1987 Achtmaal-Wernhout, *Zundert* NB, 1s (same bird was observed from 8 June across Belgian border at Nieuwmoer & Wuustwezel, Antwerpen); DB 9: 137, 1987 (photo); 10: 71-78, 1988 (photos); 12: 140, 1990 (photo); 16: 61-64, 1994 (photo),

Oriolus 54: 170, 1988 (photo), van den Berg et al (1990): 58, 62 (photos), Mitchell & Young (1997; photo 79(5))
10 June 1988 Brandemeer, Rotstergaast, *Weststellingwerf* FR, adult ♂, dead (FNM); DB 11: 155, 1989 (photo); 12: 65-69, 1990 (photos)

n = 2 in 1800-1996

Gevallen per locatie / Records per site
Franklins Meeuw / Franklin's Gull

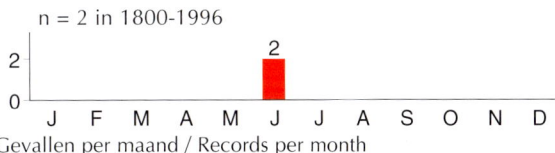

n = 2 in 1800-1996

Gevallen per maand / Records per month
Franklins Meeuw / Franklin's Gull

Franklins Meeuw / Franklin's Gull *Larus pipixcan*, first-summer & Kokmeeuw / Black-headed Gull *L ridibundus*, 14 June 1987, Wernhout, Zundert, Noord-Brabant *(René Pop)*

Dwergmeeuw [2]

zeldzame broedvogel
gehele jaar algemeen

Larus minutus

Little Gull

rare breeding bird
common throughout year

Vorkstaartmeeuw [2]

schaarse doortrekker

Larus sabini

Sabine's Gull

scarce migrant

In aansluiting op het 1977-verslag van de Club van Zeetrekwaarnemers (LM 53: 59-69, 1980) werd de soort in 1978-88 geregistreerd door de CDNA (LM 55: 125, 1982; 60: 30, 1987; 62: 117, 199, 1989).
Het eerste geval met voldoende gegevens over vindplaats en datum was een juveniel ♂ verzameld op 11 oktober 1892 te Hoek van Holland, Rotterdam, Zuid-Holland (Eykman et al 1949). Tot en met 1988 werden c 240 gevallen gepubliceerd waarvan de weinige uit januari-begin augustus als dubieus dienen te worden beschouwd; voor informatie over voorkomen, herkenning, foto's en enkele van de exemplaren die langer dan een dag aanwezig waren, zij verwezen naar DB 17: 11-15, 64-66, 1995.

Following the 1977 report of the Club van Zeetrekwaarnemers (LM 53: 59-69, 1980), the species was registered in CDNA reports in 1978-88 (LM 55: 125, 1982; 60: 30, 1987; 62: 117, 199, 1989).
The first record with sufficient information about place and date was a juvenile ♂ collected on 11 October 1892 at Hoek van Holland, Rotterdam, Zuid-Holland (Eykman et al 1949). Up to 1988, c 240 records were published of which the few dated from January-early August should be considered dubious; for information on occurrence, identification, photographs and some of the multiple-day records, see DB 17: 11-15, 64-66, 1995.

Kleine Kokmeeuw

Larus philadelphia

Bonaparte's Gull

zeer zeldzaam

very rare

Broedt in noordelijk Noord-Amerika; overwintert in zuidelijk Noord-Amerika en Midden-Amerika.

Breeds in northern North America; winters in southern North America and Central America.

De vogel van 1988-89 was een opmerkelijk lange periode aanwezig, van juni tot eind januari, waarin hij een volledige rui doormaakte. In tegenstelling tot de eerste drie gevallen werd de vogel van april 1994 niet fotografisch gedocumenteerd en door slechts weinig waarnemers gezien.

The 1988-89 bird remained for a remarkably long period, from June to January, during which it underwent a complete moult. In contrast with the first three records, the one in April 1994 was not documented by photographs and seen by only a few observers.

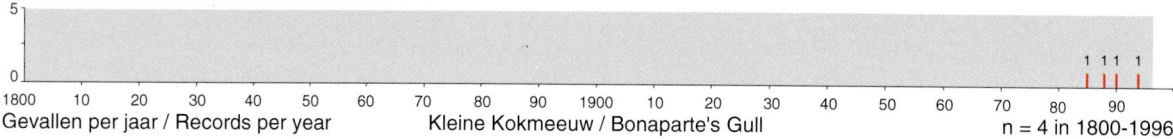

Gevallen per jaar / Records per year — Kleine Kokmeeuw / Bonaparte's Gull — n = 4 in 1800-1996

4 records in 1800-1996; 4 in 1980-96

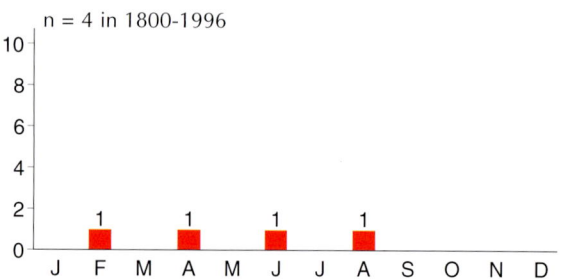

4 August 1985 IJmuiden, *Velsen* NH, adult summer; DB 7: 155, 1985 (photo); 9: 51, 55-59, 1987 (photos), Graspieper 5: 117, 1985 (photo), van den Berg et al (1990): 63-64 (photos)

16 June 1988-28 January 1989 IJmuiden, *Velsen* NH, 1s moulting to 2w; BW 1: 307, 1988 (photo), Duinstag 3: 99, 1988 (photo), 11 (1): 3, 1996 (photo), DB 10: 158, 199, 1988 (photos); 11: 145-151, 1989 (photos); 12: 148, 150, 1990 (photos), DB Nieuwsbr 1: 5, 1989 (photo), LM 62: 199, 1989 (photo), VJ 37: 37, 1989 (photo), van den Berg et al (1990): cover (photo), Birdwatch 3 (21): 42, 1994 (photo), Oriolus 60: 63-64, 1994 (photos), Mitchell & Young (1997; photo 81(5))

11-19 February 1990 Ritthem, *Vlissingen* ZL, 1w; BW 3: 85, 1990 (photo), DB 12: 52, 103, 1990 (photo), 14: 78, 1992 (photo), LM 65: 140, 1992 (photo)

6 April 1994 *'s-Gravenzande* ZH, 1w

n = 4 in 1800-1996

Gevallen per maand / Records per month
Kleine Kokmeeuw / Bonaparte's Gull

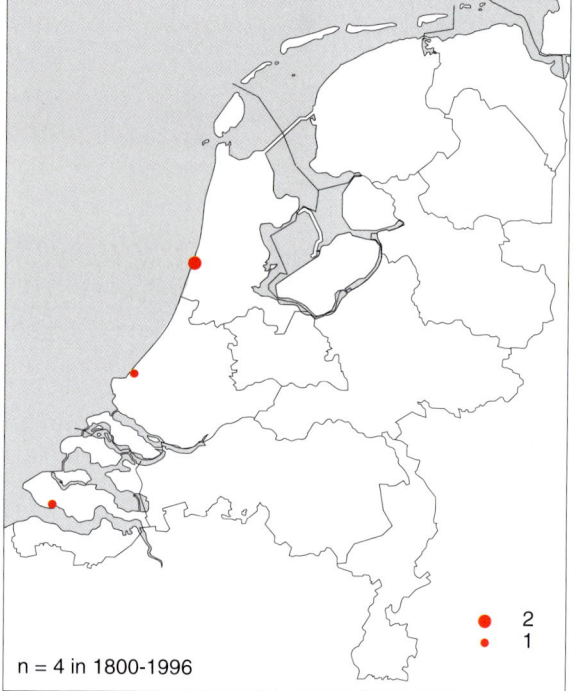

n = 4 in 1800-1996

● 2
• 1

Gevallen per locatie / Records per site
Kleine Kokmeeuw / Bonaparte's Gull

Kleine Kokmeeuw / Bonaparte's Gull *Larus philadelphia*, first-summer (links / left) & Kokmeeuw / Black-headed Gull *L ridibundus*, July 1988, IJmuiden, Velsen, Noord-Holland *(Karel Mauer)*

Kleine Kokmeeuw / Bonaparte's Gull *Larus philadelphia*, first-summer, 6 August 1988, IJmuiden, Velsen, Noord-Holland
(Arnoud B van den Berg)

Kokmeeuw [2]

algemene broedvogel
gehele jaar algemeen

Larus ridibundus

J F M A M J J A S O N D

Black-headed Gull

common breeding bird
common throughout year

Ringsnavelmeeuw

zeer zeldzaam

Larus delawarensis

Ring-billed Gull

very rare

Broedt en overwintert in Noord-Amerika.

Het eerste geval van de soort in Brittannië was in maart 1973. Sindsdien zijn er 100en vastgesteld, vermoedelijk ten gevolge van een grote populatietoename in oostelijk Noord-Amerika. Sinds 1987 wordt de soort zelfs niet meer door de Britse zeldzaamhedencommissie beoordeeld (BB 80: 422, 1987). Het is echter nog steeds een dwaalgast aan de Britse oostkust (cf Dymond et al 1989). Dit komt overeen met het lage aantal gevallen in Nederland. De meeste werden in het binnenland gezien, hetgeen overeenstemt met het feit dat de soort in Noord-Amerika ook talrijk in het binnenland overwintert. Twee gevallen betroffen vogels die tevens over de grens in België werden vastgesteld. Het feit dat er geen gevallen zijn uit augustus-november ondersteunt het idee dat de meeste 's winters in Europa arriveren (cf DB 12: 121-130, 1990). Voor België werden in 1988-97 11 exemplaren aanvaard (acht adulte) waarvan negen in januari-mei en twee in september-november.

Breeds and winters in North America.

The species' first record in Britain was in March 1973. Since, 100s were seen, probably due to a dramatic population growth in eastern North America, following which the species was removed from the British rarities committee list in 1987 (BB 80: 422, 1987). However, it is still rarely recorded in British North Sea counties (cf Dymond et al 1989) which is consistent with the small number of records in the Netherlands. Most Dutch individuals were found inland which is similar to the species' habits of wintering abundantly throughout inland areas in North America. Two birds were also seen across the border in Belgium. There are no records from August-November which supports the idea that most arrive in Europe during winter (cf DB 12: 121-130, 1990). In Belgium, 11 individuals (eight adults) were accepted in 1988-97, of which nine in January-May and two in September-November.

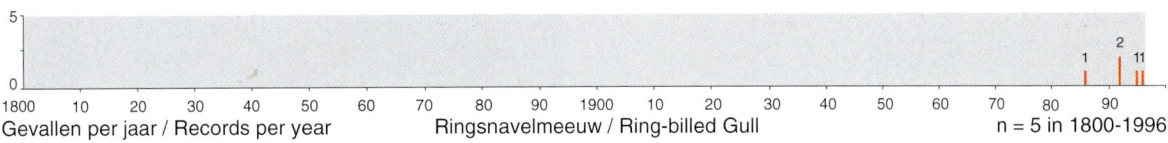

Gevallen per jaar / Records per year   Ringsnavelmeeuw / Ring-billed Gull   n = 5 in 1800-1996

Ringsnavelmeeuw / Ring-billed Gull *Larus delawarensis*, adult ♂, 4 February 1998, Goes, Zeeland *(Carl Derks)*

5 records in 1800-1996; 5 in 1980-96

6-13 July 1986 Europoort, *Rotterdam* ZH, adult summer; DB 8: 155, 1986 (photo); 10: 20-23, 1988; 12: 130, 1990 (photo), van den Berg et al (1990): 68 (photos)
18-19 April 1992 Achtmaal, *Zundert* NB, adult summer (same bird stayed across Belgian border at Nieuwmoer, Antwerpen); DB 14: 116, 1992 (photo); 15: 249-254, 1993 (photos)
6 December 1992 *Alphen aan den Rijn* ZH, adult; DB 18: 112, 1996
8 January 1995 Stevensweert, *Maasbracht* LB, adult (same bird stayed until 22 January across Belgian border at Maaseik, Limburg); DB 18:

240-241, 1996, LV 7: 35-36, 1996
10 April 1996 *Woerden* ZH, 2s; DB 18: 149, 1996 (photo)

voorlopige toevoegingen voor 1997-98 / provisional additions for 1997-98
14 February 1997 *Best* NB, adult (not (yet) accepted by CDNA)
18 January-11 February 1998 & 18 September-at least January 1999 *Goes* ZL, adult winter ♂ (sound-recorded); BW 11: 91, 1998 (photo), Duinstag 13 (1): 17, 1998 (photo), DB 20: 52, 1998 (photos), Plomp et al (1999)

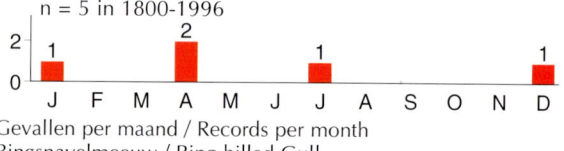

n = 5 in 1800-1996

Gevallen per maand / Records per month
Ringsnavelmeeuw / Ring-billed Gull

n = 5 in 1800-1996

Gevallen per locatie / Records per site
Ringsnavelmeeuw / Ring-billed Gull

Ringsnavelmeeuw / Ring-billed Gull *Larus delawarensis*, adult ♂, 19 January 1998, Goes, Zeeland *(Arnoud B van den Berg)*

Stormmeeuw [2]

Larus canus ssp

Mew Gull

algemene broedvogel
gehele jaar algemeen

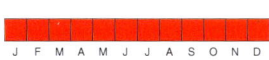

common breeding bird
common throughout year

Naast de algemene nominaat zijn er ook gevallen van de oostelijke ondersoort, Russische Stormmeeuw *L c heinei*, die in Rusland broedt van Moskou oost tot de Lena-rivier in midden-Siberië. Tot 1 januari 1995 werd deze ondersoort door de CDNA beoordeeld (DB 17: 72, 1995, LM 69: 13, 16, 1996). Determinatie was alleen mogelijk door onderzoek in de hand. In 1984-91 werden 11 gevallen aanvaard waaronder negen dood gevonden vogels en twee ringterugmeldingen. Het eerste geval was een ringterugmelding van Taldom, Rusland, op 10 juni 1984 te Harkema, Achtkarspelen, Friesland (dood exemplaar). Het tweede was een eerste-winter ♂ dood gevonden op 26 februari 1987 te Stellendam, Goedereede, Zuid-Holland (LM 63: 2-6, 1990 (foto)). Voor negen gevallen in 1990-91 (twee in januari, zes in februari en één in mei) zij verwezen naar DB 15: 254-258, 1993; 17: 93-94, 1995. De gevallen suggereren dat lage aantallen regelmatig overwinteren.

Apart from the common nominate subspecies, there are also records of the eastern subspecies *L c heinei*, which breeds in Russia from Moscow east to the Lena, central Siberia. Until 1 January 1995, the latter subspecies was considered by CDNA (DB 17: 72, 1995, LM 69: 13, 16, 1996). It could only be identified when examined in the hand. In 1984-91, there were 11 records of which nine were birds found dead and two were ringing recoveries. The first record was a ringed bird from Taldom, Russia, which was found dead on 10 June 1984 at Harkema, Achtkarspelen, Friesland. The second was a first-winter ♂ found dead on 26 February 1987 at Stellendam, Goedereede, Zuid-Holland (LM 63: 2-6, 1990 (photo)). For nine records in 1990-91 (two in January, six in February and one in May), see DB 15: 254-258, 1993; 17: 93-94, 1995. The records suggest that small numbers regularly winter.

Zilvermeeuw [2]

Larus argentatus

European Herring Gull

algemene broedvogel
gehele jaar algemeen

common breeding bird
common throughout year

Er is ten minste één geval van een geelpotige Zilvermeeuw 'omissus' geringd als kuiken op 18 juli 1986 in een zuivere kolonie te Taipalsääri, Kymenlääni, Finland, en teruggemeld op 6 juli 1987 te Tilburg, Noord-Brabant (Giervalk 80: 41-42, 1990). Er zijn verscheidene andere meldingen van 'omissus' waaronder een adult specimen van 25 januari 1881 te Katwijk, Zuid-Holland (NNM) (DB 18: 181, 1996, contra Kist et al 1970). De systematiek van 'omissus' staat nog ter discussie (cf Panov & Monzikov 1998).

There is at least one record of a yellow-legged European Herring Gull 'omissus' ringed as a pullus on 18 July 1986 in a pure 'omissus' colony at Taipalsääri, Kymenlääni, Finland, and recovered on 6 July 1987 at Tilburg, Noord-Brabant (Giervalk 80: 41-42, 1990). There are several other reports of 'omissus', including an adult specimen from 25 January 1881 at Katwijk, Zuid-Holland (NNM) (DB 18: 181, 1996, contra Kist et al 1970). The systematics of 'omissus' is still a matter of debate (cf Panov & Monzikov 1998).

Baltische Mantelmeeuw [2]

Larus fuscus

Baltic Gull

zeer zeldzaam

very rare

n = 1 in 1800-1996

Gevallen per locatie / Records per site
Baltische Mantelmeeuw / Baltic Gull

Baltische Mantelmeeuw / Baltic Gull *Larus fuscus*, adult,
18 October 1992, Schiermonnikoog, Friesland *(Rik Winters)*

Broedt in Oost- en Noord-Zweden, Noord-Estland en Finland tot zuidelijke Witte-Zeekust; overwintert rond Rode Zee en in Oost-Afrika.

Baltische Mantelmeeuw werd voorheen als conspecifiek beschouwd met Kleine Mantelmeeuw L graellsii en Heuglins Meeuw L heuglini (Sangster et al 1998, cf Ardea 80: 133-142, 1992, cf Birding 27: 282-290, 1995). Tot c 1990 bestond er een voortdurende terugloop in het aantal broedparen zodat dit de enige bedreigde grote meeuw van Europa was.

Over het voorkomen van dit taxon in Nederland bestaan nog veel vraagtekens. Dit is onder meer het gevolg van verwarring in het veld met donkerste Kleine Mantelmeeuwen L graellsii 'intermedius' (cf BW 11: 295-317, 1998). Een aantal recente waarnemingen is momenteel in behandeling bij de CDNA. Inmiddels is die van een gefotografeerde vogel op 18 oktober 1992 op Schiermonnikoog, Friesland, aanvaard (DB 20: 10, 1998).

Er zijn zeven terugmeldingen bekend van kuikens geringd in Finland (vijf) en Zweden (twee) die naar werd aangenomen dit taxon betroffen (DB 3: 55, 1981, cf Gierzwaluw 33: 93-126, 1995). Recentelijk is aangetoond dat het op zijn minst onzeker is of zelfs maar één van de ringterugmeldingen inderdaad een Baltische Mantelmeeuw betrof (DB 20: 6-10, 1998). Zo was een aantal afkomstig van gemengde broedkolonies waar ook andere soorten grote meeuwen broedden waardoor de kans bestaat dat geringde kuikens foutief gedetermineerd zijn.

In augustus-oktober 1998 werden 19 exemplaren gemeld (DB 20: 256, 318, 1998). Dit duidt erop dat de soort minder zeldzaam is dan verondersteld.

Breeds in eastern and northern Sweden, northern Estonia and Finland to southern White Sea coasts; winters around Red Sea and in eastern Africa.

Formerly, Baltic Gull was considered conspecific with Lesser Black-backed Gull L graellsii and Heuglin's Gull L heuglini (Sangster et al 1998, cf Ardea 80: 133-142, 1992, cf Birding 27: 282-290, 1995). Until c 1990, there was a continuing decrease in the number of breeding pairs, making this the only endangered large gull in Europe.

There are still many questions regarding the status of this taxon in the Netherlands. One of the reasons for confusion is identification problems with dark Lesser Black-backed Gulls L graellsii 'intermedius' (cf BW 11: 295-317, 1998). A number of recent reports is currently considered by CDNA. Meanwhile, the observation of a photographed bird on 18 October 1992 on Schiermonnikoog, Friesland, has been accepted (DB 20: 10, 1998).

There were seven recoveries of, supposedly, this taxon ringed as pullus in Finland (five) and Sweden (two) (DB 3: 55, 1981, cf Gierzwaluw 33: 93-126, 1995). Recently, however, it has been shown that there is no ringing recovery of which the identification is beyond doubt (DB 20: 6-10, 1998). For instance, several were from mixed colonies where other large gull species also bred which may have led to misidentification of ringed chicks.

In August-October 1998, 19 individuals were reported (DB 20: 256, 318, 1998). This indicates that the species is less rare than presumed.

1 record in 1800-1996; 1 in 1980-96

18 October 1992 Schiermonnikoog FR, adult summer; DB 20: 10, 152, 1998, Taxon 2: 31-35, 1998 (photo)

voorlopige toevoegingen voor 1997-98 / provisional additions for 1997-98
1-2 May 1998 Katwijk aan Zee, Katwijk ZH, subadult; DB 20: 138, 1998 (photo), Plomp et al (1999)

Kleine Mantelmeeuw

Larus graellsii

Lesser Black-backed Gull

algemene broedvogel
gehele jaar algemeen

common breeding bird
common throughout year

Het eerste Nederlandse broedgeval vond plaats in 1926 op de Boschplaat, Terschelling, Friesland (Ardea 16: 4-10, 1927, Org Club Ned Vogelkd 4: 152, 1932). Sindsdien is de broedpopulatie snel toegenomen tot 50 000 paren in 1996 (van Dijk et al 1998), meer dan tweederde van het aantal Zilvermeeuwen L argentatus. De populatie wordt vaak aangeduid als de 'Nederlandse overgangsvorm tussen graellsii en intermedius' (Teixeira 1979, Birding 27: 282-290, 1995). Dit houdt in dat veel broedvogels niet tot op 'ondersoort' konden worden gedetermineerd.

First breeding in the Netherlands occurred in 1926 at Boschplaat, Terschelling, Friesland (Ardea 16: 4-10, 1927, Org Club Ned Vogelkd 4: 152, 1932). Since, the Dutch breeding population has increased rapidly to 50 000 pairs in 1996 (van Dijk et al 1998), more than two-thirds the number of European Herring Gull L argentatus. The population is often called the 'Dutch intergrade of graellsii and intermedius' (Teixeira 1979, Birding 27: 282-290, 1995). It means that many breeding birds could not be attributed to either.

Geelpootmeeuw [2]

Larus michahellis michahellis

Mediterranean Yellow-legged Gull

onregelmatige broedvogel
gehele jaar algemeen

irregular breeding bird
common throughout year

Tot 1 januari 1989 werd dit taxon beoordeeld door de CDNA (LM 59: 15, 1986; 60: 30, 1987; 62: 117, 1989; 65: 140-141, 1992); gevallen in Zuidwest-Nederland werden geregistreerd maar niet beoordeeld in 1983-88 (cf CDNA-archief).

Er zijn verscheidene ringterugmeldingen sinds 1965. Zo waren er terugmeldingen van vogels op 6 juni 1964 geringd op Mrkan, Kroatië, teruggevonden in augustus 1965 op Marken, Waterland, Noord-Holland (niet formeel aanvaard door de CDNA), op 30 mei 1965 geringd te Marseille, Bouches-du-Rhône, Frankrijk, teruggevonden op 12 juni 1966 te Oostvoorne, Westvoorne, Zuid-Holland, en op 1 juni 1988 geringd te Asinara, Sardinië, Italië, teruggevonden op 23 mei 1990 te Serooskerke, Westerschouwen, Zeeland (Larus 19:

Until 1 January 1989, this taxon was considered by CDNA (LM 59: 15, 1986; 60: 30, 1987; 62: 117, 1989; 65: 140-141, 1992); in 1983-88, records in the south-west of the Netherlands were not considered, only registered in CDNA reports (cf CDNA archives).

There are several ringing recoveries since 1965. For instance, an individual ringed on 6 June 1964 on Mrkan, Croatia, was recovered in August 1965 on Marken, Waterland, Noord-Holland (not formally accepted by CDNA), another ringed on 30 May 1965 at Marseille, Bouches-du-Rhône, France, was recovered on 12 June 1966 at Oostvoorne, Westvoorne, Zuid-Holland, and another ringed on 1 June 1988 at Asinara, Sardinia, Italy, was recovered on 23 May 1990 at Serooskerke, Westerschouwen, Zeeland (Larus 19: 133-144, 1965,

133-144, 1965, Wielewaal 47: 129-130, 1981, Giervalk 80: 41, 1990). Gemengde broedparen met Zilvermeeuw *L argentatus* of Kleine Mantelmeeuw *L graellsii* hebben eieren en/of jongen geproduceerd. Bovendien zijn er meldingen van zuivere broedparen te Europoort, Rotterdam, Zuid-Holland (Peter de Knijff pers comm); zo werd een op 12 juli 1987 geringd kuiken op 7 juli 1996 als Geelpootmeeuw teruggemeld te Noordwijk, Zuid-Holland (Sula 11: 241, 1997).

Wielewaal 47: 129-130, 1981, Giervalk 80: 41, 1990). Several mixed pairs with European Herring Gull *L argentatus* or Lesser Black-backed Gull *L graellsii* have produced eggs and/or young. Besides, there are reports of pure breeding pairs from Europoort, Rotterdam, Zuid-Holland (Peter de Knijff pers comm); for instance, a chick ringed here on 12 July 1987 was identified as Mediterranean Yellow-legged Gull on 7 July 1996 at Noordwijk, Zuid-Holland (Sula 11: 241, 1997).

(mogelijke) gemengde broedparen / (presumed) mixed breeding pairs

28 May 1985 Maasvlakte, *Rotterdam* ZH, ♂, nest & eggs & young, paired with European Herring Gull *L argentatus*; Oriolus 52: 55-58, 1986
1987 & 1991-96 IJmuiden, *Velsen* NH, ♀ (possibly of hybrid origin; Peter de Knijff pers comm), several young, paired with Lesser Black-backed Gull *L graellsii*; DB 16: 231-232, 1994 (photos); 18: 211, 1996, Sula 10: 151-152, 1996
1 June 1992 Neeltje Jans, *Veere* ZL, ♂, nest & 3 eggs, paired with

European Herring Gull & ringed as chick on 16 June 1984 at Ile Plane, Marseille, Bouches-du-Rhône, France (also present in 1993-94); DB 17: 246-247, 1995
1993 BP-zuid, Europoort, *Rotterdam* ZH, at least 1 young, paired with European Herring Gull (colour-ringed 1s photographed at Oostende, West-Vlaanderen, Belgium); Gunter De Smet (in litt)
1996 IJmuiden, *Velsen* NH, ♂, nest & eggs, paired with Lesser Black-backed Gull; DB 18: 211, 1996, Fred Cottaar (in litt)

Pontische Meeuw   *Larus cachinnans cachinnans*   Pontic Gull

vrij zeldzaam tot schaars

rather rare to scarce

Broedt in Oost-Europa van de Zwarte Zee oost tot in Oost-Kazakhstan.

Breeds in eastern Europe from Black Sea east to eastern Kazakhstan.

Mede door de publicatie van herkenningsartikelen (onder meer DB 13: 145-148, 1991; 14: 91-94, 1992, Limicola 9: 121-165, 1995, BB 90: 25-62, 369-383, 1997) kwamen er sinds de winter van 1995/96 steeds meer meldingen van deze voorheen Kaspische Geelpootmeeuw genoemde soort (DB 19: 319-320, 1997). Dit betrof meestal adulte; meldingen van eerste-winters leverden soms nog determinatieproblemen op (cf DB 19: 319, 1997 (foto)). De soort wordt sinds 1 januari 1998 niet langer beoordeeld door de CDNA. Het aantal waarnemingen nam in het begin van 1998 toe; zo werden op 15 februari 40 exemplaren geteld op een slaapplaats te Oost-Maarland, Eijsden, Limburg (cf LV 9: 14-18, 1998). In oktober-november 1998 werden ten minste 80 exemplaren gemeld waarvan de meeste in Limburg maar ook een aantal langs de Noordzeekust en elders (BW 11: 445, 1998 (foto), DB 20: 317, 1998 (foto's)).
Aanvankelijk vooral dankzij ringonderzoek werd de soort steeds vaker in Duitsland vastgesteld (Vogelwelt 115: 267-286, 1994, DB 18: 302-304, 1996, Limicola 11: 49-75, 1997). Naar schatting zijn in de zomer thans 20% van de

In part as a result of new identification papers (for instance, DB 13: 145-148, 1991; 14: 91-94, 1992, Limicola 9: 121-165, 1995, BB 90: 25-62, 369-383, 1997), Pontic Gull – also known as Steppe Gull or Caspian Yellow-legged Gull – was seen with increasing frequency since the winter of 1995/96 (DB 19: 319-320, 1997). These were mostly adults; some reports of first-winters still presented identification problems (cf DB 19: 319, 1997 (photo)). On 1 January 1998, it was removed from the list of species considered by CDNA. The number of reports increased during early 1998; for instance, 40 individuals were counted on 15 February at a roost at Oost-Maarland, Eijsden, Limburg (cf LV 9: 14-18, 1998). In October-November 1998, at least 80 individuals were reported, most in Limburg but several also along the North Sea coast and elsewhere (BW 11: 445, 1998 (photo), DB 20: 317, 1998 (photos)).
In Germany, the species has been recorded with increasing frequency, first mainly by ringed individuals (Vogelwelt 115: 267-286, 1994, DB 18: 302-304, 1996, Limicola 11: 49-75, 1997). It is estimated that, nowadays, 20% of all yellow-leg-

Pontische Meeuw / Pontic Gull *Larus cachinnans cachinnans*, adult (right) & Zilvermeeuw / European Herring Gull *L argentatus*, adult, 7 November 1998, Katwijk aan Zee, Katwijk, Zuid-Holland *(René van Rossum)*

Pontische Meeuw / Pontic Gull *Larus cachinnans cachinnans*, adult, 13 January 1998, Huizen, Noord-Holland *(Jan Mulder)*

geelpootmeeuwen te Hannover, Niedersachsen, Pontische (en de rest Geelpootmeeuwen *L michahellis*) en in de winter zelfs 100% (Vogelkdl Ber Niedersachs 28: 44-46, 1996). Op 29 november 1997 werden 50 Pontische en 31 Geelpoot-meeuwen geteld tussen 6930 Zilvermeeuwen *L argentatus* in het Ruhrgebied, Nordrhein-Westfalen, Duitsland (DB 19: 305, 1997) en op 24 januari 1998 zelfs 170 Pontische en 19 Geelpootmeeuwen tussen 8700 Zilvermeeuwen. De redenen waarom het aantal Pontische significant is toegenomen zijn onbekend (Andreas Buchheim in litt). Voorheen kan hij deels ook over het hoofd zijn gezien door onbekendheid met zijn kenmerken (cf van den Bergh et al 1979).

ged gulls seen during summer at Hannover, Niedersachsen, are Pontic (the rest being Mediterranean Yellow-legged Gull *L michahellis*) and in winter 100% (Vogelkdl Ber Niedersachs 28: 44-46, 1996). In the Ruhr area, Nordrhein-Westfalen, Germany, 50 Pontic and 31 Mediterranean were counted between 6930 European Herring Gulls *L argentatus* on 29 November 1997 (DB 19: 305, 1997) and, on 24 January 1998, even 170 Pontic and 19 Mediterranean between 8700 European Herring Gulls. The reasons why the number of Pontic Gulls have risen significantly are unknown (Andreas Buchheim in litt). In the past, Pontic may also have been part-ly overlooked due to unfamiliarity with identification features (cf van den Bergh et al 1979).

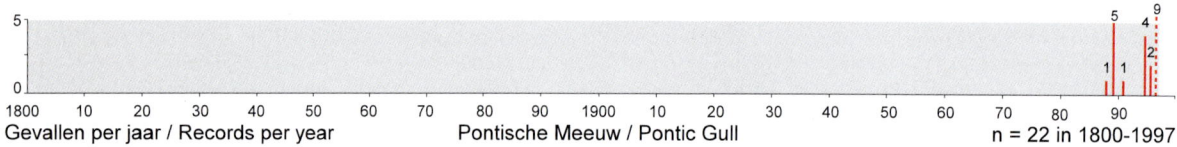

Gevallen per jaar / Records per year — Pontische Meeuw / Pontic Gull — n = 22 in 1800-1997

13 records (23 individuals) in 1800-1996; 13 records (23 individuals) in 1980-96

19 September-16 November 1988 vuilstort *Zutphen* & Bussloo, *Voorst* GL, adult; DB 19: 280-283, 1997 (photos)
4 March 1989 Bolwerksweiden, *Deventer* OV (**2**), adult; DB 20: 152, 1998
25 March 1989 Bolwerksweiden, *Deventer* OV, subadult; DB 20: 152, 1998
19 September 1989 vuilstort *Zutphen* GL, adult; DB 20: 152, 1998
2 October 1989 vuilstort *Zutphen* GL, subadult; DB 20: 152, 1998
29 October 1989 Bolwerksweiden, *Deventer* OV, adult; DB 20: 152, 1998
11 December 1991 *Geldermalsen* GL, 1w, ring read (nest Podkova, Zaporozh'ye, Ukraine); DB 18: 302-304, 1996, Vinkentouw 80: 16, 1996
2 November 1995 Het Rutbeek, *Enschede* OV, 2w; DB 19: 319-320, 1997
6 November 1995 Het Rutbeek, *Enschede* OV, 4w; DB 19: 319-320, 1997
1-17 December 1995 Het Rutbeek, *Enschede* OV, adult; DB 19: 319-320, 1997

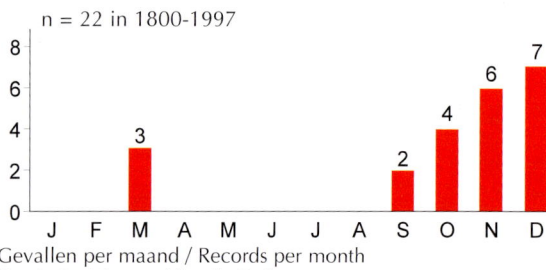

n = 22 in 1800-1997

Gevallen per maand / Records per month
Pontische Meeuw / Pontic Gull

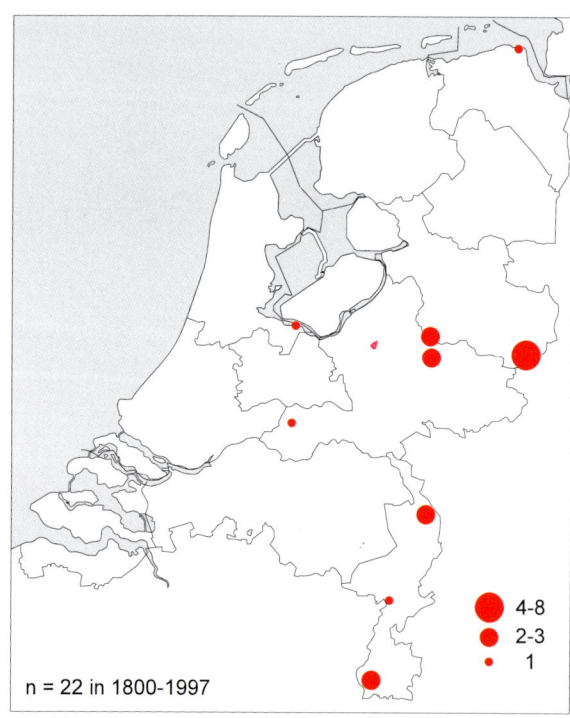

n = 22 in 1800-1997

4-8
2-3
1

Gevallen per locatie / Records per site
Pontische Meeuw / Pontic Gull

27 December 1995 Het Rutbeek, *Enschede* OV, adult; Paul Knolle (pers comm)

15 March 1996 Het Rutbeek, *Enschede* OV, adult; DB 19: 319-320, 1997

November 1996-March 1997 Het Rutbeek & Rutbekerveld, *Enschede* OV (c **10**), 2 2w, 2 3w & 6 adult; cf DB 19: 319-320, 1997, Paul Knolle (pers comm)

voorlopige toevoegingen voor 1997 / provisional additions for 1997

25 October 1997-10 January 1998 Klein Vink, *Arcen en Velden* LB (at least **6**, probably 10), (sub)adults (photographed & videoed); DB 19: 319-320, 1997 (photo), contra VJ 45: 286, 1997

26 October 1997 Eemshaven, *Eemsmond* GR, 1w; CDNA archives

8 November 1997-15 February 1998 Huizen NH (max **3**) & *Almere* FL (1), 2 adult & 1 3w (sound-recorded & videoed); DB 20: 51, 1998 (photo)

15-16 November 1997 & 11 January 1998 't Leuken, *Bergen* LB (max **2**), (sub)adults (photographed); DB 19: 319-320, 1997, Plomp et al (1998)

23-29 November 1997(-January 1998) Het Rutbeek, *Enschede* OV (max **2**), 1w; DB 19: 319-320, 1997

5-7 December 1997 Stevensweert, *Maasbracht* LB, adult (& Maaseik, Limburg, Belgium); DB 19: 319-320, 1997

6 December 1997-26 January 1998 Eijsder Beemden, Oost-Maarland, *Eijsden* LB (max **3**), adult; DB 319-320, 1997 (photo), LV 9: 16, 1998 (photo)

14 December 1997 Rutbekerveld, *Enschede* OV, adult; DB 19: 319-320, 1997

29 December 1997-15 February 1998 Itteren, *Maastricht* LB (max **5**); Max Berlijn (pers comm)

Kleine Burgemeester   *Larus glaucoides glaucoides*   Iceland Gull

vrij zeldzaam

Broedt in Groenland; overwintert in Groenland, IJsland en schaars tot zeldzaam langs andere Noord-Atlantische kusten.

De gevallen van vóór 1980 zijn niet herzien. Het enige specimen van de 19e eeuw is een verzameld exemplaar in eerste-winterkleed zonder datum of plaats (Snouckaert van Schauburg 1908). Er is geen documentatie beschikbaar voor de meeste van de 19 gevallen van vóór 1976. Gevallen van vóór 1945 staan vermeld in Eykman et al (1949). Voor 1945-68 zijn alleen de door Kist et al (1970) genoemde gevallen opgenomen. Men dient zich te bedenken dat met name een aantal gevallen van vóór 1976 betrekking kan hebben op leucistische of albinistische meeuwen van een andere soort (cf LM 54: 131, 1981). Gevallen die door slechts één waarnemer zijn gezien en derhalve als onbevestigd te boek staan (10) worden hier dan ook buiten beschouwing gelaten (cf Kist et al 1970). De soort wordt sinds 1 januari 1998 niet langer beoordeeld door de CDNA.

De meeste gevallen dateerden van december-april. Acht bevonden zich ver in het binnenland op meer dan 100 km van de Noordzee. De vier beste winters waren die van 1982/83 (zes gevallen gedurende 8 januari-14 mei 1983), 1983/84 (negen gedurende 1 december 1983-20 april 1984), 1991/92 (acht gedurende 17 oktober 1991-14 april 1992) en 1994/95 (negen gedurende 28 december 1994-8 mei 1995). Ook de winters van 1992/93 (vijf) en 1993/94 (vier) waren beter dan gemiddeld.

rather rare

Breeds in Greenland; winters in Greenland, Iceland and scarce to rare elsewhere along northern Atlantic coasts.

The pre-1980 records of the species have not been reviewed. The only 19th century specimen concerns a first-winter without date or place (Snouckaert van Schauburg 1908). There is no documentation available for most of the 19 pre-1976 records. Pre-1945 records are mentioned by Eykman et al (1949). Only records mentioned by Kist et al (1970) are listed for 1945-68. It should be remembered that a number of pre-1976 records may have concerned leucistic or albinistic gulls of other species (cf LM 54: 131, 1981). This is one of the reasons why all single-observer records (10) are excluded (cf Kist et al 1970). Since 1 January 1998, the species is no longer considered by CDNA.

Most records dated from December-April. Eight were far inland at more than 100 km from the North Sea. The four best winters were those of 1982/83 (six records during 8 January-14 May 1983), 1983/84 (nine during 1 December 1983-20 April 1984), 1991/92 (eight during 17 October 1991-14 April 1992) and 1994/95 (nine during 28 December 1994-8 May 1995). The winters of 1992/93 (five) and 1993/94 (four) were also better than the average.

Kleine Burgemeester / Iceland Gull *Larus glaucoides*, adult, 9 February 1993, Vlissingen, Zeeland *(Hans Gebuis)*

Kleine Burgemeester / Iceland Gull *Larus glaucoides*, second-winter, February 1981, IJmuiden, Velsen, Noord-Holland *(René Pop)*

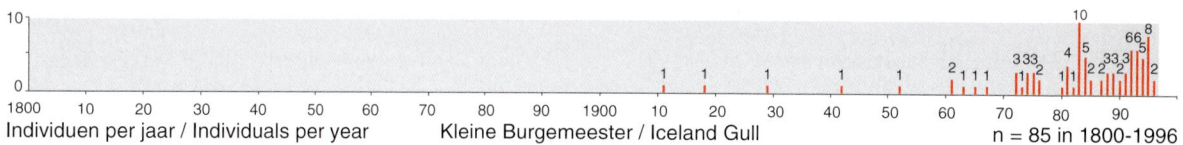

Individuen per jaar / Individuals per year   Kleine Burgemeester / Iceland Gull   n = 85 in 1800-1996

84 records (85 individuals) in 1800-1996; 63 records in 1980-96

21 January 1911 Egmond aan Zee, *Egmond* NH, 1w ♀, dead
23 March 1918 Oudeschild, *Texel* NH, 1w ♂, dead (ZMA)
29 April 1929 Zuidpier, Hoek van Holland, *Rotterdam* ZH, 1w
23-24 January 1942 Nieuwe Herengracht, *Amsterdam* NH, 1w
October 1952 paal 18, *Terschelling* FR, dead; Ardea 42: 193, 1954
18-19 March 1961 *Rotterdam* ZH, adult; LM 36: 29, 1963
8 December 1961-13 March 1962 *Katwijk/Zandvoort* ZH/NH, 1w; LM 36: 29, 1963; 37: 38, 1964
9 December 1963 Scheveningen, *Den Haag* ZH, 1w; LM 38: 48, 1965
29 May-20 June 1965 *Vlaardingen* ZH, 3y; LM 40: 37, 1967
1 May 1967 Groote IJpolder, *Amsterdam* NH, 1w; LM 42: 57, 1969
7-14 March 1972 IJmuiden, *Velsen* NH; LM 47: 42, 1974
3 June 1972 Ulrum, *De Marne* GR; LM 47: 42, 1974
22 October 1972 IJmuiden, *Velsen* NH; LM 47: 42, 1974
22 September 1973 *Schoorl* NH; LM 48: 109, 1975
5-19 January 1974 IJmuiden, *Velsen* NH, 1w; LM 50: 48, 1977
25 May 1974 *Schiermonnikoog* FR; LM 50: 48, 1977
30 October 1974 IJmuiden, *Velsen* NH, 2w; VJ 23: 46, 1975 (photo; not showing species' characters), LM 50: 48, 1977
22 November 1975 Camperduin, *Schoorl* NH; LM 50: 48, 1977
21-27 December 1975 IJmuiden, *Velsen* NH (**2**); LM 50: 48, 1977

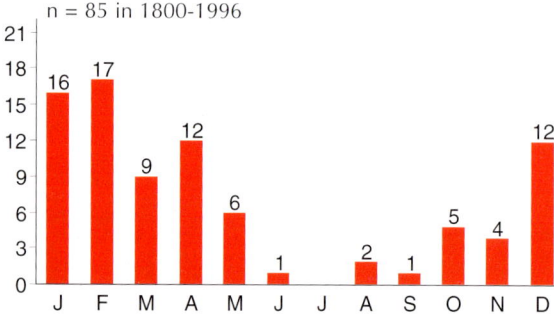

n = 85 in 1800-1996

Individuen per maand / Individuals per month
Kleine Burgemeester / Iceland Gull

1 January-22 February 1976 IJmuiden, *Velsen* NH, 1w; LM 51: 141, 1978; 52: 231, 1979
(10)29 January-24 March 1976 Scheveningen, *Den Haag* ZH, 1w; LM 50: 48, 1977 (photo); 51: 141, 1978; 52: 231, 1979
20 April 1980 Lauwersoog, *De Marne* GR, 1w
17 January-5 March 1981 IJmuiden, *Velsen* NH, 2w; DB 3: 13-15, 35, 1981 (photos), VJ 29: 166-167, 1981 (photos)
24 February 1981 IJmuiden, *Velsen* NH, 1w; DB 3: 56-57, 1981 (photos)
19 April 1981 Camperduin, *Schoorl* ZH, 1w
12 December 1981 Maasvlakte, *Rotterdam/Westvoorne* ZH, 1w
5-11 May 1982 *Budel* NB, 1s
8 January-22 April 1983 IJmuiden, *Velsen* NH, 1w; DB 5: 92-93, 1983 (photos), Duinstag 1: 27, 1986 (photo; erroneous date)
9-29 January 1983 Scheveningen, *Den Haag* ZH, 2w; VJ 31: 214, 1983 (photos), DB 10: 171, 1988
13 February 1983 IJmuiden, *Velsen* NH, 1w; DB 5: 93, 1983 (photo)
26 February-29 April 1983 Midsland, *Terschelling* FR, 1w; LM 57: 115-116, 1984 (photo)
30 April 1983 Camperduin, *Schoorl* NH, imm
1-14 May 1983 IJmuiden, *Velsen* NH, 2s; DB 5: 94, 1983 (photos), LM 59: 19, 1986 (photo), BB 81: 23-25, 1988 (photo)
1 December 1983 Zaandam, *Zaanstad* NH, imm
6 December 1983-7 January 1984 *Amsterdam* NH, 1w; DB 6: 33, 1984 (photo), Graspieper 4: 34, 1984 (photo), LM 57: 154-155, 1984 (photo), VJ 32: 101, 1984 (photo)
28 December 1983-2 January 1984 & 31 January-8 February Ritthem, *Vlissingen* ZL, imm; DB 10: 171, 1988, Walhout & Twisk (1998)
31 December 1983-16 January 1984 Camperduin, *Schoorl* NH, 1w
3 January-4 February 1984 Lauwersoog, *De Marne* GR, 1w; DB 6: 75, 1984 (photo); 8: 129, 1986 (photo), Grauwe Gors 12: 43, 1984 (photo), LM 59: 122, 1986 (photo); 60: 25, 1987
13-16 January 1984 Camperduin, *Schoorl* NH, imm
4 February 1984 paal 19, Wijk aan Zee, *Beverwijk* NH, 1w, dead (ZMA); Kees Roselaar (in litt)
12 February-9 March 1984 Het Rutbeek, *Enschede* OV, 1w; Knolle et al (1998)
8-20 April 1984 IJmuiden, *Velsen* NH, 1w; DB 6: 114, 1984; 20: 153, 1998, Vogeljaarkalender 1986: 4 (photo)
27 April 1985 waddijk, Dijkmanshuizen, *Texel* NH, 1w ♀, dead (ZMA); Kees Roselaar (in litt)

30 November 1985 Scheveningen, *Den Haag* ZH, 1w; VJ 34: 95, 1986 (photo)
28 March 1987 Hollum, *Ameland* FR, 2w
19-30 December 1987 *Amsterdam* NH, 1w (photographed)
12 March 1988 IJmuiden, *Velsen* NH, adult; DB 13: 48, 1991 (photo)
11 August 1988 *Schiermonnikoog* FR, 1s
23 October 1988 *Texel* NH, 1w
20 February 1989 IJmuiden, *Velsen* NH, 1w
14 March 1989 Stellendam, *Goedereede* ZH, 1w
16 December 1989-10 March 1990 IJmuiden, *Velsen* NH, 1w; DB 12: 46, 104, 1990 (photos); 14: 78-79, 1992 (photo), Fitis 26: 59, 1990 (photo), Graspieper 10: 34, 1990 (photo), VJ 38: 96, 1990 (photo)
17 February 1990 *Zandvoort* NH, 1w
24-28 February 1990 Scheveningen, *Den Haag* ZH, 1w
10 February 1991 Ritthem, *Vlissingen* ZL, 1w
17 October 1991 *Texel* NH, imm
29 November-25 December 1991 Weurt, *Beuningen* GL, 1w; DB 14: 31, 1992 (photo); 15: 150, 1993
15 January-4 April 1992 Scheveningen, *Den Haag* ZH, 1w/2w; DB 14: 66, 1992 (photos); 20: 153, 1998, VJ 40: 94, 1992 (photo)
5-7 February 1992 IJmuiden, *Velsen* NH, 1w/2w
9 February 1992 Bloemendaal aan Zee, *Bloemendaal* NH, 2w
5-7 March & 16 May 1992 Katwijk aan Zee, *Katwijk* ZH, 2w; DB 14: 115, 1992 (photo); 20: 153, 1998, Duinstag 8 (1-2): 21, 1993 (photo), Meijer et al (1996; photo)
(7-)12 March 1992 Katwijk aan Zee, *Katwijk* ZH, 1w; Duinstag 8 (1-2): 20-21, 1993 (photos)
14 April 1992 Egmond aan Zee, *Egmond* NH, 2y
6-10 February 1993 *Vlissingen* & 24 February Nieuwdorp, *Borsele* ZL, adult winter; DB 15: 93, 1993 (photo); 17: 92, 1995 (photo)
7 February-4 March 1993 *Vlissingen* ZL, 1w (probably ♂) (photographed)
16 February 1993 Wervershoof NH, 2w, dead (photographed)
16-22 February 1993 *Velsen* NH, 1w (photographed)
2 April 1993 Egmond aan Zee, *Egmond* NH, 2y (photographed); cf DB 19: 105, 1997
20 November 1993 De Cocksdorp, *Texel* NH, 1w; DB 19: 105, 1997
22-26 January 1994 Aijen, Well, *Bergen* LB, 1w, dead; LV 5: 26-27, 1994 (photo; erroneous date), DB 18: 112, 1996; 19: 105, 1997
15-20 February 1994 IJmuiden, *Velsen* NH, 1w (photographed)
(30 March)9(-21) April 1994 *Vlissingen* ZL, 1w; DB 16: 128, 1994 (photo), Walhout & Twisk (1998)
20 August 1994 Harlingen-Haven, *Harlingen* FR, adult
28 December 1994 Wevers Inlaag, *Middenschouwen* ZL, 2w
5 January-28 March 1995 IJmuiden, *Velsen* NH, 1w (photographed)
17 January 1995 Het Rutbeek, *Enschede* OV, imm
22 January 1995 Stevensweert, *Maasbracht* LB, 2y; DB 20: 153, 1998
4 March-20 April 1995 *Groningen* GR, 1w; BW 8: 88, 1995 (photo), DB 17: 82-84, 1995 (photos); 19: 104, 1997 (photo), Grauwe Gors 23: 35-38, 1995 (photo), de Bruin & de Bruin (1997; photo)
17 April-1 May 1995 Deventer, Wilp & Twentekanaal, *Deventer/Voorst/Gorssel* OV/GL, 2y (photographed)

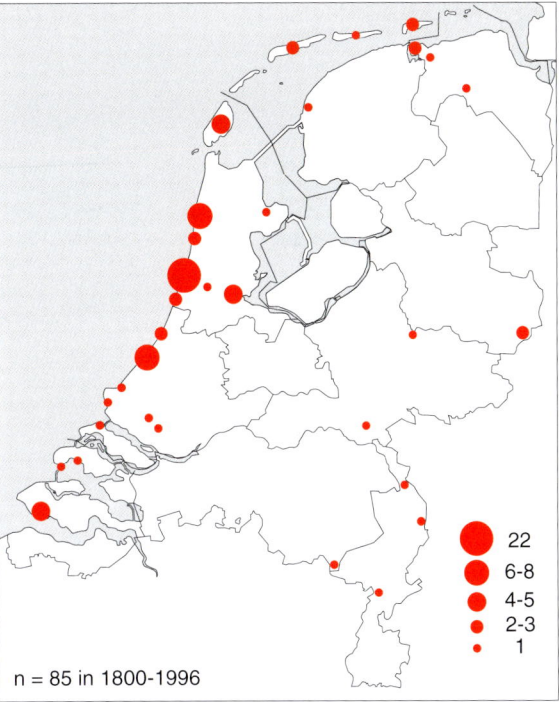

n = 85 in 1800-1996

22
6-8
4-5
2-3
1

Individuen per locatie / Individuals per site
Kleine Burgemeester / Iceland Gull

22 April 1995 Oosterscheldekering, *Veere* ZL, 2w (photographed)
30 April 1995 Camperduin, *Schoorl* NH, 1s
8 May 1995 IJmuiden, *Velsen* NH, 2y
12 January 1996 Arcen, *Arcen en Velden* & 14 January Stevensweert, *Maasbracht* LB; contra DB 20: 153, 1998
18 February 1996 Putten, Camperduin, *Schoorl* NH, 1w

voorlopige toevoegingen voor 1997 / provisional additions for 1997
13 January 1997 *Amsterdam*, Noord-Holland; CDNA archives
6 April 1997 Leikeven, Loonsche Heide, *Tilburg* NB, imm (photographed); CDNA archives
7-9 September 1997 Harlingen-Haven, *Harlingen* FR, adult; CDNA archives
14-15 December 1997 Klein Vink, *Arcen en Velden* LB, 1w; CDNA archives

Grote Burgemeester [2]

schaarse wintergast

Larus hyperboreus hyperboreus

J F M A M J J A S O N D

Glaucous Gull

scarce winter visitor

In aansluiting op het 1977-verslag van de Club van Zeetrek-waarnemers (LM 53: 59-69, 1980) werd de soort in 1978-88 geregistreerd door de CDNA (LM 55: 125, 1982; 60: 30, 1987; 62: 117, 200, 1989). Het is onduidelijk of behalve de nominaat ook de lichtere *L h leuceretes* uit Canada en Groenland hier voorkomt (cf Banks 1986).

Following the 1977 report of the Club van Zeetrekwaarne-mers (LM 53: 59-69, 1980), the species was registered in CDNA reports in 1978-88 (LM 55: 125, 1982; 60: 30, 1987; 62: 117, 200, 1989). It is unclear whether not only the nominate subspecies but also the paler *L h leuceretes* from Canada and Greenland occurs (cf Banks 1986).

Grote Mantelmeeuw [2]

onregelmatige broedvogel
gehele jaar algemeen

Larus marinus

J F M A M J J A S O N D

Great Black-backed Gull

irregular breeding bird
common throughout year

Na de eerste onsuccesvolle broedpoging in 1993 bracht één van drie paren in 1994 jongen groot in het Veerse Meer, Veere, Zeeland (DB 16: 176, 1994 (foto), LM 67: 111-113, 1994). In volgende jaren vonden broedgevallen ook plaats vanaf 1994 op De Hond, Eemsmond, Groningen, en vermoedelijk vanaf 1997 op de Boschplaat, Terschelling, Friesland, en Medemblik, Noord-Holland (van Dijk et al 1996, DB 19: 257, 1997, LM 70: 107, 1997, SOVON-nieuws 10 (4): 14, 1997, Sula 12: 102-105, 1998).

After a first unsuccessful breeding attempt in 1993, one of three pairs raised young at Veerse Meer, Veere, Zeeland, in 1994 (DB 16: 176, 1994 (photo), LM 67: 111-113, 1994). In following years, breeding took also place since 1994 on De Hond, Eemsmond, Groningen, and probably since 1997 at Boschplaat, Terschelling, Friesland, and Medemblik, Noord-Holland (van Dijk et al 1996, DB 19: 257, 1997, LM 70: 107, 1997, SOVON-nieuws 10 (4): 14, 1997, Sula 12: 102-105, 1998).

Ross' Meeuw

Rhodostethia rosea

Ross's Gull

zeldzaam

rare

Broedt in Noordoost-Siberië en onregelmatig in arctisch Noord-Amerika; overwintert aan rand van pakijs van Noordelijke IJszee.

Het enige zomergeval betrof een adulte vogel die na een verblijf van zes weken in 1958 stierf. De vogel van maart 1994 werd binnen twee dagen na de eerste waarneming 54 km verder naar het noorden opgemerkt.
Tot c 1980 was de soort één van de zeldzaamste dwaalgasten waarvan bovendien het broedgebied vrijwel volledig ontoegankelijk was. Om die reden was hij een goede keuze voor het logo van Dutch Birding. Sindsdien nam het aantal gevallen in West-Europa echter geleidelijk toe en tevens werd een bereikbare, tot voor kort betrouwbare broedplaats bekend te Churchill, Manitoba, Canada. Hoewel hij sinds 1974 vrijwel ieder jaar in Brittannië werd opgemerkt, duurde het tot 1992 voordat hij bijna jaarlijks in Nederland werd gezien.

Breeds in north-eastern Siberia and irregularly in arctic North America; winters along ice edge in Arctic Ocean.

The only summer record concerned an adult which died after a stay of six weeks in 1958. The bird of March 1994 was seen 54 km further north within two days after the first sighting.
Until c 1980, the species was regarded as a great rarity of which the breeding areas were almost completely inaccessible, as well. For this reason, it was chosen as a suitable emblem for Dutch Birding. However, there has since been a gradual increase of records in western Europe. Moreover, an accessible and, until recently, reliable breeding place was discovered at Churchill, Manitoba, Canada. Although regular since 1974 in Britain, it was not until 1992 that its status changed to become almost annual in the Netherlands.

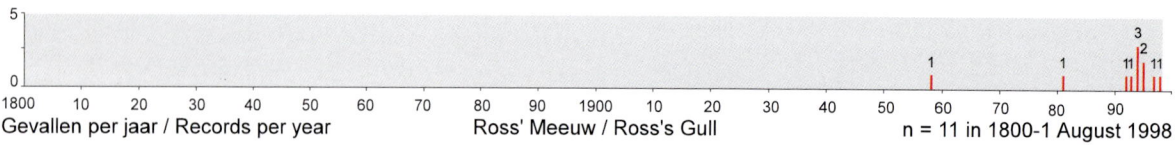

Gevallen per jaar / Records per year   Ross' Meeuw / Ross's Gull   n = 11 in 1800-1 August 1998

9 records in 1800-1996; 8 in 1980-96

6 June-15 July 1958 *Vlieland* FR, adult summer ♀, dead (NNM); Telegraaf 1 July 1958 (photo), BB 52: 422-424, 1959 (photo), LM 32: 1-7, 1959 (photo), DB 15: 10, 1993 (photo), Reumer & Moeliker (1995; photo), Mitchell & Young (1997; photo 83(7))
17-18 January 1981 Camperduin, *Schoorl* NH, adult winter; DB 3: 16-17, 1981
21-27 November 1992 Zuidpier, IJmuiden, *Velsen* NH, 2w; BW 5: 414, 1992 (photo); 6: 22, 1993 (photo), DB 14: 244, 1992 (photos); 15: 7-13, 1993 (photos); 16: 135-136, 1994 (photos), Fitis 29: 32-34, 1993 (photo), VJ 41: 77, 1993 (photos), LM 67: 166, 1994 (photo), Mitchell & Young (1997; photo 83(5))
16 December 1993 Egmond aan Zee, *Egmond* NH, adult (flying past)
24 March 1994 Camperduin, *Schoorl* & 26 March De Cocksdorp, *Texel* NH, adult summer (flying past)
29 October 1994 Camperduin, *Schoorl* NH, adult winter (flying past)
22 November 1994 Camperduin, *Schoorl* NH, adult winter (flying past)
4 November 1995 *Westkapelle* ZL, 1w
7-9 & 11 November 1995 IJmuiden, *Velsen* NH & 15 November *Katwijk* ZH, 2w; DB 17: 263, 1995 (photos)

voorlopige toevoegingen voor 1997-98 / provisional additions for 1997-98
22 October 1997 c 15 km north off Schiermonnikoog CP, adult winter; CDNA archives
9 April 1998 West-aan-Zee, *Terschelling* FR, adult summer; BW 11: 133, 1998 (photo), DB 20: 99-100, 1998 (photo)

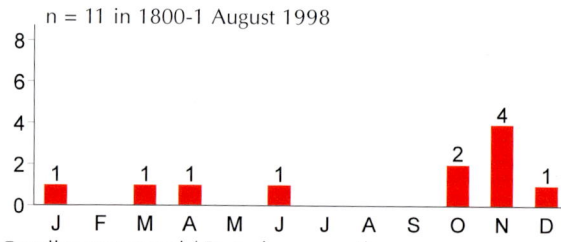

n = 11 in 1800-1 August 1998

Gevallen per maand / Records per month
Ross' Meeuw / Ross's Gull

Ross' Meeuw / Ross's Gull *Rhodostethia rosea*, adult, June 1958, Vlieland, Friesland *(Jan Kist sr)*

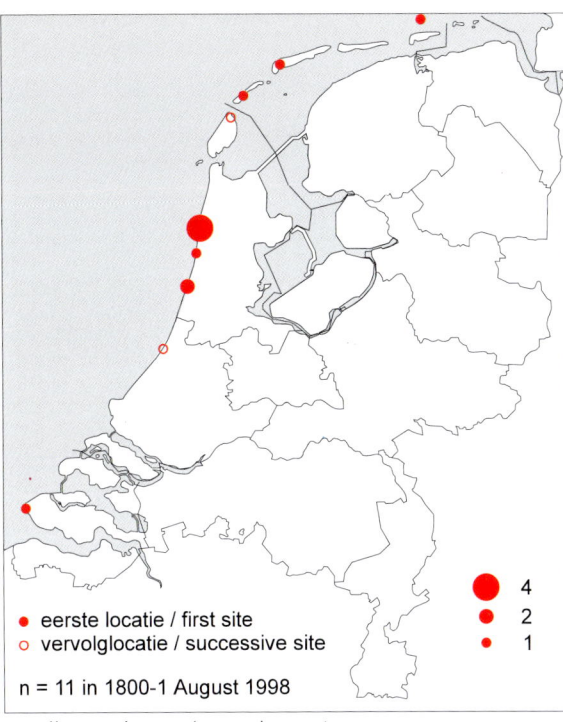

Gevallen per locatie / Records per site
Ross' Meeuw / Ross's Gull

eerste locatie / first site — 4
vervolglocatie / successive site — 2
— 1

n = 11 in 1800-1 August 1998

Ross' Meeuw / Ross's Gull *Rhodostethia rosea*, second-winter, 22 November 1992, IJmuiden, Velsen, Noord-Holland *(Roy de Haas)*

Ross' Meeuw / Ross's Gull *Rhodostethia rosea*, second-winter & Kokmeeuw / Black-headed Gull *Larus ridibundus*, 23 November 1992, IJmuiden, Velsen, Noord-Holland *(René Pop)*

Drieteenmeeuw [2]   *Rissa tridactyla*   ## Black-legged Kittiwake

gehele jaar algemeen

J F M A M J J A S O N D

common throughout year

Ivoormeeuw   *Pagophila eburnea*   ## Ivory Gull

zeer zeldzaam

very rare

Broedt en overwintert in Noordpoolgebied, onder meer op en rond Groenland en Spitsbergen.

Naar verluidt, zou de vogel in mei 1997 ten minste een week op een aangespoelde dode Bruinvis *Phocoena phocoena* hebben gefoerageerd. Vanaf 21 mei werd hetzelfde exemplaar op verschillende plaatsen vastgesteld langs de kust van Schleswig-Holstein, Duitsland, waar hij uiteindelijk op 9 juni dood werd gevonden. De beide eerdere gevallen waren van een voor de soort karakteristieke datum. Het enige goed gedocumenteerde geval verder zuidelijk langs de Atlantische kust van het Europese vasteland dateert van 29 december 1984 tot 6 januari 1985 te Brest, Finistère, Frankrijk (cf Dubois & Yésou 1992).

Breeds and winters in arctic, including in and around Greenland and Spitsbergen.

The May 1997 individual was alleged to have been feeding on a beached Common Porpoise *Phocoena phocoena* for at least one week before its discovery. From 21 May onwards, the same individual was seen at several sites along the coast of Schleswig-Holstein, Germany, where it was eventually found dead on 9 June. Both previous records were from a more typical date. The only well-documented record further south along the continental Atlantic coast of Europe dates from 29 December 1984 to 6 January 1985 at Brest, Finistère, France (cf Dubois & Yésou 1992).

n = 3 in 1800-1997

Gevallen per locatie / Records per site
Ivoormeeuw / Ivory Gull

● 1

Ivoormeeuw / Ivory Gull *Pagophila eburnea*, first-winter,
12 February 1990, Stellendam, Goedereede, Zuid-Holland
(René van Rossum)

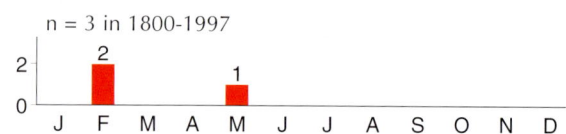

n = 3 in 1800-1997

Gevallen per maand / Records per month
Ivoormeeuw / Ivory Gull

2 records in 1800-1996; 2 in 1980-96

9 February 1987 *Schiermonnikoog* FR, 1w; DB 9: 60-62, 1987 (photo),
LM 60: 85, 1987 (photo), van den Berg et al (1990): 69 (photo)
9-19 February 1990 Stellendam, *Goedereede* ZH, 1w; van den Berg
et al (1990): cover, 69 (photos), BW 3: 48, 1990 (photo); 7: 12,
1994 (photo), Duinstag 5: 18-19, 1990 (photos), DB 12: 51, 102,
238-241, 1990 (photos), 14: 78, 1992 (photo), Limicola 4: 90,
1990 (photos), VJ 38: 95, 183, 1990 (photos), Vogels 10: 129, 1990
(photos), LM 65 (4): cover, 140-141, 1992 (photos), Mitchell &
Young (1997; photo 83(8))

voorlopige toevoegingen voor 1997-98 / provisional additions for 1997-98
(10-)17 May 1997 Egmond aan Zee, *Egmond* & Bergen aan Zee,
Bergen NH, 1s, dead (Ludwig Nissen-Haus, Husum, Schleswig-
Holstein, Germany); cf BW 10: 176, 1997 (photo); 11: 28, 1998
(photo), cf DB 19: 133-135, 1997 (photos); 20: 275-278, 1998
(photos), cf Limicola 11: 146-147, 1997 (photos)

Ivoormeeuw / Ivory Gull *Pagophila eburnea*, first-winter, 12 February 1990, Stellendam, Goedereede, Zuid-Holland *(René Pop)*

Ivoormeeuw / Ivory Gull *Pagophila eburnea*, first-winter, 12 February 1990, Stellendam, Goedereede, Zuid-Holland
(Arnoud B van den Berg)

STERNS Sternidae (n=12)

Lachstern
Gelochelidon nilotica nilotica
Gull-billed Tern

schaarse tot vrij zeldzame doortrekker

scarce to rather rare migrant

Kosmopolitische soort. Dichtstbijzijnde broedgebieden in Noord-Duitsland en Denemarken; overwintert in tropen.

Cosmopolitan species. Nearest breeding areas in northern Germany and Denmark; winters in tropics.

Voormalige onregelmatige broedvogel; broedde in 1931, 1944-45 en 1949-58 maar sindsdien niet meer.

Former irregular breeding bird; bred in 1931, 1944-45 and 1949-58 but not since.

Van 1 januari 1982 (LM 55: 125, 1982; 57: 22, 1984; 60: 30, 1987; 62: 117, 1989) tot 1 januari 1993 (DB 14: 198, 1992; LM 66: 153, 1993; 67, 167, 1994; 69: 17, 1996) werd de soort beoordeeld door de CDNA; gevallen in de nazomer in noordelijk Noord-Holland werden geregistreerd maar niet beoordeeld (cf CDNA-archief).

The species was considered by CDNA from 1 January 1982 (LM 55: 125, 1982; 57: 22, 1984; 60: 30, 1987; 62: 117, 1989) until 1 January 1993 (DB 14: 198, 1992; LM 66: 153, 1993; 67, 167, 1994; 69: 17, 1996); records in late summer in northern Noord-Holland were not considered, only registered, in CDNA reports (cf CDNA archives).

Vóór 1925 waren 12 gevallen bekend (Eykman et al 1949) waaronder geschoten exemplaren op 15 augustus 1838 te Brasemermeer, Jacobswoude, Zuid-Holland (Schlegel 1852) (specimen in NNM; René Dekker pers comm) en op 12 mei 1896 te Kloosterburen, De Marne, Groningen (Org Club Ned Vogelkd 3: 70, 1930). Sinds c 1925 werd de soort echter regelmatig gezien als doortrekker vanaf midden-juli, voornamelijk langs de Friese IJsselmeerkust en bij Amstelmeer en op Balgzand, Noord-Holland (Ardea 33: 119, 1944). Sinds 1940 werden in de nazomer hoge aantallen vastgesteld in het gebied van Amstelmeer en Balgzand. Zo werden er op 30 juli 1940 75 geteld en op 19 augustus 1941 305, inclusief 33 juveniele (Eykman et al 1949).
In 1982-92 bleef het gebied van Amstelmeer en Balgzand van belang als slaapplaats in de nazomer. Op de slaapplaats van Balgzand, de buitendijkse wadvlakte van Den Helder ten noordwesten van Amstelmeer, werden de volgende maxima geteld in juli-augustus: 1982 23, 1983 15, 1984 20, 1985 20, 1986 25, 1987 27, 1988 11, 1989 17, 1990 20, 1991 10 en 1992 23 (gemiddeld maximum meer dan 19 per jaar) (cf DB

Before 1925, only 12 records were known (Eykman et al 1949). These included one shot on 15 August 1838 at Brasemermeer, Jacobswoude, Zuid-Holland (Schlegel 1852) (specimen in NNM; René Dekker pers comm) and another shot on 12 May 1896 at Kloosterburen, De Marne, Groningen (Org Club Ned Vogelkd 3: 70, 1930). Since c 1925, it was regularly seen as a migrant from mid July, mostly at IJsselmeer, Friesland, and Amstelmeer and Balgzand, Noord-Holland (Ardea 33: 119, 1944). Since 1940, large concentrations were recorded during late summer in the Amstelmeer and Balgzand area. For instance, 75 were counted on 30 July 1940 and 305 (including 33 juveniles) on 19 August 1941 (Eykman et al 1949).
During 1982-92, the Amstelmeer and Balgzand area remained important as a late-summer roost. At the roost on Balgzand, the Wadden Sea mud-flats of Den Helder, on the outside of the dike north-west of Amstelmeer, the following maximum numbers were counted in July-August: 1982 23, 1983 15, 1984 20, 1985 20, 1986 25, 1987 27, 1988 11, 1989 17, 1990 20, 1991 10 and 1992 23 (on average, a

Nieuwsbrief 1: 131-133, 1989, DB 7: 153, 1985; 9: 186, 1987; 13: 49, 1991; 14: 79, 192, 1992; 15: 150, 1993). Uit gegevens verzameld door Gerald Oreel (in litt) voor zijn onderzoek naar het voorkomen in 1951-80 in Nederland en België (cf DB 3: 12, 1981) komt naar voren dat de Balgzand-aantallen in de 1970er jaren weinig hoger waren met bijvoorbeeld 33 op 29 juli 1976.

De gewoonte om bollenvelden in de kop van Noord-Holland in juli-september enige tijd onder water te zetten om bodemparasieten te doden is begonnen in 1981 en sindsdien toegenomen tot meer dan 70 velden in 1994. Hierdoor ontstonden iedere zomer voor vogels aantrekkelijke gebieden waar ook Lachsterns van profiteerden. Zo kwamen van augustus tot midden-september 1995 maximaal 24 exemplaren 's avonds op een bollenveld bij 't Zand, Zijpe, Noord-Holland (DB 17: 223, 1995). Op 6-13 augustus 1997 werden hier ten minste 30 geteld waaronder 11 juveniele (DB 19: 202, 1997 (foto)). Door deze alternatieve slaapplaatsen, waarvan een aantal moeilijk is te vinden, blijkt het thans lastiger om een goede indruk te krijgen van het aantal dat iedere nazomer in noordelijk Noord-Holland verblijft dan toen vermoedelijk alle vogels op Balgzand sliepen (cf DB 18: 275, 1996). Het is ook vermeldenswaard dat er ten minste in 1993-95 enkele foeragerende exemplaren zijn gezien van midden-juni tot begin augustus op zee bij Punt van Reide, Delfzijl, Groningen; mogelijk kwamen deze vogels van een op Duits grondgebied gelegen nestplaats (Ben Koks pers comm).

In het algemeen wordt aangenomen dat de Nederlandse vogels afkomstig zijn uit Noord-Duitsland en Denemarken. In 1983-96 waren jaarlijks broedparen aanwezig aan de Deense Waddenzeekust met 13-14 paren in 1995-96 (Dan Ornitol Foren Tidsskr 91: 101-108, 1997). Het enige andere broedgebied van Noord-Europa in de 1990er jaren bevond zich langs de Elbe, Niedersachsen/Schleswig-Holstein, Duitsland (Hälterlein 1996).

Lang niet alle waarnemingen in 1982-92 werden ingediend (cf LM 61: 160, 1988, DB 15: 150, 1993, Gerald Oreel in litt). Daarentegen is het aannemelijk dat een aantal van de exemplaren die in de nazomer elders in Noord-Holland werden vastgesteld tevens op Balgzand werd gezien. De meeste gevallen waren in mei (21%) en juli-augustus (61%). In 1982-92 waren de uiterste datums 24 april en 22 september. In 1974-79 lagen de uiterste datums nog iets verder uit elkaar, 11 april en 16 oktober (LM 56: 173, 1983) terwijl op 21 november 1981 een dood adult ♀ werd gevonden te

maximum of more than 19 per year) (cf DB Nieuwsbrief 1: 131-133, 1989, DB 7: 153, 1985; 13: 49, 1991; 14: 79, 192, 1992; 15: 150, 1993). The data received by Gerald Oreel (in litt) for his survey on the species' occurrence in 1951-80 in the Netherlands and Belgium (cf DB 3: 12, 1981) show that, in the 1970s, the Balgzand numbers were little higher with, for instance, 33 individuals on 29 July 1976.

The recent habit of flooding bulb fields for pest-control purposes along the eastern side of the coastal dune belt in northern Noord-Holland during July-September, which started in 1981 and involved more than 70 fields by 1994, has increased the chances to find the species away from its late-summer roost at Balgzand. For instance, from August to mid September 1995, up to 24 individuals were counted at a flooded bulb field at 't Zand, Zijpe, Noord-Holland (DB 17: 223, 1995). On 6-13 August 1997, at least 30, including 11 juveniles, were counted here (DB 19: 202, 1997 (photo)). Because of these alternative roost sites, some of which are hard to find, it has become difficult to keep track of the actual numbers staying after the breeding season in northern Noord-Holland (cf DB 18: 275, 1996). It is also worth mentioning that, at least in 1993-95, a few have been seen foraging at sea near Punt van Reide, Delfzijl, Groningen, from mid June to early August, presumably coming from a nesting site in nearby Germany (Ben Koks pers comm).

Generally, it is believed that the Dutch birds originate from northern Germany and Denmark. In 1983-96, breeding pairs were present every year along the Danish Wadden Sea shores, with 13-14 pairs in 1995-96 (Dan Ornitol Foren Tidsskr 91: 101-108, 1997). The only other breeding area in northern Europe during the 1990s was situated along the river Elbe, Niedersachsen/Schleswig-Holstein, Germany (Hälterlein 1996).

Many sightings in 1982-92 were not submitted to CDNA (cf LM 61: 169, 1988, DB 15: 150, 1993, Gerald Oreel in litt). On the other hand, it is possible that some individuals recorded in late summer elsewhere in Noord-Holland were also counted at the Balgzand roost. Most records were in May (21%) and July-August (61%). During 1982-92, the extreme dates were 24 April and 22 September. In 1974-79, the extreme dates were 11 April and 16 October (LM 56: 173, 1983) while, on 21 November 1981, a dead adult ♀ was found at Kornwerderzand, Wûnseradiel, Friesland (ZMA). The April-June records are from a more south-easterly area than the July-September records, more or less in a zone

Lachstern / Gull-billed Tern *Gelochelidon nilotica*, adult, 21 August 1989, Camperduin, Schoorl, Noord-Holland *(René Pop)*

Lachstern / Gull-billed Tern *Gelochelidon nilotica*, at nest, 24 June 1949, De Beer, Rotterdam, Zuid-Holland *(Frans P J Kooijmans)*

Kornwerderzand, Wûnseradiel, Friesland (ZMA). De voorjaarsgevallen komen van iets zuidoostelijker gelegen locaties dan die in de nazomer, grofweg in een strook tussen Breskens, Zeeland, en Eemshaven, Groningen, duidend op een kortere trekbaan dan in de nazomer.

Broedgevallen vonden onregelmatig plaats in 1931-58 toen 28 nesten werden gedocumenteerd waarvan 22 in het thans niet meer bestaande natuurreservaat De Beer, Hoek van Holland, Rotterdam, Zuid-Holland. De overige nesten werden gevonden in Flevoland (drie), Friesland (één) en Noord-Holland (twee).
Het eerste broedgeval werd vastgesteld gedurende 17 juni-juli 1931 toen op De Beer een nest werd gevonden (Ardea 20: 150-152, 1931, Org Club Ned Vogelkd 4: 26-27, 1931 (foto)). Het tweede broedgeval was onsuccesvol en betrof een nest dat op 26-27 juni 1944 werd aangetroffen te Makkum, Wûnseradiel, Friesland (Ardea 33: 117-125, 1944 (foto's)). Het derde broedgeval was gedurende eind juni en juli 1945 en ging om twee nesten (waarvan één succesvol met twee kuikens) te Klievertocht, Wieringermeer, Noord-Holland (LM 20: 143-159, 1947 (foto's)). De soort broedde opnieuw op De Beer gedurende 29 mei-9 juli 1949 toen drie nesten werden gevonden (LM 22: 342-346, 1949 (foto's), Ardea 37: 161-167, 1950 (foto's), BB 45: 339-341, 1952 (foto's)). De soort broedde hier vervolgens in mei 1950 (drie nesten waarvan ten minste één met een ei; LM 24: 5, 1951), in mei 1951 (drie nesten; LM 24: 111, 1951; 40: 118, 1967), in mei-juli 1952 (ten minste drie nesten; LM 25: 166, 1952), in 1953 (twee nesten; LM 26: 115, 1953), in 1954 (vier nesten; LM 27: 157, 1954), in 1955 (twee of drie nesten; LM 29: 61-62, 1956 (foto)) en tenslotte in 1956 (één nest met twee eieren op 25 mei, verstoord op 26 mei; LM 30: 113, 1957). Bovendien zouden onder meer in 1957 twee paren hebben genesteld op Plaat van Scheelhoek, Goedereede, Zuid-Holland (Ruud Vlek in litt). De laatste drie nesten van de soort werden in 1958 gevonden in Flevoland: één in Swifterbant, Dronten, en twee aan het Veluwemeer (LM 32: 175-176, 1959; 33: 35, 1960; 34: 239, 1961).

between Breskens, Zeeland, and Eemshaven, Groningen, indicating a shorter migration route than in late summer.

Breeding occurred irregularly during 1931-58 when 28 nests were found. Of these, 22 were in the former nature reserve De Beer near Hoek van Holland, Rotterdam, Zuid-Holland. The other nests were in Flevoland (three), Friesland (one) and Noord-Holland (two).
The first breeding occurred on 17 June-July 1931 when one nest was found at De Beer (Ardea 20: 150-152, 1931, Org Club Ned Vogelkd 4: 26-27, 1931 (photo)). The second breeding was unsuccessful and concerned a nest found on 26-27 June 1944 at Makkum, Wûnseradiel, Friesland (Ardea 33: 117-125, 1944 (photos)). The third breeding occurred in late June-July 1945 with two nests (one producing two fledglings and the other unsuccessful), at Klievertocht, Wieringermeer, Noord-Holland (LM 20: 143-159, 1947 (photos)). The species bred again at De Beer during 29 May-9 July 1949 when three nests were found (LM 22: 342-346, 1949 (photos), Ardea 37: 161-167, 1950 (photos), BB 45: 339-341, 1952 (photos)). In following years, it bred here in May 1950 (three nests of which at least one with an egg; LM 24: 5, 1951), in May 1951 (three nests; LM 24: 111, 1951; 40: 118, 1967), in May-July 1952 (at least three nests; LM 25: 166, 1952), in 1953 (two nests; LM 26: 115, 1953), in 1954 (four nests; LM 27: 157, 1954), in 1955 (two or three nests; LM 29: 61-62, 1956 (photo)) and, for the last time, in 1956 (one nest with two eggs on 25 May, disturbed on 26 May; LM 30: 113, 1957). In addition, in 1957 and other years, two pairs are believed to have nested at Plaat van Scheelhoek, Goedereede, Zuid-Holland (Ruud Vlek in litt). The species' last three nests were found in 1958 in Flevoland: one at Swifterbant, Dronten, and two at Veluwemeer (LM 32: 175-176, 1959; 33: 35, 1960; 34: 239, 1961).

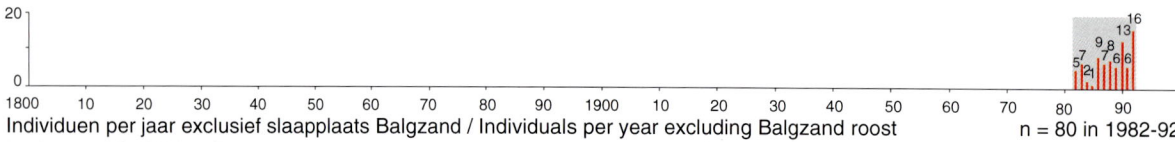

Individuen per jaar exclusief slaapplaats Balgzand / Individuals per year excluding Balgzand roost   n = 80 in 1982-92
Lachstern / Gull-billed Tern

61 records (80 individuals) in 1982-92 (excl Balgzand roost)

8 May 1982 Steile Bank, *Gaasterlân-Sleat* FR
17 May 1982 Vollenhove, *Brederwiede* OV
6 July 1982 *Bloemendaal* NH; LM 59: 20, 1986
17 July 1982 Weerribben, *IJsselham* OV
7 August 1982 Zwartewaal, *Rotterdam* ZH
29 April 1983 Rijswijk, *Woudrichem* NB
16 July 1983 *Medemblik* NH, adult
21 July 1983 Kloosterzande, *Hontenisse* ZL
28 July 1983 Kraloërheide, *Ruinen* DR (**2**), adult
8 August 1983 Itteren, *Maastricht* LB (**2**)
14 August 1984 *Wieringermeer* NH (**2**)
1 August 1985 *Castricum* NH
23-24 May 1986 *Deventer* OV
22 July 1986 *Westkapelle* ZL
9 August 1986 Burgervlotbrug, *Zijpe* NH
15 August 1986 *Schoorl* NH
20 August 1986 Harkstede, *Slochteren* GR (**2**)
20 August 1986 *Zijpe* NH (**2**)
21 August 1986 *Zijpe* NH
24 April 1987 Scheveningen, *Den Haag* ZH
4-14 August 1987 Camperduin, *Schoorl* NH (max **2**)
10 August 1987 *Schagen* NH
28 August 1987 IJmuiden, *Velsen* NH
1 September 1987 Groet, *Schoorl* NH
16 September 1987 Camperduin, *Schoorl* NH
8 May 1988 Breskens, *Oostburg* ZL
August 1988 *Schagen* NH, juv; DB 10: 200, 1988 (photo)

18 August 1988 Kennemerduinen, *Bloemendaal* NH
18 August 1988 Maasvlakte, *Rotterdam/Westvoorne* Zuid-Holland (**2**)
20 August 1988 Camperduin, *Schoorl* NH (**3**); DB 10: 200, 1988 (photo)
24 May 1989 Haarlemmerliede, *Haarlemmerliede en Spaarnwoude* NH
20 June 1989 Bergen aan Zee, *Bergen* NH
5-11 July 1989 Oostvaardersdijk, *Almere/Lelystad* FL
2 August 1989 *Schiermonnikoog* FR
12-23 August 1989 Camperduin, *Schoorl* NH (**2**); DB Nieuwsbrief 1: 131, 1989 (photo), LM 62: 200, 1989 (photo), DB 12: 194, 1990 (photo); 13: 49, 1991 (photo), Oriolus 56: 156, 1990 (photo)
2 May 1990 Lutjebroek, *Stede Broec* NH
5 May 1990 Breskens, *Oostburg* ZL (**2**)
8 May 1990 Oostvaardersdijk, *Lelystad* FL
19 May 1990 Ternaard, *Dongeradeel* FR
31 July 1990 *Huizen* NH (**3**)
18 August 1990 Camperduin, *Schoorl* NH
6 September 1990 't Zand, *Zijpe* NH (**4**)
7 May 1991 *Katwijk* NH
20 May 1991 *Texel* NH
1-8 June 1991 Lauwersmeer, *De Marne* GR
1-29 July 1991 IJmuiden, *Velsen* NH
8 September 1991 *Terschelling* FR
22 September 1991 *Texel* NH
14 May 1992 Breskens, *Oostburg* ZL
15 May-2 June 1992 Rottumerplaat, *Eemsmond* GR
18 May 1992 Breskens, *Oostburg* ZL
28 May 1992 Breskens, *Oostburg* ZL
31 May-6 June 1992 Eemshaven, *Eemsmond* GR
7 June 1992 Dinteloord, *Dinteloord en Prinsenland* NB
14 June 1992 *Wassenaar* ZH
1 July 1992 Lauwersmeer, *De Marne* GR
5 July 1992 Petten, *Zijpe* NH
26-27 July 1992 Oostvaardersplassen, *Lelystad* FL (**2**) (photographed)
1 August 1992 Petten, *Zijpe* NH
1-2 August 1992 *Lisse* ZH (**2**); DB 17: 94, 1995
6 August 1992 Burgervlotbrug, *Zijpe* NH (**2**)

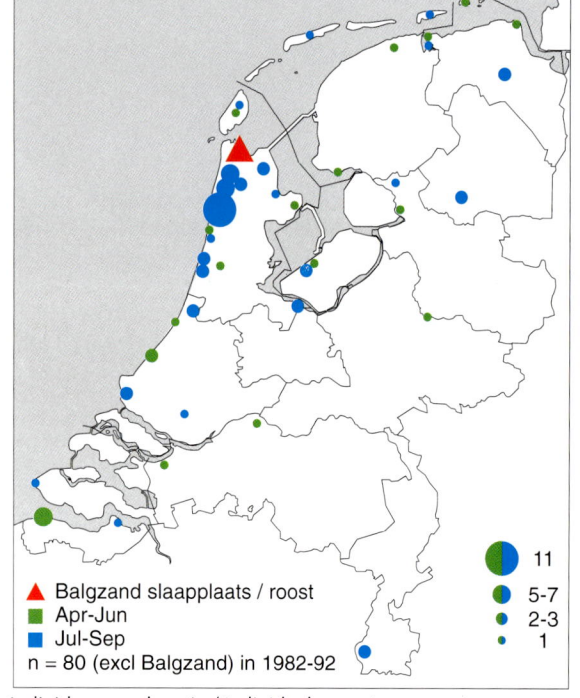

▲ Balgzand slaapplaats / roost
■ Apr-Jun
■ Jul-Sep
n = 80 (excl Balgzand) in 1982-92

11
5-7
2-3
1

Individuen per locatie / Individuals per site
Lachstern / Gull-billed Tern

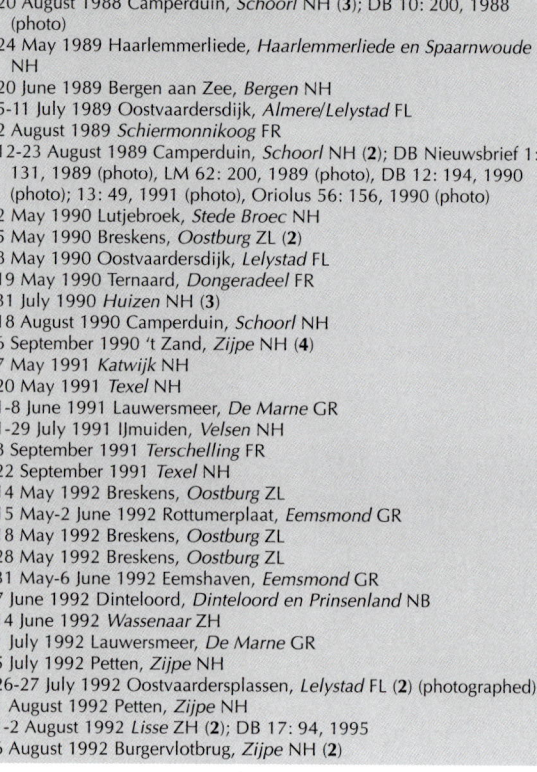

n = 80 in 1982-92 excl Balgzand

Individuen per maand / Individuals per month
Lachstern / Gull-billed Tern

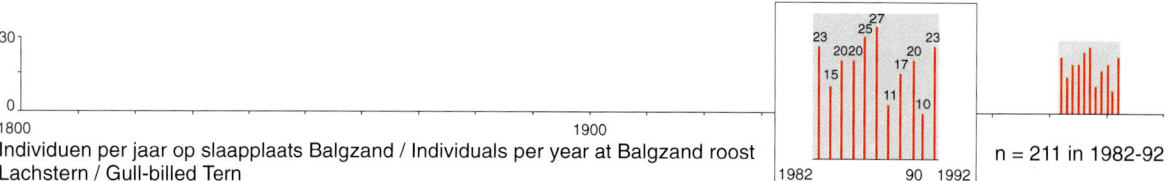

Individuen per jaar op slaapplaats Balgzand / Individuals per year at Balgzand roost   n = 211 in 1982-92
Lachstern / Gull-billed Tern

Reuzenstern [2]

schaarse doortrekker

Sterna caspia

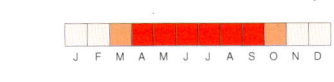

Caspian Tern

scarce migrant

De soort werd geregistreerd door CDNA in 1976-88 (LM 55: 125, 1982; 60: 30, 1987; 62: 117, 200, 1989). Voor een artikel over het maandelijkse voorkomen in 1977-81 op de Steile Bank, Gaasterlân-Sleat, Friesland (max 20 eind augustus-begin september), zij verwezen naar LM 55: 37-42, 1982. In augustus-september 1997 pleisterden 50-100 exemplaren waarvan de helft in Friesland (cf DB 19: 265, 1997).

The species was registered in CDNA reports in 1976-88 (LM 55: 125, 1982; 60: 30, 1987; 62: 117, 200, 1989). For a note on the species' monthly occurrence in 1977-81 at Steile Bank, Gaasterlân-Sleat, Friesland (max 20 in late August-early September), see LM 55: 37-42, 1982. In August-September 1997, an estimated 50-100 were present of which half in Friesland (cf DB 19: 265, 1997).

Grote Stern [2]

algemene broedvogel
algemene doortrekker en zomergast
zeldzame wintergast sinds 1972

Sterna sandvicensis ssp

Sandwich Tern

common breeding bird
common migrant and summer visitor
rare winter visitor since 1972

Naast de nominaat is er ook één ringterugmelding van Amerikaanse Grote Stern *S s acuflavida* die broedt en overwintert in de oostelijke VS en het Caribische gebied. Dit was het eerste geval van deze ondersoort voor Europa. Het betrof een vogel die op 23 juni 1978 als kuiken was geringd te Cape Lookout, Noord-Carolina, VS, en op 23 december 1978 (reeds lang dood) werd gevonden te Veerse Meer, Wissenkerke, Noord-Beveland, Zeeland (DB 1: 60, 1979). Er is nog een tweede geval voor Europa van een exemplaar dat op 25 juni 1984 als kuiken was geringd bij Beaufort, Noord-Carolina, VS, en op 25 november 1984 vers dood werd aangetroffen bij Dorstone, Hereford & Worcester, Engeland (Ring Migrat 7: 169, 1986).

Apart from the nominate subspecies, there is also one ringing recovery of American Sandwich Tern *S s acuflavida* which breeds and winters in the eastern USA and the Caribbean. This was the first record of this subspecies for Europe. The bird was ringed as a chick on 23 June 1978 near Cape Lookout, North Carolina, USA, and found (long dead) on 23 December 1978 at Veerse Meer, Wissenkerke, Noord-Beveland, Zeeland (DB 1: 60, 1979). A second record for Europe was an individual ringed as a chick on 25 June 1984 near Beaufort, North Carolina, USA, and found freshly dead on 25 November 1984 near Dorstone, Hereford & Worcester, England (Ring Migrat 7: 169, 1986).

Dougalls Stern

zeldzaam

Sterna dougallii dougallii

Roseate Tern

rare

Kosmopolitische soort. Broedt in Europa vooral op Azoren en in Ierland met lage aantallen in Brittannië en West-Frankrijk; overwintert in tropen.

Cosmopolitan species. Breeds in Europe mainly in Azores and Ireland, with small numbers in Britain and western France; winters in tropics.

Dougalls Stern / Roseate Tern *Sterna dougallii*, adult, 30 September 1984, Vlissingen, Zeeland *(René Pop)*

Voormalige onregelmatige broedvogel, succesvol in 1982 en 1984, beide malen gepaard met Visdief *S hirundo*.

Het lijkt waarschijnlijk dat de soort vaker voorkwam in de 19e eeuw of de 1960er jaren toen de aantallen broedparen in Europa veel hoger waren dan in 1970-80 (cf Seabird Rep 6: 59-69, 1982). Desalniettemin dateert het eerste aanvaarde geval van 1977. Alle eerdere gevallen zijn uiteindelijk bij herziening gesneuveld; enkele oude specimens konden als Visdief *S hirundo* worden ontmaskerd (DB 18: 181, 1996).
In 1982-85 broedde een ♀ gepaard met een Visdief op de Hooge Plaaten in de Westerschelde, Zeeland. Het bracht in 1982 en 1984 een hybride groot. In september-oktober 1984 verbleef het jong een week in de haven van Vlissingen, Zeeland, aan de overkant van de Westerschelde, waar de Dougalls Stern hem regelmatig kwam voeren. Een andere Dougalls Stern broedde in 1976-87 17 km verder naar het zuidwesten, 1.2 km over de Belgische grens langs de zeedijk van Het Zwin-reservaat te Knokke-Heist, West-Vlaanderen. Deze Het Zwin-vogel was ook gepaard met een Visdief en bracht in sommige jaren een jong groot (Giervalk 67: 75-80, 1977, DB 1: 21, 59-60, 1979; 2: 77, 1980; 5: 83, 1983; 6: 151, 1984; 8: 113, 1986). Het is interessant dat een hybride Dougalls Stern x Visdief (mogelijk afkomstig van Hooge Plaaten of Het Zwin) in 1995 te Zeebrugge, West-Vlaanderen, broedde met een Visdief en een jong grootbracht (DB 19: 60-64, 1997 (foto's)).
Verscheidene gevallen betroffen geringde vogels. In juni 1991 konden de ringen worden afgelezen van twee adulte die beide als kuiken in juli 1989 bleken te zijn geringd op Rockabill, Dublin, Ierland.
Alle gevallen dateerden tussen 13 april en 4 oktober, met de meeste in juni-juli (76%). Het ontbreken van gevallen uit het Waddengebied is opmerkelijk.

Former irregular breeding bird, successful in 1982 and 1984, both times paired with Common Tern *S hirundo*.

Although it seems likely that the species occurred more often in the 19th century or in the 1960s when breeding numbers in Europe were much higher than in 1970-80 (cf Seabird Rep 6: 59-69, 1982), none of the records before 1977 appeared to be documented well enough to pass a review; some old specimens were re-identified as Common Tern *S hirundo* (DB 18: 181, 1996).
During 1982-85, a ♀ paired with a Common Tern bred at Hooge Plaaten, an islet in the Westerscheldt, Zeeland. It raised a single young in 1982 and 1984. In September-October 1984, the juvenile hybrid stayed for a week in the harbour of Vlissingen, Zeeland, at the opposite (northern) side of the Westerscheldt, where the Roseate Tern regularly came to feed it. During 1976-87, another Roseate Tern bred 17 km to the south-west, 1.2 km across the Belgian border along the sea dike of Het Zwin reserve, Knokke-Heist, West-Vlaanderen. The Het Zwin bird was also paired with a Common Tern and, in some years, it raised a single young (Giervalk 67: 75-80, 1977, DB 1: 21, 59-60, 1979; 2: 77, 1980; 5: 83, 1983; 6: 151, 1984; 8: 113, 1986). It is of interest that a hybrid Roseate Tern x Common Tern (possibly from Hooge Plaaten or Het Zwin) paired with a Common Tern raised one young in 1995 at Zeebrugge, West-Vlaanderen (DB 19: 60-64, 1997 (photos)).
Several records concerned ringed birds. In June 1991, rings were read of two adults trapped as chicks in July 1989 at Rockabill, Dublin, Ireland.
All records dated from the period from 13 April to 4 October, with most in June-July (76%). The lack of records for the Wadden Sea area is remarkable.

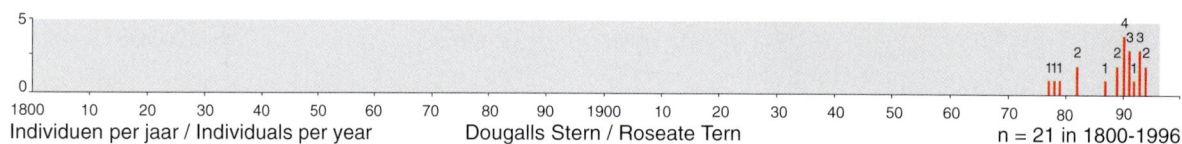

Individuen per jaar / Individuals per year   Dougalls Stern / Roseate Tern   n = 21 in 1800-1996

Hybride Dougalls Stern x Visdief / hybrid Roseate Tern / Common Tern *Sterna dougallii x S hirundo*, juvenile, 30 September 1984, Vlissingen, Zeeland *(René Pop)*

20 records (21 individuals) in 1800-1996; 17 records (18 individuals) in 1980-96

7 July 1977 IJmuiden, *Velsen* NH; LM 52: 224-225, 1979, cf Voous (1995: 285)

5 August 1978 Zuiderhavenhoofd, Scheveningen, *Den Haag* ZH

31 May 1979 Zuiderhavenhoofd, Scheveningen, *Den Haag* ZH

13 July 1982 IJmuiden, *Velsen* NH, adult; DB 4: 93-95, 1982 (photos); 5: 103-104, 1983; 6: 47, 1984 (photo)

20-29 July 1982 (adult ♀, paired with Common Tern *S hirundo*, nest with chick & egg) & 30 April 1983 & 19-26 July (adult) & 7 June-11 September 1984 (adult & hybrid young) Hooge Plaaten, *Oostburg* & 8 September 1984 (adult) & 28 September-4 October (adult ♀ & hybrid young) *Vlissingen* & 20 June-2 July 1985 Hooge Plaaten, *Oostburg*, ZL (adult ♀); DB 7: 34, 1985 (photo); 8: 20, 1986 (photo); 10: 121-127, 133-137, 1988 (photos), Hazevoet (1985), Harrison (1987; photo: plate 648)

6 June 1987 Camperduin, *Schoorl* NH, adult; DB 9: 138, 1987 (photo); 10: 171, 1988 (photo), LM 61: 169, 1988 (photo)

5-6(9) June 1989 IJmuiden, *Velsen* NH, adult; DB 11: 139, 1989 (photo); 13: 49, 1991 (photo), DB Nieuwsbr 1: 98-99, 108, 1989 (photo), Fitis 25: 162, 1989

12 July 1989 *Terneuzen* ZL, adult

25 May 1990 IJmuiden, *Velsen* NH, adult

16 June 1990 IJmuiden, *Velsen* NH, adult

3 July 1990 IJmuiden, *Velsen* NH, adult

13-15 July 1990 Camperduin, *Schoorl* NH, adult (photographed)

14 June 1991 Haringvlietsluizen, *Goedereede* ZH (**2**), adult (both ringed as chicks at Rockabill, Dublin, Ireland, on 12 July and 26 July 1989); DB 15: 150, 1993

28-29 July 1991 's-Gravenhoekinlaag, Wissenkerke, *Noord-Beveland* ZL, adult

19 May 1992 Egmond aan Zee, *Egmond* NH, adult

13 April 1993 Camperduin, *Schoorl* NH, adult

13 June 1993 Hellegat, *Terneuzen* ZL, adult (not (yet) accepted by CDNA); CDNA archives

24-29 June 1993 Camperduin, *Schoorl* NH, adult (photographed); DB 18: 112, 1996

26-28 June 1994 Camperduin, *Schoorl* & Petten, *Zijpe* NH, adult

26 July 1994 Petten, *Zijpe* NH, adult

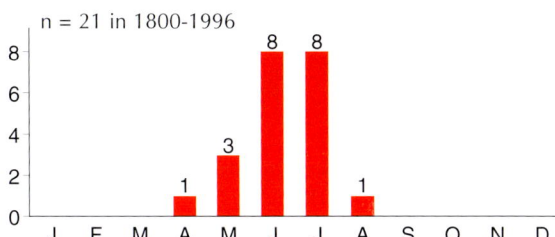

Individuen per maand / Individuals per month
Dougalls Stern / Roseate Tern

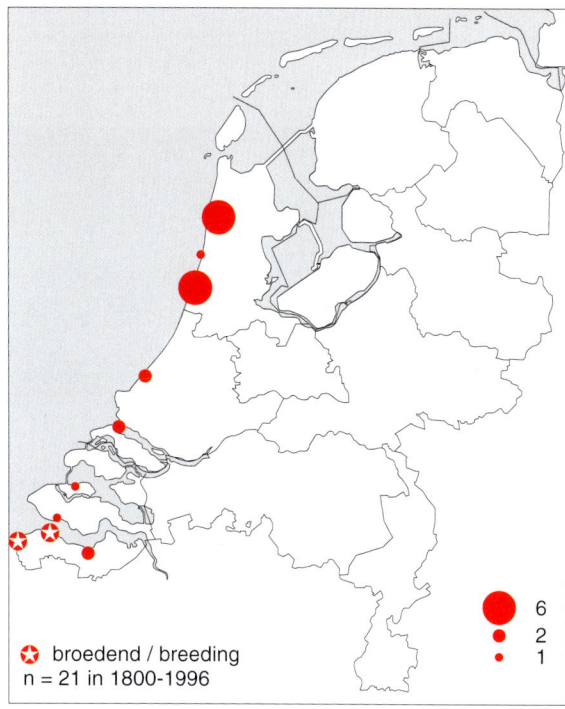

broedend / breeding
n = 21 in 1800-1996

Individuen per locatie / Individuals per site
Dougalls Stern / Roseate Tern

Visdief [2]

algemene broedvogel
algemene doortrekker en zomergast

Sterna hirundo hirundo

Common Tern

common breeding bird
common migrant and summer visitor

Noordse Stern [2]

algemene broedvogel
algemene doortrekker en zomergast

Sterna paradisaea

Arctic Tern

common breeding bird
common migrant and summer visitor

Forsters Stern

zeer zeldzaam

Broedt in Noord-Amerika; overwintert in zuidelijk Noord-Amerika en Midden-Amerika.

Het geval van 1986 was het eerste voor het Europese continent; het tweede was op 27 oktober 1987 voor de kust van Algeciras, Cádiz, Spanje (Ardeola 44: 133, 1997). Er waren ook gevallen in Zweden op 26 april 1993 (BB 88: 273, 1995) en in Portugal van 31 december 1993 tot 1 januari 1994 te Castro Marim, Algarve (Airo 7: 77-80, 1996). Na de eerste voor Europa in 1959 in IJsland waren er 26 gevallen in 1980-95 in Brittannië en Ierland waar de soort in alle maanden is waargenomen.

Sterna forsteri

Forster's Tern

very rare

Breeds in North America; winters in southern North America and Central America.

The 1986 record was the first for continental Europe; the second was off Algeciras, Cádiz, Spain, on 27 October 1987 (Ardeola 44: 133, 1997). There were also records in Sweden on 26 April 1993 (BB 88: 273, 1995) and in Portugal from 31 December 1993 to 1 January 1994 at Castro Marim, Algarve (Airo 7: 77-80, 1996). After the first for Europe in 1959 in Iceland, there were 26 records in 1980-95 for Britain and Ireland, where it has been seen in all months.

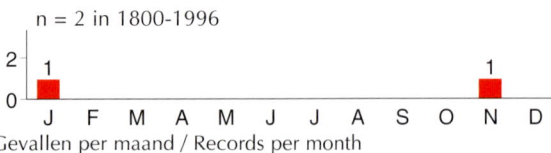

1-2 November 1986 Sloehaven, Ritthem, *Vlissingen* ZL, adult winter; DB 9: 40, 158-161, 1987 (photos), van den Berg et al (1990): 72 (photos), Mitchell & Young (1997; photos 87(2) & 87(4))

5 January 1995 Kinderdijk, *Nieuw-Lekkerland* ZH, 1w; DB 17: 33, 40, 1995 (photo); 19: 107, 1997 (photo); 20: 285-286 (photos)

n = 2 in 1800-1996

Gevallen per maand / Records per month
Forsters Stern / Forster's Stern

Forsters Stern / Forster's Tern *Sterna forsteri*, adult winter & Kokmeeuw / Black-headed Gull *Larus ridibundus*, 2 November 1986, Ritthem, Vlissingen, Zeeland *(René Pop)*

n = 2 in 1800-1996

Gevallen per locatie / Records per site
Forsters Stern / Forster's Tern

Brilstern

Sterna anaethetus melanoptera

Bridled Tern

zeer zeldzaam

very rare

Broedt en overwintert in tropische oceanen.

Er waren ten minste twee maar mogelijk meer exemplaren aanwezig tussen 4 juli en 3 augustus 1989. In West-Vlaanderen, België, zijn naar wordt aangenomen dezelfde twee vogels vastgesteld te Zeebrugge (twee op 9 juli en één op 12 juli) en in Het Zwin, Knokke-Heist (één op 10 en 14-22 juli).

Breeds and winters in tropical oceans.

At least two but possibly more individuals were involved when the species was discovered at various sites between 4 July and 3 August 1989. In West-Vlaanderen, Belgium, supposedly the same two birds were seen at Zeebrugge (two on 9 July and one on 12 July) and at Het Zwin, Knokke-Heist (one on 10 and 14-22 July).

1 record (2 individuals) in 1800-1996; 1 record (2 individuals) in 1980-96

4-8 July 1989 *Terneuzen* (**2** on 5-6 July) & 5 July & 14 July Hooge Plaaten, *Oostburg* ZL & 24 July Camperduin, *Schoorl* & 24 July IJmuiden, *Velsen* NH & 29 July-1 August Philipsdam, *Bruinisse* ZL & 3 August Westerschelde, Breskens-Vlissingen, *Oostburg/Vlissingen* ZL, adult; BW 2: 274, 1989 (photo), DB 11: 196, 1989 (photos); 12: 233-238, 1990 (photos); 19: 106, 1997, DB Nieuwsbr 1: 113-117, 119-123, 1989 (photos), Fitis 25: 218, 1989 (photo), VJ 38: 38, 1990 (photos), LM 64: 64, 1991 (photo), Mitchell & Young (1997; photos 87(5) & 87(7))

● eerste locatie / first site
○ vervolglocatie / successive site

● 2
● 1

n = 2 in 1800-1996

Individuen per locatie / Individuals per site
Brilstern / Bridled Tern

Brilstern / Bridled Tern *Sterna anaethetus*, 5 July 1989, Terneuzen, Zeeland *(René Pop)*

Dwergstern [2]

schaarse broedvogel
algemene doortrekker en zomergast

Sterna albifrons albifrons

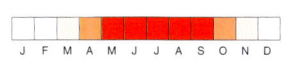

Little Tern

scarce breeding bird
common migrant and summer visitor

Witwangstern

vrij zeldzaam

Chlidonias hybridus hybridus

Whiskered Tern

rather rare

Soort broedt in Europa, Afrika, Azië en Australië; overwintert in tropen en in laag aantal in Middellandse-Zeegebied.

Voormalige onregelmatige broedvogel, niet in 1966-96.

Het eerste geval was in 1938 toen de soort nestelend werd aangetroffen. Naast de hieronder vermelde broedgevallen in volgende jaren waren er ook ongedocumenteerde meldingen van broedende vogels in 1951 in het Naardermeer, Naarden, Noord-Holland (LM 29: 61, 1956), in 1961 te Rijnstrangen, Zevenaar, Gelderland (Lensink 1993) en in 1972 in Twente, Overijssel, die onjuist werden geacht (cf Mees 1979). Op 9 juni 1997 werd een nest met twee eieren gevonden langs de noordelijke Randmeren in of bij Flevoland; op 31 juli was er een jong (LM 71: 167-168, 1998 (foto)). De pre-1980 gevallen van de soort zijn niet herzien. Onbevestigde gevallen worden hier vermeld. De soort wordt sinds 1 januari 1996 niet langer beoordeeld door de CDNA (DB 18: 105, 1996).
Sinds 1971 werd de soort elk jaar vastgesteld met uitzondering van 1984, met gemiddeld vijf gevallen per jaar in 1986-95. Alle gevallen dateerden tussen 19 april en 12 januari, met de meeste in mei-juni. Op één na waren alle najaarsgevallen (september-december) in het noord-westen: de Waddenzeekust nabij de Afsluitdijk, Friesland/Noord-Holland (vier) of de Markermeerkust van Flevoland (twee).

Species breeds in Europe, Africa, Asia and Australia; winters in tropics and small number in Mediterranean region.

Former irregular breeding bird, not in 1966-96.

The first record was in 1938 when the species was found nesting. Apart from additional breeding records in the years mentioned below, alleged breeding reports in 1951 at Naardermeer, Naarden, Noord-Holland (LM 29: 61, 1956), in 1961 at Rijnstrangen, Zevenaar, Gelderland (Lensink 1993), and in 1972 in Twente, Overijssel, remained undocumented and were considered erroneous (cf Mees 1979). On 9 June 1997, a nest with two eggs was found at the northern Randmeren in or near Flevoland; on 31 July, one young was seen (LM 71: 167-168, 1998 (photo)). The pre-1980 records of the species have not been reviewed. Single-observer records are included below. From 1 January 1996, the species was no longer considered by CDNA (DB 18: 105, 1996).
Since 1971, the species was recorded in every year except 1984, with a mean of five records per year in 1986-95. All records dated from the period between 19 April and 12 January, with most in May-June. All but one of the autumn records (September-December) came from the north-west: the Wadden Sea coast nearby Afsluitdijk, Friesland/Noord-Holland (four) or the Markermeer coast of Flevoland (two).

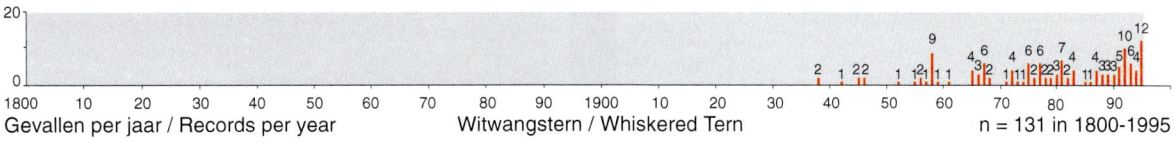

Gevallen per jaar / Records per year   Witwangstern / Whiskered Tern   n = 131 in 1800-1995

broedgevallen (41 nesten) / breeding records (41 nests)
1938 *Nederweert* LB (**8**)
1938 Grote Meer, *Ossendrecht* NB (**1**; unsuccessful)
1945 Eempolder, *Eemnes/Bunschoten* UT (**7**)
1945 *Gorinchem* ZH (**2**)

1958 Groessen, *Duiven/Zevenaar* GL (**11**)
1958 Rijswijk, *Maurik* GL (**4**)
1965 Bijlmermeer, Amsterdam-Zuidoost, *Amsterdam* NH
(min **7**; unsuccessful)
1997 noordelijke Randmeren FL/GL/OV (**1**)

131 records (358 individuals) in 1800-1995; 68 records (101 individuals) in 1980-95

10 May-23 July 1938 *Nederweert* LB (**31** incl 15 young), 8 nests (1 unsuccessful), at least 15 young fledged; Ardea 27: 156-163, 1938 (photos); 28: 99, 1939

20 June-22 July 1938 Grote Meer, *Ossendrecht* NB (max **6**), 3 pairs & 1 nest (no young), dead (3 collected); Ardea 27: 156-163, 1938; 28: 99, 1939, LM 11: 81-86, 1938, Mees (1979)

25 June 1942 *Sas van Gent* ZL (**4**), adult; LM 16: 161, 1943, Eykman et al (1949)

4 June-3 July 1945 *Gorinchem* ZH (**8** incl 3 young), 2 nests (1 unsuccessful), 3 young fledged & ringed; Ardea 34: 262-263, 1946, Mees (1979)

17 June-25 July 1945 Eempolder, *Eemnes/Bunschoten* UT (**21** incl 7 chicks), at least 7 nests (at 3 places), at least 7 chicks, at least 2 young fledged; Ardea 34: 268-270, 1946, Mees (1979)

12 May 1946 Botshol, *Abcoude* UT; Ardea 35: 234, 1947

20 July 1946 Overschie, *Rotterdam* ZH; Ardea 35: 234, 1947

28 September 1952 *Kampen* OV; LM 42: 59, 1969

30-31 May 1955 Jachtdijk, *Rotterdam* ZH (max **3**); Ardea 43: 177, 1955, LM 29: 61, 1956

22 May 1956 *Zaltbommel* GL; LM 32: 57, 1959

27 July 1956 Kortenhoef, *'s-Graveland* NH; LM 29: 61, 1956

15 August-1 September 1957 *Texel* NH; LM 32: 57, 1959

19 May 1958 gemaal Stroink, Vollenhove, *Brederwiede* OV (**2**); LM 33: 34, 1960

26 May 1958 Borgharen, *Maastricht* LB; Natuurhis Maandbl Limbg 47: 80, 1958, LM 33: 34, 1960, contra Ganzevles et al (1985)

1 June 1958 Beuven, Strabrechtse Heide, *Mierlo/Someren* NB (**6**), adult summer; LM 33: 34-35, 1960

1 June 1958 Zwartemeer, Kampereiland, *Kampen* OV (**2**), flying; LM 33: 35, 1960

3 June 1958 Zwartemeer, Kampereiland, *Kampen* OV (**3**), flying; LM 33: 35, 1960

7 June 1958 Buitenveldert, *Amsterdam* NH (**2**), adult summer; LM 33: 35, 1960

21 June-27 July 1958 Groessen, *Duiven/Zevenaar* GL (**41** incl 20 young), 11 nests with eggs, c 20 young fledged; LM 32: 73-74, 1959, Mees (1979)

(June)27 July-3 August 1958 Roodvoet, Rijswijk, *Maurik* GL (**17** incl 9 young), 4 nests, at least 9 young fledged; LM 32: 175, 1959; 33: 34, 1960

16 August 1958 *Huizen* NH, imm/winter; LM 33: 35, 1960

8 May 1959 Oud-Zevenaar, *Zevenaar* GL; LM 34: 207, 1961, contra van den Bergh et al (1979)

27 May 1961 De Kwakel, *Aalsmeer/Uithoorn* NH, adult

15 May 1965 Eemmond, *Eemnes* UT (**2**), adult; LM 40: 39, 1967

7 June 1965 Rijnstrangen, *Zevenaar* GL (**2**); LM 42: 58, 1969

8 June-7 August 1965 Bijlmermeer, Amsterdam-Zuidoost, *Amsterdam* NH (**27**), max 7 nests with eggs at same time (no young), highest counts 20 adults on 13 June & 27 adults on 10 July; LM 40: 39, 1967

10 June 1965 *Tilburg* NB, adult; LM 40: 39, 1967

24 April 1966 Ospelse Peel, *Nederweert* LB; LM 42: 58, 1969

30 April 1966 Veluwemeer, *Dronten* FL (**2**); LM 42: 58, 1969

6 June-8 July 1966 *Vlaardingen* ZH (max **9**); LM 42: 58, 1969

15 May 1967 *Heythuysen* LB (not Nederweert, contra Ganzevles et al 1985); LM 42: 58, 1969

18 May 1967 Naardermeer, *Naarden* NH; LM 42: 58, 1969

26 June 1967 Knardijk, *Lelystad/Zeewolde* FL, adult; LM 42: 58, 1969

19 August 1967 Knardijk, *Lelystad/Zeewolde* FL, adult; LM 42: 58, 1969

22 August 1967 Scheveningen, *Den Haag* ZH (**3**); LM 42: 59, 1969

5 November 1967 Zuid-Flevoland, *Almere/Lelystad/Zeewolde* FL (**2**); LM 42: 59, 1969

27 April 1968 Marken, *Waterland* NH; LM 43: 49, 1970

6 July 1968 Schalkwijk, *Houten* UT; LM 43: 49, 1970

1 June-5 July 1971 Zuid-Bijlmermeer, Amsterdam-Zuidoost, *Amsterdam* NH (max **2**), adult & juv; LM 46: 82, 1973

4 June 1972 *Zoetermeer* ZH (**2**), adult summer; LM 47: 42, 1974

10 June 1972 Kinderdijk, *Nieuw-Lekkerland* ZH; LM 47: 42, 1974

16 June 1972 Marken, *Waterland* NH; LM 47: 42, 1974

25 June 1972 *Axel* ZL; LM 47: 42, 1974

28 July 1973 Vlietland, *Leidschendam* ZH; LM 48: 109, 1975

13-19 May 1974 Ospel, *Nederweert* LB; VJ 23: 183, 1975, LM 52: 224, 1979

19 April 1975 Braakman, *Terneuzen* ZL; LM 50: 49, 1977

10 May 1975 Canisvliet, *Sas van Gent* ZL (**3**); LM 50: 49, 1977; 52: 224, 1979

16 May 1975 *Kerkrade* LB (**2**); LM 52: 224, 1979

17(-23) May 1975 Laarder Wasmeer, *Laren* NH; LM 50: 49, 1977, Jonkers et al (1987)

25(-28) May 1975 Drachtster Ee, *Smallingerland* FR (**4**; 2 & 2); LM 50: 49, 1977, van der Poel et al (1977)

25 May-2 June 1975 *Harderwijk* GL (max **4**); LM 50: 49, 1977

17 July 1976 Zuid-Flevoland, *Lelystad* FL, adult summer; LM 51: 142, 1978

22 August 1976 Knardijk, *Lelystad/Zeewolde* FL, adult; LM 51: 142, 1978

6 May 1977 Bath, *Reimerswaal* ZL, adult summer; LM 52: 224, 1979

21 May 1977 Knardijk, *Lelystad* FL, adult summer; LM 52: 224, 1979, Aart Vink (pers comm)

21 May 1977 Gooimeerdijk, *Zeewolde* FL, adult summer; LM 52: 224, 1979, Aart Vink (pers comm)

30 May 1977 *Gendt* GL; LM 52: 224, 1979

14 June 1977 *Eijsden* LB; LM 52: 224, 1979

26 June 1977 *Millingen aan de Rijn* GL (**2**); LM 52: 224, 1979

20 April 1978 Grote Brekken, *Wymbritseradiel* FR; LM 53: 30, 1980

22 July 1978 Wolderwijd, *Zeewolde* FL; LM 54: 23, 1981, Jan van der Laan (pers comm)

21 May 1979 *Almere* FL, adult; LM 54: 23, 1981

24 May 1979 *Leidschendam* ZH; LM 54: 23, 1981

10 June 1980 Opheusden, *Kesteren* GL (**2**)

17-22 June 1980 Stevensweert, *Maasbracht* LB (**2**), adult; DB 2: 77, 1980 (photo)

26 July 1980 Camperduin, *Schoorl* NH (**2**)

8 May 1981 Spaarnwoude, *Haarlemmerliede en Spaarnwoude* NH

Witwangstern / Whiskered Tern *Chlidonias hybridus*, adult (links / left) & Stormmeeuw / Common Gull *Larus canus* & Zwarte Stern / Black Tern *C niger* (rechts / right), 27 August 1992, Dashorstdijk, Almere, Flevoland (*Karel A Mauer*)

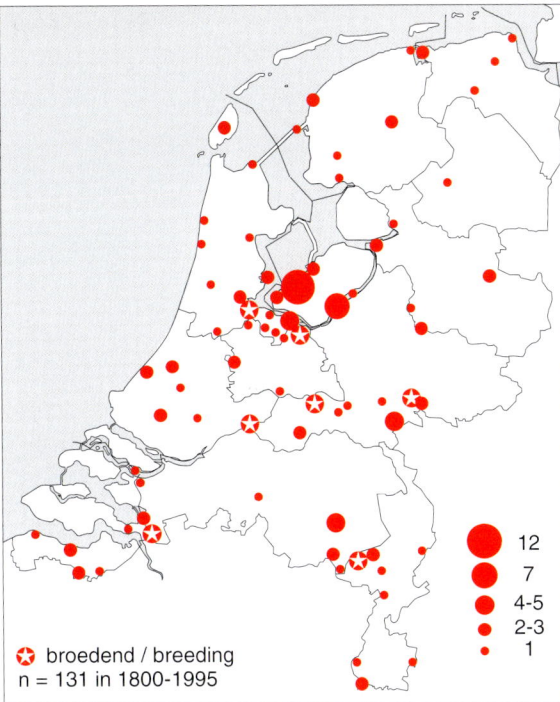

broedend / breeding
n = 131 in 1800-1995

12
7
4-5
2-3
1

Gevallen per locatie / Records per site
Witwangstern / Whiskered Tern

16 May 1981 *Deventer* OV (**2**)
18 May 1981 Horstermeer, *Nederhorst den Berg* NH
19-22 May 1981 Wolderwijd, *Zeewolde* FL (max **2**)
25-27 May 1981 *Eijsden* LB
31 May 1981 Hurwenen, *Rossum/Zaltbommel* GL
15 July 1981 *Deventer* OV, adult
16 May 1982 Avenhorn, *Wester-Koggenland* NH
6 June 1982 Strabrechtse Heide, *Mierlo/Someren* NB
28 April-6 May 1983 *Groningen* GR; DB 20: 153, 1998
6 May 1983 Ooypolder, *Ubbergen* GL
7 May 1983 Meinerswijk, *Arnhem* GL
7 October 1983 *Harlingen* FR, imm
30 June 1985 IJzendoorn, *Echteld* GL; DB 20: 153, 1998
10-12 May 1986 Engbertsdijkvenen, *Vriezenveen* OV, adult
17 May 1987 Groenewoudseweg, *Zeewolde* FL (**2**), adult summer (flying past)
29 May-1 June 1987 *Lelystad* FL, adult summer
1-19 June 1987 *Dwingeloo* DR, adult summer (photographed)
5 June 1987 *Steenbergen* NB, adult summer
8 May 1988 Steyl, *Tegelen* LB, adult (**4**); DB 19: 106, 1997
9 May 1988 *Amsterdam* NH
10 May 1988 Garrelsweer, *Loppersum* GR (**2**), adult summer
21-22 May 1989 Strabrechtse Heide, *Mierlo/Someren* NB (max **3**), adult summer
21-25 May 1989 Philipsdam, *Bruinisse* ZL, adult summer
18-21 August 1989 Pampushaven, *Almere* FL, 1y; Paul Böhre (pers comm)
21 June 1990 *Olst* OV (**2**), adult summer
3 July 1990 Oostvaardersdijk, *Lelystad* FL, 1s; Aart Vink (pers comm)
7 August 1990 Houtribsluizen, *Lelystad* FL, adult summer
22 May 1991 Breskens, *Oostburg* ZL, adult summer
1 June 1991 Lauwersmeer, *De Marne* GR, adult summer
2 June 1991 Oostvaardersdijk, *Lelystad* FL (**2**), adult summer; Lammert van der Veen (pers comm)
4 July 1991 Egmond aan Zee, *Egmond* NH, adult summer
14 December 1991-12 January 1992 Oostvaardersdijk, *Almere/Lelystad* FL (max **2**), 1w; DB 14: 32, 214-218, 1992 (photos), VJ 40: 94, 1992 (photo), Vogels in Flevoland 2: 8, 1994 (photo)
18 May 1992 Oudega, *Smallingerland* FR (**3**), adult summer
18 May 1992 Hoornder Nieuwland, *Texel* NH, adult summer
21 May 1992 Lauwersmeer, *De Marne* GR, adult summer (photographed); DB 18: 113, 1996
28 May 1992 Lauwersmeer, *De Marne* GR (**3**), adult summer
28 May-2 June 1992 Budel-Dorplein, *Budel* NB (**3**)
30 May 1992 *Millingen aan de Rijn* GL, adult summer
31 May 1992 Engbertsdijkvenen, *Vriezenveen* OV, adult summer
9 July 1992 Oostvaardersdijk, *Almere/Lelystad* FL
14-16 July 1992 Oostvaardersdijk, *Lelystad* FL, adult summer; Max

Witwangstern / Whiskered Tern *Chlidonias hybridus*, first-winter, 14 December 1991, Houtribsluizen, Lelystad, Flevoland (*Arnoud B van den Berg*)

Berlijn (in litt)
27-28 August 1992 Dashorstdijk, *Almere* FL, adult; Vogels in Flevoland 2: 4, 1994 (photo)
5-6 May 1993 *Huizen* NH (**2**), adult summer & 2s; DB 18: 113, 1996
19 May 1993 Strabrechtse Heide, *Mierlo/Someren* NB, adult summer
22-24 May 1993 Soerendonk, *Maarheeze* NB (photographed)
25 & 29 May 1993 *Woerden* ZH, adult summer; DB 19: 106, 1997, Diederik Kok (in litt)
5 June 1993 Eemshaven, *Eemsmond* GR, adult summer
30 June 1993 *Woerden* ZH (**2**), adult summer; DB 19: 106, 1997
7-8 May 1994 Harderbroek, *Zeewolde* FL, adult summer; DB 16: 170, 1994 (photo)
9 May 1994 *Huizen* NH (**2**), adult summer
23-27 May 1994 Markiezaatsmeer & Molenplaat, *Bergen op Zoom* NB (**2**), adult summer
1 November 1994 Kornwerderzand, *Wûnseradiel* FR, winter (photographed); DB 19: 106, 1997
22 April 1995 Scheveningen, *Den Haag* ZH, adult summer
29-30 April 1995 Wolderwijd & Harderbroek, *Harderwijk/Zeewolde* GL/FL (**2**)
3-4 May 1995 Braakman, *Terneuzen* ZL (max **2**), adult summer (photographed)
26-27 May 1995 Bandpolder, *Dongeradeel* FR (**2**) & Vlinderbalg, Lauwersmeer, *De Marne* GR (1; 27 May), adult summer; DB 19: 106, 1997, CDNA archives
27 May 1995 Bovenwater, *Lelystad* FL (**5**), adult summer
(16)27 May 1995 Markiezaatsmeer & Kreekraksluizen, *Reimerswaal* ZL, adult summer
27 May 1995 Sondelerleien, *Gaasterlân-Sleat* FR, adult summer
29 May 1995 *Eindhoven* NB, adult summer (photographed)
30 May 1995 Soerendonks Goor, *Maarheeze* NB, adult summer
11 June 1995 Soerendonks Goor, *Maarheeze* NB, adult summer
(8)17-18 September 1995 Harlingen-Haven, *Harlingen* FR, winter
4 November-4 December 1995 Den Oever, *Wieringen* NH (max **3**), adult winter & 2 1w (until 18 November 3; 3 December adult & 1 1w; 4 December 1 1w); DB 18: 46, 1996 (photo); 19: 103, 1997 (photo)

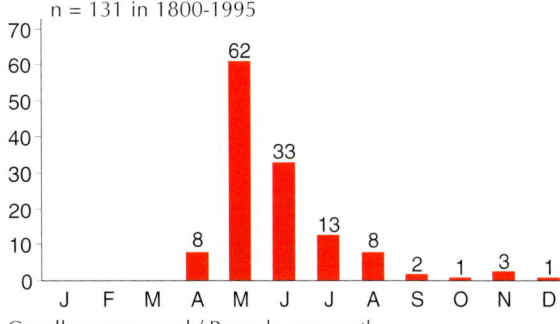

n = 131 in 1800-1995

Gevallen per maand / Records per month
Witwangstern / Whiskered Tern

Zwarte Stern [2]

algemene broedvogel
algemene doortrekker en zomergast

Chlidonias niger niger

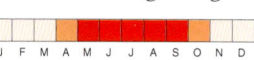

Black Tern

common breeding bird
common migrant and summer visitor

Witvleugelstern [2]

schaarse doortrekker

Chlidonias leucopterus

White-winged Tern

scarce migrant

Voormalige onregelmatige broedvogel: éénmaal in 1979.

De soort werd tot 1 januari 1985 beoordeeld en in 1985-88 geregistreerd door de CDNA (LM 59: 15, 1986; 60: 30, 1987; 62: 117, 200, 1989). Het eerste onbevestigde geval betrof een adult-zomer op 5 mei 1933 te Oosterland, Duiveland, Zeeland (Ardea 26: 104-105, 1945) en het eerste bevestigde geval was op 7 juni 1942 in de Ospelse Peel, Nederweert, Limburg (Ardea 32: 241, 1943, Kist et al 1970). Het enige broedgeval vond plaats in juni-juli 1979 in de Ankeveense Plassen, Nederhorst den Berg, Noord-Holland, waar een ♂ gepaard met Zwarte Stern C niger een onsuccesvolle poging deed twee eieren uit te broeden (DB 2: 17-18, 1980). De jaarlijkse aantallen zijn in de laatste decennia toegenomen; op 13-16 mei 1997 vond in het noord-oosten een influx plaats van meer dan 300 exemplaren (DB 19: 135-136, 140, 1997 (foto), Plomp et al 1998).

Former irregular breeding bird: once in 1979.

The species was considered by CDNA until 1 January 1985 and registered in CDNA reports in 1985-88 (LM 59: 15, 1986; 60: 30, 1987; 62: 117, 200, 1989). The first single-observer record of the species was an adult summer on 5 May 1933 at Oosterland, Duiveland, Zeeland (Ardea 26: 104-105, 1945) and the first confirmed record was on 7 June 1942 at Ospelse Peel, Nederweert, Limburg (Ardea 32: 241, 1943, Kist et al 1970). The only breeding record took place in June-July 1979 at Ankeveense Plassen, Nederhorst den Berg, Noord-Holland, where a ♂ paired with Black Tern C niger had a nest with two eggs which did not hatch (DB 2: 17-18, 1980). In recent decades, annual numbers have increased; on 13-16 May 1997, an influx of more than 300 individuals occurred in the north-east (DB 19: 135-136, 140, 1997 (photo), Plomp et al 1998).

ALKEN Alcidae (n=6)

Zeekoet [2]

gehele jaar algemeen

Uria aalge ssp

Atlantic Murre

common throughout year

Naast de algemene zuidelijke ondersoort U a albionis, die tevens in de zomer voorkomt, is ook de grotere en zwartere nominaat een algemene doortrekker en wintergast. Bovendien is er één geval van de nog grotere en zwartere noordelijke ondersoort U a hyperborea die ten noorden van 69°N van Noorwegen oost tot op Nova Zembla broedt. Het betrof een gebrild adult-winter ♀ dat dood werd gevonden op 26 november 1988 te Brouwersdam, Westerschouwen/Goedereede, Zeeland/Zuid-Holland (ZMA) (LM 62: 47-48, 1989). Determinatie van deze ondersoort is alleen mogelijk door onderzoek in de hand. Het is voorgesteld om soortstatus te verlenen aan zowel de Atlantische als de Pacifische populatie waardoor laatstgenoemde als Pacifische Zeekoet U californica zou worden erkend (George Sangster in litt).

Apart from the common southern subspecies U a albionis which is also seen in summer, the larger and blacker nominate subspecies is a common migrant and winter visitor. Moreover, there is one record of the even larger and blacker northern subspecies U a hyperborea which breeds from Norway north of 69°N east to Novaya Zemlya. It was an adult winter ♀, bridled morph, found dead on 26 November 1988 at Brouwersdam, Westerschouwen/Goedereede, Zeeland/Zuid-Holland (ZMA) (LM 62: 47-48, 1989). This subspecies can only be identified when examined in the hand. Specific status has been proposed for both the Atlantic and the Pacific populations which would render the latter as Pacific Murre U californica (George Sangster in litt).

Kortbekzeekoet

zeldzaam

Uria lomvia lomvia

Brünnich's Murre

rare

Broedt en overwintert in arctische gebieden; dichtstbijzijnde broedplaatsen in IJsland en Noord-Noorwegen.

Alle gevallen betroffen vondsten van dode exemplaren op Noordzeestranden. Alleen de vogel van 1979 is als olieslachtoffer nog levend, zwemmend langs de kust, waargenomen voordat hij zes dagen later dood werd opgeraapt.

Breeds and winters in arctic; nearest breeding sites in Iceland and northern Norway.

All records concerned birds found dead on the shores of the North Sea. The 1979 bird was the only one to be seen alive and swimming. However, it was oiled and was picked up dead six days later.

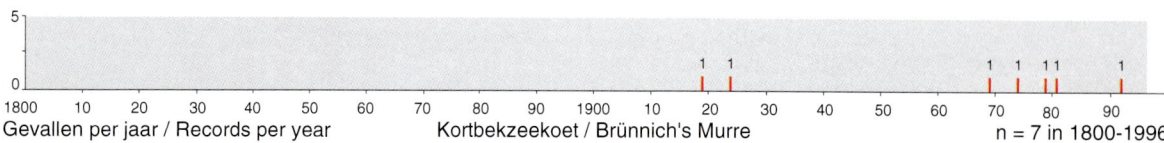

Gevallen per jaar / Records per year   Kortbekzeekoet / Brünnich's Murre   n = 7 in 1800-1996

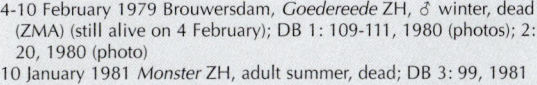

24 December 1919 Noordwijk aan Zee, *Noordwijk* ZH, adult winter ♀, dead (NNM); Ardea 9: 32-33, 1920 (photo)
28 December 1924 Noordwijk aan Zee, *Noordwijk* ZH, ♂ winter, dead (NNM)
19 February 1969 *Texel* NH, dead (NNM)
10 March 1974 Oostkapelle, *Domburg* ZL, ♂ winter, dead (ZMA)

4-10 February 1979 Brouwersdam, *Goedereede* ZH, ♂ winter, dead (ZMA) (still alive on 4 February); DB 1: 109-111, 1980 (photos); 2: 20, 1980 (photo)
10 January 1981 *Monster* ZH, adult summer, dead; DB 3: 99, 1981 (photo)
18 April 1992 *Texel* NH, dead (ZMA)

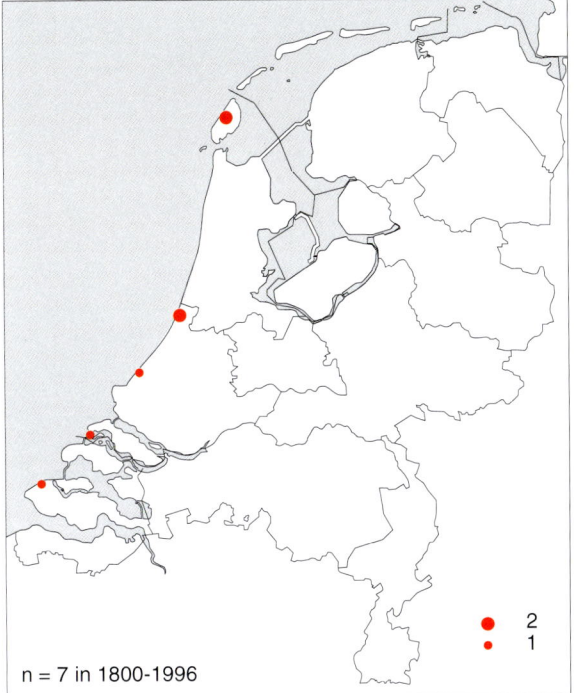

n = 7 in 1800-1996

● 2
· 1

Gevallen per locatie / Records per site
Kortbekzeekoet / Brünnich's Murre

Kortbekzeekoet / Brünnich's Murre *Uria lomvia*, 4 February 1979, Brouwersdam, Goedereede, Zuid-Holland *(René Pop)*

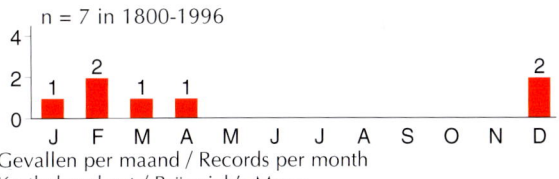

n = 7 in 1800-1996

Gevallen per maand / Records per month
Kortbekzeekoet / Brünnich's Murre

Alk [2]

gehele jaar algemeen

Alca torda ssp

Razorbill

common throughout year

Naast de algemene zuidelijke ondersoort *A t islandica*, die tevens in de zomer voorkomt, is ook de grotere noordelijke ondersoort *A t torda* een algemene doortrekker en wintergast.

Apart from the common British Razorbill *A t islandica*, which is also seen in summer, the larger northern subspecies *A t torda* is a common migrant and winter visitor, as well.

Zwarte Zeekoet

zeldzaam

Cepphus grylle arcticus

Black Guillemot

rare

Broedt langs noordelijke kusten van Atlantische Oceaan en Noordelijke IJszee; dichtstbijzijnde broedplaatsen in Zuid-Noorwegen, Zuid-Zweden, Oost-Denemarken en Schotland.

Het enige geval van vóór 1904 was een door Pallas in 1793 aan het strand tussen Scheveningen en Katwijk, Zuid-Holland, gevonden exemplaar in eerste-winterkleed (specimen zoekgeraakt). Voor gevallen van vóór 1950 zij verwezen naar Eykman et al (1949); de vondst van een vleugel in 1922 wordt niet genoemd door Kist et al (1970). De gevallen van vóór 1980 zijn niet herzien. Onbevestigde gevallen staan hieronder vermeld (#) behalve één waarvan de beschrijving tekort schiet zodat het thans is afgewezen (2 September 1959 te Wassenaar, Zuid-Holland; CDNA archives, LM 32: 223-224, 1959).
In 1975-96 werd de soort vastgesteld in ieder jaar behalve 1983 en 1991. Alle gevallen waren van de Noordzeekusten, met het merendeel van IJmuiden, Velsen, Noord-Holland, noordwaarts (meer dan 80%). In vijf gevallen werd naar wordt aangenomen dezelfde vogel gezien op verschillende locaties op een onderlinge afstand van 12-35 km. In acht gevallen bleef de vogel langer dan een week aanwezig. De langst blijvende was die van 1 juni tot 9 september 1959 op Vlieland, Friesland.

Breeds along northern coasts of Atlantic Ocean and Arctic Ocean; nearest breeding sites in southern Norway and Sweden, eastern Denmark and Scotland.

The only pre-1904 record was a first-winter found by Pallas in 1793 on the beach between Scheveningen and Katwijk, Zuid-Holland (specimen lost). For pre-1950 records, see Eykman et al (1949); the finding of a wing in 1922 has not been mentioned by Kist et al (1970). The pre-1980 records have not been reviewed. Single-observer records (#) are listed below except one which was poorly described and has now been rejected (2 September 1959 te Wassenaar, Zuid-Holland; CDNA archives, LM 32: 223-224, 1959).
In 1975-96, the species has been recorded in every year except 1983 and 1991. All records were from the North Sea coasts, mostly from IJmuiden, Velsen, Noord-Holland, and further north (more than 80%). In five records, presumably the same bird was seen at different sites, 12-35 km apart. In eight records, the bird stayed for longer than a week. The longest-staying was from 1 June to 9 September 1959 on Vlieland, Friesland.

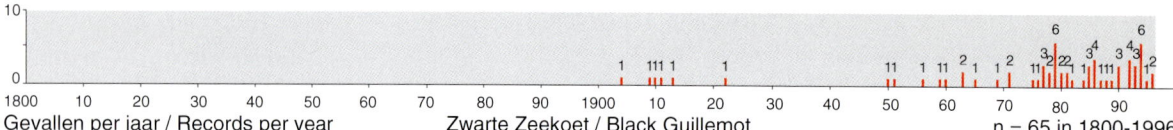

Gevallen per jaar / Records per year   Zwarte Zeekoet / Black Guillemot   n = 65 in 1800-1996

65 records in 1800-1996; 35 in 1980-96

12 December 1904 *Den Helder* NH, 1w, dead (ZMA)
27 December 1909 Marsdiep, *Texel* NH, 1w ♂, dead (NNM)
1 January 1910 Marsdiep, *Texel* NH, adult ♂, dead (NNM)
16 January 1911 Marsdiep, *Texel* NH, 1w ♀, dead (NNM); Jaarb NOV 8: 31-32, 1911
14 January 1913 *Texel* NH, 1w ♀, dead (NNM); Ardea 2: 32, 1913
3 December 1922 Hoek van Holland, *Rotterdam* ZH, dead (wing only); LM 25: 167, 1952
12 November 1950 IJmuiden, *Velsen* NH; Ardea 39: 371, 1951, LM 25: 167, 1952
25 December 1951 De Hors, *Texel* NH, adult winter, dead (EM); Dijksen (1996), DB 20: 153, 1998
12 August 1956 De Beer, *Brielle* ZH, juv; LM 30: 116, 1957
1 June-9 September 1959 Oost-Vlieland, *Vlieland* FR, imm; LM 32: 223, 1959; 34: 208, 1961, Spaans & Swennen (1968)
27 July 1960 Oost-Vlieland, *Vlieland* FR; LM 35: 66, 1962
3 January 1963 West-Terschelling, *Terschelling* FR, adult, dead (decomposed); LM 38: 51, 1965
6 July 1963 Noordpier, IJmuiden, *Velsen* NH, adult #; LM 38: 51, 1965
27 August 1965 *Texel* NH, adult summer #; LM 40: 40, 1967
28 December 1969 *Terschelling* FR, dead; LM 45: 77, 1972
(6)7-15 February 1971 *Texel* NH & 20 February *Terschelling* FR, 1w; LM 44: 191-192, 1971 (photo), VJ 19: 501, 1971 (photo)
8 April 1971 *Terschelling* FR #; LM 46: 82, 1973
20 August-13 September 1975 IJmuiden, *Velsen* NH, 1y (first erroneously accepted as 2); CDNA archives, VJ 23: 293, 1975 (photos); 25: 283, 1977 (photo), LM 50: 50, 1977; 56: 183, 1983 (photo), DB 2: 67, 1980 (photo)
10 September 1976 Camperduin, *Schoorl* NH, 1w; LM 51: 142, 1978
4 April 1977 Camperduin, *Schoorl* NH, adult; LM 52: 225, 1979
3 May 1977 Camperduin, *Schoorl* NH, adult; LM 52: 225, 1979
9 May 1977 Scheveningen, *Den Haag* ZH, adult; LM 52: 225, 1979
8 September 1978 Camperduin, *Schoorl* NH; LM 54: 23, 1981
16 November 1978 Scheveningen, *Den Haag* ZH; LM 54: 23, 1981
8 May 1979 Camperduin, *Schoorl* NH; LM 54: 23, 1981
11 September 1979 Scheveningen, *Den Haag* ZH; LM 54: 23, 1981
6 October 1979 Camperduin, *Schoorl* NH; LM 54: 23, 1981

19 October 1979 *Schiermonnikoog* FR; LM 54: 23, 1981
22 December 1979 paal 14, *Texel* NH; LM 54: 23, 1981
22-29 December 1979 Brouwersdam, *Goedereede* ZH; DB 1: 132, 1980 (photo), LM 54: 23, 1981
15 August 1980 IJmuiden, *Velsen* NH, imm (photographed)
24 December 1980 *Schiermonnikoog* FR, (long) dead
12 August 1981 Camperduin, *Schoorl* NH, imm
13-31 December 1981 Brouwersdam, *Goedereede* ZH, adult winter; cf LM 59: 20, 1986
10 April 1982 Camperduin, *Schoorl* NH, adult summer
20 November 1984 Camperduin, *Schoorl* NH
27 April 1985 Camperduin, *Schoorl* NH, adult
12 November 1985 paal 22, De Koog, *Texel* NH, 1w, dead (EM)
26 November-22 December 1985 Brouwersdam, *Goedereede* ZH, 1w; DB 8: 36, 1986 (photo), LM 60: 26, 1987 (photo)
12 February 1986 *Schiermonnikoog* FR, adult
30 September-5 October 1986 Camperduin, *Schoorl* NH, 1w/2w; DB 10: 172, 1988
13-16 October 1986 Westerslag, *Texel* NH, juv (photographed)
2 November 1986 IJmuiden, *Velsen* NH, 1w; DB 11: 156, 1989
9-12 May 1987 Scheveningen, *Den Haag* ZH, adult summer (wearing ring); VJ 35: 358, 1987 (photo; erroneous locality), DB 11: 155, 1989 (photo)
16 May 1988 Camperduin, *Schoorl* NH, adult summer; DB 18: 113, 1996
11-13 November 1989 Brouwersdam, *Middenschouwen* ZL, imm
8 September 1990 *Westkapelle* ZL, 1w
7 October 1990 IJmuiden, *Velsen* NH
10 October 1990 Camperduin, *Schoorl* & Egmond aan Zee, *Egmond* NH, 1w (flying past); CDNA archives
14 January 1992 Camperduin, *Schoorl* NH
26-27 January 1992 Brouwersdam, *Goedereede* ZH, imm
25 September 1992 & 7-10 October Egmond aan Zee, *Egmond* & 10 October & 18-25 October 1992 Camperduin, *Schoorl* NH, 1w; CDNA archives
18 October-8 November 1992 West-Terschelling, *Terschelling* FR, imm; DB 14: 236, 1992 (photo)
26 September 1993 Egmond aan Zee, *Egmond* & Camperduin,

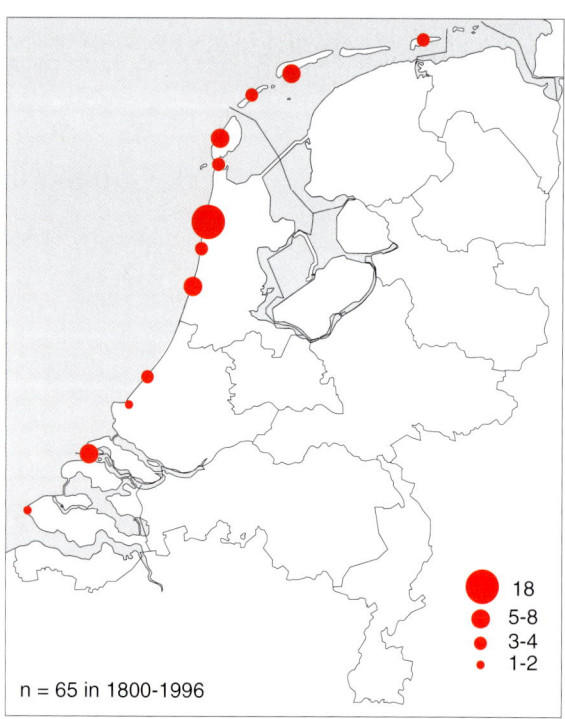

18
5-8
3-4
1-2

n = 65 in 1800-1996

Gevallen per locatie / Records per site
Zwarte Zeekoet / Black Guillemot

Zwarte Zeekoet / Black Guillemot *Cepphus grylle*, first-year, 25 August 1994, IJmuiden, Velsen, Noord-Holland (*Arnoud B van den Berg*)

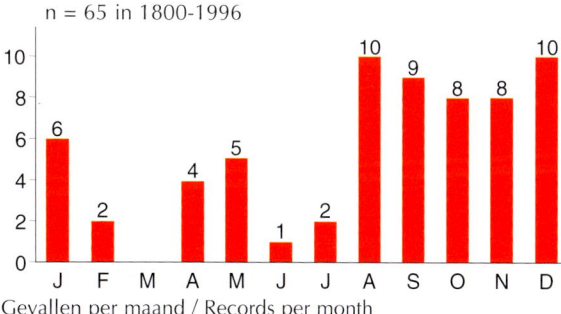

Gevallen per maand / Records per month
Zwarte Zeekoet / Black Guillemot

Kleine Alk [2]

Alle alle alle

Little Auk

schaarse tot algemene doortrekker en wintergast

scarce to common migrant and winter visitor

In aansluiting op het 1977-verslag van de Club van Zeetrekwaarnemers (LM 53: 59-69, 1980) werd de soort in 1978-88 geregistreerd door de CDNA (LM 55: 125, 1982; 60: 30, 1987; 62: 117, 200-201, 1989). Voor informatie over het voorkomen en de invasies zij verwezen naar Sula 10: 169-182, 199-210, 1996. In 1987-97 werden er ieder najaar meer dan 100 gezien. Recente invasies kwamen voor in het najaar van 1990 (c 4000), 1995 (1517) en 1996.

Following the 1977 report of the Club van Zeetrekwaarnemers (LM 53: 59-69, 1980), the species was registered in CDNA reports in 1978-88 (LM 55: 125, 1982; 60: 30, 1987; 62: 117, 200-201, 1989). For information on its occurrence and invasions, see Sula 10: 169-182, 199-210, 1996. In 1987-97, more than 100 were seen every autumn. Recent invasions occurred in the autumns of 1990 (c 4000), 1995 (1517) and 1996.

Papegaaiduiker [2]

Fratercula arctica

Atlantic Puffin

schaarse doortrekker en wintergast

scarce migrant and winter visitor

ZANDHOENDERS Pteroclididae (n=1)

Steppehoen

Syrrhaptes paradoxus

Pallas's Sandgrouse

zeer zeldzaam

very rare

Broedt en overwintert in steppegebieden van Kaspisch gebied en Kirgizië tot Mantsjoerije; soms invasies west tot in West-Europa en oost tot in Japan.

Breeds and winters in steppes from Caspian region and Kirgiziya to Manchuria; occasionally eruptive west to western Europe and east to Japan.

Voormalige onregelmatige broedvogel met broedgevallen na invasies in 1863 en 1888.

Former irregular breeding bird with post-invasion breeding records in 1863 and 1888.

Invasies van 100en vogels traden op in 1863-64 en, de grootste, in 1888-89. Beide invasies werden voor het eerst zichtbaar in mei en duurden tot in het volgende jaar. Elders in Europa kwamen eveneens in mei 1863 en in mei 1888 grote invasies voor. Behalve in Nederland waren er ook broedpogingen in België, Brittannië, Denemarken, Duitsland en Zweden, vooral na mei 1888. De oorzaken van de invasies zijn niet bekend maar kunnen te maken hebben gehad met voedselgebrek in de broedgebieden. Het geval in 1908 was ook ten tijde van een invasie in West-Europa (Cramp 1985). Na 1908 kwamen geen grote invasies meer voor ofschoon wel enkele exemplaren in Nederland werden opgemerkt van eind november tot eind december 1964 en van midden-mei tot begin september 1969. In deze beide periodes werden ook exemplaren gezien in Brittannië (één in Kent in december 1964, één in Shetland in mei 1969 en twee in Northumberland op 5-6 september 1969; Dymond et al 1989). De

Invasions of 100s occurred in 1863-64 and, on an even larger scale, in 1888-89. Both invasions started in May and lasted into the following year. Elsewhere in Europe, large invasions were recorded in May 1863 and May 1888, too. Apart from the Netherlands, nesting also occurred in Belgium, Britain, Denmark, Germany and Sweden, especially after May 1888. The cause of these invasions is not understood but, supposedly, there was a link to food shortage in the breeding areas. The 1908 record also coincided with an invasion in western Europe (Cramp 1985). Since 1908, no large invasions have occurred although a few individuals appeared from late November to late December 1964 and from mid May to early September 1969. In both periods, individuals were also seen in Britain (one in Kent in December 1964, one in Shetland in May 1969 and two in Northumberland on 5-6 September 1969; Dymond et al 1989). Probably, the bird of December 1972 should not be

vogel van december 1972 dient waarschijnlijk niet als wilde vogel te worden beschouwd maar als een exemplaar afkomstig van illegale invoer ten behoeve van jacht of kweek (Kees Roselaar in litt).

considered as a wild bird but one originating from illegal imports for hunting or rearing (Kees Roselaar in litt).

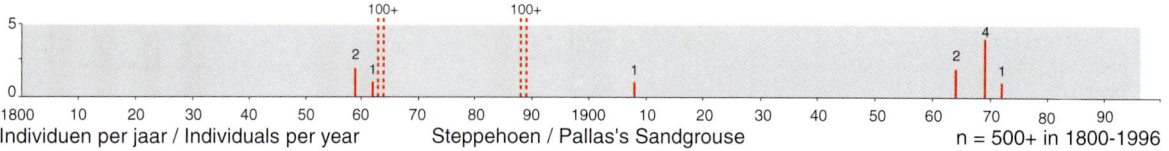

Individuen per jaar / Individuals per year   Steppehoen / Pallas's Sandgrouse   n = 500+ in 1800-1996

500+ individuals in 1800-1900; 7 records (8 individuals) in 1900-96; no records in 1980-96

July-26 October 1859 *Zandvoort* NH (**2**), ♂, dead (ZMA; ♂ on 6 October); Snouckaert van Schauburg (1908), van Oort (1928), Kees Roselaar (in litt)

29 October 1862 *Zandvoort*, NH, dead; Eykman et al (1949)

May 1863-13 February 1864 **invasion** mainly in Noord-Holland, Zuid-Holland, Friesland (especially in October, also *Ameland*), Groningen, Drenthe and Limburg (in chronological order) (flights of 6-14, some flights of 30-50; first seen at *Zandvoort* NH; at least 9 specimens (2 eggs) collected between 3-9 June 1863 (*Wassenaar* ZH; ZMA) and 13 February 1864 (*Noordwijkerhout* ZH); one collected in flock of 7 in Limburg: 24 September 1863 *Weert* LB, adult ♂, dead); Org Club Ned Vogelkd 4: 147, 1932, Eykman et al (1949), cf Versluys et al (1997)

May 1888-September 1889 **invasion**, larger than in 1863-64, mainly in Zeeland, Zuid-Holland, Noord-Holland, Friesland, Drenthe, Overijssel and Gelderland (in chronological order) (flights of up to 100; first near North Sea coasts; in August-September 1889 still at *Texel, Haarlem & Lisse* NH; specimens included 9 at NNM, Leiden ZH (cf Tijdschr Ned Dierkd Ver 2 (3): 19-24, 1890, Eykman et al 1949) & 2 (♂ & ♀) collection Slot Haamstede, Westerschouwen ZL (cf Sterna 38: 3, 1994))

6 June 1888 *Texel* NH, 3 eggs (ZMA; collection H Schut); Kees Roselaar (in litt)

19 June 1888 Anna Paulowna-polder, *Anna Paulowna* NH, nest & 3 eggs (collected); Org Club Ned Vogelkd 4: 146, 1932

2 June 1908 Aerdenhout, *Bloemendaal* NH, ♂, dead (ZMA); Meded Ned Ornithol Ver 6: 21, 1909

21 November-25 December 1964 Amsterdamse Waterleidingduinen, *Noordwijk/Zandvoort*, ZH/NH; LM 39: 65, 1966 (photo)

24 December 1964 Amsterdamse Bos, Buitenveldert, *Amsterdam* NH (flying past)

17-26 May 1969 Kobbeduinen, *Schiermonnikoog* FR (photographed); Vanellus 22: 137, 1969, Mooser (1973)

mid June-6 July 1969 Kennemerduinen, *Bloemendaal* NH (**2**), ♂

3 September 1969 *Texel* NH, dead

11 December 1972 *Noordoostpolder* FL, dead (NME) (origin dubious; Kees Roselaar in litt); Natuur en Museum 17 (1): 4-9, 1973

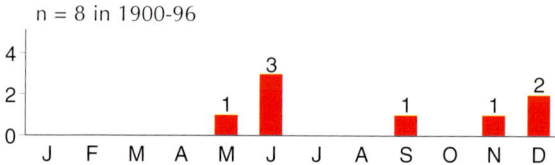

n = 8 in 1900-96

Individuen per maand / Individuals per month
Steppehoen / Pallas's Sandgrouse

Steppehoen / Pallas's Sandgrouse *Syrrhaptes paradoxus*, 24 December 1964, De Zilk, Noordwijkerhout, Zuid-Holland *(Jan G Prins)*

n = 8 in 1900-96

2
1

Individuen per locatie / Individuals per site
Steppehoen / Pallas's Sandgrouse

Holenduif [2]

algemene broedvogel
gehele jaar algemeen

Columba oenas oenas

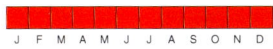

Stock Dove

common breeding bird
common throughout year

Houtduif [2]

algemene broedvogel
gehele jaar algemeen

Columba palumbus palumbus

Common Wood Pigeon

common breeding bird
common throughout year

Turkse Tortel [2]

algemene broedvogel
gehele jaar algemeen

Streptopelia decaocto decaocto

Eurasian Collared Dove

common breeding bird
common throughout year

Het eerste aanvaarde geval van de soort (twee exemplaren) was op 18 september 1950 te Hulshorst, Nunspeet, Gelderland (Ardea 38: 162-165, 1950). Er waren eerdere meldingen uit 1947-49 van Gasselte, Drenthe (zomer 1947), Harderwijk, Gelderland (vanaf de winter van 1948/49; waarschijnlijk broedend in 1949), en Hoog-Buurlo, Gelderland (zomer 1949); bovendien werd de soort in 1950 op verscheidene plaatsen gemeld (Ardea 40: 97-99, 119-122, 1952 (foto), LM 37: 239, 1964).

The first accepted record of the species (two individuals) was on 18 September 1950 at Hulshorst, Nunspeet, Gelderland (Ardea 38: 162-165, 1950). There were previous reports in 1947-49 from Gasselte, Drenthe (summer 1947), Harderwijk, Gelderland (since the winter of 1948/49; probably breeding in 1949), and Hoog-Buurlo, Gelderland (summer 1949); besides, the species was reported at several localities during 1950 (Ardea 40: 97-99, 119-122, 1952 (photo), LM 37: 239, 1964).

Zomertortel [2]

algemene broedvogel
algemene doortrekker en zomergast

Streptopelia turtur turtur

European Turtle Dove

common breeding bird
common migrant and summer visitor

Kuifkoekoek

zeldzaam

Clamator glandarius

Great Spotted Cuckoo

rare

Broedt in Zuidwest-Europa, Midden-Oosten en Afrika; overwintert in Afrika.

Zeven gevallen dateerden van 18 maart-16 mei en negen van 28 juli-25 oktober. Vrijwel alle werden gedetermineerd als eerste- of tweedejaars. De toename in het aantal gevallen kan worden gerelateerd aan de grote uitbreiding van het broedgebied in Frankrijk sinds 1943 (Yeatman 1976, Yeatman-Berthelot & Jarry 1994).

Breeds in south-western Europe, Middle East and Africa; winters in Africa.

Seven records dated from the period 18 March-16 May and nine from 28 July-25 October. Almost all birds were aged as first-year or second-year. The increase of records may relate to the large expansion of the breeding range in France since 1943 (Yeatman 1976, Yeatman-Berthelot & Jarry 1994).

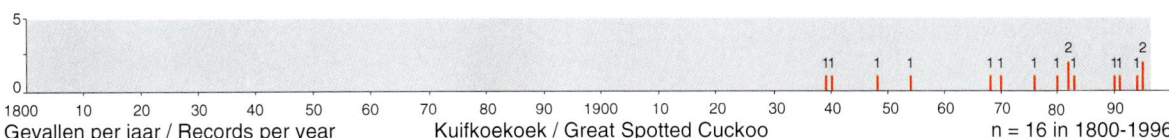

Gevallen per jaar / Records per year   Kuifkoekoek / Great Spotted Cuckoo   n = 16 in 1800-1996

16 records in 1800-1996; 9 in 1980-96

24 October 1939 Nunhem, *Haelen* LB, juv ♂, dead (NNM); Ardea 28: 115, 1939, LM 58: 69, 1985 (photo)
25 October 1940 Kanaal Helden-Beringen, *Helden* LB, juv ♂, dead
20 April 1948 Loosduinen, *Den Haag* ZH, adult
12 August 1954 Hijum, *Ferwerderadeel*, FR, first-summer ♀, dead (FNM); van der Ploeg et al (1977; photo), DB 20: 153, 1998
2 May 1968 Axelse Vlakte, *Axel* ZL, 1s; DB 18: 182, 1996 (photo)
2 August 1970 De Noordvaarder (paal 5-6), *Terschelling* FR, juv

6-7 September 1976 Bovenkerkse Tiendweg, Giessenburg, *Giessenlanden* ZH, juv
3 October 1980 Giessenburg, *Giessenlanden* ZH, imm
18 March 1982 Oldenzaal OV, 2y, dead (ND); DB 6: 47, 1984 (photo), Knolle et al (1998; photo)
28 August 1982 Alde Feanen, Eernewoude, *Tytsjerksteradiel* FR, imm; DB 4: 95-96, 1982
1-13 May 1983 Brouwersdam, *Goedereede* ZH

Kuifkoekoek / Great Spotted Cuckoo *Clamator glandarius*, second-year, 29 March 1994, Zuidlaardermeer, Haren, Groningen (*René van Rossum*)

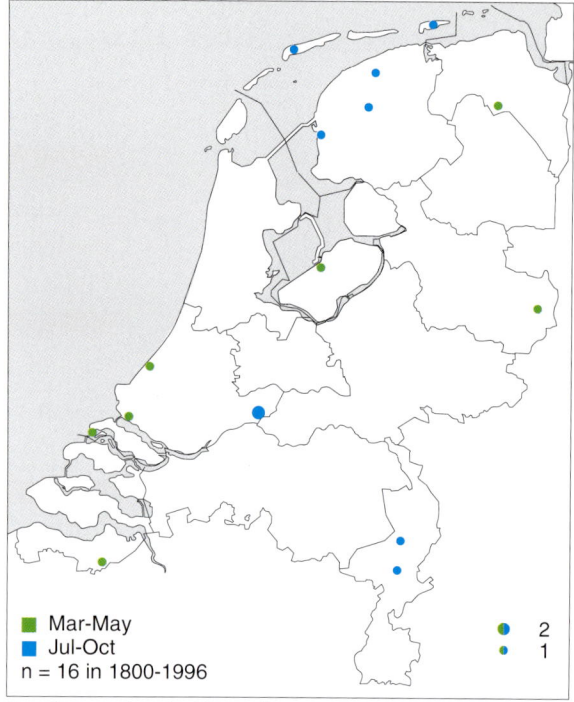

Gevallen per locatie / Records per site
Kuifkoekoek / Great Spotted Cuckoo

7-16 May 1990 *Hellevoetsluis* ZH, 2y; DB 12: 217, 1990 (photo)
4 April 1991 *Lelystad* FL, 2y, dead; DB 13: 117, 1991 (photo); 15: 151, 1993 (photo), Vogels in Flevoland 2: 103-106, 1994 (photo)
26 March-27 April 1994 Zuidlaardermeer, *Haren* GR, 2y; BW 7: 135, 1994 (photo), Birdwatch 3 (24): 57, 1994 (photo), Duinstag 9 (2): 21, 1994 (photo), DB 16: 81, 88, 128, 1994 (photos); 18: 115, 1996 (photo), Grauwe Gors 22: 41, 1994 (photo), VJ 42: 144, 1994 (photo), de Bruin & de Bruin (1997; photo)
28-29 July 1995 *Schiermonnikoog* FR, juv; DB 17: 177-178, 1995 (photo)
7 October 1995 Piaam, *Wûnseradiel* FR, 1y

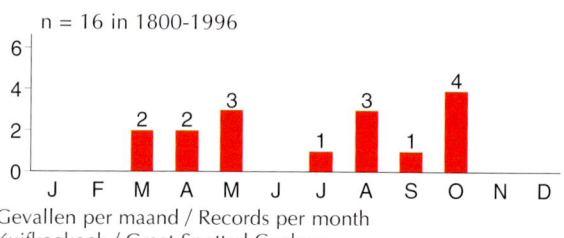

Gevallen per maand / Records per month
Kuifkoekoek / Great Spotted Cuckoo

Koekoek [2]

algemene broedvogel
algemene doortrekker en zomergast

Cuculus canorus canorus

| J | F | M | A | M | J | J | A | S | O | N | D |

Common Cuckoo

common breeding bird
common migrant and summer visitor

KERKUILEN Tytonidae (n=1)

Kerkuil

Tyto alba ssp

Barn Owl

Witte Kerkuil [2]

mogelijk zeer zeldzaam

Broedt in Brittannië, Frankrijk en Zuid-Europa.

Een foto werd gepubliceerd van een wit exemplaar geringd op 22 januari 1976 te Ommen, Overijssel, dat werd teruggemeld als verkeersslachtoffer op 22 april 1976 te Varades, Loire-Atlantique, Frankrijk (LM 54: 97-98, 1981 (foto)). Eykman et al (1941) vermelden vier specimens geschoten in oktober-december 1869-1921 maar deze worden niet door Kist et al (1970) genoemd; het zijn ♂s die nog altijd donkerder zijn dan Britse en Franse vogels (Kees Roselaar in litt). Er bestaat in deze soort sexuele dimorfie waarbij ♂s gemiddeld

T a alba

Pale Barn Owl

possibly very rare

Breeds in Britain, France and southern Europe.

A photograph was published of a white individual ringed on 22 January 1976 at Ommen, Overijssel, and found dead as road victim on 22 April 1976 at Varades, Loire-Atlantique, France (LM 54: 97-98, 1981 (photo)). Eykman et al (1941) mention four specimens collected in October-December 1869-1921 but these are not listed by Kist et al (1970); they concern ♂s still darker than British and French birds (Kees Roselaar in litt). Sexual dimorphy in this species renders ♂s on average whiter than ♀s (cf Roulin 1996). This sexual

witter zijn dan ♀s (cf Roulin 1996). Deze sexuele dimorfie kan de vermeende aanwezigheid verklaren van gemengde broedparen van witte en donkere exemplaren of een veronderstelde intermediaire populatie in Zuid-Nederland (cf Voous 1950, LM 41: 73, 1968).

dimorphy may explain the alleged presence of mixed breeding pairs of white and dark birds or a supposed intermediate population in the southern Netherlands (cf Voous 1950, LM 41: 73, 1968).

Kerkuil [2]

algemene broedvogel
gehele jaar algemeen

T a guttata

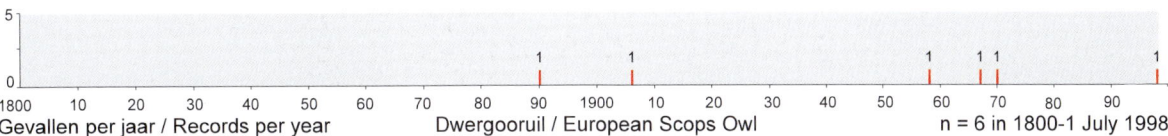

J F M A M J J A S O N D

Dark Barn Owl

common breeding bird
common throughout year

UILEN Strigidae (n=9)

Dwergooruil

zeer zeldzaam

Otus scops scops

European Scops Owl

very rare

Soort broedt in Zuid- en Oost-Europa, Noord-Afrika, Midden-Oosten en Centraal-Azië; overwintert in tropisch Afrika.

Vijf van de zes gevallen dateerden uit het voorjaar. Dit stemt overeen met het voorkomen in Brittannië waar vier van de 24 gevallen in 1958-96 uit september-november stamden (BB 90: 488, 1997). Deze lange-afstandstrekker broedde in 1936 nog overal in Frankrijk behalve in het uiterste noorden en noord-oosten maar sindsdien is hij in geheel Noord-Frankrijk zeldzaam geworden (Yeatman-Berthelot & Jarry 1994, van den Berg & Lafontaine 1997). Dit kan het ontbreken van gevallen in 1970-97 verklaren.

Species breeds in southern and eastern Europe, northern Africa, Middle East and central Asia; winters in tropical Africa.

Five out of six records came from spring. This pattern of occurrence is similar to that in Britain where four out of 24 records in 1958-96 were from September-November (BB 90: 488, 1997). This long-distance migrant still bred all-over France except the extreme north and north-east in 1936 but, since, it has become rare in the whole of northern France (Yeatman-Berthelot & Jarry 1994, van den Berg & Lafontaine 1997). This may explain the lack of records in 1970-97.

Gevallen per jaar / Records per year   Dwergooruil / European Scops Owl   n = 6 in 1800-1 July 1998

Dwergooruil / European Scops Owl *Otus scops*, 7 June 1967, Rotterdam-West, Rotterdam, Zuid-Holland *(M J Tekke/Stichting Ornithologisch Station Voorne)*

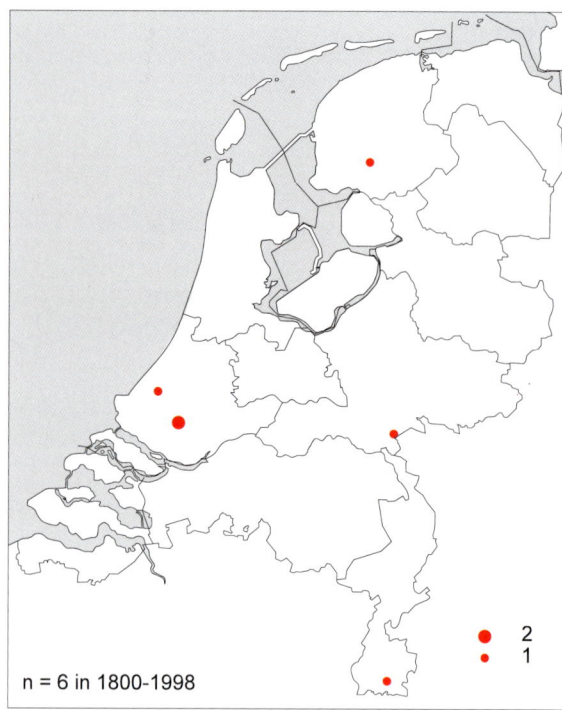

Gevallen per locatie / Records per site
Dwergooruil / European Scops Owl

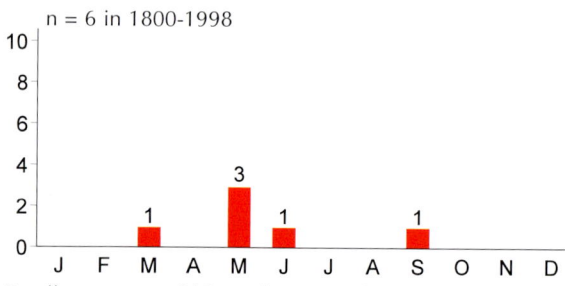

5 records 1800-1996; none in 1980-96

8 September 1890 Westerkade, *Rotterdam* ZH, ♀, dead (NMR); DB
    18: 166, 1996 (photo)
late March 1906 *Gulpen* LB, dead (coll Museum Alexander Koenig,
    Bonn, Germany); Hens (1926; photo)
26 May 1958 Langweer, *Skarsterlân* FR, dead (FNM); Vanellus 11:
    466-467, 1958 (photo)
7 June 1967 Rotterdam-West, *Rotterdam* ZH, trapped; LM 40: 180-
    181, 1967 (photo)
c 12 May 1970 *Delft* ZH, trapped (released 20 May); LM 43: 162-
    163, 1970 (photo)

voorlopige toevoegingen voor 1997-98 / provisional additions for 1997-98
17 May-11 June 1998 Ooypolder, *Ubbergen* GL, singing (sound-
    recorded); DB 20: 143-144, 1998, Plomp et al (1999)

n = 6 in 1800-1998

Gevallen per maand / Records per month
Dwergooruil / European Scops Owl

Oehoe

Bubo bubo bubo

Eurasian Eagle Owl

zeldzaam

rare

Broedt in groot deel van Europa maar niet in westen; dichtst-bijzijnde regelmatige broedplaatsen in Wallonië.

Onregelmatige broedvogel, voor het eerst goed gedocumenteerd in 1997.

De vogel van Friesland in 1991 is de enige van de aanvaarde gevallen waarvan geen foto of geluidsopname bestaat. Enkele (recente) meldingen zijn niet aanvaard omdat de betreffende vogel een dubieuze ring bleek te dragen die wees

Breeds in large parts of Europe though not in western part; nearest regular breeding sites in eastern Belgium.

Irregular breeding bird, fully documented for the first time in 1997.

The species' only accepted record without photograph or sound-recording is the one in Friesland in 1991. A few (recent) reports of birds wearing doubtful rings indicating captive origin were not accepted. There are also several ring-

Oehoe / Eurasian Eagle Owl *Bubo bubo*, adult, 12 July 1997, Sint Pietersberg, Maastricht, Limburg *(Jan den Hertog)*

op een verleden in gevangenschap. Er zijn tevens verscheidene ringterugmeldingen waarvan geen enkele door de CDNA is aanvaard vanwege twijfels over herkomst. Een in maart 1992 in Drenthe opgeraapte, ongeringde, gewonde vogel zou mogelijk een wilde kunnen zijn geweest (van den Brink et al 1996). Hetzelfde geldt voor een vrij vliegend, ongeringd ♀ dat werd aangetrokken door luid roepende, gekooide ♂s te Burgers' Dierenpark, Arnhem, Gelderland, en op de grond tegen het hek van de kooi nestelde en eieren legde in februari-mei 1990 en opnieuw in maart 1991 waarna ze werd gevangen om te worden losgelaten in Zuid-Limburg (DB 13: 119-120, 1991). In 1983-96 deden verscheidene geruchten de ronde van waarnemingen in Zuid-Limburg waarbij zelfs mogelijke broedpogingen werden genoemd. Geen van deze waarnemingen zou echter voldoende gedocumenteerd zijn om voor aanvaarding door de CDNA in aanmerking te komen. De meest opzienbarende dateerde van 8 mei 1983 te Vaals, Limburg, en zou een broedgeval met twee uitgevlogen jongen betreffen in een oude kersenboom (cf Zonnedauw 15: 118-119, 1983, Aves 24: 49-63, 1987; 26: 137-158, 1989, LV 0: 32, 1989). Het eerste succesvolle broedgeval dat goed werd gedocumenteerd vond in 1997 plaats te Maastricht, Limburg, waar ook in 1998 werd gebroed (LV 9: 66-67, 1998).

Alle gevallen sinds 1980 lijken te maken te hebben met succesvolle herintroductieprojecten in Duitsland die onder meer resulteerden in de terugkeer van de soort in België, Denemarken en Luxemburg. Voor informatie over resultaten van herintroductieprojecten in West-Europa zij verwezen naar Aves 26: 137-158, 1989 en Dan Ornitol Foren Tidsskr 91: 63-68, 1997. In 1996 waren in Wallonië c 30 broedparen aanwezig (DB 18: 142, 1996).

De lang aanwezige vogel van Den Helder werd ontdekt vóór het succes van de Duitse herintroducties. Hij verbleef meer dan zeven jaar in het meest noordwestelijke naaldbos van het Noord-Hollandse vasteland en is, naar wordt aangenomen, over zee gearriveerd.

ing recoveries of which none has been accepted by CDNA due to doubts about the bird's origin. However, an unringed bird picked up injured in March 1992 in Drenthe may have been of wild origin (van den Brink et al 1996). The same applies to a free-flying unringed ♀ attracted by loudly calling, caged ♂s at Burgers' Dierenpark, Arnhem, Gelderland, which nested and laid eggs on the ground against the cage's fence in February-May 1990 and again in March 1991 before being captured and released in southern Limburg (DB 13: 119-120, 1991). In southern Limburg, there are rumours of sightings and even possible breeding attempts during 1983-96. Apparently, none of these seems sufficiently documented for possible acceptance by CDNA. The most remarkable claim dated from 8 May 1983 at Vaals, Limburg, and was said to concern a breeding record in a tree-nest with two fledglings (cf Zonnedauw 15: 118-119, 1983, Aves 24: 49-63, 1987; 26: 137-158, 1989, LV 0: 32, 1989). The first successful breeding record which was well documented occurred in 1997 at Maastricht, Limburg, where breeding also took place in 1998 (LV 9: 66-67, 1998).

All records since 1980 seem to relate to the successful re-introductions in Germany, resulting in the species' recolonization of Belgium, Denmark and Luxembourg. For more information about results of re-introduction projects in western Europe, see Aves 26: 137-158, 1989 and Dan Ornitol Foren Tidsskr 91: 63-68, 1997. In 1996, c 30 breeding pairs were present in eastern Belgium (DB 18: 142, 1996).

The long-staying Den Helder bird was discovered before the onset of the German re-introduction success. It stayed for more than seven years in the north-westernmost coniferous wood of the Noord-Holland mainland and is thought to have arrived after flying from the sea.

ringgegevens (niet aanvaard door CDNA) / ringing data (not accepted by CDNA)

25 December 1984 E8 near Rijssen, *Markelo* OV (ringing recovery) (born in captivity in March 1983; released in September 1983 near Hagen, Nordrhein-Westfalen, Germany); LM 61: 190-192, 1988, Knolle et al (1998)

26 December 1988 *Nuth/Valkenburg aan de Geul* LB (ringing recovery) (ringed & presumably released in Germany); VT archives

16 August 1989 Epen, *Wittem* LB (ringing recovery) (on 29 July 1989 ringed & released from captivity at Vijlen, Vaals LB; no information about origin); VT archives

11 March 1992 *Sleen* DR, ♀ (picked-up injured after collision with car and brought into bird hospital at Ede GL, where laying 3 eggs before being ringed & released on 9 July 1992; no information about origin) (not (yet) submitted to CDNA); van den Brink et al 1996, VT archives

7 records in 1800-1996; 6 in 1980-96

October 1973-25 February 1981 Donkere Duinen, *Den Helder* NH, ♂, dead (ZMA) (picked up injured 25 February; died 26 February); DB 1: 16-17, 61, 1979 (photos); 3: 58, 100, 1981; 18: 183, 1996, van den Berg et al (1990): 75 (photo)

(3)4-14 February(April) 1988 Julianagroeve, Cadier en Keer, *Margraten* LB (sound-recorded); DB 10: 187-188, 1988 (photo)

9 February 1991 Beetsterzwaag, *Opsterland* FR

5-12 May 1992 *Ermelo* GL; VJ 40: 191, 1992 (photo), DB 16: 139, 1994 (photo)

October 1992 Rijksweg, Plasmolen, *Mook en Middelaar* LB (photographed) (broken wing; taken into care of Burgers' Dierenpark, Arnhem, Gelderland; photos & reports in local newspapers) (not (yet) submitted to CDNA)

3 March-26 April 1996 't Rooth, Cadier en Keer, *Margraten* LB, ♂ (sound-recorded); DB 18: 104, 146, 1996 (photo)

11 October 1996 Roggel, *Roggel en Neer* LB; DB 19: 35, 1997 (photo)

voorlopige toevoegingen voor 1997-98 / provisional additions for 1997-98

(early) 24 March-4 August 1997 Sint Pietersberg, *Maastricht* LB (6; nest & 4 young) (sound-recorded) & 29 December 1997-at least December 1998 (6; nest & 4 young) (**10**); DB 19: 88, 94-95, 208, 1997 (photos), LV 8: 83-84, 1997 (photo); 9: 66-67, 1998 (photo), Plomp et al (1998)

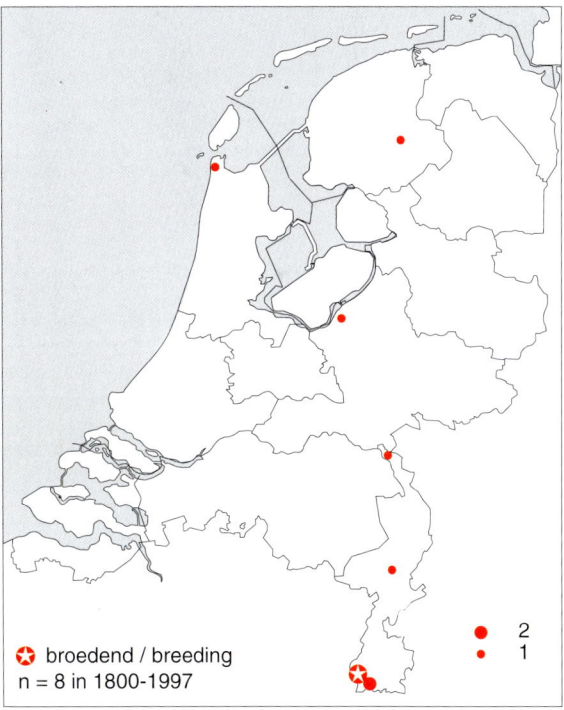

⊛ broedend / breeding
n = 8 in 1800-1997

● 2
• 1

Gevallen per locatie / Records per site
Oehoe / Eurasian Eagle Owl

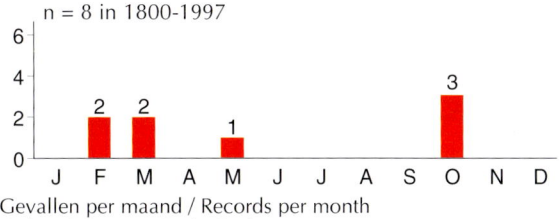

n = 8 in 1800-1997

Gevallen per maand / Records per month
Oehoe / Eurasian Eagle Owl

Sneeuwuil

Nyctea scandiaca

Snowy Owl

zeldzaam

rare

Broedt in Noordpoolgebied.

Breeds in arctic region.

Tijdens herzieningen werden niet minder dan 21 gevallen afgewezen (DB 18: 183, 1996). In dat kader is het van belang zich te realiseren dat een beschrijving voldoende gegevens dient te bevatten om, bijvoorbeeld, albino's van andere soorten uilen uit te sluiten (cf albino Velduil *Asio flammeus* op 24 juli 1978 in Flevoland; VJ 27: 158, 1979 (foto)). Sneeuwuilen zijn opvallende vogels en daaruit valt te verklaren dat er vier op verschillende plekken zijn teruggevonden. Zo werd de overzomerende vogel in 1965 vier weken na zijn verdwijning van Terschelling, Friesland, teruggevonden op Schiermonnikoog, Friesland, waar hij nog drie maanden zou blijven. De vogel van 1980-81 werd na zijn ontdekking op 26 december te Hemrik, Opsterland, op nog ten minste vier andere locaties in het noorden van Friesland gezien voordat hij op 21 maart binnen een dag na vertrek 60 km oostelijk werd opgemerkt te Delfzijl, Groningen, waar hij na nog eens drie dagen uiteindelijk verdween. De vogel van Noord-Holland in 1992 werd bijna zes weken na zijn verblijf te Egmond/Heiloo 17 km zuidelijk herontdekt te Assendelft. Tenslotte was de vogel van Ameland, Friesland, in april 1992 vermoedelijk dezelfde als die van Schiermonnikoog twee maanden later. In 1992 werden ten minste drie verschillende vogels gedetermineerd; waarschijnlijk werden deze ook gezien op andere locaties waar hun verblijf echter onvoldoende werd gedocumenteerd zoals op 21 april 1992 in De Hemmer, Texel, Noord-Holland (Dijksen 1996) en op 24 juni 1992 te Meyendel, Wassenaar, Zuid-Holland (DB 14: 151, 1992, Klaas Eigenhuis pers comm). De gevallen van 1992 vielen samen met een invasie gedurende februari-juni elders in West-Europa waarbij c 10 exemplaren werden vastgesteld ten zuiden van 60°N met als zuidelijkste gevallen die te Achill, Mayo, Ierland, op 19 februari en een onvolwassen ♂ gefotografeerd op Ouessant, Finistère, Frankrijk, op 21 april. (Voor een bespreking van het voorkomen in 1799-1995 langs de Franse westkust zij verwezen naar Alauda 65: 282, 1997.)

During reviews, no less than 21 records were rejected (DB 18: 183, 1996). In this context, it should be noted that a description should be sufficiently detailed to exclude, for instance, an albino of another owl species (cf albino Short-eared Owl *Asio flammeus* on 24 July 1978 in Flevoland; VJ 27: 158, 1979 (photo)). Snowy Owls are conspicuous birds which may explain why four individuals were rediscovered at different localities. Four weeks after its disappearance from Terschelling, the summering Friesland bird of 1965 was rediscovered on Schiermonnikoog where it stayed for another three months. After its discovery on 26 December at Hemrik, Opsterland, the bird of 1980-81 was seen in at least four other localities further north in Friesland; it was rediscovered on 21 March, within a day after its departure from Friesland, 60 km further east at Delfzijl, Groningen, where it stayed for another three days before disappearing. The third was the Noord-Holland bird in 1992 which was seen at two localities, Egmond/Heiloo and Assendelft, almost six weeks and 17 km apart. Finally, the bird photographed on Ameland, Friesland, in April 1992 was presumably the same as the one on Schiermonnikoog two months later. In 1992, at least three different individuals were identified and, probably, the same individuals were reported though not sufficiently documented from other sites, including De Hemmer, Texel, Noord-Holland, on 21 April 1992 (Dijksen 1996) and Meyendel, Wassenaar, Zuid-Holland, on 24 June 1992 (DB 14: 151, 1992, Klaas Eigenhuis pers comm). The 1992 records coincided with an invasion in western Europe during February-June which included c 10 individuals south of 60°N, with southernmost records at Achill, Mayo, Ireland, on 19 February and an immature ♂ photographed on Ouessant, Finistère, France, on 21 April. (For a discussion on the species' occurrence in 1799-1995 along the western coasts of France, see Alauda 65: 282, 1997.)

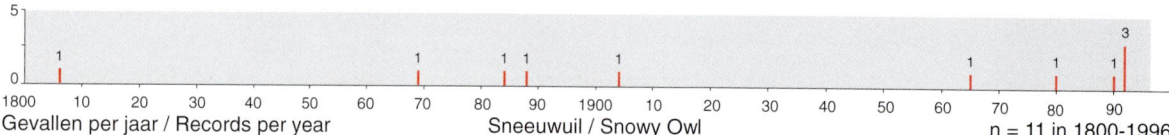

Gevallen per jaar / Records per year   Sneeuwuil / Snowy Owl   n = 11 in 1800-1996

Sneeuwuil / Snowy Owl *Nyctea scandiaca*, 28 June 1992, Schiermonnikoog, Friesland *(Theo Bakker)*

Sneeuwuil / Snowy Owl *Nyctea scandiaca*, adult ♀, 8 March 1992, Maasvlakte, Rotterdam, Zuid-Holland *(René Pop)*

11 records (12 or 13 individuals) in 1800-1996; 5 records in 1980-96

December 1806 Amsterdam, *Amsterdam* NH, imm ♂, dead;
    Nozeman & Sepp (1809; painting), Vlek (1995; painting)
30 January 1869 *Haarlem* NH, adult ♀/juv, dead (ZMA) (possibly **2**
    juv)
23 December 1884 *Dalfsen* OV (**2**) (1 ♂ dead) (ZMA)
16 November 1888 Sexbierum, *Franekeradeel* FR, imm ♀, dead (ZMA)

21 May 1904 Hattemerveld, *Hattem* GL, imm ♀, dead (ZMA)
13 June 1965 & 17 July *Terschelling* & 14 August-12 November
    Schiermonnikoog FR; Vanellus 18: 192-193, 1965
26 December 1980-20 March 1981 *Opsterland/Tytsjerksteradiel/*
    Leeuwarden/Dantumadeel FR (incl 26 December Hemrik, 27-28
    December & 31 December Bergum, 29 December Oenkerk, 30

Sneeuwuil / Snowy Owl *Nyctea scandiaca*, adult ♀, 8 March 1992, Maasvlakte, Rotterdam, Zuid-Holland *(René Pop)*

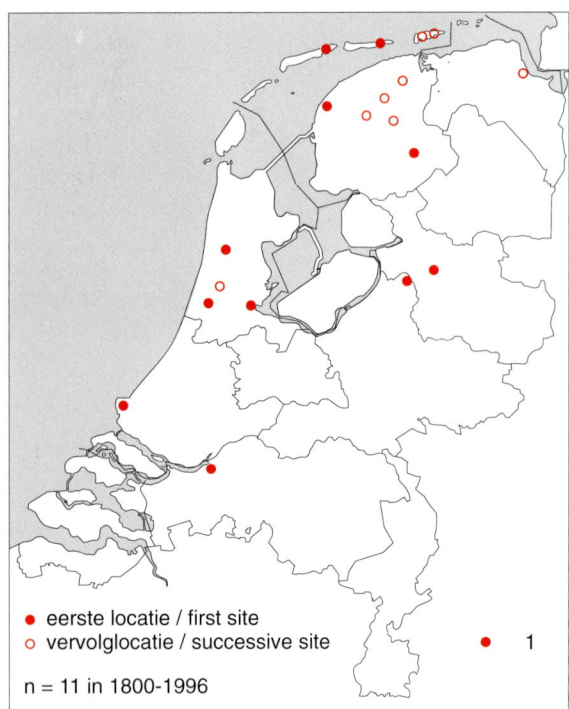

eerste locatie / first site (red filled dot)
vervolglocatie / successive site (red open circle)

• 1

n = 11 in 1800-1996

Gevallen per locatie / Records per site
Sneeuwuil / Snowy Owl

December-10 January & 7 February Leeuwarden, 14 February & 20 March Damwoude) & 21-23 March 1981 *Delfzijl* GR, 1w ♀; DB 2: 142-143, 154-155, 1980 (photos), Vanellus 34: 22, 1980 (photo); 40: 137, 1987 (photo), Leeuwarder Courant 2 January 1981: 23 (photo), Friesch Dagblad 7 January 1981: 5 (photo), VJ 29: 84, 1981 (photos), LM 55: 134, 1982 (photo)

2 March 1990 Lage Zwaluwe, *Hooge en Lage Zwaluwe* NB, imm/♀ (probably, same individual as in late January-23 February 1990 at Gullegem, West-Vlaanderen, Belgium); cf Belgian Birding Magazine 1 (4): 23-25, 1990 (photos), DB 12: 105, 1990 (photo)

8 March-1 April 1992 Maasvlakte, *Rotterdam* ZH, adult ♀; BW 5: 89, 1992 (photo), DB 14: 71, 116, 1992 (photo); 16: 136, 1994 (photo), VJ 40: 143, 1992 (photo), Wielewaal 59: 112, 1993 (photo), LM 67: 167, 1994 (photo)

5 April 1992 *Egmond/Heiloo* & 15 May Assendelft, *Zaanstad* NH, adult ♀

8-9 April 1992 Polder-Oost, *Ameland* & 28 June *Schiermonnikoog* FR, ♀; DB 14: 156, 1992 (photo); 16: 136, 1994 (photo); 19: 292, 1997; 20: 153, 1998, BW 6: 23, 1993 (photo), Versluys et al (1997) photo)

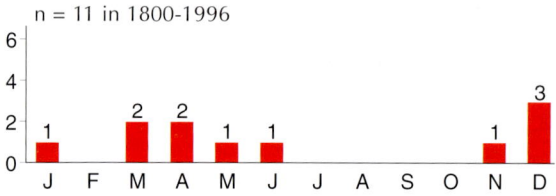

n = 11 in 1800-1996

Gevallen per maand / Records per month
Sneeuwuil / Snowy Owl

Sperweruil

Surnia ulula ulula

Northern Hawk Owl

zeer zeldzaam

very rare

Soort broedt in het noorden van Europa, Azië en Noord-Amerika.

Het geval van 1995 was opmerkelijk omdat het, in tegenstelling tot dat van 1920, niet in een jaar was waarin een invasie in Noordwest-Europa plaatsvond. Bovendien was het tijdstip laat vergeleken met het maandvoorkomen in Denemarken waar in 1960-90 de meeste gevallen van oktober-november dateerden en slechts twee van april (Rønnest 1994). In het grootste invasiejaar 1983, toen er 510 exemplaren in Denemarken werden gemeld, verbleef een exemplaar niet ver over de Duitse grens bij Greven, Westfalen (DB 6: 23-25, 1984 (foto's)).

Species breeds in the north of Europe, Asia and North America.

The 1995 record was remarkable as, unlike the 1920 record, it occurred in a year without an invasion in north-western Europe. Moreover, the date was late compared with the occurrence pattern in Denmark where most records in 1960-90 dated from October-November and only two from April (Rønnest 1994). During 1983, when the largest-ever invasion resulted in 510 individuals in Denmark, one stayed a rather short distance from the Dutch border near Greven, Westfalen, Germany (DB 6: 23-25, 1984 (photos)).

• 1

n = 2 in 1800-1996

Gevallen per locatie / Records per site
Sperweruil / Northern Hawk Owl

2 records in 1800-1996; 1 in 1980-96

5 October 1920 *Amerongen* UT, dead (NNM); Ardea 12: 7, 1923, DB 6: 25, 1984 (photo)

2 April 1995 *Brunssum* LB; DB 17: 128 (photo), 132, 1995; 19: 12-14, 1997 (photos), LV 6: 69-70, 1995 (photos)

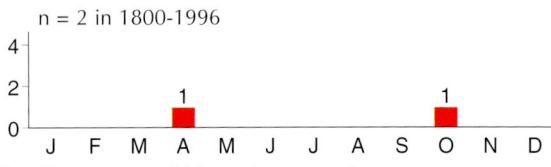

n = 2 in 1800-1996

Gevallen per maand / Records per month
Sperweruil / Northern Hawk Owl

Sperweruil / Northern Hawk Owl *Surnia ulula*, 2 April 1995, Brunssum, Limburg *(Hans van de Laar)*

Steenuil [2]	*Athene noctua vidalii*	**Little Owl**
algemene broedvogel algemene standvogel		common breeding bird common resident

Bosuil [2]	*Strix aluco aluco*	**Tawny Owl**
algemene broedvogel algemene standvogel		common breeding bird common resident

Ransuil [2]	*Asio otus otus*	**Long-eared Owl**
algemene broedvogel gehele jaar algemeen		common breeding bird common throughout year

Velduil [2]	*Asio flammeus flammeus*	**Short-eared Owl**
zeldzame tot schaarse broedvogel gehele jaar schaars tot algemeen	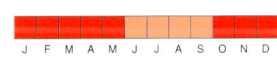	rare to scarce breeding bird scarce to common throughout year

Ruigpootuil	*Aegolius funereus funereus*	**Tengmalm's Owl**
zeldzaam		rare

Soort broedt van Noorwegen, Wallonië en Frankrijk oostwaarts in Europa, Azië en noordelijk Noord-Amerika.

Voormalige broedvogel in 1971-79 maar vermoedelijk niet later.

Nadat in september 1971 een dood juveniel exemplaar was gevonden op De Hondsrug in Noordoost-Drenthe, werden hier c 18 maanden later zingende ♂s ontdekt. Dit bosgebied ligt 15-20 m boven zeespiegel, iets hoger dan de rest van Drenthe. Tot in 1979 verbleven hier maximaal negen territoriale ♂s die van eind maart tot in mei zingend werden aangetroffen. Tweemaal werd een nest met eieren ontdekt, in mei 1974 te Gieten en in mei-juni 1977 te Borger/Gieten maar beide malen bleek dit onsuccesvol. In april-juni 1985-87 was opnieuw een zingend ♂ aanwezig maar toen werd geen nest gevonden. De ringterugmelding van de Groningse vogel in 1975 ondersteunt het idee dat de Drentse vogels betrekking hadden op de sinds 1938 aanwezige populatie te

Species breeds from Norway, eastern Belgium and France east through Europe, Asia and northern North America.

Former breeding bird in 1971-79 but probably not since.

After a dead juvenile was found in September 1971 in the slightly elevated (15-20 m above sea-level), forested De Hondsrug region, north-eastern Drenthe, singing ♂s were discovered c 18 months later. Until 1979, up to nine territorial ♂s were singing here from late March to May. Twice, an unsuccessful nest with eggs was found, in May 1974 at Gieten and in May-June 1977 at Borger/Gieten. A singing ♂ was again present in April-June 1985-87 when no nest was found. The ringing recovery of the Groningen bird in 1975 supports the idea that the Drenthe birds related to the population present since 1938 at Lüneburger Heide, Niedersachsen, Germany (Beitr Naturkd Niedersachs 5: 59-62, 1952). Rumours regarding singing individuals in 1980 and

Ruigpootuil / Tengmalm's Owl *Aegolius funereus*, April 1986, Grolloo, Rolde, Drenthe *(Guus Hak)*

Lüneburger Heide, Niedersachsen, Duitsland (Beitr Naturkd Niedersachs 5: 59-62, 1952). Geruchten over zingende vogels in 1980 en na 1987 in Drenthe en sinds 1979 ook elders bleven ongedocumenteerd (cf Lensink 1993, Drentse Vogels 7: 31-34, 1994, van den Brink et al 1996, LM 70: 108, 1997). In Oost-België komen grote schommelingen in aantallen van broedende ♀s voor met 75 in 1990, 97 in 1991, 44 in 1992, 93 in 1993, 31 in 1994, 37 in 1995, 140 in 1996 en één in 1997 (Gunter De Smet in litt, cf Aves 32: 101-132, 1993).

since 1987 in Drenthe and since 1979 also elsewhere remained unsubstantiated (cf Lensink 1993, Drentse Vogels 7: 31-34, 1994, van den Brink et al 1996, LM 70: 108, 1997). In eastern Belgium, large fluctuations in numbers of breeding ♀s occur with 75 in 1990, 97 in 1991, 44 in 1992, 93 in 1993, 31 in 1994, 37 in 1995, 140 in 1996 and one in 1997 (Gunter De Smet in litt, cf Aves 32: 101-132, 1993).

broedend / breeding
n = 3 in 1800-1996:
buiten / outside Drenthe

● 1

Gevallen per locatie / Records per site
Ruigpootuil / Tengmalm's Owl

3 records outside Drenthe in 1800-1996; 2 in 1980-96

1971-79 *Gasselte/Gieten/Borger/Emmen/Odoorn/Rolde* DR (max in 1976-77), singing & breeding (1971 (**1**): mid September *Gasselte*, juv, dead; 1973 (**1**): ♂; 1974 (**2-3**): 2 ♂ & (probably) 1 ♀; 1975 (**1**): ♂; 1976 (**9**): 9 ♂; 1977 (**10**): 9 ♂ & 1 ♀; 1978 (**5-6**): 5-6 ♂; 1979 (**3-4**): 3-4 ♂); LM 46: 199-204, 1973 (photos); 60: 1-8, 1987, DB 1: 62-65, 1979, Hazevoet (1985)
15 October 1975, Farmsum, *Delfzijl* GR, 1y, dead, ring (ringed at nest on 8 May 1975 at Lüneburger Heide, Niedersachsen, Germany); de Bruin & de Bruin (1997; photo)
17 December 1980 *Lelystad* FL, dead; LM 54: 132, 1981 (photo)
20-26 June 1985 & April-10 May 1986 & 4 April-9 May 1987 Grolloo, *Rolde* DR, ♂ (sound-recorded in all years); VJ 33: 169, 1985; 38: 134-136, 1990 (photo), DB 8: 114, 1986 (photo), van den Berg et al (1990): 79 (photo), cf Drentse Vogels 7: 31-34, 1994
mid October 1993 *Zwolle* OV, dead (window victim) (Natuurmuseum West-Overijssel); DB 20: 147, 153, 1998 (photo; erroneous year)

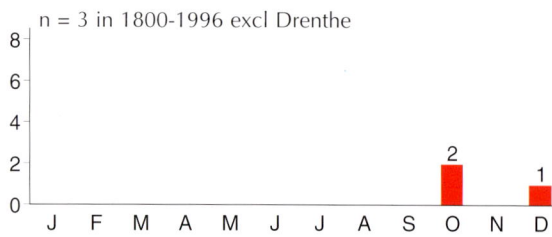

n = 3 in 1800-1996 excl Drenthe

Gevallen per maand / Records per month
Ruigpootuil / Tengmalm's Owl

Nachtzwaluw [2]

Caprimulgus europaeus europaeus

European Nightjar

schaarse broedvogel
schaarse tot algemene doortrekker en zomergast

scarce breeding bird
scarce to common migrant and summer visitor

Stekelstaartgierzwaluw

Hirundapus caudacutus

White-throated Needletail

zeer zeldzaam

very rare

Broedt van Oost-Siberië tot Japan; overwintert in Australië.

De vogel werd door verscheidene waarnemers op verschillende plaatsen waargenomen. Een melding op 27 mei 1989 te Philippine, Sas van Gent, Zeeland, werd niet aanvaard. Alle gevallen in Brittannië (vijf) en Ierland (één) in 1900-95 dateerden tussen 25 mei en 20 juni; de laatste was in 1991 en werd op vier plaatsen gezien (cf Dymond et al 1989, BB 85: 532-533, 1992; 89: 509, 1996). In Scandinavië zijn van 1900-95 zes gevallen bekend: op 21 mei 1933, 21 april 1990 en 10 mei 1991 in Finland, op 17 mei 1968 en 20 mei 1995 in Noorwegen en op 22-27 mei 1994 in Zweden (BB 85: 454, 1992; 90: 87, 1997, Rønnest 1994, Vår Fågelvärld Suppl 22: 137, 1995).

Breeds from eastern Siberia to Japan; winters in Australia.

The bird was seen by several birders at different places. A report on 27 May 1989 at Philippine, Sas van Gent, Zeeland, has not been accepted. All records in Britain (five) and Ireland (one) in 1900-95 were from the period between 25 May and 20 June; the last one in 1991 was seen at four sites (cf Dymond et al 1989, BB 85: 532-533, 1992; 89: 509, 1996). In Scandinavia, during 1900-95, there were three records in Finland in 21 May 1933, 21 April 1990 and 10 May 1991, two in Norway on 17 May 1968 and 20 May 1995, and one in Sweden on 22-27 May 1994 (BB 85: 454, 1992; 90: 87, 1997, Rønnest 1994, Vår Fågelvärld Suppl 22: 137, 1995).

1 record in 1800-1996; 1 in 1980-96

22 May 1996 *Middelburg & Veere* ZL; DB 18: 152-153, 1996; 20: 168-172, 1998 (sketch)

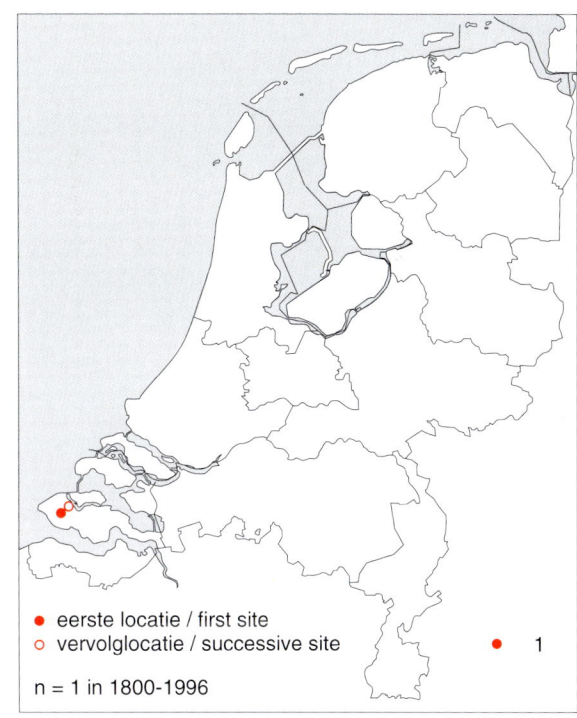

● eerste locatie / first site
○ vervolglocatie / successive site

● 1

n = 1 in 1800-1996

Gevallen per locatie / Records per site
Stekelstaartgierzwaluw / White-throated Needletail

Gierzwaluw [2]

Apus apus apus

Common Swift

algemene broedvogel
algemene doortrekker en zomergast

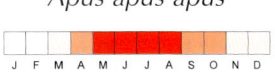

common breeding bird
common migrant and summer visitor

Alpengierzwaluw

Apus melba melba

Alpine Swift

zeldzaam

rare

Soort broedt in zuidhelft van Europa en oost tot in India en zuid tot in Zuid-Afrika; overwintert in Afrika en India.

Bijna de helft van de gevallen dateerde uit het voorjaar, tussen 16 april en 6 juni, terwijl er evenveel stamden uit het najaar tussen 8 september en 29 oktober. Er was één zomergeval, op 4 juli. De enige vogel die 's nachts bleef en op twee opeenvolgende dagen werd gezien was tevens de laatste ooit (29 oktober) en bovendien één van de vier vogels die werden gefotografeerd. De meeste exemplaren werden langs de Noordzeekust gezien.

Species breeds in southern half of Europe and east to India and south to South Africa; winters in Africa and India.

Almost half of the records dated from spring, between 16 April and 6 June, and a similar number was from autumn, between 8 September and 29 October. There was one summer record, on 4 July. Only one bird, in 1987, stayed overnight and was seen on two consecutive days; it was also the latest-ever (29 October) and one of four individuals which were photographed. Most individuals were seen along the North Sea coast.

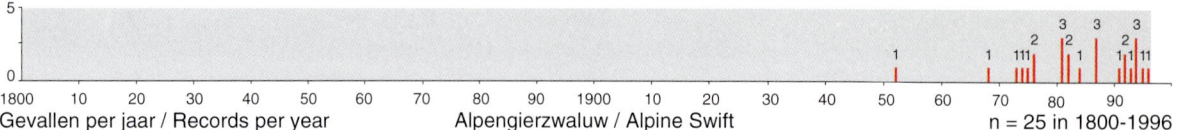

Gevallen per jaar / Records per year   Alpengierzwaluw / Alpine Swift   n = 25 in 1800-1996

25 records (26 individuals) in 1800-1996; 18 records (19 individuals) in 1980-96

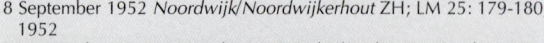

8 September 1952 *Noordwijk/Noordwijkerhout* ZH; LM 25: 179-180, 1952
29 September 1968 Amsterdamse Waterleidingduinen, *Zandvoort* NH
30 April 1973 Horstlaan, Wassenaar, *Wassenaar* ZH
24 September 1974 *Veenendaal* UT, juv, trapped & dead (ZMA) (died 1 October); LM 48: 120-121, 1975 (photo)
1 May 1975 Meyendel, *Wassenaar* ZH
15 September 1976 Oostvoorne, *Westvoorne* ZH
29 September 1976 Amsterdamse Waterleidingduinen, *Zandvoort* NH
26 April 1981 *Lelystad* FL
25 September 1981 Oudeschild, *Texel* NH
3 October 1981 Scheveningen, *Den Haag* ZH (**2**)
16 May 1982 *Wassenaar* ZH
6 June 1982 *Veghel* NB
16 April 1984 Schoonrewoerd, *Leerdam* ZH
20 October 1987 Kijkduin, *Den Haag* ZH (photographed); DB 19: 106, 1997
23 October 1987 *Utrecht* UT
28-29 October 1987 Wormerveer-Koog aan de Zaan, *Zaanstad* NH; DB 142-143, 1988 (photo)
29 September 1991 Mokbaai, *Texel* NH

3 May 1992 *Vlissingen* ZL
28 May 1992 Bakkeveen, *Opsterland* FR
17 September 1993 *Westkapelle* ZL, juv; DB 15: 240, 1993 (photo); 17: 92, 1995 (photo)
30 April 1994 Nummer Eén, Breskens, *Oostburg* ZL; DB 16: 131, 1995; 19: 106, 1997
9 May 1994 Camperduin, *Schoorl* NH
4 July 1994 *Vlissingen* ZL
27 May 1995 Velsen-Noord, *Velsen* NH; DB 20: 153, 1998
23 May 1996 Molenplaat, *Bergen op Zoom* NB

voorlopige toevoegingen voor 1997-98 / provisional additions for 1997-98
27 June 1997 Den Oever, *Wieringen* NH; CDNA archives
8 May 1998 Breskens, *Oostburg* ZL (photographed); CDNA archives
6 June 1998 Jaap Deensgat, Lauwersmeer, *De Marne* GR; CDNA archives

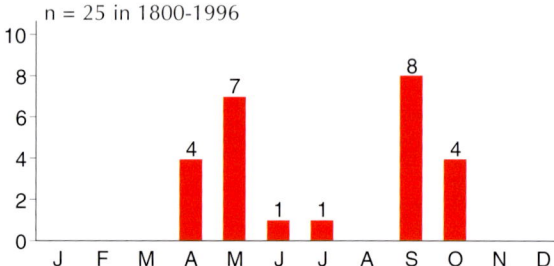

n = 25 in 1800-1996

Gevallen per maand / Records per month
Alpengierzwaluw / Alpine Swift

Alpengierzwaluw / Alpine Swift *Apus melba*, 29 October 1987, Koog aan de Zaan, Zaanstad, Noord-Holland (*René van Rossum*)

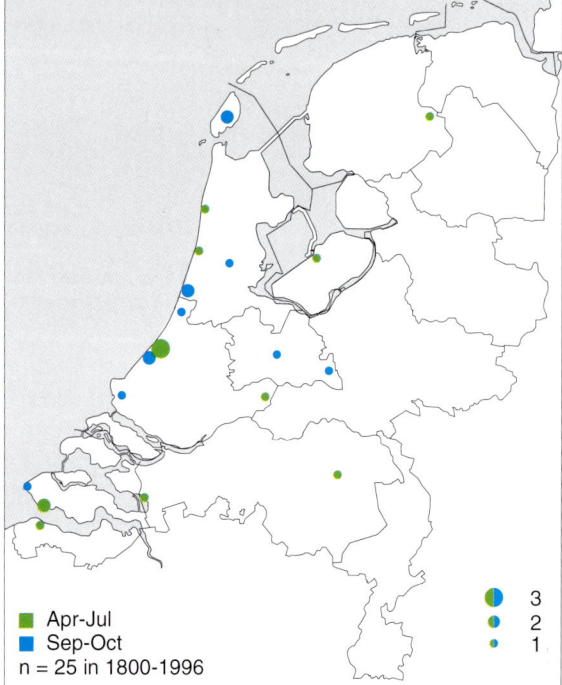

Apr-Jul
Sep-Oct
n = 25 in 1800-1996

3
2
1

Gevallen per locatie / Records per site
Alpengierzwaluw / Alpine Swift

Alpengierzwaluw / Alpine Swift *Apus melba*, juvenile, 17 September 1993, Westkapelle, Zeeland (*Peter L Meininger*)

IJsvogel [2]

schaarse broedvogel
gehele jaar schaars tot algemeen

Alcedo atthis ispida

| J | F | M | A | M | J | J | A | S | O | N | D |

Common Kingfisher

scarce breeding bird
scarce to common throughout year

Bandijsvogel

zeer zeldzaam

Ceryle alcyon

Belted Kingfisher

very rare

Broedt en overwintert in Noord-Amerika; overwintert zuidelijk tot in Panama en Caribisch gebied.

De opgezette Nederlandse vogel is in mei 1940 bij een bombardement verloren gegaan maar was goed gedocumenteerd door gepubliceerde foto's. Dit was het tweede geval van de soort voor Europa na een exemplaar in maart 1899 in de Azoren.
Er waren vijf gevallen in 1900-97: één in IJsland in september 1901, twee in Cornwall, Engeland, in november 1908 en van november 1979 tot augustus 1980, en drie in Ierland: in Mayo van december 1978 tot februari 1979, in Down in oktober 1980 en in Clare/Tipperary van oktober 1984 tot maart 1985. Op 17 mei 1998 werd de tweede voor IJsland aangetroffen (DB 20: 129, 1998 (foto's)).

Breeds and winters in North America; winters south to Panama and Caribbean.

The mounted Dutch specimen was lost during a bomb raid in May 1940 but it remained fully documented thanks to published photographs. This was the species' second record for Europe after one in March 1899 in the Azores.
There were five European records in 1900-97: one in Iceland in September 1901, two in Cornwall, England, in November 1908 and from November 1979 to August 1980, and three in Ireland: in Mayo from December 1978 to February 1979, in Down in October 1980 and in Clare/Tipperary from October 1984 to March 1985. On 17 May 1998, the second for Iceland was found (DB 20: 129, 1998 (photos)).

1 record in 1800-1996; no record in 1980-96

17 December 1899 Heuven, *Rheden* GL, ♂, dead; Levende Nat 5: 28-30, 1900 (photo), Buekers (1902; photo)

Bandijsvogel / Belted Kingfisher *Ceryle alcyon*, ♂, skin, collected 17 December 1899, Heuven, Rheden, Gelderland
(Herman H ter Meer)

n = 1 in 1800-1996

• 1

Gevallen per locatie / Records per site
Bandijsvogel / Belted Kingfisher

Groene Bijeneter

Merops persicus persicus

Blue-cheeked Bee-eater

zeer zeldzaam

very rare

Soort broedt in Afrika, Midden-Oosten en Zuidwest-Azië.

Species breeds in Africa, Middle East and south-western Asia.

Het eerste Nederlandse geval was op de laatste datum van alle 15 gevallen in 1921-93 in Noord-Europa en het tweede was de vroegste; alle andere gevallen in Noord-Europa (Brittannië, Duitsland en Scandinavië) dateerden tussen 27 mei en 17 september, met de meeste in juni-juli (DB 16: 98, 1994).

The first Dutch record had the latest date of all 15 records in 1921-93 in northern Europe and the second was the earliest; all other records in northern Europe (Britain, Germany and Scandinavia) dated from the period between 27 May and 17 September, with most in June-July (DB 16: 98, 1994).

1 record in 1800-1996; none in 1980-96

30 September 1961 Achterweg (Langeveldstraat), De Cocksdorp, *Texel* NH; LM 35: 219-223, 1962 (photo), DB 16: 95-101, 1994 (photos)

voorlopige toevoegingen voor 1997-98 / provisional additions for 1997-98
18 May 1998 Noordvaarder, *Terschelling* FR; BW 11: 213, 1989 (photo), DB 20: 138, 1998 (photos)

Groene Bijeneter / Blue-cheeked Bee-eater *Merops persicus*, 30 September 1961, De Cocksdorp, Texel, Noord-Holland *(Piet Meeth)*

n = 2 in 1800-1998

● 1

Gevallen per locatie / Records per site
Groene Bijeneter / Blue-cheeked Bee-eater

Groene Bijeneter / Blue-cheeked Bee-eater *Merops persicus*, 18 May 1998, Noordvaarder, Terschelling, Friesland *(Arie Ouwerkerk)*

Bijeneter

Merops apiaster

European Bee-eater

vrij zeldzaam

rather rare

Broedt van Zuid-Europa en Noord-Afrika tot in West-Azië; overwintert in tropisch Afrika.

Zeldzame onregelmatige broedvogel, niet sinds 1983.

De gevallen van vóór 1980 van de soort zijn niet herzien. Voor 1900-68 zijn alleen de door Kist et al (1970) genoemde gevallen opgenomen, inclusief onbevestigde gevallen (#); bovendien zijn twee gevallen toegevoegd die mogelijk door Kist et al (1970) over het hoofd werden gezien. De soort wordt sinds 1 januari 1993 niet langer beoordeeld door de CDNA (LM 67: 168, 1994). Al vanaf c 1988 werden veel meldingen niet meer ingediend bij de CDNA (cf Dijksen 1996, Versluys et al 1997).

Het is opmerkelijk dat er maar één geval van vóór 1944 bestaat aangezien de soort gemakkelijk is te herkennen en zich vaak opvallend gedraagt (vergelijk bijvoorbeeld het voorkomen van Scharrelaar *Coracias garrulus*). Dit suggereert dat de toename sinds 1944 niet louter voortkomt uit een toename in het aantal vogelaars. De meeste gevallen (69%) dateerden uit het voorjaar, vanaf 28 april tot eind juni. Er is ook een behoorlijk aantal gevallen uit juli-augustus (24%) maar daarbij valt op dat meer dan de helft van de juli-gevallen in 1987 was. Er is slechts een handvol gevallen uit september-november (7%). In vijf gevallen bleven de vogels langer dan een week waarvan er drie broedgevallen betroffen. In de 1990er jaren lag het dichtstbijzijnde gebied waar de soort regelmatig tot broeden kwam in Aisne, Frankrijk (van den Berg & Lafontaine 1996). In 1993-97 waren er jaarlijks één tot drie broedgevallen in België met in 1996 de eerste twee voor Vlaanderen (Gunter De Smet in litt).

Op de Waddeneilanden werden 19 gevallen (28%) vastgesteld. In niet minder dan 26 gevallen (38%) was meer dan één exemplaar betrokken, vooral in mei-juli. Er waren zes groepen van 10 of meer exemplaren, met als grootste die van 15 op 27 juli 1987 en van 14 op 17 mei 1989. Het meest opmerkelijke geval betrof een groep van 12 die op 11 juni 1984 langs de Noordzeekust zuidwaarts vloog en binnen 4,5 u op twee, 180 km van elkaar gelegen locaties werd waargenomen.

Breeds from southern Europe and northern Africa to western Asia; winters in tropical Africa.

Rare irregular breeding bird, not since 1983.

The pre-1980 records of the species have not been reviewed. For 1900-68, only records mentioned by Kist et al (1970) are listed, including single-observer records (#); moreover, two records are added which may have been overlooked by Kist et al (1970). Since 1 January 1993, the species has not been considered by CDNA (LM 67: 168, 1994). Even from 1988, many reports were not submitted to CDNA (cf Dijksen 1996, Versluys et al 1997).

Since the species is easy to identify and is conspicuous, it is remarkable that there is only one pre-1944 record (compare, for instance, with European Roller *Coracias garrulus*). This suggests that the increase of records since 1944 is not merely a result of increased observer activities. Most records (69%) were in spring, from 28 April to late June. There is also a good number of records from July-August (24%) although it should be noted that more than half of the July records were in 1987. There is only a handful of records from September-November (7%). In five cases, the birds remained for longer than a week of which three were breeding records. The species' nearest regular breeding areas during the 1990s were found in Aisne, northern France (van den Berg & Lafontaine 1996). In 1993-97, there were annually one to three breeding records for Belgium, including the first two for Vlaanderen in 1996 (Gunter De Smet in litt).

The Wadden Islands account for 19 records (28%). In no less than 26 records (38%), more than one bird was involved, mostly in May-July. There have been six flocks of 10 or more individuals, the largest being 15 on 27 July 1987 and 14 on 17 May 1989. The most remarkable record was a flock of 12 flying south on 11 June 1984 and seen with an interval of 4.5 h at two sites 180 km apart along the North Sea coast.

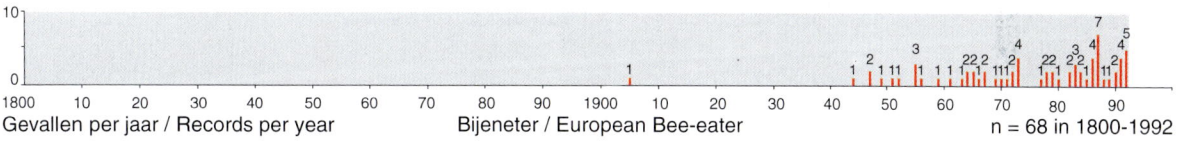

Gevallen per jaar / Records per year   Bijeneter / European Bee-eater   n = 68 in 1800-1992

---

broedgevallen (5 nesten) / breeding records (5 nests)
1964 *Haelen* LB (**1**; 2 young fledged)

1965 *Terschelling* FR (**3**; 12 young fledged)
1983 *Texel* NH (**1**; 1 young fledged)

---

68 records (217 individuals) in 1800-1992; 34 records (115 individuals) in 1980-92

4 May 1905 Tietjerk, *Tytsjerksteradiel* FR, adult ♀, dead (ZMA); Snouckaert van Schauburg (1908)

26 November 1944 Loosduinen, *Den Haag* ZH; LM 21: 123, 1948, contra Kist et al (1970)

2-6(7) May 1947 Brouwerskolk & Zanderijvaart, Overveen, *Bloemendaal* NH (**8**); Ardea 35: 249-251, 1947; LM 20: 177-178, 1947

1 June 1947 Wijk aan Zee, *Beverwijk* NH #; Ardea 38: 82, 1950

8 June 1949 Ganzendiep, Kampereiland, *Kampen* OV (**4**) #; LM 22: 382-383, 1949, Gerritsen & Lok (1986)

26 May 1951 Oude Kooi, *Vlieland* FR; Levende Nat 54: 180, 1951 (no description), Spaans & Swennen (1968), contra Kist et al (1970)

28-29 April 1952 Amstelrust, *Amsterdam* NH; Ardea 43: 258-259, 1955

7 May 1955 Vondelpark, *Amsterdam* NH #; LM 29: 46, 1956

late May 1955 *Texel* NH (min **10**) #; LM 29: 46, 1956; 30: 93, 1957

1 June 1955 Hoorn, *Terschelling* FR #; LM 29: 46, 1956

26 June 1956 Eemdijk, *Bunschoten* UT #; LM 32: 60, 1959

29 June 1959 *Terschelling* FR #; LM 35: 67, 1962

6 May 1961 Hierden, *Harderwijk* GL; LM 36: 33, 1963, Kist et al (1970)

(21)22 June 1963 Noord-Ginkel, *Ede* GL #; LM 38: 52, 1965, Leys et al (1993)

1 June-27 August 1964 Leudal, landgoed De Bedelaar, Heythuysen, *Haelen* LB (**7** incl 2 young), 1 nest, 2 young fledged on 4 August; VJ 12: 325-327, 1964, LM 39: 67, 1966 (photo)

5 June 1964 Eemmond, *Eemnes* UT, adult #; LM 39: 67, 1966

27 June-October 1965 West-Terschelling, *Terschelling* FR (**25** incl 12 young), 3 nests with at least 12 young fledged (4 each) on 3-6 September, max 13 (adult) on 13 July & 20 (adult & juv) on 5 September; LM 40: 42, 1967

7 November 1965 Thul, *Schinnen* LB, adult; LM 40: 43, 1967; 42: 61, 1969

14 October 1966 *Den Helder* NH (**2**); LM 42: 61, 1969

3 May 1967 Het Oerd, *Ameland* FR #; LM 42: 61, 1969

15 May 1967 Callantsoog, *Zijpe* NH; LM 42: 61, 1969

24 June 1969 Ezumazijl, *Dongeradeel* FR #; LM 45: 79, 1972

24 May 1970 Verdronken Land van Saeftinge, *Hulst* ZL (**2**); LM 45: 79, 1972

8 August 1971 Lopikerkapel, *Lopik* UT (**4**); LM 46: 83, 1973

3 May 1972 *Den Haag* ZH; LM 47: 43, 1974

6 August 1972 *Waalre* NB (**2**); LM 47: 43, 1974

Bijeneter / European Bee-eater *Merops apiaster*, at nest, 22 July 1964, Heythuysen, Haelen, Limburg *(J D G Peereboom Voller/Staatsbosbeheer)*

9 June 1973 Knardijk, *Lelystad/Zeewolde* FL (min **5**); LM 48: 110, 1975
6 July-12 August 1973 *Schiermonnikoog* FR (max **3**); LM 48: 110, 1975
29 July 1973 Middenveld, Amsterdamse Waterleidingduinen, *Zandvoort* NH (**6**), 2 adults, 1 juv & 3 imm; LM 47: 154, 1974; 48: 110, 1975

17 November 1973 Westlandse Duinen, *Den Haag* ZH; LM 48: 110, 1975
6 August 1977 Ospel, *Nederweert* LB; LM 52: 225, 1979
4 May 1978 Surhuisterveen, *Achtkarspelen* FR; LM 53: 30, 1980
5 May 1978 Eext, *Anloo* DR; LM 53: 30, 1980
20 May 1979 *Vlieland* FR; LM 54: 23, 1981
22 May 1979 Westerduinen, *Texel* NH; LM 54: 23, 1981
12 June 1980 *Delft* ZH
7-9 May 1982 Staatsbossen, *Texel* NH; DB 4: 71, 1982 (photo)
27 May 1982 *Havelte* DR
3 June 1983 *Terschelling* FR
26-30 June 1983 Hollandse Hout, *Lelystad* FL
13 July-21 August 1983 Den Hoorn, *Texel* NH (**7** incl 5 young), 1 nest with 1 young fledging & other young dead (juv ♂, dead) (NNM); DB 6: 58-61, 1984 (photos), Hazevoet (1985)
11 June 1984 *Den Helder* NH (13:00) & Serooskerke, *Veere* ZL (17:30) (**12**) (flying south)
20 June 1984 *Oegstgeest* ZH, adult; LM 62: 201, 1989
10 August 1985 Den Oever, *Wieringen* NH (flying past)
30 April 1986 *Hooge en Lage Mierde* NB; DB 16: 142, 1994
18 May 1986 Wieringerwerf, *Wieringermeer* NH (**2**), adult
28 June 1986 *Vlieland* FR (**5**), adult
31 July 1986 *Alkmaar* NH (**3**) (flying past)
31 May 1987 *Ede* GL (**10**)
4 July 1987 Staatsbossen, *Texel* NH
5 July 1987 Den Hoorn, *Texel* NH
5 July 1987 IJmuiden, *Velsen* NH (flying past)
18 July 1987 De Muy, *Texel* NH (**4**), adult
19 July 1987 *Castricum* NH (**2**) (flying past)
27 July 1987 Oostvaardersplassen, *Lelystad* FL (**15**); Grauwe Gans 4: 40-42, 1988
7 May 1988 Breskens, *Oostburg* ZL, adult
17 May 1989 *Huizen* NH (**14**); DB 14: 79, 1992
1 July 1990 *Bergeyk* NB; DB 16: 142, 1994
22-26 September 1990 *Schiermonnikoog* FR, adult; DB 12: 268, 1990 (photo)
22 May 1991 Breskens, *Oostburg* ZL (**5**), adult
23-30 May 1991 Kreileroord, *Wieringermeer* NH (**9**), adult; DB 13: 120, 1991 (photo)
21 June 1991 Rottumeroog, *Eemsmond* GR (**5**), adult; DB 13: 158, 1991 (photo)
17 August 1991 Engbertsdijkvenen, *Vriezenveen* OV, adult
30 April 1992 Breskens, *Oostburg* ZL
19 May 1992 *Schiermonnikoog* FR (**2**)
20 May 1992 Breskens, *Oostburg* ZL
24 May 1992 Breskens, *Oostburg* ZL
23 June 1992 Lopikerkapel, *Lopik* UT

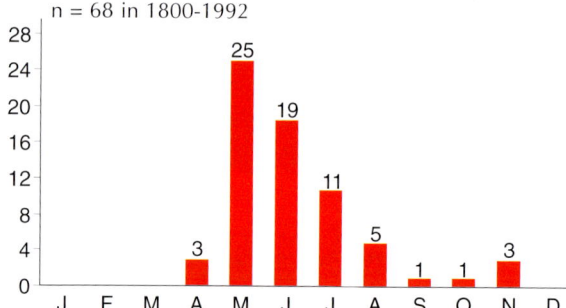

n = 68 in 1800-1992

Gevallen per maand / Records per month
Bijeneter / European Bee-eater

⭐ broedend / breeding
n = 68 in 1800-1992

Gevallen per locatie / Records per site
Bijeneter / European Bee-eater

Bijeneter / European Bee-eater *Merops apiaster*, 22 September 1990, Schiermonnikoog, Friesland *(Leo J R Boon)*

Scharrelaar

Coracias garrulus garrulus

European Roller

vrij zeldzaam

rather rare

Soort broedt in Zuid- en Oost-Europa, Noord-Afrika en West-Azië; overwintert in tropisch Afrika.

De pre-1980 gevallen van de soort zijn niet herzien. Gevallen van vóór 1900 staan vermeld in Eykman et al (1949). Voor 1900-68 zijn alleen de door Kist et al (1970) genoemde gevallen opgenomen, inclusief onbevestigde gevallen (#).
Er bestond verwarring over de gegevens van een aantal 19e-eeuwse specimens. Bij het vergelijken van Albarda (1897) en Boekema et al (1983) is duidelijk dat het eerste door Eykman et al (1936) vermelde geval foutief gedateerd was op 1885 in plaats van 1855. Dit werd bevestigd door het etiket van een specimen afgestaan door P J Baron van Pallandt van Duinrell, Zuid-Holland, dat in september 1996 aanwezig was in ZMA (Cornelis Hazevoet in litt, contra Ardea 15: 29-30, 1926). De precieze plaats (provincie) van een waarneming vermeld door Eykman et al (1936) voor mei 1885 te Zevenhuizen blijft onduidelijk (Groningen of Zuid-Holland).
De soort is ondanks het toegenomen aantal vogelaars steeds minder vaak waargenomen. Daarbij moet men zich overigens bedenken dat liefst de helft van de 46 gevallen tot en met 1975 als onbevestigd te boek staat. Vooral na 1982 werd de soort nauwelijks nog gezien en in 1983-97 werd hij in slechts vijf van de 15 jaren vastgesteld. Dit stemt overeen met het feit dat hij in Noord-Europese landen als Denemarken, Duitsland en Zweden als broedvogel is verdwenen waarbij de grootste afname plaatsvond sinds 1950.
Driekwart van de gevallen was in het voorjaar, van 4 mei tot eind juni. Er zijn behalve een behoorlijk aantal gevallen uit juli-augustus ook zeven in het najaar waarvan de gevallen in november 1891 en december 1975 onwaarschijnlijk laat zijn. Het december-geval is niet gedocumenteerd en zou moeten worden herzien. Alleen in 1968, (vermoedelijk) 1969 en 1971 bleef een vogel langer dan een week aanwezig. Vrijwel alle gevallen hadden betrekking op één exemplaar; drie gevallen betroffen twee exemplaren. Het hoogste aantal komt uit Gelderland (21%) hetgeen samen met het hoge aantal voor Overijssel een oostelijk overwicht illustreert.

Species breeds in southern and eastern Europe, northern Africa and western Asia; winters in tropical Africa.

The pre-1980 records of the species have not been reviewed. Pre-1900 records are mentioned by Eykman et al (1949). For 1900-68, only records mentioned by Kist et al (1970) are listed, including single-observer records (#).
There has been some confusion about data of pre-1900 specimens. When comparing Albarda (1897) and Boekema et al (1983), it is obvious that the first record mentioned by Eykman et al (1936) was erroneously dated 1885 instead of 1855. This is confirmed by the label of a specimen donated by P J Baron van Pallandt from Duinrell, Zuid-Holland, and present in ZMA in September 1996 (Cornelis Hazevoet in litt, contra Ardea 15: 29-30, 1926). The precise locality (province) of a sighting mentioned by Eykman et al (1936) for May 1885 at Zevenhuizen remains unclear (Groningen or Zuid-Holland).
The number of records has been decreasing despite the increase in the number of observers. However, it should be noted that half of the 46 pre-1976 records were registered as single-observer records. The species became especially rare since 1982 and, during 1983-97, it has been recorded in only five out of 15 years. The decrease is in accordance with the fact that it has disappeared as a breeding bird from Denmark, Germany and Sweden, showing major decreases since 1950. Three-quarters of the records were in spring, from 4 May to late June, and there is a fair number of records from July-August. There are seven records in autumn, of which those in November 1891 and December 1975 are surprisingly late; the December record has not been documented and should be reviewed. In 1968, (probably) 1969 and 1971, individuals remained for longer than a week. Almost all records concerned single birds; there were three records of two birds. The Gelderland province has the highest number of records (21%); together with the high number for Overijssel, this demonstrates an eastern bias of the records.

Scharrelaar / European Roller *Coracias garrulus*, 19 June 1998, Alblasserdam, Zuid-Holland *(Hans Gebuis)*

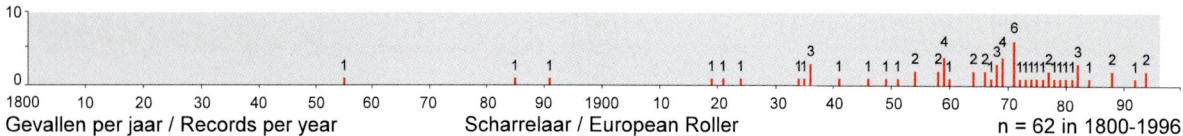

Gevallen per jaar / Records per year   Scharrelaar / European Roller   n = 62 in 1800-1996

62 records (65 individuals) in 1800-1996; 11 records (12 individuals) in 1980-96

31 May 1855 Duinrell, *Wassenaar* ZH, adult ♂, dead (ZMA)
July 1885 *Amerongen* UT, ♂, dead
November 1891 Ommerschans, *Ommen* OV, dead
September 1919 Noord-Deurningen, *Denekamp* OV #
3 October 1921 Lattrop, *Denekamp* OV, dead (ND); Meijerink (1976)
4 May 1924 Arnhem GL #; Ardea 15: 61, 1926
6 May 1934 *Wassenaar* ZH #; Ardea 23: 96, 1934
22 June 1935 Ockenrode, *Den Haag* ZH, ♂; Ardea 25: 97, 1936
mid June 1936, Numansdorp, *Cromstrijen* ZH, adult, dead
21 August 1936 Vianen GL, juv ♂ #, dead (NNM)
24 August 1936 Duindigt, *Wassenaar* ZH #
2 June 1941 Wester-Schenge, *Goes* ZL; LM 14: 60, 1941
2-5 June 1946 Hoorn, *Terschelling* FR #; Ardea 35: 234, 1947
August 1949 *Westerschouwen* ZL #; LM 25: 158, 1952, Ardea 42: 325-326, 1954
May 1951 Oosterland-Sirjansland, *Duiveland* ZL #; LM 25: 158, 1952, Ardea 42: 326, 1954
4 June 1954 Beekbergen, *Apeldoorn* GL #; Ardea 43: 258, 1955
15-16 June 1954 Deelen, *Ede/Arnhem* GL #; LM 27: 144, 1954
24-27 May 1958 *Wierden* OV #; LM 33: 37, 1960
2 July 1958 Oudemirdum, *Gaasterlân-Sleat* FR; LM 33: 37, 1960
8 May 1959 Imbosch, *Rozendaal* GL #; LM 35: 67, 1962, contra Lensink (1993)
25 June 1959 Schaarsbergen, *Arnhem* GL #; LM 34: 210, 1961, contra Lensink (1993)
2 July 1959 Uddel, *Apeldoorn* GL #; LM 34: 210, 1961
late September 1959 Wilpse Klei, Twello, *Voorst* GL #; LM 34: 210, 1961
14 May 1960 Groene Strand, *Westvoorne* ZH; LM 35: 67, 1962
30 May 1964 Leusderheide, *Leusden* UT; LM 42: 61, 1969
30-31 May 1964 Westerduinen, *Texel* NH; LM 39: 67, 1966
19 May 1966 Posbank, *Rheden* GL #; Kist et al (1970), Lensink (1993)
15 June 1966 Westerduinen, *Texel* NH; LM 42: 61, 1969
6 June 1967 Bakkeveen, *Opsterland* FR; LM 42: 61, 1969
17 June 1968 *Noordoostpolder* FL #; LM 43: 52, 1970
23 July 1968 Kampereiland, *Kampen* OV, dead (roadkill); LM 42: 135, 1969; 43: 52, 1970
10-19(31) August 1968 Eerbeek, *Brummen* GL; LM 43: 51-52, 1970 (photo)

25 May 1969 & 18 June *Harderwijk* GL; LM 45: 79, 1972
26-28 May 1969 Harich, *Gaasterlân-Sleat* FR; LM 45: 79, 1972
12 June 1969 *Ameland* FR (2) #; LM 45: 79, 1972
(23) June 1969 *Schiermonnikoog* FR #; LM 45: 79, 1972, Mooser (1973)
22 May-7 June 1971 *Ameland* FR; LM 46: 83, 1973
30 May 1971 Westlandse Duinen, *Den Haag* ZH; LM 46: 83, 1973
31 May 1971 *Texel* NH #; LM 46: 83, 1973
5 June 1971 Hoge Veluwe, *Ede* GL; LM 46: 83, 1973
8 June 1971 *Terschelling* FR #; LM 46: 83, 1973
(22-)24 June 1971 *Ameland* FR #; LM 46: 83, 1973, cf Versluys et al 1997
14 June 1972 *Epe* GL (2); LM 47: 43, 1974
28 May 1973 *Bergen* LB; LM 48: 110, 1975
25 June 1974 *Aalten* OV, dead; LM 50: 51, 1977
29 December 1975 *Amersfoort* UT #; VJ 24: 56, 1976, LM 50: 51, 1977
10 July 1976 *Swalmen* LB; LM 51: 142, 1978
4-10 June 1977 *Boxtel* NB; LM 52: 225, 1979
19 June 1977 Wapserveld, *Diever* DR; LM 53: 30, 1980
25 June 1978 *Dwingeloo* DR; LM 54: 24, 1981
12 June 1979 *Gilze en Rijen* NB; LM 54: 24, 1981
13 June 1980 *Wassenaar* ZH
10 May 1981 Jisp, *Wormerland* NH
21-26 May 1982 Nulderpad, *Almere* FL (2); DB 4: 71, 1982 (photo)
27 May 1982 *Bloemendaal* NH
10 September 1982 Camperduin, *Schoorl* NH; DB 11: 156, 1989
22 May 1984 Vosbroek, Schinveldse Bos, *Onderbanken* LB (not (yet) accepted by CDNA)
15 May 1988 Meyendel, *Wassenaar* ZH, adult
5 July 1988 Driebergen, *Driebergen-Rijsenburg* UT, adult
7 June 1992 Doldersummerveld, *Vledder* DR
4-7 June 1994 Zaamslag, *Terneuzen* ZL; DB 16: 169, 1994 (photo)
14 September 1994 Camperduin, *Schoorl* NH

voorlopige toevoegingen voor 1997-98 / provisional additions for 1997-98
13-15 June 1997 Speult, *Ermelo* GL; DB 19: 150-151, 1997 (photo), Plomp et al (1998)
(15)18-19 June 1998 *Alblasserdam* ZH; DB 20: 133, 1998 (photo), VJ 46: 238, 1998 (photo), Plomp et al (1999)

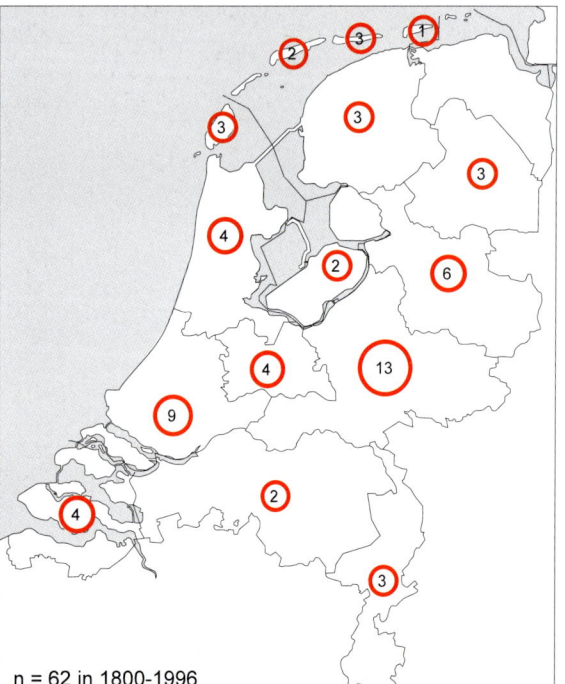

Gevallen per provincie / Records per province
Scharrelaar / European Roller

n = 62 in 1800-1996

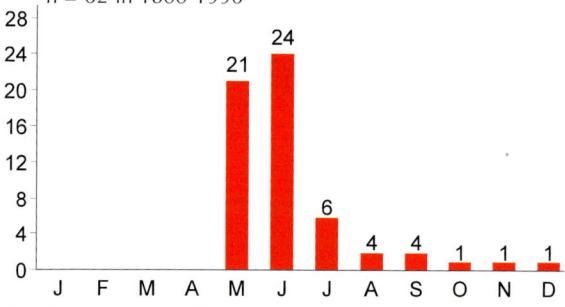

Gevallen per maand / Records per month
Scharrelaar / European Roller

Scharrelaar / European Roller *Coracias garrulus*, 15 June 1997, Ermelo, Gelderland *(Marc Guyt)*

Hop [2]

Upupa epops epops

Eurasian Hoopoe

gehele jaar schaars tot zeldzaam

| J | F | M | A | M | J | J | A | S | O | N | D |

scarce to rare throughout year

Zeldzame onregelmatige broedvogel.

De soort werd geregistreerd door de CDNA in 1976-88 (LM 55: 125, 1982; 60: 30, 1987; 62: 117, 201, 1989). Als broedvogel was hij in 1914-42 vermoedelijk slechts met een enkel paar aanwezig in Limburg maar in 1943-66 waren er tal van broedgevallen in Limburg, Noord-Brabant, Noord-Holland, Overijssel en Zuid-Holland (Kist et al 1970). Bekende broedgevallen waren bijvoorbeeld die in 1952 en 1954 te Oostvoorne, Westvoorne, Zuid-Holland (LM 25: 157, 1952; 32: 148-150, 1959 (foto's)), en in 1961-64 in oostelijk Noord-Brabant (Natuurhist Maandbl Limbg 54: 37-39, 1965 (foto's). Recente broedgevallen vonden onder meer plaats in 1974, 1980 en 1981 in Limburg, in 1982 in Twente, Overijssel, en in 1995 (twee jongen) in Noord-Brabant (van Dijk et al 1998). Voor informatie over het voorkomen in 1971-80 (201 gevallen met een piek in de eerste week van mei) zij verwezen naar DB 9: 170-172, 1987. Een aantal gevallen zou betrekking kunnen hebben op de Noord-Aziatische ondersoort *saturata* die vooral op mantel en borst duidelijk donkerder is dan de nominaat (Bull Br Ornithol Club 117: 19-25, 1997, DB 19: 149, 205, 1997).

Rare irregular breeding bird.

The species was registered in CDNA reports in 1976-88 (LM 55: 125, 1982; 60: 30, 1987; 62: 117, 201, 1989). As a breeding bird, the species probably numbered just one pair in Limburg in 1914-42; however, in 1943-66, a good number of breeding records became known for Limburg, Noord-Brabant, Noord-Holland, Overijssel and Zuid-Holland (Kist et al 1970). Well-known breeding records included, for instance, those in 1952 and 1954 at Oostvoorne, Westvoorne, Zuid-Holland (LM 25: 157, 1952; 32: 148-150, 1959 (photos)), and in 1961-64 in eastern Noord-Brabant (Natuurhist Maandbl Limbg 54: 37-39, 1965 (photos). Recent breeding records were in 1974, 1980 and 1981 in Limburg, in 1982 in Twente, Overijssel, and in 1995 (two young) in Noord-Brabant (van Dijk et al 1998). For information about the species' occurrence in 1971-80 (201 records, showing a distinct peak in the first week of May), see DB 9: 170-172, 1987. A number of records may have concerned the northern Asian subspecies *saturata* which is distinctly darker than the nominate subspecies, especially on mantle and breast (Bull Br Ornithol Club 117: 19-25, 1997, DB 19: 149, 205, 1997).

Draaihals [2]

Jynx torquilla torquilla

Eurasian Wryneck

zeldzame broedvogel
algemene doortrekker

| J | F | M | A | M | J | J | A | S | O | N | D |

rare breeding bird
common migrant

Grijskopspecht

Picus canus canus

Grey-headed Woodpecker

zeer zeldzaam

very rare

Nominaat broedt en overwintert van Frankrijk, Wallonië en Zuid-Scandinavië tot in West-Siberië.

De ongepaarde Zuid-Limburgse vogel, die zowel in 1981 als in 1982 in het voorjaar opviel door zang en geroffel, was vermoedelijk ook aanwezig in de tussenliggende periode; bovendien verbleef hier een exemplaar op 5-7 april 1985 (Fred Hustings in litt). Hun aanwezigheid hield waarschijnlijk verband met de nabijheid van een broedpopulatie in het noord-oosten van België, op minder dan 15 km van de grens (de Belgische broedpopulatie telde in 1996-97 c 40 broedparen; Gunter De Smet in litt).
Het geval van 1974 werd slecht gedocumenteerd voor een eerste voor Nederland; voordat herziening had plaatsgevonden was dit één van acht aanvankelijk aanvaarde gevallen in 1952-74 (cf DB 4: 18-19, 1982; 18: 184, 1996).
Vier meldingen van solitaire exemplaren in 1951-80 in Limburg bleven ongedocumenteerd (cf Ganzevles et al 1985) evenals meldingen elders. Een ♂ dat aan het eind van de zomer in 1968 door K Nicolai dood was gevonden te Katlijker Schar, Heerenveen, Friesland, en vervolgens werd opgezet, stond 16 jaar lang als Groene Specht *P viridis* tentoongesteld in Drachten, Friesland, voordat hij als Grijskopspecht werd herkend (Vanellus 38: 20, 1985 (foto), Robert ten Harmsen pers comm). Vanwege onzekerheden over de omstandigheden waaronder de vondst plaatsvond, de doodsoorzaak en de precieze maand is hij door de CDNA niet aanvaard.

Nominate subspecies breeds and winters from France, eastern Belgium and southern Scandinavia to western Siberia.

Presumably, the unpaired bird in southern Limburg, which was found singing and drumming during the springs of 1981 and 1982, was also present in the intermediate period; moreover, one was present here on 5-7 April 1985 (Fred Hustings in litt). The birds' presence probably related to the nearby breeding population in north-eastern Belgium, at less than 15 km distance from the border (in 1996-97, the Belgian breeding population totalled c 40 pairs; Gunter De Smet in litt).
The record in 1974 was poorly documented for a country's first; before review, it had been accepted as one of eight alleged records during 1952-74 (cf DB 4: 18-19, 1982; 18: 184, 1996).
Four reports of singles in 1951-80 in Limburg (cf Ganzevles et al 1985) and reports elsewhere remained unsubstantiated. A ♂ found dead by K Nicolai in late summer 1968 at Katlijker Schar, Heerenveen, Friesland, had been mounted and put on display as European Green Woodpecker *P viridis* at Drachten, Friesland, for 16 years before it was correctly identified as Grey-headed Woodpecker (Vanellus 38: 20, 1985 (photo), Robert ten Harmsen pers comm). However, because of uncertainties about the finding circumstances, the cause of death and the precise month, it has not been accepted by CDNA.

3 records in 1800-1996; 2 in 1980-96

28 April 1974 Oosterveld, *Weerselo* OV, ♂, singing; LM 50: 51, 1977
27 April-3 July 1981 & (12)28 April-25 May (& July-14 August) 1982 Brunssummerheide, *Brunssum* LB, adult ♂; DB 3: 70, 101, 1981

(photo); 6: 135-136, 1984, Ganzevles et al (1985), Hazevoet (1985)
5-7 April 1985 Brunssummerheide, *Brunssum* LB, ♀; CDNA archives

Gevallen per locatie / Records per site
Grijskopspecht / Grey-headed Woodpecker

n = 3 in 1800-1996

Grijskopspecht / Grey-headed Woodpecker *Picus canus*, ♂,
5 May 1981, Brunssummerheide, Brunssum, Limburg
(René Pop)

Groene Specht [2]

Picus viridis viridis

European Green Woodpecker

algemene broedvogel
gehele jaar algemeen

common breeding bird
common throughout year

Zwarte Specht [2]

Dryocopus martius martius

Black Woodpecker

algemene broedvogel
gehele jaar algemeen

common breeding bird
common throughout year

Het eerste bewezen broedgeval vond plaats in 1915 in Twente, Overijssel (Ardea 4: 117, 1915).

The first proof of breeding was in 1915 in Twente, Overijssel (Ardea 4: 117, 1915).

Grote Bonte Specht [2]

Dendrocopos major ssp

Great Spotted Woodpecker

algemene broedvogel
gehele jaar algemeen

common breeding bird
common throughout year

Naast de algemene Midden-Europese ondersoort *D m pinetorum* komt als schaarse doortrekker en wintergast ook de iets grotere en wittere Noordse Grote Bonte Specht *D m major* voor.

Apart from the common central European subspecies *D m pinetorum*, the somewhat larger and whiter northern nominate subspecies also occurs as a scarce migrant and winter visitor.

Middelste Bonte Specht

Dendrocopos medius medius **Middle Spotted Woodpecker**

vrij zeldzaam

rather rare

Broedt en overwintert in Midden-Europa, inclusief nabije gebieden in Duitsland en Wallonië.

Onregelmatige broedvogel, in de 20e eeuw niet vóór 1952 en niet in 1963-96.

De pre-1980 gevallen zijn niet herzien. De soort wordt sinds 1 januari 1999 niet langer beoordeeld door de CDNA. Voor 1800-1949 worden hier alleen die specimens (zeven), waarnemingen (vijf exemplaren) en nesten (twee) opgenomen waarvoor Eykman et al (1936, 1949) voldoende informatie geeft over datum (ten minste maand en jaar) en plaats (ten minste provincie).

De soort werd in ieder jaar in 1955-69 vastgesteld. Er is geen andere periode met gevallen in meer dan twee opeenvolgende jaren behalve 1921-23 en 1994-98. Het volledig ontbreken van de soort gedurende lange perioden van meer dan 33 jaren (1863-97) of 14 jaren (1924-39) is opmerkelijk. Ook in 1982-89 was er maar één geval. De periode met de meeste gevallen was december-maart. De soort is echter in alle maanden vastgesteld. Vrijwel alle gevallen kwamen van het midden, het oosten en het zuid-oosten.

In 1952 en 1957-62 broedde de soort in Twente, Overijssel (cf Ardea 46: 86, 1958). Voor en na deze periode was hij ook in Overijssel zeldzaam. Op de Utrechtse Heuvelrug werden naast twee broedgevallen in de 19e eeuw te Zeist bovendien twee broedgevallen gemeld voor 1894 of 1895 te Amerongen (twee eieren verzameld; Org Club Ned Vogelkd 4: 146, 1932, LM 16: 102, 1943, Alleyn et al 1971). Geruchten van broedgevallen in Gelderland bleven ongedocumenteerd (cf Grotenhuis et al 1985, Lensink 1993) evenals in Twente in 1973 (Meijerink 1976). In 1997 werd voor het eerst gebroed in Midden-Limburg en Zuid-Limburg, niet ver van broedpopulaties over de grens in Duitsland (Hambacher Wald, Jülich, Nordrhein-Westfalen) en Wallonië. De Belgische broedpopulatie telde in 1993 ten minste 530 paren (Aves 30: 145-166, 1993). Hieronder volgt een bespreking per provincie.

Breeds and winters in central Europe, including nearby areas in eastern Belgium and Germany.

Irregular breeding bird, in the 20th century not before 1952 and not in 1963-96.

The pre-1980 records of the species have not been reviewed. Since 1 January 1999, the species is no longer considered by CDNA. For 1800-1949, only those specimens (seven), sight records (five individuals) and nests (two) are listed below for which sufficient information on date (month and year) and place (province) is given by Eykman et al (1936, 1949).

The species was recorded in every year during 1955-69. There is no other period with records in more than two consecutive years, except 1921-23 and 1994-98. The complete absence of the species during long periods of more than 33 years (1863-97) or 14 years (1924-39) is remarkable. Likewise, during 1982-89, there has been only one record. The period with most records was in December-March but the species has been recorded in every month. Almost all records were from the centre, the east and the south-east.

In 1952 and 1957-62, breeding occurred in Twente, Overijssel (cf Ardea 46: 86, 1958). Before and after this period, the species has been a rarity, also in Overijssel. In the 19th century, apart from two breeding records at Zeist, Utrecht, breeding was also reported twice for 1894 or 1895 at Amerongen, Utrecht (two eggs collected; Org Club Ned Vogelkd 4: 146, 1932, LM 16: 102, 1943, Alleyn et al 1971). Rumours of breeding in Gelderland remained unsubstantiated (cf Grotenhuis et al 1985, Lensink 1993) as was the case in Twente in 1973 (Meijerink 1976). In 1997, breeding occurred for the first time in central and southern Limburg, not far from breeding populations across the German (Hambacher Wald, Jülich, Nordrhein-Westfalen) and Belgian borders. In 1993, the Belgian breeding population totalled at least 530 pairs (Aves 30: 145-166, 1993). A discussion per province follows below.

Middelste Bonte Specht / Middle Spotted Woodpecker *Dendrocopos medius*, 11 January 1997, Heeze, Noord-Brabant (Rob G Bouwman)

Utrecht Het is opmerkelijk dat de soort in de 20e eeuw, toen er geen broedgevallen meer waren, nog zesmaal 's winters in Utrecht als dwaalgast is vastgesteld, in december 1914, maart 1960, maart 1961, maart 1969, december 1985-februari 1986 en januari-mei 1997.

Overijssel De eerste drie gevallen voor Overijssel waren in 1908-09 waarvan één te Ambt Delden waar meer dan 46 jaren later de soort tot broeden zou komen. Gedurende de Twentse broedperiode, in 1952-62, werd de soort viermaal op korte afstand van Twente vastgesteld, in Gelderland (1956, 1959, 1961) en Overijssel (1959). In de vijf jaar na het laatste Twentse broedgeval werd de soort nog af en toe zowel in de voormalige broedgebieden (voor het laatst in 1967) als vijfmaal elders in Gelderland en Overijssel gezien, inclusief tweemaal 's zomers te Winterswijk, Gelderland. Sindsdien zijn er in 1968-97 naast een claim van broeden in 1973 slechts twee gevallen voor Overijssel geweest, in 1977-78, met nog een melding in 1981 (cf Ficedula 21: 41-51, 1992). Het duurde tot de winter van 1997/98 voor weer een exemplaar in Enschede werd aangetroffen.

Limburg Alle 17 Limburgse gevallen tot en met 1996 waren van de 20e eeuw. De eerste drie waren in 1909 en 1922-23. Het eerste geval voor Zuid-Limburg was pas in 1960 (te Heerlen). Sindsdien waren er in Limburg vijf gevallen in 1960-69, één in 1973, twee in 1981 en vier in 1992-96. De meeste dateerden van oktober-maart. In 1994-96 kwam er een duidelijke toename in het aantal gevallen. Dit werd het eerst duidelijk in Zuid-Limburg, waar in 1996 vier exemplaren zouden zijn gezien, meer dan ingediend bij de CDNA (cf BW 9: 399, 1996, LV 8: 74, 1997). In het voorjaar van 1997 werden op verschillende plaatsen in Midden-Limburg en Zuid-Limburg broedparen gemeld. Het zou daarbij gaan om meer dan 18 adulte, 10 territoria en drie nesten met ten minste 7 uitgevlogen jongen (cf LV 8: 74-77, 1997). In het voorjaar van 1998 werden minstens evenveel territoria gemeld voor Limburg (cf LV 9: 55-59, 1998).

Elders Met name in de winter van 1996/97 verschenen ook exemplaren in andere provincies. De twee meest noordwestelijke gevallen tot 1996 betroffen slechts gedocumenteerde zichtwaarnemingen in oktober 1898 te Scheveningen, Den Haag, Zuid-Holland, en in maart 1940 (twee) te Tytsjerksteradiel, Friesland. Voor Friesland bestaat er in FNM ook een onvoldoende gedateerd specimen van c 1965 uit Zwaagwesteinde, Dantumadeel (Johannes Fokkema in litt). Het geval van mei 1997 te Vogelenzang, Bloemendaal, was het eerste voor de meest noordwestelijke provincie, Noord-Holland.

Utrecht It is remarkable that, in the 20th century, when breeding no longer took place, the species still occurred in Utrecht as a winter vagrant: in December 1914, March 1960, March 1961, March 1969, December 1985-February 1986 and January-May 1997.

Overijssel The first three records for Overijssel were in 1908-09; one of these was at Ambt Delden where more than 46 years later breeding took place. During the years when the species bred in Twente (1952-62), it was also seen four times at sites a short distance from Twente, in Gelderland (1956, 1959, 1961) and Overijssel (1959). In the five years after the last Twente nest was found, the species was still infrequently seen both in the breeding area (last in 1967) and, in 1963-67, five times elsewhere in Gelderland and Overijssel, including twice in summer at Winterswijk, Gelderland. In 1968-97, apart from a claim of breeding in 1973, there have been only two accepted records in Overijssel, in 1977-78, with an additional report in 1981 (cf Ficedula 21: 41-51, 1992). It was not until the winter of 1997/98 before one was found again at Enschede.

Limburg All 17 Limburg records in 1800-1996 dated from the 20th century. The first three were in 1909 and 1922-23. The first record for southern Limburg was (only) in 1960 (at Heerlen). Since 1960, there have been five Limburg records in 1960-69, one in 1973, two in 1981 and four in 1992-96. Most were in October-March. During 1994-96, an increase became obvious first in southern Limburg, where at least four individuals were claimed during 1996, which is more than were submitted (cf BW 9: 399, 1996, LV 8: 74, 1997). In spring 1997, breeding pairs were reported from several places in central and southern Limburg. These related to more than 18 adult birds, 10 territories and at least 7 young fledged from three nests (cf LV 8: 74-77, 1997). In spring 1998, the number of territories was the same or higher (cf LV 9: 55-59, 1998).

Elsewhere Especially in the winter of 1996/97, individuals also appeared in other provinces. The two most north-westerly records until 1996 concerned badly documented sightings in October 1898 at Scheveningen, Den Haag, Zuid-Holland, and in March 1940 (two) at Tytsjerksteradiel, Friesland. For Friesland, there is also an insufficiently dated FNM specimen from c 1965 at Zwaagwesteinde, Dantumadeel (Johannes Fokkema in litt). The record in May 1997 at Vogelenzang, Bloemendaal, was the first for the north-westernmost province, Noord-Holland.

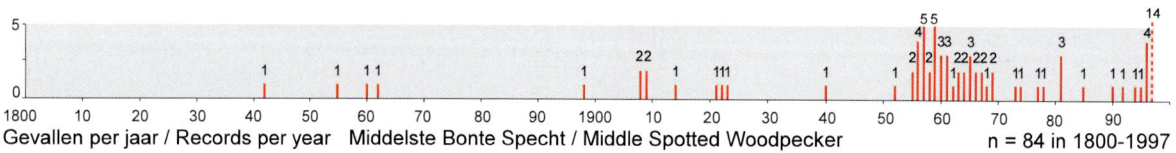

Gevallen per jaar / Records per year   Middelste Bonte Specht / Middle Spotted Woodpecker   n = 84 in 1800-1997

broedgevallen / breeding records

1860 *Zeist* UT (**1**)
1862 *Zeist* UT (**1**)
1952 near *Enschede* OV (**1**); Ardea 40: 115-119, 169, 1952
1957 *Ambt Delden* OV (**3**; unsuccessful); Ardea 46: 79-86, 1958
1958 *Ambt Delden* OV (**1**); LM 33: 37, 1960

1959 *Ambt Delden* OV (**1**; nest not found); LM 34: 210, 1961
1960 *Ambt Delden* OV (**2**); LM 35: 68, 1962
1962 *Ambt Delden* OV (**1**); LM 37: 43, 1964
1997 *Ambt Montfort* LB (**2**); LV 8: 74-77, 1997
1997 *Margraten* LB (**1**); LV 8: 74-77, 1997

70 records (incl at least 107 individuals) in 1800-1996; 12 records in 1980-96

12 January 1842 *Ubbergen* GL, 2y ♂, dead (ZMA); Kees Roselaar (in litt)
December 1855 Wildenborch, *Vorden* GL, dead
23 June 1860 *Zeist* UT (**2**), nest (6 eggs collected); LM 16: 102, 1943
8 July 1862 *Zeist* UT (**2**), nest (8 eggs collected); LM 16: 102, 1943
9 October 1898 Scheveningen, *Den Haag* ZH; Tijdschr Ned Dierkd Ver 2 (6): 145-146, 1899 (description extremely poor; suggesting presence of pair)
5 September 1908 De Kolk, *Heino* OV, ♀, dead (NNM)
26 November 1908 *Diepenveen* OV, ♀, dead
20 January 1909 Ohé en Laak, *Maasbracht* LB, dead; Hens (1965)
early October 1909 *Ambt Delden* OV, sighting
23 December 1914 Huis ter Heide, *Zeist* UT; Jaarber Club Ned

Vogelkd 5: 15, 1915
1 September 1921 Assel, *Apeldoorn* GL, sighting
15 February 1922 Blerik, *Venlo* LB, dead; Hens (1965)
11 October 1923 Well, *Bergen* LB, ♂, dead; Hens (1965)
22 March 1940 Aldtsjerk, *Tytsjerksteradiel* FR (**2**), sighting; LM 13: 90, 1940
(23-31) May 1952 *Enschede* OV (min **3** incl at least 1 young), 1 nest, young fledged; Ardea 40: 115-119, 169, 1952 (photos)
20 April-9 May 1955 Twickel, *Ambt Delden* OV (**2** on 27 April); LM 30: 94, 1957
21 July 1955 *Ambt Delden* OV; LM 30: 94, 1957
28 February-5 March 1956 Delden, *Stad Delden/Ambt Delden* OV; LM 30: 94, 1957

228

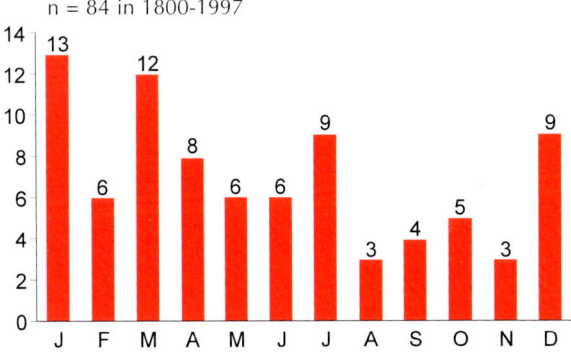

n = 84 in 1800-1997

Gevallen per maand / Records per month
Middelste Bonte Specht / Middle Spotted Woodpecker

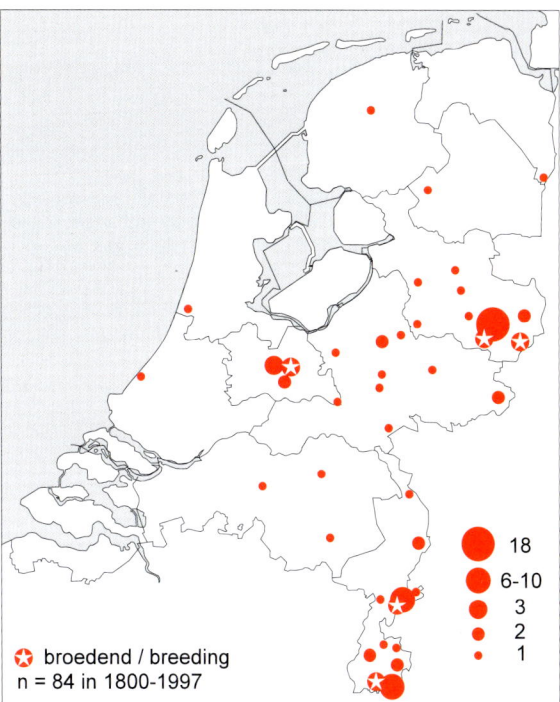

🔴 broedend / breeding
n = 84 in 1800-1997

Gevallen per locatie / Records per site
Middelste Bonte Specht / Middle Spotted Woodpecker

24 March-29 May 1956 Twickel, *Ambt Delden* OV (**2** on 24-25 March); LM 30: 94, 1957

22 June 1956 Twickel, *Ambt Delden* OV; LM 30: 94, 1957

14 September 1956 Steltenberg, Twello, *Voorst* GL, juv, dead (NNM); LM 34: 210, 1961

January-April 1957 Twickel, *Ambt Delden* OV; LM 32: 60, 1959

(18-20) April 1957 Twickel, *Ambt Delden* OV (**6**), 3 nests (all disturbed by Common Starlings *Sturnus vulgaris*); Ardea 46: 79-86, 1958, LM 32: 60, 1959

17 July-24 December 1957 *Ambt Delden* OV (5 dates); LM 32: 60, 1959

2 October 1957 Sint Odiliënberg, *Ambt Montfort* LB, dead; Natuurhis Maandbl Limbg 46: 132, 1957, LM 32: 60, 1959

24-30 November 1957 Sint Odiliënberg, *Ambt Montfort* LB; LM 32: 60, 1959, Hens (1965)

28 January-20 May 1958 Twickel, *Ambt Delden* OV (min **2**), several at different sites on many dates, incl nesting attempt on 9-15 April; LM 33: 37, 1960

21-26 June 1958 Twickel, *Ambt Delden* OV (min **3** incl at least 1 young), 1 nest, young fledged on 25-26 June; LM 33: 37, 1960

3 January-29 December 1959 *Ambt Delden* OV (min **2**) (more than 12 dates); LM 34: 210, 1961

6-10 August 1959 *Ambt Delden* OV (min **4** incl 2 juv), adult & 2 juv (nest not found); LM 34: 210, 1961

23-24 August 1959 Hoge Veluwe, *Ede* GL, ♂; LM 34: 210, 1961

1 November 1959 *Ommen* OV; LM 34: 210, 1961

13 December 1959 *Ambt Delden* OV, trapped (ringed); LM 34: 210, 1961

2-11 March 1960 *Heerlen* LB (photographed); LM 35: 68, 1962, Hens (1965)

5 March 1960 Bilthoven, *De Bilt* UT; LM 36: 33, 1963

9 March-23 December 1960 Twickel, *Ambt Delden* OV (**8**), 2 nests (2 young fledged on 11 June & 2 young fledging on 23 June) (more than 15 dates in area, max 3 on 20 April); LM 34: 285-286, 1961; 35: 68, 1962

January-26 December 1961 *Ambt Delden* OV (**6**) (3 pairs; no nest found); LM 36: 33, 1963

19 March 1961 Bilthoven, *De Bilt* UT; LM 36: 33, 1963

30 July 1961 Oosterbeek, Wolfheze, *Renkum* GL; LM 36: 33, 1963

March-May 1962 Twickel, *Ambt Delden* OV (**2**), nest (found on 10 May); LM 37: 43, 1962

11 April-19 May 1963 Twickel, *Ambt Delden* OV, ♂ (no nest); LM 38: 53, 1965

9 June 1963 Het Woold, *Winterswijk* GL, adult; LM 38: 53, 1965

17-19 January 1964 *Heerlen* LB; LM 39: 68, 1966

18 January 1964 *Oldenzaal* OV; LM 39: 68, 1966

20-21 July 1965 *Rijssen* OV; LM 40: 43, 1967

24 July & 27 August 1965 *Ambt Delden* OV; LM 40: 43, 1967

28 December 1965 Twickel, *Ambt Delden* OV (**2**); LM 40: 43, 1967

21 May 1966 Hoog-Soeren, *Apeldoorn* GL; LM 42: 62, 1969

25 July 1966 Brunssummerheide, *Brunssum* LB; LM 42: 62, 1969

12-18 July 1967 Bekendelle, *Winterswijk* GL (reportedly, also in spring 1968-69; Grotenhuis et al 1985); LM 42: 62, 1969

21 September 1967 *Ambt Delden* OV; LM 42: 62, 1969

22 August 1968 *Ambt Montfort* LB; LM 43: 52, 1970

7 January 1969 *Schinnen* LB; LM 45: 80, 1972

30 March 1969 *Zeist* UT; LM 45: 80, 1972

1 February-22 March 1973 Spaubeek, *Beek* LB, trapped (twice); LM 48: 111, 1975

20 April 1974 *Barneveld* GL; LM 50: 51, 1977

7 May 1977 *Oldenzaal* OV; LM 52: 225, 1979

9 October 1978 *Hellendoorn* OV; LM 53: 30, 1980

mid January-20 February 1981 Twickel, *Ambt Delden* OV (not (yet) submitted to CDNA); Ficedula 21: 92-95, 1992, Onno de Bruijn (in litt)

15 March 1981 Spaubeek, *Beek* LB

2 May 1981 *Gulpen* LB

1 December 1985-15 February 1986 Nieuw Amelisweerd, *Utrecht* UT, adult ♂; DB 8: 37, 1986 (photo); 9: 51, 1987 (photo)

19 June 1990 Kaatsheuvel, *Loon op Zand* NB, adult

10 May 1992 Meinweg, *Roerdalen* LB; LV 5: 23, 1994

19 February 1994 Kerperbos, Epen, *Wittem* LB, adult; DB 16: 84, 1994 (photo), LV 5: 23, 1994 (photo); 8: 74, 1997

25 February 1995 kasteel Heeswijk, *Heesch* NB, ♂

28 January-9 February(March) 1996 Kerperbos, Epen, *Wittem* LB; DB 18: 52, 101, 1996 (photo), LV 8: 74, 1997

14 December 1996-8 February 1997 kasteel Heeze, *Heeze* NB, adult; BW 10: 9, 1997 (photo), DB 19: 42, 1997 (photos), Plomp et al (1998)

22 December 1996-22 March 1997 Kerperbos, Epen, *Wittem* LB; DB 19: 43, 1997 (photo)

25-26 December 1996 Ter Apel, *Vlagtwedde* GR; de Bruin & de Bruin (1997; photo), DB 19: 43, 1997 (photo)

voorlopige toevoegingen voor 1997 / provisional additions for 1997

1 January-6 May 1997 Grebbeberg, *Rhenen* UT; cf DB 19: 94, 145, 1997

23 January 1997 *Venlo* LB; LV 9: 30, 1998 (photo)

16 February-May 1997 Elzetterbos, Epen, *Wittem* LB, ♂ & ♀ (in April-May); cf LV 8: 74-77, 1997

10 March-June 1997 Aerwinckel, Posterholt, *Ambt Montfort* LB (**6**), ♂ & ♀, nest, 4 young (fledged 7 June) (sound-recorded); LV 8: 74-77, 1997 (photo); 9: 56, 1998 (photo)

22 March 1997 Wapserzand, *Diever* DR, ♂; CDNA archives

30 March 1997 Aerwinckel, Posterholt, *Ambt Montfort* LB (**2**), ♂ & ♀ (sound-recorded); LV 8: 74-77, 1997

1-24 April 1997 Kerperbos, Epen, *Wittem* LB, ♂, singing; LV 8: 74-77, 1997, Ruud van Dongen (pers comm)

(25 October 1996-)2 April-June 1997 Riesenberg, Savelsbos, *Margraten* LB (**6**), 4 adult, 1 nest, at least 2 young (fledged early June); LV 8: 74-77, 1997

2-25 April 1997 Schweibergerbos, *Wittem* LB, ♂, singing; LV 8: 74-77, 1997

25 April 1997 Kruisbos, *Wittem* LB (**3**), 2 ♂ & 1 ♀; LV 8: 74-77, 1997

3-19 May 1997 Vogelenzang, *Bloemendaal* NH, ♂ (sound-recorded); DB 19: 141, 1997 (photo), Fitis 33: 111, 1997, VJ 45: 191, 1997 (photo)

1 June 1997 Munningsbos, Posterholt, *Ambt Montfort* LB (**3**), ♂ & ♀, nest, 1 young (photographed); LV 8: 74-77, 1997

12 July 1997 Schimperbos, *Vaals* LB, ♀; Ruud van Dongen (pers comm)

14 December 1997-27 February 1998 G J van Heekpark, *Enschede* OV; DB 20: 54, 1998 (photo), Knolle et al (1998; photo)

Kleine Bonte Specht [2]   *Dendrocopos minor hortorum* **Lesser Spotted Woodpecker**

algemene broedvogel
gehele jaar algemeen

common breeding bird
common throughout year

In het najaar van 1962 zijn verscheidene exemplaren gevangen waarvan werd verondersteld dat ze afkomstig waren van een influx van Noordse Kleine Bonte Specht *D m minor* (cf SOVON 1987). Er bestaat echter geen documentatie zodat het voorkomen van deze wittere ondersoort hypothetisch blijft.

In autumn 1962, several individuals were trapped during a possible influx of Northern Lesser Spotted Woodpecker *D m minor* (cf SOVON 1987). However, there is no documentation and, therefore, the occurrence of this whiter subspecies remains hypothetical.

LEEUWERIKEN Alaudidae (n=6)

Kalanderleeuwerik   *Melanocorypha calandra calandra*   **Calandra Lark**

zeer zeldzaam

very rare

Soort broedt en overwintert in Middellandse-Zeegebied en Zuidwest-Azië.

Tot en met 1997 waren er zeven gevallen in Engeland en Schotland waarvan zes tussen 2 april en 19 mei en één in september (BB 91: 497, 1998). Dit patroon komt ongeveer overeen met dat in Nederland.

Species breeds and winters in Mediterranean and south-western Asia.

Up to 1997, there were seven records in England and Scotland of which six between 2 April and 19 May and one in September (BB 91: 497, 1998). This pattern is about similar to that in the Netherlands.

2 records in 1800-1996; 2 in 1980-96

10 October 1980 *Castricum* NH, trapped; DB 3: 114, 1981 (photos), LM 55: 59-60, 1982 (photo), van den Berg et al (1990): 81 (photos)
16 May 1988 De Muy, *Texel* NH, ♂; DB 11: 70-73, 1989 (photos)

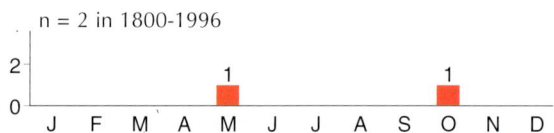

n = 2 in 1800-1996

Gevallen per maand / Records per month
Kalanderleeuwerik / Calandra Lark

n = 2 in 1800-1996

Gevallen per locatie / Records per site
Kalanderleeuwerik / Calandra Lark

Kalanderleeuwerik / Calandra Lark *Melanocorypha calandra*, 10 October 1980, Noordhollands Duinreservaat, Castricum, Noord-Holland *(Frans L Jongerling)*

Kortteenleeuwerik

Calandrella brachydactyla ssp

Greater Short-toed Lark

zeldzaam

rare

Soort broedt van Middellandse-Zeegebied oost tot in Oost-Azië; Europese populatie overwintert meest in tropisch Afrika. Gevallen hebben betrekking op *C b brachydactyla* en mogelijk Steppekortteenleeuwerik *C b longipennis*.

Het is opmerkelijk dat de soort niet vóór 1973 werd vastgesteld. Aangezien er in 1958-73 vrijwel jaarlijks gevallen waren in Brittannië, is het verleidelijk te concluderen dat dit kwam door een gebrek aan opvallende kenmerken. Het eerste binnenlandgeval was in 1997. Bijna de helft van de gevallen dateerde tussen 24 april en 3 juni, met vier van de 10 in de eerste week van mei. Een even hoog aantal dateerde tussen 13 september en 26 oktober. Dit patroon komt overeen met dat in Brittannië waar duidelijke pieken in het voorkomen bestaan voor begin mei en van eind september tot midden-oktober (Dymond et al 1989).

Species breeds from Mediterranean east, to eastern Asia; European population winters mostly in tropical Africa. Records concern *C b brachydactyla* and possibly Steppe Short-toed Lark *C b longipennis*.

It is remarkable that there are no pre-1973 records. Since the species has been seen almost annually in 1958-73 in Britain, it is tempting to conclude that this was caused by a failure in detection. The first inland record was in 1997. Almost half of the Dutch records was from the period between 24 April and 3 June, including four out of 10 in the first week of May. An equal number of records was from the period between 13 September and 26 October. This pattern is similar to that in Britain where there are definite peaks for early May and from late September to mid October (Dymond et al 1989).

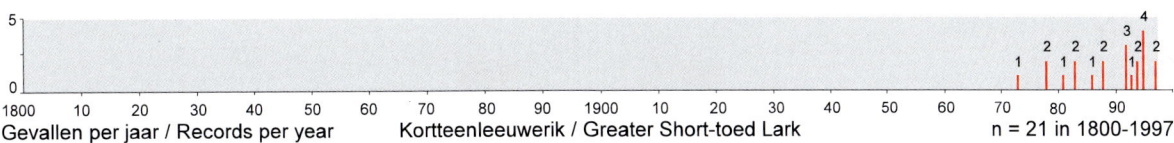

Gevallen per jaar / Records per year   Kortteenleeuwerik / Greater Short-toed Lark   n = 21 in 1800-1997

19 records in 1800-1996; 16 in 1980-96

26 October 1973 Westlandse Duinen, *Monster* ZH, trapped; LM 47: 157-159, 1974 (photos)

3 October 1978 Meyendel, *Wassenaar* ZH, trapped; LM 52: 234-235, 1979 (photo)

24 October 1978 *Castricum* NH, trapped; LM 54: 31-33, 1981 (photo)

7 November 1981 Amsterdamse Waterleidingduinen, *Zandvoort* NH, trapped; DB 3: 147, 1981 (photo)

13 September 1983 *Wassenaar* ZH, trapped

9 October 1983 *Wassenaar* ZH, trapped

3 May 1986 De Cocksdorp, *Texel* NH; DB 9: 174-175, 1987 (photo)

24 April 1988 Kennemerduinen, *Bloemendaal* NH, trapped; DB 10: 153, 1988 (photo)

30 April 1988 Egmond-Binnen, *Egmond* NH (photographed)

2 May 1992 Lauwersoog, *De Marne* GR (photographed)

14 May 1992 Breskens, *Oostburg* ZL

27 September-3 October 1992 Eemshaven, *Eemsmond* GR; DB 14: 236, 1992 (photo); 16: 144, 1994 (photo); Grauwe Gors 20: 13-16, 1993 (photo); LM 67: 172, 1994 (photo)

1 October 1993 Oosterend, *Terschelling* FR

5-7 May 1994 Rottumeroog, *Eemsmond* GR, adult (photographed)

5-7 October 1994 *Schiermonnikoog* FR (photographed); CDNA archives

5-6 May 1995 Katwijk aan Zee, *Katwijk* ZH; Duinstag 10 (2): 10-11, 1995 (photo), DB 17: 128, 1995 (photo), VJ 43: 192, 1995 (photo), Meijer et al (1996; photo)

30 May 1995 Breezanddijk, *Wûnseradiel* FR

18-19 August 1995 Oosterend, *Terschelling* FR

28-29 October 1995 Dintelhaven, *Rotterdam* ZH (photographed) (killed by Great Grey Shrike *Lanius excubitor*); DB 20: 154, 1998

voorlopige toevoegingen voor 1997-98 / provisional additions for 1997-98

30 April-1 May 1997 Grevenbicht, *Born* LB (once flying into Belgium); DB 19: 140, 1997 (photo), LV 8: 81-82, 1997 (photo)

3 June 1997 Maasvlakte, *Rotterdam* ZH; CDNA archives

3 May 1998 Breezanddijk, Afsluitdijk, *Wûnseradiel* FR; Plomp et al (1999)

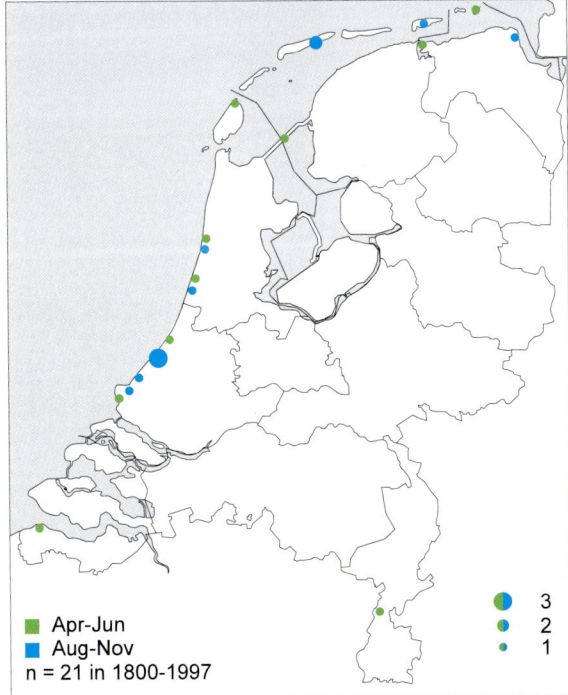

■ Apr-Jun
■ Aug-Nov
n = 21 in 1800-1997

3
2
1

Gevallen per locatie / Records per site
Kortteenleeuwerik / Greater Short-toed Lark

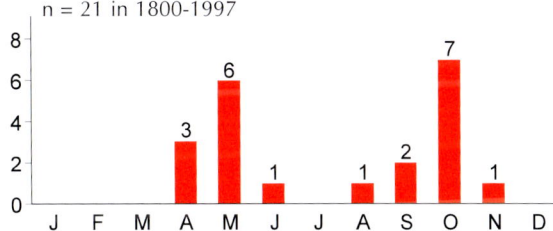

n = 21 in 1800-1997

Gevallen per maand / Records per month
Kortteenleeuwerik / Greater Short-toed Lark

Kortteenleeuwerik / Greater Short-toed Lark *Calandrella brachydactyla*, 29 September 1992, Eemshaven, Eemsmond, Groningen *(Arnoud B van den Berg)*

231

Kuifleeuwerik [2]

schaarse tot zeldzame broedvogel
gehele jaar schaars

Galerida cristata cristata

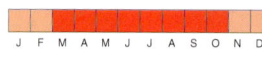

Crested Lark

scarce to rare breeding bird
scarce throughout year

Boomleeuwerik [2]

algemene broedvogel
gehele jaar algemeen

Lullula arborea arborea

Wood Lark

common breeding bird
common throughout year

Veldleeuwerik [2]

algemene broedvogel
gehele jaar algemeen

Alauda arvensis arvensis

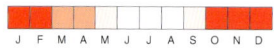

Eurasian Skylark

common breeding bird
common throughout year

Strandleeuwerik [2]

schaarse tot algemene doortrekker
en wintergast

Eremophila alpestris flava

Horned Lark

scarce to common migrant
and winter visitor

ZWALUWEN Hirundinidae (n=4)

Oeverzwaluw [2]

algemene broedvogel
algemene doortrekker en zomergast

Riparia riparia riparia

Sand Martin

common breeding bird
common migrant and summer visitor

Boerenzwaluw [2]

algemene broedvogel
algemene doortrekker en zomergast

Hirundo rustica rustica

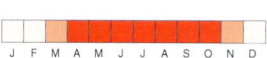

Barn Swallow

common breeding bird
common migrant and summer visitor

Roodstuitzwaluw

zeldzaam

Hirundo daurica rufula

Red-rumped Swallow

rare

Broedt van Middellandse-Zeegebied en Midden-Oosten oost tot in Azië; overwintert in Afrika.

Na het eerste geval in 1954 duurde het 24 jaren voordat een tweede werd gezien, in 1978. Sindsdien is het aantal gevallen geleidelijk toegenomen en vanaf 1988 werd de soort jaarlijks vastgesteld. In twee gevallen was meer dan één exemplaar betrokken: een groep van vijf in oktober-november 1989 op Texel, Noord-Holland, en twee trekkers op 2 mei 1990 te Groede, Zeeland. In zes gevallen verbleven de vogels langer dan een dag: in het voorjaar van 1954, 1982, 1992 en 1996 en in het najaar van 1983 en 1989. De meeste gevallen dateerden van de voorjaarsperiode tussen 11 april en 28 mei. Hiervan was een hoog aantal in de eerste week van mei (45% van alle gevallen). Overige gevallen stamden uit de periode tussen 12 september en 1 november. De meeste vogels werden gezien op en rond de beste plek voor deze soort, het voorjaarstrekobservatiepunt 1,5 km ten westen van Breskens, Oostburg, Zeeland. Hier werden tussen 22 april en 13 mei 1998 zelfs vier exemplaren waargenomen, terwijl een vijfde op 14 mei 1998 werd gezien te Eemshaven, Eemsmond, Groningen (CDNA-archief). Het grote Oost-Aziatische taxon H d daurica, dat zich onder meer onderscheidt door een donkere achterhals, is niet alleen vastgesteld in Noorwegen maar ook als verkeersslachtoffer op 27 mei 1982 in Liège, België (KBIN) (Cramp 1988, Gunter De Smet pers comm).

Breeds from Mediterranean and Middle East east into Asia; winters in Africa.

After the first record in 1954, it took 24 years before the second appeared, in 1978. Since, the number of records has increased gradually and, since 1988, the species has been recorded annually. In two occasions, more than one bird was seen: a group of five in October-November 1989 on Texel, Noord-Holland, and two migrants together on 2 May 1990 at Groede, Zeeland. Six records concerned individuals which remained for longer than a single day: in spring in 1954, 1982, 1992 and 1996 and in autumn in 1983 and 1989. Most records were from the spring period between 11 April and 28 May. During this period, there was a distinct peak in the first week of May (45% of all records). Other records dated from the period between 12 September and 1 November. Most birds were seen at what has become a 'hotspot' for the species, the spring-migration observation post 1.5 km west of Breskens, Oostburg, Zeeland. From 22 April to 13 May 1998, four individuals were recorded at the latter site, while a fifth was seen on 14 May 1998 at Eemshaven, Eemsmond, Groningen (CDNA archives).The large taxon H d daurica from eastern Asia, which differs amongst others by its dark hind-neck, has been recorded not only in Norway but also as a roadkill on 27 May 1982 in Liège, Belgium (KBIN) (Cramp 1988, Gunter De Smet pers comm).

Roodstuitzwaluw / Red-rumped Swallow *Hirundo daurica*, 24 April 1996, West-Terschelling, Terschelling, Friesland (*Arie Ouwerkerk*)

Roodstuitzwaluw / Red-rumped Swallow *Hirundo daurica*, 13 April 1982, Lopik, Utrecht (*Edward J van IJzendoorn*)

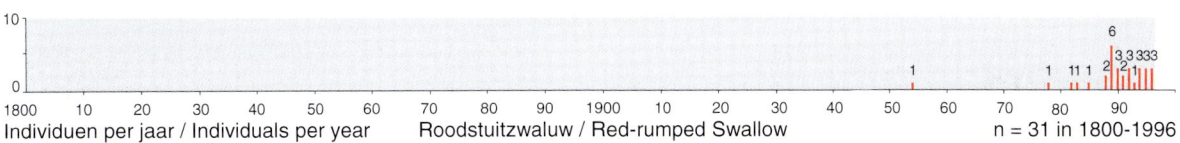

Individuen per jaar / Individuals per year   Roodstuitzwaluw / Red-rumped Swallow   n = 31 in 1800-1996

26 records (31 individuals) in 1800-1996; 24 records (29 individuals) in 1980-96

20 May-5 June 1954 De Voert, *Bergen* NH; Ardea 42: 350-352, 1954
3 May 1978 De Palmengrift, *Veenendaal* UT
12 April 1982 Tienhoven, *Zederik* ZH & 13 April *Lopik* UT; DB 4: 57-59, 1982 (photo)
16-18 October 1983 Anjum, *Dongeradeel* FR, 1y; DB 6: 35, 1984 (photo)
20 October 1985 Katwijk aan Zee, *Katwijk* ZH, adult; Duinstag 1: 30-31, 1986

13 May 1988 Kornwerderzand, *Wûnseradiel* FR
23 May 1988 *Alphen aan den Rijn* ZH
12 September 1989 Bakkeveen, *Opsterland* FR, adult
27 October-1 November 1989 Hollandse Weg & Schorrenweg, *Texel* NH (**5**); DB Nieuwsbr 1: 163-165, 182, 1989 (photos), Duinstag 4: 157, 1989 (photo), DB 12: 47, 72-73, 1990 (photos); 13: 50, 1991 (photo), BB 84: 14-15, 1991 (photo)
2 May 1990 Groede, *Oostburg* ZL (**2**)
5 May 1990 Breskens, *Oostburg* ZL
11 April 1991 Breskens, *Oostburg* ZL
17 May 1991 *Vlieland* FR
30 April-1 May 1992 Botshol, *Abcoude* UT; Kruisbek 36 (1): 22-25, 1993 (photo)
18 May 1992 Rottumeroog, *Eemsmond* GR
28 May 1992 Breskens, *Oostburg* ZL
1 May 1993 Rottumeroog, *Eemsmond* GR
3 May 1994 Breskens, *Oostburg* ZL
12 May 1994 Breskens, *Oostburg* ZL
12 September 1994 Grevelingendam, *Bruinisse* ZL
2 May 1995 Den Treek, *Amersfoort/Leusden* UT; DB 20: 154, 1998
4 May 1995 Breskens, *Oostburg* ZL
6 May 1995 *Texel* NH
18 April 1996 Droevendaalsesteeg, *Wageningen* GL; CDNA archives
24-25 April 1996 West-Terschelling, *Terschelling* FR; DB 18: 146, 1996 (photo)
1 May 1996 Breskens, *Oostburg* ZL

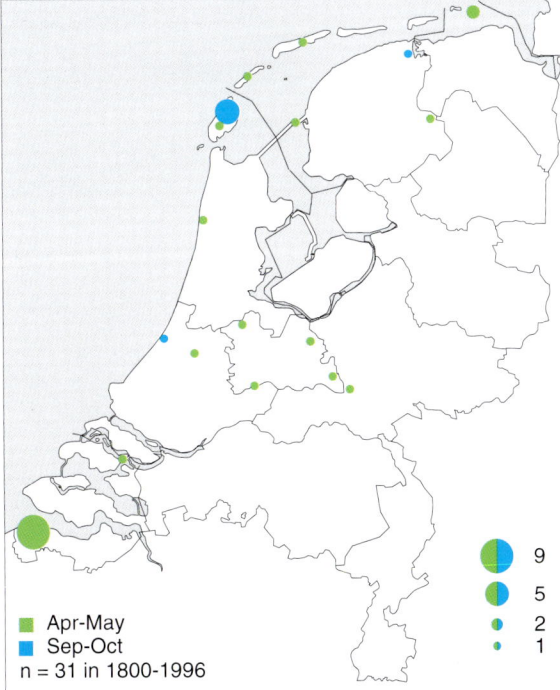

9
5
2
1

■ Apr-May
■ Sep-Oct
n = 31 in 1800-1996

Individuen per locatie / Individuen per site
Roodstuitzwaluw / Red-rumped Swallow

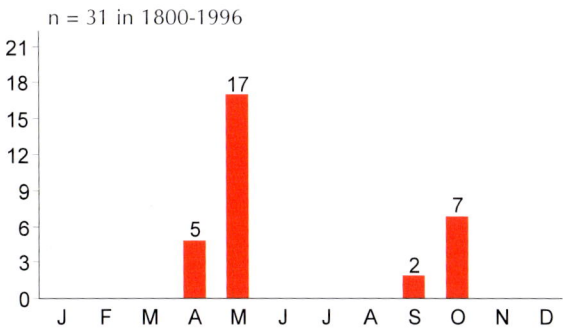

n = 31 in 1800-1996

Individuen per maand / Individuals per month
Roodstuitzwaluw / Red-rumped Swallow

Huiszwaluw [2]

algemene broedvogel
algemene doortrekker en zomergast

Delichon urbica urbica

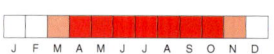

Common House Martin

common breeding bird
common migrant and summer visitor

KWIKSTAARTEN Motacillidae (n=17)

Grote Pieper [2]

schaarse doortrekker

Anthus richardi richardi

Richard's Pipit

scarce migrant

Tot 1 januari 1989 werd de soort door de CDNA beoordeeld (LM 60: 30, 1987; 62: 117, 202, 1989). Het eerste geval was een eerstejaars ♀ verzameld in oktober 1841 te Haarlem, Noord-Holland; voor de 100 jaren die hierop volgden worden door Eykman et al (1936, 1949) c 25 gevallen genoemd waaronder c 10 specimens. Sindsdien zijn de aantallen sterk toegenomen, vooral vanaf 1967 (47 gevallen) en 1968 (37) (Kist et al 1970).

The species was considered by CDNA until 1 January 1989 (LM 60: 30, 1987; 62: 117, 202, 1989). The first record was a first-year ♀ collected in October 1841 at Haarlem, Noord-Holland; Eykman et al (1936, 1949) mention c 25 records for the next 100 years of which c 10 are specimens. Since, numbers have increased dramatically, especially since 1967 (47 records) and 1968 (37) (Kist et al 1970).

voorbeelden van gepubliceerde foto's / examples of published photographs
DB 5: 67, 1983 (September 1981 Knardijk, Lelystad FL); DB 10: 41, 1988, Vogeljaarkalender 1989 (October 1987 Maasvlakte, Rotterdam ZH); DB 10: 154, 1988; 12: 74-76, 1990 (10 April 1988 Breskens, Oostburg ZL); DB 11: 46, 1989 (12 October 1988 Kennemerduinen, Bloemendaal NH); DB 15: 204, 1993 (4 October 1989 Kennemerduinen, Bloemendaal NH); DB 15: 284, 1993 (11 September 1993 IJmeerdijk, Almere FL); DB 18: 43, 1996 (December 1995 Eijsden LB); DB 18: 284, 1996 (13 October 1996 Maasvlakte, Rotterdam ZH)

Mongoolse Pieper

zeer zeldzaam

Anthus godlewskii

Blyth's Pipit

very rare

Broedt van Zuid-Transbaikal en Oost-Mantsjoerije zuid tot Tibet; overwintert in Indisch subcontinent en in laag aantal langs Perzische Golf.

Na het eerste geval voor Europa op 23 oktober 1882 in Sussex, Engeland, werd de soort pas in 1974 in Finland opnieuw vastgesteld. Het Nederlandse geval van 1983 was het derde voor Europa. De volgende acht gevallen in 1986-91 waren in Zuid-Finland (vijf) en één in België, Engeland en Schotland. In 1992-96 is de soort in Europa behalve in Finland (vier) en Brittannië (ten minste drie) ook éénmaal in Duitsland (Helgoland), Nederland en Noorwegen gezien, met als uiterste datums 25 september en 11 december. In december 1997 werd de eerste voor Italië ontdekt op Sicilië en in januari 1998 de eerste voor Frankrijk in de Crau, Bouches-du-Rhône.

Breeds from southern Transbaykalia and eastern Manchuria south to Tibet; winters in Indian subcontinent and in small numbers along Persian Gulf.

After the first record for Europe on 23 October 1882 in Sussex, England, the species was not recorded again until 1974 in Finland. The Dutch record in 1983 was the third for Europe. The next eight records in 1986-91 were in southern Finland (five) and one in Belgium, England and Scotland. In 1992-96, the species was not only seen in Finland (four) and Britain (at least three) but also once in Germany (Helgoland), the Netherlands and Norway, all between 25 September and 11 December. The first for Italy was discovered in December 1997 in Sicily and the first for France in January 1998 in the Crau, Bouches-du-Rhône.

n = 2 in 1800-1996

● 1

Gevallen per locatie / Records per site
Mongoolse Pieper / Blyth's Pipit

2 records in 1800-1996; 2 in 1980-96

13 November 1983 Westenschouwen, *Westerschouwen* ZL, 1w ♀, dead (ZMA); DB 11: 157, 160, 1989 (photo); 15: 198-206, 1993 (photos)
25-28 October 1996 Maasvlakte, *Rotterdam* ZH, 1w (sound-record-ed); Birdwatch 5 (54): 60, 1996 (photo), DB 18: 282-284, 335, 1996 (photos); 19: 177-181, 1997 (photos & sonagram), VJ 45: 45, 95, 1997 (photos), Opperman et al (1997)

Mongoolse Pieper / Blyth's Pipit *Anthus godlewskii*, first-year, 26 October 1996, Maasvlakte, Rotterdam, Zuid-Holland
(Arnoud B van den Berg)

Duinpieper [2]	*Anthus campestris campestris*	**Tawny Pipit**
schaarse broedvogel schaarse doortrekker en zomergast	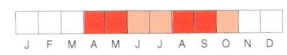	scarce breeding bird scarce migrant and summer visitor
Siberische Boompieper	*Anthus hodgsoni yunnanensis*	**Olive-backed Pipit**
zeldzaam		rare

Broedt in Noord-Azië oost tot in Kamtsjatka en Japan; overwintert in Zuid- en Zuidoost-Azië.

Alle gevallen dateerden van 1987-91, met de helft in 20-29 oktober. Waarschijnlijk zijn de twee wintervogels in 1991 te Noordwijk, Zuid-Holland, omgekomen tijdens een plotselinge strenge koude met sneeuw en ijs. De twee vormden het vierde wintergeval voor Europa en het eerste van twee vogels. Het enige eerdere wintergeval van een langdurig verblijvende vogel was van 19 februari tot 15 april 1984 te Bracknell, Berkshire, Engeland (BB 77: 430-431, 1984).

Breeds in northern Asia east to Kamchatka and Japan; winters in southern and south-eastern Asia.

All records were from 1987-91 of which half during 20-29 October. Probably, the two birds at Noordwijk, Zuid-Holland, in winter 1991 succumbed to a sudden cold spell with snow and ice. They constituted the fourth winter record for Europe and the first of two birds together. The only previous winter record of a long-staying bird was from 19 February to 15 April 1984 at Bracknell, Berkshire, England (BB 77: 430-431, 1984).

Siberische Boompieper / Olive-backed Pipit *Anthus hodgsoni*, 6 February 1991, Noordwijk, Zuid-Holland
(Arnoud B van den Berg)

Siberische Boompieper / Olive-backed Pipit *Anthus hodgsoni*, 26 October 1987, De Cocksdorp, Texel, Noord-Holland
(Arnoud B van den Berg)

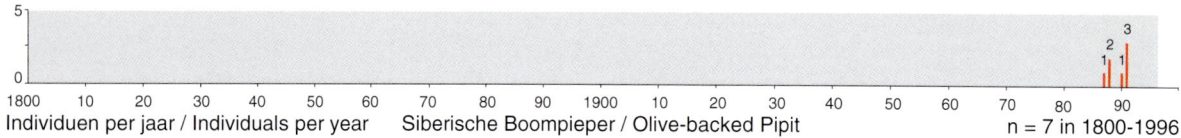

2
1

n = 7 in 1800-1996

Individuen per locatie / Individuals per site
Siberische Boompieper / Olive-backed Pipit

6 records (7 individuals) in 1800-1996; 6 records (7 individuals) in 1980-96

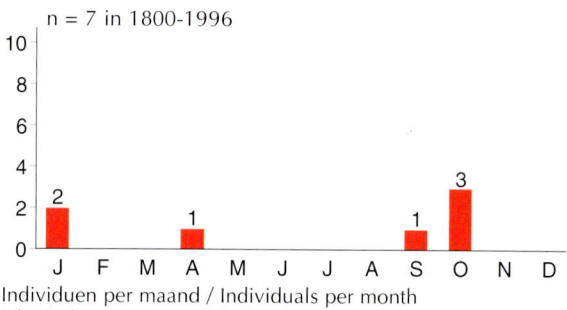

20-27 October 1987 De Cocksdorp, *Texel* NH; DB 10: 41, 172, 1988 (photos); 11: 61-65, 1989 (photo), LM 61: 170, 1988 (photo), van den Berg et al (1990): 82-83 (photos), l'Oiseau nr 18: 52, 1990 (photo)
20 April 1988 *Alphen aan den Rijn* ZH, singing; DB 11: 74-76, 1989
30 September 1988 Dintelhaven, Europoort, *Rotterdam* ZH
25-29 October 1990 Kennemerduinen, *Bloemendaal* NH, 1y, trapped (on 25 October); DB 12: 269, 1990 (photo); 13: 177-179, 1991 (photos)
12 January-8 February 1991 *Noordwijk* ZH (**2**); Duinstag 6: 17, 1991 (photos), DB 13: 39, 76, 1991 (photos); 15: 166-169, 1993 (photos), LM 66 (4): cover, 1993 (photo), Mitchell & Young (1997; photo 105(2))
20 October 1991 *Texel* NH

n = 7 in 1800-1996

Individuen per maand / Individuals per month
Siberische Boompieper / Olive-backed Pipit

Boompieper [2]

algemene broedvogel
algemene doortrekker en zomergast

Anthus trivialis trivialis

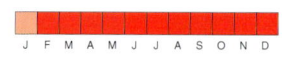

Tree Pipit

common breeding bird
common migrant and summer visitor

Graspieper [2]

algemene broedvogel
gehele jaar algemeen

Anthus pratensis pratensis

Meadow Pipit

common breeding bird
common throughout year

Roodkeelpieper

vrij zeldzame doortrekker

Anthus cervinus

Red-throated Pipit

rather rare migrant

Broedt in toendra van Noord-Europa en Noord-Azië; overwintert in tropisch Afrika, Zuidoost-Azië en plaatselijk in Middellandse-Zeegebied en Midden-Oosten.

De gevallen van vóór 1980 zijn niet herzien. Alle onbevestigde gevallen (#) staan hier vermeld. Geluidswaarnemingen zijn niet opgenomen wanneer er geen geluidsopname bestaat. De soort wordt sinds 1 januari 1992 niet langer beoordeeld door de CDNA (DB 14: 109-110, 1992, LM 65: 142, 1992; 66: 153, 1993; 69: 17, 1996).
Het eerste geval was pas in 1960 maar sinds 1977 werd de soort jaarlijks vastgesteld. Het grootste deel werd in mei gezien waarvan slechts twee in de laatste week. Alle najaarsgevallen dateerden tussen 8 september en 20 oktober. Bijzonder waren een uiterst vroeg geval op 31 maart 1991 en het enige zomergeval van drie vogels op 27 juli 1961. In het oosten werden groepen van vijf of zes gezien: langs de Maas in Zuid-Limburg van eind april tot begin mei 1987 en in de

Breeds in tundra regions of northern Europe and northern Asia; winters in tropical Africa, south-eastern Asia and locally in Mediterranean and Middle East.

The pre-1980 records have not been reviewed. All single-observer records (#) have been included below. Soundrecords are omitted when not tape-recorded. Since 1 January 1992, the species has not been considered by CDNA (DB 14: 109-110, 1992, LM 65: 142, 1992; 66: 153, 1993; 69: 17, 1996).
There are no pre-1960 records but the species was recorded annually since 1977. Most occurred in May of which only two were in the last week. All autumn records were between 8 September and 20 October. Peculiar records concerned an extremely early bird on 31 March 1991 and the only summer record of three birds on 27 July 1961. Flocks of five or six were seen in the east: along the Meuse river in southern Limburg during late April and early May 1987 and at

Eemshaven, Eemsmond, Groningen, gedurende midden-mei 1988. In het algemeen geldt dat de soort in het voorjaar vaak in de oosthelft van Nederland werd gezien. Zo werd ook in voorjaar 1992 een ongewoon hoog aantal waargenomen in Limburg en elders (LV 3: 111-112, 1993). Alle najaarsgevallen waren daarentegen afkomstig van de Noordzee- en IJsselmeerkust.

Het aantal waargenomen exemplaren is veel hoger dan het aantal dat aan de CDNA is voorgelegd. Dit vloeit voort uit het feit dat een hoog aantal alleen overvliegend werd gezien en/of gehoord. De roep is weliswaar karakteristiek maar het bleek toch mogelijk om deze te verwarren met die van enkele andere soorten. Daarom stelde de CDNA zich tot en met het laatste beoordelingsjaar op het standpunt dat dergelijke gevallen niet zonder bandopname konden worden aanvaard. In de praktijk werden hierdoor vrijwel alle langsvliegende vogels uitgesloten.

Eemshaven, Eemsmond, Groningen, during mid May 1988. Generally, the spring records showed a distinct preponderance in the eastern half of the Netherlands. In spring 1992, for instance, a higher than usual number occurred in Limburg and elsewhere (LV 3: 111-112 1993). All autumn records, on the other hand, were from the North Sea and IJsselmeer coasts.

The number of reports is much higher than the number submitted to CDNA. The reason is that many birds were seen and/or heard while flying past. Although the call is characteristic, it is still possible to mistake it for that of other species. Therefore, CDNA has always been of the opinion that such reports were not acceptable unless a sound-recording was obtained. In practice, this meant that nearly all reports of birds flying past were excluded.

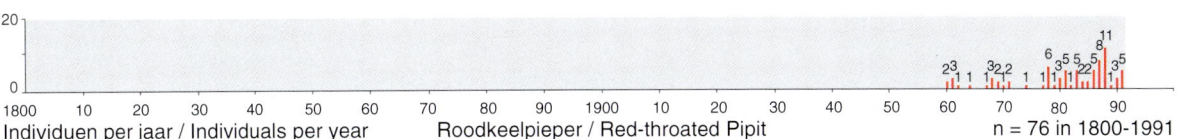

Individuen per jaar / Individuals per year — Roodkeelpieper / Red-throated Pipit — n = 76 in 1800-1991

56 records (76 individuals) in 1800-1991; 39 gevallen (51 individuen) in 1980-91

13 May 1960 Oost-Flevoland, *Lelystad/Dronten* FL (**2**); LM 34: 1-6, 1961; 35: 69, 1962
27 July 1961 Braakmanpolder, *Terneuzen* ZL (**3**); LM 36: 35, 1963
8 May 1962 Knardijk, *Lelystad/Zeewolde* FL #; LM 37: 46, 1964
16 April 1964 *Oisterwijk* NB #; LM 39: 70, 1966
10 May 1967 *Eemnes* UT #; LM 42: 64, 1969
11 May 1968 *Eemnes* UT (**2**) #; LM 43: 53, 1970
29 September 1968 Amsterdamse Waterleidingduinen, *Bloemendaal* NH, dead (ZMA); Kist et al (1970), LM 43: 53, 1970
11 October 1969 Marken, *Waterland* NH (**2**); LM 45: 81, 1972
17 May 1970 Eemmeer, *Eemnes* UT, dead; cf Alleyn et al (1971), LM 45: 81, 1972
3 October 1971 *Texel* NH (**2**) #; LM 46: 84, 1973
11 May 1974 *Hengelo* OV; LM 50: 52, 1977
15 May 1977 *Schiermonnikoog* FR; LM 52: 225, 1979
22 May 1978 *Vlieland* FR (**2**); LM 53: 31, 1980
24 May 1978 *Vlieland* FR (**2**); LM 53: 31, 1980
30 May 1978 *Vlieland* FR; LM 53: 31, 1980
8 October 1978 *Katwijk* ZH; LM 53: 31, 1980

28 September 1979 *Castricum* NH, trapped; DB 1: 119-120, 1980 (photos), LM 54: 24, 1981
12-13 May 1980 Spaubeek, *Beek* LB (photographed)
16 May 1980 Eemshaven, *Eemsmond* GR (photographed)
8 October 1980 *Den Haag* ZH
10-11 May 1981 Rijswijk, *Woudrichem/Brakel* NB/GL (**2** on 11 May)
14 May 1981 *Coevorden* DR
15 May 1981 Ooij, *Ubbergen* GL
16 May 1981 Nieuwolda, *Scheemda* GR
13 May 1982 *Zundert* NB
1 May 1983 *Terschelling* FR (**2**)
19-20 May 1983 Oostvaardersdijk, *Almere* FL; Hazevoet (1985)
23 May 1983 *Eijsden* LB
1 October 1983 Camperduin, *Schoorl* NH
26 May 1984 *Blaricum* NH
8 September 1984 *Lelystad* FL
13 May 1985 Maasvlakte, *Rotterdam* ZH; DB 7: 114, 1985 (photo)
17 May 1985 Ter Apel, *Vlagtwedde* GR
6 May 1986 *Deventer* OV
6-7 May 1986 *Deventer* OV
10 May 1986 Schor van Kats, Kats, *Noord-Beveland* ZL, adult (not (yet) accepted by CDNA); Peter Meininger (in litt)
13 September 1986 Kamperhoek, *Dronten* FL, trapped
27 September 1986 Kamperhoek, *Dronten* FL, trapped
27 April-7 May 1987 Itteren, *Maastricht* LB (max **5**), adult
1 May 1987 *Vlieland* FR, adult

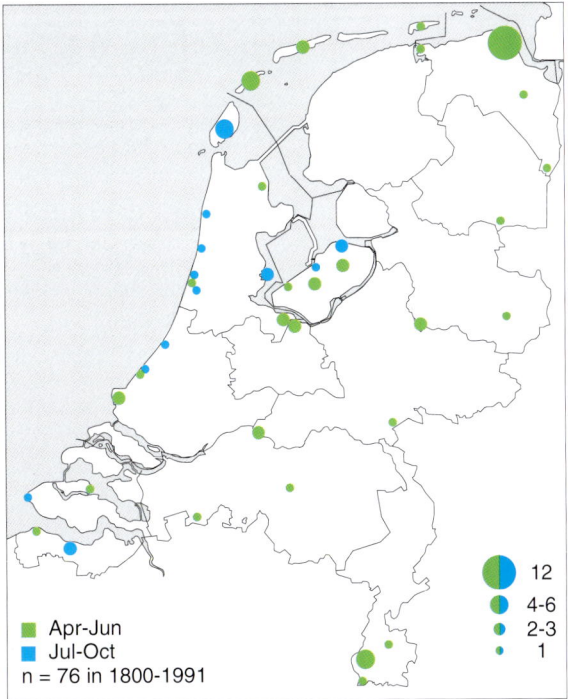

■ Apr-Jun
■ Jul-Oct
n = 76 in 1800-1991

● 12
● 4-6
● 2-3
● 1

Individuen per locatie / Individuals per site
Roodkeelpieper / Red-throated Pipit

Roodkeelpieper / Red-throated Pipit *Anthus cervinus*, adult summer, 5 May 1993, Wilp, Voorst, Gelderland *(Hans Gebuis)*

237

11 October 1987 Zuidpier, IJmuiden, *Velsen* NH
20 October 1987 *Westkapelle* ZL
1-4 May 1988 Praamweg, *Lelystad* FL, adult; DB 13: 51, 1989
10 May 1988 Eemshaven, *Eemsmond* GR, adult
12 May 1988 Breskens, *Oostburg* ZL, adult
13-15 May 1988 Eemshaven, *Eemsmond* GR (max **6**), adult (photo-
    graphed & sound-recorded); DB 15: 152, 1993
15 May 1988 Kreileroord, *Wieringermeer* NH (sound-recorded)
21 May 1988 Kennemerduinen, *Bloemendaal* NH, adult
15-16 May 1989 Lauwersmeer, *De Marne* GR, adult
5 May 1990 Eemshaven, *Eemsmond* GR, adult (photographed)
6 May 1990 Meyendel, *Den Haag/Wassenaar* ZH (flying past)
20 May 1990 Eemshaven, *Eemsmond* GR
31 March 1991 Maasvlakte, *Rotterdam* ZH; DB 17: 94, 1995
6-7 May 1991 Eemshaven, *Eemsmond* GR (**2**)
27 September 1991 *Texel* NH, 1y
12-13 October 1991 *Texel* NH

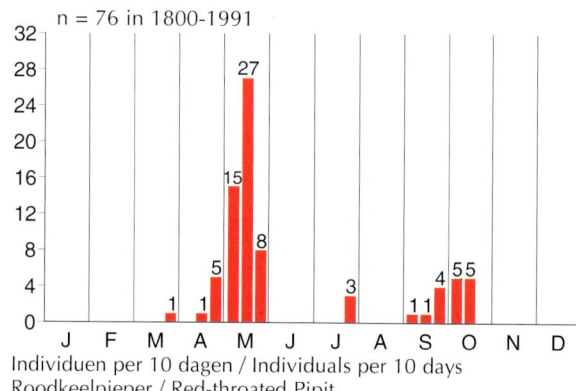

n = 76 in 1800-1991

Individuen per 10 dagen / Individuals per 10 days
Roodkeelpieper / Red-throated Pipit

Oeverpieper [2]

algemene doortrekker en wintergast

Anthus petrosus ssp

Rock Pipit

common migrant and winter visitor

Naast de algemene Scandinavische ondersoort *A p littoralis* is er ook één aanvaarde ringterugmelding van een Britse Rotspieper *A p petrosus* die als jong was geringd op 3 juli 1957 op Fair Isle, Shetland, Schotland (voorheen de ondersoort *A p kleinschmidti*), en op 10 maart 1958 werd gevangen te Den Helder, Noord-Holland (DB 18: 185, 1996). Dit geval is tevens de enige aanwijzing dat Britse vogels op het Europese vasteland overwinteren (cf Cramp 1988).

Apart from the common Scandinavian subspecies *A p littoralis*, there is also one accepted ringing recovery of a British Rock Pipit *A p petrosus* ringed as a pullus on 3 July 1957 on Fair Isle, Shetland, Scotland (formerly separated as *A p kleinschmidti*), and trapped on 10 March 1958 at Den Helder, Noord-Holland (DB 18: 185, 1996). This record is also the only indication that British birds winter on the European continent (cf Cramp 1988).

Waterpieper [2]

algemene wintergast

Anthus spinoletta spinoletta

Water Pipit

common winter visitor

In de 19e eeuw werden vier exemplaren verzameld (de eerste een ♀ op 10 oktober 1820 te Leiden, Zuid-Holland); in 1900-40 werd slechts één geval vastgesteld: op 1 oktober 1912 te Maastricht, Limburg (Eykman et al 1936, 1949). Sinds 1940 namen de aantallen toe, vooral in 1960-69 toen het een algemene wintergast werd (of bleek) (Kist et al 1970).

In the 19th century, four individuals were collected (the first being a ♀ on 10 October 1820 at Leiden, Zuid-Holland); in 1900-40, there was only one record, on 1 October 1912 at Maastricht, Limburg (Eykman et al 1936, 1949). Since 1940, numbers increased, especially during 1960-69 when it became (or appeared to be) a common winter visitor (Kist et al 1970).

Engelse Kwikstaart [2]

schaarse broedvogel
schaarse doortrekker

Motacilla flavissima

Yellow Wagtail

scarce breeding bird
scarce migrant

Gele Kwikstaart [2]

algemene broedvogel
algemene doortrekker en zomergast

Motacilla flava flava

Blue-headed Wagtail

common breeding bird
common migrant and summer visitor

Indien aanvaard als Russische Gele Kwikstaart *M f beema*, zouden ♂s gefotografeerd in Groningen op 12 april 1991 te Lauwersmeer, De Marne, en op 9 mei 1998 te Eemshaven, Eemsmond (Grauwe Gors 26: 106, 1998 (foto)), de eerste gevallen betreffen. Een ander ♂ werd gezien op 16 mei 1998 te Vatrop, Wieringen, Noord-Holland.

If accepted as Sykes' Blue-headed Wagtail *M f beema*, ♂s photographed in Groningen on 12 April 1991 at Lauwersmeer, De Marne, and on 9 May 1998 at Eemshaven, Eemsmond (Grauwe Gors 26: 106, 1998 (photo)), would be the first records. Another ♂ was seen on 16 May 1998 at Vatrop, Wieringen, Noord-Holland.

Noordse Kwikstaart [2]

mogelijk zeldzame onregelmatige broedvogel
schaarse tot algemene doortrekker

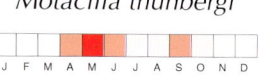

Motacilla thunbergi

Grey-headed Wagtail

possibly rare irregular breeding bird
scarce to common migrant

Gedrag dat wees op broeden werd beschreven voor Drenthe in 1975 en 1977 (van Dijk & van Os 1982), in 1979 voor Terschelling, Friesland (Zwart 1985), en in 1994 voor Noord-Brabant (LM 70: 108, 1997). In de meeste zo niet alle gevallen betrof het een ♂ gepaard met een ongedetermineerd ♀.

Behaviour indicating breeding was described in 1975 and 1977 in Drenthe (van Dijk & van Os 1982), in 1979 on Terschelling, Friesland (Zwart 1985), and in 1994 in Noord-Brabant (LM 70: 108, 1997). In most if not all cases, it concerned a ♂ paired with an unidentified ♀.

Balkankwikstaart

Motacilla feldegg

Black-headed Wagtail

zeer zeldzaam

very rare

Broedt van Dalmatië en Servië oost langs Zwarte-Zeekust tot Kaspische-Zeegebied en zuid tot in Griekenland, Turkije, Irak en Afghanistan; overwintert in tropisch Afrika.

Hoewel de karakteristieke roep niet werd gehoord, bleek de foto van het eerste Nederlandse geval toch overtuigend genoeg om de vogel te onderscheiden van een Noordse Kwikstaart *M thunbergi* met een zwarte kopkap (cf BB 78: 176-183, 1985; 81: 77-78, 655-656, 1988). Een ♂ gefotografeerd op 24 april 1993 te Itteren, Maastricht, Limburg, is nog in behandeling (Max Berlijn in litt). Het is interessant dat in juni-juli 1992 in Hainaut, België, een goed gefotografeerd ♂ gepaard met een ongedetermineerd ♀ twee jongen grootbracht (Aves 32: 219-226, 1995; 34: 84-85, 1997).

Breeds from Dalmatia and Serbia east along Black Sea shores to Caspian area and south to Greece, Turkey, Iraq and Afghanistan; winters in tropical Africa.

Although the diagnostic call was not heard, the photograph of the first Dutch record distinguished the bird conclusively from the odd Grey-headed Wagtail *M thunbergi* which shows a black cap (cf BB 78: 176-183, 1985; 81: 77-78, 655-656, 1988). A ♂ photographed on 24 April 1993 at Itteren, Maastricht, Limburg, is still under consideration (Max Berlijn in litt). It is of interest to note that, in Hainaut, Belgium, a well-photographed ♂ paired with an unidentified ♀ raised two young in June-July 1992 (Aves 32: 219-226, 1995; 34: 84-85, 1997).

1 record in 1800-1992; 1 in 1980-92

10 May 1988 *Delfzijl* GR, adult ♂; DB 12: 1-2, 1990 (photo), Grauwe Gors 21 (3-4): 62, 1993 (photo), de Bruin & de Bruin (1997; photo)

Gevallen per locatie / Records per site
Balkankwikstaart / Black-headed Wagtail

n = 1 in 1800-1992

Balkankwikstaart / Black-headed Wagtail *Motacilla feldegg*, ♂, 10 May 1988, Delfzijl, Groningen *(Leo J R Boon)*

Citroenkwikstaart

Motacilla citreola ssp

Citrine Wagtail

zeldzaam

rare

Broedt van Rusland oost tot voorbij Noord- en Centraal-Azië; overwintert in India en Zuidoost-Azië. Gevallen kunnen betrekking hebben op Toendracitroenkwikstaart *M c citreola* en Steppecitroenkwikstaart *M c werae*.

Tot en met 1990 was er slechts één geval maar sindsdien nam het aantal toe tot gemiddeld één per jaar in 1991-96. Deze toename viel samen met een westwaartse uitbreiding van het broedgebied met eerste broedgevallen voor onder meer Polen (1994; in 1995 18 zingend), Duitsland (1996) en Zwitserland (1997) (DB 15: 183, 1993; 16: 164, 1994; 17: 174, 1995; 18: 211, 1996). Vergeleken met Brittannië was het percentage aan voorjaarsgevallen aanzienlijk hoger (cf Dymond et al 1989). Een ♂ op 12-13 mei 1997 nabij Thorn, Limburg, bleef net over de grens te Kessenich, Limburg, België (LV 8: 122-124, 1997 (foto), Plomp et al 1998).

Breeds from Russia east through northern and central Asia; winters in India and south-eastern Asia. Records may concern Tundra Citrine Wagtail *M c citreola* and Steppe Citrine Wagtail *M c werae*.

There was only a single record up to 1990. Since, the number of records has increased to a mean of one per year during 1991-96. This increase coincided with a westward expansion of the breeding range with first breeding records in, for instance, Poland (1994; 18 singing in 1995), Germany (1996) and Switzerland (1997) (DB 15: 183, 1993; 16: 164, 1994; 17: 174, 1995; 18: 211, 1996). Compared with Britain, the percentage of spring records was considerably higher (cf Dymond et al 1989). A ♂ on 12-13 May 1997 near Thorn, Limburg, stayed just across the border at Kessenich, Limburg, Belgium (LV 8: 122-124, 1997 (photo), Plomp et al 1998).

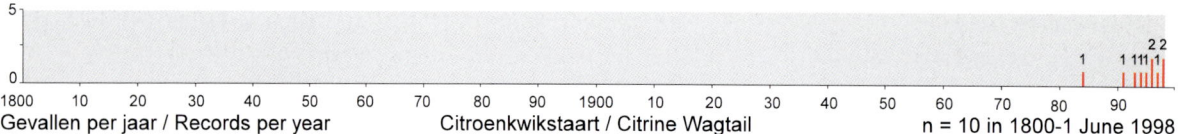

Gevallen per jaar / Records per year   Citroenkwikstaart / Citrine Wagtail   n = 10 in 1800-1 June 1998

7 records in 1800-1996; 7 in 1980-96

24 August-8 September 1984 *Castricum* NH, 1w, trapped (24 August); DB 6: 123-130, 1984 (photos); 8: 21, 130, 1986 (photos), Graspieper 4: 133, 1984 (photo), van den Berg et al (1990): 87 (photo)

29 April 1991 Breskens, *Oostburg* ZL, adult ♂; DB 13: 180-181, 1991 (photo)

4-5 May 1993 Wilp, *Voorst* GL/OV, ♂; DB 15: 143-144, 188, 1993 (photos); 17: 66-68, 1995 (photo)

5 September 1994 Eemshaven-Oost, *Eemsmond* GR, adult winter; DB 16: 261, 1994 (photo); 17: 68-69, 1995 (photo); cf 17: 160, 1995, Grauwe Gors 22: 104, 1994 (photo), de Bruin & de Bruin (1997; photo)

25-29 September 1995 Petten, *Zijpe* NH, 1w; DB 17: 222, 1995 (photo); 19: 107, 1997 (photo), VJ 43: 288, 1995 (photo), ter Ellen et al (1996)

7 June 1996 Berkheide, *Katwijk/Wassenaar* ZH, adult ♂; BW 9: 216, 1996 (photo), Duinstag 11 (1): 10-11 (photos), (4): 6-7, 1996, DB 18: 140, 1996 (photo); 20: 155, 1998 (photo), Meijer et al (1996; photo)

25 August-1 September 1996 Stichtse Putten, *Zeewolde* FL, adult

voorlopige toevoegingen voor 1997-98 / provisional additions for 1997-98
3-5 September 1997 Meyendel, *Wassenaar* ZH, 1w (photographed); CDNA archives

10 May 1998 De Cocksdorp, *Texel* NH, ♂; DB 20: 138, 1998 (photo)

11-14 May 1998 Noordvaarder, *Terschelling* FR, ♀; DB 20: 137, 1998 (photo)

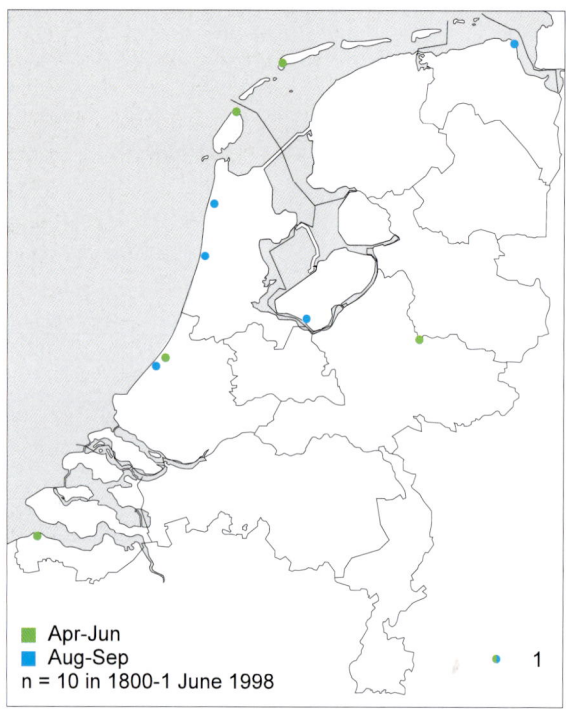

■ Apr-Jun
■ Aug-Sep
n = 10 in 1800-1 June 1998   • 1

Gevallen per locatie / Records per site
Citroenkwikstaart / Citrine Wagtail

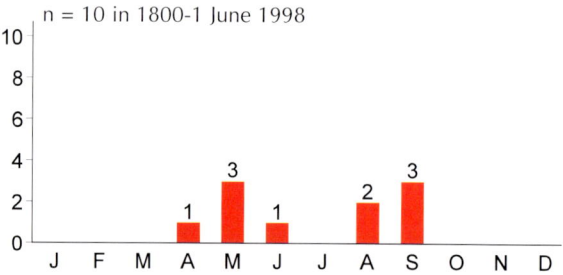

n = 10 in 1800-1 June 1998

Gevallen per maand / Records per month
Citroenkwikstaart / Citrine Wagtail

Citroenkwikstaart / Citrine Wagtail *Motacilla citreola*, first-winter, 29 September 1995, Petten, Zijpe, Noord-Holland *(Hans Gebuis)*

Citroenkwikstaart / Citrine Wagtail *Motacilla citreola*, adult ♂, 7 June 1996, Berkheide, Wassenaar, Zuid-Holland
(René van Rossum)

Grote Gele Kwikstaart [2]	*Motacilla cinerea cinerea*	**Grey Wagtail**
schaarse broedvogel gehele jaar algemeen	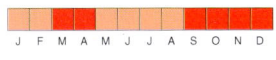	scarce breeding bird common throughout year

Witte Kwikstaart [2]	*Motacilla alba*	**White Wagtail**
algemene broedvogel gehele jaar algemeen	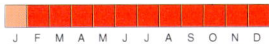	common breeding bird common throughout year

Rouwkwikstaart [2]	*Motacilla yarrellii*	**Pied Wagtail**
zeldzame broedvogel algemene doortrekker	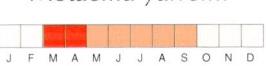	rare breeding bird common migrant

Voor informatie over het voorkomen in het voorjaar zij verwezen naar DB 17: 154-159, 1995.

For information on spring occurrence, see DB 17: 154-159, 1995.

PESTVOGELS Bombycillidae (n=1)

Pestvogel [2]	*Bombycilla garrulus garrulus*	**Bohemian Waxwing**
vrij zeldzame tot algemene wintergast (invasies)	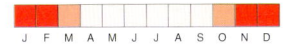	rather rare to common winter visitor (invasions)

WATERSPREEUWEN Cinclidae (n=1)

Waterspreeuw [2]	*Cinclus cinclus* ssp	**White-throated Dipper**
zeldzame onregelmatige broedvogel vrij zeldzame wintergast		rare irregular breeding bird rather rare winter visitor

De soort werd door de CDNA geregistreerd in 1976-88 (LM 55: 125, 1982; 60: 30, 1987; 62: 117, 202, 1989). Zwartbuikwaterspreeuw *C c cinclus* is een vrij zeldzame winter-

The species has been registered in CDNA reports in 1976-88 (LM 55: 125, 1982; 60: 30, 1987; 62: 117, 202, 1989). Blackbellied Dipper *C c cinclus* is a rather rare winter visitor in

gast in oktober-mei. Roodbuikwaterspreeuw *C c aquaticus* is een zeldzame onregelmatige broedvogel en vrij zeldzame wintergast. Er waren zeven of acht broedgevallen in Zuid-Limburg waarvan vier in 1910-13, mogelijk één in 1915 (cf Ganzevles et al 1985), één in 1920 en twee in 1993-94 (Ardea 2: 154-155, 1913, Hens 1965, Kist et al 1970, LV 4: 48, 78, 1993, LM 70: 108, 1997). Voor informatie over het voorkomen van beide ondersoorten zij verwezen naar Kist et al (1970), LM 55: 3-8, 1982.

October-May. Central European Dipper *C c aquaticus* is a rare irregular breeding bird and rather rare winter visitor. There were seven or eight breeding records in southern Limburg of which four in 1910-13, possibly one in 1915 (cf Ganzevles et al 1985), one in 1920 and two in 1993-94 (Ardea 2: 154-155, 1913, Hens 1965, Kist et al 1970, LV 4: 48, 78, 1993, LM 70: 108, 1997). For information on occurrence of both subspecies, see Kist et al (1970), LM 55: 3-8, 1982.

WINTERKONINGEN Troglodytidae (n=1)

Winterkoning [2]

algemene broedvogel
gehele jaar algemeen

Troglodytes troglodytes troglodytes

J F M A M J J A S O N D

Winter Wren

common breeding bird
common throughout year

SPOTLIJSTERS Mimidae (n=1)

Spotlijster

zeer zeldzaam

Mimus polyglottos

Northern Mockingbird

very rare

Broedt en overwintert van Zuid-Canada en VS zuid tot Zuid-Mexico.

Voor informatie over vier gevallen in Brittannië in 1971-88 zij verwezen naar BB 89: 347-356, 1996. Vinicombe & Cottridge (1996) veronderstellen dat de meeste, zo niet alle de transatlantische oversteek volbrachten met behulp van een schip.

Breeds and winters from southern Canada and USA south to southern Mexico.

For information on four records in Britain in 1971-88, see BB 89: 347-356, 1996. Vinicombe & Cottridge (1996) suggest that the transatlantic arrival of most, if not all, was ship-assisted.

1 record in 1800-1996; 1 in 1980-96

16-23 October 1988 *Schiermonnikoog* FR; BB 82: 329, 1989 (photo), DB 11: 47, 1989 (photo); 13: 86-89, 1991 (photos), Mitchell & Young (1997; photo 107(9))

Spotlijster / Northern Mockingbird *Mimus polyglottos*, 18 October 1988, Schiermonnikoog, Friesland
(*Sander van de Water*)

n = 1 in 1800-1996

● 1

Gevallen per locatie / Records per site
Spotlijster / Northern Mockingbird

Heggenmus [2]

algemene broedvogel
gehele jaar algemeen

Prunella modularis modularis

Dunnock

common breeding bird
common throughout year

Alpenheggenmus

zeer zeldzaam

Prunella collaris collaris

Alpine Accentor

very rare

Broedt in hooggebergte en overwintert in Midden-Europa, Zuid-Europa en Noordwest-Afrika; soort broedt en overwintert oost tot in Japan.

In voorjaar 1986 waren er naast de twee Nederlandse gevallen twee elders in Noordwest-Europa: op 8-11 mei op Helgoland, Schleswig-Holstein, Duitsland, en op 17 mei in Skåne, Zweden. De meeste van de 32 gevallen in 1940-86 in Noordwest-Europa (75%) dateerden van april-mei (DB 9: 166, 1987). Er waren (slechts) 10 gevallen in 1958-95 in Brittannië en Ierland.

Breeds in mountains and winters in central Europe, southern Europe and north-western Africa; species breeds and winters east to Japan.

In spring 1986, apart from the two records in the Netherlands, there were two elsewhere in north-western Europe: on 8-11 May on Helgoland, Schleswig-Holstein, Germany, and on 17 May in Skåne, Sweden. Most of 32 records in 1940-86 in north-western Europe (75%) were from April-May (DB 9: 166, 1987). There were (only) 10 records for Britain and Ireland during 1958-95.

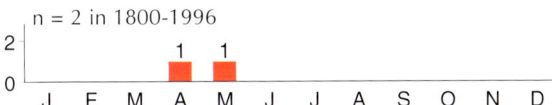

Gevallen per maand / Records per month
Alpenheggenmus / Alpine Accentor

Gevallen per locatie / Records per site
Alpenheggenmus / Alpine Accentor

2 records in 1800-1996; 2 in 1980-96

16-18 April 1986 Peizerweg, *Groningen* GR; DB 8: 115, 1986 (photo); 9: 162-167, 1987 (photo), van den Berg et al (1990): 91

(photo), de Bruin & de Bruin (1997; photo)
27 May 1986 Boschplaat, *Terschelling* FR; DB 9: 162-167, 1987

Alpenheggenmus / Alpine Accentor *Prunella collaris*, 18 April 1986, Groningen, Groningen *(René van Rossum)*

Roodborst [2]

algemene broedvogel
gehele jaar algemeen

Erithacus rubecula ssp

European Robin

common breeding bird
common throughout year

De meeste Nederlandse vogels behoren tot de nominaat. Er is tevens ten minste één ringterugmelding van Britse Roodborst *E r melophilus*. Deze werd na als jong op het nest te zijn geringd op 13 mei 1912 in Berkshire, Engeland, in november 1914 aangetroffen te Rockanje, Westvoorne, Zuid-Holland (DB 18: 185, 1996). Kees Roselaar (in litt) vermeldde ten minste vier in Nederland in augustus-november verzamelde museumexemplaren die de kenmerken van de Britse ondersoort tonen. Het lijkt dan ook mogelijk dat Britse Roodborst regelmatig voorkomt. De verschillen tussen beide ondersoorten (naar het westen toe donkerder rode borst, minder grijs op zijborst en flank en gelere poten) passen in een clinale variatie (Svensson 1992).

Most Dutch birds belong to the nominate subspecies. Besides, there is at least one ringing recovery of British Robin *E r melophilus*, which was ringed as a pullus on 13 May 1912 in Berkshire, England, and recovered in November 1914 at Rockanje, Westvoorne, Zuid-Holland (DB 18: 185, 1996). Kees Roselaar (in litt) mentioned at least four museum specimens collected in the Netherlands in August-November which showed the features of the British subspecies. Therefore, it seems possible that British Robin occurs regularly. The differences between both subspecies (towards the west, darker red breast, less grey on breast-side and flank, and more yellow on leg) are consistent with clinal variation (Svensson 1992).

Noordse Nachtegaal

zeldzaam

Luscinia luscinia

Thrush Nightingale

rare

Broedt van Denemarken, Noord-Duitsland en Zuid-Zweden oost tot in Siberië; overwintert in Oost-Afrika.

Onregelmatige broedvogel, voor het eerst in 1995.

Het is opmerkelijk dat de soort na de eerste twee gevallen in 1968 en 1971 in 1977-96 bijna jaarlijks is gezien. Het eerste geval voor België in augustus 1980 is eveneens van recente datum. Ondanks de toename waren er tot en met 1995 in geen enkel jaar meer dan twee zingende exemplaren. In 1996 werden echter acht zingende gemeld waarvan er drie zijn ingediend en aanvaard door de CDNA. De soort werd nooit vóór midden-mei ontdekt en in alle gevallen werd na de derde week van juni geen zang meer gehoord. Het lijkt waarschijnlijk dat de gevallen in het voorjaar van 1978 en 1979 op dezelfde locatie op Vlieland, Friesland, hetzelfde exemplaar betroffen (waarvan de determinatie nog steeds ter discussie staat). Zeven van de acht gevallen tussen 14 augustus en 28 september betroffen vangsten hetgeen suggereert dat niet-zingende vogels vaak over het hoofd zijn gezien. In tegenstelling tot de Nederlandse betroffen alle 17 Belgische gevallen in 1980-96 eerste-winters tussen 9 augustus en 18 september, waaronder 16 vangsten (Gunter De Smet in litt).

Breeds from Denmark, northern Germany and southern Sweden east into Siberia; winters in eastern Africa.

Irregular breeding bird, for the first time in 1995.

Remarkably, after the first two records in 1968 and 1971, the species has been seen almost annually in 1977-96. Likewise, the first record for Belgium was as recent as August 1980. Despite the increase, there have never been more than two singing individuals per year until 1995. In 1996, however, a record eight were reported of which three were submitted and accepted by CDNA. There were no records before mid May and, in all cases, singing had stopped after the third week of June. It seems likely that the spring records in 1978 and 1979 at the same site on Vlieland, Friesland, concerned the same individual (of which the identification is still a matter of debate). Seven out of eight records between 14 August and 28 September concerned trapped birds, suggesting that non-singing birds are often overlooked. In contrast with records in the Netherlands, all 17 Belgian records in 1980-96 were first-winters between 9 August and 18 September of which 16 were trapped (Gunter De Smet in litt).

Noordse Nachtegaal / Thrush Nightingale *Luscinia luscinia*, 14 August 1984, Lelystad, Flevoland *(Kees (C J) Breek)*

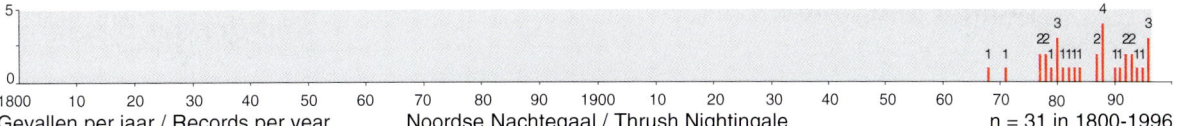

31 records (37 individuals) in 1800-1996; 24 (30 individuals) in 1980-96

31 August 1968 Oosterend, *Terschelling* FR, imm ♂, dead (NNM); LM 42: 27-31, 1969 (photos)

3 June 1971 kampeerterrein, Amsterdamse Bos, *Aalsmeer* NH, singing (sound-recorded); LM 46: 85, 1973

18 May-12 June 1977 Diemerzeedijk, Amsterdam-Zeeburg, *Amsterdam* NH, singing, trapped (20 May); VJ 26: 179-182, 1978 (photos), DB 18: 185, 1996

21 May 1977 Oosterduin, Rottumeroog, *Eemsmond* GR, singing; LM 51: 168-170, 1978

18-28 May 1978 Posthuis, *Vlieland* FR, singing

19 May 1978 Korverskooi, *Texel* NH, trapped; LM 52: 77-78, 1979 (photos)

mid May-3 June 1979 Posthuis, *Vlieland* FR, singing (sound-recorded); cf DB 1: 24-25, 1979

18 May 1980 Oosterbierum, *Franekeradeel* FR, trapped; DB 2: 77, 1980 (photo)

18 May-12 June 1980 Groenlanden, *Ubbergen* GL, singing (sound-recorded); contra DB 5: 8, 1983; cf 19: 108, 1997, contra LM 54: 133, 1981, cf Brouwer et al (1985)

19 May-4 June 1980 Tienhoven, *Maarssen* UT, singing (photographed)

(16)18 May-9 June 1981 *Amstelveen* NH, singing; Hazevoet (1983), Vlek (1995)

19 September 1982 *Vlieland* FR, trapped (photographed)

23 September 1983 *Terschelling* FR

14 August 1984 *Lelystad* FL, 1y, trapped; Grauwe Gans 1: 21-22, 1985 (photos); 6: 103, 1990 (photos)

26-27 May 1987 Praamweg, *Lelystad* FL, singing (sound-recorded)

28 September 1987 *Schiermonnikoog* FR, adult, trapped

20-27 May(June) 1988 Egmond aan den Hoef, *Egmond/Heiloo* NH, singing (photographed & sound-recorded)

22-23 May(June) 1988 Paterswolde, *Eelde* DR, singing (sound-recorded)

9 September 1988 *Vlieland* FR, trapped

15 September 1988 *Vlieland* FR, trapped

16 June 1990 Tjeukemeer, *Skarsterlân/Lemsterland* FR, ♂, trapped (photographed)

29 May-17 June 1991 *Groningen* GR, singing (photographed & sound-recorded)

30 May 1992 Oostvaardersplassen, *Lelystad* FL, singing

1-5 June 1992 *Wassenaar* ZH, singing (sound-recorded)

22 May-6(8) June 1993 Ruigoord, *Amsterdam* NH, singing (sound-recorded); DB 20: 154, 1998

25 May 1993 West-Terschelling, *Terschelling* FR, singing (sound-recorded)

23-28 May 1994 *Veenendaal* UT, singing (sound-recorded)

3-24 June 1995 Horsterwold, *Zeewolde* FL (7), breeding, 5 young fledged (photographed & sound-recorded)

28-29 May 1996 Berkenplas, *Schiermonnikoog* FR, singing (sound-recorded)

29 May-2 June 1996 Twiske, *Oostzaan* NH, singing (sound-recorded)

(25 May)6-12 June 1996 Westerplas, *Schiermonnikoog* FR, singing (sound-recorded); cf DB 18: 148, 1997

voorlopige toevoegingen voor 1997-98 / provisional additions for 1997-98

18-19 May 1997 Oude Waal, *Ubbergen* GL, singing (sound-recorded); CDNA archives

20 May 1997 Rottumeroog, *Eemsmond* GR, singing (sound-recorded); de Bruin & de Bruin (1997; photo), DB 19: 141, 1997 (photo)

19 June 1997 Spartelmeer, Kennemerduinen, *Bloemendaal* NH, singing (sound-recorded); CDNA archives

20-21 May 1998 Overdiemerweg, *Diemen* NH, singing (sound-recorded); CDNA archives

23-26 May 1998 Twiske, *Oostzaan* NH, singing (sound-recorded); Magnus Robb (pers comm)

20 September 1998 *Castricum* NH, trapped; DB 20: 257, 1998 (photo)

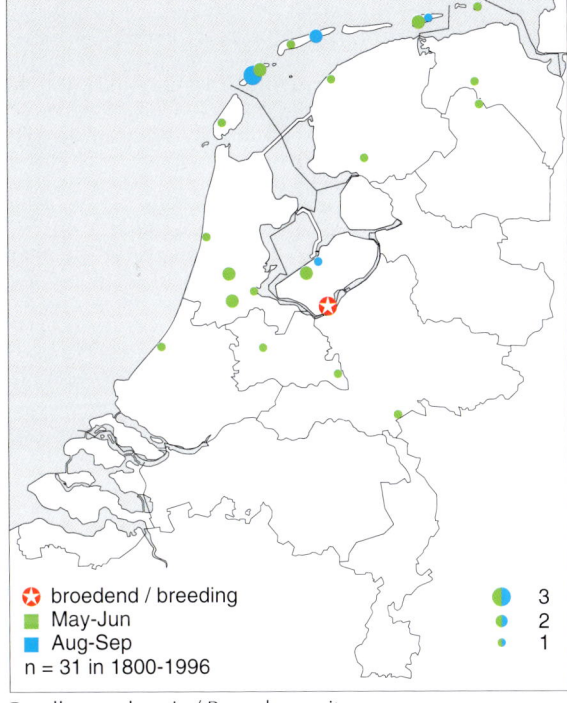

broedend / breeding
May-Jun
Aug-Sep

    3
    2
    1

n = 31 in 1800-1996

Gevallen per locatie / Records per site
Noordse Nachtegaal / Thrush Nightingale

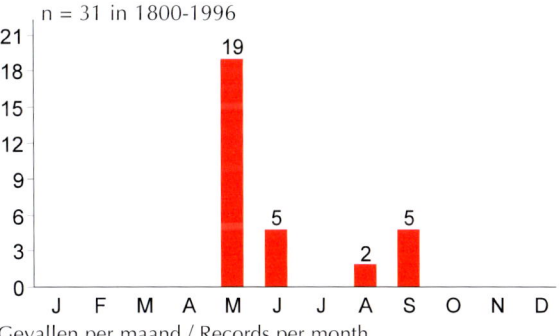

n = 31 in 1800-1996

Gevallen per maand / Records per month
Noordse Nachtegaal / Thrush Nightingale

Nachtegaal [2]

algemene broedvogel
algemene zomergast

Luscinia megarhynchos megarhynchos

Common Nightingale

common breeding bird
common summer visitor

Blauwborst

Luscinia svecica ssp

Bluethroat

Blauwborst [2]

algemene broedvogel
algemene zomergast

L s cyanecula

White-spotted Bluethroat

common breeding bird
common summer visitor

245

Roodsterblauwborst　　　　*L s svecica*　　　　**Red-spotted Bluethroat**

zeldzame doortrekker　　　　　　　　　　　　　　　　　　　　　　rare migrant

Broedt van Scandinavië en Noord-Siberië oost tot in West-Alaska en tevens hier en daar in berggebieden van Midden-Europa; overwintert in Middellandse-Zeegebied, Afrika en Zuid-Azië.

De gevallen van vóór 1980 zijn niet herzien. Tot 1 januari 1976 werden waarnemingen van dit taxon weliswaar geregistreerd maar niet beoordeeld door de CDNA (LM 52: 218, 1979). Daarom worden hier alleen gevallen van vóór 1976 genoemd van gevangen of verzamelde individuen. De meeste gevallen van vóór 1943 staan vermeld in Eykman et al (1936, 1949).

Het is opmerkelijk dat er geen aanvaarde najaarsgevallen waren voor 1975-96 maar mogelijk werden veel vangsten niet op naam gebracht. Vanwege het ontbreken van een herziening is het de vraag of alle najaarsgevallen van vóór 1975 goed zijn gedetermineerd. Daarbij dient men zich te realiseren dat Blauwborst *L s cyanecula* tot c 1975 nog als vrij schaars te boek stond (cf Kist et al 1970); sindsdien namen de aantallen echter sterk toe en vooral vanaf 1990 broedde hij op meer plaatsen dan ooit tevoren. Dit zou aanleiding kunnen zijn om te veronderstellen dat men vóór 1975 op het verkeerde been kan zijn gebracht door een gebrek aan ervaring bij het determineren van blauwborsten. Men kan zich onder meer afvragen of in alle najaarsgevallen rekening is gehouden met het feit dat ook *cyanecula* in het najaar smalle roodachtige veerpuntjes op de witachtige borst kan vertonen. Overigens zijn er van vóór 1980 slechts c 10 (hier niet vermelde) veldwaarnemingen uit het najaar bekend terwijl de overige in de hand werden gedetermineerd. Laatstgenoemde betreffen, behalve twee uit juli, 27 gevallen tussen 14 augustus en 1 oktober in 1909-74. Kees Roselaar (in litt) heeft een aantal van de specimens bestudeerd en kwam tot de conclusie dat ze inderdaad zijn te onderscheiden van *cyanecula*. Hij kon ze behalve aan vleugellengte (alleen Roodsterblauwborst heeft een vleugel langer dan 78 mm; cf Svensson 1992) ook determineren aan kleine verschillen in tint (Roodsterblauwborst is donkerder en bruiner), baardstreep (bij Roodsterblauwborst smaller) en tint van keelvlek (roomkleurig met rode veertipjes bij Roodsterblauwborst en zijdeachtig wit met smallere rode veertipjes of in het geheel geen rood bij Blauwborst).

De gevallen laten zien dat Blauwborst veel eerder in Noordwest-Europa arriveert (maart) en vermoedelijk ook iets eerder vertrekt (augustus) dan Roodsterblauwborst die vooral in mei en september doortrekt. Liefst c 60% van de voorjaarsgevallen van Roodsterblauwborst waren in de tweede decade van mei. Naast uitzonderlijk vroege gevallen op 9, 15 en 30 april en een laat geval op 10 juni dateerden alle voorjaarsgevallen van 3-29 mei.

Breeds from Scandinavia and northern Siberia east into western Alaska and also locally in mountains of central Europe; winters in Mediterranean, Africa and southern Asia.

Pre-1980 records have not been reviewed. Until 1 January 1976, records were registered but not considered by CDNA (LM 52: 218, 1979). Therefore, only pre-1976 records of trapped or collected individuals are listed below. Most pre-1943 records are mentioned by Eykman et al (1936, 1949). Remarkably, there were no accepted autumn records during 1975-96 but it is possible that many trapped birds were not subspecifically identified. Because there has not been a review, autumn records from before that period may be regarded as questionable. It should be taken into account that, until c 1975, White-spotted Bluethroat *L s cyanecula* was still rather scarce in the Netherlands (cf Kist et al 1970). Since, its numbers increased strongly and, especially since 1990, it has bred at more places than ever before. Therefore, it is not unlikely that there was a lack of experience in identifying White-spotted before 1975, possibly producing misidentifications. For instance, it is not certain whether all observers were aware of the fact that White-spotted in autumn may show narrow reddish feather-tips on the whitish breast. However, only c 10 pre-1980 autumn sightings were known (which are not included below) while all other autumn records were identified in the hand. The latter were two from July and 27 from the period between 14 August and 1 October in 1909-74. Kees Roselaar (in litt) studied a number of the specimens and concluded that they can be distinguished from White-spotted. Apart from wing-length (only in Red-spotted Bluethroat longer than 78 mm; cf Svensson 1992), he also used small differences in colour shade (Red-spotted darker and browner), malar stripe (narrower in Red-spotted) and colour shade of throat patch (creamy with red feather-tips in Red-spotted and silky whitish with narrower red feather-tips or no red at all in White-spotted).

The records show that, in spring, White-spotted arrives much earlier in north-western Europe (March) and, in autumn, also leaves a little earlier (August) than Red-spotted which mainly migrates through in May and September. No less than c 60% of the spring records of Red-spotted were during 11-20 May. Apart from extremely early records on 9, 15 and 30 April and a late record on 10 June, all spring records were during 3-29 May.

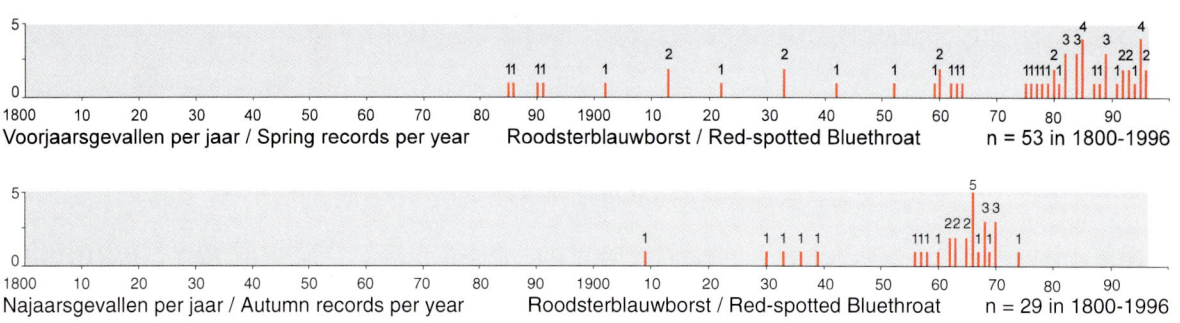

82 records (85 individuals) in 1800-1996; 30 records (31 individuals) in 1980-96

20 May 1885 Haagse Dierentuin, *Wassenaar* ZH, ♂, dead; Tijdschr Ned Dierkd Ver 2 (1): 59, 1886

9 May 1886 *Nunspeet* GL, ♂, dead

18 May 1890 *Wassenaar* ZH, ♂, dead; Tijdschr Ned Dierkd Ver 2 (3): 198-199, 1892

10 May 1891 Loosduinen, *Den Haag* ZH, ♂, dead

19 May 1902 Westerbroek, *Hoogezand-Sappemeer* GR, dead

16 August 1909 *Amersfoort* UT, 1y ♂, dead (ZMA); Kees Roselaar (in litt)

11 May 1913 *Haarlem* NH, 2y ♂, dead (NNM)

11 May 1913 Aschat, *Amersfoort* UT, ♂, dead; Ardea 2: 79, 1913

13 May 1922 *Nijkerk* GL, 2y ♂, dead (ZMA)

7 September 1930 Kampereiland, *Kampen* OV, 1y ♂, dead (NNM); Org Club Ned Vogelkd 3: 150, 1931

3 May 1933 Overijssel (*Denekamp* or *Heino*), ♂, dead (ND); Paul Knolle (pers comm)

5 May 1933 Kampereiland, *Kampen* OV, 2y ♂, dead (ZMA); Org

Club Ned Vogelkd 6: 25-26, 1933

5 September 1933 *Wassenaar* ZH, 1y ♂, dead (NNM)
18 September 1936 *Westkapelle* ZL (at least **2**), 1y, dead (lighthouse victim) (NNM) (6 reported by Smulders & Joosse (1969); however, subspecies not certain: 3 1y ♂ & 2 1y ♀ & 1 adult ♀ *L svecica* listed in Ardea 28: 76, 1939 of which identified in NNM 1 ♀ *L s cyanecula* & 2 1y ♂ *L s svecica*; LM 12: 170, 1939)
17 September 1939 *Wassenaar* ZH, 1y ♂, dead (NNM); LM 12: 170, 1939
mid May 1942 *Hilvarenbeek* NB, ♂, trapped; Ardea 32: 242, 1944
9 May 1952 Wouterswoude, *Dantumadeel* FR, ♂, dead; LM 26: 105, 1953
1 September 1956 Renesse, *Westerschouwen* ZL, winter ♂, dead; LM 30: 92, 1957
September 1957 Haamstede, *Westerschouwen* ZL, 1y ♂, dead (NNM); Kees Roselaar (in litt)
9 September 1958 Zwarte Meer, *Brederwiede/Genemuiden/Kampen* OV, ♂, trapped; LM 33: 41, 1960
7 May 1959 Hoophuizen, *Nunspeet* GL, trapped; LM 34: 215, 1961
10 May 1960 *Enschede* OV, ♂ (not (yet) submitted to CDNA); Paul Knolle (pers comm), cf Meijerink (1976)
11 May 1960 *Winsum* FR, ♂, dead (window victim); LM 36: 38, 1963
19 September 1960 *Uithoorn* NH, 1y ♀, dead (ZMA); Kees Roselaar (in litt)
30 April-5 May 1962 Baexem, Heythuysen LB, ♂ (possibly also ♀) (not (yet) accepted by CDNA)
14 September 1962 Knardijk, *Lelystad* FL, ♂, trapped; LM 37: 49, 1964
29 September 1962 Hoophuizen, *Nunspeet* GL adult ♂, trapped; LM 37: 49, 1964
12 May 1963 *Hasselt* OV, dead; LM 38: 59, 1965
14 August 1963 Knardijk, *Lelystad* FL (**2**), ♂, trapped; LM 38: 59, 1965
31 August 1963 Knardijk, *Lelystad* FL, trapped; LM 38: 59, 1965
12 May 1964 *Hasselt* OV, dead; LM 39: 73, 1966
6 September 1965 *Vlieland* FR, trapped; LM 40: 50, 1967
1 October 1965 *Vlieland* FR, trapped; LM 40: 50, 1967
24 July 1966 Hoophuizen, *Nunspeet* GL, trapped; LM 42: 69, 1969
21 August 1966 *Schiermonnikoog* FR, trapped; LM 42: 69, 1969
27 August 1966 Knardijk, *Lelystad/Zeewolde* FL, trapped; LM 42: 69, 1969
28 August 1966 Westlandse Duinen, *Den Haag* ZH, trapped; LM 42: 69, 1969
18 September & 1 October 1966 Oost-Flevoland, *Dronten/Lelystad* FL, trapped; LM 42: 69, 1969
24 September 1967 Oost-Flevoland, *Dronten/Lelystad* FL, trapped; LM 42: 69, 1969
7 July 1968 *Someren* NB, trapped; LM 43: 54, 1970
1 September 1968 Westlandse Duinen, *Den Haag* ZH, trapped; LM 43: 54, 1970
6 September 1968 Westlandse Duinen, *Den Haag* ZH, trapped; LM 43: 54, 1970
20 September 1969 *Vlieland* FR, trapped; LM 45: 83, 1972
30 August 1970 Westlandse Duinen, *Den Haag* ZH, trapped; LM 45: 83, 1972
19 September 1970 Zuid-Flevoland, *Almere/Lelystad/Zeewolde* FL, trapped; LM 45: 83, 1972
26 September 1970 Westlandse Duinen, *Den Haag* ZH, trapped; LM 45: 83, 1972
15 September 1974 Pannerden, *Rijnwaarden* GL, trapped; LM 50: 55, 1977
15 May 1975 Kantens, *Eemsmond* GR, trapped; LM 50: 55, 1977

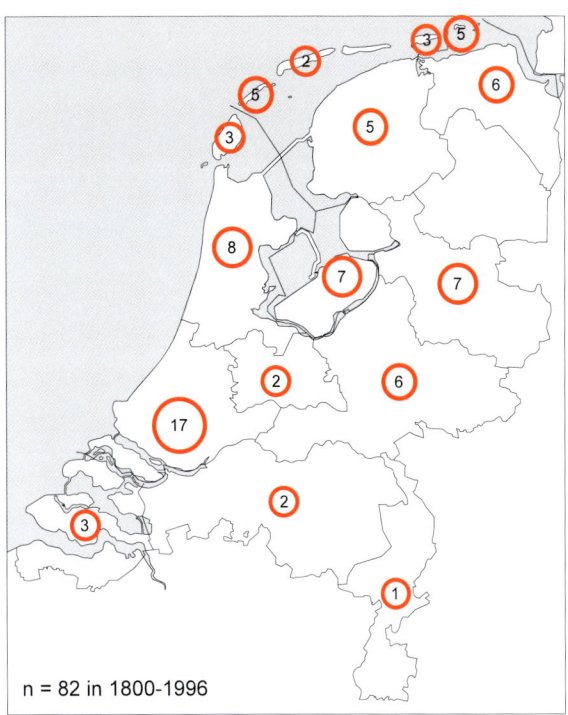

n = 82 in 1800-1996

Gevallen per provincie / Records per province
Roodsterblauwborst / Red-spotted Bluethroat

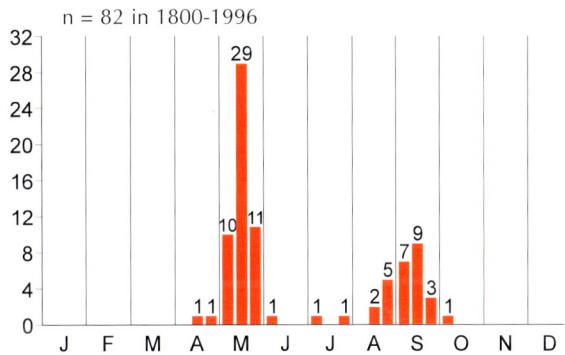

n = 82 in 1800-1996

Gevallen per 10 dagen / Records per 10 days
Roodsterblauwborst / Red-spotted Bluethroat

15 April 1976 *Sliedrecht* ZH, trapped; LM 51: 143, 1978
14 May 1977 *Schiermonnikoog* FR, ♂; LM 52: 226, 1979
5 May 1978 Molkwerum, *Nijefurd* FR, ♂; LM 53: 31, 1980

Roodsterblauwborst / Red-spotted Bluethroat *Luscinia svecica svecica*, ♂, 29 May 1993, De Cocksdorp, Texel, Noord-Holland *(Hans Gebuis)*

Roodsterblauwborst / Red-spotted Bluethroat *Luscinia svecica svecica*, ♂, 15 May 1982, Maasvlakte, Rotterdam, Zuid-Holland *(Arnoud B van den Berg)*

14 May 1979 *Terschelling* FR, singing; LM 54: 25, 1981
22 May 1980 Volendam, *Edam-Volendam* NH, ♂, dead
27 May 1980 *Schiermonnikoog* FR, ♂, singing; DB 20: 154, 1998
17 May 1981 IJmuiden, *Velsen* NH, ♂
15-16 May 1982 Maasvlakte, *Rotterdam* ZH, ♂; DB 4: 70, 1982 (photo)
21 May 1982 Wommels, *Littenseradiel* FR, ♂
21 May 1982 *Terschelling* FR, ♂
19 May 1984 Eemshaven, *Eemsmond* GR, ♂
21 May 1984 *Den Haag* ZH, ♂
10 June 1984 De Cocksdorp, *Texel* NH, ♂
12 May 1985 Maasvlakte, *Rotterdam* ZH (**2**), ♂
13 May 1985 Eemshaven, *Eemsmond* GR, ♂; DB 20: 154, 1998
17 May 1985 Lauwersmeer, *De Marne* GR, ♂
17 May 1985 Wormer- en Jisperveld, *Wormerland* NH, trapped (photographed)
18-19 May 1987 Groet, *Schoorl* NH, ♂
11 May 1988 *Den Helder* NH, ♂
10 May 1989 Maasvlakte, *Rotterdam* ZH, ♂, singing; DB Nieuwsbr 1: 88, 1989 (photo), DB 13: 51, 1991 (photo)
14 May 1989 Veenwouden, *Dantumadeel* FR, ♂
20 May 1989 Goudriaan, *Graafstroom* ZH, ♂; LM 66: 157, 1993,

DB 16: 142, 1994; 17: 96, 1995
16 May 1991 Rottumerplaat, *Eemsmond* GR, ♂; DB 17: 94, 1995
15-16 May 1992 Den Burg, *Texel* NH, ♂
20 May 1992 Rottumeroog, *Eemsmond* GR, ♂
12 May 1993 Rottumeroog, *Eemsmond* GR, ♂ (photographed)
29 May 1993 De Cocksdorp, *Texel* NH, ♂; DB 15: 186, 1993 (photo)
24 May 1994 Rottumeroog, *Eemsmond* GR, ♂ (photographed); DB 19: 108, 1997
9 May 1995 Rottumerplaat, *Eemsmond* GR, ♂; CDNA archives
23 May 1995 Katwijk aan Zee, *Katwijk* ZH, ♂
26 May 1995 Egmond aan Zee, *Egmond* NH, ♂
26 May 1995 *Vlieland* FR, ♂ (photographed)
19 May 1996 Oost-Vlieland, *Vlieland* FR, ♂
22 May 1996 Uithuizermeeden, *Eemsmond* GR, ♂; DB 20: 155, 1998 (photo)

voorlopige toevoegingen voor 1997-98 / provisional additions for 1997-98
17-18 October 1997 *Westkapelle* ZL, ♂; BW 10: 378, 1997 (photo), DB 19: 313, 1997 (photo)
9 April 1998 *Castricum* NH, 1s ♂, trapped (photographed); DB 20: 90, 1998 (photo)

Blauwstaart

Tarsiger cyanurus cyanurus

Red-flanked Bluetail

zeer zeldzaam

very rare

Broedt van Finland oost tot in Japan; overwintert in Zuidoost-Azië.

Na het eerste geval van een zingende vogel voor Finland op 4 juli 1949 toonde de soort met vallen en opstaan een westwaartse uitbreiding die in 1996 resulteerde in de aanwezigheid van ten minste vier zingende vogels in Noord-Zweden (DB 18: 142, 211, 1996, Linnut 3: 20-28, 1996). Dit patroon kan een verklaring zijn voor de toename van het aantal gevallen in de laatste decennia van de 20e eeuw in West-Europa.

Breeds from Finland east to Japan; winters in south-eastern Asia.

After the first record of a singing bird for Finland on 4 July 1949, the species slowly spread westward, intermitted by years of absence even in Finland, resulting in at least four singing birds in northern Sweden in 1996 (DB 18: 142, 211, 1996, Linnut 3: 20-28, 1996). This pattern may explain the increase of records during the last decades of the 20th century in western Europe.

2 records in 1800-1996; 1 in 1980-96

16 October 1967 Korverskooi, *Texel* NH, 1y ♂, dead (ZMA); LM 41: 18, 1968
29 September 1985 De Cocksdorp, *Texel* NH, 1y; DB 7: 156, 1985

(photo); 8: 21, 117-129, 1986 (photos), van den Berg et al (1990): 93-94 (photos), Vogels 11: 257, 1991 (photos)

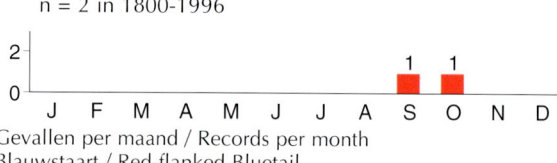

n = 2 in 1800-1996

Gevallen per maand / Records per month
Blauwstaart / Red-flanked Bluetail

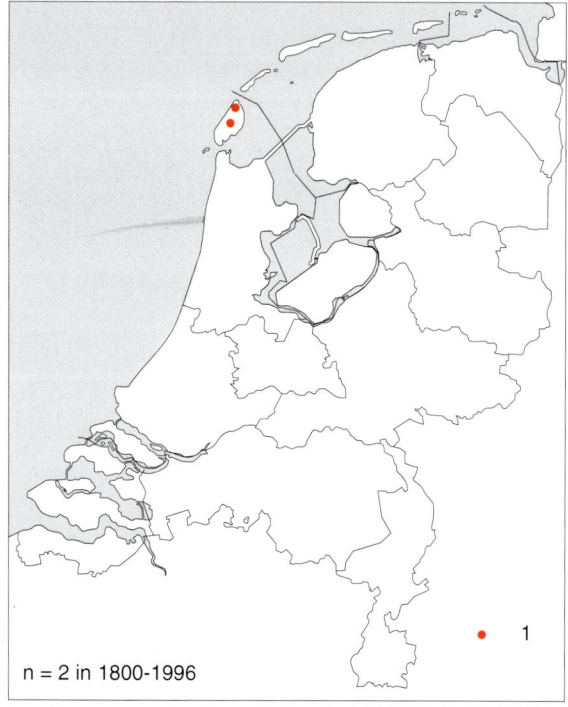

n = 2 in 1800-1996

• 1

Gevallen per locatie / Records per site
Blauwstaart / Red-flanked Bluetail

Blauwstaart / Red-flanked Bluetail *Tarsiger cyanurus*, first-year, 29 September 1985, De Cocksdorp, Texel, Noord-Holland (*Peter de Knijff*)

Perzische Roodborst

Irania gutturalis

White-throated Robin

zeer zeldzaam

very rare

Broedt van Turkije oost tot in Iran en Kirgizië; overwintert in Oost-Afrika.

De gevallen van vóór 1996 in Noordwest-Europa waren in Brittannië (twee), Nederland (twee), Noorwegen (één) en Zweden (zeven). De vogel van Maasland in november 1986 is één van slechts twee najaarsgevallen in Noordwest-Europa; de datum is nog opmerkelijker wanneer men in aanmerking neemt dat de soort als najaarstrekker op weg naar Kenya van midden-augustus tot midden-oktober in Eritrea en Ethiopië voorkomt. Het tweede najaarsgeval in Noordwest-Europa betrof een ♀ op 9 augustus 1995 op Gotland, Zweden. De 10 voorjaarsgevallen dateerden tussen 10 mei en 22 juni.

Breeds from Turkey east into Iran and Kirgiziya; winters in eastern Africa.

Pre-1996 records of the species in north-western Europe were from Britain (two), the Netherlands (two), Norway (one) and Sweden (seven). The Maasland record in November 1986 is one of only two in autumn in north-western Europe; the date is even more remarkable when taking into account that, in Eritrea and Ethiopia, the species occurs as an autumn migrant en route to Kenya from mid August to mid October. The second autumn record in north-western Europe concerned a ♀ on 9 August 1995 on Gotland, Sweden. The 10 spring records were from the period between 10 May and 22 June.

2 records in 1800-1996; 2 in 1980-96

3-4 November 1986 *Maasland* ZH, adult ♂; DB 9: 36, 1987 (photo); 11: 105-107, 1989 (photos), van den Berg et al (1990): 96-97 (photos), BB 85: 455, 1992 (photo), Mitchell & Young (1997; photos 111(7) & 111(8))

2 June 1995 Berkheide, *Wassenaar* ZH, 1s ♀; BW 8: 211, 1995 (photo); 9: 29, 1996 (photo), Duinstag 10 (2): 20-23, 1995 (photos), DB 17: 129, 1995 (photo); 19: 14-16, 1997 (photos), Meijer et al (1996; photo)

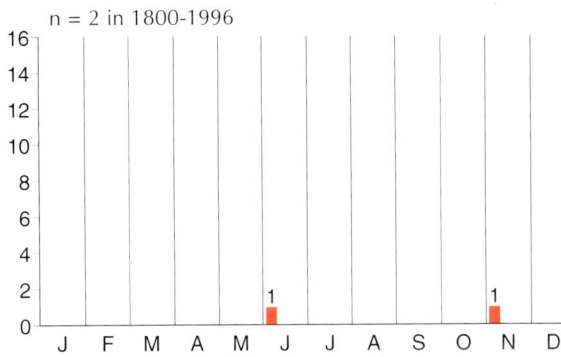

n = 2 in 1800-1996

Gevallen per 10 dagen / Records per 10 days
Perzische Roodborst / White-throated Robin

n = 2 in 1800-1996

Gevallen per locatie / Records per site
Perzische Roodborst / White-throated Robin

Perzische Roodborst / White-throated Robin *Irania gutturalis*, adult ♂, 4 November 1986, Maasland, Zuid-Holland (*René Pop*)

Perzische Roodborst / White-throated Robin *Irania gutturalis*, ♀, 2 June 1995, Berkheide, Wassenaar, Zuid-Holland (*Arnoud B van den Berg*)

249

Zwarte Roodstaart [2]

algemene broedvogel
gehele jaar algemeen

Phoenicurus ochruros gibraltariensis

Black Redstart

common breeding bird
common throughout year

Gekraagde Roodstaart [2]

algemene broedvogel
algemene doortrekker en zomergast

Phoenicurus phoenicurus phoenicurus

Common Redstart

common breeding bird
common migrant and summer visitor

Paapje [2]

schaarse tot algemene broedvogel
algemene doortrekker en zomergast

Saxicola rubetra

Whinchat

scarce to common breeding bird
common migrant and summer visitor

Roodborsttapuit [2]

algemene broedvogel
gehele jaar algemeen

Saxicola rubicola

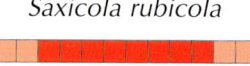

European Stonechat

common breeding bird
common throughout year

Aziatische Roodborsttapuit

zeldzaam

Saxicola maura

Siberian Stonechat

rare

Broedt van Noord- en Oost-Rusland oost tot in Mongolië en zuid tot in Kashmir en Tien Shan.

Het jaarvoorkomen geeft de indruk dat er bij dit taxon soms sprake is geweest van een influx, met name in 1977, 1995 en 1996. Er waren zowel in 1995 als 1996 ook twee gevallen voor België. Voor Brittannië zijn voor 1958-96 254 gevallen bekend waarbij opvalt dat de najaarsaantallen in 1977 (drie), 1995 (acht) en 1996 (vijf) laag waren (BB 72: 533, 1979; 89: 515, 1996; 90: 495-496, 1997; 91: 501-502, 1998).

Breeds from northern and eastern Russia east to Mongolia and south to Kashmir and Tien Shan.

The annual pattern suggests that influxes took place, notably in 1977, 1995 and 1996. Both in 1995 and 1996, there were also two records for Belgium. However, in Britain, where 254 individuals were recorded during 1958-96, the autumn numbers in 1977 (three), 1995 (eight) and 1996 (five) were low (BB 72: 533, 1979; 89: 515, 1996; 90: 495-496, 1997; 91: 501-502, 1998).

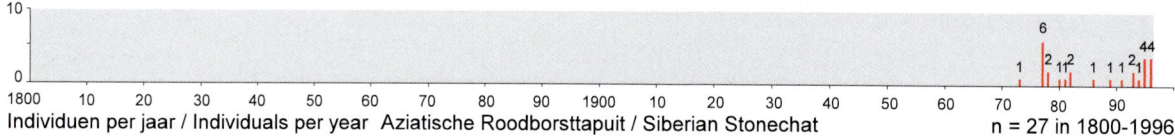

Individuen per jaar / Individuals per year Aziatische Roodborsttapuit / Siberian Stonechat

n = 27 in 1800-1996

25 records (27 individuals) in 1800-1996; 18 records in 1980-96

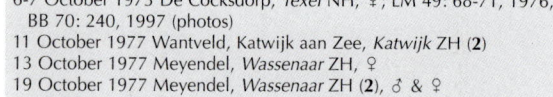

6-7 October 1973 De Cocksdorp, *Texel* NH, ♀; LM 49: 68-71, 1976, BB 70: 240, 1997 (photos)
11 October 1977 Wantveld, Katwijk aan Zee, *Katwijk* ZH (**2**)
13 October 1977 Meyendel, *Wassenaar* ZH, ♀
19 October 1977 Meyendel, *Wassenaar* ZH (**2**), ♂ & ♀
21 October 1977 Westlandse Duinen, *Monster* ZH
12 October 1978 Wantveld, Katwijk aan Zee, *Katwijk* ZH
27-28 October 1978 Wantveld, Katwijk aan Zee, *Katwijk* ZH, ♂
4-12 October 1980 *Katwijk* ZH, 1y ♂, trapped (9 October); DB 4: 44, 1982 (photo), Duinstag 4: 62-65, 1989 (photos), Limicola 6: 222-223, 228, 1992 (photos), Meijer et al (1996; photo)
19 March 1981 *Veldhoven* NB, ♀ (photographed)
16-20 October 1982 Camperduin, *Schoorl* NH, 1w; CDNA archives, DB 4: 144, 1982 (photo)
22 October 1982 Westerduinen, *Texel* NH
17 November 1986 Maasvlakte, *Rotterdam* ZH; DB 10: 132, 183, 1988 (photos); 13: 52, 1991 (photo); 18: 134, 1996 (photo), Limicola 6: 220, 234-235, 1992 (photos)
13 November 1989 Haagse Waterleidingduinen, *Wassenaar* ZH
14-15 October 1991 De Cocksdorp, *Texel* NH, 1w ♂ (photographed)
2 October 1993 Velsen-Noord, *Velsen* NH, 1w (photographed); DB 17: 98, 1995
22 October 1993 Oosterend, *Terschelling* FR, 1w ♀
8 October 1994 *Vlieland* FR, 1w ♂ (photographed)
4 October 1995 Stortemelk, *Vlieland* FR, 1w (photographed); DB 20: 154, 1998
9 October 1995 Petten, *Zijpe* NH, 1w/♀
17 October 1995 Kogerstrand, *Texel* NH, 1w ♂ (not 1996; contra DB 20: 154, 1998

18-20 October 1995 De Cocksdorp, *Texel* NH, 1w ♂
3 October 1996 Maasvlakte, *Rotterdam* ZH, 1w ♀ (photographed)
12-16 October 1996 *Den Helder* NH, 1y ♂; BW 9: 402, 1996 (photo), DB 18: 335, 1996 (photo); 20: 156, 1998 (photo), Graspieper 17: 31, 1997 (photo), VJ 45: 46, 1997 (photo)
14-16 October 1996 Petten, *Zijpe* NH, 1w ♀ (photographed)
18-20 October 1996 Cadzand-Bad, *Oostburg* ZL (photographed)

voorlopige toevoegingen voor 1997-98 / provisional additions for 1997-98
2-3 May 1998 Breezanddijk, *Wûnseradiel* FR, adult ♀ (photographed); Plomp et al (1999)

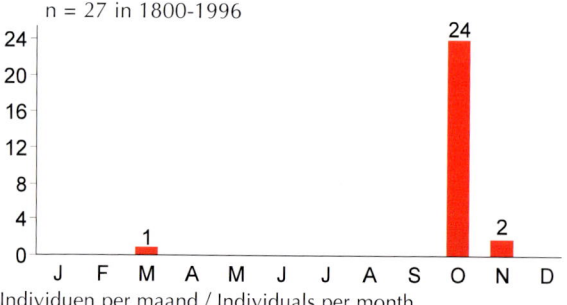

n = 27 in 1800-1996

Individuen per maand / Individuals per month
Aziatische Roodborsttapuit / Siberian Stonechat

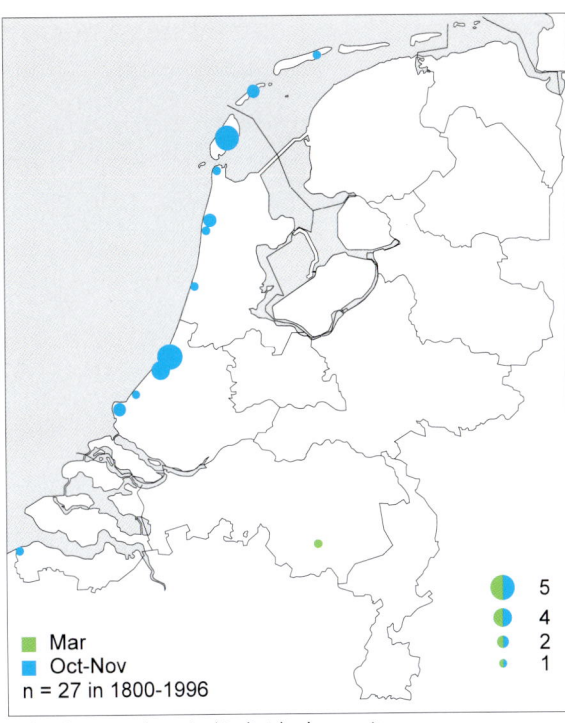

Individuen per locatie / Individuals per site
Aziatische Roodborsttapuit / Siberian Stonechat

Aziatische Roodborsttapuit / Siberian Stonechat
Saxicola maura, first-winter, 17 November 1986, Maasvlakte, Rotterdam, Zuid-Holland *(Hans Gebuis)*

Izabeltapuit

Oenanthe isabellina

Isabelline Wheatear

zeer zeldzaam

very rare

Broedt van Oost-Griekenland, Turkije en Zuid-Rusland oost tot in Mongolië; overwintert van Mauretanië oost tot in Oost-Afrika, Arabisch schiereiland en Noordwest-India.

In West-Europa komt de soort alleen vrij regelmatig voor als voorjaarstrekker in Zuid-Italië; zo vond begin maart 1996 een influx van 83 exemplaren plaats in Zuidoost-Sicilië (DB 19: 187-189, 1997). Verder naar het noord-westen is het echter een zeer zeldzame soort met in 1800-1996 bijvoorbeeld geen gevallen in België of Duitsland en maar 11 in Brittannië en één in Ierland (BB 90: 496, 1997; 91: 502, 1998).

Breeds from eastern Greece, Turkey and southern Russia east into Mongolia; winters from Mauritania east to eastern Africa, Arabian peninsula and north-western India.

In western Europe, the species occurs rather regularly as a spring migrant only in southern Italy; for instance, in early March 1996, an influx of 83 individuals occurred in south-eastern Sicily (DB 19: 187-189, 1997). However, it is very rare further north-west with, in 1800-1996, no records in Belgium or Germany and, for instance, just 11 in Britain and one in Ireland (BB 90: 496, 1997; 91: 502, 1998).

Izabeltapuit / Isabelline Wheatear *Oenanthe isabellina*, 23 October 1996, Maasvlakte, Rotterdam, Zuid-Holland *(René Pop)*

Gevallen per locatie / Records per site
Izabeltapuit / Isabelline Wheatear

n = 1 in 1800-1996

Izabeltapuit / Isabelline Wheatear *Oenanthe isabellina*,
23 October 1996, Maasvlakte, Rotterdam, Zuid-Holland
(René Pop)

1 record in 1800-1996; 1 in 1980-96

21 October-8 November 1996 Maasvlakte, *Rotterdam* ZH; BW 9: 399, 1996 (photo); 10: 29, 1997 (photo), Birdwatch 6 (59): 60, 1996 (photo), DB 18: 281-282, 284, 333, 1996 (photos); 19: 161,

182-185, 1997 (photos); 20: 159, 1998 (photo), Rotterdams Dagblad 25 October 1996 (nr 1715): 1, 3 (photos), VJ 45: 46, 1997 (photo), Opperman et al (1997)

Tapuit [2]

algemene broedvogel
algemene doortrekker en zomergast

Naast de algemene nominaat komt als schaarse tot algemene doortrekker in april-juni en september-oktober ook de grotere Groenlandse Tapuit *O o leucorrhoa* voor.

Oenanthe oenanthe ssp

J F M A M J J A S O N D

Northern Wheatear

common breeding bird
common migrant and summer visitor

Apart from the common nominate subspecies, also the larger Greenland Northern Wheatear *O o leucorrhoa* occurs as scarce to common migrant in April-June and September-October.

Bonte Tapuit

zeer zeldzaam

Broedt van Oost-Bulgarije en Oost-Roemenië oost tot in Mongolië; overwintert in Oost-Afrika.

Het eerste geval was bijzonder omdat er van de soort weinig voorjaarsgevallen zijn voor Noordwest-Europa. In een aantal gevallen was het moeilijk om deze soort te onderscheiden van Oostelijke Blonde Tapuit *O melanoleuca* (cf DB 16: 186-202, 1994). In dit verband zij ook verwezen naar een geval van een eerste-winter ♂ 'blonte tapuit' *O pleschanka/melanoleuca* op 13 oktober 1992 op Vlieland, Friesland (DB 19: 108, 1997).

Oenanthe pleschanka

Pied Wheatear

very rare

Breeds from eastern Bulgaria and eastern Rumania east into Mongolia; winters in eastern Africa.

The first record was remarkable since there are only a few spring records of the species for north-western Europe. In some cases, it has been difficult to distinguish this species from Eastern Black-eared Wheatear *O melanoleuca* (cf DB 16: 186-202, 1994). See also a record of a first-winter ♂ Pied or Eastern Black-eared Wheatear *O pleschanka/melanoleuca* on 13 October 1992 on Vlieland, Friesland (DB 19: 108, 1997).

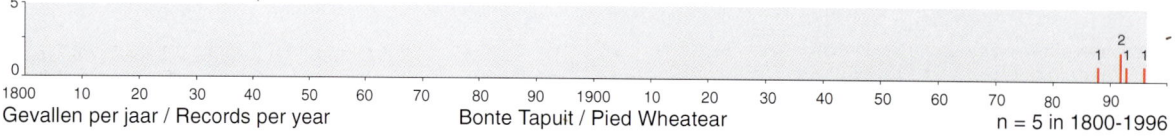

Gevallen per jaar / Records per year   Bonte Tapuit / Pied Wheatear   n = 5 in 1800-1996

Bonte Tapuit / Pied Wheatear *Oenanthe pleschanka*, first-winter ♀, 1 November 1992, Katwijk aan Zee, Katwijk, Zuid-Holland *(Arnoud B van den Berg)*

Bonte Tapuit / Pied Wheatear *Oenanthe pleschanka*, first-winter ♂, 26 October 1992, Petten, Zijpe, Noord-Holland *(René van Rossum)*

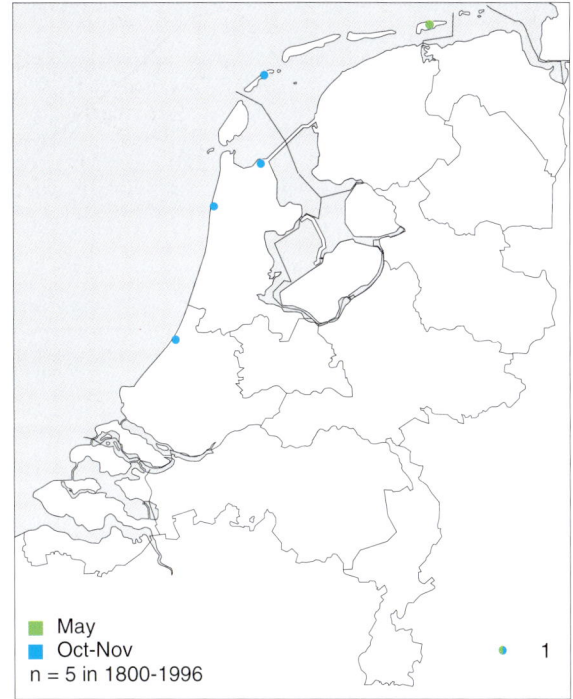

5 records in 1800-1996; 5 in 1980-96

28 May 1988 *Schiermonnikoog* FR, ♀; DB 10: 154, 1988 (photo); 11: 107-111, 1989 (photos), BB 82: 349, 1989 (photo), VJ 37: 128, 1989 (photo), van den Berg et al (1990): 98-99 (photos)

23-26 October 1992 Petten, *Zijpe* NH, 1w ♂; BW 5: 415, 1992 (photo), Duinstag 7 (3): 2-9, 1992 (photos), DB 14: 200, 237, 1992 (photos); 16: 195-200, 1994 (photos), Graspieper 12: 157, 1992 (photo), BB 86: 290, 1993 (photo), VJ 41: 76, 1993 (photos), Mitchell & Young (1997; photo 113(5))

31 October-4 November 1992 Katwijk aan Zee, *Katwijk* ZH, 1w ♀; BW 5: 415, 1992 (photo), Duinstag 7 (3): 2-9, 1992 (photos); 8: 31, 1993 (photo), DB 14: 237, 1992 (photo); 15: 40, 1993 (photo); 16: 140, 195-200, 1994 (photos), BB 86: 290, 1993 (photo), VJ 41: 76, 1993 (photos), LM 67: 163, 1994 (photo), Meijer et al (1996; photo)

7-8 October 1993 *Vlieland* FR, 1w ♂; DB 15: 240, 279, 1993 (photos); 16: 140, 1994 (photo)

17 November 1996 Stroe, *Wieringen* NH, 1w ♂; BW 9: 464, 1996 (photo), DB 18: 335, 1996 (photo)

n = 5 in 1800-1996

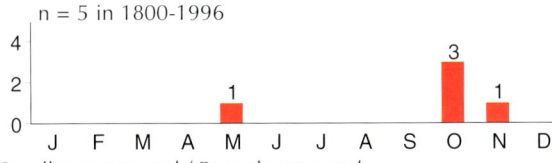

Gevallen per maand / Records per month
Bonte Tapuit / Pied Wheatear

May
Oct-Nov
n = 5 in 1800-1996

Gevallen per locatie / Records per site
Bonte Tapuit / Pied Wheatear

Oostelijke Blonde Tapuit   *Oenanthe melanoleuca* **Eastern Black-eared Wheatear**

zeer zeldzaam

very rare

Broedt van Zuid-Italië oost tot in Kaspische-Zeegebied en Iran; overwintert in Afrika in Sahelzone ten zuiden van Sahara van Mali oostwaarts.

Breeds from southern Italy east to Caspian area and Iran; winters in Africa in Sahel zone south of Sahara from Mali eastwards.

Dit taxon werd voorheen als conspecifiek met Westelijke Blonde Tapuit *O hispanica* beschouwd. Er zijn aanwijzingen

This taxon was previously regarded as conspecific with Western Black-eared Wheatear *O hispanica*. There are indi-

dat het volgens het Biologische Soortconcept als conspecifiek kan worden beschouwd met Bonte Tapuit *O pleschanka* (J Ornithol 135: 361, 1994, BW 10: 117, 1997). Zie ook onder Bonte Tapuit en Westelijke Blonde Tapuit.

cations that, according to the Biological Species Concept, it may be considered conspecific with Pied Wheatear *O pleschanka* (J Ornithol 135: 361, 1994, BW 10: 117, 1997). See also Pied Wheatear and Western Black-eared Wheatear.

2 records in 1800-1996; 1 in 1980-96

3-5 May 1972 Westlandse Duinen, *Monster* ZH, ♂; LM 47: 161-163, 1975 (sketch)

6 June 1991 Rottumeroog, *Eemsmond* GR, ♀; DB 15: 151, 1993 (photo); 16: 200-202, 1994 (photo)

n = 2 in 1800-1996

Gevallen per locatie / Records per site
Oostelijke Blonde Tapuit / Eastern Black-eared Wheatear

Oostelijke Blonde Tapuit / Eastern Black-eared Wheatear
Oenanthe melanoleuca, ♀, 6 June 1991, Rottumeroog, Eemsmond, Groningen *(Willem Steenge)*

Westelijke Blonde Tapuit *Oenanthe hispanica* Western Black-eared Wheatear

zeer zeldzaam

very rare

Broedt van Noordwest-Afrika en Iberisch schiereiland oost tot in Centraal-Italië en Kroatië; overwintert in Afrika in westelijke Sahelzone ten zuiden van Sahara.

Breeds from north-western Africa and Iberia east to central Italy and Croatia; winters in Africa in western Sahel zone south of Sahara.

Dit taxon werd voorheen als conspecifiek met Oostelijke Blonde Tapuit *O melanoleuca* beschouwd. Hieruit is te verklaren dat niet altijd duidelijk is wanneer welk taxon in Noordwest-Europa is waargenomen.

This taxon was previously regarded as conspecific with Eastern Black-eared Wheatear *O melanoleuca*. This explains why it is not always clear when which taxon has been recorded in north-western Europe.

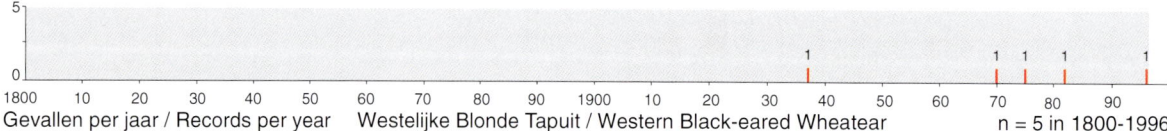

Gevallen per jaar / Records per year   Westelijke Blonde Tapuit / Western Black-eared Wheatear   n = 5 in 1800-1996

5 records in 1800-1996; 2 in 1980-96

7 May 1937 Meyendel, *Wassenaar* ZH, ♂; LM 10: 111-112, 1937
6 May 1970 Formerumer Bos, *Terschelling* FR, ♂; LM 44: 193-194, 1971
8 June 1975 Meyendel, *Wassenaar* ZH, ♂
30 April 1982 *Vlieland* FR, ♂; CDNA archives, DB 8: 9, 1986
2-4 June 1996 Aagtekerke, *Mariekerke* ZL, 1s ♂, singing; BW 9: 215, 1996 (photo), Birdwatch 5 (49): 60, 1996 (photo), DB 18: 140, 154-155, 1996 (photos); 20: 157, 1998 (photo), VJ 44: 239, 1996 (photo), Opperman et al (1997)

n = 5 in 1800-1996

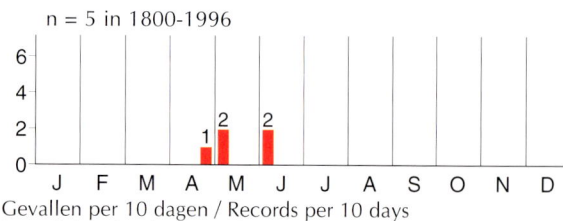

Gevallen per 10 dagen / Records per 10 days
Westelijke Blonde Tapuit / Western Black-eared Wheatear

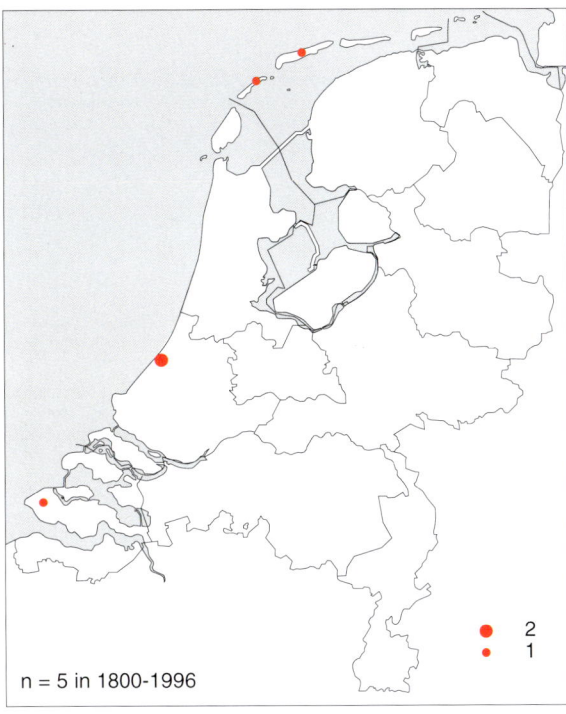

n = 5 in 1800-1996

● 2
• 1

Gevallen per locatie / Records per site
Westelijke Blonde Tapuit / Western Black-eared Wheatear

Westelijke Blonde Tapuit / Western Black-eared Wheatear
Oenanthe hispanica, first-summer ♂, 4 June 1996,
Aagtekerke, Mariekerke, Zeeland *(René Pop)*

Woestijntapuit

Oenanthe deserti atrogularis

Desert Wheatear

zeldzaam

rare

Broedt van Kaspische-Zeegebied, Iran en Kazakhstan noord-oost tot in Mongolië; overwintert van Noordoost-Afrika en Arabisch schiereiland oost tot in Noordwest-India.

Breeds from Caspian area, Iran and Kazakhstan north-east to Mongolia; winters from north-eastern Africa and Arabian peninsula east to north-western India.

Woestijntapuit / Desert Wheatear *Oenanthe deserti*, first-winter ♂, 9 October 1994, Zandvoort, Noord-Holland
(René van Rossum)

255

Evenals in andere landen van West-Europa waren de meeste gevallen laat in het najaar. De vogel van Hulst, Zeeland, in 1997 was de enige voor Nederland tijdens de grootste influx ooit in West-Europa, met c 30 exemplaren van oktober 1997 tot januari 1998 (DB 19: 306, 1997). Hoewel er enkele oude Britse specimens zijn die tot de ondersoort uit het Midden-Oosten *O d deserti* of uit Noord-Afrika *O d homochroa* worden gerekend, schijnen alle recente najaarsgevallen in Noordwest-Europa de Noord-Aziatische ondersoort *O d atrogularis* te betreffen (cf Cramp 1988, British Ornithologists' Union 1992).

Like elsewhere in western Europe, most records were quite late in autumn. The bird at Hulst, Zeeland, in 1997 was the only one for the Netherlands during the largest influx ever in western Europe, with c 30 individuals from October 1997 to January 1998 (DB 19: 306, 1997). Although some old specimens in Britain have been assigned to the Middle East subspecies *O d deserti* or the northern African subspecies *O d homochroa*, it seems that all recent autumn records in northwestern Europe relate to the northern Asian subspecies *O d atrogularis* (cf Cramp 1988, British Ornithologists' Union 1992).

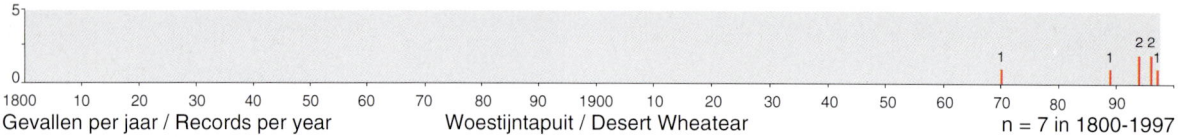

Gevallen per jaar / Records per year   Woestijntapuit / Desert Wheatear   n = 7 in 1800-1997

6 records in 1800-1996; 5 in 1980-96

23 November 1970 Montgomerylaan/Technische Universiteit, *Eindhoven* NB, ♂; DB 6: 61-62, 1984 (sketch)

24-26 April 1989 Oud-Alblas, *Graafstroom* ZH, ♀; BW 2: 124, 1989 (photo), Duinstag 4: 71, 1989 (photos), DB 11: 142, 1989 (photo); 12: 3-5, 1990 (photos); 13: 52, 1991 (photo), DB Nieuwsbr 1: 65-67, 72-73, 1989 (photo), VJ 37: 128, 1989 (photo), van den Berg et al (1990): 102-103 (photos)

8-9 October 1994 *Zandvoort* NH, 1w ♂; BW 7: 391, 1994 (photo); 8: 31, 1995 (photo), Birdwatch 3 (30): 60, 1994 (photo), Duinstag 9 (3-4): 25, 1994 (photo), DB 16: 219, 255, 1994 (photos); 18: 109, 1996 (photo), VJ 42: 287, 1994 (photo), Mitchell & Young (1997; photo 113(11))

6 November 1994 Maasvlakte, *Rotterdam* ZH, 1w ♂; DB 16: 260, 1994 (photo); 18: 109, 1996 (photo)

30 October-12 November 1996 Grafelijkheidsduinen, *Huisduinen, Den Helder* NH, adult ♂; BW 9: 464, 1996 (photo), DB 18: 268, 334, 1996 (photos); 20: 157, 1998 (photo), Graspieper 17: 31, 1997 (photo), VJ 45: 95, 1997 (photo), Opperman et al (1997)

14-24 December 1996 Westernieland, *De Marne* GR, 1w ♂; de Bruin & de Bruin (1997; photo), DB 19: 45, 1997 (photo); 20: 156, 159, 1998 (photos)

voorlopige toevoegingen voor 1997-98 / provisional additions for 1997-98

11-17 November 1997 Verdronken Land van Saeftinge, *Hulst* ZL, 1w ♀; BW 10: 452, 1997 (photo), DB 19: 314, 1997 (photo), Plomp et al (1998)

Gevallen per maand / Records per month
Woestijntapuit / Desert Wheatear

Woestijntapuit / Desert Wheatear *Oenanthe deserti*, adult ♂, 12 November 1996, Huisduinen, Den Helder, Noord-Holland (*Ruud E Brouwer*)

n = 7 in 1800-1997

Woestijntapuit / Desert Wheatear *Oenanthe deserti*, ♀,
25 April 1989, Oud-Alblas, Graafstroom, Zuid-Holland
(Hans Gebuis)

Gevallen per locatie / Records per site
Woestijntapuit / Desert Wheatear

Rode Rotslijster

Monticola saxatilis

Rufous-tailed Rock Thrush

zeer zeldzaam

very rare

Broedt in berggebieden van westelijk Middellandse-Zeegebied oost tot in Mongolië; overwintert in tropisch Afrika.

Evenals de twee in Nederland stamden de meeste gevallen in
de rest van Noordwest-Europa uit het voorjaar (cf Dymond et
al 1989). Het dichtstbijzijnde gebied waar de soort onregelmatig tot broeden komt is de Hohneck, Vogezen, Noordoost-
Frankrijk. Het laatste zingende ♂ voor Oost-België was in
1905 in Jalhay, Liège (Giervalk 13: 4, 1923).

Breeds in mountain areas from western Mediterranean east to
Mongolia; winters in tropical Africa.

Like the two in the Netherlands, most records elsewhere in
north-western Europe were from spring as well (cf Dymond
et al 1989). The nearest area where the species irregularly
breeds is the Hohneck, Vosges, north-eastern France. The last
singing ♂ for eastern Belgium occurred in 1905 in Jalhay,
Liège (Giervalk 13: 4, 1923).

Rode Rotslijster / Rufous-tailed Rock Thrush *Monticola saxatilis*, first-summer ♀, 13 May 1994, Noordburen, Wieringen,
Noord-Holland *(René van Rossum)*

257

Rode Rotslijster / Rufous-tailed Rock Thrush *Monticola saxatilis*, ♂, 17 May 1998, Hoge Veluwe, Ede, Gelderland (*Arnoud B van den Berg*)

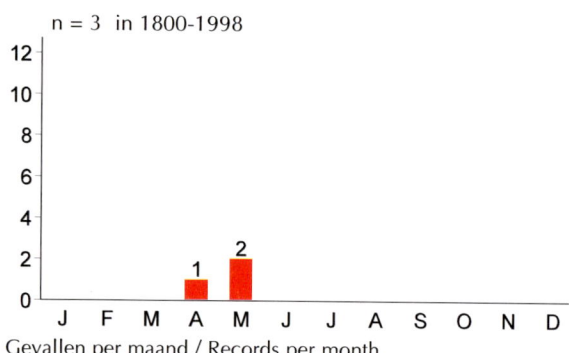

2 records in 1800-1996; 1 in 1980-96

22-23 April 1951 Borgercompagnie, *Veendam* GR, 1s ♂; Natura 48: 103, 1951, LM 31: 188-190, 1958
12-13 May 1994 Noordburen, *Wieringen* NH, 1s ♀; BW 7: 183, 1994 (photo), Duinstag 9 (2): 21, 1994 (photo), DB 16: 131, 159, 1994 (photos); 17: 113-117, 1995 (photos); 18: 116, 1996 (photo), VJ 42: 191, 1994 (photo)

voorlopige toevoegingen voor 1997-98 / provisional additions for 1997-98
17 May 1998 Hoge Veluwe, *Ede* GL, ♂; BW 11: 176, 1998 (photo), DB 20: 132, 1998 (photos), Plomp et al (1999)

n = 3 in 1800-1998

Gevallen per locatie / Records per site
Rode Rotslijster / Rufous-tailed Rock Thrush

Gevallen per maand / Records per month
Rode Rotslijster / Rufous-tailed Rock Thrush

Goudlijster

Zoothera aurea

White's Thrush

zeldzaam

rare

Broedt van Centraal-Siberië tot in Mantsjoerije; overwintert in Zuidoost-Azië.

De meeste gevallen (71%) dateerden tussen 8 september en 24 oktober. Het december-geval en vooral de drie gevallen in het vroege voorjaar suggereren dat deze exemplaren in West-Europa overwinterden. Bijna alle gevallen (86%) betroffen dode of stervende vogels. Dit geeft aan dat de soort ondanks zijn opvallende verenkleed gemakkelijk over het hoofd kan worden gezien.

Breeds from central Siberia into Manchuria; winters in south-eastern Asia.

Most records (71%) were from the period between 8 September and 24 October. The December record and, especially, the three records in early spring suggest that these individuals have been wintering in western Europe. Almost all records (86%) concerned dead or moribund birds, indicating that the species is easily overlooked despite its striking plumage.

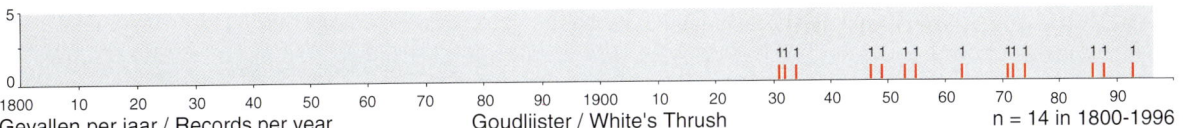

14 records in 1800-1996; 3 in 1980-96

13 October 1931 Gevers Deynootplein, Scheveningen, *Den Haag* ZH, ♀, trapped, dead (NNM) (died 11 April 1933) (NNM); Org Club Ned Vogelkd 4: 65-66, 1931, Ardea 23: 213-214, 1934

2 October 1932 Warns, *Nijefurd* FR, ♂, dead (taken by cat) (FNM); Org Club Ned Vogelkd 5: 118-121, 1932

14 October 1934 eendenkooi Sassenheim, *Warmond* ZH, ♂, dead (NNM); Ardea 23: 213-214, 1934

18 September 1947 Lemmer, *Lemsterland* FR, 1y ♂, dead (wire victim) (FNM)

25 September 1949 Stavoren, *Nijefurd* FR, ♀, dead (wire victim) (FNM); Vanellus 2: 215, 1949

9 April 1953 Den Burg, *Texel* NH, ♂, dead (EM)

2 December 1955 Wijk aan Zee, *Beverwijk* NH, ♂, dead (prey of Eurasian Sparrowhawk *Accipiter nisus*); LM 30: 91-92, 1957, DB 18: 186, 1996

6 October 1963 Den Burg, *Texel* NH, ♂, dead (window victim)

13 October 1971 West-Terschelling, *Terschelling* FR, ♂, dead (light-house victim taken by cat) (ZMA); Kees Roselaar (in litt), cf DB 18: 186, 1996

3 October 1972 Noordwijk aan Zee, *Noordwijk* ZH, ♂, trapped,

dead (NNM) (window victim; died 13 October); Duinstag 5: 77-79, 1990 (photos)

8 September 1974 Oosterwierum, *Littenseradiel* FR, dead (window victim); Vanellus 28: 101, 1975

24 October 1986 Katwijk aan Zee, *Katwijk* ZH, 1y, dead (window victim) (NNM); Duinstag 1: 110-112, 1986 (photos); 5: 79, 1990 (photos), DB 9: 42, 1987 (photo), LM 60: 200, 1987 (photo), Meijer et al (1996; photos), Mitchell & Young (1997; photo 115(4))

17 March 1988 *Wageningen* GL; cf Leys et al (1993)

9 April 1993 Breskens, *Oostburg* ZL (flying past) (photographed); DB 15: 95, 1993

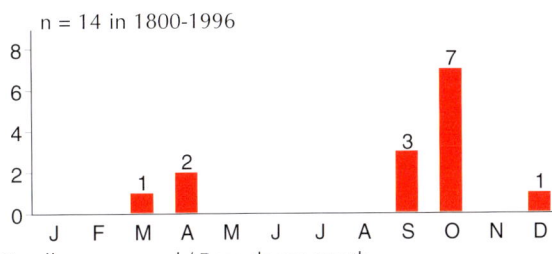

n = 14 in 1800-1996

8

6

4

2

0

J F M A M J J A S O N D

Gevallen per maand / Records per month
Goudlijster / White's Thrush

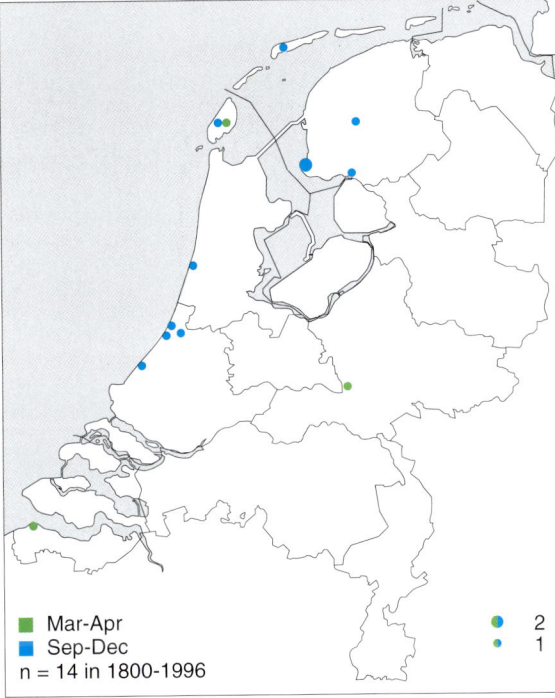

Gevallen per locatie / Records per site
Goudlijster / White's Thrush

■ Mar-Apr
■ Sep-Dec
n = 14 in 1800-1996

● 2
● 1

Goudlijster / White's Thrush *Zoothera aurea*, ♂, 7 October 1972, Noordwijk aan Zee, Noordwijk, Zuid-Holland *(Truus Rampen)*

Siberische Lijster   *Zoothera sibirica sibirica*   # Siberian Thrush

zeer zeldzaam

very rare

Soort broedt van Centraal-Siberië oost tot Japan; overwintert in Zuid-Azië van India tot in Indonesië.

Na een herziening door de CDNA werden negen gevallen afgewezen vanwege het ontbreken van voldoende documentatie (DB 18: 187, 1996). Er waren in 1954-94 drie gevallen in Schotland, twee in Engeland en één in Ierland, waaronder slechts één ♀, alle tussen 18 september en 28 december. In België werden eerstejaars vogels verzameld in september 1877 (♂), 18 oktober 1901 (♀) en eind oktober 1912 (♂) (alle in KBIN) (Gunter De Smet in litt).

Species breeds from central Siberia east to Japan; winters in southern Asia from India to Indonesia.

After review by CDNA, nine records were rejected due to a lack of sufficient documentation (DB 18: 187, 1996). In 1954-94, there were three records in Scotland, two in England and one in Ireland, including only one ♀, all from the period between 18 September and 28 December. In Belgium, first-year birds were collected in September 1877 (♂), 18 October 1901 (♀) and late October 1912 (♂) (all in KBIN) (Gunter De Smet in litt).

September 1853 Paterswolde, *Eelde* DR, 1w ♂, dead (NNM); Tijdschr Ned Dierkd Ver 2 (5): 3-4, 1896, DB 18: 169, 1996 (photo)
1 October 1856 *Noordwijk* ZH, 1w ♂, dead (ZMA); DB 18: 169, 1996 (photo)

Siberische Lijster / Siberian Thrush *Zoothera sibirica*, first-winter ♂, skin (ZMA), collected 1 October 1856 (photographed January 1996), Noordwijk, Zuid-Holland (*Jan van der Laan*)

n = 2 in 1800-1996

Gevallen per locatie / Records per site
Siberische Lijster / Siberian Thrush

Gevallen per maand / Records per month
Siberische Lijster / Siberian Thrush

Beflijster [2]

algemene doortrekker

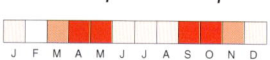

Turdus torquatus torquatus

Ring Ouzel

common migrant

Mogelijk is de soort een voormalige onregelmatige broedvogel (maximaal zeven meldingen in de 19e eeuw; Org Club Ned Vogelkd 4: 147, 1932). Ook van Oost-België zijn broedgevallen bekend waaronder meldingen in 1958 (Hens 1965) en in Hautes Fagnes (Hoge Venen) in 1969-85 (cf Aves 12: 35-36, 1975); dit betrof het Midden-Europese taxon *T t alpestris* (Gunter De Smet in litt).

Possibly, the species is a former irregular breeding bird (up to seven breeding reports in the 19th century; Org Club Ned Vogelkd 4: 147, 1932). There are also breeding records for eastern Belgium, including reports in 1958 (Hens 1965) and in Hautes Fagnes in 1969-85 (cf Aves 12: 35-36, 1975); these concerned the central European taxon *T t alpestris* (Gunter De Smet in litt).

Merel [2]

algemene broedvogel
gehele jaar algemeen

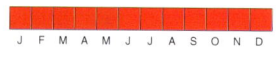

Turdus merula merula

Common Blackbird

common breeding bird
common throughout year

Vale Lijster

zeer zeldzaam

Turdus obscurus

Eyebrowed Thrush

very rare

Broedt in Siberië; overwintert van India oost tot in Zuidoost-Azië en Japan.

Breeds in Siberia; winters from India east to south-eastern Asia and Japan.

Het april-geval van 1977 betrof twee exemplaren waarover zich door de nabijheid van luchthaven Schiphol, Haarlemmermeer, Noord-Holland, enige discussie ontspon betreffende de herkomst (LM 51: 170-172, 1978, DB 2: 71, 1980). Tot en met 1995 waren er 16 gevallen in Engeland en Schotland (de eerste pas in 1964), met drie in april-mei en de rest gedurende eind september en oktober (BB 89: 516, 1996), hetgeen overeenkomt met het Nederlandse patroon.

The April record in 1977 concerned two individuals; the proximity of Schiphol international airport, Haarlemmermeer, Noord-Holland, caused some doubt about their origin (LM 51: 170-172, 1978, DB 2: 71, 1980). Up to 1995, there were 16 records in England and Scotland (the first as late as 1964), with three in April-May and the rest in late September and October (BB 89: 516, 1996), corresponding with the Dutch pattern.

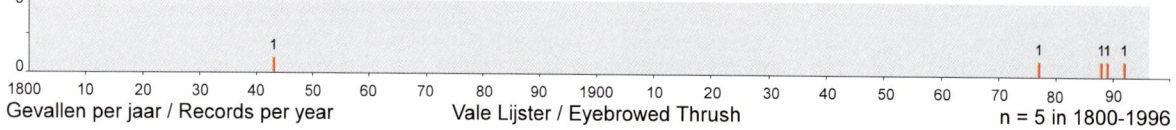

Gevallen per jaar / Records per year   Vale Lijster / Eyebrowed Thrush   n = 5 in 1800-1996

Vale Lijster / Eyebrowed Thrush *Turdus obscurus*, first-winter ♂, 3 October 1988, De Cocksdorp, Texel, Noord-Holland
(Arnoud B van den Berg)

**5 records (6 individuals) in 1800-1996;
3 records in 1980-96**

27 October 1843 Velserbeek, *Velsen* NH, dead (NNM); Notes
   Leyden Mus 30: 192, 1908
24-26 April 1977 Bosbaan, Amsterdamse Bos, *Amstelveen* NH (**2**), ♂
   & imm/♀; LM 51: 170-172, 1978, cf DB 2: 71, 1980
30 September-4 October 1988 De Cocksdorp, *Texel* NH, 1w ♂; DB
   10: 202, 1988 (photo); 11: 46, 66-68, 158, 1989 (photos)
5-7 May 1989 *Roermond* LB, adult ♂ (photographed); LV 0: 27,
   1989
18 October 1992 Zwanenwater, Callantsoog, *Zijpe* NH; DB 16: 139,
   1994 (photo)

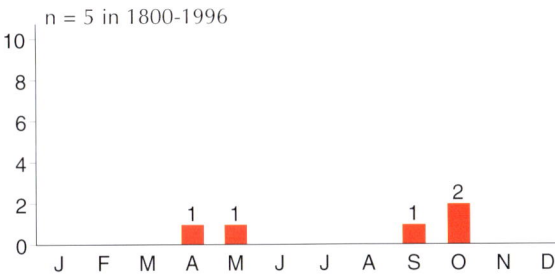

n = 5 in 1800-1996

Gevallen per maand / Records per month
Vale Lijster / Eyebrowed Thrush

■ Apr-May
■ Sep-Oct
n = 5 in 1800-1996

Gevallen per locatie / Records per site
Vale Lijster / Eyebrowed Thrush

Bruine Lijster

Turdus naumanni eunomus

Dusky Thrush

zeer zeldzaam

very rare

Broedt in Centraal-Siberië oost tot in Kamtsjatka; overwintert
in Zuid-Azië van Pakistan oost tot in Zuid-Japan.

Breeds in central Siberia east to Kamchatka; winters in southern Asia from Pakistan east to southern Japan.

Na een herziening door de CDNA werden vijf zichtwaarnemingen van Bruine Lijster alsmede beide gevallen van Naumanns Lijster *T n naumanni* alsnog afgewezen vanwege het
ontbreken van overtuigende documentatie (DB 18: 187, 1996).

After review by CDNA, not only five sight records of Dusky
Thrush but also both records of Naumann's Thrush *T n naumanni* were rejected because convincing documentation
was lacking (DB 18: 187, 1996).

Gevallen per locatie / Records per site
Bruine Lijster / Dusky Thrush

n = 2 in 1800-1996

Gevallen per maand / Records per month
Bruine Lijster / Dusky Thrush

2 records in 1800-1996; none in 1980-96

20 November 1899 Veenwouden, *Dantumadeel* FR, ♂, dead (ZMA);
Tijdschr Ned Dierkd Ver 2 (6): 261-263, 1900, DB 18: 169, 1996
(photo)
20 February 1955 IJsselmuiden OV, ♂, trapped & dead (ZMA) (died
26 February 1955); LM 160-161, 1954 (photos), DB 18: 169, 1996
(photo)

Bruine Lijster / Dusky Thrush *Turdus naumanni eunomus*, ♂,
skin (ZMA), collected 20 November 1899 (photographed
January 1996), Veenwouden, Dantumadeel, Friesland *(Jan van
der Laan)*

Zwartkeellijster

Turdus ruficollis atrogularis

Black-throated Thrush

zeer zeldzaam

very rare

Broedt in West-Siberië; overwintert van Iran oost tot in
Burma.

Breeds in western Siberia; winters from Iran east into Burma.

Gedurende het koude winterweer van januari-maart 1996
werden behalve de vogel in Nederland ook in Brittannië vier
exemplaren ontdekt in meest stedelijk habitat (Vinicombe &
Cottridge 1996). Na een herziening door de CDNA werd de
enige zichtwaarneming van Roodkeellijster *T r ruficollis* alsnog afgewezen vanwege het ontbreken van overtuigende
documentatie (DB 18: 187, 1996).

During the cold spell in January-March 1996, besides the one
in the Netherlands, four individuals were discovered in mostly urban habitat in Britain (Vinicombe & Cottridge 1996).
After review by CDNA, the only sight record of Red-throated
Thrush *T r ruficollis* was rejected because convincing documentation was lacking (DB 18: 187, 1996).

Zwartkeellijster / Black-throated Thrush *Turdus ruficollis atrogularis*, adult summer ♂, 13 April 1998, West-Terschelling,
Terschelling, Friesland *(Eric Koops)*

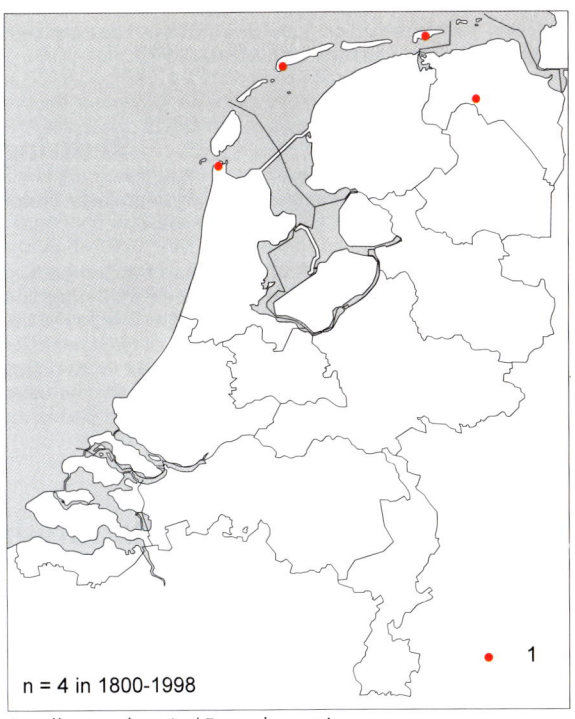

n = 4 in 1800-1998

● 1

Gevallen per locatie / Records per site
Zwartkeellijster / Black-throated Thrush

Zwartkeellijster / Black-throated Thrush *Turdus ruficollis atrogularis*, first-winter ♀, 12 January 1996, Den Helder, Noord-Holland *(René Pop)*

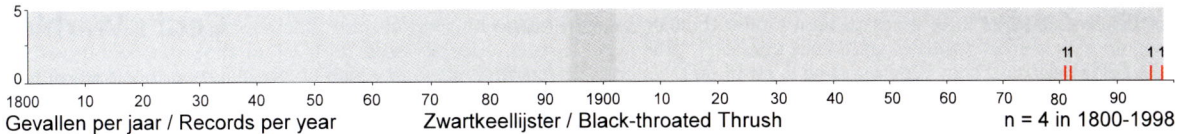

Gevallen per jaar / Records per year   Zwartkeellijster / Black-throated Thrush   n = 4 in 1800-1998

3 records in 1800-1996; 3 in 1980-96

31 March-3 April 1981 Westersingel, *Groningen* GR, ♀; DB 3: 72, 1981 (photos), Grauwe Gors 9: 31, 1981
9 October 1982 *Schiermonnikoog* FR; LM 56: 260-261, 1983
4 January-20 March 1996 *Den Helder* NH, 1w ♀; Duinstag 10 (4): 39, 1995 (photos), BW 9: 12, 1996 (photo); 10: 30, 1997 (photo), Birdwatch 5(45): 60, 1996 (photo), BB 89: 265, 1996 (photos), DB 18: 43, 103, 1996 (photo); cf 18: 51, 1996; 19: 269-272, 1997 (photos), ter Ellen et al (1996), Limicola 11: 311, 1997 (photo), Opperman et al (1997)

voorlopige toevoegingen voor 1997-98 / provisional additions for 1997-98
12-14 April 1998 West-Terschelling, *Terschelling* FR, adult summer ♂ (sound-recorded); Alula 4: 70, 1998 (photo), Birdwatch 7(72): 56,

1998 (photo), BW 11: 133, 1998 (photo), DB 20: 88, 99-100, 1998 (photos), VJ 46: 240, 1998 (photo), Plomp et al (1999)

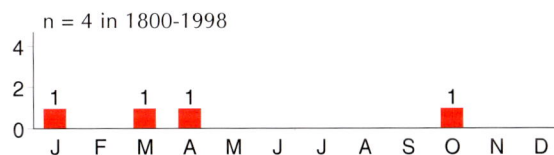

n = 4 in 1800-1998

Gevallen per maand / Records per month
Zwartkeellijster / Black-throated Thrush

Kramsvogel [2]

Turdus pilaris

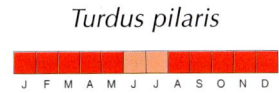

algemene broedvogel
gehele jaar algemeen

Het eerste gedocumenteerde broedgeval vond plaats in 1903 te Ginneken, Noord-Brabant (nest en twee eieren verzameld; LM 32: 34-36, 1959). De soort broedt jaarlijks sinds 1972 met maximaal 700-900 paren in 1986 (van Dijk et al 1997).

Fieldfare

common breeding bird
common throughout year

The first documented breeding record was in 1903 at Ginneken, Noord-Brabant (nest and two eggs collected; LM 32: 34-36, 1959). The species breeds annually since 1972 with a maximum of 700-900 pairs in 1986 (van Dijk et al 1997).

Zanglijster [2]

Turdus philomelos ssp

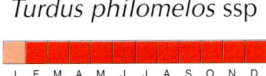

algemene broedvogel
gehele jaar algemeen

Vogels met kenmerken van de Britse ondersoort *T p clarkei* en die van de oostelijke *T p philomelos* broeden in Nederland waar ze in het veld (vrijwel) niet zijn te onderscheiden (Glutz von Blotzheim & Bauer 1988). De verschil-

Song Thrush

common breeding bird
common throughout year

Birds with characters of the British subspecies *T p clarkei* and those of the eastern *T p philomelos* breed in the Netherlands where they are (almost) impossible to tell apart in the field (Glutz von Blotzheim & Bauer 1988). The colour differences

6 October 1968 De Hoort, *Budel* NB, trapped; LM 42: 110-111, 1969 (photos)

3 May-29 June 1969 De Hoort, *Budel* NB; LM 42: 234, 1969; 45: 83, 1972

15 May-6(18) June 1969 *Nuth* LB, singing; LM 42: 233-234, 1969; 45: 83, 1972, Natuurhist Maandbl Limbg 58: 130-131, 143, 1969

7 June 1969 *Stramproy* LB, singing #; LM 45: 83, 1972

25 October 1969 *Goedereede* ZH, trapped; LM 42: 235, 1969; 43: 106, 1970; 45: 83, 1972

12 April-18 July 1970 Breukeleveen, *Loosdrecht* UT; LM 45: 83, 1972

5 May 1970 *Budel* NB; LM 45: 83, 1972

20 June 1970 Brabantse Biesbosch, *Werkendam/Made en Drimmelen* NB; LM 45: 83, 1972

11 October 1970 Zuid-Flevoland, *Almere/Lelystad/Zeewolde* FL; LM 45: 83, 1972

19 September 1971 Westlandse Duinen, *Den Haag* ZH, trapped; LM 46: 85, 89-90, 1973 (photos)

9 October 1971 Valkeveen, *Naarden* NH, trapped; LM 46: 85, 1973

16 October 1971 IJmeerdijk, *Almere* FL, trapped; LM 45: 92-93, 1972; 46: 85, 1973

20 September 1972 *Someren* NB, trapped; LM 47: 46, 1974

7 October 1972 Zuid-Flevoland, *Almere/Lelystad/Zeewolde* FL, trapped; LM 47: 46, 1974

26 December 1972-10 March 1973 Ankeveen, *Nederhorst den Berg* NH, singing; LM 47: 46, 1974

15 March-July 1973 *Veere* ZL

25 March-9 September 1973 Quackjeswater, *Westvoorne* ZH (**2**)

29 April-25 May 1973 *Lieshout* NB

30 April-13 May 1973 Heukelum, *Lingewaal* GL

7-14 May 1973 *Nieuw-Lekkerland* ZH #

27 May-2 June 1973 *Echt* LB, singing; Ganzevles et al (1985)

11 August 1973 Hummelo, *Hummelo en Keppel* GL #

16 September 1973 Westlandse Duinen, *Den Haag* ZH, trapped

6 October 1973 Zuid-Flevoland, *Lelystad* FL, trapped

20 October 1973 Zuid-Flevoland, *Lelystad* FL, trapped

27 October 1973 *Huizen* NH, trapped

28 October 1973 Dordtse Biesbosch, *Dordrecht* ZH, 1y, trapped (ringed 16 July 1973 Lokeren, Oost-Vlaanderen, Belgium)

31 October 1973 *Huizen* NH, trapped #

1 February-2 November 1974 Quackjeswater, *Westvoorne* ZH (**6**)

(11 November 1972-)16 March 1974-19 June 1976 Canisvliet, *Sas van Gent* ZL (min **4** incl 2 young in 1976), nest collected in 1976; LM 48: 211-212, 1975; 50: 61-62, 1977

20 March 1974-1 April 1975 Zwarte Hoek, *Axel* ZL (**2**)

11 April 1974 *Oostburg* ZL, ♂

27 April 1974 Groene Strand, Oostvoorne, *Westvoorne* ZH

27 April-3 May 1974 vliegveld, Oostvoorne, *Westvoorne* ZH (**2**)

7 May 1974 *Dordrecht* ZH #, ♂

25 May-6 July 1974 Groede, *Oostburg* ZL #, ♂

14 August 1974 *Ambt Delden* OV, ♂

15 September 1974 Cadzand, *Oostburg* ZL, ♂

10 October 1974 Brielse Meer, Oostvoorne, *Westvoorne* ZH #, trapped

26 January-31 May 1975 Quackjeswater, *Westvoorne* ZH (**2**) (see also 1974)

13-16 April 1975 Tienhoven, *Maarssen* UT

19-22 April 1975 Brielse Meer, Oostvoorne, *Westvoorne* ZH

1 May-mid September 1975 *Vlissingen* ZL, singing; LM 50: 55, 1977, contra Walhout & Twisk (1998)

2 May-17 June 1975 Konijnenputten, *Westvoorne* ZH #

(25 April-)8-10(26) May 1975 Ankeveen, *Nederhorst den Berg* NH

8 May 1975 Zuid-Lingedijk, Asperen, *Lingewaal* GL

18 May 1975 Naardermeer, *Naarden* NH #

28 May-20 June 1975 Kromme Rade, Kortenhoef, *'s-Graveland* NH #

3 July 1975 Zuid-Lingedijk, Heukelum, *Lingewaal* GL #, trapped

12 July-2 November 1975 De Haack, Oostvoorne, *Westvoorne* ZH

19 July 1975 De Haack, Oostvoorne, *Westvoorne* ZH, trapped

15 August 1975 De Haack, Oostvoorne, *Westvoorne* ZH, trapped

7 September 1975 De Haack, Oostvoorne, *Westvoorne* ZH, trapped

30 September 1975 Zuid-Flevoland, *Lelystad* FL, trapped; cf LM 52: 227, 1979

10 October 1975 *Vlissingen* ZL, trapped; LM 50: 55, 1977, contra Walhout & Twisk (1998)

19 October 1975 Breede Water, Oostvoorne, *Westvoorne* ZH

11 December 1975 Zuid-Lingedijk, Heukelum, *Lingewaal* GL, trapped

10 April 1976 Oostvoorne, *Westvoorne* ZH, trapped

10 April-3 July 1976 Numansdorp, *Cromstrijen* ZH

13 April-July 1976 Ankeveen, *Nederhorst den Berg* NH (see also 1972-75)

25 April 1976 Dordtse Biesbosch, *Dordrecht* ZH

6 May 1976 *Terneuzen* ZL

8 May-15 June 1976 Hardinxveld, *Hardinxveld-Giessendam* ZH

22 May 1976 Ameide, *Zederik* ZH

23 May 1976 Quackjeswater, *Westvoorne* ZH (**3**), singing (see also 1974-75)

28 May 1976 Kortenhoef, *'s-Graveland* NH

26 June 1976 *Axel* ZL (see also 1974-75)

14 August-2 October 1976 Oostvoorne, *Westvoorne* ZH (**8**), trapped (all)

15 August 1976 Oostvaardersdijk, *Almere* FL

24 August 1976 *Hulst* ZL (**2**), trapped

17 September 1976 *Spijkenisse* ZH, trapped

18 September 1976 *Spijkenisse* ZH, trapped; LM 52: 231, 1979

20 September 1976 *Spijkenisse* ZH, trapped (**2**); LM 52: 231, 1979

20 September 1976 Korverskooi, *Texel* NH, trapped; Graspieper 16: 76, 1996 (photo)

22 September 1976 Hoek van Holland, *Rotterdam* ZH, trapped

25 September-4 December 1976 Braakman, *Terneuzen* ZL

3 October 1976 & 8 November Wissenkerke, *Noord-Beveland* ZL

9 October 1976 *Huizen* NH, trapped

10 October 1976 Oostvaardersdijk, *Almere* FL

31 October 1976 Vuren, *Lingewaal* GL, trapped

22 January-22 October 1977 *Axel* ZL (max **2**) (see also 1974-76)

29 January-25 December 1977 *Veere* ZL, singing

14 February-29 May 1977 Ankeveen, *Nederhorst den Berg* NH, singing

21 February 1977 & 23-29 April *Terneuzen* ZL, singing

13 March 1977 Wissenkerke, *Noord-Beveland* ZL, singing

24 April-8 May 1977 Nieuwe Merwede, Brabantse Biesbosch, *Werkendam* NB, singing

27 April-14 May 1977 Braakman, *Terneuzen* ZL (max **2**), singing

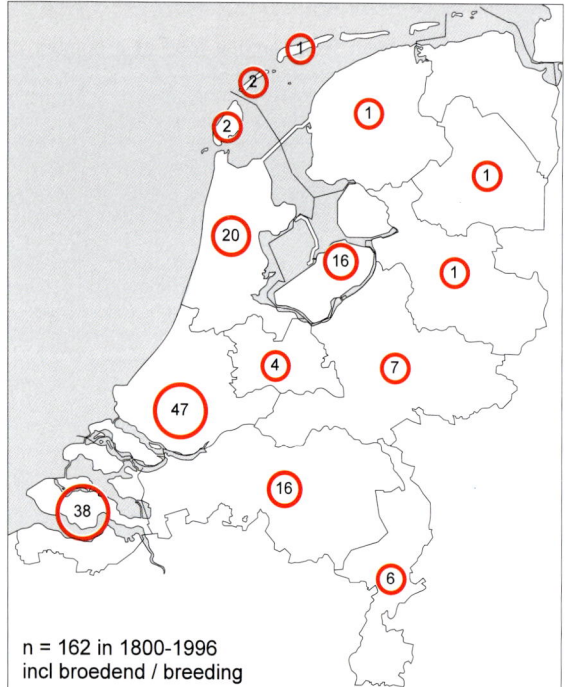

Gevallen per provincie / Records per province
Cetti's Zanger / Cetti's Warbler

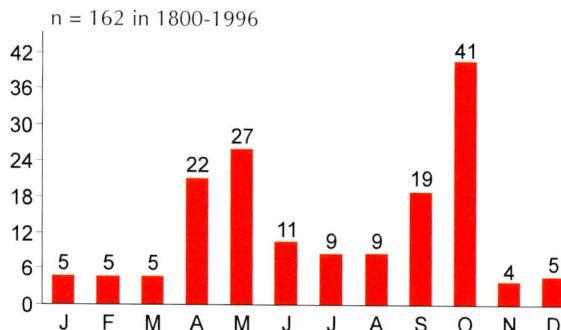

Gevallen per maand / Records per month
Cetti's Zanger / Cetti's Warbler

29 April 1977 *Sas van Gent* ZL, singing
1 May-late June 1977 Vlaamse Kreek, *Hulst* ZL (**2**), singing
9 May 1977 Cadzand, *Oostburg* ZL, singing
9 May 1977 Groede, *Oostburg* ZL (**2**), singing
15 August 1977 Brabantse Biesbosch, *Werkendam/Made en Drimmelen* NB, trapped
24-25 August 1977 Verdronken Land van Saeftinge, *Hulst* ZL (**2**), trapped
7 October 1977 Oostvaardersdijk, *Almere* FL, trapped
8 October 1977 *Spijkenisse* ZH, trapped
11 October 1977 Oostvaardersdijk, *Lelystad* FL, trapped
11 October 1977 *Oisterwijk* NB, trapped
12 October 1977 *Spijkenisse* ZH, trapped
14 October 1977 's-Gravenpolder, *Borsele* ZL (**3**), trapped (all), 1 singing
15 October 1977 't Goor, *Maarheeze* NB, trapped
16-20 October 1977 Brabantse Biesbosch, *Werkendam/Made en Drimmelen* NB (**6**); LM 53: 31, 1980
20 October 1977 *Spijkenisse* ZH, trapped
22-27 October 1977 *Den Bosch* NB, singing; VJ 26: 147, 1978, LM 53: 31, 1980
22 October 1977 De Geul, *Texel* NH; VJ 26: 147, 1978, LM 53: 31, 1980
22 October 1977 *Valkenswaard* NB, singing
23 October 1977 Wormer, *Wormerland* NH, singing
16-21 January 1978 Canisvliet, *Sas van Gent* ZL, singing (see also 1972-76); LM 53: 31, 1980
7 February 1978 Groene Strand, Oostvoorne, *Westvoorne* ZH, singing; VJ 26: 147, 1978, LM 53: 31, 1980
2 April-13 July 1978 Ankeveen, *Nederhorst den Berg* NH, singing (see also 1977); LM 53: 31, 1980
15 May 1978 Velp, *Rheden* GL (**2**)
9 October 1978 *Meerssen* LB, singing # (not submitted to CDNA); Ganzevles et al (1985)
10 October 1978 Oostvaardersdijk, *Almere* FL, trapped
13 October 1978 *Spijkenisse* ZH, trapped
19 October 1978 Cadzand, *Oostburg* ZL (**2**), trapped
29 October 1978 Rohel, Tjeukemeer, *Skarsterlân* FR, trapped; van der Poel et al (1979)
(19 November)28 December 1978-4 February 1979 Groede, *Oostburg* ZL, singing; LM 54: 25, 1981
3 June-25 November 1979 Carnisse Grienden, IJsselmonde, *Rotterdam* ZH, singing (max **2**); DB 1: 30, 85, 1979; 1: 133, 1980
14 June 1979 Steurgatsluis, *Werkendam* NB, singing; DB 1: 85, 1979
(17 August 1976 & 17 April-26 December 1978 &) 27 June-13 October 1979 & 8 May-4 October 1980 & 25 March-11 July 1981 & 3 April-15 July 1982 & 25 September *Eijsden* LB, singing; DB 4: 72, 1982, Hazevoet (1983), Ganzevles et al (1985)
8 July-4 August 1979 *Axel* ZL, singing
28 July 1979 *Sas van Gent* ZL
18 November 1979 *Sas van Gent* ZL
25 November 1979 *Cromstrijen* ZH (**2**), singing; cf LM 55: 135, 1982
19 December 1979 Tienhoven, *Maarssen* UT, singing
14 April-14 June 1980 *Den Haag* ZH, singing
15 April-17 May 1980 *Sas van Gent* ZL (max **2**), singing
16 April 1980 *Reeuwijk* ZH, singing
28 April 1980 Carnisse Grienden, IJsselmonde, *Rotterdam* ZH (**2**), singing
1 June 1980 Leekstermeer, *Roden* DR, singing
28 July 1980 Oostvaardersdijk, *Almere/Lelystad* FL, singing
22 September 1980 Carnisse Grienden, IJsselmonde, *Rotterdam* ZH, singing
14 October 1980 *Uitgeest* NH
(January-December) 1981 Hellegatsplein, *Oostflakkee* ZH, singing; cf LM 57: 24, 1984
16 May 1981 Quackjeswater, *Westvoorne* ZH (**2**), singing
17 May 1981 Oostvoorne, *Westvoorne* ZH, singing
(7)8 June 1981 Grië, *Terschelling* FR (holding territory), 18 July & 18 September Oostvaardersdijk, *Lelystad* FL, trapped & twice retrapped; cf Zwart (1985)
1 July 1981 Brabantse Biesbosch, *Werkendam/Made en Drimmelen* NB, singing
18 July 1981 Oostvaardersdijk, *Lelystad* FL, trapped; DB 3: 146, 1981
31 October 1981 Braakman, *Terneuzen* ZL, singing
12 November 1981 Canisvliet, *Sas van Gent* ZL, singing (present here in 1972-82; cf Buise & Tombeur 1988)
April-19 June 1982 Groede, *Oostburg* ZL
May-June 1982 *Steenbergen* NB (**2**), singing

Cetti's Zanger / Cetti's Warbler *Cettia cetti*, 18 May 1989, Dordtse Biesbosch, Dordrecht, Zuid-Holland *(Hans Gebuis)*

14 September 1982 Cadzand, *Oostburg* ZL
December 1982 Maarsseveense Plassen, *Maarssen* UT, singing
13 April 1983 Knardijk, *Lelystad/Zeewolde* FL
7 June 1983 De Glip, *Heemstede* NH; Fitis 20: 143, 1984 (contra LM 59: 21, 1986)
23 June 1983 *Nuth* LB, singing; Ganzevles et al (1985)
23 July 1983 *Oostburg* ZL (**2**)
1 September 1983 Callantsoog, *Zijpe* NH
4 November 1983 *Oostburg* ZL (**2**)
29 February 1984 Oostvaardersplassen, *Lelystad* FL; LM 59: 124, 1986
1 June 1985 *Schoorl* NH, singing
2-18 May 1989 Dordtse Biesbosch, *Dordrecht* ZH, singing; DB 11: 144, 1989 (photo); 13: 52, 1991 (photo)
23 (& 26) September 1990 *Zandvoort* NH, ♀, trapped (photographed) (not (yet) submitted to CDNA); VT archives, Geelhoed et al (1998)
28 September (& 13 October) 1990 *Zandvoort* NH, ♀, trapped (photographed); VT archives, contra DB 15: 153, 1993, Geelhoed et al (1998)
8 October 1990 *Vlieland* FR, ♀, trapped
15 October 1990 Kamperhoek, *Noordoostpolder* FL, trapped (photographed)
29 September 1993 & 2, 27, 31 October & 9 January 1994 *Zandvoort* NH, ♀, trapped & 4 times retrapped (photographed) (present until March 1994; Tom van Spanje pers comm) (not (yet) submitted to CDNA); VT archives, cf Geelhoed et al (1998)
(April)10 May-14 June 1994 *Veere* ZL, singing (sound-recorded); cf LM 70: 108, 1997
16 October 1995 De Punt, Ouddorp, *Goedereede* ZH; DB 20: 155, 1998
22 August-6 October 1996 Meyendel, *Wassenaar* ZH (sound-recorded)
28 September-17 October 1996 *Vlieland* FR, ♂, sound-recorded (28 September), trapped & twice retrapped (4, 11 & 17 October) (not (yet) submitted to CDNA); DB 18: 276, 1996, VT archives, Ferry Ossendorp (pers comm)

voorlopige toevoegingen voor 1997-98 / provisional additions for 1997-98
10 August-27 September 1998 Ventjagersplaten, *Oostflakkee* ZH, singing (sound-recorded)

Graszanger

Cisticola juncidis cisticola

Zitting Cisticola

(vrij) zeldzaam

(rather) rare

Dichtstbijzijnde regelmatige broed- en overwinteringsgebieden in het westen en zuiden van Frankrijk.

Onregelmatige broedvogel, mogelijk niet na 1990.

De beste jaren voor de soort waren 1975-77, met ten minste 18 territoria in 1975, 13 in 1976 en 17 in 1977. De meeste van deze territoria werden in het uiterste zuid-westen gevonden, binnen de gemeentegrenzen van Hontenisse en Hulst, Zeeland, waar vooral het Verdronken Land van Saeftinge en de aangrenzende Westerscheldedijk aantrekkelijk waren. Het is in dit verband interessant te vermelden dat het eerste geval voor België drie jaar later was dan dat voor Nederland en dateerde van 6 juli 1975 te Lillo, Antwerpen (Giervalk 66: 141-148, 1976). SOVON-inventarisaties suggereerden overigens dat aantallen in Nederland nog hoger waren dan bij de CDNA bekend werd (cf LM 52: 228, 1979). Buise & Tombeur (1988) noemen de volgende schattingen van de jaarlijkse aantallen zingende ♂s in Zeeuws-Vlaanderen, Zeeland, in 1975-85 (tussen haakjes Verdronken Land van Saeftinge): 16(11), 18(15), 26(25), 14(12), 16(15), 12(10), 7(4), 15(8), 22(20), 15(7) en 13(10). In 1978 namen de aantallen voor het eerst sterk af, hetgeen net als bij Cetti's Zanger *Cettia cetti* het gevolg lijkt te zijn van streng winterweer in Noordwest-Europa.

Het is interessant dat de meeste gevallen (75%) uit de nazomer stamden, in juli-september, en dat de meeste in de zuidwesthoek van Nederland werden aangetroffen. Dit suggereert dat deze vogels 's zomers uit West-Frankrijk arriveerden waar een succesvol broedseizoen in het voorjaar aanleiding kan geven tot een vertrek van zowel adulte als juveniele. Het is aangetoond dat juveniele ♂s na hun eerste omzwervingen territoria proberen te vestigen (cf Cramp 1992). Het is overigens niet uitgesloten dat ook de nominaat Nederland heeft bereikt aangezien er gevallen zijn van de Rijnvallei in Duitsland, Oostenrijk en Zwitserland (Limicola 11: 26-29, 1997).

Evenals Cetti's Zanger valt de soort pas op als hij zingt. Dit kan ten dele verklaren waarom er zo weinig waarnemingen gedurende het winterhalfjaar waren. Bovendien zullen exemplaren die pogen te overwinteren zelfs tijdens een korte vorstperiode het onderspit delven. Dit blijkt ook te gebeuren tijdens koude winters in de Camargue, Bouches-du-Rhône, Frankrijk, waar de grote verliezen na een strenge winter voor een groot deel in het volgende zomerhalfjaar worden gecompenseerd door de hoge vruchtbaarheid van deze kleine soort die hier drie broedsels per jaar kan grootbrengen in een lange broedperiode met eerste eieren in april en laatste uitvliegende jongen in oktober (Isenmann 1993).

In tegenstelling tot Cetti's Zanger is Graszanger niet gemakkelijk in een mistnet te vangen. Redenen zijn niet alleen de geringe grootte van de soort waardoor hij door de mazen van grove mistnetten kan vliegen maar vooral ook zijn voorkeur voor open grasgebieden met weinig camouflage voor mistnetten. Dit verklaart waarom er maar één ringvangst bekend is.

In 1995-96 leek de soort weer terug te komen met op 23-24 september 1995 een mogelijke familie van zes op Vlieland, Friesland (DB 17: 224, 1995) en een zingende vogel in juli 1996 in Noordwest-Drenthe.

Er heeft geen herziening van gevallen plaatsgevonden; onbevestigde gevallen (#) staan hier vermeld.

Nearest regular breeding and wintering areas in western and southern France.

Irregular breeding bird, possibly not since 1990.

The species' best years were 1975-77, with at least 18 territories in 1975, 13 in 1976 and 17 in 1977. Most of these territories were found in the extreme south-west at Hontenisse and Hulst, Zeeland, where the Verdronken Land van Saeftinge nature reserve along the dike of Westerscheldt attracted a good number. It is of interest to note that the first for Belgium was recorded three years later than the first for the Netherlands, on 6 July 1975 at Lillo, Antwerp (Giervalk 66: 141-148, 1976). SOVON censuses suggested that Dutch numbers were higher than those submitted to CDNA (cf LM 52: 228, 1979). According to Buise & Tombeur (1988), the estimated annual numbers of singing ♂s for Zeeuws-Vlaanderen, Zeeland, during 1975-85 were as follows (within brackets Verdronken Land van Saeftinge): 16(11), 18(15), 26(25), 14(12), 16(15), 12(10), 7(4), 15(8), 22(20), 15(7) and 13(10). In 1978, numbers decreased for the first time, probably resulting from a severe cold spell in north-western Europe as in Cetti's Warbler *Cettia cetti*.

It is of interest that the majority of records (75%) were from late summer, in July-September, and that most were found in the south-western corner of the Netherlands. This timing and pattern suggests that the Dutch birds arrived during summer from western France where successful breeding in spring may lead to dispersal of both adults and juveniles. It has been shown that, after post-fledging dispersal, juvenile ♂s will seek to establish territories (cf Cramp 1992). The occurrence of the nominate subspecies can not be excluded either as there are also records from the Rhine valley in Austria, Germany and Switzerland (Limicola 11: 26-29, 1997).

Like Cetti's Warbler, the species is conspicuous only when singing. This may partly explain why there are hardly any winter records. Moreover, even a short spell of freezing will be fatal for individuals which remain to winter. This is demonstrated during cold winters in the Camargue, Bouches-du-Rhône, France, where population crashes occur during harsh winters although these losses are largely compensated by a high fecundity with up to three nests per year, thanks to a protracted breeding period with the first eggs in April and last fledglings in October (Isenmann 1993).

Unlike Cetti's Warbler, this species is not easily trapped in a mist-net, not only by its small size (often flying right through coarse nets) but also by its preference for open grassy habitats without proper mist-net camouflage. This explains why the species has been trapped only once.

In 1995-96, the species seemed to be returning again with records of a possible family of six on 23-24 September 1995 on Vlieland, Friesland (DB 17: 224, 1995) and a singing bird in July 1996 in north-western Drenthe.

There has not been a review of records; single-observer records (#) are included.

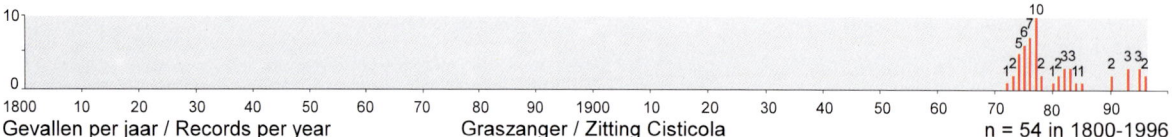

Gevallen per jaar / Records per year — Graszanger / Zitting Cisticola — n = 54 in 1800-1996

gedocumenteerde broedgevallen (excl topjaar 1977) / documented breeding records (excl peak year 1977)	
1975 Braakman, *Terneuzen* ZL (**1**; unsuccessful)	1976 Verdronken Land van Saeftinge, *Hulst* ZL (**2**) 1976 *Wieringermeer* NH (**1**) 1990 Kruispolderhaven, *Hontenisse* ZL (**1**)

Graszanger / Zitting Cisticola *Cisticola juncidis*, July 1982, Wouwse Plantage, Wouw, Noord-Brabant *(René Pop)*

54 records (115 individuals) in 1800-1996; 21 records (37 individuals) in 1980-96

(7)26 August-16 September 1972 Makkumer Noordwaard, Makkum, *Wûnseradiel* FR, singing; LM 47: 47, 163-168, 1974

15 August 1973 Verdronken Land van Saeftinge, *Hulst* ZL #; LM 47: 165-167, 1974; 48: 113, 1975, Giervalk 66: 141, 1976

4 September 1973 Beninger Slikken, Zuidland, *Bernisse* ZH, trapped; LM 47: 165-167, 1974 (photo); 48: 113, 1975

11 June-16 August 1974 Verdronken Land van Saeftinge, *Hulst* ZL (max **2** on 11-16 August); LM 47: 165-168, 1974; 50: 57, 1977

7 August-19 September 1974 Makkumer Noordwaard, Makkum, *Wûnseradiel* FR (max **3** on 19 September); LM 47: 168, 1974; 50: 57, 1977

18-25 August 1974 Amstelmeer, *Anna Paulowna* NH; LM 47: 168, 1974; 50: 57, 1977

30 August 1974 Hondsbossche Zeewering, *Schoorl* NH #; LM 47: 168, 1974; 50: 57, 1977

30 August 1974 IJmuiden, *Velsen* NH #; LM 47: 168, 1974; 50: 57, 1977

(17 June-)10 July-15 September 1975 Verdronken Land van Saeftinge, *Hulst* ZL (min **10**), singing; Giervalk 66: 141-142, 1976, LM 50: 57, 1977

24 August-15 September 1975 Braakman, *Terneuzen* ZL (**4**), singing; Giervalk 66: 142, 1976, LM 50: 57, 1977

24 August-22 September 1975 Goudswaard, *Korendijk* ZH (max **2**); LM 50: 57, 1977

30 August-7 September 1975 Vlaamse Kreek, Nieuw-Namen, *Hulst*, Zeeuws-Vlaanderen ZL (max **4**) #; Giervalk 66: 142, 1976, LM 50: 57, 1977

6-18 September 1975 Braakman, *Terneuzen* ZL (min **2**), nest & 4 eggs, later 3 pulli dead (NNM); Giervalk 66: 142, 1976, LM 50: 57, 1977

9 September 1975 *Hellevoetsluis* ZH (**2**); LM 50: 57, 1977

5 January 1976 Vlaamse Kreek, Nieuw-Namen, *Hulst*, Zeeuws-Vlaanderen ZL; LM 51: 144, 1978

27 June 1976 *Zundert* NB; Giervalk 66: 146, 1976, LM 51: 144, 1978

3 July-16 August 1976 Verdronken Land van Saeftinge, *Hulst* ZL (min **8**), 4 singing, 2 nest sites with fledglings; LM 51: 144, 1978

13 July-16 August 1976 Amstelmeer, *Anna Paulowna* NH (**2**), 1 singing; LM 51: 73, 144, 1978; 53: 31, 1980

29 July 1976 Laaxum, *Nijefurd* FR; LM 51: 72, 144, 1978

6 September 1976 Cadzand, *Oostburg* ZL; LM 51: 72-73, 144, 1978

29 September-6 November 1976 Dijksgat, *Wieringermeer* NH (min **5** incl 3 young), 1 nest (at least 3 young fledged early October) (nest & 2 eggs collected); LM 50: 57, 1977; 51: 69-73 (photos), 144, 1978

17 April-14 August 1977 Vlietland, *Leidschendam* ZH (**2** in August), singing; LM 53: 31, 1980

6 May 1977 Bath, *Reimerswaal*, Zuid-Beveland ZL, singing; LM 52: 228, 1979

28 May 1977 *Ossendrecht* NB, singing; LM 52: 228, 1979

12 June 1977 Verdronken Land van Saeftinge, *Hulst* ZL (**8**), singing (all); LM 52: 228, 1979

22 June-14 July 1977 *Leidschendam* ZH, singing; LM 52: 228, 1979

3-30 July 1977 *Zoetermeer* ZH, singing; LM 52: 228, 1979

20 July-9 August 1977 Grote Vlak, *Texel* NH, singing & building nest; LM 52: 228, 1979, Dijksen (1996)

10 August-7 September 1977 *Utrecht* UT, singing; LM 52: 228, 1979

24 August 1977 Verdronken Land van Saeftinge, *Hulst* ZL (**5**), singing (all); LM 52: 228, 1979

27 August 1977 Makkum, *Wûnseradiel* FR, singing; LM 52: 228, 1979

28 May 1978 *Heerenveen* FR, singing; LM 53: 31, 1980

13-20 August 1978 *Mariekerke* ZL, singing; LM 53: 31, 1980

13 June(-July) 1980 Verdronken Land van Saeftinge, *Hulst* ZL (**2**), singing; LM 55: 135, 1982, Peter Meininger (in litt)

7 June 1981 *Woudrichem* NB, singing; LM 55: 135, 1982

5 September 1981 Maasvlakte, *Westvoorne/Rotterdam* ZH (**2**)

15 July 1982 Zuidgors, Ellewoutsdijk, *Borsele* ZL, singing

21 July-5 September 1982 Wouwse Plantage, *Wouw* NB, singing (photographed)

30 July-29 August 1982 Verdronken Land van Saeftinge, *Hulst* ZL, singing; Hazevoet (1983)

22 July 1983(-23 August 1983) Paal, *Hulst* ZL (**2**)

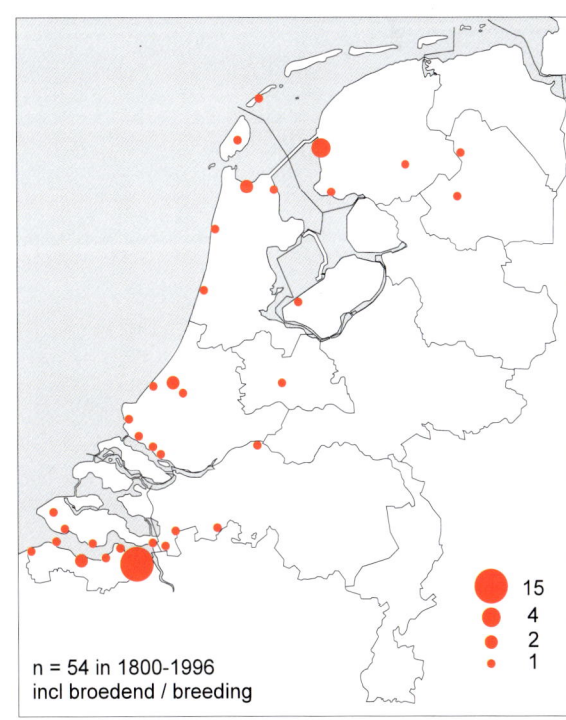

n = 54 in 1800-1996
incl broedend / breeding

15
4
2
1

Gevallen per locatie / Records per site
Graszanger / Zitting Cisticola

269

27 July 1983 *Vlissingen* ZL, singing
16 August-22 September 1983 Makkumerwaard, Makkum, *Wûnseradiel* FR (**3**), singing
15 May 1984 *Dwingeloo* DR, singing
7 August 1985 Hoofdplaat, *Oostburg* ZL, singing
22 July-22 August 1990 Kruispolderhaven, *Hontenisse* ZL (**4**), 2 adult & 2 fledglings (sound-recorded); DB 12: 268, 1990 (photo)
8 September 1990 *Almere* FL; DB 15: 153, 1993
29 June-10 September 1993 Paal, *Hulst* ZL (max **3** on 10 September), singing; DB 15: 237, 1993 (photo); 17: 96, 1995; 19: 108, 1997
16-21 August 1993 Hellegat, *Terneuzen* ZL (**2**), ♂s, singing; CDNA archives, DB 19: 108, 1997
19-21 August 1993 Kloosterzande, *Hontenisse* ZL, singing (photographed)
20 May 1995 Kijkduin, *Den Haag* ZH; CDNA archives
9-14 July 1995 Paal, *Hulst* ZL, singing (3 reported by van Dijk et al 1997)
23-24 September 1995 Kroonspolders, *Vlieland* FR (max **6**; possibly adults & young); DB 20: 155, 1998
19-26 July 1996 Fochtelooërveen, *Norg* DR, singing (photographed)
15 August 1996 Paardenschor, *Hulst* ZL, singing (nest just across border in Belgium) (not (yet) accepted by CDNA)

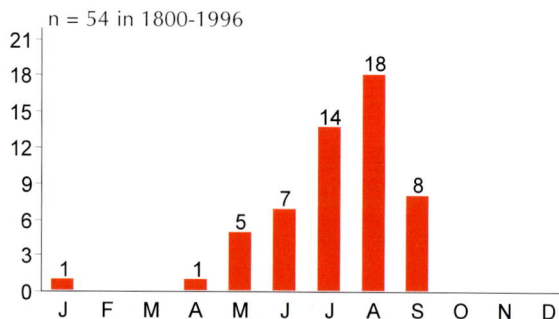

n = 54 in 1800-1996

Gevallen per maand / Records per month
Graszanger / Zitting Cisticola

Siberische Sprinkhaanzanger *Locustella certhiola rubescens* **Pallas's Grasshopper Warbler**

zeer zeldzaam

very rare

Broedt in Noord- en Oost-Siberië; overwintert in Zuidoost-Azië.

Breeds in northern and eastern Siberia; winters in south-eastern Asia.

In 1800-1994 waren er in Noordwest-Europa, naast één in Nederland, gevallen in België (een vangst op 28 september 1989 te Het Zwin, Knokke, West-Vlaanderen; op 10 september 1997 was er ook een vangst te Berlare, Oost-Vlaanderen), Engeland (twee), Ierland (twee), Noorwegen (vier), Polen (één) en Schotland (11: bijna alle op Fair Isle, Shetland); met uitzondering van een geval op 26 oktober dateerden alle tussen 10 september en 12 oktober.

In north-western Europe, apart from one in the Netherlands, there were records in 1800-1994 in Belgium (one trapped on 28 September 1989 at Het Zwin, Knokke, West-Vlaanderen; another was trapped on 10 September 1997 at Berlare, Oost-Vlaanderen), England (two), Ireland (two), Norway (four), Poland (one) and Scotland (11: nearly all on Fair Isle, Shetland); all records were between 10 September and 12 October, except one on 26 October.

1 record in 1800-1996; 1 in 1980-96

5 October 1991 *Castricum* NH, 1y, trapped; DB 15: 153, 1993 (photo); 16: 9-12, 1994 (photos)

n = 1 in 1800-1996

Gevallen per locatie / Records per site
Siberische Sprinkhaanzanger / Pallas's Grasshopper Warbler

Siberische Sprinkhaanzanger / Pallas's Grasshopper Warbler
Locustella certhiola, first-year, 5 October 1991, Castricum, Noord-Holland *(Henk-Jan Udding)*

Kleine Sprinkhaanzanger

Locustella lanceolata

Lanceolated Warbler

zeer zeldzaam

very rare

Broedt van Noord-Rusland oost tot in Japan; overwintert in Zuidoost-Azië.

Het december-geval was uiterst laat aangezien alle najaarsgevallen in West-Europa dateerden van begin september tot midden-november. Het is opmerkelijk dat er in 1991-96 drie gevallen van een eerste-winter waren 12 km over de Belgische grens op de Westdam, Voorhaven, Zeebrugge, West-Vlaanderen: op 5 oktober 1991, 14 oktober 1994 en 7 oktober 1996; het eerste geval voor België betrof een vangst van een eerste-winter op 19 september 1988 te Diksmuide-Esen, West-Vlaanderen (Mergus 10: 345-354, 1996). Tot en met 1996 werden 70 gevallen aanvaard voor de Britse Eilanden waarvan meer dan tweederde op Fair Isle, Shetland, Schotland (BB 89: 516, 1996; 90: 498, 1997).

Breeds from northern Russia east to Japan; winters in south-eastern Asia.

The December record was extremely late since all autumn records in western Europe dated from September to mid November. Remarkably, there are three records in 1991-96 of first-winters at 12 km from the border on Westdam, Voorhaven, Zeebrugge, West-Vlaanderen, Belgium: on 5 October 1991, 14 October 1994 and 7 October 1996; the first record for Belgium was a first-winter trapped on 19 September 1988 at Diksmuide-Esen, West-Vlaanderen (Mergus 10: 345-354, 1996). Up to 1996, 70 records were accepted for the British Isles of which two-thirds on Fair Isle, Shetland, Scotland (BB 89: 516, 1996; 90: 498, 1997).

n = 2 in 1800-1996

Gevallen per locatie / Records per site
Kleine Sprinkhaanzanger / Lanceolated Warbler

2 records in 1800-1996; none in 1980-96

11 December 1912 Haamstede, *Westerschouwen* ZL, ♂, dead (NNM) (lighthouse victim); DB 18: 171, 1996 (photo)

20 September 1958 lichtschip Noord-Hinder, west off Vlissingen CP, ♀, dead (ZMA); LM 32: 169-170, 174, 1970

Sprinkhaanzanger [2]

Locustella naevia naevia

Common Grasshopper Warbler

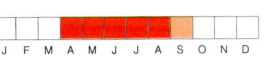

algemene broedvogel
algemene doortrekker en zomergast

common breeding bird
common migrant and summer visitor

Krekelzanger

Locustella fluviatilis

River Warbler

zeldzaam

rare

Broedt van Polen en Zuid-Zweden oost tot in West-Siberië; overwintert in Oost-Afrika.

Breeds from Poland and southern Sweden east to western Siberia; winters in eastern Africa.

Er was een duidelijke toename in het aantal voorjaarsgevallen sinds 1975 en vooral sinds 1990. Dit viel samen met een westwaartse uitbreiding tot in Duitsland en West-Scandinavië (270 in 1995 in Zweden; Vår Fågelvärld Suppl 25: 106, 1996). Er waren voorjaarsgevallen voor alle oostelijke provincies terwijl maximaal vijf meldingen in 1985-91 voor Drenthe niet werden ingediend (cf van den Brink et al 1996). Daarentegen waren er geen voorjaarsgevallen voor Friesland, Noord-Holland en Zeeland en slechts één voor Zuid-Holland. Het teruggetrokken gedrag van de soort in aanmerking nemende, is het niet verrassend dat alle voorjaarsgevallen zingende en op één na alle najaarsgevallen gevangen of dode exemplaren betroffen. Het vroegste voorjaarsgeval dateerde van 13 mei en op twee na bleven alle voorjaarsvogels van ten minste twee dagen tot meer dan twee maanden. Een aantal malen werd betwijfeld of de zingende vogel ongepaard was. Het meest opmerkelijk waren

There was an obvious increase of spring records since 1975 and, especially, since 1990. This coincided with a westward expansion into Germany and western Scandinavia (270 in 1995 in Zweden; Vår Fågelvärld Suppl 25: 106, 1996). There were spring records for all eastern provinces, while up to five records in 1985-91 for Drenthe have not been submitted (cf van den Brink et al 1996). On the other hand, there were no spring records for Friesland, Noord-Holland and Zeeland, and only one for Zuid-Holland. Considering the species' skulking habits, it is not surprising that all spring records were singing individuals and that all but one of the (few) autumn records were trapped or dead. The earliest spring record was on 13 May; most spring birds (all except two) remained from at least two days to more than two months. A number of times, it was doubted whether a singing individual was unpaired. The most remarkable records concerned a singing bird at the same spot in 1995 and 1996 at De Wieden,

Krekelzanger / River Warbler *Locustella fluviatilis*, 6 June 1983, Midwolda, Scheemda, Groningen *(Arnoud B van den Berg)*

de waarnemingen in De Wieden, Overijssel, waar een zingende vogel in 1995 en 1996 op dezelfde plaats en in 1996 lang aanwezig was; geruchten dat hier in 1997 een geslaagd broedgeval plaatsvond werden niet bewaarheid (contra DB 19: 260, 1997).

Overijssel, staying long in 1996; rumours about successful breeding at this site in 1997 remained unsubstantiated (contra DB 19: 260, 1997).

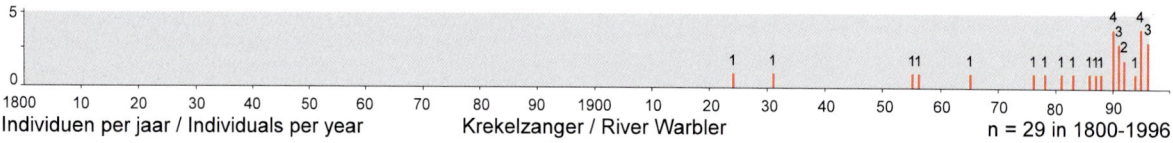

Individuen per jaar / Individuals per year   Krekelzanger / River Warbler   n = 29 in 1800-1996

28 records (29 individuals) in 1800-1996; 21 records (22 individuals) in 1980-96

8 September 1924 Het Westhoofd, Ouddorp, *Goedereede* ZH, ♂, dead (NNM) (lighthouse victim); Ardea 14: 72-73, 1925
25 August 1931 *Gouda* ZH, dead; DB 18: 188, 1996
20-26 August 1955 Oosterend, *Terschelling* FR; Ardea 43: 271-274, 1955
28-30 May 1956 Oude Waal, Ooypolder, *Ubbergen* GL, singing
(3)5-10 June 1965 Nieuwe Zuider Lingedijk, 2.5 km east of Spijk, *Lingewaal* GL, singing; LM 39: 33-36, 1966
11-12 June 1976 Zuidlaardermeer, *Haren* GR, singing
23 May-7 June 1978 Breugel, *Son en Breugel* NB, singing

14-22 May 1981 Harderbos, *Zeewolde* FL, singing; DB 3: 71, 1981 (photo), Hazevoet (1983)
4-17 June 1983 Midwolda, *Scheemda* GR, singing (sound-recorded); DB 5: 81, 1983 (photo); 6: 105-107, 1984 (photos); 8: 8, 1986 (photo), BB 77: 151, 204, 1984 (photo), VJ 33: 278, 1985 (photo), LM 59: 21, 1986 (photo), Dan Ornitol Foren Tidsskr 84: 18-19, 1990 (photos)
19 May-3 June 1986 Voltherbroek, *Weerselo* OV, singing (sound-recorded)
27-29 May 1987 *Winterswijk* GL, singing (sound-recorded)

n = 29 in 1800-1996

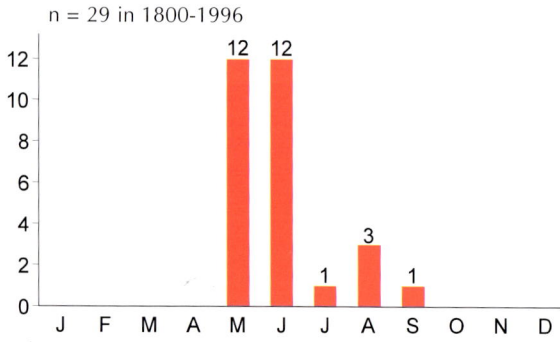

Individuen per maand / Individuals per month
Krekelzanger / River Warbler

Krekelzanger / River Warbler *Locustella fluviatilis*, 14 May 1990, Brabantse Biesbosch, Made en Drimmelen, Noord-Brabant *(Hans Gebuis)*

272

24-25 May 1988 *Vlaardingen* ZH, singing (sound-recorded); DB 10: 158, 1988 (photo), VJ 36: 223, 1988 (photo)
13-24 May 1990 Brabantse Biesbosch, *Made en Drimmelen* NB, singing; BW 3: 194, 1990 (photo), DB 12: 215, 1990 (photo); 14: 82, 1992 (photo), VJ 39: 11, 1991 (photo)
4-10 June 1990 Ooievaarweg/Ibisweg, *Lelystad* FL, singing (sound-recorded)
6-22 June 1990 Knardijk, *Lelystad* FL, singing
30 June 1990 Oostvaardersdijk, *Lelystad* FL, singing
1-15 June 1991 Zuidbroek, *Menterwolde* GR (max **2**), (both) singing (sound-recorded); BW 4: 193, 1991 (photo), DB 13: 158, 1991 (photo), Grauwe Gors 19: 42, 1991 (photos), de Bruin & de Bruin (1997; photo)
5 July 1991 Lepelaarsplassen, *Almere* FL, singing; DB 18: 114, 1996
25-29 May 1992 *Utrecht* UT, singing (photographed)
28-30 May 1992 Overlangbroek, *Langbroek* UT, singing
15 May 1994 *Groningen* GR, singing (sound-recorded)
28 May-3 June 1995 Annen, *Anloo* DR, singing
11-13 June 1995 Horsterwold, *Zeewolde* FL, singing (photographed & sound-recorded)
24 June-6 July 1995 Selwerderhof, *Groningen* GR, singing (sound-recorded); DB 17: 177-178, 1995 (photo), Grauwe Gors 23: 99, 1995 (photo)
19 August 1995 Oostvaardersdijk, *Almere* FL, 1y, trapped (photographed); CDNA archives
(31 May-20 June 1995 &) 21-31 May 1996 & 24 July Sint Jansklooster, *Brederwiede* OV, singing (sound-recorded); CDNA archives
2-12 June 1996 Het Broek, Nuenen, *Nuenen, Gerwen en Nederwetten* NB, singing (sound-recorded); Opperman et al (1997)
4-8 June 1996 Eygelshoven, *Kerkrade* LB, singing; LV 7: 61, 1996 (photo)

voorlopige toevoegingen voor 1997 / provisional additions for 1997
18 May-2 June 1997 Pampushout, *Almere* FL, singing (sound-recorded); DB 19: 144, 1997 (photo)
(3)10-14 June 1997 Windesheim, *Zwolle* OV (sound-recorded); CDNA archives

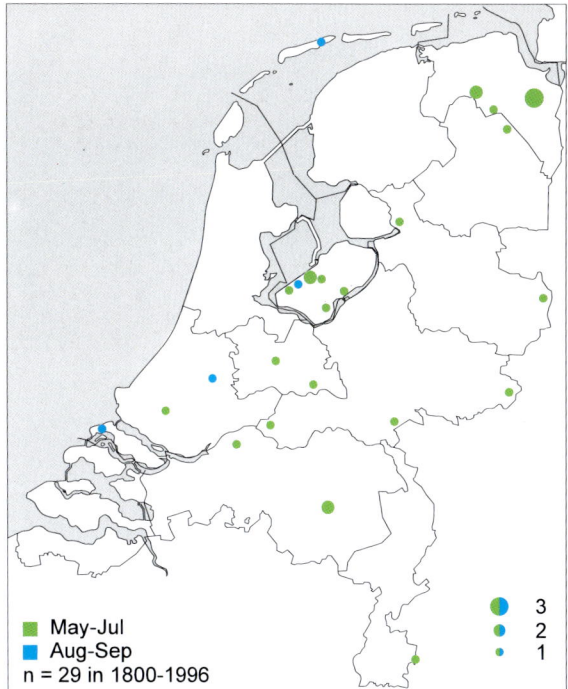

■ May-Jul
■ Aug-Sep
n = 29 in 1800-1996

● 3
● 2
● 1

Individuen per locatie / Individuen per site
Krekelzanger / River Warbler

Snor [2]

algemene broedvogel
algemene zomergast

Locustella luscinioides luscinioides

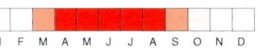

Savi's Warbler

common breeding bird
common summer visitor

Spotvogel [2]

algemene broedvogel
algemene zomergast

Hippolais icterina

Icterine Warbler

common breeding bird
common summer visitor

Orpheusspotvogel

onregelmatige broedvogel
zeldzaam

Hippolais polyglotta

Melodious Warbler

irregular breeding bird
rare

Dichtstbijzijnde regelmatige broedgebieden in Wallonië en Noord-Frankrijk; overwintert in tropisch West-Afrika.

Eerste broedgeval in 1990 in Flevoland.

De toename in het aantal gevallen sinds 1979 en de eerste succesvolle broedgevallen zijn toe te schrijven aan de recente noordwaartse uitbreiding van de soort die sinds 1 januari 1991 in Zuid-Wallonië dermate algemeen voorkomt dat gevallen niet meer door de Waalse zeldzaamhedencommissie worden beoordeeld (Aves 28: 141-150, 1991). Het eerste Belgische geval was een vangst op 14 juli 1970 (Aves 8: 181, 1971). Bijna de helft van de Nederlandse gevallen betrof zingende exemplaren (acht) tussen 22 mei en 28 juni. De meeste overige waren vangsten (zeven). In Limburg werden in 1995-97 nog enkele territoria gemeld maar geen van deze meldingen werd tot dusver ingediend bij de CDNA (cf van Dijk et al 1997, LV 8: 70-74, 127-128, 1997). Het is opmerkelijk dat de soort slechts tweemaal is vastgesteld van begin augustus tot midden-oktober waarin bijna 94% van de 871 gevallen in 1958-85 van de Britse Eilanden werden aangetroffen (Dymond et al 1989).

Nearest regular breeding areas in eastern Belgium and northern France; winters in tropical West Africa.

First breeding record in 1990 in Flevoland.

The increase of records since 1979 and the first successful breeding records can be attributed to the species' recent northward expansion into south-eastern Belgium, where it has become common enough to warrant its removal on 1 January 1991 from the list of species considered by the Wallonian rarities committee (Aves 28: 141-150, 1991). The first record for Belgium was a bird trapped on 14 July 1970 (Aves 8: 181, 1971). Almost half of the Dutch records concerned singing individuals (eight) in the period between 22 May and 28 June. Most of the other birds were trapped (seven). Additional reports of territorial individuals in 1995-97 in Limburg have not (yet) been submitted to CDNA (cf van Dijk et al 1997, LV 8: 70-74, 127-128, 1997). Remarkably, it has been recorded only twice in the period from early August to mid October, when almost 94% of 871 records in 1958-85 of the British Isles were found (Dymond et al 1989).

Orpheusspotvogel / Melodious Warbler *Hippolais polyglotta*, 30 May 1996, Wijlre, Gulpen, Limburg *(Roy de Haas)*

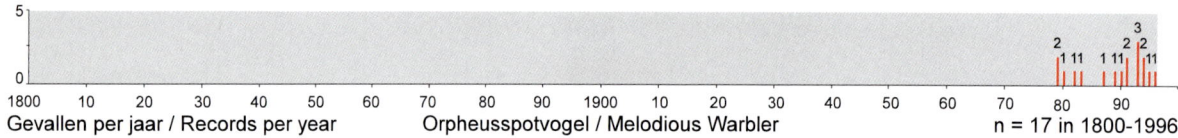

Gevallen per jaar / Records per year   Orpheusspotvogel / Melodious Warbler   n = 17 in 1800-1996

Orpheusspotvogel / Melodious Warbler *Hippolais polyglotta*,
22 May 1993, Rottumeroog, Eemsmond, Groningen
(Koen van Dijken)

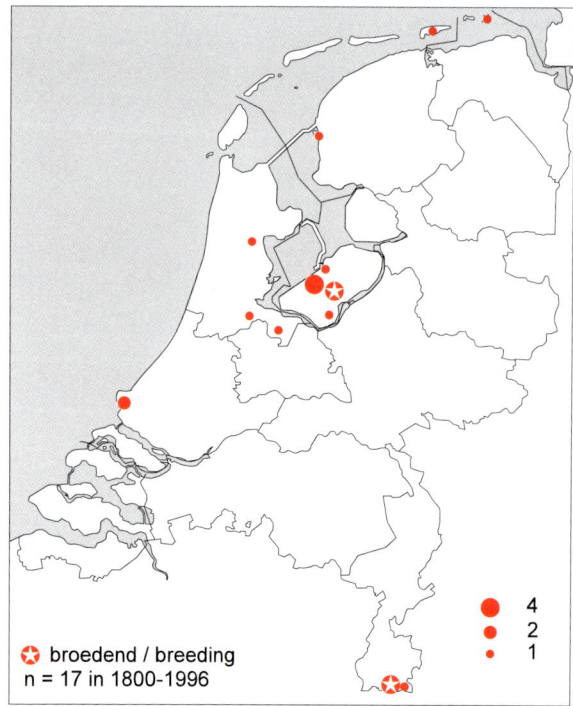

broedend / breeding
n = 17 in 1800-1996

4
2
1

Gevallen per locatie / Records per site
Orpheusspotvogel / Melodious Warbler

8 July 1979 Avenhorn, *Wester-Koggenland* NH, trapped; LM 54: 25, 1981

2 September 1979 Oostvaardersdijk, *Lelystad* FL, trapped; DB 1: 73-74, 1979 (photo), LM 54: 98-100, 1981 (photos), van den Berg et al (1990): 113 (photo)

19 June 1980 Beatrixpark, Amsterdam-Zuid, *Amsterdam* NH, dead; Gierzwaluw 33: 121, 1995 (photo)

17 May 1982 Maasvlakte, *Rotterdam* ZH; DB 5: 20-21, 1983 (photo)

9 August 1983 Oostvaardersdijk, *Lelystad* FL, trapped; van den Berg et al (1990): 114 (photo)

8-9 June 1987 Oostvoorne, *Westvoorne* ZH, singing (sound-recorded); DB 9: 139, 1987 (photo; erroneous date), van den Berg et al (1990): 114 (photo)

6 July 1989 *Lelystad* FL, adult, trapped; Grauwe Gans 6: 113-116, 1990 (photos)

24 May-26 June 1990 Knarweg/Vogelweg, *Lelystad* FL (**4**), ♂, ♀ & 2 juv, singing (sound-recorded) (breeding successfully); Vogels in Flevoland 1: 86-89, 1992 (photo), DB 17: 240-244, 1995 (photo)

31 May-1 June 1991 Kronkelpad, *Schiermonnikoog* FR, singing (sound-recorded); DB 19: 109, 1997

5 June 1991 Oostvaardersdijk, *Lelystad* FL, trapped

22 May 1993 Rottumeroog, *Eemsmond* GR, singing; DB 15: 188, 1993 (photo); 17: 95, 1995 (photo), Grauwe Gors 21: 29, 1993 (photo), de Bruin & de Bruin (1997): photo

13-21 June 1993 Flediteweg, *Zeewolde* FL, singing

14-27 June 1993 Ankeveen, *'s-Graveland* NH, singing (sound-recorded); DB 20: 158, 1998

12 May 1994 Makkumer Zuidwaard, *Wûnseradiel* FR, adult, trapped (photographed)

12-18 June 1994 Cotessen, *Vaals* LB, singing (sound-recorded); DB 16: 169, 1994 (photo); 19: 109, 1997, LV 5: 64-66, 1994 (photo)

26 June 1995 Oostvaardersdijk, *Lelystad* FL, adult, trapped (photographed); CDNA archives

25 May-28 June 1996 kasteel Wijlre, Wijlre, *Gulpen* LB (**2**), singing (sound-recorded) (breeding; cf LV 8: 71, 1997); DB 18: 149 (photo), 216, 1996; 20: 160, 1998 (photo), LV 8: 72, 1997 (photo), Opperman et al (1997)

voorlopige toevoegingen voor 1997 / provisional additions for 1997

5 June 1997 Waalbroek, *Simpelveld* LB, singing (sound-recorded); Ruud van Dongen (pers comm)

26 August 1997 De Cocksdorp, *Texel* NH, 1w; Arend Wassink (in litt)

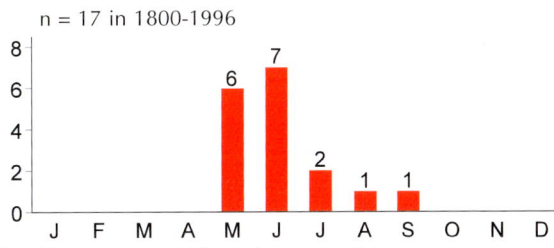

n = 17 in 1800-1996

Gevallen per maand / Records per month
Orpheusspotvogel / Melodious Warbler

Veldrietzanger

Acrocephalus agricola

Paddyfield Warbler

zeldzaam

rare

Broedt van Zuidwest-Rusland tot in Mongolië; overwintert in Zuid-Azië.

Breeds from south-western Russia to Mongolia; winters in southern Asia.

Bijna alle gevallen betroffen ringvangsten. De determinatie van de enige vogel (in 1994) die niet werd gevangen staat ter discussie (Gunter De Smet in litt, Lars Svensson in litt). Alle gevallen tot en met 1997 dateerden tussen 12 augustus en 23 oktober.

Almost all records concerned ringed birds. The identification of the only sighting (in 1994) is subject of discussion (Gunter De Smet in litt, Lars Svensson in litt). All records up to 1997 dated from the period between 12 August and 23 October.

Veldrietzanger / Paddyfield Warbler *Acrocephalus agricola*, 12 August 1997, Castricum, Noord-Holland *(Arnold Wijker)*

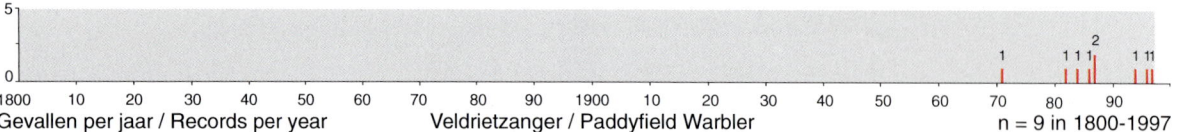

Gevallen per jaar / Records per year   Veldrietzanger / Paddyfield Warbler   n = 9 in 1800-1997

8 records in 1800-1996; 7 in 1980-96

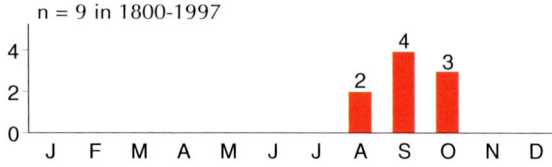

2 October 1971 Mokkebank, Laaxum, *Nijefurd* FR, 1y, trapped; DB
  7: 121-128, 1985 (photos), van den Berg et al (1990): 104-105,
  107 (photos)
23 October 1982 Makkum, *Wûnseradiel* FR, trapped; DB 9: 28,
  1987 (photo), Vanellus 40: 78, 1987 (photo)
13 October 1984 Makkumer Zuidwaard, *Wûnseradiel* FR, 1y, trapped; Vanellus 37: 179-180, 1984 (photo), DB 7: 140-141, 1985
  (photos), LM 59: 124, 1986 (photo)
26 September 1986 *Vlieland* FR, trapped (photographed); DB 10: 91,
  1988
8 September 1987 De Blocq van Kuffeler, *Almere* FL, 1y, trapped; DB
  9: 188, 1987 (photo), Grauwe Gans 3: 90, 1987 (photo); 6: 92,
  1990 (photo)
8 September 1987 Beninger Slikken, *Bernisse* ZH, 1y, trapped; DB
  11: 29-30, 1989 (photo)
18 September 1994 *Vlieland* FR; DB 16: 218, 1994 (photo); 18: 13-
  16, 1996 (photo)
27 August 1996 Makkumer Zuidwaard, *Wûnseradiel* FR, trapped; DB
  18: 274, 1996 (photo)

voorlopige toevoegingen voor 1997 / provisional additions for 1997
12 August 1997 *Castricum* NH, 1y, trapped; DB 19: 263, 1997 (photo)

n = 9 in 1800-1997

Gevallen per maand / Records per month
Veldrietzanger / Paddyfield Warbler

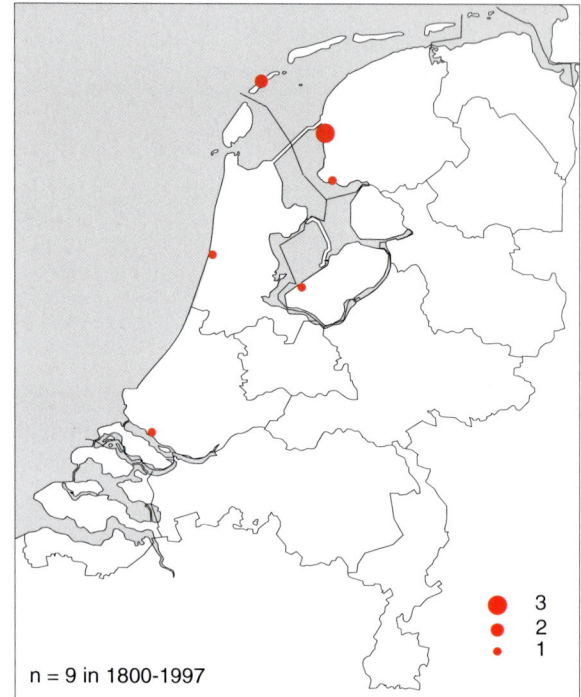

n = 9 in 1800-1997

Gevallen per locatie / Records per site
Veldrietzanger / Paddyfield Warbler

Struikrietzanger

Acrocephalus dumetorum

Blyth's Reed Warbler

onregelmatige broedvogel
zeer zeldzaam

irregular breeding bird
very rare

Broedt van Finland oost tot in Centraal- en Zuid-Azië; overwintert in India en Zuidoost-Azië.

Eerste broedgeval in 1998 in Utrecht.

De voorjaarsgevallen zijn te relateren aan de westwaartse
uitbreiding van de soort niet alleen tot in de Baltische landen
maar ook Zweden waar hij sinds 1970 ieder jaar zingend
werd aangetroffen (60 gevallen in 1995; Vår Fågelvärld Suppl
25: 106-107, 1996). Er waren ook verscheidene recente
voorjaarsgevallen in onder meer Denemarken en Duitsland
(Limicola 11: 191, 1997).

Breeds from Finland east to central and southern Asia; winters in India and south-eastern Asia.

First breeding record in 1998 in Utrecht.

The spring records can be related to the westward expansion
of the species' range not only into the Baltic countries but
also Sweden where it was recorded singing annually since
1970 (60 records in 1995; Vår Fågelvärld Suppl 25: 106-107,
1996). There were also several recent spring records of singing birds in, for instance, Denmark and Germany (Limicola
11: 191, 1997).

2 records in 1800-1996; 2 in 1980-96

26 June 1990 *Lelystad* FL, adult, trapped; DB 12: 215, 1990 (photo);
  14: 80, 121-126, 1992 (photos), Vogels in Flevoland 1: 90-94,
  1992 (photos)

✪ broedend / breeding
n = 3 in 1800-1 July 1998

Gevallen per locatie / Records per site
Struikrietzanger / Blyth's Reed Warbler

Struikrietzanger / Blyth's Reed Warbler *Acrocephalus dumetorum*, 24 June 1996, Walem, Valkenburg aan de Geul, Limburg
(Hans Gebuis)

20 June-1 July 1996 Walem, *Valkenburg aan de Geul* LB, singing; BW 9: 260, 1996 (photo); 10: 32, 1997 (photo), Birdwatch 5 (50): 59, 1996 (photo), DB 18: 154-156, 213, 1996 (photos); 19: 273-276, 1997 (photos & sonagram); 20: 160, 1998 (photo), BB 90: 91, 1997 (photo), LV 8: 79-81, 1997 (photo), Opperman et al (1997)

voorlopige toevoegingen voor 1997-98 / provisional additions for 1997-98
14 June-23 July 1998 *Nieuwegein* UT, ♂, singing, trapped (on 23 July; paired with Marsh Warbler *A palustris*), nest (collected on 23 July; NNM) & 2 young (ringed before fledging on 13 July) (photographed); André van Loon (pers comm)

n = 3 in 1800-1 July 1998

Gevallen per maand / Records per month
Struikrietzanger / Blyth's Reed Warbler

Bosrietzanger [2]	*Acrocephalus palustris*	**Marsh Warbler**
algemene broedvogel algemene zomergast	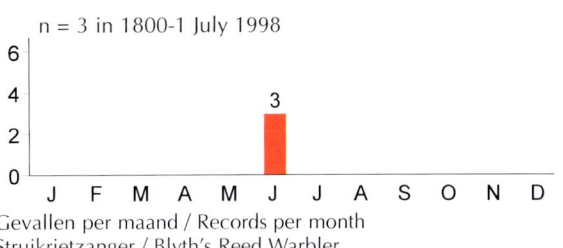	common breeding bird common summer visitor

Bosrietzanger [2]

algemene broedvogel
algemene zomergast

Acrocephalus palustris

Marsh Warbler

common breeding bird
common summer visitor

Kleine Karekiet [2]

algemene broedvogel
algemene zomergast

Acrocephalus scirpaceus

European Reed Warbler

common breeding bird
common summer visitor

Rietzanger [2]

algemene broedvogel
algemene doortrekker en zomergast

Acrocephalus schoenobaenus

Sedge Warbler

common breeding bird
common migrant and summer visitor

Waterrietzanger

schaarse tot zeldzame doortrekker

Acrocephalus paludicola

Aquatic Warbler

scarce to rare migrant

Broedt van Oost-Duitsland oost tot in Europees Rusland; overwintert in tropisch Afrika.

Voormalige onregelmatige broedvogel.

De soort werd tot 1 januari 1977 geregistreerd en in 1977-92 beoordeeld door de CDNA (LM 52: 218, 227, 1979; 53: 31, 1980; 57: 24, 1984; 60: 202, 1987; 67: 168, 1994; 69: 18, 1996). De gevallen van vóór 1980 zijn niet door de CDNA herzien. Door het Vogeltrekstation (VT) opgegeven ringvangsten in 1989-92 werden automatisch aanvaard (cf DB

Breeds from eastern Germany east into European Russia; winters in tropical Africa.

Former irregular breeding bird.

The species was registered in CDNA reports until 1 January 1977 and considered by CDNA in 1977-92 (LM 52: 218, 227, 1979; 53: 31, 1980; 57: 24, 1984; 60: 202, 1987; 67: 168, 1994; 69: 18, 1996). Pre-1980 records have not been reviewed by CDNA. Ringing records reported by Vogeltrekstation (VT) for 1989-92 were automatically accept-

19: 108-109, 1997); niet bij de CDNA ingediende ringvangsten in 1977-88 staan hier niet vermeld.

Vóór 1949 was de soort een zeldzame broedvogel, met slechts enkele goed gedocumenteerde broedgevallen. Vermoedelijk werden de meeste van de 32 eieren in de collectie van Tsjeard Geales de Vries verzameld in Nederland (Eykman et al 1936). Dit kan een aanwijzing zijn dat de soort ooit niet zo zeldzaam was als thans wordt aangenomen.

Vanwege zijn beperkte en kleiner wordende broedgebied, thans grotendeels in zeggemoerassen in Polen en verder oostelijk, met lage aantallen in het oosten van Duitsland en Hongarije, kreeg de soort sinds de 1970er jaren steeds meer aandacht van beschermingsorganisaties. Hij wordt thans als één van de meest bedreigde soorten van Europa beschouwd (cf Tucker & Heath 1994). De soort was als vuurtorenslachtoffer in 1910-39 (177 specimens in NNM en ZMA; Kees Roselaar in litt) meer dan zevenmaal talrijker dan Rietzanger A schoenobaenus (cf de By 1990) waaruit men zou kunnen afleiden dat hij in die tijd talrijker was dan tegenwoordig. Bovendien liggen uit 1950-79 slechts 20 vuurtorenslachtoffers in NNM en ZMA (Kees Roselaar in litt) en nam het aantal gevallen af van 36 in 1970-73 tot 12 in 1974-77. Deze feiten deden de CDNA besluiten de soort vanaf 1 januari 1977 te beoordelen. Het gemiddelde aantal per jaar bleek in de 1980er jaren echter weer toe te nemen (voornamelijk door ringactiviteiten) en daarom werd geconcludeerd dat de soort toch te algemeen voorkwam om beoordeling na 1 januari 1993 te rechtvaardigen. De toename kan grotendeels worden toegeschreven aan een sinds 1986 gehanteerde nieuwe vangtechniek waarbij 's nachts de zang wordt afgespeeld om doortrekkers te lokken. Met name in België nam het aantal ringvangsten significant toe tot meer dan 200 alleen al in 1990 (Mergus 4: 125-126, 1990).

De By (1990) gebruikte voor zijn onderzoek aan het voorkomen van de soort in Nederland 602 gevallen. De eerste melding voor Nederland betrof een trekker te Canisvliet, Sas van Gent, Zeeland, in 1879 (zonder precieze datum) (Giervalk 52: 641-643, 1962, de By 1990, Rolf de By in litt). De broedgevallen buiten beschouwing gelaten, telde de By (1990) 21 voorjaarsgevallen (negen trekkers in april, 10 in mei en 10 in juni), met als uiterste datums 9 april en 24 juni.

Wat betreft najaarsgevallen telde hij voor 1887-1950 161 vuurtorenslachtoffers maar Kees Roselaar (in litt) vond een nog hoger aantal (alleen al 200 nog in NNM en ZMA aanwezige specimens uit 1887-1980). Van Roselaars vuurtorenslachtoffers waren er twee in 1887-89, 64 in 1910-19, 37 in 1920-29, 76 in 1930-39, geen in 1940-49, zeven in 1950-59, 11 in 1960-69, twee in 1970-79 en één in 1980-89. Topjaren met meer dan 30 waren 1912 en 1936. De meeste van Roselaars 200 werden gevonden te Westerschouwen, Zeeland (81), Westkapelle, Zeeland (69), Goeree, Goedereede, Zuid-Holland (26) en IJmuiden, Velsen, Noord-Holland (negen) en daarentegen slechts 13 ten noorden van IJmuiden waaronder zes op Texel, Noord-Holland, één op Terschelling, Friesland, één op Schiermonnikoog, Friesland, en vijf op twee lichtschepen. Dit beeld stemt overeen met dat van de By (1990) die voor zijn najaarsoverzicht naast vuurtorenslachtoffers ook 119 ringvangsten (uit 1943-86) en 240 andere gevallen (veldwaarnemingen en niet bij vuurtorens dood gevonden exemplaren tot en met 1987) gebruikte. De uiterste datums waren 3 juli en 27 oktober, met een piek in de tweede week van augustus. Uit zijn tellingen van alle gevallen in 1800-1986(87) inclusief vuurtorenslachtoffers komt de volgende verspreiding per provincie naar voren (n=540): Zuid-Holland 173, Zeeland 129, Noord-Holland 62 (inclusief Texel), Overijssel 44, Friesland 41 (inclusief Waddeneilanden), Flevoland 32, Gelderland 17, Utrecht 16, Noord-Brabant 12, Groningen acht en Limburg drie (ook drie gevallen voor Continentaal Plat en geen voor Drenthe). De conclusies van de By (1990) worden niet ondersteund wanneer men alleen naar recente jaren kijkt want er waren in 1977-92 meer gevallen in het noordoosten dan in het zuidwesten (n=155): Friesland 52, Zuid-Holland 25, Gelderland 22, Noord-Holland 19, Flevoland 11, Overijssel acht, Groningen zeven, Noord-Brabant vijf, Utrecht drie en Zeeland drie (geen voor Drenthe en Limburg).

Het aantal gevallen bleek jaarlijks flink te variëren. In 1969-73 werden 41 exemplaren door de CDNA geregistreerd,

ed (cf DB 19: 108-109, 1997); ringed birds in 1977-88 which were not submitted to CDNA are not listed here.

Before 1949, the species was a rare breeder with only a few well-documented nesting records. The majority of the species' 32 eggs in the collection of Tsjeard Geales de Vries was supposedly collected in the Netherlands (Eykman et al 1936). This may indicate that it was once not as rare a breeder as now believed.

Because of its limited and shrinking breeding range, which is now situated mostly in sedge wetlands in Poland and further east, with small numbers in eastern Germany and Hungary, the species has received more and more attention from conservation organizations since the 1970s. Nowadays, it is considered to be one of Europe's most threatened species (cf Tucker & Heath 1994). In 1910-39, as a lighthouse victim (177 specimens in NNM and ZMA; Kees Roselaar in litt), it was seven times more common than Sedge Warbler A schoenobaenus (cf de By 1990) which may lead to the assumption that it was much more common in those days than at present. Besides, only 20 lighthouse victims from 1950-79 are present in NNM and ZMA (Kees Roselaar in litt), while numbers of records decreased from 36 in 1970-73 to 12 in 1974-77. Because of these facts, CDNA decided to consider the species from 1 January 1977. However, the mean annual numbers appeared to increase during the 1980s, due to ringing activities, and it was decided that the species was again too common for consideration by CDNA from 1 January 1993 onwards. The increase was mainly caused by new trapping techniques since 1986 involving the use of song at night to lure down migrants. Especially in Belgium, the number of ringed birds increased significantly to more than 200 in 1990 alone (Mergus 4: 125-126, 1990).

De By (1990) used 602 records for his research on the species' occurrence in the Netherlands. The first report for the Netherlands was a migrant at Canisvliet, Sas van Gent, Zeeland, in 1879 (no precise date) (Giervalk 52: 641-643, 1962, de By 1990, Rolf de By in litt). For spring, apart from breeding records, de By (1990) counted 21 migrants (nine in April, 10 in May and 10 in June), all between 9 April and 24 June.

For autumn, de By (1990) listed for 1887-1950 161 lighthouse victims while Kees Roselaar (in litt) found an even higher number (200 specimens still present only at NNM and ZMA for 1887-1980). Roselaar's lighthouse victims concerned two in 1887-89, 64 in 1910-19, 37 in 1920-29, 76 in 1930-39, none in 1940-49, seven in 1950-59, 11 in 1960-69, two in 1970-79 and one 1980-89. Peak years with more than 30 were 1912 and 1936. Most of Roselaar's 200 lighthouse victims were found at Westerschouwen, Zeeland (81), Westkapelle, Zeeland (69), Goeree, Goedereede, Zuid-Holland (26) and IJmuiden, Velsen, Noord-Holland (nine); in contrast, only 13 were found north of IJmuiden, including six on Texel, Noord-Holland, one on Terschelling, Friesland, one on Schiermonnikoog, Friesland, and five on two lightships. This picture is similar to that given by de By (1990) who also used 119 ringing records (during 1943-86) and 240 other records (sightings and birds found dead away from lighthouses, up to and including 1987); the extreme dates were 3 July and 27 October, with a peak in the second week of August. According to the totals of de By (1990), the following province distribution emerges for all records including lighthouse victims in 1800-1986(87) (n=540): Zuid-Holland 173, Zeeland 129, Noord-Holland 62 (including Texel), Overijssel 44, Friesland 41 (including Wadden Islands), Flevoland 32, Gelderland 17, Utrecht 16, Noord-Brabant 12, Groningen eight and Limburg three (also three for Continental Shelf, and none for Drenthe). The conclusions in de By (1990) are not supported when looking at recent years only, since there were more records in the north-east than in the south-west in 1977-92 (n=155): Friesland 52, Zuid-Holland 25, Gelderland 22, Noord-Holland 19, Flevoland 11, Overijssel eight, Groningen seven, Noord-Brabant five, Utrecht three and Zeeland three (none for Drenthe and Limburg).

The number of records appeared to vary a lot each year. In 1969-73, 41 individuals were registered by CDNA, a mean of more than eight per year. In 1974-78, 15 individuals were accepted (cf LM 52: 231, 1979; Kees Roselaar in litt). In 1979-92, years with only one or two records (1980 and

gemiddeld meer dan acht per jaar. In 1974-78 werden slechts 15 exemplaren aanvaard (cf LM 52: 231, 1979, Kees Roselaar in litt). In 1979-92 wisselden jaren met maar één of twee gevallen (1980 en 1985) af met jaren met 25 (1986) of 26 (1990). Uit gegevens van VT blijkt dat ook na 1992 de jaarlijkse vangsttotalen sterk wisselden, van vijf in zowel 1993 als 1994 tot 26 in 1995. In 1998 werden alleen al te Castricum, Noord-Holland, op 3-20 augustus liefst 12 juveniele gevangen (André van Loon in litt). In feite lijkt het erop dat er nu en dan sprake was van een influx. Zo werden er in 1953 op De Beer, Rotterdam, Zuid-Holland, 20 gezien op 9 augustus en 40 op 12 augustus (LM 26: 104, 1953). Ook werden er in de Makkumer Zuidwaard, Wûnseradiel, Friesland, 17 (waaronder één adult) geringd gedurende 30 juli-21 augustus 1986 waarvan 12 op 9 augustus (DB 9: 176, 1987) en 22 gedurende 29 juli-18 september 1995 (LM 71: 149-152, 1998).

1985) were followed by years with 25 (1986) or 26 (1990). Data from VT show that numbers also varied strongly after 1992, from five ringed birds both in 1993 and 1994 to 26 in 1995. In 1998, at Castricum, Noord-Holland, 12 juveniles were trapped on 3-20 August alone (André van Loon in litt). In fact, it seems as if sometimes influxes have occurred. For instance, in 1953, at De Beer, Rotterdam, Zuid-Holland, 20 individuals were seen on 9 August and 40 on 12 August (LM 26: 104, 1953). At Makkumer Zuidwaard, Wûnseradiel, Friesland, 17 (including one adult) were ringed during 30 July-21 August 1986 of which 12 on 9 August (DB 9: 176, 1987) and 22 during 29 July-18 September 1995 (LM 71: 149-152, 1998).

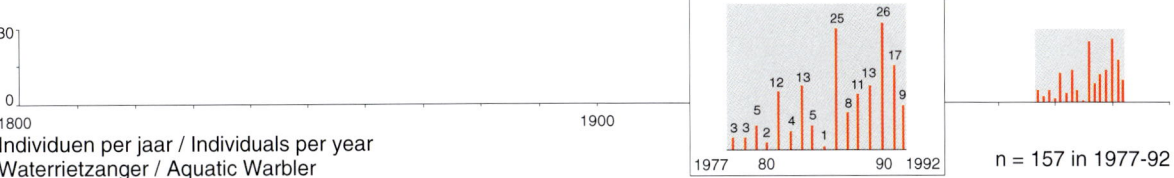

Individuen per jaar / Individuals per year
Waterrietzanger / Aquatic Warbler

n = 157 in 1977-92

aanvaarde gevallen in 1977-92 / accepted records in 1977-92
128 records (157 individuals) in 1977-92; 119 records (146 individuals) in 1980-92

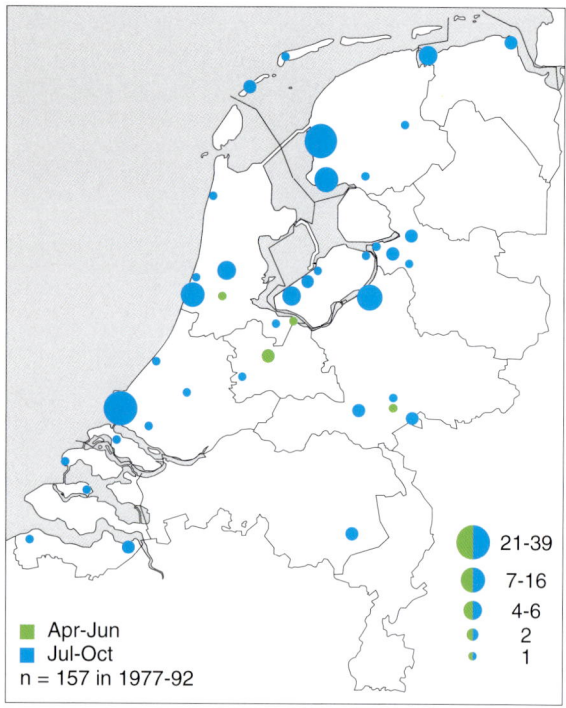

Apr-Jun
Jul-Oct
n = 157 in 1977-92

21-39
7-16
4-6
2
1

Individuen per locatie / Individuals per site
Waterrietzanger / Aquatic Warbler

6 August 1986 Westenschouwen, *Westerschouwen* ZL, trapped
9 August 1986 Zwarte Meer, *Dronten* FL, trapped
9 August 1986 Makkum, *Wûnseradiel* FR (**12**), trapped
13 August 1986 *Elburg* GL, trapped
13 August 1986 Maasvlakte, *Rotterdam/Westvoorne* ZH
14 August 1986 Laaxum, *Nijefurd* FR, trapped
21 August 1986 Makkum, *Wûnseradiel* FR, trapped
7 September 1986 *Zandvoort* NH, trapped
20 April 1987 Huissensche Waarden, *Huissen* GL, adult
11-15 August 1987 Maasvlakte, *Rotterdam/Westvoorne* ZH (**3**), 1y; VJ 35: 359, 1987 (photo)
25 August 1987 Scherenwelle, *IJsselmuiden* OV, trapped
29 August 1987 Zuidland, *Bernisse* ZH, trapped

3 September 1987 De Blocq van Kuffeler, *Almere* FL, 1y, trapped
4 September 1987 Zwanenwater, Callantsoog, *Zijpe* NH, 1y
30 April 1988 *Maarssen* UT
2 August 1988 Makkum, *Wûnseradiel* FR, 1y, trapped
2 August 1988 Kennemerduinen, *Bloemendaal* NH, 1y, trapped
2-3 August 1988 Melissant, *Dirksland* ZH, 1y
6 August 1988 Makkum, *Wûnseradiel* FR (**2**), 1y, trapped (third was on 6 September; contra LM 62: 202, 1989); VT archives
6 August 1988 *Elburg* GL, 1y, trapped
14 August 1988 *Zwolle* OV, 1y, trapped
17 August 1988 *Wassenaar* ZH, 1y, trapped
23 August 1988 *Zwartsluis* OV, 1y, trapped
6 September 1988 Makkum, *Wûnseradiel* FR, 1y, trapped (cf LM 62: 202, 1989); VT archives
7 August 1989 *Zwartsluis* OV, 1y, trapped
9 August 1989 *IJsselmuiden* OV, 1y, trapped
10 August 1989 *Zwartsluis* OV, 1y, trapped
12 August 1989 Maasvlakte, *Rotterdam/Westvoorne* ZH (**2**), 1y
12 August 1989 *Elburg* GL, trapped; DB 19: 109, 1997
16 August 1989 *Elburg* GL (**2**), trapped; DB 19: 109, 1997
18 August 1989 *Elburg* GL, trapped; DB 19: 109, 1997
22 August 1989 Eemshaven, *Eemsmond* GR, 1y
4 September 1989 Makkum, *Wûnseradiel* FR, trapped; DB 19: 109, 1997
20 September 1989 *Someren* NB, trapped; DB 19: 109, 1997
23 September 1989 Eemshaven, *Eemsmond* GR, trapped
27 July 1990 *Lelystad* FL, trapped; DB 19: 109, 1997
31 July-8 August 1990 Lauwersmeer, *De Marne* GR, 1y
1 August 1990 Maasvlakte, *Rotterdam/Westvoorne* ZH (**2**)
2 August 1990 Makkum, *Wûnseradiel* FR, trapped; DB 19: 108, 1997
2-11 August 1990 Lauwersmeer, *De Marne* GR; DB 16: 142, 1994
3 August 1990 *Elburg* GL (**2**), adult & 1y, trapped; DB 14: 80, 1992
3 August 1990 Kampereiland, *Kampen* OV, trapped; DB 19: 108, 1997
4 August 1990 *Elburg* GL, trapped; DB 14: 80, 1992
4 August 1990 *Zandvoort* NH, trapped; DB 19: 108, 1997
5 August 1990 *Zandvoort* NH, trapped; DB 19: 108, 1997
6 August 1990 Maasvlakte, *Rotterdam/Westvoorne* ZH
9 August 1990 Mokkebank, *Nijefurd* FR, trapped; DB 19: 109, 1997
9 August 1990 Makkum, *Wûnseradiel* FR, trapped; DB 19: 108-109, 1997
11 August 1990 Mokkebank, *Nijefurd* FR, trapped; DB 19: 109, 1997
11 August 1990 Makkum, *Wûnseradiel* FR, trapped; DB 19: 109, 1997
12 August 1990 Colijnsplaat, Kortgene, *Noord-Beveland* ZL, 1y
14 August 1990 *Elburg* GL, trapped; DB 19: 109, 1997
15 August 1990 *Elburg* GL, 1y, trapped
23 August 1990 *Elburg* GL (**2**), trapped; DB 19: 109, 1997
25 August 1990 *Zandvoort* NH, trapped; DB 19: 109, 1997
27 August 1990 Maasvlakte, *Rotterdam/Westvoorne* ZH (**2**)

Waterrietzanger / Aquatic Warbler *Acrocephalus paludicola*, September 1980, Westplaat, Westvoorne, Zuid-Holland (*René Pop*)

Waterrietzanger / Aquatic Warbler *Acrocephalus paludicola*, 14 August 1987, Westplaat, Westvoorne, Zuid-Holland (*Ruud E Brouwer*)

Waterrietzanger / Aquatic Warbler *Acrocephalus paludicola*, adult, 23 August 1997, Zandvoort, Noord-Holland (*Arnoud B van den Berg/Vrs AW-duinen*)

28 August 1990 Oostvaardersplassen, *Lelystad* FL; DB 16: 142, 1994
3 August 1991 Makkum, *Wûnseradiel* FR, trapped; DB 19: 108, 1997
5 August 1991 Mokkebank, *Nijefurd* FR, trapped; DB 19: 108, 1997
8 August 1991 Mokkebank, *Nijefurd* FR, trapped; DB 19: 108, 1997
9 August 1991 Makkum, *Wûnseradiel* FR (**2**), trapped; DB 19: 108, 1997
12 August 1991 Mokkebank, *Nijefurd* FR, trapped; DB 19: 108, 1997
13 August 1991 *Zandvoort* NH, trapped; DB 19: 108, 1997
15 August 1991 Makkum, *Wûnseradiel* FR, trapped; DB 19: 108, 1997
16 August 1991 *Elburg* GL, trapped; DB 19: 108, 1997
16 August 1991 *Vlieland* FR, trapped; DB 19: 108, 1997
21 August 1991 Makkum, *Wûnseradiel* FR, trapped; DB 19: 108, 1997
21 August 1991 *Someren* NB, trapped; DB 19: 108, 1997
29 August 1991 *Zandvoort* NH, trapped; DB 19: 108, 1997
30 August 1991 *Oostburg* ZL, trapped; DB 19: 108, 1997
6 September 1991 Oostvaardersdijk, *Lelystad* FL, 1y
7 September 1991 Lauwersmeer, *De Marne* GR, 1y
12 September 1991 *Zandvoort* NH, trapped; DB 19: 108, 1997
25 July 1992 Makkum, *Wûnseradiel* FR, trapped; DB 19: 108, 1997
1-3 August 1992 Maasvlakte, *Rotterdam/Westvoorne* ZH
19 August 1992 Makkum, *Wûnseradiel* FR (**2**), trapped; DB 19: 108, 1997
19 August 1992 *Someren* NB, trapped; DB 19: 108, 1997
22 August 1992 Lauwersmeer, *De Marne* GR, singing

n = 157 in 1977-92

Individuen per 10 dagen / Individuals per 10 days
Waterrietzanger / Aquatic Warbler

22 August 1992 Makkum, *Wûnseradiel* FR, trapped; DB 19: 108, 1997
10 September 1992 Makkum, *Wûnseradiel* FR, trapped; DB 19: 108, 1997
12 September 1992 Makkum, *Wûnseradiel* FR, trapped; DB 19: 108, 1997

Kleine Spotvogel

Acrocephalus caligatus

Booted Warbler

zeldzaam

rare

Broedt van Noordwest-Rusland oost tot West-Mongolië; overwintert in India.

De toename in het aantal gevallen valt samen met een beter begrip van de kenmerken van deze lastig te herkennen soort die met Veldrietzanger *Acrocephalus agricola*, een aantal *Phylloscopus*-soorten en zelfs een afwijkend zingende Tuinfluiter *Sylvia borin* is verward. De eerste vier gevallen betroffen ringvangsten maar de volgende werden in het veld gedetermineerd. Alle dateerden tussen 31 augustus en 11 oktober. In België waren in 1988-97 vijf gevallen tussen 10

Breeds from north-western Russia east to western Mongolia; winters in India.

The increase of records coincided with a better understanding of the identification features of this difficult species which has been confused in plumage with Paddyfield Warbler *Acrocephalus agricola*, a number of *Phylloscopus* species and even Garden Warbler *Sylvia borin* (aberrant song). The first four records concerned ringed birds but the following were identified in the field. All records were between 31 August and 11 October. In Belgium, there were five records

Kleine Spotvogel / Booted Warbler *Acrocephalus caligatus*, 10 September 1996, Zanderij, Katwijk, Zuid-Holland *(Hans Gebuis)*

september en 5 oktober. Recent onderzoek toonde aan dat Kleine Spotvogel (evenals Vale Spotvogel *A pallidus*) in feite rietzangers zijn en niet tot het genus *Hippolais* behoren (DB 19: 294-300, 1997, Leisler et al 1997); derhalve is deze soort geen echte spotvogel en dient de Nederlandse naam wellicht te worden gewijzigd in Kleine Rietzanger.

in 1988-97 between 10 September and 5 October. Recent research showed that Booted Warbler (like Olivaceous Warbler *A pallidus*) is in fact a reed warbler and can not be maintained in *Hippolais* (DB 19: 294-300, 1997, Leisler et al 1997).

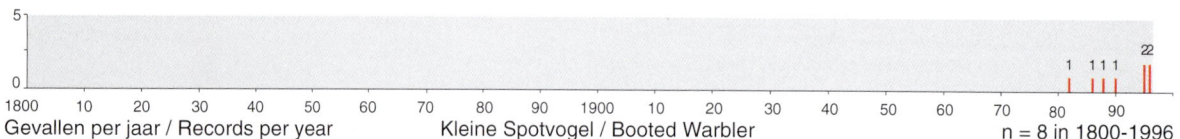

Gevallen per jaar / Records per year   Kleine Spotvogel / Booted Warbler   n = 8 in 1800-1996

Kleine Spotvogel / Booted Warbler *Acrocephalus caligatus*, 6 October 1995, Maasvlakte, Rotterdam, Zuid-Holland *(Hans Gebuis)*

2-3 October 1982 Oosterend, *Terschelling* FR, 1y, trapped; DB 4: 145, 1982 (photo); 5: 1-5, 1983 (photos); 6: 48, 1984 (photo), BB 79: 498, 588, 1986 (photo), van den Berg et al (1990): 110 (photo)

11 October 1986 Almere-Haven, *Almere* FL, trapped; Grauwe Gans 2: 8-13, 1986 (photos); 6: 92, 1990 (photo), DB 9: 41, 1987 (photo)

21 September 1988 Kennemerduinen, *Bloemendaal* NH, 1y, trapped; DB 10: 203, 1988 (photo); 11: 123-126, 161, 1989 (photos), van den Berg et al (1990): 111 (photo), Limicola 4: 58, 1990 (photo), BB 89: 125, 1996 (photo)

29 September 1990 Kennemerduinen, *Bloemendaal* NH, 1y, trapped; DB 12: 269, 1990 (photo)

19 September 1995 De Cocksdorp, *Texel* NH

6 October 1995 Maasvlakte, *Rotterdam* ZH; DB 17: 215, 267, 269, 1995 (photos); 19: 110, 1997 (photo), ter Ellen et al (1996), Mitchell & Young (1997; photo 127(1))

31 August-1 September 1996 Maasvlakte, *Rotterdam* ZH; DB 18: 273, 1996 (photo), Opperman et al (1997)

9-11 September 1996 Zanderij, *Katwijk* ZH, 1y, trapped; Birdwatch 5 (53): 60, 1996 (photo), Duinstag 11 (4): 13-14, 1996 (photo), DB 18: 274, 1996 (photos); 20: 159, 1998 (photo), Meijer et al (1996; photo), Opperman et al (1997)

voorlopige toevoegingen voor 1997-98 / provisional additions for 1997-98
27 September 1998 *Westkapelle* ZL (photographed)

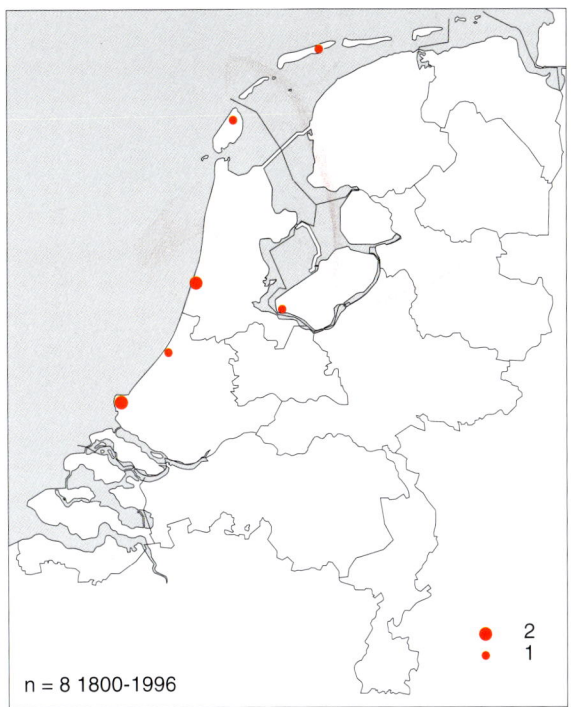

n = 8 1800-1996

Gevallen per locatie / Records per site
Kleine Spotvogel / Booted Warbler

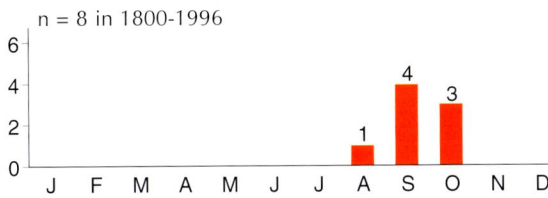

n = 8 in 1800-1996

Gevallen per maand / Records per month
Kleine Spotvogel / Booted Warbler

Grote Karekiet [2] *Acrocephalus arundinaceus arundinaceus* Great Reed Warbler

schaarse broedvogel
schaarse tot algemene zomergast

scarce breeding bird
scarce to common summer visitor

Provençaalse Grasmus *Sylvia undata* ssp Dartford Warbler

zeer zeldzaam

very rare

Broedt en overwintert in Zuid-Engeland, West- en Zuid-Frankrijk, Italië, Iberisch schiereiland en Noordwest-Afrika. Gevallen kunnen betrekking hebben op Atlantische Provençaalse Grasmus *S u dartfordiensis* en/of Mediterrane Provençaalse Grasmus *S u undata.*

De soort is al op korte afstand ten noorden en ten westen van zijn broedgebied zeldzaam. Zo waren er tot en met 1995 (slechts) vijf gevallen in België en acht in Ierland. De Belgische gevallen waren alle van recente datum: 28 april 1988, 30 oktober 1988, 1 mei 1989, 18 april 1992 en 1-2 oktober 1994 (DB 19: 223, 1997). Gezien de verspreiding, lijkt het waarschijnlijk dat alle gevallen betrekking hebben op de Atlantische ondersoort *dartfordiensis* die voorkomt in Zuid-Engeland en aan de Atlantische kust van Frankrijk. Dit kon echter in geen van de gevallen worden bevestigd en het is niet uit te sluiten dat een aantal betrekking had op de Mediterrane nominaat. Het is twijfelachtig of een ♂, waarvan de zang naar wordt beweerd in mei 1994 te Retranchement, Sluis, Zeeland, werd opgenomen, zich aan de Belgische of Nederlandse kant van de grens bevond (René Wanders pers comm; Vogelbescherming Nederland 1995).

Breeds and winters in southern England, western and southern France, Italy, Iberia and north-western Africa. Records may concern Atlantic Dartford Warbler *S u dartfordiensis* and/or Mediterranean Dartford Warbler *S u undata.*

The species is rare even at a short distance north and west of its regular breeding area. For instance, until 1995, there have been (only) five records for Belgium and eight for Ireland. The Belgian records were all recent: 28 April 1988, 30 October 1988, 1 May 1989, 18 April 1992 and 1-2 October 1994 (DB 19: 223, 1997). Taking into account the distribution, it is likely that all records concerned the Atlantic subspecies *dartfordiensis* from southern England and the Atlantic coastlands of France. However, this could not be confirmed in the field and, therefore, it is possible that a number referred to the Mediterranean nominate subspecies. It is doubtful whether a ♂ allegedly sound-recorded in May 1994 at Retranchement, Sluis, Zeeland, was singing from the Belgian or the Dutch side of the border (René Wanders pers comm; Vogelbescherming Nederland 1995).

1-3 April 1959 Hoophuizen, *Nunspeet* GL; LM 32: 185-188, 1959
26 November-3 December 1995 *Westkapelle* ZL, ♀; DB 17: 271-272, 1995 (photo); 18: 45, 1996 (photo); 19: 221-224, 1997 (photo)

voorlopige toevoegingen voor 1997 / provisional additions for 1997
3-7 January 1997 Brielsegatdam, Westplaat, *Westvoorne* ZH, ♂; DB 19: 43, 46-47, 221-224, 1997 (photos)

Gevallen per locatie / Records per site
Provençaalse Grasmus / Dartford Warbler

Provençaalse Grasmus / Dartford Warbler *Sylvia undata*,
5 January 1997, Brielsegatdam, Westplaat, Westvoorne,
Zuid-Holland *(Jan den Hertog)*

n = 3 in 1800-1997

Gevallen per maand / Records per month
Provençaalse Grasmus / Dartford Warbler

Brilgrasmus

Sylvia conspicillata conspicillata

Spectacled Warbler

zeer zeldzaam

very rare

Broedt in Zuidwest-Europa, Midden-Oosten en Noord-Afrika; overwintert in Noordwest-Afrika.

De soort is zeer zeldzaam in het Noordzeegebied. Het eerste geval voor Brittannië betrof een zingend ♂ op 24-29 mei 1992 te Filey, North Yorkshire; deze werd gevolgd door een

Breeds in south-western Europe, Middle East and northern Africa; winters in north-western Africa.

The species is very rare in the North Sea area. The first record for Britain was a singing ♂ on 24-29 May 1992 at Filey, North Yorkshire, followed by one on 20 April-2 May 1997 at

Brilgrasmus / Spectacled Warbler *Sylvia conspicillata*,
first-year/adult ♀, 2 November 1984, Zuidpier, IJmuiden,
Velsen, Noord-Holland *(René van Rossum)*

Gevallen per locatie / Records per site
Brilgrasmus / Spectacled Warbler

exemplaar op 20 april-2 mei 1997 te Landguard, Suffolk. Er is ook één geval voor Duitsland van een vangst op 10 september 1965 op Helgoland, Schleswig-Holstein. Bij de Nederlandse vogel kon het kleine formaat worden nagemeten met behulp van foto's waarop hij op de blokken van de pier is te zien.

Landguard, Suffolk. There is also one German record of a bird trapped on 10 September 1965 on Helgoland, Schleswig-Holstein. The Dutch bird's small size could be measured thanks to photographs of it perched on square pier stones.

1 record in 1800-1996; 1 in 1980-96

2 November 1984 Zuidpier, IJmuiden, *Velsen* NH, 1y/adult ♀; DB 7: 85-93, 1985 (photos); 8: 22, 1986 (photo), van den Berg et al (1990):   116, 119 (photos)

Baardgrasmus

Sylvia cantillans ssp

Subalpine Warbler

zeldzaam

rare

Broedt in Zuid-Europa, West-Turkije en Noordwest-Afrika; overwintert in noordelijk tropisch Afrika. Alleen westelijk taxon *S c cantillans*, dat oost tot in Italië voorkomt, is met zekerheid vastgesteld maar andere taxa (mogelijk phylogenetische soorten) konden niet in alle gevallen worden uitgesloten.

Op één na dateerden alle gevallen van de voorjaarsperiode tussen 25 april en 7 juni. Er werden veel meer ♂s dan ♀s opgemerkt. In sommige jaren sprake leek sprake te zijn van een influx zoals in 1983 (zes), 1986 (drie), 1993 (vier) en 1995 (vijf). Geen van de vogels bleef langer dan vier dagen aanwezig. De enige ringterugmelding betrof een ♀ geringd op 30 april 1983 te Kornwerderzand, Wûnseradiel, Friesland, dat op 21 mei 1983 werd teruggevangen op Helgoland, Schleswig-Holstein, Duitsland. In België werden in 1984-97 acht ♂s vastgesteld tussen 20 april en 1 juni en één op 3 september. Een aantal gevallen kan betrekking hebben gehad op het oostelijke taxon *S c albistriata* (Balkanbaardgrasmus) waarvan het verspreidingsgebied zich uitstrekt van Slovenië oost tot West-Turkije. Bovendien is het niet uitgesloten dat het op eilanden in de Middellandse Zee broedende taxon *S c moltonii* (Moltoni's Baardgrasmus) hier als dwaalgast voorkomt. Deze drie taxa verschillen vooral in roep. Bovendien zijn er verschillen in verenkleed tussen adulte ♂s in het voorjaar. Het gaat daarbij om de rood-oranje tot roze-kastanjebruine onderdelen van *cantillans*, sterker kastanjebruine en meer met zuiverwitte buik contrasterende onderdelen van *albistriata* en de licht bruin-roze onderdelen zonder of met zeer weinig oranje of kastanjebruine zweem van *moltonii* (Gargallo 1994).

Breeds in southern Europe, western Turkey and north-western Africa; winters in northern tropical Africa. Only western taxon *S c cantillans*, which occurs east to Italy, has been identified with certainty but, in a number of records, other taxa (ie, possibly phylogenetic species) could not be excluded.

All except one record were from the spring period between 25 April and 7 June. The number of ♂s was much higher than that of ♀s. In some years, apparent influxes occurred, as in 1983 (six), 1986 (three), 1993 (four) and 1995 (five). None of the birds stayed for longer than four days. The only ringing recovery concerned a ♀ ringed on 30 April 1983 at Kornwerderzand, Wûnseradiel, Friesland, which was recovered on 21 May 1983 on Helgoland, Schleswig-Holstein, Germany. In 1984-97, there were nine records of ♂s for Belgium of which eight between 20 April and 1 June, and one on 3 September.

A number of records may have concerned the eastern taxon *S c albistriata* (Eastern Subalpine Warbler) which occurs from Slovenia east to western Turkey. Besides, the Mediterranean islands' taxon *S c moltonii* (Moltoni's Warbler) may be a possible vagrant. These three taxa differ primarily in call. Besides, adult ♂s in spring show differences in plumage, ie, underparts being reddish-orange or pinkish-chestnut in *cantillans*, more chestnut-brown and more demarcated from the more pure white belly in *albistriata* and pale brownish-pink without or with very little orange or chestnut tinge in *moltonii* (Gargallo 1994).

Baardgrasmus / Subalpine Warbler *Sylvia cantillans*, adult ♂, 7 May 1986, Groet, Schoorl, Noord-Holland *(Arnoud B van den Berg)*

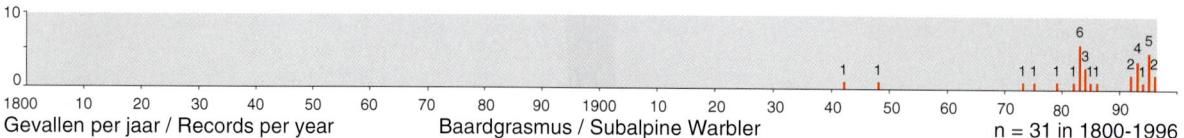

31 records in 1800-1996; 26 in 1980-96

26 May 1942 *Beverwijk* NH, ♂ (*S c cantillans*), trapped, dead (ZMA) (died 25 July); Ardea 31: 286-287, 1942, LM 15: 100-101, 1942

24-27 May 1948 Volewijkspark, Amsterdam-Noord, *Amsterdam* NH, ♂, singing; Ardea 36: 204-205, 1948

7 October 1973 De Cocksdorp, *Texel* NH, ♂; LM 48: 113, 122-123, 1975

18 May 1975 Knardijk, *Lelystad* FL, ♂

9 May 1979 Amsterdamse Waterleidingduinen, *Bloemendaal/Zandvoort* NH, adult ♂; DB 14: 83, 1992

3 June 1982 Engelsmanplaat, *Dongeradeel* FR, ♂; DB 4: 132-133, 1982 (photo)

25 April 1983 Vrakelberg, *Voerendaal* LB, ♂ (photographed); DB 20: 158, 1998

30 April 1983 Kornwerderzand, *Wûnseradiel* FR, ♀, trapped (retrapped 21 May 1983 on Helgoland, Schleswig-Holstein, Germany); Vanellus 36: 82, 1983 (photo), LM 57: 27-28, 1984 (photo)

7 May 1983 Maasvlakte, *Rotterdam* ZH, adult summer ♂; DB 5: 82, 1983 (photo); 6: 137, 1984 (photo)

12 May 1983 Makkumerwaard, *Wûnseradiel* FR, ♂, trapped; Vanellus 36: 109, 1983 (photo)

12 May 1983 Zuiderpark, *Den Haag* ZH, ♂, singing

7 June 1983 Maasvlakte, *Rotterdam* ZH, ♀

4 May 1986 *Wassenaar* ZH, ♂

5-6 May 1986 Dorkwerd, *Groningen* GR, ♂; de Bruin & de Bruin (1997; photo)

5-7 May 1986 Groet, *Schoorl* NH, ♂ (sound-recorded); DB 8: 116, 1986 (photo); 9: 147, 1987 (photo), VJ 34: 300, 1986 (photo), Duinstag 2: 40, 1987 (photos)

23-26 May 1987 't Wed, Kennemerduinen, *Bloemendaal* NH, adult summer ♂, singing

9 May 1988 Maasvlakte, *Rotterdam* ZH, ♂ (photographed)

14-17 May 1992 *Terschelling* FR, ♂, singing (photographed)

15 May 1992 Rottumerplaat, *Eemsmond* GR, ♂, singing

1 May 1993 Oosterend, *Terschelling* FR, ♂

3 May 1993 *Vlieland* FR, adult ♂

28-30 May 1993 Rottumerplaat, *Eemsmond* GR, ♂

2 June 1993 De Cocksdorp, *Texel* NH, 1s ♂

30 April-1 May 1994 De Muy, *Texel* NH, ♂ (photographed)

6 May 1995 Hargen aan Zee, *Schoorl* NH, 2y ♂, singing; DB 19: 110, 1997 (photo)

6 May 1995 Maasvlakte, *Rotterdam* ZH, ♀; DB 17: 126, 1995 (photo); 19: 110, 1997 (photo)

6 May 1995 Velsen-Noord, *Velsen* NH, ♂ (photographed)

27 May 1995 De Cocksdorp, *Texel* NH, ♀ (photographed)

27 May 1995 Velsen-Noord, *Velsen* NH, ♀

21 May 1996 Rottumerplaat, *Eemsmond* GR

22 May 1996 Rottumeroog, *Eemsmond* GR, ♀; DB 18: 146, 1996 (photo)

voorlopige toevoegingen voor 1997-98 / provisional additions for 1997-98

27-28 April 1998 De Cocksdorp, *Texel* NH, ♂; CDNA archives

30 May 1998 Maasvlakte, *Rotterdam* ZH, ♂ (photographed); Plomp et al (1999)

6 June 1998 Breskens, *Oostburg* ZL, ♀; CDNA archives

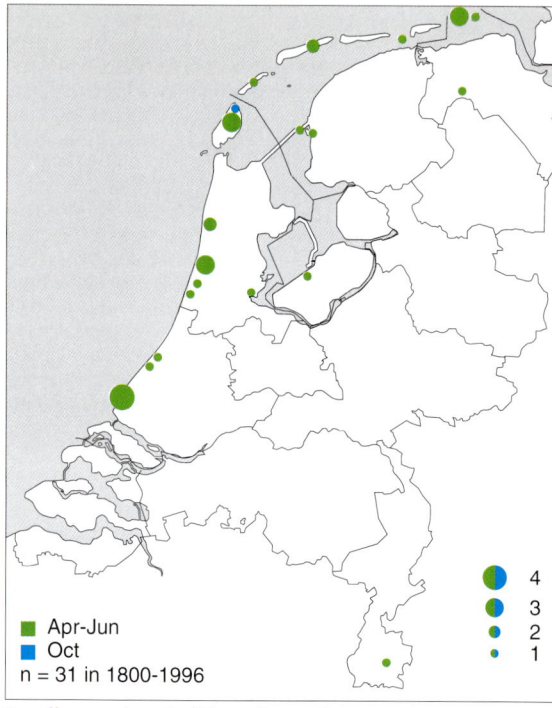

Apr-Jun
Oct
n = 31 in 1800-1996

4
3
2
1

Gevallen per locatie / Records per site
Baardgrasmus / Subalpine Warbler

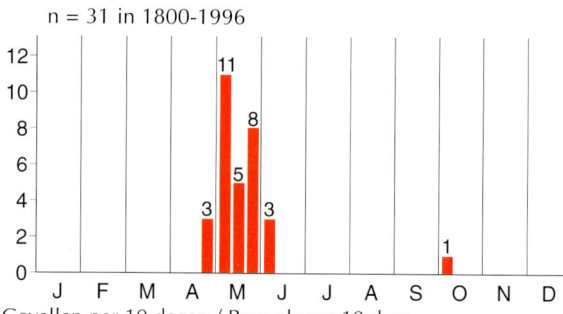

n = 31 in 1800-1996

12
11
10
8
6
5
4
3   3
2
1
0
J F M A M J J A S O N D

Gevallen per 10 dagen / Records per 10 days
Baardgrasmus / Subalpine Warbler

Kleine Zwartkop   *Sylvia melanocephala melanocephala*   # Sardinian Warbler

zeldzaam   rare

Broedt en overwintert in Middellandse-Zeegebied; overwintert ook in noordelijk tropisch Afrika.

Alle gevallen dateerden vanaf 1980 en meer dan de helft was in het voorjaar. Er werden geen ♀s aangetroffen. De drie najaarsgevallen betroffen langdurig aanwezige exemplaren die mogelijk pas tijdens een korte periode van vorst verdwenen. De overwinterende vogel in 1980/81 wist zich onder meer in leven te houden door het eten van brood en pinda's in een stadstuin. Er waren in 1986-96 drie gevallen voor België.

Breeds and winters in Mediterranean; winters also in northern tropical Africa.

All records have been since 1980 and more than half was in spring. There were no records of ♀s. The three autumn records concerned long-staying individuals which may have stayed until a brief spell of frost. The wintering bird in 1980/81 was seen in an urban garden eating bread and peanuts. In 1986-96, there were three records for Belgium.

Kleine Zwartkop / Sardinian Warbler *Sylvia melanocephala*, ♂, 4 November 1993, Lauwersoog, De Marne, Groningen *(Eric Koops)*

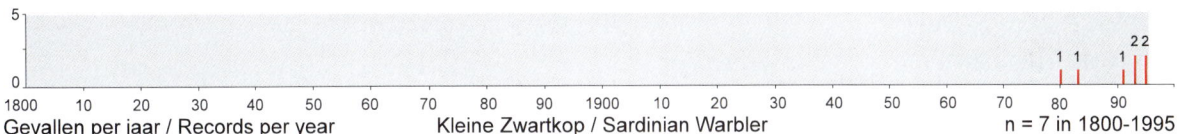

Gevallen per jaar / Records per year   Kleine Zwartkop / Sardinian Warbler   n = 7 in 1800-1995

7 records in 1800-1995; 7 in 1980-95

14 December 1980-22 February 1981 Lederambachtstraat, Osdorp, *Amsterdam* NH, adult ♂; DB 3: 102-103, 1981 (photo), Vlek (1995)

13 May 1983 Eemshaven, *Eemsmond* GR, adult ♂; DB 6: 17-18, 1984 (photos)

20 April 1991 Rottumeroog, *Eemsmond* GR, ♂, trapped; Grauwe Gors 19: 43, 1991 (photos), DB 15: 170-171, 1993 (photo)

26-29 May 1993 De Cocksdorp, *Texel* NH, 2y ♂; DB 15: 144, 186, 1993 (photos)

30 October-22 November 1993 Lauwersoog, *De Marne* GR, adult ♂; DB 15: 279, 1993 (photo); 17: 129, 1995 (photo); cf 18: 21, 1996, BW 7: 35, 1994 (photo), Grauwe Gors 22: 14, 1994 (photo), de Bruin & de Bruin (1997; photo)

8-14 May 1995 De Cocksdorp, *Texel* NH, ♂, singing

12 November-29 December 1995 Egmond-Binnen, *Egmond* NH, ♂, singing; cf DB 17: 266, 1995; 18: 47, 1996; 19: 109, 1997; 20: 158, 1998, Kleine Alk 14 (1): 10-12, 1996

voorlopige toevoegingen voor 1996-97 / provisional additions for 1996-97
21 April 1996 Mokkebank, *Nijefurd* FR, ♂, trapped (not (yet) submitted to CDNA); cf DB 18: 148, 1996; 20: 158, 1998

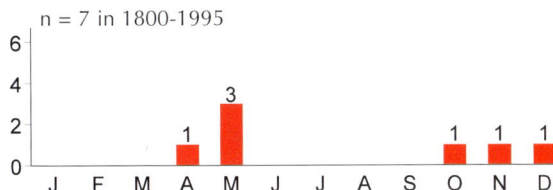

n = 7 in 1800-1995

Gevallen per maand / Records per month
Kleine Zwartkop / Sardinian Warbler

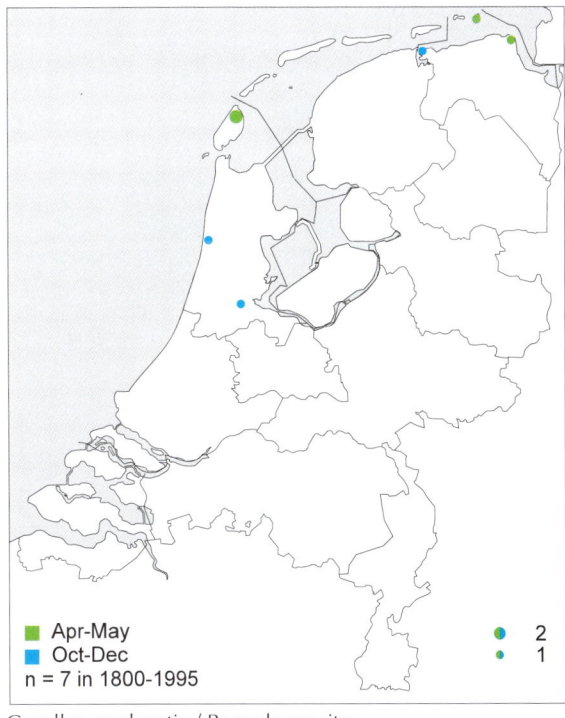

Apr-May
Oct-Dec
n = 7 in 1800-1995

2
1

Gevallen per locatie / Records per site
Kleine Zwartkop / Sardinian Warbler

Woestijngrasmus

Sylvia nana nana

Desert Warbler

zeer zeldzaam

very rare

Broedt van Kaspische-Zeegebied oost tot in Mongolië; overwintert van het Rode-Zeegebied oost tot in Pakistan.

Het geval in 1994 was de vroegste voor Noordwest-Europa. Er waren tot 1994 in Noordwest-Europa gevallen bekend van Denemarken (één), Duitsland (één), Engeland (10), Finland (zes) en Zweden (negen). Behalve gevallen in oktober-december behoorden hiertoe ook drie in het voorjaar (waarvan twee zelfs nestbouwend): in juni-juli 1981 in Schleswig-Holstein, Duitsland, in mei 1982 in Uppland, Zweden, en in mei-juni 1992 in Norfolk, Engeland. Er zijn in Noordwest-Europa geen gevallen van *S n deserti* uit Noordwest-Afrika.

Breeds from Caspian area east to Mongolia; winters from Red Sea area east to Pakistan.

The 1994 record was the earliest ever for north-western Europe. Until 1994, records in north-western Europe included those in Denmark (one), England (10), Finland (six), Germany (one) and Sweden (nine). Apart from records in October-December, three were in spring (two even nest-building): in June-July 1981 in Schleswig-Holstein, Germany, in May 1982 in Uppland, Sweden, and in May-June 1993 in Norfolk, England. There are no records in north-western Europe of *S n deserti* from north-western Africa.

2 records in 1800-1996; 2 in 1980-96

30 October-3 November 1988 Amsterdamse Waterleidingduinen, *Zandvoort* NH; BW 1: 379, 1988 (photo), DB Nieuwsbr 0: 1-4, 8, 1988 (photos), Graspieper 8: 172, 1988 (photo), BB 82: 351, 1989 (photos), DB 11: 48, 111-114, 160, 1989 (photos), Fitis 25: 48-50, 1989 (photo), LM 62: 203, 1989 (photo), VJ 37: 48, 1989 (photo), van den Berg et al (1990): cover, 122-124 (photos), Vogeljaarkalender 1990: 21 (photo), Mitchell & Young (1997; photo 129(2))

8-9 October 1994 Scheveningen, *Den Haag* ZH; BW 7: 389, 1994 (photo); 8: 33, 1995 (photo), Birdwatch 3 (30): 60, 1994 (photo), Duinstag 9 (3-4): 25, 1994 (photo), DB 16: 219, 1994 (photo); 17: 247-250, 1995 (photos); 18: 116, 1996 (photo), VJ 42: 237, 1994 (photo), Mitchell & Young (1997; photo 129(1))

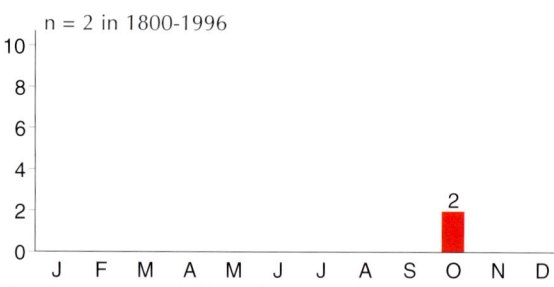

n = 2 in 1800-1996

Gevallen per maand / Records per month
Woestijngrasmus / Desert Warbler

n = 2 in 1800-1996

Gevallen per locatie / Records per site
Woestijngrasmus / Desert Warbler

Woestijngrasmus / Desert Warbler *Sylvia nana*, 9 October 1994, Scheveningen, Den Haag, Zuid-Holland *(Leo J R Boon)*

288

Woestijngrasmus / Desert Warbler *Sylvia nana*, 3 November 1988, Amsterdamse Waterleidingduinen, Zandvoort, Noord-Holland (*Arnoud B van den Berg*)

Sperwergrasmus

Sylvia nisoria nisoria

Barred Warbler

schaarse tot zeldzame doortrekker

scarce to rare migrant

Broedt van Noord-Italië, Oost-Duitsland en Zuid-Zweden oost tot in Mongolië; overwintert in Oost-Afrika.

De soort werd tot 1 januari 1993 door de CDNA beoordeeld (LM 67: 168, 1994; 69: 18, 1996). De gevallen van vóór 1980 werden niet door de CDNA herzien. Door het Vogeltrekstation (VT) opgegeven ringvangsten in 1989-92 werden automatisch aanvaard (cf DB 19: 109, 1997). Onbevestigde gevallen (#) worden hier niet vermeld tenzij het ringvangsten betreft. Vijf meldingen van ringvangsten in 1971 (op 7-26 augustus; LM 46: 85, 1973) en drie in 1972 (op 24 augustus, 18 september en 26 september; LM 47: 46, 1974) werden afgewezen door het ontbreken van documentatie; hetzelfde geldt onder meer voor ringvangstmeldingen op 13 september 1968 in Friesland (van der Poel et al 1979) en 6 oktober 1977 op Ameland, Friesland (Versluys et al 1997). Voor gevallen in 1969-70 zij verwezen naar LM 45: 84, 1972; in 1971 naar LM 46: 85, 1973; in 1974-75 naar LM 50: 56, 1977; in 1976 naar LM 51: 143-144, 1978; en in 1978 naar LM 53: 31, 1980.

Het regelmatige voorkomen in recente jaren in aanmerking genomen is het opmerkelijk dat er slechts vier gevallen van vóór 1960 zijn. In dat kader is het vermeldenswaard dat het eerste geval voor België pas van 4 september 1964 dateerde (Aves 1: 77-84, 1964). Het door Eykman et al (1936) opgevoerde tweede geval voor Nederland betrof een adult ♀ verzameld op 15 april 1861 te Haren, Groningen. Dit specimen is bestudeerd door Kees Roselaar (in litt) die opmerkte dat de vogel een gesleten verenkleed had dat wees op een verblijf in gevangenschap. Het lijkt aannemelijk dat dit ♀ een jaar eerder te Haren werd gevangen samen met het ♂ op 18 mei 1860 en vervolgens in leven gehouden. Het is een kwestie van speculatie of daar indertijd sprake kan zijn geweest van een mogelijk broedgeval. Sindsdien is broeden niet vastgesteld (contra LM 48: 163-170, 1975).

De soort werd sinds 1964 ieder jaar vastgesteld. De beste jaren waren 1969 met 14 exemplaren, 1976 met 12, 1991 met 16 en 1992 met 12. Het jaarlijkse gemiddelde in 1980-92 was meer dan acht gevallen. Na de beoordelingsperiode werden drie vangsten bekend voor 1993, 16 voor 1994 en

Breeds from northern Italy, eastern Germany and southern Sweden east into Mongolia; winters in eastern Africa.

The species was considered by CDNA until 1 January 1993 (LM 67: 168, 1994; 69: 18, 1996). Pre-1980 records have not been reviewed by CDNA. Ringing records reported by Vogeltrekstation (VT) for 1989-92 were automatically accepted (cf DB 19: 109, 1997). Single-observer records (#) are not listed below unless trapped and ringed. Five ringing reports in 1971 (on 7-26 August; LM 46: 85, 1973) and three in 1972 (on 24 August, 18 September and 26 September; LM 47: 46, 1974) were rejected because of the lack of documentation; this also applies for, for instance, ringing reports on 13 September 1968 in Friesland (van der Poel et al 1979) and on 6 October 1977 on Ameland, Friesland (Versluys et al 1997). For 1969-70 records, see LM 45: 84, 1972; for 1971 records, see LM 46: 85, 1973; for 1974-75 records, see LM 50: 56, 1977; for 1976 records, see LM 51: 143-144, 1978; and for 1978 records, see LM 53: 31, 1980.

With regard to the species' regular occurrence in recent years, it is remarkable that there are only four pre-1960 records. In that respect, it is noteworthy that the first for Belgium was recorded as late as 4 September 1964 (Aves 1: 77-84, 1964). The alleged second record for the Netherlands was an adult ♀ collected on 15 April 1861 at Haren, Groningen (Eykman et al 1936). The specimen has been studied by Kees Roselaar (in litt) who noticed that the bird showed worn plumage, indicating captive origin. Presumably, this ♀ was trapped at Haren the year before, perhaps together with the ♂ on 18 May 1860, and was kept alive. One may speculate whether a possible breeding record was involved. Breeding has not been documented since (contra LM 48: 163-170, 1975).

The species has been seen annually since 1964. The best years up to 1992 were 1969 with 14 individuals, 1976 with 12, 1991 with 16 and 1992 with 12. In 1980-92, the annual mean was more than eight records. After 1992, there were three ringing records for 1993, 16 for 1994 and three for 1995 (VT archives). Good years for Belgium were 1994 with 24, 1991 with 21, 1989 with 17, 1992 with 17 and 1990

drie voor 1995 (VT-archief). Jaren met grote aantallen in België waren 1994 met 24, 1991 met 21, 1989 met 17, 1992 met 17 en 1990 met 14 (in 1969 waren er vier en in 1976 geen) (Gunter De Smet in litt). Ter vergelijking is het interessant dat het jaargemiddelde voor Brittannië in 1968-79 132, in 1980-89 103 en in 1990-95 140 exemplaren bedroeg terwijl alle 181 in 1995 dateerden tussen 10 augustus en 31 oktober met bijna een derde deel in Shetland, Schotland (cf BB 90: 434, 1997). Er waren slechts vijf Nederlandse voorjaarsgevallen waarvan de vroegste dateerde van 25 april terwijl de andere vier in de tweede helft van mei werden ontdekt. Eén van deze voorjaarsgevallen was tevens de langst verblijvende en de enige voor Limburg, van 28 mei tot 13 juni 1969 te Valkenburg (gemeld door P A Hens; geen documentatie beschikbaar). Alle andere gevallen dateerden tussen 4 augustus en 17 november, de meeste gedurende eind augustus en begin september, met 11 later dan 15 oktober. Er waren in 1964-95 144 ringvangsten van eerstejaars vogels in België met als uiterste datums 3 augustus en 28 oktober; er waren geen voorjaarsgevallen (Gunter De Smet in litt).

Meer dan drie op de vier gevallen betroffen ringvangsten. De verspreiding van de gevallen geeft dan ook een goed beeld van de locaties waar regelmatig geringd wordt. Bovendien lijkt de toename in het aantal gevallen verband te houden met het gelijktijdig toegenomen gebruik van mistnetten in ringstations.

with 14 (there were four in 1969 and none in 1976) (Gunter De Smet in litt). By comparison, it is of interest that the annual mean for Britain in 1968-79 was 132, in 1980-89 103 and in 1990-95 140 individuals, while all 181 in 1995 dated from the period between 10 August and 31 October with nearly a third from Shetland, Scotland (cf BB 90: 434, 1997). There were only five Dutch spring records, of which the earliest was 25 April while the other four were discovered in the second half of May. One of these spring records was also the longest-staying and the only one for Limburg, from 28 May to 13 June 1969 at Valkenburg (reported by P A Hens; no documentation available). All other records dated from the period between 4 August and 17 November, of which most were from late August and early September, and 11 were later than 15 October. In 1964-95, 144 first-year birds were trapped and ringed in Belgium between 3 August and 28 October; there were no spring records (Gunter De Smet in litt).

More than three in every four records concerned ringed birds. As a result, the distribution of records offers a good picture of places where birds are regularly trapped. Besides, the records' increase appears to be connected with the increased use of mist-nets at ringing stations.

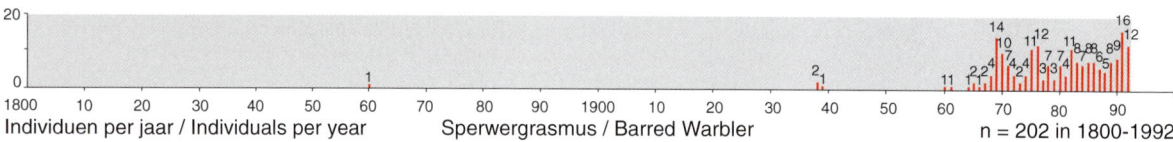

Individuen per jaar / Individuals per year   Sperwergrasmus / Barred Warbler   n = 202 in 1800-1992

195 records (202 individuals) in 1800-1992; 107 records (109 individuals) in 1980-92

18 May 1860 *Haren* GR, 2y ♂, dead (NNM); Eykman et al (1936), Kees Roselaar (in litt)
22 August 1938 *Wassenaar* ZH, 1y ♀, dead (NNM); LM 11: 123-124, 1938, Eykman et al (1949)
2 September 1938 *Wassenaar* ZH, 1y, trapped; Eykman et al (1949), LM 52: 216, 1979

1 September 1939 *Wassenaar* ZH, 1y ♀, dead (NNM); LM 12: 169, 1939, Eykman et al (1949)
4-6 August 1960 *Apeldoorn* GL, adult ♂, trapped #; LM 35: 73, 168, 1962
19 September 1961 Weeversduin, Oostvoorne, *Westvoorne* ZH, 1y ♀, dead (ZMA); LM 35: 168, 1962; 36: 39, 1963

Sperwergrasmus / Barred Warbler *Sylvia nisoria*, first-year, 29 August 1992, De Cocksdorp, Texel, Noord-Holland *(Hans Gebuis)*

30 August 1964 & 2 September Kroonspolders, *Vlieland* FR, 1y, trapped; LM 38: 101-103, 1965 (photo)

16 & 24 August 1965 Posthuis, *Vlieland* FR, 1y, trapped; LM 40: 51; 1967

10 October 1965 De Muy, *Texel* NH, 1y; LM 39: 145-146, 1966; 40: 51, 1967

21 September 1966 Knardijk, *Lelystad/Zeewolde* FL, 1y, trapped; LM 42: 70, 1969

25 April 1967 Ameide, *Zederik* ZH, ♀; LM 42: 70, 1969

26 August 1967 *Schiermonnikoog* FR, 1y, trapped; LM 42: 70, 1969

10 August 1968 Westlandse Duinen, *Den Haag* ZH, trapped; LM 43: 55, 1970

22 August 1968 Hoophuizen, *Nunspeet* GL, trapped #; LM 43: 55, 1970

24 August 1968 *Heemskerk* NH, trapped; LM 43: 55, 1970

18 October 1968 *Vlieland* FR, trapped; LM 43: 55, 1970

28 May-13 June 1969 Valkenburg, *Valkenburg aan de Geul* LB

18 August 1969 *Schoorl* NH

18 August 1969 *Vlieland* FR, trapped

28 August 1969 *Texel* NH, trapped

30 August 1969 *Texel* NH (**2**), trapped

30 August 1969 *Vlieland* FR, trapped

5 September 1969 *Schiermonnikoog* FR, trapped

6 September 1969 *Vlieland* FR, trapped

7 September 1969 *Schiermonnikoog* FR, trapped

9 September 1969 *Schiermonnikoog* FR, trapped

11 September 1969 *Schiermonnikoog* FR, trapped

15 September 1969 *Schiermonnikoog* FR, trapped

6 November 1969 *Castricum* NH, trapped

18 August 1970 *Vlieland* FR, trapped

20 August 1970 *Schiermonnikoog* FR, trapped

23 August 1970 *Schiermonnikoog* FR (**3**), trapped

24 August 1970 *Vlieland* FR, trapped

26 August 1970 *Schiermonnikoog* FR, trapped

30 August 1970 *Terschelling* FR

5 September 1970 *Terschelling* FR

6 September 1970 *Terschelling* FR

27 August 1971 Rottumerplaat, *Eemsmond* GR (**2**), trapped

4 September 1971 *Vlieland* FR, trapped

13 September 1971 *Schiermonnikoog* FR, trapped

21 September 1971 *Someren* NB, trapped

26 September 1971 Hoophuizen, *Nunspeet* GL, trapped #

2 October 1971 *Vlieland* FR, trapped

14 August 1972 *Vlieland* FR, trapped; LM 47: 46, 1974

27 August 1972 *Den Haag* ZH, 1y, trapped; LM 47: 46, 1974 (photo)

5 September 1972 *Vlieland* FR, trapped; LM 47: 46, 1974

13 September 1972 *Texel* NH; LM 47: 46, 1974

30 August 1973 *Texel* NH, trapped; LM 48: 113, 1975

8 September 1973 *Texel* NH, trapped; LM 48: 113, 1975

20 August 1974 Makkum, *Wûnseradiel* FR, 1y, trapped

22 August 1974 *Texel* NH, trapped

9 September 1974 *Vlieland* FR, trapped

7 October 1974 *Vlieland* FR, trapped

9 August 1975 Knardijk, *Lelystad/Zeewolde* FL

18 August 1975 *Den Haag* ZH, trapped

24 August 1975 *Schiermonnikoog* FR, trapped

30 August 1975 *Schiermonnikoog* FR, trapped

1 September 1975 *Schiermonnikoog* FR, trapped

4 September 1975 *Schiermonnikoog* FR, trapped

8 September 1975 *Schiermonnikoog* FR, trapped

19 September 1975 *Schiermonnikoog* FR

20 September 1975 Kornwerderzand, *Wûnseradiel* FR, 1y, trapped

26 September 1975 Franeker, *Franekeradeel* FR, dead (FNM)

22 October 1975 *Zandvoort* NH, trapped

15 August 1976 Oostvoorne, *Westvoorne* ZH, 1y, trapped

30 August 1976 *Terschelling* FR, adult

6 September 1976 *Den Haag* ZH, 1y, trapped

12 September 1976 *Vlieland* FR (**2**), 1y, trapped

14 September 1976 *Vlieland* FR, 1y, trapped

19 September 1976 Hoek van Holland, *Rotterdam* ZH, 1y, trapped

20 September 1976 Oostvaardersdijk, *Lelystad* FL, 1y, trapped

29 September 1976 Kornwerderzand, *Wûnseradiel* FR, 1y, trapped

9 October 1976 *Vlieland* FR, 1y, trapped

13 October 1976 *Schiermonnikoog* FR, 1y, trapped

20 October 1976 *Schiermonnikoog* FR, 1y, trapped

13 August 1977 Mokkebank, *Nijefurd* FR, 1y, trapped; LM 52: 227, 1979

24 August 1977 *Wassenaar* ZH, 1y, trapped; LM 52: 227, 1979

17-18 September 1977 *Texel* NH, 1y; LM 52: 227, 1979

18 August 1978 *Castricum* NH, 1y, trapped

20 August 1978 *Wassenaar* ZH, 1y, trapped

29 August 1978 *Terschelling* FR, 1y

24 September 1978 *Castricum* NH, 1y, trapped

11 October 1978 *Den Haag* ZH, 1y

14 October 1978 Oostvaardersdijk, *Lelystad* FL, 1y, trapped

27 October 1978 *Den Haag* ZH, 1y, trapped

30 August 1979 *Texel* NH, 1y; LM 54: 25, 1981

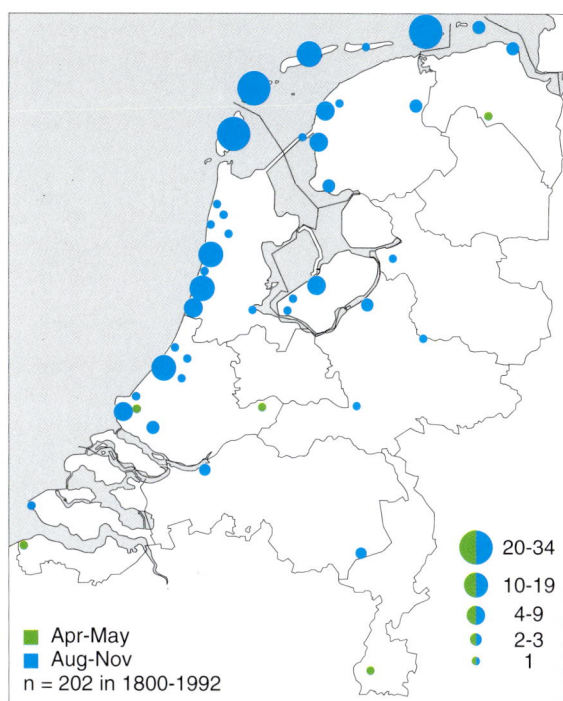

Apr-May
Aug-Nov
n = 202 in 1800-1992

20-34
10-19
4-9
2-3
1

Gevallen per locatie / Records per site
Sperwergrasmus / Barred Warbler

1 September 1979 *Katwijk* ZH, 1y; LM 54: 25, 1981

8 September 1979 *Wageningen* GL, 1y; LM 54: 25, 1981

27 August 1980 *Texel* NH, 1y

27 August 1980 Callantsoog, *Zijpe* NH, 1y

1 September 1980 *Texel* NH, 1y

21 September 1980 *Den Haag* ZH, 1y, trapped; LM 54: 133, 1981 (photo)

23 September 1980 *Terschelling* FR, 1y

24 September 1980 *Terschelling* FR, 1y, trapped

29 September 1980 *Vlieland* FR, 1y, trapped

5 August 1981 *Diemen* NH, 1y; LM 62: 203, 1989

8 August 1981 *Vlieland* FR, 1y, trapped

31 August 1981 Maasvlakte, *Rotterdam/Westvoorne* ZH (**2**), 1y

28 August 1982 *Terschelling* FR, 1y

31 August 1982 *Terschelling* FR, 1y

1 September 1982 *Vlieland* FR, 1y, trapped

3-4 September 1982 *Texel* NH (**2**), 1y

4 September 1982 Oostvaardersdijk, *Almere* FL, 1y, trapped

4 September 1982 *Deventer* OV, 1y

7 September 1982 *Terschelling* FR, 1y, trapped

9-10 September 1982 *Terschelling* FR, 1y

8-10 October 1982 *Terschelling* FR, 1y; DB 4: 146, 1982 (photo)

9 October 1982 *Terschelling* FR, 1y, trapped

19 August 1983 *Leidschendam* ZH, 1y, trapped

21 August 1983 *Vlieland* FR, 1y, trapped

31 August 1983 *Castricum* NH, trapped

23 September 1983 Eemshaven, *Eemsmond* GR, 1y

23 September 1983 *Terschelling* FR, 1y, trapped

25 September 1983 Rottumerplaat, *Eemsmond* GR, 1y, trapped

10 October 1983 *Alkmaar* NH, 1y

30 October 1983 *Wassenaar* ZH, adult, trapped

19 August 1984 Almere-Haven, *Almere* FL, 1y, trapped; Grauwe

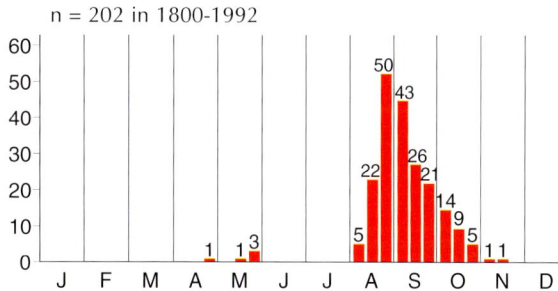

n = 202 in 1800-1992

Individuen per 10 dagen / Individuals per 10 days
Sperwergrasmus / Barred Warbler

Gans 1: 18-20, 1985 (photo); 6: 94, 1990 (photo), Duinstag 2: 53, 1987 (photos)
21 August 1984 *Castricum* NH, trapped
27 August 1984 *Texel* NH, adult
14 September 1984 Wassenaarse Slag, *Wassenaar* ZH, trapped
20 September 1984 Scherenwelle, *IJsselmuiden* OV, trapped
1 October 1984 *Westkapelle* ZL, 1y
16 October 1984 Oostvaardersplassen, *Lelystad* FL, trapped
17 August 1985 *Lelystad* FL, 1y, trapped; Duinstag 2: 54, 1987 (photo)
30 August 1985 Kennemerduinen, *Bloemendaal* NH, 1y, trapped; DB 7: 153, 156, 1985 (photo)
8 September 1985 *Texel* NH, 1y
16 September 1985 *Vlieland* FR, trapped
18 September 1985 Roptazijl, *Harlingen* FR, trapped
28 September 1985 Makkumer Zuidwaard, *Wûnseradiel* FR, trapped
14 October 1985 Hoophuizen, *Nunspeet* GL, trapped
21 October 1985 Kennemerduinen, *Bloemendaal* NH, 1y, trapped; DB 8: 38, 1986 (photo)
23 August 1986 Rohel, *Achtkarspelen* FR, trapped
8 September 1986 *Lelystad* FL, trapped
11 September 1986 Laaxum, *Nijefurd* FR, trapped
13 September 1986 *Spijkenisse* ZH, trapped
14 September 1986 *Texel* NH
21 September 1986 *Texel* NH
5 October 1986 *Vlieland* FR, trapped
17 November 1986 *Castricum* NH, trapped
22 May 1987 Cadzand-Bad, *Sluis* ZL, trapped
30 August 1987 *Vlieland* FR, 1y, trapped
2 September 1987 Kennemerduinen, *Bloemendaal* NH, trapped
2 September 1987 Oostvoorne, *Westvoorne* ZH, trapped
3 September 1987 Kennemerduinen, *Bloemendaal* NH, trapped
19 September 1987 Kennemerduinen, *Bloemendaal* NH, trapped
22 May 1988 Oostvoorne, *Westvoorne* ZH, 2y ♀, trapped
13 August 1988 Roptazijl, *Harlingen* FR, 1y, trapped
18 August 1988 Burgervlotbrug, *Zijpe* NH, 1y, trapped
11 September 1988 *Spijkenisse* ZH, 1y, trapped
1 October 1988 *Wassenaar* ZH, 1y, trapped
22 August 1989 *Castricum* NH, 1y, trapped
31 August 1989 Hooge en Lage Zwaluwe NB, trapped; DB 19: 109, 1997
2 September 1989 *Castricum* NH, 1y, trapped
5 September 1989 *Castricum* NH, 1y, trapped
7 September 1989 *Castricum* NH, 1y, trapped
20 September 1989 *Someren* NB, trapped; DB 19: 109, 1997
4 October 1989 Eemshaven, *Eemsmond* GR, 1y
8 October 1989 *Castricum* NH, 1y, trapped
12 August 1990 *Klundert* NB, trapped; DB 19: 109, 1997
25 August 1990 *Vlieland* FR, trapped; DB 19: 109, 1997

27 August 1990 *Castricum* NH, 1y, trapped
10-12 September 1990 *Ameland* FR, 1y; BW 3: 305, 1990 (photo), DB 12: 271, 1990 (photo)
13 September 1990 Maasvlakte, *Rotterdam/Westvoorne* ZH, 1y
25 September 1990 *Vlieland* FR, 1y, trapped
27 September 1990 *Terschelling* FR, 1y, trapped; Vanellus 44: 22, 1991 (photo)
12 October 1990 Kennemerduinen, *Bloemendaal* NH, 1y, trapped
24 October 1990 *Someren* NB, trapped; DB 19: 109, 1997
16 August 1991 Kennemerduinen, *Bloemendaal* NH, trapped; DB 19: 109, 1997
22 August 1991 Makkumer Zuidwaard, *Wûnseradiel* FR, trapped; DB 19: 109, 1997
27 August 1991 *Zandvoort* NH, trapped; DB 19: 109, 1997
28 August 1991 *Zandvoort* NH, trapped; DB 19: 109, 1997
31 August 1991 *Vlieland* FR, 1y, trapped
1 September 1991 Kennemerduinen, *Bloemendaal* NH, trapped; DB 19: 109, 1997
1 September 1991 *Vlieland* FR, 1y, trapped
2 September 1991 *Vlieland* FR, 1y, trapped
3 September 1991 *Achtkarspelen* FR, trapped; DB 19: 109, 1997
8 September 1991 *Oegstgeest* ZH, 1y
9 September 1991 Kennemerduinen, *Bloemendaal* NH, trapped; DB 19: 109, 1997
14 September 1991 *Zandvoort* NH, trapped; DB 19: 109, 1997
28 September 1991 *Vlieland* FR, trapped; DB 19: 109, 1997
29 September 1991 Kennemerduinen, *Bloemendaal* NH, trapped; DB 19: 109, 1997
5 October 1991 Kornwerderzand, *Wûnseradiel* FR, 1y, trapped (photographed)
7 October 1991 *Texel* NH, 1y
18 August 1992 Kennemerduinen, *Bloemendaal* NH, trapped; DB 19: 109, 1997
19 August 1992 Mokkebank, *Nijefurd* FR, trapped; DB 19: 109, 1997
20 August 1992 *Castricum* NH, 1y, trapped
22 August 1992 *Harlingen* FR, trapped; DB 19: 109, 1997
28-30 August 1992 De Cocksdorp, *Texel* NH, 1y; DB 14: 195, 1992 (photo)
31 August 1992 Berkheide, *Wassenaar* ZH, 1y, trapped; Meijer et al (1996)
6 September 1992 *Castricum* NH, 1y, trapped
6 September 1992 *Harlingen* FR, trapped; DB 19: 109, 1997
20 September 1992 *Vlieland* FR, 1y (photographed); DB 17: 96, 1995
24 September 1992 *Vlieland* FR, trapped; DB 19: 109, 1997
29 September 1992 Kennemerduinen, *Bloemendaal* NH, trapped; DB 19: 109, 1997
19-21 October 1992 West-Terschelling, *Terschelling* FR, 1y

Braamsluiper [2]

algemene broedvogel
algemene zomergast

Sylvia curruca ssp

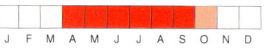

Lesser Whitethroat

common breeding bird
common summer visitor

Naast de algemene nominaat zijn er ook twee gevallen van Siberische Braamsluiper *S c blythi/halimodendri*. Deze ondersoorten broeden in Centraal-Siberië en van het Kaspische-Zeegebied oost tot in Centraal-Azië; ze overwinteren van Zuidoost-Iran oost tot in Oost-India. Beide gevallen betroffen vogels gevangen maar niet gefotografeerd op 30 november 1986 en 5 november 1992 te Castricum, Noord-Holland. Mogelijk hadden verscheidene andere late Braamsluiper-meldingen in november-januari eveneens op oostelijke ondersoorten betrekking (cf DB 9: 42, 1987). Een melding van 27 december 1991 tot 2 januari 1992 te Huizen, Noord-Holland, werd niet aanvaard door de CDNA (cf DB 14: 34, 1992 (foto)).

Apart from the common nominate subspecies, there are also two records of Siberian Lesser Whitethroat *S c blythi/halimodendri*. These subspecies breed in central Siberia and from the Caspian area east into central Asia; they winter from south-eastern Iran east to eastern India. Both records concerned birds trapped but not photographed on 30 November 1986 and on 5 November 1992 at Castricum, Noord-Holland. Possibly, several other late Lesser Whitethroat reports in November-January also concerned eastern subspecies (cf DB 9: 42, 1987). A report from 27 December 1991 to 2 January 1992 at Huizen, Noord-Holland, has not been accepted by CDNA (cf DB 14: 34, 1992 (photo)).

Grasmus [2]

algemene broedvogel
algemene doortrekker en zomergast

Sylvia communis communis

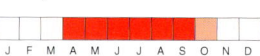

Common Whitethroat

common breeding bird
common migrant and summer visitor

Tuinfluiter [2]

algemene broedvogel
algemene doortrekker en zomergast

Sylvia borin borin

Garden Warbler

common breeding bird
common migrant and summer visitor

Zwartkop [2]

algemene broedvogel
gehele jaar algemeen

Sylvia atricapilla atricapilla

J F M A M J J A S O N D

Blackcap

common breeding bird
common throughout year

Swinhoes Boszanger

zeer zeldzaam

Phylloscopus plumbeitarsus

Two-barred Warbler

very rare

Broedt in Siberië van Jenissei-rivier oost tot Zee van Okhotsk en Mantsjoerije; overwintert in Zuidoost-Azië.

Het Nederlandse geval was het tweede voor Europa. Andere Europese gevallen tot 1995 betroffen een eerste-winter op 21-27 oktober 1987 op Gugh, Scilly, Engeland (DB 9: 167-169, 1987 (foto), Twitching 1: 333-336, 1987 (foto's), BW 3: 430, 1990 (foto)) en een adulte geringd op 5 juli 1991 te Ottenby, Öland, Zweden (Vår Fågelvärld 51 (7-8): 28-29, 1992 (foto)). In 1996 was er bovendien een melding op 18 augustus in Västerbotten, Zweden, en een geval op 15-16 oktober in Norfolk, Engeland (Vår Fågelvärld 55 (6-7): 48, 1996, BB 90: 501, 1997; 91: 53, 1998). Het taxon wordt door onder anderen Glutz von Blotzheim & Bauer (1991) en Cramp (1992) als ondersoort van Grauwe Fitis *P trochiloides* beschouwd (contra Williamson 1967, contra Voous 1977, cf Marova-Kleinbub 1998).

Breeds in Siberia from Yenisey east to Sea of Okhotsk and Manchuria; winters in south-eastern Asia.

The Dutch record was the second for Europe. Other European records before 1995 included a first-winter on 21-27 October 1987 on Gugh, Scilly, England (DB 9: 167-169, 1987 (photo), Twitching 1: 333-336, 1987 (photos), BW 3: 430, 1990 (photo)) and an adult trapped on 5 July 1991 at Ottenby, Öland, Sweden (Vår Fågelvärld 51 (7-8): 28-29, 1992 (photo)). In 1996, there was a report on 18 August in Västerbotten, Sweden, and a record on 15-16 October in Norfolk, England (Vår Fågelvärld 55 (6-7): 48, 1996, BB 90: 501, 1997; 91: 53, 1998). The taxon is regarded as a subspecies of Greenish Warbler *P trochiloides* by, for instance, Glutz von Blotzheim & Bauer (1991) and Cramp (1992) (contra Williamson 1967, contra Voous 1977, cf Marova-Kleinbub 1998).

1 record in 1800-1996; 1 in 1980-96

17 September 1990 *Castricum* NH, 1y, trapped; DB 12: 261, 1990

(photo); 14: 7-10, 1992 (photos), Graspieper 10: 155, 1990 (photo)

n = 1 in 1800-1996

Gevallen per locatie / Records per site
Swinhoes Boszanger / Two-barred Warbler

Swinhoes Boszanger / Two-barred Warbler *Phylloscopus plumbeitarsus*, first-year, 17 September 1990, Castricum, Noord-Holland *(Hans Schekkerman)*

Grauwe Fitis

zeldzaam

Phylloscopus trochiloides viridanus

Greenish Warbler

rare

Broedt van Baltisch gebied oost tot in West-Siberië en zuid tot in Afghanistan en Kashmir; overwintert in Zuid-Azië.

Een derde van de gevallen dateerde van het late voorjaar, met

Breeds from Baltic region east to western Siberia and south into Afghanistan and Kashmir; winters in southern Asia.

A third of the records was from late spring, between 23 May

als uiterste datums 23 mei en 30 juni. De overige gevallen waren van de nazomer en het vroege najaar, met als uiterste datums 9 augustus en 1 oktober. Het is opmerkelijk dat meer dan de helft van de gevallen, waaronder bijna alle in het voorjaar, uit het uiterste noord-oosten kwamen. De dichtstbijzijnde locatie waar een succesvol broedgeval heeft plaatsgevonden is Helgoland, Schleswig-Holstein, Duitsland, in juni-augustus 1990 (DB 12: 206-207, 1990 (foto), Limicola 4: 283, 1990 (foto)). Er waren in 1987-96 vier gevallen voor België met als uiterste datums 31 augustus en 19 september.

and 30 June. The other records were from late summer and early autumn, between 9 August and 1 October. It is remarkable that more than half of the records, including almost all spring records, were in the north-easternmost part. The nearest site of a successful breeding record is Helgoland, Schleswig-Holstein, Germany, in June-August 1990 (DB 12: 206-207, 1990 (photo), Limicola 4: 283, 1990 (photo)). In 1987-96, there were four records for Belgium, between 31 August and 19 September.

Gevallen per jaar / Records per year — Grauwe Fitis / Greenish Warbler — n = 21 in 1800-1996

21 records in 1800-1996; 15 in 1980-96

13 September 1965 Kroonspolders, *Vlieland* FR, adult, dead (ZMA); LM 40: 52, 1967
22 September 1967 Korverskooi, *Texel* NH, trapped
30 June 1969 *Leeuwarden* FR, ♂, dead (window victim) (ZMA)
25 August 1973 Groene Glop, *Schiermonnikoog* FR, trapped (photographed)
10 June 1974 Rottumeroog, *Eemsmond* GR, trapped; LM 47: 124-125, 1975
11 August 1979 *Castricum* NH, trapped; DB 1: 85-86, 1979 (photo)
26 August 1981 *Schiermonnikoog* FR, trapped; LM 55: 139, 1982 (photo)
10 June 1985 Afsluitdijk, Den Oever, *Wieringen* NH, calling; DB 8: 63-65, 1986 (sonagram)
2-11 September 1986 De Cocksdorp, *Texel* NH (sound-recorded); DB 8: 156, 1987 (photo)
28 September-1 October 1986 Noordpolderzijl, *Eemsmond* GR
29 May 1988 *Schiermonnikoog* FR, singing (sound-recorded)
2 June 1992 Rottumeroog, *Eemsmond* GR; DB 14: 152, 1992 (photo), de Bruin & de Bruin (1997; photo)
9-13 August 1993 Rottumeroog, *Eemsmond* GR, singing (sound-recorded)
30 August 1993 *Schiermonnikoog* FR, 1w ♀, trapped; DB 15: 237, 1993 (photo)
3-9 September 1995 Katwijk aan Zee, *Katwijk* ZH, 1y, singing (sound-recorded); DB 17: 224, 1995 (photo), Meijer et al (1996; photo)
23 May 1996 Rottumeroog, *Eemsmond* GR (photographed)
25 June 1996 Rottumeroog, *Eemsmond* GR, singing (sound-record-

ed); DB 18: 215, 1996 (photo)
15-16 August 1996 Rottumeroog, *Eemsmond* GR (photographed)
30 August-1 September 1996 Neeltje Jans, *Veere* ZL, 1y; DB 18: 273, 1996 (photo)
1 September 1996 Neeltje Jans, *Veere* ZL, 1y
9 September 1996 Maasvlakte, *Rotterdam* ZH (photographed)

voorlopige toevoegingen voor 1997-98 / provisional additions for 1997-98
1 June 1998 Lewenborg, *Groningen* GR, singing (sound-recorded); CDNA archives
1 September 1998 *Vlieland* FR, trapped (photographed) (not (yet) submitted to CDNA)

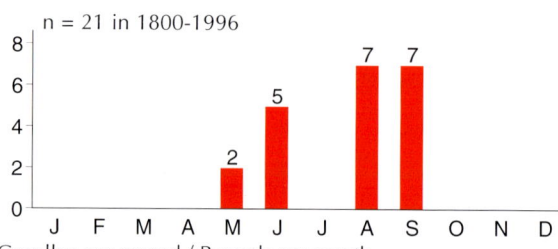

n = 21 in 1800-1996

Gevallen per maand / Records per month
Grauwe Fitis / Greenish Warbler

Grauwe Fitis / Greenish Warbler *Phylloscopus trochiloides*, 6 September 1982, De Cocksdorp, Texel, Noord-Holland (René Pop)

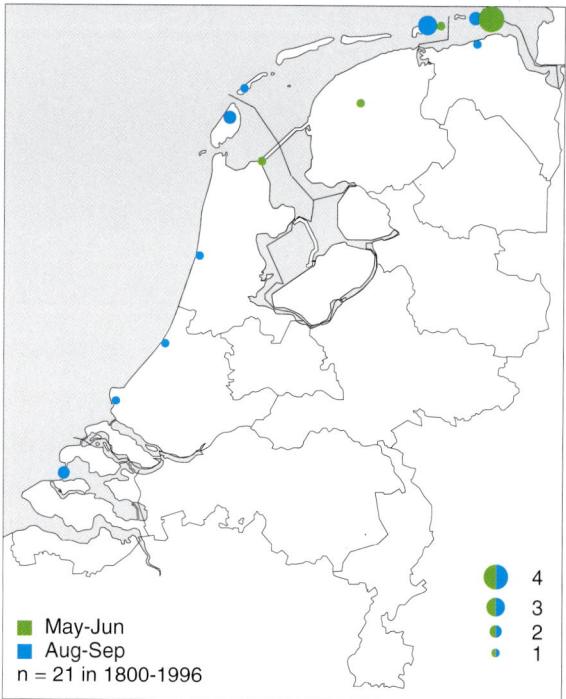

■ May-Jun
■ Aug-Sep
n = 21 in 1800-1996

4
3
2
1

Gevallen per locatie / Records per site
Grauwe Fitis / Greenish Warbler

294

Grauwe Fitis / Greenish Warbler *Phylloscopus trochiloides*, 31 August 1996, Neeltje Jans, Veere, Zeeland *(Peter van Rij)*

Noordse Boszanger   *Phylloscopus borealis borealis*   **Arctic Warbler**

zeldzaam   rare

Soort broedt van Lapland oost door Noord-Siberië tot in Alaska, VS; overwintert in Indochina, Filippijnen en Indonesië.

Met uitzondering van een op 2 november dood gevonden exemplaar dateerden alle gevallen tussen 9 september en 11 oktober. Alle waren van de Noordzeekust, de meeste van de Waddeneilanden, en geen werd op volgende dagen gezien. Het voorkomen lijkt op dat van de Britse Eilanden waar de soort in vergelijking met Grauwe Fitis *P trochiloides* eveneens gemiddeld iets later in het najaar verschijnt (ofschoon meest in september) en tevens iets zeldzamer is (231 tegen 324 gevallen tot en met 1997; BB 91: 507, 1998). Het eerste geval voor België was op 6 september 1995.

Species breeds from Lappland east through northern Siberia to Alaska, USA; winters in Indo-China, Philippines and Indonesia.

With the exception of one individual found dead on 2 November, all records dated from the period between 9 September and 11 October. All were from the North Sea coast, with the majority from the Wadden Islands, and none was seen in following days. The occurrence pattern resembles that in the British Isles where, on average, autumn records are also later than those of Greenish Warbler *P trochiloides* (though mostly in September) while it is rarer than the latter as well (up to 1996, 231 against 324 records, respectively; BB 91: 507, 1998). The first for Belgium was on 6 September 1995.

Noordse Boszanger / Arctic Warbler *Phylloscopus borealis*, 28 September 1997, Maasvlakte, Rotterdam, Zuid-Holland *(Frank Dröge)*

295

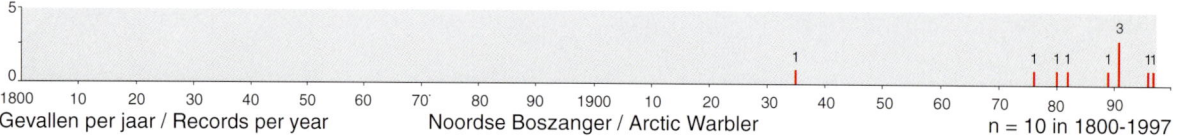

9 records in 1800-1996; 7 in 1980-96

2 November 1935 Haamstede, *Westerschouwen* ZL, ♂, dead (NNM) (lighthouse victim); Ardea 25: 63-64, 1936

13 September 1976 Groene Glop, *Schiermonnikoog* FR, 1y, trapped; LM 50: 119-122, 1977 (photos)

10 October 1980 *Schiermonnikoog* FR, trapped; LM 54: 100-101, 1981 (photo)

11 October 1982 *Schiermonnikoog* FR, 1y, trapped; DB 4: 133-135, 1982 (photo)

19 September 1989 *Vlieland* FR, 1y, trapped; DB 16: 65, 1994 (photo); cf 16: 105, 1994

9 September 1991 Kennemerduinen, *Bloemendaal* NH, 1y ♂, trapped; DB 13: 231, 1991 (photo), LM 66: 158, 1993 (photo), Limicola 8: 273, 331, 1994 (photos), Mitchell & Young (1997; photo 129(8))

3 October 1991 *Ameland* FR, trapped (photographed)

5 October 1991 *Terschelling* FR, 1y, trapped; Vanellus 44: 158, 1991 (photo)

2 October 1996 paal 18, Oosterend, *Terschelling* FR, 1y (under review); DB 18: 277, 281, 1996 (photo); 20: 290-291, 1998 (photo)

voorlopige toevoegingen voor 1997 / provisional additions for 1997

28 September 1997 Maasvlakte, *Rotterdam* ZH, 1y; BW 10: 379, 1997 (photo), DB 19: 259, 1997 (photos)

n = 10 in 1800-1997

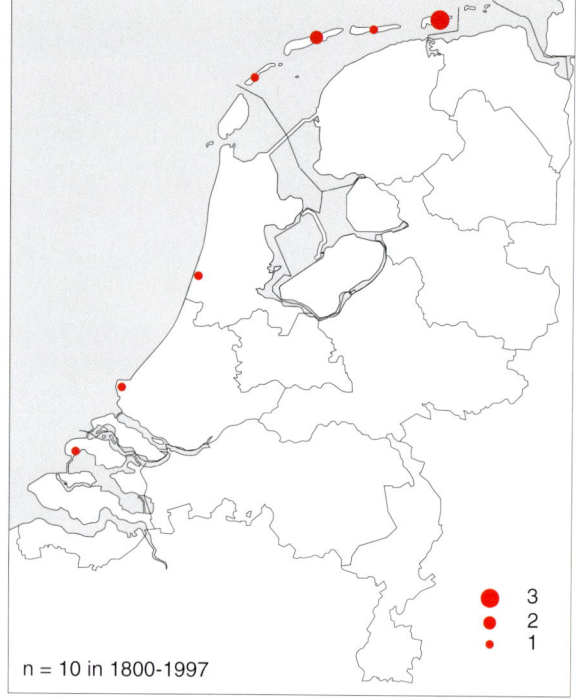

n = 10 in 1800-1997

Pallas' Boszanger   *Phylloscopus proregulus*   # Pallas's Leaf Warbler

vrij zeldzaam

rather rare

Broedt van Centraal-Siberië tot de Zee van Okhotsk; overwintert in Zuidoost-Azië.

De soort werd tot 1 januari 1997 beoordeeld door de CDNA.

Sinds 1980 wordt de soort ieder jaar vastgesteld, in toenemend aantal. Aangezien hij duidelijke veldkenmerken heeft en geen geheimzinnig gedrag vertoont, lijkt deze toename reëel en niet louter toe te schrijven aan verbeterde vangtechnieken van ringers of een grotere dichtheid aan waarnemers (cf Oriolus 60: 3-17, 1994, Ring Migrat 19: 7-12, 1998). Het is in dit verband interessant dat het eerste geval voor België op 19-20 november 1971 te Het Zwin, Knokke, West-Vlaanderen, van nog recentere datum was dan de eerste twee Nederlandse gevallen in 1963-64 (Wielewaal 38: 236-237, 1972). Ook was er tot 1950 maar één geval (in 1896) voor Brittannië waar de jaarlijkse aantallen sindsdien sterk toenamen met 543 gevallen tot en met 1990 (BB 85: 540, 1992). Op twee na waren alle Nederlandse gevallen tussen 1 oktober en 8 december, met een hoogtepunt in de tweede helft van oktober. De meest bijzondere waarneming betrof het enige overwinteringsgeval van 20 januari tot 30 maart 1975 in een buitenwijk van Wageningen, Gelderland, ver in het binnenland. Het enige voorjaarsgeval betrof een vogel in de vierde week van april 1988 in een woonwijk van Den Haag, Zuid-Holland. Het is opmerkelijk dat meer dan de helft van de gevallen afkomstig was van het 87 km lange, meest noordwestelijke stuk van de Noordzeekust van Vlieland, Friesland, tot en met Castricum, Noord-Holland. In 1986-95 bezochten vele vogelaars ieder jaar gedurende eind oktober de Dutch Birding-vogelweek op Texel, Noord-Holland, hetgeen ten

Breeds from central Siberia to Sea of Okhotsk; winters in south-eastern Asia.

Until 1 January 1997, the species was considered by CDNA.

Since 1980, the species has been recorded annually in increasing numbers. It has obvious field characters and no skulking habits, suggesting that the increase of records is real and not explained merely by improved trapping techniques of ringers or increased activities by birders (cf Oriolus 60: 3-17, 1994, Ring Migrat 19: 7-12, 1998). It is of interest that the first for Belgium, on 19-20 November 1971 at Het Zwin, Knokke, West-Vlaanderen, was even more recent than the first two Dutch records in 1963-64 (Wielewaal 38: 236-237, 1972). Similarly, there was only one pre-1951 record (in 1896) for Britain where annual numbers have increased dramatically since, with 543 records up to 1990 (BB 85: 540, 1992). All but two Dutch records were from the period between 1 October and 8 December, with a peak in the second half of October. The most peculiar record concerned a wintering bird from 20 January to 30 March 1975 in a suburban area at Wageningen, Gelderland, far inland. The only spring record was a bird in the fourth week of April 1988 in a suburban area of Den Haag, Zuid-Holland. Remarkably, more than half of the records came from the north-westernmost 87 km stretch of North Sea coast, between Vlieland, Friesland, and Castricum, Noord-Holland. In late October 1986-95, many birders participated in the Dutch Birding bird week on Texel, Noord-Holland, which may partly explain the preponderance of records for that island. In contrast, there is only one autumn record (in Limburg) for those six eastern

Pallas' Boszanger / Pallas's Leaf Warbler *Phylloscopus proregulus*, 16 October 1982, Camperduin, Schoorl, Noord-Holland (*René van Rossum*)

dele het hoge aantal gevallen voor dat eiland kan verklaren. Er is daarentegen slechts één najaarsgeval (in Limburg) voor de zes provincies met de kortste of geen kustlijn: Drenthe, Overijssel, Gelderland, Utrecht, Noord-Brabant en Limburg. In de afgelopen jaren lijken de aantallen nog steeds toe te nemen. In 1994 werden in Brittannië ten minste 180 exemplaren aangetroffen (Vinicombe & Cottridge 1996). In 1996 vond de tot dan toe grootste influx voor Noordwest-Europa plaats (DB 18: 270, 278, 330, 332-334, 1996 (foto)). Een aantal gevallen in 1996 is (nog) niet ingediend bij de CDNA waaronder zeven ringvangsten (VT-archief). In oktober 1997 was opnieuw sprake van een grote influx in het noorden van Europa met onder meer c 155 in oktober-november in Brittannië en vanaf 12 oktober 26 in Nederland (DB 19: 308, 312, 1997, Plomp et al 1998).

provinces which do not have long coastlines: Drenthe, Overijssel, Gelderland, Utrecht, Noord-Brabant and Limburg. Numbers in recent years still seem to be increasing. In 1994, at least 180 were found in Britain (Vinicombe & Cottridge 1996). In 1996, an unprecedented large influx took place in north-western Europe (DB 18: 270, 278, 330, 332-334, 1996 (photo)). A number of 1996 records have not (yet) been submitted to CDNA, including seven individuals which were trapped and ringed (VT archives). In October 1997, another influx in northern Europe became apparent with, for instance, c 155 for October-November in Britain and from 12 October onwards 26 in the Netherlands (DB 19: 308, 312, 1997, Plomp et al 1998).

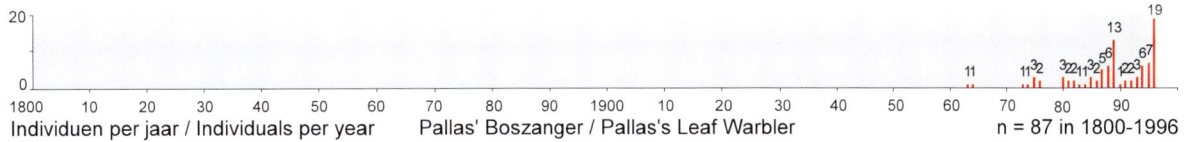

Individuen per jaar / Individuals per year   Pallas' Boszanger / Pallas's Leaf Warbler   n = 87 in 1800-1996

84 records (87 individuals) in 1800-1996; 75 records (78 individuals) in 1980-96

25-28 November 1963 Korverskooi, *Texel* NH, dead (ZMA); LM 37: 16-18, 1964

22 October 1964 *Castricum* NH, trapped; LM 38: 13-15, 1965

18 November 1973 Lelystad-Haven, *Lelystad* FL

24 November 1974 Rijsterbos, *Gaasterlân-Sleat* FR, trapped; LM 48: 174-175, 1975 (photos), Vanellus 28: 4-6, 1975 (photos)

20 January-30 March 1975 Wageningen-Hoog, *Wageningen* GL; LM 49: 220-222, 1976

9 October 1975 Kroonspolders, *Vlieland* FR, trapped

19 October 1975 Kobbeduinen, *Schiermonnikoog* FR, trapped; LM 50: 56, 123-126, 1977 (photo)

9 October 1976 De Cocksdorp, *Texel* NH

15 October 1976 Kroonspolders, *Vlieland* FR, trapped

26 October 1980 Kornwerderzand, *Wûnseradiel* FR, trapped (photographed)

26 October 1980 Kornwerderzand, *Wûnseradiel* FR, dead (ZMA); DB 4: 43, 1982

28 October 1980 Tzummarum, *Franekeradeel* FR, trapped; Vanellus 33: 181, 1980 (photo), DB 4: 44, 1982 (photo)

18-19 October 1981 Maasvlakte, *Rotterdam* ZH; DB 3: 147, 1981 (photo), VJ 30: 54, 1982 (photo)

14 November 1981 's-Gravenzande ZH

15-16 October 1982 Camperduin, *Schoorl* NH; DB 4: 146, 1982 (photo); 6: 49, 1984 (photo); 8: 22, 1986 (photo), LM 57: 25, 1984 (photo), Duinstag 1: 134-135, 1986 (photos), Vogeljaarkalender 1992: 19 (photo), Mitchell & Young (1997; photo 131(2))

16 October 1982 *Castricum* NH, trapped

29 October 1983 *Ameland* FR, trapped

1 November 1984 *Castricum* NH, trapped; DB 7: 35, 1985 (photo)

16 October 1985 *Vlieland* FR, trapped (photographed)

18-19 October 1985 Katwijk aan Zee, *Katwijk* ZH

21 October 1985 Den Oever, *Wieringen* NH

9 November 1986 Katwijk aan Zee, *Katwijk* ZH

30 November 1986 Westenschouwen, *Westerschouwen* ZL, trapped

Pallas' Boszanger / Pallas's Leaf Warbler *Phylloscopus proregulus*, 26 October 1987, De Cocksdorp, Texel, Noord-Holland
(Arnoud B van den Berg)

(photographed)
24 October 1987 *Texel* NH (photographed)
24 October 1987 *Texel* NH
24-26 October 1987 *Texel* NH; DB 10: 43, 173, 1988 (photos), LM 61: 171, 1988 (photo), Duinstag 5: 121, 1990 (photo), Calidris 19: 12, 1990 (photo)
24 October 1987 *Westkapelle* ZL
7 November 1987 De Blocq van Kuffeler, *Almere* FL; Grauwe Gans 5: 93-96, 1989 (photo); 6: 94, 1990 (photo)
24-28 April 1988 *Den Haag* ZH
1 October 1988 Den Oever, *Wieringen* NH

19 October 1988 De Holtmühle, *Tegelen* LB, trapped; LV 2: 56, 1991, DB 20: 161, 1998
20-22 October 1988 *Texel* NH (sound-recorded); DB 11: 158, 1989 (photo)
22 October 1988 *Texel* NH
22 October 1988 *Texel* NH
8 October 1989 Kornwerderzand, *Wûnseradiel* FR
10 October 1989 *Terschelling* FR, ♂, trapped; Vanellus 42: 174, 1989 (photo)
15 October 1989 *Texel* NH; DB 15: 154, 1993
15-16 October 1989 *Texel* NH (**2**)
17 October 1989 De Waal, *Texel* NH
20 October 1989 *Texel* NH
20 October 1989 *Texel* NH; DB 15: 154, 1993
24 October 1989 *Castricum* NH (**2**), trapped
27 October 1989 *Texel* NH
4 November 1989 *Castricum* NH, trapped (photographed)
13 November 1989 Eemshaven, *Eemsmond* GR
3-4 November 1990 Kornwerderzand, *Wûnseradiel* FR
25 November 1991 Oostvaardersdijk, *Almere* FL, 1y, trapped; LM 66: 158, 1993 (photo)
7-8 December 1991 *Vlaardingen* ZH (photographed)
18-21 October 1992 De Cocksdorp, *Texel* NH
21 October 1992 West-Terschelling, *Terschelling* FR
16-19 October 1993 De Cocksdorp, *Texel* NH
18-19 October 1993 De Cocksdorp, *Texel* NH
2 November 1993 *Texel* NH

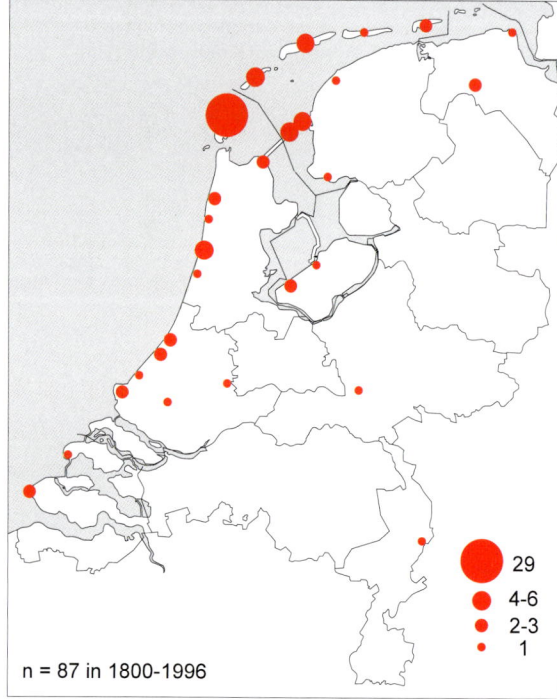

Individuen per locatie / Individuals per site
Pallas' Boszanger / Pallas's Leaf Warbler

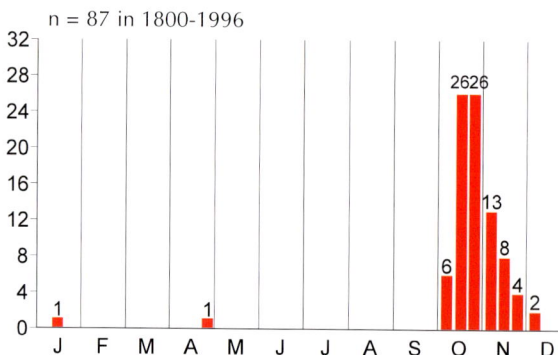

Individuen per 10 dagen / Individuals per 10 days
Pallas' Boszanger / Pallas's Leaf Warbler

298

16-17 October 1994 Schorrenweg, *Texel* NH; DB 19: 111, 1997
17 October 1994 Sluftervallei, *Texel* NH
18 October 1994 *Schiermonnikoog* FR, 1w, trapped (photographed)
21 October 1994 *Texel* NH
2 November 1994 De Blocq van Kuffeler, *Almere* FL
4-5 November 1994 Helpman, *Groningen* GR; Grauwe Gors 23: 30, 1995 (photo), de Bruin & de Bruin (1997; photo)
22 October 1995 Singel 40, Petten, *Zijpe* NH, dead (on 25 October) (photographed)
26-28 October 1995 De Cocksdorp, *Texel* NH
28-29 October 1995 Hargen aan Zee, *Schoorl* NH, singing (contra DB 19: 109, 1997)
30 October 1995 De Cocksdorp, *Texel* NH; DB 20: 161, 1998
2 November 1995 De Cocksdorp, *Texel* NH
4-8 November 1995 Ganzenhoek, *Wassenaar* ZH
7 November 1995 De Cocksdorp, *Texel* NH
10 October 1996 Breezanddijk, *Wûnseradiel* FR (photographed)
14 October 1996 Kennemerduinen, *Bloemendaal* NH, trapped; DB

18: 278, 1996 (photo)
15 October 1996 Noordoosthoek, *Vlieland* FR
15 October 1996 Oost-Vlieland, *Vlieland* FR
15 October 1996 West-Terschelling, *Terschelling* FR
15 October 1996 Breezanddijk, *Wûnseradiel* FR
22 October 1996 De Cocksdorp, *Texel* NH
23 October 1996 Breezanddijk, *Wûnseradiel* FR (photographed)
25 October 1996 Oost-Vlieland, *Vlieland* FR
26 October 1996 De Cocksdorp, *Texel* NH
26 October-10 November 1996 Petten, *Zijpe* NH
1 November 1996 Selwerderhof, *Groningen* GR
8 November 1996 Haastrecht, *Vlist* ZH (photographed)
13 November 1996 Coendersborg, *Groningen* GR
15-19 November 1996 *Westkapelle* ZL (**2** on 18 November)
16 November 1996 Maasvlakte, *Rotterdam* ZH (photographed)
16 November 1996 Den Burg, *Texel* NH
7 December 1996 Breezanddijk, *Wûnseradiel* FR

Bladkoning [2]

schaarse doortrekker

Phylloscopus inornatus

J F M A M J J A S O N D

Yellow-browed Warbler

scarce migrant

Broedt in Noord-Siberië oost tot Zee van Okhotsk; overwintert van Burma en Thailand oost tot in Hong Kong.

De soort werd tot 1 januari 1989 beoordeeld door de CDNA (LM 60: 30, 1987; 62: 117, 203, 1989).

Het eerste geval was een ♂ verzameld op 15 september 1861 te Leiden, Zuid-Holland (Eykman et al 1936). Het eerste voor de 20e eeuw vermelde geval betrof een eerstejaars ♂ dat als vuurtorenslachtoffer op 4/5 oktober 1924 te Westhoofd, Ouddorp, Goedereede, Zuid-Holland, werd verzameld (Ardea 15: 61-62, 1926). Van het totaal van aanvaardbare gevallen voor 1861-1966 (LM 41: 31, 1968) blijven er 25 over wanneer de eerste vondst van Humes Bladkoning *P humei* in 1958 (DB 7: 129-133, 1985) en een herzien aprilgeval van 1960 (LM 50: 56, 1977) worden weggelaten.
Aangezien de soort in 1968-97 nooit in januari-augustus werd vastgesteld, lijkt het, gezien de vroegere onbekendheid met het determineren van *Phylloscopus*-boszangers, verstan-

Breeds in northern Siberia east to Sea of Okhotsk; winters from Burma and Thailand east to Hong Kong.

Until 1 January 1989, the species was considered by CDNA (LM 60: 30, 1987; 62: 117, 203, 1989).

The first record concerned a ♂ collected on 15 September 1861 at Leiden, Zuid-Holland (Eykman et al 1936). The first record for the 20th century was a first-year ♂ found dead as lighthouse victim on 4/5 October 1924 at Westhoofd, Ouddorp, Goedereede, Zuid-Holland (Ardea 15: 61-62, 1926). The total of records for 1861-1966 is 25 when subtracting the first Hume's Leaf Warbler *P humei* in 1958 and a reviewed April record in 1960 (LM 41: 31, 1968; 50: 56, 1977, DB 7: 129-133, 1985).
In 1968-97, the species was not recorded in January-August. Combined with the fact that, in the past, there was a limited knowledge about identification of *Phylloscopus* warblers, it seems wise to review the July record of 1967. In addition, the

Bladkoning / Yellow-browed Warbler *Phylloscopus inornatus*, September 1988, Maasvlakte, Rotterdam, Zuid-Holland (René Pop)

dig om het juli-geval van 1967 te herzien. Ook de vijf december-gevallen in 1967, 1968 (twee), 1970 en 1979 komen voor herziening in aanmerking, niet alleen omdat de documentatie ontoereikend was (cf LM 43: 56, 1970; 45: 84, 1972; 54: 26, 1981) maar ook omdat inmiddels is gebleken dat een bladkoning in december vaak een Humes Bladkoning betrof. Om deze redenen zijn het juli-geval van 1967 en de vijf december-gevallen in 1967-88 niet in de totalen verwerkt. Het is niet uit te sluiten dat er met name in november ook enkele als Bladkoning genoteerde Humes Bladkoningen zijn geweest.

De doorbraak van Bladkoning dateerde van 1967 toen de eerste influx plaatsvond met 35 gevallen (LM 41: 31-32, 1968; cf 54: 134, 1981). Sindsdien werd de soort jaarlijks vastgesteld. Ook de twee eerste gevallen voor België waren (pas) in 1967, beide op 22 oktober (Giervalk 58: 148, 1968). Daarna werden jaarlijks de volgende aantallen in Nederland vastgesteld: 1968 acht (cf LM 54: 26, 1981); 1969 vier; 1970 vijf; 1971 twee; 1972 één; 1973 vier; 1974 drie; 1975 acht; 1976 twee; 1977 twee; 1978 acht; 1979 vijf; 1980 19; 1981 19; 1982 14 (cf LM 59: 22, 1986); 1983 14; 1984 14; 1985 98 (cf LM 60: 201, 1987); 1986 105 (cf LM 61: 171, 1988); 1987 23 (cf LM 62: 203, 1989); en 1988 81 (cf LM 64: 66, 1991). Het tweede tot vierde geval van Humes Bladkoning in 1975, 1982 en 1983 zijn van deze totalen afgetrokken. Ter vergelijking is het interessant dat het jaargemiddelde voor Brittannië in 1968-79 65, in 1980-89 296 en in 1990-94 316 bedroeg, met maxima van 711 in 1988 en 495 in 1985 (BB 90: 435, 1997). Van de 474 Nederlandse exemplaren in 1967-88 betrof bijna de helft ringvangsten (ten minste 208). Een groot deel van de gevallen was afkomstig van het Waddenzeegebied zoals in 1985 53 van de 98.

five December records in 1967, 1968 (two), 1970 and 1979 should be reviewed, not only because of their inadequate documentation (cf LM 43: 56, 1970; 45: 84, 1972; 54: 26, 1981) but also since in recent years Yellow-browed Warblers claimed in December often turned out to be Hume's Leaf Warbler. Because of these reasons, the July record of 1967 and the five December records in 1967-88 were omitted from the totals. However, it is still possible that a few birds now registered as Yellow-browed Warbler were in fact Hume's Leaf Warbler, especially in November.

The species' breakthrough was in 1967 when the first influx took place with 35 records (LM 41: 31-32, 1968; cf 54: 134, 1981). The species has been recorded in every year since. The first two records for Belgium also dated (only) from 1967, both on 22 October (Giervalk 58: 148, 1968). Since 1967, the following annual totals were recorded in the Netherlands: 1968 eight (cf LM 54: 26, 1981); 1969 four; 1970 five; 1971 two; 1972 one; 1973 four; 1974 three; 1975 eight; 1976 two; 1977 two; 1978 eight; 1979 five; 1980 19; 1981 19; 1982 14 (cf LM 59: 22, 1986); 1983 14; 1984 14; 1985 98 (cf LM 60: 201, 1987); 1986 105 (cf LM 61: 171, 1988); 1987 23 (cf LM 62: 203, 1989); and 1988 81 (cf LM 64: 66, 1991). The second to fourth Hume's Leaf Warbler in 1975, 1982 and 1983 were subtracted from these totals. By comparison, it is of interest that the annual mean for Britain in 1968-79 was 65, in 1980-89 296 and in 1990-94 316, with annual maxima of 711 in 1988 and 495 in 1985 (BB 90: 435, 1997). The total number of individuals in the Netherlands in 1967-88 was 474 of which nearly half was trapped and ringed (at least 208). A large proportion of these records came from the Wadden Sea area, like 53 out of 98 in 1985.

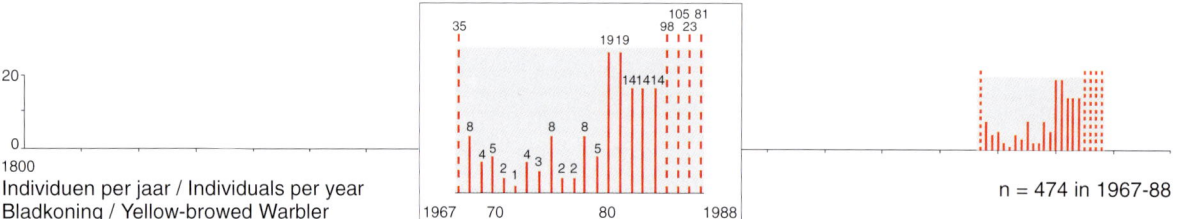

Individuen per jaar / Individuals per year
Bladkoning / Yellow-browed Warbler

n = 474 in 1967-88

Humes Bladkoning   *Phylloscopus humei humei*   Hume's Leaf Warbler

zeldzaam

rare

Broedt in Centraal-Azië oost tot in West-Mongolië; overwintert van oostelijk Arabisch schiereiland en Iran oost tot in India en Bangladesh.

De soort lijkt op Bladkoning *P inornatus* die een noordelijker broedgebied heeft. Men dient zich te bedenken dat het tot 1985 duurde vooraleer voor het eerst melding werd gemaakt van het voorkomen van Humes Bladkoning in Nederland (DB 7: 145-146, 1985). Tot die tijd stonden Humes Bladkoningen geregistreerd als Bladkoning. Sindsdien konden echter, dankzij foto's, geluidsopnames en een museumexemplaar, alsnog vijf gevallen van vóór 1985 worden aanvaard.

Breeds in central Asia east to western Mongolia; winters from eastern Arabian peninsula and Iran east to India and Bangladesh.

The species resembles Yellow-browed Warbler *P inornatus* which is a more northerly species. It should be taken into account that it was not until 1985 that it became clear that Hume's Leaf Warbler had occurred in the Netherlands (DB 7: 145-146, 1985). Until that time, Hume's Leaf Warblers were included among totals for Yellow-browed Warbler. Thanks to photographs, sound-recordings and a museum specimen, five pre-1985 records could still be accepted. Another bird

Humes Bladkoning / Hume's Leaf Warbler *Phylloscopus humei*, 30 December 1990, De Blocq van Kuffeler, Almere, Flevoland (*Arnoud B van den Berg*)

Een ander exemplaar van 22 december 1974 tot 12 februari 1975 te Wassenaarse Slag, Wassenaar, Zuid-Holland, werd eerst onjuist als Grauwe Fitis *P trochiloides* gedetermineerd (LM 49: 72-75, 1976). Hoewel het waarschijnlijk eveneens een Humes Bladkoning betrof (cf DB 4: 142, 1982; 18: 186, 1996), kon hij vanwege ontoereikende documentatie en tegenstrijdige beschrijvingen uiteindelijk niet als zodanig worden aanvaard. Hetzelfde geldt mogelijk voor andere wintermeldingen van Grauwe Fitis (cf Vanellus 32: 93, 1979). Vijf Humes Bladkoningen bleven later dan november tot ten minste januari of zelfs tot in april (in 1975, 1982, 1990 (twee) en 1995) hetgeen is op te vatten als pogingen om te overwinteren. Daarentegen bleven acht exemplaren van oktober (twee) en november (zes) korter dan een week hetgeen wijst op trek. Er waren in 1981-94 zes gevallen voor België met als uiterste datums 18 oktober en 28 december (Gunter De Smet in litt).

from 22 December 1974 to 12 February 1975 at Wassenaarse Slag, Wassenaar, Zuid-Holland, was first misidentified as Greenish Warbler *P trochiloides* (LM 49: 72-75, 1976). Although it was likely a Hume's Leaf Warbler (cf DB 4: 142, 1982; 18: 189, 1996), it could not be accepted due to inadequate documentation and conflicting descriptions. The same may apply for other winter reports of Greenish Warbler (cf Vanellus 32: 93, 1979). Five post-November records of Hume's Leaf Warbler (in 1975, 1982, 1990 (two) and 1995) indicated wintering attempts by individuals which remained until at least January or even into April. On the other hand, individuals in October (two) and November (six) stayed shorter than a week, suggesting migration. In 1981-94, there were six records for Belgium, between 18 October and 28 December (Gunter De Smet in litt).

Humes Bladkoning / Hume's Leaf Warbler *Phylloscopus humei*, 13 February 1983, Delftse Hout, Delft, Zuid-Holland (*René van Rossum*)

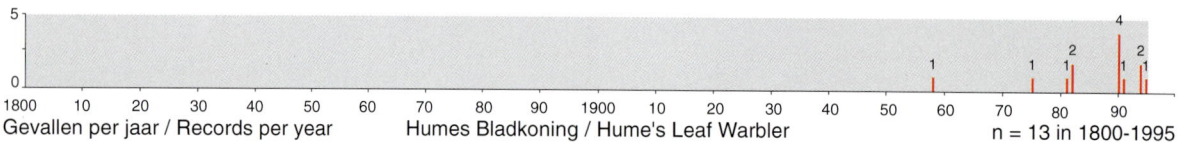

13 records in 1800-1995; 11 in 1980-95

28 November 1958 lichtschip Texel CP, ♂, dead (ZMA); cf LM 32: 191-192, 1959, DB 7: 132-133, 1985
(January-)4 February-3 April 1975 Zuiderpark, *Hoogeveen* DR; DB 6: 19-20, 1984 (photo); 7: 146, 1985

18 October 1981 Midsland aan Zee, *Terschelling* FR (photographed); DB 20: 161, 1998
9-14 November 1982 *Vlieland* FR, trapped; DB 7: 129-133, 1985
7 December 1982-10 April 1983 Delftse Hout, *Delft* ZH; DB 5: 34, 1983 (photo); 6: 20-22, 1984 (photo & sonagram); 7: 145-146, 1985; 9: 145, 1987 (photo), Hazevoet (1983), Duinstag 1: 120, 1986 (photo) 6 (1): 8, 1991 (photo), LM 59: 22, 1986 (photo)
6-7 November 1990 De Cocksdorp, *Texel* NH (sound-recorded); DB 13: 39, 1991 (photo)
11 December 1990-4 January 1991 Meyendel, *Wassenaar* ZH (photographed & sound-recorded)
12-13 December 1990 *Rijnsburg* ZH
(15)24 December 1990-22 January 1991 De Blocq van Kuffeler, *Almere* FL (sound-recorded); DB 13: 32, 39, 1991 (photos); 15: 154, 1993, Vogels in Flevoland 1: 99, 1992 (photo), Mitchell & Young (1997; photo 131(6))
12-14 October 1991 De Cocksdorp, *Texel* NH, 1y (photographed)
10-13 November 1994 Lauwersoog, *De Marne* GR; Grauwe Gors 23: 5-6, 1995 (photo), DB 18: 115, 1996 (photo), de Bruin & de Bruin (1997; photo)
26 November 1994 Berkheide, *Wassenaar* ZH; Meijer et al (1996)
17 December 1995-3 January 1996 De Uithof, *Den Haag* ZH (sound-recorded); DB 18: 45, 1996 (photo)

voorlopige toevoegingen voor 1996-97 / provisional additions for 1996-97
24-27 November 1996 Hoorn, *Terschelling* FR (not (yet) submitted to CDNA); Arie Ouwerkerk (pers comm)

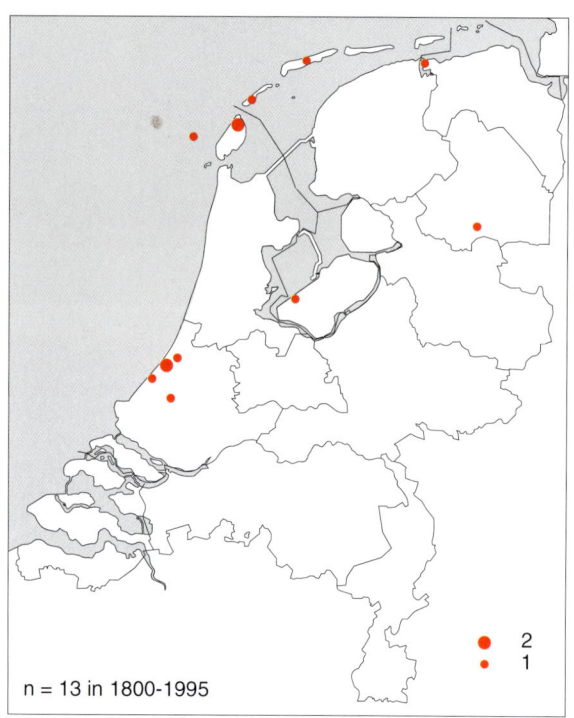

Gevallen per locatie / Records per site
Humes Bladkoning / Hume's Leaf Warbler
n = 13 in 1800-1995

● 2
· 1

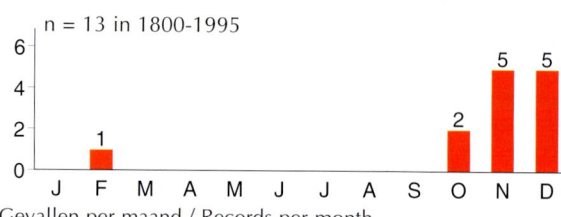

n = 13 in 1800-1995

Gevallen per maand / Records per month
Humes Bladkoning / Hume's Leaf Warbler

Raddes Boszanger   *Phylloscopus schwarzi*   Radde's Warbler

zeldzaam

rare

Broedt in Centraal-Siberië van Novosibirsk oost tot Noord-Korea; overwintert in Zuidoost-Azië.

Het is opmerkelijk dat alle gevallen dateerden van de 15-daagse periode van 3-18 oktober, met driekwart in de vijf-daagse periode 8-12 oktober. Bovendien lijkt het erop alsof er in drie jaren een influx heeft plaatsgevonden met tezamen driekwart van de gevallen: 1981, 1991 en 1996. In België was er één geval in 1991: op 15 km van de Nederlandse grens op 21-22 oktober te Zeebrugge, West-Vlaanderen. Geen van de andere zes Belgische gevallen in 1986-95 viel echter samen met één van de andere Nederlandse jaren (Gunter De Smet in litt). Tot 1950 was er maar één geval (in 1898) voor Brittannië waar de jaarlijkse aantallen sinds 1973 toenamen, met de meeste in het zuiden (Dymond et al 1989).

Breeds in central Siberia from Novosibirsk east to North Korea; winters in south-eastern Asia.

Remarkably, all records are from the 15-day period of 3-18 October, with c 75% in a five-day period of 8-12 October. Besides, it seems as if minor influxes have occurred in three years, 1981, 1991 and 1996, which account for c 75% of the records. In 1991, there was also a record 15 km from the Dutch border on 21-22 October at Zeebrugge, West-Vlaanderen. However, none of the other six Belgian records in 1986-95 coincided with the Dutch record years (Gunter De Smet in litt). There was only one pre-1951 record (in 1898) for Britain where annual numbers have increased since 1973, with the majority in the south (Dymond et al 1989).

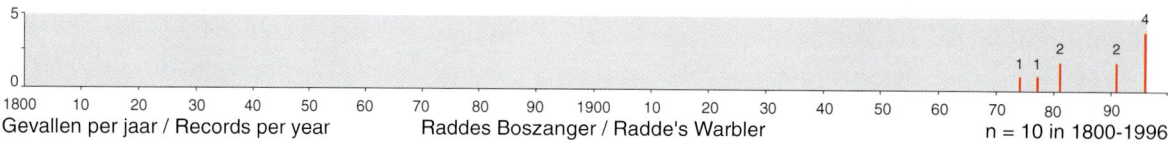

Raddes Boszanger / Radde's Warbler *Phylloscopus schwarzi*, 10 October 1991, Oosterend, Terschelling, Friesland
(Arie Ouwerkerk)

10 records in 1800-1996; 8 in 1980-96

9 October 1974 Buiten-Muy, *Texel* NH, trapped; LM 48: 171-173, 1975

8 October 1977 *Castricum* NH, trapped; LM 52: 155-160, 1979 (photos)

5 October 1981 *Vlieland* FR, 1y ♀, dead (ZMA); DB 3: 113, 1981

18 October 1981 Maasvlakte, *Rotterdam* ZH; DB 3: 109-112, 1981 (photo); 8: 22, 1986 (photo)

10 October 1991 Oosterend, *Terschelling* FR; BW 4: 362, 1991 (photo), DB 13: 231, 1991 (photo); 15: 171-172, 1993 (photos)

12 October 1991 Meyendel, *Wassenaar* ZH, trapped

3 October 1996 Kamperhoek, *Dronten* FL, trapped (photographed) (not (yet) submitted to CDNA)

11 October 1996 Korverskooi, *Texel* NH, 1y ♂, trapped; DB 18: 277, 1996 (photo)

11 October 1996 Noordoosthoek, *Vlieland* FR (photographed & sound-recorded)

12 October 1996 Amsterdamse Waterleidingduinen, *Zandvoort* NH, trapped; DB 18: 277, 1996 (photo)

voorlopige toevoegingen voor 1997-98 / provisional additions for 1997-98

10-11 October 1998 Bomenland, *Vlieland* FR; DB 20: 252, 1998 (photo), Plomp et al (1999)

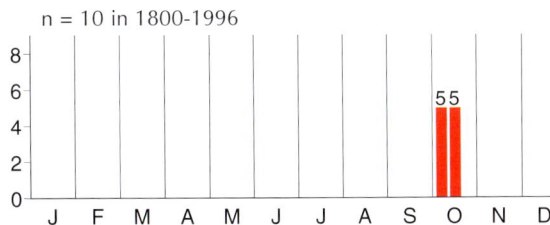

Gevallen per 10 dagen / Records per 10 days
Raddes Boszanger / Radde's Warbler

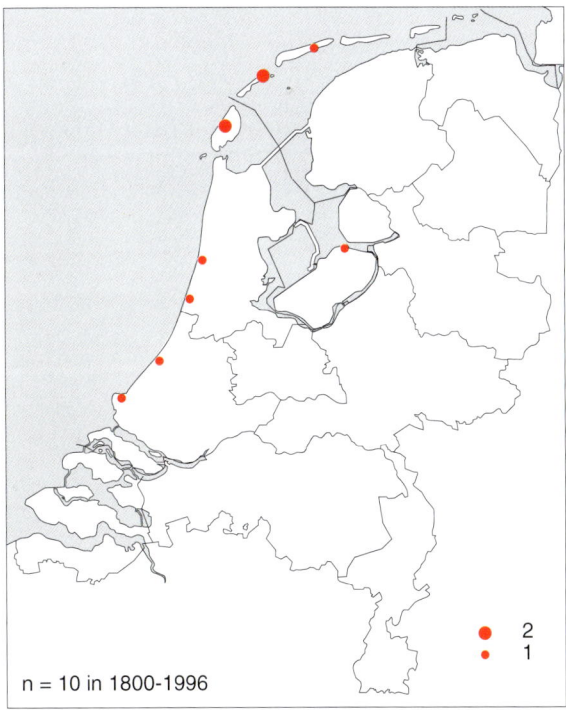

Gevallen per locatie / Records per site
Raddes Boszanger / Radde's Warbler

Bruine Boszanger

Phylloscopus fuscatus fuscatus

Dusky Warbler

zeldzaam

rare

Broedt in Siberië van Ob-rivier oost tot in Sakhalin en zuid tot in Mongolië; overwintert in Noord-India en Zuidoost-Azië.

Net als een aantal andere zeldzame *Phylloscopus*-boszangers uit Siberië werd deze soort pas in de laatste 25 jaar van de 20e eeuw een bijna jaarlijkse gast. Het eerste geval voor België was een jaar na die voor Nederland en betrof een verzamelde vogel op 12 oktober 1979 (Giervalk 71: 459-463, 1981). Er waren in 1979-95 12 gevallen voor België met als uiterste datums 20 september en 15 november. Ook was er tot 1950 maar één geval (in 1913) voor Brittannië waar de jaarlijkse aantallen sinds c 1973 toenamen (Dymond et al 1989). Vergeleken met de nogal op hem lijkende, in Nederland iets zeldzamere Raddes Boszanger *P schwarzi* arriveerden Bruine Boszangers gemiddeld iets later. Het meest opmerkelijke geval was dat van twee exemplaren te zamen in 1987 op de Stuifdijk van de Maasvlakte, Rotterdam, Zuid-Holland. In 1997 werden tussen 29 september en 12 november zes exemplaren gemeld (DB 19: 266, 312, 1997) waarvan drie werden ingediend. Er zijn ook nog enkele meldingen geweest van ringvangsten zonder beschikbare documentatie waarvan de eerste op 22 oktober 1985 op Vlieland, Friesland (cf DB 7: 156, 1985).

Breeds in Siberia from river Ob east into Sakhalin and south to Mongolia; winters in northern India and south-eastern Asia.

Like other rare *Phylloscopus* warblers from Siberia, this species became almost annual only in the last 25 years of the 20th century. The first record for Belgium was one year later than that for the Netherlands and concerned a bird collected on 12 October 1979 (Giervalk 71: 459-463, 1981). There were 12 records for Belgium in 1979-95, between 20 September and 15 November. There was only one pre-1951 record (in 1913) for Britain where annual numbers have increased since c 1973 (Dymond et al 1989). On average, Dusky Warblers turned up a little later than the rather similar and, in the Netherlands, somewhat rarer Radde's Warbler *P schwarzi*. The most remarkable record was that of two birds staying together in 1987 at Stuifdijk, Maasvlakte, Rotterdam, Zuid-Holland. From 29 September to 12 November 1997, six individuals were reported (DB 19: 266, 312, 1997) of which three have been submitted. There have also been a few ringing reports without available documentation, the first being on 22 October 1985 on Vlieland, Friesland (cf DB 7: 156, 1985).

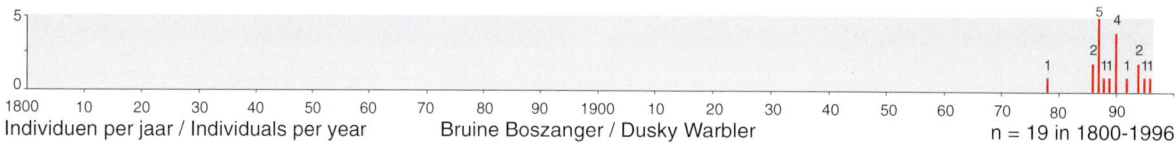

Individuen per jaar / Individuals per year   Bruine Boszanger / Dusky Warbler   n = 19 in 1800-1996

18 records (19 individuals) in 1800-1996; 17 records (18 individuals) in 1980-96

19-22 October 1978 Oosterend, *Terschelling* FR; DB 1: 75-76, 1979
5-7 October 1986 *Vlieland* FR, trapped; LM 60: 202, 1987 (photo), DB 10: 189-191, 1988
9 November 1986 Kennemerduinen, *Bloemendaal* NH, trapped; DB 10: 189-191, 1988 (photo), van den Berg et al (1990): 125 (photo)
17-19 October 1987 De Krim, *Texel* NH (sound-recorded)
24 October 1987 De Koog, *Texel* NH (sound-recorded)
24 October 1987 De Cocksdorp, *Texel* NH
31 October-2 November 1987 Stuifdijk, Maasvlakte, *Rotterdam* ZH (**2**) (sound-recorded)

20 October 1988 *Rotterdam* ZH (aboard ship)
25 October 1989 Maasvlakte, *Rotterdam* ZH
25 October 1990 Nollebos, *Vlissingen* ZL
6-8 November 1990 Maasvlakte, *Rotterdam* ZH; DB 14: 81, 1992 (photo); 15: 154, 1993; 17: 161-164, 1995 (photos)
7-9 November 1990 *Terschelling* FR; DB 15: 151, 1993 (photo)
29 November-4 December 1990 Meyendel, *Wassenaar* ZH
31 October 1992 *Vlieland* FR
21-22 October 1994 Hargen aan Zee, *Schoorl* NH (photographed); DB 20: 161, 1998

Bruine Boszanger / Dusky Warbler *Phylloscopus fuscatus*, 3 November 1994, Katwijk aan Zee, Katwijk, Zuid-Holland (René van Rossum)

3 November 1994 Katwijk aan Zee, *Katwijk* ZH; Duinstag 9 (3-4): 2-3, 1994 (photos); 10 (1): 27, 1995 (photo), DB 16: 261, 1994 (photo); 18: 115, 1996 (photo), Meijer et al (1996; photo)

26(-28) October 1995 Petten, *Zijpe* NH (sound-recorded); Diederik Kok (in litt)

8 October 1996 *Zandvoort* NH, trapped (not (yet) submitted to CDNA); DB 18: 277, 1996 (photo)

voorlopige toevoegingen voor 1997 / provisional additions for 1997

29 September 1997 Stuifdijk, Maasvlakte, *Rotterdam* ZH; Peter Meininger (in litt)

30 September 1997 Hargen aan Zee, *Schoorl* NH (sound-recorded)

8-12 November 1997 Lauwersoog, *De Marne* GR (sound-recorded); Taxon 1: 34-36, 1997 (photo)

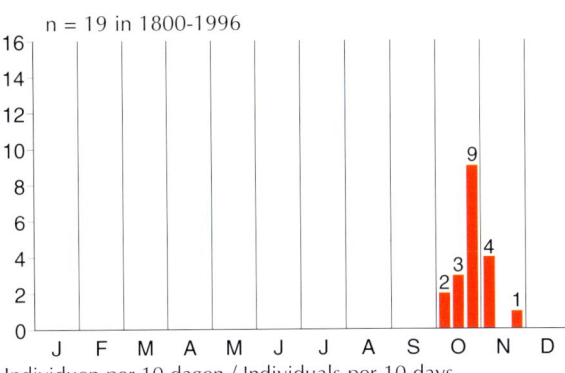

n = 19 in 1800-1996

Individuen per 10 dagen / Individuals per 10 days
Bruine Boszanger / Dusky Warbler

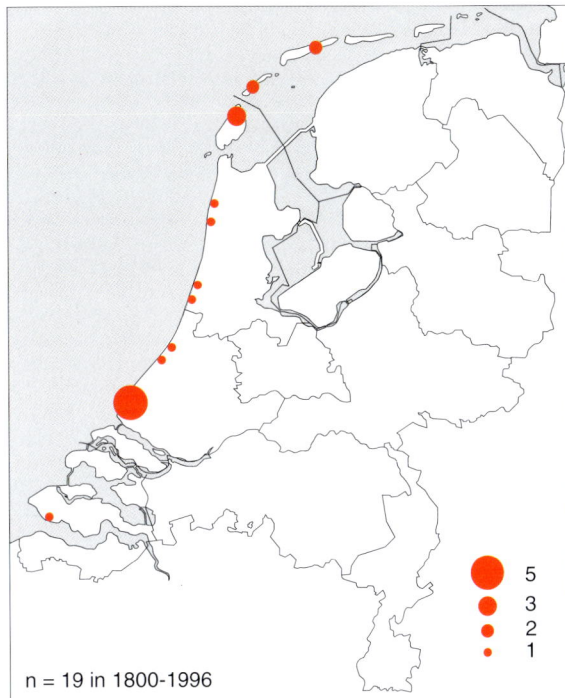

n = 19 in 1800-1996

Individuen per locatie / Individuals per site
Bruine Boszanger / Dusky Warbler

Bergfluiter

Phylloscopus bonelli

Western Bonelli's Warbler

mogelijk onregelmatige broedvogel
zeldzaam

possibly irregular breeding bird
rare

Broedt van Noordwest-Afrika, Iberisch schiereiland, Italië, Frankrijk en Oostenrijk noord tot Zuid-Duitsland; overwintert in tropisch Afrika.

Breeds from north-western Africa, Iberia, Italy, France and Austria north to southern Germany; winters in tropical Africa.

Van 16 gevallen in 1974-80 in de Zuidwest-Veluwe, Gelderland, is naar het oordeel van de CDNA slechts één geval op 14-19 juni 1980 voldoende gedocumenteerd om

There are 16 reports in 1974-80 from south-western Veluwe, Gelderland, of which only one on 14-19 June 1980 was sufficiently documented to be accepted by CDNA. Therefore,

Bergfluiter / Western Bonelli's Warbler *Phylloscopus bonelli*, 17 September 1995, Maasvlakte, Rotterdam, Zuid-Holland (*Jan van Holten*)

voor aanvaarding in aanmerking te komen. Mededelingen dat hier ten minste zes broedparen in totaal 27 jongen hebben grootgebracht werden niet met bewijzen gestaafd (cf LM 54: 57-62, 1981). In de jaren direct volgend op de publicatie over de vermeende broedpopulatie kon in dit gebied geen zingend exemplaar worden aangetroffen. Bovendien bevatte het artikel slechts een indirecte beschrijving van de roep van de in 1980 gefotografeerde vogel zodat daarvan de specifieke determinatie aanvechtbaar is (cf Balkanbergfluiter *P orientalis*). Lensink (1993) noemt overigens voor de Veluwe meldingen van ongepaarde ♂s in 1984, 1987, 1989 en 1992.

Recentelijk werden kopieën van vogeldagboeken ingediend waarin van enkele bergfluiter-gevallen de roep werd beschreven hetgeen hun specifieke determinatie mogelijk maakte (Cornelis Hazevoet in litt, CDNA-archief). Hierdoor konden drie gevallen worden toegevoegd aan die van vóór 1980 welke tijdens de herziening werden gehandhaafd (cf DB 18: 190, 1996).

Uit de geografische verspreiding van voorjaarsgevallen komt naar voren dat de meeste zingende vogels zich ophielden op hoge zandgronden van Zuid-Limburg noord tot de Noord-Veluwe, met enkele in de zandige duinbossen van Noord- en Zuid-Holland. Het vroegste voorjaarsgeval dateerde van 29 april. Alle najaarsgevallen waren afkomstig van de Noordzeekust en dateerden tussen 10 augustus en 31 oktober. Er zijn 30 gevallen voor België; het eerste broedgeval was in 1967 in Flamierge, Liège, en het laatste in 1971 in Torgny, Luxembourg (Aves 4: 87-93, 1969; 14: 12, 1971, Gunter De Smet in litt).

claims that at least six pairs raised here a total of 27 young in this period remain unsubstantiated (cf LM 54: 57-62, 1981). In the years immediately after publication of the paper on this alleged breeding population, not a single singing individual could be found in the area. Besides, the paper included only an indirect call description of the bird photographed in 1980 which makes its specific identification debatable (cf Eastern Bonelli's Warbler *P orientalis*). Lensink (1993) mentions reports for Veluwe of unpaired ♂s in 1984, 1987, 1989 and 1992.

In addition to those specifically identified during a review of records before 1980 (cf DB 18: 190, 1996), three records could be specifically identified thanks to excerpts of recently submitted diary notes describing the bird's call (Cornelis Hazevoet in litt, CDNA archives).

The geographical distribution of spring records shows that most singing individuals were found on high sand grounds from southern Limburg north to northern Veluwe, with a few in the sandy coastal woodlands of Noord-Holland and Zuid-Holland. The earliest spring record was on 29 April. All autumn records were from North Sea coasts, from the period between 10 August and 31 October. There are 30 records for Belgium; the first breeding record was in 1967 in Flamierge, Liège, and the last in 1971 in Torgny, Luxembourg (Aves 4: 87-93, 1969; 14: 12, 1971, Gunter De Smet in litt).

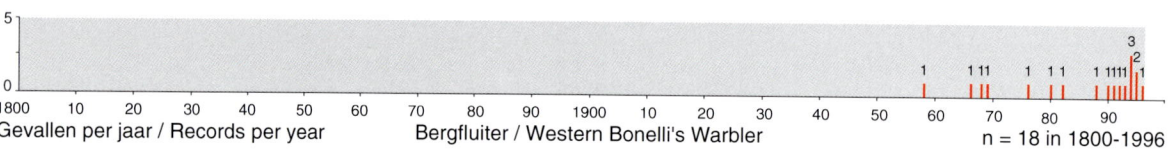

Gevallen per jaar / Records per year — Bergfluiter / Western Bonelli's Warbler — n = 18 in 1800-1996

18 records in 1800-1996; 13 in 1980-96

18-31 May 1958 Clingendael, *Wassenaar* ZH, singing & calling; LM 32: 110-112, 1959, DB 8: 50, 1986 (sonagram)
15 May 1966 *Ermelo* GL, singing & calling; CDNA archives, Jelle van Dijk (in litt)
7-30 June 1968 *Nunspeet* GL, singing & calling; CDNA archives, Ed

Veling (in litt)
5 September 1969 Groene Glop, *Schiermonnikoog* FR, trapped; LM 48: 82-85, 1975
17 May 1976 Ockenrode, *Den Haag* ZH, singing & calling; CDNA archives, Norman van Swelm (in litt)
14-19 June 1980 Zuidwest-Veluwe, *Ede* GL, singing; LM 54: 57-62, 1981 (photo)
14 May-6 June 1982 *Sint Anthonis* NB, singing; DB 4: 72, 1982 (photo), Hazevoet (1983)
6-18 May 1988 Epen, *Wittem* LB, singing (sound-recorded); DB 10: 160, 1988 (photo), cf DB 11: 159, 1989
22 May-9 June 1990 Herkenbosch, *Roerdalen* LB, singing (sound-recorded)
21 September-14 October 1991 Kornwerderzand, *Wûnseradiel* FR, trapped (on 21 September) (photographed); cf DB 15: 154, 1993; 20: 161, 1998
5-11 October 1992 De Cocksdorp, *Texel* NH, trapped (sound-recorded); DB 14: 242, 1992 (photo); 16: 143, 1994 (photo), LM 67: 169, 1994 (photo)
29 April 1993 Retranchement, *Sluis* ZL, singing & calling; CDNA archives
29-31 May 1994 Amsterdamse Waterleidingduinen, *Vogelenzang, Bloemendaal* NH, singing (sound-recorded)
10-20 August 1994 Oosterend, *Terschelling* FR; cf DB 19: 111, 1997; 20: 161, 1998

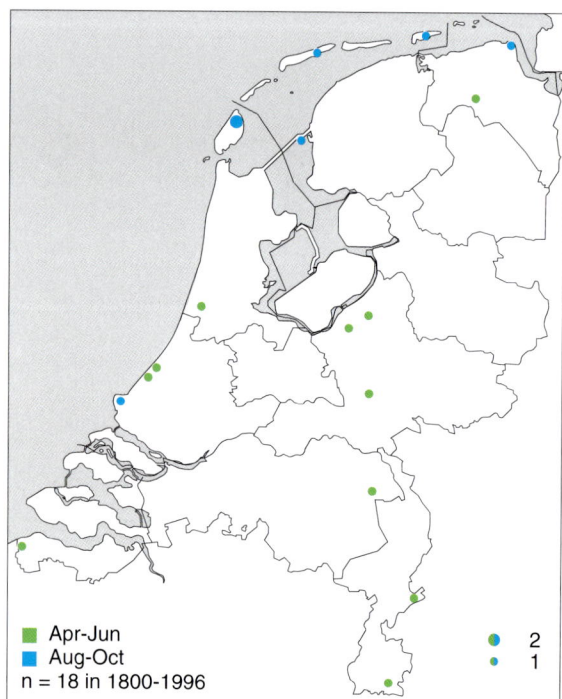

Gevallen per locatie / Records per site
Bergfluiter / Western Bonelli's Warbler

- Apr-Jun
- Aug-Oct
n = 18 in 1800-1996

2
1

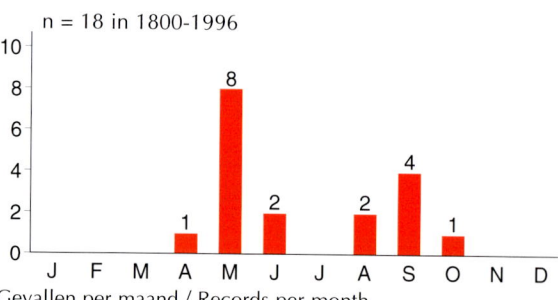

n = 18 in 1800-1996

Gevallen per maand / Records per month
Bergfluiter / Western Bonelli's Warbler

Balkanbergfluiter   *Phylloscopus orientalis*   # Eastern Bonelli's Warbler

zeer zeldzaam

very rare

Broedt van Bosnië, Bulgarije en Griekenland oost tot in Centraal-Turkije; overwintert in tropisch Afrika.

Breeds from Bosnia, Bulgaria and Greece east to central Turkey; winters in tropical Africa.

De gevallen van dit taxon konden worden aanvaard dankzij geluidsopnames of beschrijvingen van de van Bergfluiter *P bonelli* verschillende *tjip*-roep. Het is niet uitgesloten dat de twee op slechts 4 km van elkaar vastgestelde gevallen in 1983 hetzelfde individu betroffen. Alle gevallen zijn van de Noordzeekust in voorjaar en vroege zomer en passen niet in het patroon van voorjaarsgevallen in het binnenland van Bergfluiter. Er is geen geval voor België.

The records could be accepted thanks to sound-recordings or descriptions of the *chip* call, distinguishing it from Western Bonelli's Warbler *P bonelli*. It is possible that the two records of 1983 concerned the same individual as both sites were only 4 km apart. All records were from the North Sea coast in spring and early summer, not fitting the pattern of inland spring records of Western Bonelli's Warbler. There is no record for Belgium.

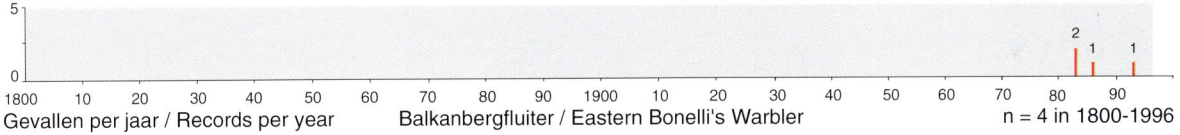

Gevallen per jaar / Records per year   Balkanbergfluiter / Eastern Bonelli's Warbler   n = 4 in 1800-1996

4 records in 1800-1996; 4 in 1980-96

15-16 May 1983 Kennemerduinen, *Bloemendaal* NH, singing; Hazevoet (1983), DB 8: 48-52, 1986 (sonagram)
17 May-late June 1983 Duin en Kruidberg, Santpoort, *Velsen* NH, singing (sound-recorded); VJ 31: 310, 1983 (photo), DB 8: 48-52, 1986
13-16 July 1986 *Wassenaar* ZH; DB 10: 174, 1988
30 April-1 May 1993 *Vlieland* FR, singing

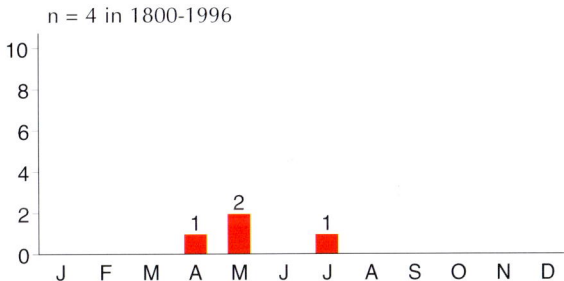

n = 4 in 1800-1996

Gevallen per maand / Records per month
Balkanbergfluiter / Eastern Bonelli's Warbler

n = 4 in 1800-1996

Gevallen per locatie / Records per site
Balkanbergfluiter / Eastern Bonelli's Warbler

Balkanbergfluiter / Eastern Bonelli's Warbler
Phylloscopus orientalis, 27 May 1983, Duin en Kruidberg, Velsen, Noord-Holland *(Robert Heemskerk)*

307

bergfluiter

Phylloscopus bonelli/orientalis

bonelli's warbler

zeldzaam

rare

Gezien het feit dat Balkanbergfluiter *P orientalis* zeer zeldzaam is in Noordwest-Europa lijkt het waarschijnlijk dat de meeste zo niet alle niet op soort gebrachte bergfluiters in feite Bergfluiters *P bonelli* waren (cf Vinicombe & Cottridge 1996). Dit is echter in geen van deze gevallen zeker en daarom worden ze hier apart behandeld. De geografische verspreiding weerspiegelt die van Bergfluiter.

Given the fact that Eastern Bonelli's Warbler *P orientalis* is very rare in north-western Europe, it seems likely that most if not all of these not specifically identified birds were, in fact, Western Bonelli's Warblers *P bonelli* (cf Vinicombe & Cottridge 1996). However, because of the uncertainty, they are listed separately. The geographical distribution reflects that of Western Bonelli's Warbler.

8 records in 1800-1996; 4 in 1980-96

13-24 May 1960 Hilversumse Golfclub, *Hilversum* NH, singing
5 May 1962 Oosterbeek, *Wassenaar* ZH, singing
18-25 May 1962 *Ermelo* GL, singing
20 May-13 June 1967 *Ermelo* GL, singing
17 May 1981 *Grubbenvorst* LB, singing
7 November 1982 Staatsbossen, *Texel* NH, trapped (photographed)
19 August 1989 Maasvlakte, *Rotterdam* ZH; DB 11: 197, 1989 (photo)
14 August 1990 *Castricum* NH, 1y, trapped (photographed)

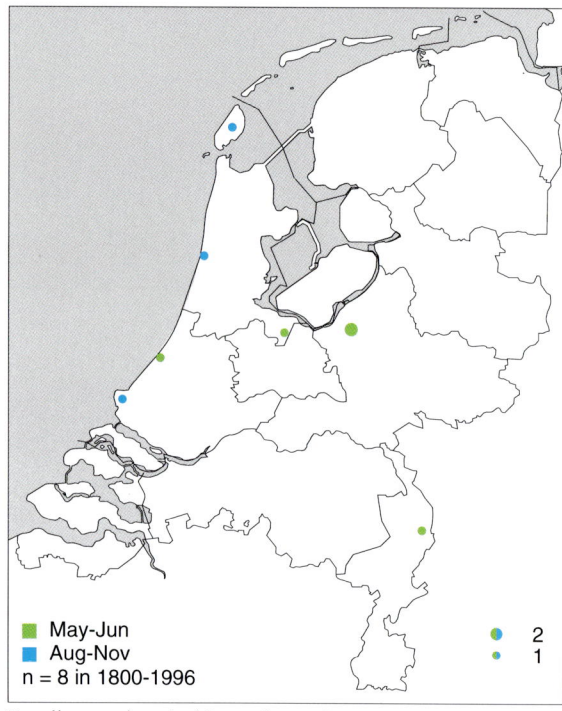

May-Jun
Aug-Nov
n = 8 in 1800-1996

2
1

Gevallen per locatie / Records per site
bergfluiter / bonelli's warbler

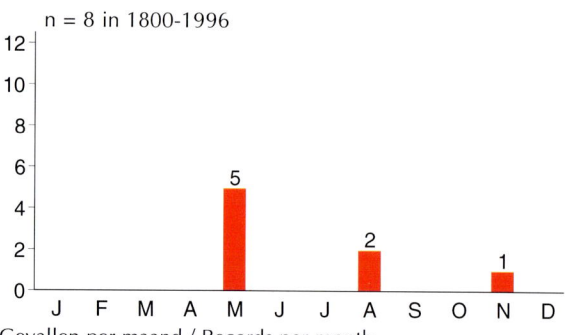

n = 8 in 1800-1996

Gevallen per maand / Records per month
bergfluiter / bonelli's warbler

Fluiter [2]

Phylloscopus sibilatrix

Wood Warbler

algemene broedvogel
algemene doortrekker en zomergast

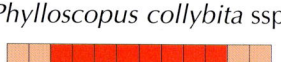

common breeding bird
common migrant and summer visitor

Tjiftjaf [2]

Phylloscopus collybita ssp

Northern Chiffchaff

algemene broedvogel
gehele jaar algemeen

common breeding bird
common throughout year

Naast de algemene nominaat komt ook de Scandinavische Tjiftjaf *P c abietinus* als algemene doortrekker en wintergast voor.

Apart from the common nominate subspecies, also the Scandinavian subspecies *P c abietinus* occurs as common migrant and winter visitor.

Siberische Tjiftjaf

P c tristis

Siberian Chiffchaff

zeldzaam

rare

Broedt van Petsjora-stroomgebied, Rusland, oostwaarts door Siberië; overwintert van Irak en Pakistan oost tot Noord-India.

Breeds from Pechora basin, Russia, eastwards through Siberia; winters from Iraq and Pakistan east to northern India.

Tenzij de zang kan worden gehoord is dit taxon moeilijk te onderscheiden van Scandinavische Tjiftjaf *P c abietinus* (cf LM 66: 158, 1993, BB 91: 361-376, 1998). Kees Roselaar (in litt) maakte gewag van een aantal (nog) niet door de CDNA aanvaarde museumexemplaren, waaronder drie in ZMA: ver-

Unless the song is heard, this taxon is difficult to separate from Scandinavian Chiffchaff *P c abietinus* (cf LM 66: 158, 1993, BB 91: 361-376, 1998). Kees Roselaar (in litt) reported a few museum specimens not (yet) accepted by CDNA, including three at ZMA: collected on 27 December 1968 at

Siberische Tjiftjaf / Siberian Chiffchaff *Phylloscopus collybita tristis*, 17 October 1989, De Cocksdorp, Texel, Noord-Holland *(Hans Gebuis)*

Gevallen per locatie / Records per site
Siberische Tjiftjaf / Siberian Chiffchaff

n = 8 in 1800-1996

zameld op 27 december 1968 te Den Burg, Texel, Noord-Holland (♀; '*fulvescens*'); 7 januari 1971 te Kinderdijk, Nieuw-Lekkerland, Zuid-Holland ('*fulvescens*'); en 31 januari 1977 te Almelo, Overijssel ('*fulvescens* x *tristis*'). Conform Cramp (1992) wordt hier geen onderscheid gemaakt tussen '*fulvescens*' en *tristis* (cf Williamson 1967).
In 1992 werd voorlopig geconcludeerd dat het werkelijke aantal van Siberische Tjiftjaf in Nederland aanzienlijk groter was dan op grond van het aantal gevallen werd aangetoond. Dit gaf aanleiding om voor te stellen dit taxon niet langer te beoordelen (LM 66: 158, 1993). Daar is de CDNA echter op teruggekomen na interventie van de Association of European Rarities Committees (AERC) (cf LM 67: 169, 1994).

Den Burg, Texel, Noord-Holland (♀; '*fulvescens*'); 7 January 1971 at Kinderdijk, Nieuw-Lekkerland, Zuid-Holland ('*fulvescens*'); and 31 January 1977 at Almelo, Overijssel ('*fulvescens* x *tristis*'). Following Cramp (1992), '*fulvescens*' is included here in *tristis* (cf Williamson 1967).
In 1992, it was tentatively concluded that the actual number of Siberian Chiffchaffs in the Netherlands was much higher than shown by the number of records. As a result, it was suggested to drop it from the list of considered taxa (LM 66: 158, 1993). However, after intervention by the Association of European Rarities Committees (AERC), this idea was abandoned (cf LM 67: 169, 1994).

8 records in 1800-1996; 8 in 1980-96

26 October 1985 Spaubeek, *Beek* LB, singing (sound-recorded); DB 20: 161, 1998
20-27 November 1988 Schelle, *Zwolle* OV, trapped (twice); LM 66: 158, 1993
14-22 October 1989 De Cocksdorp, *Texel* NH, singing (sound-recorded); DB Nieuwsbr 1: 170, 1989 (photo), BW 2: 417, 1990 (photo), DB 12: 48, 1990 (photo)
3 October 1990 Kennemerduinen, *Bloemendaal* NH, trapped; CDNA archives, DB 12: 268, 1990 (photo), LM 67: 168-169, 1994 (erroneous date), Birdwatch 5 (48): 25, 1996 (photo)
2-11 April 1995 *Schiedam* ZH, singing (sound-recorded & videoed); DB 17: 128, 1995 (photo); 19: 111, 1997
2 November 1995 Groene Glop, *Schiermonnikoog* FR, trapped; cf DB 19: 111, 1997; 20: 161, 1998
11-23 December 1995 Huizerpier, *Huizen* NH (sound-recorded) (not (yet) accepted by CDNA)
13 December 1995-2 January 1996 Gooierdijkpark, *Huizen* NH (not (yet) accepted by CDNA)

voorlopige toevoegingen voor 1997 / provisional additions for 1997
16 November-13 December 1997 Gooierdijkpark, *Huizen* NH (photographed & sound-recorded); CDNA archives

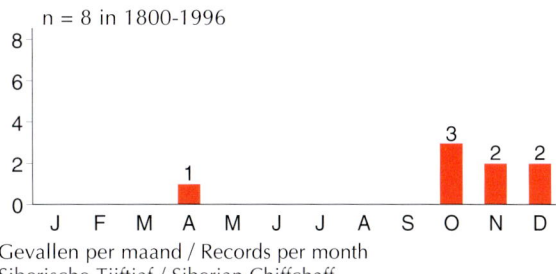

n = 8 in 1800-1996

Gevallen per maand / Records per month
Siberische Tjiftjaf / Siberian Chiffchaff

Iberische Tjiftjaf   *Phylloscopus brehmii*   # Iberian Chiffchaff

zeldzaam

rare

Broedt in uiterste zuidwesten van Frankrijk, plaatselijk op Iberisch schiereiland en waarschijnlijk in Noordwest-Afrika. Wintergebied onbekend

Breeds in extreme south-western France, locally in Iberia and probably in north-western Africa. Winter range unknown.

309

De soort kon alleen met zekerheid worden gedetermineerd wanneer de zang werd gehoord. Met één uitzondering kwamen slechts gevallen die met een geluidsopname werden gedocumenteerd voor aanvaarding door de CDNA in aanmerking. De vogel van 1990 zong in hoge bomen nabij het centrum van Amsterdam, Noord-Holland; roep en gedrag suggereerden dat hij was gepaard en nestelde.

The species could only be identified with certainty when singing. With one exception, only records documented by a sound-recording were accepted by CDNA. The 1990 bird was singing in high trees near the centre of Amsterdam, Noord-Holland; its calls and behaviour suggested that it was paired and nesting.

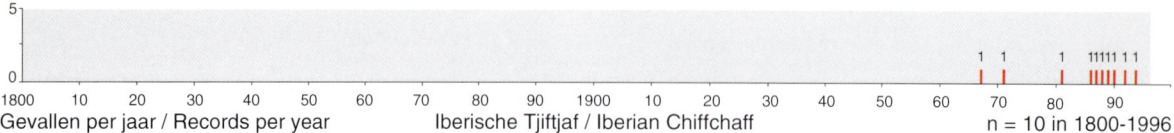

Gevallen per jaar / Records per year — Iberische Tjiftjaf / Iberian Chiffchaff — n = 10 in 1800-1996

n = 10 in 1800-1996

Gevallen per locatie / Records per site
Iberische Tjiftjaf / Iberian Chiffchaff

10 records in 1800-1996; 8 in 1980-96

29 April-28 June 1967 Groeneveld, *Baarn* UT, singing (sound-recorded); LM 41: 35-40, 1968 (sonagram)

3 May-8 July 1971 Staatsbossen, *Texel* NH, singing (sound-recorded); CDNA archives, Kees Roselaar (in litt), contra DB 18: 190, 1996

9 May-13 June 1981 Hierden, *Harderwijk* GL, singing (sound-recorded); Hazevoet (1983)

15 June 1986 *Bergen* NH, singing

14-16 June 1987 *Hoorn* NH, singing (sound-recorded)

10 May 1988 Ter Apel, *Vlagtwedde* GR, singing (sound-recorded)

1-6 May(-mid June) 1989 Kwekerijbos, *Ameland* FR, singing (sound-recorded); cf Versluys et al (1997)

29 April-20 July 1990 Vondelpark, *Amsterdam* NH, singing (photographed & sound-recorded)

29 May-14 June 1992 Oudemirdum, *Gaasterlân-Sleat* FR, singing (sound-recorded)

1 May-9 June 1994 Sorghvlietpark, *Den Haag* ZH, singing (sound-recorded); DB 16: 170, 1994 (photo), VJ 42: 191, 1994 (photo)

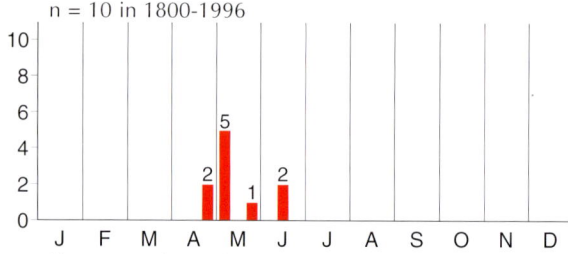

Gevallen per 10 dagen / Records per 10 days
Iberische Tjiftjaf / Iberian Chiffchaff

Iberische Tjiftjaf / Iberian Chiffchaff *Phylloscopus brehmii*, 5 May 1994, Sorghvlietpark, Den Haag, Zuid-Holland *(Henk Harmsen)*

Fitis [2]	*Phylloscopus trochilus* ssp	**Willow Warbler**

algemene broedvogel
algemene doortrekker en zomergast

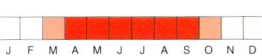

common breeding bird
common migrant and summer visitor

Naast de algemene nominaat komt als zeldzame tot schaarse doortrekker ook de blekere en minder gele Noordse Fitis *P t acredula* voor.

Apart from the common nominate subspecies, also the paler and less yellow northern subspecies *P t acredula* occurs as rare to scarce migrant.

Goudhaan [2]	*Regulus regulus regulus*	**Goldcrest**

algemene broedvogel
gehele jaar algemeen

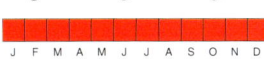

common breeding bird
common throughout year

Vuurgoudhaan [2]	*Regulus ignicapillus ignicapillus*	**Firecrest**

algemene broedvogel
gehele jaar algemeen

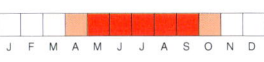

common breeding bird
common throughout year

Het eerste bewezen broedgeval vond plaats op 28 april-18 juli 1928 te Ulvenhout, Breda, Noord-Brabant (Org Club Ned Vogelkd 1: 8-12, 1928).

The first fully documented breeding record was on 28 April-18 July 1928 at Ulvenhout, Breda, Noord-Brabant (Org Club Ned Vogelkd 1: 8-12, 1928).

VLIEGENVANGERS Muscicapidae (n=4)

Grauwe Vliegenvanger [2]	*Muscicapa striata striata*	**Spotted Flycatcher**

algemene broedvogel
algemene doortrekker en zomergast

common breeding bird
common migrant and summer visitor

Kleine Vliegenvanger [2]	*Ficedula parva parva*	**Red-breasted Flycatcher**

mogelijk onregelmatige broedvogel
schaarse doortrekker

possibly irregular breeding bird
scarce migrant

De soort werd in 1977-78 door de CDNA beoordeeld en in 1979-88 geregistreerd (LM 52: 218, 1979; 53: 27, 1980; 55: 125, 1982; 60: 30, 1987; 62: 117, 204, 1989). Het eerste geval betrof een eerstejaars ♂ verzameld op 23 september 1888 in het Haagse Bos, Den Haag, Zuid-Holland. De soort kwam in augustus-midden november meer dan driemaal zo vaak voor als in het voorjaar wanneer soms een solitair ♂ een territorium bezette. Alle vermeende broedpogingen werden gekenmerkt door ontoereikende documentatie (cf Eykman et al 1936, LM 40: 186-187, 1967, Kist et al 1970, VJ 31: 201, 1983, Teixeira 1989, Wulp 20 (3): 3, 18, 1989, LM 63: 114-116, 1990, van den Brink et al 1996).

The species was considered by CDNA in 1977-78 and only registered in CDNA reports in 1979-88 (LM 52: 218, 1979; 53: 27, 1980; 55: 125, 1982; 60: 30, 1987; 62: 117, 204, 1989). The first record concerned a first-year ♂ collected on 23 September 1888 at Haagse Bos, Den Haag, Zuid-Holland. The species occurred three times more often in August-mid November than in spring when sometimes a solitary ♂ held territory. Typically, all alleged breeding attempts were inadequately documented (cf Eykman et al 1936, LM 40: 186-187, 1967, Kist et al 1970, VJ 31: 201, 1983, Teixeira 1989, Wulp 20 (3): 3, 18, 1989, LM 63: 114-116, 1990, van den Brink et al 1996).

Voorbeelden van gepubliceerde foto's / examples of published photographs (cf Mc Adams 1994)
DB 2: 119, 1980 (27 September 1980 Terschelling FR, trapped); DB 3: 107, 1981 (June 1981 Harskamp, Ede GL); DB 5: 83, 1983 (June 1983 Maasvlakte, Rotterdam/Westvoorne ZH); DB 5: 110, 1983, Vogels 11: 257, 1991 (13 October 1983 Terschelling FR); DB 6: 35, 1984 (October 1983 Maasvlakte, Rotterdam/Westvoorne ZH); DB 10:

159, 1988, LM 63 (3): cover, 1990, Vogeljaarkalender 1990: 11, LM 70: 109, 1997 (18 May-12 June 1988 Mastbos, Breda NB); DB 11: 51, 1989 (October 1988 Maasvlakte, Rotterdam ZH); DB 12: 271, 1990 (October 1990 Texel NH); DB 17: 269, 1995 (October 1995 Texel NH); de Bruin & de Bruin (1997) (May 1996 Rottumerplaat, Eemsmond GR)

Withalsvliegenvanger   *Ficedula albicollis*   **Collared Flycatcher**

zeldzaam   rare

Broedt in Midden-Europa met dichtstbijzijnde broedgebieden in Noord-Frankrijk; overwintert in zuidhelft van Afrika.

Ofschoon de soort een lange-afstandstrekker is die slechts op 200 km ten zuiden van de Nederlandse grens broedt (Ornithos 4: 122-131, 1997), is hij opmerkelijk zeldzaam met slechts vier gevallen in 1977-96. Een hoog aantal van 10 gevallen (36%) van vóór 1967 kwam van de zuid-oostelijke provincies, Limburg en Noord-Brabant. Het is één van de weinige soorten die in de eerste helft van de 20e eeuw niet veel zeldzamer was dan in de tweede helft. Er was een opmerkelijke influx in begin mei 1929 met vier verzamelde exemplaren. Bijna alle gevallen betroffen adulte ♂s in het voorjaar, met als uiterste datums 28 april en 30 mei. Er is bovendien een geval op 30 juli 1918 en slechts twee in het najaar, op 27 augustus 1966 en 12-14 oktober 1996. Er waren in 1939-96 10 gevallen voor België waarvan negen tussen 29 april en 4 juni en een eerste-winter ♀ op 24 augustus 1996 (Gunter De Smet in litt).

Breeds in central Europe with nearest breeding areas in northern France; winters in southern half of Africa.

Although the species is a long-distance migrant breeding just 200 km south of the Dutch border (Ornithos 4: 122-131, 1997), it is remarkably rare with only four records in 1977-96. A high number of 10 pre-1967 records (36%) came from the south-easternmost provinces, Limburg and Noord-Brabant. It is one of few species which has been recorded almost as often in the first half of the 20th century as in the second half. There was a remarkable influx in early May 1929 with four specimens. Almost all records concerned adult ♂s in spring, with 28 April and 30 May as extreme dates. There is also one record on 30 July 1918 and only two in autumn, on 27 August 1966 and 12-14 October 1996. In 1939-96, there were 10 records for Belgium of which nine between 29 April and 4 June and a first-winter ♀ on 24 August 1996 (Gunter De Smet in litt).

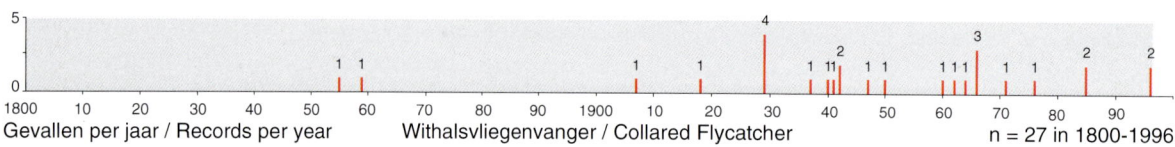

Gevallen per jaar / Records per year   Withalsvliegenvanger / Collared Flycatcher   n = 27 in 1800-1996

27 records in 1800-1996; 4 in 1980-96

18 May 1855 Noordwijk aan Zee, *Noordwijk* ZH, ♂, dead; DB 18: 190, 1996
3 May 1859 Weizicht, *Dordrecht* ZH, ♂
7 May 1907 *Wageningen* GL, ♂
30 July 1918 Bunde/Geulle, *Meerssen* LB, ♂ (♀ not accepted)
early May 1929 Aldenhofpark, *Maastricht* LB, ♂; Hens (1965)
early May 1929 *Stein* LB, ♂
early May 1929 kasteel Nijswiller, *Wittem* LB, ♂
early May 1929 Keizersgracht 147, *Amsterdam* NH, ♂
17 May 1937 De Cocksdorp, *Texel* NH, ♂, dead
2 May 1940 Deuteren, *Den Bosch* NB, ♂
15 May 1941 Sanatorium 'Hoog Laren', *Laren* NH, ♂

5 May 1942 *Den Bosch* NB, ♂
May 1942 Helden (possibly Meyel) LB, ♂ (♀ not accepted); DB 18: 190, 1996
5 May 1947 Amsterdamse Bos, Buitenveldert, *Amsterdam* NH, ♂
late April 1950 Oldeberkoop, *Ooststellingwerf* FR, ♂
1 May 1960 Putte NB, ♂
28 April 1962 Moostdijk, Ospel, *Nederweert* LB, ♂
9 May 1964 Meyendel, *Wassenaar* ZH, ♂; LM 37: 316-317, 1964
9 May 1966 *Vlieland* FR, ♂
30 May 1966 Kunderberg, Kunrade, *Voerendaal* LB, ♂
27 August 1966 Groene Glop, *Schiermonnikoog* FR, adult ♂, trapped
30 May 1971 *Wieringermeer* NH, ♂
7 May 1976 Noordhollands Duinreservaat, *Heemskerk* NH, ♂
10-12 May 1985 Maasvlakte/Westplaat, *Rotterdam/Westvoorne* ZH, ♀, trapped; DB 7: 115, 1985 (photo); 9: 47, 1987 (photo); BW 7: 236, 1994 (photo)
19 May 1985 Boschplaat, *Terschelling* FR, ♂
16-19 May 1996 Lange Paal, *Vlieland* FR, 1s ♂; BW 9: 175, 1996 (photo), Birdwatch 5 (49): 59, 1996 (photo), DB 18: 146, 1996 (photo), Opperman et al (1997), Ornithos 4: 122-131, 1997 (photos)
12-14 October 1996 West-Terschelling, *Terschelling* FR, 1w ♂; DB 18: 335, 1996 (photo)

voorlopige toevoegingen voor 1997-98 / provisional additions for 1997-98
28 April-17 May 1998 *Doorn* UT, ♂, singing (photographed & sound-recorded); CDNA archives

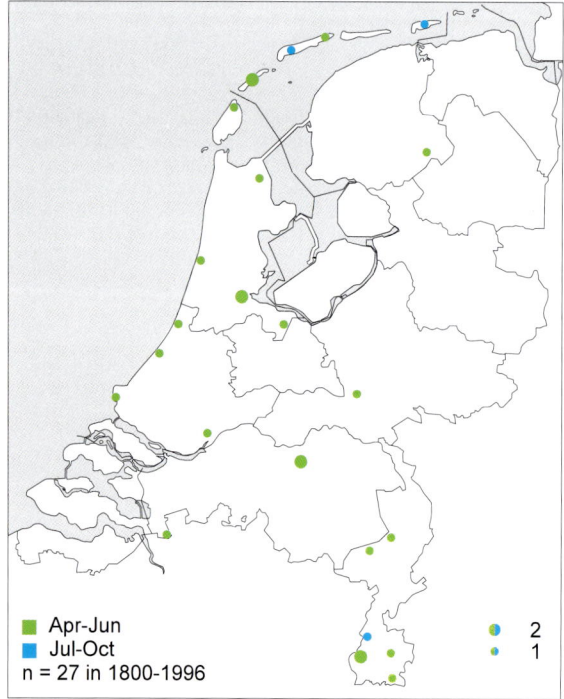

■ Apr-Jun
■ Jul-Oct
n = 27 in 1800-1996

Gevallen per locatie / Records per site
Withalsvliegenvanger / Collared Flycatcher

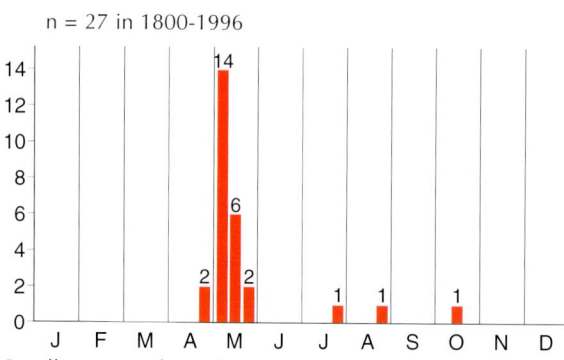

n = 27 in 1800-1996

Gevallen per 10 dagen / Records per 10 days
Withalsvliegenvanger / Collared Flycatcher

Withalsvliegenvanger / Collared Flycatcher *Ficedula albicollis*, first-winter ♂, 13 October 1996, West-Terschelling, Terschelling, Friesland *(Arie Ouwerkerk)*

Withalsvliegenvanger / Collared Flycatcher *Ficedula albicollis*, first-summer ♂, 17 May 1996, Lange Paal, Vlieland, Friesland *(Frank Dröge)*

Bonte Vliegenvanger [2]

Ficedula hypoleuca hypoleuca

European Pied Flycatcher

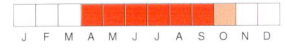

algemene broedvogel
algemene doortrekker en zomergast

common breeding bird
common migrant and summer visitor

TIMALIA'S Timaliidae (n=1)

Baardman [2]

Panurus biarmicus biarmicus

Bearded Reedling

algemene broedvogel
gehele jaar algemeen

common breeding bird
common throughout year

STAARTMEZEN Aegithalidae (n=1)

Staartmees [2]

Aegithalos caudatus ssp

Long-tailed Tit

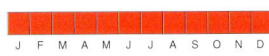

algemene broedvogel
gehele jaar algemeen

common breeding bird
common thoughout year

In enkele jaren is sprake geweest van een invasie van Witkopstaartmees *A c caudatus* in Noord-Europa waarbij soms groepen Nederland bereikten. Dit was onder meer het geval in 1973 (SOVON 1987) en oktober 1992 (DB 14: 233, 238, 1992). Hierbij dient te worden opgemerkt dat in groepen Staartmezen *A c europaeus* ook exemplaren met een witte kop kunnen voorkomen die niet tot de nominaat zijn te rekenen (cf Svensson 1992, Ornithos 4: 46-48, 1997).

In some years with invasions of White-headed Long-tailed Tit *A c caudatus* in northern Europe, flocks have reached the Netherlands. This was the case in 1973 (SOVON 1987) and October 1992 (DB 14: 233, 238, 1992). It should be noted that individuals with a white head but not belonging to the nominate subspecies may occur in flocks of Central European Long-tailed Tits *A c europaeus* (cf Svensson 1992, Ornithos 4: 46-48, 1997).

Glanskop [2]

algemene broedvogel
algemene standvogel

Parus palustris palustris

J F M A M J J A S O N D

Marsh Tit

common breeding bird
common resident

Matkop [2]

algemene broedvogel
algemene standvogel

Parus montanus rhenanus

J F M A M J J A S O N D

Willow Tit

common breeding bird
common resident

Kuifmees [2]

algemene broedvogel
algemene standvogel

Parus cristatus mitratus

J F M A M J J A S O N D

Crested Tit

common breeding bird
common resident

Zwarte Mees [2]

algemene broedvogel
gehele jaar algemeen (invasies)

Parus ater ater

J F M A M J J A S O N D

Coal Tit

common breeding bird
common throughout year (invasions)

Pimpelmees [2]

algemene broedvogel
gehele jaar algemeen

Parus caeruleus caeruleus

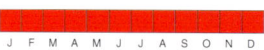

J F M A M J J A S O N D

Blue Tit

common breeding bird
common throughout year

'Pleskes Mees'

zeer zeldzaam

Parus caeruleus x cyanus

'Pleske's Tit'

very rare

'Pleskes Mees' is de hybride van Pimpelmees *P caeruleus* x Azuurmees *P cyanus*. Azuurmees broedt en overwintert ten oosten van Wit-Rusland tot in oostelijk Centraal-Azië en zuid tot in Noord-Afghanistan.

In West-Europa zijn 'Pleskes Mezen' behalve in Finland ook vastgesteld in december 1878 te Liège, Liège, België; in oktober 1981 in Letland; op 26 december 1988 te Gyula, Hongarije; op 28 oktober 1989 te Ocsa, Hongarije; op 11 november 1989 te Illmitz, Burgenland, Oostenrijk; en op 20 oktober 1991 in Södermanland, Zweden (Limicola 7: 147-151, 1993, DB 16: 232-234, 1994; 18: 83, 1996).

'Pleske's Tit' is the hybrid of Blue Tit *P caeruleus* x Azure Tit *P cyanus*. Azure Tit breeds and winters east from Byelorussia to eastern central Asia and south into northern Afghanistan.

In western Europe, apart from Finland, 'Pleske's Tits' have been recorded in December 1878 at Liège, Liège, Belgium; in October 1981 in Latvia; on 26 December 1988 at Gyula, Hungary; on 28 October 1989 at Ocsa, Hungary; on 11 November 1989 at Illmitz, Burgenland, Austria; and on 20 October 1991 at Södermanland, Sweden (Limicola 7: 147-151, 1993, DB 16: 232-234, 1994; 18: 83, 1996).

1 record in 1800-1996; none in 1980-96

9 November 1968 Bremerbergdijk, *Dronten* FL, imm, trapped, dead (ZMA) (died 15 April 1969); LM 42: 201-205, 1969 (photo),

DB 16: 233-234, 1994 (photo)

'Pleskes Mees' / 'Pleske's Tit' *Parus caeruleus x cyanus*, skin (ZMA), trapped 9 November 1968, died 15 April 1969 (photographed November 1994), Bremerbergdijk, Dronten, Flevoland (*André J van Loon*)

Koolmees [2]

algemene broedvogel
gehele jaar algemeen

J F M A M J J A S O N D

Parus major ssp

Great Tit

common breeding bird
common throughout year

Vogels met kenmerken van de nominaat en die met kenmerken van de Britse ondersoort *P m newtoni* komen als broedvogel voor in Nederland (cf Cramp & Perrins 1993). De niet in het veld vast te stellen verschillen (gemiddeld zwaardere snavel en misschien iets donkerdere, groenere mantel bij Britse) passen in een clinale variatie.

Birds with characters of the nominate subspecies and those with characters of the British subspecies *P m newtoni* occur as breeding birds in the Netherlands (cf Cramp & Perrins 1993). The differences between both (on average, heavier bill and, perhaps, slightly darker and greener mantle in British) are impossible to tell in the field and consistent with clinal variation.

BOOMKLEVERS Sittidae (n=1)

Boomklever [2]

algemene broedvogel
algemene standvogel

J F M A M J J A S O N D

Sitta europaea caesia

Eurasian Nuthatch

common breeding bird
common resident

ROTSKRUIPERS Tichodromadidae (n=1)

Rotskruiper

zeer zeldzaam

Tichodroma muraria muraria

Wallcreeper

very rare

Broedt in hooggebergte van zuidhelft van Europa, Turkije en West-Iran, met dichtstbijzijnde broedgebieden in Alpen; overwintert op steile rotswanden en hoge gebouwen in lager gelegen gebieden.

Breeds in high mountains of southern half of Europe, Turkey and western Iran, nearest breeding areas being in Alpes; winters on cliffs and high buildings in lower areas.

Het enige geval betrof een vogel die de gewoonte had te overnachten achter roze neonletters hoog boven de hoofdingang van de Vrije Universiteit, één van de hoogste gebouwen van Amsterdam, Noord-Holland. Hij keerde hier voor een tweede winter terug en kon toen als ♀ worden gedetermineerd. Enige andere Rotskruipers die ver buiten hun normale gebied overwinterden lieten dezelfde trouw aan een winterplek zien. Zo was de achtste voor Engeland een ♂ dat niet alleen van begin november 1976 tot 6 april 1977 aanwezig was te Cheddar, Somerset, maar ook van begin november 1977 tot 9 april 1978 (Dymond et al 1989). In België waren voor 1890-1990 c negen gevallen bekend tussen 27 oktober en 15 april (Gunter De Smet in litt); waarnemingen in 1986-90 betroffen waarschijnlijk één ♂ dat steeds terugkeerde naar

The only record was a bird with the habit of roosting behind pink neon letters high above the main entrance of the Free University building, one of the highest in Amsterdam, Noord-Holland. It returned for a second winter when it could be identified as ♀. Some other vagrant Wallcreepers showed the same faithfulness regarding winter sites like the eighth for England which was a ♂ present from early November 1976 to 6 April 1977 at Cheddar, Somerset, and again from early November 1977 to 9 April 1978 (Dymond et al 1989). In Belgium, c nine records were known for 1890-1990 between 27 October and 15 April (Gunter De Smet in litt); observations in 1986-90 probably concerned a single ♂ returning to the vast area of quarries at Poulseur, Liège, 30 km south from the Dutch border near Maastricht, Limburg. Vlek (1995)

Rotskruiper / Wallcreeper *Tichodroma muraria*, 31 March 1990, Augustinusparochiekerk, Buitenveldert, Amsterdam, Noord-Holland (*Lammert van der Veen*)

Rotskruiper / Wallcreeper *Tichodroma muraria*, November 1989, VU-hoofdgebouw, Buitenveldert, Amsterdam, Noord-Holland (*René Pop*)

een uitgestrekt terrein met steengroeven te Poulseur, Liège, 30 km ten zuiden van de grens bij Maastricht, Limburg. Vlek (1995) veronderstelde dat de Amsterdamse vogel uit gevangenschap afkomstig was hetgeen om verscheidene redenen uiterst onwaarschijnlijk wordt geacht (cf DB 19: 111, 1997).

assumed that the Amsterdam bird was an escape which is regarded highly unlikely for several reasons (cf DB 19: 111, 1997).

1 record in 1800-1996; 1 in 1980-96

13 November 1989-11 April 1990 & 27 November 1990-5 April 1991 Buitenveldert, *Amsterdam* NH, ♀; BW 2: 407, 433-434, 1989 (photos), DB 11: 100, 1989 (photo); 12: 48-49, 1990 (photos); 13: 54, 135-139, 1991 (photos), DB Nieuwsbr 1: 177-178, 184-185, 1989 (photos), Graspieper 9: 156, 1989 (photo), Telegraaf 16 November 1989: T6 (photo), LM 64: 66, 1991 (photo), BB 85: 13, 1992 (photo)

Rotskruiper / Wallcreeper *Tichodroma muraria*, 15 November 1989, VU-hoofdgebouw, Buitenveldert, Amsterdam, Noord-Holland *(Arnoud B van den Berg)*

n = 1 in 1800-1996

Gevallen per locatie / Records per site
Rotskruiper / Wallcreeper

BOOMKRUIPERS Certhiidae (n=2)

Taigaboomkruiper

Certhia familiaris ssp

Eurasian Treecreeper

vrij zeldzaam

rather rare

De soort wordt sinds 1 januari 1995 niet langer door de CDNA beoordeeld (DB 17: 72, 1995, LM 69: 13, 18, 1996). Dit geldt voor beide ondersoorten, *C f familiaris* van Noord-Europa en Kortsnavelboomkruiper *C f macrodactyla* van Midden-Europa, die hier om praktische redenen apart worden behandeld. De gevallen van vóór 1980 zijn niet herzien. Voor zover bekend, betroffen alle gevallen van vóór 1993 de ondersoort *C f familiaris*. Voor gevallen in 1972-73 zij verwezen naar LM 48: 176-196, 1975; in 1974-75 naar LM 50: 57, 1977; in 1976 naar LM 51: 145, 1978; en in 1978 naar LM 53, 32, 1980. Alle onbevestigde gevallen zijn weggelaten (cf LM 48: 188-196, 1975).

From 1 January 1995, the species is no longer considered by CDNA (DB 17: 72, 1995, LM 69: 13, 18, 1996). This applies to both subspecies, *C f familiaris* from northern Europe and *C f macrodactyla* from central Europe, which are dealt with separately here, for practical reasons. The pre-1980 records have not been reviewed. As far as known, all pre-1993 records concerned the subspecies *C f familiaris*. For records in 1972-73, see LM 48: 176-196, 1975; in 1974-75, see LM 50: 57, 1977; in 1976, see LM 51: 145, 1978; and in 1978, see LM 53, 32, 1980. All single-observer sightings have been omitted (cf LM 48: 188-196, 1975).

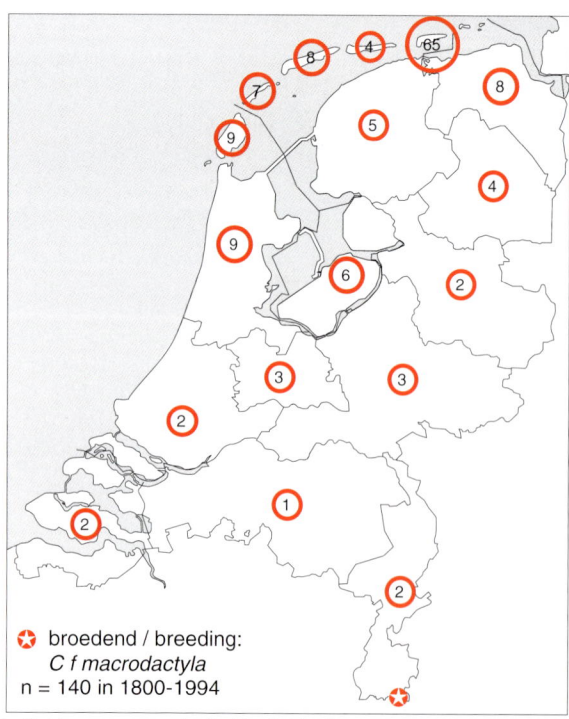

✪ broedend / breeding:
   C f macrodactyla
n = 140 in 1800-1994

Individuen per provincie / Individuals per province
Taigaboomkruiper / Eurasian Treecreeper

Taigaboomkruiper

C f familiaris

Scandinavian Treecreeper

vrij zeldzaam

rather rare

Broedt in Noord- en Oost-Europa van Noorwegen, Polen, Oost-Hongarije en Griekenland oost tot Siberië.

Na slechts twee eerdere gevallen vond een invasie van 50 exemplaren plaats van 25 september tot 31 december 1972. Andere invasies kwamen voor in 1975 (17) en 1993 (12). Alle gevallen dateerden tussen 17 september en 29 maart, met bijna tweederde van de exemplaren in oktober. De meeste werden op de Waddeneilanden aangetroffen (tweederde), met bijna de helft van het landelijke totaal op Schiermonnikoog, Friesland. Slechts minder dan 10% van de exemplaren werden in de zes zuidelijke provincies ontdekt. In de diagrammen is de sinds maart 1993 in Zuid-Limburg broedende Kortsnavelboomkruiper *C f macrodactyla* niet opgenomen.

Breeds in northern and eastern Europe, from Norway, Poland, eastern Hungary and Greece east to Siberia.

After only two previous records, an invasion of 50 individuals occurred from 25 September to 31 December 1972. Other invasions occurred in 1975 (17) and 1993 (12). All records dated from the period between 17 September and 29 March, with almost two-thirds of the individuals in October. The majority came from the Wadden Islands (two-thirds), with almost half of the Dutch total on Schiermonnikoog, Friesland. Only less than 10% were found in the six southernmost provinces. The diagrams exclude the central European subspecies *C f macrodactyla* which breeds since March 1993 in southern Limburg.

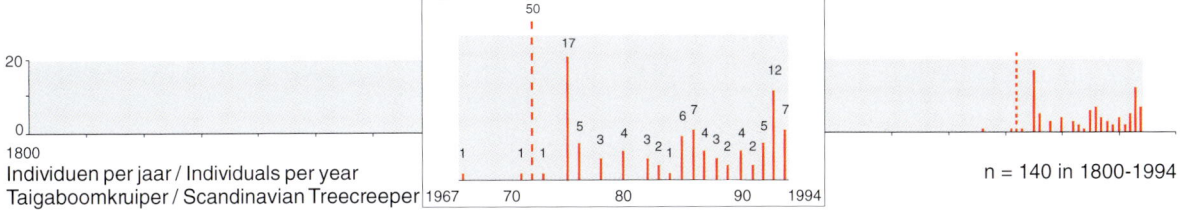

Individuen per jaar / Individuals per year
Taigaboomkruiper / Scandinavian Treecreeper

n = 140 in 1800-1994

91 records (140 individuals) in 1800-1994; 53 records (62 individuals) in 1980-94

29 December 1967 Zeddam, *Bergh* GL, singing; LM 42: 112-113, 1969
24 December 1971 Spaubeek, *Beek* LB, 1y, dead (*C f familiaris*) (ZMA); LM 46: 63-64, 86, 1973
25 September 1972 Kroonspolders, *Vlieland* FR, dead
29 September 1972 *Schiermonnikoog* FR, trapped
2 October 1972 *Schiermonnikoog* FR, trapped
8 October 1972 Pampushaven, *Almere* FL, trapped; LM 46: 95-96,

1973; 48: 179, 1975 (photo)
11-13 October 1972 Kooibos, *Schiermonnikoog* FR (**10**), trapped (all)
14 October 1972 Kooibos, *Schiermonnikoog* FR (**7**), trapped (2 dead)
14 October-19 December 1972 De Cocksdorp, *Texel* NH
16 October 1972 Kooibos, *Schiermonnikoog* FR (**2**), trapped
19-20 October 1972 Kooibos, *Schiermonnikoog* FR (**3**), trapped (all)
19-22 October 1972 *Schiermonnikoog* FR (**9**)
22 October 1972 Korverskooi, *Texel* NH, trapped

Taigaboomkruiper / Scandinavian Treecreeper *Certhia familiaris familiaris*, 11 January 1987, Wieringerwerf, Wieringermeer, Noord-Holland *(Arnoud B van den Berg)*

317

26 October 1972 Staatsbossen, *Texel* NH (**2**)

29 October-27 December 1972 Amsterdamse Waterleidingduinen, *Zandvoort* NH

12 November-27 December 1972 Droge Kom, Amsterdamse Waterleidingduinen, *Zandvoort* NH (max **3**; singles seen on 3 days, incl 9 December)

26 November 1972 Pettemerbos, Petten, *Zijpe* NH

9 December 1972 Westerslag, *Texel* NH

24-26 December 1972 Overduin, Oostkapelle, *Domburg* ZL; DB 20: 161, 1998

30 December 1972 Schinveld, *Onderbanken* LB, trapped

31 December 1972 Berkenheuvel, *Diever* DR

31 December 1972 Boschoord, *Vledder* DR

31 December 1972 boswachterij Appelscha, *Weststellingwerf* FR

4 October 1973 Kobbeduinen, *Schiermonnikoog* FR, trapped

14-22 October 1975 *Schiermonnikoog* FR (**12**), trapped (all)

2 November 1975 *Texel* NH

10 November 1975 *Schiermonnikoog* FR, trapped

22 November 1975 Slotermeer, *Amsterdam* NH

25-26 December 1975 *Domburg* ZL; DB 20: 161, 1998

30 December 1975 *Schiermonnikoog* FR

14 March 1976 Wilgenbos, *Almere* FL; Kees Scharringa (pers comm)

2 October 1976 *Aarle-Rixtel* NB, trapped

20 October 1976 Laaxum, *Nijefurd* FR, trapped

2 November 1976 *Schiermonnikoog* FR, trapped

6 November 1976 Joure, *Skarsterlân* FR, trapped

11 March 1978 *Assen* DR, trapped

23 March 1978 *Assen* DR, trapped

15 December 1978 *Wageningen* GL

28 September 1980 *Wassenaar* ZH, trapped

12-13 October 1980 *Ameland* FR (**2**), trapped

19 October 1980 *Wassenaar* ZH

2 October 1982 Warffum, *Eemsmond* GR

16 October 1982 *Schiermonnikoog* FR, trapped

(27 November-)1 December 1982 *Veenendaal* UT, trapped

5 October 1983 Lopikerkapel, *Lopik* UT, trapped

11 October 1983 *Ameland* FR, trapped

7 October 1984 Ens, *Noordoostpolder* FL, trapped

8-10 October 1985 De Koog, *Texel* NH

16 October 1985 *Schiermonnikoog* FR, trapped

16 October 1985 *Schiermonnikoog* FR, trapped

17 October 1985 *Schiermonnikoog* FR, trapped

28 December 1985 *Schiermonnikoog* FR (**2**)

5 November 1986 *Schiermonnikoog* FR

5-15 November 1986 *Schiermonnikoog* FR (**2**)

7 November 1986 De Blocq van Kuffeler, *Almere* FL, trapped

21 November 1986 *Terschelling* FR

29 December 1986-13 February 1987 Wieringerwerf, *Wieringermeer* NH (**2**); DB 9: 14, 63, 125-126, 1987 (photos), LM 61: 172, 1988 (photo), Limicola 5: 50-58, 1991 (photos)

24 February 1987 Joure, *Skarsterlân* FR, dead (FNM)

3 March 1987 *Terschelling* FR

10-11 March 1987 *Groningen* GR (**2**); Grauwe Gors 21 (3-4): 58, 1993 (photo)

12 October 1988 *Schiermonnikoog* FR, trapped (photographed); DB

n = 91 in 1800-1994

Gevallen per maand / Records per month
Taigaboomkruiper / Scandinavian Treecreeper

14: 83, 1992

15 October 1988 *Schiermonnikoog* FR, trapped

19 October 1988 *Schiermonnikoog* FR

27 September 1989 Staphorst OV, trapped (photographed)

10 October 1989 *Ameland* FR, trapped

13-16 January 1990 *Groningen* GR

29 March 1990 *Groningen* GR; DB 16: 144, 1994; 17: 97, 1995

17 September 1990 Oostvaardersdijk, *Almere* FL, 1y, trapped

2 October 1990 Oostvaardersdijk, *Almere* FL, 1y, trapped

28 January 1991 Beetsterzwaag, *Opsterland* FR

9 October 1991 *Schiermonnikoog* FR

15-27 January 1992 *Rozendaal* GL

9 October 1992 *Vlieland* FR, presumed 1w

10 October 1992 *Vlieland* FR, presumed adult

15 December 1992 *Terschelling* FR (**2**); DB 17: 97, 1995

1 October 1993 Kennemerduinen, *Bloemendaal* NH, trapped (photographed)

14-16 October 1993 Oosterend, *Terschelling* FR (**2**) (photographed)

16-22 October 1993 Oosterend, *Terschelling* FR; DB 15: 284, 1993 (photo)

17-22 October 1993 West-Terschelling, *Terschelling* FR

24 October-14 December 1993 Lauwersoog, *De Marne* GR (photographed)

28-29 October 1993 De Hoge Berg, *Texel* NH

29 October 1993 *Vlieland* FR

29-30 October 1993 *Vlieland* FR (photographed)

5-7 November 1993 Lauwersoog, *De Marne* GR

12 November 1993 *Schiermonnikoog* FR (**2**)

5-8 February 1994 *Bunnik* UT, singing

7 October 1994 Lange Paal, *Vlieland* FR (**2**); DB 20: 161, 1998

17 October 1994 Overdinkel, *Losser* OV, trapped; DB 19: 111, 1997

17-19 October 1994 De Cocksdorp, *Texel* NH

18 October 1994 *Schiermonnikoog* FR, trapped; DB 16: 260, 1994 (photo)

4 November 1994-5 February 1995 Lauwersoog, *De Marne* GR; Grauwe Gors 23: 31, 1995 (photo), DB 20: 161, 1998

Kortsnavelboomkruiper   *C f macrodactyla*   Central European Treecreeper

vrij zeldzame onregelmatige broedvogel

rather rare irregular breeding bird

Broedt en overwintert in continentaal West-Europa ten zuiden en westen van broedgebied van nominaat.

Breeds and winters in continental western Europe, south and west of breeding area of nominate subspecies.

De ondersoort is broedvogel in het zuid-oosten van Zuid-Limburg waar in 1993 vanaf 21 maart 16 territoria werden aangetroffen in Boswachterij Vaals. Dit was de eerste maal dat deze ondersoort in Nederland werd vastgesteld. Deze broedpopulatie telde 19 territoria in 1994 en werd mogelijk sinds c 1983 over het hoofd gezien (cf LV 5: 34-35, 1994; 9: 33-48, 1998, LM 70: 109, 1997). Van alle exemplaren in 1994 werden er vijf ingediend en aanvaard door de CDNA; vanaf 1 januari 1995 werd de soort te talrijk bevonden om beoordeling door de CDNA te rechtvaardigen (DB 17: 72, 1995). In 1995-96 werden opnieuw meer dan 10 territoria aangetroffen in en rond Vijlenerbos, Vaals (DB 17: 84, 97, 1995; cf 18: 100, 1996). In 1997 was het aantal territoria in Boswachterij Vaals toegenomen tot 41 terwijl er nog eens 13 werden gevonden in noordwestelijk hiervan gelegen bossen (DB 19: 91, 260, 1997, LV 9: 33-48, 1998 (foto's)). Het Limburgse broedgebied is verbonden met het Aachenerwald net over de Duitse grens en 10 km verder naar het zuiden met het bosgebied rond Eupen, België, waar de ondersoort een algemene broedvogel is.

The subspecies is breeding in the south-east of southern Limburg where in 1993 16 territories were found since 21 March at Boswachterij Vaals. These records were also the first of this subspecies for the Netherlands. The breeding population, which may have been overlooked since c 1983, numbered 19 territories in 1994 (cf LV 5: 34-35, 1994; 9: 33-48, 1998, LM 70: 109, 1997). Five individuals of all these pairs in 1994 were submitted and accepted by CDNA; it was concluded that, from 1 January 1995, the species was too numerous to be considered by CDNA (DB 17: 72, 1995). In 1995-96, again more than 10 territories were found in the forest area of Vijlenerbos, Vaals (DB 17: 84, 97, 1995; cf 18: 100, 1996). In 1997, the number of territories at Boswachterij Vaals had increased to 41, while an additional 13 were found at nearby forests to the north-west (DB 19: 91, 260, 1997, LV 9: 33-48, 1998 (photos)). The Dutch breeding area is connected with the forest of Aachenerwald across the German border and, 10 km further south, with the forest area near Eupen, Belgium, where the subspecies is a common breeder.

Kortsnavelboomkruipers / Central European Treecreepers *Certhia familiaris macrodactyla*, 28 March 1993, Vijlenerbos, Vaals, Limburg *(Ran Schols)*

9 individuals in 1800-1994; 9 in 1980-94

21-28 March(-early June) 1993 Vijlenerbos, *Vaals* LB (**2**), singing (sound-recorded) (2 nests & 2 family groups; in total, 13 territories reported); DB 16: 221-225, 1994 (photo)

7-8 August 1993 & 28 Augustus Vijlenerbos, *Vaals* LB (min **2**) 12 February 1994 & 26 February-28 August Vijlenerbos, *Vaals* LB (min **5**), singing (25 territories reported); DB 18: 115, 1996 (photo)

Boomkruiper [2]

algemene broedvogel
algemene standvogel

Certhia brachydactyla megarhyncha

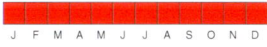

Short-toed Treecreeper

common breeding bird
common resident

BUIDELMEZEN Remizidae (n=1)

Buidelmees [2]

schaarse broedvogel
schaarse zomergast

Remiz pendulinus pendulinus

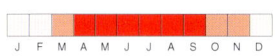

Eurasian Penduline Tit

scarce breeding bird
scarce summer visitor

De soort wordt sinds 1 januari 1989 niet langer door de CDNA beoordeeld (LM 62: 204, 1989); hij werd reeds vanaf 1 januari 1983 niet meer opgenomen in CDNA-verslagen in Dutch Birding (DB 6: 50, 1984). Het eerste geval van de soort was een onafgemaakt nest ontdekt in september 1962 op de Hofmansplaat, Brabantse Biesbosch, Made en Drimmelen, Noord-Brabant (LM 38: 6-12, 1965 (foto)). De eerste vogel werd gezien op 7 november 1965 in de Groote Peel, Nederweert, Limburg (LM 39: 147-148, 1966). Het derde Nederlandse geval betrof tevens de eerste ringvangst op 8 oktober 1967 te Budel, Noord-Brabant (LM 41: 27-30, 1968 (foto); 56: 261-263, 1983). In totaal werden in oktober-december 1967 zeven exemplaren gezien op vijf plaatsen waaronder één van 29 december tot 2 januari 1968 te Sloterdijk, Westpoort, Amsterdam, Noord-Holland (LM 41: 27-30, 1968 (foto)). Na nestvondsten in 1968, 1974 en 1975 kwam de soort vanaf 1981 ieder jaar tot broeden, aanvanke-lijk met name in Friesland en Groningen (DB 5: 8-9, 1983; 6:

From 1 January 1989, the species is no longer considered by CDNA (LM 62: 204, 1989); already since 1 January 1983, it was not dealt with in CDNA reports in Dutch Birding (DB 6: 50, 1984). The species' first record was an unfinished nest found in September 1962 at Hofmansplaat, Brabantse Biesbosch, Made en Drimmelen, Noord-Brabant (LM 38: 6-12, 1965 (photo)). The first bird was seen on 7 November 1965 at Groote Peel, Nederweert, Limburg (LM 39: 147-148, 1966). The third Dutch record was also the first ringing record on 8 October 1967 at Budel, Noord-Brabant (LM 41: 27-30, 1968 (photo); 56: 261-263, 1983); in total, seven indi-viduals were seen at five sites during October-December 1967, among which one staying from 29 December to 2 January 1968 at Sloterdijk, Westpoort, Amsterdam, Noord-Holland (LM 41: 27-30, 1968 (photo)). After nesting records in 1968, 1974 and 1975, the species started to breed annu-ally from 1981 onwards, at first mainly in Friesland and Groningen (DB 5: 8-9, 1983; 6: 49-50, 1984). The numbers

49-50, 1984). Vooral vanaf 1987 namen de aantallen toe, tot een record van ten minste 215 paren in 1992. Voor een volledig overzicht van nesten en broedgevallen in 1967-87 zij verwezen naar LM 61: 145-149, 1988; voor die in 1988-92 naar LM 66: 97-106, 1993. Het eerste geval voor België was op 30 september 1966 te Herstal, Liège (Giervalk 56: 417, 1966).

increased especially since 1987, to a record of at least 215 pairs in 1992. For a complete survey of nests and breeding records in 1967-87, see LM 61: 145-149, 1988; for those in 1988-92, see LM 66: 97-106, 1993. The first record for Belgium was on 30 September 1966 at Herstal, Liège (Giervalk 56: 417, 1966).

voorbeelden van gepubliceerde foto's en geluiden in 1968-92 / examples of published photographs and sounds in 1968-1992
LV 3: 52, 1992 (April 1980 Schinnen LB, adult); VJ 30: 29, 1982 (25 May 1981 Groningen GR, adult & nest); DB 3: 141, 1981 (September 1981 Makkum, Wûnseradiel FR, trapped); VJ 30: 165, 1982 (5 April 1982 Thull-Schinnen LB, adult); Hazevoet (1985) (August 1982 Vlietland, Leidschendam ZH); DB 4: 111, 1982 (August 1982 Oostvaardersplassen, Lelystad FL); LM 56: 262, 1983 (28 August 1982 Oostvaardersplassen, Lelystad FL, juv & 1w); DB 4: 111, 1982

(September 1982 Oostvaardersplassen, Lelystad FL); DB 6: 50, 1984 (September 1982 Oostvaardersdijk, Lelystad FL); LM 59: 23, 1986 (22 October 1983 De Blocq van Kuffeler, Almere FL, trapped); DB 7: 115, 1985 (June 1985 Lelystad FL, adult & nest); DB 10: 159, 1988 (May 1988 Rotterdam ZH); LM 66 (3): cover, 1993 (June 1988 Rotterdam ZH); BW 3: 123, 1990 (April 1990 Hoornse Meer, Groningen GR); LM 66: 104, 1993 (June 1990 Knardijk, Lelystad FL); BW 5: 250, 1992 (23 June 1992 Diemerzeedijk, Amsterdam NH, adult & juv & nest); DB 14: 158, 1992 (23 June 1992 Diemerzeedijk, Amsterdam NH, juv & nest)

WIELEWALEN Oriolidae (n=1)

Wielewaal [2]

algemene broedvogel
algemene zomergast

Oriolus oriolus oriolus

J F M A M J J A S O N D

Eurasian Golden Oriole

common breeding bird
common summer visitor

KLAUWIEREN Laniidae (n=7)

Grauwe Klauwier [2]

schaarse broedvogel
schaarse doortrekker en zomergast

Lanius collurio

J F M A M J J A S O N D

Red-backed Shrike

scarce breeding bird
scarce migrant and summer visitor

Turkestaanse Klauwier

zeer zeldzaam

Lanius phoenicuroides

Turkestan Shrike

very rare

Broedt van Iran en Kazakhstan noordoost tot Xinjiang, China; overwintert in Zuidwest-Azië, zuidelijk Arabisch schiereiland en tropisch Afrika.

Het eerste geval voor België was op 23 september 1989 te Heist, West-Vlaanderen (DB 16: 229-231, 1994). Gezien het voorkomen elders in Europa kan worden verwacht dat de meeste ongedetermineerde oktober-gevallen van izabelklauwier *L isabellinus/phoenicuroides/speculigerus* geen Chinese *L isabellinus* betroffen (cf Panow 1996). Zowel Turkestaanse Klauwier als Daurische Klauwier *L speculigerus* komen als wintergast regelmatig voor in Afrika, grotendeels ten noorden van het wintergebied van Grauwe Klauwier *L collurio*. De Nederlandse vogel van 1996 zou voor alle drie soorten het eerste december-geval in West-Europa betreffen.

Breeds from Iran and Kazakhstan north-east to Xinjiang, China; winters in south-western Asia, southern Arabian peninsula and tropical Africa.

The first record for Belgium was on 23 September 1989 at Heist, West-Vlaanderen (DB 16: 229-231, 1994). Considering the occurrence elsewhere in Europe, it seems likely that most October records of unidentified isabelline shrike *L isabellinus/phoenicuroides/speculigerus* did not concern Chinese Shrike *L isabellinus* (cf Panow 1996). Both Turkestan Shrike and Daurian Shrike *L speculigerus* regularly occur as winterer in Africa, largely north of the winter range of Red-backed Shrike *L collurio*. The Dutch bird in 1996 would be the first December record in western Europe for any of the three isabelline shrike species.

1-3 records in 1800-1996; 1-3 in 1980-96

18-19 October 1985 Schorrenweg, *Texel* NH, 1w (very probably *L phoenicuroides*); DB 18: 131-133, 1996 (photos); Tim Worfolk (in litt)
21 October 1993 De Hoge Berg, *Texel* NH, 1w (probably *L phoeni-curoides* but very tentative); DB 15: 285, 1993 (photo); 16: 226-

229, 1994, Tim Worfolk (in litt)
8-11 December 1996 Lauwersoog, *De Marne/Dongeradeel* GR/FR (probably *L phoenicuroides*); DB 18: 339-340, 1996 (photo); 19: 43, 1997 (photo), Tim Worfolk (in litt)

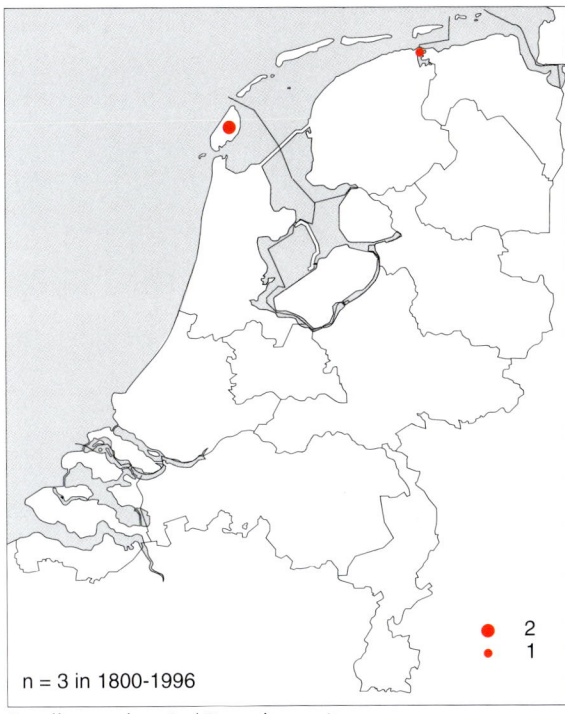

n = 3 in 1800-1996

2
1

Gevallen per locatie / Records per site
Turkestaanse Klauwier / Turkestan Shrike

Turkestaanse Klauwier / Turkestan Shrike *Lanius phoenicuroides*, 11 December 1996, Lauwersoog, Dongeradeel, Friesland (*Eric Koops*)

Daurische Klauwier

Lanius speculigerus

Daurian Shrike

zeer zeldzaam

very rare

Broedt in Mongolië, Noord- en Centraal-China en zuidoostelijk Altai-gebergte in Rusland; overwintert in Zuidwest-Azië, zuidelijk Arabisch schiereiland en tropisch Afrika.

Breeds in Mongolia, northern and central China and south-eastern Altai in Russia; winters in south-western Asia, southern Arabian peninsula and tropical Africa.

De vogel van mei 1995 werd pas in 1997 als Daurische Klauwier gedetermineerd (Tim Worfolk pers comm). Het

The bird of May 1995 was identified as Daurian Shrike only as recently as 1997 (Tim Worfolk pers comm). Possibly, it was

n = 1 in 1800-1996

1

Gevallen per locatie / Records per site
Daurische Klauwier / Daurian Shrike

Daurische Klauwier / Daurian Shrike *Lanius speculigerus*, 4 May 1995, De Cocksdorp, Texel, Noord-Holland (*Rob G Bouwman*)

1 record in 1800-1996; 1 in 1980-96

4 May 1995 De Cocksdorp, *Texel* NH, adult ♂ (for the time being, accepted as *L phoenicuroides/speculigerus* by CDNA); BW 8: 174, 1995 (photo), DB 17: 129, 1995 (photo); cf 17: 132, 1995; 18: 129-131, 1996 (photo), Tim Worfolk (in litt)

betrof mogelijk het eerste voorjaarsgeval voor Noordwest-Europa. Er waren ten minste twee eerdere gevallen van adulte ♂s in Brittannië: op 9-12 oktober 1981 op Fair Isle, Shetland, en op 7-15 november 1982 in Lincolnshire (Evans 1994). Dit noordoostelijke taxon lijkt in uiterlijk een tussenvorm van typische Turkestaanse Klauwier *L phoenicuroides* en de in Noordwest-China voorkomende Chinese Klauwier *L isabellinus* (Lefranc & Worfolk 1997).

the first spring record for north-western Europe. There were at least two previous records of adult ♂s in Britain: on 9-12 October 1981 on Fair Isle, Shetland, and on 7-15 November 1982 in Lincolnshire (Evans 1994). This north-eastern taxon is intermediate in appearance between typical Turkestan Shrike *L phoenicuroides* and Chinese Shrike *L isabellinus* from north-western China (Lefranc & Worfolk 1997).

Kleine Klapekster

Lanius minor minor

Lesser Grey Shrike

zeldzaam

rare

Broedt van Polen en Italië (ook plaatselijk in Zuid-Frankrijk) oost tot in Kazakhstan en Noord-Iran; overwintert in zuidelijk Afrika.

Breeds from Poland and Italy (also locally in southern France) east into Kazakhstan and northern Iran; winters in southern Africa.

Bijna de helft van de gevallen (16) dateerde van 1967-78. Sinds 1979 is ondanks de toename van het aantal waarnemers een lichte afname zichtbaar die kan samenhangen met het verdwijnen van de soort als regelmatige broedvogel in het westen van zijn verspreidingsgebied, zoals in Duitsland, (vrijwel geheel) Frankrijk, Oostenrijk, Slowakije en Tsjechië (Lefranc 1995). Het laatste broedgeval voor België was in 1930 in Hainaut (Giervalk 21: 124, 1931). De meeste Nederlandse gevallen dateerden van het voorjaar, tussen 5 mei en 18 juni. Een geval van 16 november 1991 was extreem laat. De langst-blijvende vogel verbleef meer dan drie maanden, van 24 mei tot 27 augustus 1977; de op één na langst-blijvende was drie weken aanwezig, in augustus-september 1968. Meer dan een derde van de gevallen was afkomstig van de Waddeneilanden en bijna een vijfde van Flevoland.

Almost half of the records (16) dated from 1967-78. The slight decrease since 1979, despite the increase of observer activities, might relate to the species' decline or disappearance as a regular breeder in western parts of its breeding range, including countries like Austria, Czech Republic, (almost entire) France, Germany, and Slowakia (Lefranc 1995). The last breeding record for Belgium was in 1930 in Hainaut (Giervalk 21: 124, 1931). The majority of Dutch records dated from spring, between 5 May and 18 June. A record on 16 November 1991 was extremely late. The longest-staying individual was present for three months, from 24 May to 27 August 1977; the second-longest stayed for three weeks, in August-September 1968. More than a third of the records was from the Wadden Islands and almost a fifth from Flevoland.

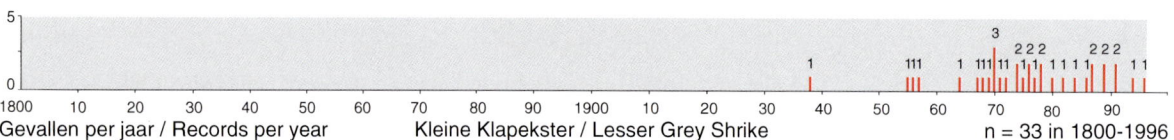

Gevallen per jaar / Records per year   Kleine Klapekster / Lesser Grey Shrike   n = 33 in 1800-1996

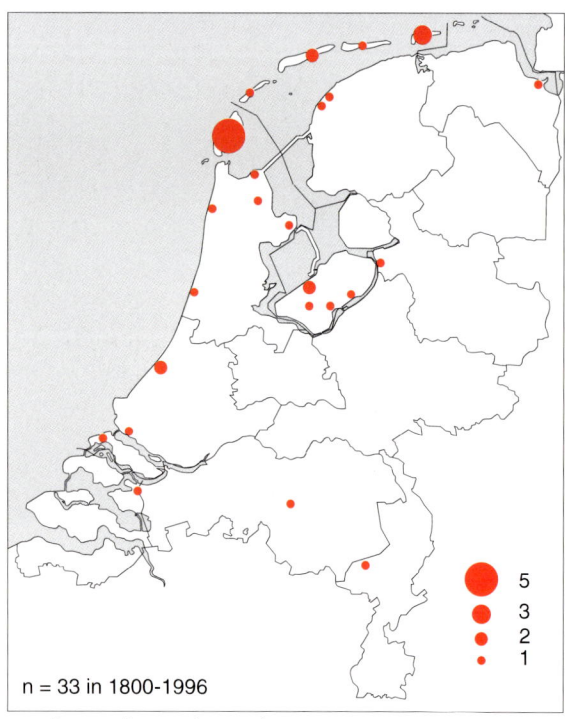

Gevallen per locatie / Records per site
Kleine Klapekster / Lesser Grey Shrike

Kleine Klapekster / Lesser Grey Shrike *Lanius minor*, adult, 4 July 1991, Strandgaperweg, Dronten, Flevoland
(Karel A Mauer)

33 records in 1800-1996; 12 in 1980-96

8 June 1938 Meyendel, *Wassenaar* ZH, ♀, dead (NNM); LM 11: 122, 1938
25 May 1955 Termunten, *Delfzijl* GR; LM 28: 46-47, 1955
1 July 1956 Roggebotsluis, *Kampen* OV
11 July 1957 Meyendel, *Wassenaar* ZH
3-4 June 1964 Westerduinen, *Texel* NH
14 May 1967 Normerpolder, *Wieringen* NH
11 August-1 September 1968 Middenmeer, *Wieringermeer* NH
24 May 1969 Oosterend, *Terschelling* FR
28 May 1970 Den Hoorn, *Texel* NH
10 October 1970 Knardijk (Hoge Knarsluis), *Zeewolde* FL
17 October 1970 Kampina, *Oisterwijk* NB
9 June 1971 *Texel* NH
3 June 1972 Boolderdijk, *Nederweert* LB
15-22 September 1974 Oosterbierum, *Franekeradeel* FR
4 October 1974 Kennemerduinen, *Bloemendaal* NH
6 June 1975 Quackgors, *Hellevoetsluis* ZH
3 June 1976 Posthuis, *Vlieland* FR
23-28 August 1976 *Schiermonnikoog* FR
24 May-27 August 1977 Grootebroek, *Stede Broec* NH, ♂ (photographed)
27 May 1978 De Muy, *Texel* NH
10 June 1978 Zwanewaterduinen, *Ameland* FR
14 May 1980 *Harlingen* FR, dead (FNM); Vanellus 33: 180, 1980 (photo); 40: 135-136, 1987 (photo); 41: 160, 1988 (photo); DB 4: 44, 1982
9-17 September 1982 *Terschelling* FR; DB 4: 110, 1982 (photo); 6: 51, 1984 (photo), DB 4: 44, 1982
8 July 1984 Bleekersvallei, *Texel* NH
5 May 1986 *Goedereede* ZH, adult
28-30 May 1987 Petten, *Zijpe* NH, adult; DB 9: 139, 1987 (photo), Duinstag 6: 11, 1991 (photo)

18 June 1987 *Schiermonnikoog* FR, adult (photographed)
29 May 1989 Vogelweg/Wulpweg, *Lelystad* FL, adult
5 July 1989 Oostvaardersdijk, *Lelystad* FL, adult
4 July 1991 Strandgaperweg, *Dronten* FL, adult; DB 13: 194, 1991 (photo)
16 November 1991 Oostvaardersplassen, *Lelystad* FL; DB 18: 117, 1996
1-3 October 1994 Rammegors, *Tholen* ZL, adult (photographed)
8-9 June 1996 *Schiermonnikoog* FR; DB 18: 140, 1996 (photo)

voorlopige toevoegingen voor 1997-98 / provisional additions for 1997-98
31 May 1998 Groene Strand, *Terschelling* FR, ♀ (photographed)
15-20 June 1998 De Koog, *Texel* NH, adult ♂; BW 11: 253, 1998 (photo), DB 20: 130, 1998 (photo), Plomp et al (1999)

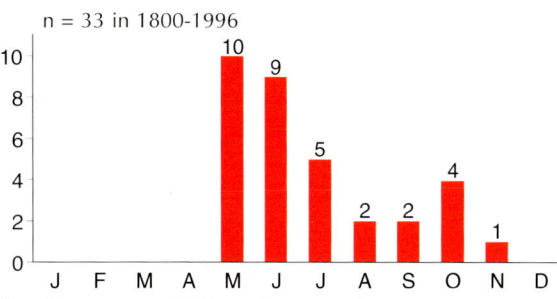

n = 33 in 1800-1996

Gevallen per maand / Records per month
Kleine Klapekster / Lesser Grey Shrike

Klapekster [2]

zeldzame broedvogel
gehele jaar schaars

Lanius excubitor excubitor

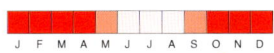

Great Grey Shrike

rare breeding bird
scarce throughout year

Steppeklapekster

zeer zeldzaam

Lanius pallidirostris

Steppe Grey Shrike

very rare

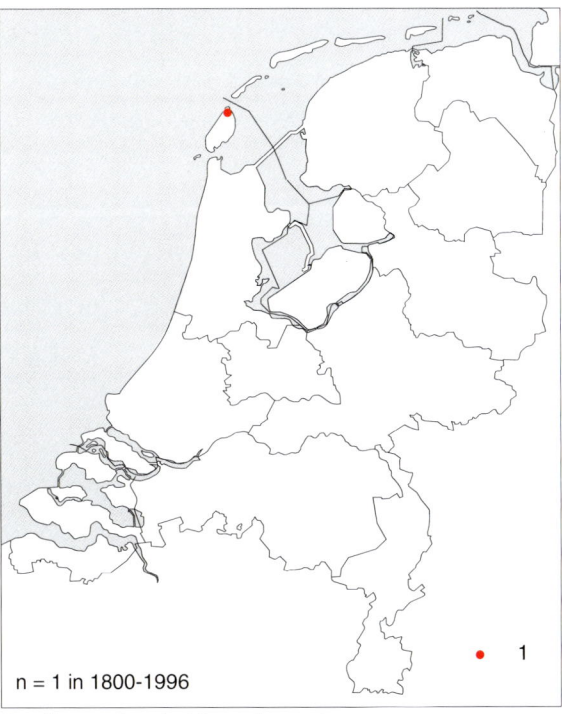

n = 1 in 1800-1996

Gevallen per locatie / Records per site
Steppeklapekster / Steppe Grey Shrike

Steppeklapekster / Steppe Grey Shrike *Lanius pallidirostris*, first-winter, 22 September 1994, De Cocksdorp, Texel, Noord-Holland *(Arnoud B van den Berg)*

Broedt en overwintert van noord-oostelijk Kaspische-Zeegebied en Afghanistan oost tot in Mongolië; overwintert ook in Zuidwest-Azië en Noordoost-Afrika.

Mogelijk werd een eerste-winter gefotografeerd op 21 oktober 1991 te Vlissingen (Pim Wolf pers comm). In 1800-1996 waren er negen gevallen in Engeland, vijf in Schotland, drie in Noorwegen (de eerste in 1953), twee in Denemarken, één in Italië (in 1968 in Sicilië) en één in Zweden. Alle waren in het najaar met als uiterste datums 30 augustus en 11 december behalve één op 21-23 april (Rønnest 1994, BB 90: 70, 504, 1997, Andrea Corso in litt). De meest gelijkende soort is Zuidelijke Klapekster *L meridionalis* die, ondanks dat hij dichtbij in Zuid-Frankrijk broedt, in de 20e eeuw slechts éénmaal ten noorden of westen van Frankrijk werd vastgesteld, op 5 oktober 1984 in Rogaland, Noorwegen (cf BW 8: 300-309, 1995, DB 19: 116-121, 1997, Alula 4: 2-11, 1998).

Breeds and winters from north-eastern Caspian area and Afghanistan east into Mongolia; also winters in south-western Asia and north-eastern Africa.

Possibly, a first-winter was photographed on 21 October 1991 at Vlissingen, Zeeland (Pim Wolf pers comm). In 1800-1996, there were nine records in England, five in Scotland, three in Norway (the first in 1953), two in Denmark, one in Italy (in 1968 in Sicily) and one in Sweden, all of which were in autumn with extreme dates 30 August and 11 December except for one on 21-23 April (Rønnest 1994, BB 90: 70, 504, 1997, Andrea Corso in litt). The most resembling species, Southern Grey Shrike *L meridionalis*, has been recorded only once in the 20th century north or west of France, on 5 October 1984 in Rogaland, Norway, despite breeding as nearby as southern France (cf BW 8: 300-309, 1995, DB 19: 116-121, 1997, Alula 4: 2-11, 1998).

1 record in 1800-1996; 1 in 1980-96

4-23 September 1994 De Cocksdorp, *Texel* NH, 1w; Duinstag 9 (3-4): 27, 1994 (photo), DB 16: 220, 1994 (photo); 18: 108, 1996

(photo); 19: 116-121, 1997 (photos), BW 8: 305, 1995 (photo), Ornithos 2: 119, 1995 (photos)

Roodkopklauwier
Lanius senator ssp
Woodchat Shrike

Balearische Roodkopklauwier
L s badius
Balearic Woodchat Shrike

zeer zeldzaam

very rare

Broedt op Balearen, Capraia, Corsica en Sardinië; overwintert in tropisch Afrika van Liberia en Zuid-Nigeria oost tot Tsjaad.

Het is opmerkelijk dat 15% van de roodkopklauwieren die van eind maart tot begin mei in de Camargue, Bouches-du-Rhône, Frankrijk, werden gevangen tot dit taxon behoorden (Alauda 34: 228-239, 1966, Isenmann 1993). Het hoge percentage suggereert dat dit voorkomen op het Franse vasteland eerder regel dan uitzondering is en kan wijzen op een noordelijke trekroute door Italië via Frankrijk naar de Balearen (Cramp & Perrins 1993). Men kan aanvoeren dat

Breeds on Balearic Islands, Capraia, Corsica and Sardinia; winters in tropical Africa from Liberia and southern Nigeria east to Chad.

Remarkably, 15% of woodchat shrikes trapped in the Camargue, Bouches-du-Rhône, France, from late March to early May belonged to this taxon (Alauda 34: 228-239, 1966, Isenmann 1993). This high percentage suggests that these birds regularly migrate from Italy north via the French mainland towards the Balearic Islands (Cramp & Perrins 1993). Arguably, such a migration route makes it likely that this taxon may occasionally stray into north-western Europe

n = 2 in 1800-1996

1

Gevallen per locatie / Records per site
Balearische Roodkopklauwier / Balearic Woodchat Shrike

Balearische Roodkopklauwier / Balearic Woodchat Shrike
Lanius senator badius, ♀, 6 June 1993, Voorhout, Zuid-Holland *(Arnold W J Meijer)*

een dergelijke trekroute het aannemelijk maakt dat dit taxon tijdens het voorjaar nu en dan in Noordwest-Europa verzeild raakt. Het eerste geval voor Noord-Europa betrof een verzameld juveniel exemplaar van 26-29 september 1972 op Utsira, Rogaland, Noorwegen (Ree 1997).

during spring. The first record for northern Europe concerned a juvenile during 26-29 September 1972 collected on Utsira, Rogaland, Norway (Ree 1997).

2 records in 1800-1996; 2 in 1980-96

5 June 1983 Knardijk, *Lelystad* FL, ♀; DB 5: 83, 1983 (photo); 8: 9, 1986 (photo); 19: 64-65, 1997 (photo), Utsira Fuglestasjons Årb 1996: 58, 1997 (photo)
6 June 1993 *Voorhout* ZH, ♀; Duinstag 8: 26-29, 1993 (photo), DB 15: 182, 1993 (photo); 19: 65-67, 1997 (photo)

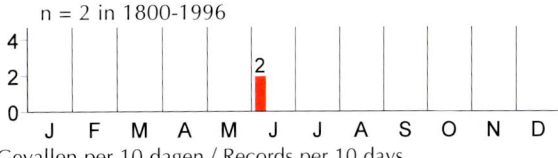

n = 2 in 1800-1996

Gevallen per 10 dagen / Records per 10 days
Balearische Roodkopklauwier / Balearic Woodchat Shrike

Roodkopklauwier

vrij zeldzaam

L s senator

Woodchat Shrike

rather rare

Broedt in Midden- en Zuidoost-Europa van Italië en Sicilië zuidoostelijk tot in West-Turkije; overwintert in tropisch Afrika.

Breeds in central and south-eastern Europe from Italy and Sicily southeast to western Turkey; winters in tropical Africa.

Voormalige onregelmatige broedvogel, niet na 1956.

Former irregular breeding bird, not since 1956.

De gevallen van vóór 1980 zijn niet herzien (cf van IJzendoorn et al 1996). Alleen de gevallen van na 1956 worden hier genoemd. Het is niet uitgesloten dat een aantal betrekking had op Balearische Roodkopklauwier *L s badius*.
Tot 1956 was de soort een zeldzame en onregelmatige broedvogel. In Limburg broedde hij in ten minste 15 jaren gedurende 1900-56 (Ganzevles et al 1985). De noordelijkste broedgevallen na 1900 betroffen waarschijnlijk die op 9 juni 1929 te Nijemirdum, Gaasterlân-Sleat, Friesland (Eykman et al 1936) en in 1952 te Korverskooi, Texel, Noord-Holland (succesvol; LM 29: 43, 1956).
De meeste broedgevallen in de 20e eeuw vonden plaats in Midden- en Zuid-Limburg. Zo broedde de soort in Midden-Limburg ter weerszijden van de (huidige) Maasplassen in de gemeenten Haelen, Maasbracht, Roermond en Swalmen (1907-13), Heel (1931-33; zes paren in 1931) en Ambt Montfort (1948) (Org Club Ned Vogelkd 4: 71, 1931, Ardea 21: 50, 1932, Hens 1965).
De eerste broedgevallen sinds vele jaren voor Zuid-Limburg waren in 1929 te Elsloo, Stein, en in 1931 (succesvol) te Houthem, Valkenburg aan de Geul. Na een melding van een nest in 1937 te Limmel, Maastricht (Natuurhist Maandbl Limbg 16: 77, 1937), werden vanaf 1945 14 broedgevallen gepubliceerd voor het gebied rond Maastricht en Eijsden. Hiertoe behoorden ten minste één nest in 1945, twee in 1946, drie in 1947 en vier in 1948 in een klein gebied (Haarderkoebos) te Borgharen, Maastricht; ook in volgende jaren werden hier exemplaren gezien (Natuurhist Maandbl Limbg 35: 46-47, 1946; 38: 7-8, 1949; 39: 53, 1950, LM 22: 378, 1949, Hens 1965). In 1949 en 1953 (Gronsveld) werd gebroed tussen Maastricht en Eijsden (LM 26: 103, 1953; 52: 226, 1979, Hens 1965). In 1954-56 broedde het laatste paar van Zuid-Limburg (en Nederland) in Oost-Eijsden, Eijsden (LM 29: 43, 1956, Natuurhist Maandbl Limbg 49: 145-148, 1960, Ganzevles et al 1985).
Na het laatste broedgeval in 1956 zouden alle Nederlandse gevallen solitaire exemplaren betreffen. De meeste dateerden van het voorjaar, de meerderheid van mei-juni, met als uiterste datums 1 april en 14 juli. De soort was veel zeldzamer in het najaar, met c 25% van alle gevallen tussen 2 augustus en 5 oktober waaronder (slechts) vijf genoteerd als juveniele. Een geval van 19 november 1975 was extreem laat. Het merendeel kwam van de Noordzeekust van Holland, de Waddeneilanden en, in mindere mate, de beide zuid-oostelijke provincies. Dit beeld was in voor- en najaar ongeveer hetzelfde hoewel naar verhouding het aantal najaarsgevallen hoog was voor Limburg.
In België was de soort aan het eind van de 19e eeuw een regelmatige broedvogel in Oost-Vlaanderen; zo werden in 1893 12 legsels verzameld te Beveren (KBIN). Laatste broedgevallen per provincie waren in 1925 in Liège, 1929 in

The pre-1980 records have not been reviewed (cf van IJzendoorn et al 1996). Only post-1956 records are listed below. Possibly, a number of records may have involved Balearic Woodchat Shrike *L s badius*.
Until 1956, the species has been a rare and irregular breeding bird. In Limburg, it bred in at least 15 years during 1900-56 (Ganzevles et al 1985). The northernmost post-1900 breeding records may have been those on 9 June 1929 at Nijemirdum, Gaasterlân-Sleat, Friesland (Eykman et al 1936), and in 1952 at Korverskooi, Texel, Noord-Holland (successful; LM 29: 43, 1956).
Most breeding records in the 20th century were in central and southern Limburg. In central Limburg, breeding occurred, for instance, at both sides of (present-day) Maasplassen in the municipalities of Haelen, Maasbracht, Roermond and Swalmen (1907-13), Heel (1931-33; six pairs in 1931) and Ambt Montfort (1948) (Org Club Ned Vogelkd 4: 71, 1931, Ardea 21: 50, 1932, Hens 1965).
The first breeding records since many years in southern Limburg were in 1929 at Elsloo, Stein, and in 1931 (successful) at Houthem, Valkenburg aan de Geul. Subsequently, after a nest reported in 1937 at Limmel, Maastricht (Natuurhist Maandbl Limbg 16: 77, 1937), 14 breeding records were published for the area around Maastricht and Eijsden from 1945 onwards. These included at least one nest in 1945, two in 1946, three in 1947 and four in 1948 in a small area (Haarderkoebos) at Borgharen, Maastricht; individuals were also seen here in following years (Natuurhist Maandbl Limbg 35: 46-47, 1946; 38: 7-8, 1949; 39: 53, 1950, LM 22: 378, 1949, Hens 1965). In 1949 and 1953 (Gronsveld), breeding occurred between Maastricht and Eijsden (LM 26: 103, 1953; 52: 226, 1979, Hens 1965). In 1954-56, the last pair of southern Limburg (and the Netherlands) bred at Oost-Eijsden, Eijsden (LM 29: 43, 1956, Natuurhist Maandbl Limbg 49: 145-148, 1960, Ganzevles et al 1985).
Since the last breeding in 1956, all records in the Netherlands concerned single birds. Most dated from spring, the majority from May-June, with extreme dates 1 April and 14 July. The species was much rarer in autumn, with c 25% of all records between 2 August and 5 October, including (only) five listed as juveniles. A record on 19 November 1975 was extremely late. The majority of records came from the North Sea coast of Holland, the Wadden Islands and, to a lesser extent, the two south-eastern provinces. This applied both to spring and autumn although the number of autumn records was comparatively high for Limburg.
In Belgium, the species was a regular breeding bird during the end of the 19th century in Oost-Vlaanderen; for instance, 12 clutches were collected in 1893 at Beveren (KBIN). Last breeding records per province were in 1925 in Liège, 1929 in Antwerpen, c 1940 in Oost-Vlaanderen, 1947 in Brabant,

Antwerpen, c 1940 in Oost-Vlaanderen, 1947 in Brabant, 1954 in Hainaut en 1959 in Limburg. In 1967-97 vonden nog ten minste 18 broedgevallen plaats in de Gaume-streek, Luxembourg; er zijn geen broedgevallen voor West-Vlaanderen en geen in de 20e eeuw voor Namur (cf Devillers et al 1988, DB 19: 205, 1997, Gunter De Smet in litt).

1954 in Hainaut and 1959 in Limburg. In 1967-97, at least 18 breeding records occurred in the Gaume area, Luxembourg; there are no breeding records for West-Vlaanderen en none in the 20th century for Namur (cf Devillers et al 1988, DB 19: 205, 1997, Gunter De Smet in litt).

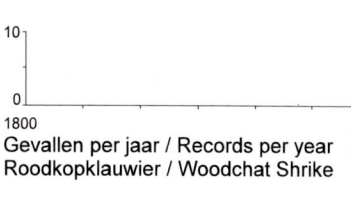
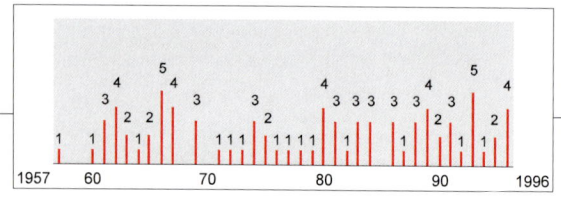

Gevallen per jaar / Records per year
Roodkopklauwier / Woodchat Shrike

n = 81 in 1957-96

81 records in 1957-96; 43 in 1980-96

10 May 1957 *Lelystad* FL; LM 32: 63, 1959
23 May 1960 Clingendael, *Wassenaar* ZH; LM 35: 70, 1962
4 June 1961 Glopmeer, *Castricum* NH; LM 36: 36, 1963
28 June 1961 Groenekan, *Maartensdijk* UT, adult; LM 36: 36, 1963
12 August 1961 Strabrechtse Heide, *Geldrop* NB; LM 36: 36, 1963
5(-19) May 1962 Horn, *Haelen* LB; LM 37: 47, 1964
18 May 1962 Neterselse Heide, *Bladel en Netersel* NB; LM 37: 47, 1964
19-20 May 1962 De Koog, *Texel* NH; LM 37: 47, 1964
14 July 1962 *Venlo* LB; LM 37: 47, 1964
20 May 1963 Westerslag, *Texel* NH; LM 38: 57, 1965
11 June 1963 Oude Kooi, *Vlieland* FR, adult; LM 38: 57, 1965
16 May 1964 Knardijk, *Lelystad* FL; LM 42: 65, 1969, Kees Scharringa (pers comm)
16 June 1965 De Slufter, *Texel* NH; LM 40: 47, 1967
15 August 1965 Posthuis, *Vlieland* FR, juv; LM 40: 47, 1967
8 May 1966 *Assen* DR; LM 42: 65, 1969
12 May 1966 *Asten* NB; LM 42: 65, 1969
29 May 1966 Westerduinen, *Texel* NH; LM 42: 65, 1969
2 August 1966 *Terschelling* FR; LM 42: 65, 1969
2-3 September 1966 Westlandse Duinen, *Den Haag* ZH; LM 42: 65, 1969
1 April 1967 *Lienden* GL; LM 42: 65, 1969
13 May 1967 *Schoorl* NH; LM 42: 65, 1969
17 May 1967 *Ermelo* GL; LM 42: 65, 1969
7 August 1967 *Maastricht* LB; LM 42: 65, 1969
16 May 1969 Amsterdamse Waterleidingduinen, *Bloemendaal/Zandvoort* NH; LM 45: 82, 1972
28 May 1969 *Heemskerk* NH; LM 45: 82, 1972

23 September 1969 Drempt, *Hummelo en Keppel* GL, dead (window victim); LM 59: 125, 1986 (photo)
13 August 1971 *Waalre* NB; LM 46: 84, 1973
16 June 1972 *Pijnacker* ZH; LM 47: 45, 1974
30 August 1973 *Eijsden* LB, adult; LM 52: 226, 1979
18 May 1974 *Schiermonnikoog* FR; LM 50: 53, 1977
15 September 1974 *Texel* NH; LM 50: 53, 1977
18 September 1974 *Katwijk* ZH, juv; LM 50: 53, 1977
9 June 1975 Oost-Flevoland, *Dronten/Lelystad* FL; LM 50: 53, 1977
19 November 1975 Zaandam, *Zaanstad* NH, adult; LM 53: 31, 1980
11 May 1976 Bollingawier-Oosternijkerk, *Dongeradeel* FR, ♀, dead (window victim) (coll museum Dokkum); van der Poel et al (1979)
5-6 May 1977 *Egmond* NH, adult ♂; LM 52: 226, 1979
9-12 September 1978 Brunssummerheide, *Heerlen* LB, adult; LM 53: 31, 1980
8-15(16) August 1979 Neerbeek, *Geleen* LB, adult ♂ (photographed); cf LM 54: 24, 1981
15-17 May 1980 Langeduinen, *Ameland* FR (photographed)
15 May 1980 *Schoorl* NH (photographed)
9 August 1980 *Geleen* LB, ♀ (photographed); DB 19: 111, 1997
11-15 September 1980 *Geleen* LB, adult ♂ (photographed); DB 19: 111, 1997
10 May 1981 *Ameland* FR
14 June 1981 *Heemstede* NH (photographed); Vogelaartje 24 (6): 249, 1981
22 June 1981 *Schiermonnikoog* FR
1-2 September 1982 *Geleen* LB, 1y/♀ (photographed); DB 19: 111, 1997
22-25 May 1983 *Den Helder* NH
31 May 1983 Maasvlakte, *Rotterdam* ZH
24 September 1983 centrale, Maasvlakte, *Rotterdam* ZH, juv; DB 6: 69, 1984 (photo)
5-12 June 1984 De Cocksdorp, *Texel* NH, adult ♂; DB 6: 115, 1984 (photo)
10 June 1984 Engbertsdijkvenen, *Vriezenveen* OV
4 October 1984 *Westkapelle* ZL, adult (photographed)
4 May 1986 *Zundert* NB, ♂
23 May 1986 Knardijk, *Lelystad* FL, ♂; DB 11: 159, 1989
19-22 June 1986 Kennemerduinen, *Bloemendaal* NH, adult ♀ (photographed)
1 July 1987 Westerduinen, *Texel* NH, 1s
18 April 1988 Berkheide, *Katwijk* ZH, ♀; Duinstag 3: 44-45, 1988 (photo), VJ 36: 183, 1988 (photo), DB 11: 159, 1989 (photo)
5 May 1988 Schouwen-Duiveland ZL, adult
17 May 1988 Berkheide, *Katwijk* ZH; DB 14: 84, 1992
10 May 1989 Noordeloos, *Giessenlanden* ZH

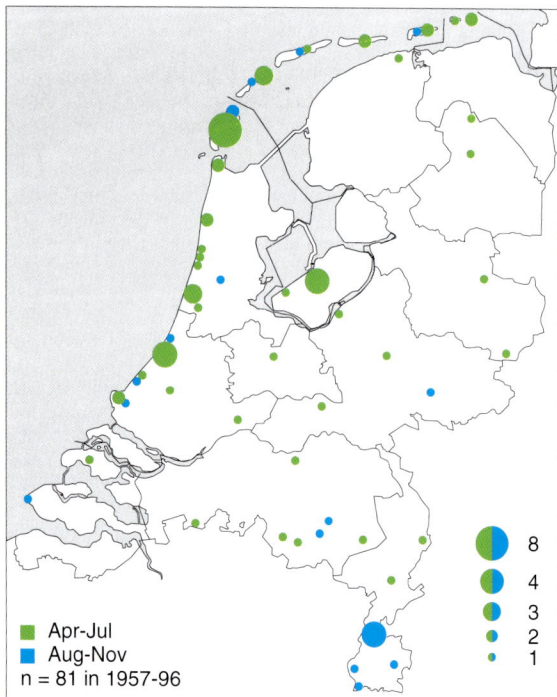

Gevallen per locatie / Records per site
Roodkopklauwier / Woodchat Shrike

■ Apr-Jul
■ Aug-Nov
n = 81 in 1957-96

8
4
3
2
1

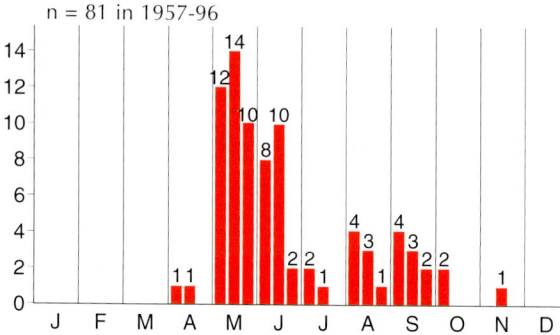

n = 81 in 1957-96

Gevallen per 10 dagen / Records per 10 days
Roodkopklauwier / Woodchat Shrike

Roodkopklauwier / Woodchat Shrike *Lanius senator senator*, ♂, 25 May 1997, Hornhuizen, De Marne, Groningen *(Roef Mulder)*

14 June 1989 Hoenderlo, *Apeldoorn* GL, adult
15 June 1989 Westerduinen, *Texel* NH, ♀; CDNA archives, Adriaan Dijksen (in litt)
17-18 June 1989 *Vlieland* FR
13-16 June 1990 *Den Bosch* NB, 2y ♂; DB 12: 215, 1990 (photo); 14: 82, 1992 (photo)
3-5 October 1990 De Cocksdorp, Texel NH, juv; DB 12: 270, 1990 (photo)
2 June 1991 Haaksbergerveen, *Haaksbergen* OV, ♂
6 June 1991 Rottumeroog, *Eemsmond* GR, ♂; DB 13: 159, 1991 (photo)
8 July 1991 Rottumeroog, *Eemsmond* GR, ♀ (photographed)
10-11 May 1992 Maasvlakte, *Rotterdam* ZH, 2y ♂ (photographed); DB 17: 97, 1995
1 May 1993 Lange Paal, *Vlieland* FR, ♂ (photographed); DB 20: 163, 1998
20 May 1993 Paterswolde, *Eelde* DR (photographed)
5 June 1993 Berkheide, *Katwijk/Wassenaar* ZH, ♀; Duinstag 8: 26-29, 1993 (photos), Meijer et al (1996; photo), DB 19: 111, 1997
9 June 1993 Amsterdamse Waterleidingduinen, *Zandvoort* NH, ♀
4-5 September 1993 *Schiermonnikoog* FR, juv (photographed)
8-9 May 1994 *Eersel* NB
10-20 May 1995 Huisduinen, *Den Helder* NH, 2y ♀; DB 17: 126,

1995 (photo), VJ 43: 192, 1995 (photo)
27 May 1995 Berkheide, *Wassenaar* ZH, ♀; Duinstag 10 (2): 37, 1995 (photo)
26 May 1996 De Blocq van Kuffeler, *Almere* FL, ♀
27 May 1996 Rottumerplaat, *Eemsmond* GR, ♂ (photographed)
30 May 1996 De Cocksdorp, *Texel* NH, ♀ (photographed)
11 June 1996 Hoornerbos, *Terschelling* FR, ♂ (photographed)

voorlopige toevoegingen voor 1997-98 / provisional additions for 1997-98
11 May 1997 *Enschede* OV, ♂ (photographed); CDNA archives
15 May 1997 Breskens, *Oostburg* ZL; CDNA archives
25 May 1997 Hornhuizen, *De Marne* GR, ♂; DB 19: 143, 1997 (photo), de Bruin & de Bruin (1997; photo)
7 June 1997 Hargen aan Zee, *Schoorl* NH (photographed) (not (yet) submitted to CDNA); Jan van der Laan (in litt)
14-29 June 1997 Kennemerduinen, *Bloemendaal* NH, 2y ♂; CDNA archives, Fitis 33: 199, 1997
26-27 July 1997 Coepelduynen, *Katwijk* ZH, ♀; Duinstag 12 (3-4): 40, 1997 (photos), Plomp et al (1998), VJ 46: 48, 1998 (photo)
11 May 1998 *Noordwijk* ZH, adult ♂ (photographed)
22-25 May 1998 Ooij, *Ubbergen* GL, 1s ♂ (photographed)
8 June 1998 Haps, *Cuijk*, NB, adult ♂ (photographed)

KRAAIEN Corvidae (n=10)

Gaai [2]

algemene broedvogel
gehele jaar algemeen (invasies)

Garrulus glandarius glandarius

J F M A M J J A S O N D

Eurasian Jay

common breeding bird
common throughout year (invasions)

Ekster [2]

algemene broedvogel
algemene standvogel

Pica pica pica

J F M A M J J A S O N D

Common Magpie

common breeding bird
common resident

Notenkraker [2]

onregelmatige doortrekker

Nucifraga caryocatactes ssp

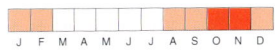

J F M A M J J A S O N D

Spotted Nutcracker

irregular migrant

Voormalige onregelmatige broedvogel.

Sinds 1 januari 1979 werd de soort niet langer door de CDNA beoordeeld; in 1979-88 werd hij geregistreerd in CDNA-verslagen (LM 53: 27, 1980; 55: 125, 1982; 60: 30, 1987; 62: 117, 204, 1989).

Former irregular breeding bird.

Since 1 January 1979, the species has no longer been considered by CDNA; in 1979-88, it was registered in CDNA reports (LM 53: 27, 1980; 55: 125, 1982; 60: 30, 1987; 62: 117, 204, 1989).

De grootste invasie in de 20e eeuw geschiedde in het najaar van 1968 en betrof 6000 waarnemingen en 100 ringvangsten (VJ 17: 75, 1969, LM 44: 11-18, 1971). Andere invasies vonden plaats in 1753, 1793, 1840, 1847, 1850, 1864, 1885, 1886, 1893, 1900, 1911, 1913, 1954, 1971, 1977, 1985 en 1991 (Ardea 43: 145-174, 286-288, 1955, DB 10: 92-93, 1988). Voor andere topjaren in de 18e en 19e eeuw zij verwezen naar Van Havre (1928). Het eerste succesvolle broedgeval vond plaats in de uitloop van de 1968-invasie, in mei 1969 te Ulvenhout, Nieuw-Ginneken, Noord-Brabant, waar twee jongen uitvlogen (VJ 17: 73-75, 1969 (foto)).

Behalve van de normaliter voorkomende Siberische Notenkraker N c macrorhynchos zijn er ook vier Nederlandse specimens van Diksnavelnotenkraker N c caryocatactes uit Midden- en Noord-Europa oost tot in oostelijk Europees Rusland (overgangsgebied van Siberische). Deze ondersoort is niet of nauwelijks met zekerheid te onderscheiden wanneer geen maten opgenomen kunnen worden. De specimens dateerden van 7 oktober 1911 te Breedenbroek, Gendringen, Gelderland (NNM); 18 februari 1936 te Eelde, Drenthe (ZMA); 12 augustus 1968 te Hulshorst, Nunspeet, Gelderland (in groep van zeven, die alle door dezelfde auto werden gedood; de andere behoorden tot N c macrorhynchos); en 14 september 1968 te Middachten, De Steeg, Rheden, Gelderland (ZMA) (DB 18: 192, 1996).

Het geval van 1911 en de beide gevallen van 1968 waren ten tijde van grote invasies van Siberische Notenkraker en bovendien bevond het exemplaar te Nunspeet, Gelderland, zich in een groep Siberische. Dit suggereert dat Diksnavelnotenkrakers met westwaarts trekkende Siberische meekwamen. Het is in dat verband vermeldenswaard dat de broedpopulatie die zich in 1968 vestigde in de Belgische Ardennen en sindsdien floreerde tot op 30 km van de Nederlandse grens, eveneens tot Diksnavel wordt gerekend en blijkbaar niet tot eventueel na de invasie van 1968 achtergebleven Siberische (Aves 29: 1-36, 1992, Oriolus 58: 65-105, 1992). Het is echter waarschijnlijk dat de soort hier al langer aanwezig was (er zijn meldingen sinds 1966 te Wanne, Liège) en tot dan toe over het hoofd werd gezien (Gunter De Smet in litt).

The largest invasion in the 20th century occurred in autumn 1968 and included 6000 sightings and 100 ringed birds (VJ 17: 75, 1969, LM 44: 11-18, 1971). Other invasions took place in 1753, 1793, 1840, 1847, 1850, 1864, 1885, 1886, 1893, 1900, 1911, 1913, 1954, 1971, 1977, 1985 and 1991 (Ardea 43: 145-174, 286-288, 1955, DB 10: 92-93, 1988). For other peak years in the 18th and 19th century, see Van Havre (1928). The first successful breeding record was in the aftermath of the 1968 invasion, in May 1969 at Ulvenhout, Nieuw-Ginneken, Noord-Brabant, where two young fledged (VJ 17: 73-75, 1969 (photo)).

Apart from the normal Siberian Spotted Nutcracker N c macrorhynchos, there are also four Dutch specimens of Thick-billed Spotted Nutcracker N c caryocatactes from central and northern Europe east to eastern European Russia (where it intergrades with Siberian). It is virtually impossible to identify Thick-billed with certainty when no measurements are taken. The specimens dated from 7 October 1911 at Breedenbroek, Gendringen, Gelderland (NNM); 18 February 1936 at Eelde, Drenthe (ZMA); 12 August 1968 at Hulshorst, Nunspeet, Gelderland (in flock of seven which were all killed by same car; the others belonged to N c macrorhynchos); and 14 September 1968 at Middachten, De Steeg, Rheden, Gelderland (ZMA) (DB 18: 192, 1996).

The 1911 record and the two in 1968 occurred during some of the largest invasions of Siberian Spotted Nutcracker and the one at Nunspeet, Gelderland, was present in a flock of the latter. This suggests that Thick-billed Spotted Nutcrackers followed westbound flocks of Siberian. In this respect, it is also noteworthy that the breeding population established in 1968 and flourishing since in the Belgian Ardennes, up to 30 km south from the Dutch border, is considered to consist of Thick-billeds; apparently, no Siberians stayed behind after the 1968 invasion (Aves 29: 1-36, 1992, Oriolus 58: 65-105, 1992). However, it is likely that the species was present here before, being overlooked, as indicated by reports since 1966 at Wanne, Liège (Gunter De Smet in litt).

Kauw [2]

algemene broedvogel
gehele jaar algemeen

Corvus monedula ssp

J F M A M J J A S O N D

Western Jackdaw

common breeding bird
common throughout year

Naast de algemene ondersoort C m spermologus komt ook de Noordse Kauw C m monedula uit Zuid-Scandinavië en Polen als algemene wintergast voor. De nominaat wordt met C m spermologus tot de westelijke groep van clinale ondersoorten gerekend en niet tot de oostelijke ondersoort C m soemmerringii (Russische Kauw); de halsvlek kan in het najaar weliswaar duidelijk lichter zijn dan bij C m spermologus maar is zelden zo opvallend als bij C m soemmerringii (Svensson 1992, Cramp & Perrins 1994a). In oktober-mei komt deze laatste, door een opvallende witte halsvlek gekenmerkte ondersoort als schaarse wintergast regelmatig voor in het oosten van Nederland (cf van den Bergh et al 1979, Ganzevles et al 1985, Gerritsen & Lok 1986, Lensink 1993), vooral in Drenthe waar in 1970-80 950 exemplaren werden gemeld (van Dijk & van Os 1982).

Apart from the central European subspecies C m spermologus, also the northern subspecies C m monedula from southern Scandinavia and Poland occurs as common winter visitor. Together with the western subspecies C m spermologus, the nominate subspecies belongs to the western group of clinal subspecies, not to the eastern subspecies C m soemmerringii; in autumn, the neck-crescent may be paler than in C m spermologus but, apparently, it is rarely as conspicuous as in C m soemmerringii (Svensson 1992, Cramp & Perrins 1994a). Latter subspecies is characterized by a conspicuous white neck-crescent and occurs regularly as scarce winter visitor in October-May in eastern parts of the Netherlands (cf van den Bergh et al 1979, Ganzevles et al 1985, Gerritsen & Lok 1986, Lensink 1993), especially in Drenthe, where during 1970-80 950 individuals were reported (van Dijk & van Os 1982).

voorbeelden van C m soemmerringii-gevallen buiten Drenthe / examples of C m soemmerringii records outside Drenthe
6 January-17 March 1949 Erp, Veghel NB (**100**s), 56 dead (46 in ZMA) of which 31 adult; LM 33: 128-134, 1960

25 January 1949 Ommen OV, dead; LM 33: 128-134, 1960
October 1994-February 1995 Leiden ZH; Duinstag 10 (1): 24-25, 1995 (photos), DB 17: 85, 1995 (photo)

Daurische Kauw

zeer zeldzaam

Corvus dauuricus

Daurian Jackdaw

very rare

Broedt vanaf 96°O in Zuid-Siberië oost tot in Mantsjoerije en zuid tot in Noord-China; overwintert van Turkestan oost tot Japan en Zuid-China.

Breeds from 96°E in southern Siberia east to Manchuria and south into northern China; winters from Turkestan east to Japan and southern China.

Daurische Kauw / Daurian Jackdaw *Corvus dauuricus* &
Kauwen / Western Jackdaws *C monedula*, 9 May 1997,
Den Helder, Noord-Holland *(Eric Koops)*

Daurische Kauw / Daurian Jackdaw *Corvus dauuricus*,
5 May 1995, Katwijk aan Zee, Katwijk, Zuid-Holland
(Marc Guyt)

Het eerste geval betrof een vogel die zich geleidelijk langs de Noordzeekust naar het zuiden verplaatste. Naar wordt aangenomen, werd dezelfde vogel op 22 juni 1995 op île de Noirmoutier, Vendée, Frankrijk, vastgesteld (Ornithos 3: 145-146, 1996; 4: 159, 1997). Andere Europese gevallen tot en met 1995 dateerden van 1 mei 1883 (geschoten) te Uusikaarlepyy, Finland, en van 26-28 april 1985 te Umeå, Västerbotten, Zweden (Vår Fågelvärld 47: 197-199, 1988). Er waren verder nog meldingen op 4 mei 1906 in Noorwegen, 25 mei 1915 in Finland en 20 juni 1994 voor de kust van Noord-Taymir, Rusland (cf DB 18: 230, 1996). De vogel van 1997 vertoonde overeenkomstige verplaatsingen langs de Noordzeekust in dezelfde twee weken in mei als die van 1995 en werd voorafgegaan door een geval op 12 april 1997 te Blåvands Huk, Ribe, Denemarken. Het is niet uit te sluiten dat beide gevallen hetzelfde exemplaar betroffen. Het is opmerkelijk dat alle gevallen en meldingen in Europa dateerden tussen 12 april en 22 juni.

The first record was a bird gradually moving southward along the North Sea coast. It is assumed that the same individual was recorded on 22 June 1995 on île de Noirmoutier, Vendée, France (Ornithos 3: 145-146, 1996; 4: 159, 1997). Other European records until 1995 dated from 1 May 1883 (shot) at Uusikaarlepyy, Finland, and from 26-28 April 1985 at Umeå, Västerbotten, Sweden (Vår Fågelvärld 47: 197-199, 1988). There were also reports on 4 May 1906 in Norway, 25 May 1915 in Finland and 20 June 1994 off North Taymir, Russia (cf DB 18: 230, 1996). The bird in 1997 showed similar southward movements along the North Sea coast in the same two weeks as the one in 1995 and was preceded by a record on 12 April 1997 at Blåvands Huk, Ribe, Denmark. It is possible that both records concerned the same individual. Remarkably, all records and reports in Europe were from the period between 12 April and 22 June.

1 record in 1800-1996; 1 in 1980-96

1 May 1995 Hargen, *Schoorl* NH & 4-6 May Wantveld, Katwijk aan Zee, *Katwijk* & 7 May Ganzenhoek, *Wassenaar* & Westduinpark, *Den Haag* & 13-15 May Scheveningen, *Den Haag* ZH; BW 8: 174, 1995 (photo); 9: 34, 1996 (photo), Duinstag 10 (2): 2-5, 38, 1995 (photos), DB 17: 129, 1995 (photo); 18: 226-231, 1996 (photos); 19: 104, 1997 (photo), VJ 43: 191, 1995 (photo), Meijer et al (1996; photos), Mitchell & Young (1997; photos 139(1) & 139(2))

voorlopige toevoegingen voor 1997-98 / provisional additions for 1997-98
8 May 1997 Amsteldiepdijk, *Wieringen/Anna Paulowna* & 9-10 May Donkere Duinen, *Den Helder* & 10-11 May Egmond NH; DB 19: 141, 150-151, 1997 (photos), VJ 45: 191, 1997 (photo), Plomp et al (1998)

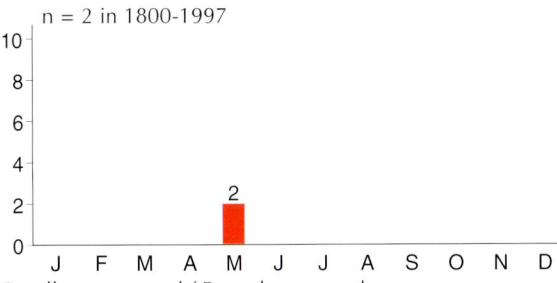

n = 2 in 1800-1997

Gevallen per maand / Records per month
Daurische Kauw / Daurian Jackdaw

● eerste locatie / first site
○ vervolglocatie / successive site

n = 2 in 1800-1997   ● 1

Gevallen per locatie / Records per site
Daurische Kauw / Daurian Jackdaw

329

Huiskraai

Corvus splendens ssp

House Crow

onregelmatige broedvogel
zeer zeldzaam

irregular breeding bird
very rare

Broedt oorspronkelijk in Indisch subcontinent.

Naar wordt aangenomen, zijn alle drie de vogels van 1994 aan boord van één of meer schepen naar Nederland gekomen. Vooral de locatie van de twee eerste-zomervogels van Hoek van Holland, Rotterdam, Zuid-Holland, langs één van 's werelds drukste vaarroutes, maakt dit aannemelijk. Op 17 augustus 1997 bleken de vogels van Hoek van Holland ten minste één jong te hebben grootgebracht hetgeen het eerste broedgeval voor Europa betekende. Op 9 juli 1998 was er opnieuw een jong (DB 20: 291-295, 1998 (foto's)). De soort heeft vele havengebieden in verschillende continenten gekoloniseerd dankzij zijn vermogen om een reis als verstekeling op zeeschepen te overleven. Op deze wijze heeft hij zich gevestigd, soms slechts tijdelijk vanwege uitroeiingsprogramma's, in havenplaatsen in het Midden-Oosten, Arabisch schiereiland, Oost-Afrika, Zuid-Afrika, Zuidoost-Azië en Australië (Bull Br Ornithol Club 114: 90-100, 1994; 115: 185-187, 1995). Andere landen waar de soort werd aangetroffen zijn onder meer Japan, Hong Kong, VS (New Jersey en South Carolina) en Gibraltar. Het eerste Europese geval betrof een vogel ontdekt op 3 november 1974 te Dunmore East, Waterford, Ierland, die daar twee jaar bleef (BW 7: 258, 1994 (foto), DB 18: 8-9, 1996 (foto)). Egypte is het meest waarschijnlijke land van herkomst voor de Nederlandse vogels aangezien daar zich de dichtstbijzijnde broedpopulatie bevindt (cf Giervalk 70: 245-250, 1980). Hoewel de CDNA vogels die met behulp van een schip arriveren niet voor aanvaarding in aanmerking neemt, is de Huiskraai hierop de (enige) uitzondering. De redenatie is dat bij deze soort het meevaren met schepen een gebruikelijke manier van verspreiding vormt (DB 17: 256-257, 1995).

Originally breeds in Indian subcontinent.

It is assumed that all three individuals in 1994 arrived by ship-assisted passage. Especially, the site of the two first-summer birds at Hoek van Holland, Rotterdam, Zuid-Holland, along one of world's busiest harbour routes, makes this plausible. On 17 August 1997, the Hoek van Holland birds appeared to have raised at least one young, constituting the first breeding record for Europe. They had again a young on 9 July 1998 (DB 20: 291-295, 1998 (photos)). The species has colonized many harbour areas in different continents, thanks to its abilities to survive as a stowaway. It has established itself, sometimes just temporarily due to eradication programmes, in harbours of the Middle East, Arabian peninsula, eastern Africa, South Africa, south-eastern Asia and Australia (Bull Br Ornithol Club 114: 90-100, 1994; 115: 185-187, 1995). Other countries reached by the species include Japan, Hong Kong, USA (New Jersey and South Carolina) and Gibraltar. The first European record was a bird discovered on 3 November 1974 at Dunmore East, Waterford, Ireland, which stayed for two years (BW 7: 258, 1994 (photo), DB 18: 8-9, 1996 (photo)). Egypt is considered to be the most likely, ie, nearest place of origin of the Dutch birds (cf Giervalk 70: 245-250, 1980). Although CDNA does not accept records of ship-assisted birds, House Crow is the (only) exception; in this species, ship-assisted passage is considered a normal way of dispersion (DB 17: 256-257, 1995).

2 records (3 individuals) in 1800-1996; 3 records (6 individuals) in 1980-98

10 April 1994(-8 April 1996 & 27 March 1997)-at least January 1999 Hoek van Holland, *Rotterdam* ZH (**4**), 2 adult (1s in 1994) & 2 young from 2 nests (1 from 17 August 1997-at least October 1998 & 1 from 9 July 1998; photographed & videoed); BW 7: 214, 1994 (photo); 8: 36, 1995 (photo), Birdwatch 3 (27): 60, 1994, DB 16: 172, 1994 (photo); 17: 256-257, 1995; 18: 6-10, 1996 (photos); 19: 89, 209, 1997 (photos); 20: 190 (photo; erroneous locality, 291-295 (photos), 1998, BB 88: 43, 1995 (photo), 89: 263, 1996 (photo), VJ 44: 96, 1996 (photo); 45: 238, 1997 (photo); 46: 191, 1998 (photo), ter Ellen et al (1996), Plomp et al (1999)

21 November 1994(-2 January 1996 & 28 July)-17 August 1997 Renesse, *Westerschouwen* ZL & Brouwersdam, *Goedereede* ZH (19 November 1995; photographed), adult; DB 18: 6-10, 1996 (photo) (possibly, on 6 January 1996, at Ouddorp, Goedereede ZH; Sterna 41 (1): 33, 1996)

voorlopige toevoegingen voor 1997-98 / provisional additions for 1997-98

(9)15-19 August 1998 Kollumerpomp, *Kollumerland en Nieuwkruisland* FR & 20-22 September *Winsum* GR, adult (videoed); BW 11: 293, 1998 (photo)

Huiskraai / House Crow *Corvus splendens*, juvenile, 6 September 1997, Hoek van Holland, Rotterdam, Zuid-Holland *(Felix Verschoor)*

● eerste locatie / first site
○ vervolglocatie / successive site
✪ broedend / breeding
n = 6 in 1800-1998

● 1

Individuen per locatie / Individuals per site
Huiskraai / House Crow

Huiskraai / House Crow *Corvus splendens*, first-summer, 30 June 1994, Hoek van Holland, Rotterdam, Zuidholland
(Arnoud B van den Berg)

Roek [2]	*Corvus frugilegus frugilegus*	**Rook**
algemene broedvogel gehele jaar algemeen		common breeding bird common throughout year

Zwarte Kraai [2]	*Corvus corone*	**Carrion Crow**
algemene broedvogel gehele jaar algemeen		common breeding bird common throughout year

Bonte Kraai [2]	*Corvus cornix*	**Hooded Crow**
onregelmatige broedvogel algemene wintergast		irregular breeding bird common winter visitor

Er zijn geen succesvolle broedgevallen bekend van zuivere broedparen en vaak is één van de partners Zwarte Kraai *C corone*. Bovendien komt het zelden voor dat het handelt om een zuivere Bonte Kraai; de meeste vertonen kenmerken van een hybride Zwarte Kraai x Bonte Kraai (Eykman et al 1936, Ardea 36: 205-208, 1948; 42: 319, 1954; 43: 253, 1955, cf Teixeira 1979, SOVON 1987, cf LM 70: 110, 1997).

There are no successful breeding records of pure pairs and often one partner is a Carrion Crow *C corone*. Besides, there is rarely a pure Hooded Crow involved as it usually shows characters of a hybrid Carrion Crow x Hooded Crow (Eykman et al 1936, Ardea 36: 205-208, 1948; 42: 319, 1954; 43: 253, 1955, cf Teixeira 1979, SOVON 1987, cf LM 70: 110, 1997).

Raaf [2]	*Corvus corax corax*	**Common Raven**
schaarse broedvogel schaarse standvogel		scarce breeding bird scarce resident

Door vervolging was de soort na 1928 als broedvogel verdwenen. De laatste betrouwbare broedgevallen van wilde vogels waren in 1927 te Millingen aan de Rijn, Gelderland, en in 1928 te Nijkerk, Gelderland (cf Ardea 13: 2-3, 1924, LM 61: 137-144, 1988). Het broeden in de 1940er jaren te Vaals, Limburg, is zeer twijfelachtig (cf Hens 1965, contra LV 8: 103-105, 1997). Eén van de laatste mogelijk wilde exemplaren

Because of persecution, the species disappeared as breeding bird after 1928. The last reliable breeding records of wild birds were in 1927 at Millingen aan de Rijn, Gelderland, and in 1928 at Nijkerk, Gelderland (cf Ardea 13: 2-3, 1924, LM 61: 137-144, 1988). Breeding in the 1940s at Vaals, Limburg, is very doubtful (cf Hens 1965, contra LV 8: 103-105, 1997). One of the last possibly wild individuals was collected (NMR)

werd verzameld (NMR) op 11 oktober 1933 te Ambt Delden, Overijssel (Eykman et al 1936, Meijerink 1976). De soort werd gedurende 1966-77(92) met succes geherintroduceerd. De eerste paren kwamen in 1976 in het wild tot broeden maar pas sinds 1988 namen de aantallen duidelijk toe (LM 66: 107-116, 1993). In 1995 werden bijna 100 broedparen geteld waarvan c 85 in Gelderland (van Dijk et al 1996, 1997). Vanwege de herintroductieprojecten zijn sinds 1966 echte wilde individuen vrijwel niet met zekerheid vast te stellen; er zijn enkele mogelijke gevallen van dwaalgasten zoals op 18 januari 1978 (gevangen en geringd) en op 28 april 1978 (dood gevonden) te Ommen, Overijssel (VJ 29: 70-71, 1981 (foto)).

on 11 October 1933 at Ambt Delden, Overijssel (Eykman et al 1936, Meijerink 1976). The species was re-introduced successfully during 1966-77(92). The first pairs bred in 1976 but numbers did not start to increase clearly before 1988 (LM 66: 107-116, 1993). In 1995, almost 100 breeding pairs were counted of which c 85 in Gelderland (van Dijk et al 1996, 1997). Because of the re-introduction projects, the occurrence of genuine vagrants since 1966 is almost impossible to verify; there are a few possible records of vagrants, for instance, on 18 January 1978 (trapped and ringed) and on 28 April 1978 (found dead) at Ommen, Overijssel (VJ 29: 70-71, 1981 (photo)).

SPREEUWEN Sturnidae (n=2)

Spreeuw [2]

algemene broedvogel
gehele jaar algemeen

Sturnus vulgaris vulgaris

J F M A M J J A S O N D

Common Starling

common breeding bird
common throughout year

Roze Spreeuw

zeldzaam

Sturnus roseus

Rose-coloured Starling

rare

Broedt van Hongarije oost tot in Kazakhstan; overwintert in India.

Er is een hoog aantal van zeven gevallen van vóór 1900 (15%). De meerderheid van gevallen in 1800-1996 dateerde van augustus-november (62%) waaronder 21 juveniele (meer dan de helft). De uiterste datums voor juveniele in 1800-1997 waren 25 augustus en 12 december. Afgezien van een oud specimen van 15 april waren de uiterste datums voor adulte 9 mei en 11 december. Het april-geval is opmerkelijk wanneer men in aanmerking neemt dat de soort niet vóór 20 mei in Hongarije arriveert (Túzok 2: 89-101, 1997). Alle gevallen van vóór 1997 betroffen solitaire exemplaren, vaak in groepen Spreeuwen *S vulgaris*. Ten minste viermaal bleef de vogel langer dan twee weken aanwezig (in 1973, 1975, 1996 en 1997). Meer dan een derde was afkomstig van de vier meest westelijke Waddeneilanden.

Breeds from Hungary east into Kazakhstan; winters in India.

There are as many as seven pre-1900 records (15%). The majority of records in 1800-1996 dated from August-November (62%) of which 21 juveniles (more than half). The extreme dates for juveniles in 1800-1997 were 25 August and 12 December. Apart from an old specimen from 15 April, the extreme dates for adults were 9 May and 11 December. The April record is remarkable when taking into account that the species does not arrive in Hungary before 20 May (Túzok 2: 89-101, 1997). All pre-1997 records concerned single birds, often in flocks of Common Starling *S vulgaris*. At least in four cases, an individual remained for longer than two weeks (in 1973, 1975, 1996 and 1997). More than a third of the records came from the four westernmost Wadden Islands.

Roze Spreeuw / Rose-coloured Starling *Sturnus roseus*, juvenile, 21 October 1995, 't Horntje, Texel, Noord-Holland (*Hans Gebuis*)

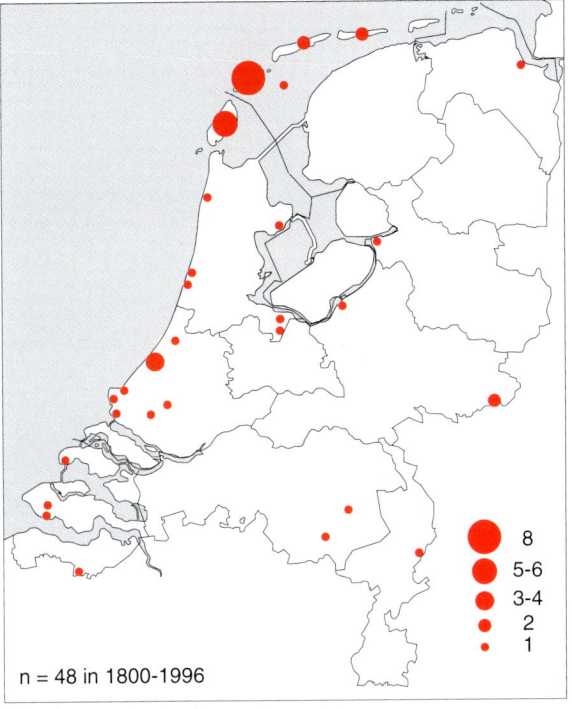

n = 48 in 1800-1996

8
5-6
3-4
2
1

Gevallen per locatie / Records per site
Roze Spreeuw / Rose-coloured Starling

Roze Spreeuw / Rose-coloured Starling *Sturnus roseus*, adult,
7 June 1984, Texel, Noord-Holland *(René Pop)*

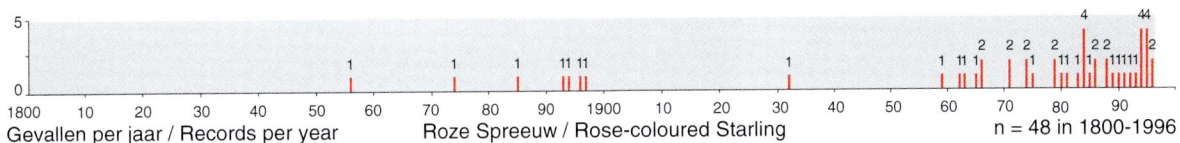

Gevallen per jaar / Records per year   Roze Spreeuw / Rose-coloured Starling   n = 48 in 1800-1996

48 records in 1800-1996; 27 in 1980-96

14 July 1856 Huis te Bloemendaal, *Bloemendaal* NH, adult ♀, dead
   (NNM)
15 April 1874 Noord-Brabant, adult ♂, dead (NNM)
20 September 1885 *Harderwijk* GL, juv ♂, trapped (died 22 July 1887)
20 October 1893 Westduin, Scheveningen, *Den Haag* ZH, juv ♂,
   dead (ZMA); DB 4: 61, 1982 (photo)
27 September 1894 *Leiden* ZH, juv ♂, dead (NNM)
24 November 1896 *Schiedam* ZH, juv ♂, dead (NNM); DB 4: 137,
   1982 (photo)
October 1897 Scheveningen, *Den Haag* ZH, juv ♀, trapped & dead
   (ZMA) (died some time later)
14-15 July 1932 Kampereiland, *Kampen* OV, adult ♂, dead (ZMA)
16 July 1959 Haamstede, *Westerschouwen* ZL, adult ♂, singing; LM
   33: 58-59, 1960
23 July 1962 Westerse Veld, *Vlieland* FR, adult; LM 36: 120-121, 1963
27 October 1963 Geervliet, *Bernisse* ZH, adult
30 May 1965 Einde-Gooi, *Hilversum* NH, adult, dead; DB 18: 192,
   1996
14 July 1966 West-Terschelling, *Terschelling* FR, adult
(17)31 July-3 August 1966 *Belfeld* LB, adult; Natuurhist Maandbl
   Limbg 55: 167-168, 1966
28 June 1971 Barlo, *Aalten* GL, adult ♂, dead (ZMA)
21 September 1971 *Vlieland* FR, adult
6-23 August 1973 Nes, *Ameland* FR, adult
23 September 1973 *Delfzijl* GR, adult
22 November-11 December 1975 Aalst, *Waalre* NB, adult
late May-7 June 1979 Quackjeswater, Oostvoorne, *Westvoorne* ZH,
   adult, dead; DB 18: 192, 1996
11 August 1979 Boschplaat, *Terschelling* FR, adult
July 1980 Lupinelaan, *Den Haag* ZH, adult; VJ 29: 110, 1981 (photo)
5-14 July 1981 *Vlieland* FR, adult
6 September 1983 *Vlieland* FR, juv, trapped; DB 6: 36, 1984 (photo)
25 May-1 June 1984 *Vlieland* FR, adult (photographed)
26 May-1 June 1984 *Venhuizen* NH, adult; Graspieper 4: 132, 1984
   (photo), LM 59: 125, 1986
3-9(20) June 1984 Polder Eijerland & Polder Het Noorden, *Texel* NH,
   adult; DB 6: 115, 1984 (photo); 8: 132, 1986 (photo)
15 August 1984 *Vlieland* FR, adult (photographed); DB 10: 174, 1988
16 May 1985 *Aalten* GL, adult ♂; DB 14: 84, 1992
5 October 1986 Meyendel, *Wassenaar* ZH, juv

11-12 October 1986 De Cocksdorp, *Texel* NH, juv; DB 9: 43, 1987
   (photo)
22 October 1988 Hoek van Holland, *Rotterdam* ZH, juv
22-24 October 1988 De Slufter, *Texel* NH, juv (photographed); DB
   14: 84, 1992
23 November 1989 *Helmond* NB, juv
25 August 1990 Griend, *Terschelling* FR, juv
15 September 1991 IJmuiden, *Velsen* NH, juv
10(15)-21 October 1992 *Middelburg* ZL, juv; cf Walhout & Twisk
   (1998)
16-17 October 1993 De Cocksdorp, *Texel* NH, juv; DB 15: 286,
   1993 (photo); 17: 95, 1995 (photo)
11-12 June 1994 De Slufter, *Texel* NH, adult
1 July 1994 *Vlissingen* ZL, adult
23 September 1994 Maasvlakte, *Rotterdam* ZH, juv (photographed)
27 October 1994 Sas van Gent ZL, juv
14 September 1995 Oost-Vlieland, *Vlieland* FR, juv; DB 20: 163, 1998
16-23 September 1995 Nes, *Ameland* FR, juv; DB 17: 224-225,
   1995 (photo)
15 October 1995 Korfwater, Petten, *Zijpe* NH, adult; cf DB 19: 112,
   1997

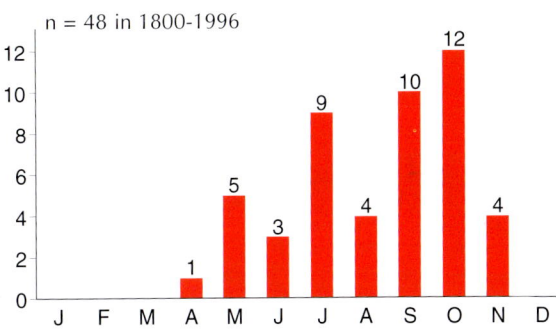

n = 48 in 1800-1996

Gevallen per maand / Records per month
Roze Spreeuw / Rose-coloured Starling

333

Roze Spreeuw / Rose-coloured Starling *Sturnus roseus*, adult ♂, 9 May 1998, Breskens, Oostburg, Zeeland *(Jan van Holten)*

17-29 October 1995 't Horntje, *Texel* NH, juv; BW 8: 377, 1995 (photo); 9: 32-33, 1996 (photos), DB 17: 267, 1995 (photo); 18: 244, 1996 (photo); 19: 104, 1997 (photo), ter Ellen et al (1996), Mitchell & Young (1997; photo 139(6))
14 September-12 October 1996 Kroonspolders, *Vlieland* FR, adult
3 November 1996 Anne Franklaan, *Bussum* NH, juv, dead (ZMA); Tineke Prins (in litt)

voorlopige toevoegingen voor 1997-98 / provisional additions for 1997-98
9 May 1997 Noordwijk aan Zee, *Noordwijk* ZH, adult (**2**); CDNA archives
10-12 October 1997 Oost-Vlieland, *Vlieland* FR, juv (max **2**) (photographed); CDNA archives
12 November 1997 Regentenlaan, *Middelburg* ZL, 1w; CDNA

archives
18 November-12 December 1997 Anjum, *Dongeradeel* FR, juv; DB 19: 313, 1997 (photo), VJ 46: 96, 1998 (photo), Plomp et al (1998)
9 May 1998 Breskens, *Oostburg* ZL, adult ♂; BW 11: 176, 1998 (photo), DB 20: 137, 1998 (photo), VJ 46: 192, 1998 (photo), Plomp et al (1999)
21-23 May 1998 *Schiermonnikoog* FR, adult; DB 20: 140, 1998, VJ 46: 192, 1998 (photo)
10-30 September 1998 Westduinpark & Kijkduin, Scheveningen, *Den Haag* ZH, juv; Plomp et al (1999)
19-27 September 1998 Maasvlakte & Westplaat, *Rotterdam/West-voorne* ZH, juv; CDNA archives
28 September 1998 West-Terschelling, *Terschelling* FR, juv; CDNA archives

MUSSEN Passeridae (n=3)

Huismus [2]

algemene broedvogel
gehele jaar algemeen

Passer domesticus domesticus

J F M A M J J A S O N D

House Sparrow

common breeding bird
common throughout year

Spaanse Mus

zeer zeldzaam

Passer hispaniolensis ssp

Spanish Sparrow

very rare

Soort broedt in Zuid-Spanje, Noord-Afrika, Sardinië, Zuidoost-Europa en Zuidwest-Azië; overwintert van Noordwest-Afrika oost tot Saudi Arabië en Noordwest-India.

Het enige geval betrof een vogel die opmerkelijk genoeg werd ontdekt in de tuin van het Texel Birdwatching Center dat voor zijn eerste voorjaar open was. Tot en met 1996 waren er weinig andere gevallen in Noordwest-Europa: vier in Engeland (9 juni 1966, 21 oktober 1972, 22-24 oktober 1977 en vanaf 13 juli 1996 tot ten minste december 1998), één in Finland (1 juni 1996), twee in Noorwegen (13 mei 1988 en 21 juli 1990), één in Schotland (11-19 augustus 1993) en één in Wales (18 mei 1993).

Species breeds in southern Spain, northern Africa, Sardinia, south-eastern Europe and south-western Asia; winters from north-western Africa east to Saudi Arabia and north-western India.

Remarkably, the only record was a bird discovered in the garden of Texel Birdwatching Center which was open for its first spring. Until 1997, there were only a few records in north-western Europe: four in England (9 June 1966, 21 October 1972, 22-24 October 1977 and from 13 July 1996 to at least December 1998), one in Finland (1 June 1996), two in Norway (13 May 1988 and 21 July 1990), one in Scotland (11-19 August 1993) and one in Wales (18 May 1993).

Spaanse Mus / Spanish Sparrow *Passer hispaniolensis*, ♂, 6 May 1997, De Cocksdorp, Texel, Noord-Holland *(Rob G Bouwman)*

n = 1 in 1800-1997

Gevallen per locatie / Records per site
Spaanse Mus / Spanish Sparrow

● 1

Spaanse Mus / Spanish Sparrow *Passer hispaniolensis*, ♂, 6 May 1997, De Cocksdorp, Texel, Noord-Holland *(Rob G Bouwman)*

no record in 1800-1996; 1 in 1997

4-15 May 1997 De Cocksdorp, *Texel* NH, ♂; BW 10: 175, 1997 (photo), DB 19: 96, 141 (photo), 144 (photo), 1997; 20: 64-66, 1998 (photo), Plomp et al (1998)

Ringmus [2]

algemene broedvogel
gehele jaar algemeen

Passer montanus montanus

J F M A M J J A S O N D

Eurasian Tree Sparrow

common breeding bird
common throughout year

Roodoogvireo

Vireo olivaceus olivaceus

Red-eyed Vireo

zeer zeldzaam

very rare

Broedt in Noord-Amerika; overwintert in Zuid-Amerika.

Breeds in North America; winters in South America.

Alle Nederlandse gevallen dateerden tussen 24 september en 19 oktober en de meeste waren afkomstig van Vlieland, Friesland. Dit is de enige nearctische zangvogel die in 1980-96 ieder jaar van midden-september tot eind oktober werd vastgesteld in Brittannië en Ierland waar voor 1958-96 ten minste 109 gevallen werden aanvaard (BB 91: 512, 1998). De eerste twee Nederlandse gevallen waren in hetzelfde jaar, 1985, als waarin voor Brittannië en Ierland een recordaantal van 14 werd vastgesteld. De twee in 1991 waren weliswaar in een jaar met slechts twee Britse gevallen maar die waren opmerkelijk genoeg wel aan de oostkust (BB 85: 548-549, 1992). In andere goede Britse jaren, 1988 (12) en 1995 (13), werd weliswaar geen exemplaar in Nederland ontdekt maar in 1995 wel het eerste voor België op 13 oktober te Blankenberge, West-Vlaanderen, op 20 km van de Nederlandse grens (DB 17: 271, 1995 (foto)). Het geval van 1996 viel opnieuw samen met een goed jaar voor Europa met negen op de Britse Eilanden en twee in IJsland (BW 9: 386, 1996, DB 18: 271, 330, 1996).

All Dutch records dated from the period between 24 September and 19 October and most occurred on Vlieland, Friesland. This is the only Nearctic passerine which, in 1980-96, has been recorded annually from mid September to late October in Britain and Ireland where at least 109 records have been accepted for 1958-96 (BB 91: 512, 1998). The first two Dutch records in 1985 coincided with a record year of 14 for Britain and Ireland. The two in 1991, on the other hand, were in a rather poor year with only two British records which were, however, remarkably both on the east coast (BB 85: 548-549, 1992). In other good years for Britain, 1988 (12) and 1995 (13), the species was not encountered in the Netherlands but, in 1995, the first for Belgium was on 13 October at Blankenberge, West-Vlaanderen, at 20 km from the Dutch border (DB 17: 271, 1995 (photo)). The Dutch record in 1996 was again in a good year for Europe with nine in the British Isles and two in Iceland (BW 9: 386, 1996, DB 18: 271, 330, 1996).

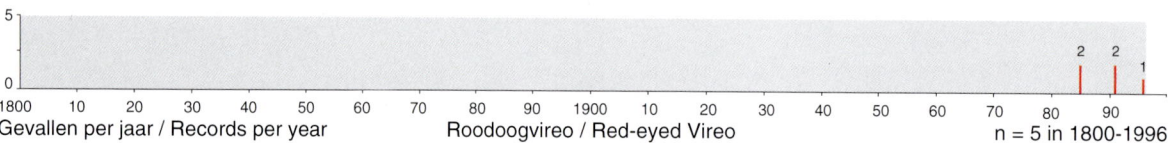

Gevallen per jaar / Records per year · Roodoogvireo / Red-eyed Vireo · n = 5 in 1800-1996

5 records in 1800-1996; 5 in 1980-96

13 October 1985 Wormerveer, *Zaanstad* NH, 1y, dead (ZMA); DB 8: 121-125, 1986 (photo)
19 October 1985 Rottumerplaat, *Eemsmond* GR, 1y, trapped; DB 8: 121-125, 1986 (photos), van den Berg et al (1990): 128 (photos), de Bruin & de Bruin (1997; photo)
24 September 1991 *Vlieland* FR, ♂, trapped; DB 16: 64-66, 105,

1994 (photo)
2 October 1991 *Vlieland* FR, 1y, trapped; DB 15: 155, 1993; 16: 64-66, 1994 (photo), cf Pyle et al (1987)
3-8 October 1996 Lange Paal, *Vlieland* FR; BW 9: 400, 1996 (photo), DB 18: 277, 280, 337, 1996 (photos); 20: 11-13, 162, 1998 (photos), Opperman et al (1997)

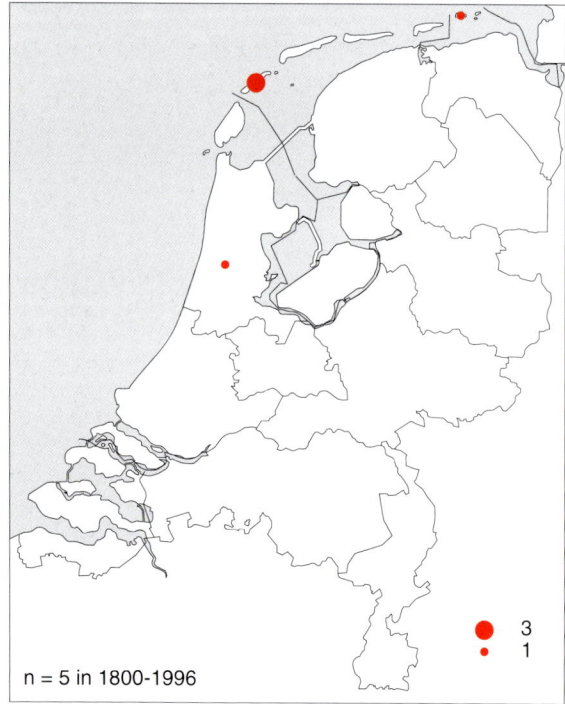

n = 5 in 1800-1996

Gevallen per locatie / Records per site
Roodoogvireo / Red-eyed Vireo

● 3
· 1

Roodoogvireo / Red-eyed Vireo *Vireo olivaceus*, 4 October 1996, Lange Paal, Vlieland, Friesland (*Arnoud B van den Berg*)

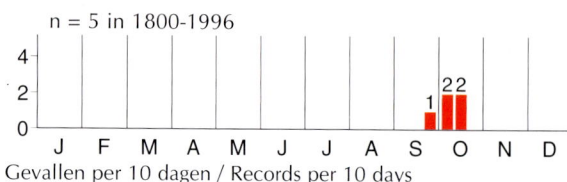

Gevallen per 10 dagen / Records per 10 days
Roodoogvireo / Red-eyed Vireo

Roodoogvireo / Red-eyed Vireo *Vireo olivaceus*, 6 October 1996, Lange Paal, Vlieland, Friesland *(Hans Gebuis)*

VINKEN Fringillidae (n=18)

Vink [2]

algemene broedvogel
gehele jaar algemeen

Fringilla coelebs coelebs

J F M A M J J A S O N D

Common Chaffinch

common breeding bird
common throughout year

Keep [2]

onregelmatige broedvogel
gehele jaar algemeen

Fringilla montifringilla

J F M A M J J A S O N D

Brambling

irregular breeding bird
common throughout year

De eerste drie succesvolle broedgevallen dateerden van 1965 te Lexmond, Zederik, Zuid-Holland, en van 1966 (twee) op Texel, Noord-Holland (LM 40: 149-150, 1967, Teixeira 1979).

The first three successful breeding records dated from 1965 at Lexmond, Zederik, Zuid-Holland, and from 1966 (two) on Texel, Noord-Holland (LM 40: 149-150, 1967, Teixeira 1979).

Europese Kanarie [2]

schaarse broedvogel
gehele jaar schaars tot algemeen

Serinus serinus

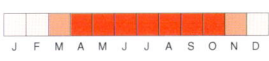

J F M A M J J A S O N D

European Serin

scarce breeding bird
scarce to common throughout year

Het eerste broedgeval dateerde van 1922 te Rolduc, Kerkrade, Limburg (Eykman et al 1936, Hens 1965). In 1995 waren er ten minste 240 paren waarvan 200 in Limburg (van Dijk et al 1997).

The first breeding record dated from 1922 at Rolduc, Kerkrade, Limburg (Eykman et al 1936, Hens 1965). In 1995, there were at least 240 pairs of which 200 in Limburg (van Dijk et al 1997).

Groenling [2]

algemene broedvogel
gehele jaar algemeen

Chloris chloris chloris

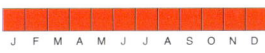

J F M A M J J A S O N D

European Greenfinch

common breeding bird
common throughout year

Putter [2]

Carduelis carduelis ssp

European Goldfinch

algemene broedvogel
gehele jaar algemeen

J F M A M J J A S O N D

common breeding bird
common throughout year

Zowel de Britse ondersoort *C c britannica* als de oostelijke *C c carduelis* komen voor als broedvogel in Nederland waar ze in het veld zo goed als onmogelijk zijn te onderscheiden (iets kleiner en donkerder naar het westen toe) (cf Svensson 1992). Blijkbaar breidt *britannica* zich vanuit de duinstreek oostwaarts uit naar dorpen en steden terwijl de aantallen van de nominaat afnemen (Kees Roselaar in litt).

Both the British subspecies *C c britannica* and the eastern *C c carduelis* breed in the Netherlands where they are virtually impossible to tell apart in the field (somewhat smaller and darker towards the west) (cf Svensson 1992). Apparently, *britannica* spreads from the coastal dune area eastwards into suburban habitats while numbers of the nominate subspecies are decreasing (Kees Roselaar in litt).

Sijs [2]

Carduelis spinus

Eurasian Siskin

schaarse tot algemene broedvogel
gehele jaar algemeen

J F M A M J J A S O N D

scarce to common breeding bird
common throughout year

Hoewel Eykman et al (1936) de soort reeds als zeer zeldzame broedvogel noemen, dateerde de eerste nestvondst pas van 13 juli 1971 te Naarden, Noord-Holland (LM 45: 94-95, 1972).

Although listed as a very rare breeder by Eykman et al (1936), the first nest was found as recently as 13 July 1971 at Naarden, Noord-Holland (LM 45: 94-95, 1972).

Kneu [2]

Carduelis cannabina cannabina

Common Linnet

algemene broedvogel
gehele jaar algemeen

J F M A M J J A S O N D

common breeding bird
common throughout year

Frater [2]

Carduelis flavirostris ssp

Twite

algemene doortrekker en wintergast

J F M A M J J A S O N D

common migrant and winter visitor

De nominaat uit Scandinavië en Rusland is in het veld zo goed als onmogelijk te onderscheiden van de Britse ondersoort *C f pipilans*. Het verschil tussen beide (iets donkerder naar het westen toe) past in een clinale variatie (Svensson 1992). Naast zes door de CDNA aanvaarde Britse Fraters in oktober-februari van vóór 1980 (DB 18: 192-193, 1996) zouden zich alleen al in ZMA nog ten minste zeven specimens bevinden (Kees Roselaar in litt).

The nominate subspecies from Scandinavia and Russia is virtually impossible to tell apart in the field from the British subspecies *C f pipilans*. The difference between both (somewhat darker towards the west) is consistent with clinal variation (Svensson 1992). Apart from six pre-1980 British Twites in October-February accepted by CDNA (DB 18: 192-193, 1996), at least seven additional specimens are reportedly present at ZMA alone (Kees Roselaar in litt).

Kleine Barmsijs [2]

Carduelis cabaret

Lesser Redpoll

schaarse broedvogel
gehele jaar schaars tot algemeen

J F M A M J J A S O N D

scarce breeding bird
scarce to common throughout year

Het eerste goed gedocumenteerde broedgeval dateerde van 1961 op Vlieland, Friesland (LM 35: 4-16, 1962 (foto)) maar het lijkt vrijwel zeker dat er reeds in 1942 een nest met eieren op Terschelling, Friesland, werd gevonden (Ardea 31: 284-286, 1942).

The first fully documented breeding record dated from 1961 on Vlieland, Friesland (LM 35: 4-16, 1962 (photo)) but it seems almost certain that a nest with eggs was found already in 1942 on Terschelling, Friesland (Ardea 31: 284-286, 1942).

Grote Barmsijs [2]

Carduelis flammea flammea

Mealy Redpoll

schaarse tot algemene wintergast (invasies)

J F M A M J J A S O N D

scarce to common winter visitor (invasions)

Er zijn geen aanvaarde gevallen van *C f rostrata* (inclusief '*islandica*') die wel in België werd vastgesteld (cf Ardea 78: 441-458, 1990, DB 20: 261-271, 1998).

There are no accepted records of *C f rostrata* (including '*islandica*') which has been recorded in Belgium (cf Ardea 78: 441-458, 1990, DB 20: 261-271, 1998).

Witstuitbarmsijs

Carduelis hornemanni exilipes

Hoary Redpoll

zeldzaam

rare

Broedt en overwintert in hoge noorden van Eurazië en Noord-Amerika; in sommige winters verder zuidwaarts trekkend dan gewoonlijk.

Breeds and winters in arctic and subarctic of Eurasia and North America; in some winters moving further southwards than usual.

Witstuitbarmsijs / Hoary Redpoll *Carduelis hornemanni*, 17 October 1994, De Cocksdorp, Texel, Noord-Holland *(Jan van Holten)*

Er was sprake van een invasie in het late najaar van 1962 (12 exemplaren; LM 37: 55, 1964), 1972 (negen; LM 49: 100-106, 1976) en 1975 (20; LM 50: 59, 1977) en in de winters van 1988/89 (10) en 1995/96 (23). In laatstgenoemde winter vond ook de grootste invasie ooit voor Brittannië plaats (BB 90: 506-509, 1997). Alle Nederlandse gevallen dateerden tussen 15 oktober en 5 april, met bijna de helft van 15 november tot 21 december. Deze soort is vaak lastig met zekerheid te onderscheiden van Grote Barmsijs *C flammea* hetgeen ten dele kan verklaren waarom meer dan de helft vangsten betrof. De geografische verspreiding weerspiegelt om die reden de plaatsen waar ringers actief waren. Behalve op ringstations als die in Noord-Holland te Bloemendaal en Castricum werden ze ook gevangen door ringers op tamelijk onverwachte plaatsen in het binnenland als Tongeren, Gelderland, en Schiedam, Zuid-Holland. In tegenstelling tot België en Duitsland is er geen aanvaard geval van de nominaat voor Nederland (cf Giervalk 81: 3-22, 1991, Limicola 10: 267-271, 1996).

Invasions occurred in the late autumns of 1962 (12 individuals; LM 37: 55, 1964), 1972 (nine; LM 49: 100-106, 1976) and 1975 (20; LM 50: 59, 1977) and in the winters of 1988/89 (10) and 1995/96 (23). In latter winter, an unprecedented invasion also occurred in Britain (BB 90: 506-509, 1997). All Dutch records have been in the period between 15 October and 5 April, with almost half between 15 November and 21 December. This species is often difficult to identify from Mealy Redpoll *C flammea* which may partly explain why more than half of the records were trapped birds. Therefore, the geographic pattern of the records also mirrors the activities by ringers. Apart from a good number trapped at ringing stations, like those in Noord-Holland at Bloemendaal and Castricum, several were also trapped by ringers at rather unexpected inland localities like Tongeren, Gelderland, and Schiedam, Zuid-Holland. In contrast with Belgium and Germany, there is no accepted record of the nominate subspecies for the Netherlands (cf Giervalk 81: 3-22, 1991, Limicola 10: 267-271, 1996).

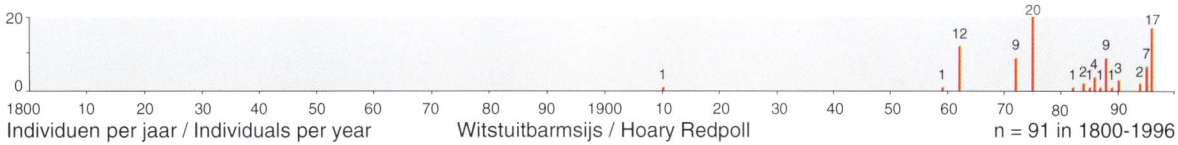

Individuen per jaar / Individuals per year — Witstuitbarmsijs / Hoary Redpoll — n = 91 in 1800-1996

71 records (91 individuals) in 1800-1996; 40 records (48 individuals) 1980-96

3 December 1910 *Amersfoort* UT, adult ♀ (ZMA); CDNA archives, Kees Roselaar (in litt)
22 November 1959 Hoophuizen, *Nunspeet* GL, adult ♂, trapped; LM 33: 206-208, 1960 (photo)
6 January 1962 Zorgvliet, *Den Haag* ZH
16 October 1962 Kennemerduinen, *Bloemendaal* NH
27 October 1962 De Cocksdorp, *Texel* NH
28 October 1962 Kennemerduinen, *Bloemendaal* NH, trapped
6 November 1962 Meyendel, *Wassenaar* ZH, 1w ♀, dead (NNM)
19 November 1962 De Cocksdorp, *Texel* NH (**7**), 2 ♂ & 5 ♀
17 October 1972 Kroonspolders, *Vlieland* FR, 1y, trapped
18 October 1972 Kroonspolders, *Vlieland* FR, 1y, trapped
22 October 1972 *Schiermonnikoog* FR, adult ♂
9 November 1972 Kennemerduinen, *Bloemendaal* NH, 1y, trapped
22 November 1972 *Castricum* NH, 1w ♂, trapped & dead (ZMA)
25 November 1972 Westenschouwen, *Westerschouwen* ZL, ♂, trapped
3 December 1972 Kennemerduinen, *Bloemendaal* NH (**2**) (adult ♂ &

1y), trapped
4 December 1972 Kennemerduinen, *Bloemendaal* NH, adult ♂, trapped
4 November 1975 Kennemerduinen, *Bloemendaal* NH, trapped
21 November 1975 Kennemerduinen, *Bloemendaal* NH, trapped
21 November 1975 *Castricum* NH (**2**), 1 trapped
(15)25-30 November(-6 December) 1975 Naarderbos, *Naarden* NH (**2**), trapped; Jonkers et al (1987)
27 November 1975 *Castricum* NH, trapped
1 December 1975 *Heemskerk* NH, trapped
7 December 1975 *Schiedam* ZH (**3**), trapped
9 December 1975 *Castricum* NH, trapped
10 December 1975 *Castricum* NH, trapped
13 December 1975 *Castricum* NH (**2**), trapped
14 December 1975 *Castricum* NH, trapped
14 December 1975 *Schiedam* ZH, trapped
17 December 1975 *Castricum* NH, trapped

Witstuitbarmsijs / Hoary Redpoll *Carduelis hornemanni*, 24 February 1996, Bergen, Noord-Holland *(Sander Lagerveld)*

18 December 1975 *Oldebroek* GL, trapped
21 December 1975 *Schiedam* ZH, trapped
15 October 1982 *Vlieland* FR, ♂, trapped (photographed)
9-25 January 1984 *Vledder* DR; DB 6: 76, 1984 (photo); 9: 51, 1987
14-15 January 1984 *Alphen aan den Rijn* ZH, adult ♂
21 December 1985 *Dwingeloo* DR, 1w
14 November 1986 Tongeren, *Epe* GL, trapped (photographed)
15 November 1986 *Zandvoort* NH, imm, trapped
23 November 1986 Tongeren, *Epe* GL, trapped (photographed)
10 December 1986 Tongeren, *Epe* GL, trapped (photographed)
26 January 1987 *Castricum* NH, adult ♀, trapped
16 November 1988 Cornwerd, *Wûnseradiel* FR, adult, trapped; DB 14: 84, 1992

19 November 1988 *Castricum* NH, imm, trapped
20 November 1988 IJmuiden, *Velsen* NH, 1w
25 November 1988 Westenschouwen, *Westerschouwen* ZL (**2**), imm, trapped; BW 1: 414, 1988 (photo), DB Nieuwsbr 0: 11, 1988 (photo); 1: 2, 1989 (photo), DB 11: 50, 1989 (photo); 13: 55, 1991 (photo), LM 64: 67, 1991 (photo), Birdwatch 3 (20): 43, 1994 (photo); 5 (45): 26, 1996 (photo), Limicola 9: 66, 1994 (photo), Mitchell & Young (1997; photo 143(2))
26 November 1988 Kennemerduinen, *Bloemendaal* NH, trapped (photographed)
26 November 1988 *Castricum* NH, trapped
28 November 1988 Tongeren, *Epe* GL, adult ♂, trapped (photographed)
11 December 1988 Tongeren, *Epe* GL, adult ♂, trapped (photographed)
7-8 January 1989 Pampushaven, *Almere* FL
15-22 December 1990 Buitenveldert, *Amsterdam* NH (**2**); DB 13: 40, 1991 (photo)
21 December 1990 Eelderwolde, *Groningen* GR; cf de Bruin & de Bruin (1997)
17-19 October 1994 De Cocksdorp, *Texel* NH; DB 16: 258, 1994 (photo), VJ 42: 288, 1994 (photo)
20-30 October 1994 De Cocksdorp, *Texel* NH, adult ♂
4 November 1995 Stichtse Brug, *Blaricum* NH, adult ♂; DB 20: 163, 1998
11 November 1995 Kennemerduinen, *Bloemendaal* NH, trapped (photographed); DB 20: 163, 1998
15 November 1995 Krimbos, *Texel* NH, 1w/♀
14-15 December 1995 Middelplaathaven, Brouwersdam, *Middenschouwen* ZL; DB 20: 163, 1998

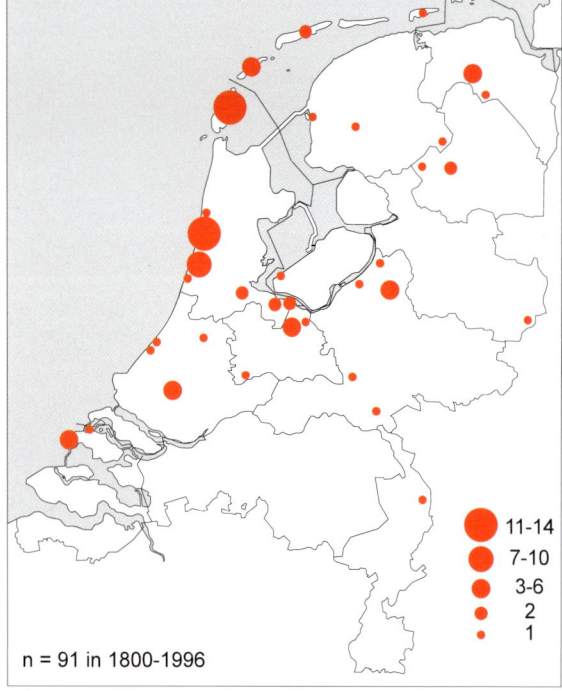

Individuen per locatie / Individuals per site
Witstuitbarmsijs / Hoary Redpoll

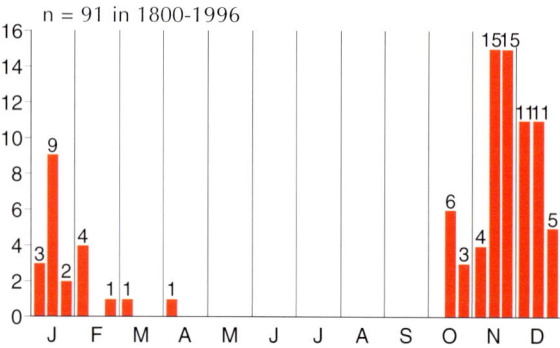

Individuen per 10 dagen / Individuals per 10 days
Witstuitbarmsijs / Hoary Redpoll

16-17 December 1995 *Huizen* NH, 1w/♀; CDNA archives
21 December 1995 *Grave* NB
24 December 1995 Het Rutbeek, *Enschede* OV, 1w/♀
13-14 January 1996 Bosje van Jollema, Oosterend, *Terschelling* FR (**2**)
13 January-5 April 1996 Zevenlindenweg, *Baarn* U (**5**)
19 January 1996 Broekhuizenvorst, *Broekhuizen* LB
27 January-18 March 1996 *Lopik* UT (possibly more than 1); DB 18: 45, 47, 100, 1996 (photo), Opperman et al (1997)
6-7 February 1996 Noorderplantsoen, *Groningen* GR (**2**), 1w; Grauwe

Gors 24: 73, 1996 (photos), de Bruin & de Bruin (1997; photo), DB 20: 160, 1998 (photo)
8 February 1996 *Haren* GR
8 February 1996 Appelscha, *Ooststellingwerf* FR
23-24 February 1996 *Bergen* NH; DB 18: 100, 104, 1996 (photo)
10-22 March 1996 *Sneek* FR (photographed)
2-3 April 1996 *Texel* NH
20 November 1996 *Wageningen* GL (photographed)

Witbandkruisbek   *Loxia leucoptera bifasciata*   Two-barred Crossbill

zeldzaam   rare

Broedt en overwintert in Noord-Eurazië; in sommige najaren zuidwestwaarts trekkend.

Driemaal was er sprake van een duidelijke invasie: in september 1889 (32 exemplaren), in augustus-november 1990 (15) en in augustus 1997-april 1998 (ten minste 181 tot half april). De invasies van 1990 en 1997 bereikten België nauwelijks (of niet); daarentegen werden in 1889 (en 1890) 23 exemplaren in België verzameld die vrijwel alle bewaard zijn gebleven (Gunter De Smet in litt). Bij de invasies van 1889 en 1990 werd de determinatie aanvaard van tamelijke grote groepen waarvan in feite slechts één tot drie exemplaren goed werden gedocumenteerd. Dit geschiedde behalve in 1889 te Harderwijk, Gelderland (drie van 22 verzameld), en te Bloemendaal, Noord-Holland (twee van 10 verzameld), ook in 1990-91 toen slechts één waarnemer alle zeven vogels van het grensgebied te Hooge Mierde, Noord-Brabant, tegelijkertijd zag (aan de overzijde van de Belgische grens werd één ♂ waargenomen). Er zijn daarentegen voor 1990 ook meldingen gepubliceerd die niet aan de CDNA werden voorgelegd zoals van twee exemplaren die zich van 6 november tot 1 december te Smilde, Drenthe, zouden hebben opgehouden (Drentse Vogels 7: 70, 1991). In de 100 jaren tussen de invasies van 1889 en 1990 werden slechts zeven gevallen aanvaard. Zowel bij de invasie van 1990 als die van 1997 kwamen in augustus en begin september de eerste meldingen waarvan de meeste uit het noordwesten. De vogel van 2 september 1990 te Den Helder, Noord-Holland, werd door een auto aangereden en stierf een dag later. Dit exemplaar was interessant door zijn zeer smalle

Breeds and winters in northern Eurasia; in some autumns moving southwest.

There have been three marked invasions: in September 1889 (32 individuals), in August-November 1990 (15) and in August 1997-April 1998 (at least 181 to mid April). The invasions of 1990 and 1997 hardly reached Belgium (if at all); in contrast, in 1889 (and 1890), 23 individuals were collected in Belgium, almost all of which are still preserved (Gunter De Smet in litt). In the invasions of 1889 and 1990, the identification of fairly large flocks was accepted for which only one to three individuals were fully documented. This was not only the case in 1889 at Harderwijk, Gelderland (three out of 22 collected), and Bloemendaal, Noord-Holland (two out of 10 collected), but also in 1990-91 at the Belgian border area at Hooge Mierde, Noord-Brabant, where only one observer saw all seven birds at the same time (across the Belgian border, a single ♂ was recorded). There are, on the other hand, also published reports for 1990 which were not submitted to CDNA, including two individuals from 6 November to 1 December claimed at Smilde, Drenthe (Drentse Vogels 7: 70, 1991). In the 100 years between the invasions of 1889 and 1990, only seven records were accepted. The first reports of the 1990 and 1997 invasions were during August and early September, most from the north-west. The bird of 2 September 1990 at Den Helder, Noord-Holland, was hit by a car and died the day after. Interestingly, it had very narrow white fringes to greater and median coverts and tertials and, in the field, it must have been very hard to identify from a Common Crossbill *L curvirostra* which may also show a promi-

Witbandkruisbek / Two-barred Crossbill *Loxia leucoptera*, ♂, September 1997, Lunterse Bos, Ede, Gelderland (Otto Faulhaber/Foto Natura)

Witbandkruisbek / Two-barred Crossbill *Loxia leucoptera*, ♀, 7 October 1963, De Zilk, Noordwijkerhout, Zuid-Holland
(Fred J Koning)

witte randen aan grote en middelste dekveren en tertials waardoor hij in het veld bijzonder moeilijk te onderscheiden moet zijn geweest van een Kruisbek *L curvirostra* die soms opvallende maar smalle, dubbele witte vleugelstrepen kan hebben (DB 2: 33-35, 1980; 4: 100-102, 1982; 5: 26-27, 1983). De staart/vleugel-ratio van 0,72 (vleugel 95 en staart 68 mm) was echter beslissend voor de determinatie (Svensson 1984, 1992).

nent but narrow double pale wing-bar (DB 2: 33-35, 1980; 4: 100-102, 1982; 5: 26-27, 1983). However, the tail/wing ratio of 0.72 (wing 95 and tail 68 mm) was decisive (Svensson 1984, 1992).

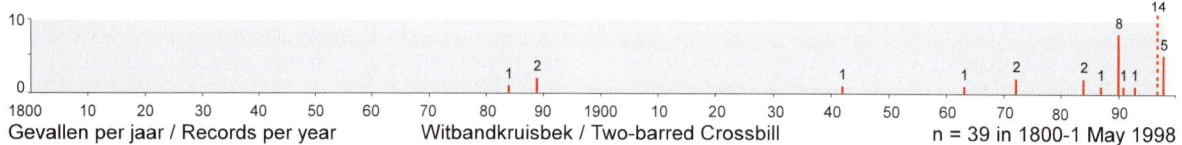

Gevallen per jaar / Records per year   Witbandkruisbek / Two-barred Crossbill   n = 39 in 1800-1 May 1998

20 records (57 individuals) in 1800-1996; 13 records (20 individuals) in 1980-96

18 July 1884 *Harderwijk* GL, ♂, dead (ZMA); Jaarber Club Ned Vogelkd 5: 69, 1915

11-19 September 1889 *Harderwijk* GL (**22**), 2 ♂ & 1 ♀ dead (ZMA); Tijdschr Ned Dierkd Ver 2 (3): 18-19, 1890

17 September 1889 Schapenduinen, *Bloemendaal* NH (**10**), 2 ♂ dead (NNM)

7 September 1942 *Harderwijk* GL, ♂, dead (NNM)

c 7 October 1963 De Zilk, *Noordwijkerhout* ZH, ♀, trapped; Fitis 20: 26, 1984 (photo)

31 July 1972 Hollum, *Ameland* FR, ♀, trapped; LM 47: 49, 1974 (photo)

29 December 1972 Tongeren, *Epe* GL, adult ♀, trapped; DB 18: 171, 1996 (photo)

3 March 1984 Doorwerth, *Renkum* GL, ♂

9 April-4 May 1984 Ansen, *Dwingeloo/Ruinen* DR, adult ♂; DB 6: 116, 1984 (photo)

2 February 1987 Tongeren, *Epe* GL, adult ♀, trapped (photographed)

8 August 1990 Boerskotten, *Losser* OV (**2**), (both) adult ♀; DB 16: 145, 1994

24 August 1990 Boschplaat, *Terschelling* FR, juv

2 September 1990 *Den Helder* NH, juv ♀, dead (NNM); DB 14: 84, 1992; 15: 206-214, 1993 (photo)

27 October 1990 *Dalfsen* OV, adult ♂, dead; DB 15: 207, 1993 (photo)

8 November-December 1990 Zevenlindenweg, *Baarn* UT, adult ♂; DB 13: 37, 1991 (sketch); contra 15: 209, 1993

11-18(23) November 1990 Zevenlindenweg, *Baarn* UT, imm ♀; DB 15: 206-214, 1993 (photo); 19: 112, 1997

23 November 1990-1 February 1991 *Hilversum* NH, adult ♂; contra DB 15: 206-214, 1993, Ruud van Beusekom (pers comm)

25 November 1990-24 January 1991 Hooge Mierde, *Hooge en Lage Mierde* NB (**7**), incl 3 adult ♂ (1 ♂ also on 29-30 November at

Ravels-Arendonk, Antwerpen, Belgium); DB 15: 206-214, 1993

15-21 April 1991 Beekbergen, *Apeldoorn* GL, ♀; DB 15: 206-214, 1993 (photo); 19: 112, 1997

27 November 1993-9 January 1994 *Baarn* UT, 1w ♂; DB 16: 40, 1994 (photo)

voorlopige toevoegingen voor 1997-98 / provisional additions for 1997-98

12 August 1997 *Vlieland* FR; DB 19: 268, 1997 (photo)

18 August 1997 Wadden Sea, *Ameland/Terschelling* FR, ♂, trapped (aboard ship; released on 13 September at Franeker) (photographed); DB 19: 268, 1997

21 August 1997 Willemsduin, *Schiermonnikoog* FR, adult ♂; CDNA archives, DB 19: 268, 1997

6 September 1997 Oost-Vlieland, *Vlieland* FR (sound-recorded)

6 September 1997 Westenschouwen, *Westerschouwen* ZL, adult ♂, trapped; Leen van Ree (pers comm), VT archives

15-26 September 1997 Lunterse Bos, *Ede* GL (**2**; ♂ & ♀); DB 19: 259, 1997 (photo)

30 October 1997-31 January 1998 Oranje-Nassau's Oord, *Wageningen* GL (max **16**; only 1 ♂ on 24-31 January) (photographed & sound-recorded); DB 19: 268, 311, 1997 (photo), Plomp et al (1998)

15 November 1997 Corversbos, *Hilversum* NH (**15**) (flying past); Ruud van Beusekom (in litt)

2 December 1997-29 January 1998 IJzeren Veld, *Huizen* NH (max **22**) (photographed & sound-recorded)

5 December 1997-12 January 1998 Schoterweg, Kuinderbos, *Noordoostpolder* FL (max **18**, incl at least 6 adult ♂) (photographed)

20 December 1997 Kwintelooien, *Rhenen* UT, ♀; CDNA archives

25 December 1997-at least 5 May 1998 Heide van Duurswoude, Waskemeer (max **16**) (photographed) & 6 January & 19-25 July

Blauwe Bos, Haulerwijk (at least 2) & 11 January Allardsoog/Bakkeveen, *Opsterland* FR (16) (presumably, all relating to same birds)

28 December 1997 Doldersum, *Vledder* DR (**25**); CDNA archives

29 December 1997 Groet, *Schoorl* NH (**3**), incl 1 adult ♂; Roy Slaterus (pers comm)

31 January 1998 & 11 February & 13 March-5 April Noordhollands Duinreservaat, *Castricum* NH (at least **7** ♂s); VJ 46: 144, 1998 (sketch)

8 February-18 April 1998 Middachter Bossen & Posbank & Dieren, *Rheden* GL (at least **15**)

14 February-1 May 1998 boswachterij Smilde & Berkenheuvel, *Smilde/Diever* DR (c **16**; max 26); Rob Bijlsma (in litt)

25 February-6 April 1998 Zevenlindenweg, *Baarn* UT (**17**) (pairs nesting on 16-25 March; on 6 April nests deserted) (photographed & sound-recorded)

8 April 1998 Planken Wambuis, *Ede* GL, ♂; Rob Bijlsma (in litt)

9 April 1998 Napoleonsgat, Ugchelse Bos, *Apeldoorn* GL (**2**; ♂ & ♀); Symen Deuzeman (in litt)

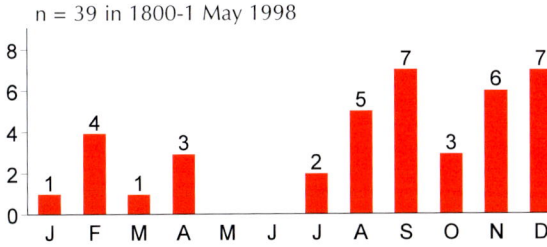

n = 39 in 1800-1 May 1998

Gevallen per maand / Records per month
Witbandkruisbek / Two-barred Crossbill

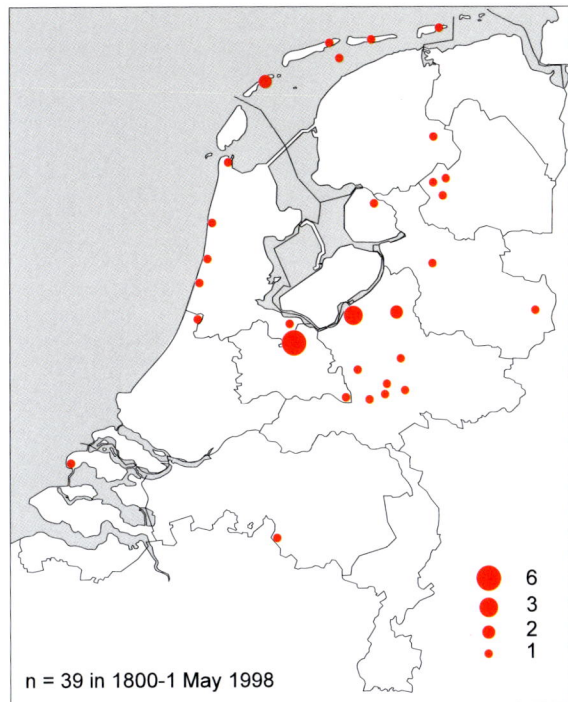

n = 39 in 1800-1 May 1998

Gevallen per locatie / Records per site
Witbandkruisbek / Two-barred Crossbill

Kruisbek [2]

Loxia curvirostra curvirostra

Common Crossbill

algemene broedvogel
gehele jaar algemeen

common breeding bird
common throughout year

Het eerste broedgeval vond niet eerder plaats dan in 1931 toen pas uitgevlogen jongen werden gezien te Bilthoven, Utrecht (Ardea 20: 150-152, 1931). Robb (1998) toont de verschillen in vocalisaties van vijf in 1997-98 in Nederland vastgestelde populaties (cf Groth 1993, DB 18: 29-32, 1996).

The first breeding record was not before 1931 when fledglings were seen at Bilthoven, Utrecht (Ardea 20: 150-152, 1931). Robb (1998) shows the differences in vocalizations of five populations recorded in the Netherlands in 1997-98 (cf Groth 1993, DB 18: 29-32, 1996).

Grote Kruisbek

Loxia pytyopsittacus

Parrot Crossbill

mogelijk onregelmatige broedvogel
vrij zeldzaam

possibly irregular breeding bird
rather rare

Broedt en overwintert in Scandinavië en Europees Noord-Rusland; in sommige najaren zuidwaarts trekkend.

Breeds and winters in Scandinavia and northern European Russia; in some autumns moving southwards.

Aanwijzingen voor broedgevallen dateerden van de uitloopperioden van beide grote invasies in de 20e eeuw: in 1983 in Gelderland en Zuid-Holland (cf SOVON 1987), in 1991-92 in Gelderland en in 1991 in Drenthe (Drentse Vogels 7: 65, 1994, van den Brink et al 1996). Er zijn tevens intrigerende foto's van juveniele in juni 1986 te Nunspeet, Gelderland (DB 9: 148, 1987). In België vonden in 1991 (twee) en in 1995 broedgevallen plaats (Gunter De Smet in litt).

Indications of breeding occurred in the aftermath of both large invasions in the 20th century: in 1983 in Gelderland and Zuid-Holland (cf SOVON 1987), in 1991-92 in Gelderland, and in 1991 in Drenthe (Drentse Vogels 7: 65, 1994, van den Brink et al 1996). There are also intriguing photographs of juveniles in June 1986 at Nunspeet, Gelderland (DB 9: 148, 1987). In Belgium, breeding occurred in 1991 (two) and in 1995 (Gunter De Smet in litt).

De soort werd tot 1 januari 1993 beoordeeld door de CDNA (LM 67: 169, 1994). In de 19e eeuw vonden invasies plaats in 1867, 1868, 1877-78(79) en 1887-88(89) (cf Tijdschr Ned Dierkd Ver 2 (3): 18, 1890). Bovendien werden er twee verzameld op 2 april 1862 te Noordwijk, Zuid-Holland (NNM) (Kees Roselaar in litt). Waarnemingen in de 19e eeuw vonden plaats in alle maanden behalve juli en september en in alle provincies behalve Groningen, Limburg en Zeeland (Eykman et al 1936). Tijdens de grootste invasie in 1887-88(89) werden 23 exemplaren verzameld waarvan zich thans nog 10 in NNM en ZMA bevinden (Snouckaert van Schauburg 1908, van Oort 1935, DB 18: 194, 1996, Kees Roselaar in litt). In de 20e eeuw vonden twee grote invasies plaats: in 1982-83 (DB 8: 89-97, 1986) en 1990-91 (DB 15: 156,

Until 1 January 1993, the species was considered by CDNA (LM 67: 169, 1994). In the 19th century, invasions took place in 1867, 1868, 1877-78(79) and 1887-88(89) (cf Tijdschr Ned Dierkd Ver 2 (3): 18, 1890). Besides, two were collected on 2 April 1862 at Noordwijk, Zuid-Holland (NNM) (Kees Roselaar in litt). Sightings in the 19th century dated from all months except July and September, and in all provinces except Groningen, Limburg and Zeeland (Eykman et al 1936). During the largest invasion in 1887-88(89), 23 individuals were collected of which 10 are still present at NNM and ZMA (Snouckaert van Schauburg 1908, van Oort 1935, DB 18: 194, 1996, Kees Roselaar in litt). In the 20th century, two large invasions took place: in 1982-83 (DB 8: 89-97, 1986) and 1990-91 (DB 15: 156, 1993). Both were also evi-

343

1993). Beide bereikten ook Brittannië. In de bijna 100 jaren tussen de grote invasies van 1887-88(89) en 1982-83 was de soort zeer zeldzaam met 11 gevallen (16 exémplaren). Een aantal van die gevallen had echter mogelijk betrekking op niet-opgemerkte kleine invasies zoals in 1901 (drie exemplaren; cf Eykman et al 1936), 1963 (zeven; LM 38: 65, 1965) en 1966 (twee; LM 42: 77, 1969). De vogels in 1963 kwamen direct na een grote invasie van 85 exemplaren in de winter van 1962/63 in Brittannië waarvan de meeste op Fair Isle, Shetland, Schotland. Vergeleken met de invasie in 1982-83 kwamen bij die in 1990-91 de vogels verder zuidelijk, meer in het binnenland en in iets hogere aantallen. Bij de invasie in 1982-83 waren 230 exemplaren betrokken (in Brittannië 104) die bijna alle in bossen langs de kust van Noord-Holland werden vastgesteld (DB 8: 89-97, 1986). Bij de invasie in 1990-91 waren daarentegen meer dan 302 exemplaren betrokken (in Brittannië 264) waarvan een behoorlijk aantal ook in het midden en oosten van Nederland werd gezien (van Groningen en Drenthe zuid tot in Gelderland, Utrecht en Zuid-Holland) en zelfs Zeeland en België bereikte. Een ander verschil was dat tijdens de invasie in 1990-91 ook sprake was van een grote invasie van Kruisbek *L curvirostra* en een opmerkelijke invasie van Witbandkruisbek *L leucoptera*.

dent in Britain. In the period of almost 100 years between the large invasion of 1887-88(89) and that of 1982-83, the species was very rare with 11 records (16 individuals). However, a number of these records may relate to unnoticed minor invasions like in 1901 (three individuals; cf Eykman et al 1936), 1963 (seven; LM 38: 65, 1965) and 1966 (two; LM 42: 77, 1969). The 1963 birds arrived after a large invasion of 85 individuals in the winter of 1962/63 in Britain of which most on Fair Isle, Shetland, Scotland. Compared with the 1982-83 invasion, the one in 1990-91 brought birds further south, more inland and in slightly higher numbers. The 1982-83 invasion comprised 230 individuals (in Britain 104), almost all recorded in coastal forests of Noord-Holland (DB 8: 89-97, 1986). The 1990-91 invasion, on the other hand, comprised more than 302 individuals (in Britain 264) of which also a notable number was seen in the centre and east (from Groningen and Drenthe south to Gelderland, Utrecht and Zuid-Holland) and some even reached Zeeland and Belgium. Unlike the 1982-83 invasion, the one in 1990-91 coincided with a large invasion of Common Crossbill *L curvirostra* and a remarkable invasion of Two-barred Crossbill *L leucoptera*.

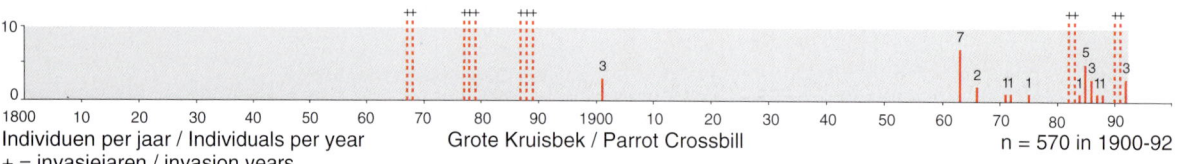

Individuen per jaar / Individuals per year
+ = invasiejaren / invasion years

Grote Kruisbek / Parrot Crossbill

n = 570 in 1900-92

10 records (15 individuals) in 1900-79; 555 individuals in 1980-92

29 September 1901 Naaldenveld, Aerdenhout, *Bloemendaal* NH (**2**), ♂, dead (ZMA)
3 October 1901 Naaldenveld, Aerdenhout, *Bloemendaal* NH, ♀, dead (ZMA); DB 18: 194, 1996
24 March 1963 Oranjekom, Amsterdamse Waterleidingduinen, *Bloemendaal* NH (**3**), 1 adult & 2 juv/♀; DB 2: 151, 1980 (photo)
27 April 1963 Nieuwe Scheveningse Bosjes, Scheveningen, *Den Haag* ZH (**3**), ♂
25 August 1963 *Schiermonnikoog* FR, ♂

15-29 September 1966 Westermient, *Texel* NH, ♀
22 October 1966 Oostvoorne, *Westvoorne* ZH, ♂
6 December 1971 Westlandse Duinen, *Den Haag* ZH, ♀
26 November 1972 Westermient, *Texel* NH, juv ♂
10 December 1975 Noordhollands Duinreservaat, *Bergen* NH, juv ♂, dead
19 April 1982 *Harderwijk* GL; DB 8: 96, 1986 (photo)
16 September 1982-16 April 1983 **invasion** (**230**); DB 8: 89-97, 1986; cf 13: 54, 1991

Grote Kruisbekken / Parrot Crossbills *Loxia pytyopsittacus*, juveniles, June 1986, Nunspeet, Gelderland *(Koos Dansen)*

Grote Kruisbek / Parrot Crossbill *Loxia pytyopsittacus*, ♂, February 1983, Kennemerduinen, Bloemendaal, Noord-Holland *(Hans Schouten)*

July 1983 *Nunspeet* GL, juv; DB 8: 93, 1986 (photo)
21 July 1983 Bennekom, *Ede* GL, juv
2 August & 25 September 1983 *Schoorl* NH, adult ♂
8 August 1983 Meyendel, *Wassenaar* ZH, imm, trapped
15 January 1984 *Ermelo* GL, adult ♂, dead; DB 8: 92, 1986 (photo)
28 October 1985 Tongeren, *Epe* GL (**3**), ♂ & 2♀, trapped
18 November 1985 Tongeren, *Epe* GL (**2**), ♂ & ♀, trapped
20 May 1986 *Schiermonnikoog* FR, ♂, dead
late June 1986 *Nunspeet* GL, juv (**2**) (previously 1 accepted); DB 9: 148, 1987 (photo)

late February 1987 *Harderwijk* GL, adult ♂, dead (photographed)
30 October 1988 Tongeren, *Epe* GL, ♀, trapped
17 June 1990 Meyendel, *Wassenaar* ZH, adult ♂; DB 16: 145, 1994
15 October 1990-30 March 1991 **invasion** (at least **302**); DB 14: 84-85, 1992; 15: 155-156, 1993
10 November 1991 *Loenen* GL (**3**), ♂ & 2 adult ♀; LM 66: 159, 1993
23-24 May 1992 *Schiermonnikoog* FR (**2**), ♂ & ♀
3-4 June 1992 Uddel, *Apeldoorn* GL

gepubliceerde foto's en geluiden uit grote invasies / published photographs and sounds from large invasions
DB 5: 35, 1983; 8: 90, 1986 (sonagram), VJ 31: 35, 112, 1983, Vogeljaarkalender 1984: 3 (16 September 1982-3 March 1983 Kennemerduinen, Bloemendaal NH (max **20**)); Hazevoet (1983), DB 8: 90, 1986 (sonagram) (24 October 1982-13 March 1983 Texel NH (max **50**)); DB 4: 148, 1982; 5: 36, 1983 (1 November 1982-February 1983 Koningshof, Aerdenhout, Bloemendaal NH (max **33**)); DB 8: 93, 1986; 9: 52, 1987 (13 November 1982-16 April 1983 Noordhollands Duinreservaat, Castricum NH (max **35**)); DB 8: 91, 1986 (18 February-12 March 1983 Robbenoordbos, Wieringermeer NH (min **10**)); LM 56: 61-62, 1983 (19 February 1983 Epe GL, 1y ♂, trapped); DB 12: 274-276, 1990 (October 1990 Kennemerduinen, Bloemendaal NH (max **7**)); Duinstag 5: 118, 1990, DB 16: 145, 1994, Meijer et al (1996; erroneous date) (20 October 1990 Berkheide, Wassenaar ZH); DB 13: 79, 1991; 14: 81, 1992 (latter erroneous date) (20 October 1990-15 March 1991 Noordwijk ZH (**24**)); DB 13: 79, 1991, LM 65: 144, 1992 (15-20 January 1991 Koningshof, Aerdenhout/Overveen, Bloemendaal NH (max **40**)); de Bruin & de Bruin (1997) (March 1991 Sellingen, Vlagtwedde GR)

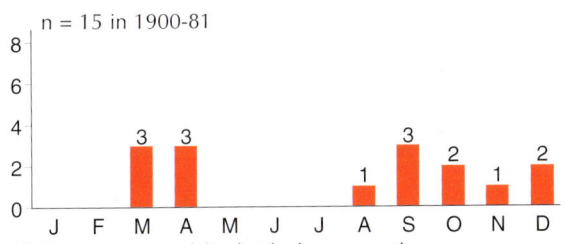

n = 15 in 1900-81

Individuen per maand / Individuals per month
Grote Kruisbek / Parrot Crossbill

Grote Kruisbek / Parrot Crossbill *Loxia pytyopsittacus*, ♀, 13 February 1998, Kennemerduinen, Bloemendaal, Noord-Holland *(Arnoud B van den Berg)*

Roodmus [2]   *Carpodacus erythrinus erythrinus*   Common Rosefinch

schaarse tot zeldzame broedvogel
schaarse zomergast

scarce to rare breeding bird
scarce summer visitor

Broedt van Nederland en Zuid-Noorwegen oost tot in Mongolië en Oost-Siberië; overwintert in India, Zuidoost-Azië en Zuid-China.

Het eerste succesvolle broedgeval vond plaats in 1987 op Schiermonnikoog, Friesland; sindsdien broedde hij jaarlijks in toenemend aantal.

Vanaf 1 januari 1992 wordt de soort niet langer door de CDNA beoordeeld (DB 14: 109-110, 1992; LM 65: 144, 1992; 66: 153, 1993; 67: 169, 1994). De doorbraak van de soort kwam reeds in 1987 toen ten minste 42 exemplaren werden vastgesteld. Het eerste broedgeval vond plaats op 6 juni-7 juli 1987 op Schiermonnikoog, Friesland, met ten minste één uitgevlogen jong (DB 10: 174-175, 1988; 11: 161, 1989; 17: 97, 1995, LM 61: 172, 1988; 62: 205, 1989; 69: 18, 1996). Vanaf 1987 begon het aantal gevallen dat werd ingediend bij de CDNA steeds verder achter te lopen bij het aantal dat in werkelijkheid aanwezig was. Het was duidelijk dat waarnemers niet meer bereid waren beschrijvingen op te stellen en in te dienen van een soort die zij niet meer als zeldzaam beschouwden. Zo werd het aantal broedparen in 1989 geschat op 15 waarvan naar verluidt zeven in Flevoland en vier op Texel, Noord-Holland terwijl er voor dat jaar slechts acht exemplaren werden ingediend en aanvaard (cf DB 13: 54, 1991). Illustratief voor de toegenomen talrijkheid is dat er in 1991 14 exemplaren werden geringd tussen 17 juni en 26 augustus op een enkele ringplaats langs de Oostvaardersdijk, Almere, Flevoland (DB 15: 156, 1993). In 1992 was het aantal broedparen toegenomen tot 54, met c 80% op Waddeneilanden en de rest in Flevoland en de Hollandse duinstreek (cf van Dijk et al 1994). De hoogste dichtheid was toen op Schiermonnikoog waar 16 territoria werden gevonden en ten minste één nest dat op 7 juni het eerste ei bevatte en waaruit vijf jongen uitvlogen (LM 66: 67-69, 1993).

Breeds from the Netherlands east into Mongolia and eastern Siberia; winters in India, south-eastern Asia and southern China.

The first successful breeding record was in 1987 on Schiermonnikoog, Friesland; it bred annually since, in increasing numbers.

Since 1 January 1992, the species has not been considered by CDNA (DB 14: 109-110, 1992; LM 65: 144, 1992; 66: 153, 1993; 67: 169, 1994). The breakthrough of the species was already in 1987 when at least 42 individuals were found. The first breeding record was on 6 June-7 July 1987 on Schiermonnikoog, Friesland, with at least one young fledged (DB 10: 174-175, 1988; 11: 161, 1989; 17: 97, 1995, LM 61: 172, 1988; 62: 205, 1989; 69: 18, 1996). From 1987 onwards, the number of accepted records no longer reflected the numbers actually present. Obviously, observers did no longer want to complete CDNA description forms for a species which they now regarded as regular. For instance, in 1989, the number of breeding pairs was an estimated 15 of which seven in Flevoland and four on Texel, Noord-Holland, while only eight individuals were submitted and accepted (cf DB 13: 54, 1991). An example illustrating the species' increase is the fact that, in 1991, 14 birds were trapped at a single ringing locality along Oostvaardersdijk, Almere, Flevoland, between 17 June and 26 August (DB 15: 156, 1993). In 1992, the number of breeding pairs had increased to 54, with c 80% on Wadden Islands and the rest in Flevoland and the coastal dunes of Holland (cf van Dijk et al 1994). The highest density was found on Schiermonnikoog where 16 territories were counted and at least one nest with five young fledged from a nest in which egg-laying had started on 7 June (LM 66: 67-69, 1993).

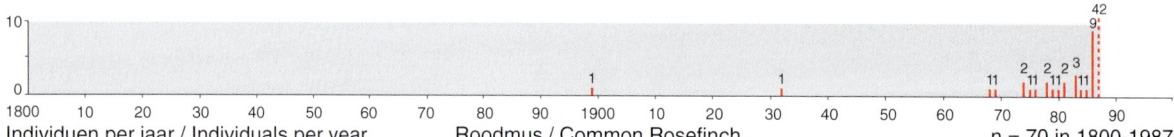

Individuen per jaar / Individuals per year   Roodmus / Common Rosefinch   n = 70 in 1800-1987

Roodmus / Common Rosefinch *Carpodacus erythrinus*, adult ♂, 22 May 1990, Almere, Flevoland *(Hans Gebuis)*

15 November 1899 Dieren, *Rheden* GL, 1w ♂, dead (ZMA); Tijdschr Ned Dierkd Ver 2 (6): 258

2-14 June 1932 De Beer, *Rotterdam* ZH, adult ♂

19 June 1968 Oosterend, *Terschelling* FR, 1s ♂, singing

(May)1 June 1969 Posthuis, *Vlieland* FR, 1s ♂, trapped

26 May 1974 Ballummermieden, *Ameland* FR, adult ♂, singing

27 May 1974 Rottumerplaat, *Eemsmond* GR, adult ♂

20 October 1975 Kroonspolders, *Vlieland* FR, juv/♀, trapped

18 May 1976 Posthuis, *Vlieland* FR, adult ♂

31 May 1978 *Terschelling* FR, singing

29 September 1978 Kennemerduinen, *Bloemendaal* NH, 1w, trapped; Joost van der Elst (pers comm), cf DB 18: 195, 1996 (erroneous date)

5 June 1979 Rottumeroog, *Eemsmond* GR, singing

31 May 1980 Rottumerplaat, *Eemsmond* GR, trapped

26 June 1981 *Hardenberg* OV, ♂, singing

26-27 September 1981 Kornwerderzand, *Wûnseradiel* FR, juv, trapped; LM 55: 137, 1982 (photo)

22 May 1983 *Vlieland* FR

10 June-10 July 1983 Wijk aan Zee, *Beverwijk* NH, adult ♂; DB 5:

84, 1983 (photo); 8: 10, 1986 (photo), Hazevoet (1983), VJ 32: 104, 1984 (photo)

24 September 1983 Rottumerplaat, *Eemsmond* GR, trapped

1-2 June 1984 De Muy, *Texel* NH, ♂, singing

7 June 1985 Hoorn, *Terschelling* FR, adult ♂; DB 17: 97, 1995

5-11 June 1986 *Schiermonnikoog* GR, imm ♂, singing

9-11 June 1986 *Terschelling* FR (**2**) (1 singing adult ♂)

12 June 1986 *Vlaardingen* ZH, 2y ♂, singing; DB 18: 117, 1996

14-15 June 1986 *Terschelling* FR, adult ♂, singing

14-17 June 1986 Nieuw-Formerum, *Terschelling* FR, adult ♂; DB 17: 97, 1995

19 June 1986 West-Terschelling, *Terschelling* FR, adult ♂; DB 17: 97, 1995

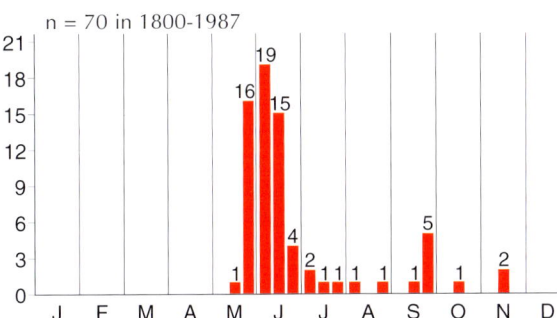

n = 70 in 1800-1987

Individuen per 10 dagen / Individuals per 10 days
Roodmus / Common Rosefinch

gepubliceerde foto's uit 1987-94 / published photographs from 1987-94
DB 9: 140, 1987 (July 1987 Den Haag ZH); DB 9: 188, 1987 (19 September 1987 Kennemerduinen, Bloemendaal NH, ♂); DB 10: 160, 1988 (20 June 1988 Galjootweg, Almere FL); DB 10: 204, 1988 (July 1988 Galjootweg, Almere FL, ♀); BW 3: 196, 1990, DB 14: cover, 87, 1992, Vogeljaarkalender 1992: 16 (22 May 1990 Almere FL, adult); Ornithos 1 (1): cover, 1994 (23 May 1990 Almere FL, adult); DB 12: 218, 1990 (June 1990 Knardijk, Lelystad FL); DB 13: 193, 1991 (20 July 1991 Knardijk, Lelystad FL, juv); DB 14: 154, 1992 (June 1992 Schiermonnikoog FR); DB 16: 172, 1994 (June 1994 Lepelaarsplassen, Almere FL, adult ♂)

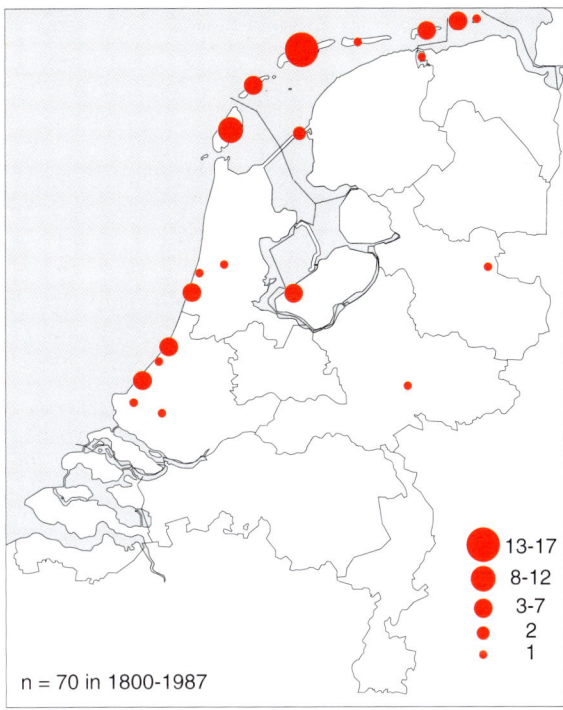

n = 70 in 1800-1987

Individuen per locatie / Individuals per site
Roodmus / Common Rosefinch

13-17
8-12
3-7
2
1

Haakbek

Pinicola enucleator enucleator

Pine Grosbeak

zeer zeldzaam

very rare

Broedt en overwintert van midden-Noorwegen en Zweden oost tot in Centraal-Siberië; andere ondersoorten verder oostelijk tot in Kamtsjatka en in noordelijk Noord-Amerika.

Een adult ♂ op 24 maart 1996 te Melissant, Dirksland, Zuid-Holland (Sterna 41: 54-55, 1996 (foto's), DB 20: 69-70, 1998 (foto)) volgde op een invasie in november 1995 in Denemarken die de grootste was sinds 1954 (Olsen 1992a, DB 17: 262, 1995). De op foto's zichtbare sterk vergroeide lange nagels gaven echter aan dat het ondanks de natuurlijke kleur van het verenkleed vermoedelijk toch een ontsnapte kooivogel was. Het voormalige eerste Nederlandse geval betrof een ♂ verzameld op 9 november 1890 te Peize, Drenthe, dat werd verkocht aan een verzamelaar in Engeland (Eykman et al 1936); dit specimen kon niet worden teruggevonden en derhalve werd het geval na herziening afgevoerd (DB 18: 195, 1996).

Breeds and winters from central Norway and Sweden east into central Siberia; other subspecies further east into Kamchatka and in northern North America.

An adult ♂ on 24 March 1996 at Melissant, Dirksland, Zuid-Holland (Sterna 41: 54-55, 1996 (photos), DB 20: 69-70, 1998 (photo)) followed upon the largest invasion since 1954 for Denmark in November 1995 (Olsen 1992a, DB 17: 262, 1995); however, photographs of this bird showed its deformed long claws, presumably indicating a captive origin, despite its natural plumage colours. The former first Dutch record was a ♂ collected on 9 November 1890 at Peize, Drenthe, which was sold to a collector in England (Eykman et al 1936); the specimen could not be relocated and, therefore, the record was rejected after review (DB 18: 195, 1996).

5 December 1909 Rotterdam-Kralingen, *Rotterdam* ZH, ♂, dead (ZMA); Jaarber Club Ned Vogelkd 5: 69, 1915, DB 18: 168, 1996 (photo)

8 December 1909 Rotterdam-Kralingen, *Rotterdam* ZH, ♂, dead (ZMA); Jaarber Club Ned Vogelkd 5: 69, 1915, DB 18: 168, 1996 (photo)

early November 1928 Polder Mathenesse, Rotterdam, *Rotterdam* ZH, ♂, trapped & dead (died May 1931) (specimen stolen in 1980); DB 18: 195, 1996

Haakbek / Pine Grosbeak *Pinicola enucleator*, adult ♂
(vermoedelijk ontsnapt / presumed escape), 24 March 1996,
Melissant, Dirksland, Zuid-Holland
(Gertjan de Zoete/Foto Natura)

n = 3 in 1800-1995

Gevallen per maand / Records per month
Haakbek / Pine Grosbeak

n = 3 in 1800-1995

Gevallen per locatie / Records per site
Haakbek / Pine Grosbeak

Goudvink [2]

algemene broedvogel
gehele jaar algemeen

Pyrrhula pyrrhula ssp

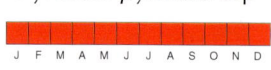

Eurasian Bullfinch

common breeding bird
common throughout year

Naast de algemene Midden-Europese Goudvink *P p euro-poea* komt als schaarse doortrekker en wintergast in september-april(mei) ook de grotere en lichtere Noordse Goudvink *P p pyrrhula* uit Scandinavië voor.

Apart from the common central European subspecies *P p eu-ropoea*, the larger and paler northern subspecies *P p pyrrhu-la* from Scandinavia also occurs as scarce migrant and winter visitor in September-April(May).

Appelvink [2]

algemene broedvogel
gehele jaar algemeen

Coccothraustes coccothraustes coccothraustes

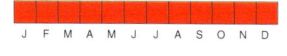

Hawfinch

common breeding bird
common throughout year

AMERIKAANSE ZANGERS Parulidae (n=1)

Mirtezanger

zeer zeldzaam

Dendroica coronata

Myrtle Warbler

very rare

Broedt in Noord-Amerika van Alaska oost tot in Newfound-land en noordoostelijke VS; overwintert in VS en Midden-Amerika.

Breeds in North America from Alaska east into Newfound-land and north-eastern USA; winters in USA and Central America.

De Nederlandse vogel liet zich goed bekijken in het dorps-centrum van Oost-Vlieland, Friesland, waar hij voor opwin-ding zorgde onder de toegesnelde vogelaars (cf DB 18: 283, 1996, Birdwatch 6 (59): 66, 1997). Voorheen werd deze soort als conspecifiek beschouwd met Audubons Zanger *D audu-boni* en Geelstuitzanger genoemd. Na Zwartkopzanger *D striata* is het de vaakst in Europa aangetroffen Amerikaanse zanger. Er zijn 22 gevallen van de soort in 1955-96 voor Brit-tannië en Ierland (tegen 35 van de Zwartkopzanger). De vogel van Vlieland was de tweede voor het vasteland van Europa en werd enkele dagen eerder voorafgegaan door de eerste voor Noorwegen op 8 oktober 1995 op Utsira, Roga-

The Dutch bird showed itself well in the centre of the only village on Vlieland, Friesland, where it caused excitement among the assembled birders (cf DB 18: 283, 1996, Bird-watch 6 (59): 66, 1997). In the past, this species was regard-ed as conspecific with Audubon's Warbler *D auduboni* under the name of Yellow-rumped Warbler. Apart from Blackpoll Warbler *D striata*, this is the most frequently encountered American warbler in Europe. There have been 22 records in Britain and Ireland in 1955-96 (against 35 of Blackpoll Warbler). The bird on Vlieland, Friesland, was the second for the European continent, being preceded by the first for Norway on 8 October 1995 on Utsira, Rogaland (BW 9: 402,

Mirtezanger / Myrtle Warbler *Dendroica coronata*, 14 October 1996, Oost-Vlieland, Vlieland, Friesland *(Hans Gebuis)*

land (BW 9: 402, 1996 (foto), Utsira Fuglestasjons Årb 1996: 64-74, 1997 (foto's)). Opmerkelijk genoeg waren er in 1996 geen gevallen voor Brittannië en Ierland maar wel werd nog een derde vastgesteld op 19 oktober in het noordoosten van IJsland.

1996 (photo), Utsira Fuglestasjons Årb 1996: 64-74, 1997 (photos)). Remarkably, there were no records in 1996 for Britain and Ireland; however, a third was recorded in north-eastern Iceland on 19 October.

1 record in 1800-1996; 1 in 1980-96

13-15 October 1996 Oost-Vlieland, *Vlieland* FR, ♂ (sound-recorded); BW 9: 401, 1996 (photo), Birdwatch 5 (54): 60, 1996 (photo); nr 55:

66, 1996 (photo), DB 18: 281, 283, 333, 1996 (photos); 19: 225-230, 1997 (photos); 20: 162, 1998 (photo), Opperman et al (1997)

n = 1 in 1800-1996

Gevallen per locatie / Records per site
Mirtezanger / Myrtle Warbler

Mirtezanger / Myrtle Warbler *Dendroica coronata*, 14 October 1996, Oost-Vlieland, Vlieland, Friesland *(René Pop)*

Witkruingors

Zonotrichia leucophrys leucophrys **White-crowned Sparrow**

zeer zeldzaam

very rare

Broedt in Oost-Canada; overwintert in zuidelijke VS en Noord-Mexico.

Breeds in eastern Canada; winters in southern USA and northern Mexico.

Het enige geval betrof een vogel die in een tuin met een voedertafel overwinterde. Hij werd pas op naam gebracht nadat een foto was gepubliceerd met als verkeerd onderschrift Grijze Gors *Emberiza cia* (VJ 30: 174, 1982). Andere Noordwest-Europese gevallen in 1800-1995 betroffen onder meer twee vogels in Engeland (22 mei 1977 en 2 oktober 1995), één in Manche, Frankrijk (25 augustus 1965), één in IJsland (4-6 oktober 1978) en één op Fair Isle, Shetland, Schotland (15-16 mei 1977).

The only record was a bird wintering in a garden with a feeder. It was correctly identified only after publication of a photograph erroneously captioned Rock Bunting *Emberiza cia* (VJ 30: 174, 1982). Other records in north-western Europe in 1800-1995 included two in England (22 May 1977 and 2 October 1995), one in Manche, France (25 August 1965), one in Iceland (4-6 October 1978), and one on Fair Isle, Shetland, Scotland (15-16 May 1977).

1 record in 1800-1996; 1 in 1980-96

December 1981-February 1982 Spaarndam, *Haarlemmerliede en Spaarnwoude* NH; VJ 30: 174, 1982 (photo; misidentified), DB 6: 64-65, 1984 (photo; erroneous date); 20: 163, 1998 (photo), van den Berg et al (1990): 130 (photo; erroneous date)

Witkruingors / White-crowned Sparrow *Zonotrichia leucophrys*, January 1982, Spaarndam, Haarlemmerliede en Spaarnwoude, Noord-Holland *(Jan Kleiberg)*

n = 1 in 1800-1996

Gevallen per locatie / Records per site
Witkruingors / White-crowned Sparrow

Witkeelgors

Zonotrichia albicollis **White-throated Sparrow**

zeer zeldzaam

very rare

Broedt in Canada en noordelijke VS; overwintert in VS en Noord-Mexico.

Breeds in Canada and northern USA; winters in USA and northern Mexico.

In tegenstelling tot de eerste drie Nederlandse vogels bevond de vierde op Griend, Terschelling, Friesland, zich buiten drukke scheepvaartroutes en havens. Met 21 gevallen in Brittannië en Ierland tot en met 1996 is de soort na Roodborstkardinaal *Pheucticus ludovicianus* (24) de vaakst in Europa aangetroffen Amerikaanse gors (cf BB 87: 563, 1994; 89: 526, 1996; 90: 510, 1997). Datums en locaties van veel Britse exemplaren wijzen erop dat zij de Atlantische Oceaan overstaken aan boord van een schip (Dymond et al 1989, Evans 1994).

Unlike the first three Dutch individuals, the fourth on Griend, Terschelling, Friesland, was seen away from main shipping routes and harbours. With 21 records in Britain and Ireland up to 1996, this is the most frequently encountered American sparrow in Europe apart from Rose-breasted Grosbeak *Pheucticus ludovicianus* (24) (cf BB 87: 563, 1994; 89: 526, 1996; 90: 510, 1997). Dates and localities of many British individuals suggest that they crossed the Atlantic on board of a ship (Dymond et al 1989, Evans 1994).

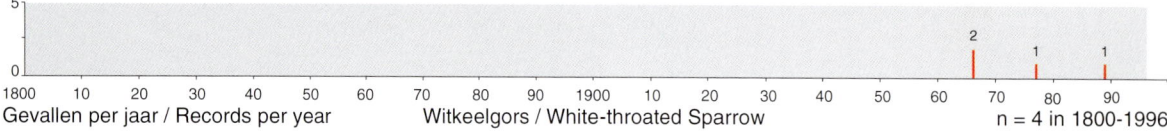

Gevallen per jaar / Records per year   Witkeelgors / White-throated Sparrow   n = 4 in 1800-1996

4 records in 1800-1996; 1 in 1980-96

28 September 1967 Overschie, *Rotterdam* ZH, trapped & dead; Bull
   Br Ornithol Club 89: 9-10, 1969 (photo)
8 October 1967 Zuidbuurt, *Vlaardingen* ZH, ♂, trapped & dead
   (ZMA); Bull Br Ornithol Club 89: 9-10, 1969 (photo)
24 April 1977 Midden-Herenduin, IJmuiden, *Velsen* NH; LM 51:
   75-77, 1978
10 June 1989 Griend, *Terschelling* FR, tan-striped morph (photographed); DB 12: 18-19, 1990

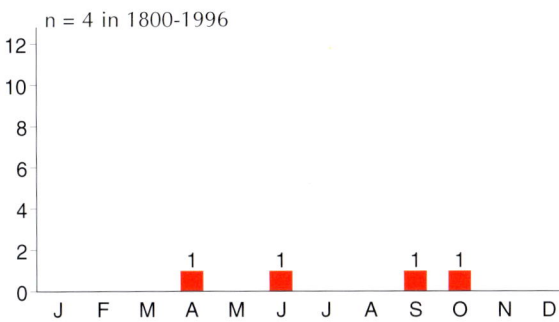

n = 4 in 1800-1996

Gevallen per maand / Records per month
Witkeelgors / White-throated Sparrow

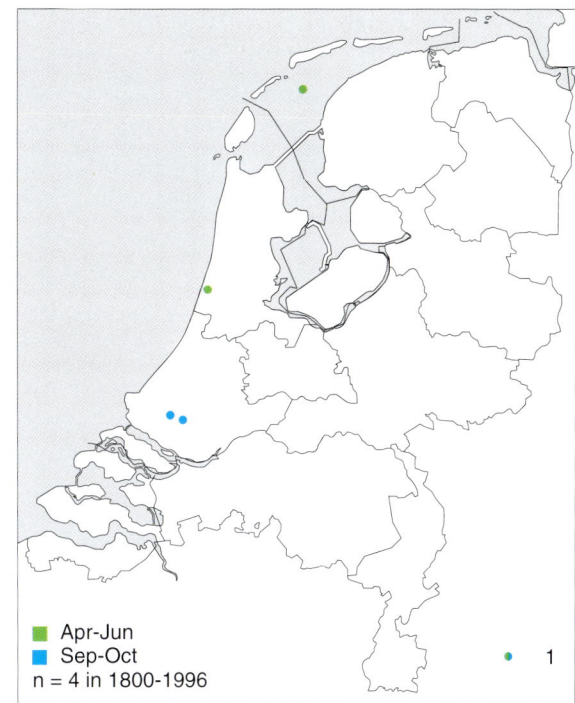

■ Apr-Jun
■ Sep-Oct
n = 4 in 1800-1996

● 1

Gevallen per locatie / Records per site
Witkeelgors / White-throated Sparrow

Grijze Junco

Junco hyemalis hyemalis

Dark-eyed Junco

zeer zeldzaam

very rare

Broedt en overwintert in Noord-Amerika.

Breeds and winters in North America.

Het enige geval betrof een uitgeputte vogel die tijdens een
sneeuwstorm werd gevangen en vervolgens tot zijn dood in
een volière verbleef. Andere Europese (en Groenlandse)
gevallen in 1800-1993 waren in Denemarken (één; 13

The only record was an exhausted bird trapped during a bliz-
zard and kept in an aviary until its death. Other European
(and Greenland) records in 1800-1993 were in Denmark
(one; 13 December 1980), England (11), Gibraltar (one; 18-

1 record in 1800-1996; none in 1980-96

February 1962 Overijsselsestraat, Rotterdam-Zuid, *Rotterdam* ZH, ♂,
   trapped (died 7 November 1968) (NMR); LM 42: 198-200, 1969
   (photo), DB 18: 2, 1996 (photo)

Grijze Junco / Dark-eyed Junco *Junco hyemalis*, trapped
February 1962, died 7 November 1968, Rotterdam,
Zuid-Holland (NMR) *(Ruud Schenk & Paul G Schrijvershof)*

n = 1 in 1800-1996

● 1

Gevallen per locatie / Records per site
Grijze Junco / Dark-eyed Junco

351

december 1980), Engeland (11), Gibraltar (één; 18-25 mei 1986), Groenland (één; 7 november 1966), Ierland (één; 30 mei 1905), IJsland (één; 6 november 1955), Italië (één; 28 november 1914), Noorwegen (twee; 4 december 1987 (twee), 18 mei 1989), Polen (één), Schotland (vijf) en Wales (één). De gevallen dateerden uit april-mei (17) en november-februari (negen) (BB 89: 525, 1996, DB 18: 1-5, 1996). Veel gevallen betroffen vogels die in tuinen verbleven (Vinicombe & Cottridge 1996).

25 May 1986), Greenland (one; 7 November 1966), Iceland (one; 6 November 1955), Ireland (one; 30 May 1905), Italy (one; 28 November 1914), Norway (two; 4 December 1987 (two), 18 May 1989), Poland (one), Scotland (five) and Wales (one). The records dated from April-May (17) and November-February (nine) (BB 89: 525, 1996, DB 18: 1-5, 1996). Many records concerned birds staying in gardens (Vinicombe & Cottridge 1996).

IJsgors [2]

algemene doortrekker en wintergast

Calcarius lapponicus lapponicus

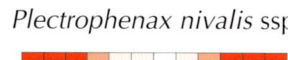

Lapland Longspur

common migrant and winter visitor

Sneeuwgors [2]

algemene wintergast

Plectrophenax nivalis ssp

Snow Bunting

common winter visitor

Zowel de IJslandse ondersoort *P n insulae* (63% van de Nederlandse vogels) als de nominaat uit Noord-Amerika, Groenland en de rest van Noord-Europa komen 's winters voor in Nederland (LM 65: 67-72, 1992); in het veld zijn ze bijna onmogelijk met zekerheid te onderscheiden (cf Svensson 1992, Cramp & Perrins 1994b).

Both the Icelandic subspecies *P n insulae* (63% of Dutch birds) and the nominate subspecies from North America, Greenland and the rest of northern Europe occur during winter in the Netherlands (LM 65: 67-72, 1992); they are almost impossible to tell apart with certainty in the field (cf Svensson 1992, Cramp & Perrins 1994b).

Maskergors

zeer zeldzaam

Emberiza spodocephala spodocephala

Black-faced Bunting

very rare

Broedt in Siberië noord tot 65°N; overwintert in Oost-China, Korea en Taiwan.

Beide Nederlandse vogels werden gevangen en geringd. De eerste werd enige maanden in een volière gehouden waar hij werd gefotografeerd alvorens aan het eind van de winter te worden losgelaten. Andere Noordwest-Europese gevallen betroffen exemplaren op 5 november 1910 en 23 mei 1980 op Helgoland, Schleswig-Holstein, Duitsland, op 2 november 1981 op Dragsfjärd, Vänö, Finland (DB 9: 112, 1987 (foto)) en van 8 maart tot 24 april 1994 in Greater Manchester, Engeland (DB 16: 81, 1994 (foto)). Het is een algemene wintergast in onder meer Hong Kong tussen 25 september en 19 mei (Chalmers 1986).

Breeds in Siberia north to 65°N; winters in eastern China, Korea and Taiwan.

Both Dutch birds were trapped and ringed. The first was kept for a few months in an aviary where it was photographed; it was released at the end of winter. Other records in north-western Europe included individuals on 5 November 1910 and on 23 May 1980 on Helgoland, Schleswig-Holstein, Germany, on 2 November 1981 on Dragsfjärd, Vänö, Finland (DB 9: 112, 1987 (photo)), and from 8 March to 24 April 1994 in Greater Manchester, England (DB 16: 81, 1994 (photo)). It is a common winter visitor in, for instance, Hong Kong in the period between 25 September and 19 May (Chalmers 1986).

n = 2 in 1800-1996

● 1

Gevallen per locatie / Records per site
Maskergors / Black-faced Bunting

2 records in 1800-1996; 2 in 1980-96

16 November 1986 Westenschouwen, *Westerschouwen* ZL, 1w ♂, trapped; DB 9: 44, 108-113, 149, 1987 (photos), BB 82: 23, 1989 (photo), van den Berg et al (1990): 132 (photos), Mitchell & Young (1997; photo 161(4))

28 October 1993 *Schiermonnikoog* FR, 1w ♂, trapped; DB 16: 119-121, 1994 (photos)

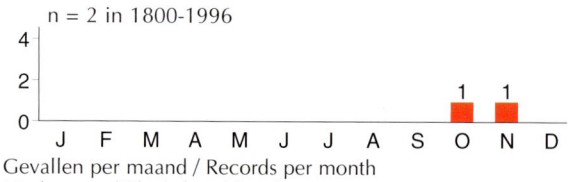

n = 2 in 1800-1996

Gevallen per maand / Records per month
Maskergors / Black-faced Bunting

Maskergors / Black-faced Bunting *Emberiza spodocephala*, ♂, 23 January 1987 (trapped 16 November 1986), Westenschouwen, Westerschouwen, Zeeland *(Arnoud B van den Berg/Vrs Nebularia)*

Witkopgors

Emberiza leucocephalos leucocephalos

Pine Bunting

zeldzaam

rare

Broedt van oostelijk Europees Rusland oost tot in Siberië; regelmatige wintergast west tot zuidkust van Kaspische Zee, soms ook in Zuid-Frankrijk, Israël en Italië.

In 1960-94 had de soort jarenlang een karakteristiek voorkomen van gemiddeld eens in de twee jaar één (of meer) ringvangsten langs de Noordzeekust, tussen de tweede week van oktober tot midden-november, met slechts enkele veldwaarnemingen. De meest productieve ringstations waren die te Bloemendaal, Noord-Holland, en Westerschouwen, Zeeland, met meer dan een derde van alle gevallen, mede dankzij het gebruik van Geelgorzen *E citrinella* als lokvogel. Een aantal vangsten te Westerschouwen (van 27 oktober 1962, 1 november 1962 en 26 oktober 1980) werd niet beschreven en kon niet worden aanvaard (cf Beekman et al 1983). In 1996 werd dit patroon van najaarsvangsten doorbroken door drie overwinterende exemplaren op twee locaties in het binnenland en in de volgende winter de eerste gevallen in de laatste week van november. Merkwaardigerwijs bevond één van beide november-vogels zich op dezelfde plek als twee overwinterende vogels een jaar eerder. Mogelijk was er sprake van een influx in jaren met meer dan twee gevallen: 1961, 1987, 1994 en 1996. In België zijn voor 1911-95 16 exemplaren bekend waarvan vier in 1961 en één in 1987.

Breeds from eastern European Russia east to Siberia; regularly winters west to southern Caspian Sea coast, sometimes in southern France, Israel, and Italy.

In 1960-94, the species showed a typical occurrence pattern with one (or more) ringing records in about every other year along the North Sea coast, from the second week of October to mid November, with only a few sightings in the field. The most productive ringing stations were those at Bloemendaal, Noord-Holland, and Westerschouwen, Zeeland, with more than a third of all records thanks to the use of Yellowhammers *E citrinella* as decoy. A number of ringing records at Westerschouwen (on 27 October 1962, 1 November 1962 and 26 October 1980) were not documented and have not been accepted (cf Beekman et al 1983). In 1996, however, this pattern of autumn ringing records was broken by three wintering individuals at two inland sites and, in the following winter, by the first records in the last week of November. Remarkably, one of the November birds was seen at exactly the same spot as where two individuals stayed during the previous winter. Possibly, autumn influxes had occurred in years with more than two records: 1961, 1987, 1994 and 1996. In Belgium, 16 individuals were recorded in 1911-95 of which four in 1961 and one in 1987.

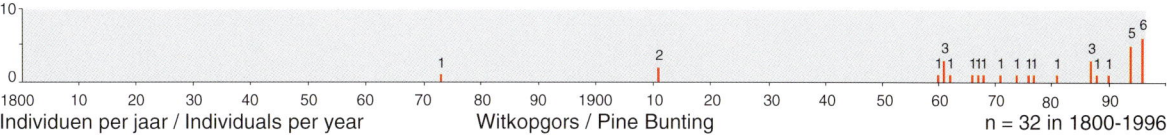

Individuen per jaar / Individuals per year   Witkopgors / Pine Bunting   n = 32 in 1800-1996

31 records (32 individuals) in 1800-1996; 16 (17 individuals) in 1980-96

2 May 1873 *Utrecht* UT ♂, dead (NNM) (died later in captivity); Notes Leyden Mus 30: 212, 1908
8 November 1911 *Nunspeet* GL, ♂, dead (NMR) (died later in captivity); Ardea 1: 24, 1912
15 November 1911 *Nunspeet* GL, ♀, dead (NMR) (died later in captivity); Ardea 1: 24, 1912
20 October 1960 Meyendel, *Wassenaar* ZH, ♀, dead (NNM)
11 October 1961 Meyendel, *Wassenaar* ZH, ♀, dead (NNM)
13 October 1961 Meyendel, *Wassenaar* ZH, ♀, dead (NNM)

12 November 1961 Westenschouwen, *Westerschouwen* ZL, ♀, dead (NNM)
8 October 1962 Kennemerduinen, *Bloemendaal* NH, ♂, trapped
31 October 1966 Kennemerduinen, *Bloemendaal* NH, 1w ♂, trapped
27 October 1967 Kennemerduinen, *Bloemendaal* NH, adult ♂, dead (ZMA)
20 October 1968 Westenschouwen, *Westerschouwen* ZL, adult ♂, dead (ZMA)

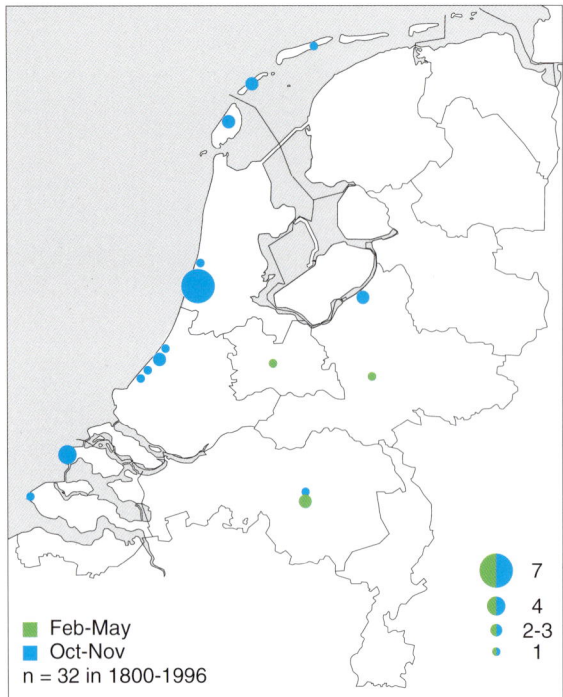

Feb-May
Oct-Nov
n = 32 in 1800-1996

7
4
2-3
1

Individuen per locatie / Individuals per site
Witkopgors / Pine Bunting

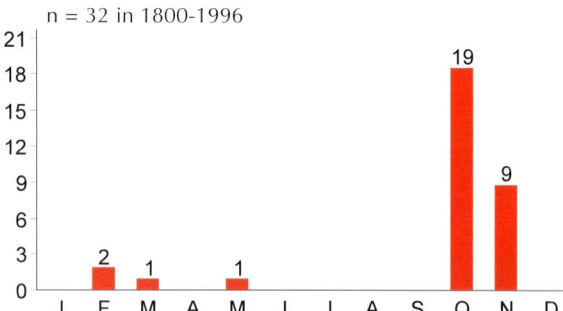

n = 32 in 1800-1996

Individuen per maand / Individuals per month
Witkopgors / Pine Bunting

24 October 1971 Kroonspolders, *Vlieland* FR, 1w (probably ♂), trapped
5 November 1974 Kennemerduinen, *Bloemendaal* NH, 1w ♂, trapped
23 October 1976 Westlandse Duinen, *Monster* ZH, 1w ♂, trapped
17 October 1977 Kroonspolders, *Vlieland* FR, 1w ♂, trapped
22 October 1981 Kennemerduinen, *Bloemendaal* NH, trapped, 1w ♀ (photographed)
19 October 1987 Westenschouwen, *Westerschouwen* ZL, 1w ♂, trapped (photographed)
30 October 1987 *Westkapelle* ZL, adult ♂ (photographed)
4 November 1987 Kennemerduinen, *Bloemendaal* NH, 1w ♂, trapped; DB 10: 40, 1988 (photo), LM 61: 173, 1988 (photo), BB 82:

23, 1989 (photo), Mitchell & Young (1997; photo 161(8)), Geelhoed et al (1998; photo)
29 October 1988 *Den Haag* ZH, 1w ♂, trapped (photographed)
1 November 1990 Polder Eijerland, *Texel* NH, 1w ♂
14 October 1994 Westenschouwen, *Westerschouwen* ZL, trapped (not (yet) submitted to CDNA); DB 18: 117, 1996
20-24 October 1994 IJmuiden, *Velsen* NH, 1w ♂ (wearing ring); DB 16: 260, 1994 (photo), Duinstag 9 (3-4): 27, 1995 (photo), VJ 43: 94, 1995 (photo)
23-28 October 1994 Slufterhoek, *Texel* NH, 1w ♀ (photographed); DB 19: 112, 1997
27-30 October 1994 *Terschelling* FR (not (yet) submitted to CDNA); DB 18: 117, 1996
4 November 1994 Kennemerduinen, *Bloemendaal* NH, 1w ♂, trapped; DB 17: 34, 1995 (photo)
26 February-25 March 1996 Oirschotse Heide, *Oirschot* NB (**2**), ♂; BW 9: 134, 1996 (photo), Birdwatch 5 (47): 60, 1996 (photo), DB 18: 52, 100-101, 1996 (photo), Opperman et al (1997)
3-13 March 1996 Planken Wambuis, *Ede* GL, ♂
14-15 October 1996 *Vlieland* FR, adult ♂ (photographed); DB 18: 336, 1996
24 November 1996 Oirschotse Heide, *Oirschot* NB, ♂ (photographed)
24-27 November 1996 Zanderij, *Katwijk* ZH, 1w ♀; BW 9: 463, 1996 (photo), Duinstag 11 (4): 14-15, 1996 (photos), DB 18: 335, 1996 (photo); 20: 163, 1998 (photo)

voorlopige toevoegingen voor 1997-98 / provisional additions for 1997-98
10-15 March 1998 Kooioerdstuifdijk, *Ameland* FR, ♂; VJ 46: 141, 1998 (sketch), CDNA archives

Witkopgors / Pine Bunting *Emberiza leucocephalos*, 22 October 1994, IJmuiden, Velsen, Noord-Holland *(Jan van Holten)*

Geelgors [2]

Emberiza citrinella citrinella

Yellowhammer

algemene broedvogel
gehele jaar algemeen

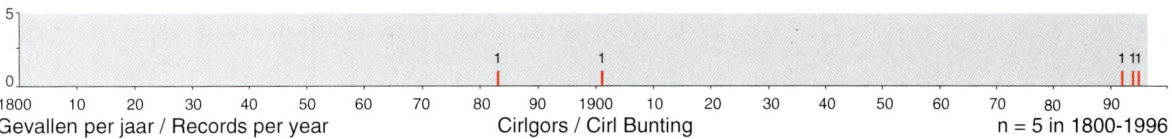

J F M A M J J A S O N D

common breeding bird
common throughout year

Cirlgors

zeer zeldzaam

Emberiza cirlus

Cirl Bunting

very rare

Broedt en overwintert in zuidhelft van Europa, Noord-Afrika en West-Turkije.

De soort is een voormalige broedvogel in België waar het laatste bewezen broedgeval werd ontdekt op 19 augustus 1962 te Mons, Hainaut (Giervalk 53: 311, 1963). Tegenwoordig liggen de dichtstbijzijnde broedgebieden in Lotharingen, Noord-Frankrijk. Alle drie Nederlandse gevallen in 1992-95 waren in het zuidwesten en dateerden van het voorjaar, tussen 13 maart en 16 mei.

Breeds and winters in southern half of Europe, northern Africa and western Turkey.

The species is a former breeding bird in Belgium where the last breeding record was discovered on 19 August 1962 at Mons, Hainaut (Giervalk 53: 311, 1963). Nowadays, the nearest breeding areas are situated in Lorraine, northern France. All three records in the Netherlands in 1992-95 were in the south-western part and dated from spring, between 13 March and 16 May.

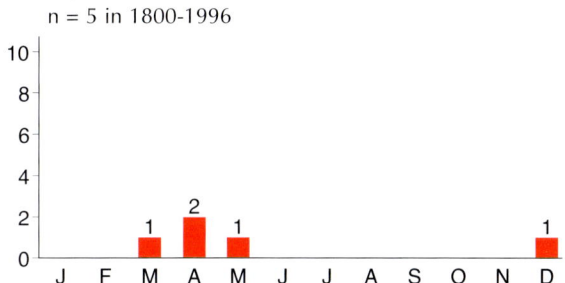

Gevallen per jaar / Records per year — Cirlgors / Cirl Bunting — n = 5 in 1800-1996

5 records in 1800-1996; 3 in 1980-96

30 December 1883 *Harderwijk* GL, adult ♂, dead (ZMA); Snouckaert van Schauburg (1908)
(23)28 April 1901 *Harderwijk* GL, adult ♂, dead (NMR); Jaarber Club Ned Vogelkd 17: 113, 1927
16 May 1992 Breskens, *Oostburg* ZL, 2y ♂; DB 16: 117-119, 1994 (photo)
23 April 1994 Maasvlakte, *Rotterdam/Westvoorne* ZH, ♂; DB 16: 153, 1994
13 March 1995 Hoogerheide, *Woensdrecht* NB, 2y ♂, dead (ZMA); DB 18: 16-17, 1996 (photos)

n = 5 in 1800-1996

Gevallen per maand / Records per month
Cirlgors / Cirl Bunting

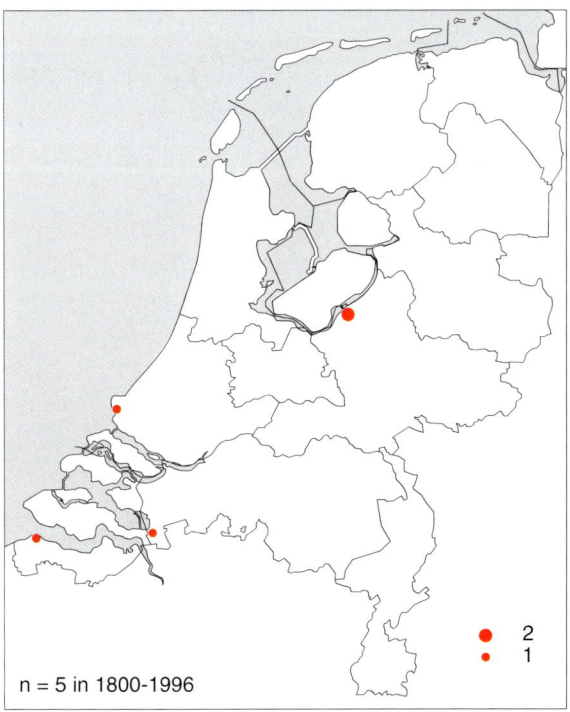

n = 5 in 1800-1996

● 2
· 1

Gevallen per locatie / Records per site
Cirlgors / Cirl Bunting

Cirlgors / Cirl Bunting *Emberiza cirlus*, second-year ♂, 16 May 1992, Breskens, Oostburg, Zeeland *(Jaap van 't Hof)*

355

Ortolaan [2]

zeldzame onregelmatige broedvogel
algemene doortrekker

Emberiza hortulana

J F M A M J J A S O N D

Ortolan Bunting

rare irregular breeding bird
common migrant

Het aantal broedparen nam af van ten minste 190 in 1975 (SOVON 1987) tot één (mislukt) broedgeval in 1994 en geen enkel in 1995 (van Dijk et al 1997, LM 70: 110, 1997).

The number of breeding pairs decreased from at least 190 in 1975 (SOVON 1987) to one (unsuccessful) breeding record in 1994 and none in 1995 (van Dijk et al 1997, LM 70: 110, 1997).

Bruinkeelortolaan

zeer zeldzaam

Emberiza caesia

Cretzschmar's Bunting

very rare

Broedt in oostelijk Middellandse-Zeegebied van Griekenland oost tot in Israël; overwintert in Soedan en Eritrea.

Breeds in eastern Mediterranean from Greece east to Israel; winters in Sudan and Eritrea.

De vogel van Overveen werd in 1859 als Ortolaan *E hortulana* verzameld en het opgezette exemplaar werd vermoedelijk pas 65 jaar later op naam gebracht. Er zijn ten minste zes voorjaarsgevallen bekend van Frankrijk in de 19e eeuw tegen geen enkel in de 20e eeuw (Dubois & Yésou 1992). Hetzelfde beeld komt naar voren voor Helgoland, Schleswig-Holstein, Duitsland. Het lijkt erop dat de soort in de 19e eeuw minder zeldzaam was in West-Europa dan in de 20e eeuw, toen er gevallen waren op 29-30 mei 1967 op Öland, Zweden, 10-20 juni 1967 en 9-10 juni 1979 op Fair Isle, Shetland, Schotland, 19 mei 1981 en 30 september 1990 in Finland, 1 mei 1995 te Salzburg, Oostenrijk, en op 14-18 mei 1998 op Stronsay, Orkney, Schotland.

The Overveen bird was collected in 1859 and misidentified as Ortolan Bunting *E hortulana*. Probably, the mounted specimen was correctly identified as late as 65 years later. There are at least six spring records for France in the 19th century but none in the 20th century (Dubois & Yésou 1992). A similar pattern is shown by records for Helgoland, Schleswig-Holstein, Germany. This indicates that, in the 19th century, the species was not as rare in western Europe as in the 20th century, when records dated from 29-30 May 1967 on Öland, Sweden, 10-20 June 1967 and 9-10 June 1979 on Fair Isle, Shetland, Scotland, 19 May 1981 and 30 September 1990 in Finland, 1 May 1995 at Salzburg, Austria, and 14-18 May 1998 on Stronsay, Orkney, Scotland.

2 records in 1800-1996; 1 in 1980-96

11 October 1859 Overveen, *Bloemendaal* NH, 1w ♀, dead (NNM); Zoöl Meded 10: 71, 1927, DB 18: 171, 1996 (photo)

7-11 May 1994 Buren, *Ameland* FR, 1s ♂ (filmed); DB 19: 8-11, 1997 (photos)

Bruinkeelortolaan / Cretzschmar's Bunting *Emberiza caesia*, first-summer ♂, 10 May 1994, Buren, Ameland, Friesland (Frans Buissink)

n = 2 in 1800-1996

Gevallen per locatie / Records per site
Bruinkeelortolaan / Cretzschmar's Bunting

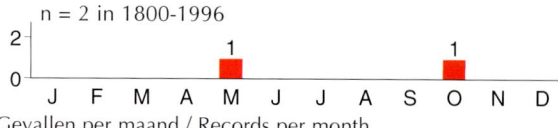

n = 2 in 1800-1996

Gevallen per maand / Records per month
Bruinkeelortolaan / Cretzschmar's Bunting

Geelbrauwgors

Emberiza chrysophrys

Yellow-browed Bunting

zeer zeldzaam

very rare

Broedt in Zuidoost-Siberië; overwintert in Zuidoost-China.

Naast het enige geval voor Nederland waren er elders in Noordwest-Europa in 1800-1994 gevallen op 20 oktober 1966 in Tongeren, Limburg, België (Oriolus 62: 92-94, 1996), op 19 oktober 1975 in Norfolk, Engeland, op 12-23 oktober 1980 op Fair Isle, Shetland, Schotland, op 22-23 september 1992 op North Ronaldsay, Orkney, Schotland, en op 19-22 oktober 1994 op St Agnes, Scilly, Engeland (BB 88: 551, 1995).

Breeds in south-eastern Siberia; winters in south-eastern China.

In 1800-1994, apart from the only record for the Netherlands, the species was recorded in north-western Europe on 20 October 1966 at Tongeren, Limburg, Belgium (Oriolus 62: 92-94, 1996), on 19 October 1975 in Norfolk, England, on 12-23 October 1980 on Fair Isle, Shetland, Scotland, on 22-23 September 1992 on North Ronaldsay, Orkney, Scotland, and on 19-22 October 1994 on St Agnes, Scilly, England (BB 88: 551, 1995).

1 record in 1800-1996; 1 in 1980-96

19 October 1982 *Schiermonnikoog* FR, 1y ♂, trapped; DB 4: 148, 1982 (photo); 6: 51, 1984 (photo); 10: 127-130, 1988 (photo), Nieuwsblad van het Noorden 1982 (photo), Vanellus 35: 177, 1982 (photo), van den Berg et al (1990): 135 (photo)

n = 1 in 1800-1996

• 1

Gevallen per locatie / Records per site
Geelbrauwgors / Yellow-browed Bunting

Geelbrauwgors / Yellow-browed Bunting *Emberiza chrysophrys*, 19 October 1982, Schiermonnikoog, Friesland (*Jan van der Straaten*)

357

Bosgors

Emberiza rustica

Rustic Bunting

zeldzaam

rare

Broedt van Zuidoost-Noorwegen en Midden-Zweden oost tot in Oost-Siberië; overwintert in Oost-China, Korea en Japan.

De meeste gevallen dateerden tussen 12 september en 9 november, vooral van de vierde week van september tot en met de derde week van oktober. De overige gevallen waren uit het voorjaar, met als uiterste datums 18 maart en 9 juni. Er zijn drie gevallen die betrekking hadden op een groep van drie of vier exemplaren waarvan twee op Terschelling, Friesland. Deze groepen waren aanwezig in najaren waarin sprake leek te zijn van een influx: 1980 (10 exemplaren) en 1994 (zeven). Bijna alle najaarsgevallen waren van de Noordzeekust maar de meeste binnenlandwaarnemingen dateerden van het voorjaar. De toename van het aantal gevallen houdt mogelijk verband met de voortdurende zuidwestwaartse uitbreiding van het broedgebied van de soort. Zo werd pas in 1897 het eerste broedgeval bekend voor Zweden waar in de 1970er jaren 50 000 paren tot broeden kwamen (Cramp & Perrins 1994b).

Breeds from south-eastern Norway and central Sweden east into eastern Siberia; winters in eastern China, Korea and Japan.

Most records dated from the period between 12 September and 9 November, especially from the fourth week of September into the third week of October. Other records dated from spring, between 18 March and 9 June. There are three records of groups of three or four, twice on Terschelling, Friesland. These groups were present during autumns with a possible influx: in 1980 (10 individuals) and 1994 (seven). Nearly all autumn records were from the North Sea coast, though most inland records dated from spring. The increase of records is possibly related to the continuing expansion of the species' breeding range towards the south-west. For instance, the first breeding for Sweden dated from 1897 while 50 000 pairs were counted in the 1970s (Cramp & Perrins 1994b).

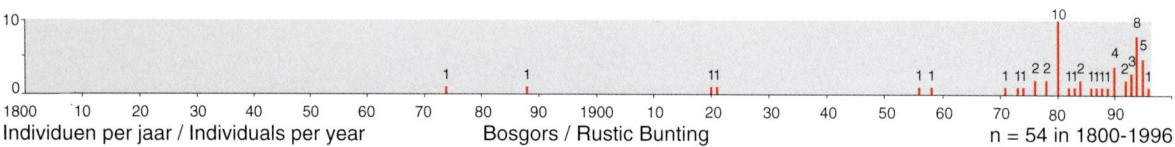

Individuen per jaar / Individuals per year   Bosgors / Rustic Bunting   n = 54 in 1800-1996

47 records (54 individuals) in 1800-1996; 34 records (41 individuals) in 1980-96

16 October 1874 Vogelenzang, *Bloemendaal* NH, 1w ♂, dead (NNM); Zoöl Meded 10: 71, 1927

24 October 1888 *Harderwijk* GL, ♂, dead (ZMA); Jaarber Club Ned Vogelkd 5: 72, 1915

October 1920 *Den Haag* ZH, adult ♂ winter, dead (NNM)

18 March 1921 *Bunschoten* UT, ♀, dead (ZMA)

1 November 1956 Meyendel, *Wassenaar* ZH, dead (NNM)

26 May 1958 Hoog Soeren, *Apeldoorn* GL, ♂ (♀ not accepted)

26 September 1971 Meyendel, *Wassenaar* ZH, trapped; LM 45: 175-176, 1972

4 October 1973 Groene Glop, *Schiermonnikoog* FR, trapped

14 October 1974 Katwijk aan Zee, *Katwijk* ZH, adult ♂; Meijer et al (1996), contra LM 54: 85-86, 1981

24 September 1976 Groene Glop, *Schiermonnikoog* FR, trapped; LM 54: 81-88, 1981 (photos)

30 September 1976 Kennemerduinen, *Bloemendaal* NH, 1w ♂, trapped

22 April 1978 Paterswolde, *Eelde* DR, ♀

25 May 1978 Westlandse Duinen, *Monster* ZH, ♂

21 (& 26) September 1980 Amsterdamse Waterleidingduinen, *Zandvoort* NH, trapped; DB 2: 119, 1980 (photo), Geelhoed et al (1998)

Bosgors / Rustic Bunting *Emberiza rustica*, adult, 15 May 1993, Terschelling, Friesland *(Theo Bakker)*

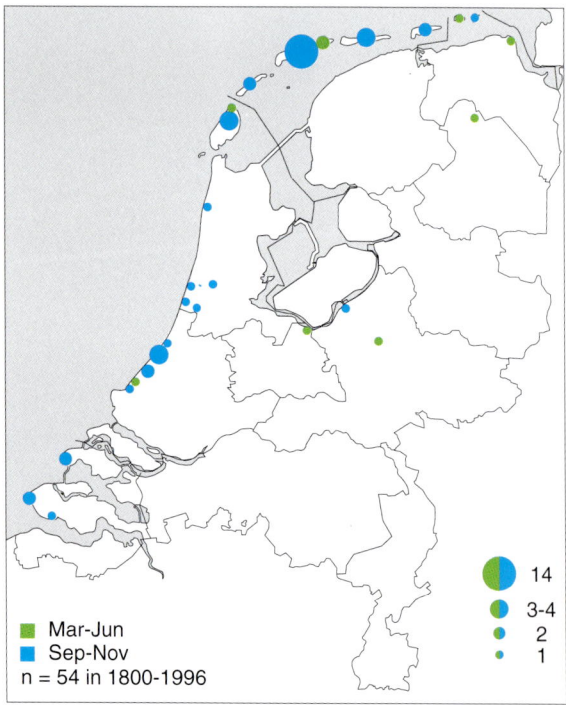

Mar-Jun
Sep-Nov
n = 54 in 1800-1996

14
3-4
2
1

Individuen per locatie / Individuals per site
Bosgors / Rustic Bunting

Bosgors / Rustic Bunting *Emberiza rustica*, first-year, 26 October 1992, Petten, Zijpe, Noord-Holland *(Arnoud B van den Berg)*

23-28 September 1980 *Terschelling* FR (max **3**), 1 trapped (25 September); LM 54: 86-87, 1981 (photos)

8 October 1980 *Terschelling* FR

14 October 1980 Kooioerdstuifdijk, *Ameland* FR (**4**), incl 2 ♂; DB 10: 175, 1988

1-2 November 1980 *Terschelling* FR, adult ♂ (photographed); DB 19: 112, 1997

12 September 1982 Westenschouwen, *Westerschouwen* ZL, trapped (photographed)

21 October 1983 Westenschouwen, *Westerschouwen* ZL, trapped (photographed)

6 October 1984 *Terschelling* FR

8 October 1984 *Terschelling* FR

14 October 1986 *Texel* NH; DB 11: 161, 1989

23 May 1987 De Cocksdorp, *Texel* NH, adult ♂ (not (yet) accepted by CDNA)

13 May 1988 *Terschelling* FR, adult ♀

25 May 1989 Eemshaven, *Eemsmond* GR, adult ♂

27 September-1 October 1990 Scheveningen, *Den Haag* ZH; Duinstag 5: 123, 1990 (photo); 7: 12-13, 1992 (photos), DB 12: 272, 1990 (photo); 14: 88, 1992 (photo), Limicola 4: 313-314, 1990 (photo), VJ 38: 238, 1990 (photo)

27 September-1 October 1990 *Terschelling* FR, adult ♂; LM 65: 144, 1992

27 September-2 October 1990 *Westkapelle* ZL; Duinstag 5: 123, 1990 (photo); 7: 13, 1992 (photo), DB 12: 272, 1990 (photo); 14: 88, 1992 (photo)

13 October 1990 *Terschelling* FR, ♂

4-8 October 1992 *Vlieland* FR; DB 14: 241, 1992 (photo)

26 October 1992 Petten, *Zijpe* NH; DB 14: 240, 1992 (photo); 16: 143, 1994 (photo), VJ 41: 144, 1993 (photo), LM 67: 170, 1994 (photo), BW 9: 150, 1996 (photo)

15-25 May 1993 Oosterend, *Terschelling* FR, ♂; DB 15: 186, 1993 (photo); 20: 164, 1998

28 September 1993 *Terschelling* FR

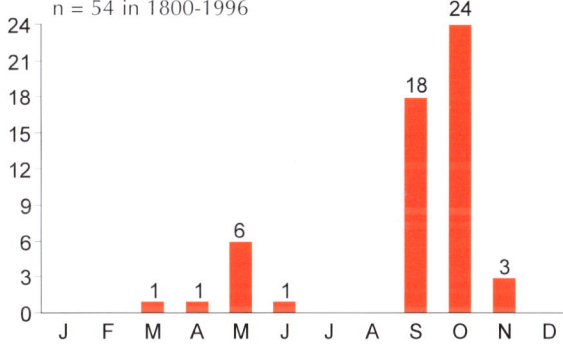

n = 54 in 1800-1996

Individuen per maand / Individuals per month
Bosgors / Rustic Bunting

9 November 1993 Spaarnwoude, *Haarlemmerliede en Spaarnwoude* NH

8-9 June 1994 Rottumerplaat, *Eemsmond* GR (photographed)

18-19 September 1994 De Cocksdorp, *Texel* NH, 1w ♀

26 September 1994 Oosterend, *Terschelling* FR, ♀, trapped (photographed)

29 September-2 October 1994 Oosterend, *Terschelling* FR (max **3**); DB 16: 261, 1994 (photo)

14-15 October 1994 *Wassenaar* ZH, ♂ (sound-recorded)

16 October 1994 Rottumeroog, *Eemsmond* GR, ♀; DB 19: 112, 1997

6 October 1995 Hoek van Holland, *Rotterdam* ZH, adult ♂

8 October 1995 Noordoosthoek, *Vlieland* FR, 1w (photographed)

19(-20) October 1995 Horsmeertjes, *Texel* NH

29 October 1995 Nollebos, *Vlissingen* ZL; DB 20: 164, 1998

29 October 1995 *Wassenaar* ZH

23 September 1996 *Westkapelle* ZL

Dwerggors   *Emberiza pusilla*   Little Bunting

zeldzaam   rare

Broedt van Noord-Scandinavië oost tot Oost-Siberië; overwintert in Zuid- en Zuidoost-Azië van Nepal en Noord-
Thailand oost tot Oost-China.

De soort is vanaf 1967 bijna ieder jaar vastgesteld in geleidelijk toenemende aantallen van 12 in 1970-79 en 24 in
1980-89 tot 28 in 1990-95. Dit komt overeen met de toename van jaargemiddelen in de Britse Eilanden van vijf in
1958-69, negen in 1970-79, 23 in 1980-89 tot 29 in 1990-
94 waarbij het interessant is dat de aantallen van Shetland,
Schotland, hoger waren dan die van de rest van Brittannië te
zamen (BB 90: 439, 1997). De toename van het aantal gevallen houdt mogelijk verband met de westwaartse uitbreiding
van de soort tot in Noord-Noorwegen (cf Cramp & Perrins
1994b). Verreweg de meeste dateerden van het najaar, tussen
13 september en 30 november. Er waren twee gevallen van
meerdere vogels, beide in een uitzonderlijk jaargetijde te
Katwijk, Zuid-Holland: een groep van drie in maart-april
1990 en twee overwinterend vanaf midden-december 1995.
De laatste datum in het voorjaar was 17 mei. Een hoog aantal kwam van vier van de vijf grootste Waddeneilanden, met
de meeste op Terschelling, Friesland (13).

Breeds from northern Scandinavia east into eastern Siberia;
winters in southern and south-eastern Asia from Nepal and
northern Thailand east to eastern China.

The species has been seen almost annually since 1967.
Numbers gradually increased from 12 in 1970-79 and 24 in
1980-89 to 28 in 1990-95. Likewise, the annual mean in the
British Isles increased from five in 1958-69, nine in 1970-79,
23 in 1980-89 to 29 in 1990-94 while numbers in Shetland,
Scotland, exceeded those in the rest of Britain combined (BB
90: 439, 1997). The increase of records is possibly related
with its westward expansion into northern Norway (cf Cramp
& Perrins 1994b). By far the most were in autumn, between
13 September and 30 November. There were two records of
more than a single bird, both in an unusual season at Katwijk,
Zuid-Holland: a group of three in March-April 1990 and two
winterers from mid December 1995 onwards. The last date
in spring was 17 May. A large number of records came from
four of the five largest Wadden Islands, with most on Terschelling, Friesland (13).

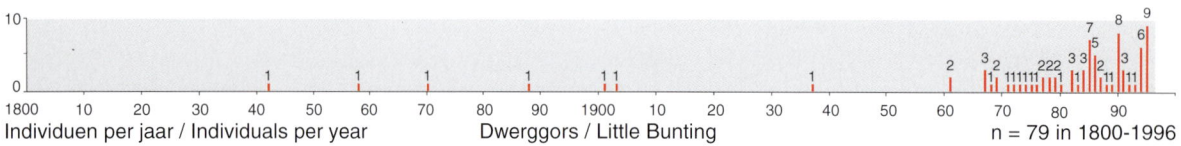

Individuen per jaar / Individuals per year   Dwerggors / Little Bunting   n = 79 in 1800-1996

76 records (79 individuals) in 1800-1996; 49 records (52 individuals) in 1980-96

18 November 1842 *Leiden* ZH, ♀, dead (NNM); Snouckaert van
  Schauburg (1908)
September 1858 *Rotterdam* ZH, ♂, dead (NNM)
18 October 1870 Wildhoef, *Bloemendaal* NH, dead (NNM); Zoöl
  Meded 10: 72, 1927
October 1888 *Harderwijk* GL, ♂, dead (ZMA)
21 October 1901 Utrecht, dead (NNM)
30 November 1903 Loosduinen, *Den Haag* ZH, ♂, dead (NMR)
28 October 1937 Meyendel, *Wassenaar* ZH, ♂, dead (NNM)
1 November 1961 Kennemerduinen, *Bloemendaal* NH, ♂, dead
  (NNM)
5 November 1961 Westenschouwen, *Westerschouwen* ZL, dead

(NNM)
27 September 1967 *Zandvoort* NH, trapped
23 October 1967 *Zandvoort* NH, trapped
8 November 1967 Meyendel, *Wassenaar* ZH, 1w ♂, dead (ZMA)
26 November 1968 Kennemerduinen, *Bloemendaal* NH, 1w ♂, trapped
16 September 1969 Kroonspolders, *Vlieland* FR, trapped
11 October 1969 Kroonspolders, *Vlieland* FR, trapped
6 November 1971 Kennemerduinen, *Bloemendaal* NH, trapped
8 October 1972 Meyendel, *Wassenaar* ZH, trapped
2 October 1973 Groene Glop, *Schiermonnikoog* FR, 1w, trapped
6 October 1974 Groene Glop, *Schiermonnikoog* FR, trapped

Dwerggors / Little Bunting *Emberiza pusilla*, 5 April 1990, Katwijk aan Zee, Katwijk, Zuid-Holland
(Arnoud B van den Berg)

Dwerggors / Little Bunting *Emberiza pusilla*, 5 April 1990, Katwijk aan Zee, Katwijk, Zuid-Holland *(Arnoud B van den Berg)*

8 November 1975 Kroonspolders, *Vlieland* FR, 1w, trapped
16 September 1976 Kroonspolders, *Vlieland* FR, trapped; LM 52: 231, 1979; 54: 83, 1981 (photo)
27 September 1977 *Castricum* NH, trapped
27 September 1977 Kornwerderzand, *Wûnseradiel* FR, trapped; Vanellus 31: 87, 1978 (photo)
13 October 1978 *Castricum* NH
13 October 1978 Oosterend (paal 16-17), *Terschelling* FR
17 October 1979 Oosterend, *Terschelling* FR
25-28 October 1979 *Maartensdijk* UT
9 October 1980 *Wassenaar* ZH, trapped
2-10 October 1982 *Terschelling* FR; DB 6: 50, 1984
8-9 October 1982 *Terschelling* FR
12 October 1982 *Schiermonnikoog* FR
9 November 1983 Lauwersoog, *De Marne* GR
28 September 1984 *Terschelling* FR
4 October 1984 De Blocq van Kuffeler, *Almere* FL, trapped
12 October 1984 IJmuiden, *Velsen* NH; DB 7: 36, 1985 (photo), Duinstag 1: 141, 1986 (photo)
7 May 1985 Maasvlakte, *Rotterdam* ZH
17 May 1985 *Terschelling* FR; DB 7: 116, 1985 (photo)
23 September 1985 Kennemerduinen, *Bloemendaal* NH, trapped; DB 9: 52, 1987 (photo)
28 September 1985 De Blocq van Kuffeler, *Almere* FL, trapped (photographed)
11 October 1985 Muiderzand, *Almere* FL
13 October 1985 Lauwersoog, *De Marne* GR
16 October 1985 *Schiermonnikoog* FR, trapped
9-11 February 1986 *Asten* NB
23 September 1986 *Vlieland* FR, trapped (photographed)
27-28 September 1986 *Terschelling* FR
16-18 October 1986 *Texel* NH
12 November 1986 *Castricum* NH, trapped; DB 9: 149, 1987 (photo), LM 60: 203, 1987 (photo)
18 October 1987 Westenschouwen, *Westerschouwen* ZL, trapped
3 November 1987 *Castricum* NH, 1y, trapped (photographed)

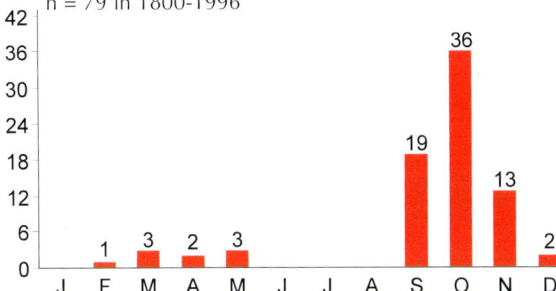

n = 79 in 1800-1996

Individuen per maand / Individuals per month
Dwerggors / Little Bunting

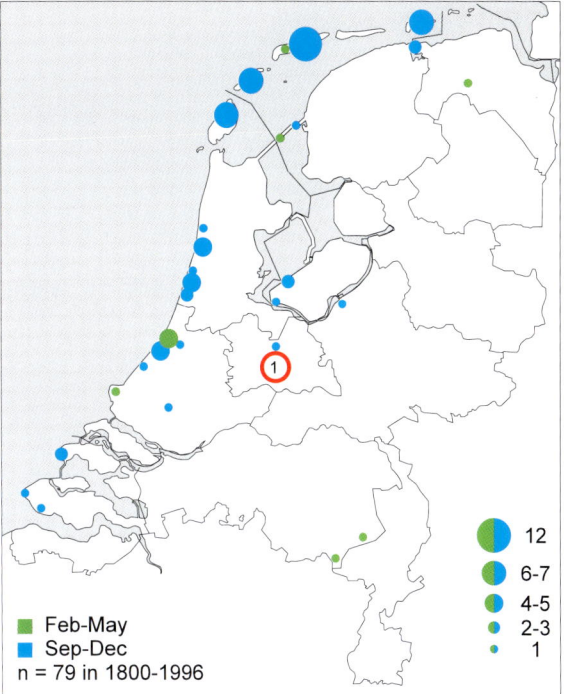

Feb-May
Sep-Dec
n = 79 in 1800-1996

Individuen per locatie / Individuals per site
Dwerggors / Little Bunting

21 September 1988 *Vlieland* FR, 1y, trapped (photographed)
22 October 1989 *Terschelling* FR
31 March-14 April 1990 *Katwijk* ZH (**3**), singing (sound-recorded); BW 3: 122, 1990 (photo); 7: 323, 1994 (photo), Duinstag 5: 49-51, 1990 (photos), DB 12: 105, 218, 1990 (photos); 14: 87, 1992 (photo), VJ 38: 192, 1990 (photo), LM 65: 145, 1992 (photo), Meijer et al (1996; photo), Mitchell & Young (1997; photo 163(8): erroneous year)
27 September 1990 *Terschelling* FR, trapped; Vanellus 44: 23, 1991 (photo)
27 September-2 October 1990 *Westkapelle* ZL; DB 15: 156, 1993
13 October 1990 Polder Eijerland, *Texel* NH
28-29 October 1990 *Terschelling* FR, trapped
10 November 1990 *Castricum* NH, imm, trapped (photographed)
23-30 September 1991 *Terschelling* FR, imm, trapped; Vanellus 44: 158, 1991 (photo)
3 October 1991 *Vlieland* FR, imm, trapped
9-11 October 1991 Oosterend, *Terschelling* FR
2 May 1992 *Groningen* GR
10-11 April 1993 Budel-Dorplein, *Budel* NB
19 September 1994 *Zandvoort* NH
2 October 1994 *Schiermonnikoog* FR, 1y, trapped (photographed); DB 19: 112, 1997
10 October 1994 Nolledijk, *Vlissingen* ZL
12 October 1994 De Cocksdorp, *Texel* NH
16 October 1994 *Schoorl* NH; DB 20: 164, 1998
17 October 1994 De Cocksdorp, *Texel* NH, ♂
14-15 April 1995 Breezanddijk, *Wûnseradiel* FR; VJ 43: 240, 1995 (photo), DB 19: 103, 1997 (photo)
13 September 1995 *Schiermonnikoog* FR, trapped; DB 20: 164, 1998
22 September 1995 De Cocksdorp, *Texel* NH (photographed)
30 September 1995 De Cocksdorp, *Texel* NH
2 October 1995 De Blocq van Kuffeler, *Almere* FL, 1y, trapped; DB 20: 164, 1998
5-6 October 1995 West-Terschelling, *Terschelling* FR (photographed)
2 November 1995 *Schiermonnikoog* FR, trapped (photographed); DB 20: 164, 1998
18 December 1995-17 March 1996 *Katwijk* ZH (**2** on 19 December-10 January), 1w; Duinstag 10: 38, 1995 (photos), DB 18: 45, 1996 (photo), ter Ellen et al (1996), Meijer et al (1996; photo)

voorlopige toevoegingen voor 1997-98 / provisional additions for 1997-98
2 May 1997 De Cocksdorp, *Texel* NH, ♂ (photographed); CDNA archives
11 October 1997 Noordoosthoek, *Vlieland* FR; CDNA archives
1 November 1997 Strabrechtse Heide, *Someren* NB (not (yet) accepted by CDNA
18 September 1998 paal 8, De Hors, *Texel* NH; CDNA archives
12 October 1998 Oost-Vlieland, *Vlieland* FR (photographed); CDNA archives

Rosse Gors

Emberiza rutila

Chestnut Bunting

zeer zeldzaam

very rare

Broedt in Oost-Siberië; overwintert van Assam oost tot in Zuidoost-China.

Behalve het enige geval in Nederland waren er in 1800-1995 in West-Europa vier gevallen in Schotland op 9-13 juli 1974, 11 juni 1985, 15-16 juni 1986 en 2-5 september 1994, één in Noorwegen op 13-15 oktober 1974 en één in Wales op 18-19 juni 1986 (BB 88: 556, 1995). Met name voorjaarsgevallen worden vaak twijfelachtig geacht omdat een herkomst uit gevangenschap wordt vermoed (cf Cramp & Perrins 1994b).

Breeds in eastern Siberia; winters from Assam east to south-eastern China.

Apart from one in the Netherlands, records in western Europe in 1800-1995 included four in Scotland on 9-13 July 1974, 11 June 1985, 15-16 June 1986 and 2-5 September 1994, one in Norway on 13-15 October 1974 and one in Wales on 18-19 June 1986 (BB 88: 556, 1996). Spring records, especially, are often considered to be of doubtful origin as possible escapes (cf Cramp & Perrins 1994b).

n = 1 in 1800-1996

1 record in 1800-1996; none in 1980-96

5 November 1937 Meyendel, *Wassenaar* ZH, 1w ♀, dead (NNM); LM 11: 1-6, 1938 (photos), DB 18: 171, 1996 (photo)

Gevallen per locatie / Records per site
Rosse Gors / Chestnut Bunting

Wilgengors

Emberiza aureola aureola

Yellow-breasted Bunting

zeldzaam

rare

Broedt van Finland oost tot in Oost-Siberië en zuid tot in Mongolië; overwintert in Zuidoost-Azië.

Met uitzondering van twee adulte uit juli en oktober in de 1970er jaren dateerden alle gevallen tussen 29 augustus en 29 september. De datums komen overeen met die in Brittannië waar in 1958-96 181 exemplaren werden vastgesteld. Het is opmerkelijk dat de meeste Britse gevallen afkomstig waren van Fair Isle, Shetland, Schotland (Dymond et al 1989, BB 89: 526, 1996; 90: 515-517, 1997). In de laatste jaren zijn de aantallen in Finland afgenomen.

Breeds from Finland east into eastern Siberia and south into Mongolia; winters in south-eastern Asia.

Apart from two adults in the 1970s from July and October, all records dated from the period between 29 August and 29 September. The dates are similar to those for Britain where 181 individuals were recorded during 1958-96. Remarkably, most British records were from Fair Isle, Shetland, Scotland (Dymond et al 1989, BB 89: 526, 1996; 90: 515-517, 1997). In recent years, numbers in Finland have been decreasing.

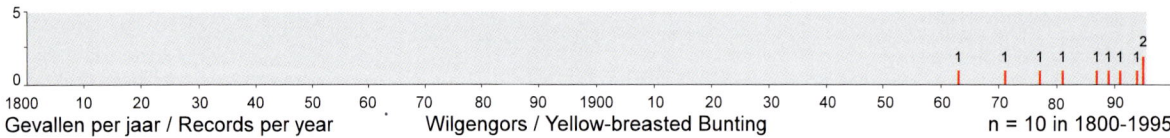

Gevallen per jaar / Records per year   Wilgengors / Yellow-breasted Bunting   n = 10 in 1800-1995

10 records in 1800-1995; 7 in 1980-95

n = 10 in 1800-1995

Gevallen per maand / Records per month
Wilgengors / Yellow-breasted Bunting

(10)11 September 1963 lichtschip Noord-Hinder, west off Vlissingen CP, 1w ♀, dead (ZMA); LM 37: 317-318, 1964

27 October 1971 Meyendel, *Wassenaar* ZH, winter ♂, trapped; LM 45: 93-94, 1972

15 July 1977 Rottumerplaat, *Eemsmond* GR, adult ♂, trapped; DB 18: 171, 1996 (photo), de Bruin & de Bruin (1997; photo)

5 September 1981 Westenschouwen, *Westerschouwen* ZL, 1w, trapped; DB 5: 9, 1983 (photo), LM 66: 159, 1993 (photo)

1 September 1987 *Terschelling* FR

27-29 September 1989 Oosterend, *Terschelling* FR, 1w; DB 11: 197, 1989 (photo)

29 August 1991 Westenschouwen, *Westerschouwen* ZL, 1w, trapped; BW 4: 307, 1991 (photo), DB 13: 194, 1991 (photo), Mitchell & Young (1997; photo 165(4))

17-18 September 1994 *Vlieland* FR, 1w (photographed)
9 September 1995 Noordoosthoek, *Vlieland* FR, 1w ♀
12 September 1995 *Westkapelle* ZL, 1w; DB 17: 222, 1995 (photo);
    19: 103, 1997 (photo), BW 9: 34, 1996 (photo)

voorlopige toevoegingen voor 1996-98 / provisional additions for 1996-98
2 September 1996 Maasvlakte, *Rotterdam* ZH (not (yet) submitted to CDNA)
21-22 September 1996 Oosterend, *Terschelling* FR (not (yet) submitted to CDNA); Arie Ouwerkerk (pers comm)

Wilgengors / Yellow-breasted Bunting *Emberiza aureola*,
12 September 1995, Westkapelle, Zeeland *(Hans Gebuis)*

n = 10 in 1800-1995

Gevallen per locatie / Records per site
Wilgengors / Yellow-breasted Bunting

Rietgors [2]

algemene broedvogel
gehele jaar algemeen

Emberiza schoeniclus schoeniclus

J F M A M J J A S O N D

Common Reed Bunting

common breeding bird
common throughout year

Bruinkopgors

zeer zeldzaam

Emberiza bruniceps

Red-headed Bunting

very rare

Broedt in Centraal-Azië van Kazakhstan oost tot Altai-gebergte; overwintert in India.

Vanwege de onwaarschijnlijke datum wordt de vogel van Urk, Flevoland, in februari 1937 vaak als een ontsnapte kooivogel beschouwd. Aangezien de soort in het verleden vaak als kooivogel werd geïmporteerd, kunnen ook bij de herkomst van andere exemplaren vraagtekens worden geplaatst. Dit geldt met name voor gevallen van vóór 1990 (cf Vinicombe & Cottridge 1996). Broedgebied en trekgedrag van de soort vertonen gelijkenis met die van Zwartkopgors *E melanocephala*. Om die reden kan worden verondersteld dat het patroon van het voorkomen in West-Europa eveneens overeen zou moeten stemmen en een piek vertonen in de tweede helft van mei en de eerste helft van juni. De vogel van juni 1995 bevond zich op de punt van een 3 km lange pier en was de volgende ochtend weer verdwenen; deze omstandigheden, alsmede de ontdekking van een Perzische Roodborst *Irania gutturalis* op dezelfde dag, spraken zodanig tot de verbeelding dat dit in het algemeen als een overtuigend geval wordt beschouwd. Verscheidene gevallen van vóór 1995 worden nog herzien (Jan van der Laan in litt).

Breeds in central Asia from Kazakhstan east to Altai mountains; winters in India.

Because of the inappropriate date, the bird in February 1937 on Urk, Flevoland, is often regarded as an escape. In the past, the species has often been imported as a cagebird and, therefore, doubts may also be expressed concerning the wild origin of other individuals, especially those recorded before 1990 (cf Vinicombe & Cottridge 1996). The species' breeding range and migratory behaviour resemble those of Black-headed Bunting *E melanocephala*. Because of this, one may suggest that the pattern of occurrence in western Europe should also be similar, with a peak in the second half of May and the first half of June. The June 1995 bird was discovered at the tip of a 3 km long pier and had disappeared the morning after; these circumstances, combined with the discovery of a White-throated Robin *Irania gutturalis* on the same day, created the idea that it had the right credentials of a genuine vagrant. Several pre-1995 records are still under review (Jan van der Laan in litt).

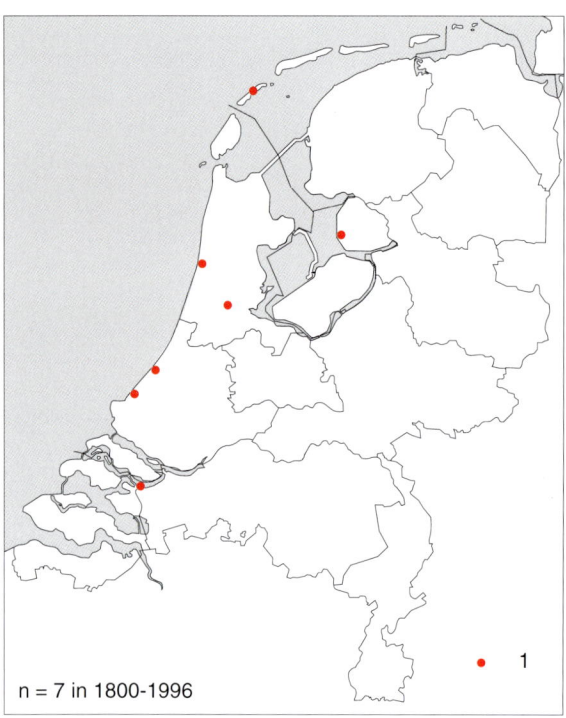

n = 7 in 1800-1996

Gevallen per locatie / Records per site
Bruinkopgors / Red-headed Bunting

Bruinkopgors / Red-headed Bunting *Emberiza bruniceps*, ♂,
2 June 1995, Sint Philipsland, Zeeland *(Peter L Meininger)*

7 records in 1800-1996; 2 in 1980-96

6 June 1933 *Castricum* NH, ♂, dead (NNM); DB 18: 71, 1996
(photo)
late February 1937 *Urk* FL, ♂, trapped & dead (ZMA) (died 18 May
1937); Kees Roselaar (in litt)
6 July 1963 Spaarndammerdijk, *Amsterdam* NH, ♂, trapped & dead
(ZMA) (died 5 August 1963); Kees Roselaar (in litt)
13 August 1967 Ter Heijde, *Monster* ZH, adult ♂, dead (NMR); Kees
Moeliker (in litt)
24-25 June 1969 Berkheide, *Wassenaar* ZH, ♂ (filmed); cf Meijer et
al (1996)
29 May 1992 Lange Paal, *Vlieland* FR, ♂ (photographed); CDNA
archives, Willem van der Waal (in litt)
2 June 1995 *Sint Philipsland* ZL, 1s ♂ (singing); DB 17: 120, 1995
(photo); 18: 69-73, 1996 (photo), ter Ellen et al (1996)

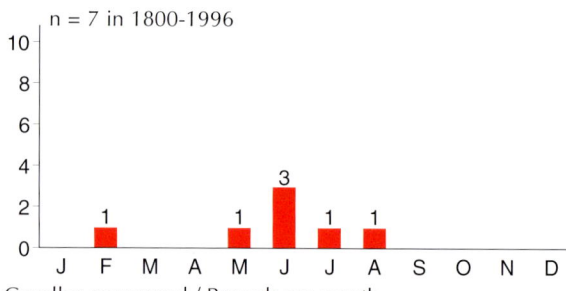

n = 7 in 1800-1996

Gevallen per maand / Records per month
Bruinkopgors / Red-headed Bunting

Zwartkopgors

Emberiza melanocephala

Black-headed Bunting

zeer zeldzaam

very rare

Broedt van Italië en Zuidoost-Europa oost tot in West-Iran; overwintert in India.

De meeste gevallen dateerden van het late voorjaar, tussen 12 mei en 4 juni. Ook elders in West-Europa was het merendeel van deze periode (cf Dymond et al 1989, Rønnest 1994). Vergeleken met Nederland waren er overigens aanzienlijk meer gevallen in Brittannië en Ierland (ten minste 131 in 1800-1996; BB 90: 517, 1997) en Scandinavië (c 50 in 1800-1992; cf Rønnest 1994). Vanwege de onwaarschijnlijke datum wordt de vogel in februari 1967 te Ede, Gelderland, vaak als een ontsnapte kooivogel beschouwd.

Breeds from Italy and south-eastern Europe east into western Iran; winters in India.

Most records dated from late spring, between 12 May and 4 June. Also elsewhere in western Europe, most were from this period (cf Dymond et al 1989, Rønnest 1994). Compared with the Netherlands, there were many more records in Britain and Ireland (at least 131 in 1800-1996; BB 90: 517, 1997) and Scandinavia (c 50 in 1800-1992; cf Rønnest 1994). Because of the inappropriate date, the bird in February 1967 at Ede, Gelderland, is often regarded as an escape.

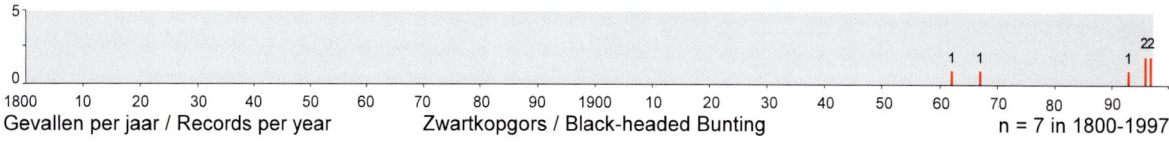

Gevallen per jaar / Records per year   Zwartkopgors / Black-headed Bunting   n = 7 in 1800-1997

Zwartkopgors / Black-headed Bunting *Emberiza melanocephala*, ♂, 5 May 1997, Den Helder, Noord-Holland *(René Pop)*

5 records in 1800-1996; 3 in 1980-96

12 May 1962 De Koog, *Texel* NH, ♂; LM 37: 53, 1964, DB 18: 198, 1996
2-7 February 1967 Balilaan 5, *Ede* GL, ♂, trapped; LM 40: 12-13, 1967, cf Leys et al (1993)
4 June 1993 *Krimpen aan den IJssel* ZH, ♂; DB 20: 164, 1998
26-27 May 1996 *Ameland* FR, 1s ♂; DB 18: 153, 1996 (photo), Opperman et al (1997)
31 May 1996 Maasvlakte/Westplaat, *Rotterdam/Westvoorne* ZH, ♂; DB 18: 153-154, 1996

voorlopige toevoegingen voor 1997-98 / provisional additions for 1997-98
5-22 May 1997 *Den Helder* NH, ♂; Birdwatch 6 (61): 57, 1997 (photo), DB 19: 96, 143-144, 1997 (photos), VJ 45: 191, 1997 (photo), Plomp et al (1998)
20 July 1997 De Blocq van Kuffeler, *Almere* FL, adult ♂ (singing); CDNA archives
21 June 1998 *Castricum* NH, adult ♂; DB 20: 130, 1998 (photo), Plomp et al (1999)
21 June 1998 *Schiermonnikoog* FR, adult ♂ (not (yet) submitted to CDNA)

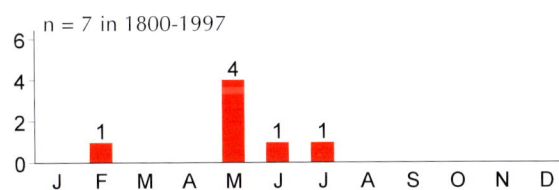

Gevallen per maand / Records per month
Zwartkopgors / Black-headed Bunting

Gevallen per locatie / Records per site
Zwartkopgors / Black-headed Bunting

Grauwe Gors [2]

schaarse broedvogel
gehele jaar schaars

Miliaria calandra calandra

J F M A M J J A S O N D

Corn Bunting

scarce breeding bird
scarce throughout year

Het aantal broedparen nam af van ten minste 1100 in 1975 (LM 63: 103-111, 1990) tot ten minste 100 in 1994 (van Dijk et al 1996).

The number of breeding pairs decreased from at least 1100 in 1975 (LM 63: 103-111, 1990) to at least 100 in 1994 (van Dijk et al 1996).

Indigogors   *Passerina cyanea*   **Indigo Bunting**

zeer zeldzaam   very rare

Broedt in Noord-Amerika; overwintert in Midden-Amerika.

Het eerste geval in 1983 betrof een schuwe vogel die zijn
zang liet horen in de rand van een bos grenzend aan een
weiland. Het exemplaar van 1989 liet zich op een voeder-
plaats in een tuin zien. De soort is een lange-afstandstrekker
die over grotere afstanden trekt dan de andere in Nederland
vastgestelde Amerikaanse gorzen. Desalniettemin werden
met name meldingen van vóór 1980 vaak afgedaan als ontsnapte kooivogels aangezien hij enkele decennia geleden
regelmatig in gevangenschap voorkwam (cf BW 3: 314-315,
1990). Al vóór 1980 is de prijs voor deze soort in de Nederlandse kooivogelhandel dermate hoog geworden dat hij
sindsdien in gewone dierenzaken vrijwel niet meer te koop
wordt aangeboden (N Engelhart pers comm). In Mexico ging
in september 1982 een uitvoerverbod van kracht (Tim
Inskipp in litt).

n = 2 in 1800-1996

Gevallen per locatie / Records per site
Indigogors / Indigo Bunting

Breeds in North America; winters in Central America.

The first record in 1983 concerned a shy bird singing at a
forest edge alongside a meadow. The 1989 bird was seen in
a suburban garden with a feeder. The species is a long-distance migrant, making longer flights than other species of
American sparrow recorded in the Netherlands. Nevertheless, notably pre-1980 reports were often disregarded as escapes since it occurred frequently as a cagebird a few decades
ago (cf BW 3: 314-315, 1990). Even before 1980, the price of
this species in the Dutch bird trade increased dramatically
because of which it has been rarely offered for sale in regular
pet shops since (N Engelhart pers comm). An export ban from
Mexico was introduced in September 1982 (Tim Inskipp in
litt).

2 records in 1800-1996; 2 in 1980-96

8 June-15 July 1983 Robbenoordbos, *Wieringermeer* NH, ♂; DB 6:
65-66, 1984 (photo), van den Berg et al (1990): 137 (photo)
10-23 March 1989 *Amsterdam* NH, ♂; DB Nieuwsbr 1: 49-51, 59,

1989 (photos), DB 16: 144, 1994 (photo), Mitchell & Young (1997;
photo 167(6))

Indigogors / Indigo Bunting *Passerina cyanea*, ♂, 16 March 1989, Amsterdam, Noord-Holland *(Hans Gebuis)*

Baltimoretroepiaal

Icterus galbula

Baltimore Oriole

zeer zeldzaam

very rare

Broedt in oostelijk Noord-Amerika; overwintert van Mexico zuid tot Colombia.

Het enige Nederlandse geval betrof een vogel die na de vangst op 14 oktober 1987 in gevangenschap werd gehouden om na te zijn beschreven en geringd op 18 oktober weer te worden losgelaten. Hierna werd hij op 19 oktober opnieuw waargenomen en op 20 oktober andermaal gevangen. Andere gevallen in Europa in 1800-1994 betroffen drie exemplaren verzameld in IJsland, een adult ♂ kort gezien op 13 mei 1986 op Utsira, Rogaland, Noorwegen (dat ook kenmerken had van Bullocks Troepiaal *I bullocki*), en 18 in Brittannië waarvan 13 tussen 19 september en 18 oktober en drie midden in de winter (BB 86: 536-538, 1993).

Breeds in eastern North America; winters from Mexico south to Colombia.

The only Dutch record was a bird trapped on 14 October 1987 which was kept in captivity until 18 October when it was released after being described and ringed; it was sighted in the field on 19 October and trapped again on 20 October. Other records in Europe in 1800-1994 included three collected in Iceland, an adult ♂ briefly seen on 13 May 1986 on Utsira, Rogaland, Norway (which also showed characters of Bullock's Oriole *I bullocki*), and 18 in Britain of which 13 between 19 September and 18 October, and three in midwinter (BB 86: 536-538, 1993).

n = 1 in 1800-1996

● 1

Gevallen per locatie / Records per site
Baltimoretroepiaal / Baltimore Oriole

1 record in 1800-1996; 1 in 1980-96

14-20 October 1987 *Vlieland* FR, 1w ♀, trapped (twice); LM 62: 205, 1989 (photo), DB 14: 201-207, 1992 (photos); 18: 118, 1996

Baltimoretroepiaal / Baltimore Oriole *Icterus galbula*, first-winter ♀, 18 October 1987, Vlieland, Friesland *(Huybert M van Eck)*

Soorten van vóór 1800

Pre-1800 species

Voor enkele soorten die sinds 1 januari 1800 niet zijn vastgesteld bestaat bewijs dat ze wel vóór 1800 voorkwamen.

For a few species not recorded since 1 January 1800 convincing evidence exists about their occurrence before 1800.

Kroeskoppelikaan

Pelecanus crispus

Dalmatian Pelican

Er waren broedkolonies van deze soort in het begin van de jaartelling in estuaria van Schelde en Rijn (VJ 26: 209-217, 1978, DB 2: 44, 1980). Aan het eind van de 20e eeuw was het een met uitsterven bedreigde soort geworden met een sterk verbrokkeld broedgebied van Zuidoost-Europa tot Centraal-Azië (Collar et al 1994).

In the first centuries, breeding colonies of this species were present in estuaria of Scheldt and Rhine rivers (VJ 26: 209-217, 1978, DB 2: 44, 1980). At the end of the 20th century, it had become a globally threatened species with a highly fragmented breeding range from south-eastern Europe to central Asia (Collar et al 1994).

Reuzenalk

Pinguinus impennis

Great Auk

Van deze sinds juni 1844 uitgestorven soort werden botten uit het begin van de jaartelling in 1977 gevonden bij archeologische opgravingen van een Romeins fort te Velsen, Noord-Holland (Ardea 66: 57-61, 1978). Een coracoid werd in 1981 gevonden te Maasvlakte, Rotterdam, Zuid-Holland (DB 13: 96-98, 1991).

Bones from the first century of this species, which got extinct in June 1844, were found in 1977 at an archeological site of a Roman fortification at Velsen, Noord-Holland (Ardea 66: 57-61, 1978). A coracoid was found in 1981 at Maasvlakte, Rotterdam, Zuid-Holland (DB 13: 96-98, 1991).

Citroenkanarie

Serinus citrinella

Citril Finch

Het type-exemplaar van Pallas uit 1764 te Den Haag, Zuid-Holland, is het enige geval van deze soort uit berggebieden van Frankrijk en Zuid-Duitsland zuid tot Spanje. Er waren in 1800-1994 acht gevallen voor België, de laatste op 13 oktober 1993 (Oriolus 62: 49-50, 1996).

Pallas's type-specimen from 1764 at Den Haag, Zuid-Holland, is the only record of this species which occurs from montane areas of France and southern Germany south to Spain. In 1800-1994, there have been eight records for Belgium, the last on 13 October 1993 (Oriolus 62: 49-50, 1996).

Geïntroduceerde soorten: exoten

Introduced species: category C

Dit zijn soorten die in Nederland of elders in het West-Palearctische gebied weliswaar regelmatig tot broeden komen maar waarvan *alle* exemplaren of hun voorouders met zekerheid uit gevangenschap afkomstig zijn (categorie C: 'exoten'). Deze soorten behoren derhalve met zekerheid niet tot de inheemse avifauna. Op volgorde van talrijkheid gaat het om de volgende taxa: Rotsduif *Columba livia domestica*, Fazant *Phasianus colchicus*, Nijlgans *Alopochen aegyptiacus*, Halsbandparkiet *Psittacula krameri*, Mandarijneend *Aix galericulata*, Zwarte Zwaan *Cygnus atratus*, Chileense Flamingo *Phoenicopterus chilensis*, Rosse Stekelstaart *Oxyura jamaicensis*, Heilige Ibis *Threskiornis aethiopicus* en Indische Gans *Anser indicus*. De laatstgenoemde vier soorten broeden niet (of slechts onregelmatig) in Nederland. Voor Grote Canadese Gans *Branta canadensis* zij verwezen naar de hoofdlijst. In de hoofdlijst staan bovendien vrij veel soorten waarvan *ten minste* een aantal van de exemplaren of hun voorouders uit gevangenschap afkomstig zijn.

These are species regularly breeding ferally in the Netherlands or other Western Palearctic countries of which there is no doubt that *all* individuals or their ancestors are coming from captivity (category C). As a consequence, they are not regarded as part of the indigenous avifauna. In order of abundancy, these are the following taxa: Rock Dove *Columba livia domestica*, Common Pheasant *Phasianus colchicus*, Egyptian Goose *Alopochen aegyptiacus*, Rose-ringed Parakeet *Psittacula krameri*, Mandarin Duck *Aix galericulata*, Black Swan *Cygnus atratus*, Chilean Flamingo *Phoenicopterus chilensis*, Ruddy Duck *Oxyura jamaicensis*, Sacred Ibis *Threskiornis aethiopicus* and Bar-headed Goose *Anser indicus*. The latter four species do not breed (or only irregularly) in the Netherlands. For Greater Canada Goose *Branta canadensis*, see main list. In addition, there are quite a few species in the main list of which *at least* a number of individuals or their ancestors come from captivity.

Zwarte Zwaan [2]

zeldzame broedvogel
gehele jaar schaars

Cygnus atratus

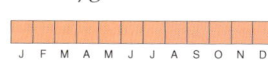

Black Swan

rare breeding bird
scarce throughout year

Deze uit Australië afkomstige soort broedt jaarlijks sinds 1978; in 1994 waren ten minste 100 exemplaren aanwezig, inclusief 25 broedparen (LM 69: 109-111, 1996). De soort broedt tevens in Slovenië (BB 85: 289, 1992, contra LM 69: 109-111, 1996; 71: 78-80, 1998) en elders in Midden-Europa.

This Australian species breeds annually since 1978 and, in 1994, more than 100 birds were present, including at least 25 breeding pairs (LM 69: 109-111, 1996). Besides, it is a breeding bird at several places in central Europe, for instance Slovenia (BB 85, 289, 1992, contra LM 69: 109-111, 1996; 71: 78-80, 1998).

Indische Gans [2]

Anser indicus

zeldzame onregelmatige broedvogel
schaarse tot vrij zeldzame wintergast

Bar-headed Goose

rare irregular breeding bird
scarce to rather rare winter visitor

Deze in Centraal-Azië broedende en in India overwinterende soort heeft hier in 1973-78 en 1986-94 broedpogingen ondernomen waarvan enkele keren met succes (cf Teixeira 1979, DB 2: 44-45, 1980, LM 67: 109-110, 1994, VJ 44: 148-149, 1996). In 1995 waren zes paren aanwezig (van Dijk et al 1997). In recente winters was een laag aantal (c 50) aanwezig in overwinterende groepen Grauwe Ganzen *A anser*; mogelijk waren deze vogels afkomstig van onbekende geïntroduceerde populaties elders in Europa zoals onder meer Duitsland en Noorwegen (cf SOVON 1987, cf BB 86: 595-596, 607, 1993, cf Vår Fuglefauna Suppl 2: 32-33, 1998).

This species breeds in central Asia and winters in India. In the Netherlands, it attempted to breed in 1973-78 and 1986-94, a few times with success (cf Teixeira 1979, DB 2: 44-45, 1980, LM 67: 109-110, 1994, VJ 44: 148-149, 1996). In 1995, six pairs were present (van Dijk et al 1997). In recent winters, small numbers (c 50) were present in Greylag Goose *A anser* flocks; possibly, these birds originated from unknown introduced populations elsewhere in Europe like Germany and Norway (cf SOVON 1987, cf BB 86: 595-596, 607, 1993, cf Vår Fuglefauna Suppl 2: 32-33, 1998).

Nijlgans [2]

Alopochen aegyptiacus

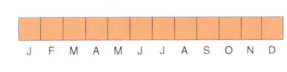

algemene broedvogel
gehele jaar algemeen

Egyptian Goose

common breeding bird
common throughout year

Deze Afrikaanse soort broedde in de 18e eeuw (nog) in de Donau-delta en in het begin van de 20e eeuw in Israël. Hij werd in Nederland voor het eerst gemeld op 22 januari 1915 te Twickel, Ambt Delden, Overijssel (dood; ND) (Ardea 12: 73, 1923). Het eerste broedgeval voor Engeland vond in de 19e eeuw plaats en voor Nederland in 1967. In 1994 was de Nederlandse broedpopulatie geleidelijk toegenomen tot 1300 paren (LM 69: 113-117, 1996). In België was de eerste melding in maart 1833 in Namur, vond het eerste broedgeval in 1982 plaats en telde de broedpopulatie meer dan 250 paren in 1995 (Gunter De Smet in litt, Didier Vangeluwe pers comm).

In the 18th century, this African species was (still) a breeding bird in the Donau delta and in the early part of the 20th century in Israel. It was first reported in the Netherlands on 22 January 1915 at Twickel, Ambt Delden, Overijssel (dead; ND) (Ardea 12: 73, 1923). First breeding in England occurred in the 19th century and in the Netherlands in 1967. In 1994, numbers in the Netherlands had gradually increased to 1300 breeding pairs (LM 69: 113-117, 1996). The first report for Belgium was in March 1833 in Namur, the first breeding record occurred in 1982 and the introduced population counted more than 250 pairs in 1995 (Gunter De Smet in litt, Didier Vangeluwe pers comm).

Mandarijneend [2]

Aix galericulata

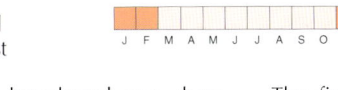

schaarse broedvogel
gehele jaar schaars

Mandarin Duck

scarce breeding bird
scarce throughout year

In Brittannië bevindt zich al langer dan een eeuw een broedpopulatie van deze Oost-Aziatische soort die in 1994 was toegenomen tot c 7000 exemplaren. In dat jaar was het verspreidingsgebied groter dan in de 1970er jaren en hij kwam toen ook voor in Down, Noord-Ierland (DB 16: 158, 1994). Een adult mannetje geringd te Taplow Court, Buckinghamshire, Engeland, op 13 maart 1993 werd gevangen en losgelaten in Zuid-Kennemerland, Noord-Holland, op 24 april 1993; een ander mannetje geringd in Zuid-Kennemerland op 9 april 1989 werd precies een jaar later gevangen te Lound, Suffolk, Engeland (Ring Migrat 16: 46, 1995). Bovendien is er sinds 1964 een aantal succesvolle broedpogingen in Nederland geweest en sinds 1980 broedt de soort hier ieder jaar. In 1994 bedroeg het aantal broedparen ten minste 90 en 's winters zijn groepen van meer dan 100 vogels vastgesteld (cf LM 69: 118-121, 1996). Het eerste broedgeval voor België was in 1987 in Brabant.

Since the 19th century, this eastern Asian species has a breeding population in Britain which in 1994 had increased to c 7000 individuals. By that time, it occupied a much wider range than in the 1970s which included Down, Northern Ireland (DB 16: 158, 1994). An adult male ringed at Taplow Court, Buckinghamshire, England, on 13 March 1993 was trapped and released in Zuid-Kennemerland, Noord-Holland, on 24 April 1993; and another adult male ringed in Zuid-Kennemerland on 9 April 1989 was trapped at Lound, Suffolk, England, exactly a year later (Ring Migrat 16: 46, 1995). Besides, since 1964, a number of breeding records occurred in the Netherlands and the species breeds annually since 1980. The Dutch breeding population had increased to at least 90 pairs in 1994, with largest winter flocks consisting of more than 100 birds (cf LM 69: 118-121, 1996). The first breeding for Belgium was in 1987 in Brabant.

Rosse Stekelstaart [2]

Oxyura jamaicensis ssp

zeldzame onregelmatige broedvogel
schaarse tot vrij zeldzame wintergast

Ruddy Duck

rare irregular breeding bird
scarce to rather rare winter visitor

Het eerste geslaagde Nederlandse broedgeval van deze Noord-Amerikaanse soort werd in 1977 vastgesteld te Nieuwkoop, Zuid-Holland (Teixeira 1979). In 1978-91 zijn op verschillende plaatsen wel baltsende vogels gezien maar geen jongen (van den Berk et al 1993, VJ 44: 156-157, 1996). In 1992-94 was sprake van drie geslaagde broedgevallen (LM 70: 27-32, 1997). De grootste aantallen (maximaal 48 in 1994) werden sinds 1985 vastgesteld in november-februari in het westen van Nederland (LM 70: 27-32, 1997). Het is

The first successful Dutch breeding record of this North American species was in 1977 at Nieuwkoop, Zuid-Holland (Teixeira 1979). In 1978-91, the species has been seen displaying at different localities but no young were encountered (van den Berk et al 1993, VJ 44: 156-157, 1996). In 1992-94, three breeding records were documented (LM 70: 27-32, 1997). Since 1985, the largest numbers (up to 48 in 1994) were seen during November-February in the western part of the Netherlands (LM 70: 27-32, 1997). Possibly, some winter

mogelijk dat een aantal in de winter aanwezige vogels afkomstig was van de sinds 1952-60 geïntroduceerde populatie in Brittannië die in 1993 3500 exemplaren telde (DB 15: 85, 1993).

birds originated from Britain where in 1952-60 an introduced breeding population was established, numbering 3500 individuals in 1993 (DB 15: 85, 1993).

Fazant [2]

Common Pheasant

Phasianus colchicus ssp

algemene broedvogel
gehele jaar algemeen

J F M A M J J A S O N D

common breeding bird
common throughout year

Deze vooral in Azië voorkomende soort kwam oorspronkelijk ook voor in de Kaukasus en rond de Zwarte Zee en Kaspische Zee maar thans zijn wilde populaties op veel plaatsen in het westen van het areaal verdwenen. Reeds eeuwenlang is hij in veel landen van Europa voor de jacht uitgezet en in Nederland werd het een algemene stand- en broedvogel.

Originally, this Asian species also occurred in the Caucasus and around the Black Sea and Caspian Sea, but nowadays wild populations have disappeared from many areas in the western part of its range. For many centuries, it has been introduced for hunting purposes in many countries of Europe; in the Netherlands, it became a common resident and breeding bird.

Heilige Ibis [2]

Sacred Ibis

Threskiornis aethiopicus

vrij zeldzaam

J F M A M J J A S O N D

rather rare

Het is aannemelijk dat de in Nederland vastgestelde exemplaren van deze Afrikaanse soort afkomstig waren uit West-Frankrijk, waar de soort in 1976 werd geïntroduceerd en zich sinds 1993 sterk heeft uitgebreid (Alauda 62: 275-280, 1994). In het park van Branféré, Morbihan, werden in de nazomer van 1994 420 exemplaren geteld. In 1991 vond het eerste broedgeval plaats te Lac de Grand-Lieu, Loire-Atlantique, in 1993 broedden hier vijf paren (11 jongen) en in 1994 40 paren (in twee kolonies; 50 jongen). Er hebben zich ook half-wilde populaties gevestigd te Villars-les-Dombes, Ain, en Sigean, Aude (Oiseau 4 (49): 5, 1997, Philippe Dubois in litt). In België werden in 1989-97 21 exemplaren gemeld (Gunter De Smet in litt).

Presumably, Dutch individuals of this African species originated from western France where the species was introduced in 1976 and has been thriving since 1993 (Alauda 62: 275-280, 1994). In the late summer of 1994, 420 individuals were counted in the parc of Branféré, Morbihan. In 1991, the first breeding occurred at Lac de Grand-Lieu, Loire-Atlantique; in 1993, five pairs bred here (raising 11 young) and in 1994 40 pairs (in two colonies; raising 50 young). Semi-wild populations were also established at Villars-les-Dombes, Ain, and Sigean, Aude (Oiseau 4 (49): 5, 1997, Philippe Dubois in litt). In Belgium, 21 individuals were reported in 1989-97 (Gunter De Smet in litt).

Chileense Flamingo [2]

Chilean Flamingo

Phoenicopterus chilensis

gehele jaar schaars

J F M A M J J A S O N D

scarce throughout year

Al vanaf 1958 werd nu en dan een exemplaar vastgesteld in Friesland (Spaans & Swennen 1968, van der Ploeg et al 1976). Sinds 1982 is deze Zuid-Amerikaanse soort een zeldzame broedvogel te Zwillbrocker Venn, Nordrhein-Westfalen, Duitsland, op minder dan 700 m van de Nederlandse grens bij Zwilbroek, Eibergen, Gelderland; in de zomer van 1995 werden maximaal 40 exemplaren van deze kolonie gemeld terwijl ook een aantal in Nederland verbleef (DB 13: 17, 1991, VJ 42: 208-217, 1994, van den Berg & Lafontaine 1996). De Duitse vogels overwinterden in Nederland, met name in het zuidwesten. Er waren tevens broedgevallen elders in Europa zoals sinds 1987 in de broedkolonie van Flamingo's *P roseus* in de Camargue, Bouches-du-Rhône, Frankrijk, waar in ieder geval in 1988, 1991 en 1994 jongen werden grootgebracht (Colon Waterbirds 15 (2): 261-263, 1992, DB 17: 29, 1995).

Already from 1958 onwards, singles were recorded occasionally in Friesland (Spaans & Swennen 1969, van der Ploeg et al 1976). Since 1982, this South American species is a rare breeding bird at Zwillbrocker Venn, Nordrhein-Westfalen, Germany, less than 700 m from the Dutch border at Zwilbroek, Eibergen, Gelderland; reportedly, in 1995, up to 40 were present in this breeding colony while other individuals spent the summer in the Netherlands (DB 13: 17, 1991, VJ 42: 208-217, 1994, van den Berg & Lafontaine 1996). The German breeding birds wintered in the Netherlands, mostly in the south-west. There were also breeding records elsewhere in Europe; for instance, since 1987, in the breeding colony of Greater Flamingo *P roseus* in the Camargue, Bouches-du-Rhône, France, where it successfully raised young in at least 1988, 1991 and 1994 (Colon Waterbirds 15 (2): 261-263, 1992, DB 17: 29, 1995).

Rotsduif [2]

Rock Dove

Columba livia

algemene broedvogel
gehele jaar algemeen

J F M A M J J A S O N D

common breeding bird
common throughout year

Deze talrijke stand- en broedvogel is eeuwenlang gekweekt en verwilderd, mogelijk vermengd met wilde vogels van kliffen en berggebieden in de zuidhelft van Europa.

This abundant feral resident and breeding bird has been domesticated for centuries, possibly mixed with wild birds from cliffs and mountain areas in the southern half of Europe.

Halsbandparkiet [2]

schaarse broedvogel
gehele jaar vrij algemeen

Psittacula krameri ssp

Rose-ringed Parakeet

scarce breeding bird
rather common throughout year

Buiten zijn oorspronkelijke tropische verspreidingsgebied in Afrika en Azië weet deze als kooivogel bekende soort zich in veel stadsparken te handhaven, ook rond grote Noordwest-Europese steden in België, Duitsland en Engeland. Sinds 1972 (of reeds 1968) werd deze soort ook regelmatig in Nederland gezien; in 1978 vonden de eerste goed gedocumenteerde broedgevallen plaats (VJ 24: 212-213, 1976; 25: 39, 1977, Teixeira 1979, SOVON 1987, LM 69: 121-122, 1996). In 1994 werd de populatie geschat op meer dan 550 waaronder 90-120 broedparen, waarvan het merendeel te Amsterdam, Noord-Holland, en Den Haag, Zuid-Holland (LM 69: 121-122, 1996). Op 9 december 1996 telde een slaapplaats te Amsterdam 320 exemplaren. Het eerste broedgeval voor België was in 1966 te Tervuren, Brabant; de grootste groep telde 1200-1300 exemplaren in de winter van 1997/98 te Evere, Brussel (Wielewaal 64: 199, 1998).

Away from its tropical breeding range in Africa and Asia, this well-known cagebird survives in many parks of big cities in north-western Europe, including Belgium, England and Germany. Since 1972 (or already 1968), the species has also been seen regularly in the Netherlands; the first documented breeding records occurred in 1978 (VJ 24: 212-213, 1976; 25: 39, 1977, Teixeira 1979, SOVON 1987, LM 69: 121-122, 1996); in 1994, the estimated population was more than 550, including 90-120 breeding pairs, mostly at Amsterdam, Noord-Holland, and Den Haag, Zuid-Holland (LM 69: 121-122, 1996). On 9 December 1996, 320 individuals were counted at a roosting site in Amsterdam. The first breeding for Belgium was in 1966 at Tervuren, Brabant; the largest flock was 1200-1300 individuals in the winter of 1997/98 at Evere, Brussels (Wielewaal 64: 199, 1998).

'Escapes'

Escapes

Broedende 'escapes'

Er zijn verscheidene andere soorten die met zekerheid niet tot de inheemse avifauna behoren maar die nu en dan (of zelfs regelmatig) in 1800-1998 in zeer laag aantal van minder dan 10 paren per jaar in Nederland hebben gebroed. Voorbeelden zijn onder meer Zwaangans *Anser cygnoides*, enkele ondersoorten van Grote Canadese Gans *Branta canadensis*, Magelhaengans *Chloephaga picta* (Gelderland & Schiermonnikoog, Friesland), Muskuseend *Cairina moschata*, Carolina-eend *Aix sponsa* (sinds 1994 in Noord-Holland; Geelhoed et al 1998), Rode Patrijs *Alectoris rufa* (in 1998 in het westen van Noord-Brabant; SOVON-nieuws 11 (4): 19, 1998), Blauwe Pauw *Pavo cristatus* (Katwijk, Zuid-Holland), Geelvleugelara *Ara macao* (Overveen, Bloemendaal, Noord-Holland), Monniksparkiet *Myiopsitta monachus* (Enschede, Overijssel) en Rode Kardinaal *Cardinalis cardinalis* (Gelderland) (cf Teixeira 1979, Wolfskeel 1989, LM 69: 103-130, 1996, VJ 44: 145-164, 1996). Carolina-eend kan overigens ook als transatlantische dwaalgast Europa bereiken zoals is aangetoond door een ringterugmelding van Noord-Carolina, VS, op de Azoren in augustus 1985 (DB 13: 80, 1991; 18: 207, 1996, BW 9: 205, 1996).

Breeding escapes

Several other species of which there is no doubt that all individuals or their ancestors are coming from captivity have bred occasionally in 1800-1998 or, when regularly, only in very small numbers of less than 10 pairs a year in the Netherlands. These include, for instance, Swan Goose *Anser cygnoides*, some subspecies of Greater Canada Goose *Branta canadensis*, Magellan Goose *Chloephaga picta* (Gelderland & Schiermonnikoog, Friesland), Muscovy Duck *Cairina moschata*, Wood Duck *Aix sponsa* (since 1994 in Noord-Holland; Geelhoed et al 1998), Red-legged Partridge *Alectoris rufa* (in 1998 in western Noord-Brabant; SOVON-nieuws 11 (4): 19, 1998), Common Peafowl *Pavo cristatus* (Katwijk, Zuid-Holland), Scarlet Macaw *Ara macao* (Overveen, Bloemendaal, Noord-Holland), Monk Parakeet *Myiopsitta monachus* (Enschede, Overijssel) and Northern Cardinal *Cardinalis cardinalis* (Gelderland) (cf Teixeira 1979, Wolfskeel 1989, LM 69: 103-130, 1996, VJ 44: 145-164, 1996). Wood Duck, however, may also occur as a transatlantic vagrant as is shown by a ringing recovery on the Azores in August 1985 from North Carolina, USA (DB 13: 80, 1991; 18: 207, 1996, BW 9: 205, 1996).

Niet-broedende 'escapes'

Er is een hoog aantal soorten vastgesteld dat, voor zover bekend, niet tot broeden komt en waarvan naar de mening van de CDNA ieder exemplaar uit gevangenschap afkomstig was of met een schip meegekomen. Hiertoe wordt ook een aantal soorten gerekend dat misschien als echte dwaalgast op eigen kracht Nederland zou kunnen bereiken (cf van den Berg & Bosman 1996, Bull Club 450 io 3: 7-9, 1996, DB 18: 75-78, 1996). Voor documentatie van gevallen van veel van deze soorten zij verwezen naar DB 18: 75-78, 1996 (foto's). Voor informatie over aantallen ganzen en eenden in gevangenschap, zie DB 16: 148-149, 1994. Voorbeelden van deze niet door de CDNA als wild aanvaarde soorten (waarvan onder meer purperkoeten *Porphyrio* nog ter discussie staan): Keizergans *Anser canagicus*, een aantal ondersoorten van Kleine Canadese Gans *Branta hutchinsii* (inclusief *B h minima* en *B h leucopareia*), Marmereend *Marmaronetta angustirostris* (bijvoorbeeld, 27 september 1980 Bath, Reimerswaal, Zeeland (2); Wielewaal 47: 123-124, 1981 (foto)), Buffelkopeend *Bucephala albeola* (bijvoorbeeld, 7 oktober 1960 Bloemendaal & Velsen, Noord-Holland (Harm Niesen pers obs) & 18 februari-30 maart 1986 ♂ Cuijk, Noord-Brabant (DB 8: 73, 1986 (foto)) & 12-13 november 1989 ♂ Marken, Waterland, Noord-Holland), Kokardezaagbek *Lophodytes cucullatus*, Roodsnavelkeerkringvogel *Phaethon aethereus* (dood op strand op 27 januari 1985 te Egmond, Noord-Holland; DB 8:

Non-breeding escapes

A large number of non-breeding species has been recorded of which, according to CDNA, all individuals originated from a captive or ship-assisted origin. Some of these species may perhaps also occur as genuine vagrants (cf van den Berg & Bosman 1996, Bull Club 450 io 3: 7-9, 1996, DB 18: 75-78, 1996). For documentation of records of many of these species, see DB 18: 75-78, 1996 (photos). For information on numbers of geese and ducks in captivity, see DB 16: 148-149, 1994. Examples of species not accepted as wild by CDNA (swamp-hens *Porphyrio* still being discussed) include, for instance, Emperor Goose *Anser canagicus*, some subspecies of Lesser Canada Goose *Branta hutchinsii* (including *B h minima* and *B h leucopareia*), Marbled Duck *Marmaronetta angustirostris* (for instance, 27 September 1980 Bath, Reimerswaal, Zeeland (2); Wielewaal 47: 123-124, 1981 (photo)), Bufflehead *Bucephala albeola* (for instance, 7 October 1960 Bloemendaal & Velsen, Noord-Holland (Harm Niesen pers obs) & 18 February-30 March 1986 ♂ Cuijk, Noord-Brabant (DB 8: 73, 1986 (photo)) & 12-13 November 1989 ♂ Marken, Waterland, Noord-Holland), Hooded Merganser *Lophodytes cucullatus*, Red-billed Tropicbird *Phaethon aethereus* (found dead on beach on 27 January 1985 at Egmond, Noord-Holland; DB 8: 45-48, 1986 (photo)), Pink-backed Pelican *Pelecanus rufescens*, African Spoonbill *Platalea alba*, Lesser Flamingo *Phoenicopterus minor*, Lammergeier

45-48, 1986 (foto)), Kleine Pelikaan *Pelecanus rufescens*, Afrikaanse Lepelaar *Platalea alba*, Kleine Flamingo *Phoenicopterus minor*, Lammergier *Gypaetus barbatus* (20-26 mei 1997 (**2**) Zuid-Holland & Flevoland; DB 19: 121-123, 1997 (foto) & 12-19 mei 1998 (**2**) Zuid-Holland & Noord-Holland incl Texel (Duinstag 13 (2): 2-5, 1998 (foto's), DB 20: 128, 136, 1998 (foto's), Plomp et al (1999)), Smaragdpurperkoet *P madagascariensis*, Grijskoppurperkoet *P poliocephalus*, Krokodilwachter *Pluvianus aegyptius*, Sporenkievit *Vanellus spinosus* (bijvoorbeeld, een exemplaar (dat ook op 30 april 1997 & 3 juni-10 januari 1998 in Kent & East Sussex, Engeland, verbleef) op 17-22 mei 1997 Naardermeer, Naarden & 11-12 januari 1998 Wieringermeer, Noord-Holland & 13-16 januari Ameland, Friesland; BW 10: 217-219, 1997 (foto's), Birdwatch 6 (62): 55, 1997 (foto), DB 19: 141, 1997 (foto)), Rare Birds 3: 164-166, 1997 (foto's), VJ 45: 190, 1997 (foto), BB 91: 486 (foto), 517, 1998, Plomp et al (1998), Palmtortel *Streptopelia senegalensis* (bijvoorbeeld, oktober 1966 Meyendel, Wassenaar, Zuid-Holland, vangst, gefotografeerd), Amerikaanse Oehoe *Bubo virginianus*, Grijsruglijster *Turdus hortulorum*, Witoorspreeuw *Sturnus cineraceus*, Mandarijnspreeuw *S sinensis*, Roodvoorhoofdkanarie *Serinus pusilla*, Chinese Groenling *Chloris sinica*, Vale Woestijnvink *Rhodospiza obsoleta*, Amerikaanse Roodmus *Carpodacus mexicanus*, Pallas' Roodmus *C roseus* (april-mei 1991 Groningen), Langstaartroodmus *Uragus sibiricus* (cf DB 18: 305-308, 1996; 19: 89, 1997 (foto)), Lazuligors *Passerina amoena*, Geelkeelgors *Emberiza elegans*, Geelkoptroepiaal *Xanthocephalus xanthocephalus* en Roodschoudertroepiaal *Agelaius phoeniceus*.

Gypaetus barbatus (20-26 May 1997 (**2**) Zuid-Holland & Flevoland; DB 19: 121-123, 1997 (photo) & 12-19 May 1998 (**2**) Zuid-Holland & Noord-Holland incl Texel (Duinstag 13 (2): 2-5, 1998 (photos), DB 20: 128, 136, 1998 (photos), Plomp et al (1999)), African Swamp-hen *P madagascariensis*, Grey-headed Swamp-hen *P poliocephalus*, Egyptian Plover *Pluvianus aegyptius*, Spur-winged Lapwing *Vanellus spinosus* (for instance, an individual (also present on 30 April 1997 & 3 June-10 January 1998 in Kent & East Sussex, England) on 17-22 May 1997 at Naardermeer, Naarden & 11-12 January 1998 Wieringermeer, Noord-Holland & 13-16 January Ameland, Friesland; BW 10: 217-219, 1997 (photos), Birdwatch 6 (62): 55, 1997 (photo), DB 19: 141, 1997 (photo)), Rare Birds 3: 164-166, 1997 (photos), VJ 45: 190, 1997 (photo), BB 91: 486 (photo), 517, 1998, Plomp et al (1998), Laughing Dove *Streptopelia senegalensis* (for instance, October 1966 Meyendel, Wassenaar, Zuid-Holland, trapped, photographed), Great Horned Owl *Bubo virginianus*, Grey-backed Thrush *Turdus hortulorum*, White-cheeked Starling *Sturnus cineraceus*, White-shouldered Starling *S sinensis*, Red-fronted Serin *Serinus pusilla*, Oriental Greenfinch *Chloris sinica*, Desert Finch *Rhodospiza obsoleta*, House Finch *Carpodacus mexicanus*, Pallas's Rosefinch *C roseus* (April-May 1991 Groningen), Long-tailed Rosefinch *Uragus sibiricus* (cf DB 18: 305-308, 1996; 19: 89, 1997 (photo)), Lazuli Bunting *Passerina amoena*, Yellow-throated Bunting *Emberiza elegans*, Yellow-headed Blackbird *Xanthocephalus xanthocephalus* and Red-winged Blackbird *Agelaius phoeniceus*.

Smaragdpurperkoet   *Porphyrio madagascariensis*   African Swamp-hen

zeer zeldzaam

very rare

Broedt in tropisch Afrika en Egypte.

Breeds in tropical Africa and Egypt.

Twee goed gedocumenteerde specimens van Smaragdpurperkoet zijn (nog) niet aanvaard door de CDNA vanwege twijfel of deze soort wild en op eigen kracht Nederland kan bereiken. Naast deze twee zijn er nog 12 andere meldingen van purperkoeten (sensu lato) maar pogingen om deze afdoende te documenteren waren tot dusver ontoereikend (Tijdschr Ned Dierkd Ver (2) 6: 113-114, 1900, VJ 19: 492, 1971; 20: 31-32, 1972; 22: 875, 1974; 41: 168-169, 1993, Gerritsen & Lok 1986, Jonkers et al (1987), Zêêlieven 9 (4): 12-14, 1993). Ze kunnen ook betrekking hebben op de tot voor kort als conspecifiek beschouwde Purperkoet *P porphyrio* uit Zuidwest-Europa en Noordwest-Afrika of Grijskoppurperkoet *P poliocephalus* uit Zuidoost-Europa en Azië (cf DB 20: 13-22, 1998, Livezey 1998). Bij beide komt trekgedrag voor (Irby 1895, Hagemeijer & Blair 1997). Sinds 1987 is Purperkoet in aantal toegenomen in Spanje (Butll Grup Català Anellament 13: 67-71, 1996) en sinds kort broedt de soort ook in Zuid-Frankrijk (Ornithos 3: 176-177, 1996; 4: 149-150, 1997). Westelijke vormen van Grijskoppurperkoet ('*caspius*' en '*seistanicus*') worden eveneens als mogelijke dwaalgast in Noordwest-Europa beschouwd (cf DB 4: 108, 1982 (foto), Wielewaal 50: 220, 1984 (foto), VJ 41: 168-169, 1993). Reeds lang geleden werden purperkoeten als levende siervogels in Noordwest-Europa ingevoerd (Ornithol Monatsber 18: 177, 1910) waardoor een mogelijk wilde herkomst hier gewoonlijk niet werd onderkend in weerwil van het spectaculaire vermogen van verwante soorten om als dwaalgast enorme afstanden af te leggen (Remsen & Parker 1990). Zo zijn er tot 1988 27 gevallen in Europa van Afrikaans Purperhoen *Porphyrula alleni* uit tropisch Afrika en 10 van Amerikaans Purperhoen *P martinica*.

Two well documented specimens of African Swamp-hen are not (yet) accepted by CDNA because of doubts whether the species may occur as genuine vagrant in the Netherlands. Apart from these two, there are also 12 other reports of purple swamp-hen (sensu lato) but, so far, efforts to obtain proper documentation have been unsuccessful (Tijdschr Ned Dierkd Ver (2) 6: 113-114, 1900, VJ 19: 492, 1971; 20: 31-32, 1972; 22: 875, 1974; 41: 168-169, 1993, Gerritsen & Lok 1986, Jonkers et al (1987), Zêêlieven 9 (4): 12-14, 1993). They may also involve Western Swamp-hen *P porphyrio* from south-western Europe and north-western Africa or Grey-headed Swamp-hen *P poliocephalus* from south-eastern Europe and Asia, which were previously considered conspecific with African Swamp-hen (cf DB 20: 13-22, 1998, Livezey 1998). Both may show migratory behaviour in Europe (Irby 1895, Hagemeijer & Blair 1997). Since 1987, Western Swamp-hen increased in numbers in Spain (Butll Grup Català Anellament 13: 67-71, 1996) and, since recently, it breeds in southern France (Ornithos 3: 176-177, 1996; 4: 149-150, 1997). Western forms of Grey-headed Swamp-hen ('*caspius*' en '*seistanicus*') are also considered possible vagrants in north-western Europe (cf DB 4: 108, 1982 (photo), Wielewaal 50: 220, 1984 (photo), VJ 41: 168-169, 1993). Already many decades ago, purple swamp-hens were imported live into north-western Europe as ornamental fowl (Ornithol Monatsber 18: 177, 1910) which explains why the species were usually ignored as possible vagrants despite the spectacular potential of related species to occur as long-distance vagrants (Remsen & Parker 1990). For instance, up to 1988, there were 27 European records of Allen's Gallinule *Porphyrula alleni* from tropical Africa and 10 of American Gallinule *P martinica*.

2 records in 1800-1996 (not (yet) accepted by CDNA/CSNA); none in 1980-96

22 July 1874 *Amstelveen* NH, adult ♂, dead (NNM); contra Tijdschr Ned Dierkd Ver (2) 6: 113-114, 1900
5 February 1959 Naardermeer, *Naarden* NH, adult ♂, dead (ZMA)

(found in burrow of Polecat *Mustela putorius*; no signs of captivity); Kees Roselaar (in litt)

Verwijzingen / References

Albarda, H 1896. Ornithologie van Nederland: waarnemingen van 1 Mei 1895 tot en met 30 April 1896 gedaan. Tijdschr Ned Dierkd Ver 2 (5): 35-46.

Albarda, H 1897. Aves Neerlandicae: naamlijst van Nederlandsche vogels. Leeuwarden.

Alleyn, W F, van den Bergh, L M J, Braaksma, S, ter Haar, T J F A, Jonkers, D A, Leys, H N & van der Straaten, J (red) 1971. Avifauna van Midden-Nederland. Assen.

Alström, P, Colston, P & Lewington, I 1991. A field guide to the rare birds of Britain and Europe. St Helier.

Andriesen, A A & Tekke, M J 1976. Bont Stormvogeltje *Pelagodroma marina* een nieuwe soort voor Nederlan. Limosa 49: 9-11.

ANWB-Kartografie 1991, 1991/92, 1992, 1995. Toeristenkaart Drenthe, toeristenkaart Salland en Twente, toeristenkaart Friesland en Noordoostpolder, toeristenkaart Friesland. Den Haag.

ANWB-Kartografie 1993. Provinciekaart Flevoland, provinciekaarten Gelderland, provinciekaart Limburg, provinciekaarten Noord-Brabant, provinciekaart Noord-Holland, provinciekaart Utrecht, provinciekaart Zeeland, provinciekaart Zuid-Holland, provinciekaart Groningen. Den Haag.

van der Baan, G & Swaab, J 1954. Veldwaarnemingen van de Roodstuitzwaluw, *Hirundo daurica* Temm., nabij Bergen (N.H.). Ardea 42: 350-352.

van Baars-Klinkenberg, G & Wattel, J 1966. Grote Franjepoot, nieuw voor Nederland. Limosa 39: 172-174.

Banks, R C 1986. Subspecies of the Glaucous Gull, *Larus hyperboreus* (Aves: Charadriiformes). Proc Biol Soc Washington 99(1): 1491-1559.

Barthel, P H & Bezzel, E 1990. Feststellungen seltener Vogelarten: ihre faunistische Bewertung und wissenschaftliche Bedeutung. Vogelwelt 111: 64-81.

Bauer, K M & Glutz von Blotzheim, U N 1966, 1968, 1969. Handbuch der Vögel Mitteleuropas 1-3. Frankfurt am Main.

Beaman, M 1994. Palearctic birds: a checklist of the birds of Europe, North Africa and Asia north of the foothills of the Himalayas. Stonyhurst.

Becuwe, M & Oreel, G J 1981. Naamlijst van in België en Nederland waargenomen of vastgestelde vogelsoorten en hun ondersoorten. Wielewaal 47: 363-376.

Beekman, F, Beijersbergen, J, Leeftink, K, Meininger, P L, Sluijter, T C J & Vergeer, J-W (red) 1986. De vogels van Schouwen-Duiveland. Zierikzee.

Beintema, A J, van der Bilt, E, Helming, B & Thuyls, T 1976. Een nieuwe ondersoort van de Rotgans, *Branta bernicla nigricans*, voor Nederland. Limosa 49: 131-134.

Bekaert, L 1991. Siberische Strandloper te Philippine in september 1989. Dutch Birding 13: 125-127.

van den Berg, A B 1979. Oehoe *Bubo bubo* bij Den Helder. Dutch Birding 1: 16-17.

van den Berg, A B 1982. Stellers Eider op Schiermonnikoog in mei 1982. Dutch Birding 4: 84-86.

van den Berg, A B 1984. Invasie van Sperweruil in westelijk Europa in herfst van 1983. Dutch Birding 6: 23-25.

van den Berg, A B 1987-94. Lijst van Nederlandse vogelsoorten. Santpoort-Zuid.

van den Berg, A B 1996. Roze Pelikaan in Zuid-Kennemerland in augustus 1974-januari 1975. Dutch Birding 18: 79-81.

van den Berg, A B & Bosman, C A W 1994-96. Lijst van Nederlandse vogels. Santpoort-Zuid.

van den Berg, A B, de By, R A & CDNA 1989, 1991, 1992, 1993a. Rare birds in the Netherlands in 1988; 1989; 1990; 1991. Dutch Birding 11: 151-164; 13: 41-57; 14: 73-90; 15: 145-159.

van den Berg, A B & Cottaar, F 1986. Ross Gans in Noordholland in november-december 1985. Dutch Birding 8: 57-59.

van den Berg, A B, Douwma, F & Kuiken, D 1993b. Canadese Kraanvogel te Paesens-Moddergat in september 1991. Dutch Birding 15: 1-6.

van den Berg, A B & Lafontaine, D 1996. Where to watch birds in Holland, Belgium and northern France. Londen.

van den Berg, A B & Lafontaine, D 1997. Vogels in de kijker. Baarn.

van den Berg, A B, van Loon, A J & Oreel, G J (red) 1990. Vogels nieuw in Nederland. Ede.

van den Berg, A B, van Ree, L & Roselaar, C S 1993c. Mongoolse Pieper te Westenschouwen in november 1983. Dutch Birding 15: 198-206.

van den Berg, A B & de Roever, J W 1982. Dougalls Stern te IJmuiden in juli 1982. Dutch Birding 4: 93-95.

van den Bergh, L M J, Gerritse, W G, Hekking, W H A, Keij, P G M J & Kuyk, F 1979. Vogels van de Grote Rivieren. Utrecht.

van den Berk, V, Hustings, F & van Roomen, M 1993. Status and origin of Ruddy Duck in The Netherlands. Contribution to the International *Oxyura jamaicensis* Workshop, Arundel, UK. Wageningen.

Bezemer, K W L & Rampen, J 1960. *Aythya collaris* (Donovan), de Amerikaanse Kuifeend, een nieuwe Nederlandse vogel. Limosa 33: 1-6.

Bierman, W H 1950. Een nieuwe Nederlandse vogel: *Streptopelia decaocto decaocto* Friv.. Ardea 38: 162-165.

Blankert, J J, de By, R A & CDNA 1987a, 1988. Rare birds in the Netherlands in 1986; 1987. Dutch Birding 9: 143-151; 10: 167-177.

Blankert, J J & CDNA 1982, 1983. Rare birds in Netherlands in 1980; 1981. Dutch Birding 4: 41-49; 5: 5-10.

Blankert, J J & de Heer, P 1981. Grijskopspecht op Brunssumerheide in april en mei 1981. Dutch Birding 3: 101.

Blankert, J J, Moerbeek, D J & CDNA 1987b. Rare birds in the Netherlands in 1985. Dutch Birding 9: 46-54.

Blankert, J J, Scharringa C J & CDNA 1984, 1986a, 1986b. Rare birds in the Netherlands in 1982; 1983; 1984. Dutch Birding 6: 45-53; 8: 6-11; 126-133.

Boekema, E J, Glas, P & Hulscher, J B 1983. De vogels van de provincie Groningen. Groningen.

Boere, G C & Zegers, P M 1976. Amerikaanse Oeverloper, *Tringa macularia* L., nieuw voor Nederland. Limosa 49: 12-16.

Boon, J I, Eelman, M & van Orden C 1964. Pallas' Boszanger, *Phylloscopus proregulus*, nieuw voor Nederland. Limosa 37: 16-18.

Boon, L J R 1990. Balkankwikstaart bij Delfzijl in mei 1988. Dutch Birding 12: 1-2.

Bos, G 1947. *Puffinus kuhlii borealis* Cory, een nieuwe vogel voor Nederland. Ardea 35: 240-241.

Bouma, J P & Koch, J C 1938. *Lanius minor* Gm. – Kleine Klapekster. In: ten Kate, C G B, Ornithologie van Nederland 1938-2, Limosa 11: 122.

Bouwman, R G, Hendriks, H M A & Schenk, H 1989. Siberische Boompieper op Texel in oktober 1987. Dutch Birding 11: 61-65.

Boyd, H & Maltby, L S 1979. The Brant of the western Queen Elizabeth Islands, N.W.T. In: Jarvis, R L & Bartonek, J C (editors), Management and biology of Pacific Flyway geese, a symposium, Corvallis, Oregon, pp 5-21.

Braaksma, S 1965. Een nestvondst van de Buidelmees (*Remiz pendulinus*) in de Brabantse Biesbosch in december 1962. Limosa 38: 6-12.

Breek, C J & van den Berg, A B 1992. Struikrietzanger te Lelystad in juni 1990. Dutch Birding 14: 121-126.

van den Brink, H, van Dijk, A, van Os, B & Venema, P 1996. Broedvogels van Drenthe. Assen.

British Birds 1997. List of birds of the Western Palearctic. Blunham.

British Ornithologists' Union (BOU) 1992. Checklist of birds of Britain and Ireland. Zesde druk. Tring.

Brouwer, G A 1938. Kleine invasie van Witgewangde Sterns (*Chlidonias hybrida* (Pallas)), die in 1938 op 2 plaatsen in Nederland broedden. Ardea 27: 156-163.

Brouwer, G A 1954. Historische gegevens over onze vroegere ornithologen en over de avifauna van Nederland. Leiden.

Brouwer, P, Gorissen, R, Hagemeijer, W & Helmer, W 1985. Vogels van de Ooypolder. Nijmegen.

de Bruijn, O 1969. De Kortsnavelboomkruiper (*Certhia familiaris* Linnaeus), "nieuw" voor Nederland. Limosa 42: 112-113.

de Bruin, B & de Bruin, S 1997. Lijst van Groningse vogels. Grauwe Gors Bijl 25 (3-4). Groningen.

Buekers, P G 1902. Onze vogels. Zutphen.

Buise, M A & Tombeur, F L L 1988. Vogels tussen Zwin en Saeftinghe: de avifauna van Zeeuws-Vlaanderen. Hulst.

Butler, A 1994. Videoguides for birdwatchers: an identification guide to the world's *Calidris* sandpipers. Leeds.

de By, R A 1990. Migration of Aquatic Warbler in western Europe. Dutch Birding 12: 165-181.

de By, R A, van den Berg, A B & CDNA 1992, 1993. Zeldzame en schaarse vogels in Nederland in 1990; 1991. Limosa 65: 137-146; 66: 153-160.

de By, R A & CDNA 1991. Zeldzame en schaarse vogels in Nederland in 1989. Limosa 64: 61-68.

de By, R A & de Knijff, P 1989. Zeldzame en schaarse vogels in Nederland in 1988. Limosa 62: 195-206.

de By, R A & Winkelman, J E 1987, 1988. Zeldzame en schaarse vogels in Nederland in 1986; 1987. Limosa 60: 195-204; 61: 163-174.

Camphuysen, C J & van Dijk, J 1983. Zee- en kustvogels langs de Nederlandse kust, 1974-79. Limosa 56: 87-230.

Chalmers, M L 1986. Annotated checklist of the birds of Hong Kong. Vierde druk. Hong Kong.

Collar, N J, Crosby, M J & Stattersfield, A J 1994. Birds to watch 2: the world list of threatened birds. BirdLife Conserv Ser 4. Cambridge.

Cramp, S & Simmons, K E L (red) 1977, 1980, 1983. The birds of the Western Palearctic 1-3. Oxford.

Cramp, S (red) 1985, 1988, 1992. The birds of the Western Palearctic 4-6. Oxford.

Cramp, S & Perrins, C M (red) 1993, 1994ab. The birds of the Western Palearctic 7-9. Oxford.

Dees, A J, Russer, E P, Russer, H R, Prinsen, H & Snethlage, M 1994. Dwergarenden bij Leersumse Veld in mei 1992 en bij Keersluisplas in april 1993. Dutch Birding 16: 102-105.

Dekker, D & Voous, K H 1964. Nieuwe waarneming van Wilgengors (*Emberiza aureola*) in Nederland. Limosa 37: 317-318.

Dennis, J V 1990. Banded North American birds encountered in Europe: an update. North Am Bird Band 15: 130-133.

Dennis, J V 1994. Transatlantic migration by ringed birds from North America. Dutch Birding 16: 235-237.

Devillers, P, Roggeman, W, Tricot, J, Del Marmol, P, Kerwijn, C, Jacob, J-P & Anselin, A 1988. Atlas van de Belgische broedvogels. Brussel.

van Dijk, A J, Boele, A, Zoetebier, D & Meijer, R 1998. Konievogels en zeldzame broedvogels in Nederland in 1996. Beek-Ubbergen.

van Dijk, A J, Hustings, F, Sierdsema, H & Meijer, R 1997. Kolonievogels en zeldzame broedvogels in Nederland in 1995. Beek-Ubbergen.

van Dijk, A J, Hustings, F, Sierdsema, H & Verstrael, T 1996. SOVON broedverslag 1994. Beek-Ubbergen.

van Dijk, A J, Hustings, F & Verstrael, T 1994. SOVON broedvogelverslag 1992. Beek-Ubbergen.

van Dijk, A J & van Os, B L J 1982. Vogels van Drenthe. Assen.

van Dijk, J & Hoek, D 1989. Vogels van Noordwijk en omstreken. Noordwijk.

Dijksen, A J 1996. Vogels op het Gouwe Boltje. Den Burg.

Dijksen, L J & Witte, J G 1976. Witstaartkievit *Chettusia leucura* een nieuwe soort voor Nederland. Limosa 49: 207-210.

Dijksman, W J M & Maas, J W 1997. Izabeltapuit op Maasvlakte in oktober-november 1996. Dutch Birding 19: 182-185.

van Dongen, R M & de Rouw, P W W 1987. Kleine Kokmeeuw te IJmuiden in augustus 1985. Dutch Birding 9: 55-59.

Dubois, P J & Yésou, P 1992. Les oiseaux rares en France. Bayonne.

van Duuren, L, van IJzendoorn, E J & Osieck, E R 1988. Voorlopige Nederlandse naamlijst van Holarctische vogels. Zeist.

Dymond, J N, Fraser, P A & Gantlett, S J M 1989. Rare birds in Britain and Ireland. Calton.

Ebels, E B 1991. Spotlijster op Schiermonnikoog in oktober 1988. Dutch Birding 13: 86-89.

Ebels, E B 1997. Balearische Roodkopklauwier bij Knardijk in juni 1983. Dutch Birding 19: 64-65.

Ebels, E B & van Eck, H M 1992. Noordelijke Troepiaal op Vlieland in oktober 1987. Dutch Birding 14: 201-207.

Ebels, E B & Westerlaken, H 1996. Huiskraaien bij Hoek van Holland sinds april 1994 en bij Renesse sinds november 1994. Dutch Birding 18: 6-10.

Eigenhuis, K J 1992. Grote Kanoet in Oostvaardersplassen en bij Camperduin in september-oktober 1991. Dutch Birding 14: 126-131.

ter Ellen, R, Opperman, E & Plomp, M 1996. Videojaaroverzicht 1995. Den Haag.

Ellenbroek, F & Schekkerman, H 1985. Woestijnplevier op Terschelling in augustus 1984. Dutch Birding 7: 59-65.

Engelen, G D & van Dijk, C H J 1974. De Kortteenleeuwerik *Calandrella brachydactyla* (Leisler) een nieuwe soort voor Nederland. Limosa 47: 157-159.

van Erve, F J H, Moller Pillot, H K M, Wittgen, A B L M, Braaksma, S, Knippenberg, W H T & Langenhoff, V F M (red) 1967. Avifauna van Noord-Brabant. Assen.

Evans, L G R 1994. Rare birds in Britain 1800-1990. Amersham.

Eykman, C 1923. *Mareca americana* (Stephens): een nieuwe eendensoort voor de Nederlandsche Avifauna. Jaarber Club Ned Vogelkd 13: 5-7.

Eykman, C, Hens, P A, van Heurn, F C, ten Kate, C G B, van Marle, J G, van der Meer, G, Tekke, M J & de Vries, T G 1936, 1941, 1949. De Nederlandsche vogels 1-3. Wageningen.

Ganzevles, W, Hustings, F, Schepers, F, Ummels, J & Vergoossen, W 1985. Vogels in Limburg. Maastricht.

Gargallo, G 1994. On the taxonomy of the western Mediterranean islands populations of Subalpine Warbler *Sylvia cantillans*. Bull Br Ornithol Club 114: 31-36.

Gaxiola, B & Wassink, A 1998. Spaanse Mus op Texel in mei 1997. Dutch Birding 20: 64-66.

Geelhoed, S, Groot, H, van Huijssteeden, E, van Leeuwen, G & de Nobel, P 1998. Vogels in het landschap van Zuid-Kennemerland en de Haarlemmermeer. Utrecht.

Gerritsen, G J & Lok, J 1986. Vogels in de IJsseldelta. Kampen.

Geskus, R B & Holstein, A N 1981. Bonapartes Strandloper te IJmuiden in october 1977. Dutch Birding 3: 115-116.

Gibbon, G 1991. Southern African bird sounds (geluidscassettes). Durban.

Glutz von Blotzheim, U N, Bauer, K M & Bezzel, E 1971, 1973. Handbuch der Vögel Mitteleuropas 4-5. Frankfurt am Main.

Glutz von Blotzheim, U N & Bauer, K M 1977, 1980, 1982, 1985, 1988, 1991. Handbuch der Vögel Mitteleuropas 7-12. Wiesbaden.

Goedbloed, J 1997. Grote Geelpootruiters bij Grijpskerke en in Braakman in 1995. Dutch Birding 19: 166-170.

Goedbloed, J & Sponselee, R 1996. Kleine Topper in Zeeland in winter en voorjaar 1994/95. Dutch Birding 18: 63-69.

Grinnell, J 1922 The role of the "accidental". Auk 39: 373-380.

Groen, L G & Voous, K H 1973. Ruigpootuil *Aegolius funereus* in Nederland. Limosa 46: 199-204.

Groot, H, Mom, H E & van der Spoel, D 1998. Bartrams Ruiter op Maasvlakte in oktober 1995. Dutch Birding 20: 61-64.

Groot Koerkamp, G & Ebels, E B 1997. Pontische Geelpootmeeuw bij Zutphen in september-november 1988. Dutch Birding 19: 280-283.

Grotenhuis, J, Hustings, F, Kwak, R & Lanjouw, R 1985. Broedvogels van Winterswijk. Hoogwoud.

Groth, J G 1993. Evolutionary differentiation in morphology, vocalisations, and allozymes among nomadic sibling species in North American Red Crossbill (*Loxia curvirostra*) complex. Univ Calif Publ Zool 127: 1-143.

ter Haar, G J & Kramer, T 1981. Kleine Zwartkop in Amsterdam in winter van 1980/1981. Dutch Birding 3: 102-103.

Hagemeijer, W J M & Blair, M J (red) 1997. The EBCC atlas of European breeding birds: their distribution and abundance. Londen.

Hälterlein, B 1996. Brutvögel im Schleswig-Holsteinischen Wattenmeer: Bestände und Bruterfolg. Tönning.

Harmsen, H H 1989. Kleine Geelpootruiter bij Oosterland in november 1979. Dutch Birding 11: 1-4.

Harrison, P 1987. Seabirds of the world: a photographic guide. Bromley.

van der Have, T M 1989. Bonte Tapuit op Schiermonnikoog in mei 1988. Dutch Birding 11: 107-111.

van der Have, T M & Bulteel, G M L 1997. Mirtezanger op Vlieland in oktober 1996. Dutch Birding 19: 225-230.

Haverschmidt, F 1930. Een waarneming van *Larus melanocephalus* Temm. in Nederland. Ardea 19: 95-97.

Haverschmidt, F 1981. Mogelijk voorkomen van *Tyto alba alba* in Nederland. Limosa 54: 97-98.

van Havre, C G C M 1928. Les oiseaux de la faune belge,

relevé documenté des espèces sauvages observées en Belgique. Brussel.

Hazevoet, C J 1983, 1985. Nederlandse vogels 5-6 (geluidscassettes). Zeist.

Hazevoet, C J & van der Schot, W E M 1986. Oostelijke Bergfluiters in voorjaar van 1983. Dutch Birding 8: 48-52.

de Heer, P 1979. Woestijnplevier *Charadrius leschenaultii* in Nederland. Dutch Birding 1: 56-57.

de Heer, P 1989. Perzische Roodborst te Maasland in november 1986. Dutch Birding 11: 105-107.

Heinzel, H, Fitter, R S R & Parslow, J 1996. Gids Europese vogels. Alle vogels van Europa, Noord-Afrika en het Midden-Oosten. Negende druk. Baarn.

Hens, P A 1965. Avifauna van de Nederlandse provincie Limburg benevens een vergelijking met die der aangrenzende gebieden. Tweede druk. Maastricht.

Hermsen, K 1974. De Waaierstaartrietzanger *Cisticola juncidis* (Rafinesque) een nieuwe soort voor Nederland. Limosa 47: 163-164.

Herroelen, P 1981. Eerste ringvondst van een zuidelijke Geelpootzilvermeeuw, *Larus cachinnans michahellis* in Nederland. Wielewaal 47: 129-130.

Herroelen, P 1995. Naamlijst van de vogels van België 1901-1992. Boutersem.

Herroelen, P 1996. Vogels van België 1992-93: nieuwe soorten en ondersoorten. Boutersem.

Hieselaar, F G S M 1989. Woestijngrasmus in AW-duinen te Zandvoort in oktober en november 1988. Dutch Birding 11: 111-114.

Hoogendoorn, W 1988. Franklins Meeuw in Nederlands-Belgisch grensgebied in juni-juli 1987. Dutch Birding 10: 71-78.

Hoogendoorn, W & van Scheepen, P 1998. Status van Baltische Mantelmeeuw in Nederland. Dutch Birding 20: 6-10.

Hoogerwerf, A & Tekke, M J 1969. The White-throated Sparrow in the Netherlands – the first record for continental Europe? Bull Br Ornithol Club 89: 9-10.

van IJzendoorn, E J 1980. Over Witbandzeearend *Haliaeetus leucoryphus* bij Barneveld in 1976. Dutch Birding 2: 6-7.

van IJzendoorn, E J 1981. Bairds Strandloper op De Maasvlakte in september 1980. Dutch Birding 3: 48-50.

van IJzendoorn, E J & de Heer, P 1985. Herziening van de Nederlandse Avifaunistische Lijst. Limosa 58: 65-72.

van IJzendoorn, E J, van der Laan, J & CDNA 1996. Herziening Nederlandse Avifaunistische Lijst 1800-1979: tweede fase. Dutch Birding 18: 157-202.

van IJzendoorn, E J & van Rossum, R 1985. Brilgrasmus te IJmuiden in november 1984. Dutch Birding 7: 85-93.

van IJzendoorn, E J & Westhof, J H P 1985. Veldrietzanger uit 1971 in ere hersteld. Dutch Birding 7: 121-128.

van Impe, J & Derasse, S 1994. De recente toename van Bladkoninkje *Phylloscopus inornatus* en Pallas' Boszanger *P. proregulus* in Europa: zijn dwaalgasten werkelijk dwalende vogels? Oriolus 60: 3-17.

Irby, L H L 1895. The ornithology of the Straits of Gibraltar. Tweede druk. Londen.

Isenmann, P 1993. Oiseaux de Camargue. Brunoy.

Jonkers, D A, Kole, R A & Taapken, J 1987. Vogels tussen Vecht en Eem. Hilversum.

Jonsson, L 1994, 1996, 1997. Vogels van Europa, Noord-Afrika en het Midden-Oosten. Eerste, vierde, vijfde druk. Baarn.

Junge, G C A 1934. *Turdus dauma aureus* Hol. opnieuw in ons land aangetroffen. Ardea 23: 213-214.

Junge, G C A 1936. *Phylloscopus borealis borealis* (Blas.) voor de eerste maal in Nederland aangetroffen. Ardea 25: 63-64.

Junge, G C A & Koch, J C 1938. De rosse gors, *Emberiza rutila* Pall., in Nederland. Limosa 11: 1-6.

Kamphuis, J, Bos, J B & van Dam, A G 1951. Rotslijster. Natura 48: 103.

ten Kate, C G B 1946. *Larus ichthyaëtus* Pallas, nieuw voor de Nederlandse lijst. Limosa 19: 52-55.

Kelm, H 1979. Populationsuntersuchungen am Heidehuhn (*Perdix perdix sphagnetorum*) und Bemerkungen zur Taxonomie west- und mitteleuropäischer Rebhühner. Bonn Zool Beitr 30(1/2): 117-157.

Kist, J 1955. De Blonde Ruiter, *Tryngites subruficollis* (Vieillot), nieuwe soort voor Nederland. Limosa 28: 61-65.

Kist, J 1957. De Groenlandse Kolgans, *Anser albifrons flavi-*

rostris Dalgety & Scott, nieuw voor Nederland. Limosa 32: 188-191.

Kist, J 1959. De Poelruiter, *Tringa stagnatilis* (Bechstein), nieuw voor Nederland. Limosa 32: 112-117.

Kist, J 1963. "The lure of the list." Limosa 36: 167-178.

Kist, J & Swaab, J 1955. Eerste waarneming van de Amerikaanse Zwarte Zeeëend, *Melanitta nigra americana*. Ardea 43: 132-134.

Kist, J, Tekke, M J & Voous, K H (red) 1970. Avifauna van Nederland. Tweede druk. Leiden.

Kist, J & Voous, K H (red) 1962. Avifauna van Nederland: lijst van de in Nederland waargenomen vogelsoorten en hun geografische vormen. Ardea 50: 1-130.

Kist, J & Waldeck, K 1961. De Roodkeelpieper, *Anthus cervinus* (Pallas), en de Balkan Gele Kwikstaart, *Motacilla flava feldegg* Billberg, nieuw voor Nederland. Limosa 34: 1-6.

Kleiberg, J 1984. Witkruingors te Spaarndam in winter van 1981/82. Dutch Birding 6: 64-65.

van Klinken, J 1981. Een Zwartkeellijster in de Groninger binnenstad. Grauwe Gors 9: 31.

Knolle, P, Lanjouw, R & de By, R 1998. Vogels in Twente. Hengelo.

Koch, J C 1937. *Oenanthe h. hispanicus* (L.) – Blonde tapuit. In: ten Kate, C G B, Ornithologie van Nederland 1937-2, Limosa 10: 111-112.

Koopman, K & Wijmenga, E 1984. Ringvangst van Grote Grijze Snip te Holwerd in mei 1983. Dutch Birding 6: 9-13.

Lathbury, G & Bierman, W H 1962. American Pectoral Sandpiper (*Calidris melanotos*) on Texel. Limosa 35: 2-3.

Lebret, T 1962. Twee waarnemingen van de Noordamerikaanse Wintertaling *(Anas crecca carolinensis)* in Nederland. Limosa 35: 226-229.

Lefranc, N 1995. Decline and current status of the Lesser Grey Shrike (*Lanius minor*) in western Europe. Proc West Found Vertebr Zool 6 (1): 93-97.

Lefranc, N & Worfolk, T 1997. Shrikes: a guide to the shrikes of the world. Haarlem.

Lehaen, H 1969. Vangst van Cetti's Zanger (*Cettia cetti*) op Nederlands grondgebied. Limosa 42: 110-111.

Lensink, R 1993. Vogels in het Hart van Gelderland. Utrecht.

Leys, H N, Sanders, G M & Knol, W C 1993. Avifauna van Wageningen en wijde omgeving. Wageningen.

Lippens, L & Wille, H 1986. Uitzonderlijke vogels in België en West-Europa 1: watervogels, dagroofvogels en steltlopers. Tielt.

Livezey, B C 1998. A phylogenetic analysis of the Gruiformes (Aves) based on morphological characters, with an emphasis on the rails (Rallidae). Philos Tr R Soc London B 353: 2077-2151.

Maas, F J & Maassen, E J 1982. Koningseider in Noordholland in winter van 1981/82. Dutch Birding 4: 2-5.

van Marle, J G 1942. *Sylvia cantillans* Pall., een nieuwe soort voor Nederland. Limosa 15: 100-101.

van Marle, J G 1943. Over een IJslandsche grutto en oostelijke bonte strandloopers in Nederland. Limosa 16: 60-61.

Marova-Kleinbub, I M 1998. Zones of secondary contact and the earlier stages of speciation in Palearctic warblers *Phylloscopus*: Sylviidae. In: Adams, N J & Slotow, R H (red), Proc 22 Int Ornithol Congr, Durban, Ostrich 69: 405.

Mauer, K A & van IJzendoorn, E J 1987. Terekruiters in Nederland en Europa. Dutch Birding 9: 89-98.

Mauer, K A & Westhof, J H P 1986. Roodoogvireo's te Wormerveer en Rottumerplaat in oktober 1985. Dutch Birding 8: 121-125.

Mc Adams, D G 1994. Complete photographic index to premier birding periodicals and books. Tweede druk. Flensburg.

Mees, G F 1979. Verspreiding en getalsterkte van de witwangstern, *Chlidonias hybridus* (Pallas), in Europa en Noord-Afrika. Zool Bijdr 26.

Meeth, P 1962. Waarneming van een Groene Bijeneter (*Merops persicus*) in Nederland. Limosa 35: 219-223.

Meijer, A W J 1996. Daurische Kauw in Hollandse kuststreek in mei 1995. Dutch Birding 18: 226-231.

Meijer, A [W J], van Egmond, A, van der Bent, G & van Rossum, R 1996. De vogels van Katwijk. Katwijk.

Meijer, P C 1984. Indigo-gors in Wieringermeer in zomer van 1983. Dutch Birding 6: 65-66.

Meijerink, J A 1976. De vogels van Twente. Enschede.

Mitchell, D & Young, S 1997. Photographic handbook of the rare birds of Britain and Europe. Londen.

Moerbeek, D J 1984. Harlekijneend te IJmuiden in winter van 1982/83. Dutch Birding 6: 37-40.

Moerbeek, D J, Schekkerman, H & Slings, Q L 1984. Citroen-kwikstaart te Castricum in augustus-september 1984. Dutch Birding 6: 123-130.

Moerbeek, D J, Winkelman, J E & de Heer, P 1987. Zeldzame en schaarse vogels in Nederland in 1985. Limosa 60: 21-30.

Mooser, R 1973. De vogels van Schiermonnikoog. Hoogwoud.

Mörzer Bruijns, M F 1959. Een Havikarend, *Hieraëtus fasciatus* (Vieillot), in Nederland dood gevonden. Limosa 32: 107-110.

Mullié, W C 1980. Een Kleine Zwaan met een zwarte snavel. Sterna 24: 77-78.

Natuurmonumenten 1985. Handboek van natuurgebieden en wandelterreinen in Nederland. 's-Graveland.

Natuurmonumenten 1996. Complete gids natuur- en wandel-gebieden in Nederland: handboek Natuurmonumenten. 's-Graveland.

Neijts, F 1984. Woestijntapuit te Eindhoven in november 1970. Dutch Birding 6: 61-62.

Niesen, F 1952. Tweede waarneming van de Alpengierzwaluw, *Apus melba*, in Nederland. Limosa 25: 179-180.

Nozeman, C & Sepp, C 1809, 1829. Nederlandsche vogelen 4-5. Amsterdam.

Nuiver, R & van IJzendoorn, E J 1987. Alpenheggemussen in Nederland in voorjaar van 1986. Dutch Birding 9: 162-167.

Olsen, K M 1992a. Danmarks fugle – en oversigt. Kopenhagen.

Olsen, K M 1992b. Jagers – een vogelgids voor de jagers *Stercorarius* van het Noordelijk Halfrond. Haarlem.

Olthoff, M 1998. Lachmeeuw in Groningen in augustus-oktober 1997. Dutch Birding 20: 107-110.

van Ommen, E G C & van IJzendoorn, E J 1988. Roodkeel-strandloper in Lauwersmeer in mei 1987. Dutch Birding 10: 178-182.

van den Oord, A M 1959. De Bergfluiter, *Phylloscopus bonelli* Vieillot, nieuw voor Nederland. Limosa 32: 110-112.

van Oordt, G J 1934. Een exemplaar van *Cursorius cursor* (Latham) in de duinstreek. Ardea 23: 95-96.

van Oordt, G J & Verwey, J 1925. Voorkomen en trek der in Nederland in het wild waargenomen vogelsoorten. Leiden.

van Oort, E D 1908. Contribution to our knowledge of the avifauna of the Netherlands. Notes Leyden Mus 30.

van Oort, E D 1914a, 1918. Ornithologische waarnemingen in Nederland. Ardea 3: 93-98; 7: 129-143.

van Oort, E D 1914b. Een nieuwe eendsoort voor de Nederlandsche fauna, *Oidemia perspicillata* (L.). Ardea 3: 131-132.

van Oort, E D 1915. Een voor de Nederlandsche fauna nieuwe stormvogelsoort, *Puffinus gravis* (O'Reilly). Ardea 4: 130-131.

van Oort, E D 1922, 1926, 1928, 1930, 1935, 1939. Ornithologia Neerlandica 1-6. Den Haag.

Opperman, E, Plomp, M & ter Ellen, R 1997. Dutch Birding videojaaroverzicht 1996. Den Haag.

Oreel, G J 1980. Dutch Birding Association checklist. Dutch Birding 2: 41-47, 82-104.

Oreel, G J & Meeth P 1976. Waarneming van *Saxicola torquata maura* in Nederland. Limosa 49: 68-71.

Osieck, E R 1979. Orpheusspotvogel in Zuidelijk Flevoland in september 1979. Dutch Birding 1: 73-74.

Osieck, E R & Hustings, F 1994. Rode lijst van bedreigde en kwetsbare vogelsoorten in Nederland. Zeist.

Ovaa, A H 1987. Forsters Stern bij Ritthem in november 1987. Dutch Birding 9: 158-161.

Panov, E N & Monzikov, D G 1998. Interrelationships between *Larus argentatus* and *L. cachinnans* in Eastern Europe. In: Adams, N J & Slotow, R H (red), Proc 22 Int Ornithol Congr, Durban, Ostrich 69: 409.

Panow, E N 1996. Die Würger der Paläarktis. Gattung *Lanius*. Tweede druk. Magdeburg.

Peterson, R T, Mountfort, G & Hollom, P A D 1965, 1994. Vogelgids. Negende druk, 21e druk. Amsterdam.

Pieters, A L & van Orden, C 1968. De Blauwstaart (*Tarsiger cyanurus*), nieuw voor Nederland. Limosa 41: 18.

van der Ploeg, D T E, de Jong, W, Swart, M J, de Vries, J A, Westhof, J H P, Witteveen, A G & van der Veen, B (red)

1976, 1977, 1979. Vogels in Friesland 1-3. Leeuwarden.

Plomp, M, Boon, L J R, Groenendijk, C, ter Ellen, R, Opperman, E & van den Berg, A B 1999. Dutch Birding video-jaar-overzicht 1998. Woerden.

Plomp, M, Groenendijk, C, Boon, L J R, ter Ellen, R, Janse, W, Rijksen, B & Opperman, E 1998. Dutch Birding video-jaar-overzicht 1997. Woerden.

Polder, J J W & Voous, K H 1969. De Grijze Junco (*Junco hyemalis*), een nieuwe vogel voor de Nederlandse Avifauna. Limosa 42: 198-200.

Poorter, E P R 1965. Waarnemingen van Koereigers, *Bubulcus ibis ibis* (L.), in 1964. Limosa 38: 90-92.

Prys-Jones, R P & Rasmussen, P C 1998. Richard Meinertz-hagen and fraud: removing the mystery from a flawed collection. In: Adams, N J & Slotow, R H (red), Proc 22 Int Ornithol Congr, Durban, Ostrich 69: 411.

Pyle, P, Howell, S N G, Yunick, R P & DeSante D F 1987. Identification guide to North American passerines. Bolinas.

van Ree, L & van den Berg, A B 1987. Maskergors te Westenschouwen in november 1986. Dutch Birding 9: 108-113.

Ree, V 1997. Rødhodevarsler tilhørende underarten *Lanius senator badius* påtruffet på Utsira i 1972 – et førstegangs-funn i Nord-Europa. Utsira Fuglestasjons Årb 1996: 51-61.

Remsen, J V & Parker, T A 1990. Seasonal distribution of the Azure Gallinule *(Porphyrula flavirostris)*, with comments on vagrancy in rails and gallinules. Wilson Bull 102: 380-399.

Reumer, J W F & Moeliker, C W 1995. Topstukken tentoon: hoogtepunten uit Nederlands natuurhistorisch bezit. Rotterdam.

de Reuver, H J A 1955. De Monniksgier, *Aegypius monachus* (L.), een nieuwe soort voor Nederland. Ardea 43: 175-176.

Risberg, L 1990. Sveriges fåglar. Stockholm.

Robb, M S 1998. An audio guide to crossbills *Loxia* in the Netherlands (compactdisc). Amsterdam.

Rønnest, S 1994. Sjældne fugle i Danmark. Skjern.

Roselaar, C S 1990. Identification and occurrence of American and Pacific Golden Plover in the Netherlands. Dutch Birding 12: 221-232.

Roselaar, C S & Gerritsen, G J 1991. Recognition of Icelandic Black-tailed Godwit and its occurrence in the Netherlands. Dutch Birding 13: 128-135.

Roulin, A 1996. Dimorphisme sexuel du plumage chez la Chouette effraie. Nos Oiseaux 43: 517-526.

Sanders, E, Lilipaly, S & Ebels, E B 1996. Stekelstaartgierzwaluw op Walcheren in mei 1996. Dutch Birding 20: 168-172.

Sangster, G, Hazevoet, C, van den Berg, A B & Roselaar, C S 1997. Dutch avifaunal list: taxonomic changes in 1977-97. Dutch Birding 19: 21-28.

Sangster, G, Hazevoet, C, van den Berg, A B & Roselaar, C S 1998. Dutch avifaunal list: species concepts, taxonomic instability, and taxonomic changes in 1998. Dutch Birding 20: 22-32.

Schaftenaar, A 1996. Bulwers Stormvogel op Westplaat in augustus 1995. Dutch Birding 18: 221-226.

Scharringa, C J G 1979. Bruine Boszanger *Phylloscopus fuscatus* op Terschelling. Dutch Birding 1: 75-76.

Scharringa, C J G & Osieck, E R 1978, 1979, 1981, 1982. Zeldzame vogels in Nederland in 1976; 1977; 1980; 1981. Limosa 51: 137-146; 52: 217-232; 54: 127-136; 55: 125-138.

Scharringa, C J G & Winkelman, J E 1984, 1986a, 1986b. Zeldzame en schaarse vogels in Nederland in 1982; 1983; 1984. Limosa 57: 17-26; 59: 15-24; 119-126.

Scharringa, J 1979. American Sandwich Tern *Sterna sandvicensis acuflavidus* in the Netherlands. Dutch Birding 1: 60.

Schenk, R & Schrijvershof, P G 1984. Geelsnavelduiker bij Delft in december 1882. Dutch Birding 6: 131-140.

Schekkerman, H 1992. Swinhoes Boszanger te Castricum in september 1990. Dutch Birding 14: 7-10.

Schekkerman, H & Meininger P 1990. Brilsterns in Nederland en België in juli-augustus 1989. Dutch Birding 12: 233-238.

Schimmelpenninck van der Oije, C 1937. The first Dutch record of *Chlidonias leucopterus*. Ardea 26: 104-105.

Schipper, W 1973. Waarneming van een Grijze Wouw in Zuidelijk Flevoland. Limosa 46: 93-94.

Schlegel, H 1852. Naamlijst der tot heden in de Nederlanden

in den wilden staat waargenomen vogels. In: Herklotz, J A, Bouwstoffen voor eene fauna van Nederland, Leiden, pp 58-103.

Schlegel, H 1854-58. De vogels van Nederland. Leiden.

Schrijvershof, P G & Schrijvershof, R 1988. Ringsnavelmeeuw te Europoort in juli 1986. Dutch Birding 10: 20-23.

Shirihai, H 1996. The birds of Israel. Londen.

Slings, Q L 1981. Kalanderleeuwerik bij Castricum in oktober 1980. Dutch Birding 3: 114.

Smeenk, C 1969. Eerste vangst van *Luscinia luscinia* (L.) in Nederland. Limosa 42: 27-29.

Smit, H A W & Voous, K H 1959. Bladkoninkjes tijdens de herfsttrek 1958 in Nederland. Limosa 32: 191-192.

Smulders, B J & Joosse, A 1969. Avifauna van Walcheren. Hoogwoud.

Snouckaert van Schauburg, R C E G J 1900a. Ornithologie van Nederland: waarnemingen van 1 Mei 1899 tot en met 30 April 1900 gedaan. Tijdschr Ned Dierkd Ver 2 (6): 255-283.

Snouckaert van Schauburg, R C E G J 1900b. Een nieuwe ijsvogel: Ceryle Alcyon (L.) in Nederland. Levende Nat 5: 28-30.

Snouckaert van Schauburg, R C E G J 1901. Ornithologie van Nederland: waarnemingen van 1 Mei 1900 tot en met 30 April 1901 gedaan. Tijdschr Ned Dierkd Ver 2 (7): 29-49.

Snouckaert van Schauburg, R C E G J 1902. Overzicht der voornaamste waarnemingen op ornithologisch gebied van 1 Mei 1901-30 April 1902. Levende Nat 7: 167-169, 185-187.

Snouckaert van Schauburg, R C E G J 1908. Avifauna Neerlandica. Leeuwarden.

Snouckaert van Schauburg, R C E G J 1915. Avifauna Neerlandica: aanvullingen en verbeteringen. Jaarber Club Ned Vogelkd 5: 63-141.

SOVON 1987. Atlas van de Nederlandse vogels. Arnhem.

Spaans, A L 1959. Eerste waarneming voor Nederland van de Ross' Meeuw, *Rhodostethia rosea* (MacGillivray), op Vlieland. Limosa 32: 1-7.

Spaans, A L & Swennen, C 1968. De vogels van Vlieland. Hoogwoud.

Speek, B J & Speek, G 1984. Thieme's vogeltrekatlas. Zutphen.

van de Staaij, J W M & Fokker, W 1991. Rotskruiper in Amsterdam in winters van 1989/90 en 1990/91. Dutch Birding 13: 135-139.

Staatsbosbeheer 1987. Inventarisatieatlas voor flora en fauna van Nederland. Tweede druk. Utrecht.

van den Steen, J 1957. 317. Poelruiter *Tringa stagnatilis*. Wielewaal 23: 244-245.

Stegeman, L, Eigenhuis, K J, van der Ham, N F & Lagerveld, S 1995. Donsstormvogel te Camperduin in oktober 1992. Dutch Birding 17: 1-5.

Strijbos, J P 1980. De Griel, een duinvogel die verdwijnen moest. Vogeljaar 28: 80-88.

Svensson, L 1984, 1992. Identification guide to European passerines. Derde, vierde druk. Stockholm.

van Swelm, N 1974. Oostelijke subspecies van de Blonde Tapuit *Oenanthe hispanica melanoleuca* in Monster. Limosa 47: 161-163.

Thijsse, J P 1906. Het intieme leven der vogels in Nederland. Amsterdam.

Thijsse, J P 1923. Het vogeljaar. Derde druk. Amsterdam.

Teixeira, R M 1979. Atlas van de Nederlandse broedvogels. 's-Graveland.

Tjittes, A A 1959. Waarneming van een Provençaalse Grasmus (*Sylvia undata*) te Hoophuizen. Limosa 32: 185-188.

Topografische Dienst 1994, 1996. Gemeentenkaart van Nederland 1:400 000. Emmen.

Tucker, G M & Heath, M F 1994. Birds in Europe: their conservation status. BirdLife Conserv Ser 3. Cambridge.

Uddink, H-J & Slings, Q L 1994. Siberische Sprinkhaanzanger bij Castricum in oktober 1991. Dutch Birding 16: 9-12.

Urban, E K, Fry, C H & Keith, S 1986. The birds of Africa 2. Londen.

van der Veen, L 1991. Grijze Strandloper in Oostvaardersplassen in juni 1989. Dutch Birding 13: 83-85.

Verheyen, R 1948. De Steltlopers van België. Brussel.

Versluys, M, Engelmoer, R, Blok D & van der Wal, R 1997. Vogels van Ameland. Leeuwarden.

Vijverberg, J 1926. Vogel-idyllen trouwe wachters. Rotterdam.

Vinicombe, K & Cottridge, D M 1996. Rare birds in Britain and Ireland: a photographic record. Londen.

Vinicombe, K, Harris, A & Tucker, A 1989. Vogeldeterminatie: handboek voor het identificeren van vogels. Londen.

Vink, A & Wiegant, W 1998. Steltstrandloper in Blauwe Kamer. Dutch Birding 20: 194-195.

Visser, C & van der Wal, C A 1987. Ivoormeeuw op Schiermonnikoog in februari 1987. Dutch Birding 9: 60-62.

Vlek, R 1995. Het vogelrariteitenkabinet van Amsterdam. Gierzwaluw 33: 93-126.

Vlek, R & Ebels, E B 1995. Vale Gier bij Durgerdam in april-mei 1993 en eerdere gevallen in Nederland. Dutch Birding 17: 133-140.

Vogelbescherming Nederland 1995. Vogels van onze grensstreek, CD-5 (compactdisc). Zeist.

Vonk, H & van IJzendoorn, E J 1988. Geelbrauwgors op Schiermonnikoog in oktober 1982. Dutch Birding 10: 127-130.

Voous, K H 1950. On the distributional and genetical origin of the intermediate populations of the Barn Owl *(Tyto alba)* in Europe. Syllegomena Biol: 429-443. Leipzig.

Voous, K H 1973. Steppenarend in Nederland. Limosa 46: 233-238.

Voous, K H 1975. Raddes Boszanger *Phylloscopus schwarzi* een nieuwe dwaalgast in Nederland. Limosa 48: 171-173.

Voous, K H 1977. List of recent Holarctic bird species. Londen.

Voous, K H 1995. In de ban van vogels. Utrecht.

de Vries, G A 1968. Waarneming van een Iberische Tjiftjaf in Baarn. Limosa 41: 35-40.

Walhout, J & Twisk, F 1998. Vogels van Walcheren. Middelburg.

Walters, M 1997. Complete checklist: vogels van de wereld. Baarn.

Wassink, A 1983. Kleine Spotvogel op Terschelling in oktober 1982. Dutch Birding 5: 1-5.

Wassink, A 1996. Izabelklauwier op Texel in mei 1995. Dutch Birding 18: 129-131.

Wassink, A 1997. Steppeklapekster op Texel in september 1994. Dutch Birding 19: 116-121.

Wattel, J, Roselaar, C S, van Rijswijk, W & Ebels E B 1998. Dikbekfuten bij Akersloot in april 1997 en Vlaardingen in januari 1998. Dutch Birding 20: 271-275.

Wiegant, W M, de Bruin, A & CDNA 1998. Rare birds in the Netherlands in 1996. Dutch Birding 20: 145-167.

Wiegant, W M, Steinhaus, G H & CDNA 1994a, 1995, 1996a, 1997. Rare birds in the Netherlands in 1992; 1993; 1994; 1995. Dutch Birding 16: 133-147; 17: 89-101; 18: 105-121; 19: 97-115.

Wiegant, W M, Steinhaus, G H & CDNA 1994b, 1996b. Zeldzame en schaarse vogels in Nederland in 1992; 1993. Limosa 67: 163-172; 69: 13-22.

Wiggelaar, A J & Veenman, J 1960. Botshol: een inventarisatie van de vogelwereld. Amsterdam.

Wiggers, A J, Lissens, R F, Devreker, A, Kooy, G A & Lauwerier, H A (red) 1974. Grote Winkler Prins 13. Amsterdam.

Williamson, K 1967. Identification for ringers 2: the genus *Phylloscopus*. Tweede druk. Tring.

Wingate, D B 1983. A record of the Siberian Flycatcher (*Muscicapa sibirica*) from Bermuda: an extreme extralimital vagrant. Auk 100: 212-213.

Wolfskeel, D W 1986. De Sneeuwgans (*Anser caerulescens*) in Nederland. Ecoverslag 8. Schagen.

Wolfskeel, D W 1988. Zeldzame ganzen in Nederland. Ecoverslag 11. Schagen.

Wolfskeel, D W 1989. Veranderingen in de Nederlandse Avifauna. Ecoverslag 13. Schagen.

Wouters, P 1996. Izabelklauwier op Texel in oktober 1985. Dutch Birding 18: 131-133.

Yeatman, L 1976. Atlas des oiseaux nicheurs de France. Parijs.

Yeatman-Berthelot, D & Jarry, G 1994. Nouvel atlas des oiseaux nicheurs de France 1985-1989. Parijs.

Zomerdijk, P J, van Orden, C, Zwart, K, Verkerk, W, Muusers, B, Fabritius, H E & de Cries, C 1971. Broedvogels van Noord-Holland Noord. Zaandijk.

Zwart, F 1985. De broedvogels van Terschelling. Assen.

Soortenlijst

Checklist

legenda
wetenschappelijke namen volgens CSNA-beslissingen (tot 1 februari 1999)
Nederlandse namen volgens Walters (1997) en Sangster et al (1997, 1998);
Engelse namen volgens Beaman (1994)

aantallen
(excl 10 exoten & (10) ondersoorten)
aantal soorten   468
broedvogels in 1990-98   198
        (incl 27 onregelmatig)

*   soorten die ten minste in 1989 nog door de CDNA werden beoordeeld (en in het Dutch Birding-boek *Avifauna van Nederland 1* ruime aandacht krijgen) (203 excl 9 ondersoorten)

jaartal (achter wetenschappelijke naam)
        laatste jaar waarvoor beoordeling door de CDNA plaatsvond

B   regelmatig broedend in 1990-98 met meer dan 500 paren in 1994-98 (127)
s-B   regelmatig broedend in 1990-98 maar schaars (50-500 paren) in 1994-98 (28)
z-B   regelmatig broedend in 1990-98 maar zeldzaam (1-49 paren) in 1994-98 (16)
o-B   onregelmatig broedend in 1990-98 (30 incl [3])

vo-B   onregelmatig broedend in 1900-89 maar niet in 1990-98 (19 incl [3])

[]   soorten zonder definitief bewijs (nest met eieren of jongen) voor broeden (6)

++   voor het eerst broedend in 1900-98 en in aantal toenemend of stabiel blijvend (41)
—   aantal regelmatige broeders na afname in 1900-97 gereduceerd tot nul (4)
-+   na aanvankelijk uitsterven als broedvogel in 1900-97 later weer teruggekeerd (5)
+-   voor het eerst broedend in 1900-97 en toenemend maar later weer verdwenen (12)

legends
scientific names according to CSNA decisions (until 1 February 1999)
Dutch names according to Walters (1997) and Sangster et al (1997, 1998);
English names according to Beaman (1994)

numbers
(excl 10 Category C species & (10) subspecies)
number of species   468
breeding birds in 1990-98   198
        (incl 27 irregular)

*   species considered by CDNA at least in 1989 (and fully covered in the Dutch Birding book *Avifauna van Nederland 1*) (203 excl 9 subspecies)

year (behind scientific name)
        last year of consideration by CDNA

B   regularly breeding in 1990-98 with more than 500 pairs in 1994-98 (127)
s-B   regularly breeding in 1990-98 but scarce (50-500 pairs) in 1994-98 (28)
z-B   regularly breeding in 1990-98 but rare (1-49 pairs) in 1994-98 (16)
o-B   irregularly (not every year) breeding in 1990-98 (30 incl [3])

vo-B   irregularly (not every year) breeding in 1900-89 but not in 1990-98 (19 incl [3])

[]   species without conclusive evidence (nest with eggs or young) of breeding (6)

++   first-breeding in 1900-98 and numbers increasing since or stable (41)
—   numbers of regular breeders after decrease in 1900-97 reduced to none (4)
-+   reappearing in 1900-97 after prior extinction (5)
+-   first-breeding in 1900-97 and increasing but later disappeared again (12)

	Dutch name	English name	Scientific name	Status
☐	Knobbelzwaan	Mute Swan	*Cygnus olor*	B ++
☐ *	Fluitzwaan	Whistling Swan	*Cygnus columbianus*	
☐	Kleine Zwaan	Bewick's Swan	*Cygnus bewickii*	
☐	Wilde Zwaan	Whooper Swan	*Cygnus cygnus*	
☐	Sneeuwgans	Snow Goose	*Anser caerulescens*	
☐ *	Ross' Gans	Ross's Goose	*Anser rossii*	
☐	Taigarietgans	Taiga Bean Goose	*Anser fabalis*	
☐	Toendrarietgans	Tundra Bean Goose	*Anser serrirostris*	
☐	Kleine Rietgans	Pink-footed Goose	*Anser brachyrhynchus*	
☐	Grauwe Gans	Greylag Goose	*Anser anser*	B -+
☐ *	Dwerggans	Lesser White-fronted Goose	*Anser erythropus* **1989**	
☐	Kolgans	Greater White-fronted Goose	*Anser albifrons*	o-B ++
☐ *	Hutchins' Canadese Gans	Hutchins's Canada Goose	*Branta hutchinsii hutchinsii*	
☐ *	Grote Canadese Gans	Greater Canada Goose	*Branta canadensis* ssp	
☐	Brandgans	Barnacle Goose	*Branta leucopsis*	s-B ++
☐	Roodhalsgans	Red-breasted Goose	*Branta ruficollis*	
☐	Witbuikrotgans	Pale-bellied Brent Goose	*Branta hrota*	
☐	Rotgans	Dark-bellied Brent Goose	*Branta bernicla*	
☐ *	Zwarte Rotgans	Black Brant	*Branta nigricans* **1998**	
☐	Casarca	Ruddy Shelduck	*Tadorna ferruginea*	o-B
☐	Bergeend	Common Shelduck	*Tadorna tadorna*	B
☐	Krooneend	Red-crested Pochard	*Netta rufina*	z-B ++
☐	Tafeleend	Common Pochard	*Aythya ferina*	B
☐	Witoogeend	Ferruginous Duck	*Aythya nyroca*	o-B
☐ *	Ringsnaveleend	Ring-necked Duck	*Aythya collaris*	
☐	Kuifeend	Tufted Duck	*Aythya fuligula*	B ++
☐	Topper	Greater Scaup	*Aythya marila*	

	Dutch	English	Scientific	Status
☐ *	Kleine Topper	Lesser Scaup	Aythya affinis	
☐ *	Witkopeend	White-headed Duck	Oxyura leucocephala	
☐ *	Stellers Eider	Steller's Eider	Polysticta stelleri	
☐ *	Koningseider	King Eider	Somateria spectabilis	
☐	Eider	Common Eider	Somateria mollissima	B ++
☐ *	Harlekijneend	Harlequin Duck	Histrionicus histrionicus	
☐	Zwarte Zee-eend	Common Scoter	Melanitta nigra	
☐ *	Amerikaanse Zee-eend	Black Scoter	Melanitta americana	
☐ *	Brilzee-eend	Surf Scoter	Melanitta perspicillata	
☐	Grote Zee-eend	Velvet Scoter	Melanitta fusca	
☐	IJseend	Long-tailed Duck	Clangula hyemalis	
☐	Nonnetje	Smew	Mergellus albellus	
☐	Brilduiker	Common Goldeneye	Bucephala clangula	z-B ++
☐	Grote Zaagbek	Goosander	Mergus merganser	
☐	Middelste Zaagbek	Red-breasted Merganser	Mergus serrator	z-B ++
☐	Krakeend	Gadwall	Mareca strepera	B
☐ *	Bronskopeend	Falcated Duck	Mareca falcata	
☐	Smient	Eurasian Wigeon	Mareca penelope	z-B ++
☐ *	Amerikaanse Smient	American Wigeon	Mareca americana	
☐ *	Blauwvleugeltaling	Blue-winged Teal	Anas discors	
☐	Slobeend	Northern Shoveler	Anas clypeata	B
☐	Wilde Eend	Mallard	Anas platyrhynchos	B
☐	Pijlstaart	Northern Pintail	Anas acuta	z-B ++
☐	Zomertaling	Garganey	Anas querquedula	B
☐ *	Siberische Taling	Baikal Teal	Anas formosa	
☐	Wintertaling	Common Teal	Anas crecca	B
☐ *	Amerikaanse Wintertaling	Green-winged Teal	Anas carolinensis	
☐	Korhoen	Black Grouse	Tetrao tetrix	z-B
☐	Patrijs	Grey Partridge	Perdix perdix	B
☐	Kwartel	Common Quail	Coturnix coturnix	B
☐	Roodkeelduiker	Red-throated Loon	Gavia stellata	
☐	Parelduiker	Black-throated Loon	Gavia arctica	
☐	IJsduiker	Great Northern Loon	Gavia immer	
☐ *	Geelsnavelduiker	Yellow-billed Loon	Gavia adamsii	
☐ *	Dikbekfuut	Pied-billed Grebe	Podilymbus podiceps	
☐	Dodaars	Little Grebe	Tachybaptus ruficollis	B
☐	Fuut	Great Crested Grebe	Podiceps cristatus	B
☐	Roodhalsfuut	Red-necked Grebe	Podiceps grisegena	z-B ++
☐	Kuifduiker	Horned Grebe	Podiceps auritus	
☐	Geoorde Fuut	Black-necked Grebe	Podiceps nigricollis	s-B ++
☐	Noordse Stormvogel	Northern Fulmar	Fulmarus glacialis	
☐ *	donsstormvogel	soft-plumaged petrel	Pterodroma feae/madeira/mollis	
☐ *	Bulwers Stormvogel	Bulwer's Petrel	Bulweria bulwerii	
☐ *	Kuhls Pijlstormvogel	Cory's Shearwater	Calonectris borealis	
☐ *	Grote Pijlstormvogel	Great Shearwater	Puffinus gravis	
☐	Grauwe Pijlstormvogel	Sooty Shearwater	Puffinus griseus	
☐	Noordse Pijlstormvogel	Manx Shearwater	Puffinus puffinus	
☐ *	Vale Pijlstormvogel	Balearic Shearwater	Puffinus mauretanicus **1997**	
☐ *	Bont Stormvogeltje	White-faced Storm-petrel	Pelagodroma marina	
☐ *	Stormvogeltje	European Storm-petrel	Hydrobates pelagicus **(2000)**	
☐	Vaal Stormvogeltje	Leach's Storm-petrel	Oceanodroma leucorhoa	
☐	Jan-van-gent	Northern Gannet	Morus bassanus	
☐ *	Dwergaalscholver	Pygmy Cormorant	Microcarbo pygmeus	
☐	Aalscholver	Great Cormorant	Phalacrocorax carbo	B
☐	Kuifaalscholver	European Shag	Stictocarbo aristotelis	
☐ *	Roze Pelikaan	Great White Pelican	Pelecanus onocrotalus	
☐	Roerdomp	Great Bittern	Botaurus stellaris	s-B
☐	Woudaap	Little Bittern	Ixobrychus minutus	z-B
☐	Kwak	Black-crowned Night Heron	Nycticorax nycticorax	o-B -+
☐ *	Ralreiger	Squacco Heron	Ardeola ralloides	
☐ *	Koereiger	Cattle Egret	Bubulcus ibis **1996**	o-B ++
☐	Kleine Zilverreiger	Little Egret	Egretta garzetta	o-B ++
☐	Grote Zilverreiger	Great Egret	Casmerodius albus	z-B ++
☐	Blauwe Reiger	Grey Heron	Ardea cinerea	B
☐	Purperreiger	Purple Heron	Ardea purpurea	s-B
☐	Zwarte Ooievaar	Black Stork	Ciconia nigra	
☐	Ooievaar	White Stork	Ciconia ciconia	s-B -+
☐ *	Zwarte Ibis	Glossy Ibis	Plegadis falcinellus **(2000)**	
☐	Lepelaar	Eurasian Spoonbill	Platalea leucorodia	B
☐ *	Flamingo	Greater Flamingo	Phoenicopterus roseus **1992**	
☐	Wespendief	European Honey-Buzzard	Pernis apivorus	B
☐ *	Grijze Wouw	Black-winged Kite	Elanus caeruleus	
☐	Zwarte Wouw	Black Kite	Milvus migrans	o-B ++
☐	Rode Wouw	Red Kite	Milvus milvus	o-B ++
☐ *	Witbandzeearend	Pallas's Fish Eagle	Haliaeetus leucoryphus	
☐	Zeearend	White-tailed Eagle	Haliaeetus albicilla	
☐ *	Vale Gier	Eurasian Griffon Vulture	Gyps fulvus	
☐ *	Monniksgier	Eurasian Black Vulture	Aegypius monachus	

379

		Dutch	English	Scientific	Status
☐	*	Slangenarend	Short-toed Eagle	*Circaetus gallicus*	
☐		Bruine Kiekendief	Western Marsh Harrier	*Circus aeruginosus*	B
☐		Blauwe Kiekendief	Hen Harrier	*Circus cyaneus*	s-B
☐	*	Steppekiekendief	Pallid Harrier	*Circus macrourus*	
☐		Grauwe Kiekendief	Montagu's Harrier	*Circus pygargus*	z-B
☐		Havik	Northern Goshawk	*Accipiter gentilis*	B
☐		Sperwer	Eurasian Sparrowhawk	*Accipiter nisus*	B
☐		Buizerd	Common Buzzard	*Buteo buteo*	B
☐	*	Arendbuizerd	Long-legged Buzzard	*Buteo rufinus*	
☐		Ruigpootbuizerd	Rough-legged Buzzard	*Buteo lagopus*	
☐	*	Schreeuwarend	Lesser Spotted Eagle	*Aquila pomarina*	
☐	*	Bastaardarend	Greater Spotted Eagle	*Aquila clanga*	
☐	*	Steppearend	Steppe Eagle	*Aquila nipalensis*	
☐	*	Steenarend	Golden Eagle	*Aquila chrysaetos*	
☐	*	Dwergarend	Booted Eagle	*Hieraaetus pennatus*	
☐	*	Havikarend	Bonelli's Eagle	*Hieraaetus fasciatus*	
☐		Visarend	Osprey	*Pandion haliaetus*	
☐		Torenvalk	Common Kestrel	*Falco tinnunculus*	B
☐		Roodpootvalk	Red-footed Falcon	*Falco vespertinus*	
☐		Smelleken	Merlin	*Falco columbarius*	
☐		Boomvalk	Eurasian Hobby	*Falco subbuteo*	B
☐	*	Giervalk	Gyr Falcon	*Falco rusticolus*	
☐		Slechtvalk	Peregrine Falcon	*Falco peregrinus*	o-B ++
☐		Waterral	Water Rail	*Rallus aquaticus*	B
☐		Porseleinhoen	Spotted Crake	*Porzana porzana*	s-B
☐	*	Klein Waterhoen	Little Crake	*Porzana parva*	vo-B
☐	*	Kleinst Waterhoen	Baillon's Crake	*Porzana pusilla*	vo-B
☐		Kwartelkoning	Corn Crake	*Crex crex*	s-B
☐		Waterhoen	Common Moorhen	*Gallinula chloropus*	B
☐		Meerkoet	Eurasian Coot	*Fulica atra*	B
☐		Kraanvogel	Common Crane	*Grus grus*	
☐	*	Canadese Kraanvogel	Sandhill Crane	*Grus canadensis*	
☐	*	Jufferkraanvogel	Demoiselle Crane	*Anthropoides virgo*	
☐	*	Kleine Trap	Little Bustard	*Tetrax tetrax*	
☐	*	Oostelijke Kraagtrap	Macqueen's Bustard	*Chlamydotis macqueenii*	
☐	*	Grote Trap	Great Bustard	*Otis tarda*	vo-B
☐		Scholekster	Eurasian Oystercatcher	*Haematopus ostralegus*	B
☐		Steltkluut	Black-winged Stilt	*Himantopus himantopus*	o-B +-
☐		Kluut	Pied Avocet	*Recurvirostra avosetta*	B
☐	*	Griel	Stone-curlew	*Burhinus oedicnemus*	vo-B —
☐	*	Renvogel	Cream-coloured Courser	*Cursorius cursor*	
☐	*	Vorkstaartplevier	Collared Pratincole	*Glareola pratincola*	
☐	*	Steppevorkstaartplevier	Black-winged Pratincole	*Glareola nordmanni*	
☐		Kleine Plevier	Little Ringed Plover	*Charadrius dubius*	B
☐		Bontbekplevier	Common Ringed Plover	*Charadrius hiaticula*	s-B
☐		Strandplevier	Kentish Plover	*Charadrius alexandrinus*	s-B
☐	*	Woestijnplevier	Greater Sand Plover	*Charadrius leschenaultii*	
☐		Morinelplevier	Eurasian Dotterel	*Charadrius morinellus*	vo-B +-
☐	*	Amerikaanse Goudplevier	American Golden Plover	*Pluvialis dominicus*	
☐	*	Aziatische Goudplevier	Pacific Golden Plover	*Pluvialis fulva*	
☐		Goudplevier	European Golden Plover	*Pluvialis apricaria*	vo-B —
☐		Zilverplevier	Grey Plover	*Pluvialis squatarola*	
☐	*	Steppekievit	Sociable Lapwing	*Vanellus gregarius*	
☐	*	Witstaartkievit	White-tailed Lapwing	*Vanellus leucurus*	
☐		Kievit	Northern Lapwing	*Vanellus vanellus*	B
☐	*	Grote Kanoet	Great Knot	*Calidris tenuirostris*	
☐		Kanoet	Red Knot	*Calidris canutus*	
☐		Drieteenstrandloper	Sanderling	*Calidris alba*	
☐	*	Grijze Strandloper	Semipalmated Sandpiper	*Calidris pusilla*	
☐	*	Roodkeelstrandloper	Red-necked Stint	*Calidris ruficollis*	
☐		Kleine Strandloper	Little Stint	*Calidris minuta*	
☐		Temmincks Strandloper	Temminck's Stint	*Calidris temminckii*	
☐	*	Bonapartes Strandloper	White-rumped Sandpiper	*Calidris fuscicollis*	
☐	*	Bairds Strandloper	Baird's Sandpiper	*Calidris bairdii*	
☐	*	Gestreepte Strandloper	Pectoral Sandpiper	*Calidris melanotos*	
☐	*	Siberische Strandloper	Sharp-tailed Sandpiper	*Calidris acuminata*	
☐		Krombekstrandloper	Curlew Sandpiper	*Calidris ferruginea*	
☐		Paarse Strandloper	Purple Sandpiper	*Calidris maritima*	
☐		Bonte Strandloper	Dunlin	*Calidris alpina*	o-B
☐	*	Breedbekstrandloper	Broad-billed Sandpiper	*Limicola falcinellus*	
☐	*	Steltstrandloper	Stilt Sandpiper	*Micropalama himantopus*	
☐	*	Blonde Ruiter	Buff-breasted Sandpiper	*Tryngites subruficollis*	
☐		Kemphaan	Ruff	*Philomachus pugnax*	s-B
☐		Bokje	Jack Snipe	*Lymnocryptes minimus*	
☐		Watersnip	Common Snipe	*Gallinago gallinago*	s-B
☐	*	Poelsnip	Great Snipe	*Gallinago media*	
☐	*	Grote Grijze Snip	Long-billed Dowitcher	*Limnodromus scolopaceus*	
☐		Houtsnip	Eurasian Woodcock	*Scolopax rusticola*	B

	Dutch	English	Scientific	Status
☐	Grutto	Black-tailed Godwit	*Limosa limosa*	B
☐	Rosse Grutto	Bar-tailed Godwit	*Limosa lapponica*	
☐	Regenwulp	Whimbrel	*Numenius phaeopus*	
☐ *	Dunbekwulp	Slender-billed Curlew	*Numenius tenuirostris*	
☐	Wulp	Eurasian Curlew	*Numenius arquata*	B
☐ *	Bartrams Ruiter	Upland Sandpiper	*Bartramia longicauda*	
☐	Zwarte Ruiter	Spotted Redshank	*Tringa erythropus*	
☐	Tureluur	Common Redshank	*Tringa totanus*	B
☐ *	Poelruiter	Marsh Sandpiper	*Tringa stagnatilis* **1992**	
☐	Groenpootruiter	Common Greenshank	*Tringa nebularia*	
☐ *	Grote Geelpootruiter	Greater Yellowlegs	*Tringa melanoleuca*	
☐ *	Kleine Geelpootruiter	Lesser Yellowlegs	*Tringa flavipes*	
☐	Witgat	Green Sandpiper	*Tringa ochropus*	[vo-B]
☐	Bosruiter	Wood Sandpiper	*Tringa glareola*	vo-B
☐ *	Terekruiter	Terek Sandpiper	*Xenus cinereus*	
☐	Oeverloper	Common Sandpiper	*Actitis hypoleucos*	o-B ++
☐ *	Amerikaanse Oeverloper	Spotted Sandpiper	*Actitis macularia*	
☐	Steenloper	Ruddy Turnstone	*Arenaria interpres*	[o-B]
☐ *	Grote Franjepoot	Wilson's Phalarope	*Phalaropus tricolor*	
☐	Grauwe Franjepoot	Red-necked Phalarope	*Phalaropus lobatus*	
☐	Rosse Franjepoot	Grey Phalarope	*Phalaropus fulicaria*	
☐	Middelste Jager	Pomarine Jaeger	*Stercorarius pomarinus*	
☐	Kleine Jager	Parasitic Jaeger	*Stercorarius parasiticus*	
☐ *	Kleinste Jager	Long-tailed Jaeger	*Stercorarius longicaudus* **1992**	
☐	Grote Jager	Great Skua	*Stercorarius skua*	
☐ *	Reuzenzwartkopmeeuw	Pallas's Gull	*Larus ichthyaetus*	
☐	Zwartkopmeeuw	Mediterranean Gull	*Larus melanocephalus*	s-B ++
☐ *	Lachmeeuw	Laughing Gull	*Larus atricilla*	
☐ *	Franklins Meeuw	Franklin's Gull	*Larus pipixcan*	
☐	Dwergmeeuw	Little Gull	*Larus minutus*	z-B +-
☐	Vorkstaartmeeuw	Sabine's Gull	*Larus sabini*	
☐ *	Kleine Kokmeeuw	Bonaparte's Gull	*Larus philadelphia*	
☐	Kokmeeuw	Black-headed Gull	*Larus ridibundus*	B
☐ *	Ringsnavelmeeuw	Ring-billed Gull	*Larus delawarensis*	
☐	Stormmeeuw	Mew Gull	*Larus canus*	B ++
☐	Zilvermeeuw	European Herring Gull	*Larus argentatus*	B
☐ *	Baltische Mantelmeeuw	Baltic Gull	*Larus fuscus*	
☐	Kleine Mantelmeeuw	Lesser Black-backed Gull	*Larus graellsii*	B ++
☐	Geelpootmeeuw	Mediterranean Yellow-legged Gull	*Larus michahellis*	z-B ++
☐ *	Pontische Meeuw	Pontic Gull	*Larus cachinnans* **1997**	
☐ *	Kleine Burgemeester	Iceland Gull	*Larus glaucoides* **1997**	
☐	Grote Burgemeester	Glaucous Gull	*Larus hyperboreus*	
☐	Grote Mantelmeeuw	Great Black-backed Gull	*Larus marinus*	o-B ++
☐ *	Ross' Meeuw	Ross's Gull	*Rhodostethia rosea*	
☐	Drieteenmeeuw	Black-legged Kittiwake	*Rissa tridactyla*	
☐ *	Ivoormeeuw	Ivory Gull	*Pagophila eburnea*	
☐ *	Lachstern	Gull-billed Tern	*Gelochelidon nilotica* **1992**	vo-B +-
☐	Reuzenstern	Caspian Tern	*Sterna caspia*	
☐	Grote Stern	Sandwich Tern	*Sterna sandvicensis*	B
☐ *	Dougalls Stern	Roseate Tern	*Sterna dougallii*	o-B +-
☐	Visdief	Common Tern	*Sterna hirundo*	B
☐	Noordse Stern	Arctic Tern	*Sterna paradisaea*	B
☐ *	Forsters Stern	Forster's Tern	*Sterna forsteri*	
☐ *	Brilstern	Bridled Tern	*Sterna anaethetus*	
☐	Dwergstern	Little Tern	*Sterna albifrons*	s-B
☐ *	Witwangstern	Whiskered Tern	*Chlidonias hybridus* **1995**	vo-B +-
☐	Zwarte Stern	Black Tern	*Chlidonias niger*	B
☐	Witvleugelstern	White-winged Tern	*Chlidonias leucopterus*	vo-B
☐	Zeekoet	Atlantic Murre	*Uria aalge*	
☐ *	Kortbekzeekoet	Brünnich's Murre	*Uria lomvia*	
☐	Alk	Razorbill	*Alca torda*	
☐ *	Zwarte Zeekoet	Black Guillemot	*Cepphus grylle*	
☐	Kleine Alk	Little Auk	*Alle alle*	
☐	Papegaaiduiker	Atlantic Puffin	*Fratercula arctica*	
☐ *	Steppehoen	Pallas's Sandgrouse	*Syrrhaptes paradoxus*	
☐	Holenduif	Stock Dove	*Columba oenas*	B
☐	Houtduif	Common Wood Pigeon	*Columba palumbus*	B
☐	Turkse Tortel	Eurasian Collared Dove	*Streptopelia decaocto*	B ++
☐	Zomertortel	European Turtle Dove	*Streptopelia turtur*	B
☐ *	Kuifkoekoek	Great Spotted Cuckoo	*Clamator glandarius*	
☐	Koekoek	Common Cuckoo	*Cuculus canorus*	B
☐	Kerkuil	Barn Owl	*Tyto alba*	B
☐ *	Dwergooruil	European Scops Owl	*Otus scops*	
☐ *	Oehoe	Eurasian Eagle Owl	*Bubo bubo*	o-B ++
☐ *	Sneeuwuil	Snowy Owl	*Nyctea scandiaca*	
☐ *	Sperweruil	Northern Hawk Owl	*Surnia ulula*	
☐	Steenuil	Little Owl	*Athene noctua*	B
☐	Bosuil	Tawny Owl	*Strix aluco*	B

	Dutch	English	Scientific	Status
☐	Ransuil	Long-eared Owl	*Asio otus*	B
☐	Velduil	Short-eared Owl	*Asio flammeus*	z-B
☐ *	Ruigpootuil	Tengmalm's Owl	*Aegolius funereus*	vo-B +-
☐	Nachtzwaluw	European Nightjar	*Caprimulgus europaeus*	s-B
☐ *	Stekelstaartgierzwaluw	White-throated Needletail	*Hirundapus caudacutus*	
☐	Gierzwaluw	Common Swift	*Apus apus*	B
☐ *	Alpengierzwaluw	Alpine Swift	*Apus melba*	
☐	IJsvogel	Common Kingfisher	*Alcedo atthis*	s-B
☐ *	Bandijsvogel	Belted Kingfisher	*Ceryle alcyon*	
☐ *	Groene Bijeneter	Blue-cheeked Bee-eater	*Merops persicus*	
☐ *	Bijeneter	European Bee-eater	*Merops apiaster* 1992	vo-B +-
☐ *	Scharrelaar	European Roller	*Coracias garrulus*	
☐	Hop	Eurasian Hoopoe	*Upupa epops*	o-B +-
☐	Draaihals	Eurasian Wryneck	*Jynx torquilla*	z-B
☐ *	Grijskopspecht	Grey-headed Woodpecker	*Picus canus*	
☐	Groene Specht	European Green Woodpecker	*Picus viridis*	B
☐	Zwarte Specht	Black Woodpecker	*Dryocopus martius*	B ++
☐	Grote Bonte Specht	Great Spotted Woodpecker	*Dendrocopos major*	B
☐ *	Middelste Bonte Specht	Middle Spotted Woodpecker	*Dendrocopos medius* 1998	o-B -+
☐	Kleine Bonte Specht	Lesser Spotted Woodpecker	*Dendrocopos minor*	B
☐ *	Kalanderleeuwerik	Calandra Lark	*Melanocorypha calandra*	
☐ *	Kortteenleeuwerik	Greater Short-toed Lark	*Calandrella brachydactyla*	
☐	Kuifleeuwerik	Crested Lark	*Galerida cristata*	s-B
☐	Boomleeuwerik	Wood Lark	*Lullula arborea*	B
☐	Veldleeuwerik	Eurasian Skylark	*Alauda arvensis*	B
☐	Strandleeuwerik	Horned Lark	*Eremophila alpestris*	
☐	Oeverzwaluw	Sand Martin	*Riparia riparia*	B
☐	Boerenzwaluw	Barn Swallow	*Hirundo rustica*	B
☐ *	Roodstuitzwaluw	Red-rumped Swallow	*Hirundo daurica*	
☐	Huiszwaluw	Common House Martin	*Delichon urbica*	B
☐	Grote Pieper	Richard's Pipit	*Anthus richardi*	
☐ *	Mongoolse Pieper	Blyth's Pipit	*Anthus godlewskii*	
☐	Duinpieper	Tawny Pipit	*Anthus campestris*	s-B
☐ *	Siberische Boompieper	Olive-backed Pipit	*Anthus hodgsoni*	
☐	Boompieper	Tree Pipit	*Anthus trivialis*	B
☐	Graspieper	Meadow Pipit	*Anthus pratensis*	B
☐ *	Roodkeelpieper	Red-throated Pipit	*Anthus cervinus* 1991	
☐	Oeverpieper	Rock Pipit	*Anthus petrosus*	
☐	Waterpieper	Water Pipit	*Anthus spinoletta*	
☐	Engelse Kwikstaart	Yellow Wagtail	*Motacilla flavissima*	s-B
☐	Gele Kwikstaart	Blue-headed Wagtail	*Motacilla flava*	B
☐	Noordse Kwikstaart	Grey-headed Wagtail	*Motacilla thunbergi*	[o-B]
☐ *	Balkankwikstaart	Black-headed Wagtail	*Motacilla feldegg*	
☐ *	Citroenkwikstaart	Citrine Wagtail	*Motacilla citreola*	
☐	Grote Gele Kwikstaart	Grey Wagtail	*Motacilla cinerea*	s-B
☐	Witte Kwikstaart	White Wagtail	*Motacilla alba*	B
☐	Rouwkwikstaart	Pied Wagtail	*Motacilla yarrellii*	z-B
☐	Pestvogel	Bohemian Waxwing	*Bombycilla garrulus*	
☐	Waterspreeuw	White-throated Dipper	*Cinclus cinclus*	o-B +-
☐	Winterkoning	Winter Wren	*Troglodytes troglodytes*	B
☐ *	Spotlijster	Northern Mockingbird	*Mimus polyglottos*	
☐	Heggenmus	Dunnock	*Prunella modularis*	B
☐ *	Alpenheggenmus	Alpine Accentor	*Prunella collaris*	
☐	Roodborst	European Robin	*Erithacus rubecula*	B
☐ *	Noordse Nachtegaal	Thrush Nightingale	*Luscinia luscinia*	o-B
☐	Nachtegaal	Common Nightingale	*Luscinia megarhynchos*	B
☐	Blauwborst	Bluethroat	*Luscinia svecica*	B
☐ *	Blauwstaart	Red-flanked Bluetail	*Tarsiger cyanurus*	
☐ *	Perzische Roodborst	White-throated Robin	*Irania gutturalis*	
☐	Zwarte Roodstaart	Black Redstart	*Phoenicurus ochruros*	B
☐	Gekraagde Roodstaart	Common Redstart	*Phoenicurus phoenicurus*	B
☐	Paapje	Whinchat	*Saxicola rubetra*	B
☐	Roodborsttapuit	European Stonechat	*Saxicola rubicola*	B
☐ *	Aziatische Roodborsttapuit	Siberian Stonechat	*Saxicola maura*	
☐ *	Izabeltapuit	Isabelline Wheatear	*Oenanthe isabellina*	
☐	Tapuit	Northern Wheatear	*Oenanthe oenanthe*	B
☐ *	Bonte Tapuit	Pied Wheatear	*Oenanthe pleschanka*	
☐ *	Oostelijke Blonde Tapuit	Eastern Black-eared Wheatear	*Oenanthe melanoleuca*	
☐ *	Westelijke Blonde Tapuit	Western Black-eared Wheatear	*Oenanthe hispanica*	
☐ *	Woestijntapuit	Desert Wheatear	*Oenanthe deserti*	
☐ *	Rode Rotslijster	Rufous-tailed Rock Thrush	*Monticola saxatilis*	
☐ *	Goudlijster	White's Thrush	*Zoothera aurea*	
☐ *	Siberische Lijster	Siberian Thrush	*Zoothera sibirica*	
☐	Beflijster	Ring Ouzel	*Turdus torquatus*	
☐	Merel	Common Blackbird	*Turdus merula*	B
☐ *	Vale Lijster	Eyebrowed Thrush	*Turdus obscurus*	
☐ *	Bruine Lijster	Dusky Thrush	*Turdus naumanni eunomus*	
☐ *	Zwartkeellijster	Black-throated Thrush	*Turdus ruficollis atrogularis*	

☐	Kramsvogel	Fieldfare	*Turdus pilaris*	B ++
☐	Zanglijster	Song Thrush	*Turdus philomelos*	B
☐	Koperwiek	Redwing	*Turdus iliacus*	
☐	Grote Lijster	Mistle Thrush	*Turdus viscivorus*	B
☐ *	Cetti's Zanger	Cetti's Warbler	*Cettia cetti*	vo-B +-
☐ *	Graszanger	Zitting Cisticola	*Cisticola juncidis*	o-B +-
☐ *	Siberische Sprinkhaanzanger	Pallas's Grasshopper Warbler	*Locustella certhiola*	
☐ *	Kleine Sprinkhaanzanger	Lanceolated Warbler	*Locustella lanceolata*	
☐	Sprinkhaanzanger	Common Grasshopper Warbler	*Locustella naevia*	B
☐ *	Krekelzanger	River Warbler	*Locustella fluviatilis*	++
☐	Snor	Savi's Warbler	*Locustella luscinioides*	B
☐	Spotvogel	Icterine Warbler	*Hippolais icterina*	B
☐ *	Orpheusspotvogel	Melodious Warbler	*Hippolais polyglotta*	o-B ++
☐ *	Veldrietzanger	Paddyfield Warbler	*Acrocephalus agricola*	
☐ *	Struikrietzanger	Blyth's Reed Warbler	*Acrocephalus dumetorum*	o-B ++
☐	Bosrietzanger	Marsh Warbler	*Acrocephalus palustris*	B
☐	Kleine Karekiet	European Reed Warbler	*Acrocephalus scirpaceus*	B
☐	Rietzanger	Sedge Warbler	*Acrocephalus schoenobaenus*	B
☐ *	Waterrietzanger	Aquatic Warbler	*Acrocephalus paludicola* 1992	vo-B
☐ *	Kleine Spotvogel	Booted Warbler	*Acrocephalus caligatus*	
☐	Grote Karekiet	Great Reed Warbler	*Acrocephalus arundinaceus*	s-B
☐ *	Provençaalse Grasmus	Dartford Warbler	*Sylvia undata*	
☐ *	Brilgrasmus	Spectacled Warbler	*Sylvia conspicillata*	
☐ *	Baardgrasmus	Subalpine Warbler	*Sylvia cantillans*	
☐ *	Kleine Zwartkop	Sardinian Warbler	*Sylvia melanocephala*	
☐ *	Woestijngrasmus	Desert Warbler	*Sylvia nana*	
☐ *	Sperwergrasmus	Barred Warbler	*Sylvia nisoria* 1992	
☐	Braamsluiper	Lesser Whitethroat	*Sylvia curruca*	B
☐	Grasmus	Common Whitethroat	*Sylvia communis*	B
☐	Tuinfluiter	Garden Warbler	*Sylvia borin*	B
☐	Zwartkop	Blackcap	*Sylvia atricapilla*	B
☐ *	Swinhoes Boszanger	Two-barred Warbler	*Phylloscopus plumbeitarsus*	
☐ *	Grauwe Fitis	Greenish Warbler	*Phylloscopus trochiloides*	
☐ *	Noordse Boszanger	Arctic Warbler	*Phylloscopus borealis*	
☐ *	Pallas' Boszanger	Pallas's Leaf Warbler	*Phylloscopus proregulus* 1996	
☐	Bladkoning	Yellow-browed Warbler	*Phylloscopus inornatus*	
☐ *	Humes Bladkoning	Hume's Leaf Warbler	*Phylloscopus humei*	
☐ *	Raddes Boszanger	Radde's Warbler	*Phylloscopus schwarzi*	
☐ *	Bruine Boszanger	Dusky Warbler	*Phylloscopus fuscatus*	
☐ *	Bergfluiter	Western Bonelli's Warbler	*Phylloscopus bonelli*	[vo-B]
☐ *	Balkanbergfluiter	Eastern Bonelli's Warbler	*Phylloscopus orientalis*	
☐	Fluiter	Wood Warbler	*Phylloscopus sibilatrix*	B
☐	Tjiftjaf	Northern Chiffchaff	*Phylloscopus collybita*	B
☐ *	Iberische Tjiftjaf	Iberian Chiffchaff	*Phylloscopus brehmii*	
☐	Fitis	Willow Warbler	*Phylloscopus trochilus*	B
☐	Goudhaan	Goldcrest	*Regulus regulus*	B
☐	Vuurgoudhaan	Firecrest	*Regulus ignicapillus*	B ++
☐	Grauwe Vliegenvanger	Spotted Flycatcher	*Muscicapa striata*	B
☐	Kleine Vliegenvanger	Red-breasted Flycatcher	*Ficedula parva*	[vo-B]
☐ *	Withalsvliegenvanger	Collared Flycatcher	*Ficedula albicollis*	
☐	Bonte Vliegenvanger	European Pied Flycatcher	*Ficedula hypoleuca*	B ++
☐	Baardman	Bearded Reedling	*Panurus biarmicus*	B
☐	Staartmees	Long-tailed Tit	*Aegithalos caudatus*	B
☐	Glanskop	Marsh Tit	*Parus palustris*	B
☐	Matkop	Willow Tit	*Parus montanus*	B
☐	Kuifmees	Crested Tit	*Parus cristatus*	B
☐	Zwarte Mees	Coal Tit	*Parus ater*	B
☐	Pimpelmees	Blue Tit	*Parus caeruleus*	B
☐	Koolmees	Great Tit	*Parus major*	B
☐	Boomklever	Eurasian Nuthatch	*Sitta europaea*	B
☐ *	Rotskruiper	Wallcreeper	*Tichodroma muraria*	
☐ *	Taigaboomkruiper	Eurasian Treecreeper	*Certhia familiaris* 1994	o-B ++
☐	Boomkruiper	Short-toed Treecreeper	*Certhia brachydactyla*	B
☐	Buidelmees	Eurasian Penduline Tit	*Remiz pendulinus*	s-B ++
☐	Wielewaal	Eurasian Golden Oriole	*Oriolus oriolus*	B
☐	Grauwe Klauwier	Red-backed Shrike	*Lanius collurio*	s-B
☐ *	Turkestaanse Klauwier	Turkestan Shrike	*Lanius phoenicuroides*	
☐ *	Daurische Klauwier	Daurian Shrike	*Lanius speculigerus*	
☐ *	Kleine Klapekster	Lesser Grey Shrike	*Lanius minor*	
☐	Klapekster	Great Grey Shrike	*Lanius excubitor*	z-B
☐ *	Steppeklapekster	Steppe Grey Shrike	*Lanius pallidirostris*	
☐ *	Roodkopklauwier	Woodchat Shrike	*Lanius senator*	vo-B —
☐	Gaai	Eurasian Jay	*Garrulus glandarius*	B
☐	Ekster	Common Magpie	*Pica pica*	B
☐	Notenkraker	Spotted Nutcracker	*Nucifraga caryocatactes*	vo-B
☐	Kauw	Western Jackdaw	*Corvus monedula*	B
☐ *	Daurische Kauw	Daurian Jackdaw	*Corvus dauuricus*	
☐ *	Huiskraai	House Crow	*Corvus splendens*	o-B

	Dutch	English	Scientific	Status
☐	Roek	Rook	*Corvus frugilegus*	B
☐	Zwarte Kraai	Carrion Crow	*Corvus corone*	B
☐	Bonte Kraai	Hooded Crow	*Corvus cornix*	o-B
☐	Raaf	Common Raven	*Corvus corax*	s-B -+
☐	Spreeuw	Common Starling	*Sturnus vulgaris*	B
☐ *	Roze Spreeuw	Rose-coloured Starling	*Sturnus roseus*	
☐	Huismus	House Sparrow	*Passer domesticus*	B
☐ *	Spaanse Mus	Spanish Sparrow	*Passer hispaniolensis*	
☐	Ringmus	Eurasian Tree Sparrow	*Passer montanus*	B
☐ *	Roodoogvireo	Red-eyed Vireo	*Vireo olivaceus*	
☐	Vink	Common Chaffinch	*Fringilla coelebs*	B
☐	Keep	Brambling	*Fringilla montifringilla*	o-B ++
☐	Europese Kanarie	European Serin	*Serinus serinus*	s-B ++
☐	Groenling	European Greenfinch	*Chloris chloris*	B
☐	Putter	European Goldfinch	*Carduelis carduelis*	B
☐	Sijs	Eurasian Siskin	*Carduelis spinus*	s-B ++
☐	Kneu	Common Linnet	*Carduelis cannabina*	B
☐	Frater	Twite	*Carduelis flavirostris*	
☐	Kleine Barmsijs	Lesser Redpoll	*Carduelis cabaret*	B ++
☐	Grote Barmsijs	Mealy Redpoll	*Carduelis flammea*	
☐ *	Witstuitbarmsijs	Hoary Redpoll	*Carduelis hornemanni*	
☐ *	Witbandkruisbek	Two-barred Crossbill	*Loxia leucoptera*	
☐	Kruisbek	Common Crossbill	*Loxia curvirostra*	B ++
☐ *	Grote Kruisbek	Parrot Crossbill	*Loxia pytyopsittacus* **1992**	[o-B]
☐ *	Roodmus	Common Rosefinch	*Carpodacus erythrinus* **1991**	s-B ++
☐ *	Haakbek	Pine Grosbeak	*Pinicola enucleator*	
☐	Goudvink	Eurasian Bullfinch	*Pyrrhula pyrrhula*	B
☐	Appelvink	Hawfinch	*Coccothraustes coccothraustes*	B
☐ *	Mirtezanger	Myrtle Warbler	*Dendroica coronata*	
☐ *	Witkruingors	White-crowned Sparrow	*Zonotrichia leucophrys*	
☐ *	Witkeelgors	White-throated Sparrow	*Zonotrichia albicollis*	
☐ *	Grijze Junco	Dark-eyed Junco	*Junco hyemalis*	
☐	IJsgors	Lapland Longspur	*Calcarius lapponicus*	
☐	Sneeuwgors	Snow Bunting	*Plectrophenax nivalis*	
☐ *	Maskergors	Black-faced Bunting	*Emberiza spodocephala*	
☐ *	Witkopgors	Pine Bunting	*Emberiza leucocephalos*	
☐	Geelgors	Yellowhammer	*Emberiza citrinella*	B
☐ *	Cirlgors	Cirl Bunting	*Emberiza cirlus*	
☐	Ortolaan	Ortolan Bunting	*Emberiza hortulana*	o-B —
☐ *	Bruinkeelortolaan	Cretzschmar's Bunting	*Emberiza caesia*	
☐ *	Geelbrauwgors	Yellow-browed Bunting	*Emberiza chrysophrys*	
☐ *	Bosgors	Rustic Bunting	*Emberiza rustica*	
☐ *	Dwerggors	Little Bunting	*Emberiza pusilla*	
☐ *	Rosse Gors	Chestnut Bunting	*Emberiza rutila*	
☐ *	Wilgengors	Yellow-breasted Bunting	*Emberiza aureola*	
☐	Rietgors	Common Reed Bunting	*Emberiza schoeniclus*	B
☐ *	Bruinkopgors	Red-headed Bunting	*Emberiza bruniceps*	
☐ *	Zwartkopgors	Black-headed Bunting	*Emberiza melanocephala*	
☐	Grauwe Gors	Corn Bunting	*Miliaria calandra*	s-B
☐ *	Indigogors	Indigo Bunting	*Passerina cyanea*	
☐ *	Baltimoretroepiaal	Baltimore Oriole	*Icterus galbula*	

10 exoten / 10 category C species

	Dutch	English	Scientific	Status
☐	Zwarte Zwaan	Black Swan	*Cygnus atratus*	z-B ++
☐	Indische Gans	Bar-headed Goose	*Anser indicus*	o-B
☐	(Grote Canadese Gans	Greater Canada Goose	*Branta canadensis* ssp)	s-B ++
☐	Nijlgans	Egyptian Goose	*Alopochen aegyptiacus*	B ++
☐	Mandarijneend	Mandarin Duck	*Aix galericulata*	s-B ++
☐	Rosse Stekelstaart	Ruddy Duck	*Oxyura jamaicensis*	o-B
☐	Fazant	Common Pheasant	*Phasianus colchicus*	B
☐	Heilige Ibis	Sacred Ibis	*Threskiornis aethiopicus*	
☐	Chileense Flamingo	Chilean Flamingo	*Phoenicopterus chilensis*	
☐	Rotsduif	Rock Dove	*Columba livia*	B
☐	Halsbandparkiet	Rose-ringed Parakeet	*Psittacula krameri*	s-B ++

enkele ondersoorten die mogelijk soorten zijn (zeldzaamste taxon genoemd) / some subspecies which may perhaps be regarded as species (rarest taxon mentioned)

	Dutch	English	Scientific
☐ *	Groenlandse Kolgans	Greenland White-fronted Goose	*Anser albifrons flavirostris*
☐ *	Grote Aalscholver	Atlantic Great Cormorant	*Phalacrocorax carbo carbo*
☐ *	Steppebuizerd	Steppe Buzzard	*Buteo buteo vulpinus*
☐ *	Anatolische Woestijnplevier	Anatolian Sand Plover	*Charadrius leschenaultii columbinus*
☐	Groenlandse Kanoet	Greenland Red Knot	*Calidris canutus islandica*
☐ *	IJslandse Grutto	Icelandic Black-tailed Godwit	*Limosa limosa islandica* **1990**
☐ *	Witte Kerkuil	Pale Barn Owl	*Tyto alba alba*
☐ *	Roodsterblauwborst	Red-spotted Bluethroat	*Luscinia svecica svecica*
☐ *	Siberische Tjiftjaf	Siberian Chiffchaff	*Phylloscopus collybita tristis*
☐ *	Balearische Roodkopklauwier	Balearic Woodchat Shrike	*Lanius senator badius*

Register

Index

De eerste pagina van de hoofdtekst is per (onder)soort vetgedrukt.
The first page of a (sub)species' main entry is given in bold.

Nederlandse namen / Dutch names

Engelse namen / English names

wetenschappelijke namen / scientific names

Adressen   Addresses

Dutch Birding Association, Postbus 75611, NL-1070 AP Amsterdam
e-mail dba@dutchbirding.nl, internet http://www.dutchbirding.nl

Nederlandse Ornithologische Unie, p/a Akelei 42, NL-4102 JM Culemborg

SOVON, Rijksstraatweg 178, NL-6573 DG Beek-Ubbergen
e-mail info@sovon.nl, internet http://www.sovon.nl

Commissie Dwaalgasten Nederlandse Avifauna / Dutch rarities committee (CDNA), Postbus 45, NL-2080 AA Santpoort-Zuid
e-mail cdna@dutchbirding.nl

Commissie Systematiek Nederlandse Avifauna / Dutch committee for avian systematics (CSNA), p/a Nieuwe Rijn 27,
NL-2312 JD Leiden, e-mail csna@dutchbirding.nl

vogellijn / birdline 0900-2032128 (75cpm) (inspreeklijn / hotline 010-4281212)

Vogelaars bij Woestijnplevier / birders watching Greater Sand Plover *Charadrius leschenaultii*, 31 July 1996, De Cocksdorp, Texel, Noord-Holland *(Arnoud B van den Berg)*